J. H. Fabre

Bilder aus der Insektenwelt

J. H. Fabre

Bilder aus der Insektenwelt

Von

J. H. Fabre

Autorisierte Übersetzung aus: „Souvenirs Entomologiques“, I.–X. Série,

„Moeurs des Insectes“ und „La Vie des Insectes“

Erste bis vierte Reihe

Mit zahlreichen Abbildungen

Stuttgart

Franckh-Kosmos Verlags-GmbH & Co.

Vorwort zur Neuausgabe.

Wir können nicht umhin ein Loblied anzustimmen auf den engagierten Beobachter des Verhaltens der Insekten und Spinnentiere – heute mehr denn je. Mit welcher Hingabe J. H. Fabre sich mit der Vielschichtigkeit des Nahrungserwerbs der Pflanzen-, Dung- und Leichenfresser, der Jäger, Lauerer und Parasitoide beschäftigte, mit den vielen Ausprägungen der Fortpflanzung, Brutfürsorge und Brutpflege! Ein einzigartiges Kaleidoskop der mannigfaltigen Aktivitäten der Gliederfüßer oder – wie man heute sagt – der Erscheinungsformen von Biodiversität, von der Vielfalt der Natur.

Dieser junge Begriff „Biodiversität" liefert das Stichwort. Gibt es vielleicht viele kleine Fabres unter uns, unter den Wissenschaftlern oder den Laien? Leider nein. In der heutigen Zeit haben wir uns stärker denn je von der Natur entfernt und nehmen viele Dinge „virtuell" über theoretische Konzepte wahr oder im eigentlichen Sinne virtuell über die Informationsflut aus dem Internet. In einer Zeit, in der manche Schüler die Bäume nicht mehr kennen und wenig Interesse an unserer Umwelt haben, in der die organismische Biologie an den Universitäten auf dem Rückzug ist, ist das vorliegende Werk doppelt wichtig. Es führt in das Vergnügen des naiven, sprich unbelasteten Beobachtens der Natur ein und versorgt uns mit viel anschaulicher biologischer Information. Die Lektüre erfordert vom Leser Zeit, aber die Investition wird belohnt. Das Werk bringt uns anschaulich die Welt des Lebens um uns herum näher, hinzu kommt der Charme der Sprache in der 1908-1914 ins Deutsche übersetzten Fassung. Es ist vergnüglich, wie Tiere in ihren Aktivitäten mit einem Schuß Vermenschlichung dargestellt werden: klug, verschmitzt, schlau, blöd, böse, kühn, gutmütig... Diese Kennzeichnungen stören aber keineswegs, da sie eine mehr äußerliche Begleiterscheinung in der Schilderung der präzisen Beobachtungen „im Labor auf dem Feld" sind.

J. H. Fabre war ein Meister der Beobachtung. Auf der Grundlage seiner Analysen machte er schon damals als Vorläufer der modernen Verhaltensforschung Experimente und versuchte, für die vielfältigen Erscheinungsformen des Verhaltens die Mechanismen zu finden. Er erkannte auch, daß angeborene Verhaltensweisen durch Lernvorgänge überprägt werden, etwa bei der Rückkehr der Sandwespen zum Nest.

Funktioniert Biologie heute anders? Noch immer steht die Beobachtung in der Verhaltensforschung am Anfang. Wir erkennen mannigfaltige Muster im Verhalten. Für diese Muster suchen wir in einem zweiten Schritt sodann Mechanismen, die in der Physiologie und in der Steuerung des Verhaltens der Tiere begründet sind. Schließlich müssen wir die Frage beantworten, welchen Anpassungswert die biologischen Muster haben. Wie also hat sich die Verwendung der zur Verfügung stehenden Ressourcen – z. B. in aufwendige und komplizierte Brutfürsorge – durch die natürliche Auslese in der Evolution herausgebildet?

Zwar war Fabre die Sichtweise des Evolutionsbiologen fremd – aber gelesen mit den Augen des heutigen Forschers ist sein Werk erstaunlich modern.

Prof. Dr. Matthias Schaefer
Lehrstuhl für Zoologische Ökologie an der Universität Göttingen
Herausgeber des Bestimmungswerkes Brohmer – Fauna von Deutschland

Göttingen im Mai 2003

Vorwort des Übersetzers.

Kein geringerer als der große Charles Darwin hat den Nestor unter den lebenden Insektenforschern, den gegenwärtig 85 Jahre zählenden J. H. Fabre in Sérignan (Vaucluse) einen „unvergleichlichen Beobachter“ genannt, und jeder, der sich in die zehn Bände seiner „Souvenirs Entomologiques“ mit dem Untertitel „Études sur l'Instinct et les Moeurs des Insectes“ (Paris, Ch. Delagrave) vertieft, wird aus voller Überzeugung in dies wohlverdiente Lob einstimmen. Der greise, aber noch immer geistig und körperlich erstaunlich rüstige Forscher wurde geboren im Jahre 1823 zu Saint-Léons, einem kleinen Dörfchen des Departements Aveyron, als Sproß einer wenig bemittelten Bauernfamilie und hat sich vollständig aus eigener Kraft emporgearbeitet. Von klein auf empfand er einen geradezu leidenschaftlichen Trieb zur Naturbeobachtung; eine ganz besondere Neigung aber zog ihn zur Erforschung des zahllosen und unter sich so verschieden gearteten Heeres der Kerbtiere, das überall im Wasser und auf dem Lande kriecht oder fliegt, wo überhaupt nur tierisches Leben möglich ist. Dieser Vorliebe verdanken wir – neben einer ganzen Reihe von sonstigen naturwissenschaftlichen Arbeiten – das oben genannte Hauptwerk.

Viele Jahrzehnte hindurch hat Fabre die Insekten in allen ihren Lebensgewohnheiten und Tätigkeiten auf das eingehendste studiert, bei der Fortpflanzung, wie bei der Sorge für ihre Nachkommenschaft und bei ihren Metamorphosen, und er übergibt uns nun in diesen meisterlichen Schilderungen die Ergebnisse seiner liebevollen und gewissenhaften Beobachtung. Vor allem sucht er durch eine Menge sinnreicher Experimente die vielumstrittene Frage: I n s t i n k t o d e r I n t e l l i g e n z ? zu lösen. Dem zweiten Bande hat er als Motto die Worte des Zoologen E. Blanchard vorangesetzt: „Für alle aufmerksamen Augen ist es ein zu gleicher Zeit befremdendes und seltsam großartiges Schauspiel, die betriebsamen Insekten in ihren Arbeiten die raffinierteste Kunst entfalten zu sehen. Ihr Instinkt, der so zu dem höchsten Grade emporgetragen wird, von dem die Natur Beispiele bietet, verwirrt die menschliche Vernunft. Diese Verwirrung des Geistes wird noch vermehrt, wenn dazukommt die geduldige und bis ins Kleinste gehende Beachtung aller Einzelheiten des Lebens dieser hinsichtlich des Instinktes am meisten begabten Wesen.“

Die Resultate von Fabres Untersuchungen sind so wichtig, die Art seiner Darstellung ist so anschaulich, lebensvoll und anregend, daß die Leser es uns sicherlich Dank wissen werden, wenn wir sie mit seinen entomologischen Studien näher bekannt machen. Die seither im „Kosmos, Handweiser für Naturfreunde“ (Stuttgart, Franckh'sche Verlagshandlung) veröffentlichten Übersetzungen aus seinen „Souvenirs Entomologiques“ fanden so allgemeinen Beifall und erregten in so hohem Grade das Interesse der Naturfreunde, daß wir uns – zahlreichen an uns gerichteten Aufforderungen entsprechend – entschlossen haben, sie hiermit zum erstenmal in Buchform auch weiteren Kreisen darzubieten.

Inhalts-Übersicht.

Erste Reihe

Zweite Reihe

Dritte Reihe

Vierte Reihe

Bilder aus der
Insektenwelt

Erste Reihe

Ein Laboratorium auf freiem Felde.

Dies hatte ich mir immer gewünscht, hoc erat in votis*): ein Stückchen Landes – o! nicht gar groß, aber umfriedigt und den Unannehmlichkeiten der Lage an einer Landstraße entrückt; ein verlassenes, unfruchtbares Stück Landes, von der Sonne verbrannt und günstig für die Disteln und die hautflügeligen Insekten. Dort würde ich, ohne Störungen durch Vorübergehende befürchten zu müssen, die Sandwespe (Ammophila) und den Raupentöter (Sphex) befragen und mich dem schwierigen Zwiegespräch hingeben können, in dem Frage und Antwort sich des Experiments als Sprache bedienen. Dort würde ich, ohne zeitraubende weite Unternehmungen und ohne beschwerliche Wege, die die Aufmerksamkeit schwächen, meine Angriffspläne entwerfen, meine Fallen stellen und die Wirkungen täglich und stündlich verfolgen können. Hoc erat in votis; ja, dies war mein stets gehegtes Verlangen, mein Traum, der sich immer in eine nebelhafte Zukunft verflüchtigte.

Man darf ja auch gar nicht daran denken, sich ein Laboratorium im freien Felde zu gönnen, so lange man dem Zwang der schrecklichen Sorge ums tägliche Brot unterworfen ist. Vierzig Jahre lang habe ich unerschütterlichen Mutes gegen die armseligen Nöte des Lebens gekämpft, und endlich ist das so heiß ersehnte Laboratorium doch gekommen. Was mich dies an Beharrlichkeit, an harter Arbeit gekostet hat, will ich nicht auszuführen versuchen. Es ist gekommen, und mit ihm, als besonders wichtig, vielleicht ein wenig Muße. Ich sage „vielleicht“, denn ich schleppe immer noch am Bein einige Ringe von der Kette des Sträflings. Der Wunsch ist in Erfüllung gegangen. Es ist etwas spät, ach, meine schönen Insekten! und ich fürchte beinahe, daß mir der Pfirsich erst dargeboten werde, nachdem mir die Zähne zu fehlen beginnen, um ihn zu essen. Ja, es ist etwas spät: die weiten Horizonte der Jugend sind zu einer niedrigen, drückenden Wölbung geworden, die von Tag zu Tag sich mehr herabsenkt. Nichts aus der Vergangenheit zurücksehnend, außer den verlorenen Lieben, nichts zurückwünschend, nicht einmal meine zwanzig Jahre, und noch weniger etwas hoffend, befinde ich mich auf dem Punkte, wo man sich, gebrochen durch die Erfahrung der Dinge, fragt, ob es wohl der Mühe lohnt zu leben.

Inmitten der mich umgebenden Ruinen ist jedoch ein Stück Mauerwerk auf seiner festen Grundlage unerschütterlich stehen geblieben; dies ist meine Liebe zur wissenschaftlichen Wahrheit. Genügt dies, o meine geschickten Hautflügler, um den Versuch zu unternehmen, in gebührender Weise noch einige Seiten eurer Geschichte hinzuzufügen; werden die Kräfte den guten Willen nicht im Stich lassen? Meine Freunde, die auch die euren sind, haben es mir oft vorgeworfen, euch so lange beiseite gelassen zu haben, allein das war weder Vergeßlichkeit noch Müdigkeit von mir. Ich dachte an euch; es stand bei mir fest, daß die Höhle der Knotenwespe (Cerceris) uns noch schöne Geheimnisse zu enthüllen habe, daß die Jagd des Raupentöters uns neue Überraschungen bringen werde. Allein mir mangelte die Zeit; ich stand allein in meinem Kampfe gegen

*) Dies gehörte zu meinen Wünschen. Horaz: Satiren II. 6. 1.

das Mißgeschick, und vor dem Philosophieren muß man leben. Saget ihnen dies, dann werden sie mich entschuldigen.

Andere werfen mir meine Schreibweise vor, die nicht genügend feierlich – sagen wir lieber: akademisch trocken wäre. Sie besorgen, daß eine Seite, die man ohne zu ermüden lesen kann, nicht immer der Ausdruck der Wahrheit sei. Wenn man ihnen Glauben schenken wollte, dann wäre es nicht möglich, gründlich zu sein ohne Dunkelheit. Ihr Insekten alle, ihr Stachelträger, und ihr, die ihr mit Flügeldecken gepanzert seid, übernehmt ihr meine Verteidigung und bezeugt zu meinen Gunsten, in welcher Vertraulichkeit ich mit euch lebe, mit welcher Geduld ich euch beobachte, und mit welcher Gewissenhaftigkeit ich eure Handlungen aufzeichne. Ich gebe keine gelehrten Formeln, sondern berichte genau die beobachteten Tatsachen, nicht mehr und nicht weniger, und wer euch nach mir befragen wird, der wird die gleichen Antworten erhalten.

Und dann, meine teuren Insekten, wenn ihr jene braven Leute nicht überzeugen könnt, weil ihr das Gewicht des Langweiligen nicht habt, dann werde ich ihnen meinerseits sagen: Ihr zerstückelt das Tier, und ich studiere es, während es lebt; ihr macht einen Gegenstand des Schreckens und des Mitleids aus ihm, und ich mache, daß man es lieb gewinnt; ihr arbeitet in einer Folterkammer, ich beobachte unter dem blauen Himmel, beim Gesange der Zikaden; ihr unterwerft die Zelle und das Protoplasma den Reagentien, ich studiere den Instinkt in seinen höchsten Kundgebungen; ihr erforscht den Tod, ich erforsche das Leben. Und ferner: wenn ich zwar für die Gelehrten schreibe und für die Philosophen, die einst das schwer zu lösende Problem des Instinkts ins klare zu bringen suchen werden, so schreibe ich auch, und zwar in erster Linie für die Jungen, denen ich Liebe einflößen möchte zu jener Naturgeschichte, die man ihnen von anderer Seite verhaßt macht.

Jedoch um diese Sachen handelt es sich gegenwärtig nicht: ich will ja von dem Stückchen Landes berichten, das ich in meinen Zukunftsplänen so oft mir wünschte, um daraus ein Laboratorium lebendiger Entomologie zu machen, und das ich nun endlich in der Einsamkeit eines kleinen Dorfes erhalten habe*). Es ist dies ein harmas. Mit diesem Namen bezeichnet man bei uns auf dem Lande eine unangebaute, steinige Fläche, die der Thymian überwuchert. Der Boden ist zu mager, um die Arbeit des Pfluges zu lohnen; Schafe weiden im Frühjahr dort, wenn es zufällig geregnet hat und etwas Pflanzenwuchs hervorsprießt. Mein „harmas" jedoch hat, wegen dem bißchen roter Erde, die zwischen dem massenhaften Gestein fast verschwindet, einen Anfang von Kultur erhalten: ehemals gab es Weinreben darauf, wie man sagt. Und in der Tat werden beim Ausheben von Gruben zum Anpflanzen einiger Bäume hier und dort halbverkohlte Reste jener kostbaren Stümpfe bloßgelegt. Die dreizackige Forke, das einzige Kulturwerkzeug, das in einen solchen Boden einzudringen vermag, ist also darüber hingegangen, und ich bedauere dies sehr, denn die ursprüngliche Vegetation ist dadurch verschwunden. Keine Spur mehr von Thymian, von Lavendel, keine Büsche von Kermeseichen. Wie nützlich könnten mir diese Pflanzen sein, zumal die beiden ersteren, indem sie den Hautflüglern Honig böten; ich bin daher genötigt, sie auf dem Gelände wieder einzusetzen, von dem die Forke sie vertrieben hat.

Im Überfluß dagegen sind ohne mein Zutun alle die Pflanzen vorhanden, die jeden Boden überwuchern, den man erst umgegraben hat, um ihn dann lange Zeit sich selber zu überlassen. Vor allem gibt es dort Quecken, diese abscheuliche Grasart, die ein erbitterter dreijähriger Kampf noch nicht völlig wieder auszurotten vermocht hat. Dann kommen der Zahl nach die Centaureen oder Flockenblumen, alle störrisch aussehend, umstarrt von Stacheln oder sternförmigen Hellebarden; so die Sommerwende-Flockenblume, die Berg- und die distelartige Flockenblume, von denen die erstgenannte vorherrschend ist. Hier und dort erhebt sich aus ihrem unentwirrbaren Durcheinander, wie ein

*) Die Heimat Fabres ist Südfrankreich; nachdem er lange an Lehranstalten in Avignon und Orange tätig war, lebt er jetzt ausschließlich seinen Insektenbeobachtungen auf einer ländlichen Besitzung bei dem Dörfchen Sérignan.
Anm. d. Übers.

Kandelaber mit großen orangefarbigen Blüten als Flamme, die wilde spanische Golddistel, deren Stacheln so stark wie Nägel sind. Sie wird überhöht von der illyrischen Krebsdistel, deren Schaft ein bis zwei Meter hoch sich erhebt und in einer purpurroten Blumenkrone endigt. Nicht zu vergessen die wilde Kratzdistel, die so wohlbewehrt ist, daß der Sammler nicht weiß, wo er sie anfassen soll; dann die lanzettliche Kratzdistel, deren Blattrippen in Lanzenspitzen endigen, und andere Arten. In den Zwischenräumen klettern am Boden hin die langen, mit Haken besetzten Ranken der Brombeere, die blauschwarze Früchte tragen. Wenn man dieses dornige Dickicht besuchen will, in dem die Hautflügler Honig sammeln, muß man hohe Stiefel anziehen, die noch den halben Oberschenkel bedecken, oder sich auf blutige Risse gefasst machen. Solange der Boden noch einige Reste der Frühjahrsregen bewahrt, entbehrt diese wilde Vegetation nicht eines gewissen Reizes, wenn aber der Sommer mit seiner Dürre kommt, dann hat man eine trostlose Fläche vor sich, die die Flamme eines Zündhölzchens vom einen Ende bis zum anderen in Brand setzen würde. Dies ist, oder dies war vielmehr bei meiner Besitznahme das köstliche Eden, wo ich seitdem die Insekten beobachte. Vierzig Jahre eines Ringens bis aufs äußerste haben es mir verschafft.

Ich nannte es ein Eden, und im Hinblick auf das von mir verfolgte Ziel ist der Ausdruck wohl am Platze. Dieses verwünschte Land, dem niemand eine Handvoll Samenkörner anvertrauen mochte, bildet ein Paradies für die Hymenopteren. Seine mächtige Vegetation von Disteln und Flockenblumen lockt sie mir alle aus der Runde herbei. Nie zuvor sah ich bei meinen entomologischen Streifzügen eine solche Menge von ihnen auf einem Punkte vereinigt; alles, was zu ihrer Sippe gehört, gibt sich hier ein Stelldichein. Man findet dort Jäger, die allen Arten von Wild nachstellen, Insekten, die Erdbauten ausführen, und solche, die Stoffe weben, andere, die aus Blättern Stücke schneiden oder aus Blumenkronen, ferner in der Pappenmacherkunst Erfahrene, Gipser, die Ton als Mörtel verwenden, Zimmerleute, die das Holz anbohren, Minierer, die unterirdische Galerien aushöhlen, und was weiß ich sonst noch.

Was ist dies für ein Insekt? Es ist eine Kugel- oder Wollbiene (Anthidium); sie kratzt den wie mit Spinnweben bedeckten Stengel der Sommerwende-Flockenblume ab und bringt ein Bällchen Wolle zusammen, das sie stolz am Ende ihrer Mandibeln davonträgt. Unter der Erde wird sie daraus Säckchen von verfilzter Watte herstellen, um darin einen Vorrat von Honig und das Ei einzuschließen. – Und jene anderen, die so eifrig aus den Blumen einsammeln? Es sind Blattschneider (Megachile), die unter dem Bauch schwarze, weiße oder feuerrote Sammelhaare tragen. Wenn sie die Disteln verlassen, suchen sie benachbarte Sträucher auf, um aus deren Blättern ovale Stücke herauszuschneiden, die sie dann, tütenartig gebogen, heimtragen, um in ihrer Höhle einen kleinen Fingerhut daraus zu machen, der mit Honig gefüllt und mit einem Ei beschenkt wird. – Und die dort, die in schwarzen Samt gekleidet sind? Es sind Mörtelbienen (Chalicodoma), die ihre Wohnungen aus feinen, durch Speichel fest verbundenen Sandkörnchen herstellen. An den großen Kieseln des „harmas" werden wir ihre Bauten unschwer finden. – Dann wieder jene, die lärmend summen bei ihrem hastigen Fluge? Pelzbienen (Anthophora) sind's, die in den Löchern alter Mauern und in sonnigen Abhängen der Nachbarschaft ihre Nester bauen.

Hier gewahren wir auch die Mauerbienen (Osmia). Eine schichtet gerade ihre Zellen in der Spirale eines leeren Schneckengehäuses übereinander; eine andere bohrt das Mark aus dem trockenen Stück eines Brombeerastes und erhält dadurch ein zylindrisches Logis für ihre Larven, das sie durch eingefügte Zwischenwände in Stockwerke abteilt; eine dritte benützt den natürlichen Kanal eines abgeschnitten am Boden liegenden Schilfrohrs; eine vierte nimmt die von ihr verlassen vorgefundenen Galerien irgend einer andern Blumenwespe in Beschlag. Dort Hornbienen oder Langhörner (Macrocera und Eucera longicornis L.), deren Männchen stattliche Hörner tragen; rauhfüßige Bürsten- oder Hosenbienen (Dasypoda plumipes Panz. = D. hirtipes), die als Sammelwerkzeug an den Hinterbeinen einen Haarpinsel haben; hier die an Arten reichen Erd- oder Sandbienen (Andrena). Diese Namen

mögen genügen, denn wenn ich alle Gäste meiner Disteln aufzählen wollte, so könnte ich nahezu die ganze honigerzeugende Sippe hier Revue passieren lassen. Ein gelehrter Entomolog, Professor Pérez in Bordeaux, dem ich meine Funde zur Benennung vorlegte, fragte mich, ob ich besondere Mittel für die Jagd besäße, um ihm soviel Seltenheiten, ja sogar Neuheiten zusenden zu können. Nun bin ich aber gar kein besonders erfahrener Jäger und noch weniger ein eifriger, da das Insekt in seiner Tätigkeit mich viel mehr interessiert, als wenn es auf dem Boden einer Schachtel aufgespießt ist. Alle meine Jagdgeheimnisse sind auf meine buschige Pflanzschule von Disteln und Centaureen zurückzuführen.

Ein besonders glücklicher Zufall hat nun dieser zahlreichen Familie von Honigsammlern das Völkchen der Jäger zugesellt. Für die geplante Aufführung einer Umfassungsmauer hatten die Maurer auf meinem Grundstück hier und dort große Haufen von Sand und von Steinen verteilt. Da die Arbeiten sich in die Länge zogen, wurden diese Materialien vom ersten Jahre an von den Insekten in Besitz genommen. Die Mörtelbienen wählten sich die Zwischenräume der Steine als Schlafgemächer, um dort in dicht zusammengedrängten Gruppen die Nacht zuzubringen. In einem Loch lauerte die kräftige Mauereidechse dem vorbeikommenden Mistkäfer auf, während der graue Steinschmätzer, auf dem höchsten Steine sitzend, sein Liedchen sang.

Die Sandhaufen gewährten einer anderen Bevölkerung Zuflucht. Die Wirbelwespen (Bembex) legten darin durch Scharren ihre Nester an. Der Raupentöter (Sphex) von Languedoc schleppte an den Fühlern eine Heuschrecke dorthin; eine Lehmwespe (Stizus) kellerte dort ihre Konserven von Zikadellen ein. Alle diese Jäger verschwanden zu meinem Bedauern, als die Maurer den Sand verbraucht hatten, doch brauche ich nur neue Haufen hinschaffen zu lassen, um sie sofort zurückzurufen.

Nicht verschwunden sind nach der Umgestaltung des Grundstücks die Sandwespen (Ammophila), von denen ich die einen im Frühjahr, die andern im Herbst über den Gartenwegen und zwischen den Rasenflächen auf der Suche nach irgendeiner Raupe herumfliegen sehe, und die muntern, mit den Flügeln schlagenden Wegwespen (Pompilus), welche die verborgenen Schlupfwinkel nach Spinnen durchstöbern. Die größte Art von ihnen belauert die Tarantel (Lycosa narbonensis Latr.), deren Erdlöcher in meinem „harmas“ nicht selten sind. – An heißen Sommernachmittagen ziehen die Amazonenameisen (Polyergus rufescens Latr.) aus ihren Erdnestern in langen Bataillonen weithin auf die Sklavenjagd. Langsam fliegen die 4 cm langen Dolchwespen (Scolia) um einen Haufen von faulendem Kräuterwerk und versenken sich in die Pflanzenerde, angelockt durch reichliches Wild: die Larven von Blatthörnern (Lamellicornia), Nashornkäfern (Oryctes nasicornis L.) und Rosenkäfern (Cetonia).

Wie viele Gegenstände des Studiums, und noch immer ist ihre Zahl nicht erschöpft! Das Wohnhaus, bei dem dieses Grundstück liegt, war ebenso verlassen wie das Gebäude. Als die Menschen fortzogen und die Ruhe gesichert war, kamen die Tiere herbei und ergriffen Besitz von allem. Die Grasmücke nahm ihren Wohnsitz in den Syringen; der Grünling ließ sich unter dem dichten Schutzdach der Zypressen nieder; der Sperling trug Läppchen und Strohhalme unter die Dachziegel; im Gipfel der Platanen zwitschert der Zeisig des Südens, dessen molliges Nest nicht größer ist als die Hälfte einer Aprikose; abends lässt die Zwergohreule ihren einförmigen Ruf erschallen und klagt der Steinkauz. Vor dem Hause ist ein großes Bassin, gespeist von der Wasserleitung, die den Brunnen des Dorfes das Wasser liefert. Dorthin begeben sich aus einem Umkreis von einem Kilometer die Batrachier in ihrer verliebten Jahreszeit. Die 6 bis 7 cm langen Kreuzkröten, mit hellgelbem Längsstreifen auf dem Rücken, geben sich dort ein Stelldichein, um ihr Bad zu nehmen; wenn die Dämmerung hereinbricht, sieht man an den Rändern die Geburtshelferkröten herumhüpfen, bei denen das Männchen die befruchteten Eierschnüre auf dem Rücken trägt, bis die Embryonen hinreichend entwickelt sind. Dann bringt es sein kostbares Paket ins Wasser und schlüpft hierauf unter irgend einen Stein, von wo es seine Stimme wie das Klingen eines Glöckchens

vernehmen läßt. Wenn die Laubfrösche nicht im Gezweig der Bäume quaken, führen sie zierliche Tauchsprünge ins Wasser aus. Sobald im Mai die Nacht anbricht, wird daher das Bassin zu einem betäubenden Orchester. Man kann kein Wort verstehen, wenn man im Hause bei Tische sitzt, und ebensowenig schlafen. Es mußte Abhilfe geschaffen werden durch Maßregeln, die vielleicht etwas zu streng waren. Allein was blieb anderes übrig? Wer schlafen will, und dies nicht kann, der wird wütend.

Die noch kühneren Hautflügler haben sich sogar der Wohnung bemächtigt. Vor meiner Schwelle nistet in einem Schutthaufen der weißdurchschnittene Raupentöter (Sphex albisectus Lep. et Serv.); wenn ich ins Haus gehe, muß ich mich in acht nehmen, um seine Erdhöhlen nicht zu beschädigen und den ganz in seine Arbeit versunkenen Minierer nicht zu zertreten. Es ist wohl ein Vierteljahrhundert her, seitdem ich diesen ungestümen Grillenjäger nicht mehr gesehen habe. Als ich zuerst seine Bekanntschaft machte, mußte ich jedesmal mehrere Kilometer weit in der glühenden Augusthitze wandern, um ihn zu besuchen; heute finde ich ihn unmittelbar vor meiner Tür wieder. Die Fensternische liefert dem Spinnentöter (Pelopoeus) eine behaglich warme Wohnstätte. Er klebt sein aus Erde gemauertes Nest an den Stein und benutzt, um von außen dorthin zu gelangen, ein Loch, das sich zufällig in dem geschlossenen Fensterladen befindet. Auf den Stäben der Jalousien bauen einige vereinzelte Mörtelbienen (Chalicodoma) ihre Zellen, während auf der Innenseite der halbgeöffneten Läden eine Pillenwespe (Eumenes) ihre kleine Kuppel aus Lehm anbringt, die oben ein kurzer, sich ausweitender Hals überragt. Die gemeine Wespe (Vespa vulgaris L.) und die Papierwespe (Pollistes gallicus L.) sind meine Tischgenossen; sie kommen auf die Tafel geflogen, um nachzusehen, ob die aufgetragenen Trauben auch gut reif sind.

An diesen Insekten, die ich noch bei weitem nicht sämtlich namhaft gemacht habe, besitze ich eine ebenso zahlreiche wie gewählte Gesellschaft. Meine alten Freunde aus früherer Zeit, andere von neuerer Bekanntschaft, alle sind sie da, in nächster Nähe jagend, Honig sammelnd und bauend. Wenn es übrigens nötig wird, die Beobachtungsorte zu wechseln, so ist nur wenige hundert Schritte von meiner Besitzung entfernt der Berg mit seinen Gebüschen von Erdbeerbäumen, von Zistrosen und Baumheide; mit seinen sandigen Hängen, die die Wirbelwespe (Bembex) liebt, und seinen Mergelböschungen, die verschiedene Hymenopteren zu ihren Bauten benützen. Weil ich diesen Reichtum an Insekten vorhersah, vertauschte ich die Stadt mit dem Dorfe und ließ mich in Sérignan nieder.

Mit großen Kosten gründet man an unsern ozeanischen und Mittelmeerküsten Laboratorien für das Studium der Meeresfauna, aber man verachtet die kleinen Landkerfe, die in fortwährender Beziehung zu uns stehen, die für die allgemeine Psychologie unschätzbare Urkunden liefern, und die oft genug durch ihre Verheerungen das Nationalvermögen schädigen. Wann werden wir endlich ein Laboratorium der Entomologie erhalten, in dem man nicht das tote, sondern das lebendige Insekt studiert: den Instinkt, die Gewohnheiten, die Lebensweise, die Arbeiten, die Kämpfe und die Fortpflanzung dieser kleinen Welt, mit der die Landwirtschaft und die Philosophie sehr ernstlich zu rechnen haben? Gründlich die Geschichte des Verwüsters unsrer Weinberge zu kennen, wäre vielleicht wichtiger, als zu wissen, wie diese oder jene Nervenfaser eines Rankenfüßers endigt; durch Versuche die Grenze zwischen Intelligenz und Instinkt festzustellen, durch Vergleichungen in der zoologischen Reihenfolge darzutun, ob die menschliche Vernunft eine nicht weiter erklärbare Fähigkeit ist oder nicht, dies alles erscheint mir wichtiger als die Zahl der Fühlerringe eines Krebstieres. Um jene so hochwichtigen Fragen zu beantworten, wäre ein Heer von Arbeitern notwendig, allein es geschieht nichts. Die Mollusken und die Zoophyten sind in der Mode; die Tiefen der Meere werden erforscht mittels eigens dazu konstruierter Werkzeuge, – der Boden unter unsern Füßen bleibt unbekannt. Darauf wartend, ob die Mode wechseln wird, eröffne ich das für die lebendige Insektenkunde bestimmte Laboratorium des „harmas“, das den Geldbeutel der Steuerzahler keinen Pfennig kosten soll.

Totengräber bei der Arbeit.

I.

Am Wege liegt ein Maulwurf, dem die Schippe des Bauern den Leib aufgeschlitzt hat; an einer andern Stelle hat der Steinwurf eines unbarmherzigen Knaben eine Eidechse getötet, die soeben erst ihr grünes Perlenkleid angelegt hatte. Ein Wandersmann glaubte etwas Verdienstliches zu tun, indem er einer harmlosen Ringelnatter den Kopf zertrat; ein Windstoß entführte ein noch federloses Vögelein seinem Neste. Was wird aus diesen kleinen Kadavern und so vielen andern kläglichen Abfällen des Lebens? Daß sie unsere Augen und Nasen nicht allzu lange beleidigen, dafür sorgt stets eine ganze Legion kleiner, mit der Hygiene des Feldes betrauter Wesen.

Zuerst eilt als eifriger Flibustier die Ameise herbei und beginnt das Abschneiden von Stückchen; dann lockt der Geruch die Fliegen herbei, und gleichzeitig rücken auch schon in ganzen Rotten – man weiß nicht, woher sie kommen – die platten Aaskäfer an, die schillernden Goldkäfer, die Pelzkäfer und Staphylinen, alle eifrig bohrend und wühlend, so daß der bösen Ausdünstung bald Einhalt getan wird. Wenn wir im Frühjahr, unsern Ekel überwindend, einen toten Maulwurf mit dem Fuße umwenden, so wimmelt es darunter von Arbeitern, die wir aufscheuchen. Erschrocken flüchten die schwarzglänzenden Aaskäfer (Phosphuga-Silpha atrara L.) und ducken sich in eine Bodenritze; Saprinen (Saprinus), deren metallischer Glanz in der Sonne funkelt, trippeln schleunigst davon; die Speckkäfer (Dermestes lardarius L.) mit ihren hellbraunen, schwarzpunktierten Pelerinen wollen gleichfalls sich aus dem Staube machen, stürzen jedoch, trunken von der Jauche, über den Haufen und zeigen das leuchtende Weiß ihrer Unterseite, das so lebhaft mit dem Dunkel ihres übrigen Körpers kontrastiert. Und was machten sie alle dort, die mit so fieberhaftem Eifer tätig waren? Sie bearbeiteten Totes zugunsten des Lebens; sie wandeln die für uns gefährlichen faulenden Körper in unschädliche, befruchtende Erzeugnisse um, sie saugen die Kadaver aus, bis sie trocken, und ruhen nicht eher, als bis sie völlig unschädlich sind.

Der größte und stärkste unter diesen Reinigern des Bodens ist der gemeine Totengräber (Necrophorus vespillo L.), der sich durch seine Größe, seine Zeichnung wie durch seine Gewohnheiten von dem geringeren Pöbel der Aaskäfer auffällig unterscheidet. Um seine wichtige Tätigkeit anzuzeigen, hat er einen Moschusgeruch; er trägt einen rotgelben Knopf an der Spitze der Fühler, ein gelbes Halsschild und über die Flügeldecken zwei orangenfarbene Binden bei im übrigen schwarzer Grundfarbe. Er ist kein anatomischer Prosektor, der einen Kadaver öffnet und das Fleisch mit dem Seziermesser seiner Kiefer abtrennt, sondern im eigentlichen Wortsinne ein Totengräber, ein Bestatter. Während die andern Aas- und Moderkäfer sich an dem bearbeiteten Stück ätzen, ohne übrigens die Familieninteressen zu vernachlässigen, berührt er, der sich mit wenigem ernährt, seinen Fund kaum zu eigenen Gunsten; er bestattet ihn mit Haut und Haar an Ort und Stelle, in einem Grabe, worin die Beute, dazu reif geworden, die Nahrung seiner Larven wird. Er scharrt sie ein, um seine Eier daran zu legen.

Mit seinen bedächtigen, fast schwerfälligen Bewegungen ist der Totengräber doch ungemein flink in seiner Arbeit. Binnen wenigen Stunden verschwindet ein im Verhältnis zu seinem eigenen Kör- ist der Totengräber der erste unter den kleinen Wesen, die zur Verbesserung der Gesundheitsbedingungen im freien Felde beitragen. Er gilt aber auch für ein besonders intelligentes Insekt, von dem

2 4 5 10 12
1 8 11
3 6 7 9 3 13

Aasinsekten und tote Zauneidechse (Lacerta agilis L.). Naturaufnahme von H. Fischer.

1. Speckkäfer (Dermestes lardarius L.) von unten. 2. Speckkäfer von oben. 3. Rothalsiger Aaskäfer (Oeceoptoma thoracicum). 4. Aaskäfer (Blitophaga undata Müll.). 5. Schmeißfliege (Calliphora vomitoria L.). 6. Xylodrepa quadripunctata Schreb. 7. Silpha obscura L. 8. Hister quadrimaculatus L. 9. Stinkender Moderkäfer (Goërius olens Müll.). 10. Graue Fleischfliege (Sarcophaga carnaria L.). 11. Sarcophaga albiceps Mg. 12. Lucilia caesar L. 13. Geotrupes stercorosus Scriba.

per ungeheuer großes Stück, ein Maulwurf beispielsweise, wie von der Erde verschlungen, und als einzige sichtbare Spur seiner Wirksamkeit bleibt ein schwacher Bodenaufwurf als Grabhügel an der Bestattungsstelle. Mit dieser hurtigen Schaffensweise man behauptet, daß seine geistigen Fähigkeiten denen der in dieser Beziehung am höchsten stehenden Hautflügler, der Bienen, Wespen und Ameisen, gleichkämen. Wir gedenken diese Frage gesondert zu untersuchen; vorderhand beschränken wir uns

darauf, den Totengräber bei seiner Arbeit zu beobachten. Dabei dürfen wir uns jedoch nicht mit solchen Beobachtungen begnügen, die uns etwa ein günstiger Zufall ermöglicht, sondern wir müssen eine genügende Anzahl jener Kerfe in einer Voliere unterbringen, wo wir sie stets besuchen und studieren können. Nun ist jedoch meine südfranzösische Heimat, das Land der Oliven, nicht reich an Totengräbern. Soweit mir bekannt, kommt nur eine einzige Art vor, der Necrophorus vestigator, Hersch., und auch diese ist ziemlich selten. Früher brachte ich auf meinen Streifzügen nie mehr als drei oder vier im Frühjahr zusammen, während zu den vorhin erwähnten Untersuchungen doch mindestens ein Dutzend nötig ist. Ich erhielt die gewünschte Anzahl, indem ich mich mit einem Gärtner in Verbindung setzte, der mir die von ihm getöteten Maulwürfe zuschickte, die ich dann in meinem Gehege als Köder zwischen Rosmarin, Erdbeerbäumen und Lavendel auslegte. Der Verwesungsgeruch übte sehr bald seine Wirkung aus; die in der Umgegend befindlichen Totengräber kamen herbeigesummt, so daß die Anzahl der für meine Untersuchungen zur Verfügung stehenden Käfer sich zuletzt auf vierzehn belief. Bevor wir jedoch die dabei erzielten Ergebnisse berichten, verweilen wir zuvor einen Augenblick bei den normalen Arbeitsbedingungen der Totengräber.

Dieses Insekt wählt sich nicht sein Stück Wildbret aus, indem es dieses seinen Kräften anpaßt, wie das z. B. die Raubwespen tun, sondern nimmt es, wie der Zufall es ihm bietet. Unter seinen glücklichen Funden gibt es kleine, wie Spitzmäuse, mittlere, wie Feldmäuse, und ganz große, wie Maulwürfe, Ratten und Schlangen, deren Bestattung die Kraft eines einzelnen Totengräbers bei weitem übersteigt. In den meisten Fällen ist ein Fortschaffen ganz ausgeschlossen, so sehr übertrifft die Last die verfügbare bewegende Kraft. Eine ganz geringfügige Ortsveränderung durch Schieben mit dem Rükken der Insekten ist alles, was sich ermöglichen läßt. Sandwespen und Sand-Knotenwespen, Raupentöter und Wegwespen machen ihre Erdhöhlen dort, wo es ihnen gut dünkt; sie bringen ihre Beute fliegend dorthin oder schleppen sie, wenn sie zu schwer ist, auf dem Boden nach der betreffenden Stelle. Diese Erleichterungen kann sich der Totengräber nicht verschaffen; unfähig, den im Verhältnis riesigen Kadaver zu transportieren, muß er das Grab dort aushöhlen, wo der tote Körper liegt. Diese Stelle kann sich nun in leichtem Boden wie in steinigem Erdreich befinden; die Erde ist einmal frei von Pflanzenwuchs, in einem andern Fall von Rasen bedeckt oder gar von dem unentwirrbaren Netz der schnurartigen Queckenwurzeln durchzogen. Oft geschieht es auch, daß der von der Schippe des Gärtners getötete und fortgeschleuderte Maulwurf auf niederes Strauchwerk zu liegen kommt, das den Körper einige Zoll über dem Boden festhält.

Diese so verschiedenartigen Schwierigkeiten der Bestattung lassen von vornherein darauf schließen, daß der Totengräber keine ein für allemal feststehende Methode für den Gang seiner Arbeit haben kann. Allen Zufälligkeiten ausgesetzt, muß er die Fähigkeit besitzen, seine Taktik in den Grenzen seiner schwachen Beurteilungsgabe zu ändern. Sägen, brechen, losmachen, emporziehen, von der Stelle rücken – das sind lauter Mittel, die der Totengräber im Notfall anwenden muß. Wäre ihm das nicht möglich, müßte er immer gleichmäßig verfahren, dann würde das Insekt nicht fähig sein, die Hantierung zu betreiben, für die es bestimmt ist.

Man sieht schon hieraus, wie unklug es sein würde, Schlußfolgerungen aus einer einzelnen Handlung zu ziehen, bei der wir vernunftgemäße Kombinationen, vorüberlegte Absichten wahrzunehmen glauben. Jeder Akt des Instinkts hat zweifellos seine bestimmte Ursache; ist das Tier aber imstande, vorher seine Zweckmäßigkeit zu beurteilen? Beginnen wir zunächst damit, uns genaue Kenntnis von dem Ganzen der Arbeit zu verschaffen, fügen wir eine Tatsache zur andern, dann ist es uns vielleicht vergönnt, die Frage zu beantworten.

Ein Wort zuvor über die Ernährung. Als allgemeine Gesundheitspolizei verschmäht der Totengräber keinen toten Körper, der in Fäulnis überzugehen beginnt. Ob das Tier Federn oder Haare hat, gilt ihm gleich, wenn das Stück seine Kräfte nur nicht übersteigt. Er benutzt den Frosch und die Schlange mit gleichem Eifer. Ohne Zögern nimmt er

auch ungewöhnliche Fundstücke hin, die seiner Rasse bis dahin zweifellos fremd waren; so z. B. einen gewissen roten Fisch, eine chinesische Dorade (Coryphaena hippurus L.), die in meiner Voliere sofort als ausgezeichneter Bissen betrachtet und in gewohnter Weise bestattet wurde. Auch geschlachtetes Fleisch, ein Hammelkotelett oder ein Stück von einem Beefsteak, wenn sie nur genügenden Wildgeruch von sich geben, werden nicht verachtet. Kurzum, der Totengräber kennt keinerlei ausschließliche Bevorzugung; er schafft alles in die Grube, was verdorben ist.

Die Unterhaltung seiner Industrie bietet durchaus keine Schwierigkeit. Wenn dieses Wild mangelt, so kann es durch jedes andere, das gerade zur Verfügung ist, ersetzt werden. Man hat auch keine Scherereі mit der Unterbringung. Es genügt eine große glockenförmige Stürze aus Metall, die auf einer tiefen, bis zu Rand mit frischem, festgeschütteltem Sand gefüllten Schüssel ruht. Um die Katzen abzuhalten, die der Aasgeruch ebenfalls anlockt, müssen die Versuche in einem mit Draht vergitterten Raum stattfinden.

Gehen wir nun ans Werk. Der Maulwurf liegt in diesem abgeschlossenen Raum mitten auf dem Boden; das weiche und ganz gleichmäßige Erdreich bietet die besten Vorbedingungen für eine leichte Arbeit. Vier Totengräber, drei Männchen und ein Weibchen, sind zur Stelle und halten sich, dem Beobachter unsichtbar, zusammengekauert unter dem Kadaver, der von Zeit zu Zeit wieder Leben zu erhalten scheint, wenn er von unten nach oben durch den Rücken der Arbeiter in Bewegung gesetzt wird. Wer nicht wüßte, was da vorgeht, könnte wohl überrascht sein, wenn er das tote Tier sich bewegen sieht. Dann und wann kommt einer der Gräber, fast immer ein Männchen, hervor und macht die Runde um das Tier, das er genau untersucht, indem er in seinem Pelz herumwühlt. Geschäftig verschwindet er dann wieder, kommt abermals hervor, unterrichtet sich von neuem und schlüpft unter den Körper.

Die Schwankungen beginnen von neuem, der Kadaver zittert und regt sich, während ein unter ihm hervorquellender Erdwulst sich ringsherum legt. Durch sein eigenes Gewicht und durch die Anstrengungen der unter ihm tätigen Grabarbeiter sinkt der Maulwurf nach und nach in den unterwühlten Boden ein. Bald bewegt sich dann auch die nach außen gedrängte Erde unter dem Druck der unsichtbaren Arbeiter, stürzt von oben in die Öffnung und bedeckt den Körper. Es ist ein heimliches Begräbnis. Der Kadaver scheint ganz von selbst zu verschwinden, als ob er in einer flüssigen Umgebung verschluckt würde. Noch lange dauert dieses Niedersinken fort, bis die Tiefe genügend scheint.

Im ganzen eine einfache Arbeit: in dem Maße, wie die Grabarbeiter den leeren Raum vertiefen, in den der Kadaver ohne ihre Mitwirkung hineingleitet, füllt sich auch das Grab von selbst durch den bloßen Einsturz der erschütterten Erde. Gute Schaufeln an den Beinen, starke Rücken, um eine kleine Erderschütterung hervorbringen zu können – mehr braucht man nicht zu einem solchen Geschäft. Sehr wichtig ist aber ferner die Kunst, den Kadaver durch fortgesetzte Stöße auf einen geringen Umfang zu bringen, damit er nötigenfalls auch schwierige Durchgänge überwinden kann. Wir werden später sehen, daß diese Kunstfertigkeit eine Hauptrolle in der Industrie der Totengräber spielt.

Wenn der Maulwurf auch bereits in der Erde verschwunden ist, so ist er doch damit noch lange nicht seiner Bestimmung zugeführt. Lassen wir die Totengräber ihr Geschäft zu Ende bringen. Das, was sie zunächst unter der Erde tun, ist nur eine Fortsetzung von dem, was sie oberirdisch trieben, und würde uns nichts Neues zeigen. Warten wir zwei oder drei Tage.

Öffnen wir alsdann die Verwesungsstätte, um sie zu besichtigen, so ist der Maulwurf ein scheußliches, grünliches, fauliges, haarloses Ding geworden, das zu einer Art rundlicher Speckschnitte zusammengeschrumpft ist. Er muß eine sehr zweckentsprechende Handhabung erfahren haben, um in solcher Weise auf geringeren Umfang zusammengepreßt zu werden, ähnlich wie ein Stück Geflügel unter der Hand der Köchin, und besonders, um so völlig seine Behaarung zu verlieren. Geschieht das mit Rücksicht auf die Larven, die das Haar hindern könnte, oder fällt dieses einfach infolge der Fäulnis aus? Ich bin darüber nicht im klaren, jedenfalls fand

ich bei allen Ausgrabungen die behaarten Tiere haarlos und die gefiederten ohne Federn, bis auf die Steuer- und die Schwanzfedern. Dagegen behalten Reptile und Fische ihre Schuppen.

Doch kehren wir zu dem in ein unkenntliches Ding umgewandelten Maulwurf zurück. Er ruht in einer geräumigen Gruft mit festen Wänden und ist bis auf den in Flocken aufgelösten Pelz unberührt; die Grabarbeiter haben ihn nicht angeschnitten. Das Stück ist das Erbteil der Nachkommen, keine Nahrung für die Eltern, die für ihren Unterhalt höchstens einige Mundvoll der aussickernden Jauche vorwegnehmen. Neben dem Stück, das sie überwachen und durchkneten, befinden sich zwei Totengräber, ein Pärchen, nicht mehr. Vier haben beim Vergraben zusammengearbeitet, – wohin sind die beiden andern, zwei Männchen, geraten? Ich finde sie in einiger Entfernung im Boden zusammengekauert, fast an der Oberfläche.

Diese Wahrnehmung steht nicht vereinzelt da. Jedesmal, wenn ich einem Begräbnis durch eine Anzahl von Totengräbern beiwohne, in der die Männchen in der Überzahl sind, finde ich nach beendigter Arbeit, bei der alle den gleichen Eifer entwickelten, bloß ein Paar in der Totenkammer. Nachdem sie kräftigen Beistand geleistet, haben die andern sich diskret zurückgezogen. Diese Grabarbeiter sind wirklich ausgezeichnete Familienväter und weit entfernt von der väterlichen Sorglosigkeit, die bei den übrigen Klassen der Insekten die allgemeine Regel ist, wo das Männchen einen Augenblick die Mutter plagt, um ihr dann die Sorge für die Nachkommen allein zu überlassen. Anstatt sich dem Müßiggang hinzugeben, mühen sie sich hier mit allen Kräften ab, bald im Interesse der eigenen Familie, bald für andere, ohne Unterschied. Findet ein Paar ein schwieriges Stück Arbeit, so kommen, von dem Geruch geleitet, Gehilfen herbei; sie schlüpfen als Diener der Damen unter den Kadaver, bearbeiten ihn mit dem Rücken und den Füßen, graben ihn ein und ziehen sich dann zurück, das Paar seinen häuslichen Freuden überlassend.

Dieses bearbeitet dann noch längere Zeit gemeinsam das Stück, macht es vollends zurecht und läßt es, dem Geschmack der Larven entsprechend, gar werden. Wenn alles in Ordnung ist, geht es fort und trennt sich, worauf jeder Teil nach seinem Gefallen anderwärts von neuem beginnt, wenigstens als einfacher Mithelfer. Nur bei zwei Arten von Käfern, nicht öfter, habe ich bisher den Vater für die Zukunft der Nachkommen sorgen gesehen, indem er arbeitete, um ihnen einen Besitz zu hinterlassen: bei gewissen Käfern, die den Kuhmist für ihre Zwecke nutzbar machen, und bei den Nekrophoren, die die Kadaver dazu benutzen. Kloakenfeger und Totengräber haben musterhafte Sitten. Wohin verirrt sich die Tugend!

Über das Leben und die Metamorphose der aus den Eiern geschlüpften Larven will ich mich kurz fassen, da der Gegenstand wenig appetitlich ist. Gegen Ende Mai grabe ich eine große Feldmaus wieder aus, die die Totengräber zwei Wochen vorher bestattet haben. Es ist ein schwarzer, pechartiger Brei daraus geworden, der mir fünfzehn Larven liefert, die der Mehrzahl nach bereits die normale Größe haben. Auch ein paar ausgewachsene Käfer, sicherlich die Eltern der Brut, krabbeln in dem Pestbrei herum. Die Legezeit ist jetzt vorüber, die Nahrung reichlich vorhanden, und da den Alten nichts anderes mehr zu tun bleibt, haben sie sich neben den Jungen an den Tisch gesetzt.

Die Totengräber machen rasch voran mit der Aufzucht der Familie. Höchstens vierzehn Tage sind verflossen seit dem Eingraben der Feldmaus, und schon ist eine kräftige Nachkommenschaft vorhanden, die auf dem Punkte steht, sich in Puppen zu verwandeln. Diese Frühreife setzt mich in Erstaunen. Es ist wohl anzunehmen, daß die aus dem Kadaver hervorsickernde Flüssigkeit, tödlich für jeden andern Magen, hier eine Nahrung von hoher Wirkung ist, die den Organismus reizend anregt und das Wachstum darin beschleunigt, damit der Proviant vor seinem bevorstehenden Zerfall in Humus verbraucht wird. Die lebendige Chemie beeilt sich, den letzten Reaktionen der anorganischen Chemie zuvorzukommen.

Die Larve weist die gewöhnlichen Merkmale des Lebens im Dunkel auf; sie ist schmutzigweiß, nackt und blind und erinnert in ihrer lanzettförmigen Gestalt etwas an die der Laufkäfer (Carabus).

Sie hat starke und schwarze Kinnbacken, die eine ausgezeichnete Schere zum Sezieren darstellen; kurze Beine, mit denen sie aber trotzdem ganz flink zu kriechen versteht. Die Hinterleibringe sind oben gepanzert mit schmalen fuchsroten Platten; jede davon ist mit vier Spitzen versehen, die augenscheinlich als Stützpunkte dienen, wenn die Larve ihre Geburtsstätte verläßt und zur Verpuppung etwas tiefer in die Erde geht. Die Brustringe haben etwas breitere Platten, aber ohne Ansätze.

Die in Gesellschaft ihrer Larvenfamilie in den Verwesungsresten der Feldmaus vorgefundenen Käfer sind scheußlich mit Ungeziefer bedeckt. So glänzend und tadellos kostümiert die Totengräber sind, die man im April unter toten Maulwürfen findet, so abscheulich sind sie anzusehen, wenn der Juni herankommt. Eine Schicht von Parasiten bedeckt sie, die sich in ihre Gelenke drängen und den Käfer wie eine zusammenhängende Kruste umgeben. Er ist ganz unförmlich unter dieser Hülle, die mein Pinsel nur mit Mühe zu beseitigen vermag. Wenn ich die Horde von seinem Bauche entferne, klettert sie ihm auf den Rücken und will durchaus nicht von ihm ablassen.

Totengräber (Necrophorus vestigator Herschel), eine Unke (Bombinator pachypus Bp.) begrabend.

Ich erkenne in ihnen die kleinen, rötlichgelben Milben (Gammasus coleopterorum), die man auch so häufig auf dem amethystfarbenen Bauche unserer Roß- oder Mistkäfer (Geotrupes) findet. Nicht immer wird den nützlichen Wesen ein schönes Lebenslos zuteil. Nekrophoren und Geotrupen wid-

men sich der öffentlichen Gesundheitspflege, und diese beiden Körperschaften, die so interessant durch ihre hygienische Wirksamkeit und so bemerkenswert durch ihr Familienleben sind, werden elendem Geziefer preisgegeben. Leider gibt es nur zu viele Beispiele eines solchen Mißverhältnisses zwischen den geleisteten Diensten und den Härten des Daseins – auch außerhalb der Welt der Totengräber und Kloakenräumer.

Die erwähnten musterhaften Familiensitten reichen bei den Totengräbern jedoch nur bis zu einer gewissen Grenze. In der ersten Junihälfte, wenn die Familie genügend versorgt ist, hören sie mit dem Bestatten auf, und in meiner Voliere lassen sich ungeachtet allen ausgelegten Köders keine Käfer mehr auf der Oberfläche des Bodens sehen. Nur von Zeit zu Zeit verläßt einer den Untergrund und schleppt sich matt an die freie Luft.

Dabei erregt etwas sehr Seltsames meine Aufmerksamkeit. Alle, die aus dem Erdinnern hervorkommen, sind verstümmelt, in den Gelenken amputiert, einige mehr oben, andere mehr unten. Ich sehe einen Krüppel, dem nur noch ein einziges Bein geblieben ist. Mit diesem Glied und den Stummeln der anderen rudert er sich durch den Sand, kläglich zerlumpt und schmutzig von Ungeziefer. Da kommt ein Kamerad heran, der noch besser auf den Beinen ist, und gibt dem Invaliden den Rest, indem er ihm den Bauch aufschlitzt. Auch die übrigen mir verbliebenen Totengräber werden zur Hälfte von ihren Gefährten aufgefressen oder wenigstens einiger Gliedmaßen beraubt. Auf die anfänglichen friedlichen Beziehungen ist nun der reine Kannibalismus gefolgt.

Wie die Geschichte uns sagt, töteten gewisse Völkerschaften, so z. B. die Massageten, ihre alten Leute, um ihnen das Elend der Greisenhaftigkeit zu ersparen. Der mörderische Keulenschlag auf das greise Haupt war in ihren Augen ein Werk kindlicher Liebe. Auch die Totengräber teilen diese Anschauungen der antiken wilden Völker. Wenn sie am Ende ihrer Tage zu nichts mehr nütze sind und mühsam das erschöpfte Leben weiterschleppen, bringen sie sich gegenseitig um. Wozu die Agonie der Kranken und Gebrechlichen verlängern?

Die Massageten konnten als Entschuldigung für ihren grausamen Gebrauch den Mangel an Lebensmitteln anführen, der ein schlechter Berater ist; die Totengräber jedoch nicht, da ihnen dank meiner Freigebigkeit genug Lebensmittel unter wie über der Erde zur Verfügung stehen. Der Hunger hat also mit ihrem gegenseitigen Umbringen nichts zu tun; es handelt sich dabei um eine Verwirrung infolge von Erschöpfung, die krankhafte Wut eines Lebens, das am Verlöschen ist. So gibt also, wie es allgemeines Gesetz ist, die Arbeit auch dem Totengräber friedliche Sitten, während die Untätigkeit ihm perverse Gelüste einflößt. Wenn er nichts mehr zu tun hat, zerbricht er einem Käfer seinesgleichen die Glieder und verspeist ihn, unbekümmert darum, daß auch an ihn die Reihe kommt, selbst amputiert und verspeist zu werden. Das ist dann die letzte Erlösung seines mit Ungeziefer behafteten Alters.

Diese zuletzt ausbrechende Mordwut findet sich nicht allein bei den Totengräbern. Sie kommt z. B. auch bei der vorher so friedlichen Mauerbiene (Osmia) vor; wenn sie ihre Eierstöcke erschöpft fühlt, erbricht sie die benachbarten Zellen, oft sogar die eigenen, zerstreut den staubförmigen Honig und holt das Ei daraus hervor, um es zu verzehren. Die Mantis verspeist das Männchen, wenn es seine Aufgabe erfüllt hat; das Weibchen des großen braunen Heupferdchens (Tettigonia verrucivora L.) knabbert mit Vergnügen einen Schenkel seines invaliden Gatten; die sonst sanftmütigen Grillen haben tragisch endende eheliche Zwistigkeiten, bei denen sie sich skrupellos gegenseitig den Bauch aufschlitzen. Wenn die Sorgen um die Nachkommenschaft enden, ist es auch mit den Freuden des Lebens vorbei. Manchmal verschlechtert sich das Tier dann, und seine unrichtig gehende Maschine endigt in Abirrungen vom normalen Zustande.

Die weitere Tätigkeit der Larve zeigt nichts Hervorragendes. Wenn sie groß genug geworden ist, verläßt sie die Fleischkammer, in der sie geboren wurde; sie entfernt sich aus dieser Pesthöhle, indem sie sich tiefer in den Boden begibt. Dort arbeitet sie mit den Beinen und Rückenschilden, häuft rings um sich Erde auf und schafft sich so eine schmale Kabine, in der die Verpuppung in Ruhe vor sich gehen

kann. Wenn das Logis fertig ist und mit dem Beginn der Häutung die Erstarrung eintritt, liegt sie wie tot da, belebt sich jedoch bei der geringsten Beunruhigung und windet sich um ihre Achse.

Ebenso bewegen sich, wie eine Turbine rotierend, verschiedene andere Insekten im Puppenzustand, wenn man sie stört. Man wird immer von neuem überrascht, wenn man diese Mumien plötzlich ihre Starrheit aufgeben und sich um sich selber drehen sieht, vermittels eines Mechanismus, dessen Geheimnis wohl eingehender erforscht zu werden verdiente. Unsere wissenschaftliche Mechanik könnte dort vielleicht ihre schönsten Theorien beobachten. Die Gewandtheit und Kraft eines Clowns können keinen Vergleich aushalten mit jener dieses erst im Entstehen befindlichen Körpers, dieses kaum festgewordenen Schleimes.

In ihrem einsamen Kämmerchen geht die Larve des Totengräbers in etwa vierzehn Tagen durch Häutung in den Puppenzustand über. Von da an fehlen mir die Dokumente unmittelbarer Beobachtung, allein die Geschichte ergänzt sich von selber. Der Totengräber muß seine ausgewachsene Gestalt im Laufe des Sommers annehmen und im Herbst gleich dem Mistkäfer einige Tage der Freude ohne Familiensorgen haben. Wenn dann die Fröste herannahen, so vergräbt er sich in seine Winterquartiere, aus denen er wieder hervorkommt, sobald der Frühling seinen Einzug hält.

II.

Die vielverbreitete Ansicht, der Totengräber sei ein ganz hervorragend intelligentes Insekt, stützt sich hauptsächlich auf folgende zwei Anekdoten, die ich in der „Einführung in die Insektenkunde“ von Lacordaire wiedergegeben finde. „Clairville,“ sagt der Verfasser, „berichtet, einen Necrophorus vespillo L. gesehen zu haben, der, als er eine tote Maus bestatten wollte und die Erde dort, wo sie lag, zu hart fand, in einiger Entfernung ein Loch in weicherem Boden aushöhlte. Nachdem er damit fertig war, versuchte er, die Maus in diese Höhlung hineinzuwälzen, brachte es jedoch allein nicht fertig. Darauf flog er fort und kehrte nach kurzer Zeit mit 4 Kameraden zurück, die ihm halfen, die Maus fortzuschaffen und zu begraben“. „In solchen Handlungen,“ fügt Lacordaire hinzu, „läßt sich das Vorhandensein verständiger Überlegung nicht von der Hand weisen.“ Dasselbe gilt von nachstehendem Zuge, den Gledditsch berichtet: „Einer meiner Freunde spießte eine Kröte, um sie in der Luft trocknen zu lassen, auf die Spitze eines Stabes, den er in die Erde steckte, damit die Totengräber den Kadaver nicht fortschaffen könnten. Allein diese Vorsicht nützte nichts; denn als jene Insekten die Kröten nicht erreichen konnten, scharrten sie die Erde um das Ende des Stabes fort, so daß dieser umfiel, und gruben dann den Kadaver ein.“

Für die vielumstrittene Frage des Intellekts der Insekten wäre es ein schwerwiegendes Zugeständnis, wenn wir auf Grund dieser beiden Geschichten dem Totengräber eine klare Erkenntnis von dem Zusammenhang zwischen Wirkung und Ursache zubilligen würden. Aber sind diese Anekdoten auch wahrheitsgetreu, sind die aus ihnen abgeleiteten Folgerungen zulässig? Bevor wir den Insekten Verstand zusprechen, wollen wir doch unsern eigenen etwas anstrengen und vor allen Dingen Proben durch das Experiment vornehmen. Auf eine einzelne Tatsache, die der Zufall ergab, darf man ohne Kritik kein Gesetz gründen wollen.

Um den Bedingungen der ersten Anekdote mit dem harten Boden und dem Aufruf zur Hilfeleistung genau zu entsprechen, lasse ich unter meiner Glocke aus Drahtgewebe einen Ziegelstein in den Boden ein, so daß seine obere Fläche mit diesem in gleicher Ebene liegt, und streue eine dünne Schicht Sand darüber. Das ist also die Stelle, wo dem Totengräber der Boden zu hart war; ringsherum weiche, leicht auszuhöhlende Erde. Mitten auf den Ziegelstein lege ich eine tote Maus. Unter meiner Glocke befinden sich 7 Totengräber, darunter 3 Weibchen; alle haben sich in die Erde eingewühlt, die einen sitzen untätig dicht unter der Oberfläche, die andern sind in ihren Höhlen beschäftigt. Sie nehmen alsbald die Anwesenheit eines neuen Kadavers wahr, und um 7 Uhr morgens kommen 3 Totengräber schnell herbei, 1 Weibchen und 2 Männchen. Sie schlüpfen

unter die Maus, die sich nun stoßweise bewegt und dadurch die Anstrengungen der Totengräber wahrnehmbar macht. In der Sandschicht, die den Ziegelstein bedeckt, suchen sie ein Grab auszuhöhlen, und dadurch bildet sich rings um die tote Maus ein kleiner Wulst von Sand. Einige Sekunden lang wiederholen sich jene Erschütterungen des Kadavers ohne Ergebnis, und ich benutze die Gelegenheit, um mich darüber zu unterrichten, in welcher Weise die Arbeit vor sich geht. Wenn der Kadaver bewegt werden soll, so dreht das Insekt sich um, packt mit seinen 6 Füßen das Fell der Maus, stemmt sich mit dem Rücken auf und stößt sie vorwärts, indem es die Stirn und das Ende des Bauches als Hebel benutzt. Zum Aushöhlen des Bodens wird wieder die normale Stellung angenommen. Die Stelle, wo die Maus lag, wurde endlich als unangreifbar erkannt. Ein Männchen erscheint zum Erkunden, untersucht den Körper, indem es ihn umkreist und auf gut Glück ein wenig daran kratzt. Es verschwindet und alsbald wird der Kadaver wieder erschüttert. Hat es seine Mitarbeiter von dem vorgefundenen Tatbestand unterrichtet, und soll nun die Arbeit in günstigeres Erdreich verlegt werden?

Ihre Handlungen deuten keineswegs darauf hin. Wenn jenes Männchen die Masse erschüttert, so ahmen die andern ihm nach und stoßen dagegen, aber ohne ihre Anstrengungen in einer bestimmten Richtung zu vereinigen; denn nachdem die Last erst etwas nach dem Rand des Ziegelsteins zu vorgerückt ist, sinkt sie wieder auf den Ausgangspunkt zurück. Fast 3 Stunden vergehen unter solchen Schwankungen, die sich gegenseitig aufheben, und die Maus überschreitet nicht die winzige Sanddüne, die wie mit einem Rechen die Arbeiter um sie angehäuft haben. Zum zweitenmal erscheint ein Männchen und macht untersuchend die Runde. Es nimmt eine Sondierung in dem weichen Erdreich, dicht neben dem Ziegel, vor; ein Versuchsloch wird gemacht, um dort die Beschaffenheit des Bodens zu erkennen, ein enger und wenig tiefer Schacht, worin das Insekt zur Hälfte versinkt. Hierauf kehrt es zur Arbeitsstelle zurück und wirkt mit dem Rücken, worauf die Last etwa einen Finger breit in der als günstig erkannten Richtung vorrückt. Gelingt es diesmal? Keineswegs, denn kurz darauf rollt die Maus wieder zurück; die Lösung der Schwierigkeit macht keine Fortschritte.

Nun gehen beide Männchen, jedes für sich, auf Kundschaft aus. Statt aber an der von dem ersten bereits untersuchten Stelle zu verweilen, die doch höchst zweckmäßig gewählt schien, weil sie wegen ihrer Nähe ihnen viel Arbeit beim Fortschaffen erspart haben würde, durchlaufen sie voreilig den ganzen Raum, bald hier bald dort den Boden betastend und oberflächlich Furchen darin ziehend. Von dem Ziegel entfernen sie sich so weit, wie es die Einfassung überhaupt gestattet. Mit Vorliebe wühlen sie gegen den unteren Rand der Glocke und führen dort verschiedene Bohrungen aus. Zu welchem Zweck, vermag ich nicht zu erkennen, da die Erddecke außerhalb des Ziegelsteins überall gleichmäßig weich ist; die erste Bohrstelle wird mit einer andern vertauscht und diese ebenso wieder aufgegeben. Eine dritte und vierte folgen, dann noch eine, und erst bei der sechsten ist ihre Wahl getroffen. Auf jeden Fall ist das nicht etwa eine Grube, die die Maus aufnehmen soll, sondern ein einfacher Versuchsschacht, der nicht tiefer ist als etwa der halbe Durchmesser des Insekts. Dann kehren sie zu der Maus zurück, die nun plötzlich in schwankende Bewegung gerät und bald in dieser, bald in jener Richtung vorrückt, bis endlich die kleine Sanddüne überschritten ist. Außerhalb des Ziegels rückt auf dem trefflich dazu geeigneten Boden die Last ganz allmählich vor. Es ist ein stoßweises Vorwärtsschieben, die Arbeit unsichtbarer Hebel; der Kadaver scheint sich ganz von selbst zu bewegen. Nach so langer Unschlüssigkeit wirken diesmal die Anstrengungen in Übereinstimmung, wenigstens erreicht die Last die zuletzt ausgehobene Stelle viel schneller, als ich erwartete. Alsdann beginnt die Bestattung, nach der gewöhnlichen Methode. Es ist jetzt 1 Uhr. Der Zeiger hat also das halbe Zifferblatt durchlaufen, bis die Totengräber den geeigneten Platz ausfindig gemacht und die Maus dorthin gebracht hatten.

Aus diesem Versuch geht vor allem hervor, daß die Männchen eine hervorragende Rolle bei der gemeinsamen Arbeit spielen. In schwierigen Fällen

ziehen sie, vielleicht besser dafür begabt als ihre Gefährtinnen, Erkundigungen ein, sie untersuchen das Gelände, um festzustellen, woher das Hindernis kommt, und wählen den Platz, wo das Begräbnis stattfinden soll. Bei dem so langwierigen Versuch mit dem Ziegelstein nahmen die Männchen allein die Untersuchung auswärts vor und strengten sich an, die Schwierigkeit zu beheben. Auf ihre Gehilfen vertrauend, wartete das Weibchen, unbeweglich unter der Maus sitzend, das Ergebnis ihrer Recherchen ab. Die folgenden Versuche werden die Verdienste dieser kräftigen Helfer bestätigen. Ferner ist zu beachten, daß, nachdem die Stelle, wo die Maus lag, einen unüberwindlichen Widerstand bot, nicht etwa an einem etwas entfernteren Punke im weichen Boden von vornherein ein Grab ausgehoben wurde. Es handelte sich vielmehr um unbedeutende Sondierungen, die nur die Möglichkeit des Vergrabens an der betr. Stelle feststellen sollten. Es ist eine ganz und gar widersinnige Annahme, daß die Totengräber vorher die Grube ausheben, in die nachher der Kadaver geschafft werden soll. Um den Boden fortzuschaffen, müssen sie auf dem Rücken die Last der Leiche spüren. Sie arbeiten ja nur, wenn die Berührung mit dem Fell ihrer Beute sie dazu anstachelt. Nun und nimmermehr heben sie ein Grab aus, wenn der zu bestattende Körper nicht bereits dort liegt, wo das Loch entstehen soll. Das haben meine länger als zwei Monate hindurch täglich angestellten Versuche über jeden Zweifel erhoben.

Der Rest der Anekdote Clairvilles besteht die Nachprüfung nicht besser. Danach soll also der Totengräber in schwierigen Fällen sich nach Hilfe umsehen und mit Gefährten zurückkehren, die ihm beim Begraben ihren Beistand leihen. Dabei muß man doch wohl zunächst fragen: welche Vorsichtsmaßregeln hatte der Beobachter getroffen, um den Eigentümer der Maus heraus zu erkennen, als er mit 4 Gehilfen zurückkehrte? Welches Zeichen lehrte ihn unter diesen 5 jenen kennen, der so vernünftig die andern zur Verstärkung herbeigerufen hatte? Ist es wenigstens sicher, daß der Verschwundene überhaupt zurückgekehrt war und sich unter dieser Gesellschaft befand? Darüber wird uns nichts gesagt, und doch ist es gerade der wesentliche Punkt, den ein gewissenhafter Beobachter nicht außer acht lassen durfte. Handelte es sich in dem berichteten Falle nicht vielmehr um 5 beliebige Totengräber, die, von dem Geruch angelockt, ohne gegenseitiges Einvernehmen zu der verlassenen Maus eilten und sie zu eigenem Nutzen bestatteten? Ich für mein Teil bekenne mich zu dieser Ansicht, die mir beim Fehlen genauerer Angaben die wahrscheinlichste zu sein dünkt.

Die Wahrscheinlichkeit erhebt sich zur Gewißheit, wenn man das Geschehnis der Kontrolle des Versuchs unterzieht. Das Experiment mit dem Ziegelstein gibt bereits Auskunft. Sechs Stunden hindurch haben meine 3 Versuchstiere sich abgeplagt, bis es ihnen gelang, ihre Beute fortzuschaffen und auf weiches Erdreich zu bringen. Für diese schwere und lange Fron hätten sie recht gut hilfreiche Genossen brauchen können. Nun befanden sich aber noch 4 andere Totengräber innerhalb derselben Glocke unter einer dünnen Sanddecke; dies waren bekannte Kameraden, die schon vorher mit ihnen gemeinsam gearbeitet hatten, und trotzdem ist keiner von jenen auf den Einfall gekommen, sie zu Hilfe zu rufen. Ungeachtet ihrer großen Verlegenheit führten die ersten Besitznehmer der Maus ihr Geschäft ohne die geringste Unterstützung, die doch so leicht zu beschaffen gewesen wäre, zu Ende. Nun könnte man einwerfen: da ihrer 3 waren, glaubten sie sich wohl stark genug und hielten fremde Mitwirkung für unnötig. Aber dies trifft nicht zu, denn ich habe bei zahlreichen Wiederholungen und unter noch schwierigeren Verhältnissen Totengräber sich allein gegen meine Künste abmühen sehen, und nicht ein einziges Mal verließen sie die Arbeitsstätte, um Hilfe zu holen. Häufig finden sich Mitarbeiter ein, das ist wahr, aber solche, die durch den Geruch benachrichtigt wurden, nicht durch den ersten Besitzergreifer. Sie sind zufällige Arbeiter, keine aufgebotenen; man empfängt sie ohne Streit, aber vollständig ohne Dankbarkeit, man beruft sie nicht, sondern duldet sie.

Ein harter Boden, der es nötig macht, den Kadaver an einen andern Platz zu schaffen, ist nun aber durchaus nicht die einzige Schwierigkeit, mit der die Nekrophoren vertraut sind. Häufiger, ja

wohl in den meisten Fällen, ist der Boden mit Rasen bedeckt, oder die Quecken (Triticum repens L.) bilden mit ihren zähen Wurzelschnüren in der Erde ein unentwirrbares Netz. In seinen Lücken zu graben, ist möglich, allein der tote Körper läßt sich nicht hindurchschaffen, dafür sind die Maschen des Netzes zu eng. Nun ist es jedoch undenkbar, daß der Totengräber solchen häufig vorkommenden Hindernissen gegenüber sich nicht helfen könnte, denn sonst wäre er überhaupt unfähig, sein Gewerbe zu betreiben. Neben der Kunstfertigkeit im Graben muß er sicherlich auch noch die besitzen, hinderliche Schnüre, Wurzeln, Wurzelsprossen und kleine Wurzelstöcke zu beseitigen. Zur Arbeit mit Schaufel und Hacke muß sich die Arbeit mit der Baumschere gesellen. Das läßt sich durchaus logisch von vornherein schließen, trotzdem nehmen wir aber auch hierfür das Experiment, den zuverlässigsten Zeugen, zu Hilfe.

Ich nehme vom Küchenherd einen eisernen Dreifuß und bringe zwischen seinen Füßen ein grobes Netz aus Bastschnüren an, das eine getreue Nachbildung des Wurzelgeflechts der Quecken darstellt. Die ganz unregelmäßigen Maschen gewähren nirgends Spielraum genug, um die Beute – diesmal ein Maulwurf – durchzulassen. Mit den drei Füßen wird die Maschine nun in die Erde gesteckt, bis das Netz gerade auf dem Boden in meiner Voliere aufliegt; etwas Sand verdeckt die Maschen. Mitten darauf lege ich den Maulwurf und lasse dann meine Truppe von Totengräbern auf den Kadaver los.

Ohne Zwischenfall geht im Laufe eines Nachmittags das Begräbnis vonstatten. Die dem netzförmigen Wurzelgewebe der Quecke ähnelnde Hängematte aus Bast hindert die Bestattung nicht; diese geht nur etwas langsamer vor sich, das ist alles. Dort, wo er gelegen hat, ruht der Maulwurf jetzt unter der Erde, ohne daß ein Versuch gemacht wurde, ihn von jener Unterlage fortzuschaffen. Nachdem die Operation beendet ist, hebe ich den Dreifuß aus der Erde, und nun zeigt sich, daß das Geflecht dort, wo der Kadaver lag, zerschnitten ist. Genau so viel Baststreifen, als erforderlich waren, damit der Körper hindurchging, sind zernagt worden. Vortrefflich, meine Totengräber; ich erwartete nicht weniger von eurer Geschicklichkeit! Ihr habt die Künste des Experimentators mit den euch gegen die natürlichen Hindernisse verliehenen Hilfsmitteln vereitelt. Indem ihr eure Kiefer wie eine Schere gebrauchtet, habt ihr meine Bastfasern ebenso geduldig zerschnitten, wie ihr die Wurzelschnüre von Gramineen durchnagt haben würdet. Das ist verdienstlich, ohne jedoch besonders rühmenswert zu sein. Das dümmste erdgrabende Insekt hätte es unter gleichen Verhältnissen ebenso gemacht.

Steigern wir also die Schwierigkeit um einen Grad. Der Maulwurf wird vorn und hinten mit einem Bastfaden an ein Querstäbchen gebunden, das horizontal in zwei so tief in die Erde gesteckten Gabeln liegt, daß der tote Maulwurf seiner ganzen Länge nach den Boden berührt. Die Totengräber schlüpfen unter den Kadaver und beginnen, die Berührung seines Pelzes fühlend, zu graben. Die Grube wird tiefer, es entsteht ein leerer Raum unter dem Körper, allein die begehrte Beute kommt nicht herunter, weil sie durch das von den Gabeln getragene Querhölzchen zurückgehalten wird. Die Grabarbeit verlangsamt sich, die Pausen werden immer länger. Da kommt einer der Gräber an die Oberfläche, spaziert um den Maulwurf herum, untersucht ihn und entdeckt endlich das hintere Band. Hartnäckig nagt er daran, bis es zerreißt. Krach! ist es vollbracht. Von seinem Gewicht abwärts gezogen, sinkt der Maulwurf in die Grube, jedoch schräg, da der Kopf noch immer oben durch den zweiten Faden fest gehalten wird.

Man schreitet nun zur Beerdigung des unteren Teiles; dann wird lange an dem Körper nach verschiedenen Richtungen gezerrt und gerüttelt, allein vergebens: das Ding kommt nicht. Abermals erscheint einer, um sich über das, was da oben vorgeht, zu unterrichten. Das zweite Band wird entdeckt, gleichfalls zernagt, und nun kann das Werk nach Wunsch vollendet werden. Meine Komplimente, ihr scharfsinnigen Scnnurdurchschneider, jedoch ohne Übertreibung. Die Bastfäden, die den Maulwurf hielten, waren für euch Wurzelschnüre, die euch von dem mit Rasen bedeckten Gelände her so wohl vertraut sind. Ihr habt sie zernagt und ebenso vorher die Hängematte, wie ihr jede natürli-

che Faser zerschneidet, die ihr quer über eure Katakomben gespannt findet. Wenn ihr das durch Versuche erst lernen, vor der Ausführung erst überlegen müßtet, dann wäre eure Rasse wegen allzulanger Dauer dieser Lehrzeit verschwunden, denn die Plätze, wo Maulwürfe, Kröten, Eidechsen und andere eurem Geschmack entsprechende Lebensmittel häufig vorkommen, sind in den meisten Fällen auch mit Rasen bedeckt.

Ihr seid zu noch viel Besserem fähig, allein bevor wir dies vorführen, soll erst noch der Fall untersucht werden, wenn niedriges Strauchwerk das Gelände bedeckt und den Kadaver in geringer Entfernung über dem Boden festhält. Ich pflanze in den Sand der Voliere einen dürren Thymianbusch ein, der etwa eine Spanne hoch ist. Oben bringe ich eine Maus an, deren Schwanz, Füße und Hals ich mit Zweigwerk umflechte, um die Schwierigkeit zu erhöhen. Die Bevölkerung meiner Glocke besteht jetzt aus 14 Totengräbern, deren Zahl bis zum Abschluss meiner Versuche die gleiche bleibt. Wohlverstanden beteiligen sich aber nicht alle gleichzeitig an dem Tagewerk; die Mehrzahl bleibt in der Erde teils schläfrig, teils damit beschäftigt, ihre Vorratsgruben in Ordnung zu bringen. Mitunter befaßt sich ein einziger, oft 2, 3, 4, selten mehrere mit dem Kadaver, den ich ihnen darbiete. Heute eilen 2 auf die Maus zu, die sie alsbald entdeckt haben. Sie gelangen mit Hilfe des Gitterwerkes der Voliere in die Spitze des Thymianbusches. Die Unbequemlichkeit des Stützpunktes verursacht eine längere Unschlüssigkeit, dann aber wiederholt sich die übliche Taktik beim Fortschaffen eines Stückes in ungünstigem Gelände. Jedes der beiden Insekten stützt sich gegen einen Zweig, schiebt abwechselnd mit Rücken und Füßen, rüttelt und stößt heftig, bis der bearbeitete Teil von seinem Hemmnis frei wird. Mit Rückenstößen bringen die beiden in gemeinsamer Arbeit nach kurzer Frist die Leiche aus dem Wirrwarr der Zweige heraus. Noch ein Stoß, und die Maus liegt unten. Dann folgt die Bestattung. Dieser Versuch bietet uns nichts Neues: mit der Beute wurde genau so verfahren, wie auf einem zum Begräbnis ungeeigneten Boden, nur daß hier die Maus herunterfiel, während sie sonst fortgeschoben wurde.

Jetzt ist der Moment gekommen, den durch Gleditsch berühmt gewordenen Galgen mit der Kröte aufzurichten. Es braucht kein Froschlurch zu sein, ein Maulwurf leistet ebenso gute und sogar noch bessere Dienste. Mit einer Bastschnur binde ich die Hinterfüße an einen Stock, den ich senkrecht und nicht allzutief in den Boden stecke. Das Tier hängt der Länge nach herunter und berührt reichlich die Erde mit Kopf und Schultern. Die Grabarbeiter machen sich unter diesem niederhängenden Teile am Fuß des Stabes ans Werk; sie höhlen eine trichterförmige Grube aus, in die nach und nach die Schnauze, der Kopf und Hals des Maulwurfs hineintauchen. Der Galgen wird an seinem Fuße bloßgelegt und fällt schließlich um, durch das an ihm hängende schwere Gewicht niedergezogen.

Wen das Problem des Instinkts aufregt, dem mag dies erstaunlich vorkommen; hüten wir uns jedoch, daraus übereilte Schlußfolgerungen zu ziehen. Fragen wir uns vielmehr zuvor, ob das Umfallen des Stabes beabsichtigt oder ein bloßer Zufall gewesen ist. Haben die Totengräber seinen Fuß in der ausdrücklichen Absicht bloßgelegt, den Galgen zum Umfallen zu bringen, oder haben sie vielmehr an seiner Basis nur zu dem Zweck gegraben, um den auf der Erde ruhenden Teil des Maulwurfs dort zu begraben? Das ist die Frage, die übrigens sehr leicht zu beantworten sein wird.

Das Experiment wird wiederholt, diesmal jedoch der Galgen schräg aufgestellt, so daß der senkrecht niederhängende Maulwurf den Boden einige Zoll von der Basis des Apparats entfernt berührt. Unter diesen Verhältnissen wird kein Versuch gemacht, ihn zum Umfallen zu bringen, durchaus keiner. Unmittelbar am Fuß des Galgens wird überhaupt nicht gegraben; die ganze Arbeit des Aushöhlens vollzieht sich weiter davon, unter dem Kadaver, der den Boden mit seinen Schultern berührt. Nur dort wird das Loch ausgehoben, das den Vorderkörper des Maulwurfs, der den Grabarbeitern erreichbar ist, aufnehmen soll.

Der Unterschied von einigen Zollen in der Lage des aufgehängten Tieres zerstört die berühmte Legende von Grund aus. Doch weiter. Ob der Galgen schräg oder senkrecht steht, ist gleichgültig; wir

sorgen nur dafür, daß der mit den Hinterbeinen am oberen Ende des Stabes befestigte Maulwurf den Boden nicht berührt, sondern ein paar Fingerbreit darüber schwebt, den Totengräbern unerreichbar. Was tun diese nun? Graben sie am Fuß des Galgens, um diesen zum Umfallen zu bringen? Das fällt ihnen gar nicht ein; sie schenken der Basis des Stabes nicht die mindeste Beachtung, sondern haben ganz andere Methoden, um sich der Beute zu bemächtigen. Wie meine unter den verschiedensten Formen wiederholten Experimente unwiderleglich dartun, wird am Fuß des Galgens nicht einmal oberflächlich gescharrt, sobald der aufgehängte Kadaver den Boden dort nicht berührt. Wenn dies aber der Fall ist und der Stab umfällt, so ist das in keiner Weise ein beabsichtigtes Ergebnis, sondern einfach die zufällige Wirkung der zur Herstellung eines Grabes unternommenen Arbeit.

Fahren wir nunmehr in den Versuchen fort. Der Galgen wird senkrecht aufgerichtet, aber das aufgehängte Stück berührt nicht den Boden. Ich nehme eine Maus, die wegen ihres leichten Gewichts sich besser für die nachstehend geschilderten Arbeiten der Insekten eignet, und binde ihre Hinterbeine mittels eines Bastfadens an der Stabspitze fest. Sie hängt senkrecht herunter und ist dabei in Berührung mit dem Stab. Zwei Nekrophoren haben das Stück bald entdeckt. Sie ersteigen den Klettermast, untersuchen den Fund und wühlen in seinem Pelz, indem sie mit ihren Kopfschilden dagegen stoßen. Er wird als ausgezeichnete Beute erkannt und die Arbeit in Angriff genommen. Hier beginnt nun, jedoch unter schwierigeren Bedingungen, die uns bekannte Taktik zum Fortschaffen eines auf ungünstigem Platze liegenden Stückes: die beiden Arbeitsgenossen schlüpfen zwischen die Maus und den Galgen; indem sie dort sich gegen den Stock stemmen und ihre Rücken als Hebel benutzen, versetzen sie durch wiederholte Stöße den toten Körper in Schwingungen, bis er sich dreht, sich von dem Stabe etwas entfernt und sodann wieder dagegen zurückfällt. Der ganze Morgen vergeht unter derartigen vergeblichen Bemühungen, die von neuen Untersuchungen auf dem Tierkörper unterbrochen werden.

Am Nachmittag wird die Ursache, die den Körper oben festhält, endlich erkannt, wenn auch nicht in ganz deutlicher Weise, denn die beiden auf die Beute erpichten Wilddiebe machen sich nun über die Hinterfüße der Maus her, etwas unterhalb des Knotens. Sie entfernen die Haare, ziehen die Haut ab und schneiden das Fleisch nach den Zehen zu weg. Als sie bis auf den Knochen gelangt sind, kommt dem einen Totengräber der Bastfaden zwischen die Kiefer. Für ihn ist das nichts Unbekanntes, denn er betrachtet ihn als eine der Graswurzeln, die bei Bestattungen in einem mit Rasen bedeckten Boden so häufig sind. Hartnäckig arbeitet seine Schere darauf los, das aus Pflanzenstoff bestehende Hindernis wird durchschnitten, und die Maus fällt zur Erde, um gleich darauf begraben zu werden.

An und für sich würde dieses Zerschneiden des Bandes, das die Beute festhält, eine ganz hervorragende Leistung sein, allein in dem Zusammenhang der gewöhnlichen Arbeit betrachtet, verliert sie jede besondere Bedeutung. Bevor das Insekt sich über den Faden hermachte, hat es sich den ganzen Morgen nach seiner gewohnten Methode abgeplagt; endlich findet es den Strick und durchschneidet ihn, wie es das gleiche mit einer unter der Erde gefundenen Queckenwurzel gemacht haben würde. Unter den gegebenen Bedingungen ist die Benützung seiner Schneidewerkzeuge für den Totengräber die notwendige Ergänzung des Gebrauchs seiner als Schaufeln dienenden Füße, und das geringe Unterscheidungsvermögen, über das er verfügt, genügt, um ihn über die Zweckmäßigkeit des Schneidens zu unterrichten. Das Tier durchschneidet, was es hindert, ohne mehr Überlegung, als es bracht, um den toten Körper zur Erde fallen zu lassen. Der Totengräber erfaßt so wenig den Zusammenhang zwischen Ursache und Wirkung, daß er erst den Fußknochen der Maus zu durchsägen sucht, bevor er den ganz dicht daneben sitzenden Bastknoten zernagt. Das Schwierige wird vor dem ganz Leichten unternommen.

Schwierig – jawohl, aber nicht unmöglich, vorausgesetzt, daß die Maus jung ist. Ich benutze zu einem neuen Versuch einen Eisendraht, dem die Kiefer des Insekts nichts anhaben können, und ein ganz zartes Mäuschen, von der halben Größe einer ausgewachsenen Maus. Diesmal wird der dünne Knoten des einen Fußes glatt durchnagt; durch den abgetrennten Fuß bekommt der andere mehr Spielraum, er schlüpft durch die metallene Schlinge, und der kleine Körper fällt zu Boden. Wenn der Knochen dagegen zu hart ist, wie bei einem Maulwurf, einer ausgewachsenen Maus oder einem Sperling, so bildet die Drahtschlinge ein unüberwindliches Hemmnis für die Arbeit der Totengräber, die sich eine ganze Woche lang an dem aufgehängten Körper abmühen, um endlich von ihm abzulassen, wenn er auszutrocknen beginnt. Ein ebenso zweckmäßiges wie unfehlbares Mittel stand gleichwohl zu ihrer Verfügung: sie konnten den Galgen umwerfen, allein daran dachte keiner von ihnen.

Noch ein letztes Mal ändern wir unsere Kunstgriffe ab. Oben an dem Stock wird eine kleine Gabel angebracht, deren Zähne ziemlich weit voneinander stehen und kaum 1 Zentimeter lang sind. Mit einer Hanfschnur, die zäher als ein Bastfaden ist, binde ich die Hinterfüße einer ausgewachsenen Maus dicht über dem Gelenk zusammen und klemme einen von den Zinken dazwischen. Es bedarf nur eines leichten Schubes von unten nach oben, um den Körper zum Herunterfallen zu bringen. 5 Nekrophoren kommen zu meiner Vorrichtung und nehmen nach vergeblichem Stoßen die Beinknochen in Angriff. Scheinbar ist das ihr gewöhnliches Verfahren, wenn der tote Körper mit einem seiner Gliedmaßen im Strauchwerk von irgendeiner engen Gabelung zurückgehalten wird. Bei den Versuchen zum Durchsägen des Knochens, das diesmal ein hartes Stück Arbeit ist, drängt sich einer der Arbeiter zwischen die zusammengeschnürten Beine. Dort spürt er auf dem Rücken die Berührung des Pelzes der Maus, und mehr bedarf es nicht, um in ihm den Trieb zum Schieben mit dem Rücken wachzurufen. Nach einigen Hebelbewegungen ist es so weit: die ein wenig gehobene Maus gleitet über den Zinken, der sie festhält, und fällt zur Erde. Ist das nun wirklich ein überlegtes Manöver gewesen? Hat ein aufblitzender Verstandesfunken dem Tier gezeigt, daß, um das Stück zum Fall zu bringen, es losgehakt werden müsse, indem man es an dem Zinken in die Höhe gleiten ließ? Hat es in Wirklichkeit den Mechanismus der Aufhängung erkannt? Gewiß würden manche dies nach einem so wundervollen Ergebnis bejahen und sich damit zufrieden geben. Ich bin schwerer zu überzeugen und ändere das Experiment ab, bevor ich meine Schlüsse ziehe. Ich vermute nämlich, daß der Totengräber, ohne irgendwie die Folgen seiner Handlung vorherzusehen, mit dem Rücken nur deshalb geschoben hat, weil er auf ihm die Beine des Tieres fühlte. Jener Rückenstoß, den das Tier in allen schwierigen Fällen anwendet, wirkte nun bei dem von mir konstruierten Mechanismus gerade auf den Aufhängepunkt, und dieses glückliche Zusammentreffen hat den Fall zur Folge gehabt. Die Stelle, die man längs des Zinkens emporschieben muß, um den Gegenstand auszuhaken, sollte etwas seitwärts von der Maus angeordnet werden, damit die Totengräber bei ihren Stößen nicht den Pelz des Tieres unmittelbar auf dem Rükken spüren.

Zu diesem Zweck lasse ich den Draht, der die Beine eines Sperlings oder einer Maus zusammenschnürt, einige Zentimeter weiter einen kleinen Ring bilden, in den ich eine der kurzen und jetzt fast horizontal gestellten Gabelzinken mit ganz freiem Spielraum hineinstecke. Um das aufgehängte Stück zum Fallen zu bringen, genügt der geringste Druck gegen diesen Ring; im übrigen ist alles geblieben wie vorher, nur daß der Aufhängepunkt sich vom Tierkörper entfernt befindet. Dieser boshafte Streich, obwohl er einfach genug ist, erzielt vollen Erfolg. Lange Zeit hindurch werden die Rucke vergebens wiederholt, die Beinknochen sind zu hart, als daß sie durchsägt werden könnten, und Sperlinge und Mäuse vertrocknen unbenutzt am Galgen. Das mechanische Problem, etwas auf den beweglichen Hemmungspunkt zu wirken und dadurch das begehrte Tier auszuhaken, bleibt für die Totengräber stets unlösbar. Tagelang bearbeiten sie das Stück, untersuchen es oben und unten, ohne den beweglichen Hemmungspunkt, an dem ihre Bemühungen scheitern, zu beachten. Vergebens passe ich auf, aber niemals sehe ich auch nur einen von ihnen mit dem Fuß daran schieben oder mit der Stirn dagegen drükken.

Ihr Mißerfolg kommt nicht etwa von ungenügender Kraft her. Gleich den Roßkäfern sind sie starke Erdarbeiter. Wenn man sie in die geschlossene Hand nimmt, so zwängen sie sich in die Zwischenräume der Finger und bearbeiten einem die Haut so nachdrücklich, daß man sie bald wieder freigibt. Mit ihrer dagegen gestemmten Stirn könnten sie den Ring bequem von seiner kurzen Unterlage herunterschieben. Sie tun das nicht, weil sie nicht daran denken, und sie denken nicht daran, weil ihnen die Fähigkeit dazu fehlt, die ihnen die Evolutionstheorie, um ihre Hypothese zu stützen, in so übertriebenem Maße zuschreibt.

Wir wollen die beschränkte Intelligenz der Totengräber noch unter einem andern Gesichtspunkte untersuchen. Meine Gefangenen sind nicht so zufrieden mit ihrem prächtigen Logis, daß sie nicht daraus zu entkommen suchen sollten, zumal wenn ihnen die Arbeit, diese beste Trösterin der Betrübten unter Tieren wie Menschen, mangelt. Die Einschließung unter der Glocke bedrückt sie. So laufen sie denn, wenn der Maulwurf begraben und im Grunde der Höhle alles in Ordnung gebracht ist, unruhig unter der vergitterten Kuppel hin und her. Wenn ein Schein von Intelligenz ihnen zu Hilfe käme, könnten sie mit leichter Mühe daraus entkommen. Hundertmal haben sie am Fuß der Einfassung gegraben, sie haben während der Ruhezeit ganze Tage lang dort in ihren senkrechten Schächten geschlummert. Wenn ich ihnen einen neuen Maulwurf gebe, so steigen sie aus ihrem Schlupfwinkel durch den Eingangsschacht empor und schmiegen sich unter den Bauch des Tieres. Ist das Begräbnis vollzogen, so gehen sie, der eine hier, der andere dort, nach dem Rande der Einschließung zurück und verschwinden wieder unter der Erde.

Während der 2 1/2 Monate dauernden Gefangenschaft hat aber von 14 Totengräbern nur ein einziger das Hindernis umgangen, indem er seine Grabarbeit unter dem nur ein paar Zentimeter in den Sand hinabreichenden unteren Rande der Glocke hinweg fortsetzte und den Schacht dann jenseits wieder an die Oberfläche emporführte – eine ganz geringe Arbeit für diese kräftigen Insekten. Auch diese Befreiung ist eine zufällige gewesen und nicht mit Vorbedacht ausgeführt worden, denn sonst hätten die übrigen Gefangenen, deren Intelligenz doch ungefähr gleich ist, es zweifellos ebenso gemacht, und meine Voliere wäre bald leer gewesen. Wir dürfen deswegen aber den Totengräbern auch kein geringeres Begriffsvermögen zuschreiben, als es in der entomologischen Psychologie für das normale gelten muß. Ich habe nämlich die gleiche Unfähigkeit, sich auf so einfache Weise zu befreien, bei allen Insekten gefunden, die ich unter der Drahtglocke mit dem etwas in den Sandboden versenkten unteren Rande hielt. Mit wenigen seltenen Ausnahmen, die auf Rechnung eines Zufalls kamen, ist keines von ihnen darauf verfallen, mittels eines kniefömig unter dieser Basis herumgeführten Ganges sich die Freiheit zu verschaffen, nicht einmal so ausgezeichnete Minierer, wie die Mistkäfer, ebensowenig Skarabäen, Roßkäfer usw. Hierzu reicht also ihre Fähigkeit zu überlegen offenbar nicht aus. Gleich den übrigen wird auch der Totengräber, ungeachtet seiner auf eine bloße Fabel zurückzuführenden Berühmtheit, nur durch den unbewußten Antrieb des Instinkts geleitet.*)

*) Wie J. H. Fabre, spricht auch J. Carter Beard, der Verfasser zahlreicher ausgezeichneter Abhandlungen über das Leben der Insekten, diesen jede intellektuelle Fähigkeit ab und stellt ihre instinktiven Handlungen auf eine Stufe mit den Reflexhandlungen gewisser Pflanzen. Der Übersetzer.

Die Nester der Mauerbiene.

Bereits der Februar bringt uns in Südfrankreich schöne Tage, Anzeichen des wiederkehrenden Frühlings, vor dem, wenngleich nicht ohne Kampf, der rauhe Winter entweichen muß. Nach wenigen Sonnentagen wird der Mandelbaum zu einer prächtigen Kuppel von weißen Blumen, in denen ein rosenfarbenes Auge lächelt. Das Insektenvolk läßt sich bei diesem festlichen Erwachen der Natur durch einige besonders eifrige Mitglieder vertreten. Da ist zunächst die gemeine Hausbiene, die als Feindin jeglichen Müßiggangs das mindeste Nachlassen des Winters benutzt, um zu erkunden, ob nicht schon in der Nachbarschaft ihres Stockes irgendein Rosmarinstrauch seine blaßblauen Blüten erschließt.

Mit diesem Volk, das sofort einzuheimsen beginnt, schwärmt ein anderes, nicht so zahlreiches, aus, das sich bloß erlabt, da die Zeit für seinen Nestbau noch nicht gekommen ist. Dies ist das Volk der Mauerbienen (Osmia), von dem zwei Gattungen um die Mandelblüten summen: zuerst die gehörnte Osmie, deren Kopf und Mittelleib schwarz behaart ist, während der Hinterleib fuchsrote Farbe aufweist; etwas später die dreihörnige Osmie, deren Livree ganz fuchsrot ist.*) Vor kurzem erst haben sie das gesponnene Gehäuse, ihr Winterquartier, durchbrochen und ihre Zufluchtstätten in den Lükken alter Mauern verlassen; wenn der Nordost pfeift und den Mandelbaum erschauern läßt, beeilen sie sich, dorthin zurückzukehren. Seid mir gegrüßt, ihr lieben Osmien, die ihr mir in jedem Jahr angesichts des noch ganz in seine Schneekapuze gehüllten Ventoux**) die erste Kunde von dem Aufwachen der Insektenwelt bringt. Ich gehöre zu euren Freunden; wir wollen ein wenig über euch plaudern.

Die Mehrzahl der Osmien meiner Gegend besitzt nicht den Kunstfleiß anderer Gattungen ihrer Familie: sie baut nicht selber die Wohnstätten für ihre Nachkommenschaft, sondern benutzt bereits vorhandene Baulichkeiten, wie zum Beispiel alte Zellen und Galerien der Pelzbienen (Anthophora) und Mörtelbienen (Chalicodoma). Wenn solche bevorzugte Sitze mangeln, werden ein Schlupfloch in der Mauer, ein rundes Loch in einem Baum, der Hohlzylinder eines Schilfrohrs oder ein leeres Schneckenhaus – je nach dem Geschmack der betreffenden Art – angenommen. Der erkorene Schlupfwinkel wird durch Zwischenwände in Kammern geteilt, und zuletzt erhält noch der Eingang in die Wohnung einen festen Verschluß.

Für diese Arbeit – mehr die eines Gipsers als eines Maurers – benutzen die gehörnte und die

*) Die Osmien gehören zur Familie der Blumenwespen oder Bienen (Ordnung: Hautflügler) und sind Bauchsammler; Bauch und Rücken sind stark behaart und zwar beim Weibchen mit mehr borstigen, nach hinten gerichteten Haaren, um damit den Blütenstaub zur Futterbereitung einzutragen. Auch bei uns fliegt schon zeitig im Frühjahr die rote oder zweihörnige Mauerbiene (Osmia rufa L. oder bicornis L.), in Größe und Bekleidung an die gelbe Sandbiene erinnernd. Anm. d. Übers.

**) Eine 1912 m hohe, kahle Bergpyramide im Norden des Departements Vaucluse (Provence) nordöstlich von Avignon, ein letzter südwestlicher Ausläufer der Alpen. Anm. d. Übers.

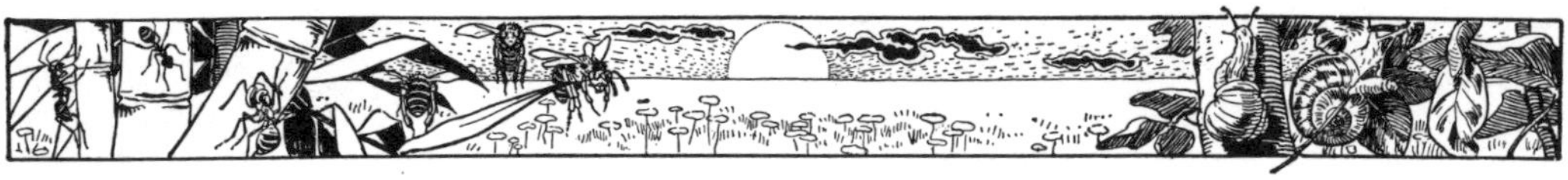

dreihörnige Osmie aufgeweichte Erde. Es ist dies kein Material wie der Zement der Mörtelbiene, der selbst an ungeschützter Stelle mehrere Jahre den Unbilden der Witterung zu trotzen vermag, sondern einfach getrockneter Schlamm, der in Brei zerfällt, wenn ihn ein Wassertropfen berührt. Die Mörtelbiene sammelt ihr Zementpulver auf den begangensten und trockensten Stellen der Straßen und durchtränkt es mit einem Speichel-Reagens, das ihm nach dem Trockenwerden die Festigkeit eines Steines verleiht. Die beiden Osmien verstehen nichts von dieser Chemie des hydraulischen Mörtels; sie begnügen sich mit vom Regen durchweichter Erde, mit Schlamm, den sie ohne besondere Zubereitung trocknen lassen. Deswegen bedürfen sie tiefer und wohl geschützter Zufluchtstätten, wohin kein Regen zu gelangen vermag, unter dessen Einwirkung ihre Arbeit zusammenfallen würde.

Im Wettbewerb mit der dreihörnigen Osmie benutzt Latreilles*) Osmie die Galerien, welche die Pelz- und Mörtelbienen ihr gutwillig überlassen; allein sie gebraucht andere Materialien für ihre Zwischenwände und Verschlüsse. Sie zerkaut Blätter irgend einer schleimhaltigen Pflanze (vielleicht einer Malvacee) und bereitet daraus einen grünen Kitt, aus dem sie ihre Wände baut und mit dem sie zuletzt den Eingang vermauert. Nach dieser Verschiedenheit des von ihnen verwendeten Materials scheiden sich die Mauerbienen, die ich beobachten konnte, in zwei Klassen: die eine mauert mit Schlamm, die andere mit einem vegetabilischen Kitt von grüner Farbe. Zu der ersten gehören, wie bereits angegeben, die gehörnte und die dreihörnige Osmie, beide gekennzeichnet durch dicke Hörner, die über dem Munde an den Kopfseiten herausragen.

Das große Schilfrohr (Arundo donax L.) des Südens wird auf dem Lande häufig benutzt, um in den Gärten daraus Schutzwehren gegen den Wind oder bloße Einzäunungen herzustellen, indem man die Stengel senkrecht in die Erde pflanzt und sie oben, der Gleichmäßigkeit wegen, abkappt. Ich habe das Innere dieser Schilfstengel anfangs häufig nach Nestern der Osmien abgesucht, aber nur sehr selten solche darin gefunden, was mir jetzt erklärlich genug ist. Bei der senkrechten Stellung der Rohre würden die darin aus getrocknetem Schlamm hergestellten Verschlüsse und Scheidewände vom Regen getroffen und rasch aufgelöst werden; deswegen meiden die Mauerbienen sie. Dasselbe Schilfrohr findet aber noch eine zweite Verwendung, nämlich als Hürden, auf denen man im Frühjahr Seidenwürmer zieht und im Herbst Feigen trocknet. Wenn nun unbrauchbar gewordene und deshalb fortgeworfene Hürden im Freien auf dem Boden – also wagerecht – liegen, dann nimmt die dreihörnige Mauerbiene gern Besitz davon und benutzt sie an beiden Enden, wo die Rohre abgestutzt und offen sind. Die originellste Wohnstätte dieser Hautflügler aber bilden leere Schneckenhäuser, zumal solche von Helicogena aspersa Müll., deren Windungen sie in der uns bekannten Weise in Kammern abteilen. Die seltenere gehörnte Osmie scheint die leeren Schneckengehäuse zu verschmähen; ihre einzigen Logis, die ich kenne, sind die Rohrstengel der Hürden und die verlassenen Zellen der Pelzbiene.

Alle übrigen Mauerbienen, deren Nestbau mir bekannt ist, arbeiten mit einer grünen Paste aus zermalmten Blättern; bis auf Latreilles Osmie entbehren sie auch sämtlich die Hörner, welche die Schlammkneterinnen tragen. Was für Pflanzen die Mauerbienen zur Herstellung jener Masse benutzen, habe ich nicht ergründen können; ihre im Anfang ausgesprochen grüne Farbe wird später, zweifellos infolge von Gärung, braun, erdfarbig. Eine andere Mauerbiene (Osmia cyanoxantha, Pérez) gebraucht als Verschlußpfropf einen sehr widerstandsfähigen Beton, hergestellt durch das Vermengen ziemlich dicker Kieskörner mit dem grünen Kitt, während sie zu den Zwischenwänden die reine Paste benutzt. Auch sie läßt sich in den alten Nestern der Mörtelbiene nieder; hier ist der Eingang in das Logis meist der Witterung preisgegeben, weshalb die Mutter für seine Verstärkung sorgen muß. Diese Gefahr hat sie ohne Zweifel auf den Kiesmörtel gebracht. Die goldige Mauerbiene (Osmia aurulenta, Latr.) siedelt sich ausschließlich in leeren Schneckengehäusen an, die auch gern von

*) P. A. Latreille (1762–1833), bekannter französischer Zoologe. Anm. d. Übers.

Nestartiger Schutzbau um ein von der Mauerbiene benutztes Schneckenhaus.
Photographie nach der Natur.

Osmia rufo-hirta Lep., Osmia andrenoïdes Spin. und Osmia versicolor Latr. benutzt werden.*)

Während die Mörtelbiene offen, im hellen Tageslicht, arbeitet, liebt die Mauerbiene das Geheimnis und bedarf dunkler, dem Blick entzogener Zufluchtstätten. Ich wünschte sie aber in der Intimität ihres Heims und bei ihrer Arbeit zu beobachten und ersann daher einen Plan, eine genügende Anzahl der in meiner Umgebung sehr häufigen dreihörnigen Osmien dahin zu bringen, daß sie in meinem Zimmer sich niederließen und ihre Nester in Glasröhren anlegten, deren Durchsichtigkeit mir gestatten würde, ihre Arbeit bequem zu verfolgen. Solchen Galerien aus Kristall, die bei den Bienen wohl einiges Mißtrauen erregen konnten, mußten Schutzmittel hinzugefügt werden, die mehr den natürlichen Verhältnissen entsprachen, also Schilfrohr von verschiedener Länge und Stärke und alte Zellen von Mörtelbienen.

Meine Methode ist äußerst einfach. Es genügt, daß meine Insekten dort aus dem Kokon schlüpfen, wo sie sich ansiedeln sollen, ferner muß ihnen hier Gelegenheit zum Nisten geboten werden, die ihren Neigungen und Bedürfnissen entspricht. Die ersten durch den Gesichtssinn empfangenen Eindrücke, die lebhaftesten von allen, werden meine Insekten immer wieder durch die fortwährend offen gehaltenen Fenster zu ihrer Geburtsstätte zurück-

*) Auch die bei uns heimischen Osmienarten benutzen vielfach leere Schneckenhäuser, um darin ihre Zellen anzulegen. Die Weibchen von Osmia rubicola Friese, O. aurulenta Panz. usw. bilden die Scheidewände darin, wie den Mündungsverschluß gleichfalls aus zerkauten Pflanzenstoffen. O. aurulenta Panz. bringt schließlich über der Mündung noch ein Schutzdach aus Holzstückchen, Tannennadeln, zerbissenem Heu u. dergl. an, das jedoch durch Wind und Wetter bald zerstört wird. O. bicolor umgibt die Kinderwiege, das Schneckenhaus, mitunter sogar ringsum mit einem nestartigen Schutzbau aus Hälmchen, Kiefernadeln usw. Eine solche Hülle verbirgt das Schneckenhaus vollständig und verwehrt den langen Legebohrern der Schlupfwespen und anderen Feinden das Eindringen. Zwei von unsern Abbildungen geben Ansichten von solchen Schutznestern, die einen beträchtlichen Fortschritt in der Baukunst dieser kleinen Tiere zeigen. Anm. d. Übers.

führen, und ebendort werden sie auch nisten, wenn sie nur einigermaßen günstige Bedingungen vorfinden. Ich sammle also den ganzen Winter hindurch eine Masse von Kokons der dreihörnigen Mauerbiene in einem großen Kasten, der auf einem Tisch zwischen zwei nach Süden liegenden und nach dem Garten zu sich öffnenden Fenstern steht, so daß sie genügend Licht, aber keine direkte Besonnung erhalten. Sobald die Zeit des Ausschlüpfens kommt, bleiben die Fenster stets geöffnet, so daß der Schwarm volle Freiheit hat zu gehen und wieder zurückzukehren. Die Glasröhren und die Schilfrohrstengel werden hier und da zerstreut, alle aber wagerecht, wie die Osmien es lieben, und der Vorsicht halber stecke ich in jeden dieser Kanäle einige Kokons. Das Ausschlüpfen eines Teiles der Mauerbienen wird somit innerhalb der Galerien vor sich gehen, die zur Stätte ihrer künftigen Arbeit dienen und sich dadurch ihrem Gedächtnis um so besser einprägen sollen.

In der zweiten Aprilhälfte verlassen meine Osmien ihre Kokons. Unter der unmittelbaren Einwirkung der Sonnenstrahlen wäre das Ausschlüpfen schon einen Monat früher erfolgt; der beständige Schatten in meinem Zimmer hat es verzögert, jetzt aber summt der Schwarm um meinen Arbeitstisch, meine Bücher und Apparate, jeden Augenblick durch die Fenster ins Freie fliegend und wieder zurückkehrend. Zuerst erscheinen die Männchen. Wenn die Sonne lebhaft scheint, fliegen sie um die Röhren, wie um sich die Örtlichkeit recht genau einzuprägen; sie geben sich untereinander eifersüchtige Püffe, rollen sich auf dem Fußboden in nicht sonderlich ernsthaften Kämpfen hin und her, säubern sich die Flügel und fliegen davon. Draußen finde ich sie beim frohen Mahle wieder auf den Syringen, die sich dem Fenster gegenüber unter der Last ihrer duftenden Sträuße beugen. Dort berauschen sie sich an der Sonne und dem Honigtrank, um dann gesättigt ihr Logis wieder aufzusuchen. Beharrlich fliegen sie sodann von einer Röhre zur andern und stecken den Kopf in die Öffnung, um sich davon zu unterrichten, ob nicht irgendeines der Weibchen sich entschließen wird, endlich herauszukommen.

Wirklich zeigt sich eines, ganz bestäubt und mit jener Unordnung in der Toilette, welche die harte Arbeit der Befreiung unvermeidlich macht. Ein Verliebter hat sie erblickt, ein zweiter auch und ein dritter ebenso; alle bemühen sich um sie. Auf ihr Entgegenkommen antwortet die Umworbene durch Bewegungen ihrer Kinnbacken, die schnell und mehrfach wiederholt ihre Zangen öffnen und schließen. Alsbald weichen die Freier zurück und machen nun, ohne Zweifel um sich ein Ansehen zu geben, ebenfalls die gleiche wilde Grimasse mit den Mandibeln. Dann kehrt die Schöne in ihr Schloß zurück, auf dessen Schwelle die Liebhaber die früheren Stellungen einnehmen. Von neuem erscheint das Weibchen und wiederholt ihr Spiel mit den Kinnbacken; abermaliges Zurückweichen der Männchen, die aus Leibeskräften gleichfalls ihre Zangen bewegen. Die Mauerbienen haben wirklich eine seltsame Art, ihre Liebe zu erklären.

Diese naive Idylle findet bald ein Ende. Wechselweise grüßend und gegrüßt durch das Auf- und Zuklappen der Kinnbacken kommt das Weibchen aus seiner Galerie und läßt sich teilnahmlos nieder, um sich die Flügel zu putzen. Die Nebenbuhler stürzen sich auf sie, klettern einer auf den andern und bilden einen Haufen, in dem jeder der unterste zu werden und die andern wegzustoßen sucht. Der Glückliche, der diesen Platz aber erlangt hat, hütet sich wohl, die Beute fahren zu lassen; er läßt die andern sich weiter streiten, und wenn sie endlich das verlorene Spiel aufgeben, so fliegt er mit dem Weibchen davon. Das ist alles, was ich über die Hochzeiten der Mauerbienen beobachten konnte.

Von Tag zu Tag zahlreicher werdend, untersuchen die Weibchen die Örtlichkeiten. Sie summen vor den Glasröhren und den Schilfstengeln, dringen hinein, kommen heraus und kehren nochmals zurück, endlich fliegen sie mit einem plötzlichen Schwung in den Garten. Sie kehren zurück, eine nach der andern. Erst machen sie draußen einen Halt, in der Sonne oder auf den gegen die Mauer geklappten Fensterläden; dann schweben sie in der Fensteröffnung, rücken vor bis zu den Schilfrohren und werfen einen Blick darauf, um wieder abzuziehen und bald nachher zurückzukommen. Hierdurch prägt sich ihnen die Erinnerung an die Geburtstätte fest ein: hier ist jede von ihnen geboren, hier hat sie geliebt und hierhin wird sie zurückkehren.

Endlich hat eine jede ihre Wahl getroffen. Die Arbeiten beginnen, und meine Vermutungen bestätigen sich vollauf. Die Osmien nisten an all den Stätten, die ich ihnen zur Verfügung gestellt habe. Sämtliche Glasröhren, über die ich ein Blatt Papier decke, um geheimnisvollen Schatten hervorzubringen, werden von ihnen besetzt; sie streiten sich um diese kristallenen Paläste, die ihrer Rasse bisher unbekannt waren. Ebenso tun die Schilfrohre und Röhren aus Papier Wunder; der Vorrat davon erweist sich als nicht ausreichend, so daß ich ihn schleunigst vermehren muß. Die Schneckengehäuse und alten Nester der Mörtelbiene werden als vortreffliche Wohnstätten befunden. Nachzügler, die nichts mehr frei finden, lassen sich selbst in den Schubfächern meines Tisches nieder, und besonders kühne dringen sogar in halb offenstehende Schachteln ein, die Stücke von Glasröhren enthalten, worin ich meine letzten Ernten von Larven, Nymphen und Kokons aller Art untergebracht habe, deren Entwicklung ich beobachten will. Um Ordnung in diese mich bedrohende Invasion zu bringen, verklebe ich die Schlüssellöcher, schließe alle Behälter, und dann gebe ich den Osmien das Feld frei.

Das Werk beginnt mit der Einrichtung der Wohnung. Überbleibsel von Kokons, Flecken von verdorbenem Honig, Brocken eingestürzter Zwischenwände, Reste der im Grunde des Gehäuses eingetrockneten Schnecken und andere mit der Hygiene nicht in Einklang stehende Rückstände müssen zunächst verschwinden. Die Osmie reißt sie mit Gewalt los und fliegt damit aus dem Zimmer fort. Alle entwickeln denselben Eifer bei diesen Aufräumungsarbeiten; und nicht einmal die Glasröhren, die ich selbst vorher gründlich mit Wasser ausgewaschen habe, werden von der gewissenhaften Säuberung ausgenommen. Die Osmie stäubt sie aus, bürstet sie mit ihren Fußgliedern und fegt sie endlich rückwärtsgehend rein.

Nestartiger Schutzbau um ein von der Mauerbiene benutztes Schneckenhaus (vorn offen). Photographie in natürlicher Größe.

Bei dem nun folgenden Aufspeichern der Lebensmittel und dem Anbringen der Zwischenwände

richtet sich der Gang der Arbeit nach dem Durchmesser des Kanals. Meine Glasröhren haben ganz verschiedene Abmessungen: die weitesten besitzen einen inneren Durchmesser von 12 mm, die engsten von 6 bis 7. Wenn der Osmie der Endabschluß in den letzteren zusagt, geht sie sofort an das Eintragen des Pollens und des Honigs. Paßt ihr dagegen die Rückwand nicht, ist z. B. der Pfropf von Sorghummark, mit dem ich das eine Ende verstopft habe, zu unregelmäßig oder schließt er zu schlecht, so bewirft sie ihn erst mit etwas Mörtel. Nach Ausführung dieser kleinen Reparatur beginnt dann das Eintragen von Pollen und Honig als Nahrung für die Larve.

In den Röhren mit weiterem Durchmesser ist der Gang der Arbeit ganz verschieden. Für den Augenblick, in dem die Osmie ihren Honig von sich gibt und besonders, wenn sie mit den Hinterfüßen den Pollenstaub abstreift, womit ihre Bauchhaare bepudert sind, braucht sie eine enge Umschließung, durch die sie gerade noch hindurchschlüpfen kann. Ich denke mir, daß ein enger Kanal, worin ihr ganzer Körper sich gegen die Wände reibt, der Biene für ihre Arbeit beim Entfernen des Staubes eine Stütze gewährt. In einem geräumigen Zylinder fehlt ihr dieser Stützpunkt, und deswegen schafft die Osmie sich zuerst einen solchen.

In einer Entfernung von dem verschlossenen Ende der Röhre, die etwa der Länge einer Zelle entspricht, bringt sie aus Schlamm einen ringförmigen Wulst, senkrecht zur Achse des Kanals, an. Dieser Wulst geht aber nicht ganz ringsherum, sondern läßt auf einer Seite eine Lücke frei. Durch neue, schnell aufgetragene Schichten wächst er weiter, bis an dieser Stelle eine Scheidewand die Röhre durchsetzt, die seitwärts eine runde Öffnung hat, eine Art Schlupfloch, durch die nun die Osmie die Nahrung für ihre Larve in die Zelle trägt. Ist die Verproviantierung beendet und das Ei auf die Masse gelegt, dann wird das Schlupfloch geschlossen und dadurch die Scheidewand vollständig gemacht, die nun für die nächstfolgende Zelle zugleich die Rückwand darstellt. In der gleichen Weise beginnt hierauf die Arbeit von neuem, bis die ganze Röhre mit Zellen gefüllt ist. Zuerst also die Konstruktion der Scheidewand mit einem engen und runden Seitenloch, dann die Füllung der Zelle mit Lebensmitteln und zuletzt der völlige Verschluß der Wand.

Nimmt nun die Mauerbiene bei der Anlage ihrer Zellen wirklich eine Vermessung vor? Es wäre das eine prächtige Talentprobe. Beobachten wir einmal die dreihörnige Osmie näher bei der Herstellung einer Scheidewand in der Glasröhre. Ihr Körper befindet sich dabei außerhalb der Zelle, an der sie arbeitet. Von Zeit zu Zeit schlüpft sie mit einem Klümpchen Mörtel zwischen den Kinnbacken hinein, bis sie mit der Stirn die vorhergehende Wand (beziehungsweise den Abschluß des Rohres, wenn es die erste Zelle ist) berührt, während das Ende ihres Hinterleibes zitternd die in der Ausführung befindliche Wand betastet. Man könnte wohl meinen, daß sie nach der Länge ihres Körpers Maß nähme, um in der richtigen Entfernung die Wand aufzuführen. Hernach nimmt sie die Arbeit wieder auf. Hat sie nun vielleicht schlecht Maß genommen oder hat ihre erst wenige Sekunden alte Erinnerung sich bereits verwirrt, kurzum: die Biene unterbricht abermals das Auftragen des Gipsbreies und berührt von neuem mit der Stirn die vordere Wand und mit dem Bauchende die rückwärtige. Ihr ganzer Körper zittert vor Eifer, er wird völlig ausgestreckt, um die beiden Enden der Kammer zu erreichen: läßt das nicht darauf schließen, daß es sich um ein schwieriges architektonisches Problem handelt, daß die Osmie in der Tat zu messen versteht, und daß sie dabei als Maßstab den eigenen Körper benutzt? Zehnmal, ja zwanzigmal wiederholt sich dies, während das Werk voranschreitet. Dabei liegt die Biene wie ein Haken gekrümmt, die Kinnbacken auf der inneren Seite der Scheidemauer, das Ende ihres Leibes auf der äußeren; zwischen diesen beiden Stützpunkten steigt das Mauerwerk aus weichem Schlamm in die Höhe. Die Kinnbacken bringen den Mörtel herbei und glätten ihn durch Klopfen, auch das Ende des Hinterleibes dient als Werkzeug; es wird wie eine Kelle benutzt, um das Material auf der andern Seite zu kneten und eben zu machen. Die Füße haben während dieser merkwürdigen Tätigkeit nur die Aufgabe, die Arbeiterin auf ihrem Platze festzuhalten.

Sehen wir uns nach beendeter Arbeit nun die von der Mauerbiene so eifrig betriebene Meßkunst einmal näher an, die einen so prächtigen Beweis für den Verstand der Tiere liefern würde. Die Geometrie, die Kunst des Feldmessers in dem kleinen Gehirn einer Osmie! Ein Insekt, das vorher Maß von dem auszuführenden Gemach nimmt wie ein Bauunternehmer! Nur schade, daß diesem prächtigen Argument eine Kleinigkeit fehlt – nämlich die Wahrheit. Ich berichte nur, was ich selbst gesehen und sehr genau gesehen habe, und danach kann von einem Abmessen der Zellen gar keine Rede sein. Wenn man nämlich die in einem Schilfrohr oder in einer Glasröhre hergestellten Bauten genau untersucht, so fällt einem sofort die ungleiche Entfernung der Scheidewände voneinander auf. Die Wände nach dem Ende zu, also die ältesten, stehen am weitesten voneinander, die des vorderen Teiles, nach der Mündung zu, sind dichter beisammen; folglich ist auch die in den ersteren aufgespeicherte Nahrung viel reichlicher, da sie in den letzteren oft nur die Hälfte und sogar nur ein Drittel von jener beträgt. Ich gebe hier nur 2 Beispiele. Eine Glasröhre von 12 mm Innendurchmesser enthält 12 Zellen; in den 5 hinteren sind die Wände voneinander entfernt in Millimetern: 11, 12, 16, 13, 11; in den 5 vorderen: 7, 7, 5, 6, 7. In einem Schilfrohr von 11 mm Durchmesser waren 15 Zellen mit folgenden Abständen (von hinten angefangen): 13, 12, 12, 9, 9, 11, 8, 8, 7, 7, 7, 6, 6, 6, 7. Ich könnte mit den Maßen, die ich genommen habe, ganze Seiten füllen; sie beweisen ausnahmslos, daß die Osmie kein Geometer ist und keine Abmessungen nach dem eigenen Körper vornimmt. Viele dieser Zahlen gehen über die Länge des Tieres hinaus; auf eine geringere Ziffer folgt plötzlich eine viel höhere usw. Wohl aber tritt überall die Neigung der Biene hervor, beim Fortschreiten der Arbeit die Scheidewände näher aneinander zu rücken.

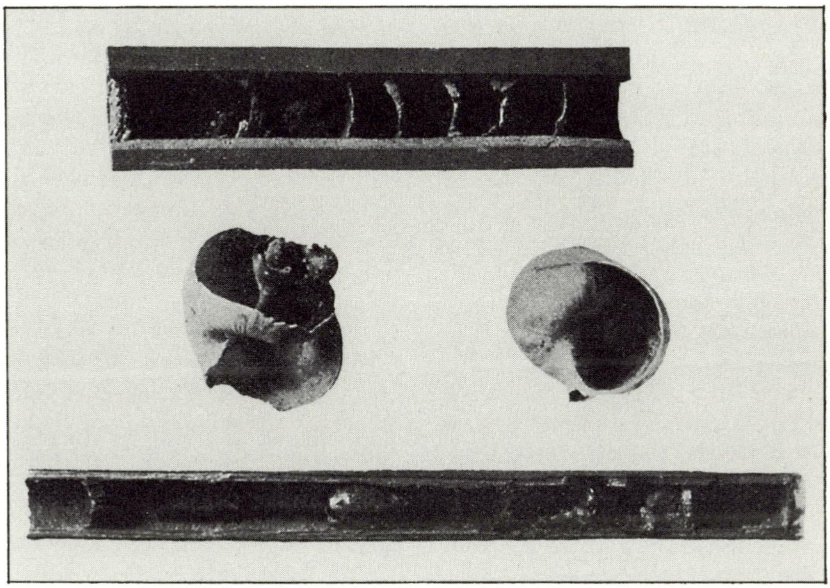

Die Bauten der Mauerbiene für ihre Larven: oben in einer künstlichen Röhre; in der Mitte in einem Schneckenhaus (links offengelegt); unten in einem Schilfrohr.
Aus den Sammlungen des K. Naturalienkabinetts, Stuttgart.

Die großen Zellen sind für die Weibchen, die kleinen für die Männchen bestimmt. Sind ihre Abmessungen nun wenigstens jedem der beiden Geschlechter angepaßt? Auch das nicht, denn wir

sehen in dem zuerst angeführten Beispiel das Intervall von 11 mm, das die Serie der Weibchen eröffnet und beschließt, in der Mitte durch eines von 16 mm unterbrochen; in der zweiten Serie, den Wohnstätten der Männchen, treten zwischen die Intervalle von 7 mm im Anfang und am Schluß solche von 5 und 6 mm. Wenn die Osmie wirklich die Ausmessung ihrer Zellen vornähme und den Maßstab des eigenen Leibes dabei zugrunde legte, könnten ihr, der mit so feinen Werkzeugen begabten, dann wohl Irrungen von 5 mm, fast die Hälfte ihres Körpers, entgehen? Von vornherein ist übrigens schon jeder Gedanke an Geometrie ausgeschlossen, wenn man die Arbeit in einer Röhre von geringem Durchmesser betrachtet. Dort führt die Osmie nicht vor der Verproviantierung erst die vordere (nach der Mündung zu gelegene) Scheidewand auf, sondern schreitet ohne jede Abgrenzung sofort an das Eintragen der Nahrung. Wenn sie die weiche Masse in einer Zelle als genügend ansieht, wofür ihr nach meinem Dafürhalten ihre Ermüdung beim Ernten als einziger Anhalt dient, dann schließt sie die Kammer ohne alles Abmessen; trotzdem aber erweist sich auch dann der Raum des Logis und die Menge der Lebensmittel als ausreichend für das eine, wie für das andere Geschlecht. Was nun aber die Osmie tut und beabsichtigt, wenn sie in so zahlreichen Wiederholungen mit ihrer Stirn die hintere und mit der Spitze ihres Hinterleibes die noch in der Ausführung begriffene vordere Wand berührt, darüber weiß ich nichts. Ich überlasse anderen, Kühneren die Auslegung dieses Manövers.

Wenn die Eier gelegt sind und der ganze Zylinder gefüllt ist, dann schließt eine letzte Wand die Endzelle und zugleich die Mündung der Röhre ab. Um allen Unbefugten den Eintritt zu verwehren, bringt daher die Mauerbiene hier einen dicken Pfropf Mörtel an, mehr als wie sie sonst für verschiedene Zwischenwände verbraucht. Wie ein richtiger Maurer glättet und poliert sie zuletzt noch stundenlang die Oberfläche dieser Barrikade, damit ja kein Feind hineinzudringen vermöge. Und dennoch bringt es im Hochsommer der gemeine Trauerschweber (Anthrax morio L.) fertig, mit Benutzung kaum sichtbarer Risse bis zu der Larve vorzudringen. In andere Zellen werden die Feinde schon während der Arbeit eingeschmuggelt: eine freche Schnell- oder Mordfliege (Tachina) nährt ihre Nachkommenschaft von der Paste, die die Mauerbiene in ihren Zellen aufspeichert. Sie schwebt gemächlich vor der Röhre, in der die Osmie arbeitet, und benutzt wahrscheinlich die Abwesenheit der Mutter, wenn sie neuen Vorrat holt, um schnell ihre Eier in einer Zelle abzusetzen. Wenn man später eine solche Kammer öffnet, so sieht man um die Larve der Osmie, das rechtmäßige Kind des Hauses, 10, ja 20 und mehr Würmchen des Zweiflüglers herumwimmeln, die so gierig über die Mahlzeit herfallen, daß die Bienenlarve Hungers sterben muß.

Dieser Proviant besteht hauptsächlich aus gelbem Mehlpulver; in die Mitte ist etwas Honig entleert worden, der den Pollenstaub in eine Paste von rötlicher Farbe verwandelt. Auf diese weiche Masse wird das Ei gelegt, so daß das nach dem Eingang der Röhre zu gerichtete Ende frei liegt, das andere aber leicht hinein gedrückt und in dem plastischen Brei befestigt ist. Wenn die Zeit des Ausschlüpfens gekommen ist, dann braucht der junge, mit dem Fußende auf der Stelle festgehaltene Wurm nur seinen Hals etwas zu beugen, um unter seinem Munde die honiggetränkte Paste zu finden. Dies ist eine wahrhaft rührende mütterliche Logik: dem Neugeborenen die feine Honigbemme, dem Jüngling oder der Jungfrau das trockene Brot, für das ihr Magen vorher noch zu schwach war.

Das im Verhältnis zur Körpergröße der Osmie sehr große Ei ist zylindrisch, etwas gekrümmt, an beiden Enden abgerundet, durchsichtig. Bald trübt es sich und wird opalartig, indem bloß die beiden Enden durchsichtig bleiben. Ganz feine, kaum mit der Lupe wahrnehmbare Transversalkreise bilden die ersten Anzeichen der Ringelung des Körpers. An der vorderen durchsichtigen Partie zeigt sich eine Zusammenschnürung: der Kopf wird sichtbar. Eine dunkle, außerordentlich feine Faserung zieht sich an jeder Seite entlang: die Reihe der Tracheen, die von einem Stigma (Luftloch) bis zum andern läuft. Zuletzt zeigen sich deutlich die Körperringe mit seitlicher Verdickung. Die Larve ist geboren. Man könnte zweifeln, ob hier von einem Ausschlüpfen im

eigentlichen Sinne und vom Abwerfen einer Hülle die Rede sein könne. Erst wenn man ganz genau beobachtet, sieht man, daß der Schein trügt und daß in der Tat eine feine Haut von vorne nach rückwärts abgeworfen wurde. Dieses so schwer wahrzunehmende Nichts ist die Schale des Eies.

Die junge Larve, unten festgehalten, krümmt sich im Bogen, beugt den bisher in die Höhe gerichteten Kopf zu der rötlichen Paste nieder, und das Mahl beginnt. Bald zeigt eine gelbe Strähne, die die vorderen zwei Drittel des Körpers einnimmt, an, daß der Verdauungsapparat sich mit Nahrung füllt. Vierzehn Tage lang verzehrt sie in Frieden ihre Lebensmittel, um nachher ihren Kokon zu spinnen; vor den Jungen der Tachina ist die Larve glücklich gerettet; nun fragt sich's noch, ob sie auch dem Saugrüssel der Anthrax entgehen und im Kampf ums Dasein siegreich bleiben wird.

Lebensgewohnheiten des weißstirnigen Dektikus.

Als Musikant, wie dem stattlichen Äußeren nach, steht der weißstirnige Dektikus (Tettigonia = Decticus albifrons, Fab.) unter den Lokustiden*) meiner Gegend obenan. Er hat ein graues Habit, kräftige Freßzangen (mandibulae) und eine breite, elfenbeinartige Stirn. Ohne daß er gerade gewöhnlich zu nennen wäre, braucht man sich doch nicht müde nach ihm zu suchen; im Hochsommer findet man ihn im hohen Grase springend, besonders am Fuß von der Sonne beschienener Steinhaufen, wo sich der Terpentinbaum ansiedelt.

Gegen Ende Juli lege ich mir eine Menagerie von diesen Laubheuschrecken an. Als Voliere benutze ich eine geräumige Glocke aus Drahtgewebe, die auf einer Schicht durchgesiebter Erde ruht. Die Bevölkerung macht ein Dutzend aus, worunter beide Geschlechter gleich stark vertreten sind. Die Frage der Ernährung gibt mir längere Zeit zu schaffen; man sollte meinen, daß für sie Pflanzenkost die normale sei, wie uns die Heuschrecken lehren, die alles verzehren, was grün ist. Ich gebe meinen Gefangenen daher die saftigsten und zartesten Blätter aus meinem Garten, solche von Lattich, Zichorie und Rapünzchen. Allein voll Verachtung rühren die Insekten sie kaum an; es ist offenbar nicht ihr Geschmack.

Vielleicht sagen ihren starken Kinnbacken lederartige Blätter mehr zu. Ich versuche es mit mehreren Gräserarten, darunter Rispen des seegrünen Borstengrases (Setaria glauca P. B.), eines Unkrautes, das nach der Ernte die Äcker überwuchert. Das Borstengras wird angenommen, jedoch machen sich die Ausgehungerten nicht über das Blattwerk her, sondern nehmen einzig und allein die Ähren in Angriff, deren noch mürbe Samen sie mit sichtlicher Befriedigung zerknabbern. Vorderhand ist also die passende Ernährungsweise gefunden; später wollen wir weiter sehen.

Wenn am Morgen die Sonnenstrahlen auf die vor meinem Fenster aufgestellte Voliere fallen, bringe ich die Tagesration, eine Handvoll Rispen jenes Unkrauts, die ich vor meiner Tür pflücke. Die Tiere stürzen zu dem Bündel hin und gruppieren sich

*) Locustidae, Laubheuschrecken oder Säbelschrecken, eine Familie der Kaukerfe oder Geradflügler. Man erkennt sie unschwer an den langen und borstigen Fühlern, die in ihren Gliedern nicht unterscheidbar sind, und an den 4 Gliedern aller gleichgebildeten Füße. Eine der gemeinsten europäischen Gattungen ist der Decticus, dessen bei uns gewöhnlichste Art, der 26 bis 30 mm messende Warzenbeißer oder das große braune Heupferdchen (T. verrucivora L.) auch die größte ist. Charakteristisch für die Gattung sind 4 lange, bewegliche Dornen an den Vorderschienen und die 2 freien Haftlappen am 1. Glied der Hinterfüße, sowie der stumpfe, das 1. Fühlerglied nicht überragende Gipfel des Kopfes.
Anm. d. Übers.

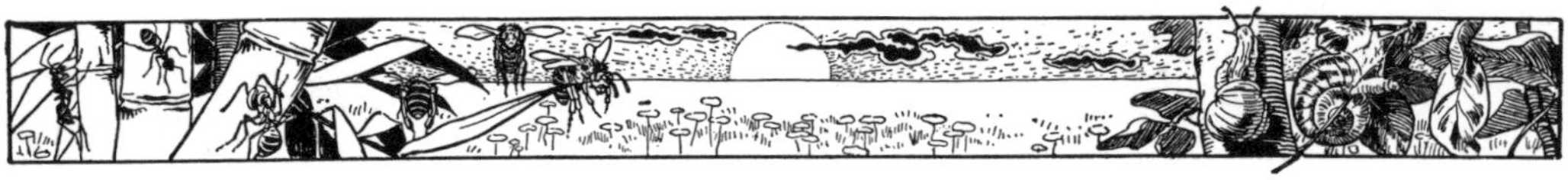

darauf; friedlich, ohne allen Zank stöbern sie mit ihren Freßzangen zwischen den Borsten der Ähren herum, holen die noch nicht ganz reifen Samen heraus und zerknabbern sie. Ihrer Farbe nach könnte man die Insekten für eine Schar Perlhühner halten, die das von der Bäuerin hingestreute Körnerfutter aufpicken. Wenn die zarten Körnchen aus den Ähren hervorgeholt sind, so wird alles übrige verschmäht, mag ihr Hunger auch noch so groß sein.

Um nach Möglichkeit die Eintönigkeit des Futters in der Hundstagszeit, die alles verbrannt hat, zu unterbrechen, sammle ich eine Pflanze mit dickem, fleischigem Blattwerk, das gegen die Sommerhitze ziemlich unempfindlich ist: den gemeinen Portulak, einen andern Eindringling in unsere Gartenkulturen. Das neue Kraut wird gut aufgenommen, allein auch diesmal rühren die Insekten die Blätter und die saftigen Stiele gar nicht an, sondern machen sich ausschließlich an die mit erst halb ausgebildeten Körnchen gefüllten Samenkapseln.

Diese Vorliebe für weiche Samen überrascht mich. Das griechische Wort „däktikós“ bezeichnet doch etwas, das beißt, das zu beißen liebt, und ist in diesem Fall keine bloße laufende Nummer, die allenfalls für das Namenregister genügt, sondern eine ebenso wohlklingende wie charakteristische Bezeichnung. Der Dektikus ist im wahrsten Wortsinne ein beißlustiges Insekt; wenn man der kräftigen Laubheuschrecke einen Finger hinhält, so zwickt sie bis aufs Blut hinein. Und diese starken Kinnbacken, vor denen ich mich beim Anfassen der Tiere in acht nehmen muß, sollten keinen andern Zweck haben als den, Körnchen ohne Konsistenz zu zerkauen; eine solche Mühle sollte bloß kleine, noch nicht reife Samen zermalmen? Sicherlich ist mir irgend etwas entgangen; der mit solchen Freßzangen und Kaumuskeln ausgestattete Dektikus muß unbedingt irgend welche härtere Beute damit zerkleinern.

Von diesem Gesichtspunkte ausgehend, finde ich erst die richtige Nahrung, die, wenngleich nicht die ausschließliche, so doch die vorwiegende ist. Ziemlich große Heuschrecken werden in die Voliere gelassen; wie der Zufall sie mir ins Netz führt, bringe ich bald ein Exemplar von dieser, bald von jener der in einer Fußnote angegebenen Arten hinein.*) Auch einige Laubheuschrecken**) werden angenommen, jedoch weniger gern. Es ist wohl anzunehmen, daß, wenn ich beim Einfangen mehr Glück gehabt hätte, meine Gefangenen die ganze Folge von Heuschrecken- und Laubheuschreckenarten hingenommen haben würden, sobald die einzelnen Exemplare ihnen nur genügend groß vorkamen. Alles frische Fleisch mit Heuschreckengeschmack dünkt meinen starken Fressern gut, am meisten willkommen aber ist ihnen die blauflügelige Heuschrecke, die in meiner Voliere massenhaft verzehrt wird. Es geht dabei folgendermaßen zu:

Sobald das Wildbret hereingelassen ist, entsteht eine unruhige Bewegung, zumal wenn die Tiere eine Zeitlang gefastet haben. Mit ihren unbehilflichen Stelzbeinen stürzen sie ungeduldig stampfend drauf los, während die Heuschrecken sich mit verzweifelten Sprüngen zur Kuppel der Glocke emporschnellen und sich dort festklammern, um sich vor den Verfolgern in Sicherheit zu bringen, die zu korpulent sind, um so hoch emporklettern zu können. Einige werden sofort erwischt, die übrigen, die sich in die Höhe geflüchtet haben, können das ihrer wartende Schicksal nur kurze Zeit verzögern. Schon bald kommt die Reihe auch an sie, wenn sie sich fallen lassen, sei es vor Ermüdung, oder weil sie das Grün auf dem Boden anlockt; sofort sind dann die Dektiken hinter ihnen her.

Das mit den Vorderfüßen des Jägers aufgegabelte Wild wird zuerst im Genick verwundet. Immer an derselben Stelle hinter dem Kopf kracht an erster Stelle das Rückenschild der Heuschrecke; immer dort hinein bohrt der Dektikus beharrlich, bevor er die Beute losläßt, um sie später nach seinem Belieben zu verzehren. Er verfährt dabei höchst zweckmäßig. Die Heuschrecke hat ein zähes Leben und springt noch, wenn ihr der Kopf abgeschnitten wurde. Ich sah einzelne, die sich, bereits zur Hälfte verzehrt, noch verzweifelt wehrten und es mit äu-

*) Oedipoda coerulescens L. – Oedipoda miniata. Pall. – Sphingonotus coerulans, L. – Caloptenus italicus L. – Pachytilus nigrofasciatus Geer. – Tryxalis nasuta L.

**) Conocephalus mandibularis, Charp. – Platycleis indermedia Serv. – Ephippigera vitium Serv.

ßerster Anstrengung fertig brachten, sich loszumachen und zu flüchten. Im Gestrüpp würde die Beute alsdann verloren sein. Das scheint der Dektikus genau zu wissen, und um sie, die mit Hilfe ihrer beiden mächtigen Hebel sonst schleunigst flüchten würde, so rasch wie möglich unbeweglich zu machen, entfernt er mit seinem Gebiß zunächst die Genick-Nervenknoten, die den Hauptsitz der Innervation bilden.

Ist das nur ein Zufall, ohne daß der Mörder die besondere Stelle auswählt? Offenbar nicht, denn er verfährt jedesmal in genau gleicher Weise, wenn das Beutestück noch seine volle Kraft besitzt. Wird ihm die Heuschrecke dagegen als frischer Kadaver dargeboten, oder sie ist zu Tode ermattet und unfähig, sich zu wehren, so richtet sich der Angriff gegen die erste beste Stelle, die gerade unter sein Gebiß gerät. Dann fängt der Dektikus bald mit dem Hinterviertel, das er besonders liebt, an, bald mit dem Bauch, dem Rücken oder der Brust. Der Biß in den Nacken bleibt für schwierige Fälle vorbehalten. Die sonst ziemlich stumpfsinnige Feldheuschrecke besitzt also auch jene Kunst des Mordens, der wir in der Insektenwelt noch häufig begegnen; aber sie übt sie in plumper Weise aus, mehr wie ein Schinder als wie ein Anatomiker.

Zwei oder drei blauflügelige Heuschrecken sind nicht zu viel als Tagesration für einen Dektikus. Sie verschwinden vollständig, bis auf die Flügel und Flügeldecken, die als zu lederartig verschmäht werden. Neben dem Schmausen des Wildbrets geht das Picken der zarten Samenkörnchen her. Meine Kostgänger sind starke Fresser, sie setzen mich in Erstaunen durch ihre Gefräßigkeit und noch mehr durch den leichten Übergang von tierischer zu vegetabilischer Ernährung. Da sie so wenig wählerisch sind, so könnten sie, wenn sie zahlreicher in der Natur vorkämen, dem Ackerbau einige kleine Dienste leisten, indem sie die Heuschrecken vertilgen, von denen manche recht schädlich, und indem sie vor dem Reifwerden die Samen einiger Unkräuter verspeisen, die dem Landbauer verhaßt sind.

Für den Beobachter ist der Dektikus aber namentlich deswegen interessant, weil er in seinem Gesange, wie in seiner Paarung und seinen Lebensgewohnheiten für uns eine Erinnerung an die entlegensten Zeiten darstellt. Wie lebten die Vorfahren dieses Insektes in früheren Epochen unserer Erde? Man vermutet bei ihnen rauhe Sitten und Seltsamkeiten, die aus der jetzigen Fauna verschwunden sind, und bedauert, daß die fossilienhaltigen Schichten uns darüber keinen Aufschluß geben. Immerhin ist jedoch anzunehmen, daß die Lokustinen der gegenwärtigen Epoche noch einiges bewahrt haben, was uns über die Lebensgewohnheiten jener verschwundenen Fauna Aufschluß geben kann. Wir wollen nun daraufhin den Dektikus beobachten.

Gesättigt, legt sich die Gesellschaft in der Voliere auf den Bauch und verdaut behaglich, ohne andere Lebenszeichen als ein sanftes Bewegen der Fühler. Sie halten ihre Siesta während der Stunden der entnervenden Hitze. Dann und wann erhebt sich ein Männchen, wandert schwerfällig aufs Geratewohl umher, hebt seine Flügeldecken etwas und läßt ein vereinzeltes tik-tik ertönen.*) Dann wird es lebhafter, beschleunigt sein Liedchen und zirpt das schönste Stück seines Repertoires.

Ist dies sein Hochzeitsgesang? Es läßt sich schwer etwas darüber sagen, denn der Erfolg ist sehr gering, wenn es sich wirklich um eine an die Nachbarinnen gerichtete Aufforderung handelt. In der Gruppe der Zuhörerinnen läßt sich kein Zeichen von Beachtung wahrnehmen. Keine von ihnen regt sich und verläßt ihren guten Platz in der Sonne. Zuweilen wird aus dem Solo ein Konzert von 2 oder 3 Choristen. Die vervielfältigte Einladung hat keinen besseren Erfolg. Freilich kann man auf diesen unveränderlichen Elfenbeinstirnen keine intimen Gefühle lesen. Wenn aber das Lied der Bewerber wirklich etwas Verführerisches hat, so wird dies durch kein äußeres Zeichen bekundet.

Allem Anschein nach richtet sich das Gezirp an gleichgültige Zuhörerinnen. Es erhebt sich in ei-

*) Die Männchen erzeugen die zirpenden Töne nicht, indem sie – wie die Feldheuschrecken – mit den Schenkeln der Hinterbeine an den Flügeldecken geigen, sondern indem sie die Flügeldeckenwurzeln aneinander reiben, wovon später eingehender die Rede sein wird. Anm. d. Übers.

nem leidenschaftlichen Crescendo und wird schließlich ein anhaltendes, spinnradähnliches Geräusch. Wenn die Sonne hinter einer Wolke verschwindet, hört es auf, um wieder zu beginnen, wenn sie sich von neuem zeigt; allein die Nachbarinnen kümmern sich nicht darum.

Diejenigen von ihnen, welche, die langen Beine ausgestreckt, auf dem glühend heißen Sand ruhen, bewegen sich nicht aus dieser Lage, sondern verharren darin ohne eine Schwingung mehr oder weniger in den Fühlfäden; die, welche an den Überresten einer Heuschrecke nagt, läßt das Stück nicht fahren und verliert keinen Mundvoll davon. Wenn man ihre Gleichgültigkeit sieht, sollte man wirklich meinen, daß der Sänger aus bloßem Behagen über das Gefühl zu leben zirpe.

Daran ändert sich auch nichts, als ich gegen Ende August den ersten Anfängen der Hochzeit beiwohne. Zufällig, ohne das geringste lyrische Vorspiel, findet sich das Paar von Angesicht zu Angesicht. Sonst unbeweglich, wie versteinert, fast Stirn gegen Stirn, liebkosen sie sich gegenseitig mit ihren langen Fühlern, die so fein wie Haare sind. Das Männchen scheint ganz verdutzt. Es putzt jetzt die Endglieder seiner Beine und kitzelt mit den Spitzen der Freßzangen seine Fußsohlen. Von Zeit zu Zeit tut es einen Bogenstrich, tik, nicht mehr.

Anscheinend wäre doch jetzt der geeignete Moment, seine Verdienste ins rechte Licht zu stellen. Weshalb erklärt es nicht seine Liebe in einem zärtlichen Gesange, statt sich die Füße zu kratzen? Allein nichts derartiges geschieht: es bleibt stumm vor der Begehrten, die sich ihrerseits ganz unempfindlich verhält.

Die Begegnung, ein bloßer Austausch von Begrüßungen zwischen Passant und Passantin, ist von kurzer Dauer. Was mögen die beiden, Stirn gegen Stirn, einander wohl sagen? Scheinbar nichts Besonderes, denn bald verlassen sie sich ohne weiteres, und jedes von ihnen geht nach der Seite, wohin es ihm gut dünkt.

Am folgenden Morgen ein abermaliges Zusammentreffen desselben Paares. Diesmal ist der Gesang, wennschon immer noch sehr kurz, doch schärfer betont als gestern, erreicht jedoch bei weitem nicht die Stärke, die ihm der Dektikus lange vor der Paarung gibt. Im übrigen ist es eine Wiederholung dessen, was ich gestern sah; gegenseitige Liebkosungen mit den Fühlern, die sanft die dicken Weichen klopfen.

Das Männchen scheint nicht sonderlich begeistert. Es knabbert sich noch immer den Fuß, als ob es mit sich zu Rate ginge. So verlockend das Unternehmen sein mag, so ist es doch vielleicht nicht ohne Gefahr. Sollte hier etwa eine ähnliche Hochzeitstragödie zu befürchten sein wie bei der Gottesanbeterin (Mantis religiosa), die das Männchen nach der Vereinigung verspeist? Wir müssen geduldig abwarten, ob die Sache ebenso bedenklich ist; vorläufig läßt sich noch nichts derartiges wahrnehmen.

Einige Tage hernach zeigt sich etwas Licht. Das Männchen ist unten, niedergedrückt auf den Sand, in der Gewalt seiner kraftvollen Gattin, die es, ihre Legröhre in der Luft und die Hinterbeine hoch aufgerichtet, in ihrer Umschlingung zu Boden preßt. Der arme Dektikus sieht in dieser Lage wahrlich nicht wie ein Sieger aus. Das Weibchen klappt, ohne Respekt vor seinem Musikapparat, ihm die Flügeldecken in die Höhe und knabbert sein Fleisch, da wo der Bauch beginnt.

Welches von beiden hat nun die Initiative ergriffen; sind die Rollen hier nicht umgekehrt? Das für gewöhnlich umworbene Weibchen wirbt hier selbst mit ungestümer Zärtlichkeit; es hat sich nicht überwältigen lassen, sondern seine Überlegenheit in gebieterischer Weise zur Geltung gebracht. Was wird nun weiter ungewöhnliches geschehen? Für heute erfahre ich es noch nicht; denn der Besiegte macht sich los und flieht.

Am folgenden Tage kommen wir endlich dahinter. Meister Dektikus liegt mit dem Rücken auf der Erde. Bis zur ganzen Höhe seiner Hinterbeine aufgerichtet steht das Weibchen, die säbelförmige Legröhre beinahe senkrecht emporstreckend, über ihm. Die beiden Bauchenden krümmen sich hakenförmig und suchen einander, um sich zu vereinigen. Gleich darauf sieht man dann aus den krampfhaft zusammengezogenen Weichen des Männchens unter qualvoller Arbeit etwas ganz Enormes und

Unerhörtes hervorquellen, als wenn das Tier seine Eingeweide samt und sonders ausstoßen wollte.

Es ist ein opalfarbener Schlauch, an Größe und Farbe einer Mistel ähnlich, ein Schlauch mit 4 Taschen, die durch schwache Furchen abgegrenzt sind, 2 größere unten und 2 kleinere oben. In gewissen Fällen ist die Anzahl der Fächer noch größer, und das Ganze nimmt dann das Ansehen eines Eierpakets an, wie es die gewöhnliche Weinbergschnecke in die Erde legt.

Die seltsame Maschine bleibt unter der Basis der Legröhre des Weibchens hängen, das sich langsam mit diesem merkwürdigen Quersack zurückzieht. Die Physiologen nennen ihn die Samenpatrone (Spermatophor); sie ist der Quell des Lebens für die Eier und hat die Aufgabe, an der richtigen Stelle die Ergänzung zu liefern, die für die Entwicklung der Keime zum Leben notwendig ist.

Ein derartiger Schlauch kommt in dem gegenwärtigen Stande der Entwicklung unserer tierischen Welt ungemein selten vor; soviel mir bekannt, sind sonst in unserer Fauna die Kopffüßer und die Skolopendren die einzigen Tiere, die von jenem wunderlichen Apparat Gebrauch machen. Polypen und Tausendfüßer stammen nun aber aus den ersten Epochen. Der Dektikus, ein anderer Vertreter jener alten Welt, scheint uns darauf hinzuweisen, daß das, was heute eine befremdliche Ausnahme ist, zu Anbeginn recht wohl die allgemeine Regel gewesen sein kann, um so mehr, da wir ähnliche Tatsachen bei den andern Lokustiden wiederfinden.

Nachdem das Männchen sich von seiner furchtbaren Anstrengung erholt hat, putzt es sich ab und beginnt bald von neuem sein fröhliches Gezirp. Wir wollen es vorläufig seinem Vergnügen überlassen und der zukünftigen Eierlegerin und Mutter folgen, welche mit schweren Schritten ihre Last fortschleppt, die ein wie Glas durchsichtiger Gallertpfropf an ihr festhält. Von Zeit zu Zeit hebt sie sich auf ihren Hinterbeinen hoch, krümmt sich ringförmig zusammen und umfaßt mit ihren Freßzangen die opalfarbene Bürde; sie beißt sanft hinein und drückt sie zusammen, ohne jedoch die Umhüllung zu zerreißen, so daß nicht das geringste von dem Inhalt verloren geht. Jedesmal löst sie von der Außenseite eine Parzelle ab, die sie wiederholt und langsam kaut und endlich verschlingt.

Etwa 20 Minuten lang wiederholen sich immer die gleichen Vorgänge, bis der Schlauch zuletzt erschöpft ist, worauf sie ihn in einem Stück von der Basis, dem Gallertpfropf, losreißt. Das im Verhältnis ungeheure Stück, das zäh und klebrig ist, wird nun, ohne daß das Tier es einen Augenblick losläßt, mit den Freßzangen zerkaut, durchgeknetet und erweicht, um zuletzt vollständig verschlungen zu werden.

Zuerst glaubte ich in diesem gräßlichen Festmahl eine individuelle Verirrung, einen Zufall zu erblicken, so ungewöhnlich und ohne sonst bekanntes Beispiel erschien mir das Verhalten des Insekts. Ich sollte jedoch durch den Augenschein eines Besseren belehrt werden. Viermal hintereinander sah ich ein Weibchen von meinen Gefangenen sich mit seinem Quersack davonschleppen, und viermal beobachtete ich, wie es diesen dann losriß, ihn stundenlang mit seinen Freßzangen langsam bearbeitete und schließlich verschluckte. Es ist dies also die Regel: nachdem ihr Inhalt seiner Bestimmung zugeführt ist, wird die befruchtende Blase, die vielleicht ein kräftiges Reizmittel und einen unerhörten Leckerbissen bildet, zerkaut und hinuntergeschlürft.

Wenn dies, wie wir wohl annehmen dürfen, ein Überbleibsel vorweltlicher Sitten ist, dann müssen jene Insekten der älteren Perioden in der Tat seltsame Gebräuche gehabt haben. So sind auch die schon von Réaumur geschilderten ungewöhnlichen Manöver der Wasserjungfern auf ihrem Hochzeitsflug eine mit der Paarung verbundene Exzentrizität aus der Urzeit.

Wenn das Dektikus-Weibchen sein befremdliches Mahl beendet hat, so befindet sich die oben erwähnte Basis jenes Apparats noch an Ort und Stelle; ihr augenfälligster Teil besteht aus 2 kristallhellen Wärzchen von der Größe eines Pfefferkorns. Um sich von diesem Pfropf zu befreien, nimmt das Insekt eine seltsame Stellung an. Die Legröhre wird bis zur halben Länge senkrecht in die Erde gesteckt und dient als Stütze. Das Tier hebt sich auf seinen langen Hinterbeinen, die nun mit der Legröhre einen Dreifuß bilden, so weit als irgend möglich in

die Höhe, krümmt sich hierauf ringförmig zusammen und entfernt nun mit den Spitzen seiner Freßzangen in kleinen Bissen den durchsichtigen Gallertpfropf. Alle Überbleibsel werden sorgsam verschluckt, kein Atom darf verloren gehen. Zuletzt wird die Legröhre sorgsam abgeputzt und mit der Spitze der Taster geglättet. Alles wird wieder in Ordnung gebracht, nachdem die schwere Last bis auf den letzten Rest vertilgt ist; das Tier kehrt zu seiner normalen Haltung zurück und pickt wieder die Samen aus den Ähren des Borstengrases.

Schauen wir uns jetzt nach dem Männchen um. Es ist schlapp und erschöpft von seiner Heldentat und liegt ganz zusammengeschrumpft da. So unbeweglich bleibt es, daß ich es zuerst tot glaube. Das ist der Bursche jedoch keineswegs, sondern er kommt bald wieder zu sich, erhebt sich, putzt sich und geht davon. Eine Viertelstunde nachher zirpt er schon wieder, nachdem er einige Bissen zu sich genommen hat. Wohl klingt sein Lied nicht mehr so begeistert und besitzt nicht den Glanz und die Dauer wie vor der Hochzeit, allein das erschöpfte Männchen tut eben, was es kann.

Es ist nicht wahrscheinlich, daß es noch weitere verliebte Ansprüche erheben sollte. Solche Sachen, die verderbliche Ausgaben erheischen, dürfen sich nicht wiederholen; dazu reicht die Maschine, die der Organismus des Insekts darstellt, nicht aus. Am andern Tage und späterhin handhabt der Dektikus, nachdem die verzehrten Heuschrecken ihm neue Kräfte verliehen haben, seinen Bogen jedoch ebenso lärmend wie vorher; man könnte ihn für einen Novizen halten und nicht für einen übersättigten Veteranen. Diese Beharrlichkeit setzt mich in Erstaunen. Wenn er wirklich singt, um die Aufmerksamkeit der Nachbarinnen zu erregen, was will er dann mit einer zweiten Gattin, nachdem er in dem ungeheuren Schlauch, den er sich aus dem Leibe zog, die ganzen Ersparnisse seines Lebens dahingegeben hat? Er ist vollständig verbraucht; jenes Ereignis gestattet keine Wiederholung, und der Sang von heute ist trotz seines freudigen Klanges doch sicherlich kein Hochzeitslied.

Wenn man den Sänger genauer beobachtet, so ist auch deutlich wahrzunehmen, daß er auf die mit den Fühlern ausgeübten Anlockungen vorübergehender Weibchen nicht mehr reagiert. Von Tag zu Tag wird außerdem sein Liedchen schwächer und seltener, und nach 14 Tagen verstummt das Insekt völlig. Sein Instrument gibt keinen Ton mehr, weil in dem Bogenstrich keine Kraft mehr ist. Endlich sucht der erschöpfte Dektikus, der die Nahrung kaum noch anrührt, eine friedliche Zufluchtstätte. Dort fällt er vor Mattigkeit um, streckt seine Beine mit einem letzten Zucken noch einmal lang aus und stirbt. Zufällig kommt die Wittib vorüber, sieht den Leblosen und nagt ihm zum Zeichen ihres tiefen Kummers einen Schenkel ab.

Ganz ebenso benimmt sich von den übrigen Laubheuschrecken das große grüne Heupferd (Phasconura Locusta viridissima L.). Ein isoliertes Paar wird unter der Drahtglocke einer besonderen Beobachtung unterworfen. Ich wohne zuletzt der Paarung bei, nach der die zukünftige Mutter eine unter der Basis ihrer Legröhre befestigte Samenpatrone von der Form einer Himbeere davonträgt. Das durch den Vorgang entkräftete Männchen bleibt zunächst zwar stumm, aber am andern Tage kehren seine Kräfte zurück, und es singt alsdann so eifrig wie zuvor. Es zirpt, während das Weibchen seine Eier in die Erde steckt, und fährt mit seinem Lärmen fort, auch wenn die Eierablage schon längst vorüber ist und die Erhaltung der Gattung keine Ansprüche mehr an es stellt.

Diese Fortdauer des Gesanges bezweckt, wie klar am Tage liegt, keine Liebesaufforderung: um jene Zeit ist alles zu Ende und zwar vollständig. Von einem Tage zum andern wird das Insekt schwächer, und sein Instrument verstummt. Der leidenschaftliche Sänger ist tot. Das überlebende Weibchen veranstaltet ihm eine Leichenfeier in ähnlicher Weise wie das des Dektikus, indem es die besten Stücke von ihm verschlingt. Es liebt ihn im eigentlichsten Wortsinne zum Fressen.

Diese kannibalischen Sitten findet man bei der Mehrzahl der Lokustinen wieder, wenn sie auch nicht an die Grausamkeit der Mantis religiosa L. heranreichen, die ihre Liebhaber als Wildbret behandelt, während sie noch im vollen Leben sind. Die Weibchen des Dektikus, des Heupferdes und der

anderen Laubheuschrecken warten damit doch wenigstens, bis sie tot sind. Eine Ausnahme unter ihnen bildet das Weibchen von Ephippiger avitium, Serv., das doch einen so gutmütigen Eindruck macht. Beim Herannahen der Legezeit geht es in meinen Volieren gern seinen Gefährten mit dem Gebiß zu Leibe, ohne etwa den Hunger als Entschuldigungsgrund zu haben. Die meisten Männchen gehen auf solche klägliche Weise halbaufgefressen zugrunde.

Das zerstückelte Männchen möchte gern noch länger leben. Ohne die Möglichkeit, sich zu wehren, bringt es mit seinem Streichbogen noch ein paar Schnarrtöne hervor, die in diesem Falle ganz gewiß kein Hochzeitslied sind. Der Sterbende, mit einem tiefen Loch im Bauch, beklagt sich auf dieselbe Art, wie er sich im Sonnenschein freute. Sein Instrument gibt den gleichen Ton von sich, um das eine Mal den Schmerz und das andere Mal das Glücksgefühl zum Ausdruck zu bringen.

Die Schaumzikade und der „Kuckucksspeichel“.

Wenn wir im Frühjahr, nach der Rückkehr der Schwalbe und des Kuckucks, einen Gang durch die Felder machen und dabei den Blick zur Erde richten, wie es ein aufmerksamer Bobachter des Insektentreibens tun muß, so können uns die bald hier bald dort an gewissen Pflanzen sitzenden kleinen Häufchen von weißem Schaum nicht entgehen. Anfangs möchte man sie für Spritzer schaumigen Speichels halten, die von den Lippen eines Vorübergehenden gekommen wären, allein sie finden sich in solcher Anzahl, daß man bald jenen ersten Gedanken fahren läßt. Für eine solche Schaumverschwendung würde der Speichel eines Menschen nicht entfernt genügen, selbst wenn man die kindische und ekelhafte Beflissenheit eines Nichtstuers annehmen wollte.

Der Landmann unsres Nordens hat vollständig eingesehen, daß der Mensch dabei nicht ins Spiel kommt, trotzdem aber nicht auf einen von dem Aussehen jener Flocken hergeleiteten Namen verzichtet: in Erinnerung an den Vogel, dessen Ruf das Erwachen des Frühlings verkündet, nennt er sie Kuckucksspeichel. Der für die Mühen und die Freuden des Nestes untüchtige Wandervogel soll sie, wie man sagt, aufs Geratewohl auswerfen, wenn er im Fluge die Niststätten anderer besichtigt, um eine für die Ablage seines Eies geeignete darunter ausfindig zu machen. Diese Auslegung traut dem Kuckuck eine erstaunliche Fähigkeit zur Speichelabsonderung zu, sie gibt aber keine günstige Idee von dem Verstand der Ausleger. Noch schlimmer ist die andere volkstümliche Benennung: Froschspeichel. O ihr guten Leute, was hat der Frosch und sein Schleim mit jenen Flocken zu schaffen? Der pfiffigere Bauer der Provence kennt gleichfalls den im Frühjahr auftretenden Schaum, allein er hütet sich wohl, ihm eine ungereimte Bezeichnung zu geben. Meine ländlichen Nachbarn schmunzeln nur, wenn ich sie nach dem Frosch- oder dem Kuckucksspeichel befrage, da sie diese Namen für einen schlechten Scherz halten; auf meine Frage nach der Beschaffenheit jener Klümpchen erwidern sie: „Wir wissen es nicht.“ Das ist eine Antwort, die mir gefällt, weil sie keine unsinnige Erklärung zu geben versucht.

Wollen wir den wirklichen Urheber jenes Auswurfs kennen lernen? Mit einem Strohhalm suchen wir in dem Schleimklumpen herum und ziehen ein gelbliches, dickbäuchiges, untersetztes Tierchen daraus hervor, das die Gestalt einer Zikade oder Zirpe (Cicadina, Homoptera) ohne Flügel hat: in ihm haben wir den Arbeiter vor uns, der den Schaum herstellt. Ohne Hülle auf ein anderes Blatt gesetzt, erschüttert das Tierchen durch Schwingungen von

unten nach oben das spitze Ende seines rundlichen Bauches; dadurch verrät sich schon der seltsame Mechanismus, den wir nachher in Tätigkeit beobachten werden. Wenn es etwas älter geworden ist, wird das immer unter der Schaumhülle arbeitende winzige Wesen Nymphe, färbt sich grün und legt sich Flügelstumpfen zu, die schärpenartig an seinen Seiten anliegen. Bei der Arbeit läßt es aus seinem abgestumpften Kopf stoßweis nach unten einen Zwickbohrer hervorschießen, einen Schnabel, der dem der Zikade entspricht.

In seiner ausgewachsenen Form ist es in der Tat eine Zirpenart von sehr kleiner Gestalt; der Insektenkenner, der sich um die gelehrten Namen nicht kümmert, nennt das Insekt daher einfach: Schaumzikade*) oder Schaumzikadelle. Zikadelle ist die Verkleinerung des Wortes Zikade und bezeichnet die besondere Familie der Kleinzirpen (Cicadellidae). Die offizielle Wissenschaft heißt unsre Schaumzirpe: Aprophora spumaria L., was auf deutsch: schaumbedeckte Schaumträgerin besagt.

Ich habe meine verschiedenen Bücher über die Lebensgewohnheiten der Zikadelle zu Rate gezogen. Sie sagen mir, daß die Larve des Insekts die Pflanzen anbohrt, worauf der Saft in schaumigen Flocken heraustritt, so daß das Tierchen unter dieser Hülle im Kühlen sitzt. Das an Belegen reichhaltigste, erst neuerdings zusammengestellte Werk erteilt folgende Vorschrift: man soll in aller Frühe seine Kulturen besichtigen, jeden Zweig und Sproß, an dem eine Schaumflocke sitzt, abbrechen und sofort in einen Kessel mit siedendem Wasser werfen. Nun weißt du, meine arme Zikadelle, was dir bevorsteht. Der Verfasser ist kein Müßiggänger: ich sehe ihn vor dem Morgengrauen aufstehen, den auf Räder gesetzten Herd anzünden und nun seine Höllenmaschine hinausführen zwischen Luzerne, Klee und Bohnen, um dich an Ort und Stelle abzubrühen. Er wird Arbeit genug haben, denn ich erinnere mich eines viereckigen Esparsettefeldes, in dem fast jeder Zweig seine Schaumflocken hatte. Wer dort die Methode des siedenden Kessels anwenden wollte, der hätte wohl am besten getan, das Ganze abzumähen und von der Ernte Tee zu kochen. Warum diese Grausamkeit? Bist du den Ernten so furchtbar, du winziges Kleinzirpchen? Man beschuldigt dich, die angebohrte Pflanze auszusaugen, und es ist wahr, du tust das ähnlich so, wie es der Floh beim Hunde macht. Die einem andern gehörenden Pflanzen anzurühren, ist aber ein abscheuliches Verbrechen, das nur durch die Hinrichtung mit siedendem Wasser gesühnt werden kann. Doch lassen wir diese auf den Feldbau bezügliche Entomologie und ihre Vertilgungsvorschläge beiseite; wenn man auf sie hören will, hat das Insekt keine Berechtigung zu leben. Ich bin nicht imstande, wie ein grausamer Besitzer zu verfahren, der wegen einer von einem Wurm angestochenen Pflaume auf ein Gemetzel sinnt, sondern ich gebe der Zikadelle meine paar Beete Bohnen und Erbsen preis; ich bin überzeugt, sie wird mir meinen Teil übriglassen. Und dann sind auch die niederen Wesen nicht die am wenigsten reichen an Talenten und an eigenartigen Erfindungen, die uns über die unerschöpfliche Verschiedenheit der Instinkte belehren können. So hat insbesondere die Zikadelle ihre eigenen Rezepte zur Limonadenbereitung. Wir wollen sie befragen, durch welche Mittel sie es fertig bringt, ihr Erzeugnis so gut schäumend zu machen, denn gerade darüber schweigen unsere Bücher sich aus.

Das Schaumhäufchen hat keine genau feststehende Form und ist meist nicht größer als eine Haselnuß. Es setzt uns in Erstaunen durch seine Dauerhaftigkeit, selbst dann, wenn das Insekt nicht mehr arbeitet. Wenn man die Flocke von ihrem Fabrikanten entfernt, so daß er sie nicht mehr instand halten kann, und sie in ein Uhrglas legt, so hält sie sich darin länger als 24 Stunden, ohne zu verdunsten und ohne daß die Bläschen platzen. Diese Standfestigkeit ist überraschend, wenn man sie mit der Schnelligkeit vergleicht, mit der beispielsweise aller Seifenschaum zergeht. Eine solche Dauerhaftigkeit ist aber notwendig für die Kleinzirpe, die sich

*) Auch auf unsern Wiesen erzeugen die an Weiden, an der Kuckucks-Lichtnelke, dem Bocksbart, dem Wiesenschaumkraut und andern Pflanzen häufig vorkommenden Larven der Schaumzikade den gleichfalls „Kuckucksspeichel" genannten Schleim. Anm. d. Übers.

durch die ununterbrochen erneuerten Erzeugnisse erschöpfen würde, wenn ihr Werk aus gewöhnlichem Schaum wäre. Nachdem einmal die aus Bläschen bestehende Umhüllung hergestellt ist, muß das Insekt einige Zeit zum Ausruhen erhalten, ohne andere Sorge als zu trinken und größer zu werden. Deshalb besitzt die in Schaum umgewandelte Feuchtigkeit eine gewisse Klebrigkeit, die ihre lange Erhaltung begünstigt; sie ist etwas fettig und fühlt sich zwischen den Fingern wie eine schwache Gummilösung an. Die Bläschen sind klein, regelmäßig und alle genau von gleichem Durchmesser. Sie erscheinen so sorgfältig ausgemessen, daß man glauben könnte, der Inhalt eines jeden sei mit einer Bürette (gradweise abgeteilte Röhre zum Messen von Flüssigkeiten) bestimmt worden. Wie unsere Apotheken, muß auch das Insekt seinen Tropfenzähler haben.

Im Innern der Schaumflocke lauert, von außen unsichtbar, in der Regel nur eine einzige Schaumzirpe; mitunter findet man zwei, drei und mehr darin. Wir haben dann eine Zufallsgesellschaft vor uns, das Ergebnis einer Nachbarschaft, die zu einem gemeinsamen Bau die Einzelarbeiten verschmolzen hat. Um dem Beginn der Arbeit beizuwohnen, verfolgen wir mit Hilfe einer Lupe das Verfahren des Tierchens. Den Saugrüssel bis zum Ende in die Pflanze eingebohrt und mit den 6 kurzen Füßen sich anklammernd, bleibt die Zikadelle unbeweglich, mit dem Bauche platt auf dem Blatt liegend, das sie aussaugt. Man vermutet nun, aus diesem Brunnenschacht eine schaumige Flüssigkeit hervorquellen zu sehen, die diese Eigenschaft durch das Arbeiten des Insekts mit seinem Mundwerkzeug erlangt habe, dessen abwechselnd gehobene und wieder hinabgesenkte Lanzetten sich – gleich denen der eigentlichen Zikade – gegeneinander reiben. Infolgedessen, meint man, würde der austretende Pflanzensaft zum Schäumen gebracht und träte in dieser Form bereits aus der Stichöffnung heraus; so hatte ich es mir auch, gestützt auf die Angaben meiner Autoren, vorgestellt.

Dies ist jedoch ein starker Irrtum: die Wirklichkeit zeigt sich ganz anders erfinderisch. Aus dem Brunnen quillt eine durchaus klare Flüssigkeit hervor, die ebensowenig eine Spur von Schaum zeigt wie ein Tautropfen. Ebenso fördert die mit den gleichen Werkzeugen versehene Zikade an den Stellen, wo sie trinkt, einen klaren Saft, ohne jeden Anflug von Schaum, zutage. Bei aller Gewandtheit, die Flüssigkeiten aufzusaugen, hat somit der zum Munde gehörige Apparat der Zikadelle mit der Herstellung des Schaumpolsters nichts zu schaffen.

Kuckucksspeichel.

Er liefert den ursprünglichen Stoff, den dann ein anderes Werkzeug zu Schaum verarbeitet. Mit einiger Geduld werden wir bald sehen, was für ein Werkzeug das ist.

Die klare Flüssigkeit steigt nach und nach empor und verbreitet sich unter dem Insekt, das schließlich halb unter Wasser steht. Nun beginnt unverzüglich die Arbeit. Um Eiweiß zum Schäumen zu bringen, haben wir zwei Methoden: das Schlagen, das die klebrige Feuchtigkeit in winzige Scheibchen teilt und Luft in ein Netzwerk von Zellen eindringen läßt, und das Einblasen, wodurch Luft in Bläschenform mitten in die Masse hineingespritzt wird. Von diesen beiden Methoden bringt die Kleinzirpe die zweite, die sanfter und eleganter ist, zur Anwendung. Sie bildet ihren Schaum, indem sie in das Naß hineinbläst.

Wie vermag das Insekt jedoch zu blasen, da es doch keinen Apparat zum Leiten der Luft, der den Lungen entspräche, besitzt? Durch Tracheen (die bloße Luftkanäle sind) atmen und wie mit einem Blasebalg wirken, sind zwei unvereinbare Tatsachen. Zugegeben, und dennoch dürfen wir annehmen, daß, wenn das Insekt, um seine Arbeit auszuführen, einen Luftstrom braucht, ihm auch eine Maschine zum Blasen nicht fehlen wird. Diesen sehr geschickt angeordneten Apparat hat die Zikadelle an der Spitze ihres Leibes, am Ende des Darmes. Der Länge nach in Form eines Y gespalten, klafft und schließt sich dort abwechselnd ein Täschchen, dessen beide Lippen, wenn sie sich berühren, einen luftdichten Abschluß bewirken. Dies vorausgeschickt, verfolgen wir nun die Arbeit. Das Insekt hebt die Spitze seines Leibes aus dem Bade, in dem sie sich befand, empor. Die Tasche öffnet sich, saugt die atmosphärische Luft ein, bis sie damit angefüllt ist, schließt sich alsdann und taucht mit ihrem Inhalt unter. Inmitten der Flüssigkeit geht in dem Apparat eine Zusammenziehung der Wände vor sich. Die darin eingeschlossene Luft quillt wie aus einer Düse (Mündung eines Gebläses) hervor und ergibt eine erste Schaumblase. Alsbald wird die luftführende Tasche wieder in die freie Luft emporgehoben, öffnet sich, füllt sich von neuem und taucht geschlossen unter, um sich dort abermals zu öffnen und ihr Gas in die Flüssigkeit hineinzublasen, so daß ein zweiter Schaumball entsteht. So bewegt sich nun mit der Regelmäßigkeit eines Chronometers, von Sekunden zu Sekunde, dieser Blasebalg von unten nach oben, um seine Klappe zu öffnen und sich mit Luft anzufüllen, und von oben nach unten, um wieder in die Flüssigkeit zu tauchen und seinen Luftinhalt hineinzuspritzen. Solcherart ist die Bürette zum Messen des Gases beschaffen, der Tropfenzähler, der uns die genaue Gleichmäßigkeit der Schaumbläschen erklärt.

Odysseus, der Liebling der Götter, erhielt von Aiolos, dem „Schaffner der Stürme“, Schläuche, worin die widrigen Winde eingesperrt waren. Die Neugier seiner Mannschaft, die die Schläuche öffnete, um ihren Inhalt zu ergründen, entfesselte einen furchtbaren Sturm. Solche von Wind geschwellte mythologische Schläuche sah ich in meiner frühesten Jugend. Ein umherziehender Metallarbeiter, ein Sohn Kalabriens, hatte zwischen zwei Steinen den Schmelztiegel aufgestellt, worin eine Suppenschüssel und mehrere Teller aus Zinn umgeschmolzen werden sollten. Den blasenden Aiolos stellte ein kleiner brauner Junge vor, der auf den Fersen hokkend das Feuer anfachte, indem er abwechselnd einen luftgefüllten Schlauch aus Ziegenfell auf der rechten Seite und dann einen zweiten auf der linken zusammenpreßte. Ebenso müssen die vorgeschichtlichen Bronzearbeiter zu Werke gegangen sein, deren Werkstätten und kupferhaltige Schlacken ich auf den Hügeln in der Nähe meines Wohnortes finde: sie hielten ihre Öfen mittels windausströmender Häute in Tätigkeit. Die Maschinerie meines blasenden Aiolos war von naiver Einfachheit. Das abgezogene Fell eines Widders, noch ganz behaart, bildete einen Sack, der unten um eine Düse herum zusammengeschnürt war, oben aber offen stand. Dort hatte er als Lippen zwei Brettchen, die, wenn man sie zusammenbrachte, den Schlauch verschlossen. Jede dieser beiden steifen Lippen war mit einem ledernen Griff versehen; in den einen wurde der Daumen gesteckt, in den andern die übrigen vier Finger. Indem die Hand geöffnet wurde, taten sich die Lippen des Schlauches voneinander, der sich nun mit Luft füllte; durch das Schließen der Hand wurden die Brettchen gegeneinander gedrückt, und dem verschlossenen und hierauf mit dem Arm zusammengepreßten Sack entströmte die Luft durch die Düse. Vermittelst des abwechselnden Öffnens und Schließens der beiden Schläuche entstand so ein fortgesetzter Luftzug.

Von dieser ununterbrochenen Fortdauer abgesehen, die ungünstig sein würde, wenn das Gas in kleinen Bläschen geliefert werden muß, funktioniert das Gebläse der Zikadelle wie das des kalabresischen Metallarbeiters. Es ist ein geschmeidiges Täschchen mit steifen Lippen, die sich abwechselnd öffnen und schließen, auseinanderklaffen, um die Luft eintreten zu lassen, und sich zusammenfügen, um sie gefangen zu halten. Das Zusammenziehen ihrer Wände ersetzt das jedesmalige Pressen des Schlauches und läßt ihren Inhalt an Luft herausströmen, wenn das Täschchen wieder unter Wasser ist. Der Erste, der darauf kam, den Wind in einen Sack zu verschließen, wie die Mythologie es von Aiolos berichtet, hatte wahrlich eine glückliche Eingebung. Der zum Blasebalg gemachten Ziegenhaut verdanken wir die Benutzung der Metalle zu Werkzeugen.

In dieser Kunst, die Luft fortzutreiben, die eine ungeheure Quelle des Fortschritts war, ist die Schaumzirpe uns vorangegangen. Sie blies ihren Schaum, bevor Tubalkain darauf verfiel, sein Schmiedefeuer mittels einer Ledertasche anzufachen. In der Geschichte der Erfindung blasender Getriebe steht sie als die allererste verzeichnet.

Wenn nun, Blase an Blase, die schaumige Hülle das Insekt so dick umgibt, daß das emporgehobene Ende seines Leibes nicht mehr über sie hinausragt und also keine Luft mehr einzunehmen vermag, dann wird die Schaumbereitung eingestellt. Indessen bleibt der Saugschnabel, der den Saft aus der Pflanze zieht, in Tätigkeit, wie es die Ernährung des Tierchens erheischt. Und wiederum gewahren wir, daß der überschüssige Saft, der, ohne in Schaum umgewandelt zu werden, herabfließt und sich unten ansammelt, Tropfen von vollkommener Klarheit bildet. Auf die Frage, was ihnen fehle, um ebenfalls weiß und schaumig zu werden, ist man geneigt zu antworten: nichts als die hineingeblasene Luft.

Ich bringe an die Stelle des Einspritzungsapparats der Larve meine eigenen Künste, indem ich ein dünnes Glasröhrchen zwischen die Lippen nehme und durch sanftes Blasen meinen Atem mitten in den Tropfen hineinpresse. Zu meiner lebhaften Überraschung verwandelt er sich jedoch nicht in Schaum, ebensowenig wie klares Brunnenwasser dies tun würde. Statt eines reichlichen Schaumes, der zäh zusammenhängt, wie der, mit dem das Insekt sich umgibt, erhalte ich durch mein Blasen nur einen dünnen Ring von Bläschen, die aber, kaum entstanden, auch schon sofort wieder platzen. Denselben Mißerfolg erziele ich bei der Flüssigkeit, die sich im Anfang unter dem Bauch der Zikadelle ansammelt, bevor diese ihr Gebläse in Bewegung

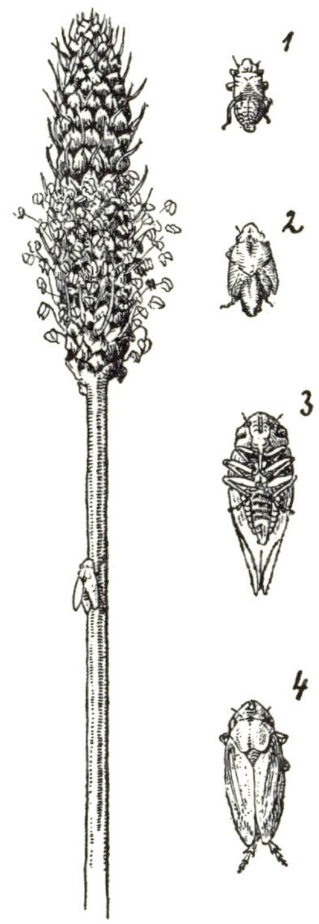

Larve der Schaumzikade, eine Pflanze erkletternd (natürl. Größe). Rechts in doppelter Größe: 1, 2, 3 Larve in verschiedenen Stadien des Wachstums. 4 ausgeschlüpfte Zikade.

setzt. Was auf beiden Seiten fehlt, wird uns eine genauere Prüfung des schaumigen Produkts und seines klaren Grundstoffes lehren. Das erstere fühlt sich fettig an, ist schleimig und fadenförmig fließend wie etwa eine schwache Eiweißlösung; letzterer zeigt die lautere Flüssigkeit reinen Wassers. Somit pumpt die Schaumzirpe aus ihrem Brunnen keine Flüssigkeit, die ganz allein durch die Wir-

kung der blasenden Tasche in Schaum verwandelt wird; sie fügt offenbar dem aus der Stichöffnung sickernden Naß noch irgend etwas hinzu, einen Klebstoff, der es zusammenhängend macht und die Schaumbildung ermöglicht, genau so wie das Kind dem Wasser Seife zusetzt, um es dann am Ende eines Strohhalms zu buntfarbigen Ballons aufzublasen.

Wo aber befindet sich die Seifensiederei des Insekts, die Fabrik, die den schaumerzeugenden Stoff herstellt? Augenscheinlich im Grunde der Blastasche selber: dort, wo der Darm endigt, können in unendlich kleinen Dosen eiweißhaltige Produkte austreten, die entweder der Verdauungskanal oder besondere Drüsen liefern. Mit jedem Luftstoß wird etwas von diesem Stoff in das Naß gebracht, worin es sich löst und dieses dadurch klebrig und fähig macht, die eingeblasene Luft in dauerhaften Ballons festzuhalten. Die Zikadelle hüllt sich in einen Musselinstoff, den ihr Darm mitweben hilft. Man wird dabei an den roten Lilienkäfer (Crioceris merdigera L.) erinnert, der sich aus eigenem Unrat eine Hülle herstellt; allein welch ein Abstand ist zwischen dem Kotklumpen auf seinem Rücken und der aus Luftbläschen gewobenen Decke der Zikadelle!

Und noch eine andere, schwieriger zu erklärende Tatsache lenkt unsere Aufmerksamkeit auf sich. Eine Menge niedriger, krautartiger Pflanzen, in denen der Saft zur Frühjahrszeit in die Höhe steigt, sagt dem Insekt ohne Unterschied der Art, Gattung oder Familie zu; ich könnte fast die gesamte nicht holzige Vegetation meiner Gegend als solche Pflanzen bezeichnen, auf denen man mehr oder minder zahlreich die Schaumflocken unserer Kleinzirpe antrifft. Einige Proben mögen dartun, wie gleichgültig die Zikadelle gegen die Natur und gegen die Eigenschaften der Pflanzen ist, auf denen sie sich niederläßt.

Mit der Spitze eines Pinsels hole ich das Insekt aus seiner Schaumflocke heraus und setze es auf irgendeine andere Pflanze von gerade entgegengesetztem Geschmack: auf das Zarte lasse ich das Harte, auf das Fade das Scharfe und auf das Gezukkerte das Bittere folgen. Ohne jedes Zögern wird der neue Lagerplatz angenommen und mit der Schaumbereitung begonnen. Eine beispielsweise von der Puffbohne mit ganz neutralem Geschmack auf Wolfsmilchgewächse mit brennend scharfem Milchsaft versetzte Schaumzirpe gedeiht dort ganz prächtig; zumal die Euphorbia serrata L. ist einer ihrer Lieblingsaufenthalte. Sie nimmt also ebenso befriedigt das starke Gewürz der Wolfsmilch zu sich wie den faden Geschmack der Bohne. Diese Gleichgültigkeit macht uns staunen, wenn man bedenkt, wie peinlich die übrigen Insekten an bestimmten Pflanzen festhalten. Es muß also auch solche unter ihnen geben, deren Magen eigens dazu eingerichtet ist, um ätzende Mittel und Gifte zu verdauen. Die Raupe des Totenkopfs (Acherontia atropos L.) nährt sich vom Kartoffelkraut, das ihr durch Solanin (ein giftiges Alkaloid) schmackhaft gemacht wird; die des Wolfsmilchschwärmers (Deilephila euphorbiae L.) frißt die giftige große Wolfsmilch (Euphorbiae characias L.), deren Milchsaft auf der Zunge beinahe wie rotglühendes Eisen brennt; allein keine von diesen Raupen geht von solchen narkotischen und ätzenden Säften jemals zu faden über.

Wie bringt es nun die Larve der Schaumzirpe fertig, sich von dem allen zu ernähren? Denn augenscheinlich nährt sie sich, indem sie gleichzeitig Schaum hervorbringt. Ich sehe sie gedeihen, sowohl durch sich selber, wie durch meine Künste, auf dem gewöhnlichen scharfen Hahnenfuß der Wiesen (Ranunculus acer L.), dessen Geschmack in keiner Weise dem des roten Pfeffers ähnelt; auf der Zehrwurz (Arum maculatum L.), von der schon ein Blattstückchen uns die Lippen verbrennt; auf der gemeinen Waldrebe (Clematis vitalba L.), dem berühmten Bettlerkraut, das die Haut rötet und die Geschwüre hervorbringt, durch die die Insassen des „Wunderhofes“ (mittelalterliche Freistätte der Pariser Gauner und Bettler) das Mitleid zu erregen wußten. Nach diesem Cayennepfeffer geht sie ohne weiteres zu der gelinden Esparsette, dem duftenden Bohnenkraut, dem bitteren Löwenzahn und der milden Mannstreu über, kurzum zu allem, was ich ihr gebe, es mag schmackhaft oder unschmackhaft sein. In Wirklichkeit ist die seltsame Verallgemeinerung der von ihr benutzten Pflanzen bei der Zikadelle wohl nur eine scheinbare. Wenn sie dieses oder

jenes Kraut, gleichviel von welcher Gattung, anbohrt, so holt sie nur einen ziemlich neutralen Saft daraus hervor, wie ihn seine Wurzeln aus dem Boden schöpfen; sie läßt in ihren Springquell keine Flüssigkeit zu, die in ihren wesentlichen Stoffen bereits verarbeitet ist. Was unter ihrem Saugrüssel hervorquillt und sich unter der Schaumflocke ansammelt, ist ein Naß von vollkommener Durchsichtigkeit. Ich sammle diese Tropfen auf der Wolfsmilch, der Zehrwurz, der Klematis, dem Hahnenfuß, in der Erwartung, eine Flüssigkeit zu finden, ebenso brennend und ätzend wie der Saft dieser Pflanzen. Doch ich finde nichts dergleichen; jeder Geschmack fehlt, es ist Wasser oder doch nicht viel mehr, das ohne Geschmack aus einem Reservoir voll Vitriol hervorgegangen ist.

Wenn ich die Wolfsmilch mit der Spitze einer feinen Nadel ritze, so dringt aus dem Stich ein weißer, milchiger Saft von abscheulicher Schärfe hervor. Wenn die Zikadelle ihren Stecher hineinbohrt, quillt eine fade und klare Feuchtigkeit hervor. Die beiden Operationen scheinen aus verschiedenen Quellen zu schöpfen. Wie stellt es nun das Insekt an, um klares und harmloses Wasser aus demselben Fäßchen zu erhalten, aus dem meine Nadel milchiges und ätzendes zutage fördert? Zerlegt es den rohen Saft mit seinem Instrument, das eine unvergleichliche Retorte darstellt, indem es nur das Neutrale zuläßt und das Beißende ablehnt? Saugt es nur bestimmte Gefäße an, worin der noch unverarbeitete Saft seine spätere Giftigkeit noch nicht besitzt? Die feine Pflanzenanatomie versagt gegenüber dem Pumpenschlag des Tierchens. Ich verzichte darauf, dieses Problem zu lösen.

Wenn die Zikadelle, wie so häufig, Wolfsmilchpflanzen benutzt, so hat sie einen schwerwiegenden Grund, in ihren Springquell nichts von dem zuzulassen, was eine gewöhnliche Anzapfung, wie sie meine Nadel bewirkt, ihr liefern würde; denn die Milch der Pflanze tötet sie. Ich sammle die Milch von abgepflückten Zweigen und setze eine Schaumzirpe hinein. Sie fühlt sich unbehaglich darin, das sieht man an den Anstrengungen, die sie macht, um hinauszukommen. Mein Pinsel bringt den Flüchtling in den Milchsumpf zurück, der reich ist an aufgelöstem Gummielastikum. Bald gerinnt das Kautschuk zu Klümpchen, die denen des Quarkkäses ähneln; die Füße des Insekts bekleiden sich mit Gamaschen, die aus Kasein gemacht zu sein scheinen; ein gummiartiger Belag verstopft seine Luftlöcher; vielleicht schmerzt ihm auch seine ungemein zarte Haut von dem ätzenden Milchsaft, der wie ein Blasenpflaster wirkt. Wenn die Zikadelle eine Zeitlang darin festgehalten wird, geht sie zugrunde. Das gleiche würde der Fall sein, wenn ihr Zwickbohrer wie eine einfache Nadel wirkte und die Milch der Pflanze herausbrächte. Es vollzieht sich also eine Auslese unter den Säften, die fast reines Wasser hervortreten läßt, vermischt mit einem Zusatz, der das Schäumen ermöglicht. Eine subtile Drainage, deren Mechanismus sich unserer Wißbegier entzieht, ein Pumpenspiel von unerhörter Feinheit, bewirkt diese wunderbare Reinigung. So erklärt es sich, daß die Larve der Schaumzikade auf der ersten besten Pflanze ihren Schaum zu bereiten vermag. Jede ist ihr gut dazu, weil ihr Apparat jeden Saft auf klares Wasser zurückführt.

Läßt man die flüssigen Tropfen, die aus der Schaumflocke heraussickern, in einem Uhrglas verdunsten, so bleibt ein geringer weißer Rückstand, der sich unter Aufbrausen in Salpetersäure löst. Vielleicht ist es Pottasche; ich vermute auch Spuren von Eiweiß darin. Wovon nährt sich nun die Zikadelle? Allem Anschein nach von einigen Schlucken, deren Grundbestandteil Eiweiß ist, denn das winzige Wesen selbst ist zum größten Teil nur ein Körnchen ähnlichen Stoffes. Dieser ist in allen Pflanzen reichlich vorhanden und dient dem Insekt dazu, die Verluste an klebrigen Bestandteilen zu ersetzen, die es bei der Schaumbereitung erleidet. Vermutlich verleiht der Flüssigkeit irgendein eiweißhaltiges Produkt, das im Verdauungskanal ausgebildet und durch den Darm in dem Maße abgesondert wird, wie die Blastasche ihre Luftbläschen ausstößt, die Fähigkeit, sich zu Schaum von langer Dauer aufzublähen.

Es fällt nun sofort in die Augen, welchen Vorteil die Zikadelle aus dem von ihr bereiteten Schaumball zieht: unter dieser Hülle bleibt sie im Kühlen und entzieht sich den Blicken ihrer Verfol-

ger; sie kann darin den Sonnenstrahlen wie der Verfolgung von Parasiten Trotz bieten. In ihrem Schutze nimmt die Larve ihre Häutungen vor und entsteigt ihr dann erst in Gestalt einer zierlichen Zikade von brauner Färbung. Als solche versteht sie gewaltige und plötzliche Sätze zu machen, die sie dem Angreifer entziehen; sie führt dann ein bequemes Leben, das wenig von Feinden beunruhigt wird.*)

*) Das Zikadenweibchen legt im Herbst mit seiner Legscheide die Eier zwischen Rindenritze oder an den Wurzelstock der Pflanzen; im Frühjahr kommen dann daraus die Larven hervor, die in der geschilderten Weise den „Kuckucksspeichel" bereiten. Anm. d. Übers.

Der Schaumwall, den die Larve der Schaumzikade um sich herum aufführt, ist ein Verteidigungsmittel von wunderbarer Erfindung, das seltsamerweise von keiner einzigen der ihr am nächsten stehenden Arten nachgeahmt wird. Auch sie besitzen eine in ganz ähnlicher Weise arbeitende Saugpumpe, allein keine von ihnen hat eine Blasmaschine am Ende des Darms. Die Instinkte werden eben nicht erworben. Sie sind eigentümliche natürliche Anlagen, die hier zugestanden und dort verweigert werden, ohne daß die Zeit sie in allmählicher Entwicklung entstehen läßt oder eine gleichartige Organisation hervorzubringen vermag.

Blattlausvertilger in der Insektenwelt.

Die chemischen Elemente zu Nährstoff verbinden, der ohne große Überarbeitung des Verzehrten sich auf den Verzehrer übertragen läßt, ist eine heikle Arbeit, die eine Aufeinanderfolge von Mitarbeitern verlangt, deren jeder auf seine Art auswählt und verfeinert. Dies beginnt in der Pflanze, dem Zellenlaboratorium, wo die von der Sonne bearbeiteten mineralischen Grundstoffe des Bodens und die der Atmosphäre sich vereinigen und die Wärme aufspeichern. Die Sonnenenergie verdichtet sich darin, um auf den Herd des animalischen Lebens übertragen zu werden, der sie in Tätigkeit ausgeben wird. Es setzt sich fort bei den Aufhäufern von Atomen, die geduldig Stückchen um Stückchen verbessern, so daß aus dem Mittelmäßigen Vortreffliches wird.

Zu diesen Aufspeicherern von Molekülen gehören die Blattläuse.*) Sie sind freilich klein, sehr klein, aber auch ungemein zahlreich und dabei so zart und dick! Ihr Bäuchlein ist ein mit Saft gefülltes Gefäß, ein Extraktkännchen. Wie viele auch ihren zahlreichen Feinden, von denen wir nachstehend bloß die aus der Insektenwelt betrachten wollen, zum Opfer fallen, so bleibt ihre Menge dennoch unerschöpflich. Durch die Massenerzeugung wird der Abgang von Blattläusen immer wieder wettgemacht. Ihre Kolonien sind Werkstätten, in denen sehr schnell und im Überfluss die Nahrung für eine Menge von Magen höherer Gattungen zubereitet wird.

*) Die Blattläuse (Aphididae) sind eine Familie der Schnabelkerfe (Hemiptera). Sie haben drei– bis siebengliedrige Fühler, die mitunter länger als der Körper sind, und lange dünne Beine mit zweigliedrigen Füßen. Einige Arten sind überhaupt flügellos, bei den meisten dagegen findet man ungeflügelte und geflügelte Individuen nebeneinander. Anm. d. Übers.

Betrachten wir einmal ihre Arbeit auf einem Terpentinbaum (Pistacia terebinthus L.). Das strauchförmige Gewächs ist in der Spalte eines von der Sonne ausgeglühten Felsens emporgesproßt. Dort lebt es, enthaltsam und ergeben, ja es gedeiht sogar durch ein Wunder von Sparsamkeit. Was finden seine Wurzeln an diesem dürftigen Orte? Einige Mineralsalze, Felstrümmer, einige Spuren von Feuchtigkeit, die der Regen in langen Zwischenräumen liefert. Dies genügt ihm: der Strauch bedeckt sich mit Blattwerk, er wandelt den Stein in etwas Verzehrbares um. Es bedarf jedoch besonderer Verzehrer, um dies ganz mit Terpentinharz gesättigte Grün nutzbar zu machen, nämlich solche, denen der drogenartige Geschmack nicht zuwider ist. Die Insekten, die geneigt sind, davon zu fressen, scheinen selten zu sein; nichtsdestoweniger muß auch dieser Firnis ausschwitzende Strauch sein Teil zum allgemeinen Schmaus liefern. Was die übrigen Insekten zurückweisen, nimmt eines der niedersten unter ihnen, eben die Blattlaus, an, sie findet es ausgezeichnet und verlangt nichts Besseres. Mit ihrer Lanzette schröpft sie behutsam das Blatt und bereitet dadurch das Entstehen einer Galle vor, in der sie mit ihrer Nachkommenschaft sich alsdann mästet. Sie destilliert den aus dem Felsen gekommenen und zuerst von der Pflanze verarbeiteten Stoff; sie zieht die Quintessenz heraus und verwandelt sie in ein höheres Produkt.

Mir ist es darum zu tun, jene ersten Ausbeuter des Schatzes der Laus kennen zu lernen, besonders aber sie in Tätigkeit zu sehen, und das Glück ist mir günstig. Hinter der Mauer ihres festen Schlosses, in ihrer als sicherer Zufluchtsort dienenden Galle führen die Kolonisten des Terpentinbaumes ein gemächliches Dasein, solange nicht eine Bresche Räubern den Zutritt gewährt, die nach ihrem zarten Fleische lüstern sind. Eine solche Bresche muß aber entstehen, sobald die Galle infolge der Austrocknung sich öffnet; sie ist auch unerläßlich für das Ausschlüpfen der darin Eingeschlossenen zur Zeit ihrer Wanderung. Damit ist dann der Augenblick des Beutemachens für diejenigen unter den Feinden der Blattlaus gekommen, die nicht imstande sind, aus eigener Kraft jene Konservenbüchse zu öffnen.

Die schönste und frühreifste der kugelförmigen Gallen meines Terpentinbaumes*) beginnt gegen Ende August rissig zu werden. Einige Tage später komme ich hinzu, als sich im heißen Sonnenschein drei sternförmige Breschen darin öffnen, aus denen klebrige Tränen hervorquellen. Die geflügelten Blattläuse kommen, eine nach der andern, langsam hervor; sie machen Halt auf der Schwelle der Öffnungen und versuchen zuerst ungeschickt den Aufschwung, bevor sie fortfliegen. Im Innern wimmelt noch eine Menge von ihnen herum, mit Vorbereitungen für die große Reise beschäftigt.

Alsbald eilt zu der Öffnung ein kleiner schmächtiger Hautflügler, nach Beute begierig. Es ist eine zu der Gattung Sphex gehörende Zehrwespe, der schwarze Psen (Psenulus atratus, Panz.), dessen Zellen ich oft in den trockenen Zweigen des Strauches gefunden habe, versehen mit einem Vorrat bald von Zikadellen und bald von schwarzen Blattläusen. Es finden sich acht von ihnen ein, die, unbekümmert um den Klebstoff, an dem sie festgeleimt werden könnten, die Harztränen überschreiten und in das Innere der Galle schlüpfen. Gleich darauf kommen sie wieder daraus, jeder mit einer Blattlaus zwischen den Kinnbacken. Schleunigst entfernen sie sich, um ihre Beute in der Speisekammer ihrer Larven aufzuspeichern; ebenso schnell kehren sie wieder zurück und erhaschen ein anderes Stück. Wieder eilen sie davon, rasch sind sie von neuem da. Die Ernte vollzieht sich mit ausnehmender Geschwindigkeit; die günstige Gelegenheit muß ausgenutzt werden, bevor der Schwarm der Läuse sich davon gemacht hat.

Zuweilen dringen sie nicht in die Galle ein; wenn sie Blattläuse an der Öffnung vorfinden, fangen sie die hervorkommenden weg: das geht rascher und ist weniger gefährlich. So geht die Plünderung mit der gleichen erstaunlichen Betriebsamkeit weiter, bis die Galle leer ist. Auf welche Weise mögen die acht Strauchdiebe wohl Kenntnis von dem geöffneten Behälter bekommen haben? Vorher würden sie ihn nicht haben ausnehmen können, weil sie aus eigener Kraft nicht imstande sind, die geschlossene Wand zu durchbrechen; später würden sie ihn leer gefunden haben. Sie haben genau den Augenblick des Aufplatzens der Galle gekannt und sind herbeigeeilt. Erst nachdem der Vorrat erschöpft war, verschwanden sie, vermutlich um eine andere geplatzte Galle aufzusuchen.

Dem Gemetzel sind viele von den geflügelten Blattläusen entgangen, denen während der Pause, da die Psen ihre Beute forttrugen, Zeit blieb, um da-

*) Diese großen, grünroten und harzreichen Gallen (Gallae pistacinae) fanden früher medizinische Verwendung und kamen unter dem Namen Karoben- oder Terebinthengallen in den Handel.

vonzufliegen. Wenn aber ein anderer Feind erscheint, werden sie jedesmal von Grund aus vertilgt. Es ist eine kleine rosa- oder braungescheckte Raupe, welche die intakten Gallen zu finden weiß, die mit noch ungeflügelten Blattläusen vollgepfropft sind. Sie bearbeitet mit Vorliebe die kugelförmigen Gallen. Unbekümmert um den bitteren Firnis, der unter ihren Bissen hervorquillt, greift die Raupe mit ihren Zähnen die fleischige Wandung an. Das in kleinen Bissen weggenommene Material wird ordnungsmäßig um die Aushöhlung herumgelegt. Mit Interesse verfolge ich die Arbeit des Tieres, das die Kiefer in die kleine Grube senkt, das bis auf den Grund Weggenommene kaut und dann den Kopf bald nach rechts, bald nach links dreht, um die klebrige Masse dort niederzulegen. So häuft sich um die Ausgrabung ein Polster von diesem Teig, in dem die faserigen Überreste mit Terpentin überschwemmt werden.

In weniger als einer halben Stunde ist durch die Wandung der Galle ein rundes Loch gebohrt, in das der Kopf gerade hineingeht. Wo der Schädel durchschlüpft, kann das übrige nachfolgen. Nicht ohne Mühe gelangt die Raupe in die enge Öffnung hinein; sie dreht sich dann aber gleich um und spinnt über diese Luke einen seidenen Vorhang mit breiten Maschen. Weiter unternimmt sie nichts, um die Bresche zu schließen; die aus der Wunde herabtröpfelnden Firnistränen sammeln sich auf jenem Netz an und werden dort zu einem festen Pfropfen. Die Raupe befindet sich somit in vollkommener Sicherheit in einer überreich mit Proviant versehenen Ruhestätte, wo sie nun ein vergnügtes Leben führen kann. Die Blattläuse werden eine nach der andern erwürgt, ihres Saftes beraubt und hierauf mit einer Bewegung des Nackens nach rückwärts geworfen. Wenn die leeren Hüllen ihr dort zu viel Raum einnehmen, so legt die Raupe sie zusammen, polstert sie mit etwas Seide aus und stellt sich so einen erhabenen Sitz her, der es der Würgerin gestattet, um sich zu schnappen und nach Belieben zu schmausen.

Bei einiger Sparsamkeit würden die Lebensmittel reichlich bis zu Ende vorhalten, allein die Raupe ist eine Verschwenderin; sie vergeudet ihren Besitz und tötet viel mehr Blattläuse, als sie verzehrt. Es ist ein Zeitvertreib für sie, ihnen den Bauch aufzuschlitzen, um sie alsbald ihrer Draperie von Leichen hinzuzufügen. So vollzieht sich das Gemetzel rasch; keine einzige entgeht ihm. Wenn sich nichts mehr regt, lange bevor der Oger sein Wachstum beendet hat, so wird der Einbruch in andere Wohnstätten der Blattläuse notwendig. Die Raupe verlässt also ihre Galle, indem sie entweder die Eingangsluke wieder freimacht oder eine neue Öffnung herstellt, was für ihre starken Kiefer eine leichte Arbeit ist. In einer neuen Galle und ebenso in einer dritten und noch andern, wenn ihr Appetit es verlangt, beginnt dieselbe Schlächterei. Endlich muß an das Erscheinen des Schmetterlings gedacht werden. Im Innern der Galle selbst, die durch Austrocknung ein starkes Kistchen geworden ist, umgibt sich die Raupe mit einem geräumigen Zelt von verdorrten Blattläusen, dann webt sie sich inmitten dieser Hülle ein Hemd aus schöner weißer Seide. Dort verbringt sie den Winter und verwandelt sich in einen Schmetterling.

Die Raupe gelangt unschwer in die Galle und verläßt diese ebenso leicht, weil sie über die Werkzeuge zum Durchbohren der Wandung verfügt; wie aber stellt es der in einer solchen Kiste geborene Schmetterling an, um hinauszukommen? Gleich den andern Schuppenflüglern ist er ein Schwächling, der keine Betriebsamkeit besitzt. Auch ist zu beachten, daß die Stätte seiner Geburt nicht etwa von selbst Risse bekommt; denn mit dem Tode der Blattläuse hat ihr Wachstum Halt gemacht, so daß die Galle nicht jenen Grad der Ausdehnung erreicht, durch den ihr Platzen herbeigeführt wird. Ohne ihre Form zu ändern, bleibt sie geschlossen und verhärtet sich derartig, daß ihre Wandung die Wiederstandsfähigkeit einer Nußschale erhält. Wenn sie eine treffliche Wohnstätte bildete, um darin unter einem weichen Lager von trockenen Blattläuse zu überwintern, so muß sie zu einem harten Kerker werden, wenn für den Schmetterling die Zeit der Feste unter freiem Himmel gekommen ist.

Die Raupe hat dies sehr wohl erwogen. Im Frühling, bevor ihre Erstarrung im Puppenzustande eintritt, macht sie die Eintrittsöffnung wieder

Blattlausvertilgende Insekten.

Oben: Siebenpunkt und Psenulus atratus, fliegend. In der Mitte: Puppe und Larve des Siebenpunkts.
Unten: Larve der Landjungfer (Hemerobius), mit Blattlausbälgen bedeckt. (Alle vergrößert).

frei, die seit langem ein Harztropfen verschließt, oder, wenn dieser zu schwer zu beseitigen ist, so bohrt sie ein neues rundes Loch von so engem Durchmesser, daß es gerade für den Durchgang des Kopfes ausreicht. Da die Galle jetzt trocken ist, schwitzt sie keinen Firnis mehr aus und die kleine Öffnung bleibt frei. Nachdem diese Vorsichtsmaßregel getroffen ist, zieht die Raupe sich unter ihren Filz von toten Blattläusen zurück und rüstet sich dort zur Metamorphose. Keine andere Vorsorge für die Befreiung wird getroffen. Durch die schmale Öffnung muß der Schmetterling ins Freie gelangen, ohne seine Flügel zu beschädigen, – ein heikles Problem, dessen Lösung ich nicht zu erraten vermag. Wenn das Insekt im Juli seine Schachtel verläßt, wird sie mir klar. Das von der Raupe hergestellte Loch genügt nämlich vollständig, dank der Anordnung der Flügel, die, statt sich zu entfalten, sich vielmehr gefurcht einwärts krümmen und die Seiten und den Rücken eng umschließen. Um durch die Enge zu schlüpfen, hat der Schmetterling seinen Schmuck zu einem Halbzylinder eingerollt und sich zu einem Futteral gemacht.

So gelangt er aus der Galle hinaus und so wird er bis ans Ende bleiben, – kein Schmetterling, wie man ihn sonst in der uns wohlbekannten Gestalt zu sehen gewohnt ist, sondern eine Rolle von Seidengewebe, die sehr wenig Raum einnimmt. Diese Gewebe ist übrigens prachtvoll, mit Weiß, Braun und dunkler Amarantfarbe gesprenkelt. Ein weißer Strich, vor dem sich ein dunkelroter Streifen hinzieht, bildet einen Gürtel quer über den Rücken. Ein zweiter, weniger deutlicher weißer Strich beschreibt einen spitzen Bogen auf dem Flügelfutteral, etwa auf dem hinteren Drittel. Ein breiter grauer Saum faßt unten das Kostüm ein. Die Fühler sind lang, fadenförmig und legen sich auf dem Rücken an. Die Taster endlich richten sich zu einer Art von spitzem Helmstutz auf. Dieser etwa ein Dutzend Millimeter lange Vertilger der Blattläuse ist in der Tat ein prächtiger Raubgesell.

Andere Feinde der Blattlaus, die über keinerlei Werkzeuge zum Bohren verfügen, ergreifen Besitz von den Gallen, die durch das bloße Umbiegen eines Blattes gebildet worden sind. Sie legen genau gegen die Fuge jedesmal nur ein einziges Ei, weil für manche Larven der Vorrat an Nahrung in einer solchen, bald spindelförmig, bald wie ein Halbmond aufgeblähten Falte nicht ausreichen würde. Sobald infolge der fortschreitenden Ausdehnung beim Wachsen die Fuge nur ganz wenig aufklafft, schlüpft das aus dem Ei gekrochene Würmchen, das bis dahin geduldig die Vorgänge beobachtete, alsbald in die Ritze. Es dringt in die Kammer der Blattläuse, eine wohlverschlossene Kammer, denn die Spalte schließt sich rasch wieder. Nachdem es alle Insassen verzehrt hat, wird es in der Gestalt einer hübschen Mücke wieder daraus hervorkommen, wenn die reifgewordene Galle platzt. Sie gehört zur Familie der Syrphiden oder Schwebfliegen.

Ein mit Blattläusen bevölkerter Strauch ist gleichzeitig Molkerei, Wildpark, Abdeckerei, Zuckersiederei, Schlächterei und Konservenfabrik. Alle diese Industrien sind dort in Tätigkeit, alle Methoden, um dieses Lager in tierischen Stoff umgewandelter Materie auszubeuten. Mit Vorliebe richte ich meine Beobachtung auf einen großen Ginsterstrauch (Spartium junceum L.), dessen fast blattlose Zweige mit lebhaft gelb gefärbten Blüten sich wie Binsen ausbreiten. Im Sommer bevölkern ihn zahllose schwarze Blattläuse, die, eng aneinander gedrängt, seine Zweige wie mit einer ununterbrochenen tierischen Rinde bedecken. Wie alle ihre im Freien lebenden Gattungsgenossen haben die Ginsterläuse am drittletzten Hinterleibsring zwei hohle Röhrchen – Saftröhrchen, nach deren Inhalt die Ameisen sehr lüstern sind. Diese Apparate fehlen den Blattläusen des Terpentinbaumes, die in ihren Gallen eingeschlossen bleiben. Von der Welt abgeschlossen, machen sie sich nicht die Mühe einer solchen Zuckerraffinerie, von der niemand Nutzen haben würde. Jedoch die übrigen Läuse, die in der freien Luft allen möglichen Begehrlichkeiten ausgesetzt sind, verfehlen niemals, solche hervorzubringen.

Sie sind die Milchkühe der Ameisen, die kommen, um sie zu melken, das heißt, durch Kitzeln das Ausströmen des Zuckersaftes zu bewirken. Sobald das Tröpfchen am Ende der Röhre erscheint, wird es von der Melkerin getrunken. Es gibt Ameisen, die

sich Herden von Blattläusen in Sennhütten halten, die aus Erde um Pflanzenbüschel herum aufgeführt sind. Ohne sich von dort zu entfernen, können sie melken und sich volltrinken. Viele Thymianbüsche am Fuße meiner Ginsterpflanzen sind von ihnen in solche Schäfereien umgestaltet. Die nicht in der Kunst des Herdenhaltens Bewanderten beuten die natürlichen Stallungen aus. In endloser Prozession sehe ich sie sehr geschäftig die Ginsterzweige erklettern; andere Prozessionen steigen, gesättigt und sich den Mund leckend, wieder abwärts; ihr aufgeblähter Bauch ist zu einer durchsichtigen Perle geworden. So zahlreich und eifrig diese Milcherinnen auch sind, können sie dennoch nicht für die Erzeugnisse einer solchen Herde ausreichen. Alsdann entfernen die röhrenförmigen Zitzen von selbst den Überschuss von Saft und lassen ihn unbekümmert fallen. Die unter ihnen befindlichen Zweige und Blätter empfangen den köstlichen Saft und erhalten einen klebrigen Überzug: den sogen. Honigtau.*)

Zu diesem von der Sonne gekochten Zuckerkand eilen alsdann massenhaft Feinschmecker herbei, die sich nicht auf das Melken verstehen: zumal Wespen und Raupentöter (Sphex), Marienkäferchen (Coccinella) und Goldkäfer (Cetonia aurata L.), Fliegen und Mücken von jeder Größe und Farbe. Und diese zahllose wimmelnde und summende Menge, die sich ohne Unterlaß erneuert, saugt, leckt und schabt aus Leibeskräften. Die Blattlaus ist der angestellte Konditor der Insekten; großmütig lädt er zu seiner Zuckersiederei alles ein.

Noch nützlicher aber ist sie als Schlachttier. Die Zuckersiederei ist Luxus, die Schlächterei jedoch ein Ding der Notwendigkeit. Ganze Insektenstämme, von denen hier nur die berühmtesten erwähnt werden sollen, haben gar keine andere Nahrung. Wie schon erwähnt, bilden die schwarzen Blattläuse, die wie Pflaumen blaugrün gepudert sind, eine vollständige Hülle um die Ginsterzweige. Eine an die andere gepreßt, den Hinterleib emporgestreckt, so liegen sie in zwei Schichten übereinander da: nach außen die alten, dicken, darunter der Schwarm der jungen. Mit den gleitenden Bewegungen eines Blutegels schlängelt sich ein weiß-, rot- und schwarzgestreifter Wurm zu der Herde hin. Er heftet sich mit der breiten Fläche seines Hinterteils an, richtet seinen zugespitzten Vorderkörper empor, schleudert ihn mit einem wilden Satze vorwärts, schwingt und dreht ihn hin und her und drückt ihn gegen die Unterlage von Läuse, wie es der Zufall fügt. Ob die von seinen Kiefern dargestellte Harpune hier oder dort niederfällt, der Stoß bleibt niemals ohne Erfolg, denn Beute ist ja überall vorhanden. Der blinde Fresser pickt auf gut Glück los, da er sicher ist, in jeder Richtung um ihn herum etwas zu erwischen.

Eine Blattlaus wird emporgehoben mit der Spitze der Mundgabel, die sich alsbald zurückzieht. Aus der Kehle schiebt sich ein Kolben vor und zurück, ein Pumpenstiel entleert das Tierchen. Die ergriffene Laus strampelt einen Augenblick, dann ist sie ausgesogen. Mit einer raschen Kopfbewegung schleudert der Wurm die zerknitterte Haut auf die Seite. Sofort holt er eine neue und immer noch andere, bis er satt ist. Endlich hat der Vielfraß, für den Augenblick wenigstens, genug. Er ringelt sich zusammen, duselt ein und verdaut, um nach kurzer Zeit von neuem zu beginnen. Wie verhält sich nun die Herde während des Gemetzels? Nichts rührt sich darin, mit Ausnahme des Tierchens, das gerade von der Bank der Läuse vertilgt wird; keiner von den Nachbarn des Gepackten verrät ein Zeichen von Unruhe. Das Leben ist keine so ernsthafte Sache, daß eine Blattlaus sich aufregt, um es zu erhalten. Solange der Saugrüssel an einer guten Stelle eingebohrt ist, hat es keinen Zweck, sich die Verdauung durch das nahe Bevorstehen des Todes stören zu lassen. Um einigermaßen die Zahl der Opfer ab-

*) Diese alle Spaltöffnungen verstopfenden Auswürfe der Blattläuse sind in hohem Grade nachteilig für die Pflanzen. Nach Prof. Taschenbergs Werk über die Insekten (Brehms „Tierleben", 3. Aufl., Bd. IX, S. 632) ist die öfters vorkommende Bezeichnung der Saftröhrchen als „Honigtrompete" unzutreffend, „weil neuere Untersuchungen ergeben haben, daß die aus ihnen zeitweilig austretende Flüssigkeit nicht honig-, sondern wachsartig ist und den Tierchen als Schutzmittel zu dienen scheint. Man hat nämlich beobachtet, daß sie bei Angriffen seitens feindlicher Insekten diese mit der heraustretenden zähen Flüssigkeit zu beschmieren suchen. Anm. d. Übers.

schätzen zu können, setze ich den Mörder in eine Glasröhre nebst einem ganz mit Blattläusen bedeckten Ginsterzweig. In einer Nacht hat der Wurm den Zweig von seiner tierischen Rinde auf einer Länge von 16 cm entblößt, was ungefähr einer Anzahl von 300 Läusen entspricht. Diese Zahl läßt auf einen Gesamtverzehr von mehreren Tausenden schließen während der 2 bis 3 Wochen, die das Leben des Wurms dauert.

Die Insektenkunde nennt die aus diesem leidenschaftlichen Bauchaufschlitzer hervorgehenden zierlichen Zweiflügler Syrphiden (Schwirr- oder Schwebfliegen); den Wurm oder die Larve selbst hat Réaumur in seiner bilderreichen Sprache den Blattlauslöwen genannt.

In der Nähe der auf dem Ginster weidenden schwarzen Herden erheben sich auf der Rinde vielfach seidenförmige Fäden, deren jeder oben ein grünes Körperchen trägt. Dies sind die gestielten Eier der zu den Blattlausfliegen (Chrysopa) gehörenden Landjungfer (Hemerobius), eines anderen Blattlausfressers; sie gleichen zierlichen Pilzchen und erinnern an die Tragfäden, die die Pillenwespe (Eumenes) benutzt. Diese Wespen befestigen jedes Ei am Ende eines von der Zellendecke herabhängenden Fadens, um die ausschlüpfende Larve in Sicherheit zu bringen. Die Landjungfer verfährt umgekehrt: sie erhöht die Eier vermittels jener schlanken Säulchen, so daß sie wie auf Rostpfählen ruhen. Ihrer Larve fehlt nur mehr Körpergröße, um ein furchtbares Tier zu sein. Haarbüschel geben ihr ein wildes Aussehen, sie ist hoch auf den Beinen und hat flinke Bewegungen. Die abscheuliche Larve benutzt das Ende ihres Darmes als Krücke; sie gleicht einem Krüppel, der auf Stelzen gestiegen ist. Ihre Kiefer sind kräftige, umgebogene Hohlzangen, die sich in den Bauch der Blattlaus bohren und sie ohne weitere Arbeit des Mundes aussaugen. Ebenso wirken die röhrenartigen Haken des Ameisenlöwen und des Wasserkäfers (Dytiscus) im Larvenzustand. Die Larve eines zweiten Hemerobius übertrifft die vorige noch an wilder Häßlichkeit. Ebenso wie die Rothäute sich die Haare der skalpierten Feinde um den Leib gürten, so bedeckt sie sich mit den Bälgen der ausgesogenen Blattläuse.

Nunmehr kommt das zierliche Volk der Coccinellen oder Marienkäferchen, von denen der Siebenpunkt oder siebenpunktierte Marienkäfer (Coccinella septempunctata L.) am verbreitetsten ist. In Frankreich heißt dieser Kugelkäfer das „Tierchen des lieben Gottes“, allein sein friedlicher Ruf steht durchaus nicht im Einklang mit seinen Lebensgewohnheiten; auch hier tötet die Realität die Poesie. Dieses „Tierchen des lieben Gottes“ ist in Wirklichkeit ein wildes Tier, ein blutgieriger Schlächter, der die Bänke der Blattläuse Schritt für Schritt kahl weidet, so daß nur eine leere Fläche zurückbleibt. Wo der Siebenpunkt, untermischt mit seinen Larven, die ebensolche Fleischfresser sind, geweidet hat, bleibt nichts Lebendes auf dem vorher mit Läusen bedeckten Zweige zurück.

Die gefräßigen Syrphen, Coccinellen und Hemerobien metzeln alles brutal nieder. Noch andere Feinde der Blattläuse sind nicht weniger mordlustig, gehen aber mit außerordentlicher Klugheit zu Werke. Sie verzehren die Läuse nicht selber, sondern sie vertrauen ihnen ihre Nachkommenschaft an, indem sie ihnen Ei um Ei in den Bauch legen. Ich beobachte zwei Arten davon: eine, die auf den Rosensträuchen vorkommt, eine andere auf der großen Wolfsmilch (Euphorbia characias L.); sie gehören zur Familie der Chalzidier oder Pteromalinen, ganz winziger Hautflügler, deren Weibchen mit einer Legröhre versehen sind. Die Spitze einer großen Euphorbie, die reich mit rotbraunen Blattläusen besetzt ist, wird in ein Probierglas getan nebst einem halben Dutzend jener Tierchen, die sich beim Transport in ihrer Bohrarbeit nicht stören lassen, so daß wir ihre Künste genau – so weit nötig, mittels der Lupe – verfolgen können.

Eines dieser Wespchen spaziert ganz vergnügt auf dem Rücken der Herde herum und sucht sich darunter ein Stück aus, das ihm zusagt. Wenn es ein solches gefunden hat, so setzt es sich, da es auf dem dicht mit Läusen bedeckten Zweige selbst keinen Stützpunkt finden kann, auf eine der Blattläuse, die das auserwählte Opfer umgeben. Dann bringt es den Hinterleib so weit nach vorn, daß es die Spitze der Röhre unter den Augen hat und genau die Sonde auf den mathematischen Punkt richten kann,

den es zu treffen gilt, ohne den Patienten zu töten. Die kurze und feine Spicknadel wird blank gezogen und ohne Zögern in den butterweichen Leib der Laus getaucht. Diese sträubt sich in keiner Weise dagegen, das Geschäft wird in aller Friedlichkeit abgemacht, und das Ei befindet sich jetzt an Ort und Stelle in dem fetten Ränzlein der Laus. So geht es nun mit kurzen Zwischenräumen weiter, und es dauert Tage um Tage, bis alle die Eierstöcke erschöpft sind. Der winzige Mörder, der sich bei seiner Arbeit ganz ruhig durch die Lupe betrachten läßt, hat höchstens 2 mm Länge, lange fadenförmige Fühler, einen gestielten Unterleib, der auf dem Stiel und am Ende rot gefärbt ist, während der ganze übrige Körper ein schönes leuchtendes Schwarz zeigt. Die Wespe der grünen Blattläuse des Rosenstocks ist größer. Der untere Teil der Brust und die Füße sind beim Weibchen rötlich, während das Männchen ganz schwarz ist. Vielleicht gibt es für jede Blattlausart einen bestimmten Einimpfer in der Familie der Chalcidier.

Wenn die Rosenblattläuse das Leibschneiden spüren, indem das dem Ei entschlüpfte Würmchen ihnen die Eingeweide durchbohrt, so verlassen sie den Zweig, dessen Saft sie bis dahin aussogen. Sie sondern sich von der Schar der übrigen Läuse ab und setzen sich auf einem benachbarten Blatte fest, wo sie zu bläschenartigen Gehäusen eintrocknen. Die Läuse der Wolfsmilch dagegen verlassen nicht die Reihe, so daß ihre Schicht unter Beibehaltung ihrer Dichtigkeit nach und nach zu einer Anhäufung kleiner trockener Schläuche wird. Um aus seiner getrockneten Laus herauszugelangen, bohrt der aus dem Ei geschlüpfte Chalzidier ein rundes Loch durch die Haut in der Rückengegend. Die Haut bleibt auf dem Blatt an Ort und Stelle so fest sitzen, daß man sie oft nicht einmal mit einem Pinsel ablösen kann, sondern eine Nadel zu Hilfe nehmen muß. Dies kommt nicht etwa davon her, daß die Läuse sich so fest an das Blatt anklammern, sondern es ist etwas anderes dabei im Spiel. Wenn wir die getrocknete Blattlaus losmachen und auf der unteren Seite betrachten, so sehen wir eine breite Spalte sich längs des ganzen Bauches hinziehen. In diese Öffnung ist ein Stück eingefügt, wie man es wohl an einem zu eng gewordenen Rock anbringt. Dieses Stück nun ist ein Stoff, ein Gewebe, das sich durch seine Textur unverkennbar von der zu Pergament verhärteten Haut unterscheidet. Sobald das eingeschlossene Lärvchen seine Stunde kommen fühlt, bekleidet es oberflächlich das erschöpfte Rückenschild mit Seide; dann spaltet es seinem Gastgeber die Bauchfläche von dem einen Ende bis zum andern, oder vielmehr: der Riß entsteht ganz von selber durch den zunehmenden Druck des Inhalts. In dieser Spalte spinnt die Larve nun reichlicher als anderwärts, so daß, in unmittelbarer Berührung mit dem Blatt, ein breites Heftband entsteht. So wird die Blattlaushaut auf dem Blatt festgeleimt, daß sie dem Regen, dem Wind und der Bewegung des Blattwerks Widerstand leistet, damit sich in ihrem Innern die Umgestaltungen des Saftes (erst in die Nymphe und dann in die ausgewachsene Wespe) in aller Ruhe vollziehen können. – –

Aus dem vorstehend in Kürze Mitgeteilten ergibt sich, daß die Blattlaus eine Hauptrolle in dem Laboratorium der Nahrungsmittel spielt. Geduldig saugt sie mit ihrer Sonde aus Rinde und Blatt das Wesentliche von dem, was der Fels für das Pflanzenreich liefert. In ihrem rundlichen Kolbenleib läutert sie die spärliche Kraftbrühe und wandelt sie in Fleisch, ein höheres Nahrungsmittel, um. Sie überläßt ihr Erzeugnis dann den Legionen von Verzehrern, die es wiederum andern von noch höherer Gattung zugehen lassen, bis daß der Stoff, nachdem der Kreis seiner Wanderungen geschlossen ist, in die allgemeine Masse zurückkehrt, – Trümmer von dem, was gelebt hat, und Baustein für das kommende Leben.

Wenn wir in den ersten Weltaltern auf unserm Planeten eine Pflanze annehmen, um den Fels urbar zu machen, und eine Blattlaus, um die Pflanze auszunutzen, so genügt dies zur Begründung der Lebensalchemie. Dann sind Wesen höheren Ranges möglich: das Insekt und der Vogel können kommen, sie werden den Tisch gedeckt finden.

Die Musikinstrumente der Laubheuschrecken.

Die Mehrzahl der Insekten oder Kerbtiere ist stumm, nur wenige bringen Töne hervor, wobei jedoch zwischen Tönen, die von einem wirklichen, mit der Atmung in Verbindung stehenden Stimmwerkzeug und Lauten, die durch Reibung gewisser, mit Unebenheiten versehener Körperteile erzeugt werden, zu unterscheiden ist. Zu den Musikanten der letzteren Gattung gehören die springenden Geradflügler, deren Benennung „Heuschrecken" (Feld-, Laub- und Grabheuschrecken) von ihrem eifrigen Geigen in Feld und Wiese herstammt, denn „schrekken" bedeutete ursprünglich: schreien, schwirren oder knarren.

Auch verschiedene Käfer wissen Laute zu erzeugen, indem sie zwei rauhe Flächen übereinander gleiten lassen. Die Bockkäfer (Cerambycidae) „geigen" durch Reiben des hinteren Vorderrückenrandes an dem kurzen Ende des Mittelrückens, das in ihn eingeschoben ist; der Gerber (Polyphylla fullo L.) streicht mit der scharfen Kante des vorletzten Hinterleibsgliedes gegen eine Reibleiste der Flügel, wodurch ein lauter Zirpton entsteht. Die Mondkäfer (Copris lunaris L.) und viele Genossen aus dieser Ordnung der Kerfe kennen kein anderes Verfahren. Es sind keine musikalischen Töne, die diese Reiber von sich geben, sondern vielmehr die Knirschlaute einer sich um ihre eingerostete Achse drehenden Wetterfahne: sie sind dürftig, abgestoßen und ohne Resonanz.

Eine ehrenvolle Erwähnung verdient Bolboceras gallicum, ein graziöses Insekt mit einem Stirnhorn wie der Mondkäfer, dessen Vorliebe für den Dünger es nicht teilt. Es bevorzugt die Fichtenwälder in meiner Nachbarschaft und gräbt sich dort Höhlen in den Sand, aus denen es in der Abenddämmerung mit dem sanften Piepen eines Vögelchens hervorkommt, das sich nach der Fütterung unter den Flügel der Mutter schmiegt. Für gewöhnlich schweigsam, gibt es bei dem geringsten Geräusch jene Töne von sich. Wenn man ein Dutzend von ihnen in eine Schachtel sperrt, so erhält man eine liebliche Symphonie, die aber so schwach ist, daß man das Ohr ganz dicht daran halten muß, um sie zu vernehmen. Mit ihnen verglichen sind Bockkäfer, Gerber, Mondkäfer und die übrigen plumpe Kratzer. Übrigens handelt es sich bei ihnen allen nicht um Gesang, sondern vielmehr um eine Bekundung von Schrecken, ich möchte fast sagen: um einen Angstschrei, ein Winseln. Sie lassen diese Laute nur in Augenblicken der Gefahr hören; niemals – soviel ich weiß – zur Zeit der Paarung.

Die echten Musikanten, die ihren Jubel durch Bogenstriche und Beckenschläge bekunden, gehören sämtlich entweder zur Ordnung der Schnabelkerfe oder Halbdecker (Hemiptera) wie die Zikaden, oder zu der der Kaukerfe oder Geradflügler (Orthoptera), wie die Heuschrecken und Grillen; durch ihre unvollständigen Metamorphosen bekundet sich ihre Verwandtschaft mit jenen vorweltlichen Insekten, deren Archive die Schiefertone des Kohlengebirges bilden. Sie gehörten zu den ersten Wesen, die mit dem verworrenen Gären der leblosen Masse das Sausen des Lebens vermischten. Sie waren vor den Insekten von höher stehender Organisation, den Skarabäen, den Bienen, Fliegen und Schmetterlingen da, die ihre höhere Stufe durch vollständige Verwandlung dartun: sie sangen, bevor das Reptil seinen Atem ausstieß.

Hier zeigt sich, aus dem einfachen Gesichtspunkte der Klänge betrachtet, die Ohnmacht unserer Theorien, die die Welt zu erklären suchen durch die fatale Entwicklung der in der Urzelle ruhenden

Keime. Noch ist alles stumm, und schon geigt das Insekt mit der gleichen Korrektheit, wie es dies heute tut. Die Erzeugung der Laute beginnt mit einem Apparat, der sich auf die folgenden Zeitalter der Erde fortpflanzt, ohne daß irgend etwas Wesentliches daran geändert wird. Auch als die Lunge bereits vorhanden ist, herrscht Schweigen bis auf das Schnauben der Nüstern. Da quakt eines Tages der Batrachier (Froschlurch), und alsbald mengen sich in dieses abscheuliche Konzert ohne Vorbereitung die Triller der Wachtel, das gepfiffene Liedchen der Schwarzdrossel und der Gesang der Grasmükke. Das Ideal eines Kehlkopfs ist da. Was aber fangen die später Gekommenen damit an? Der Esel und der Frischling geben uns die Antwort auf diese Frage. Das ist schlimmer als Stillstand; es ist ein riesiger Rückschritt, bis ein ungeheurer Sprung zum Kehlkopf des Menschen führt.

In dieser Entstehungsgeschichte der Töne kann man unmöglich eine fortschreitende Entwicklung zugeben, die auf das Schlechte das Mittelmäßige und auf dieses das Ausgezeichnete folgen läßt. Man erkennt darin nur jähe Aufschwünge, Unterbrechungen, Rückgänge, plötzliche Entfaltungen, die durch das Vorhergehende nicht angekündigt und von dem Folgenden nicht fortgesetzt werden; man findet darin bloß ein Rätsel, das unlösbar bleibt durch das Wirkungsvermögen der Zelle allein, dieses bequeme Ruhekissen für einen, der nicht Mut hat, mit seiner Forschung auf den Grund zu dringen.*)

Doch lassen wir dieses unzugängliche Gebiet der Ursprünge, um zu den Tatsachen herunterzusteigen: befragen wir einige Vertreter jener alten Rassen, die zuerst mit der Kunst der Töne begannen und auf den Gesang verfielen, als der Schlamm der Kontinente sich verhärtete; untersuchen wir den Bau ihres Instruments und den Zweck ihrer Liedweisen.

Den Laubheuschrecken oder Säbelschrecken (Locustidae), ebenso kenntlich an ihren langen und starken Hinterschenkeln wie an der zum Aussäen der Eier dienenden säbelförmigen Legröhre der Weibchen, fällt der Hauptteil des entomologischen Konzerts zu, jedoch nach der Zikade, die oft mit ihr verwechselt wird. Nur ein einziger Geradflügler übertrifft sie noch: die Grille, ihr nächster Nachbar. Hören wir zuerst den weißstirnigen Dektikus (Tettigonia = Decticus albifrons, Fab.), mit dem wir uns bereits früher beschäftigten.

Er beginnt mit einem kurzen, scharfen, fast metallischen Geräusch, sehr ähnlich demjenigen,

*) J. H. Fabre ist – obwohl ein großer Verehrer Darwins, mit dem er auch in brieflichem Verkehr stand – ein ausgesprochener Gegner der Deszendenzlehre und besonders des Darwinschen Selektionsprinzips. Das darf uns aber nicht abhalten, Ausführungen wie die obenstehenden hier gleichfalls wiederzugeben. Der Entwicklungsgedanke ist ja keine unantastbare Lehre, sondern – wie die Kant-Laplacesche Theorie über die Entstehung der Weltkörper – eine Hypothese, d. h. ein Versuch, beobachtete Tatsachen durch kausalen Zusammenhang zu verknüpfen. Sobald eine neue Theorie eine befriedigendere oder umfassendere Erklärung gibt, hat sie an die Stelle der früheren zu treten. Wir müssen also alle Einwendungen vorurteilsfrei prüfen; die vorstehend erhobenen Einwände stehen jedoch auf so schwachen Füßen, daß ein näheres Eingehen darauf wohl kaum erforderlich ist. Es ist durchaus kein Beweis gegen die Deszendenztheorie, wenn wir die allmähliche Entwicklung des tonerzeugenden Apparates der Insekten nicht durch aufgefundene Formen nachzuweisen vermögen, ebensowenig wie die Abstammung der einzelnen Tierkreise oder die Bindeglieder zwischen den Hauptstämmen des Tier- und Pflanzenkreises. Überhaupt kann man nur dort, wo ganz besonders günstige Verhältnisse vorliegen, in einer Folge von Schichten die allmähliche Veränderung der Organismen aufzeigen, und wenn in der unter dem Kambrium liegenden gewaltigen Schichtenreihe, die als „azoisch" bezeichnet wird, auch bis auf geringe Spuren keine Versteinerungen zu gewahren sind, so darf es trotzdem als zweifellos gelten, daß schon während der archaischen Zeit ein reiches organisches Leben vorhanden war. Es geht nicht an, aus dem Fehlen von Zwischengliedern und Verbindungsstufen folgern zu wollen, daß sie nicht vorhanden gewesen seien. Ferner steht die kompliziertere Organisation in gar keinem Verhältnis mit guter Anpassung, wie Fabre irrtümlich annimmt. Übrigens finden Anhänger der Entwicklungslehre und besonders des von dem Botaniker Francé rc. vertretenen Lamarckismus überall in den Aufsätzen Fabres Stellen, die sich sehr leicht auf Grund der Lamarckischen Theorie und Semons Mneme erklären lassen.

Anm. d. Übers.

das die Singdrossel vernehmen läßt, wenn sie sich Oliven in den Hals stopft und dabei scharf aufpaßt. Es ist eine Folge von isolierten Schlägen: tick-tick, mit langen Zwischenräumen. Dann wird der stufenweis verstärkte Gesang ein schnelles Gerassel, bei dem ein dumpfer Baß den Grundton des Tick-tick begleitet. Dieses Creszendo wird im Finale so groß, daß die metallische Note verschwindet und der Ton zu einem einfachen raschelnden Geräusch wird: ein frr-frr-frr von großer Schnelligkeit.

So fährt der Virtuose stundenlang fort, indem Strophen und Pausen abwechseln. Bei ruhigem Wetter ist der Gesang in seinem vollen Klange bis auf eine Entfernung von etwa zwanzig Schritten vernehmbar. Das ist recht wenig. Die Töne der Grille und der Zikade besitzen eine ganz andere Tragweite. Auf welche Art wird nun dieses Liedchen hervorgebracht? Die mir zur Verfügung stehenden Bücher lassen mich darüber im unklaren. Sie berichten wohl von dem Spiegel, einer feinen, vibrierenden Membran, die wie ein Glimmerblättchen blinkt; aber wodurch wird diese Membran in Schwingungen versetzt? Das sagen sie nicht, oder in sehr unbestimmter und ungenauer Weise. Reibung der Flügeldecken, gegenseitiges Scheuern des Adergeflechts der Flügel – das ist alles. Ich möchte eine einleuchtendere Erklärung haben, denn die Spieldose einer Laubheuschrecke – davon bin ich von vornherein überzeugt – muß ebenfalls einen ganz bestimmten Mechanismus haben. Darüber wollen wir uns unterrichten, auf die Gefahr hin, vielleicht schon anderweitig gemachte Beobachtungen zu wiederholen, die jedoch einem Einsiedler unbekannt sind, dessen Bibliothek aus einigen zusammengewürfelten Schmökern besteht.

Die Flügeldecken des Dektikus verbreitern sich an der Basis und bilden auf dem Rücken eine ebene Einsenkung in Form eines länglichen Dreiecks. Diese stellt die Schallfläche dar. Die linke Flügeldecke greift über die rechte hinüber und verdeckt, wenn das Insekt in Ruhe ist, völlig dessen Musikapparat. Der am meisten hervortretende und seit undenklicher Zeit am besten bekannte Teil dieses Apparats ist der Spiegel, so benannt wegen des Blinkens seiner feinen, eirunden Membran, die ringsum von kräftigen Adern eingerahmt wird. Er stellt die Haut einer Trommel dar, einer ungemein zarten Handpauke, mit dem Unterschied, daß sie bei dem Insekt ertönt, ohne geschlagen zu werden. Nichts ist in Berührung mit dem Spiegel, wenn der Dektikus singt. Die von anderwärts ausgehenden Schwingungen werden ihm mitgeteilt und zwar auf folgende Weise.

Sein Saum verlängert sich an dem inneren Winkel der Basis in Gestalt eines breit-abgestumpften Zahnes, am Ende mit einer Falte versehen, die mehr hervorsteht und stärker ist als die übrigen hier und da verteilten Adern. Ich werde diese Falte die Reibungsader nennen. Hier ist nun der Ausgangspunkt der Erschütterung, die den Spiegel widerhallen läßt; es wird uns dies sofort einleuchten, wenn wir den übrigen Apparat kennen.

Dieser Rest, der motorische Mechanismus, befindet sich auf der linken und zugleich oberen Flügeldecke, die mit ihrem flachen Rand die andere bedeckt. Äußerlich fällt uns nichts daran auf, als etwa – und auch nur, wenn man besonders scharf hinsieht – eine Art schrägstehenden Querwulstes, den man einfach für eine etwas stärkere Ader als die übrigen halten könnte. Wenn wir aber die Unterseite der linken Flügeldecke durch die Lupe betrachten, entdecken wir alsbald, daß dieser Wulst viel mehr zu bedeuten hat. Er ist ein ungemein genau gearbeitetes Instrument, ein prächtiger gezahnter Bogen, in seiner Winzigkeit von wunderbarer Regelmäßigkeit. Niemals hat die menschliche Industrie es beim Einkerben des Metalls für die feinsten Teile der Uhren zu einer solchen Vollkommenheit gebracht. Seine Form ist die einer gebogenen Spindel, in die von dem einen Ende bis zum andern querüber etwa 24 dreieckige Zähne eingeschnitten sind, alle genau gleich, aus hartem, sich nicht abnützendem Stoff und von dunkel-kastanienbrauner Farbe.

Der Gebrauch dieses mechanischen Wunderwerkes springt in die Augen. Wenn man an einem toten Dektikus den flachen Rand der beiden Flügeldecken etwas emporhebt, um sie in die Lage zu bringen, die sie beim Ertönen einnehmen, so sieht man, wie der Bogen seine Auszahnung in die Reibungsader einsetzt; man verfolgt das Hindurchgehen der Zähne, die von dem einen Ende bis zum andern sich niemals von den in Schwingung zu versetzenden Punkten entfernen, und wenn das Manöver mit einiger Geschicklichkeit ausgeführt wird, so singt der tote Dektikus, d.h. man vernimmt einige Noten von seinem Klingklang.

Jetzt hat die Erzeugung der Töne beim Dektikus für uns nichts Rätselhaftes mehr. Der gezahnte Bogen der linken Flügeldecke ist der Motor, die Reibungsader der Punkt der Erschütterung und das gespannte Häutchen des Spiegels das Resonanz erzeugende Organ, das durch Vermittlung seines erschütterten Rahmens in Schwingungen versetzt wird. In unserer Musik gibt es genug Membranen, die vibrieren, jedoch stets durch direkten Stoß oder Schlag; kühner als unsere Instrumentenmacher, verbindet der Dektikus Bogen und Handpauke.

Dieselbe Zusammenstellung findet man bei den übrigen Lokustiden wieder. Die bekannteste darunter, das 26 mm lange große grüne Heupferd (Phasgonura Locusta viridissima L.) hat denselben Geschmack wie der Dektikus. In meiner Voliere nährt es sich von Salatblättern, wenn es nichts Besseres gibt; mit Vorliebe knabbert es aber Heuschrekken, von denen es nichts übrigläßt als die Flügeldecken und Flügel. Die Jagd, die das Heupferd in der Freiheit auf die nimmersatten Schwarmheuschrekken macht, entschädigt reichlich für die paar Bissen, die es von dem Grün auf den Feldern nimmt. Bis auf ein paar Einzelheiten ist auch sein Musikinstrument das gleiche wie beim Dektikus.

Eine auf Grund mikroskopischen Studiums ausgearbeitete eingehendere Schilderung des Musikinstruments unseres Heupferdes verdanken wir E. Reukauf in Weimar. Da seine nachstehend eingeschalteten Ausführungen die auch in den meisten Lehrbüchern zu findenden landläufigen Darstellungen berichtigen und ergänzen, werden die Leser sicherlich gern Kenntnis von ihnen nehmen.

Wie Reukauf hervorhebt, besitzt nicht nur die linke Flügeldecke einen Fiedelbogen (Z Abb. 1), sondern auch die rechte weist einen solchen an ihrer Unterseite, dicht vor dem „Spiegel", auf (Z[1] Abb. 2). Der linke Bogen geigt nicht auf der den Spiegel (Sp Abb. 2) umrahmenden sogen. „Reibungsader", sondern auf einer scharf nach oben vorspringenden Chitinleiste, die sich vor dem Spiegel am inneren Rand der Flügeldecke befindet (R Abb. 2). Die sogenannte Reibungsader kommt als solche gar nicht in Betracht; sie dient lediglich dem Zweck, die äußerst zarte Membran des Spiegels straff zu spannen.

Jeder Bogen hat die Gestalt einer doppelt gebogenen Spindel, und bei beiden sind die Spitzen oder vielmehr

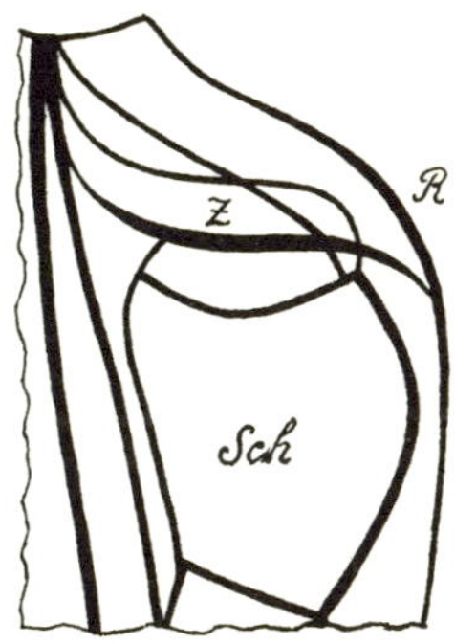

Abb. 1. Linke Flügeldecke, von oben gesehen.
Z = Zahnleiste. R = Reibungsleiste. Sch = Schild. Vergr. 8:1.

Schneiden der Zähne nach innen gerichtet. Während aber der Bogen der linken Flügeldecke 80 bis 120 Zähne aufweist, zählen wir an dem der rechten Flügeldecke nur wenig über halb so viel; und während die mittleren Zähne dort etwa 0,175 mm breit sind (Abb. 3), beträgt ihre größte Breite hier nur etwa 0,100 mm (Abb. 4). Dabei ist jeder Zahn etwa 0,025

Abb. 2. Rechte Flügeldecke, von oben gesehen.
Z1 = Zahnleiste. R = Reibungsleiste. Sp. = Spiegel. Vergr. 8:1.

mm stark (Abb. 5). Die Zahnreihe der rechten Flügeldecke verjüngt sich nach beiden Enden zu gleichmäßig, die der linken Flügeldecke hingegen endigt nach außen hin mit ziemlich breiten Zähnen (Abb. 7), setzt sich aber nach innen noch in einer Reihe nur unvollkommen ausgebildeter Zahnanlagen fort (Abb. 6).

Der Zweck der rechtsseitigen Zahnleiste war mir anfangs völlig rätselhaft, da ich auch bei sorgfältigster Untersuchung keine Reibungsleiste unter ihr entdecken konnte, bis ich endlich beobachtete, daß auch ein ganz deutlicher Zirpton entsteht, wenn sie über die Basis der linken Flügeldecke hin-

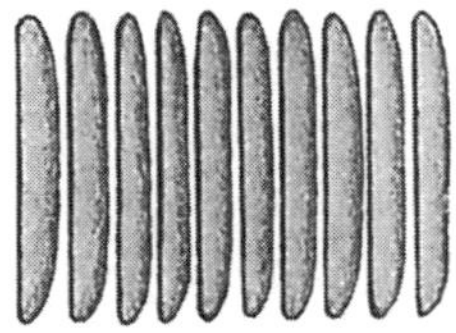

Abb. 3. Mittelstück der linken Zahnreihe. Vergr. 115:1.

weggeführt wird. Als Saite kommt dann die am Innenrande der linken Flügeldecke befindliche, ebenfalls scharfkantig nach oben vorspringende Chitinleiste in Betracht (R Abb. 1). Ob nun freilich das lebende Heupferd in Wirklichkeit dann und wann mit der rechten Flügeldecke auf der linken geigt,

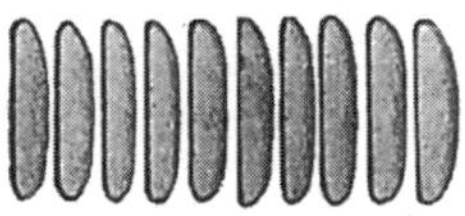

Abb. 4. Mittelstück der rechten Zahnreihe. Vergr. 115:1.

kann ich nicht sagen. Jedenfalls ist es aber dazu imstande, wenn es ihm überhaupt möglich ist, die rechte Flügeldecke über die linke zu legen. Das Geräusch ist in diesem Falle natürlich nicht so schrill wie bei der normalen Bogenführung, einmal, weil ja die rechte Zahnleiste nicht so stark entwickelt

Abb. 5. Mittelstück der linken Zahnreihe im Längsschnitt. Vergr. 115:1.

ist wie die linke, und sodann auch, weil jetzt die den Ton verstärkende Paukenhöhle in Wegfall kommt. Eine solche ist nur dann vorhanden, wenn der linke Bogen auf der rechten Flügeldecke geigt, weil nur dann der als Resonanzboden die-

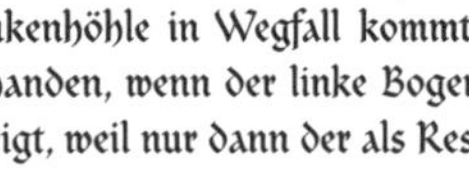

Abb.6. Inneres Ende der linken Zahnreihe. Vergr. 115:1.

nende, nach unten etwas vorgewölbte Spiegel (Sp Abb. 2) unter den nach oben vorgewölbten Schild am Grunde der linken Decke (Sch Abb. 1) zu liegen kommt. Das mit Hilfe der rechtsseitigen Zahnleiste erzeugte Geräusch kommt etwa dem gleich, das man hört, wenn man bei gewöhnlicher Bogenführung den Spiegel außer Wirkung setzt, indem man ihn entfernt oder zwischen die mit Watte umwickelten Spitzen einer Pinzette einklemmt.

Der Hauptton, gewissermaßen der Abstrich in dem Tremolando des Violinkonzertes, wird erzeugt, indem die Flügeldecken sich gegeneinander bewegen, der dem Aufstrich entsprechende Nebenton, indem sie sich voneinander entfernen.

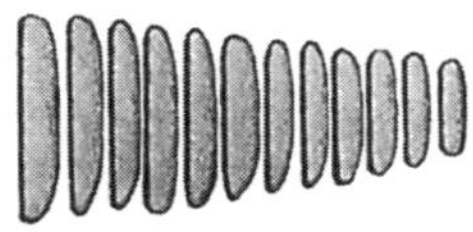

Abb.7. Äußeres Ende der linken Zahnreihe. Vergr. 115:1.

Das bei jedem Abstrich deutlich wahrnehmbare Crescendo wird bedingt durch die Spindelform der Zahnleiste, und durch ihre doppelte Biegung wird verhütet, daß immer nur eine und dieselbe Stelle der dazu gehörigen Reibungsleiste bearbeitet und dadurch übermäßig in Anspruch genommen wird.

Das Männchen geigt im Juli und August von dem Eintritt der Dämmerung an bis gegen 10 Uhr abends. Es klingt wie das schnelle Geräusch eines Spinnrades, begleitet von einem zarten metallischen Klirren, das kaum noch wahrnehmbar ist. Der breit nach unten geneigte Hinterleib zittert dabei und schlägt den Takt. In unregelmäßigen Perioden dauert dies fort und hört dann plötzlich auf; dazwischen scheint die Musik manchmal von neuem beginnen zu wollen, es kommt aber nur zu einigen Bogenstrichen, bis sie voll wieder einsetzt. Im ganzen ist sie aber recht dürftig, viel weniger klangvoll als die des Dektikus, nicht zu vergleichen mit dem Gesang der Grille und noch weniger mit dem rauhen Lärm der Zikade. Selbst in der Abendstille und auf eine Entfernung von nur wenigen Schritten gehört das scharfe Gehör meines kleinen Paul dazu, um das Lied des Heupferdes zu vernehmen.

Es klingt noch schwächer bei den beiden Zwerg-Dektiken meiner Gegend: Chelidoptera intermedia, Serv., und Ch. albopunctata Goeze, die beide in den langen Gräsern zwischen besonntem Gestein sehr häufig sind, aber flink im Strauchwerk verschwinden, wenn man sie fangen will. In meiner Voliere strecken diese winzigen Dektiken, wenn sie sich an grünen Hirsesamen und auch an Wild gesättigt haben, sich mitten in der heißen Sonne aus, wie es ihnen am bequemsten ist: auf dem Bauch, auf der Seite oder auf den ausgestreckten Hinterbeinen. Ganze Stunden lang verdauen sie so

unbeweglich und schlummern in ihrer wohligen Lage. Einzelne singen, aber es ist ein äußerst dürftiges Liedchen. Das des Zwischen-Dektikus (intermedia) setzt sich in gleichen Perioden aus Strophen und Pausen zusammen und ertönt als ein schnelles frrr, ähnlich dem der Kohlmeise; das des weiß punktierten Dektikus besteht aus getrennten Bogenstrichen und ähnelt einigermaßen der Melodie der Grille, nur daß seine Töne rauher und vor allem gedämpfter sind. Sie klingen deshalb so schwach, daß ich den Sänger kaum auf eine Entfernung von einigen Metern zu vernehmen imstande bin. Und für diese unbedeutende Musik sind die beiden Zwerge mit allem versehen, worüber auch ihr großer Kollege verfügt: gezahnter Bogen, Tamburin und Reibungsader. Auf dem Bogen des weiß punktierten Dektikus zähle ich ungefähr 40 Zahnschnitte und 24 auf dem den Zwischen-Dektikus. Außerdem zeigt bei beiden die rechte Flügeldecke noch rings um den Spiegel herum einige durchsichtige Stellen, die ohne Zweifel dazu bestimmt sind, die Ausdehnung der vibrierenden Partie zu vergrößern. Wenn aber das Instrument auch noch so vorzüglich ist, so muß doch die Klangwirkung als eine höchst mäßige bezeichnet werden.

Wer wird nun mit diesem Mechanismus einer Handpauke, die mittels eines gezahnten Bogens in Schwingungen versetzt wird, einen Fortschritt vollbringen? Von den Lokustiden mit den großen Flügeln bringt es keine fertig; alle haben denselben dürftigen, verschleierten und vielfach kaum wahrnehmbaren Gesang.

Nur eine einzige Laubheuschrecke, bei der die Einzelheiten des Apparats etwas verändert sind, ohne daß jedoch in dem allgemeinen Bau sich etwas Neues findet, gelangt zu einiger Mächtigkeit des Tones. Es ist dies der Weinbergs-Ephippiger, der gar keine Flügel hat und bei dem die Flügeldecken aus zwei konkaven Schalen bestehen, die zierlich gefältelt und eine in die andere eingefügt sind. Diese beiden Deckel sind die Reste der Flugorgane, die ausschließlich Organe des Gesanges geworden sind. Um besser fiedeln zu können, entsagt das Insekt dem Fluge. Es schützt sein Instrument unter einer Art Wölbung, die das sattelartig gekrümmte Brustschild bildet. Wie in der Regel, ist die linke Schale zugleich die obere und trägt auf ihrer Unterseite die feingekerbte Leiste, auf der man mittels der Lupe 24 quer hindurchgehende Einzahnungen gewahrt, stärker und genauer ausgearbeitet als bei irgendeiner anderen Laubheuschrecke. Auf dem höchsten Punkte der etwas eingedrückten Wölbung blinkt der von einer kräftigen Reibungsader eingerahmte Spiegel. An elegantem Bau ist dieses Instrument dem der Singzirpen oder Zikaden überlegen, deren Männchen das Stimmorgan an der Unterseite des Hinterleibes tragen. Durch das Ein- und Ausatmen der Luft werden ihre Stimmbänder in tönende Bewegung versetzt, und ein muschelartiges Häutchen in einem hornigen Rahmen des ersten Hinterleibsgliedes sowie das Trommelfell im Grunde der Ringöffnung dieses Gliedes hallen die bedeutend verstärkten Töne wider. Jenem fehlen aber die Klangkammern, die Resonatoren, um ein laut gellender Apparat zu werden; er bringt ein gedehntes und klagendes tschiii-tschiii-tschiii in Moll hervor, das jedoch viel weiterhin vernehmbar ist als der behende Bogenstrich des weißstirnigen Dektikus.

Wenn man sie in ihrer Ruhe stört, so schweigen der Dektikus und die übrigen Laubheuschrekken sofort, stumm vor Schrecken. Bei ihnen ist der Gesang immer der Ausdruck der Freude. Auch Ephippiger wird durch Geräusch scheu gemacht und sucht durch plötzliches Verstummen den, der die Tierchen sucht, von ihrer Spur abzulenken. Nehmen wir aber ein gefangenes zwischen die Finger, so fängt es häufig sein Zirpen mit unregelmäßigen Bogenstrichen wieder an: dieser Gesang verkündet aber dann sicherlich kein Wohlgefühl, sondern Furcht und Angst vor der Gefahr. Die Zikade zirpt sogar noch gellender als sonst, wenn erbarmungslose Kinder ihr den Bauch ausrenken, so daß die Schildchen auseinanderklaffen. In dem einen wie in dem andern Falle wird das Freudenlied des Tierchens zu einer Klage der gequälten Kreatur.

Noch eine andere Besonderheit, die den übrigen singenden Insekten unbekannt ist, verdient bei Ephippiger besonders erwähnt zu werden: bei ihm sind beide Geschlechter mit dem Tonapparat ausgerüstet. Bei den übrigen Laubheuschrecken ist das Weibchen, wie auch bei den Singzirpen, immer

stumm, ohne jede Spur von einem Bogen und Spiegel; hier bekommt es ebenfalls ein Musikinstrument, ähnlich dem des Männchens. Der linke Dekkel legt sich über den rechten. Seine Ränder sind in Falten gepreßt von starken blassen Adern, die ein Netz mit kleinen Maschen bilden; die Mitte dagegen ist glatt zu einem Kugelabschnitt aufgebläht, der die gelbrote Farbe einer Zwiebel hat. Auf der Unterseite ist diese Kalotte mit zwei zusammenlaufenden Adern versehen, deren stärkste auf der obersten Kante leicht gereifelt ist. Der rechte Deckel zeigt, bis auf diese Einzelheit, eine ähnliche Struktur: die zentrale, gleichfalls zwiebelfarbene Kalotte durchschneidet eine Ader, die eine Art Gleicher voll Krümmungen darauf zeichnet und unter der Lupe auf dem größten Teil ihrer Länge ganz feine Querzähne gewahren läßt. Hieran erkennt man den Bogen, der sich in einer umgekehrten Stellung befindet wie die uns bekannte. Das Männchen ist links und arbeitet mit der oberen Flügeldecke; das Weibchen ist rechts und kratzt mit der unteren. Bei diesem gewahrt man übrigens nirgends einen Spiegel, d.h. ein blinkendes Häutchen, ähnlich einem Glimmerblättchen. Der Bogen reibt quer über die rauhe Ader des entgegengesetzten Deckels, und auf diese Art wird zu gleicher Zeit die Erschütterung der beiden ineinandergefügten Kugelabschnitte hervorgebracht. Der vibrierende Teil ist somit ein doppelter, jedoch zu starr und grob, um einen kräftigen Ton auszugeben. Der dürftige Gesang ist noch klagender als der des Männchens. Das Insekt ist nicht verschwenderisch damit. Wenn ich mich nicht ins Mittel lege, vereinigen meine Gefangenen niemals ihre Stimme mit dem Konzert ihrer Genossen in der Voliere; dagegen wimmern sie alsbald, wenn man sie ergreift und plagt. Es ist wohl anzunehmen, daß sie sich in der Freiheit anders verhalten. Die unter meinen Drahtglocken stumm bleibenden Insekten sind doch nicht umsonst mit einem doppelten Schallbecken und einem Bogen ausgestattet. Das Instrument, das Klagetöne hervorbringt, muß auch aus fröhlichem Anlaß widerhallen.

Welchen Zweck hat nun der Klangapparat der Laubheuschrecken? Ich gehe nicht soweit, ihm eine Rolle bei der Bildung der Paare abzusprechen, ihm ein überredendes Säuseln streitig zu machen, das sanft für die Umworbene klingt, die es hört; das hieße sich gegen den Augenschein auflehnen. Allein darin liegt nicht seine Hauptfunktion. Vor allem benutzt ihn das Insekt, um seine Freude am Leben zu bekunden, um das Entzücken des Daseins zu besingen, wenn die Sonne seinen gefüllten Leib und seinen Rücken bescheint. Das bezeugen der große Dektikus und das männliche Heupferd, die nach vollzogener Hochzeit, für immer erschöpft und fortan die Paarung verschmähend, dennoch fortfahren, zu geigen, bis ihnen die Kraft ausgeht.

Die Laubheuschrecke hat ihre Regungen lauter Freude; sie besitzt ferner den Vorzug, sie in Töne übertragen zu können. Der schlichte Taglöhner, den ich abends von seiner Arbeitstätte nach Hause zurückkehren sehe, wo ihn die Suppe erwartet, pfeift und singt vor sich hin, ohne die Absicht, sich hören zu lassen, und ohne Verlangen, gehört zu werden. In seiner naturwüchsigen, halb unbewußten Kundgebung äußert sich die Freude darüber, daß die beschwerliche Tagesarbeit nun zu Ende ist. Aus dem gleichen Grunde zirpt auch das Insekt am häufigsten: es feiert das Leben. Einige von ihnen gehen noch weiter. Wenn das Dasein seine Süßigkeiten hat, so ermangelt es doch auch nicht des Elends. Die oben genannte Laubheuschrecke der Weinberge weiß beides auszudrücken: mit ihrer eintönig sich hinziehenden Weise verkündet sie ihr Glücksgefühl, mit derselben, kaum geänderten Weise strömt sie ihre Schmerzen und Schrecken aus. Das Weibchen, das gleichfalls ein Instrument spielt, teilt diesen Vorzug. Es frohlockt und klagt mit zwei Schallbecken anderen Modells.

Mit einem Worte: das Musikinstrument der Laubheuschrecken ist nicht zu verachten. Es belebt den Rasen, verkündet durch sein Zirpen die Freuden und die Trübsale des Lebens, läßt ringsumher das Liebessignal erschallen und verkürzt das lange Warten der Einsamen, – es bekundet die höchste Blütezeit des Insekts. Sein Bogenstrich kommt fast einer Stimme gleich.

Ein Schädling der Reben.

Wenn im Frühjahr der zur weitverbreiteten Familie der Rüsselkäfer*) gehörende Pappelstecher (Byctiscus populi L.) die Blätter der verschiedenen Pappelarten zu zigarrenförmigen Tüten wickelt, um für seine Eier sichere Wohnstätten zu schaffen, die hernach den ausgeschlüpften Larven als erste Nahrung dienen, bearbeitet in gleicher Weise und zu demselben Zweck ein anderer Blattroller oder Blattwickler die Blätter des Weinstocks. Es ist dies der Rebenstecher oder Weinstockrüsselkäfer (Byctiscus betulae L.), 5 bis 6,5 mm lang, metallisch blau bis goldgrün glänzend, der, zumal im Süden, in manchen Jahren die Tragfähigkeit vieler tausend Reben zugrunde richtet.

Der Rebenstecher befolgt, wie schon erwähnt, bei seiner Arbeit genau die Methode des Pappelstechers. Das Weibchen sticht zunächst mit seinem Rüssel in einen Punkt des Blattstiels hinein, wodurch der Zufluß des Saftes gehemmt und das infolgedessen welkende Rebenblatt geschmeidiger gemacht wird. Dann beginnt der Käfer mit dem Wickeln von einer unteren Blattkante aus; die grüne und glatte Oberseite kommt nach innen, die wollige und starkgerippte Unterseite nach außen. Das Blatt ist jedoch zu groß und zu tief ausgezackt, als daß die Arbeit ganz regelrecht von einem Ende bis zum andern durchführbar wäre. Es entstehen vielmehr den Zusammenhang unterbrechende Falten, die zu verschiedenen Malen die Richtung des Wickelns ändern, so daß schließlich bald die grüne Seite, bald die wollige ohne erkennbare Ordnung nach außen kommt. Der Pappelwickler stellt aus seinem viel kleineren und einfacher geformten Blatt eine elegante Rolle her; sein Kollege bringt aus dem infolge seiner Größe schwerer zu behandelnden Weinblatt mit seinen verwickelten Umrissen nur eine unförmliche Zigarre, ein unregelmäßiges Paket zu stande. Das kommt nicht von einem Mangel an Geschicklichkeit, sondern von dem schwieriger zu bewältigenden Material: die mechanische Kunstfertigkeit ist bei beiden Käfern die gleiche, ebenso das Werkzeug. Hier wie dort wird mit dem Rüssel und den Beinen und Füßen (Tarsen) gearbeitet; letztere endigen in doppelten Krällchen und sind auf der Unterseite mit bürstenartigen Haaren besetzt.

Wie der Pappelstecher, arbeitet auch der Rebenschädling rückwärtsgehend, so daß er immer den zuletzt gefalteten Teil des Blattes vor Augen hat, um ihn im Notfall gleich nochmals vorzunehmen, bis er in der gewünschten Lage bleibt. Das letzte Ende des Blattes wird bei den Pappelblättern dadurch befestigt, daß der Stecher durch Aufdrükken seines Rüssels eine klebrige Feuchtigkeit aus dem Blatt hervorpreßt und den anzuklebenden Rand so lange daraufpreßt, bis diese Klebmasse konsistent geworden ist und ihn festhält, wie der flüssige Lack, mit dem man einen Brief siegelt. Die Weinblätter schwitzen keinen solchen Leim aus, aber auch hier wird der Schlußteil durch Aufpressen des Rüssels befestigt, indem sich dabei die winzigen

*) Die Rüsselkäfer (Curculionidae) umfassen über 10 000 Arten, die durchweg außerordentlich schädlich und besonders an dem in einen rüsselförmigen Schnabel verlängerten Vorderteil des Kopfes erkennbar sind. An seinem vorderen Ende stehen erst die sehr kleinen kauenden Mundteile; in der Mitte treten dann die bald einfachen, bald geißelförmigen, aus einem Stiel und gegliedertem Endstück bestehenden Fühler hervor. Anm. d. Übers.

feinen Härchen auf der Unterseite ineinander verwickeln, so daß das letzte Randstück wie aufgeklebt haften bleibt.*)

Während das Weibchen geduldig seine Spirale rollt, hält sich das Männchen in seiner Nähe auf demselben Blatte auf und schaut der Arbeit zu. Plötzlich läuft es eilends herzu, stellt sich mit in die Falte und hilft eifrig. Seine kurze Mitarbeit ist aber nur ein Vorwand, um sich dem Weibchen behufs der Paarung zu nähern, und meist gelingt es ihm auch, durch Beharrlichkeit seinen Zweck zu erreichen. Befriedigt zieht es sich dann zurück; bevor jedoch die Rolle fertig gewickelt ist, sehen wir es noch häufig wiederkehren, immer von derselben Absicht getrieben, wobei es nur selten abgewiesen wird. Solche unzählige Male wiederholte Paarungen kommen in der Insektenwelt selten vor. Um das Siegel des Lebens den Hunderten von Eiern der mütterlichen Seidenraupe und den dreißigtausend und mehr der Bienenmutter aufzudrücken, legt das Männchen sich bloß einmal direkt ins Mittel, während der Rebenstecher dieses Eintreten fast für jedes Ei beansprucht.

Wenn wir nun eine frisch gedrehte Zigarre wieder aufwickeln, so finden wir die Eier, feine Perlchen von Bernsteinfarbe, ganz unregelmäßig einzeln darin ausgestreut. In der Regel zähle ich deren 5 bis 8, und diese Vielheit der Gäste in den Wickeln aus Pappeln- wie aus Rebenblättern spricht für deren große Genügsamkeit. Bei beiden Arten findet das Ausschlüpfen der Würmchen sehr rasch, schon nach 5 bis 6 Tagen statt. Dann beginnen die Schwierigkeiten für den Beobachter, der noch unerfahren in der Larvenzucht ist, und diese Schwierigkeiten sind um so ärgerlicher, als sie ganz unvermutet eintreten. Das zu beobachtende Verfahren scheint vorher ja ungemein einfach. Da die Wickel zugleich Wohnstätte und Nahrung sind, so genügt es, sie zu sammeln und in Glasbehältern aufzubewahren. Was sich in der freien Luft, allen atmosphärischen Störungen ausgesetzt, vollzieht, das muß sich doch noch besser unter dem friedlichen Obdach des Glases entwickeln. Es kommt mir gar kein Zweifel an dem leichten Erfolg.

Allein was ist das? Von Zeit zu Zeit rolle ich einige Zigarren auf, um mich über den Zustand in ihrem Innern zu unterrichten, und was ich dort gewahre, macht mich sehr besorgt über das Schicksal meiner Zucht. Die jungen Larven sind weit entfernt davon, zu gedeihen; ich finde entkräftete, die abgemagert und zu einem runzligen Kügelchen zusammengeschrumpft sind, andere sind bereits tot. Vergeblich gedulde ich mich wochenlang; von Tag zu Tag vermindert sich die Anzahl lebender Larven beider Arten, und als der Juli kommt, befindet sich nichts Lebendiges mehr in meinen Gläsern. Alle sind zugrunde gegangen, und zwar an Hunger – in einem mit Nahrung gefüllten Speicher. Man erkennt dies leicht bei etwas aufmerksamer Betrachtung; die Röllchen sind in ihrem Inneren fast unberührt geblieben, nur hier und da entdeckt man Schrammen, die so leicht geritzt sind, als ob die Freßwerkzeuge das Gebotene verschmäht hätten. Wahrscheinlich ist den Larven die Nahrung zu saftlos gewesen, ungenießbar infolge des Austrocknens. Wenn unter den natürlichen Verhältnissen tagsüber die Sonnenhitze auch die Blätter gleichfalls hart werden läßt, so weichen Nebel und Tau sie während der Nacht wieder auf. Die Aufbewahrung in der stets gleich trockenen Luft meiner Gläser aber hat aus den Röllchen so trockene Krusten gemacht, daß die Larven sie nicht mochten. Daher mein Mißerfolg.

Im folgenden Jahre wiederhole ich, besser unterrichtet, meinen Versuch. Die Röllchen, sage ich mir, bleiben einige Tage am Weinstock und an der Pappel hängen. Durch den in den Stiel gemachten Einstich ist die Zuleitung des Saftes doch nicht vollständig unterbrochen; ein ganz geringer Zufluß dauert fort, der für kurze Zeit genügt, um das Blatt einigermaßen geschmeidig zu erhalten, zumal im Mittelpunkt der Faltung, der nicht der Besonnung ausgesetzt ist. Auf diese Art hat die neugeborene

*) Nach Nördlingers Beobachtung an einem Rebenstecher, der auf einer kanadischen Pappel sein Blatt rollte, war dagegen deutlich zu gewahren, wie er den Rand durch eine klebrige, beim Reiben des Hinterteils am Blattrande sich sparsam aus ersterem ergießende Flüssigkeit anklebte und durch Hin- und Herreiben mit dem Hinterteile befestigte, sozusagen festbügelte. Anm. d. Übers.

Larve frische Nahrung unter den Zähnen, bis sie größer und stärker geworden ist und ihr Magen auch weniger zarte Stoffe aufzunehmen vermag. Immerhin bräunt sich das am Zweige hängende Blatt von Tag zu Tag mehr und wird zusehends trockener. Wenn es immer dort hängen bliebe und die Nacht – wie das häufig geschieht – keine Feuchtigkeit bringt, so würde es völlig der Austrocknung verfallen, und seine Säfte müßten zu Grunde gehen, wie sie es in meinen Gläsern getan haben. Früher oder später jedoch schüttelt der Wind es herunter, daß es auf die Erde fällt, und das bedeutet für die noch lange nicht ausgewachsenen Larven die Rettung. Unter dem Gras am Fuß der Pappeln ist der Boden etwas feucht, und unter den Reben bewahrt die von dem Weinlaub überschattete Erde immer noch die Kühle von den letzten Regenschauern her. Dort im Feuchten liegend und vor der heftigen Wirkung der unmittelbaren Besonnung geschützt, erhält die Nahrung der Larven sich im Zustande genügender Weichheit.

Diesen Überlegungen entsprechend, machte ich meinen neuen Versuch, dessen Erfolg die Richtigkeit meiner Vermutungen bestätigte. Statt der erst kürzlich hergestellten grünen Wickel wähle ich gebräunte Zigarren, die nächstens zur Erde fallen müssen, weil sie bereits ältere Larven enthalten, deren Aufzucht weniger schwierig ist. Ferner bringe ich meine Ernte zwar wie früher in Glasgefäßen unter, aber auf einem Bett feuchten Sandes. Ungeachtet des Schimmels, der diesmal die aufgehäuften Zigarren überzieht, und von dem man meinen sollte, daß er alles verderben müsse, gedeihen die Larven und wachsen sich ohne Unfall aus. Die Fäulnis, die ich früher so sehr fürchtete, daß ich zu ihrer Fernhaltung die Röllchen ganz im Trockenen hielt, kommt ihnen gerade zu statten. Ich sehe sie mit vollen Kiefern an den in Zersetzung befindlichen Lappen kauen, an den übelriechenden Resten der schon fast zu Pflanzenerde gewordenen Blätter.

Jetzt wundere ich mich nicht mehr darüber, daß bei den ersten Versuchen meine Zöglinge den Hungertod fanden. Infolge einer falsch aufgefaßten Hygiene sorgte ich für den frischen Zustand ihrer Lebensmittel in einer von Schimmelkeimen freien Luft, anstatt im Gegenteil die Gärung in Tätigkeit treten zu lassen, die die lederartigen Gewebe mürbe macht und ihren Geschmack erhöht. Sechs Wochen später, gegen die Mitte des Juni, sind die ältesten

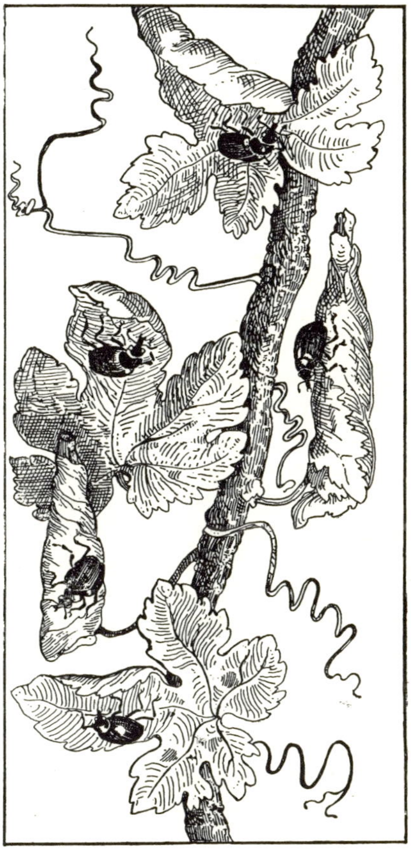

Der Rebenstecher (Byctiscus betulae L.).

Wickel Ruinen, von deren Röllchenform nur noch die äußere Lage als schützende Eindeckung erhalten ist. Öffnen wir eine solche Rinne: Das Innere ist vollständig zerfallen, ein Gemenge von unförmlichen Überbleibseln und schwarzen Körnchen, die feinem Jagdpulver gleichen; die äußere, zerfallende Hülle weist hier und da Löcher auf. Diese Öffnungen bekunden, daß die Insassen bereits fortgegangen und behufs weiterer Verwandlung in die Erde hinabgestiegen sind. Ich entdecke sie in der Tat in

den Lagen kühlen Sandes auf dem Boden der Gefäße. Jede Larve hat sich durch den Druck ihres Rükkens ein rundes Nest ausgehöhlt, in dessen engem Raum sie, in sich zusammengekauert, sich sammelt und auf das neue Leben vorbereitet. Obwohl die Wände nur aus Sandteilchen bestehen, stürzen sie doch nicht ein. Bevor der darin eingeschlossene Wurm in den Schlummer der Transformation verfiel, hat er es für klug gehalten, seine Zelle fest zu machen. Mit einiger Sorgfalt kann ich sie absondern in Form eines Kügelchens von der Dicke einer Erbse.

Ich gewahre nun, daß das Material zementiert worden ist mittels einer gummiartigen Absonderung, die, anfangs flüssig, ringsherum genügend sich verbreitet hat, um die Sandkörner zu einer Mauer von gewisser Stärke zu verbinden. Über die Herkunft dieses farblosen und wenig ausgiebigen Erzeugnisses bin ich nicht ganz im klaren. Es kommt sicher nicht aus Drüsen, ähnlich den Spinndrüsen der Seidenraupe, denn die Larve des Rüsselkäfers besitzt nichts dergleichen. Mithin ist es eine Beisteuer des Verdauungskanals, die entweder aus der Eingangsöffnung oder aus der Ausgangsmündung hervorquillt. Aber aus welcher von beiden?

Ein anderer Rüsselkäfer gibt mir eine genügend wahrscheinliche Antwort auf diese Frage. Dies ist der Brachycerus algirus Fab., ein häßliches und plumpes Insekt, das ganz mit Warzen bedeckt ist, die in Klauen endigen. Er ist schwarz wie Ruß und fast immer mit Erde beschmutzt, wann man ihn im Frühjahr findet. Daran erkennt man den Erdwühler, und in der Tat gräbt sich dieser Käfer auf der Suche nach Knoblauch, der ausschließlichen Nahrung seiner Larven, in den Boden ein. Ich habe ein Dutzend von diesen Larven in einem zur Hälfte mit Sand gefüllten Glasgefäß aufgezogen. Einige von ihnen ließen sich unmittelbar hinter der gläsernen Wand nieder, so daß ich, wenn auch nur undeutlich, beobachten konnte, in welcher Weise die Dinge in der unterirdischen Zelle verlaufen. Der Körper des kleinen Baumeisters ist in einem Bogen gekrümmt, der auf Augenblicke sich enger zusammenzieht, so daß ein geschlossener Kreis daraus wird. Wie mir scheint, sammelt er dann an der Spitze seiner Kinnbacken ein klebriges Tröpfchen, das aus dem Ende seines Hinterleibes hervorquillt. Dies läßt er in die sandige Wand seiner Zelle eindringen und beschmiert auch das Glas damit, wo die Materie wolkige, weiße und gelbliche Streifen bildet. Durch diese Ausscheidung seines Darms, die sich bei der Benutzung in hydraulischen Mörtel verwandelt, gibt die Larve dem um ihren Körper zusammengeballten Sande die Form einer hinreichend soliden Schale, um darin verbleiben zu können, bis sie völlig erwachsen ist.

Diese Methode dürfte wohl allgemein sein bei den verschiedenen Rüsselkäferarten, die als Larven, Nymphen oder ausgewachsene Käfer einen Teil des Jahres in einer Schale unter dem Erdboden zubringen. Die Blattroller, insbesondere der Rebenstecher und der Pappelstecher, haben ohne Zweifel in ihrem Darm den für sie nötigen Vorrat von Zement. Erstmals gegen Ende August, vier Monate nach der Anfertigung der Zigarren, ziehe ich aus seiner Schale den völlig entwickelten Pappelstecher hervor. Der Käfer besitzt bereits seinen gold- und kupferfarbenen Metallschimmer, allein wenn ich ihn nicht gestört hätte, würde er in seinem unterirdischen Kastell weitergeschlummert haben, bis im nächsten April an seinem Baume die frischen Blätter erscheinen.

In dem steinigen und stets nach Flüssigkeit verlangenden Erdreich unserer Weinberge, wo die seinen Unterhalt bildenden Wickel rasch austrocknen, entwickelt sich der Rebenstecher erst später, da er ruhen muß, bis sein Proviant wieder genügend weich geworden ist. Erst im September und Oktober erhalte ich die ersten ausgewachsenen Exemplare, in ihren prächtigen Farben Edelsteinen vergleichbar, die bis zum Frühjahr in ihrem Schmuckkästchen, der unterirdischen Schale, eingeschlossen bleiben. Um diese Zeit sind unter der Erde Nymphen und Larven reichlich vorhanden. Selbst dann haben manche Larven ihre Röllchen noch nicht verlassen, doch werden sie, nach ihrer Größe zu urteilen, nicht mehr lange damit zögern. Bei den ersten Frösten erstarren sie alle und schieben die Fortsetzung ihrer Entwicklung hinaus, bis die schlimme Zeit vorüber ist.

Faßbinder unter den Käfern.

Wird die Kunstfertigkeit des Insekts bestimmt durch die Gestaltung der ihm zur Verfügung stehenden Werkzeuge, oder ist sie, im Gegenteil, unabhängig davon? Ist es der organische Bau, der die Instinkte regelt, oder sind vielmehr die natürlichen Anlagen von Quellen abzuleiten, die sich durch die bloßen Angaben der Anatomie nicht erklären lassen? Diese Fragen werden uns zwei Arten der Rüsselkäfer (Curculionina) beantworten: der Hasel-Dickkopfkäfer und der Afterrüsselkäfer. Gleich den eigentlichen Blattwicklern oder Blattrollern (Byctiscus), zu denen der Rebenstecher und der Pappelstecher gehören, haben sie die sinnreiche Gepflogenheit, für ihre Larven in einem dütenartig zusammengerollten Blatt ein Häuschen zu bauen, das den aus den Eiern geschlüpften Würmchen gleichzeitig als erste Nahrung dient. Sie stellen diese Wikkel aber nicht, gleich den eben erwähnten, in Zigarrenform, sondern in Gestalt von kleinen Tönnchen her: wie jene die Zigarrenmacher, so sind sie die Faßbinder oder Tönnchenfabrikanten in der großen Rüsselkäferfamilie.

Der Hasel-Dickkopfkäfer (Apoderus coryli L.)*) ist lebhaft zinnoberrot, so daß er wie ein Tropfen Pulsaderblutes auf dem dunkeln Blattgrün aussieht. Zu dieser auffallenden Tracht, die unter den Insekten selten ist, treten nun noch andere ungewöhnliche Kennzeichen hinzu. Die Curculioniden sind alle Mikrokephalen (Kleinköpfe), allein dieser hat von dem Kopfe nur soviel übrig behalten, als unbedingt nötig ist. Der Schädel, in dem sein dürftiges Gehirn sitzt, ist ein armseliges Körnchen von glänzend schwarzer Farbe. Vorn hat er keinen eigentlichen Rüssel, sondern eine sehr kurze und breite Schnauze; nach hinten ist der Kopf halsartig verengert, als ob ihn ein Strick zusammengeschnürt hätte. Hochbeinig, spaziert der Käfer unbeholfen Schritt für Schritt auf seinem Blatt herum, in das er runde Löcher bohrt; die dort weggenommenen Stücke bilden seine Nahrung.

Die europäische Fauna weist nur drei Apoderen auf, unter denen der des Haselstrauchs der bekannteste ist. Von ihm soll nachstehend die Rede sein; ich finde ihn aber nicht in seiner legitimen Domäne, sondern auf der Erle. Die Gegend um Avignon sagt dem Haselstrauch nicht zu, weil das Klima für ihn zu heiß und trocken ist. Man findet ihn vereinzelt auf den hohen Rücken des Mont Ventoux, in der Ebene kommt er außerhalb der Gärten gar nicht vor; infolgedessen ist auch jener Käfer, der sich vorzugsweise von seinen Blättern nährt, bei uns außerordentlich selten. Seit drei Frühjahren beobachte ich den roten Apoderus und sein Werk auf einer Erle. Nur ein einziger Baum, und zwar immer der gleiche in dem Buschwerk am Ufer des Ayguesflusses, liefert ihn mir, während er sich auf allen anderen Erlen ringsum, auch auf den nur wenige Schritte entfernt stehenden, nicht findet. Es handelt sich um eine

*) Auch in ganz Deutschland, sowie nördlicher in Schweden, kommt der Hasel-Dickkopfkäfer sehr häufig vor. Bei uns erscheint er meist gegen Mitte Mai; man findet ihn vorwiegend auf Haselnußgesträuch, jedoch auch auf niederem Eichengebüsch, auf Erlen, Buchen und Hainbuchen, wo diese Gewächse in Buschform vorkommen. Er wird 6,5 bis 7 mm lang; Halsschild und Flügeldecken sind rot, letztere grob punktiert gestreift, der übrige Körper schwarz; Beine entweder ganz rötlichgelb oder nur die Schenkelmitte rot, das Übrige schwarz. Anm. d. Übers.

kleine Zufallsansiedlung, die zweifellos der Bergstrom dorthin geführt hat. Den größten Teil des Jahres hindurch ist sein Bett eine weite Fläche, bedeckt mit Geröll, zwischen dem sich ein schmaler Wasserfaden dahinschlängelt. Wenn aber die Schneeschmelze eintritt und anhaltende Regengüsse niedergehen, braust plötzlich ein gewaltiger Strom dahin, der über die Ufer tritt und dort nachher allerlei zurückläßt, was er aus den Bergen in die Ebene hinabgeführt hat. Dort sprossen dann aus angeschwemmten Samen Pflanzen hervor, die höheren Regionen entstammen; ein Teil geht nach dem Sommer wieder zugrunde, während andere sich dem Klima anpassen und dauernd gedeihen. Auch fremde Gäste aus dem Tierreich findet man im Ufergebiet, beispielsweise die sonst bei uns nicht heimische Weinbergschnecke (Helix pomatia L.), die, von den Wogen fortgetragen, in ihrem hermetisch durch einen Deckel verschlossenen Kalkhäuschen die weite Reise wohlbehalten zurücklegt.

So ist auch der Apoderus bei uns ein schiffbrüchiger Fremdling aus höher gelegenen Gegenden, die reich an Haselsträuchern sind. Ihn hat der Strom in einem Schiffchen hergetragen: in dem allseitig verschlossenen Blattröllchen, worin die Larve zur Welt kommt. Auf der Stelle, wo es gelandet ist, hat das Insekt um die Zeit der Sommersonnenwende sein Häuschen durchbohrt und sich, da es sein Lieblingsgesträuch nicht vorfand, auf der Erle niedergelassen. Während der drei Jahre meiner Beobachtung ist es demselben Baume treu geblieben und hat dort ein neues Geschlecht begründet; wahrscheinlich ist übrigens die Niederlassung schon viel älter.

Die Geschichte dieses Fremdlings interessiert mich. Für ihn sind die ursprünglichen Lebensbedingungen: Klima und Nahrung völlig verändert. Seine Vorfahren lebten unter einem gemäßigten Himmel und nährten sich von Nußblättern; sie verarbeiten zu einem Zylinder ein Blatt, das ihnen durch die ständige Benutzung der vergangenen Generationen durchaus vertraut war. Der aus der Heimat entführte Käfer dagegen lebt unter einem heißen Himmel; er verzehrt Erlenblätter, deren Geschmack und nährende Eigenschaften von denen des Familienmahls verschieden sein müssen; er bearbeitet ein unbekanntes Stück, das allerdings dem hergebrachten an Form und Umfang nahe kommt. Und trotz alledem haben diese Unterschiede im Klima und in der Nahrung wie in dem Arbeitsmaterial nicht die geringste Veränderung in seinen Lebensgewohnheiten, in seiner Organisation und in seiner Arbeitsmethode bewirkt. Dies alles behält das Insekt unabänderlich bei, wenn es sich jenen Unterschieden anzupassen vermag; wenn es das nicht kann, geht es zugrunde.

Genau so, wie der Apoderus auf der Erle zu Werke geht, verfährt er auch auf dem Haselstrauch. Er kennt nicht die Methode des Rhynchites, der, um das Blatt, das er aufrollen will, schlaff und weich zu machen, dicht vor dem Stengelansatz tief hineinsticht. Vielmehr schneidet das Weibchen des Hasel-Dickkopfkäfers mit seinen Kiefern, die an der Spitze der kurzen Rüsselschnauze sitzen, in einiger Entfernung vom Stiel quer in das Blatt hinein: durch die erste Hälfte und die Mittelrippe noch etwas weiter in die zweite Blatthälfte. Unversehrt bleibt also nur der jenseitige Rand, an dem der abgetrennte Fetzen herunterhängt. Diesen klappt der Käfer um, so daß die Mittelrippe in der Längsachse liegt und die obere Blattseite nach innen kommt. Von der Spitze anfangend, wird nunmehr das eingeschlagene Blattstück in Form eines Zylinders aufgerollt, und dieser schließlich unten und oben verschlossen, indem an den betreffenden Stellen die Spitze des Blattes und seines Abschnitts umgeschlagen und eingebogen wird.

Das zierliche Tönnchen hängt nun senkrecht herab und pendelt im leisesten Windhauch hin und her. Als Reifen dient ihm die Mittelrippe, die am oberen Ende hervorsteht. Zwischen zwei übereinander gelegten Blatteilen, ungefähr in der Mitte des Röllchens, sitzt das bernsteingelbe Ei,*) welches das Weibchen während der Arbeit gelegt hat. Die wenigen Tönnchen, die mir zur Verfügung standen, ermöglichten mir keine eingehenderen Beobachtungen über die Entwicklung der Larven aus den Eiern; interessanter war für mich die Wahrneh-

*) Prof. Dr. Taschenberg fand bisweilen auch zwei, sogar drei Eier darin. Anm. d. Übers.

mung, daß diese, nachdem sie ausgewachsen, sich nicht, wie die der anderen Arten, in die Erde hinein verfügen, um sich darin zu verpuppen. Die Larve bleibt in ihrem Tönnchen, das der Wind bald ablöst, so daß es zu Boden fällt, zwischen die dort liegenden Blätter. Unter der schon halb vermoderten Blatthülle würde bei ungünstiger Witterung die Larve dort wenig geschützt sein; sie beeilt sich daher mit ihrer Entwicklung und zieht schleunigst ihr rotes Röckchen an. Gegen den Anfang des Sommers verläßt das Tierchen sein baufällig gewordenes Tönnchen und sucht besseren Schutz unter den etwas emporgehobenen alten Rinden.

Der Afterrüsselkäfer (Attelabus nitens Scop.) ist nicht minder erfahren in der Kunst, aus einem Blatt ein Fäßchen herzustellen. Er wird 4 bis 6 mm lang; wie beim Dickkopfkäfer sind Halsschild, Flügeldecken und gewöhnlich auch die Fühlerwurzel leuchtend rot, der übrige Körper ist tiefschwarz. Der kurze Rüssel verbreitert sich zur Schnauze. Damit hören aber auch die Ähnlichkeiten auf: der Apoderus ist mehr gestreckt und hat schlanke Glieder, der Attelabus hingegen zeigt sich uns gedrungen, mit halbkugeliger Oberfläche. Um so mehr überraschen seine Leistungen, die man einem so ungewandt scheinenden Arbeiter gar nicht zutraut. Und es ist noch dazu gar kein sonderlich gefügiges Material, das er bearbeitet: er rollt die Blätter der immergrünen Eiche, die allerdings, solange sie noch jung, nicht allzu starr sind. Immerhin haben diese Blätter etwas Lederartiges, welken nicht leicht und widerstehen dem Biegen. Von den vier Blattwicklern, die ich kenne, hat der kleinste, der Attelabus, das undankbarste Los: er, der anscheinend so linkische Zwerg, weiß trotzdem durch seine Geduld unter ihnen die zierlichste Wohnung herzustellen. Er arbeitet auch auf unserer gewöhnlichen Eiche, der Stieleiche, deren Blätter größer und tiefer eingekerbt sind als die der immergrünen. Wenn sie im Frühjahr sich entfalten, so wählt er solche von mittlerem Umfang und mäßiger Festigkeit; behagt ihm die Stelle, dann sieht man nachher fünf oder sechs Tönnchen an demselben Zweige baumeln (s. Abb.).

Ob aber das Insekt sich auf einer Stiel- oder einer Steineiche*) niederläßt, immer beginnt das Weibchen seine Arbeit damit, daß es in einiger Entfernung von dem Stielansatz das Blatt rechts und links von der Mittelrippe quer durchschneidet, wobei es aber die Rippe selbst, die den starken Halt bilden muß, sorgfältig schont. Weiterhin erscheint dann wieder die Methode des Hasel-Dickkopfkä-

Der Afterrüsselkäfer (Attelabus nitens Scop.).

*) Bei uns ist der Afterrüsselkäfer von Mai bis Juli auf niederem Eichengebüsch nicht selten. Anm. d. Übers.

fers: das durch den doppelten Quereinschnitt handlicher gewordene Blatt wird der Länge nach gefaltet, so daß seine Oberseite nach innen kommt. Alle diese Blattroller, Zigarrenwickler und Tonnenmacher wissen, wie man die Elastizität eines Blattes entweder durch Hineinstechen oder durch Einschneiden bezwingt; alle kennen den Grundsatz der Statik, wonach die Wölbung des gebogenen Teiles der Sitz der größten Federkraft ist.

In jedes Tönnchen legt das Weibchen nur ein einziges Ei hinein; die beim Rollen zuletzt übrigbleibenden Zacken des Blattrandes werden befestigt, indem das Insekt geduldig seine Schnauze so lange daraufpreßt, bis sie haften bleiben, die obere und untere Öffnung des Zylinders hierauf durch Einschlagen der Ränder geschlossen. Dann ist das etwa einen Zentimeter lange, zierliche Tönnchen fertig, das trotz seiner Kleinheit nicht der Festigkeit entbehrt. Mitunter finde ich den Käfer unbeweglich auf seinem Fäßchen sitzend, indem er die Schnauze gegen die Dauben des Stückes drückt. Was macht er da? Er schläft in der Sonne, während er darauf wartet, daß die letzte Falte seines Werkes unter verlängerter Pressung die nötige Standfestigkeit bekommt. Wenn ich ihn aus zu großer Nähe betrachten will, zieht er sofort seine Beine unter dem Bauch zusammen und läßt sich auf den Boden fallen.

Um ihn besser beobachten zu können, versuche ich ihn daheim weiter zu züchten. Der Afterrüsselkäfer fügt sich ganz gut darein: er arbeitet unter meinen Drahtglocken eben so eifrig wie auf seiner Eiche. Trotzdem aber muß ich die Hoffnung aufgeben, ihm bei allen Einzelheiten des Blattwickelns zusehen zu können, denn es zeigt sich jetzt, daß er ausschließlich bei Nacht arbeitet. Den Grund dafür suche ich darin, daß das Blatt der Eiche, zumal das der immergrünen, dem Aufrollen viel mehr Widerstand entgegensetzt als das der Erle, der Pappel und der Weinrebe. Wenn der Käfer nun bei Tage, unter den sengenden Sonnenstrahlen, arbeitete, so würden die aus der geringen Schmiegsamkeit des Blattes sich ergebenden Schwierigkeiten noch durch das Beginnen des Austrocknens vermehrt werden. In der Frische der Nacht und unter der Einwirkung des Taues dagegen bleibt das Blatt biegsam und fügt sich den Anstrengungen des Wicklers, der sein Tönnchen fertig hat, wenn die Sonne kommt und mit ihren Feuerstrahlen das noch frische Werk in seiner Form stabil macht.

Wie verschieden jene vier blattrollenden Insekten auch untereinander sind, so lehren sie uns doch alle, daß die Geschicklichkeit nicht von ihrer organischen Struktur abhängt und daß das Werkzeug nicht über die Art der Arbeit entscheidet. Ob mit einem Rüssel oder einer Schnauze ausgerüstet, ob hochbeinig oder kurztrabend, schlank oder gedrungen, Bohrer oder Schneider – alle vier erreichen dasselbe: das Röllchen als Wohnung und Speisekammer der Nachkommenschaft. Sie sagen uns: der Instinkt hat seinen Ursprung anderswo als in dem Organ. Er reicht höher hinauf: er ist eingeschrieben in das uranfängliche Gesetzbuch des Lebens. Weit entfernt, dem Werkzeug unterworfen zu sein, ist er es vielmehr, der es beherrscht, indem er es nach Bedarf mit gleicher Geschicklichkeit bald für diese und bald für jene Arbeit benutzt.

Damit sind die Enthüllungen des kleinen Faßbinders aber noch nicht zu ende. Durch meine häufigen Beobachtungen weiß ich, wie schwierig er bezüglich der Beschaffenheit seiner Nahrung ist. Vertrocknete Blätter nimmt er durchaus nicht an, lieber geht er vor Entkräftung zugrunde. Er will sie zart, durch und durch saftig, durch beginnende Fäulnis mürbe gemacht und sogar durch etwas Schimmel gewürzt. Ich richte sie ihm seinem Geschmack entsprechend zu, indem ich sie in einem Glasbehälter auf einem Bett von feuchtem Sand halte. So behandelt, wird das im Juni aus dem Ei geschlüpfte Würmchen schnell groß. Nach zwei Monaten hat es sich in eine schöne, orangengelbe Larve mit lebhaften Bewegungen verwandelt.*) Bemerkenswert ist ihre schlanke Form, die von der gewöhnlichen Fettigkeit der Rüsselkäferlarven auffallend abweicht.

*) Unsere heimische Larve ist nach Taschenberg in allen ihren Gliedern querrunzelig, sehr schwach behaart. Der Kopf sitzt tief im ersten großen, auf dem quer viereckigen Rücken glatten Leibesgliede, und die Körperfarbe ist nicht dottergelb, sondern schmutzig-weiß. Anm. d. Übers.

Nach einem sogar für Südfrankreich ungewöhnlich heißen und trockenen Sommer (1895) ist jetzt das Ende des September herangekommen, und noch immer wollen die verlängerten Hundstage kein Ende nehmen. Wie verhält sich nun der Attelabus in der Natur solchen für ihn äußerst ungünstigen Verhältnissen gegenüber? Bei mir daheim, wo er seine Lebensmittel aufgeweicht erhält, gedeiht er natürlich; was aber fängt der Ärmste am Fuß seiner Eiche an, unter dem Buschwerk, dessen Blätter zusammenschrumpfen wie auf einem Ofen geröstet, und auf dem ausgeglühten Boden? Wir wollen uns darüber unterrichten, was unter solchen Umständen aus ihm wird.

Unter dem Eichengebüsch, auf dem er im Juni arbeitete, finde ich zwischen welken Blättern auf dem Boden ein Dutzend seiner kleinen Tönnchen. Sie haben ihre grüne Farbe beibehalten, so plötzlich hat sich der Austrocknungsprozeß vollzogen, allein sowie man sie zwischen den Fingern drückt, krachen sie und zerfallen in Staub.

Ich öffne ein Tönnchen. Mitten darin sitzt das Würmchen, ganz annehmbar aussehend, aber wie winzig! Kaum ist es über die Größe hinausgediehen, die es beim Schlüpfen aus dem Ei hatte. Lebt er oder ist er tot, der kleine gelbe Kerl? Der Unbeweglichkeit nach zu urteilen, ist er tot, allein die unverwelkte Färbung deutet auf Leben hin. Ich zerbreche ein zweites, ein drittes Fäßchen und finde inmitten eines jeden ein gelbes Würmchen, unbeweglich und so klein wie sonst die neugeborenen. Damit lassen wir es genug sein; den Rest der gesammelten Röllchen wollen wir für einen Versuch aufheben, der mir in den Sinn kommt.

Sind die Larven in der Tat eingegangen, wie ihre mumienhafte Unbeweglichkeit vermuten läßt? Nein, denn wenn ich sie mit einer Nadelspitze kitzle, so regen sie sich alsbald. Ihr Zustand ist ein Stillstehen in ihrer Entwicklung. In ihrem frischgerollten Behälter, der, solange er am Baume hing, immer noch etwas Saft empfing, fanden sie die für ihren ersten Fortschritt nötige Nahrung; dann fiel das Tönnchen zu Boden, wo es ungeheuer schnell vertrocknete. So harten Proviant verschmähend, hat der Wurm von jenem Augenblick an zu essen und zu wachsen aufgehört. Wer schläft, der ißt auch, denkt er und wartet in seiner Erstarrung ab, bis Regen kommt, der ihm seinen Brotlaib wieder aufweicht.

Diesen Regen, nach dem Menschen und Tiere im ganzen Land seit vier Monaten seufzen, vermag ich ihm zu verschaffen, wenigstens in dem Umfang, wie ein Rüsselkäfer ihn braucht. Ich lasse die mir noch übrig gebliebenen Tönnchen auf einem Wasserbecken schwimmen, und nachdem sie genügend von der Feuchtigkeit durchtränkt sind, gebe ich sie in eine Glasröhre, deren beide Enden dann mit einem nassen Wattepfropf verschlossen werden, der die Luft darin feucht erhält. Das Ergebnis meiner Künste verdient Erwähnung. Die Tierchen erwachen aus ihrem Schlaf, sie verzehren das Innere der wieder aufgeweichten Kruste und holen die versäumte Zeit so rasch ein, daß sie nach wenigen Wochen die Größe der Larven in meinen zur Hälfte mit feuchter Erde gefüllten Glasgefäßen aufweisen, die keinerlei Hemmung in ihrer Entwicklung durchgemacht haben.

Eine derartige Fähigkeit, das Leben lange Monate hindurch auszusetzen, während die Nahrungsmittel nicht die verlangte Weichheit besitzen, findet man bei den übrigen Blattwicklern nicht. Ende August, drei Monate nach dem Ausschlüpfen der Larven, ist in den von Rebenstechern gefertigten Wickeln aus Weinlaub, die ganz im Trockenen blieben, nichts mehr am Leben. Noch schneller gehen die Larven in den verdorrten Zigarren des Pappelstechers zugrunde. Was die aus Erlenlaub gefertigten Zylinder betrifft, so verfügte ich über keine genügende Anzahl, um die Ausdauer ihrer Gäste festzustellen. Von den vier Blattrollern wird der Afterrüsselkäfer am meisten durch die Trockenheit gefährdet. Sein Tönnchen fällt auf einen mit Ausnahme der Regenzeit sehr dürren Boden, zudem wird es wegen seiner Winzigkeit von dem ersten Sonnenstrahl bis ins Innerste hinein ausgetrocknet.

Wohl ist auch unser Weinland ähnlich trokken; aber unter den Reben gibt es doch Schatten, und die umfangreichere Zigarre des Rebenstechers (siehe die Abbildung Seite 67) ist dick genug, um in ihrem zentralen Teil ein wenig von der für die

Larve unerläßlichen Frische zu bewahren, was in dem kleinen Tönnchen des Afterrüsselkäfers nicht möglich ist. Und dennoch vermag der Rebenstecher mit diesem hinsichtlich der Dauer der Enthaltsamkeit keinen Vergleich auszuhalten. Noch weniger würde dies der Pappelstecher können, für den übrigens meist die Gefahr der Trockenheit trotz der Winzigkeit seiner Wickel dadurch ferngehalten wird, daß diese nach dem Niederfallen an Grabenrändern, wo gewöhnlich Pappeln stehen, auf feuchten Grund zu liegen kommen. Der Hasel-Dickkopfkäfer, den wir auf der Erle an der Arbeit sahen, ist noch weniger in Gefahr: am Fuße seines Baumes, der die Wasserläufe liebt, findet er genügende Feuchtigkeit für den guten Zustand des nährenden Zylinders. Wenn er freilich auf Haselnußsträuchern seine Röllchen anfertigt, so weiß ich nicht, welche Umstände ihn aus der Verlegenheit ziehen.

In den Zeitungen wurde kürzlich viel Aufhebens gemacht von den mit dem Magen vollbrachten Heldentaten gewisser armer Teufel, die, um ihr Brot zu gewinnen, 30 und 40 Tage lang fasteten. Die Larve des Afterrüsselkäfers leistet aber noch viel mehr, ohne von den Tagesblättern gerühmt zu werden. Ein winziges Tierchen, ein kaum geborenes Würmchen, genießt einige Bissen und ißt dann, wenn es seinen Proviant zu trocken findet, vier Monate und noch länger gar nichts mehr. Und dies ist nicht etwa die Wirkung einer krankhaften Mattigkeit; das Tier fastet in dem vollen Heißhunger des Wachstums, während einer Periode, da der Magen mehr als je nach reichlicher Nahrung verlangt. Vollständig vertrocknete Rädertierchen, die lange Zeit ohne alle Lebensäußerung dalagen, wirbeln in einem Wassertropfen, in den man sie setzt, sofort wieder herum. Die Larve des Attelabus, die vier bis fünf Monate hindurch an der Pforte des Todes stand, belebt sich wieder und frißt gierig, sobald ich ihre Nahrung aufweiche. Was ist das nun für ein Leben, das solcher Unterbrechungen fähig ist?

Netze und Nester der Kreuzspinnen.

Die Spinnentiere oder Arachniden (Arachnoidea) bilden den Übergang von den Krebsen zu den Insekten. Sie stellen eine Klasse der Gliederfüßer dar, zu der außer zahlreichen weniger bekannten Formen: Skorpione, Spinnen und Milben gehören. Ihre wichtigste Ordnung sind die über alle Erdteile verbreiteten Web- oder echten Spinnen (Araneina) mit etwa 2500 Arten, worunter etwa 500 deutsche. Ihre Nahrung bilden ausschließlich kleinere Tiere, insbesondere Insekten; die umherschweifenden, springenden oder laufenden Lauf- oder Jagdspinnen (zu denen die Tarantel gehört) erhaschen ihre Beute in der Bewegung, wie ihr Name anzeigt, und weben daher niemals. Alle übrigen Spinnen dagegen sind Meister in dieser Kunst, und zwar verfährt jede Familie nach einem besonderen Plan, der unabänderlich festgehalten wird. Nach der Art ihres Netzes hat man ihnen verschiedene Namen beigelegt, wie Radspinnen, Nest-, Sack-, Röhrenspinnen usw.

Die Familie der Radspinnen (Orbitelariae) hat, wie die überwiegende Mehrzahl aller Spinnen, acht Augen und einen kugeligen Hinterleib (der beim Männchen stets viel kleiner ist als beim Weibchen) mit 6 Spinnwarzen. Sie webt senkrechte, radförmige Fangnetze aus strahlenförmig von einem Mittelpunkt ausgehenden trockenen Fäden, die wiederum durch konzentrisch um den Mittelpunkt laufende, feine, klebrige Fäden verbunden sind. Unter allen Radwebern fertigen die kunstvollsten Netze die Kreuzspinnen an, deren zahlreiche Arten (in Deutschland etwa 20) außer an der eigentümlichen Stellung ihrer Augen (4 in der Mitte, meist quadratisch angeordnet, je 2 auf beiden Seiten) an dem breiten, etwas niedergedrückten, oben häufig hell gezeichneten Hinterleib leicht erkennbar sind. Die bekannteste und zugleich die größte unter den einheimischen Arten ist unsere gemeine Kreuzspinne (Aranea-Epeira diademata Cl.), deren Benennung die sich kreuzenden weißen Flecken auf dem gelblich-braunen Hinterleibe veranlaßt haben. Das Männchen ist 11, das Weibchen 15–18 mm lang; die Räder ihrer Netze haben 31 cm und mehr im Durchmesser. Allen Spinnen dient das Gewebe übrigens nicht nur zum Fang der Beute, sondern auch als Fortbewegungsmittel, indem sie sich

an Fäden herablassen und emporsteigen. Noch andere, sehr kleine Arten lassen sich an ihnen im Herbst und Frühjahr durch die Luft davontragen.

Den Spinnstoff erzeugen die zwischen den Eingeweiden gelegenen Spinndrüsen, die eine an der Luft sogleich zu einem zähen Faden erhärtende Flüssigkeit absondern. Sie tritt durch Muskeldruck aus den am Ende des Hinterleibes gelegenen Spinnwarzen hervor, die, paarweis angeordnet, aus einem unteren behaarten Teil und einer etwas gewölbten Oberfläche bestehen. Diese ist bürstenartig mit einer Masse von eigenartig gestalteten Spitzen besetzt: den Spinnborsten oder -röhren, die die Ausgänge der Spinndrüsen bilden. Von diesen feinen Röhrchen vermag die Spinne je nach Art des Fadens, den sie bereiten will, mehrere zugleich oder nur einzelne in Tätigkeit treten zu lassen; die – wie schon gesagt – an der Luft sofort erhärtenden Fäden werden dann mit Hilfe der Fußklauen zu den mannigfaltigsten Gespinsten verwebt. Ihre Herstellung erheischt natürlich einen gewaltigen Säfteverbrauch, wodurch sich wohl der starke Durst der Spinnen erklärt, die alle gern Wasser trinken. Bei guter Kost fließt der Spinnstoff reichlich, andernfalls nur mager, so daß die Spinne damit um so mehr haushalten muß, als sie den einmal verausgabten Faden nicht wieder in den Leib zurückziehen kann. Es sieht freilich wohl so aus, wenn sie an einem Faden emporklettert und dieser dabei scheinbar immer kürzer wird; in Wirklichkeit wickelt sie ihn nur auf und nimmt ihn an den Beinen mit fort.

Wenn die Kreuzspinne ein Netz anlegen will, z. B. zwischen zwei Baumstämmen, so verbindet sie diese zuerst durch einen wagerechten Faden, indem sie ihn entweder am ersten Stamm festklebt und dann zu dem zweiten bringt, dort straff spannt und gleichfalls anklebt, oder aber, falls ihr der direkte Übergang versperrt ist, den Faden im Luftzuge frei flattern läßt, bis er drüben an der rauhen Rinde haftet. Oft läßt sie sich auch, um einen entfernten Gegenstand zu erreichen, an einem Faden frei herabhängen und versetzt diesen solange in Schwingungen, bis sie das Ziel mit den Füßen erreicht hat. Ist dieses „Laufseil“ glücklich gespannt, dann bildet sie den äußeren Rahmen des Netzes in Gestalt eines unregelmäßigen Vielecks. Hierauf zieht sie, nach Taschenbergs anschaulicher Schilderung im 9. Band von Brehms' „Tierleben“, indem sie an ihm hinläuft und den Faden abhält, „einen Durchmesser, begibt sich nach dessen Mitte und zieht, immer wieder dahin zurückkehrend, die Strahlen nach allen Seiten, den letzten als Weg für die Anlage des nächsten benutzend. Die Verbindung aller durch Kreise bleibt nun als leichteste Arbeit noch übrig. Abermals vom Mittelpunkt ausgehend, fertigt sie unter kreisförmigen Umläufen einen Faden, legt ihn mit den Kämmen ihrer Hinterfüße zurecht, klebt ihn an einen Strahl nach dem andern an, bis sie den weitesten und letzten Umgang gehalten hat. Das Mittelfeld enthält ungefähr in einer Ausdehnung desjenigen Raumes, den die Spinne mit ausgestreckten Beinen einnehmen kann, trockene Seidenfäden von gleicher Beschaffenheit mit den bisher verwendeten, weiterhin aber nehmen sie einen anderen Charakter an, indem sie nämlich durch ungemein feine und zahlreiche Knötchen, welche ihnen anhängen, klebrig werden, damit die anfliegenden Kerfe mit Beinen und Flügeln leichter hängen bleiben, so wie der Vogel an der ausgelegten Leimrute.“ Nach einer annähernden Berechnung enthält ein Netz von 36–39 cm Durchmesser etwa 120 000 solcher klebrig bleibenden Tröpfchen. Äußerst gewandt bewegt sich die Spinne auf den radialen Fäden über das Netz dahin und zwar, ohne sich selber jemals in dem Gespinst zu verstricken, weil sie stets nur mit den kammartigen Fußklauen auftritt.

Nach diesen allgemeinen Vorbemerkungen lassen wir nun die anziehenden Beobachtungen des Altmeisters J. H. Fabre über das Verhalten der Kreuzspinne im Netz und beim Bau ihres Nestes folgen:

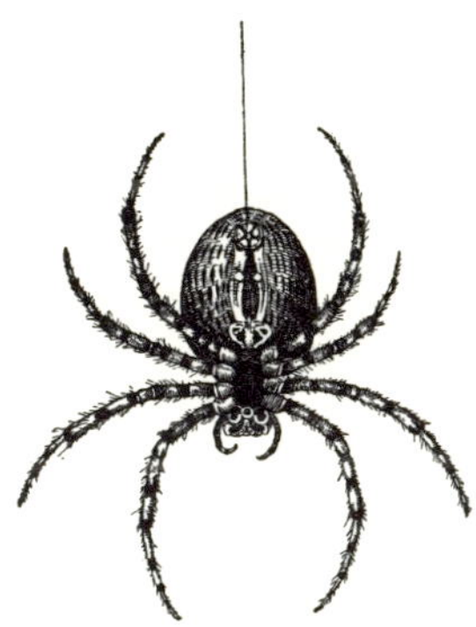

Kreuzspinne (Bauchseite).

Unter den Archniden unseres französischen Südens ist ihrem stattlichen Aussehen wie ihrer Färbung nach die gebänderte Kreuzspinne (Aranea = Argiope brünnichi Scop.) weitaus die schönste. Auf ihrem dicken Hinterleib, der ein mächtiges Lager von Seide beinah in der Größe einer Haselnuß darstellt, wechseln gelbe, silberfarbige und schwarze Streifen ab. Von dem Kopfbruststück ausgehend, dehnen sich, fahl und braun geringelt, vier Beinpaare langhin aus. Wenn sie nur die nötigen Stützpunkte findet, spannt sie ihr Netz überall aus, wo der Grashüpfer springt, der Schmetterling gau-

kelt, die Fliege schwebt oder die Libelle tanzt. Gewöhnlich webt sie ihre Fäden quer über ein Bächlein von einem Ufer zum andern, zwischen den Binsen, wo sie auf besonders reiche Beute rechnen darf; nicht so häufig im Gebüsch immergrüner Eichen und auf den mit magerem Graswerk bewachsenen Hängen, die die Grashüpfer lieben.

Gemeine Kreuzspinne (Epeira diademata Cl.).

Unbeweglich sitzt die Kreuzspinne im Mittelpunkt ihres Netzes, die 8 Beine ausgestreckt, um in allen Richtungen jede Erschütterung des Gewebes sofort wahrzunehmen; so erwartet sie nun, was der Zufall ihr beschert. Besonders häufig geraten Heuschrecken in ihre Schlingen, deren Stärke doch eigentlich der Spinne Respekt einflößen müßte; man sollte meinen, sie würden durch Ausschnellen ihrer mit Krallen versehenen Beine das Netz zerreißen und sich davonmachen. Doch nichts dergleichen geschieht: wenn die Heuschrecke nicht gleich durch die erste Anstrengung loskommt, ist sie verloren. Der Beute den Rücken zukehrend, setzt die Epeira gleichzeitig ihre 6 Spinnwarzen, die wie eine Brause durchlöchert sind, in Tätigkeit. Die seidenartigen Fäden werden von den Hinterbeinen, die länger als die andern sind und sich in einem weiten Bogen ausspannen, entfaltet. Durch diese Art der Behandlung bringt die Spinne ein schimmerndes Tuch, einen wolkigen Fächer hervor, worin die ursprünglichen Fäden fast unabhängig voneinander bleiben. Durch abwechselnde rasche Bewegungen spannen die beiden Hinterfüße dieses Leichentuch immer weiter aus, indem sie zugleich die Beute hin und her drehen, um sie auf allen Seiten einzuwickeln.

Bei den antiken Gladiatorenspielen erschien der Retiarius, der gegen eine wilde Bestie zu kämpfen hatte, in der Arena mit einem auf der linken Schulter zusammengefalteten Netz aus Seilwerk. Wenn die Bestie sich auf ihn stürzte, entfaltete er mit einer plötzlichen Bewegung seiner Rechten das Netz, wie es die Fischer mit dem Wurfgarn machen; er bedeckte das Tier damit und verstrickte es in den Maschen, um ihm dann durch einen Stoß mit dem Dreizack in der Linken den Garaus zu machen. In ähnlicher Weise verfährt die Kreuzspinne, doch hat sie den Vorteil, ihre Fesselungen wiederholen zu können. Wenn die erste nicht genügt, so läßt sie alsbald eine zweite folgen, und so nach Bedarf noch mehrere, bis ihr ganzer Seidenvorrat erschöpft ist. Wenn sich unter dem weißen Leichentuch nichts mehr regt, dann erst nähert sich die Spinne der gefesselten Beute. Sie hat noch Besseres als den Dreizack des Tierkämpfers; sie hat ihre giftigen Kieferklauen.*) Zu wiederholten Malen beißt sie leicht in die Heuschrecke hinein, dann zieht sie sich zurück und überläßt den Patienten sich selber, der nun immer schwächer wird, bis er ganz starr daliegt. Bald kehrt sie zu der unbeweglichen Beute zurück,

*) Für den Menschen ist der Biss der Kreuzspinne übrigens keineswegs giftig, wie irrtümlicherweise wohl angenommen wird; er ruft höchstens Jucken hervor.

Anm. d. Übers.

um sie auszusaugen, wobei sie den Angriffspunkt wiederholt ändert. Endlich wird der bis zum letzten Tropfen geschröpfte Überrest, nachdem der verbindende Faden zerrissen ist, aus dem Netz geworfen, in dessen Mitte die Spinne nun wieder ihren Beobachtungsposten einnimmt.

Es ist jedoch kein Kadaver, den die Epeira aussaugt, sondern ein bloß betäubter Körper. Wenn ich die Heuschrecke, unmittelbar nachdem sie gebissen wurde, herausziehe und die seidene Hülle von ihr abstreife, so erlangt sie bald ihre Vollkraft zurück, als ob nichts geschehen wäre. Die Spinne tötet also nicht ihre Gefangenen, bevor sie ihnen den Saft aussaugt, sondern sie begnügt sich damit, sie zu betäuben und unbeweglich zu machen. Vielleicht wird dadurch das Spiel ihrer Saugpumpe erleichtert, indem die Säfte, die sich in einem lebenden Wesen noch bewegen, leichter in ihrem Saugrohr emporsteigen, als in einem toten Körper, worin sie stagnieren. Die bluttrinkende Kreuzspinne vermindert also die Giftigkeit ihres Bisses, und zwar tut sie das sogar ganz riesenhaften Beutestücken gegenüber, so sicher ist sie ihrer Kunst als Netzwerfer. Die Nasenschrecke (Tryxalis nasuta L.) mit den langen Stelzbeinen und die aschgraue Heuschrecke, der größte unserer Akridier, werden ohne Zögern angenommen und, kaum betäubt, ausgesogen. Diese Riesen, die mit ihrem ungestümen Aufschwung das Netz durchlöchern und quer hindurchfahren können, werden sich wohl nur selten darin fangen lassen. Ich bin es, der sie auf das Gewebe legt, den Rest besorgt dann die Spinne. Indem sie massenhaft ihre seidigen Fäden aussendet, wickelt sie sie ein und saugt sie nach ihrem Belieben aus. Mittels stärkerer Inanspruchnahme der Spinnorgane wird eine Beute von so ungeheurer Größe ebenso gebändigt wie das

Das Netz der gemeinen Kreuzspinne (Epeira diademata Cl.).

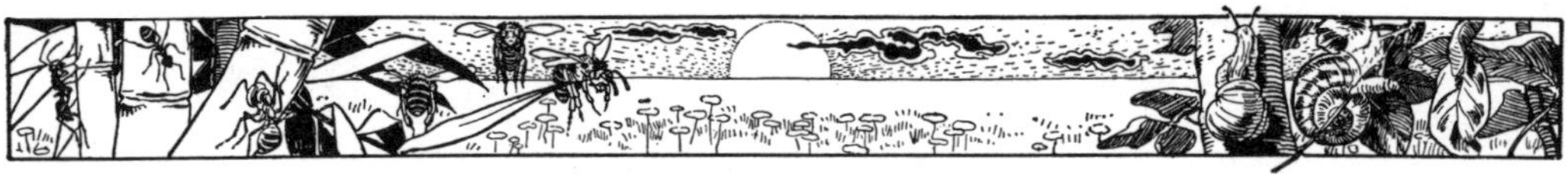

gewöhnliche Wild. Eine Seidenkreuzspinne (Aranea sericea, Oliv.) wurde sogar mit einer von mir in ihr Netz gesetzten Gottesanbeterin (Mantis religiosa L.) fertig, die doch mit den Stacheln ihrer Fangarme der Spinne leicht den Bauch hätte aufschlitzen können.

Noch mehr als in ihrer Geschicklichkeit bei der Jagd tritt die hohe Veranlagung der Kreuzspinnen in ihrer mütterlichen Betriebsamkeit zutage. Der Seidenbeutel, das Nest, in dem die gebänderte Kreuzspinne ihre Jungen unterbringt, ist ein viel größeres Wunderwerk als das Vogelnest. Der Form nach ist es ein umgekehrter Luftballon, dem Umfange nach kommt es beinah einem Taubenei gleich. Nach oben hin verengert es sich wie der Hals einer Birne, und von den Spitzen des gezahnten Randes gehen Fäden aus, mit denen es an Zweigen oder Gräsern befestigt ist. Das zierliche Eirund hängt senkrecht herunter und erhält gleichfalls durch einige Fäden die nötige Standfestigkeit. Ein Deckel aus seidenartigem Filz verschließt die obere Öffnung, überall sonst ist die Hülle wie aus einem Stück weißer, dicker und dichter Seide gewebt, die schwer zu zerreißen ist und keine Feuchtigkeit durchläßt. Spindelförmige und unregelmäßig verzweigte Streifen brauner und schwarzer Seide verzieren in dem oberen Teile das Äußere des Ballons. Die Bestimmung dieses Gewebes liegt klar zutage: es bildet eine wasserdichte Umhüllung, die weder Tau noch Regen zu durchdringen vermag. Außerdem muß der allen Unbilden der Witterung, zwischen abgestorbenen Gräsern und Kräutern in der Nähe des Bodens preisgegebene Beutel der Kreuzspinne seinen Inhalt gegen die Winterkälte schützen, und es wird sich sogleich zeigen, wodurch dies geschieht.

Wenn wir die Hülle mit einer Schere aufschneiden, so finden wir unten eine dicke Lage von rotgelber Seide, diesmal aber nicht zu einem Gewebe verarbeitet, sondern aufgequollen wie extrafeine Watte. Es ist ein Kissen, wie es weicher nicht die Daunen des Schwanes liefern könnten, und dient dazu, den Wärmeverlust einzuschränken. Bei näherem Zusehen gewahren wir auch alsbald, was diese weiche Masse zu schützen hat. In der Mitte dieses Daunenkissens ist ein zylindrisches Säckchen aufgehängt, unten abgerundet, oben abgekappt und mit einem Deckel aus Filz geschlossen. Angefertigt ist es aus ungemein zarter Seide; es enthält die Eier der Kreuzspinne, hübsche orangefarbene Perlen, die aneinanderklebend ein Kügelchen von der Dicke einer Erbse bilden. Dies ist der Schatz, der gegen die Rauheit des Winters geschützt werden soll.

Nachdem wir uns mit der Struktur des Werkes bekannt gemacht haben, versuchen wir zu beobachten, wie die Spinnerin bei seiner Herstellung verfährt. Es ist das freilich nicht allzu bequem, denn die gebänderte Kreuzspinne arbeitet bei Nacht: sie braucht die nächtliche Ruhe, um sich nicht in den verwickelten Regeln ihrer kunstvollen Tätigkeit beirren zu lassen. Zu sehr frühen Stunden gelingt es mir indes von Zeit zu Zeit, sie bei ihrer Arbeit zu überraschen, so daß ich deren Verlauf in der Kürze angeben kann.

Meine Spinnen gehen unter einer Drahtglocke, gegen Mitte des Monats August, an die Herstellung ihre Nester. Unter der Wölbung schlagen sie zuerst ein Baugerüst auf, das aus einigen ausgespannten Fäden besteht. Das Drahtnetz vertritt hier die Grashalme oder Zweige, die die Spinne in der Freiheit als Anheftepunkte benutzt. Auf dieser schaukelnden Stütze beginnt nun die Arbeit. Die Kreuzspinne sieht nicht, was sie tut, denn sie dreht ihrem Werk den Rücken zu. Es geht jedoch ganz von selber voran, so gut in Ordnung ist der Mechanismus. Das Ende ihres Hinterleibes bewegt sich hin und her, ein wenig nach rechts, ein wenig nach links, es hebt und senkt sich wieder, während die Spinne sich sachte rund umdreht. Der Faden, den sie von sich gibt, ist einfach; die Hinterfüße strecken ihn aus und bringen ihn an Ort und Stelle auf dem bereits vollendeten Teil. So entsteht nun ein seidenes Näpfchen, das allmählich wächst und zuletzt ein Säckchen von etwa einem Zentimeter Höhe wird. Um das außerordentlich feine Gewebe ausgespannt zu halten, namentlich die obere Öffnung, schließen es Verbindungsfäden an die in der Nähe gespannten Fäden des Gerüstes an.

Hierauf ruhen die Spinnwarzen, denn nun beginnt die Eierablage. Sie fließen in einem Guß aus der Scheidenöffnung in das Säckchen hinab und

füllen es bis zum Rand. Die Geräumigkeit des Behälters ist so berechnet, daß darin Platz für alle ist, ohne daß eine Stelle unausgefüllt bleibt. Wenn die Spinne damit fertig ist und sich zurückzieht, kann ich einen Augenblick das orangefarbene Eierkonglomerat betrachten, dann wird die Arbeit der Spinnwarzen sogleich wieder aufgenommen. Es handelt sich jetzt darum, das Säckchen zu verschließen, wobei die Tätigkeit des Apparats sich etwas ändert. Das Ende des Hinterleibes bewegt sich nicht mehr in seitlicher Richtung hin und her. Es senkt sich abwärts und berührt einen Punkt, zieht sich zurück und berührt einen anderen Punkt, dann immer andere, indem es unentwirrbare Windungen beschreibt. Zu gleicher Zeit drücken die Hinterfüße die ausströmende Materie nieder: das Ergebnis ist nicht mehr ein Gewebe, sondern ein weicher Filz.

Um die seidene Kapsel, den Eierbehälter, wird nun das Daunenkissen als Schutz gegen die Kälte gelegt. In diesem molligen Zufluchtsort müssen die aus den Eiern geschlüpften Jungen einige Zeit verweilen, bis ihre Gelenke fester geworden sind und sie sich zu dem letzten Auszug vorbereitet haben. Die Herstellung des Kissens geht schnell vonstatten. Die Spinnmühle verändert plötzlich ihren Rohstoff: während sie bisher weiße Seide von sich gab, liefert sie jetzt rötlich-gelbe, die, viel feiner als die vorige, in Wolkenform hervorkommt und von den Hinterfüßen, den flinken Wollkämmerinnen, in irgendeiner Weise zum Schäumen gebracht wird. Das Eiersäckchen verschwindet in der Umhüllung dieser zarten Watte. Die Form eines Luftballons tritt bereits in den Umrissen hervor; der obere Teil des Werkes verengert sich zu einem Hals. Während die Spinne auf- und niedersteigt, sich schräg nach der einen und dann nach der anderen Seite wendet, bestimmt sie mit dem ersten Aussenden der Fäden die zierliche Form so sicher, als ob sie einen Kompaß am Ende des Hinterleibes hätte. Und noch einmal ändert sich mit derselben Plötzlichkeit der Rohstoff. Es erscheint wiederum die zu einem Faden verarbeitete weiße Seide: der Augenblick, die allgemeine Umhüllung zu weben, ist gekommen. Wegen der erforderlichen Dicke und Dichtigkeit des Stoffes dauert diese Operation am längsten von allen.

Nester der Kreuzspinne.
Links Nest der gebänderten Kreuzspinne (Argiope brünnichi Scop.), rechts dasselbe geöffnet, in der Mitte Nest der Seidenkreuzspinne (Aranea sericea Oliv.).

Zuerst werden hierhin und dorthin einige Fäden ausgesandt, um die Hülle aus Watte fest zusammenzuhalten. Die Kreuzspinne behandelt mit

besonderer Sorgfalt die obere Öffnung, wo sie eine gezahnte Randschnur formt, von deren Ecken die das ganze Bauwerk festhaltenden Fäden ausgehen. Wenn ihre Spinnwarzen diese Region treffen, so geben sie ihr jedesmal, bis zum Ende der Arbeit, noch einen verstärkenden Zuschuß, wie er nötig ist, um den Ballon im sicheren Gleichgewicht zu erhalten. Die Trichteröffnung, von der die Fäden ausgehen, an denen der Ballon hängt, muß zuletzt verschlossen werden. Dazu verwendet die Spinne einen gleichen Deckel aus Filz wie über dem Eierbeutel.

Nachdem ihre Dispositionen getroffen sind, beginnt die eigentliche Arbeit an der Umhüllung. Die Kreuzspinne geht vor und zurück, sie dreht sich und wendet sich von neuem. Die Spinnwarzen berühren dabei nicht das Gewebe, sondern die Hinterfüße ziehen mit abwechselnden, taktmäßigen Bewegungen als einzige Werkzeuge den Faden, packen ihn und legen ihn auf das Werk, wobei das Ende des Hinterleibes genau abgemessene Schwingungen macht. Auf diese Weise wird das Seidengarn in einem regelmäßigen Zickzack verteilt, mit einer fast geometrischen Genauigkeit, ähnlich wie die Baumwollfäden von den Maschinen unserer Spinnereien so hübsch in Knäuel aufgewickelt werden. Und dies setzt sich nun über die ganze Oberfläche des Werkes fort, denn in jedem Augenblick bewegt sich die Spinne etwas von ihrer Stelle.

Mit kurzen Zwischenräumen bewegt sich das Ende des Bauches nach der Mündung des Ballons aufwärts, und hier berühren die Spinnwarzen wirklich den ausgefransten Rand. Der Kontakt ist sogar von einer gut abzuschätzenden Dauer. An diesem zackenförmigen Saum, der Basis der Konstruktion und dem gordischen Knoten des Ganzen, findet also ein Anleimen des Fadens statt, der sonst überall mit den Hinterfüßen einfach aufgelegt wird. Wenn man die Arbeit abhaspelte, würde der Faden an dem oberen Rande abbrechen, an allen übrigen Punkten dagegen sich abrollen lassen. Zuletzt bringt die Spinne jene oben erwähnten dunklen Steifen an, die sich in unregelmäßiger Gestalt von dem oberen Rande bis zur Mitte der Wölbung abwärts ziehen. Bei ihrer Ausführung macht sie zum dritten Male von einer anderen Seide Gebrauch; sie erzeugt jetzt eine von dunkler Färbung, die vom Rötlichen bis zum Schwarz wechselt. Mit einer schwingenden Bewegung, die in der Längsrichtung von einem Pole zum andern gerichtet wird, versenden die Spinnwarzen die Materie, die von den Hinterfüßen dann zu bizarren Streifen angeordnet wird. Damit ist das Werk vollendet. Ohne einen Blick auf den fertigen Beutel zu werfen, geht die Spinne mit gemächlichen Schritten davon. Das weitere geht sie nichts mehr an; das haben die Zeit und die Sonne zu besorgen.

Als sie ihre Stunde nahen fühlte, ist sie aus ihrem Netz herabgestiegen. In seiner Nähe, unter lederartig-zähem Grase, hat sie für ihre Nachkommenschaft eine Hütte gewebt und durch diese Arbeit ihre Säfte erschöpft. Es würde für sie wertlos sein, ihren Lauerposten im Netz wieder aufzunehmen, denn sie hat nun nichts mehr, womit sie die Beute fesseln könnte. Auch ihr prächtiger Appetit von vordem ist verschwunden; kraftlos und welk hält sie noch einige Tage aus, dann ist's mit ihr vorbei. So verlaufen die Dinge unter der Hülle meiner Drahtglocken und ebenso müssen sie auch unter der Hülle von Gesträuch und Graswerk verlaufen.

In der Kunst, große Jagdnetze zu weben, wird die gebänderte Kreuzspinne von der Seidenkreuzspinne (Aranea sericea, Oliv.) übertroffen, dagegen zeigt diese eine geringere Begabung für die Herstellung eines Nestes, dessen Form – ein abgestumpfter Kegel – bei weitem nicht so graziös ist. Nach oben hin verbreitert sich seine aus einem festen weißen Stoff mit unregelmäßigen dunklen Streifen gefertigte Hülle stark; von den ausgezackten Vorsprüngen des Randes gehen die Fäden aus, an denen das ganze Netz hängt. Der die obere Öffnung verschließende große Deckel besteht halb aus Seide und halb aus grobem Flanell. Die Unterschiede in der Arbeit der beiden Spinnen erstrecken sich aber nur auf die äußere Form, im Inneren findet man bei beiden die gleichen Vorkehrungen zum Schutze der Eier. Das Säckchen, das diese aufnimmt, ist – zumal bei der gebänderten Kreuzspinne – ein Werk hohen und verwickelten Kunstfleißes. Nicht nur werden verschiedene Materialien: weiße, gelb-rötliche und braune Seide dazu verwendet, sondern das Material wird auch zu ganz unähn-

lichen Produkten verarbeitet: zu solidem Gewebe, zu weichen Daunen, zu zartem Seidenzeug und zu durchsichtigem Filz. Und dies alles geht aus derselben Werkstatt hervor, die das Jagdnetz webt, es im Zickzack mit einem verstärkenden Bande durchflechtet und das fesselnde Leichentuch über die Beute wirft.

Es ist dies in der Tat eine wunderbare Seidenfabrik, in der mit einem sehr einfachen Apparat der immer derselbe bleibt, abwechselnd die Arbeit des Seilers, des Spinners, des Webers, des Bandwirkers und des Walkers verrichtet wird. Wie leitet nun die Araneide eine solche Fabrik, daß sie nach Bedarf Strähne von wechselnder Feinheit und Färbung erzeugt? Ich sehe das Ergebnis, aber ich begreife weder das Werkzeug und noch weniger die Art, wie es in Tätigkeit gesetzt wird, und muß daher darauf verzichten, jene Fragen zu beantworten. Auch die Spinne selber wird mitunter in ihrer schwierigen Hantierung irre, wenn ein Geräusch sie in der für ihre nächtliche Arbeit erforderlichen Sammlung stört. Derartige Störungen bringe nicht etwa ich hervor, der ich meist bei ihrem Eintreten gar nicht zugegen bin, sondern sie ergeben sich ganz einfach aus der Anordnung meiner Menagerie.

Im freien Feld lassen die Kreuzspinnen sich vereinzelt nieder, eine von der anderen weit entfernt. Jede hat ihr eigenes Jagdgebiet, worin sie keinerlei Wettbewerb zu fürchten braucht. Unter dem Drahtgitter meiner Glocken muß ich aber, um Raum zu sparen, je zwei oder drei Spinnen zusammen unterbringen. Im allgemeinen zeigen sich meine Gefangenen gutmütig und leben in Frieden miteinander;*) es gibt keinen Streit unter ihnen und keine Eingriffe in das Eigentum des Nachbars. Jede spannt ihr Netz für sich aus, so gut es geht, und wartet darin, anscheinend ohne sich um die andern zu kümmern, auf Beute. Die Enge des Wohnraumes hat dennoch Unzuträglichkeiten im Gefolge, wenn es zum Eierlegen kommt. Die Aufhängefäden der verschiedenen Niederlassungen kreuzen und verwirren sich; wenn ein Faden erschüttert wird, pflanzt sich die Bewegung mehr oder weniger auf die andern fort. Mehr braucht es aber nicht, um die Eierlegerin in ihrer Beschäftigung irrezumachen, so daß sie Ungereimtheiten begeht. Ich lasse einige Beispiele davon folgen.

Während der Nacht ist ein Eiertäschchen gewebt worden. Bei meinem Morgenbesuch finde ich es vollendet und an dem Drahtgewebe der Glocke aufgehängt. Seine Gestalt ist vollkommen, es ist ganz nach der Regel mit den dunkeln Bändern verziert, kurz, es fehlt gar nichts – bis auf die Hauptsache: die Eier, um derentwillen doch das ganze Gewebe mit so vieler Mühe angefertigt wurde. Wo stecken sie denn, diese Eier? Sie sind nicht in dem zentralen Säckchen, das ich öffne und leer finde: sie liegen auf der Erde, auf dem Sande des Untersatzes, ohne jeglichen Schutz. Die Mutter ist im Augenblick der Eierablage gestört worden; sie hat die Mündung des kleinen Behälters verfehlt und die Eier zu Boden fallen lassen. Vielleicht ist sie auch in ihrer Aufregung von oben herabgeklettert und hat, von dem Drang der Eierstöcke getrieben, die Eier auf den ersten besten Stützpunkt, der sich ihr da unten bot, gelegt. Wenn nun aber in dem Hirn einer Spinne auch nur die kleinste Spur von Vernunft blinkte, so müßte sie doch in einem solchen Fall das Mißgeschick erkennen, das sie betroffen hat, und infolgedessen auf die Fertigstellung des dadurch überflüssig gewordenen Nestes verzichten. Dies fällt ihr aber gar nicht ein: genau so korrekt in der Form und ebenso sorgfältig in der Struktur wie unter normalen Verhältnissen, ist das Säckchen gewebt – in dem sich nichts befindet! Ich finde hier, ohne alles Zutun von meiner Seite, die sinnlose Beharrlichkeit gewisser Hautflügler wieder, denen ich die Eier und die für diese bestimmten Vorräte fortnahm, und die nichtsdestoweniger ganz gewissenhaft die leeren Zellen zumauerten. Ebenso umgibt die Kreuzspinne mit Watte und Taffet eine Kapsel, die nichts enthält.

Eine zweite, die in ihrer Arbeit durch eine ungewohnte Erschütterung gestört worden ist, hat ihr Nest in dem Augenblick verlassen, als sie das Kissen

*) In der Freiheit befehden sich die Spinne sonst gegenseitig, sogar Männchen und Weibchen, wobei das erstere häufig von dem stärkeren Weibchen aufgezehrt wird. Von diesem feindseligen Verhalten gegeneinander rührt unsere Bezeichnung „spinnefeind“ für sich bitter hassende Menschen her. Anm. d. Übers.

aus rötlicher Watte fertig gemacht hatte. Sie ist dann unter die Wölbung des Drahtgitters geflüchtet und hat dort, nur wenige Zoll von ihrem unvollendeten Werk, zu einem unförmlichen und vollständig unnützen Polster, das an dem nackten Draht hängt, alle die Seide vergeudet, aus der sie, ungestört geblieben, die ganze äußere Umhüllung hergestellt haben würde. Arme Törin! Du polsterst die Eisenfäden deines Käfigs mit weichem Stoff aus und läßt deine Eier nur unvollkommen geschützt. Das Fehlen des schon vollendeten Teiles deiner Arbeit und das kalte Gefühl des Metalls haben dich also nicht darauf aufmerksam gemacht, daß das sinnlos ist, was du in diesem Augenblick tust. Fürwahr eine seltsame seelische Veranlagung, die dazu fähig ist, die Wunder eines hohen Kunstfleißes mit den Irrungen eines unergründlichen Stumpfsinns zu vereinigen!

Hochzeitsflüge der Nachtpfauenaugen.

Es war ein denkwürdiger Abend: ich werde ihn den Nachtpfauenaugen-Abend nennen. Wer kennt nicht diesen prächtigen Schmetterling, einen der größten unter den europäischen Nachtfaltern, gekleidet in kastanienbraunen Samt mit einem Halskragen von weißem Pelz? Jeder der mit Grau und Braun übersäten Flügel, mit zickzackförmigen grauen Querstreifen und Rändern von gleicher Farbe, trägt in der Mitte einen runden Fleck, ein großes Auge mit schwarzem Augapfel und verschiedenfarbiger Iris, in der sich schwarze, weiße, kastanienbraune und amarantrote Ringe aneinander reihen.*)

Nicht minder ansehnlich ist die grüngelbe Raupe, die in den Scheitelpunkt ihrer mit einem Zaunwerk schwarzer Haare gekrönten Warzen eine Perle von türkisblauer Farbe einfügt. Ihre kräftige, braune Puppe, die am dünnen Ende einen merkwürdigen Ausgangstrichter von der Form einer Fischreuse hat, findet man gewöhnlich am Fuße alter Mandelbäume an die Rinde geklebt. Von den Blättern dieser Bäume nährt sich die Raupe.

Am Morgen des 6. Mai schlüpft in meiner Gegenwart ein Weibchen auf dem Tische meines Laboratoriums aus seinem Puppengehäuse. Ich sperre sogleich den noch feuchten Schmetterling unter eine Drahtglocke, ohne bestimmte Absicht, nur um zu beobachten, was sich weiter begeben wird. Gegen 9 Uhr abends entsteht ein großes Gepolter in dem an das meinige stoßenden Gemach. Mein kleiner Paul, nur noch halb angekleidet, läuft und springt wie närrisch umher, trampelnd und Stühle umherwerfend. „Komm schnell," höre ich ihn rufen, „und sieh die Schmetterlinge, die so groß wie Vögel sind! Meine ganze Kammer ist voll davon!"

Ich eile herbei und finde nun die Begeisterung des Knaben und seinen übertreibenden Ausruf wohl begreiflich. Es hat eine Invasion von riesigen Schmetterlingen in unser Haus stattgefunden. Vier sind bereits gefangen und in einem Vogelkäfig untergebracht; zahlreiche andere flattern unter der Zimmerdecke umher. Bei diesem Anblick fällt mir das am Morgen eingesperrte Weibchen ein. „Zieh' dich wieder an, Kleiner," sage ich zu meinem Sohne, „und komm' mit mir. Wir werden etwas Seltsames sehen." Auf dem Wege zu meinem Arbeitszimmer, das den rechten Flügel der Wohnung einnimmt,

*) Der Name Nachtpfauenauge bezeichnet drei europäische Arten des Nachtfaltergeschlechts Saturnia, die auch in Deutschland heimisch sind: das große oder Wiener Nachtpfauenauge (Saturnia pyri Schiff.), auf das sich die obige Schilderung bezieht, ist der größte deutsche Schmetterling; das Weibchen spannt 150, das Männchen 110 mm. Ferner das mittlere Nachtpfauenauge (Saturnia spini Schiff.), und das gemeinste von ihnen: das kleine Nachtpfauenauge (Saturnia pavonia L.). Anm. d. Übers.

treffe ich in der Küche die Magd, wie sie mit ihrer Schürze große Schmetterlinge verscheucht, die sie zuerst für Fledermäuse gehalten hat. Das Nachtpfauenauge hat, wie es scheint, so ziemlich überall von meiner Wohnstätte Besitz ergriffen. Wie wird es erst bei der Gefangenen aussehen, die der Grund dieses Zuströmens ist! Glücklicherweise ist das eine von den beiden Fenstern des Zimmers offen geblieben. Der Weg zu ihr ist also frei.

Eine brennende Kerze in der Hand, treten wir in den Raum, und was wir dort sahen, ist mir unvergeßlich geblieben. Mit einem lässigen Auf- und Zuklappen der Flügel schweben große Schmetterlinge um die Drahtglocke, verweilen, entfernen sich, kommen wieder, steigen zum Plafond empor und senken sich wieder herab. Sie stürzen sich auf das Licht und löschen es mit einem Flügelschlag aus; sie lassen sich auf unsere Schultern nieder, klammern sich an unsere Kleider und streifen unsere Gesichter. Dieses Wirbeln der Schmetterlinge hat etwas Gespenstisches, und der kleine Paul drückt meine Hand stärker, als er sonst zu tun pflegt.

Es mögen ihrer etwa zwanzig sein und mit Einrechnung der in die Küche, das Zimmer der Kinder und andere Räume der Wohnung abgeirrten vierzig. Vierzig verliebte Nachtpfauenaugen sind also von allen Punkten herbeigekommen, ohne daß ich weiß, wodurch sie benachrichtigt wurden, um der am Morgen in meinem verborgenen Arbeitsgemach geborenen Heiratsfähigen ihre Huldigungen darzubringen. Für heute stören wir den Schwarm der Freier nicht weiter. Die Flamme der wieder angezündeten Kerze gefährdet die Besucher, die sich unbesonnen darauf werfen und dabei etwas versengen. Morgen wollen wir dieses Studium nach einem wohlüberlegten Plane wieder aufnehmen.

Ich will nun gleich vorausschicken, was sich während der acht Tage meiner Beobachtung allabendlich wiederholte. Jedesmal kommen die Schmetterlinge, einer nach dem andern, sobald es dunkel geworden ist, zwischen 8 und 10 Uhr. Das Wetter ist stürmisch, der Himmel stark verschleiert und die Finsternis so tief, daß man im Freien kaum die Hand vor den Augen zu sehen vermag. Zu dieser Dunkelheit kommt nun für die herbeifliegenden Schmetterlinge noch die Schwierigkeit, den Zugang zu finden. Das Haus liegt versteckt unter hohen Platanen; es hat als äußeren Vorhof eine dichte Allee von Syringen und Rosensträuchern; gegen den Mistral*) schirmen es Gruppen von Fichten und Zypressenwände. Massen von buschigem Strauchwerk bilden eine Schutzwehr einige Schritte von der Tür entfernt. Durch diesen Wirrwarr von Gezweig müssen die Nachtpfauenaugen also in völliger Dunkelheit hin und her lavieren, um das Ziel ihrer Pilgerfahrt zu erreichen.

Trotzdem wissen die Männchen ihren gewundenen Flug so geschickt zwischen den Hindernissen durchzulenken, daß sie ohne die mindeste Verletzung ihrer großen Flügel dorthin gelangen. Das Dunkel hat also für sie noch genügende Helle. Selbst wenn man annimmt, daß ihre Netzaugen gewisse für uns unsichtbare Strahlen wahrzunehmen vermögen, kann es doch unmöglich der Gesichtssinn sein, der sie hingeleitet; dem stehen die Entfernung und die dazwischen liegenden Schranken unbedingt entgegen. Auch irrt sich, wie wir sahen, das Männchen des Nachtpfauenauges bisweilen – nicht über die einzuschlagende, allgemeine Richtung, wohl aber in der Lage des bestimmten Ortes, der es anzieht. Ich erzählte ja, daß das entfernt von meinem Laboratorium – dem eigentlichen Ziel aller Besucher – gelegene Kinderzimmer mit irre geflogenen Schmetterlingen angefüllt war, ebenso die Küche; wahrscheinlich hatte sie die Helligkeit der Lampe abgelenkt, die ja eine unwiderstehliche Versuchung für die Nachtfalter bildet. Aber auch in ganz dunklen Räumen entdeckte ich Verirrte. Sie fliegen nicht alle durch das offene Fenster, auf dem direkten und sicheren Wege in mein Arbeitszimmer, wo sich die Gefangene unter der Drahtglocke, drei bis vier Schritte von der Öffnung entfernt, befindet. Manche gelangen zu ebener Erde in den Hausflur und dringen höchstens bis zu der Treppe vor, die oben eine geschlossene Tür versperrt.

Die zum Hochzeitsfeste Geladenen gehen mithin nicht gerade auf das Ziel los, wie sie tun wür-

*) So heißt der in ganz Südfrankreich gefürchtete kalte Nordwestwind, der von den Cevennen kommt.

Anm. d. Übers.

den, wenn irgendwelche Lichtstrahlen, gleichviel ob sie uns bekannt oder unbekannt sind, sie leiteten. Etwas anderes benachrichtigt offenbar sie in der Ferne und führt sie bis in die Nähe des bestimmten Ortes, läßt sie dann aber unsicher nach der schließlichen Entdeckung suchen. Ungefähr ebenso erweisen sich unser Gehör- und Geruchsinn oft als nicht genügend sichere Führer, wenn es sich darum handelt, genau den Entstehungspunkt eines Tones oder Geruches festzustellen.

Welche Apparate leiten den großen Schmetterling in der Brunft, wenn er durch die Nacht wandert? Man könnte zunächst an die ansehnlichen, borstigen Fühler denken, mit denen die Männchen in der Tat den Raum zu durchforschen scheinen. Bilden diese doppelt gekämmten Federbüsche einen bloßen Schmuck, oder spielen sie gleichzeitig eine Rolle bei der Wahrnehmung der Ausdünstung des Weibchens, die den Verliebten zu diesem führt? Ein ausschlaggebender Versuch scheint leicht zu sein.

Am Morgen nach der Invasion finde ich in meinem Arbeitszimmer noch acht von den Besuchern des gestrigen Abends. Sie sitzen unbeweglich an den Querstäben des zweiten Fensters, das geschlossen geblieben war. Die andern sind, nachdem sie gegen 10 Uhr ihr Ballett beendigt hatten, durch das stets offen gehaltene Fenster davongeflogen. Jenen acht nun schneide ich, ohne sie zu berühren, mit einer feinen Schere die Fühler dich am Ansatz ab. Die amputierten lassen sich die Operation weiter nicht anfechten, keiner rührt sich, kaum ein Schlagen mit den Flügeln, offenbar hat ihnen die Verwundung also keine ernstlichen Schaden getan. Sie dürfen natürlich das Weibchen beim Beginn ihres nächtlichen Fluges nicht sehen können, wenn ihnen das Verdienst des Auffindens zuerkannt werden soll. Ich trage daher die Drahtglocke mit der Gefangenen zu ebener Erde unter einen offenen Holzverschlag, der sich am andern Ende des Hauses – etwa 50 m von meinem Arbeitszimmer – befindet.

Beim Einbruch der Dunkelheit sehe ich mich nochmals nach meinen acht Operierten um. Sechs sind durch das offene Fenster davongeflogen, zwei sind noch da, allein sie liegen völlig erschöpft, sterbend auf dem Fußboden. Daran ist jedoch nicht etwa meine Chirurgie schuld, sondern wir werden diesen schnellen Kräfteverfall auch ohne einen Eingriff mit der Schere unveränderlich wiederkehren sehen. Werden nun die sechs Kräftigeren, die davongeflogen sind, zu dem Lockmittel zurückkehren, das sie gestern anzog? Werden sie, der Fühler beraubt, die Drahtglocke aufzufinden vermögen, die inzwischen an einen andern, vom ersten ziemlich weit entfernten Ort versetzt wurde?

Die Glocke steht im Dunkeln, sozusagen in freier Luft. Von Zeit zu Zeit begebe ich mich mit einer Laterne und einem Netz dorthin; die Besucher werden gefangen, besichtigt, notiert und dann sogleich in einem nahen Raume, dessen Tür ich verschließe, wieder freigelassen. Diese schrittweise Aussonderung ermöglicht mir eine genaue Zählung, ohne daß ein und derselbe Schmetterling jemals doppelt gerechnet werden kann. Nach 1/2 elf Uhr kommt keiner mehr; die Sitzung ist beendet. Im ganzen wurden 25 Männchen gefangen, von denen nur ein einziges der Fühler beraubt ist. Somit ist dieses allein von den sechs Operierten, die noch kräftig genug waren, aus meinem Zimmer ins Freie zu fliegen, zur Drahtglocke zurückgekehrt. Dieses dürftige Ergebnis läßt mich im Zweifel, ob man den Fühlern die Rolle des leitenden Organs zu- oder absprechen soll. Der Versuch muß in ausgedehnterer Weise wiederholt werden.

Am nächsten Morgen besuche ich meine Gefangenen, finde aber die meisten fast ohne Lebenszeichen auf der Erde liegend. Vielleicht erhalten sie aber um die Zeit der abendlichen Liebesrunde ihre Kraft wieder. Den 24 neuen werden jetzt gleichfalls die Fühler abgeschnitten; der schon gestern amputierte kommt nicht in Frage, da er bereits so gut wie tot ist. Die Tür des Raumes bleibt offen, damit jeder, der will und kann, zum abendlichen Feste zu gelangen vermag. Um die Hinausfliegenden der Probe des Suchens zu unterwerfen, erhält die Drahtglocke, die sie sonst sozusagen auf der Türschwelle antreffen würden, abermals einen anderen Ort: in einem Gemach des Erdgeschosses auf der entgegengesetzten Seite, zu dem der Zugang frei ist.

Von den 24 Amputierten gewinnen nur 16 das Freie. Acht bleiben kraftlos zurück; sie werden binnen kurzem an Ort und Stelle zugrunde gehen. Von jenen 16 findet sich aber abends kein einziger bei der Drahtglocke ein; ich fange sieben neue Männchen, alle im Besitz ihrer Fühler. Das Abschneiden dieser Organe scheint mithin doch schwer ins Gewicht zu fallen; wagen die ihrer schönen Federbüsche Beraubten vielleicht nicht mehr, inmitten ihrer Nebenbuhler zu erscheinen, um ein bißchen die Cour zu machen? Ist es Beschämung bei ihnen oder fehlt ihnen jetzt das Mittel zur Orientierung? Oder handelt es sich nicht vielmehr um Erschöpfung infolge der übermäßig lange andauernden Liebesglut? Das Experiment wird es lehren.

Am vierten Abend fange ich 14 neue Männchen, die eines nach dem andern eingesperrt werden. Am folgenden Morgen benutze ich ihre den Tag über anhaltende Unbeweglichkeit, um zum Zweck des sicheren Wiedererkennens etwas von der Behaarung in der Mitte ihres Brustschildes zu entfernen. Diese unbedeutende Tonsur belästigt das Insekt ganz und gar nicht, sie beraubt es auch keines beim Aufsuchen der Drahtglocke notwendigen Organs. Diesmal gibt es keine Kraftlosen, zum Ausschwärmen Unfähigen unter ihnen: beim Einbruch der Nacht fliegen sie sämtlich ins Freie. Bei der Drahtglocke, die wiederum ihren Platz verändert hat, fange ich während zwei Stunden 20 Männchen, von denen nur zwei die Tonsur aufweisen, während von den amputierten kein einziger wieder erscheint: ihre Hochzeitsperiode ist endgültig vorbei. Weshalb sind aber die 12 andern Geschorenen fern geblieben, obwohl sie im Besitz ihrer Fühler waren, in denen wir das leitende Organ vermuteten? Woher auf der andern Seite die große Anzahl von Männchen, die zugrunde gingen, nachdem sie eine Nacht hindurch eingesperrt waren? Darauf sehe ich nur die eine Antwort: das Nachtpfauenauge wird durch die Paarungshitze schnell verzehrt. Die Hochzeit bildet den alleinigen Zweck seines Lebens, und hierfür ist das Männchen mit einem wunderbaren Vorzug begabt. Auf die größte Entfernung, mitten durch die Finsternis und die Hindernisse weiß es das ersehnte Weibchen zu entdecken, jedoch nur wenige Stunden stehen ihm an zwei oder drei Abenden für sein Suchen und seine Ergötzung zur Verfügung. Wenn es diese Zeit nicht auszunutzen vermag, so ist alles zu Ende: der so genaue Kompaß gerät in Unordnung, das leuchtende Fanal erlischt. Wozu dann noch länger leben? Der Schmetterling zieht sich in einen Winkel zurück zu seinem letzten Schlummer – am Ende der Illusionen wie auch der Mühsale.

Das Nachtpfauenauge lebt in der Tat nur, um sich fortzupflanzen; die Nahrungsaufnahme ist ihm etwas Unbekanntes. Während so viele andere Schmetterlinge fröhlich von Blüte zu Blüte schweben und die aufgerollte Spirale ihres Rüssels in die süßen Blumenkronen tauchen, findet er als Hungerkünstler ohnegleichen nichts, um sich zu stärken. Seine Mundteile sind nämlich bloße Scheinwerkzeuge, keine wirklichen, zum Gebrauch geeigneten Organe. Kein einziger Schluck gelangt in seinen Magen, und dadurch wird die kurze Dauer seines Lebens bedingt: die Lampe geht aus, weil sie keinen Tropfen Öl erhält. Zwei oder drei Abende, genau so viel, wie unumgänglich nötig ist für das Zusammentreffen des Paares – das ist alles, dann hat der große Schmetterling sein Dasein vollendet.

Was hat es nun zu bedeuten, daß die der Fühler beraubten Männchen (bis auf das eine Exemplar) nicht wiederkamen? Hat jener Verlust sie unfähig gemacht, die Drahtglocke, unter der das gefangene Weibchen ihrer harrte, wiederzufinden? Keineswegs. Wie bei den Tonsurierten, die gar keine Verletzung erlitten, war eben ihre Zeit abgelaufen; immerhin ist aber die Rolle der Fühler bei dem Hochzeitsflug zweifelhaft geblieben, weil die Frist für einen entscheidenden Versuch zu kurz war.

Meine Gefangene unter der Glocke hält sich acht Tage lang und lockt allabendlich einen mehr oder minder zahlreichen Schwarm von Besuchern bald nach diesem, bald nach jenem Punkte meines Hauses. Ich fange sie mit dem Netz, sperre sie die Nacht über in einen geschlossenen Raum und bezeichne sie am andern Morgen mittels der Tonsur auf dem Brustschild. Die Gesamtsumme der an diesen acht Abenden Zugeflogenen betrug 150 – eine geradezu verblüffend große Zahl, wenn ich bedenke, welche Mühe es mich während der beiden folgenden Jahre kostete, das für die Fortsetzung dieser

Studien notwendige Material in meiner Gegend aufzutreiben. Man findet dort nur sehr selten Puppen des Nachtpfauenauges, weil die alten Mandelbäume, auf denen die Raupen hausen, nicht häufig sind. Jene 150 Männchen müssen also von sehr weit her gekommen sein; auf welche Weise hatten sie aber Kenntnis von dem erlangt, was in meinem Arbeitszimmer vorgegangen war?

Es können nur drei Informationsmittel in Betracht kommen: das Licht, der Schall und der Duft. Vom Sehen kann natürlich bei Entfernungen von mehreren Kilometern nicht die Rede sein, und die Akustik muss gleichfalls aus dem Spiele bleiben. Der dickbäuchige Schmetterling, der die Männchen aus so weiter Ferne anlockt, gibt nicht das leiseste Geräusch von sich, und wenn wir an innere Schwingungen und Zuckungen denken, die vielleicht mittels eines Mikrophons von höchster Feinheit wahrnehmbar wären, so fällt diese Möglichkeit doch bei so beträchtlichen Entfernungen fort.

Es bleibt uns also noch der Duft, und wirklich scheint die Annahme einer riechenden Emanation besser als alles andere das Herbeieilen der Männchen zu erklären, die zumeist erst nach einem gewissen Schwanken den Reiz auffinden, der sie angelockt hat. Dürfen wir wirklich dabei an Ausströmungen denken, die dem entsprechen, was wir Duft nennen, – flüchtige Substanzen von äußerster Feinheit, die wir durchaus nicht wahrnehmen und die trotzdem imstande sind, auf ein besser begabtes Riechorgan als das unsrige einzuwirken? Ein ganz einfaches Experiment ist zu machen: es handelt sich darum, etwaige Ausströmungen zu maskieren, sie unter einem mächtigeren und andauernden Duftstoff zu ersticken und abzuwarten, was dann geschieht. Ich schütte also vorab eine gehörige Menge Naphthalin in dem Gemach aus, wohin die Männchen am Abend gelockt werden sollen, und stelle sogar eine damit gefüllte große Schale unter die Drahtglocke neben das Weibchen. Es riecht wie in einer Gasfabrik, trotzdem kommen die Männchen wie gewöhnlich und fliegen durch die mit Teer geschwängerte Luft des Zimmers auf die Drahtglocke mit der gleichen Sicherheit der Richtung los wie in einem geruchlosen Raum.

Mein Vertrauen auf das Riechen als Orientierungsmittel ist erschüttert, zudem wird es mir unmöglich gemacht, die Versuche fortzusetzen. Am neunten Tage geht nämlich meine Gefangene ein, aufgebraucht durch ihr nutzloses Warten, nachdem sie ihre unbefruchteten Eier auf dem Drahtnetz der Glocke abgelegt hat. Ich muß also bis zum nächsten Jahre warten, bevor ich meine Versuche wieder aufnehmen und durch neue ergänzen kann. Im Sommer richte ich einen Raupenhandel, das Stück zu 1 Sou, ein, und mit Hilfe einiger Jungen aus der Nachbarschaft, die gewöhnlich meine Lieferanten sind, bringe ich eine Anzahl Raupen zusammen, die ich mit Mandelblättern füttere, bis sie sich in kräftige Puppen verwandelt haben. Im Winter erhalte ich weitere Puppen durch eifriges Suchen und die Unterstützung von Freunden, die sich für meine Studien interessieren. Als aber der Mai, die Zeit des Ausschlüpfens, gekommen ist, erfahre ich eine bittere Enttäuschung. Wir bekommen noch einmal Winter, der Mistral heult, und es herrscht Dezemberkälte. Das Ausschlüpfen geht langsam vor sich und liefert matte Exemplare. Die aus den Puppen gekommenen Weibchen werden unter Drahtglocken gesetzt, allein es fliegen nur sehr wenig Männchen von außen zu ihnen herein, obwohl solche sich in der Nähe befinden, da ich die ausgeschlüpften Männchen, nachdem sie in bekannter Weise gezeichnet wurden, im Garten aussetzte. Es finden sich aber aus der Nähe wie aus der Ferne gar wenige ein und auch diese zeigen keinen Schwung. Einen Augenblick treten sie ein, dann verschwinden sie und kommen nicht wieder. Die Kälte kühlt die Verliebten ab; vielleicht wirkt die niedrige Temperatur auch auf den ausströmenden Duft ein und hindert dessen Verbreitung, – jedenfalls ist dieses Jahr für mich verloren.

Zum drittenmal fange ich wieder an. Ich züchte Raupen, sammle in der ganzen Umgegend Puppen, und als es wiederum Mai wird, bin ich hinreichend versorgt. Die Jahreszeit ist so schön, wie man nur wünschen kann, und allabendlich eilen die Besucher in Trupps zu zwölf, zu zwanzig und noch mehr herbei. Das Weibchen, eine mächtige, dickbäuchige Matrone, hält sich an das Drahtgitter ge-

klammert und sitzt ganz regungslos da. Es zuckt nicht einmal mit den Flügeln, und man könnte es für gänzlich gleichgültig halten gegen das, was ringsherum vorgeht. Von irgend einem Geruch ist selbst für die feinsten Nasen in meinem Hausstande nicht die leiseste Spur wahrzunehmen, ebensowenig von einem Geräusch. Unbeweglich, gesammelt, wartet das Weibchen. Die Männchen lassen sich zu zweien, zu dreien und mehr auf die Kuppel der Glocke nieder, laufen lebhaft nach allen Richtungen darauf herum und peitschen sie mit den in fortwährender Bewegung befindlichen Flügelspitzen. Eifersüchtige Kämpfe kommen nicht vor, jeder Schmetterling sucht für sich in das Innere zu gelangen, bis er endlich, der vergeblichen Versuche müde, davonfliegt und sich in das Ballett der herumwirbelnden Schar mengt. Einige flüchten sich verzweifelnd durch das offen stehende Fenster, neue Ankömmlinge ersetzen sie, und so erneuern sich allabendlich auf der Drahtglocke die bis etwa gegen 10 Uhr währenden Versuch der Annäherung ohne Unterlaß. Jeden Abend erhält die Glocke einen von dem vorherigen Orte ganz verschiedenen Platz angewiesen, allein wie oft ich ihn auch wechseln mag, niemals gelingt es mir, die Männchen von der richtigen Spur abzubringen.

Das Ortsgedächtnis spielt dabei keine Rolle. Das Weibchen war beispielsweise am Vorabend in einem bestimmten Zimmer des Hauses aufgestellt; die Männchen sind ein paar Stunden lang um die Ersehnte herumgeflogen, verschiedene haben auch die Nacht dort zugebracht, als ich aber am andern Tag der Glocke einen neuen Platz anweise, sind alle draußen. Noch zwei oder drei Male können sie, wie wir sahen, ihre nächtlichen Expeditionen wiederholen, und man sollte meinen, daß ihr Gedächtnis sie nun zuerst wieder an den Ort des Stelldicheins vom vorigen Abend zurückführen würde, und daß sie erst, nachdem sie dort nichts gefunden, anderwärts weitersuchten. Dies ist aber gegen meine Erwartung durchaus nicht der Fall: kein einziger Freier läßt sich in diesem Raum auch nur vorübergehend blicken; das Gemach bleibt vollständig leer. Ein Führer, der noch zuverlässiger ist als das Gedächtnis, ruft sie nach einer andern Stelle.

Bisher wurde das Weibchen unter seiner Drahtglocke offen stehen gelassen, so daß die Besucher, für die offenbar das, was wir „Finsternis“ nennen, noch hell genug ist, es sehen konnten. Was wird geschehen, wenn ich es in ein Behältnis einschließe? Die von Hertz nachgewiesenen elektrischen Wellen haben bekanntlich zur Ermöglichung der drahtlosen Telegraphie geführt. Verfügt das der Puppe entschlüpfte Weibchen des Nachtpfauenauges, um die kilometerweit entfernten Freier zu benachrichtigen, vielleicht auch über elektrische oder magnetische Schwingungen, die eine Umhüllung aus dem einen Material hemmt, aus einem anderen dagegen passieren läßt? Bedient es sich auf seine Art etwa auch einer Telegraphie ohne Draht? Unmöglich erscheint mir so etwas nicht, denn man findet bei den Insekten oft genug dergleichen wunderbare Erfindungen. Ich bringe nun das Weibchen in Kasten aus verschiedenartigem Material: Eisenblech, Holz oder Pappe unter, deren Fugen und Öffnungen luftdicht verkittet werden; auch benutze ich eine Glasglocke, die auf einer isolierenden Unterlage in Gestalt einer Glasscheibe ruht. In all diesen Fällen vollkommenen Abschlusses stellt sich auch nicht ein einziges Männchen ein, mag der Abend noch so mild und windstill sein; dasselbe negative Ergebnis wird erzielt, wenn ich das Weibchen in ein geräumiges Glasgefäß setze, um dessen obere Öffnung ich als Deckel eine dicke Schicht Watte binde. Werden dagegen nicht ganz verschlossene, halb offen stehende Behälter benutzt, mögen sie auch in einer Schublade oder einem Schrank verborgen sein, so fliegen die Männchen ebenso zahlreich herbei, wie zu der offen auf einem Tische stehenden Drahtglocke.

Somit können die Männchen nicht auf eine Art und Weise benachrichtigt werden, die der Telegraphie ohne Draht entspräche, denn die erste beste Hülle, gleichviel ob es sich um einen guten oder schlechten Leiter handelt, unterbricht die Signale des Weibchens vollständig, wenn sie nur luftdicht ist. Bloß wenn kein vollkommener Abschluss stattfindet, so daß die Luft in dem Behälter, worin das Weibchen sich befindet, mit der Außenluft in Verbindung treten kann, werden die Männchen aus der

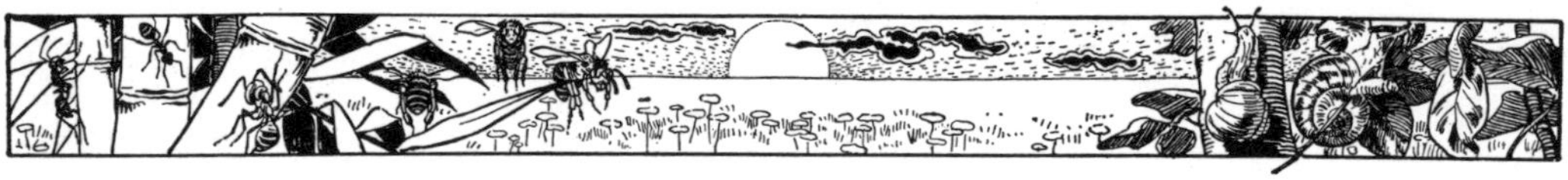

Ferne herbeigelockt und über die einzuschlagende Richtung orientiert. Dieser Umstand macht es doch wieder wahrscheinlich, daß ein ausstrahlender Duft die Ursache ist, obwohl mein Versuch mit dem Naphthalin dem zu widersprechen schien.

Mein Vorrat von Puppen ist erschöpft, ohne daß das Problem gelöst wäre. Soll ich die Versuche im nächsten Jahr zum vierten Male wieder aufnehmen? Ich verzichte darauf, weil ein Schmetterling, dessen Hochzeit in die Nachtstunden fällt, für die genaue Beobachtung der Paarung zu viele Schwierigkeiten bietet. Der Freier bedarf keiner Beleuchtung, um zum Ziele zu gelangen; aber das menschliche Auge kann ihrer im Dunkeln nicht entraten. Eine brennende Kerze wird häufig durch den Flügelschlag der Schmetterlinge ausgelöscht, eine Laterne aber verbreitet keine genügende Helligkeit. Zudem lenkt jedes Licht die Schmetterlinge von der Hauptsache ab und stellt daher den Erfolg der Beobachtung in Frage.

Eines Abends befand sich das Weibchen im Speisezimmer gegenüber dem offenen Fenster. Eine brennende Petroleumlampe, mit einem großen Reflektor aus weißem Schmelzglas, hing von der Decke nieder. Von den hereinfliegenden Männchen setzten sich zwei auf die Kuppel der Drahtglocke und bemühten sich sehr eifrig um die Gefangene; sieben andere flogen, nachdem sie im Vorüberkommen einige Begrüßungen erteilt hatten, auf die Lampe zu, umkreisten sie ein wenig und ließen sich dann, fasziniert durch den Lichtglanz, den der opalfarbige Kegel ausstrahlte, unbeweglich unter dem Reflektor nieder.

Während des ganzen Abends regte sich keiner der sieben, am anderen Morgen waren sie noch da. Die Lichttrunkenheit hatte sie die Trunkenheit der Liebe vergessen lassen. Wenn man mit Schmetterlingen zu tun hat, die so leidenschaftlich den Glanz der Flamme lieben, wird das genaue und länger dauernde Experimentieren unmöglich von dem Augenblick an, da der Beobachter Beleuchtung braucht. Ich verzichte daher auf das Nachtpfauenauge und seine nächtliche Hochzeit. Ich bedarf eines Schmetterlings von anderen Lebensgewohnheiten, der eben so großartige Leistungen wie jener vollbringt, wenn er sich zu dem hochzeitlichen Stelldichein begibt, der dies jedoch bei Tage tut. Werde ich wohl einen solchen Schmetterling finden?

Aus dem Liebesleben des Eichenspinners.

Ich habe den Schmetterling bereits gefunden, dessen ich nach dem Verzicht auf weitere Versuche mit dem Nachtpfauenauge bedurfte. Ein kleines Bürschchen von sieben Jahren, aufgeweckt, nicht alle Tage gewaschen, barfüßig, die zerfetzte Hose mit einem Bindfaden um den Leib geschnürt, das der Gemüselieferant für meinen Haushalt ist, erscheint eines Morgens wie gewöhnlich mit seinem Korb Kohlrüben und Tomaten. Nachdem ich ihm die paar Sous, die seine Mutter als Preis für ihr Gemüse erwartet, einzeln in die Hand gezählt habe, holt er aus seiner Tasche einen Gegenstand hervor, den er gestern an einer Hecke gefunden hat, wo er Grünfutter für seine Kaninchen suchte.

„Und das hier," sagt er, indem er mir das Ding entgegenhält, „nehmen Sie das?" – „Ja gewiß nehme ich das. Suche nur noch mehr zu finden, so viele du kannst, dann sollst du am Sonntag so oft auf dem Karussell fahren wie du magst. Einstweilen sind hier zwei Sous für dich!" Hocherfreut verspricht mir der Kleine, der schon ein ganzes Vermögen vor sich sieht, nach Kräften zu suchen. Als er gegangen ist, untersuche ich die Sache näher: es ist eine schöne Puppe von stumpf-eiförmiger Gestalt, die lebhaft an die Erzeugnisse unserer Seidenwürmerzüchtereien erinnert, von fester Beschaffenheit und fahlroter Farbe. Verschiedene Angaben in meinen Büchern machen es mir fast zur Gewißheit, daß ich eine

Puppe des Eichenspinners (Lariocampa*) quercus L.) vor mir habe. Das wäre in der Tat ein Glücksfund, der mir ermöglichen würde, meine Studien weiterzuführen und vielleicht das zu ergänzen, was mich das Nachtpfauenauge bloß vermuten ließ. Für diesen Zweck ist der Eichenspinner ein geradezu klassischer Schmetterling, dessen großartige Leistungen während der Hochzeitsperiode alle Lehrbücher der Entomologie rühmen. Ein Weibchen, heißt es dort, mag in der Gefangenschaft, im Innern eines Hauses, ja selbst in der Geheimhaft eines Kastens ausschlüpfen, es mag sich, weit ab vom freien Felde, im Gewühl einer großen Stadt befinden – nichtsdestoweniger gelangt jenes Ereignis zur Kenntnis der Interessenten in Wald und Anger. Von einem uns unbegreiflichen Kompaß geleitet, kommen die Männchen herbei und eilen aus fernen Gebieten zu jenem Behältnis, das sie untersuchen und umflattern.

Diese Wunder waren mir durch die Lektüre längst bekannt, allein dergleichen mit seinen eigenen Augen sehen, um zugleich etwas experimentieren zu können, das ist doch noch etwas ganz anderes. Daher bin ich sehr gespannt darauf, ob aus meiner um zwei Sous erstandenen Puppe in der Tat dieser berühmte Bombyx ausschlüpfen wird. Mit seinem volkstümlichen Namen heißt er bei uns „Minime**) à bandes", gestreifter Mönch, von der Tracht des Männchens, die an eine fuchsrote Mönchskutte erinnert. Allein der Wollenstoff ist hier prächtiger Samt mit einem blassen Querstreifen und einem kleinen weißen Auge auf den Vorderflügeln. Der Eichenspinner ist in meiner Gegend so wenig ein gemeiner Schmetterling, daß ich ihn in den zwanzig Jahren, die ich nun schon hier wohne, noch niemals zu Gesicht bekommen habe. Auch mein kleiner Sucher machte, obwohl ich seinen Eifer durch eine so verlockende Verheißung aufgestachelt hatte, keinen zweiten Fund mehr. Während dreier Jahre nahm ich nachher Freunde und Nachbarn, zumal die jungen von ihnen, in Anspruch, ich durchsuchte selbst alle Haufen von abgefallenem Laub und von Geröll, alle hohlen Baumstämme, doch keine einzige dieser kostbaren Puppen wurde entdeckt. Daraus geht wohl zur Genüge hervor, wie selten er rings um meinen Wohnsitz ist. Wir werden später die Wichtigkeit dieses Umstandes einsehen.

Wie ich richtig vermutet hatte, war meine einzige Puppe wirklich eine des Eichenspinners. Am 20. August schlüpfte ein beleibtes und dickbäuchiges Weibchen aus, in der Farbe heller als die Männchen, fast hellgelb. Ich setze es unter einer Drahtglocke auf den mitten in meinem Arbeitszimmer stehenden großen Laboratoriumstisch, der mit Büchern, Gefäßen, Kasten und allerlei Gerätschaften bedeckt ist. Der Leser kennt die Örtlichkeit aus meiner Schilderung des Hochzeitsfluges der Nachtpfauenaugen bereits: zwei nach dem Garten stehende Fenster erhellen das Gemach; das eine ist geschlossen, das andere bleibt Tag und Nacht offen. Der Tag des Ausschlüpfens und der folgende gehen ohne irgend etwas Bemerkenswertes vorüber. Mit den Vorderfüßen hängt die Gefangene an dem Drahtgitter auf der dem Lichte zugekehrten Seite, träg und unbeweglich. Kein Zucken der Flügel, kein Zittern der Fühler: das Weibchen des Nachtpfauenauges verhielt sich ebenso.

Das Bombyxweibchen reift und festigt sein zartes Fleisch. Durch eine Arbeit, von der unsere Wissenschaft nicht die mindeste Idee hat, bildet es ein unwiderstehliches Lockmittel aus, das ihm Besucher aus allen vier Windrichtungen zuführen

*) Lariocampa, eine Schmetterlingsfamilie der Spinner (Bombycidae), zu denen auch der Seidenspinner (B. mori L.) gehört, von mittlerer Größe, mit borstigen Fühlern, die bei den Weibchen nur mit Säge- oder kurzen Kammzähnen versehen sind, wogegen die Männchen lange Kammzähne haben. Der Körper ist dicht und wollig behaart, der durch zahlreiche Eier geschwellte Hinterleib des Weibchens ist bedeutend größer als der des Männchens. Die Männchen sehen infolgedessen viel schlanker aus und besitzen auch in der Tat eine erheblich höhere Flugfertigkeit und Beweglichkeit als die Weibchen, denen sie mit scharfem Witterungsvermögen nachspüren. Während die Männchen bei Tage unsteten und ausdauernden Fluges auf solcher Suche dahinsausen, bleiben die Weibchen durchweg in der nächsten Umgebung ihrer Geburtsstätte. Anm. d. Übers.

**) Minime = Mönch vom Orden der Mindesten Brüder (lat. Fratres minimi), einer Abzweigung des Franziskanerordens.

wird. Was geht in diesem dickbäuchigen Körper vor, welche Umbildungen vollziehen sich darin, um alsbald die ganze Umgebung in Aufruhr zu bringen? Am dritten Tage ist die Braut bereit, und das Fest geht los. Ich war gerade in meinem Garten und hoffte schon auf keinen Erfolg mehr, weil die Sache sich so in die Länge zog, als ich gegen 3 Uhr nachmittags, bei sehr warmem Wetter und strahlender Sonne, eine Menge von Schmetterlingen gewahrte, die in der Fensteröffnung meines Laboratoriums herumwirbelten. Es sind die verliebten Eichenspinnermännchen, die der Schönen ihren Besuch machen. Die einen kommen aus dem Zimmer heraus, andere fliegen hinein, und wieder andere machen auf dem Mauerwerk Station und rasten dort, wie abgemattet von einer langen zurückgelegten Strekke. Von weitem sehe ich manche über Mauern und über die Cypressenwände herbeifliegen, sie kommen von allen Seiten, aber ihrer werden jetzt immer weniger. Ich habe eben den Beginn der Zusammenberufung verpaßt, und gegenwärtig sind die Eingeladenen ziemlich vollzählig beisammen.

Wir wollen jetzt nach oben gehen. Diesmal sehe ich das überraschende Schauspiel, mit dem mich zuerst der große Nachtschmetterling bekannt gemacht hat, in vollem Tageslicht wieder, so daß mir keine Einzelheit verloren geht. In dem Zimmer fliegt eine Wolke von Männchen herum, die ich auf etwa sechzig Stück schätze, so weit es möglich ist, sich in diesem fortwährend sich bewegenden Wirrwarr zurechtzufinden. Verschiedene fliegen, nachdem sie die Drahtglocke einigemal umkreist haben, nach dem offenen Fenster, kommen aber sofort zurück und wiederholen ihre Bewegungen. Die eifrigsten setzen sich auf die Glocke, stoßen einander herum und suchen sich auf einen günstigen Platz zu drängen. Auf der andern Seite der Barriere wartet die Gefangene ruhig, wobei ihr dicker Hinterleib an dem Drahtgeflecht herabhängt. Aber die Sonne sinkt, die Temperatur wird etwas kühler, und zugleich kühlt sich auch die Hitze der Schmetterlinge ab. Viele fliegen hinaus, um nicht wiederzukehren, andere wählen sich einen Platz für die morgige Sitzung; sie setzen sich an dem Gestell des geschlossenen Fensters fest, wie es auch die Nachtpfauenaugen taten. Das Fest ist für heute zu Ende; es wird sicherlich morgen wieder aufgenommen werden, denn es ist ja wegen des Drahtgeflechtes ohne Ergebnis geblieben.

Leider fand es aber zu meiner großen Bestürzung diesmal keine Fortsetzung und zwar durch meine eigene Schuld. Am Spätabend brachte man mir eine Gottesanbeterin (Mantis religiosa L.), die wegen ihres ungewöhnlich kleinen Leibes Beachtung verdiente. In Gedanken noch ganz mit den Vorgängen des Nachmittags beschäftigt, zerstreut, brachte ich in der Eile das fleischfressende Insekt unter der Glocke meines Bombyx unter. Mir kam gar nicht der Gedanke, daß dieses Zusammenwohnen übel verlaufen könne; die Mantis war ja so schmächtig, und der Schmetterling so korpulent. Am andern Morgen aber fand ich zu meiner schmerzlichen Überraschung die kleine Fangheuschrecke damit beschäftigt, den enormen Schmetterling zu verzehren, dessen Kopf und Vorderbrust bereits verschwunden waren. Nun war es also vorbei mit meinen ferneren Untersuchungen, die ich drei Jahre hindurch nicht wieder aufnehmen konnte, weil mir das Material dazu fehlte.

Dieses Mißgeschick darf uns jedoch nicht das wenige, was wir gelernt haben, vergessen lassen. Ungefähr sechzig Männchen sind zu einer einzigen Sitzung gekommen – eine geradezu verblüffende Anzahl, wenn wir bedenken, wie ungemein selten der Eichenspinner in meiner ganzen Gegend erwiesenermaßen ist. Wo sonst kein einziger zu finden war, hat sich durch den von einem Weibchen ausgehenden Reiz auf einmal eine ganze Menge eingefunden. Ohne Zweifel sind sie von allen Seiten und aus sehr weiter Ferne herbeigeeilt.

Drei ganze Jahre vergehen unter vergeblichem Suchen, bis mir das Glück endlich wieder zwei Puppen des Eichenspinners beschert. Aus der einen wie aus der anderen schlüpft in einem Zwischenraum von wenigen Tagen um die Mitte des Monats August ein Weibchen – ein Glückszufall, der es mir ermöglicht, meine Versuche zu wiederholen und verschiedenartig zu gestalten. Ich erneuere schleunigst die Experimente, die bereits bei dem Nachtpfauenauge ein völlig einwandfreies Ergebnis liefer-

ten, und stelle fest, daß der bei Tage fliegende Pilger nicht weniger geschickt ist wie der nächtliche Wanderer. Er spottet aller meiner Künste und eilt unfehlbar zu der Gefangenen unter dem Drahtgitter, an welcher Stelle in meiner Wohnung ich den Apparat unterbringen mag: er weiß sie in dem Versteck eines Wandschrankes zu entdecken und findet sie sogar auf, wenn sie in irgendeiner Schachtel verborgen ist, vorausgesetzt, daß der Verschluß nicht ganz und gar luftdicht gemacht wurde. Insoweit also nichts anderes als die Wiederholung der großartigen Leistungen des Nachtpfauenauges. Sobald der Behälter dagegen hermetisch verschlossen ist, daß die darin befindliche Luft nicht mit der äußeren Atmosphäre in Berührung treten kann, erhält das Männchen keine Kunde von der Gefangenen. Kein einziges kommt, wenn die Schachtel auch in voller Augenscheinlichkeit auf dem Fensterbrett steht. Dadurch kommt mir immer eindringlicher der Gedanke an einen ausströmenden Duft wieder, den ein Verschluß von Metall, Holz, Karton oder Glas nicht durchläßt.

Ich wiederhole den schon bei dem Nachtpfauenauge angestellten Versuch, diese ungemein feinen und für menschliche Geruchsorgane gar nicht wahrnehmbaren Emanationen durch einen kräftigen Riechstoff zu maskieren, und verschwende den ganzen Aufwand von Essenzen und Gestänken, den meine Drogenvorräte mir erlauben. Teils unter der Drahtglocke, die das Gefängnis des Weibchens bildet, teils im Kreise rings herum wird ein Dutzend Untertassen aufgestellt, gefüllt mit Naphtalin, mit Lavendelessenz, mit Petroleum oder mit Schwefelwasserstoffwasser, das wie faule Eier riecht. Mehr kann nicht geschehen, wenn die Gefangene nicht ersticken soll. Diese Vorbereitungen werden schon am Morgen getroffen, damit der Raum, worin zu alledem noch tüchtig geraucht wird, gründlich durchduftet ist, wenn die Stunde der Zusammenberufung naht. Und trotzdem erscheinen die Schmetterlinge von drei Uhr nachmittags an ebenso zahlreich wie gewöhnlich. Sie kommen zu der Drahtglocke, die ich, um die Schwierigkeit zu erhöhen, noch dazu sorgfältig mit einem dicken Leintuche zugedeckt habe. Sie können also von der Gefangenen nichts sehen, sie gelangen ferner in eine ganz fremdartige Atmosphäre, worin jeder feine Duft erstickt sein muß, fliegen aber dessenungeachtet zu der Eingesperrten hin und suchen zu ihr zu gelangen, indem sie unter die Falten des Leintuches schlüpfen. Meine Künste haben keinen Erfolg.

Nach diesem Fehlschlag, der so deutlich in seinen Konsequenzen ist und nur wiederholt, was mich schon der Naphthalinversuch mit dem Nachtpfauenauge gelehrt, hätte ich folgerichtig jeden Gedanken daran aufgeben müssen, daß duftende Ausströmungen die Männchen zu dem Hochzeitsfeste geleiten könnten. Daß ich dies trotzdem nicht tat, verdankte ich einer zufälligen Beobachtung. Das Unvermutete, der Zufall bringt mitunter solche Überraschungen, die uns auf den Weg zum Wahren führen, den wir bis dahin vergeblich suchten.

Eines Nachmittags, als ich mich darüber zu unterrichten suchte, ob etwa der Gesichtssinn bei den Nachforschungen der Männchen eine Rolle spiele, sperrte ich das Weibchen unter eine Glasglocke, indem ich ihm als Unterlage einen kleinen Eichenzweig mit vertrockneten Blättern gab. Die Glocke stand auf einem Tische, gegenüber dem offenen Fenster. Die in das Zimmer fliegenden Männchen konnten also kaum umhin, die Gefangene zu sehen, da sie unmittelbar an ihr vorüber mußten. Die mit Sand bedeckte Schüssel, auf der das Weibchen die vorige Nacht und den Morgen unter einer Drahtglocke verbracht hatte, stand mir im Wege, weshalb ich sie, ohne mir etwas dabei zu denken, vom Tische nahm und sie am anderen Ende des Zimmers in einem halbdunkeln Winkel auf den Boden stellte. Der Ort war etwa ein Dutzend Schritte vom Fenster entfernt.

Was sich nun weiter begab, machte mich stutzen. Von den Ankömmlingen hielt sich keiner bei der Glocke auf, unter der das Weibchen, allen sichtbar, im vollen Tageslichte dasaß. Gleichgültig flogen sie vorüber, ohne nur einen Blick darauf zu werfen. Sie verfügten sich vielmehr sämtlich in den dunkeln Winkel, wo ich die Schüssel und die Drahtglocke auf den Fußboden gesetzt hatte. Dort lassen sie sich auf der Drahtwölbung nieder, untersuchen sie lange, schlagen mit den Flügeln und puffen sich herum. Während des ganzen Nachmittags,

bis zum Untergange der Sonne, findet um die leere Drahtglocke der Tanz statt, den sonst die wirkliche Gegenwart des Weibchens hervorrief. Endlich entfernen sie sich, jedoch nicht alle. Es gibt Hartnäckige darunter, die nicht fortgehen wollen, durch eine magische Anziehungskraft an die Stelle gebannt.

Fürwahr ein befremdliches Ergebnis: meine Schmetterlinge eilen dorthin, wo nichts ist, und bleiben da, unbeirrt durch die wiederholten Benachrichtigungen des Gesichtssinnes; sie fliegen ohne das geringste Zögern an der Glasglocke vorüber, wo das Weibchen doch unbedingt von dem einen oder andern beim Kommen und Gehen wahrgenommen wurde. Durch ein Lockmittel betört, schenken sie der Wirklichkeit keine Beachtung.

Was hat sie denn nun solcherart betört? Die ganze vorige Nacht und den ganzen Morgen hindurch hat das Weibchen unter der Drahtglocke zugebracht, bald am Geflecht hängend, bald auf dem Sand der Schüssel ruhend. Die von ihm, namentlich von seinem dicken Hinterleibe berührten Stellen wurden während dieses langen Kontakts von gewissen Ausströmungen durchtränkt. Das ist sein Lockmittel, sein Liebestrank, der die Welt der Eichenspinnermännchen revolutioniert. Es ist also doch der Duft, der die Schmetterlinge leitet und sie in der Ferne benachrichtigt. Vollständig beherrscht vom Riechen, legen sie den Angaben des Gesichtssinnes keinen Wert bei. Sie gehen an dem gläsernen Gefängnis ihrer Schönen vorüber auf das Drahtgitter und den Sand los. Wo sich die magischen Behälter ergossen haben – auf den leeren Raum zu, wo von der Zauberin nicht mehr zu finden ist als das duftende Zeugnis ihres Aufenthalts.

Der unwiderstehliche Liebeszauber bedarf einer gewissen Zeit zu seiner Ausarbeitung. Ich stelle ihn mir wie eine Ausdünstung vor, die sich ganz allmählich entwickelt und die Gegenstände sättigt, die mit der unbeweglich dasitzenden Dickbäuchigen in Berührung kommen. Wenn die Glasglocke ganz glatt abschließend auf dem Sand der Schüssel ruht oder noch besser auf einer Glasscheibe, so daß die Verbindung zwischen der darin eingeschlossenen und der äußeren Luft unterbrochen wird, nehmen die Männchen nichts durch den Geruch wahr und kommen nicht, wie lange man den Versuch auch ausdehnt. Lüfte ich alsdann die Glocke etwas, indem ich drei Keile darunter schiebe, so kommen die Schmetterlinge nicht sogleich hinzu, obwohl sie sich zahlreich im Zimmer befinden. Warten wir aber ungefähr eine halbe Stunde, dann arbeitet die Destillierblase weiblicher Essenzen, und das Hinzuströmen der Besucher vollzieht sich wie gewöhnlich.

Nachdem mir dies klar geworden ist, kann ich die Experimente, die sich alle im gleichen Sinn bewegen, abwechselnd gestalten. Am Morgen setze ich das Weibchen unter der Drahtglocke wiederum auf einen kleinen Eichenzweig. Dort bleibt es regungslos, wie tot, stundenlang sitzen, vergraben unter dem dürren Blattwerk, das von seinen Ausströmungen durchtränkt werden muß. Wenn der Augenblick der Besuche naht, nehme ich den Zweig unter der Glocke weg und lege ihn auf einen Stuhl, unweit des offenen Fensters. Das Weibchen aber lasse ich unter seiner Glocke, die offensichtlich auf dem Tische mitten im Zimmer steht. Die Schmetterlinge kommen, erst einer, dann zwei, drei, bald fünf und sechs. Sie fliegen herein, dann wieder hinaus, kehren zurück, steigen in die Höhe und abwärts, kommen und gehen, immer unfern des Fensters, in dessen Nähe der Stuhl mit dem Eichenzweig steht. Keiner fliegt nach dem großen Tische hin, wo einige Schritte weiter im Zimmer das Weibchen sie unter seiner Drahtkuppel erwartet. Sie sind unschlüssig, das sieht man deutlich: sie suchen.

Endlich finden sie das Gesuchte – was aber ist es? Eben der Zweig, der am Vormittag der dickbäuchigen Matrone als Ruhestätte diente. Während ihre Flügel in hastiger Bewegung sind, fassen sie Fuß auf dem Blattwerk, durchsuchen es oben und unten genau, heben es auf und verschieben es, bis endlich das leichte Büschel auf den Boden fällt. Auch dort dauern die Untersuchungen zwischen den Blättern fort, so dass sich jetzt der Zweig unter dem Stoßen der Flügel und den Griffen der Füße auf der Erde herumbewegt, wie ein Papierball, den eine junge Katze mit dem Pfötchen peitscht. In diesem Augenblick erscheinen zwei neue Ankömmlinge, sie kommen an dem Stuhl vorüber, auf dem der Zweig mit seinem Blattwerk eine Weile gelegen hat. Dort

machen sie Halt und suchen eifrig auf der Stelle, die von den Blättern berührt worden ist. Für die einen wie für die andern befindet sich der wirkliche Gegenstand ihres Verlangens ganz in der Nähe unter einem Drahtgitter, das ich nicht einmal verhängt habe, allein niemand achtet darauf. Auf dem Fußboden wird der Zweig, der dem Weibchen morgens als Lager diente, weiter herumgeschoben, auf dem Stuhl die Stelle weiter betastet, wo dieses Lager sich vorhin befand. Die Sonne geht zur Rüste, und die Stunde des Rückzuges kommt; die Liebeshitze verflüchtigt sich, und die Besucher verschwinden.

Weitere Versuche zeigen, daß ich den Eichenzweig ebenso gut durch eine Unterlage von Wolle oder Flanell, von Watte oder Papier ersetzen kann, ja, ich mute dem Weibchen sogar ein hartes Feldbett von Holz, Glas, Marmor oder Metall zu. Alle diese Stoffe erhalten nach längerer Berührung für die Männchen die gleiche Anziehungskraft wie das Weibchen selbst. Sie bewahren diese Eigenschaft je nach ihrer Natur kürzere oder längere Zeit; am besten geeignet erweisen sich Watte, Flanell, Sand – kurz, alle porösen Gegenstände. Dagegen verlieren Metalle, Marmor und Glas rasch ihre Wirkungskraft. Endlich vermag nach meinen Feststellungen jeder Gegenstand, auf dem das Weibchen gesessen hat, durch Kontakt seine anziehende Eigenschaft auf andere zu übertragen; deshalb flogen die Schmetterlinge auf den Stuhl, auch nachdem der Zweig von diesem auf die Erde gefallen war.

Bedienen wir uns einer der besten Unterlagen, beispielsweise des Flanells, so werden wir einen merkwürdigen Vorgang sehen. Auf den Boden einer Flasche mit engem Hals, der gerade nur dem Schmetterling das Durchschlüpfen gestattet, lege ich ein Stück Flanell, auf dem den ganzen Morgen hindurch das Weibchen geruht hat. Die Besucher kriechen in die Flasche, aus der das Weibchen vorher entfernt wurde, zappeln darin umher und sitzen wie in einer Mausefalle, da sie den Ausgang nicht mehr finden können. Ich befreie sie, nehme das Stück Flanell aus der Flasche, und siehe da: sie gehen trotzdem nochmals in die Falle, angezogen durch die Ausströmungen, die der damit imprägnierte Flanell dem Glase mitgeteilt hat.

Der Nachweis ist somit gelungen: um die Schmetterlinge der ganzen Umgebung zur Hochzeit zu laden, sie in der Ferne zu benachrichtigen und sie zu geleiten, sendet das heiratsfähige Weibchen einen ungemein feinen Duft aus, der für menschliche Riechorgane gar nicht wahrnehmbar ist. Von dieser Quintessenz wird jeder Gegenstand leicht durchdrungen, auf dem das Weibchen einige Zeit ruht, und er wird dann ein ebenso wirksamer Anziehungspunkt, wie das Weibchen selbst, so lange der Duft nicht verflogen ist. Zu sehen ist durchaus nichts von diesem Lockmittel: das Papier, das vorher als Lager gedient hat, und um das sich die Besucher bemühen, zeigt keine wahrnehmbare Spur, keine Feuchtigkeit und keine Flecken; seine Oberfläche ist genau so sauber wie vorher.

Jenes wunderbare Erzeugnis wird langsam zubereitet und muß sich erst etwas ansammeln, bevor es seine volle Wichtigkeit offenbart. Nimmt man das Weibchen von seinem Platze und bringt es an einer andern Stelle unter, so verliert es für den Augenblick seine anlockende Kraft; vielmehr eilen die Freier dann zu der Ruhestätte hin, die durch die lange Berührung mit dem Duft durchtränkt worden ist. Allein die Bakterien arbeiten wieder kräftiger, und die Verlassene erhält bald ihre Macht wieder. Je nach der Art des Schmetterlings tritt die Emanation frühzeitig oder später auf: das frisch aus der Puppe geschlüpfte Weibchen braucht einige Zeit, um zu reifen und seine Retorten anzuordnen. Das am Morgen geborene Weibchen des Nachtpfauenauges hat mitunter schon an demselben Abend Besucher, gewöhnlich aber erst an dem folgenden, nach einer Vorbereitung von vierundzwanzig Stunden, während für das Weibchen des Eichenspinners erst nach zwei- oder dreitägigem Warten das Aufgebot verkündet wird.

Zum Schluß möchte ich nochmals kurz auf die problematische Rolle der Fühler zurückkommen. Das Eichenspinnermännchen besitzt sehr stattliche, ähnlich denen des Nachtpfauenauges, das mit ihm hinsichtlich des Hochzeitsfluges wetteifert. Dürfen wir nicht in ihnen den Kompaß erblicken, der das Männchen aus der Ferne zu dem Weibchen hingeleitet? Ich nehme auch bei diesen Schmetterlingen

die zuerst bei den Pfauenaugen gemachten Amputationen vor, und keiner von den Operierten kommt wieder. Hüten wir uns jedoch, daraus einen voreiligen Schluß zu ziehen: wir haben ja schon bei dem Nachtpfauenauge erfahren, daß es noch entscheidendere Gründe als die abgeschnittenen Fühler gibt, um dem Schmetterling die Rückkehr zu verwehren. Außerdem legt uns ein zweiter Minime, der Kleespinner (Lariocampa trifolii Esp.), der mit dem ersten nahverwandt und ebenfalls mit einem stolzen Federbusch versehen ist, eine recht verfängliche Frage vor. Er ist in der Umgebung meines Hauses sehr häufig; bis in meinen Garten hinein findet sich seine Puppe, die mit der des Eichenspinners leicht zu verwechseln ist. Anfangs wurde ich durch die Ähnlichkeit irregeführt: aus sechs Puppen, von denen ich Eichenspinner erwartete, schlüpften Ende August sechs Weibchen der andern Art. Nun wohl: bei diesen sechs Müttern, die in meinem Hause geboren waren, erschien kein einziges Männchen, obwohl es ihrer zweifellos genug in der Nähe gab!

Wenn große und buschige Fühler wirklich Apparate wären, die zur Orientierung der Männchen auf große Entfernungen hin dienten, weshalb erfuhren dann meine reichlich damit ausgestatteten Nachbarn nichts davon, was in meinem Arbeitszimmer vorgegangen war? Weshalb melden ihre stolzen Federbüsche ihnen nichts von Vorgängen, die bewirken, daß die Eichenspinnermännchen in Menge herbeieilen? Noch einmal sei es gesagt: das Organ ist nicht entscheidend für die Fähigkeit. Dieses Wesen ist damit begabt und jenes andere ist es nicht, trotz der Gleichheit der Organe.

Duft und Geruchssinn der Insekten.

Wer nie Gelegenheit hatte, einen Hund Trüffeln suchen zu sehen, der kennt eine der großartigsten Leistungen des Geruchssinnes nicht. Ganz hingenommen von seiner Aufgabe, schreitet das Tier, die Nase dem Wind entgegen, mäßig langsam vorwärts. Jetzt hält es, untersucht den Boden durch Schnüffeln und kratzt ohne weiteres mit seiner Pfote. „Hier ist es, Herr," scheint sein Blick zu sagen; „hier ist's. Beim Worte eines Hundes, die Trüffel ist da". Und er spricht wahr. Sein Herr gräbt auf dem angezeigten Punkte. Wenn der Spaten eine falsche Richtung nimmt, so bringt der Hund ihn auf den rechten Weg, indem er auf dem Boden des Loches etwas schnoppert. Und mögen auch Geröll und Wurzelwerk hindernd dazwischentreten: zuletzt wird der von den Feinschmeckern so hochgeschätzte Fruchtkörper von Tuber cibarium Pers. in der Tat gefunden. Die Hundenase lügt nicht.

Schärfe des Geruchssinnes, sagt man. Ich bin damit einverstanden, was die Geruchsschleimhaut in der Nasenhöhle des Tieres angeht; aber ist das auf diese Weise Wahrgenommene immer ein einfacher Duft im gewöhnlichen Sinne des Wortes, eine Ausströmung, wie sie unsere eigene Empfänglichkeit für Eindrücke auffaßt? Ich habe einige Gründe, dies zu bezweifeln, die ich darlegen will. Ich hatte wiederholt Gelegenheit, einen ausgezeichneten Trüffelhund auf der Suche zu begleiten. Sein Besitzer, ein berühmter rabassier*) des Dorfes, nahm mich bereitwillig mit, sobald er sicher war, daß ich nicht die Absicht hatte, ihm seine Geheimnisse zu entlocken, um ihm eines Tages Konkurrenz zu machen. Es wurde unter uns ausgemacht, den Hund ganz frei gewähren zu lassen, namentlich sollte sein Herr ihn auch dann nicht beeinflussen, wenn er nach seinen praktischen Erfahrungen vorhersah, daß an der fraglichen Stelle keine für ihn wertvolle Handelsware zutage gefördert werden würde. Auf diese Weise bekam ich durch die scharfe Spürkraft

*) Rabasso ist der provenzalische Name der Trüffel; daher rabassier = Trüffelsucher.

der Hundenase große und kleine, frische und verfaulte, geruchlose und duftende Exemplare. Das Mycelium wie die Fruchtkörper dieser Pilze, die einen wichtigen Handelsartikel bilden, findet man nur in humusreichem, kalkhaltigem Boden von Laubwäldern, wo auf und in der Erde zahlreiche andere Pilzsorten, verschieden an Struktur wie an Duft, vorkommen. Für uns ist nichts anderes wahrnehmbar, als ein unbestimmter Pilzgeruch, den man in solchen Gehölzen mehr oder weniger ausgesprochen überall vorfindet. Wenn nun der Geruch allein den Hund leitet, wie stellt dieser es dann an, um sich inmitten dieser Verschiedenheiten auszukennen? Ich gab besonders auf die gewöhnlichen eßbaren Schwämme acht, von denn viele, dem Blikke noch verborgen, ihr bevorstehendes Herauskommen aus der Erde anzeigten, indem sie durch den Druck ihres Hutes den Boden spalteten. An all diesen Punkten, wo der gewöhnliche Pilzgeruch sicherlich stark zutage trat, sah ich den Hund niemals Halt machen, und dies hat mich zu der Überzeugung gebacht, daß er einen besseren Führer haben muß als den Duft, wie wir ihn nach unserem Geruchsvermögen auffassen*). Er muß außerdem noch Ausströmungen von anderer Art wahrnehmen, die für uns geheimnisvoll sind. Das Licht hat seine dunklen Strahlen, die auf die Netzhaut unseres Auges ohne Wirkung sind, aber wahrscheinlich nicht bei allen Geschöpfen. Weshalb soll es auf dem Gebiet des Geruches nicht auch verborgene Ausströmungen geben, die unserem Empfindungsvermögen unbekannt bleiben, jedoch für ein anders geartetes Riechen wahrnehmbar sind. Die Welt der Sinneswahrnehmungen ist viel ausgedehnter, als wir wissen, und reicht weit über die Grenzen unserer Empfänglichkeit dafür hinaus. Aus Mangel an genügend scharfen Organen entgeht uns eine Menge von Vorgängen im Spiel der Naturkräfte.

Ungeachtet seiner langen geschäftlichen Praxis und ungeachtet des Aromas, das die von ihm gesuchten Knollen ausströmen, vermag der Rabassier die Trüffel nicht zu entdecken, die im Winter unter der Erde, eine oder zwei Spannen unter der Oberfläche, reift. Er braucht die Unterstützung des Hundes oder des Schweines (das man ebenfalls zum Aufsuchen der Trüffeln abrichtet), deren scharfer Geruchssinn die Geheimnisse des Bodens erforscht. Nun gut: diese Geheimnisse kennen auch gewisse Insekten und zwar noch besser als jene beiden Verbündeten des Menschen. Um den Trüffelpilz zu entdecken, von dem sich ihre Larvensprößlinge nähren, besitzen sie eine unvergleichlich feine Witterung.

Aus Trüffeln, die bereits verdorben und von Gewürm bevölkert ausgegraben und in ein Glasgefäß mit einer Lage frischen Sandes auf dem Boden gebracht wurden, erhielt ich einen kleinen roten Käfer (Liodes cinnamomea, Panz.) und verschiedene Zweiflügler, darunter eine Fliege, die mit ihrem schwächlichen Körper und ihrem lässigen Flug an die fahlrote Scatophaga scybalaria L. erinnert, die man im Spätjahr auf menschlichen Exkrementen entdeckt. Diese findet auf dem Lande überall das Material für ihre Eierablage, wie aber weiß jene Fliege, an welcher Stelle unter der Erde ihre Trüffel oder vielmehr die ihrer Larven zu finden ist? In den Boden hineinzukriechen, um darin nachzuforschen, machen ihre kraftlosen Füße, die beim Hineinschlüpfen hinderlichen Flügel und die steifen Borsten ihres Leibes ganz unmöglich. Sie muß also ihre Eier an der Oberfläche der Erde ablegen, aber genau oberhalb der darin steckenden Trüffel; ihre Larven würden zugrunde gehen, wenn sie auf eine größere Entfernung nach ihrem Proviant suchen müßten, der sich doch immer nur sehr dünngesät vorfindet. Die trüffelsuchende Fliege wird also durch den Geruch über die für ihre mütterlichen Absichten geeigneten Punkte unterrichtet; sie hat die Witterung des trüffelsuchenden Hundes und ohne Zweifel in noch höherem Grade, weil sie von Natur aus eine solche besitzt, während ihr Rival

*) Der Vorgang beim Riechen besteht bekanntlich darin, daß die Endorgane unseres Geruchsnervs (nervus olfactorius) durch die Berührung mit gewissen flüchtigen oder gasförmigen Stoffen, die zugleich mit der eingeatmeten Luft in unsere Nasenhöhle gelangen, in Erregung versetzt werden. Der Geruchsnerv überträgt diese Erregung auf das Zentralorgan des Geruchssinnes im Gehirn, und dadurch entsteht in uns eine Geruchsempfindung, deren Quelle von uns immer unwillkürlich nach außen verlegt wird.

Anm. d. Übers.

eine künstliche Abrichtung erhält. Diese Fliege bei ihrem Suchen genau zu beobachten, dürfte sehr unbequem und schwierig sein; jedoch ein anderes Insekt, das unterirdische Schwämme auszukundschaften versteht, wird uns solches ermöglichen.

Es ist ein hübscher, schwarzer Mistkäfer, mit plattem Bauch und Samtglanz, ganz rund und nicht größer als ein Kirschkern. Sein wissenschaftlicher Name lautet: Bolboceras gallicum Muls. Durch die Reibung des Bauchendes gegen den Rand der Flügeldecken bringt er ein zartes Piepen hervor, wie es ähnlich die kleinen Vögelein hören lassen, wenn die Mutter mit neuem Mundvorrat zum Neste kommt. Das Männchen hat auf dem Kopfe ein zierliches Horn, wie der Pillenkäfer, nur viel kleiner. Am Südfuße einer von meiner Wohnstätte nicht weit entfernten Hügelreihe befindet sich ein Gehölz von Meerstrandsfichten (Pinus maritima Koch), die mit Reihen von Zypressen abwechseln. Nach den Herbstregen wachsen dort massenhaft die den Nadelwald liebenden eßbaren Pilze, besonders der köstliche Milchblätterschwamm oder echte Reizker (Lactaria deliciosa L.). In diesem Wäldchen beobachte ich seit Jahren den Bolboceras, dessen Wohnstätte leicht erkennbare Erdlöcher sind; etwa eine Spanne tief, oben offen und von einem Sandwulst umgeben, gehen sie senkrecht in den sehr lockeren Boden hinein. Bei der Untersuchung findet man oft nichts darin; dann ist der Käfer, nachdem er sein Geschäft erledigt hatte, in der Nacht fortgegangen, um sich anderwärts niederzulassen. Er ist ein nächtlicher Nomade, der ohne Bedauern sein Domizil aufgibt und mit geringer Mühe sich ein neues herstellt. Häufig trifft man auch auf dem Boden des Schachtes das Insekt an, bald ein Männchen, bald ein Weibchen, jedoch stets einzeln. Die beiden Geschlechter, gleich eifrig im Abteufen solcher Erdlöcher, arbeiten jedes für sich, niemals gemeinsam. Es handelt sich nicht um einen Familienwohnsitz, eine Mästungsanstalt für die Jungen, sondern um eine zeitweilige Wohnstätte, die jedes für sein eigenes Wohlbefinden aushöhlt. Mitunter befindet sich nichts darin, als der bei seiner Arbeit überraschte Grabarbeiter; meist aber hält er mit seinen Füßen einen kleinen unter der Erde wachsenden Pilz umschlungen. Krampfhaft drückt er ihn an sich und will sich nicht von ihm trennen, da er seine ganze Habe, sein Vermögen ausmacht. Umherliegende Krümchen bekunden, daß wir ihn im Schmause gestört haben. Betrachten wir den Pilz näher, so stellt er sich als ein unregelmäßiger, unförmiger und überall geschlossener Beutel dar, dessen Umfang von dem einer Erbse bis zu dem einer Kirsche wechselt. Äußerlich ist er rötlich, bedeckt mit feinen Warzen, innen glatt und weiß. Die eiförmigen und durchsichtigen Sporen sind, in Reihen von je acht, in länglichen Säckchen untergebracht. An diesen Zeichen erkennt man ein unterirdisches kryptogamisches Erzeugnis, das mit den Trüffeln verwandt ist und von den Botanikern Hydnocystis arenaria, Tul. genannt wird (gehört zu den Tubereen, Unterfamilie der Tuberaceen).

Was nun die Lebensgewohnheiten des Bolboceras betrifft, so ist der Grund dafür, daß er so oft neue Erdlöcher herstellt, leicht zu erkennen. In der Dämmerung setzt der Trippler sich in Bewegung und untersucht, leise piepend, den Boden, wie der Hund auf die Trüffelsuche geht. Der Geruch zeigt ihm die Stelle an, wo die gesuchte Nahrung in der Erde steckt, ein paar Finger breit mit Sand bedeckt. Sofort gräbt er gerade darauf los und erreicht unfehlbar den Pilz. So lange die Lebensmittel ausreichen, geht er nicht fort, ist aber nichts mehr davon übrig, dann wandert er aus und sucht einen neuen Brotlaib, der dann den Anlaß gibt, ein neues Loch zu graben, das später ebenso wieder verlassen wird. Um dieses „Trüffeln suchende" Insekt bei mir zu Hause beobachten zu können, verschaffte ich mir zuerst einen ausreichenden Vorrat seiner Lieblingspilze, indem ich in der Nähe der von ihm ausgeworfenen Erdlöcher den Boden umgrub, wodurch ich bald eine Handvoll bekam.

Gleich an demselben Abend beginne ich meine Versuche. Eine große und tiefe Schüssel wird mit durchgesiebtem Sand gefüllt, in dem ich mittels eines fingerdicken Stäbchens sechs senkrechte Schächte, je zwei Dezimeter tief und entsprechend geräumig, herstelle. Auf den Grund eines jeden lege ich einen Pilz und fülle dann den Hohlraum mit Sand wieder aus, nachdem ich einen feinen Strohhalm hineingesteckt habe, um die Stelle genau zu bezeichnen. Über die sorgfältig geebnete Oberfläche ragen jetzt nur die sechs Hälmchen als Merkzeichen hervor, die für das Insekt jedoch bedeutungslos sind. Hierauf setze ich acht Käfer in die Schüssel und stülpe eine Drahtglocke darüber. Zunächst unternehmen sie Fluchtversuche, klettern an dem Drahtgeflecht in die Höhe und wühlen sich dicht am Rande der Glocke in den Sand ein. Mit Eintritt der Nacht werden sie ruhiger, und als ich zwei Stunden später wieder nach ihnen sehe, stecken drei von ihnen noch immer unter einer dünnen Sandschicht. Von den fünf anderen dagegen hat jeder einen senkrechten Schacht genau am Fuße der Halme gegraben, die mir die Stelle der verborgenen Pilze anzeigen. Am andern Morgen hat auch der sechste Strohhalm seinen Schacht. Sorgfältig trage ich den Boden schichtweise mit einem Messer ab und finde nun auf dem Grunde eines jeden Loches eine Bolboceras damit beschäftigt, seine Trüffel, die Hydnocystis, zu verspeisen. Wenn ich die Pilze in Stücke schneide, ist das Ergebnis stets das gleiche. Jedesmal trifft der Käfer in der Nacht genau den Punkt, wo der Leckerbissen in der Erde steckt, und erreicht ihn mittels des an der betreffenden Stelle abgeteuften Schachtes; niemals irrt er sich oder versucht erst an einer anderen Stelle sein Glück, wie der überall sonst vollkommen glatt gebliebene Boden beweist. Der Käfer könnte den von ihm begehrten Gegenstand nicht sicherer treffen, wenn er ihn mit den Augen sähe: stets gräbt er genau am Fuß der Strohhalme. Einen solchen Grad von Genauigkeit erreicht der Trüffeln witternde Hund kaum. Dabei besitzt die Hydnocystis keinen für unsere Nase überhaupt wahrnehmbaren Duft.

Der Hund wie der Käfer erforschen den Untergrund aus großer Nähe, unmittelbar über der Erdoberfläche, unter der der gesuchte Gegenstand in nur mäßiger Tiefe steckt. Etwas weiter entfernt, würden beide derartig feine Ausströmungen nicht wahrnehmen. Um in größerem Abstande Eindruck auf Insekten zu machen, sind starke Gerüche erforderlich, die auch unser bedeutend stumpferes Geruchsvermögen wahrzunehmen vermag. Dann eilen die Liebhaber des riechenden Gegenstandes von allen Seiten und von weither herbei. Wenn ich einen toten Maulwurf in einem Winkel meines Gartens in der Sonne aufhänge, dann stellen sich, sobald die Verwesung beginnt, alsbald zahlreiche Aas- und Pelzkäfer, Goldkäfer und Totengräber ein, während vorher nicht ein einziger im Garten und in der ganzen Nachbarschaft zu entdecken war. In weiter Ferne wurden sie durch den Geruch benachrichtigt, während ich selbst den Kadaver nicht mehr rieche, wenn ich mich nur wenige Schritte davon entferne. Mein Geruchsvermögen ist, mit ihrem verglichen, erbärmlich; aber immerhin ist für mich wie für sie

Das Nachtpfauenauge (Saturnia pyri Schiff.).

hier wirklich das vorhanden, was wir in unserer Sprache Geruch (oder Gestank) nennen.

Mehr noch richte ich aus mit der Blüte der Drachenwurz (Arum dracunculus L.)*), die ebenso merkwürdig durch ihre Gestalt wie durch ihren Pestgestank ist. Man denke sich ein breites lanzettförmiges Blatt, von weinroter Farbe, in der Länge eines Vorderarmes, das nach innen sich zu einem eiförmigen Beutel von der Dicke eines Hühnereies zusammenrollt. Durch die Mündung dieser Tasche streckt sich vom Grunde eine zentrale Säule vor, eine lange blaßgrüne Keule, an ihrer Basis von zwei Armbändern umgeben: das eine ist der Fruchtknoten, das andere sind die Staubgefäße. Ein paar Tage lang haucht nun dieser Blütenstand einen ganz abscheulichen Aasgeruch aus; überwinden wir uns aber trotzdem, dicht heranzutreten, so gewahren wir ein seltsames Schauspiel. Durch den weithin sich verbreitenden Gestank benachrichtigt, fliegen verschiedene Insekten herbei, die im Freien umherliegende kleine Kadaver (Kröten, Eidechsen, Maulwürfe, Feldmäuse usw.) zu zernagen pflegen. Sie lassen sich auf dem großen Blatt nieder, das in seiner fahlen Purpurfarbe die Wirkung eines Fleischstückes mit Wildbretgeruch hervorbringt; sie trippeln darauf hin und her, wie berauscht durch den Kadaverduft, ihr Entzücken; sie rollen auf der abschüssigen Fläche abwärts und stürzen in den Beutel. Bei lebhaftem Sonnenschein ist der Behälter nach wenigen Stunden ganz voll von ihnen.

Blicken wir durch die enge Öffnung in das Innere, so sehen wir darin ein rasendes Gewimmel von Rücken und Bäuchen, von Flügeln und Füßen; alles krabbelt, dreht sich um sich selber, daß die zusammenstoßenden Gelenke knirschen, erhebt sich und sinkt nieder, strebt aufwärts und fällt wieder hin, in Schwung gebracht durch einen fortwährenden Wirbel. Es ist ein Bacchanal, ein allgemeiner Anfall von Delirium tremens. Einige wenige steigen aus der Masse hervor und klettern an dem mittleren Maste oder an der Wandung bis in den Hals empor. Wollen sie in die Höhe fliegen und fliehen? Keineswegs. Vom Rande des Schlundes, wo sie beinahe frei sind, lassen sie sich wieder in den Wirbel hinabfallen, von neuer Trunkenheit ergriffen. Der Anreiz ist unwiderstehlich für sie. Keiner verläßt die Versammlung vor dem Abend oder gar dem nächsten Morgen, nachdem die berauschenden Düfte verflogen sind. Dann erst machen die ineinander Verwikkelten sich aus ihren gegenseitigen Umschlingungen los und fliegen langsam, wie mit Bedauern, davon. Auf dem Grunde des teuflischen Beutels aber bleibt zurück eine Ansammlung von Toten und Sterbenden, von ausgerissenen Füßen und ausgerenkten Flügeln – eine unvermeidliche Folge der wahnsinnigen Orgie. Bald werden Asseln, Ohrwürmer und Ameisen anrücken, um an den toten Körpern eine Mahlzeit zu halten.

Was taten nun jene Insekten? Waren sie vielleicht gefangen in der Blume, indem sich diese in eine Falle verwandelte, die den Eintritt gestattet, den Ausgang jedoch mittels einer Palisade von konvergierenden Borstenhaaren verwehrt? Keineswegs, sie hatten volle Freiheit, sich zu entfernen, wie ja der schließliche Abzug beweist, der sich ohne jedes Hindernis vollzieht. Beschäftigten sie sich, durch den trügenden Geruch genarrt, mit der Ablage ihrer Eier, wie sie es unter der Hülle eines Kadavers getan haben würden? Auch das nicht; denn man findet in dem Beutel der Drachenwurz keine Spur von Eiern. Sie sind, eingeladen durch den Geruch von Aas, ihrer höchsten Wonne, einfach von einem durch diese Ausströmungen erzeugten allgemeinen Rausch ergriffen worden und haben sich wie toll im Kreise herumgewirbelt*). Ich habe die Opfer nach-

*) Gattung der Araceen, Familie der Arongewächse, zu der auch unser gefleckter Aronsstab (Arum maculatum L.) gehört. Anm. d. Übers.

*) Wie der Farbenreichtum unserer Blumen sich nur behufs Anlockung von Insekten zum Zweck der Befruchtung ausgebildet hat, so gilt das gleiche von dem Duft, den die Pflanzen ausströmen. Die süßesten Düfte wie der abscheuliche Aasgeruch, den außer der Drachenwurz noch zahlreiche andere Pflanzen entwickeln, dienen zum Herbeilocken gewisser Insekten, die dann im Dienste der Befruchtung tätig sind. Ebenso vermutet man in den Düften der Pilze Anlockungsmittel für Fliegen, Käfer und andere Insekten, die bei der Befruchtung oder der Verbreitung der Sporen mitwirken. Anm. d. Übers.

her gezählt und gegen 400 Stück gefunden, unter denen ausschließlich die Familien der Speckkäfer (Dermestidae) und Saprinen (Saprinus) vertreten waren. Auffallend ist es, daß verschiedene Arten fehlten, die doch ebenso begierig auf kleine Kadaver sind wie jene, so besonders die Aaskäfer (Silpha) und Totengräber (Necrophorus humator Goeze), die ich niemals in den von mir untersuchten Blumen fand. Das deutet darauf hin, daß es auch in der Insektenwelt einen individuellen Geschmack gibt, über den nicht zu streiten ist.

Von den betäubenden Ausströmungen der Drachenwurzblüte und des verwesenden Maulwurfs hat der Hydnocystis-Pilz, die Mahlzeit des Bolboceras, nichts an sich; er ist – wenigstens für eine menschliche Nase – vollkommen geruchlos. Das Insekt, das ihn sucht, kommt nicht von fernher, sondern ist dort heimisch, wo der Pilz in der Erde steckt. Wie schwach auch die Ausströmungen des unterirdischen Leckerbissens sein mögen, so genügen sie doch, um den dicht auf dem Boden danach suchenden Käfer auf seine Spur zu bringen. Das gleiche gilt von dem Hunde, der mit der Nase auf der Erde schnoppert; außerdem besitzt auch die Trüffel ein ganz ausgesprochenes Aroma.

Was soll man aber von den Männchen des Nachtpfauenauges (s. Abb.), des Eichenspinners und anderer Schmetterlinge sagen, die aus weiter Ferne, sogar gegen den Wind, zu einem in der Gefangenschaft aus der Puppe geschlüpften Weibchen eilen? Worin bestehen in solcher Entfernung ihre Wahrnehmungen? Kann das wirklich etwas sein, was unsere Physiologie als Duft bezeichnet? Ich kann mich nicht entschließen, es zu glauben. Der Hund riecht die Trüffel, indem er dicht über der Erde, ganz in der Nähe des Knollens, schnoppert; er findet seinen weit entfernten Herrn, indem er der Witterung der von ihm hinterlassenen Spuren folgt. Entdeckt er aber eine Trüffel, die 100 Schritt, die kilometerweit entfernt ist? Wird er seinen Gebieter auffinden, wenn jede Spur von ihm fehlt? Ganz sicher nicht. Trotz der Schärfe seines Geruchssinnes ist der Hund zu solchen Leistungen unfähig, die jedoch der Schmetterling vollführt, der unbeirrt durch die Entfernung und ohne alle Spuren, die ihn leiten könnten, mit größter Sicherheit das auf meinem Arbeitstische ausgeschlüpfte Weibchen findet.

Es wird angenommen, daß der auf unsere Nasenschleimhaut wirkende Duft aus Molekülen besteht, die von dem Duft- oder Riechstoff ausgehen und dann, wenn auch in unwägbaren Mengen, der Luft beigemischt, beim Einatmen jene Wirkung äußern, die wir als Geruch empfinden. Der duftende oder riechende Stoff zersetzt sich und teilt dabei der Luft sein Aroma mit, wie der sich im Wasser auflösende Zucker diesem seine Süßigkeit übermittelt. Beim Riechen wie beim Schmecken findet eine Berührung statt zwischen den materiellen Partikelchen, welche die betreffenden Nerven erregen, und den Endorganen dieser Nerven*). Wenn nun die Drachenwurz ein starkes ätherisches Öl bereitet, mit dem die Luft sich erfüllt und ringsum verpestet wird, so leuchtet uns ohne weiteres ein, wie dann die Kadavergerüche liebenden Insekten durch die molekulare Diffusion benachrichtigt werden. In gleicher Weise lösen sich von einer verwesenden Kröte die stinkenden Atome los und werden zur Freude der Totengräber weithin verbreitet.

Aber löst sich von dem Weibchen des Nachtpfauenauges irgend etwas Materielles ab? Soweit unser Geruchsvermögen es beurteilen kann, nichts. Und dieses Nichts sollte mit seinen Molekülen einen Umkreis von mehreren Kilometern erfüllen, wenn die Männchen herbeifliegen? Das hieße ja einen ganzen See mit einem Körnchen Karmin rot färben. Und noch ein anderer Grund spricht dagegen. Die männlichen Schmetterlinge gelangten mit untrüglicher Sicherheit auch dann zu dem Weibchen in meinem Arbeitszimmer, wenn ich diesen Raum mit den schärfsten Gerüchen ausgefüllt hatte, welche die zarten Ausströmungen des Schmetterlings notwendig beherrschen und vernichten mußten. Ein starker Ton erstickt den schwachen Laut und verhindert, daß er gehört wird; ein lebhaftes Licht verschlingt das schwache Leuchten. In diesen

*) Beim Schmecken versetzen gewisse gelöste oder im Speichel lösliche Substanzen die Endorgane der Geschmacksnerven in Erregung. Wie beim Riechen wird alsdann dieser Erregungszustand auf das Zentralorgan des betr. Sinnes im Gehirn übertragen. Anm. d. Übers.

Fällen handelt es sich um Schwingungen oder Wellen gleicher Natur. Jedoch der Lärm des Donners kann nicht den kleinsten Lichtstrahl zum Erlöschen bringen, ebenso wie der Strahlenglanz der Sonne nicht den leisesten Ton zu ersticken vermag. Licht und Schall sind ihrer Natur nach verschieden und beeinflussen einander daher nicht.

Alle meine Versuche scheinen mir dafür zu sprechen, daß es zwei Entstehungsursachen für den Duft gibt. Nehmen wir statt einer von dem Weibchen ausgehenden Ausströmung Schwingungen an, so erklärt sich das Schmetterlingsrätsel. Ohne das mindeste von seiner Substanz einzubüßen, erschüttert ein leuchtender Punkt den Äther mit seinen Schwingungen und erfüllt einen gewaltigen Umkreis mit Licht. Ungefähr ebenso muß dasjenige wirken, was von dem Schmetterlingsweibchen ausgeht und die Männchen anlockt. Es sendet keine Moleküle aus; es vibriert, es erzeugt Schwingungen, die sich bis in unberechenbare Fernen mit einer wirklichen Diffusion der Materie auszubreiten vermögen.

Insgesamt umfaßt der Geruch also zwei Gebiete: das der in der Luft zerstreuten flüchtigen Teilchen und das der Ätherwellen. Nur das erste ist uns bekannt, und es kommt auch den Insekten zu, indem es die Saprinen auf den Gestank der Drachenwurz und die Totengräber auf den verwesenden Maulwurf aufmerksam macht. Das zweite, das in bezug auf die Verbreitung im Raum ein viel umfassenderes ist, bleibt uns verschlossen, weil uns das erforderliche Sinneswerkzeug fehlt. Das Nachtpfauenauge, der Eichenspinner und andere Schmetterlinge kennen es zur Zeit ihrer Hochzeitsfeier, und noch viele andere Insekten mögen teil daran haben in verschiedenen Graden, je nach den Bedingungen ihrer Lebensweise. Wie das Licht, hat auch der Duft seine X-Strahlen. Wenn die durch das Tier unterrichtete Wissenschaft uns eines Tages einen Radiographen der Düfte spenden sollte, dann wird diese künstliche Nase uns eine ganze Wunderwelt öffnen.

Nachwort des Übers. Seitdem J. H. Fabre dies schrieb, sind auch andere Forscher zu ganz ähnlichen Anschauungen über die Entstehung des Geruchs gekommen. So haben vor einiger Zeit die beiden französischen Naturforscher Vaschide und Van Melle der Pariser Akademie eine Abhandlung vorgelegt, in der sie etwa Folgendes ausführen und begründen: Der Geruch, den eine riechende Substanz verbreitet, entsteht nicht durch Aussendung kleinster Teilchen dieser Substanz, sondern wird übertragen durch Strahlen von bestimmter kurzer Wellenlänge, ähnlich wie Licht und Wärme. Dies wird u. a. dadurch wahrscheinlich gemacht, daß im Gehirn die Geruchsnerven den gleichen Ausgangspunkt wie die optischen Nerven haben. Sie unterscheiden sich dadurch von den anderen Sinnesnerven, was dafür spricht, daß auch ihre Funktionen ähnliche sind. Die riechenden Substanzen verlieren durch die Duftausstrahlung nicht an Volumen oder Gewicht, dagegen gibt es nicht wenige Körper, die kleine Teilchen aussenden, d. h. zu Dämpfen werden, ohne daß sie durch den Geruch wahrnehmbar sind. Es ist überhaupt naheliegend, daß der Duft sich durch Schwingungen eines geeigneten Mediums fortpflanzt, da dies Licht, Wärme und Schall gleichfalls tun, und die Verbreitung geruchErzeugender Wellen durch den geruchstrahlenden Körper dünkt uns von vornherein viel wahrscheinlicher als die Aussendung unendlich vieler, unendlich kleiner duftender Partikelchen.

Es sind in der Insektenwelt vorwiegend die Weibchen, welche sympathische Duftstoffe verbreiten, um die Männchen aus weiten Entfernungen anzulocken; vielfach besitzen auch nur diese stärker entwickelte Geruchswerkzeuge. Bei gewissen Tagschmetterlingen haben dagegen die Männchen besondere Organe, die auch für unsere Nasen wahrnehmbare Düfte aussondern. Es sind dies pinselartige Anhäufungen von Haar- und Schuppengebilden der Flügel; sie liegen für gewöhnlich in einem Umschlag des innern Flügelrandes oder mitten auf der oberen Seite der Flügel in kleinen Furchen oder Taschen. Sollen nun aber jene Düfte durch die Luft verbreitet werden, dann treten die Gebilde hervor und sträuben sich. Bei mehreren Schwärmern ist dieser Duft bisam- und moschusartig, bisweilen vanilleartig und bei den Männchen von Papilio Grayi Boisd. sehr angenehm würzig. Auch Kohlweißlinge und Bläulinge, ebenso der Kaisermantel, der Windenschwärmer und andere besitzen einen Männchenduft, der an besonderen Schuppen zutage tritt.

Zum Schluß sei wenigstens kurz erwähnt, daß zahlreiche Insekten auch übelriechende antipathische Riechstoffabsonderungen zum Zweck der Verteidigung und Abschreckung zur Verfügung haben. Es sei nur an die Bombardierkäfer (Brachinus) erinnert, die gegen ihre Verfolger mit Geräusch einen übelriechenden Dunst aus der Hinterleibsspitze abfeuern, während z. B. die größeren Laubkäferarten (Carabidae) einen übelriechenden Stoff bis auf erhebliche Entfernungen zu spritzen verstehen.

Die Gottesanbeterin auf der Jagd.

Zu den wunderlichsten Kerfen, die in Europa vorkommen, zählt unstreitig die etwa 7 cm lange Gottesanbeterin*), lou Prègo-Diéu (das Tier, das zu Gott betet), wie sie bei den provenzalischen Bauern heißt. Sie gehört der Familie der Fangschrecken in der Ordnung der Kaukerfe an, und ihr wissenschaftlicher Name ist Mantis religiosa, L. Die Sprache der Gelehrten und die naive Benennung des Volkes scheinen übereinzustimmen, um aus diesem absonderlich gestalteten Insekt eine Wahrsagerin oder eine in Verzückung betende Fromme zu machen. Schon die Griechen nannten es Mantis, den Seher oder Propheten, angeblich, weil der Kerf die Vorderbeine so emporstreckt, wie die Propheten dem Herrn ihre Gebete vorzutragen pflegten**). Der Landmann aber gewahrte auf dem von der Sonne verbrannten Rasen ein stattliches Insekt mit majestätisch erhobenem Vorderkörper. Er sah seine großen und feinen grünen Flügel, die es hinten wie lange Schleier nachschleppte, und die eigentümlichen Fangbeine, die es wie Arme in betender Haltung zum Himmel emporhob.

So entstand der eigentümliche Name, der jedoch zu den wirklichen Lebensgewohnheiten der Gottesanbeterin ganz und gar nicht paßt; denn die frömmelnden Gebärden verbergen höchst grausame Gepflogenheiten. Diese wie zum Beten ausgestreckten Arme sind schreckliche Raubmaschinen und vernichten, was in ihren Bereich gerät. Als eine überraschende Ausnahme in der Reihe der pflanzenfressenden Kaukerfe oder Geradflügler (Orthoptera) nährt sich nämlich die Mantis ausschließlich von lebender Beute. Sie ist der Tiger friedlicher Insektenscharen, ein im Hinterhalt lauernder Oger, der seinen Tribut an frischem Fleisch vorwegnimmt. Wäre die Gottesanbeterin mit genügender Stärke ausgerüstet, so würden ihre Gelüste nach Fleisch und ihre Fanggeräte von furchtbarer Vollkommenheit aus ihr den Schrecken der Gefilde machen: der Prègo-Diéu würde zum satanischen Vampir werden.

Abgesehen von ihrer Mordwaffe, hat die Gottesanbeterin nichts, was Furcht einflößen könnte. Sie entbehrt sogar nicht einer gewissen Gefälligkeit mit ihrem schlanken Wuchs, ihrem zierlichen Leibchen, der zartgrünen Färbung und ihren langen Gazeflügeln. Keine dräuenden Kiefern, die sich scherenartig öffnen; im Gegenteil: ein feines, spitzes Schnäuzchen, wie geschaffen zum Schnäbeln. Mittels des biegsamen Halses, der sich von dem stark verlängerten, stabförmigen ersten Bruststück gut absetzt, kann der herzförmige, wie bei den Scha-

*) Sie bewohnt hauptsächlich Afrika und Südeuropa, findet sich aber auch noch in Mähren, im Breisgau und bei Frankfurt a. M.; diese Punkte gelten als die nördlichste Grenze ihrer Verbreitung. Ziemlich häufig kommt unsere Art in Südtirol vor, wo Taschenberg sie, teilweise noch als Larve, auf dem insektenreichen Kalvarienberg bei Bozen fand; Schreiber indes entdeckte sie auch zwischen Dorf und Schloss Tirol bei Meran. Anm. d. Übers.

**) Diese Annahme ist irrtümlich. Bei den Griechen bezeichnete das Wort mantis allerdings einen Seher, wenn es männlich angewendet wurde; sie gebrauchten es jedoch auch im weiblichen Geschlecht und verstanden dann eben unser Insekt oder doch eine ganz nahestehende andere Art darunter. Anm. d. Übers.

ben gestellte Kopf mit zwei langen Borstenfühlern sich drehen und nach rechts und links wenden, sich beugen und emporheben. Von allen Insekten vermag nur die Mantis ihrem Blick eine Richtung zu geben; sie mustert und forscht, sie hat beinahe eine Physiognomie.

Groß ist der Gegensatz zwischen dem ganz friedlich aussehenden übrigen Körper und den zu Mordwerkzeugen und Fangorganen umgestalteten Vorderbeinen. Der Hüftteil, der sich an den Leib ansetzt, ist ungewöhnlich lang und kräftig; seine Aufgabe ist, die Fangvorrichtung vorwärts zu schleudern, die nicht auf das Opfer wartet, sondern auf dessen Suche ausgeht. Auf der Innenseite an der Basis befindet sich ein schöner schwarzer Fleck mit einem weißen Auge darin; einige Reihen feiner Perlchen vervollständigen den Zierat. Der noch längere Oberschenkel, in Form einer plattgedrückten Spindel, ist unten mit einer Doppelreihe scharfer Stacheln besetzt. Die innere Reihe umfaßt etwa ein Dutzend, das abwechselnd längere von schwarzer Farbe und kürzere, grüngefärbte aufweist; diese verschiedene Länge vermehrt die Verzahnungspunkte und macht die Waffe wirksamer. Die äußere Reihe hat bloß vier Stacheln, dann aber erheben sich hinter der Doppelreihe noch drei Dornen, die länger sind als alle andern. Kurzum, der Oberschenkel ist eine Säge mit zwei parallelen Klingen, die eine Rinne trennt, in die das Unterbein, das sich – wie die Klinge eines Taschenmessers gegen den Griff – zusammenklappen läßt, hineinpaßt. Es stellt gleichfalls eine doppelte Säge dar, jedoch mit viel kleineren, kürzeren und dichter stehenden Zähnen als die des Oberschenkels; es ist sehr beweglich in seinem Gelenk und endet in einem kräftigen, sichelartigen Haken, dessen Spitze an Schärfe mit der besten Nadel wetteifert. Diese Harpune hat mir beim Fange der Mantis oft genug empfindliche Erinnerungen hinterlassen.

Im Zustand der Ruhe wird dieses scheinbar ganz harmlose Fangwerkzeug zusammengeklappt gegen die Brust gehalten: da haben wir dann das Insekt, das betet. Sobald jedoch eine Beute in die Nähe kommt, werden die drei langen Teile der Maschine plötzlich ausgestreckt, so daß der am Ende befindliche Enterhaken weit nach vorn reicht. Er harpuniert das Opfer, um dann zurückzukommen und es zwischen die beiden Scheren zu bringen. Der Schraubstock schließt sich mit einer Bewegung, die der des Unterarmes gegen den Oberarm gleicht, und Grashüpfer, Heuschrecken und noch größere Insekten sind, einmal eingeklemmt in diese vier Reihen von Stacheln, rettungslos verloren. Weder ihr verzweifeltes Rütteln noch ihr Ausschlagen bringen das furchtbare Werkzeug dazu, sie wieder loszulassen.

Eingehendere Beobachtungen der Lebensgewohnheiten des Insekts würden im freien Felde unausführbar sein; man kann sie aber ohne Schwierigkeiten daheim vornehmen, da die Gottesanbeterin sich aus der Einsperrung nichts macht, vorausgesetzt, dass sie genügende Nahrung erhält. Ich benutze für meine Gefangenen ein Dutzend geräumiger Drahtglocken, von denen jede auf eine mit Sand gefüllte Schüssel gesetzt wird. Ein trockener Thymianbusch und ein flacher Stein für die spätere Eierablage bildet die ganze Ausstattung. Diese Landhäuschen werden auf dem großen Tische meines Laboratoriums aufgestellt, wo die Sonne sie fast den ganzen Tag über bescheint. Zum Teil bringe ich die Gottesanbeterinnen darin einzeln unter, andere gruppenweise.

In der zweiten Augusthälfte findet man ausgewachsene Exemplare im welken Grase, in Sträuchern am Rand der Wege. Die Weibchen, deren Hinterleib schon stark angeschwollen ist, werden von Tag zu Tag häufiger, wogegen die schmächtigen Männchen sehr selten sind, so daß ich oft Mühe genug habe, meine Paare vollzählig zu halten. Es vollzieht sich nämlich in den Volieren ein tragischer Verbrauch dieser Zwerge; diese Grausamkeiten wollen wir uns jedoch für eine spätere Schilderung vorbehalten und zunächst nur von den Weibchen sprechen.

Sie sind starke Fresserinnen, deren Unterhalt, da er einige Monate lang dauern muß, nicht ohne Schwierigkeit ist. Fast täglich müssen die Vorräte erneuert werden, deren größter Teil in geringschätzendem Probieren verschleudert wird. In der Freiheit ist die Mantis sparsamer, wie ich glaube; wenn

das Wild nicht allzu häufig ist, nutzt sie jedes ergriffene Stück vollständig aus, während sie in meinen Volieren verschwenderisch damit umgeht. Oft genug läßt sie es nach wenigen Bissen fallen, woran wohl die Langeweile der Gefangenschaft schuld sein mag. Ich nehme daher zwei oder drei kleine Müßiggänger aus meiner Nachbarschaft zu Hilfe, die jeden Morgen und Abend für ein Butterbrot und eine Melonenscheibe lebendige Grillen und Heuschrekken auf den Grasplätzen der Umgebung sammeln, während ich selber allwöchentlich mit dem Netz in der Hand einen Streifzug unternehme, um meinen Kostgängern irgendein auserlesenes Wild zu verschaffen.

Solche ausgewählten Stücke sollen mir zeigen, wie weit die Dreistigkeit und Stärke der Mantis reicht. Es befinden sich darunter die auf unserer Abbildung wiedergegebene aschfarbige Wanderheuschrecke (Pachytylus cinerascens, Fab.), deren Größe die des Insekts, das sie fressen soll, übertrifft; der weißstirnige Dektikus, ausgerüstet mit kräftigen Kiefern, vor denen man seine Finger in acht nehmen muß; die seltsame Schnabelschrecke (Tryxalis), deren Kopf in eine pyramidenförmige Mitra endigt, und der Weinbergs-Ephippiger, der mit seinen Fiedelbogen schnarrt. Außerdem zwei der größten Spinnen unseres Landes: die Seidenkreuzspinne und die dickbäuchige gemeine Kreuzspinne (Epeira diademata L.).

Die Gottesanbeterin (Mantis religiosa L.) beim Angriff auf die Wanderheuschrecke (Pachytylus cinerascens).

Daß die Gottesanbeterin in der Freiheit solche Gegner angreift, läßt sich kaum bezweifeln, da sie unter meinen Glocken verwegen allem zu Leibe geht, was ihr vorkommt. Dergleichen gefährliche Jagden lassen sich nicht aus dem Stegreif anstellen, sondern sie muß daran ständig gewöhnt sein. Große und kleine Insekten werden früher oder später von

ihr harpuniert, zwischen ihren Sägen unbeweglich gemacht und dann mit Behagen geknabbert. Die Sache verdient beschrieben zu werden. Beim Anblick einer großen Wanderheuschrecke, die sorglos an dem Drahtgeflecht der Glocke näherkommt, versetzt sich die Mantis mit einer krampfhaften Zukkung alsbald in eine Positur, die Schrecken erregen soll. Ein elektrischer Schlag könnte nicht schneller wirken. Der Übergang ist so rasch und die Mimik so drohend, daß ein nicht daran gewöhnter Beobachter stutzt und seine Hand zurückzieht, weil er eine unbekannte Gefahr befürchtet. Die Flügeldecken werden geöffnet und schräg seitwärts ausgespannt, die Flügel in ihrem ganzen Umfang wie parallele Segel emporgerichtet. Das Ende des Leibes rollt sich spiralförmig zusammen und streckt sich wieder, dann sinkt es herab und wird schlaff unter heftigen Erschütterungen mit einem Geräusch: Puff, puff!, ähnlich demjenigen, womit der Truthahn vor seiner Henne das Schwanzgefieder aufklappt. Man könnte an das Zischen einer überraschten Natter denken. Trotzig auf seinen vier Hinterbeinen dastehend, hält das Insekt seinen langen Vorderleib fast senkrecht empor. Die vorher zusammengefaltet und aufeinandergelegt vor der Brust gehaltenen Fangbeine öffnen sich ihrer ganzen Länge nach, strecken sich kreuzförmig vor und zeigen in den Achselhöhlen den Schmuck der Perlchen und die schwarzen Flecken mit dem weißen Augenfleck in der Mitte. Offenbar sind dies Kriegskleinodien, die jetzt enthüllt werden, um das Insekt schreckenerregend für die Schlacht zu machen.

Unbeweglich in ihrer seltsamen Haltung, überwacht die Mantis die Heuschrecke, den Blick starr auf sie gerichtet und den Kopf etwas drehend, je nachdem diese ihre Stellung verändert. Der Zweck dieser Mimik ist einleuchtend: die Mantis will Furcht einjagen, durch Entsetzen das mächtige Wild lähmen, das – nicht durch Schrecken entmutigt – zu gefährlich wäre. Gelingt ihr dies in der Tat? Niemand weiß, was unter dem glänzenden Schädel des Dektikus, hinter dem langen Gesicht der Wanderheuschrecke vorgeht. Unsere Blicke vermögen keine Zeichen der Erregung auf ihren unveränderlichen Masken wahrzunehmen. Trotzdem erkennt das bedrohte Insekt sicherlich die Gefahr, aber obgleich es sich mit Leichtigkeit durch einen Sprung den Klauen entziehen könnte, bleibt es stumpfsinnig auf seinem Platz oder nähert sich sogar mit langsamen Schritten. Man sagt, daß die kleinen Vögel, von Schrecken gelähmt vor dem offenen Rachen der Schlange, versteinert durch den Blick des Reptils, unfähig fortzufliegen, sich schnappen lassen. Ungefähr ebenso verhalten sich vielfach die großen Wander- und Laubheuschrekken gegenüber der Gottesanbeterin, die sie fasziniert. Die beiden Enterhaken schießen auf sie herab, die Krallen harpunieren sie, die doppelten Sägen schließen sich und schnüren sie ein. Vergebens wehrt sich das unglückliche Insekt: seine Kiefern schnappen ins Leere, sein verzweifeltes Ausschlagen peitscht die Luft. Es muß sich in sein Schicksal ergeben. Die Mantis faltet die Flügel, ihre Kriegsstandarte, wieder zusammen; sie nimmt ihre gewöhnliche Haltung ein, und das Mahl beginnt. Beim Angriff auf die Schnabelschrecke und den Ephippiger, die ein weniger gefährliches Wild darstellen als die Wanderheuschrecke und der Dektikus, ist die gespensterhafte Stellung weniger imposant und von kürzerer Dauer: oft genügt das einfache Vorschleudern der Enterhaken. Dies ist auch der Kreuzspinne gegenüber ausreichend, die quer um den Körper gepackt wird, ohne Angst vor ihren giftigen Kieferklauen. Bei den kleinen Feldheuschrecken, die unter meinen Drahtglocken wie in der Freiheit die gewöhnliche Kost der Mantis bilden, verwendet sie nur selten ihre Schreckmittel; meist packt sie ohne weiteres einen solchen Leichtfuß, der ihr in den Wurf kommt.

Wenn das zu fangende Stück Wild ernsten Widerstand zu leisten vermag, hat die Gottesanbeterin also eine Pose zu ihrer Verfügung, welche die Beute erschreckt und fasziniert, so daß sie von ihr sicher harpuniert werden kann. Dabei spielen ihre großen, am Rande grünen, im übrigen farblosen und durchsichtigen Flügel, die von stärkeren Adern der Länge nach, von schwächeren in der Quere durchzogen werden, eine Hauptrolle. Sie richtet sie in der beschriebenen Weise empor, so daß sie sich oben, wie die Flügel der Tagschmetterlinge in ihrer

Ruhestellung, fast berühren. Das dabei wahrnehmbare Geräusch entsteht durch die Reibung des Hinterleibes gegen das Netz der Flügeladern; man kann es selbst hervorrufen, indem man mit einem Fingernagel rasch über die Oberfläche eines ausgebreiteten Flügels streicht.

Die kleinen, schmächtigen Männchen der Gottesanbeterin, die für die Paarung von einem Gesträuch zum andern umherstreifen müssen, brauchen notwendig Flügel. Diese sind bei ihnen wohlausgebildet und genügen für ihre Flüge, deren größte Ausdehnung kaum vier oder fünf Schritte beträgt. Die winzigen Bürschchen sind sehr mäßig und mit mageren Grashüpfern zufrieden; sie verfügen daher auch nicht über die Gespensterpose des Weibchens, die für sie – als Jäger ohne höheren Ehrgeiz – unnötig ist. Dagegen begreift man zunächst nicht, wozu das mit dem Reifen der Eier unverhältnismäßig feist werdende Weibchen Flügel hat. Es klettert und läuft, allein niemals fliegt es, weil sein Embonpoint es dazu viel zu schwerfällig macht. Wozu also Flügel und noch dazu so ungemein große?

Bei einer nahen Verwandten, der viel kleineren farblosen Mantis (Ameles decolor Charp.) sehen wir die Männchen allein mit Flügeln versehen, während die dickbäuchigen Weibchen nur über Stummel davon verfügen. Sind die umfangreichen Flügel der weibliche Mantis religiosa L. nun überflüssig oder zweckwidrig? Keineswegs: sie macht Jagd auf großes Wild, das ihr gefährlich werden könnte, wenn sie es nicht durch Schrecken lähmte, und dabei spielt nun offenbar das überraschende Aufspannen der großen Flügel eine Hauptrolle. Für die kleine Ameles decolor Charp. dagegen ist eine solche Kriegslist unnötig, da sie nur schwaches Wild: Schnaken und kleine Heuschrecken jagt.

Es ist nicht ohne Interesse, der Gottesanbeterin beim Verzehren der Beute zuzusehen, die dabei von den beiden Schraubstöcken der Fangbeine zugleich festgehalten wird. Mit Staunen sah ich, wie eine Mantis, die allerdings nach einem mehrtägigen Fasten heißhungrig war, eine riesige graue Wanderheuschrecke binnen zwei Stunden bis auf die Flügel verspeiste. Solche Orgien sind indes selten; die gewöhnliche Speisenfolge unter meinen Glocken bilden die an Größe und Art ja sehr verschiedenen Feldheuschrecken, von denen gleichfalls nichts übrig bleibt als die trockenen Flügel. In allen Fällen aber wird die Beute zuerst vom Nacken aus in Angriff genommen. Während das eine Fangbein den harpunierten armen Schelm mitten um den Leib gepackt hält, drückt das andere seinen Kopf herunter, so daß der Hals auf der oberen Seite hervorklafft. In diese von dem Chitinpanzer des Insekts nicht bedeckte Stelle wühlt und beißt nun die Schnauze der Mantis beharrlich hinein, bis sich im Genick eine breite Wunde öffnet. Sogleich werden die stürmischen Bewegungen der Heuschrecke matter, und bald ist die Beute ein regungsloser Kadaver, von dem sich das fleischfressende Insekt die Stücke nach Belieben auswählen kann.

Dieser erste Biß in den Nacken bildet so sehr die Regel, daß er notwendig einen ganz bestimmten Grund haben muß. Man gestatte mir eine kleine Abschweifung, die uns darüber Auskunft geben soll: im Juni finde ich auf den Lavendelsträuchen meines Gartens häufig zwei kleine, zierliche Krabbenspinnen (Thomisus onustus Walck. und Thomisus rotundatus, Walck.), die keine Fangnetze weben, weil sie das bißchen Webstoff, das ihr Körper enthält, ausschließlich für die Herstellung des Eiersäckchens nötig haben. Ihre Taktik besteht deswegen darin, sich auf den Blumen in den Hinterhalt zu legen und sich überraschend auf die Insekten zu werfen, die dorthin kommen, um Honig zu sammeln.

Ihr beliebtestes Wild ist unsere Haus- oder Honigbiene (Apis mellifica L.). Ich überrasche sie öfters mit ihrem Fang; immer ist die Imme tot, mit herabhängenden Flügeln und herausgestreckter Zunge (Rüssel). Die in den Nacken des Opfers geschlagenen Gifthäkchen der Spinne geben mir zu denken, wie ich darin eine überraschende Ähnlichkeit mit der Praktik der Mantis, wenn sie ihre Heuschrecke anschneidet, sehe. Zugleich taucht auch die Frage auf: wie vermag sich die schwache und an jeder Stelle ihres weichen Körpers verwundbare Spinne einer Beute zu bemächtigen, die doch – wie die Bienen – um soviel stärker und flinker ist,

außerdem bewaffnet mit einem Stachel, der tödliche Stiche versetzt? Das Mißverhältnis zwischen dem angreifenden und dem angegriffenen Insekt ist so groß hinsichtlich der körperlichen Kraft und der Macht der Waffen, daß ein solcher Kampf völlig unmöglich erscheint, weil diese kleinen Spinnen nicht, wie andere ihrer Ordnung, über Netze oder Bänder verfügen, um damit einen so fruchtbaren Gefangenen zu fesseln. Und trotzdem führen sie diese verwegenen Angriffe aus, in denen der Sieg dem soviel schwächeren Teil verbleibt, wie die zahlreichen, von Krabbenspinnen ausgesogenen Bienen beweisen, die ich auffinde. Die Schwäche dieser Araneïnen muß mithin durch irgendeine besondere Kunst ausgeglichen werden; sie müssen über eine Strategie verfügen, die ihnen das anscheinend Unmögliche möglich macht.

Um darüber ins klare zu kommen, setze ich eine Krabbenspinne unter eine Drahtglocke, dazu einen Lavendelbusch, auf den ich ein paar Tröpfchen Honig gespritzt habe, und schließlich drei oder vier Bienen. Diese machen sich gar nichts aus der gefährlichen Nachbarschaft; sie fliegen umher und nehmen von Zeit zu Zeit ein Schlückchen Honig, mehrfach kaum einen halben Zentimeter von der Spinne entfernt. Diese sitzt unbeweglich auf einer Blüte in der Nähe des Honigs, die vier vorderen Beine, die etwas länger sind, ausgestreckt und, zum Angriff bereit, etwas erhoben. Als nun wiederum eine Biene neben ihr von dem Honig schlürft, ist der Augenblick gekommen. Sie stürzt sich auf die Unvorsichtige und ergreift sie mit dem klauenförmigen, einschlagbaren Schlußglied ihrer Kieferfühler beim Flügelende, während ihre Füße den Körper ungeschickt umklammert halten. Ein paar Sekunden müht sich die Biene mit dem Angreifer ab, der auf ihrem Rücken sitzt, so daß der Stachel ihm nichts anhaben kann. Lange kann dieses Ringen Körper an Körper jedoch nicht dauern, ohne daß sie sich aus der Umklammerung wieder losmacht. Da läßt die Spinne den Flügel los und führt einen plötzlichen Stoß gegen den Nacken des Opfers aus, in den sie die Kieferklauen einschlägt, aus denen nun die beiden Giftdrüsen eine scharfe Flüssigkeit in die Wunde ergießen. Noch ein paar krampfhafte Zuckungen, dann ist die Biene sofort tot, der jetzt die Krabbenspinne langsam das Blut an verschiedenen Stellen des Körpers aussaugt. Er bleibt dabei jedoch intakt und läßt keine Wunde gewahren.

Dieser blitzschnelle Tod des Opfers zeigt deutlich genug, weshalb der erste Biß, solange es noch lebt, nur in den Nacken und nirgend anders hin geführt wird. Der Zweck dabei ist, das Insekt zu lähmen, was sofort geschieht, da der Biß die Hirnzentren verletzt und vergiftet, so daß das Leben auf der Stelle erlischt. Auf diese Weise vermeidet die Spinne einen Kampf, der bei längerer Dauer unfehlbar zu ihren Ungunsten ausgehen müßte.

Wir wollen uns nun der Gottesanbeterin wieder zuwenden, die sich gleichfalls auf die Kunst versteht, den raschen Tod ihrer Opfer herbeizuführen. Wenn sie eine große Heuschrecke gepackt hat, so will sie deren Fleisch mit Ruhe verzehren, ohne dabei durch die heftigen Stöße der sich wehrenden Beute bei der Mahlzeit gestört zu werden. Das Hauptverteidigungsmittel der Heuschrecke sind ihre kräftigen Hinterbeine, die noch dazu ausgezackt sind wie eine Säge, so daß sie unschwer den dicken Bauch der Mantis aufzuschlitzen vermöchten. Was ist nun zu tun, um sie ohnmächtig zu machen, ebenso wie die Vorderbeine, die zwar weniger gefährlich, aber mit ihren verzweifelten Bewegungen doch sehr lästig sind?

Es ginge wohl an, ein Bein nach dem anderen abzutrennen, doch wäre dieses Verfahren etwas langwierig und auch nicht ohne Gefahr. Die Mantis hat ein besseres ausfindig gemacht, da ihr die anatomischen Geheimnisse des Genicks bekannt sind. Indem sie ihre Beute von vornherein auf der Rückseite des unbeschützten Halses angreift, beißt sie ihm die Nervenknoten im Nacken durch und erstickt die Muskelenergie in ihrer Hauptquelle. Die Bewegung erlahmt alsdann, nicht plötzlich und ganz und gar, denn die Lebensfähigkeit der großen Heuschrecke ist nicht so zart wie die der Biene; immerhin jedoch genügend nach den ersten Bissen. Bald werden die Stöße und Zuckungen schwächer, und endlich hört alle Bewegung auf, so daß die Jagdbeute, wie groß sie auch sein mag, in völliger Ruhe verzehrt werden kann.

Die Gottesanbeterin und ihre Freier.

Was wir bisher über die Lebensgewohnheiten der Gottesanbeterin (Mantis religiosa L.) erfuhren, stand wenig im Einklange mit ihrer volkstümlichen Benennung. Man erwartet danach, ein sanftes, friedliches Insekt zu finden, und erkennt statt dessen in ihr einen Kannibalen, einen blutdürstigen Vampir, der seinen Gefangenen das Hirn zerbeißt, nachdem er sie durch Schreck mutlos gemacht hat. Und das ist noch nicht einmal das Schlimmste. In den Beziehungen zu ihresgleichen offenbart die Mantis Gepflogenheiten, wie man sie gleich grausam nicht einmal bei den Spinnen findet, die doch in dieser Hinsicht übelberüchtigt sind.

Um die Anzahl der auf meinem großen Tische aufgestellten Drahtglocken zu verringern, bringe ich in einzelnen Volieren mehrere Weibchen – manchmal bis zu einem Dutzend – unter. In räumlicher Beziehung ist das gemeinsame Logis ganz annehmbar. Es bietet Raum genug für die Gefangenen, die sich nicht viel aus der Bewegung machen, weil sie durch den dicken Bauch schwerfällig sind. Sich an das Drahtgitter der Glocke klammernd, verdauen sie unbeweglich oder erwarten die Annäherung einer Beute. Damit nicht etwa infolge Mangels an Nahrung Streitigkeiten vorkommen, versorge ich die Volieren zweimal im Tage reichlich mit Heuschrecken. Wenn nun ein Bürgerkrieg ausbricht, können die Gottesanbeterinnen sich nicht mit Hungersnot entschuldigen.

Anfangs geht die Sache gar nicht übel. Die Bevölkerung lebt in Frieden, jede Mantis hascht und knabbert, was ihr in den Wurf kommt, ohne mit den Nachbarinnen Händel zu suchen. Allein diese Periode friedlichen Einvernehmens ist von kurzer Dauer. Der Leib schwillt immer mehr an, die Eierstöcke bringen ihre Schnüre von Eiern zur Reife, und der Augenblick der Hochzeit und der Eierablage nähert sich. Nunmehr bricht eine Art eifersüchtiger Wut unter ihnen aus, obgleich kein einziges Männchen vorhanden ist, auf das man die weiblichen Rivalitäten zurückführen könnte. Die Arbeit der Eierstöcke ruft in der Schar perverse Gelüste hervor und stachelt sie an, sich gegenseitig zu verschlingen. Auf Drohungen folgen Handgemenge und kannibalische Feste. Hierbei erscheint auch wieder das uns bereits bekannte Annehmen einer Stellung, die Furcht einflößen soll, das Rauschen der Flügel und das Ausstrecken der Fangbeine. Einer aschfarbigen Heuschrecke oder einem weißstirnigen Dektikus gegenüber könnten diese Bekundungen der Feindseligkeit nicht drohender sein.

Ohne daß ich einen Beweggrund dafür wahrnehmen kann, richten sich zwei Nachbarinnen plötzlich in ihrer Kampfstellung auf. Sei wenden den Kopf nach rechts und links, fordern sich heraus und werfen einander geradezu beleidigende Blicke zu. Das Puff! puff! der mit dem Unterkörper geriebenen Flügel gibt das Signal zum Angriff. Wenn das Duell auf die erste Schramme beschränkt bleibt, ohne ernsthaftere Fortsetzung, öffnen sich die zusammengehaltenen Fangbeine wie die Blätter eines Buches, um sich dann an die Seite zu legen und den langen Vorderleib einzurahmen. Eine prächtige Haltung, doch weniger furchtbar wie die bei einem Kampfe auf Tod und Leben.

Alsdann wird plötzlich der eine Enterhaken vorgestoßen, um die Rivalin zu harpunieren; ebensoschnell wird er wieder zurückgezogen und in Deckung gebracht. Die Gegnerin hat pariert und stößt nach. Zwei Katzen, die einander mit den Pfoten ohrfeigen, machen ähnliche Fechtübungen. Wenn sich das erste Blut auf dem weichen Bauche zeigt,

oder auch ohne die mindeste Wunde, bekennt die eine sich für besiegt und zieht sich zurück. Die andere faltet ihr Kriegsbanner wieder zusammen und sinnt auf den Fang eines Grashüpfers, scheinbar ruhig, jedoch stets bereit, den Streit wieder aufzunehmen.

Häufig dagegen ist der Ausgang ein tragischer. Dann wird vollständig die Stellung zu einem Zweikampf ohne Gnade eingenommen. Die Fangbeine werden entfaltet und in die Luft gestreckt. Wehe der Besiegten! Die andere zwingt sie zwischen ihre Schraubstöcke und macht sich sogleich daran, sie zu verspeisen, wobei sie wohlweislich im Nacken anfängt. Das widerwärtige Mal geht ebenso behaglich vor sich, als ob es sich darum handelte, eine Heuschrecke zu knabbern. Die Schmausende genießt ihre Schwester wie eine erlaubte Speise, und ihre Umgebung legt keinen Protest dagegen ein, sondern ist von der Begierde erfüllt, es bei der ersten Gelegenheit ebenso zu machen, obwohl in der Glocke genug Heuschrecken, ihr Lieblingswild, vorhanden sind.

Diese Verirrungen der trächtigen Weibchen können einen noch widerwärtigeren Grad annehmen. Um bei der Paarung die in zahlreicher Gesellschaft unvermeidlichen Störungen fernzuhalten, isolieren wir die Pärchen unter verschiedenen Glocken. Jedes Paar hat seine Wohnstätte, worin niemand seine Hochzeit stören kann. Auch die Lebensmittel werden nicht vergessen und sogar fortwährend reichlich geliefert, um den Hunger als Entschuldigungsgrund auszuschließen.

Der August nähert sich seinem Ende. Das Männchen, ein schlanker Liebhaber, hält den Augenblick für günstig. Es wirft seiner viel größeren und stärkeren Gefährtin verliebte Blicke zu; es wendet den Kopf nach ihrer Seite hin, biegt den Hals und legt sich in die Brust. Sein kleines, spitzes Lärvchen ist fast ein Leidenschaft ausdrückendes Gesicht. In dieser Haltung betrachtet es lange Zeit unbeweglich die Begehrte. Diese rührt sich nicht, als ob sie das ganz gleichgültig ließe. Der Verliebte jedoch hat ein Zeichen der Einwilligung aufgefangen – ein Zeichen, in dessen Geheimnis ich nicht eingeweiht bin. Er nähert sich; plötzlich entfaltet er die Flügel, die von einem krampfhaften Zittern schwirren. Das ist seine Liebeserklärung. Der Schmächtige schwingt sich auf den Rücken der Korpulenten, klammert sich dort nach Möglichkeit an und setzt sich fest. Diese Präludien währen im allgemeinen lange. Endlich wird die Begattung vollzogen, die gleichfalls von langer Dauer – mitunter fünf bis sechs Stunden – ist.

Dabei geht zwischen den beiden Verbundenen nichts vor, was der Aufmerksamkeit wert wäre. Endlich trennen sie sich, aber nur, um sich alsbald in noch intimerer Weise wieder zu vereinigen. Wenn der arme Schelm von seiner Schönen geliebt wird, weil er auf die Eierstöcke belebend wirkt, so liebt sie ihn auch als wohlschmeckendes Wild. In der Tat wird er im Verlauf des Tages, spätestens am andern Morgen, von seiner Gefährtin gepackt, die in herkömmlicher Weise ihn zunächst in den Nacken beißt, um ihn dann ordnungsmäßig in kleinen Bissen zu verzehren; nur die Flügel läßt sie übrig.

Ich war neugierig, zu erfahren, wie ein zweites Männchen von dem bereits befruchteten Weibchen aufgenommen werden würde. Das Ergebnis meiner Untersuchung ist skandalös. In sehr vielen Fällen war die Mantis gar nicht zu sättigen mit Umarmungen und ehelichen Schmäusen. Nach einer Ruhepause von verschiedener Dauer, gleichviel ob die Eier schon abgelegt sind oder nicht, wird ein zweites Männchen angenommen und dann wie das erste verzehrt. Ihm folgt ein dritter Freier, der nach erfüllter Schuldigkeit auf demselben Wege verschwindet und ein vierter hat das gleiche Schicksal. In dem Zeitraum von zwei Wochen sehe ich dieselbe Mantis bis zu sieben Männchen gebrauchen. Allen gibt sie sich hin, aber alle müssen mit ihrem Leben die Wonne der Hochzeit bezahlen.

Dergleichen Orgien sind häufig in verschiedenen Abstufungen, doch kommen auch Ausnahmen vor. An sehr heißen Tagen mit starker elektrischer Spannung bilden aber solche Greuel beinahe die allgemeine Regel. Zu dieser Zeit haben die Gottesanbeterinnen eben „ihre Nerven“. Unter meinen Drahtglocken mit zahlreichen Weibchen verspeisen sie sich mehr als sonst gegenseitig; unter den Glokken mit getrennten Paaren werden die Männchen

häufiger als bei anderem Wetter nach der Begattung als gewöhnliche Beute behandelt.

Als Entschuldigung für diese ehelichen Abscheulichkeiten möchte ich mir nun gern sagen können: in der Freiheit beträgt die weibliche Mantis sich nicht in solcher Weise. Wenn das Männchen seine Pflicht getan hat, so bleibt ihm Zeit, sich aus dem Staub zu machen, weit fortzugehen und das schreckliche Weib zu fliehen, da ihm ja sogar in meinen Volieren eine Frist gegeben wird, mitunter bis zum nächsten Morgen. Was nun tatsächlich im Gras und Gebüsch unter freilebenden Fangschrekken vorgeht, weiß ich nicht, da mich der Zufall, diese armselige Hilfsquelle, niemals über das Liebesleben der Gottesanbeterinnen in der freien Natur unterrichtet hat. Ich kann mich daher nur auf die Vorgänge in meinen Volieren beziehen, wo die hinreichend von der Sonne beschienenen, reichlich genährten und geräumig logierten Gefangenen in keiner Weise vom Heimweh berührt werden. Was sie dort tun, müssen sie also auch in normalen Daseinsverhältnissen tun.

Nun wohl, diese Vorkommnisse nötigen mich, die Entschuldigung einer den Männchen gewährten Frist, um sich zu entfernen, zu verwerfen. Ich überrasche eines meiner isolierten Paare in folgender gräßlichen Stellung. Das zur Vollziehung seiner vitalen Verrichtungen aufgenommene Männchen hält das Weibchen eng umschlungen; aber das unglückliche Insekt hat keinen Kopf, es hat keinen Hals und fast keinen Vorderleib mehr. Das Weibchen aber ist mit der über die Schulter nach rückwärts gekehrten Schnauze dabei, ganz friedlich die Reste des süßen Liebhabers aufzuzehren. Und dieser männliche Stumpf fährt, sich fest anklammernd, in seiner Verrichtung fort!

Die Liebe ist stärker als der Tod, hat man gesagt. In ihrer wörtlichen Bedeutung genommen, kann diese Sentenz kaum eine auffallendere Bestätigung finden. Ein Enthaupteter, ein bis zur Leibesmitte Amputierter, ein Kadaver beharrt dabei, einer neuen Generation das Leben geben zu wollen. Er wird das Weibchen nicht eher loslassen, als bis es ihm den Bauch, den Sitz der Zeugungsorgane, aufschlitzt.

Bei einem Insekt, das in Gefühlssachen keinerlei Bedenken kennt, begreift man es bis zu einem gewissen Grade, wenn das Weibchen den Verliebten nach der Hochzeit verspeist, da dieser erschöpfte Zwerg nun doch zu nichts anderem mehr gut ist; aber ihn während des Aktes aufknabbern – das übersteigt doch alles, was die Einbildungskraft an Greueln zu ersinnen vermag. Ich habe dies gesehen, mit meinen eigenen Augen gesehen und mich von der Bestürzung darüber lange Zeit nicht erholen können.

Die Frage, ob es dem Männchen immer möglich sei, nach der Paarung zu fliehen und sich in Sicherheit zu bringen, muß also entschieden verneint werden. Die Liebe der Mantis ist ebenso tragisch, wenn nicht in noch höherem Grade wie die der Spinne.*) Der beschränkte Raum meiner Volieren begünstigt nun allerdings das Gemetzel der Männchen, das will ich gar nicht in Abrede stellen, allein die Ursache dieser Tötungen ist doch anderwärts zu suchen.

Vielleicht haben wir es hier mit einer Reminiszenz aus den geologischen Zeitaltern zu tun, als in der Epoche der Steinkohle**) das Insekt sich in so ungeheuerlichen Brünsten entwickelte. Die Orthopteren oder Geradflügler, zu denen die Gottesanbeterinnen gehören, sind die Erstgeborenen der entomologischen Welt. (Sie sind bereits im Silur durch einen Vorläufer: Palaeoblattina Douvillei Brongn. vertreten, und in der Kohlenformation gibt es schon zahlreiche, zum Teil ganz riesige Formen, wie z. B.

*) Wenn bei Rad- und Nestspinnen das Männchen nach der Begattung sich nicht schnell genug entfernt, so wird es gleichfalls das Opfer des Weibchens.

**) Die Steinkohlen- oder karbonische Formation, ein bis 4000 m mächtiger Schichtenkomplex der paläozoischen Gruppe, bietet vor allem Pflanzen, zumal Schachtelhalme, Farne, Sigillarien, Lepidodendren und Nadelhölzer, die das Material für die Bildung von Steinkohle oder Anthrazit geliefert haben und in den Schiefertonen meist sehr gut erhalten sind. Außerordentlich viel seltener werden aber auch die Reste von luftatmenden Tieren gefunden, und diese karbonischen Spinnen, Skorpione, Termiten, Heuschrecken und andere Insekten zeigen, was für ein hohes Alter diese Gruppen besitzen. Anm. d. Übers.

Titanophasma u. Protophasma Brongn., Dictyoneura Goldenbg. u. a. Von den späteren Urahnen unserer Schrecken sei noch Locusta speciosa Mstr. aus dem oberen Jura erwähnt.) Plump und mangelhaft hinsichtlich der Verwandlung, schweiften sie bereits umher zwischen den Baumfarnen, als es noch keine Insekten mit feineren Metamorphosen, wie Schmetterlinge, Skarabäen, Fliegen und Bienen gab. Die Sitten waren nicht sanft in diesen Zeiten voll üppigen Dranges, zu zerstören, um zu erzeugen, und in den Mantiden setzen sich vielleicht die Liebesgepflogenheiten von damals fort.

Das Verzehren der Männchen als Wildbret ist auch bei andern Mitgliedern der Familie der Fangschrecken – wenn nicht bei allen – gang und gäbe. Die kleine farblose Mantis (Ameles decolor Charp.), so artig und friedliebend unter meinen Glocken, die ungeachtet der zahlreichen Besetzung der Voliere niemals Streit mit ihren Nachbarinnen anfängt, schnappt ihr Männchen und frißt es ebenso grausam auf, wie dies die Mantis religiosa L. tut. Ich mühe mich auf Streifzügen ab, um für meine Weibchen die unumgänglich notwendige Ergänzung herbeizuschaffen. Kaum habe ich so ein wohlgeflügeltes, sehr flinkes Männchen unter die Glocke gebracht, als es meist auch schon von einem Weibchen, das seine Beihilfe nicht mehr nötig hat, gepackt und verschlungen wird. Nachdem die Eierstöcke befriedigt sind, haben die Weibchen beider Mantisarten eine Abscheu vor dem Männchen oder sehen vielmehr in ihm nur ein ausgezeichnetes Stück Wildbret.

Die Bauten der Labyrinthspinne.

Wie die Kreuzspinnen, die ihr Netz senkrecht ausspannen, unvergleichliche Weberinnen sind, so zeichnen sich auch viele andere Araneïden durch scharfsinnige Anordnungen aus, um sich den Leib zu füllen und Nachkommenschaft zu hinterlassen, was ja die uranfänglichen Gesetze aller lebenden Wesen sind. In meiner Gegend ist keine Spinne so häufig wie die gemeine Labyrinthspinne (Agelena labyrinthica Cl.)*). Es gibt keine Hecke, die nicht zwischen den Gräsern an ihrem Fuß, in stillen und gut durchsonnten Schlupfwinkeln, einigen von ihnen ein Obdach böte. Auch im freien Felde kann man sie beobachten, wo sie Gesträuche, Zistrosen, Lavendel, Immortellen und Rosmarin bevorzugt, die der Zahn der weidenden Herden abgestutzt hat. Dort spannt sie ihre wagerechten Gewebe aus, förmliche Zelte, die in der Morgenfrühe weithin sichtbar sind durch die Tautropfen an den Fäden, die in den ersten Strahlen des Tagesgestirns funkeln.

Jedes Gewebe, etwa so groß wie ein Taschentuch, ist über Büschel von Zistrosen oder andern Pflanzen ausgebreitet, mit denen es unregelmäßig angebrachte Kanten und zahlreiche Ankertaue verbinden. Das Strauchwerk verschwindet vollständig darunter; es sieht aus, als wäre ein Schleier von weißem Musselin darüber gedeckt. Das Netz ist an den Rändern so eben, wie es die Unregelmäßigkeiten der Stütze zulassen, nach innen zu aber kraterförmig vertieft, so daß es der Stürze eines Jagdhorns gleicht. Der mittlere Teil bildet einen kegelförmigen Schlund, einen Trichter, dessen mehr und mehr sich

---

*) Sie kommt, wie in Frankreich, auch in Deutschland überall vor; desgleichen findet man sie in England, Schweden, Ungarn und sicher auch in Rußland. Die Labyrinthspinne, zur Familie der Sackspinnen in der Ordnung der Webspinnen gehörend, vertritt bei uns – nach Taschenberg – für offene Waldplätze, Wiesen und sonnige, mit niederen Pflanzen und Gestrüpp bewachsene Berghänge in ihrer Lebensweise die allbekannte Haus- oder Fensterspinne (Tegenaria domestica), hat auch dieselbe Gestalt, ist aber noch etwas kräftiger gebaut (13–22 mm lang). Anm. d. Übers.

verengender Hals senkrecht in das Pflanzendickicht bis zur ungefähren Tiefe einer Spanne hinabreicht. An der unteren Öffnung dieser Röhre hält sich die Spinne auf. Sie ist von grauer Farbe, am Vorderleib mit zwei schwarzen Längsstreifen gezeichnet; auf dem Hinterleib gewahrt man gleichfalls zwei Streifen, abwechselnd weiß und braun punktiert. Am Ende des ovalen Hinterleibes ragen die Endglieder der oberen Spinnwarzen gleich zwei Schwänzchen hervor. Das krater- oder becherförmige Netz ist nicht in seiner ganzen Ausdehnung von gleicher Struktur. An den äußeren Enden bildet es ein Gewebe aus dünngesäten Fäden; mehr nach dem Zentrum zu, wird ein leichter Musselin, dann Atlas daraus, noch weiterhin, wo es steil abwärts geht, ist es ein Netzgestrick mit rautenförmigen Maschen. Der Hals des Trichters endlich, die gewöhnliche Station der Spinne, gleicht solidem Taffet. Dieser Teil ist unten nicht etwa verschlossen, wie man meinen könnte, sondern es befindet sich hier ein verstecktes Ausgangspförtchen, durch das die Spinne sich im Falle der Not ins Freie flüchten kann.

Dieses Netz hat nun nicht den Zweck, Insekten zu fangen, obwohl sich hin und wieder auch wohl durch Zufall kleinere Tierchen darin verwickeln mögen. Die Spinne braucht eine Falle, die imstande ist, eine Beute, die springen und fliegen kann, festzuhalten. Dafür hat die Kreuzspinne ihr perfides Netz mit klebrigen Fäden; die Labyrinthspinne ihr nicht minder perfides Labyrinth, von dem sie den Namen hat. Oberhalb des geschilderten Gewebes sehen wir einen förmlichen Wald von Fäden (Abb. 1) ausgespannt: lange und kurze, senkrechte und schräge, geradlaufende und im Winkel geführte, straff gespannte und lockere. Dies alles kreuzt und verwickelt sich, daß ein Chaos von Schlingen entsteht, ein Labyrinth, dem kein hineingeratenes Insekt wieder zu entrinnen vermag.

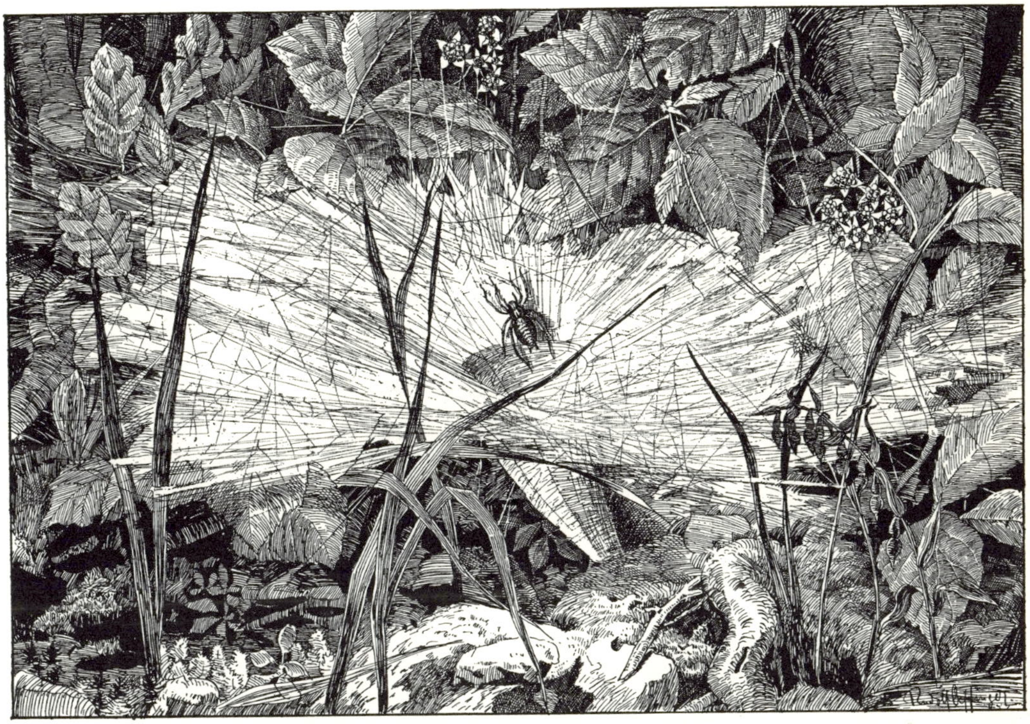

Abb. 1. Das Labyrinth über dem Netz der Labyrinthspinne.

Diese Fäden sind nicht, wie bei der Kreuzspinne, mit klebrigen Tröpfchen besetzt, an denen die Insekten hängen bleiben; sie wirken nur durch ihre verwirrende Massenhaftigkeit. Um die Falle spielen zu sehen, werfen wir eine kleine Heuschrecke hinein. Sie arbeitet sich ab, ohne auf diesen wackeligen Stützen einen Halt zu finden, und je mehr sie zappelt, um so mehr verwickelt sie sich in ihren Fesseln. Die Spinne sitzt unten in ihrer Röhre und läßt das Insekt ruhig gewähren, bis es schließlich auf das untere Gewebe herabfällt, dann erst stürzt sie sich auf die Beute und bohrt die Haken ihrer Kieferfühler in ihren Leib. Sobald die Heuschrecke durch die Wirkung des Giftes gelähmt ist, macht die Spinne sich daran, ihren Körper auszusaugen, wobei sie durchgehends mit den Schenkeln beginnt, die offenbar einen von ihr bevorzugten Leckerbissen darstellen.

Das Gewebe mit dem darüber angebrachten Labyrinth macht jedoch nur einen Teil des Kunstfleißes der Labyrinthspinne aus. Wenn die Zeit des Eierlegens herannaht, wechselt sie die Wohnstätte, verläßt jenes Netz, um nicht mehr dahin zurückzukehren, und errichtet an einer anderen Stelle ein neues Domizil für die künftigen Kleinen. Dieses besteht aus plumpen Päckchen abgefallener Blätter, die unregelmäßig durch Seidenfäden verbunden sind und im Innern ein feingewebtes Täschchen: den Sammelbehälter für die Eier, bergen. In der freien Natur, wo die Spinne im dichten Gestrüpp arbeiten muß, fällt diese Arbeit plump und inkorrekt aus; läßt man das Insekt sie aber unter günstigeren Verhältnissen ausführen, wo es ungehindert seine Fähigkeiten entfalten kann, so wird es – davon bin ich vornweg überzeugt – sich wohlbewandert in der Kunst, ein zierliches Nest herzustellen, erweisen.

Mitte August bringe ich von einem halben Dutzend Labyrinthspinnen jede unter einer großen Glocke aus Metalldraht unter, die auf einer mit Sand gefüllten Schüssel steht. In der Mitte bietet ein Thymianbusch die nötigen Stützpunkte für den Bau; andere liefert das netzartige Gitter der Glocke. Als Lebensmittel gebe ich meinen Gefangenen täglich Heuschrecken, die gern genommen werden, vorausgesetzt, daß sie zart und von mittlerer Größe sind. Der Versuch gelingt nach Wunsch, und als der Monat kaum zu Ende geht, bin ich im Besitz von sechs tadellos geformten, blendendweißen Nestern. Jedes ist ein kunstvoller, eiförmiger Bau aus zartem Musselin, ungefähr so groß wie ein Hühnerei. An den beiden Polen ist diese Koje offen: an die vordere Öffnung schließt sich ein bedeckter Gang, der sich allmählich erweitert, an die hintere ein schmalerer, dessen Zweck mir zunächst nicht klar ist. Die vordere, weitere Öffnung dagegen dient zweifellos als Tor für die Verproviantierung. Dort sehe ich die Spinne von Zeit zu Zeit den Heuschrecken auflauern; sie verzehrt die Beute stets außerhalb des Nestes und hütet sich wohl, das unbefleckte Heiligtum durch die Kadaver zu verunreinigen.

Das Nest ähnelt in seinem Bau dem Jagdnetz der Spinne. Der rückwärtige Hausgang entspricht offenbar dem Trichterhals, der bis fast auf den Boden unter dem Netz hinabreichte und dem Insekt die Flucht im Falle der Gefahr ermöglichte. Der vordere Gang, dessen Mündung durch hier und dort ausgespannte Fäden weit auseinander klafft, erinnert an den Schlund, in den dort die gefangenen Insekten hinabfielen. So findet man also hier alle Teile der verlassenen Wohnstätte wieder, selbst das Labyrinth, dieses freilich sehr verkleinert. Vor der weiteren Öffnung kreuzen sich nämlich Fäden, in denen sich die Passanten aus der Insektenwelt fangen.

Dieser Palast aus Seide ist nun nichts anderes als ein Wachthaus. Hinter der durchsichtigen Wand der Oberfläche sieht man den Behälter mit den Eiern durchschimmern: eine geräumige, mattweiß gefärbte Tasche, die durch strahlenförmig angeordnete Pfeiler unbeweglich im Zentrum des Gewebes festgehalten wird. Jeder von diesen, in der Mitte schmaler werdenden Pfeilern stellt einen gewölbten Gang dar, so daß die Spinne sich nach allen Richtungen hin um die zentrale Kammer bewegen kann. Langsam unter diesen Arkaden umherwandelnd, bewacht die Mutter ihre Nachkommenschaft, in dem sie bald hier, bald dort verweilt, um zu horchen, was unter der seidenen Hülle vorgeht. Zerschneidet man mit der Schere ein solches Säckchen, so findet man es angefüllt mit weißer, ungemein zarter Watte und darin die Eier, etwa hundert an der Zahl und verhältnismäßig groß, denn sie messen 1½ mm. Es sind Perlen von blaß bernsteingelber Farbe, die nicht aneinanderkleben, sondern frei umherrollen, wenn ich die Eiderdaunen entferne, die sie umhüllen.

Unermüdlich hält die Spinnenmutter ihre Wacht; wenn ich eine Stelle ihres Nestes mit einem Strohhalm erschüttere, so läuft sie schnell herbei, um zu sehen, was los sei. Dabei vergißt sie jedoch die Nahrungsaufnahme nicht und verzehrt alle Heuschrecken, die ich unter die Drahtglocke bringe, stets aber außerhalb des Wachtgebäudes, auf der Schwelle des Eingangstores. Dieser Appetit setzt mich in Erstaunen nach meinen Beobachtungen an den Krabbenspinnen, die – ebenso eifrige Hüterinnen – die von mir dargebotenen Bienen verschmähten und lieber an Entkräftung zugrunde gingen. Die Labyrinthspinne hingegen hat ein zwingendes Motiv für ihre Nahrungsaufnahme. Der ganze Vorrat an Spinnstoff, den ihr Körper enthielt, wurde bei der Herstellung des doppelten Gebäudes für die Mutter und ihre Kinder verausgabt, und noch immer, seit beinah einem Monat, sehe ich, wie die Spinne durch eine Lage Gespinst nach der andern bald die Wandung der großen Kabine, bald die der zentralen Kammer verstärkt, so daß aus dem Gewebe, das anfangs eine durchsichtige Gaze darstellte, zuletzt undurchsichtige Seide wird; um so verschwenderisch zu Werke gehen zu können, muß die Spinne durch fortwährende Aufnahme von Nahrung ihren Spinndrüsen immer neuen Stoff zuführen; nur auf diese Weise kann die Maschinerie in Gang gehalten werden.

Gegen Mitte September schlüpfen die Kleinen aus den Eiern, ohne jedoch ihr Säckchen zu verlassen, in dem sie, eingehüllt in die zarte Watte, den Winter über bleiben. Die Mutter bewacht sie und spinnt nach wie vor, jedoch von Tag zu Tag weniger eifrig. Nur in langen Zwischenräumen stärkt sie sich durch eine Heuschrecke; sie verschmäht sogar solche, die ich unmittelbar in ihr Fangnetz setze. Diese wachsende Enthaltsamkeit, ein Zeichen der Altersschwäche, verlangsamt die Arbeit der Spinnwarzen und hemmt sie zuletzt vollständig. Noch vier oder fünf Wochen hindurch hört die Mutter nicht auf, mit langsamen Bewegungen ihre Beaufsichtigung fortzusetzen; sie scheint glücklich, wenn sie in dem Täschchen das Gekrabbel ihrer Nachkommenschaft vernimmt. Zuletzt, wenn der Oktober zu Ende geht, klammert sie sich an das Kinderzimmer und geht, abgezehrt, zugrunde. Sie hat alles getan, was mütterliche Aufopferung vermag; der Instinkt der kleinen Tierchen muß nun das übrige tun. Wenn das Frühjahr kommt, werden sie ihre mollige Wohnung verlassen, sich mittels der Spinnfäden, die sie durch die Luft tragen, über die Umgegend zerstreuen und über Thymianbüschen die ersten Versuche zur Herstellung von Labyrinthnetzen unternehmen.

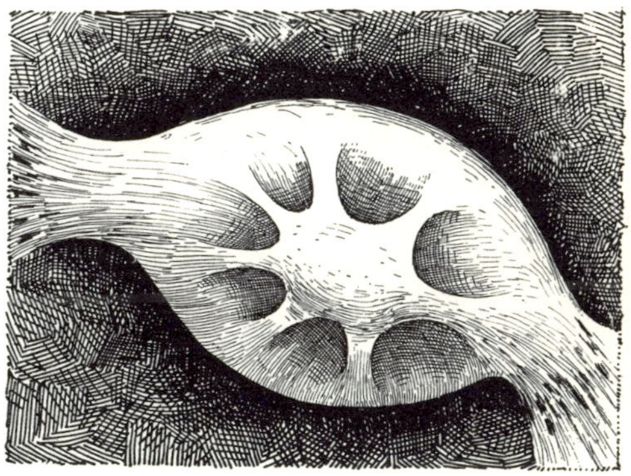

Abb. 2. Das Nest der Labyrinthspinne.

Die zierlichen Nester, welche die unter den Drahtglocken gefangen gehaltenen Spinnen anfertigen, sind tadellos hinsichtlich der Form und der Regelmäßigkeit des Gewebes, allein sie geben uns offenbar keine volle Aufklärung; es ist notwendig, auch die unter viel schwierigeren und verwickelteren Verhältnissen in der freien Natur hergestellten zu untersuchen. Im Dezember begebe ich mich, unterstützt von meinen Kindern, auf die Suche, und schon nach ein paar Stunden sind mehrere Nester in unserem Besitz. Mit jenen verglichen, sind es armselige Machwerke, die durch die Einwirkungen der Atmosphärilien kaum noch zu erkennen sind. Trokkene Eichenblätter, die unregelmäßig mittels einiger Fäden verbunden sind, umhüllen rings das Nest. Sähe man nicht die seidenartigen Reste der beiden

bedeckten Gänge aus der Blatthülle hervorragen und verspürte man nicht einen gewissen Widerstand beim Trennen der Bestandteile des Päckchens, so könnte man meinen, es sei durch Zufall, im Spiel des Regens und des Windes, so zusammengeballt worden.

Bei der näheren Untersuchung finde ich nach dem Aufschneiden der äußeren Gespinsthülle zu meiner Überraschung, daß die zentrale Kammer, die Wohnstätte der Jungen, von einer aus erdiger Materie gebildeten Schale umgeben ist, als ob die Außenhülle mit Schlamm vermischtes Regenwasser hätte durchsickern lassen. Daß dem jedoch nicht so sein kann, beweist die seidene Wandung im Innern, die tadellos sauber geblieben ist. Wir haben vielmehr ein Werk der Spinnenmutter vor uns, eine mit Vorbedacht und größter Genauigkeit ausgeführte Arbeit. Die Sandkörner jener Schale sind mittels eines seidenartigen Zements aneinandergeklebt, und das Ganze setzt dem Druck der Finger einen ziemlich großen Widerstand entgegen. Das weiter fortgesetzte Ausschälen zeigt uns unter dieser mineralischen Lage noch eine letzte seidige Hülle, welche die junge Brut unmittelbar umgibt. Kaum ist diese Hülle zerrissen, so flüchten die erschrockenen Kleinen mit großer Behendigkeit nach allen Seiten hin.

Im Freien führt also die Labyrinthspinne rings um die Eier, zwischen zwei Hüllen von Seidenstoff, noch eine aus viel Sand und wenig Seide bestehende Mauer auf. Um die Eier gegen den Bohrer der Ichneumoniden*) und den Zahn anderer Verheerer zu schützen, konnte sie gar nichts Zweckmäßigeres ausfindig machen als dieses System einer Panzerung, worin die Härte des Kiesels mit der Weichheit des Musselins vereinigt wird. Auch andere Araneïden schützen ihre Nachkommenschaft in derselben Weise, indem das feine Gespinst, worin die Eier und später die Jungen ruhen, mit einer aus mineralischen Stoffen gebildeten Schale umgeben wird.

Wie kommt es aber nun, daß keine einzige von den unter meinen Drahtglocken arbeitenden Müttern eine solche aus Sandkörnern gebildete Hülle angebracht hat? Sie hatten Sand genug zur Verfügung, in dem ja die Schüsseln, auf denen die Glocken ruhten, damit gefüllt waren. Andererseits finde ich auch unter den im Freien gebauten Nestern hin und wieder einzelne, in denen sie gleichfalls fehlt. Diese waren dann jedesmal auf dichtem Pflanzenwuchs in einiger Entfernung vom Erdboden angebracht, während die Nester mit der aus Sandkörnern hergestellten Schale unmittelbar auf der Erde ruhten. Der Gang der Arbeit erklärt diese Unterschiede. Der beim Bau unserer Häuser benutzte Beton wird durch die Vermischung von Mörtel und Steinschlag hergestellt. Ebenso mengt die Spinne den Zement der Seide und die Sandkörner zusammen; ihre Spinnorgane arbeiten immerfort, während ihre Füße unter den klebrigen Ausfluß die festen Materialien mischen, die in unmittelbarer Nähe aufgenommen werden. Diese Operation wäre nicht ausführbar, wenn die Spinne nach jedem mit Mörtel umkleideten Sandkorn die Arbeit der Spinnwarzen einstellen müßte, um in größerer Entfernung erst nach neuen Sandkörnchen zu suchen. Dieses Material muß sich ohne weiteres Suchen unter ihren Füßen vorfinden; wenn das nicht der Fall ist, verzichtet die Spinne darauf und führt ihre Arbeit ohne solches zu Ende.

Unter meinen Glocken ist der Sand zu weit von der Arbeitstelle entfernt. Hier müßte die Spinne, um solchen zu bekommen, die Höhe der Kuppel verlassen, unter der das Nest gebaut und an dem Drahtgitter mit Fäden befestigt wird, um eine Spanne tief hinabzusteigen. Ein solches Herunter- und Heraufklettern wegen jedes einzelnen Sandkornes würde den Fortgang der Arbeit viel zu lange aufhalten, deshalb verzichtet die Spinne darauf, und das gleiche tut sie, wenn die – aus Gründen, deren Geheimnis ich nicht ergründen kann – gewählte Baustelle sich etwas erhöht in irgendeinem Busch befindet. Wenn dagegen das Nest den Boden berührt, fehlt der Schutzwall aus Sandkörnern niemals.

---

*) Die Weibchen der Schlupfwespen (Ichneumonidae), einer Abteilung der schmarotzenden Hautflügler, stechen behufs Eierablage mit ihrem Legebohrer die Eier, Larven oder Puppen anderer Insekten (seltener die ausgebildeten Insekten selbst), besonders gern die Eier der Spinnen an. Die ausgeschlüpften madenartigen Larven leben von den Säften des Wirtes, der infolgedessen zugrunde geht.

Anm. d. Übers.

Der Biß der Tarantel.

Die Spinne steht in schlechtem Ruf: für die meisten Menschen ist sie ein widerwärtiges, schädliches Tier, das jeder schleunigst zertritt. Diesem summarischen Urteil hält der Beobachter die Kunstfertigkeit dieser Gliederfüßer, ihre Geschicklichkeit als Weber, ihre Listen bei der Jagd, ihre für die Männchen vielfach verhängnisvolle Paarung und andere Züge aus ihren Lebensgewohnheiten entgegen, die ungemein interessant sind. Ganz gewiß ist die Spinne des Studiums würdig, abgesehen von jeder wissenschaftlichen Voreingenommenheit; allein sie gilt nun einmal als giftig, und das ist ihr Verbrechen und die Grundursache des Widerwillens, den sie uns einflößt. Giftig ist sie freilich insoweit, als die zwei Klauen ihrer Kieferfühler, mit denen sie bewaffnet ist, der ergriffenen kleine Beute raschen Tod bringen, für den Menschen aber ist der Biß fast aller Araneïnen wohl schmerzhaft, jedoch nicht gefährlich.

Immerhin sind einzelne Arten zu fürchten, vor allem die Malmignatte,*) bei der man in wirklich begründeter Weise von einem „giftigen Biß“ sprechen kann. Die Italiener haben der Tarantel (Lycosa tarantula L.) einen schrecklichen Ruf gemacht, indem sie ihrem Biß die wunderlichsten hypochondrischen oder hysterischen Erscheinungen, bald Tobsucht, bald Melancholie oder auch ausschweifende Lustigkeit zuschrieben, die man unter der Bezeichnung „Tarantismus“ zusammenfaßte. Das Volk suchte dieses Leiden, dem anscheinend verkannte Nervenleiden zu Grunde lagen, zu heilen, indem man den Gebissenen gewisse alte Melodien („La pastorale“ und „La tarantola“) vorspielte und sie dadurch zu einem bestimmten Tanze (Tarantella) veranlaßte, der bis zu völliger Erschöpfung fortgesetzt werden mußte. Der zuletzt ausbrechende heftige Schweiß mag, unterstützt von der Autosuggestion, in der Tat bei vielen nervösen Übeln Heilung oder Linderung bewirkt haben. Nach neueren Untersuchungen kann der Biß der Tarantel beim Menschen wohl schmerzhafte Entzündungen, namentlich in der heißen Jahreszeit, hervorrufen, ohne jedoch von bedenklicheren Nachwirkungen begleitet, geschweige denn gar tödlich zu sein.

In meiner Gegend kommt die gewöhnliche Tarantel*) nicht vor, wohl aber die schwarzbäu-

*) Die Malmignatte Lathrodectes tredecimguttatus F.), auch schwarzer Wolf genannt, ist eine 13 mm lange Spinne aus der Unterordnung der Ungleichweber, die in den Mittelmeerländern, in der Bretagne, in Spanien, Südrußland sehr häufig vorkommt. Eine Untergattung ist Theridion lugubre Koch, die der franz. Arzt und ausgezeichnete Insektenkenner L. Dufour in den katalonischen Bergen genau beobachtet hat. Die Malmignatte überspinnt kleine Bodenvertiefungen und tötet durch ihre Bisse in Lippen und Zunge viel Weidevieh, jedoch auch Menschen. Die Erscheinungen nach dem Biß bestehen in starken Schmerzen, heftigem Fieber, Atemnot, Aufblähung des Körpers und Lähmung der Extremitäten.
Anm. d. Übers.

*) Die Tarantel zählt zu den eigentlichen Wolfsspinnen (Lycosidae), zu denen die bei uns in Wäldern lebende höhlenbewohnende Wolfsspinne (Lycosa inquilina Cl.) gehört; außer ihr gibt es in Deutschland noch viele, namentlich kleinere Arten. Die apulische Tarantel (Tarantula apuliae Rossi oder Lycosa tarantula L.), die in Südeuropa, besonders in Italien und Spanien lebt, wird 25–37 mm lang (Spannweite der Füße: 70–80 mm); sie ist rehfarben mit schwarzen und rötlichen Zeichnungen auf dem Hinterleib, am Bauche mit einer schwarzen Mittelbinde gezeichnet (s. Abb.) und jagt Heuschrecken und Insekten.
Anm. d. Übers.

chige Tarantel (Lycosa narbonensis), nur halb so groß wie jene, auf der Unterseite geschmückt mit schwarzem Samt, zumal unter dem Bauch, mit braunen Querstreifen auf dem Hinterlieb und grauen und weißen Ringeln auf den acht Beinen. Ihr Lieblingsaufenthalt sind trockene, an Kieseln reiche Ländereien, deren Vegetation von der Sonne verbrannter Thymian bildet. In meinem unter freiem Himmel befindlichen Laboratorium für das Studium lebender Insekten, einem unkultivierten, steinigen und von Unkraut bewachsenen Stück Landes, befinden sich wohl 20 Erdhöhlen dieser Lycosa, an denen ich selten vorübergehe, ohne einen Blick hineinzuwerfen. Wie Diamanten funkeln mir dann aus jeder Röhre die vier großen Augen, die Fernrohre der Wolfsspinne, entgegen; die vier andern, viel kleineren, sind in solcher Tiefe nicht sichtbar. Wenn ich mehr Auswahl haben will, brauche ich mich nur auf die einige hundert Schritte von meiner Behausung entfernte Hochfläche zu begeben, die einst ein schattiger Forst war, heute dagegen eine traurige Einöde ist, wo die Schnarrheuschrecke weidet und der graue Steinschmätzer von Stein zu Stein fliegt. Die Gewinnsucht hat das Land verwüstet: als der Weinbau sehr lohnend war, rottete man den Wald aus, um Reben zu pflanzen. Dann kam die Reblaus, die Quelle versiegte, und die grüne Hochebene von ehemals ist eine ausgedehnte Wüste, zwischen deren Kieseln nur vereinzelte starke Gräser sprießen. Diese Arabia Peträa ist das Paradies der Lycosa; binnen einer Stunde könnte ich hier im Bedarfsfalle wohl hundert von ihren Erdhöhlen in nicht zu weitem Umkreise auffinden.

Diese Wohnstätten sind Schächte, etwa 31 cm lang, die zuerst senkrecht in die Erde gehen, dann aber knieförmig gebogen sind; der Durchmesser beträgt ungefähr 2,6 cm. Die obere Ausmündung umgibt eine sichernde und schützende Einfassung aus Stroh, kleinen Grashalmen u. dergl., bis zu kleinen Kieseln von Haselnußgröße; das Ganze wird zusammen- und festgehalten durch ein Gespinst, mit dem die Tarantel es überzieht. Dieser Oberbau hat denselben Durchmesser wie der unterirdische Kanal, dessen Verlängerung nach aufwärts er bildet, während bei der italienischen Tarantel dieses vorgeschobene Bollwerk einen weit größeren Durchmesser als der Bau unter der Erde besitzt. Ein Brunnen, den seine Einfassung unmittelbar krönt – so stellt sich uns das Werk der schwarzbäuchigen Tarantel dar.

Um die Tiere aus ihrem Röhrenbau hervorzulocken, haben sich mir zwei Listen am besten bewährt, die ich andern Taranteljägern empfehle. So tief wie möglich führe ich in die Röhre einen Grashalm mit dicker Ähre ein, in die das Insekt mitten hineinbeißen kann. Ich bewege und drehe meinen Köder hin und her. Wenn der lästige Körper die Tarantel berührt, ist sie auf Verteidigung bedacht und beißt in die Ähre. Ein schwacher Widerstand zeigt den Fingern an, daß die Araneïde in die Falle gegangen ist und mit den Klauen ihrer Kieferfühler das Ende des Halmes gepackt hält. Sanft und vorsichtig zieht man sie nun aufwärts, während die Spinne nach unten zieht, indem sie ihre Füße gegen den Boden stemmt. Allmählich bringe ich sie so nach der Mündung hin, um sie zuletzt mit einem plötzlichen Ruck aus dem Loch hervorzuschleudern und sogleich mit dem Halm in eine bereit gehaltene Düte zu stecken. Dies gelingt mit leichter Mühe, da die Tarantel außerhalb ihrer Wohnstätte furchtsam, wie verstört ist, so daß sie kaum noch zu fliehen vermag.

Dieses Verfahren erfordert einige Geduld; das folgende führt rascher zum Ziel. Ich versehe mich mit einem Vorrat lebender Hummeln und setze jedesmal eine davon in ein Fläschchen, dessen Hals weit genug ist, um die Mündung der Erdröhre zu umschließen. Nun stülpe ich das Gefäß mit der Mündung nach unten über das Loch. Der kräftige Hautflügler fliegt zunächst unter lebhaftem Summen in seinem gläsernen Gefängnis umher; dann gewahrt er den Erdbau, der dem von seiner eigenen Familie benutzten ähnelt, und begibt sich ohne langes Zögern hinein. Dies bekommt ihm aber übel: während er hinuntersteigt, kommt die Tarantel nach oben, und in dem senkrechten Schacht treffen beide zusammen. Ein paar Sekunden lang vernimmt das Ohr des Beobachters eine Art Todesgesang: es ist das Sausen der Hummel, die sich gegen den ihr zuteil werdenden Empfang verwahrt. Hierauf plötzliche Stille. Das Fläschchen wird nun weggenommen und eine Pinzette mit langen Armen in den Brunnen gesteckt. Ich ziehe die Hummel heraus, aber sie ist unbeweglich, tot, mit heraushängendem Saugrüssel; irgendein schreckliches Drama muß sich abgespielt haben. Die Tarantel, die eine so reiche Beute nicht fahren lassen will, folgt, und Wild und Jäger werden aus dem Loch gebracht. Mißtrauisch macht die Lycosa mitunter kehrt, allein es genügt, die Hummel vor ihrer Schwelle oder sogar ein paar Zoll weit entfernt davon liegen zu lassen, um sie bald wieder erscheinen zu sehen. Dann verläßt sie ihre Festung und kommt kühn hervor, um ihre Beute wieder zu ergreifen. Dies ist der richtige Augenblick: der Eingang wird mit einem Kiesel verschlossen, und die Tarantel ist gefangen.

Diese Fangmethoden hatten weniger den Zweck, mir Taranteln zu verschaffen, da ich keinen Wert darauf lege, sie in einer Flasche aufzuziehen. Mich beschäftigte vielmehr etwas anderes. Hier ist – sagte ich mir – ein eifriger Jäger, der ausschließlich von seinem Fange lebt. Er bereitet keine Nahrungskonserven für seine Nachkommenschaft, sondern nährt sich selber von der ergriffenen Beute. Er lähmt diese nicht, wie es andere Insekten machen, um ihr einen Rest von Leben zu lassen und sie wochenlang frisch zu erhalten, sondern er tötet sie, um das Wildbret auf der Stelle zu verzehren. Ihm ist es nicht um eine methodische Vivisektion zu tun, die die Bewegungen aufhebt, ohne das Leben zu vernichten, sondern er führt so plötzlich wie nur möglich den völligen Tod herbei, der den Angreifer vor der Gegenwehr der Angegriffenen sicherstellt. Auch ist sein Wild kräftig und nicht immer besonders friedfertig. Die großen Heuschreckenarten mit starken Kiefern, Wespen, Bienen, Hummeln und andere Träger vergifteter Dolche geraten von Zeit zu Zeit in seinen Hinterhalt. Dann entspinnt sich ein Zweikampf mit beinahe gleichen Waffen. Den Gifthaken der Lycosa*) stellt die Wespe ihr giftiges Stilett entgegen. Welcher von den beiden Banditen wird die Oberhand gewinnen? Der Kampf findet Körper an Körper statt, und die Tarantel verfügt über kein

Tarantula apuliae Rossi oder Lycoa tarantula L. (Natürliche Größe).

*) Das Endglied der zweigliedrigen Mandibeln (Cheliceren) oder Kieferfühler ist klauenförmig einschlagbar und dient zum Verwunden. An seiner Spitze mündet der Giftgang (Ausführungsgang einer Giftdrüse), der auch das Basalglied durchsetzt und erst oberhalb von diesem aus der von einer starken, spiralig verlaufenden Muskelhaut umgebenen länglichen Giftdrüse entspringt. Das beim Beißen tropfenförmig hervorquellende Gift soll bei allen Spinnen eine klare, wasserhelle Flüssigkeit von öliger Konsistenz, saurer Reaktion und sehr bitterem Geschmack sein. Sein Vorrat ist nach wenigen Bissen erschöpft, daher nimmt die Giftigkeit der Bisse (wie bei den Schlangen) mit ihrer Anzahl rasch bis auf Null ab. (Nach Prof. Dr. R. Kobert.)

Verteidigungsmittel zur Nachhilfe: keine Schlinge, um das Opfer zu fesseln, keine Falle, um es zu bändigen. Wenn eine Kreuzspinne ein Insekt in ihrem großen, senkrechten Netze verstrickt sieht, eilt sie herbei und wirft über den Gefangenen eine Masse von Fäden, die jeden Widerstand unmöglich machen. Alsdann wird der gefesselten Beute mit den Gifthaken vorsichtig ein Stich beigebracht, worauf die Spinne sich wieder zurückzieht und wartet, bis die Todeszuckungen vorüber sind. Nun erst kehrt der Jäger zu seinem Wild zurück. Unter solchen Umständen läuft die Spinne keinerlei ernstliche Gefahr; für die Tarantel dagegen ist die Sache viel mißlicher. Ihr stehen bloß ihre Verwegenheit und ihre Giftklauen zu Gebote; sie muß sich also auf das gefährliche Wild stürzen, es durch ihre Gewandtheit meistern, und es dann blitzartig töten.

Blitzartig töten ist das rechte Wort: die Hummeln, die ich aus dem verhängnisvollen Loch hervorziehe, beweisen es. Wenn das scharfe Brausen, das ich den Todesgesang nannte, aufhört, so mag ich noch so rasch meine Pinzette hineinstecken – stets ziehe ich das Insekt bereits tot, mit herausgestrecktem Saugrüssel und schlaffen Beinen hervor. Der Tod muß sofort eingetreten sein. Wie kommt es nun, daß die Tarantel selbst den größten Hummelarten (Bombus hortorum L. und B. terrestris L.) gegenüber, jedesmal den Sieg davon trägt und noch dazu in so überaus kurzer Zeit? Sicherlich beobachtet sie eine sehr kluge Taktik. Wenn ihr Gift auch noch so rasch wirkt, so kann ich doch unmöglich glauben, daß seine Einimpfung allein, an irgendeiner beliebigen Körperstelle des Opfers, zu einer so schnellen Entscheidung hinreichend sei. Selbst die gefürchtete Klapperschlange braucht Stunden, um zu töten, während bei der Tarantel eine Sekunde genügt. Offenbar muß es somit mehr die vitale Bedeutung der von der Araneïde getroffenen Stelle, als die Heftigkeit des Giftes sein, die uns diesen plötzlichen Tod erklärt.

Was ist das für eine Stelle? An den Hummeln vermag ich sie nicht aufzufinden; sie werden unter der Erde getötet, und an dem Kadaver ist selbst mit der Lupe keine Wunde zu entdecken, so fein sind die Waffen, die sie gemacht haben. Man müßte den Kampf der beiden Gegner direkt beobachten, und ich bringe zu diesem Zweck je eine Tarantel und eine Hummel zuerst in einer Flasche und dann in einem kleinen Reagensglas, das eigentlich nur für eines der beiden Insekten Platz gewährt, unter, allein in keinem Fall kommt es zu einer Entscheidung. Die außerhalb ihres Erdloches furchtsame Tarantel verweigert den Kampf, und die sonst so unbesonnene Hummel erdreistet sich doch nicht, ihn anzufangen.

Ich muß also auf die Versuche in meinem Laboratorium verzichten und den Zweikampf mit der Tarantel, die in ihrer Festung voll Kühnheit ist, an Ort und Stelle herbeiführen. Nur ist es nötig, an die Stelle der Hummel, die in die Erdröhre eindringt und dadurch ihr Ende meinen Blicken entzieht, einen anderen Gegner zu bringen, der nicht geneigt ist, sich unter die Erde zu begeben. Augenblicklich ist im Garten, auf den Blüten des Muskateller-Salbeis (Salvia sclarea L.), massenhaft einer der stärksten und größten Hautflügler meiner Gegend zu finden: die violettflügelige Holzbiene*) (Xylocopa violacea L.). Sie übertrifft die Hummel an Größe, ihr Stich ist abscheulich und ruft beim Menschen eine noch lange schmerzende Geschwulst hervor, wie ich aus eigener Erfahrung versichern kann. An ihr hat somit die Tarantel gewiß einen würdigen Gegner, wenn ich sie dahin bringe, sie als solchen anzunehmen. Ich setze immer je eine Holzbiene in ein Fläschchen mit so großer Öffnung, daß diese die Mündung der Erdröhre zu umschließen vermag, wie ich schon beim Fang der Tarantel mit einer Hummel als Köder berichtete. Für eine so imponierende Beute wähle ich die kräftigsten, kühnsten und am meisten durch Hunger angestachelten Taranteln aus. Der Halm mit Ährchen wird in die Erdröhre gesteckt, und wenn die Lycosa sogleich herbeieilt, wenn sie von ansehnlicher Größe ist und beherzt bis zur Mündung ihrer Behausung emporsteigt, dann

*) Hummelähnliche Insekten aus der Familie der Bienen mit breitem, behaartem Hinterleib. Die in Südeuropa, auch noch in Süddeutschland vorkommende violettflüglige Holzbiene wird bis 25 mm lang; sie ist glänzend schwarz, schwarz behaart; Flügel braun, violettblau glänzend, Fühlerspitze beim Männchen rotgelb.

wird sie zum Turnier zugelassen, im entgegengesetzten Fall zurückgewiesen. Das Fläschchen mit einer Holzbiene als Köder wird über die Röhrenöffnung der auserwählten Tarantel gestülpt. Der Hautflügler fliegt brausend in seiner Glocke herum; der Jäger steigt vom Grund seiner Höhle aufwärts bis zu seiner Schwelle, bleibt aber inwendig, spähend und wartend. Ich warte ebenfalls, eine Viertel-, eine halbe Stunde lang, aber es geschieht nichts. Die Araneïde steigt wieder herunter, der Kampf dünkt sie wohl zu gefährlich. Dasselbe ist bei einer zweiten, dritten und vierten Erdröhre der Fall: der Jäger will seinen Schlupfwinkel nicht verlassen. Endlich wird meine Geduld durch einen Erfolg belohnt: eine wohl durch verlängertes Fasten besonders angriffslustig gewordene Tarantel kommt mit einem Satze aus ihrem Loch hervor, und in einem Augenblick ist das hierauf in der Flasche sich abspielende Drama beendet. Die starke Holzbiene ist tot, und die Stelle, wo der Mörder sie traf, läßt sich leicht feststellen, da die Tarantel sie nicht losläßt: ihre Haken sind hinter dem Nacken, da, wo der Hals anfängt, eingeschlagen. Der Töter besitzt das Wissen, das ich bei ihm voraussetzte; er hat den Punkt getroffen, der das eigentliche vitale Zentrum bildet, indem er seine Gifthaken in die Genicknervenknoten des Insekts hineinschlug. Kurzum, er hat in die einzige Stelle hineingebissen, deren Verletzung den sofortigen Tod herbeizuführen vermag. Doch einmal ist keinmal; war es Zufall oder ein überlegter Stich, was ich gesehen habe? Nach vielen vergeblichen Versuchen bringe ich noch zwei weitere Taranteln dazu, ihr Loch zu verlassen und über die Xylokopa herzufallen, und jedesmal wiederholt sich vor meinen Augen dieselbe Mordszene. Die Beute wird wieder in den Nacken gebissen, und zwar nur dorthin, und stirbt auf der Stelle. Das ist für mich genügend. Der rasche Töter hat mich über seine Hantierung genügend unterrichtet, ebenso wie andere von mir beobachtete Insekten, die ihre Gefangenen bloß lähmten; er hat mich gelehrt, daß er gründlich die Kunst des Ochsentöters in den großen Schlachthäusern (Saladeiros) der Pampas versteht, der die Tiere im Nu durch einen Messerstich zwischen Hinterhaupt und zweitem Halswirbelbein tötet. Die Tarantel ist ein vollendeter „Desnucador", wie jene Männer in Südamerika genannt werden.

Es bleibt mir nun noch übrig, die unter freiem Himmel gemachten Versuche durch das Experiment im Arbeitszimmer zu bestätigen. Ich verschaffte mir deshalb eine Menagerie von diesen berüchtigten Wolfsspinnen, um über die Heftigkeit ihres Giftes und dessen Wirkung auf die verschiedenen Körperstellen ein Urteil zu gewinnen. Ein Dutzend Flaschen und Reagensgläser nahmen immer nur eine der Gefangenen auf, die ich nach den meinen Lesern bereits bekannten Methoden erbeutet hatte. Leuten, die beim Anblick einer Spinne entsetzt aufschreien, wäre mein von abscheulichen Taranteln bevölkertes Laboratorium sicherlich als ein recht beunruhigender Aufenthalt erschienen.

Wenn die Tarantel einen Gegner, den man mit ihr zusammen in eine Flasche sperrt, verachtet oder vielmehr nicht anzugreifen wagt, so zögert sie doch nicht, ihn zu beißen, wenn man ihn unter ihre Haken bringt. Ich packe die Tarantel mit einer Zange am Kopfbruststück und biete ihrem Munde das Insekt dar, das ich beißen lassen will. Wenn sie nicht etwa bereits durch Versuche ermüdet war, öffnen sich die Gifthaken sofort und bohren sich hinein. Zuerst erprobe ich an der Holzbiene die Wirkung des Giftes. In den Nacken getroffen, stirbt das Insekt sofort; dies ist jener blitzschnelle Tod, wie ich ihn an der Öffnung der Erdröhre beobachten konnte. Wird die Holzbiene am Hinterleib getroffen und dann in eine geräumige Flasche gebracht, die sie in ihren Bewegungen nicht behindert, so scheint sie zunächst keine ernsthafte Verletzung davongetragen zu haben. Sie fliegt summend hin und her, aber noch ist keine halbe Stunde verflossen, als der bevorstehende Tod sich ankündigt. Unbeweglich liegt das Insekt auf dem Rücken oder der Seite, kaum noch zeigen einige Bewegungen der Beine, einige Pulsationen des Bauches, die bis zum nächsten Morgen fortdauern, an, daß das Leben noch nicht ganz entwichen ist. Dann hören auch diese auf: die Xylokopa ist ein Kadaver. Die Bedeutung dieses Versuches drängt sich dem Beobachter auf. Jedesmal, wenn der kräftige Hautflügler in die Genickgegend gebissen wird, geht er auf der Stelle zugrunde.

Trifft dagegen der Biß eine andere Stelle, z. B. den Hinterleib, so vermag das Insekt etwa noch eine halbe Stunde lang seinen Stachel, seine Mandibeln und Beine zu gebrauchen, und dann wehe der Tarantel, wenn sie der Dolch erreicht. Ich sah einige, die einen Stich in den Mund erhielten, während sie ganz dicht beim Stachel zubissen, binnen 24 Stunden der Wunde erliegen. Bei diesem gefährlichen Wild muß also die Tötung auf dem Fleck durch die Verletzung der Nervenzentren im Genick erfolgen, wenn nicht sehr häufig das Leben des Jägers in Gefahr geraten soll. Versuche mit verschiedenen Arten der großen Heuschrecken lieferten dasselbe Ergebnis: jedesmal wirkte ein Biß ins Genick sofort tödlich, während die Tiere, wenn eine andere Körperstelle, namentlich der Bauch, getroffen wurde, erst nach längerer Zeit zugrunde gingen.

Hierdurch erklärt sich nun das lange Zögern der Tarantel, wenn eine so fette, aber auch gefährliche Beute am Eingang ihrer Erdhöhle sichtbar wird. Die Mehrzahl unterläßt es, sich auf die Holzbiene zu stürzen, weil es sich um ihr Leben handelt, wenn der Stich nicht das Genick trifft, wo einzig und allein eine auf der Stelle das Wild tötende Wunde anzubringen ist. Die Araneïde weiß ganz genau, daß, wenn ihr dies nicht gelingt, der Gegner nur gereizt und noch gefährlicher gemacht wird. Sie wartet daher auf der Schwelle ihres Eingangs, bis das große Insekt ihr die Seite zukehrt, so daß sie das Genick leicht treffen kann. Tritt dagegen diese Vorbedingung des Erfolges nicht ein, dann zieht sie sich lieber zurück, ohne den Angriff zu wagen.

Ich lasse einen jungen, bereits wohlgefiederten Sperling, der im Begriffe war, das Nest zu verlassen, von einer Tarantel ins Bein beißen. Ein Tropfen Blutes fließt, und um die gebissene Stelle bildet sich ein entzündlicher roter Kreis, der dann violett wird. Fast augenblicklich kann der Vogel sich des Gliedes nicht mehr bedienen, das er mit zusammengeschrumpften Zehen schleppt; er hüpft auf dem anderen. Im übrigen scheint der Patient sich nicht viel aus der Verletzung zu machen und zeigt guten Appetit, wenn meine Töchter ihn mit Fliegen, Brotkrumen und dem Fruchtfleisch von Aprikosen füttern. Wir alle wünschen, daß das arme Opfer wissenschaftlichen Forschungsdranges sich erholen und wieder zu Kräften kommen möge, um es dann fliegen zu lassen. Zwölf Stunden später verstärkt sich die Hoffnung auf Genesung; der Spatz nimmt sehr bereitwillig die Nahrung und reklamiert sie, wenn man zu lange damit zögert. Zwar ist das Bein noch immer schleppend, ich nehme jedoch eine nur zeitweilige Lähmung an, die bald vorübergehen wird. Am zweitnächsten Tag wird die Nahrungsaufnahme verweigert; der Vogel sitzt mit gesträubtem Gefieder unbeweglich da, später treten Zuckungen ein, die immer häufiger werden, und zuletzt zeigt ein Aufsperren des Schnabels an, daß alles vorüber ist. Das Ende des armen Sperlings betrübt die ganze Familie, und ich selber verspüre einige Gewissensbisse.

Trotzdem finde ich den Mut, den Versuch zu wiederholen, und zwar diesmal mit einem Maulwurf. Es handelte sich zunächst darum, festzustellen, ob es möglich sei, das Tier in der Gefangenschaft zu ernähren, damit nicht etwa sein Tod fälschlich der Wirkung des Giftes zugeschrieben würde, während er in Wirklichkeit eine Folge mangelnder Nahrung wäre. Ich setzte daher den Maulwurf in einen großen Behälter, aus dem er nicht entfliehen konnte, und fütterte ihn mit verschiedenen Insekten, besonders Mistkäfern, Heuschrecken und Zikaden, die er mit ausgezeichnetem Appetit verspeiste. Vierundzwanzig Stunden dieser Lebensweise verschafften mir die Überzeugung, daß das Tier sich einem solchen Speisezettel anpassen und seine Gefangenschaft gut und mit Geduld ertragen würde. Nun ließ ich ihn von der Tarantel in die Spitze seiner rüsselartigen Schnauze beißen. Wieder in seinen Käfig gesetzt, reibt das Tier fortwährend seine Schnauze mit den breiten Grabfüßen an den Vorderbeinen. Dort brennt und beißt es, wie es scheint. Von nun an verzehrt der Maulwurf immer weniger, und am Abend des folgenden Tages verweigert er sogar gänzlich die Nahrungsaufnahme. Sechsunddreißig Stunden nach dem Biß stirbt das Tier während der Nacht und zwar nicht vor Hunger, denn in dem Behälter befinden sich noch ein halbes Dutzend lebendige Zikaden und einige Mistkäfer.

Folglich ist der Biß der schwarzbäuchigen Tarantel auch für andere Tiere als die Insekten gefährlich; er ist tödlich für den Sperling wie für den Maulwurf. Bis zu welchem Punkte man dies verallgemeinern darf, weiß ich nicht zu sagen, da ich meine Forschungen nicht weiter ausgedehnt habe. Nach dem wenigen, was ich sah, scheint mir aber, daß der Biß dieser Araneïde auch beim Menschen nicht vernachlässigt werden sollte. Dies ist alles, was ich der Medizin zu sagen habe.

Der philosophischen Insektenkunde aber habe ich etwas anderes zu sagen; ich habe sie aufmerksam zu machen auf dieses tiefgehende Wissen der Töter in der Insektenwelt, das mit dem der anderen Insekten wetteifert, die ihre Beute bloß lähmen. Die ersteren, und ich wende den Plural an, denn die Tarantel muß ihre mörderische Kunst mit einer Menge von Araneïden teilen, zumal mit solchen, die ohne Netz jagen; die ersteren, sage ich, die von ihrer Beute leben, töten diese mit Blitzesschnelle, indem sie sie in die Nervenknoten des Genicks beißen. Die zweiten dagegen, die frische Konserven für ihre Larven brauchen, verhindern nur die Bewegungen ihres Wildbrets, indem sie es in andere Ganglien beißen. Die einen wie die andern haben es auf die Nervenkette abgesehen, aber sie wählen den Angriffspunkt entsprechend dem Zweck, den sie erreichen wollen. Wenn der Tod und zwar der plötzliche Tod, eintreten soll, ohne daß Gefahr für den Jäger dabei ist, so wird das Genick getroffen; ist nur die einfache Paralyse erforderlich, so wird das Genick geschont, wogegen die folgenden Körpersegmente – bald eines, bald drei oder auch nahezu alle, je nach der verborgenen Organisation des Opfers – den Dolchstoß empfangen.

Auch die Lähmer, oder wenigstens einige von ihnen, kennen die hohe vitale Bedeutung der Genickganglien. Die rauhe Sandwespe (Psammophila hirsuta Scop.) beißt in das Hirn der erbeuteten Raupe, die Mordwespe (Sphex) in das der Feldheuschrecke, um dadurch eine vorübergehende Betäubung des Insekts hervorzurufen. Aber sie hüten sich dabei sehr wohl, ihren Dolch in den Hauptsitz des Lebens zu bohren, denn dadurch würden sie die Beute in einen Kadaver verwandeln, den ihre Larven verschmähen. Die Tarantel hingegen braucht die augenblicklich tötende Wirkung ihres Giftes, und deshalb stößt sie ihren Doppeldolch, die beiden Gifthaken, eben in jene Stelle, welche die andern so sorgsam verschonen.

Skorpionengift.

Es gibt kaum einen anderen Gliederfüßer, der von alters her die Phantasie des Volkes so sehr beschäftigt hat, wie der wegen seines Bisses gefürchtete Skorpion. Man hat ihn sogar unter die Zeichen des Tierkreises aufgenommen, ferner trägt ein Sternbild des südlichen Himmels seinen Namen, und den alten Ägyptern war das giftsprühende, tückische Insekt das Sinnbild des Typhon, des bösen Genius ihrer Mythologie. Die Skorpione (Scorpioninae) bilden eine Ordnung der Spinnentiere (Arachnoidea). Die bis jetzt bekannten Arten (etwa 200) leben vorzugsweise in heißen Ländern und in den wärmeren Teilen der gemäßigten Erdstriche; im nördlichen Deutschland fehlen sie gänzlich, da sie nicht viel weiter als bis zum 45. Grade nördlicher Breite vordringen.

Wie die Tausendfüßer, hausen die Skorpione in dunklen Verstecken, unter Steinen, wo sie im Sande eine Nische aushöhlen, in zerfallenem Holze und in Erd- oder Mauerlöchern; bei Nacht kommen sie hervor und stellen flink und gewandt Insekten und Spinnen nach. In ganz Südeuropa, bis hinauf nach Tirol und den Karpathen, findet man den schwarzen (oder rotbraunen) europäischen Skorpion (Eucorpius carpathicus L.), der nach Fabres Bericht auch in Südfrankreich allbekannt ist. „Er findet sich häufig an dunklen Orten, in der Nähe unserer Wohnstätten; an regnerischen Herbsttagen dringt er auch in die Häuser ein, bisweilen sogar unter die Decken unserer Betten. Das abscheuliche Tier erschreckt aber mehr, als es den Menschen wirklich schadet. Obwohl seine Besuche in meiner gegenwärtigen Wohnstätte (in dem Dorfe Sérignan bei Avignon) nicht selten sind, haben sie noch niemals irgendwie ernstliche Folgen gehabt.

„Viel mehr zu fürchten und viel weniger bekannt ist der in allen Mittelmeerländern gemeine Skorpion von Languedoc oder Feldskorpion (Scorpio [Buthus]

occitanus Am.). Weit entfernt, unsere Wohnungen aufzusuchen, hält er sich abwegs, auf unangebautem Gelände, namentlich auf steinigen Hängen, die recht in der Sonnenglut liegen. Neben dem schwarzen Skorpion ist er ein Riese, der ausgewachsen eine Länge von 8 bis 9 cm erreicht. Seine Färbung ist strohgelb.“ Der Körper setzt sich zusammen aus einem kräftigen, ungegliederten Kopfbruststück, dem der schlanke, 13gliedrige Hinterleib in seiner ganzen Breite angewachsen ist. Dieser endet in einem langen, aus 6 knotig angeschwollenen Ringen bestehenden Schwanze, der an dem blasenförmigen Endglied einen sehr harten und spitzen, gebogenen Stachel trägt. Dieser Stachel enthält die Giftdrüsen, aus denen sich durch eine doppelte, mikroskopisch feine Öffnung das Gift ergießt. Wenn der Schwanz in gerader Linie ausgestreckt ist, kehrt der stark gekrümmte Dolch seine Spitze nach unten. Um von seiner Waffe Gebrauch zu machen, muß der Skorpion daher den sehr muskulösen Schwanz über dem Rücken nach vorn krümmen und dann von oben nach unten zustoßen. Dies ist auch seine ganz unveränderliche Taktik. Übrigens nimmt das Tier fast immer diese Stellung ein; es hält den Stachel über dem Rücken gekrümmt, ob es sich bewegt oder in der Ruhe befindet, nur selten trägt es ihn gerade ausgestreckt. Auf dem Kopfbruststück stehen 2 große Scheitelaugen und weiter vorwärts auf jeder Seite 3 viel kleinere Nebenaugen. Die kleinen Oberkiefer sind Scherenkiefer, die beinartig verlängerten Taster des Unterkiefers sind am Ende gleichfalls mit Scheren ausgerüstet, die den Krebsscheren gleichen, nur daß hier der bewegliche Finger an der Außenseite liegt. Die 8 Füße laufen in je 2 Klauen aus. Die Geschlechtsöffnungen liegen an der Bauchseite des ersten Hinterleibsgliedes unter zwei Platten; am Ende des nächsten Gliedes befinden sich die sogen. Kämme (kammartig an mehrgliederige schmale Platten gereihte Zähne), auf deren Zweck später zurückzukommen sein wird. An den auf die beiden Kämme folgenden Bauchringen münden durch schmale Spalten 4 Paar sogenannter Lungen nach außen.

Was nun die Wirkung des Skorpionengifts auf den Menschen betrifft, so ist der Stich des Hausskorpions etwa dem einer Wespe zu vergleichen, also immerhin schmerzhaft, jedoch ungefährlich. Bei den großen, in Afrika und Ostindien lebenden Arten, von denen z. B. der Felsenskorpion (Scorpio africanus L.) bis 16 cm lang wird, wirkt der Stich sehr heftig; es erfolgen Anschwellen des gestochenen Teils, Übelkeit, Krämpfe, Ohnmacht und unter Umständen der Tod. Daß auch der Stich des Feldskorpions zuweilen den Tod von Menschen herbeiführt, ist nicht zu bezweifeln. „Das Gift ist eine wasserhelle, leicht eintrocknende, sauer reagierende Flüssigkeit. Es ist im Wasser löslich, nicht löslich im absoluten Alkohol und Äther (Brehm-Taschenberg IX. Bd.).“ Wie das Gift des Feldskorpions auf andere Insekten wirkt, hat Fabre, der diese Art besonders eingehend studierte, durch die nachstehenden interessanten Tierversuche festgestellt:

Für den Angriff kleiner Insekten, die seine gewöhnliche Nahrung bilden, macht der Skorpion meist keinen Gebrauch von seiner Waffe. Er packt sie mit den beiden Scheren und hält sie damit im Bereich seines Mundes, der sie gemächlich aufknabbert. Nur wenn die Beute durch lebhafte Gegenwehr das Mahl stört, krümmt sich der Schwanz und macht durch kleine Stöße mit dem Stachel den Patienten unbeweglich. Um über die Heftigkeit seines Giftes innerhalb des entomologischen Gebietes ein Urteil zu gewinnen, brachte ich in einem weitbäuchigen Glasgefäß, dessen Boden mit Sand bestreut war, den Feldskorpion zuerst mit einer schwarzbäuchigen Tarantel (Lycosa narbonensis Latr.) zusammen. Welches von beiden Insekten, die in gleicher Weise mit giftigen Haken ausgerüstet sind, wird die Oberhand gewinnen und das andere auffressen? Wenn die Lycosa nicht so stark ist, so hat sie dafür mehr Behendigkeit, die ihr erlaubt, Sätze zu machen und unerwartete Angriffe auszuführen, so daß die Chancen für die Araneïde günstig zu stehen scheinen.

Der Erfolg entspricht jedoch nicht dieser Voraussetzung. Sobald die Tarantel den Gegner gewahrt, richtet sie sich halb empor, öffnet ihre Häkchen, an denen ein Gifttröpfchen perlt, und erwartet ihn unerschrocken. Mit kleinen Schritten nähert sich der Skorpion, indem er die Scheren vorstreckt. Mit diesen zweifingrigen Händen packt er die Wolfsspinne, die vergeblich ihre Gifthaken öffnet und schließt, da sie zu weit entfernt vom Körper des Gegners festgehalten wird, um ihn beißen zu können. Ohne jeden Kampf krümmt der Skorpion nun seinen Schwanz, führt ihn über dem Rücken nach vorn und bohrt den Dolch ganz nach seinem Belieben in die schwarze Brust des Opfers. Nachdem das Loch gemacht ist, bleibt der Stachel einen Augenblick in der Wunde, ohne Zweifel um dem Gift Zeit zu lassen, ergiebig auszufließen. Das Ergebnis tritt mit Blitzesschnelle ein: sobald sie den Stich empfangen hat, zieht die robuste Lycosa ihre Füße zusam-

men – sie ist tot. Einem halben Dutzend Opfer gleicher Gattung gegenüber zeigt der Skorpion immer genau dasselbe Verhalten, und ebenso wiederholt sich stets der plötzliche Tod der fetten Wolfsspinne, die der Sieger dann unverweilt an Ort und Stelle bis auf die lederartigen Teile der Beine verzehrt. Wenn die Mahlzeit, die oft 24 Stunden währt, vorüber ist, so fragt man sich mit Staunen, wie das Wildbret in einem Bauche Platz finden konnte, der nicht viel umfangreicher ist als das verzehrte Stück. Augenscheinlich vermag der Magen des Skorpions, der oft sehr lange fasten muß, sich aufs äußerste vollzustopfen, wenn sich Gelegenheit dazu bietet.

Auch die größten und stärksten Radspinnen, wie die gemeine und die gebänderte Kreuzspinne, ebenso die Seidenkreuzspinne, fallen dem Skorpion zum Opfer, ohne daß sie, vom Schrecken entmutigt, auch nur den Versuch machen, ihm ihre Pakete von selbstgesponnenem Seilwerk überzuwerfen, die doch so rasch den Angreifer lähmen könnten. In ihrem Netz bemeistern sie mittels der über das Opfer geschleuderten Schnürbänder die wilde Mantis, die furchtbare Hornisse und die größten Heuschrecken. Außerhalb aber, einem Feinde und nicht einem Wildbret gegenüber, vergessen sie vollständig ihr so mächtig wirkendes Verfahren des Einwickelns. Durch den Dolchstoß gehen sie, wie von einem Blitzstrahl getroffen, zugrunde, und der Skorpion hält sein Mahl.

Weiterhin rufe ich in der Arena einer tiefen Schüssel einen Zweikampf hervor zwischen einem Skorpion und einer Gottesanbeterin: zwei recht großen Exemplaren, die ich mit einem Strohhalm anstachle und reize. Von den Scheren gepackt, nimmt die Mantis alsbald ihre uns bekannte gespensterhafte Haltung an; sie streckt ihre Fangbeine vor und entfaltet ihre Flügel. Doch diese Bewegung, die den Gegner in Schrecken versetzen soll, ist weit entfernt davon, Erfolg zu haben: sie erleichtert vielmehr den Angriff. Der Stachel des Skorpions wird zwischen die Fangbeine, dicht bei ihrer Ansatzstelle, in die Brust gestoßen und bleibt einige Zeit in der Wunde. Wenn er wieder hervorkommt, sickert noch ein Tröpfchen Gift an seiner Spitze hervor. Im Todeskampf faltet die Mantis sofort ihre Beine zusammen; der Bauch pulsiert, die Reife am Hinterleib machen ruckweise Bewegungen, die Tarsen zittern unregelmäßig, dagegen sind die Fangbeine, die Fühler und die Mundteile unbeweglich. Auf diesen Zustand folgt in weniger als einer Viertelstunde die völlige Regungslosigkeit.

Der Skorpion berechnet seine Stöße nicht, sondern sticht auf gut Glück zu, wohin er gerade kommt. Diesmal hat er eine wegen der Nähe der Hauptnervenzentren ganz besonders empfindliche Stelle getroffen: die Brust zwischen den Fangbeinen. Wie wird die Wirkung sein, wenn der Stich an einer weniger gefährdeten Körperstelle beigebracht wird? Bei den folgenden Zweikämpfen, die ich jedesmal mit frischen Exemplaren auf beiden Seiten veranstalte, wird die Gottesanbeterin bald in die Fangbeine, bald in andre, den Nervenzentren einmal näher, dann wieder fernere Körperteile gestochen, aber jedesmal geht sie entweder auf der Stelle oder nach Krämpfen, die einige Minuten währen, zugrunde. Prompter töten nicht einmal die berüchtigtsten Giftschlangen ihre Opfer.

Folgerichtigerweise bedarf ich nunmehr eines gröberen Organismus nach den Spinnen und Gottesanbeterinnen, die infolge ihrer höheren Begabung auch zarter und empfindlicher gegen Wunden sind, denen ein gröber geartetes Wesen vielleicht erst nach Stunden und Tagen erliegt, wenn sie ihm vielleicht sogar überhaupt nicht verhängnisvoll werden. Ich wähle zu diesem Behuf die zu den Grabheuschrecken gehörende Maulwurfsgrille (Gryllotalpa vulgaris L.), ein seltsames, 5 cm langes, starkes und plumpes Tier, das viel niedriger geartet ist, als jene beiden Elitekreaturen. Die Maulwurfsgrille oder Werre richtet durch das Abbeißen der Pflanzenwurzeln vielen Schaden an; sie stellt gewissermaßen ein Zerrbild des Maulwurfs dar und besitzt zu mächtigen, gezahnten Grabwerkzeugen umgestaltete Vorderbeine. Nachdem ich Skorpion und Maulwurfsgrille in einer engen Arena zusammengebracht habe, betrachten sie sich zunächst gegenseitig. Sie kennen einander wohl nicht, da die Werre ein Gast der Gärten oder des fetten Erdreiches ist, während der Skorpion steinigen, unfruchtbaren Boden liebt, auf dem nur ein paar trockene Gräser vorkommen; trotzdem aber ersehen beide Insekten sofort, wie drohend die Gefahr ist. Ohne daß ich ihn erst zu reizen brauche, geht der Skorpion keck auf die Werre los, die sofort eine Kampfstellung mit emporgehobenen Zangen einnimmt. Mit den Oberflügeln, die sie gegeneinander reibt, stimmt sie eine Art Kriegsgesang, ein dumpfes Summen, an. Der Skorpion läßt sie ihr Lied nicht vollenden; lebhaft arbeitet er mit dem Schwanze. Das Bruststück der Maulwurfsgrille schützt ein starker gewölbter Küraß, in den das Rückgrat eingefügt ist. Hinter diesem undurchdringlichen Panzer klafft eine tiefe Falte, mit einer feinen Haut überkleidet. Dort hinein sticht der Stachel; dieser einzige Stoß wirft das Ungetüm nieder, es bricht – wie von einem Blitz niedergeschmettert – zusammen. Noch sind einzelne unregelmäßige Bewegungen wahrnehmbar, doch nach einigen Stunden hören auch die Tarsen oder Endglieder der Beine, die zuletzt absterben, sich zu regen auf. Das plumpe Tier ist ebensogut unterlegen wie die Lycosa und die Mantis, aber nach einem bedeutend längeren Todeskampfe.

Jetzt kommen unsere großen Heuschrecken an die Reihe: die graue Wanderheuschrecke (Acridium cinerascens Fab.), die europäische Nasenschrecke (Tryxalis) und die Laubheuschrecken oder Säbelschrecken (Locustidae). Bei einer von den letzteren, dem Weinbergs-Ephippiger, konnte ich eine ganze Woche hindurch das Fortschreiten der Körperlähmung beobachten, die noch nicht der Tod, aber auch kein Leben mehr ist. Das Tier hatte den Stich in den Bauch bekommen und ging erst am siebenten Tage zugrunde. Das Skorpionengift bringt selbst den kräftigsten Insekten unweigerlich den Tod; das eine stirbt auf der Stelle, andere liegen tagelang in den letzten Zügen, allein schließlich kommen alle um. Es ist dabei vor allem die Gefährlichkeit der Wunde zu berücksichtigen, die je nach der Dosis des eingeimpften Giftes sehr schwankt. Es liegt nicht in meiner Macht, die Ausströmung zu regeln, und außerdem hat der Skorpion seine Launen beim Sickern seiner Ausgußröhre, einmal geschieht es sparsam, in andern Fällen verschwenderisch. Im allgemeinen erweisen sich die Feldheuschrecken widerstandsfähiger als die Laubheuschrecken. Die von einem Skorpion gestochene Zikade stirbt sehr rasch. Auch die große Libelle (Libellula depressa L.) geht fast ebenso schnell ein wie die Gottesanbeterin.

Die großen Käfer oder Hornflügler (Coleoptera) sind durch ihre reichliche Chitinbekleidung unverwundbar. Niemals wird der in seiner unbeholfenen Fechtkunst auf gut Glück zustoßende Skorpion die schmalen Fugen ihrer Panzerung treffen. Um aber die harte Hülle an irgend einem Punkte zu durchbohren, müßte er längere Zeit daran arbeiten, was die heftige Gegenwehr des Käfers nicht zuläßt. Auch ist eine solche Bohrtaktik dem Skorpion unbekannt, der nur hastige Stöße ausführt.

Bloß eine einzige Region des Körpers bietet dem Stachel einen Zugang: es ist dies die weiche Oberfläche des Bauches, die aber durch die Flügeldecken geschützt ist. Ich lege sie nun offen, indem ich mit einer Pinzette die Flügeldecken und Flügel emporhebe oder – noch besser – beide mit einer Schere abschneide. Letzteres ist für das Insekt wenig gefährlich und hindert es nicht, noch lange weiter zu leben. In diesem Zustande werden die Käfer dem Skorpion dargeboten, wobei ich nur recht große auswähle, wie z. B. Nashornkäfer, Holzböcke, Mist-, Lauf- und Metallkäfer, Mai- und Roßkäfer. Alle gehen durch den Stich zugrunde, jedoch die Dauer des Todeskampfes ist sehr verschieden. Ich beschränke mich auf wenige Beispiele. Nach krampfartigem Dehnen des Körpers hebt sich der den alten Ägyptern heilige Pillendreher (Ateuchus sacer L.) auf seinen Beinen hoch, macht einen Buckel und tritt auf der Stelle, ohne vorwärts zu kommen, weil die Gleichordnung in dem lokomotorischen Mechanismus gestört ist. Er fällt um und kann nicht wieder auf die Beine kommen; heftig strampelt er, nach einigen Stunden tritt Unbeweglichkeit ein – das Insekt ist tot. Der Bockkäfer, der auf Eichen zu findende Held- oder Spießbock (Cerambyx cerdo L.) und der Handwerker (Cerambyx scopolii Füssl.) werden zunächst von einer Art Starrsucht befallen; bei manchem tritt der Tod erst am folgenden Tage ein, bei andern schon nach 3 bis 4 Stunden. Ähnlich ist die Wirkung des Stiches bei dem Metallkäfer, dem gewöhnlichen Maikäfer und dem stattlichsten aller europäischen Maikäfer, dem Fichtenkäfer oder Gerber (Polyphylla fullo L.).

Wie ein Stoiker benimmt sich der 26 bis 37 mm lange braune Nashornkäfer (Oryctes nasicornis L.), dem an stattlichem, kraftvollem Aussehen keiner unserer Hartflügler gleichkommt. Er scheint zunächst keine üblen Folgen des Skorpionenstiches zu verspüren, sondern geht gewichtig und im gewohnten Gleichgewicht weiter. Plötzlich aber beginnt das scharfe Gift zu wirken. Die Beine gehorchen ihm nicht mehr, er schwankt und fällt auf den Rücken, ohne sich wiedererheben zu können. Noch drei oder vier Tage lang bleibt er so, mit den matten Bewegungen eines Sterbenden liegen, dann erlischt sanft das Leben.

Daß die zarten Schmetterlinge sehr empfindlich für den Stich sein würden, stand für mich vor den Versuchen fest; dennoch stellte ich als gewissenhafter Beobachter auch bei ihnen Experimente an. Ein Schwalbenschwanz (Papilio machaon L.) und ebenso der Wolfsmilchschwärmer (Deilephila euphorbiae L.) gehen, wie ich erwartete, sofort ein, nachdem sie der Stachel getroffen hat. Dagegen scheint, zu meiner lebhaften Überraschung, das große Wiener Nachtpfauenauge (Saturnia pyri Schiff.) unverwundbar zu sein. Allerdings ist der Angriff des Skorpions auf diesen dickleibigen und breitflügeligen Spinner schwierig; der Stachel wird aus seiner Richtung gebracht in dem weichen Wollhaar, von dem jedesmal Flocken umherfliegen. Ungeachtet der zahlreichen Stöße bin ich nicht sicher, ob die Spitze wirklich eingedrungen ist. Ich enthaare daher vorsichtig den Bauch, lege die Epidermis bloß und sehe jetzt die Waffe glatt hineindringen. Ich setze den großen Schmetterling unter eine Drahtglocke; er klammert sich an die Drahtmaschen und hält sich dort den ganzen Tag unbeweglich – am vierten Tage ist er tot.

Skorpion im Kampf mit der Gottesanbeterin (Mantis).

Wenn man auf den ganz natürlichen Gedanken käme, diese lange Widerstandskraft sei der kräftigen Konstitution dieses Riesen unter den Schmetterlingen zuzuschreiben, so zeigt uns das viel kleinere Produkt unserer Maulbeerbaum-Pflanzungen, der Maulbeer- oder Seidenspinner

(Bombyx mori L.), daß man den Grund anderwärts suchen muß. Dieser schwächliche Zwerg widersteht nämlich den Folgen des Stiches gerade so lange wie das große Nachtpfauenauge. Die Ursache dieser Passivität dürfte vermutlich folgende sein: Nachtpfauenauge und Seidenspinner sind unvollständige Wesen, ganz verschieden von den übrigen Schmetterlingen, zumal von den Sphingiden, die in den Dämmerstunden so eifrig die Blumenkronen untersuchen, vom Schwalbenschwanz und Admiral, diesen unermüdlichen Pilgern zur Blütenkapelle. Jene besitzen nämlich keine Mundwerkzeuge, sie nehmen keinerlei Nahrung zu sich. Des Reizmittels der Nahrungsaufnahme beraubt, leben sie nur wenige Tage, bis die Eierbefruchtung vollzogen ist. Dieser geringeren Lebensdauer muß auch ein organischer Mechanismus entsprechen, der weniger zart und infolgedessen auch weniger gebrechlich ist.

Wir wollen nun einige Stufen tiefer steigen und die plumpen Tausendfüße (Myriapoda) befragen. Der Skorpion kennt sie wohl, denn in der von mir unter freiem Himmel angelegten Niederlassung dieser Spinnentiere traf ich ihn oft beim Verspeisen eines Kryptops (Gattung von Bandasseln ohne Augen) oder eines braunen Steinkriechers (Lithobius forficatus L.), seiner Jagdbeute. Das sind für ihn harmlose Bissen, die sich nicht wehren können. Ich beabsichtige, ihn diesmal mit dem Skolopender (Scolopendra morsitans L.), dem mächtigsten unter unseren Myriapoden, zusammenzubringen. Auch dieser Drache mit 22 Fußpaaren ist ihm kein Unbekannter; ich habe sie gelegentlich wohl schon unter demselben Steine beisammen gefunden. Der Skorpion hatte dort sein Heim, das der andere, ein sich nächtlich Umhertreibender, zum zeitweiligen Unterschlupf sich genommen hatte. Beide vertrugen sich dann ganz gut; wir wollen sehen, ob dies immer der Fall ist.

Ich setze die beide Scheusale zusammen in ein weitbäuchiges Glasgefäß, dessen Boden mit Sand bestreut ist. Der Skolopender schlängelt sich längs der Wand um die Arena herum; er stellt ein vielfach gewundenes Band von der Dicke eines Fingers dar, ungefähr 12 cm lang, mit grünlichen Ringeln auf bernsteinfarbigem Grunde. Seine langen, zitternden Fühler sind prüfend vorgestreckt, und als sie den unbeweglich sitzenden Skorpion berühren, macht der Tausendfüßer erschrocken kehrt. Die nunmehr in entgegengesetzter Richtung ausgeführte Runde führt ihn abermals zu dem Gegner zurück; neue Berührung und Flucht. Diesmal paßt der Skorpion aber auf, er hält den Bogen des Schweifes gespannt und die Scheren geöffnet. Als der Skolopender wieder auf den gefährlichen Punkt seiner kreisförmigen Spur gelangt, packen ihn diese Zangen dicht hinter seinem Kopf. Vergeblich windet und krümmt sich der lange Körper mit dem geschmeidigen Rückgrat; unerschütterlich kneift ihn der andere nur um so stärker, und weder plötzliche Stöße noch Windungen in dieser oder jener Richtung bringen es fertig, daß er den Gegner fahren läßt.

Jetzt arbeitet der Stachel und taucht sich drei, vier Male hintereinander in die Seiten des Tausendfüßers. Auch dieser, bei dem das erste Beinpaar zu mit Giftdrüsen ausgestatteten Klauen umgestaltet ist, öffnet seine Giftzangen weit, sucht aber vergeblich damit zu beißen, da die Scheren des Skorpions seinen Vorderkörper hartnäckig festhalten. Nur der Hinterleib kämpft und dreht sich, rollt sich zusammen und streckt sich wieder. Vergebliches Abmühen: durch die langen Scheren in der Entfernung gehalten, können die Gifthaken des Skolopenders nichts ausrichten. Ich habe schon viele Kämpfe unter Insekten gesehen, aber ich kenne nichts Gräßlicheres als dieses Duell der beiden abscheulichen Tiere, das wirklich Schauder erregen kann.

Eine kurze Pause ermöglicht es mir, die Kämpfer zu trennen und sie zu isolieren. Der Skolopender leckt seine blutenden Wunden und ist nach einigen Stunden wieder bei Kräften; der Skorpion scheint überhaupt keinen Schaden genommen zu haben. Am folgenden Tage neuer Zweikampf. Der Tausendfüßer wird dreimal hintereinander gestochen, und das Blut fließt. Wiedervergeltung fürchtend, zieht sich der Skorpion alsdann zurück, wie erschrocken über seinen Sieg. Der Verwundete dagegen erwidert nicht, sondern setzt seine im Kreise ausgeführte Flucht fort. Genug für heute; ich umgebe das Glas mit einem Kartonzylinder: nachdem es

dunkel ist, wird sich jeder der beiden Gegner wohl ruhig verhalten.

Was nachher geschah, besonders während der Nacht, weiß ich nicht; vielleicht begann die Schlacht abermals und wurden neue Stiche ausgeteilt. Jedenfalls ist am dritten Tage der Skolopender bereits sehr matt, und am vierten liegt er im Sterben. Der Skorpion überwacht ihn, wagt ihn aber noch nicht anzubeißen. Endlich, als sich nichts mehr regt, wird die riesenhafte Beute angeschnitten; der Kopf und die beiden ersten Körperringe werden verschlungen. Das Stück ist zu umfangreich: der Rest fault unbenutzt, da der Skorpion bei seiner ausschließlichen Vorliebe für frisches Fleisch ihn nicht mehr anrührt.

Der siebenmal und wohl noch öfter gestochene Tausendfüßer stirbt erst am vierten Tage; die kräftige Tarantel geht nach einem einzigen Biß auf der Stelle ein. Ebenso schnell erliegen die Mantis, der Pillendreher, die Maulwurfsgrille und andere kräftige Insekten. Jedes wird, von dem Stachel getroffen, besiegt; die lebenskräftigsten erliegen von heute auf morgen, während der so oft verwundete Skolopender vier Tage lang Widerstand leistet. Vielleicht geht er ebenso sehr an dem Blutverlust zugrunde, wie an den Wirkungen des Giftes.

Warum diese Unterschiede? Anscheinend rühren sie von der verschiedenartigen Organisation her: das feiner geartete Insekt erliegt sofort, während der gröbere Tausendfüßer länger widersteht. Ist dem aber auch wirklich so? Der Fall der Maulwurfsgrille macht uns doch stutzig, die bei ihrem plumpen Bau ebenso rasch erliegt, wie der Schmetterling und die Mantis, diese viel feineren Wesen. Nein, wir kennen das Geheimnis noch nicht, das der Skorpion in der Giftblase seines Schwanzes verbirgt, und wir müssen versuchen, durch fernere Tierversuche dahinterzukommen.

Bilder aus der
Insektenwelt

Zweite Reihe

Ein Schädling der Eiche.

Wenn ich im Herbst meinen Vorrat an Brennholz für den Winter bestelle, so lege ich dem Holzhauer ausdrücklich ans Herz, für mich die ältesten und am meisten von den Insekten verwüsteten Stämme auszuwählen. Der Mann schüttelt natürlich den Kopf darüber, daß ich wurmstichiges Holz dem gesunden, das doch ein viel besseres Brennmaterial abgibt, vorziehe. Er weiß ja nicht, daß mir die alten Stämme wahre Schätze für meine Studien liefern, indem in ihren trockenen und an Höhlungen reichen Teilen zahlreiche Insektenarten ihr Winterquartier aufgeschlagen haben. In den flachen Galerien, dem Werk irgendeines Prachtkäfers (Buprestidae), haben Mauerbienen (Osmia) ihre Zellen aufeinandergesetzt; in den verlassenen Kammern reihten die Blattschneider oder Tapezierbienen (Megachile) ihre fingerhutförmigen Zellen aus Blättern aneinander; in dem lebendigen Holz, das reichlichen Saft enthält, haben sich die Larven des Eichenbocks (Cerambyx miles Bon.) eingerichtet, die gefährliche Schädlinge der Eiche darstellen.*)

Diese Larven sind für ein Insekt mit höherer Organisation wahrlich seltsame Kreaturen, – sozusagen Stückchen Darm, welche kriechen. Um die oben erwähnte Jahreszeit finde ich in den Eichenstämmen zweierlei, von verschiedenem Alter. Die ältesten haben fast die Dicke eines Fingers, während die anderen kaum den Durchmesser eines Bleistiftes erreichen. Außerdem treffe ich mehr oder weniger gefärbte Nymphen (ein späteres Larvenstadium: Puppenzustand mit freier Bewegung) und vollkommen entwickelte Insekten an, die bei der Wiederkehr der warmen Jahreszeit den Stamm verlassen würden. Das Leben der Larven im Innern des Baumes dauert mindestens drei Jahre. Diese lange Zeit der Einsamkeit und Einschließung verbringen sie damit, daß sie im Holze Gänge herstellen, deren Ab-

*) Familie der Bockkäfer oder Holzböcke (Cerambycidae, Longicornia, Capricornia). Der glänzend schwarze, stattliche Heldbock, Spießbock oder große Eichenbock (Cerambyx cerdo L. = heros Scop.) wird fast 5 cm lang; er hat mehr als körperlange Fühler, höckerig gerunzelten Thorax und pechbraune, nach hinten etwas verjüngte und mehr rotbraune Flügeldecken, die ein kaum merkliches Nahtspitzchen führen; unterhalb und an den Beinen silberweiße Seidenbehaarung. Er kommt in ganz Europa vor und ist im nordöstlichen Deutschland nicht selten; die Larve lebt mehrere Jahre (3–4) im Innern alter Eichen. – Der durchaus schwarze Cerambyx miles Bon. hat kein Dörnchen an der Nahtspitze und kommt mehr im Süden (Südfrankreich, Tirol, Italien, Ungarn) vor. – Der Handwerker (C. scopolii Fuessl.) wird nur 2 bis kaum 3 cm groß und ist nicht an alte Eichen gebunden, da seine Larve auch in anderen Bäumen lebt.

Über die Schädigungen, welche die Larven von C. cerdo Scop. im Innern der Eichbäume anrichten, sagt Prof. Dr. E. L. Taschenberg: „Die sehr breiten flachen Gänge laufen zunächst vielfach gewunden durch- und ineinander unter der Rinde hin, und festes Wurmmehl legt sich zwischen sie und die Rinde. Dann aber führen sie tief in das Holz und nehmen bisweilen eine ungeheure Breite an. Daß viele Larven den alten Riesen durch ihre Wühlereien mit der Zeit zugrunde wühlen können, liegt auf der Hand; mag immer ein schon etwas angegangener Stamm für die legenden Weibchen eine besondere Anziehungskraft besitzen, so sind die Wirkungen dieser kolossalen Larven keineswegs zu unterschätzen.“

Anm. d. Übers.

raum ihnen als Nahrung dient. In der biblischen Bildersprache des Buches Hiob „verschlingt das Roß den Raum“; die Larve des Eichenbocks frißt im eigentlichen Wortsinn ihren Weg. Als Werkzeug zum Aushöhlen dieser Gänge dienen ihr die kräftigen, kurzen und ungezahnten Kiefer, die wie ein Löffel mit scharfem Rande ausgehöhlt sind. Der losgelöste Bissen wandert durch den Magen, dem er seine geringen Säfte abgeben muß, und häuft sich dann hinter dem Arbeiter als Mulm an. In dem Maße, wie die Galerie nach vorn Raum gewinnt, verstopft sie sich hinten. In gleicher Weise verfahren übrigens alle Insekten, die im Holze bohren, das ihnen sowohl Nahrung wie Obdach liefern muß.

Für die harte Arbeit mit dem doppelten Hohlmeißel ihrer Kinnbacken konzentriert die Larve des Eichenbocks ihre ganze Muskelkraft in dem vordersten Teil ihres Körpers: sie ist hinter dem Kopfe am breitesten und verjüngt sich nach dem stumpfen Ende zu. Die Haut ist fein wie Atlas und elfenbeinfarben; dieses matte Weiß rührt von einer reichlichen Fettschicht her, die man bei der mageren Nahrung des Tieres gar nicht vermuten sollte. Die Beine sind unverhältnismäßig kurz, kaum 1 mm lang; sie nützen der Larve nichts bei ihren Bewegungen, wofür sie vielmehr andere Werkzeuge besitzt. Die sieben ersten Ringe ihres Hinterleibes haben nämlich auf der oberen wie auf der unteren Seite eine mit Wärzchen besetzte viereckige Fläche, welche die Larve beliebig aufblähen und einziehen kann. Diese Schilder, von denen die oberen sich aus zwei Wülsten zusammensetzen, die den unteren fehlen, sind ihre Bewegungsorgane. Werden die Schilder auf den hinteren Ringen aufgebläht, dann haften sie mittels der Wärzchen an den Wänden des engen Ganges, so daß der Körper hier einen Stützpunkt erhält. Gleichzeitig zieht die Larve die Schilder auf den vorderen Ringen ein, wodurch der Durchmesser des Leibes sich verringert, so daß sie nun den Vorderköper ausstrecken und die Hälfte eines Schrittes machen kann. Um diesen zu vervollständigen, werden dann die vorderen Schilder aufgebläht, und die hinteren gestreckt, so daß sie die hinteren Ringe an die vorderen heranziehen kann. Auf diese Weise gleitet die Larve in ihrem Gange beliebig vor- oder rückwärts, ohne ihre winzigen Füße dabei zu gebrauchen.

Diese sind für die Larve mithin durchaus unnütz, nichts als die erste Anlage dieser Glieder bei dem ausgebildeten Käfer; dagegen findet man für die Augen, mit denen der Eichbock ausgestattet ist, keine Andeutung an der Larve. Was sollte sie auch in der tiefen Finsternis, die im Innern eines Baumstammes herrscht, mit Organen zum Sehen beginnen? Ebenso braucht sie dort, wo es keine Töne oder Geräusche gibt, das Gehör nicht, und eine Reihe von Experimenten, die ich zur Beseitigung aller Zweifel mit der Larve anstellte, bewies mir, daß sie in der Tat taub ist, ebenso zeigten Versuche, daß auch der Geruchssinn fehlt.

Der Geschmackssinn ist sicherlich vorhanden, aber was für ein Geschmack! Die Nahrung besteht ohne jede Abwechslung drei Jahre hindurch aus Eichenholz und nichts anderem. Was kann also der Gaumen der Larve bei dieser einförmigen Kost zu würdigen wissen? Die frischen, saftreichen Stücke schmecken nach Gerbstoff, die dürren sind aller Würzestoffe beraubt – das ist vermutlich die ganze Stufenleiter ihrer Geschmacksempfindungen. Nun bleibt noch das Gefühl, wie es alles lebendige Fleisch besitzt, das unter dem Stachel des Schmerzes zittert. Die Bilanz der Sinneswahrnehmungen beschränkt sich somit bei der Eichenbocklarve auf den Geschmack und das Gefühl, die beide wohl nur sehr stumpf sein werden.

Worin kann nun das Seelische einer Kreatur bestehen, bei der die Verdauung so mächtig organisiert, und die Ausrüstung mit Sinnen so schwach ist? In meinen Träumereien habe ich mir oft gewünscht, nur einige Minuten lang mit dem Hirn meines Hundes denken und die Welt mit den Facettenaugen einer Mücke betrachten zu können. Wie anders würden dann die Dinge aussehen! Noch viel mehr mögen sie sich ändern, wenn der Intellekt der Larve sie auslegt. Welche Eindrücke können in ihr die Lehren, die das Gefühl und der Geschmack ihr erteilen, hervorbringen? Sicherlich nur sehr geringe, fast gar keine. Das Tier weiß, daß der beste Bissen einen zusammenziehenden Geschmack hat, daß die Wände seines Ganges, wenn es sie nicht sorgfältig glättet, seiner Haut Schmerzen verursachen. Besitzt es Gedächtnis, kann es Vergleiche anstellen oder Vernunftschlüsse machen? Ich nannte die Larve des Eichenbocks ein Stückchen Darm, das sich von der Stelle bewegen kann, und diese durchaus zutreffende Definition gibt die Antwort auf jene Fragen: die Larve hat nur jene Summe durch die Sinne vermittelter Kenntnisse, die ein Stück Darm haben kann.

Und trotzdem ist dieses Nichts zu wunderbarem Voraussehen befähigt; dieser Bauch, der fast nichts von der Gegenwart weiß, blickt sehr klar in die Zukunft. Wir müssen dies näher ausführen. Drei Jahre hindurch bleibt die Larve im Inneren des dicken Stammes, sie steigt auf- oder abwärts, wendet sich zur Seite und verläßt einen Gang, um einen anderen dort auszuhöhlen, wo das Holz saftiger ist; niemals entfernt sie sich aber allzu weit von den tieferen Schichten, wo die Temperatur am mildesten und die Sicherheit am größten ist. Dann aber kommt ein gefährlicher Tag für die Eingeschlossene, der sie zwingt, diesen ausgezeichneten Zufluchtsort zu verlassen und an der Oberfläche des Baumes allen möglichen Gefahren die Stirn zu bieten. Für die mit Werkzeugen wie mit Muskelkraft wohlversehene Larve besteht keine Schwierigkeit, sich dorthin zu begeben, wo es ihr gut dünkt, indem sie das Holz nach außen hin durchbohrt; wird aber auch der zukünftige Eichenbock, dessen kurzes Leben sich in freier Luft abspielen muß, imstande sein, sich einen in die Freiheit führenden Weg zu bahnen?

Der Eichenbock (Cerambyx miles) als Larve und Käfer.

Ich stelle von vornherein fest, daß der entwickelte Käfer den von der Larve hergestellten Kanal ganz unmöglich benutzen kann, um aus dem Inneren des Stammes herauszugelangen.

Dieser Kanal ist nämlich ein sehr langes und unregelmäßiges Labyrinth, versperrt durch fest darin aufgeschichtetes Wurmmehl; sein Durchmesser wird von der Sackgasse, in die er am Ende ausläuft, nach dem Anfang hin immer kleiner. Die Larve ist in das Innere des Baumes gedrungen, als sie so schlank wie ein Strohhälmchen war; gegenwärtig dagegen besitzt sie die Dicke eines Fingers. Während ihrer dreijährigen Wanderung hat sie ihre Galerie stets nach dem Modell ihres Körpers ausgehöhlt. Es ist daher ganz klar, daß der Weg, auf dem die Larve eingedrungen ist und dann sich hin und her bewegt hat, nicht der Ausgangsweg für den Eichenbock sein kann: seine unverhältnismäßig großen Fühler, seine langen Beine und seine starre Chitinpanzerung machen es ihm völlig unmöglich, sich in dem engen und viel gewundenen Gange zu bewegen, den er von dem Mulm befreien und entsprechend vergrößern müßte. Wird das Insekt dazu imstande sein? Wir wollen einmal sehen.

In Eichenästen, die mitten entzwei gespalten wurden, stelle ich durch Aushöhlen auf jeder Seite hinlänglich geräumige Nischen her und setze in jede dann einen Eichenbock, der soeben seine Umgestaltung vollendet hat. Meine Vorräte von gespaltenen Eichenklötzen liefern mir im Oktober genug Exemplare davon. Wenn der Käfer in der Zelle ist, werden die beiden Asthälften wieder aufeinandergelegt und mittels eines Drahtes festgebunden. Im Juni höre ich, wie im Innern meiner Eichenprügel gekratzt wird, und warte mit Spannung darauf, ob die Gefangenen sich zur Freiheit durcharbeiten werden oder nicht. Ihre Arbeit ist nicht allzu schwierig, da sie kaum 2 cm Holz zu durchbohren haben, aber keiner kommt hervor. Als überall Stillschweigen herrscht, löse ich die Asthälften voneinander und finde meine Gefangenen sämtlich tot darin vor. Eine Fingerspitze voll Sägemehl, weniger als eine Prise Schnupftabak, ist alles, was sie fertiggebracht haben. Ich hätte ihnen wegen ihrer kräftigen Kiefer mehr zugetraut, allein wir sehen in der Natur häufig, daß das Werkzeug nicht immer den Arbeiter macht; trotz ihrer Bohrinstrumente sind die Eingeschlossenen aus Mangel an Geschicklichkeit zugrunde gegangen. Ich mache es ihnen leichter, indem ich sie in ein Stück Schilfrohr von genügendem Durchmesser setze, dessen Wände viel weicher und nur 3 bis 4 mm dick sind. Einige Käfer befreien sich; andere, die schwächer sind, bringen es nicht fertig und gehen an dem schwachen Hindernis zugrunde. Das aber kann jetzt als erwiesen gelten: kein einziger Eichenbock wird imstande sein, durch eigene Kraft aus einem Baumstamme hervorzukommen.

Es ist daher Sache der Larve, dieses mit solcher Weisheit begabten Darmstückchens, die Wege vorzubereiten. Unter dem Antrieb eines Vorgefühls, das für uns ein unergründliches Mysterium darstellt, verläßt sie – wie oben bemerkt – eines Tages ihr sicheres Plätzchen im Innern des Stammes, um sich auf den Weg zu machen nach außen hin, wo ihr Feind, der Specht, lauert, für den ein solches Fleischwürstchen einen köstlichen Schmaus bildet. Unter Lebensgefahr gräbt und nagt sie sich beharrlich bis zur Rinde durch, von der sie nur eine ganz dünne Außenschicht unberührt läßt; mitunter aber öffnet die Verwegene das Fenster sogar vollständig. Dieses Loch ist nun die Ausgangsmündung für den zukünftigen Eichenbock, der nur noch ganz wenig mit seinen Mandibeln zu feilen oder mit seiner Stirn zur Beseitigung dieser letzten Hülle zu drücken braucht, wenn er das Fenster nicht überhaupt schon offen findet, durch das er beim Eintritt der warmen Jahreszeit sich ins Freie verfügt.

Nach den Sorgen für die Zukunft machen der Larve zunächst jedoch noch die Sorgen für die Gegenwart zu schaffen. Wenn sie in der eben geschilderten Weise die Befreiung des künftigen Käfers vorbereitet hat, so geht sie in ihrer Galerie wieder etwas zurück und höhlt dort, dem Ausgange zugekehrt, ein Gemach für ihre Verwandlung in den Nymphenzustand aus, das sie hierauf prächtig einrichtet und wohl verbarrikadiert. Es ist eine Nische von abgestumpfter Eiform, 80 bis 100 mm lang und so breit, daß der fertige Käfer einige Bewegungsfreiheit für seine Beine erhält, wenn der Augenblick gekommen ist, die Barrikade zu beseitigen, die ihm den Ausgang noch versperrt. Dieser Verschluß, den die Larve den von außen her drohenden Gefahren entgegenstellt, ist ein doppelter, oft sogar ein dreifacher. Er besteht auf der äußeren Seite aus einem

Klumpen ganz klein gehackter Holzstückchen, im Inneren aus einem konkaven Deckel von mineralischem Stoff. Mitunter, jedoch nicht immer, folgt dann ganz innen noch eine Schicht Holzspäne. Hinter diesem mehrfachen Verschluß trifft alsdann die Larve ihre Vorbereitungen für ihre Umwandlung zur Nymphe. Sie raspelt die Wandung ihrer Kammer ab und erhält dadurch eine daunenweiche Masse von zerkleinerten Holzfäserchen, mit der die Wände in Form eines zusammenhängenden, 1 mm dicken Filzes ringsum bekleidet werden – eine zarte Fürsorge der derben Larve für die zarte Nymphe.

Das seltsamste Stück der Ausstattung ist das mineralische Verschlußdeckelchen, das die Härte des Kalksteines und kreideweiße Farbe hat, innen glatt und außen mit Knötchen besetzt ist, ähnlich wie das Schüsselchen einer Eichel. Man sieht daraus, daß es hergestellt wurde aus aneinandergeklebten, teigigen Bröckchen, die auf der Außenseite, wohin das Tier nicht langen konnte, in dieser Knötchenform erhärtet sind, während die Larve sie im Innern sorgfältig überarbeitet und geglättet hat. Woraus mag wohl dieser merkwürdige Deckelverschluß bestehen, von dem mir der Eichenbock das erste Beispiel in der Insektenwelt liefert?

Die chemische Untersuchung zeigt mir, daß er nur aus kohlensaurem Kalk und aus einem organischen, ohne Zweifel eiweißhaltigen Bindemittel besteht, das dem Kalkteig die erforderliche Festigkeit gibt. Ohne Zweifel ist es der Magen der Larve, der ihr dieses Material liefert, indem er es aus der Nahrung abscheidet, wenn die Larvenperiode des Tieres zu Ende geht, und es dann in Reserve behält, bis der Augenblick, es von sich zu geben, kommt. In ähnlicher Weise speichern gewisse ölkäferartige Insekten, die Bienenkäfer (Sitaris muralis Forst.), in ihrem Magen harnsaures Salz auf; die Raupentöter (Sphex), Spinnentöter (Pelopoeus) und Dolchwespen (Scolia) fabrizieren darin den Lack, womit sie den Taffet ihrer Kokons glasieren. Fernere Studien werden sicherlich noch die Sammlung von Erzeugnissen dieses willfährigen Organs bereichern.

Ist der ins Freie führende Weg vorbereitet, die Zelle weich ausgepolstert und durch eine dreifache Barrikade verschlossen, dann hat die fleißige Larve ihre Aufgabe vollendet. Sie läßt ihre Werkzeuge im Stich, streift ihre Haut ab und verwandelt sich in die Nymphe, die nun ganz schwach und zart in den Windeln auf einem weichen Bettchen ruht. Ihr Kopf befindet sich stets der Tür zugekehrt – ein Umstand, der scheinbar nichts, in Wirklichkeit jedoch alles bedeutet. Für die Larve selbst ist es freilich ganz gleichgültig, ob sie in dieser Stellung oder umgekehrt sich in der langen Zelle niederlegt, da sie geschmeidig genug ist, um sich nach Belieben darin umdrehen zu können. Der in seinen steifen Hornküraß gehüllte Käfer, der aus der Nymphe hervorgehen wird, vermag dies jedoch ganz und gar nicht, sondern muß die Tür unbedingt vor sich haben, wenn er in dem Koffer nicht zugrunde gehen soll. Vergißt die Larve also diesen kleinen Umstand, legt die Nymphe sich zu ihrem Schlummer nieder, indem sie ihren Kopf der entgegengesetzten Seite der Kammer zukehrt, dann ist der Eichenbock verloren: seine Wiege wird zugleich ein Kerker, aus dem es für ihn kein Entrinnen gibt.

Allein diese Gefahr ist nicht zu befürchten: jenes Stückchen Darm ist viel zu genau über die zukünftigen Dinge unterrichtet, um nicht den Kopf unter allen Umständen dem Ausgange zuzukehren. Wenn dann der Frühling zu Ende geht, und das vollkommen ausgebildete und mit all seinen Kräften ausgestattete Insekt von den Freuden der Sonne und den Festen des Lichtes träumt und hinaus ins Freie möchte, – was findet es vor sich? Nur ein Häufchen Späne, das es mit ein paar Klauenhieben auseinanderwirft; dann den steinernen Deckel, den es aber nicht zu zertrümmern braucht, weil er sich nach einigen Stößen mit der Stirn dagegen, einigem Hin- und Herziehen mit den Klauen als Ganzes aus seiner Umfassung löst. Man findet daher die Deckel unzerbrochen auf der Schwelle der verlassenen Zellen. Endlich kommt noch ein zweiter Haufen von Holzfäserchen, der sich ebensoleicht zerstreuen läßt wie der erste. Nun sind die Wege frei: der Eichenbock braucht bloß den geräumigen Gang zu passieren, der ihn sicher an das Ausgangsloch führt. Wenn das Fenster nicht offen ist, so hat er nur mühelos die dünne Hülle zu zernagen und ist dann draußen; seine langen Fühler zittern vor Erregung.

Was hat uns der Käfer gelehrt? Er – nichts; seine Larve dagegen viel. Dieses so kläglich mit Sinnesfähigkeiten ausgestattete Wesen gibt uns durch sein Vorauswissen viel zu denken. Es weiß, daß der künftige Käfer nicht fähig sein wird, sich quer durch den Eichenstamm einen Weg zu öffnen, und verfällt deshalb darauf, für ihn einen solchen auf seine eigene Gefahr und Kosten herzustellen. Die Larve weiß ferner, daß der starrgepanzerte Eichenbock außerstande sein wird, sich in der engen Zelle umzudrehen, um deren Mündung zu gewinnen; sie sorgt deswegen dafür, daß ihr Kopf der Tür zugekehrt ist, wenn sie vor der Verwandlung in die Nymphenform entschlummert. Sie kennt das zarte Fleisch der Nymphe vorher und polstert die Nische mit weichem Stoff aus. Sie rechnet mit der Möglichkeit, daß ein Feind während der langsam sich vollziehenden Umgestaltung in die Zelle einzudringen sucht, und speichert Kalkbrei in ihrem Magen auf, um daraus eine Schutzmauer aufzuführen. Sie kennt die Zukunft, oder – besser gesagt –: sie handelt, als ob jene ihr bekannt wäre. Woraus schöpft aber sie die Motive für ihre Handlungen? Sicherlich nicht aus der durch ihre höchst mangelhaften Sinne vermittelten Erfahrung, denn durch diese erfährt sie, wie schon gesagt, nur so viel, wie ein Stückchen Darm darüber wissen kann. Wir werden somit zu der Schlußfolgerung gedrängt, daß der sogen. „Instinkt“ diese Wunder vollbringt, daß, außerhalb der sinnlichen Wahrnehmungen, das Tier, mit Inbegriff des Menschen, gewisse psychische Hilfsmittel besitzt, die angeboren und nicht erworben sind!

Das Rätsel des Skorpions.

Wir haben das Geheimnis des Skorpions*) so wenig ergründet, daß vielmehr neue, unerwartete Tatsachen in befremdlicher Weise das Problem verwirren. Das Studium des Lebens beschert uns solche Überraschungen. Wiederholte Versuche mit übereinstimmenden Ergebnissen scheinen uns in den Stand zu setzen, ein Gesetz zu formulieren, da treten ganz unvermutet schwerwiegende Ausnahmefälle vor uns hin, die uns auf einen neuen, dem ersten entgegengesetzten Weg schleudern und uns zum Zweifel, der letzten Etappe des Wissens, führen.

Die Larven des gemeinen Rosenkäfers oder Goldkäfers (Cetonia aurata L.) führten einen solchen Umschwung herbei. Es war gegen Ende des November, also zu einer bereits späten Zeit des Jahres, in der die völlig ausgebildeten Insekten sich selten finden. Um meine Versuche trotzdem weiterführen zu können, nahm ich meine Zuflucht zu den Larven des Goldkäfers, die sich das ganze Jahr hindurch in einem Haufen gefallener Blätter in einem Winkel meines eingehegten Versuchsgeländes reichlich vorfinden. Der Naturforscher, der die Tiere befragen will, ist gezwungenermaßen ein Folterknecht, denn es gibt kein anderes Mittel, sie zum Reden zu bringen. Jedes physiologische Laboratorium hat seine bevorzugten Opfer: der Frosch, das Meerschweinchen, sogar der Hund. In meiner ländlichen Werkstätte genügt die Goldkäferlarve.

Die vorgeschrittene, schon kalte Jahreszeit hat die Munterkeit des Skorpions noch nicht beeinträchtigt, und die dicke Larve ihrerseits hat in der lauwarmen Feuchtigkeit der faulen Blätter sich die ganze Geschmeidigkeit ihres Rückens bewahrt. Beide sind vollkommen wohlauf, als ich sie nun zusammenbringe. Der Angriff erfolgt nicht aus freien Stücken. Die engerlingartige Larve flieht beharrlich; auf dem Rücken liegend, schiebt sie sich längs der Wandung der Drahtglocke hin. Der Skorpion schaut unbeweglich ihrem Treiben zu; er geht bei-

*) Vgl. den Aufsatz: „Skorpionengift“ S. 121.

seite und gibt den Weg frei, wenn die kreisförmige Spur das Tier wieder zu ihm hinführt. Es ist keine ihm zusagende Beute, noch weniger ein gefährlicher Gegner, und zu töten, bloß um die Mordlust zu befriedigen, ist eine ihm unbekannte Verkehrtheit. Wenn ich mich nicht ins Mittel legte, könnte das friedliche Zusammentreffen unbegrenzte Zeit hindurch währen. Ich necke die beiden, bringe sie in Berührung miteinander, reize sie mit einem Strohhalm und zwar so, daß der Angriff von der Larve, die sich in der Gefahr zusammenrollt und nicht mehr rührt, auszugehen scheint. Da zückt der Skorpion seinen Stachel gegen den unschuldigen Nachbar und sticht ihn, daß die Wunde blutet.

Nach meinen Erfahrungen mit dem vollkommen entwickelten Goldkäfer erwarte ich nunmehr Zuckungen als Vorboten des Todes eintreten zu sehen. Allein die nicht mehr beunruhigte Larve rollt sich wieder auseinander und macht sich davon. Sie bewegt sich, auf dem Rücken liegend, weiter, weder rascher noch langsamer als gewöhnlich. Auf den Haufen Pflanzenerde gelegt, gräbt sie sich hurtig darin ein und scheint durchaus keinen Schaden genommen zu haben. Ein paar Stunden darauf sehe ich nach und finde sie ebenso kräftig wie vor dem Versuch; desgleichen am nächsten Tage. Was ist es nun mit diesem widerspenstigen Insekt? Als ausgewachsener Käfer wäre es blitzschnell getötet worden; in seiner Larvenform dagegen ist es unverletzbar. Der Stich war tief, weil die Wunde blutete, allein vielleicht hat sich aus dem Stachel kein Gift ergossen, so daß der kräftige Wurm die leichte Verletzung ertragen konnte. Man muß von neuem anfangen.

Dieselbe Larve wird ein zweites Mal von einem anderen Skorpion gestochen: das Ergebnis ist dasselbe wie beim erstenmal. Ganz gemächlich kriecht der Verwundete auf dem Rücken davon, vergräbt sich in den Haufen faulender Blätter und beginnt ruhig zu fressen. Der giftige Stich hat ihm nichts getan. Ich grabe nunmehr ein Dutzend andere Larven aus und lasse sie stechen, einige sogar zwei- und dreimal hintereinander. Alle drehen und winden sich etwas, wenn die Spicknadel in ihr Fleisch dringt; alle lecken die blutige Stelle, wenn ihr Mund sie erreichen kann, erholen sich aber schnell von ihrer Aufregung. Sie schieben sich, mit den Füßen in der Luft, weiter und vergraben sich in den Haufen Pflanzenerde. Ich suche sie an dem folgenden Tage wieder auf, aber das Gift scheint sie nicht gefährdet zu haben. Sie sehen sogar derartig wohl aus, daß ich hoffen darf, sie aufzuziehen. Ich versorge sie von Zeit zu Zeit mit einem frischen Vorrat faulender Blätter, und wirklich spinnen im Juni des nächsten Jahres alle die so grausam Verwundeten ihr Gehäuse und vollziehen darin ihre Metamorphose.

Dies seltsame Ergebnis erinnert mich an unsern gemeinen Igel (Erinaceus eureopaeus L.), der bekanntlich Kreuzottern bewältigt, ohne daß ihre giftigen Bisse ihm schaden. Von Mithridates, dem König des Pontos, wird erzählt, daß er, um sich gegen Vergiftungsversuche seiner Feinde zu schützen, sich an verschiedene Gifte gewöhnt habe, indem er durch ganz allmählich gesteigerte Dosen den Magen widerstandsfähig dagegen machte. Hat nun vielleicht in seiner Eigenschaft als Vipernfresser auch der Igel, ein zweiter Mithridates, seine Immunität durch stufenweise fortschreitende Gewöhnung erworben, oder sollte es bei ihm vielmehr eine ursprüngliche, natürliche Veranlagung gewesen sein? Besaß er nicht bereits, als er zum erstenmal den Kopf des Reptils zermalmte, die zu seiner Rettung erforderliche Prädisposition?

Der Fall der Goldkäferlarve spricht für das letztere. Wenn irgendein Insekt sich gegen die Angriffe des Skorpions sichern muß, so ist es sicherlich nicht dieser Saft faulender Pflanzenteile. Beide Tiere besuchen nicht die gleichen Orte, wodurch ein Zusammenstoß zwischen ihnen nahezu unmöglich wird. Bei der Larve kann also keine Gewöhnung an das Skorpionengift stattfinden, und trotzdem ist sie, wie meine Versuche bewiesen haben, immun dagegen. Sie muß also von vornherein eine Widerstandsfähigkeit besitzen, die ebenso überraschend ist wie die es vierfüßigen Reptilienfressers.

Daß der zur Vertilgung der Vipern bestimmte Igel mit Vorrechten ausgestattet sei, die für sein Gewerbe notwendig sind, ist logisch korrekt. Ebenso füllt der schönste Vogel der Mittelmeerprovinzen, der Bienenwolf (Merops apiaster L.), sich unge-

straft den Kropf mit lebendigen Wespen; der Kuckuck stopft sich, ohne daß es ihn kitzelt, den Magen mit den wie Brennesseln wirkenden Larven der Prozessionsraupe voll. Die von ihnen ausgeübte Funktion will es so. Aber wozu braucht sich die Goldkäferlarve gegen den Skorpion zu schützen, mit dem sie mit aller Wahrscheinlichkeit niemals zusammentrifft? Man mag an keine Bevorzugung glauben; eher wäre eine allgemeine Naturanlage denkbar. Die Larve leistet dem Stich des Skorpions Widerstand, nicht als ausgebildeter Käfer, sondern eben als Larve, also auf einer Vorbereitungsstufe zu einem vollkommeneren Zustande. Demnach müssen alle Larven, einige mehr, einige weniger, je nach dem Grade ihrer Kräftigkeit, eine ähnliche Widerstandsfähigkeit besitzen.

Was sagen uns darüber die Versuche? Auszuschließen sind natürlich von vornherein alle schwachen Larven mit zarter Leibesbeschaffenheit, denen schon ein bloßer Stich, ohne Mitwirkung eines Giftes, verhängnisvoll werden müßte. Wir brauchen korpulente, denen ein Loch in dem Wanst nicht viel ausmacht. Ich finde solche ganz nach Wunsch. Ein alter Olivenstumpf, den die Fäulnis unter der Erde schon weich gemacht hat, liefert mir die Larve des Nashornkäfers (Oryctes nasicornis L.), ein fleischiges Würstchen von der Dicke eines Daumens. Nachdem er den Stich des Skorpions empfangen hat, schiebt sich der dickbäuchige Wurm zwischen die Stücke faulenden Olivenholzes, mit denen ich ein weitbäuchiges Glasgefäß gefüllt habe; unbekümmert um sein Mißgeschick, arbeitet er so wakker mit seinen Kiefern, daß er acht Monate später, bei bestem Gedeihen seiner Beleibtheit, sich die Nische für seine Metamorphose herrichtet. Er hat die furchtbare Probe ungeschädigt überstanden. Wie es dagegen dem erwachsenen Nashornkäfer erging, hatten mir frühere Versuche gezeigt. Auf der Oberfläche des Hinterleibes, von dem ich die Flügeldekken emporhob, gestochen, fiel dieser Koloß bald um, indem er nur noch mit den Füßen in der Luft schwach zappelte. In drei oder höchstens vier Tagen hörte die Bewegung vollständig auf. Das kräftige Insekt stirbt; seine Larve dagegen erleidet weder einen Verlust an Stärke noch an Appetit. Ebenso erliegen der Heldbock (Cerambyx cerdo L.), der Handwerker (Cerambyx cerdo), der gemeine Maikäfer (Melolontha vulgaris F.) und der Feuerschröter oder gemeine Hirschkäfer (Lucanus cervus L.) – die ausgebildeten Käfer gehen sämtlich zugrunde, während ihre Larven dem giftigen Stich widerstehen. Diese Beispiele genügen; es ist daher unnötig, diesen Weg weiter zu verfolgen.

Alle die genannten Larven sind fette Tiere, die sich von Pflanzen nähren; verdanken die Dickbäuche ihre Immunität etwa dieser Art der Ernährung? Und neutralisiert auf der andern Seite vielleicht die speckige Hülle, in der sich die Vorräte dieser unersättlichen Fresser anhäufen, die Giftigkeit des Stiches? Wir wollen uns, um hierüber ins klare zu kommen, den mageren Fleischfressern zuwenden.

Ich wählte zunächst den stärksten unserer Laufkäfer (Procrustes coriaceus L.), einen dunklen Weggesellen, den ich am Fuß der Mauern antreffe, wo er Weinbergsschnecken zerwirkt. Dieser verwegene Freibeuter, der für den Kampf wie geschaffen ist, steckt unter seinen Flügeldecken wie in einem undurchdringlichen Küraß. Ich beschneide diese Schutzhülle hinten etwas, damit die einzige durchdringliche Stelle seines Körpers, die obere Fläche des Hinterleibes, dem Stachel des Skorpions zugänglich wird. Der Käfer empfängt seinen Stich und stirbt nach einem harten und qualvollen Todeskampf am nächsten Tage. Und die Larve? Obwohl sie der Lage Speck entbehrt, welche die zuvor genannten zu schützen schien, wird die magere Larve des Prokrustes so wenig durch den Skorpionstich gefährdet, daß sie sich zwei Wochen darauf in die Erde zurückzieht und sich dort eine Zelle aushöhlt, worin ihre Umwandlung vonstatten geht. Auch der nach kurzer Zeit aus dem Boden emporgestiegene, entwickelte Käfer befindet sich in voller Kraft und Gesundheit. Weder die Ernährungsweise noch der Grad der Beleibtheit bewirken also die Immunität. Ebensowenig tut dies die in der entomologischen Reihe eingenommene Rangstufe, wie uns die Schmetterlinge nach den Käfern sagen. Der erste von ihnen Befragte ist die Zeuzera (Gattung der Spinner), deren Raupe eine wahre Kalamität für verschiedene Bäume und Sträucher ist. Ich ergreife eine Eierlege-

rin in dem Augenblick, da sie ihre lange Legröhre in die Rindenspalte einer Syringe einführt, um dort ihre Eier abzulegen. Den in seinem weißen Kostüm mit blauer Sprenkelung prächtig anzusehenden Schmetterling lege ich dem Skorpion vor. Der Fall ist rasch entschieden: die hübsche Zeuzera wird alsbald gestochen und verendet ohne ungestüme Bewegungen. Die Raupe dieses Schmetterlings dagegen befindet sich nach dem Stich ebenso wohl wie vorher. Wieder in den Gang zurückgebracht, aus dem ich sie hervorgezogen hatte, nachdem ich den Ast der Syringe gespalten hatte, arbeitet sie in gewohnter Weise; das bezeugt das aus der Mündung der Wohnstätte hervorgeworfene Wurmmehl. Im Sommer kommen ganz nach der Regel die Chrysalide und der Schmetterling.

Ein paar Dutzend Raupen des Seidenspinners (Bombyx mori L.), die mir die Züchtereien in den benachbarten Gehöften zur Verfügung stellen, weben, nachdem sie bis aufs Blut gestochen wurden, ihre Kokons völlig tadellos in bezug auf Form und Stärke. Und aus den Kokons kommen, ohne jeglichen Abgang, die Schmetterlinge hervor, von denen wir bereits wissen, was ihnen bevorsteht. Sie erliegen dem Skorpionstich, freilich langsam, nach Art des Nachtpfauenauges, allein endlich verenden sie doch; der Dolchstoß ist ihnen stets verhängnisvoll, während die nackte Raupe, gewöhnlich „Seidenwurm" genannt, dem Stich widersteht. Ebenso ist es beim Wolfsmilchschwärmer (Deilephila euphorbiae L.): der gestochene Schmetterling geht sehr schnell ein, während die Raupe den Stich ohne üble Nachwirkungen erträgt. Die wie mit Türkisen geschmückte mächtige Raupe des großen Nachtpfauenauges wird, nachdem sie bis aufs Blut gestochen ist, wieder auf den Zweig des Mandelbaums zurückgesetzt, der ihre Weide darstellt; hier vollendet sie ihre Entwicklung und spinnt tadellos ihren kunstvollen Kokon.

Die Zweiflügler und Hautflügler würden wohl eine Prüfung verdienen. Bei ihnen findet, wie bei den Schmetterlingen und den Insekten mit Flügeldecken, durch die Arbeit der Transformation eine allgemeine Umänderung statt. Allein sie sind von mäßiger Größe, und bei den meisten wäre es schwierig, sie mittels einer Pinzette dem Skorpionstachel darzubieten; ihre zarten Larven aber würden schon an der bloßen Durchbohrung ihrer Haut zugrunde gehen. Wir wollen deshalb nur die Riesen befragen, wie die Schnabelschrecke, die aschfarbige Wanderheuschrecke, den weißstirnigen Dektikus, die Maulwurfsgrille und die Gottesanbeterin. Daß sie sämtlich dem Stachel des Skorpions erliegen, wissen wir bereits. Aber auch in ihrer Gruppe geht der völligen Entfaltung, welche die Feste der Paarung beanspruchen, eine Übergangsform voraus, die, ohne eine Larve im eigentlichen Sinne zu sein, doch auch keine Ähnlichkeit mit dem ausgebildeten Insekt hat, sondern eine Vorstufe bildet, eine Annäherung an das fortpflanzungsfähige Tier. Die aschfarbige Heuschrecke, wie wir sie zur Zeit der Weinlese auf den Reben finden, hat noch nicht ihre prächtigen Flügel und lederartigen Flügeldecken, sondern sie besitzt nur Rudimente davon; desgleichen die übrigen Feld- und Laubheuschrecken in ihrer Jugendform. Diese zukünftigen Geradflügler tragen ihren Flugapparat eingeschlossen, im Keim, in einem dürftigen Etui. Im übrigen ist das Tier schon nahezu das, was es im vollen Staat sein wird: das Alter entwickelt den Geradflügler, aber es gestaltet ihn nicht um.

Vermögen nun diese noch unvollständigen Jungen mit Stummeln statt der Flügel den Stich des Skorpions auszuhalten wie die wirklichen Larven, die Wickelpuppen des Oryktes und des Holzbocks, die Raupen der Sphyngiden und Bombyxarten? Wenn die Kraft und Frische der ersten Jugend ein ausreichendes Präservativ bildet, dann müssen wir hier die Immunität finden. Es ist aber nichts damit: die Maulwurfsgrille geht mit Flügeln oder ungeflügelt, alt oder jung zugrunde; ebenso sterben die Mantis, die Wanderheuschrecke und die Nasenschrecke, ob sie völlig oder erst unvollständig entwickelt sind. Inbezug auf ihre Widerstandsfähigkeit dem Gift des Skorpions gegenüber müssen wir somit die Insekten in zwei Kategorien einteilen: einerseits solche, die eine wirkliche Transformation, verbunden mit einer Umarbeitung des ganzen Organismus, erfahren; auf der andern Seite diejenigen, bei denen bloß sekundäre Abänderungen stattfinden. In der ersten Reihe widersteht die Larve, das

entwickelte Insekt geht zugrunde; in der zweiten tritt der Tod ein.

Welche Ursache mag dieser Verschiedenheit zugrunde liegen? Das Experiment zeigt uns zunächst, daß die Widerstandsfähigkeit gegen den Stich um so mehr zunimmt, je weniger verfeinert die Natur des Patienten ist. Die Tarantel, die Kreuzspinne, die Gottesanbeterin, lauter fein organisierte Insekten, erliegen sofort, wie vom Blitz getötet; der lebensprühende Laufkäfer und der nicht minder lebhafte Prokrustes werden alsbald von Krämpfen befallen, ähnlich denen, die das Strychnin hervorruft; der unermüdliche Pillendreher verfällt in eine Art Veitstanz und gebärdet sich unsinnig. Dagegen nehmen der schwerfällige Hornkäfer und der träge Metallkäfer ihre Leiden geduldig hin und zappeln nur schwach, ganze Tage lang, bevor sie eingehen. Einen tieferen Rang als sie nehmen die Heuschrekken ein, und noch viel niedriger steht der Skolopender mit seiner altertümlichen Organisation. Es ist einleuchtend, daß die raschere oder langsamere Wirkung des Giftes von dem mehr oder minder reizbaren Zustande des Versuchstieres abhängig ist.

Wir betrachten gesondert die Insekten der höheren Ordnung, die vollständigen Verwandlungen unterliegen. Das Wort „Metamorphose"*), das man auf sie anwendet, bedeutet Formveränderung. Handelt es sich nun aber um eine bloße Veränderung der Form, wenn die Raupe sich in einen Schmetterling verwandelt, wenn aus der Larve in den faulenden Blättern der Rosenkäfer wird? Es findet dabei mehr und Besseres statt, wie uns der Stich des Skorpions beweist. Eine tiefgehende Umwandlung in der vitalen Statik des Insekts vollzieht sich; die Substanz, in Wirklichkeit stets dieselbe, gerät in Fluß, verfeinert ihren anatomischen Aufbau und wird dadurch fähig zu dem Erbeben der Sinne, der schönsten Mitgift des fortpflanzungsfähigen Insekts. Die Panzerung der Flügeldecken, allerhand Zierarten, die zitternden Stiele der Fühler, Füße für den Lauf, Flügel für die Fortbewegung in der Luft – dies alles ist prachtvoll, aber noch viel höher als diese Ausrüstung mit Werkzeugen steht etwas anderes. Das verwandelte Insekt erwirbt ein neues Leben, das tätiger und reicher an sinnlichen Empfindungen ist. Eine zweite Geburt vollzieht sich, die alles erneuert hat, im Bereiche des Unsichtbaren und Unberührbaren, wie in dem des Materiellen. Dies ist mehr als eine Retusche in der molekularen Anordnung: es ist das Aufblühen vorher unbekannter Fähigkeiten. Es ist ein ungeheurer Sprung in der Richtung des Fortschritts gemacht worden, allein der neue Zustand hat nicht das kräftige Gleichgewicht des früheren; die Vervollkommnung wird erworben auf Kosten der Stabilität, und daher geht das Insekt zugrunde bei einem Versuch, den die Larve ungefährdet aushält.

Bei den Heuschrecken und den Geradflüglern im allgemeinen liegen ganz andere Bedingungen vor. Hier findet keine vollständige Metamorphose statt, welche die Struktur, die Lebensweise und die -gewohnheiten von Grund aus verändert. Sein ganzes Leben hindurch bleibt das Insekt so ziemlich das gleiche wie beim Ausschlüpfen aus dem Ei. Es wird geboren mit Formen, die die Zukunft nicht viel überarbeiten, mit Gewohnheiten, welche die Zeit nicht verändern wird. Bei ihm ist kein Umschwung, kein sprungweiser Fortschritt wahrzunehmen. In seiner ersten Jugend hat es bereits das Temperament des völlig entwickelten Insekts und entbehrt wie dieses der Immunität, deren sich die noch unausgebildeten Organismen erfreuen. Die Heuschrecke braucht den Larvenzustand nicht durchzumachen, dafür erfährt sie die Nachteile einer zu raschen Entwicklung. Das junge Insekt erliegt dem Stich nicht weniger schnell wie das völlig entwikkelte, dem es bis auf wenige Einzelheiten vollkommen ähnlich ist.

*) In der Zoologie versteht man unter Metamorphose die Verwandlung, die ein junges Tier durchmacht, bevor es die Form des erwachsenen annimmt. Bei den Insekten unterscheiden wir eine vollständige (eine oder mehrere Larven, Puppe und Geschlechtstier oder Imago) und eine unvollständige (mehrere nur wenig voneinander und von der Imago verschiedene Larvenformen) Metamorphose. Nach diesen Verschiedenheiten teilt man sie allgemein in drei Gruppen ein: in solche ohne Verwandlung (Ametabola), wie z. B. die Laus, zweitens in solche mit unvollkommener oder halber Verwandlung (Hemimetabola), wie die Heuschrecke, und endlich drittens solche mit vollkommener Verwandlung (Metabola), wie der Schmetterling. Anm. d. Übers.

Ob die vorstehend gegebene Erklärung richtig ist, will ich vorläufig dahingestellt sein lassen. Mit einem Netzzug in dem Abgrunde des Unbekannten bringt man nicht immer den richtigen Gedanken zutage, der ein seltener Fang ist. Jedenfalls ist eine Tatsache von hoher Bedeutung gewonnen, mag sie auch unerklärt geblieben sein. Die Metamorphose ändert die organische Substanz in einem Grade ab, daß die innersten Eigenschaften umgestaltet werden. Das Gift des Skorpions, das Reagens einer überlegenen Chemie, unterscheidet das Fleisch der Larve von dem des ausgebildeten Insekts; es ist für jenes unschädlich, für dieses tödlich.

Dieses merkwürdige Ergebnis läßt uns eine Frage aufwerfen, die den großartigen Theorien der verdünnten Gifte, der verschiedenen Arten des Serums und der Impfstoffe nicht fremd ist. Eine Larve mit vollständiger Metamorphose wird von dem Skorpion gestochen; man könnte gewissermaßen sagen, sie sei geimpft worden mit einem Gift, das sie in ihrem jetzigen Zustande zu ertragen vermag, während es ihr unter den zukünftigen Bedingungen den Tod bringen würde. Der Stich scheint keine schädliche Wirkung auf sie auszuüben; sie frißt weiter und setzt ihre gewöhnliche Tätigkeit als Larve fort. Indessen muß das Gift doch unbedingt in dieser oder jener Weise auf das Blut, auf die Nerven des Tieres wirken. Sollte es nicht möglich sein, daß die Verletzlichkeit dadurch eingeschränkt, und daß durch diese Gewöhnung im Larvenzustand das entwickelte Insekt immun wird? Kurz gesagt: ist das Insekt mit vollkommener Metamorphose, das im Larvenzustand gestochen wurde, imstande, nun selber dem Gift Widerstand zu leisten? Das ist die Frage.

Die Gründe, sie zu bejahen, sind so unabweislich, daß man sofort geneigt ist, zu antworten: Jawohl, das erwachsene Tier wird widerstehen. Wir wollen indes das Experiment allein entscheiden lassen; ich habe zu diesem Zweck bereits Vorbereitungen getroffen und mir vier Reihen von Versuchstieren beschafft. Die erste Folge besteht aus zwölf Larven des Metallkäfers, die im Oktober gestochen und im Mai wieder geimpft, d.h. zum zweitenmal gestochen worden sind. Die zweite Reihe umfaßt gleichfalls ein Dutzend Metallkäferlarven, die aber nur einmal – im Mai – gestochen wurden. Vier Puppen des Wolfsmilchschwärmers bilden die dritte Serie; sie kommen von Raupen her, die bloß einmal – im Juni – gestochen sind. Endlich habe ich noch zu meiner Verfügung die oben erwähnten Kokons der Seidenraupen. Bei jeder Reihe soll nun, in dem Maße wie das Ausschlüpfen sich vollzieht, der Skorpion von neuem sich einmengen.

Der Maulbeer-Seidenspinner befriedigt meine Ungeduld zuerst. Zwei oder drei Wochen nachher ist der Schmetterling da und regt sich für die Paarung; der Stich, den er als Raupe empfing hat also seine Hitze in keiner Weise abgekühlt. Nunmehr unterwerfe ich ihn der Probe. Der Angriff ist schwierig, der Stich unsicher, aber nichtsdestoweniger gehen die von ihm getroffenen Schmetterlinge alle nach einem Todeskampfe von einigen Tagen ein. Die vorherige Impfung hat also an dem Ergebnis nichts geändert: sie unterliegen vorher wie nachher. Allein diese Schmetterlinge sind schwächliche Zeugen, denen man nicht zuviel Gewicht beilegen darf; die Wolfsmilchschwärmer und besonders die kräftigen Metallkäfer verdienen schon mehr Vertrauen. Allein die Schmetterlinge, deren Raupen das Gift eingeimpft bekamen, das nach unserer Theorie auch jene immun machen sollte, erliegen dem Stachel auf der Stelle, genau so, wie es die andern tun, die im Raupenzustand keine Schutzimpfung erhielten.

Vielleicht war die zwischen dem Stich der Raupe und dem des Schmetterlings verflossene Zeit zu kurz, als daß das Gift im Organismus in dem gewollten Grade hätte wirken können. Möglicherweise bedarf es eines längeren Zeitraums, um die inneren Veränderungen unter dem Einflusse des Giftes, das in dem Tier arbeitet, herbeizuführen. Dafür werden uns die Larven der Metallkäfer wohl Aufschluß geben. Wie oben bemerkt, ist das Dutzend der ersten Reihenfolge zweimal (zuerst im Oktober, dann im Mai) gestochen worden; das fertige Insekt durchbricht seinen Kokon gegen Ende Juli, es sind also jetzt zehn Monate seit dem ersten Stich und drei Monate seit dem zweiten verstrichen. Ist nun der entwickelte Käfer immun? Ganz und gar nicht. Mit dem Skorpion zusammengebracht, gehen meine zwölf Geimpften und Wiedergeimpften alle

zugrunde, weder schneller noch langsamer als ihre Geschlechtsgenossen, die ungestört in ihrem Haufen faulender Blätter zur Welt gekommen sind. Das andere Dutzend, das nur einmal – im Mai – gestochen worden ist, verendet ebenso schnell. Bei den einen wie bei den andern sind meine Kunstgriffe, die mir anfangs Vertrauen einflößten, zu meiner großen Beschämung kläglich fehlgeschlagen.

Noch eine andere Methode wird versucht: die der Transfusion des Blutes, die sich ja nahe mit der Serumbehandlung berührt. Wenn die Larve des Metallkäfers dem Skorpionstachel widerstanden hat, so muß ihr Blut besondere Eigenschaften besitzen, die geeignet sind, die Schädlichkeit des Giftes zu neutralisieren. Sollte nun dieses Blut, wenn man es von der Larve auf den ausgebildeten Käfer überträgt, nicht diesem seine Kraft mitteilen und ihn immun machen können? Mit einer Nadelspitze verwunde ich oberflächlich eine geimpfte Metallkäferlarve. Das Blut fließt reichlich; ich sammle es in einem Uhrglase und spritze es dann mittels eines feindünnen und unten zugeschliffenen Glasröhrchens einem ausgewachsenen Metallkäfer ein. Die Dosis wechselt von einem Kubikmillimeter bis zu dem Zehn- und Zwanzigfachen; durch Blasen in das Röhrchen übertrage ich die Flüssigkeit auf den Körper des entwickelten Käfers, besonders auf der Bauchseite, wo die Spitze einer Nadel der leicht zerbrechlichen Spritze vorgearbeitet hat. Das Insekt erträgt diese leichte Operation ganz gut und befindet sich nach der Impfung mit etwas Larvenblut allem Anscheine nach in vollkommener Gesundheit.

Der Vorsicht halber lasse ich erst ein paar Tage verstreichen, um den eingeimpften Säften Zeit zu geben, sich zu verteilen und zu wirken, bevor der Metallkäfer dem Skorpion dargeboten wird. Abermals ist das Ergebnis durchaus ungünstig. Verhülle dein Gesicht, unfähiger Physiologe: das Insekt geht ebenso zugrunde, wie es dies vor deiner eingebildeten Chirurgie getan haben würde. Das Tier läßt sich nicht nach der Art chemischer Reagenzien behandeln.

Die Geometrie der Insekten.

Die Betriebsamkeit der Insekten, zumal die der Hautflügler, schafft zahlreiche kleine Wunderwerke. Frisch hergestellt aus der Baumwolle, die manche mit Watte bekleidete Pflanzen liefern, stellt das Nest gewisser *Wollbienen* (Anthidium) einen ungemein zierlichen Schlauch dar. Es ist tadellos geformt, weiß wie Schnee, anmutig für das Auge und zarter anzufühlen als Schwanendaunen. Ein Kolibrinest, nicht größer als die Hälfte einer Aprikose, ist, mit ihm verglichen, plumper Filz. Diese Vollendung ist allerdings nur von kurzer Dauer, denn die Künstlerin wird durch die zur Verfügung stehenden Raumverhältnisse behindert. Ihre Werkstätte ist das erste beste Obdach, irgendein bedeckter Gang, den sie benutzen muß, wie sie ihn gerade gefunden hat. In diesem engen Verschlage reihen sich nun die Schläuche aus Pflanzenwolle eng aneinander, so daß sie sich gegenseitig zusammendrücken und aus der Form bringen; sie kleben an beiden Enden mit den benachbarten Zellen zusammen, und das Ganze wird eine wulstige Säule, die je nach der Geräumigkeit des Unterschlupfes geformt ist. Aus Mangel an Raum hat die Weberin ihre Gewebe nicht, dem eleganten Muster entsprechend, ausführen können, das der Instinkt ihr vorschrieb, und das die Wollbiene jedes Mal herstellt, wenn sie vereinzelte Zellen fertigt.

Wenn die *Mörtelbiene* (Chalicodoma) auf Mauerwerk arbeitet, errichtet sie zuerst ein geometrisch tadelloses Türmchen, wobei sie mit Speichel durchkneteten Straßenstaub als Mörtel benutzt. Um dem Bau mehr Festigkeit zu geben und um mit dem schwierig herzustellenden Zement zu sparen, werden die Außenflächen mit Sand- oder Kieselkörnchen bekleidet, solange die Masse noch klebrig ist. Entsprechend dem Urbilde ihrer Kunst, baut die Mörtelbiene zunächst einen mit Mosaik verzierten Zylinder; nun sollen aber noch andere Zellen, wenigstens ein Dutzend, folgen, und daraus ergeben sich Notwendigkeiten, von denen jene erste Arbeit frei war. Was ferner gebaut werden soll, muß dem bereits Fertiggestellten angepaßt werden. Die Festigkeit des Ganzen verlangt, daß die Türmchen, sich eng aneinanderschmiegend, einen Block bilden; um mit dem Material zu sparen, ist es nötig, daß je zwei aneinanderstoßende Zellen nur eine einzige Zwischenwand haben. Diese beiden Bedingungen sind aber mit der ursprünglichen Architektur nicht vereinbar: die zusammengestellten Zylinder berühren einander nur in einer Linie, so daß sich keine gemeinsame Zwischenwand anbringen läßt. Es bleiben unausgefüllte Räume zwischen ihnen frei, wodurch die Standfestigkeit des Ganzen beeinträchtigt wird. Was tut nun der Baumeister, um diesen Mängeln abzuhelfen? Er weicht von dem normalen Grundriß ab und verändert ihn, den Raumverhältnissen entsprechend. Der Fassungsraum des Zylinders bleibt, entsprechend der Bequemlichkeit der Larve, des zukünftigen Bewohners, derselbe, allein die Hülle wird unregelmäßig, polygonal geformt und füllt mit ihren Winkeln die einspringenden freien Ecken aus. Die elegante Geometrie, welche das zuerst fertiggestellte Türmchen verhieß, wird gezwungenermaßen aufgegeben, weil das gesamte Bauwerk aus einem Haufen nebeneinandergestellter Zellen bestehen muß. Wie das Unregelmäßige auf das Regelrechte folgt, tritt gegen das Ende der Arbeit noch deutlicher zutage. Um ihr Werk zu verstärken und gegen Witterungsunbilden zu schützen, bewirft die Chalikodoma es mit einer dicken Schicht Mörtel (wovon sie ihren deutschen Namen hat). Mosaikbekleidung, die runden, mit einem Deckel verschlossenen Öffnungen, die walzenförmigen Basteien, alles verschwindet unter dieser Schutzhülle. Das Ganze ist für den Blick jetzt nicht anderes als ein Klumpen getrockneten Schlammes.

Der einfachste Rundkörper: der Zylinder oder die Walze, ist auch das Vorbild für den Konserventopf, in dem der Spinnentöter (Pelopoeus oder Sceliphron) seine Opfer als Nahrung für die Brut aufhäuft. Aus Schlamm, den er von den Rändern einer Pfütze holt, führt er zuerst ein mit schrägen Wulsten verziertes Türmchen auf. Durch nichts in der Umgebung behindert, ist dieses Stück, das erste der Gruppe, von einer Vollendung, die eine hohe Vorstellung von der Begabung des Konstrukteurs gibt. Nun folgen aber andere Zellen, die, eng aneinander gedrängt, sich gegenseitig aus der Form bringen. Auch hier wird aus den gleichen Gründen: Materialersparnis und Dauerhaftigkeit des Ganzen, die Schönheit der ersten, regelmäßigen Anordnung aufgegeben; die Zusammendrängung führt Unregelmäßigkeit herbei. Eine dicke Lage Mörtelbewurf entstellt ebenfalls zum Schluß das Bauwerk.

Zu den Lehm- oder Mauerwespen gehören die Pillenwespen (Eumenes Fabr.)*), deren keramische Kunst auf hoher Stufe steht. (Abb. 1.) Diese Mauerwespe stellt ihre Zelle in Form einer bauchigen Kuppel her, ähnlich jener auf morgenländischen Kiosken und auf moskowitischen Basiliken. Auf ihrer Höhe wird ein kurzes Mundstück angebracht, durch das die für die Larve bestimmten Raupen in das Innere geworfen werden. Wenn der Proviantvorrat genügt, und das Ei mittels eines Fadens an der oberen Wölbung aufgehängt worden ist, wird das Mundstück durch einen Pfropf aus Lehm verschlossen. Jene in Südfrankreich sehr verbreitete Art, die den Namen „Eumène d'Amédée" führt, baut dort in der Regel auf Geröll oder Mauerwerk und schmückt ihre Kuppel mit kantigen Kiesstückchen, die zur Hälfte in den noch weichen Lehm eingelassen werden; als Verschlußpfropf dient ein kleiner flacher Stein oder ein winziges Schneckenhäuschen. Diese tönerne Kasematte, die in der Sonne sehr rasch erhärtet, ist von vollendeter Zierlichkeit. Allein der niedliche Bau verschwindet, so-

*) Von 80 weitverbreiteten Arten kommt nur eine in Deutschland vor: Eumenes pomiformis Rossi, 12–15 mm lang. Sie ist schwarz; Kopfschild, Vorderrand und mehrere Flecke des Mittelleibes sowie der Hinterrand aller Hinterleibsringe und 2 Mittelflecke auf den beiden ersten Hinterleibsringen haben goldgelbe, die Beine rotgelbe Farbe. Vom Juli bis September trifft man sie häufig auf Blüten.

Anm. d. Übers.

bald die Pillenwespe um diese Kuppel herum noch andere baut, wobei sie die schon vorhandene Wandung benutzt. Nun wird die genaue runde Form unpraktisch; um die einspringenden Winkel zu verwenden, werden die neuen Zellen eckig und vielflächig; nur die Ränder des Zellenhaufens und sein Oberteil erinnern noch an den ursprünglichen Plan, während das Ganze eine warzenförmige, mit Kiesstückchen inkrustierte Oberfläche hat. Zu jeder Warze gehört eine Zelle, die jedesmal an ihrem Mundstück zu erkennen ist; dieser Teil behält die ursprüngliche Form bei, weil er unbehindert ausgearbeitet werden kann. Wenn dieses Ursprungszeugnis fehlte, würde man in dem unförmlichen Haufen nicht das Werk einer Kuppelkünstlerin wiedererkennen.

Andere, kleinere Eumenesarten (wie z. B. Eumenes pomiformis Rossi) bauen stets nur einzelne Zellen, deren Träger gewöhnlich der Zweig eines Strauches ist. Auch ihr Werk ist eine bauchige Kuppel, ähnlich den vorstehend geschilderten, und wie diese mit einem zierlichen Mundstück versehen, aber ohne das Mosaik aus Kies. Die kleinen Lehmzellen, die etwa von der Stärke einer Kirsche sind, haben diese Verzierung nicht aufzuweisen, an deren Stelle einzelne, hier und da verteilte Knötchen aus Lehm treten.

Die Eumenesarten, welche die Zellen für ihre Larven gruppenweise anlegen, sind gezwungen, die später entstehenden nach Maßgabe des Raumes, den die bereits fertiggestellten übrig lassen, abzuändern; an die Stelle der schönen Kurve des ursprünglichen Musters tritt unter der Macht der Verhältnisse die wenig gefällige gebrochene Linie. Die anderen, die jede ihrer Kuppeln für sich bauen, hüten sich vor derartigen Unrichtigkeiten. Ihre bald hier, bald dort auf einem Zweige befestigten Zellen sind ganz gleich, von der ersten bis zur letzten, so viele davon die Unterbringung der Larven erheischt; man könnte glauben, sie seien alle aus ein und derselben Form hervorgegangen. Sobald kein äußeres Hindernis die Anwendung der Regel verwehrt, weicht keine der Arbeiten von dieser ab, und die zuerst entstandenen weisen die gleiche Vollkommenheit auf, wie die zuletzt fertig gewordenen.

Wenn nun das Insekt ein gemeinsames Obdach herstellt, in dem jede Larve aber ihre Zelle für sich haben soll, wie wird sich dann wohl ein solches allgemeines Familienhaus gestalten? Wir dürfen sicher sein, daß – unter Voraussetzung des Fernbleibens äußerer Hindernisse – dieses Werk stets eine korrekte geometrische Form aufweisen wird, mit Abweichungen, die der Eigenart des Baumeisters entsprechen. Betrachten wir einmal unsere zweite Abbildung, die ihren Gegenstand in natürlicher Größe wiedergibt. Ist das etwa ein ganz kleines Exemplar jener Luftballons, mit denen die Kinder spielen? O nein, es ist das Nest einer Papierwespe; der mittleren Wespe (Vespa media Deg.)*); man fand es auf der inneren Seite eines Fensterladens, der den größten Teil des Jahres hindurch nicht geschlossen wurde. Bei völliger Aktionsfreiheit nach allen Richtungen hin – bis auf den Befestigungspunkt des Nestes – hat die Wespe unbeirrt die Regeln ihrer Kunst befolgt. Aus einem von ihr hergestellten Papier, das fast ebenso geschmeidig und dabei zähe ist, wie das chinesische und japanische Seidenpapier, hat sie den kleinen Ballon geformt, den Abschnitt eines Ellipsoids, mit dem durch eine sanfte Krümmung ein Kegel verbunden ist. Einer ähnlichen Vereinigung künstlerisch kombinierter Formen werden wir in den „Birnen" des heiligen Skarabäus wieder begegnen. Die schlanke Wespe und der plumpe Mistkäfer, deren Werkzeuge und Materialien so verschiedenartig sind, arbeiten nach dem gleichen Modell.

Spiralförmig geführte Fäden lassen uns erkennen, wie der Hautflügler zu Werke gegangen ist. Die Wespe ist, mit ihrem Knäuel von Papierbrei zwischen den Kinnbacken, allmählich schräg von oben nach unten fortgeschritten, dem Rande der bereits fertiggestellten Partie folgend, und hat so das aus jenem Material hergestellte weiche und von ihrem

*) Sie ist auch bei uns in Deutschland sehr häufig; die Grundfarbe ist schwarz mit gelben Zeichnungen an Kopf, Mittel- und Hinterleib. Länge der Männchen und Arbeiter 16 mm, der Weibchen 21 mm. Die grauen, papierartigen Nester finden sich in und an Häusern, zwischen Baumzweigen, auf den mit dem süßen Saft der Blattläuse bedeckten Blättern der Obstbäume usw. Anm. des Übers.

Speichel durchtränkte Band immer weiter geführt. Diese Arbeit mußte aber viele hundert Male abgebrochen und wieder aufgenommen werden, denn der jedesmalige Vorrat war rasch erschöpft. Dann galt es, in der Nachbarschaft irgendeinen von der feuchten Luft zermürbten und von der Sonne gebleichten holzigen Zweig mit den Zähnen abzuschaben, die Fasern herauszuholen, sie zu zerteilen und zu zerkleinern und durch Kneten in einen plastischen Filz zu verwandeln. Mit dem frischen Knäuel konnte dann das unterbrochene Band wieder weitergeführt werden.

Es haben sogar mehrere Wespen gemeinsam den Ballon gebaut. Die Gründerin der Niederlassung, die Mutter, die anfangs allein und durch Familiensorgen in Anspruch genommen war, hat nur die erste Anlage der Bedachung ausführen können; dann aber sind Söhne von ihr gekommen, eifrige Arbeiter, denen die Aufgabe zufiel, die Wohnstätte groß genug zu machen, daß jene, die alleinige Eierlegerin, ihre sämtlichen Eier darin unterzubringen vermag. Von diesen Papierarbeitern hat bald der eine, bald der andere mitgeholfen, es haben wohl auch mehrere ohne Einvernehmen zugleich an den verschiedenen Stellen gewirkt, und dennoch gab es nirgends Verwirrung, sondern es wurde eine vollkommene Regelmäßigkeit des Werkes erzielt. In wohlabgemessenem Grade vermindert sich von der geräumigen Kuppel ab der Durchmesser des Ballons, mehr und mehr verengert er sich zu einem Kegel und endet zuletzt in einem zierlichen Mundstück. Aus individuellen und fast ganz unabhängig voneinander ausgeführten Arbeiten geht ein harmonisches Gesamtwerk hervor – wie ist das möglich?

Weil – so lautet die Antwort – die bauenden Insekten eine angeborene Geometrie besitzen, weil sie ein Gesetz der Baukunst kennen, ohne es gelernt zu haben, das innerhalb derselben Gruppe ständig ist, aber von einer Gruppe zur anderen wechselt. Ebenso wie die Einzelheiten des Organismus, ja vielleicht noch besser als diese, kennzeichnet jener Trieb, nach gewissen bestimmten Regeln zu bauen, die Körperschaften der Insekten, die wir unter dem Namen „Arten“ zusammenfassen. Die Mörtelbiene hat ihr Türmchen aus Stampferde, der Spinnentöter ein schraubenförmig gewundenes Bauwerk, die Pillenwespe die Kuppel mit Mundstück und die mittlere Wespe den Papierballon: so besitzt jedwede Art ihre besondere Kunst.

Unsere menschlichen Baumeister berechnen und machen Entwürfe, bevor sie ans Werk gehen. Das Insekt bedarf solcher Vorbereitungen nicht, ihm ist das Zaudern des Anfängers unbekannt. Es ist sogleich Meister, ohne erst Lehrling gewesen zu sein, und baut mit derselben Korrektheit und der gleichen Unbewußtheit, wie die Schnecke ihr Haus nach einer gelehrten Spirallinie zusammenrollt; wird es durch nichts behindert, dann entsteht jedesmal ein zierliches und mit weiser Sparsamkeit ausgeführtes Werk. Wenn dagegen die Nischen oder Zellen sich gegenseitig im Wege sind, dann wird der vorschriftsmäßige Plan zwar nicht ganz aufgegeben, aber seine Ausführung erleidet die durch Raummangel bedingten Abweichungen. Die Zusammendrängung führt zur Unregelmäßigkeit; auch auf diesem Gebiet schafft, wie bei uns, die Freiheit Ordnung, der Zwang die Unordnung.

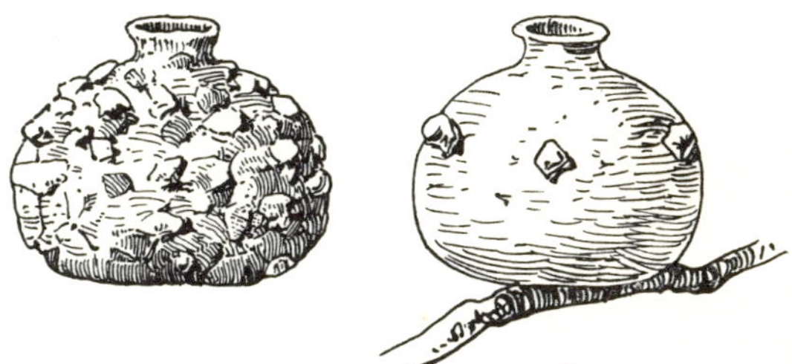

a. b.

Abb. 1. Lehmzellen von Eumenes-Arten: a. Eumenes eumenes. b. Pillenwespe (Eumenes pomiformis Rossi).

Wenn wir nun das Nest der ballonbauenden Wespe öffnen, so finden wir darin zu unserer Überraschung unter der äußeren Hülle noch eine zweite, die in geringer Entfernung von der ersten eingeschachtelt ist. Wir würden sogar drei und vier darin entdecken, hätten nicht ungeduldige Hände das Nest bereits vor seiner völligen Vollendung weggenommen und mir überbracht. Es ist unvollständig, wie auch die einzige Reihe von Zellen bekundet, während in einem fertigen Nest sich mehrere Waben übereinander befinden.

Das macht nichts; auch so, wie es ist, lehrt uns dieses Werk, daß die gegen Kälte empfindliche Wespe vor uns die Kunst gekannt hat, die Wärme in einem Raume festzuhalten. Die Physik lehrt uns die Wirksamkeit eines zwischen zwei Wänden unbeweglich gehaltenen Luftkissens als Hindernis der Erkaltung; sie empfiehlt uns das Anbringen von Doppelfenstern, um zur Winterszeit die Wärme in unseren Wohnungen zu bewahren. Längst vor aller menschlichen Wissenschaft aber hat die kleine Wespe, die leidenschaftlich die Wärme liebt, bereits das Geheimnis der mehrfachen Hüllen, welche Luftschichten einschließen, gekannt. Mit jenen drei oder vier ineinandergeschachtelten Ballons muß ihr in der Sonne aufgehängtes Nest zu einem Schwitzkasten werden.

Die papierenen Einschließungen sind nur Schutzwerke: die eigentliche Stadt, um derentwillen das Ganze konstruiert wurde, nimmt den Oberteil der Kuppel ein. Auf unserem Bilde ist es eine einfache Schicht von aneinanderstoßenden sechseckigen Zellen, die unten offen sind. Später würden noch mehr Waben hinzugekommen sein, die schichtweise nach unten folgen, und von denen jede mit der über ihr lagernden durch Säulchen aus Papierstoff verbunden wird. Die Gesamtheit dieser Waben enthält dann gegen 100 Zellen, deren jede eine Larve aufnimmt.

Die Art und Weise der Aufzucht ihrer jungen Brut legt den Wespen Regeln auf, die den andern Baumeistern in der Insektenwelt unbekannt sind. Diese speichern in jeder Zelle Proviant auf, Honig oder Jagdbeute, genau dem Bedarf der aus dem Ei geschlüpften Larve angepaßt. Nachdem das Ei gelegt worden ist, verschließen sie die Zelle; das übrige geht sie nichts mehr an: die eingemauerte Larve findet sich von Nahrung umgeben und gedeiht ohne alle fremde Beihilfe. Unter solchen Umständen ist eine unregelmäßige Gruppierung der Zellen von geringem Belang; es kann sogar Unordnung stattfinden, wenn nur die gesamte Niederlassung in Sicherheit ist, z. B. durch eine schützende Umhüllung. Bei den Wespen dagegen sind die Larven von Anbeginn an bis zur Vollendung ihres Wachstums unfähig, für sich allein zu sorgen. Wie die Vögelchen im Nest, müssen sie mit dem Schnabel ernährt werden und heischen, wie unsere Kleinen in der Wiege, unausgesetzte Sorgfalt. Unfruchtbare Weibchen, denen ausschließlich die Sorge für den Haushalt obliegt, kommen und gehen unablässig von einer Zelle zur andern; sie wecken die eingeschlummerten Larven, reinigen sie mit der Zunge und flößen ihnen von Mund zu Mund die jedesmal erforderliche Menge Nahrung ein. Dies wird so lange fortgesetzt, wie der Puppenzustand dauert.

Derartige Säuglingskrippen, in denen bei manchen Wespenarten die Wiegen nach Tausenden zählen, verlangen Übersichtlichkeit, rasche Versorgung und daher vollkommene Ordnung. Für Mörtelbienen, Spinnentöter, Eumenesarten usw. bedarf es keiner besonderen Genauigkeit bei der Gruppierung ihrer Zellen, die, mit Proviant versehen und verschlossen, nicht mehr besucht werden; die Wespen hingegen müssen sie methodisch aneinanderreihen, wenn der Haushalt so versorgt werden soll, wie es nötig ist. Um die Massen von Eiern unterzubringen, die das Weibchen legt, handelt es sich für die Papierwespen darum, auf einem begrenzten Raum eine möglichst große Anzahl Zellen herzustellen, von denen jede in ihrem Fassungsvermögen dem schließlichen Umfang der ausgewachsenen Larve entsprechen muß. Es gilt also, den verfügbaren Raum so ökonomisch, wie nur angängig, auszunutzen und nirgendwo leere Stellen zu lassen, die ja auch die Standfestigkeit des Ganzen beeinträchtigen würden. Außerdem muß mit dem Baumaterial möglichst sparsam umgegangen werden, und deswegen jede Binnenwand so angeordnet werden, daß sie je zwei benachbarten Kammern gemeinsam ist.

Um das Problem der größten Raum- und Materialersparnis zu lösen, ist das Insekt genötigt, auf runde Formen zu verzichten, die nicht aneinandergereiht werden können, ohne daß leere Räume übrigbleiben, und bei denen keine gemeinschaftlichen Wände sich herstellen lassen. Es können nur ebene Flächen, nach bestimmten Regeln vereinigt, angewendet werden: die Zellen müssen daher Prismenform besitzen und in ihrer Länge jener des Larvenkörpers entsprechen. Nun bleibt noch zu bestimmen, was für ein Vieleck den Grundriß dieser Prismen abzugeben hat. Es leuchtet von vornherein ein, daß es ein regelmäßiges Polygon sein muß, weil das Fassungsvermögen aller Zellen das gleiche zu sein hat. Von derartigen Vielecken lassen sich nur drei Arten zusammenstellen, ohne daß unbenutzte Zwischenräume übrigbleiben: gleichseitige Dreiecke, Quadrate und Sechsecke. Welche von diese Formen ist nun zu wählen?

weisen auch die Bauten der gemeinen Honigbiene (Apis mellifica L.) senkrechte Waben auf, die, von oben nach unten fortschreitend, aus einer vorderen und einer hinteren Lage dicht nebeneinanderstehender Wachszellen zusammengesetzt sind. Jede der mit ihrer Längsachse wagrecht gestellten Zellen besteht aus einer sechsseitigen Wandung und einem aus drei Rautenflächen gebildeten Boden. Um die größte Ersparnis an Raum wie an Wachs herbeizuführen, müssen diese drei Flächen ganz be-

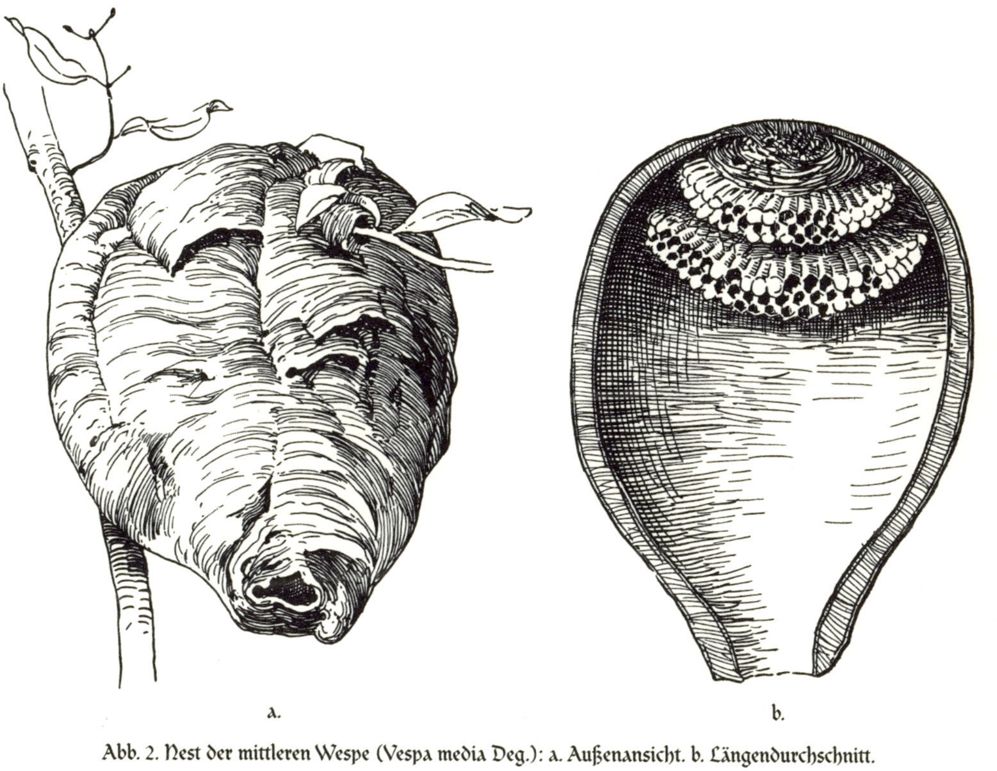

a. b.

Abb. 2. Nest der mittleren Wespe (Vespa media Deg.): a. Außenansicht. b. Längendurchschnitt.

Offenbar diejenige, welche am besten der zylindrischen Form der Larven entspricht und innerhalb einer Hülle des gleichen Umfanges für deren Wachstum den meisten Raum bietet. Von den drei regelmäßigen Figuren, die ein Zusammenfügen ohne leere Räume ermöglichen, empfiehlt unsere Geometrie am meisten das Sechseck, und eben das Sechseck wählt auch die Geometrie der Wespen: ihre Zellen sind sechseckige Prismen. Bekanntlich stimmte Winkel bilden, die man berechnen kann, und wenn man nun mit einem Winkelmesser das Werk der Biene nachprüft, so erhält man ganz genau in Graden, Minuten und Sekunden jenen Winkel. Die Arbeit des Insekts ist also in vollkommener Übereinstimmung mit den schönsten Berechnungen unserer Geometrie. Wir wollen jedoch auf das Problem des Bienenkorbes hier nicht näher eingehen, sondern uns ausschließlich an die Wespen

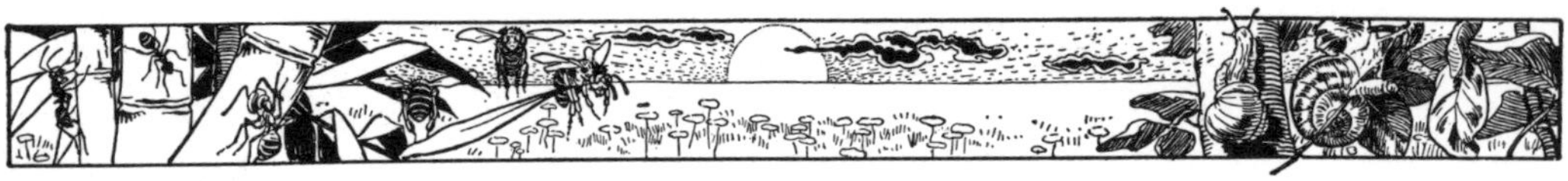

halten. Man hat gesagt: „Fülle eine Flasche mit trockenen Erbsen und gieße hierauf etwas Wasser hinein. Sobald die Erbsen dann zu quellen beginnen, werden sie durch den gegenseitigen Druck zu lauter Polyedern oder Vielflächnern. Das gleiche ist bei den Zellen der Wespen der Fall. Eine ganze Menge dieser Insekten ist bei ihrem Bau tätig, ein jedes baut auf seine Weise und stellt seine Arbeit jener der Nachbarn entgegen, und aus diesem wechselseitigen Druck entsteht das Sechseck."

Dieser rein mechanistische Erklärungsversuch fällt sofort zusammen, wenn man nur den Beginn der Arbeit an einem Wespenneste beobachtet. Dies ist sehr leicht ausführbar bei der Feldwespe (Polistes), die ihren Bau ungedeckt auf Zweigen errichtet. Im Frühjahr, wenn die Arbeit beginnt, ist die Mutter allein; es gibt keine Mitarbeiter um sie herum, die wetteifernd eine Wand der anderen entgegenstellen könnten. Sie richtet ihr erstes Prisma auf. Nichts hindert sie, nichts schreibt ihr irgendeine bestimmte Form vor, und dennoch ist gleich die erste Zelle, die völlig frei steht, ein ebenso vollkommenes Sechseck wie die späteren. Von Anbeginn an tritt eine fehlerfreie Geometrie zutage.

Man betrachte ferner ein schon weiter fortgeschrittenes Wespennest, an dem zahlreiche Baumeister tätig sind. Die Zellen des Randes, zumeist noch unvollständig, stehen in ihrer äußeren Hälfte ganz frei; dort findet keine Berührung mit der vorhergehenden Reihe statt, jede hindernde Schranke fehlt, und dennoch zeigt sich hier die sechseckige Gestaltung ebenso deutlich wie anderwärts. Lassen wir also die unhaltbare Theorie von dem gegenseitigen Druck beiseite. Allen aber, die durch einen blinden Mechanismus die kunstvollen Bauten der Insekten erklären wollen, und denen die Annahme einer Regel als Ausfluß einer auf alles bedachten Intelligenz als kindische Hypothese gilt, wollen wir das Problem der Weinbergschnecke (Helix pomatia L.) unterbreiten.

Dieses niedrig stehende Weichtier rollt sein Gehäuse nach den Gesetzen einer Kurve zusammen, die unter dem Namen der logarithmischen Spirale oder Schneckenlinie bekannt ist; es ist dies eine sogen. transzendente (d. h. durch algebraische Gleichungen nicht ausdrückbare) Kurve, mit der verglichen das Sechseck ungeheuer einfach ist. Wie kommt nun die Schnecke dazu, ihre Schraubenfläche eine so schwierige Linie beschreiben zu lassen? Außerdem fehlt hier jeder Druck benachbarter Bauten und jede Behinderung durch andere Arbeiter. Ganz allein und vereinzelt, friedlich und ohne an irgend etwas zu denken, führt die Schnecke ihre transzendente Rampe aus mittels schleimiger Materie, die Kalk enthält. Sie hat diese gelehrte Kurve nicht etwa selbst erfunden, denn alle Weichtiere mit kreiselförmigem Gehäuse, die des Meeres wie die des Süßwassers und des festen Landes, folgen denselben Gesetzen, mit einzelnen Abweichungen, die in Beziehung stehen mit dem Konoid*), auf dem die typische Spirale verläuft.

Und sind etwa die Schnecken der gegenwärtigen Erdepoche dazu gelangt durch die stufenweise Vervollkommnung eines vorgeschichtlichen, weniger korrekten Musters? Auch dies nicht, denn seit den ersten Weltzeitaltern hat jene gelehrte Spirallinie bei dem Zusammenrollen der Schneckengehäuse vorgeherrscht. Die Zeratiten, Ammoniten und andere Weichtiere, die vor der Entstehung der heutigen Erdteile vorhanden waren, haben ihre Gehäuse ebenso gerollt, wie es die Scheibenschnecken unserer Gewässer tun.

Die logarithmische Spirale der Weichtiere ist so alt wie die Erdperioden. Sie entstammt jener allgebietenden Geometrie, die die Welt regiert und in der Zelle der Wespe wie in der Krümmung des Schneckenhauses zutage tritt. Schon Plato hat den Ausspruch getan: „In ihren Werken verfährt die schöpferische Macht stets nach den Gesetzen der Geometrie." Darin liegt in Wahrheit die Lösung des Problems der Wespenbauten.

*) Griechisch: „kegelähnlich"; man versteht darunter eine geradlinige Fläche, deren Erzeugende eine feste Gerade schneiden und einer festen Ebene parallel sind.

Der heilige Pillendreher.

Es ist schon über vierzehn Jahre her, als wir eines schönen Morgens – fünf oder sechs an der Zahl – von Avignon auszogen: ich war der älteste darunter und der Lehrer der andern, aber mehr noch ihr Gefährte und Freund; sie waren junge, warmherzige Leute mit blühender Phantasie und überschäumender Jugendkraft, die uns so mitteilsam und so wissensdurstig macht. Von allem möglichen plaudernd, verfolgten wir einen Pfad, den Weißdornbüsche umsäumten, auf deren doldigen Blütenständen sich der Goldkäfer in ihrem herben Duft berauschte. Wir wollten sehen, ob der *heilige Pillendreher* bereits auf der sandigen Hochebene von *Les Angles**) erschienen sei und seine Kotpille rolle, die für das alte Ägypten ein Abbild der Welt war**); ferner galt es nachzusehen, ob in den Gewässern am Fuß des Hügels schon junge Wassersalamander, deren Kiemen kleinen Korallenzweigen gleichen, unter den Wasserlinsen zu finden wären, und ob der Stichling seine purpurne Hochzeitskrawatte angelegt habe. Ob die eben erst eingetroffene Schwalbe mit ihren spitzigen Flügeln über die Wiesen hinstreiche, eifrig Jagd machend auf die Schnaken, die ihre Eier beim Tanzen aussäen; ob auf der Schwelle ihrer Sandsteinhöhle die Mauereidechse den mit blauen Flecken besäten Rücken sonne; ob die Lachmöwe, vom Meere gekommen im Gefolge der Legionen von Fischen, die zum Laichen in der Rhone auswärts ziehen, in Scharen über dem Flusse schwebe und in Zwischenräumen ihren Schrei erschallen lasse, der wie das Lachen eines Verrückten klingt; ob ... doch lassen wir es damit genug sein, und sagen wir kurz und gut, daß wir schlichten und ungekünstelten Menschen, denen der Verkehr mit der Tierwelt ein lebhaftes Vergnügen war, der hehren Feier ihres Erwachens zu neuem Leben im Frühling beiwohnen wollten.

Die Tatsachen entsprachen durchaus unseren Erwartungen. Der kleine Stichling hatte bereits Toilette gemacht; seine Schuppen glänzten heller als Silber, und sein Hals zeigte das leuchtendste Zinnoberrot. Vergnügt kneipte die Sippe der Mollusken, Scheiben- und Schlammschnecken an der Oberfläche der Gewässer Luft. Der Kolbenschwimmkäfer (Hydrophilus) und seine häßliche Larve, diese Piraten der Tümpel, drehten bald hier bald dort im Vorüberstreifen einer von ihnen den Hals um, doch die stupide Schar schien es nicht einmal zu gewahren. Lassen wir aber jetzt die Gewässer der Ebene, und erklimmen wir den Hang, der uns von dem Plateau trennt. Dort oben weiden die Schafherden, und üben sich die Pferde im Wettlauf – sie alle verteilen das Manna, von dem die Mistkäfer vergnüglich leben.

Dort finden wir die Kloakenfeger unter den Käfern, denen die wichtige Aufgabe zugeteilt ist, den Boden von allem Unrat zu säubern, in voller Tätigkeit. Bewunderungswürdig ist die Verschiedenheit der Werkzeuge, mit denen sie ausgerüstet

*) So heißt ein Dorf am Gardflüßchen, gegenüber von Avignon, wo der Verfasser damals seinen Wohnsitz hatte.

**) Der heilige Pillendreher (Scarabaeus oder Ateuchus sacer L.) gehört zur Familie der Mistkäfer im engeren Sinne (Coprophaga). Den alten Ägyptern war er das Symbol der Schöpferkraft, der Welt oder der Sonne. Bekannt sind die unzähligen Nachbildungen des heil. Käfers aus Stein oder gebrannter Erde, die sogen. Skarabäen oder Käfersteine, die ursprünglich als Amulette, später als Schmuck- oder Siegelsteine dienten. Anm. d. Übers.

sind, teils um den Kot von der Stelle zu bewegen, ihn zu zerlegen und zu modeln, teils um sich tiefe Zufluchtsorte in der Erde auszuhöhlen, worin sie sich mit ihrer Beute einschließen können. Darunter gibt es Stücke, die solchen, wie sie die menschliche Industrie benützt, nachgeahmt scheinen, aber auch andere von durchaus originellem Typ, die uns als Vorbilder zu neuen Kombinationen dienen könnten.

Der spanische Pillenkäfer (Copris hispanus L.) trägt auf der Stirn ein kräftiges, spitzes und nach rückwärts gekrümmtes Horn, außerdem besitzt der Mondkäfer (Copris lunaris L.) noch zwei scharfe, pflugscharartige Spitzen, die aus dem Bruststück hervorragen, und dazwischen einen dreieckigen Höcker mit scharfer Kante, der wie ein Schabhobel benutzt wird. Selbst der am wenigsten mit solchen Werkzeugen ausgestattete Mistkäfer besitzt auf dem Kopfe oder auf der Brust harte Warzen, stumpfe Geräte, die das geduldige Insekt immer sehr gut zu benutzen versteht. Alle sind ausgerüstet mit einer Schaufel: dem breiten, platten und an den Rändern scharfen Kopf; alle benutzen einen Rechen: die gezahnten Vorderbeine, womit sie das Material zusammenlesen.

Gleichsam als Entschädigung für das schmutzige Geschäft haben manche einen starken Moschusduft bekommen und glänzen unter dem Bauche wie der Widerschein polierten Metalls. Manche Roßkäfer (Geotrupes) schimmern dort wie der Glanz von Kupfer und von Gold, bei andern ist der Bauch amethyst-violett gefärbt. Im allgemeinen aber ist ihre Farbe schwarz, so auch die des Pillendrehers. Den tropischen Regionen gehören die prächtig kostümierten Mistkäfer an, die man lebendige Edelsteine nennen möchte. In Oberägypten findet man im Kamelmist einen Skarabäus, dessen leuchtendes Grün mit dem Smaragd wetteifert; Guayana, Brasilien und Senegal haben Coprisarten, deren metallisches Rot so prächtig wie Kupfer und so lebhaft wie das des Rubins ist. Wenn aber den bei uns einheimischen Mistkäfern solche Schmuckfarben fehlen, so sind sie doch nicht minder bemerkenswert durch ihre Lebensgewohnheiten.

Welche Geschäftigkeit herrscht nicht um einen einzigen Klumpen Mist herum! Niemals haben Abenteurer, die von den vier Enden der Welt herbeigeeilt sind, einen solchen Eifer bei der Ausbeutung eines kalifornischen Goldfeldes entwickelt. Bevor die Sonne zu heiß wird, sind sie schon zu Hunderten dort, große und kleine, bunt durcheinander, von allen Arten und Formen, und beeilen sich, ein Stück aus dem allgemeinen Leckerbissen sich herauszuschneiden. Manche bearbeiten die Oberfläche, andere graben Galerien aus, noch andere nehmen die Unterseite in Angriff, um schleunigst die Beute in dem darunterliegenden Erdreich zu vergraben; die kleinsten schaffen ein bei der Wühlarbeit ihrer starken Mitarbeiter abgebröckeltes Stückchen beiseite. Einzelne, die zuletzt gekommen und ohne Zweifel am hungrigsten sind, verzehren den Bissen an Ort und Stelle; die meisten aber suchen sich einen Besitz zu sichern, an dem sie tagelang auf dem Boden einer geschützten Zufluchtstätte schmausen können. Einen Haufen vollkommen frischen Mistes findet man nicht alle Tage auf der unfruchtbaren, mit Thymian bewachsenen Fläche, deshalb wird der Glücksfund vorsorglich ins Magazin geschafft. Der Duft des Kotes hat die Neuigkeit einen Kilometer in der Runde verbreitet, und alle sind herbeigeeilt, um Proviant zu sammeln. Einige Nachzügler treffen noch ein, fliegend oder zu Fuß.

Was ist das für ein Käfer, der zu dem Haufen hintrippelt, als fürchte er zu spät zu kommen? Seine langen Beine bewegen sich hastig, aber ungelenk, als würden sie durch einen im Bauche des Insekts verborgenen Mechanismus in Bewegung gesetzt; seine kleinen, rotgelben Fühler falten sich fächerartig auseinander, ein Zeichen ungeduldiger Begehrlichkeit. Jetzt ist er an Ort und Stelle gelangt, nicht ohne einige Mitgäste über den Haufen zu werfen. Das ist der heilige Skarabäus, ganz in Schwarz gekleidet, der größte (etwa 4 cm lang) und berühmteste unserer Mistkäfer. Schon hat er sich an den Tisch gesetzt, Seite an Seite mit seinen Genossen, die durch kleine Schläge mit dem flachen Teil der breiten Vorderbeine ihrer Kotkugel die vollendete Form geben oder sie noch durch eine letzte Schicht vergrößern, bevor sie sich damit zurückziehen, um in Frieden die Frucht ihrer Arbeit zu genießen. Wir wollen die Herstellung einer solchen Kugel durch den Pillendreher nun in all ihren Wandlungen verfolgen.

Der halbkreisförmige Vorderrand seines breiten und platten Kopfes hat sechs tiefeingekerbte Zacken, dies ist sein Grab- und Schneidewerkzeug, die Mistgabel, womit er die nicht nahrhaften Pflanzenfasern aufhebt und beiseite schiebt, um zu besserem Stoff zu gelangen, den er damit zusammen-schabt und vereinigt. Als feiner Kenner trifft er seine Auswahl, nur oberflächlich, wenn es sich um seine eigene Nahrung handelt, aber streng gewissenhaft bei der Herstellung der mütterlichen Kugel, die in der Mitte eine Nische für das Ei erhält, das sich darin öffnen soll. Alsdann wird jedes Stückchen Faser sorgsam beseitigt, und nur die Quintessenz des Mistes ausgewählt zur Bildung der Innenwand jener Zelle. Auf diese Weise findet die aus dem Ei gekrochene Larve in den Wänden der Nische eine ausgesuchte Nahrung, die ihren Magen stärkt und ihn befähigt, später die äußeren und gröberen Lagen zu verzehren.

Für seine eigenen Bedürfnisse ist der Skarabäus, wie schon bemerkt, nicht so wählerisch, sondern begnügt sich mit einer Auslese im großen. Sein strahliger Kopfschild zerwirkt und wühlt, sondert und vereinigt dann mehr auf gut Glück. Die Vorderbeine wirken dabei mächtig mit; sie sind abgeplattet, im Halbkreis gebogen, mit starken Sehnen und fünf kräftigen, fingerförmig gezähnten Schienen versehen. Wenn ein Kraftstück nötig ist, um ein Hindernis zu beseitigen oder sich Bahn zu brechen im dicksten Teil des Klumpens, dann gebraucht der Mistkäfer seine Ellbogen, das heißt, er arbeitet nach rechts und links mit seinen gezähnten Beinen und schafft mit kräftigen Rechenstößen den Kot im Halbumkreis weg. Ist so Raum geschafft, dann

Der heilige Pillendreher (Ateuchus sacer L.), seine Pille fortschaffend.

haben dieselben Beine eine andere Arbeit zu verrichten: sie raffen immer einen Arm voll des vermittelst des Kopfschildes zusammengeharkten Materials auf und schieben es unter den Bauch zwischen die vier Hinterbeine. Diese sind für das Drechslerhandwerk gebaut: alle, aber namentlich das letzte Paar, sind lang und schmächtig, leicht bogenförmig gekrümmt und enden in einer sehr spitzen Klaue. Man braucht sie nur anzusehen, um in ihnen einen Hohlzirkel zu erkennen, der dazu dient, mit seinen gebogenen Schenkeln einen kugelförmigen Körper zu umschlingen, um seine Form zu prüfen und zu verbessern. Ihre Rolle besteht in der Tat darin, die Kugel zu gestalten.

So häuft sich nun, ein Armvoll nach dem anderen, der Stoff unter dem Bauche zwischen den vier Beinen an, die durch einfachen Druck ihre eigene Krümmung ihm mitteilen und ihm die erste Form geben. Dann wird auf Augenblicke die aus dem Groben gearbeitete Pille zwischen den vier Schenkeln des doppelten Hohlzirkels in Schwingungen versetzt; sie wendet sich unter dem Bauch des Käfers hin und her und vervollkommt sich durch die Umdrehung. Wenn die oberste Schicht der Plastizität ermangelt und sich abzuschälen droht, oder wenn irgendeine zu faserige Stelle der drehenden Bewegung nicht gehorcht, dann bessern die Vorderfüße den Schaden aus; mit leichten Schlägen ihrer breiten Klopfhölzer bearbeiten sie die Pille, um der neuen Schicht die rechte Form zu geben und die widerspenstigen Fasern mit der Masse zu vereinigen.

Wenn die Sonne heiß brennt, und die Zeit drängt, muß man staunen über die fieberhafte Schnelligkeit dieser Drechsler. Alsdann geht die Arbeit rasch voran: die anfänglich dünne Pille ist bereits ein Kügelchen von der Dicke einer Nuß geworden und wird in einer Stunde ein Ball von der Stärke eines Apfels sein. Besonders gefräßige Insekten sah ich solche von der Dicke einer geballten Faust herstellen; das gibt dann sicherlich Brot auf den Tisch für einige Tage.

Der Proviant ist fertig; jetzt gilt es, sich aus dem Gewimmel zurückzuziehen und die Lebensmittel an einen geeigneten Ort zu schaffen. Hier beginnen nun die überraschendsten Züge in den Lebensgewohnheiten des Skarabäus. Ohne Säumen macht sich der Käfer auf den Weg; er umschlingt die Kugel mit seinen beiden langen Hinterbeinen, deren Endklauen in die Masse eingeschlagen werden und bei der Umdrehung als Angelzapfen dienen. Indem er sich auf das mittlere Beinpaar stützt und als Hebel die gezähnten Schienen der Vorderfüße benutzt, die abwechselnd auf den Boden drücken, bewegt er sich mit seiner Last rückwärts, den Körper gebeugt, den Kopf unten, das Hinterteil in der Höhe. Die Hinterbeine, das Hauptwerkzeug des Mechanismus, sind in einer fortwährenden Bewegung; sie kommen und gehen, setzen die Krallen an eine andere Stelle, um die Rotationsachse zu ändern, erhalten die Last im Gleichgewicht und bringen sie vorwärts, indem sie abwechselnd von rechts und von links drücken. Bei den Umdrehungen kommen der Reihe nach alle Punkte der Kugeloberfläche in Berührung mit dem Boden; dadurch vervollkommt sich ihre runde Form, und es erhält die Oberschicht eine einheitliche Konsistenz durch den gleichmäßig verteilten Druck.

Und nun vorwärts! Das rutscht, das rollt, allein jetzt kommt ein schwieriger Fall. Der Mistkäfer will seinen Weg längs eines Abhanges nehmen, die Kugel aber kommt ins Rollen und gleitet abwärts, wobei der Käfer auf den Rücken fällt. Er strampelt, gelangt wieder auf die Beine und eilt seiner Pille nach, um sich abermals davorzuspannen. Anstatt jedoch unten zu bleiben, wo der Weg eben und glatt ist, verbeißt er sich darauf, die Last an der Böschung, die ihm vorhin verhängnisvoll wurde, in die Höhe zu schieben. Nun beginnt eine wahre Sisyphusarbeit: Schritt für Schritt wird die schwere Kugel mühsam und vorsichtig bis auf eine gewisse Höhe gebracht, indem der Käfer sie wie bisher rückwärts schiebt; dann macht irgendeine schlecht kombinierte Bewegung, ein Ausgleiten oder dgl. alle Mühe vergeblich: die Kugel rollt wieder talabwärts und reißt den Käfer mit sich. Dies wiederholt sich zehn-, ja zwanzigmal, bis entweder seine Beharrlichkeit über alle Hindernisse triumphiert, oder bis er endlich das Unnütze seiner Bestrebungen einsieht und nun den Weg in der Ebene wählt.

Nicht immer arbeitet der Skarabäus allein am Fortschaffen seiner kostbaren Pille; häufig gesellt er sich noch einen Genossen zu, oder vielmehr: es ist der Genosse, der sich ihm zugesellt. Gewöhnlich verläuft die Sache folgendermaßen: Nach Vollendung seiner Kugel entfernt sich ein Pillendreher aus dem Gewimmel und verläßt die Arbeitsstätte, indem er seine Ausbeute nach rückwärts fortschiebt. Ein Nachbar, einer der zuletzt Gekommenen, dessen Arbeit kaum in Angriff genommen wurde, läßt diese plötzlich fahren und läuft zu der sich drehenden Kugel hin, um ihrem glücklichen Eigentümer zu helfen, der die Unterstützung gern anzunehmen scheint. Von nun an schaffen die beiden Gefährten als Associés und bemühen sich um die Wette, die Pille an einen sicheren Ort zu bringen. Ist eine stillschweigende Vereinbarung vorhergegangen, die Beute zu teilen, oder haben wir eine Assoziation der beiden Geschlechter vor uns, ein Pärchen, das Hochzeit machen will? Lange Zeit glaubte ich letzteres, bis das Seziermesser mich zwang, dies Familienidyll aufzugeben. Bei den Skarabäen gibt es kein äußerliches Unterscheidungszeichen der beiden Geschlechter; ich war daher genötigt, zur Klarstellung des Sachverhalts die beiden, an ein und dieselbe Kugel gespannten Mistkäfer zu sezieren, und fand dabei sehr oft, daß sie dem gleichen Geschlecht angehörten. Was ist also die Ursache dieses scheinbaren Kompagniegeschäfts? Es handelt sich ganz einfach um einen Raubversuch. Unter dem trügerischen Vorwande der Hilfeleistung hegt der den Dienstfertigen spielende Genosse den Plan, die Kugel bei der ersten Gelegenheit ihrem rechtmäßigen Eigentümer zu stehlen. Selbst eine Pille herzustellen, erfordert ermüdende Arbeit und Geduld; eine fertige stehlen oder sich als Gast aufdrängen, ist viel bequemer. Wenn der Eigentümer nicht wachsam ist, so flüchtet der Räuber mit dem Schatz; paßt jener aber fortwährend auf, dann setzt er sich mit ihm zu Tische, indem er sich auf die geleisteten Dienste beruft. Eine solche Taktik ist unter allen Umständen profitlich, auch wird der Diebstahl ausgeübt wie eine einträgliche Industrie. Die einen benehmen sich dabei gleißnerisch und geben sich, wie vorhin erzählt, den Anschein, dem Genossen helfen zu wollen, der ihrer gar nicht bedarf. Andere, die wohl kecker sind und mehr Vertrauen in ihre Kraft setzen, gehen gerade auf ihr Ziel los und rauben in brutaler Weise. Dabei kommt es dann meist zu einem heftigen Ringkampfe zwischen dem rechtmäßigen Eigentümer und dem verwegenen Flibustier, wobei nicht selten der erstere den kürzern zieht. Nach zwei oder drei Niederlagen ergibt er sich mit philosophischer Gelassenheit in sein Schicksal und kehrt zu der Arbeitsstätte zurück, um sich eine neue Pille herzustellen. Alsdann spannt sich der andere vor die erbeutete Kugel und schiebt sie dahin, wo es ihm gut dünkt. Mitunter sah ich hierauf noch einen zweiten Räuber erscheinen, der nun wieder den Dieb bestahl. Ich weiß nicht, welcher Proudhon*) bewirkt hat, daß das kühne Paradoxon „Eigentum ist Diebstahl" unter die Gepflogenheiten der Skarabäen übergegangen ist, oder welcher Diplomat den barbarischen Grundsatz „Gewalt geht vor Recht" unter den Mistkäfern zu Ehren gebracht hat; jedenfalls ist der Raub bei ihnen allgemein üblich. Diese Pillendreher bestehlen sich gegenseitig mit einer Ungeniertheit, zu der mir kein Gegenstück bekannt ist. Ich muß es künftigen Beobachtern überlassen, dieses seltsame Problem der Tierpsychologie aufzuklären, und kehre zu den beiden Teilhabern zurück, die gemeinschaftlich ihre Pille rollen.

Zunächst muß ein Irrtum beseitigt werden, den man in verschiedenen Büchern findet. Es heißt dort, wenn der Skarabäus bei dem Transport seiner Kugel einem Hindernis begegne, zu dessen Beseitigung er sich allein nicht imstande fühle, so flöge er davon, um nach kurzer Zeit mit mehreren Genossen zurückzukehren, die ihm dann getreulich beiständen. Es ist freilich – wie sich aus dem oben Mitgeteilten ergibt – etwas ganz Gewöhnliches, zwei Mistkäfer zu sehen, die sowohl gemeinsam eine Pille über das Feld rollen als auch sie aus einem Loch, in das sie geraten ist, herausschaffen. Allein ein solches Zusammenwirken beweist ganz und gar

*) P. J. Proudhon (1809–1865), der eigentliche Begründer der Theorie des Anarchismus. Die bekannte Formel: „La propriété c'est le vol" kommt in seinem 1840 erschienenen Werke „Qu'est-ce que la propriété?" vor. Anm. d. Übers.

nicht, daß einer von ihnen vorher in Verlegenheit geraten ist und sich dann bei seinen Kameraden Hilfe geholt hat. Ich habe viele Tage lang – wie ich wohl sagen darf – in Vertraulichkeit mit dem heiligen Skarabäus gelebt und habe seine Lebensweise und Gepflogenheiten so genau wie nur möglich zu erforschen gesucht, allein niemals konnte ich irgend etwas wahrnehmen, wobei man an zu Hilfe gerufene Gefährten hätte denken können. Wie ich weiterhin berichten werde, habe ich den Mistkäfer auf viel schwierigere Proben gestellt als etwa eine solche, daß ich seine Pille in ein Loch gestoßen hätte; ich habe ihn künstlich in Situationen gebracht, worin er gewiß des Beistandes seiner Kameraden bedürftig gewesen wäre, allein niemals ist mir eine derartige Hilfeleistung zwischen Kameraden vor Augen gekommen. Ich habe Beraubte und Räuber gesehen und weiter nichts. Wenn mehrere Mistkäfer dieselbe Pille umringten, dann herrschte Streit unter ihnen. Nach meiner Meinung haben die mit diebischen Absichten um eine Kotkugel versammelten Skarabäen die irrige Ansicht hervorgerufen, als seien sie zur Hilfeleistung herbeigerufen worden. Ungenügende Beobachtungen haben aus einem verwegenen Räuber einen dienstbereiten Genossen gemacht, der sich in seiner Arbeit stören läßt, um einem andern zu helfen.

Es ist nichts Geringes, einem Insekt ein wahrhaft erstaunliches Verständnis der Situation und eine noch überraschendere Leichtigkeit der Verständigung zwischen Individuen derselben Art zuzugestehen, wie im vorigen Artikel erwähnt. Ich gehe deshalb näher auf diesen Punkt ein. Wie? Ein in Not befindlicher Mistkäfer vermöchte den Gedanken zu fassen, Hilfe herbeizuholen? Er flöge davon, durchsuchte die ganze Umgegend, bis er Genossen fände, die sich zu ihrer Arbeit um einen Kothaufen versammelt hätten, um ihnen dann durch irgendeine Pantomime, etwa durch die Bewegungen seiner Fühler, ungefähr folgendes zu sagen: „Kameraden, meine Last ist dort unten in ein Loch gefallen; helft mir doch, sie herauszuholen! Ich werde es euch bei Gelegenheit vergelten." Und die Kollegen verständen ihn! Noch mehr: sie verließen alsbald ihre Arbeit, ihre angefangene Pille, die ihnen dann während ihrer Abwesenheit sicherlich von andern gestohlen würde, um dem Bittsteller ihren Beistand zu gewähren! Eine solche Aufopferung erweckt bei mir starken Unglauben, der noch vermehrt wird durch alles, was ich während vieler Jahre gesehen habe – nicht in Sammlungen, sondern an den Orten selbst, wo die Arbeit der Käfer stattfand. Abgesehen von der mütterlichen Sorgfalt, die fast immer bewunderungswürdig ist, kümmert sich jedes Insekt, wenn es nicht, wie die Bienen, die Ameisen und andere, in Genossenschaften lebt, nur um sich selber.

Doch beenden wir diese Abschweifung, die die Wichtigkeit des Gegenstandes entschuldigt. Ich berichtete eben, daß zu einem Skarabäus, dem Eigentümer einer Kugel, die er rückwärts gehend fortschiebt, sich häufig ein zweiter gesellt, der ihm zu Hilfe eilt mit der Absicht, ihm jene bei günstiger Gelegenheit zu stehlen. Das Wort Teilhaber ist wohl kaum das richtige für die beiden gemeinsam Arbeitenden, von denen der eine sich aufdrängt und der andere sich die fremde Hilfe vielleicht nur aus Furcht vor noch Schlimmerem gefallen läßt. In solchem Falle läßt sich übrigens das Zusammentreffen durchaus friedlich an. Der Besitzer wendet sich bei der Ankunft des Genossen keinen Augenblick von seiner Arbeit ab; der Hinzugekommene scheint die besten Absichten zu haben und macht sich unverzüglich mit ans Werk. Die Art und Weise der Fortbewegung ist bei beiden verschieden. Der Eigentümer nimmt die Hauptstellung, den Ehrenplatz ein: er wirkt hinter der Last, die Hinterbeine oben, den Kopf unten; der Genosse befindet sich auf der Vorderseite in umgekehrter Stellung: Kopf oben, die gezähnten Arme auf der Kugel, die langen Hinterbeine auf dem Boden. Zwischen ihnen bewegt sich die Pille, die der erstere fortschiebt, während der andere sie an sich heranzieht.

Die Kraftäußerungen des Paares stimmen nicht immer überein, daher kommt es wiederholt zu Unfällen, indem der eine oder andere umpurzelt; jeder rafft sich dann schleunigst auf und nimmt seine Stellung wieder ein, ohne die Ordnung umzukehren. Nachdem aber der Genosse seinen guten Willen gezeigt hat, beschließt er – auf die Gefahr hin, den Mechanismus zu stören –, sich Ruhe zu gönnen, ohne jedoch den kostbaren Ball fahren zu lassen, den er schon als den seinen betrachtet. Er zieht also seine Beine unter den Bauch und legt sich platt auf die Kugel, so daß er gewissermaßen einen Körper mit ihr bildet. Die Pille nebst dem an ihre Oberfläche sich anklammernden Genossen rollt dann im ganzen unter den Stößen des rechtmäßigen Besitzers weiter. Ob die Last jenem über den Körper geht, ob er oben, unten oder auf der Seite der rollenden Kugel sich befindet, das macht ihm nichts aus; er hält sich fest und bleibt ruhig. Ein seltsamer Gehilfe, der sich fahren läßt, um seinen Anteil am Proviant zu bekommen! Wenn es jedoch einen steilen Abhang zu nehmen gilt, dann hält er mit seinen gezähnten Armen die schwere Masse fest, während der andere sich dagegen stemmt, um die Last allmählich in die Höhe zu bringen. Auf diese Weise habe ich sie zu zweien Böschungen erklimmen sehen, an denen die Hartnäckigkeit des einzelnen sich ohne Resultat erschöpft haben würde. Freilich entwickeln nicht alle denselben Eifer in solchen schwierigen Momenten: man findet auch solche, die selbst dann unbekümmert sitzen bleiben. Während der unglückliche Sisyphus sich bei seinen Bemühungen, die Kugel aufwärts zu schaffen, abmattet, läßt der andere ihn ruhig arbeiten, indem er die Pille fest umklammert hält, mit der zusammen er bald herunterpurzelt und bald wieder aufwärts befördert wird.

Vielmals habe ich die zwei Gefährten folgender Probe unterworfen, um ein Urteil zu gewinnen über ihre erfinderische Fähigkeit gegenüber einem schwierigen Hindernis. Denken wir sie uns in der Ebene; der Genosse sitzt unbeweglich auf der Kugel, die der Eigentümer fortbewegt. Ohne die beiden zu stören, nagle ich mit einer langen und starken Nadel die Pille am Boden fest, die nun plötzlich stehen bleibt. Der Skarabäus vermutet irgendein natürliches Hindernis – ein Wagengleis, eine Queckenwurzel oder einen Stein –, das ihm den Weg versperrt. Er verdoppelt seine Anstrengungen und tut sein möglichstes, allein die Kugel rührt sich nicht. Um nachzuschauen, was da vorliegt, macht das Insekt zwei- oder dreimal die Runde um seine Pille. Da es nichts entdeckt, was die Unbeweglichkeit verursachen könnte, begibt es sich wieder hinter die Kugel und stemmt sich von neuem dagegen. Sie bleibt unbeweglich; sehen wir also einmal oben nach. Der Käfer steigt auf die Kugel, wo er nur seinen unbeweglichen Kollegen findet, denn ich habe wohlüberlegt die Nadel weit genug hineingetrieben, daß ihr Kopf in der Masse verschwunden ist; er untersucht die ganze Wölbung und steigt dann wieder herunter. Durch neue kräftige Stöße sucht er die Kugel in Bewegung zu setzen, doch wiederum erfolglos.

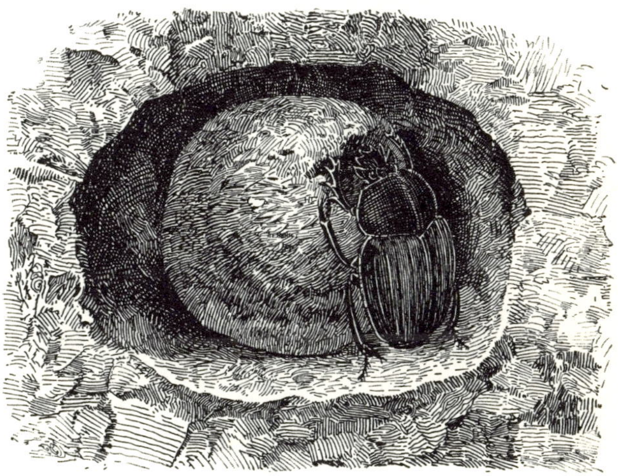

Der Pillendreher beim Mahl.

Dies wäre nun offenbar der richtige Augenblick, um Hilfe zu reklamieren, was um so leichter wäre, als ja ganz dicht vor ihm sein Kamerad auf der Wölbung sitzt. Könnte er ihm nicht etwa sagen: „Was machst du da, Faulenzer? So komm und sieh: der Mechanismus geht nicht mehr!“ Allein nichts deutet darauf hin; der Mistkäfer macht wiederholt neue Versuche, die Maschine in Bewegung zu setzen, während der Genosse noch lange in seiner Ruhe verharrt. Endlich kommt es auch ihm zum Bewußtsein, daß hier etwas Ungewöhnliches vorliegt; er steigt herunter und untersucht nun ebenfalls die Sache. Allein sie richten auch nichts aus, indem

beide zusammenwirken: der Fall verwickelt sich. Der kleine Fächer ihrer Fühler entfaltet und schließt sich, er öffnet sich von neuem, bewegt sich unruhig und verrät ihre lebhafte Besorgnis. Endlich macht ein Geniestreich ihrer Ratlosigkeit ein Ende. „Wer weiß, was darunter stecken mag?“ Die Pille wird nun an ihrer Basis untersucht, und beim Durchwühlen die Nadel rasch bloßgelegt. Alsbald erkennen sie auch, daß hier der Knoten der Frage steckt.

Hätte ich in ihrem Rate eine Stimme gehabt, dann würde ich gesagt haben: Man muß eine Ausgrabung vornehmen und den Pfahl herausziehen, der die Kugel festhält. Dies Verfahren, das elementarste von allen und auch leicht ausführbar von so erfahrenen Grabarbeitern, wurde jedoch nicht eingeschlagen, nicht einmal versuchsweise. Der Mistkäfer fand etwas Besseres als der Mensch. Die beiden Kollegen schieben sich, der eine hier, der andere dort, unter die Kugel, die nun in demselben Maße aufwärts gleitet und sich längs der Nadel in die Höhe schiebt, wie sich die beiden lebendigen Keile unten eintreiben. Bald hängt der Ball in einer Höhe, die der Körperdicke der beiden Skarabäen entspricht. Das Weitere ist nun schwieriger. Die Käfer, die zuerst platt auf dem Bauche lagen, richten sich immer mehr auf ihren Beinen in die Höhe, indem sie mit ihren Rücken fortwährend schieben. Endlich kommt aber der Augenblick, in dem dies nicht mehr möglich ist, weil sie die äußerste Grenze in der Höhe erreicht haben. Noch bleibt ein letztes Mittel, das indes der Entwicklung von Kraft weniger günstig ist. Die Käfer schieben bald in der einen, bald in der andern Stellung, die sie beim Fortbewegen der Kugel einnehmen, das heißt mit dem Kopfe unten oder oben, bald mit den Hinter-, bald mit den Vorderbeinen. Schließlich fällt die Kugel zur Erde, wenn die Nadel nicht allzu lang war – das Hemmnis ist beseitigt, und die Fuhre beginnt von neuem.

Hat man dagegen eine Nadel von beträchtlicher Länge genommen, dann schiebt sich der Ball an ihr zuletzt bis zu einer Höhe empor, an die das Insekt nicht heranreicht, wie es sich auch strecken mag. In diesem Falle räumen die Käfer, nach vergeblichen Bewegungen um den unzugänglichen Klettermast, das Feld, wenn man nicht so gutmütig ist, ihnen den Schatz wieder auszuliefern. Besser noch kommt man ihnen folgenderart zu Hilfe. Man erhöht den Boden unter der Kugel mittels eines daraufgelegten, kleinen, platten Steines, den die Käfer nun als Piedestal bei ihren weiteren Bemühungen benutzen können. Anfangs scheint ihnen der Nutzen dieser Unterstützung nicht einzuleuchten, denn keiner rührt sich, um Gebrauch davon zu machen. Schließlich gelangt aber doch der eine oder der andere – sei es Zufall oder Absicht – auf den Stein hinauf. Welches Glück! Der Mistkäfer fühlt, wie die Pille wieder seinen Rücken berührt, und damit kehrt ihm auch der Mut zurück: die Anstrengungen beginnen von neuem. Auf dieser als Hilfe in der Not erschienenen Plattform stehend, streckt der Käfer nun die Glieder, er macht – wie man zu sagen pflegt – einen krummen Rücken und schiebt wiederum die Pille längs der Nadel in die Höhe. Wenn der Rücken nicht mehr ausreicht, manövriert er mit den Beinen, aufrecht stehend oder auf dem Rücken liegend. Neuer Halt und neue Zeichen der Unruhe, wenn wiederum die Grenze der Ausdehnung erreicht ist. Jetzt legen wir, ohne die Tiere zu stören, auf den ersten Stein einen zweiten. Mit Hilfe dieses neuen Stufentritts, den das Insekt als Stützpunkt für seine Hebel benutzt, setzt es seine Arbeit fort. Indem ich so nach Bedarf half, habe ich den Skarabäus, der zuletzt auf einem schwankenden Pfeiler stand, sein Werk bis zum völligen Freimachen der Pille vollenden sehen.

Besaß er dabei wohl irgendeine unbestimmte Kenntnis von dem Dienste, der ihm durch die Erhöhung der Unterlage geleistet worden war? Ich möchte dies bezweifeln, obwohl der Käfer sich meine aus kleinen Steinen errichtete Plattform sehr geschickt zunutze machte. Wenn wirklich der so nahe liegende Gedanke, Gebrauch von einer höheren Basis zur Erreichung eines in zu großer Höhe befindlichen Gegenstandes zu machen, nicht außerhalb des Bereiches seiner geistigen Fähigkeit läge, wie kommt es dann, daß keiner von den beiden darauf verfällt, seinen Rücken dem Gefährten zu leihen und ihn dadurch um so viel zu erhöhen, daß ihm das Weiterarbeiten ermöglich wird? Von einer solchen Kombination sind sie aber weit entfernt; jeder hebt an der Kugel, so gut er kann, aber er tut dies, als wenn er allein wäre, und hat augenscheinlich keine Ahnung von dem glücklichen Resultat, das ein Zusammenwirken herbeiführen könnte. Ich habe durch meine Nadel nur ein Hemmnis geschaffen, wie es sich dem Skarabäus auch ohne menschliches Zutun in der Natur oft genug entgegenstellen wird, und er benimmt sich meinem Experiment gegenüber, wie er es unter andern Umständen, wenn ich nicht eingegriffen hätte, tun würde. Er benutzt seinen Rücken als Keil und als Hebel, er stößt und schiebt mit den Beinen, ohne an seinem Verfahren etwas zu ändern, wenn er über die Beihilfe eines Genossen verfügen könnte.

Ist er allein, wenn ich ihm seine Pille an den Boden hefte, so bleiben seine dynamischen Manöver ganz genau die gleichen und führen zu einem günstigen Ergebnis, wenn ich ihm durch den allmählichen Aufbau einer Plattform beispringe. Bleibt ihm diese Unterstützung dagegen versagt, dann verliert der Skarabäus früher oder später den Mut; er fliegt, zweifellos mit großem Bedauern, davon und verschwindet. Wohin begibt er sich? Ich weiß es nicht, wohl aber weiß ich ganz genau, daß er niemals mit einem Trupp von Gefährten zurückkehrt, die er gebeten hat, ihm beizuspringen, was sollte er denn auch mit ihnen anfangen, wenn er nicht die Anwesenheit eines Kollegen auszunützen vermag, mit dem er halbpart machen könnte? Um noch einen andern Versuch zu machen, der ganz genau den in der freien Natur sich ergebenden Verhältnissen entspricht, lege ich die Kugel nebst dem Käfer auf den Boden einer kleinen Grube, die so tief ist und so steile Ränder hat, daß es dem Mistkäfer schlechterdings unmöglich ist, an den letzteren seine Last in die Höhe zu rollen. Nachdem er durch vergebliche Versuche seine Ohnmacht erkannt hat, fliegt er fort und verschwindet. Ich wartete lange Zeit, daß er mit hilfsbereiten Kollegen zurückkäme, allein auch in diesen Fällen geschah es niemals.

Lassen wir nun aber die beiden Kollegen ihre Kugel ohne außergewöhnliche Hindernisse quer über das Feld rollen, wobei die Pille allmählich die Festigkeit eines Teigklumpens erhält, dann wird zuletzt an einer günstig scheinenden Stelle haltgemacht. Der rechtmäßige Eigentümer, der immer an der hinteren Seite der Kugel gewirkt und fast allein die ganze Mühe des Transports gehabt hat, macht sich ans Werk, um einen Speisesaal auszugraben. Dicht neben ihm liegt der Ball, an den der Genosse sich noch immer festklammert, ohne sich zu rühren. Jener bearbeitet die Erde mit seinem Kopfschild und den gezähnten Vorderbeinen, er wirft den Sand nach rückwärts hinaus, und bald ist die Grube schon so tief, daß er ganz darin verschwindet. Nunmehr hält der verschlagene Kollege den Augenblick für günstig zur Ausführung des geplanten Raubes: plötzlich kommt Leben in ihn, er steigt von der Kugel herab, nimmt die Stellung an ihr ein, wie vorher der Eigentümer, und schiebt sie mit der Behendigkeit eines Spitzbuben, der sich nicht ertappen lassen will, fort.

Der Dieb ist bereits einige Meter weit entfernt, als der Bestohlene aus seinem Erdloch hervorkommt, sich umschaut und nichts mehr findet. Ohne Zweifel ist er schon daran gewöhnt und weiß, was das zu bedeuten hat. Gesicht und Geruch bringen ihn rasch auf die Spur, und bald ist der Flüchtling eingeholt. Sobald dieser sich nah gedrängt sieht, verändert er schlauerweise die Stellung, in der er sich vor die Kugel gespannt hat, in dem er sich auf die Hinterbeine stellt und jene mit den gezähnten Armen umschlingt, wie er in seiner Tätigkeit als Gehilfe tat. Offenbar will er den Anschein erwecken, als ob die Kugel von selber fortgerollt sei, und er sich nun bemühe, sie aufzuhalten und wieder an Ort und Stelle zu bringen. Der andere nimmt dies gutmütig hin, und beide schieben die Pille nach der Grube zurück, wie wenn nicht geschehen wäre.

Wenn dagegen der Räuber Zeit gewinnt, sich genügend weit zu entfernen, oder wenn es ihm glückt, die Fährte durch einen geschickten Kontermarsch zu verbergen, dann ist die Pille für den rechtmäßigen Besitzer verloren. Dieser läßt sich jedoch durch ein solches Mißgeschick nicht niederbeugen, sondern fliegt zu dem nächsten Kothaufen hin und beginnt seine Arbeit von neuem.

Ist es nun aber dem Skarabäus gelungen, einen ehrlichen Teilhaber zu finden oder – noch besser – unbelästigt von Übles planenden Genossen

seine Kugel fortzurollen und nach einem passenden Orte zu bringen, dann gräbt er dort, gewöhnlich im Sandboden, sein Erdloch aus. Es ist nicht sehr tief, hat etwa den Rauminhalt einer geschlossenen Hand und steht mit der Oberfläche in Verbindung durch einen kurzen Hals, der gerade für den Durchgang der Pille genügt. Nachdem diese glücklich in das Magazin geschafft ist, schließt sich der Pillendreher ein, indem er den Eingang mit einem Teil der vorher ausgegrabenen Erde verschließt, die er in einem Winkel in Reserve gehalten hat. Nun kann er sich mit aller Behaglichkeit zum Schmause niederlassen; es ist grausam, ihn dabei zu stören, allein mein Wissensdurst zwingt mich dazu, und ich verzeichne hier meine Wahrnehmungen bei diesem Hausfriedensbruch. Die Pille nimmt fast den ganzen Speisesaal ein; der prächtige Braten reicht vom Fußboden bis zum Plafond. Zwischen ihm und den Wänden bleibt nur ein schmaler Zwischenraum: hier sitzt der Besitzer (bezw. mit ihm der Genosse, der sich ihm zugesellt hat) mit dem Bauch an der Tafel, den Rücken gegen die Wand gelehnt, beim Festmahl (siehe Abb. S. 153).

Für diese so ungemein nützliche Arbeit, wodurch in lebende Materie die Rückstände umgewandelt werden, die von dem Pferd und dem Hammel ungeachtet ihrer vorzüglichen Verdauungsmittel nicht ausgenutzt wurden, muß der Mistkäfer mit ganz besonderen Werkzeugen ausgerüstet sein. In der Tat läßt uns die Anatomie staunen über die wunderbare Länge seines Darmes, der, mehrfach gefaltet, allmählich die Stoffe in seinen vielfachen Krümmungen verarbeitet und bis zum letzten brauchbaren Atom aussaugt. Woraus der Magen jener Pflanzenfresser nichts mehr zu schöpfen vermochte, daraus zieht diese mächtige Retorte Schätze, die mittels einfacher Überarbeitung bei dem heiligen Pillendreher zu einer Rüstung aus Ebenholz und bei andern Mistkäfern zu Panzern aus Gold und Rubin werden.

Und noch dazu muß sich diese bewunderungswürdige Metamorphose des Kotes in möglichst kurzer Zeit vollziehen; so verlangt es die allgemeine Gesundheitspflege. Infolgedessen ist der Skarabäus mit einer Verdauungskraft begabt, die vielleicht in der ganzen Natur einzig dasteht. Befindet er sich einmal in der Erdnische mit seiner Pille, dann hört er Tag und Nacht nicht auf zu essen und zu verdauen, bis der Vorrat erschöpft ist. Wenn man die Zelle öffnet, in die der Mistkäfer sich zurückgezogen hat, so findet man ihn zu jeder Stunde des Tages bei seiner Mahlzeit und hinter ihm, noch an seinem After hängend, eine fortlaufende Schnur, die sich wie ein Kabel aufrollt.

Auch ohne weitere Erklärung wird der Leser begreifen, was diese Schnur darstellt. Die umfangreiche Kugel passiert, Bissen auf Bissen, die Verdauungswege des Insekts, gibt ihre Nährstoffe ab und tritt am andern Ende, zu einer Schnur gesponnen, wieder hervor. Oft besteht die Schnur aus einem einzigen Stück und hängt, ohne abgebrochen zu sein, noch immer an der Öffnung des Kanals, wodurch die ununterbrochene Fortdauer des Verdauungsaktes dargetan wird. Wenn die Kugel zur Neige geht, dann ist das aufgerollte Kabel von einer erstaunlichen Länge.

Nachdem der ganze Klumpen durch den Verdauungskanal hindurchgegangen ist, begibt sich der Einsiedler wieder an das Tageslicht; er sucht und findet einen Schatz und formt sich eine neue Kugel, mit der er in gleicher Weise verfährt. Dieses vergnügte Leben dauert 1 bis 2 Monate (vom Mai bis Juni); wenn aber die starke Hitze kommt, wie sie die Zikaden lieben, dann beziehen die Skarabäen ihre Sommerfrische und vergraben sich in den kühlen Boden. Bei den ersten Herbstregen erscheinen sie wieder, weniger zahlreich und nicht mehr so lebhaft wie im Frühjahr; sie sind dann augenscheinlich mit ihrem Hauptwerk beschäftigt: nämlich die Zukunft ihres Geschlechts zu sichern.

Die Zikade und ihre Larve.

Die Berühmtheit beruht nicht zum geringsten Teile auf Legenden; die Fabel spielt ihre Rolle auf dem Gebiet der Tier-, wie dem der Menschengeschichte. Wenn ein Insekt auf irgendeine Art die Aufmerksamkeit erregte, so hängte ihm der Volksmund gern allerlei Geschichten an, ohne sich viel um ihre Wahrheit zu kümmern. So ist es auch der Singzirpe*) ergangen, deren Leidenschaft für den Gesang, verbunden mit gänzlicher Unbekümmertheit um die Zukunft, bereits den Gegenstand unserer ersten Gedächtnisübungen bildete. In Versen, die sich leicht behalten lassen, zeigt man sie den Kindern, wie sie beim Anbruch des Winters, von allem entblößt und hungernd, zu ihrer Nachbarin, der Ameise, kommt. Die Borgerin wird übel empfangen und erhält eine schlagende Antwort, die den Grund gelegt hat zu dem Rufe des Insekts. Die beiden kurzen Zeilen Lafontaines*) mit ihrer platten Bosheit:

> „Du sangst? Das ist mir lieb zu hören.
> Nun wohl: dann tanze jetzt,"

haben die Zikade berühmter gemacht als ihre Virtuosität. So etwas dringt wie ein Keil in den Geist des Kindes ein und verschwindet nie wieder daraus.

Die wenigsten kennen den Gesang der Singzirpe, deren Verbreitungsgebiet bei uns mit der Region des Ölbaums zusammenfällt, allein überall kennt klein und groß die schlechte Aufnahme, die ihr von Seiten der Ameise zuteil ward. Was von Bräuchen oder Überlieferungen in der Kinderzeit dem Archiv des Gedächtnisses anvertraut wurde, das bleibt unzerstörbar, und so wird auch jener plumpe Unsinn weiter bestehen, der den Stoff der Fabel bildet: die Zikade wird immer hungern, wenn die kalte Jahreszeit anbricht, obgleich es im Winter gar keine Zirpen mehr gibt; sie wird immer um einige Körnchen Getreide betteln, womit ihr zarter Saugrüssel doch gar nichts anfangen kann, und sie wird nach Fliegen und Würmchen suchen, obzwar ihre Nahrung ausschließlich aus Pflanzensäften besteht.

Wer ist nun für so grobe Irrtümer verantwortlich zu machen? Lafontaine, dessen meiste Fabeln uns durch die feine Beobachtung darin entzücken, ist in diesem Falle schlecht beraten gewesen. Fuchs, Wolf, Katze, Rabe, Ratte und so viele andere, deren

*) Die zu den Schnabelkerfen gehörenden Singzirpen oder Singzikaden (Stridulantia, Cicadidae) bilden eine Familie der Zirpen oder Zikaden (Cicadina, Homoptera), die besonders durch das Stimmorgan der Männchen an der Unterseite des Hinterleibes ausgezeichnet ist. Etwa 18 Arten bewohnen den Süden Europas, die meisten übrigen aber den heißen Erdgürtel; etwa vier kommen auch in Deutschland vor. Tibicina haematodes Scop. hat sich bei Würzburg, C. plebeja Scop. (gemeine Singzikade) bei Regensburg, C. atra Olio. (gleichbedeutend mit C. concinna Germ.) beispielsweise bei Heidelberg, Erlangen, in der fränkischen Schweiz gefunden, C. montana Scop. breitet sich über ganz Europa und den Norden Asiens aus; denn sie wird nicht nur an einigen nördlichen Punkten Deutschlands, wie Jena, Naumburg, Dresden, Breslau, beobachtet, sondern auch vereinzelt bei Insterburg in Preußen, bei Petersburg und in Schweden gefangen. In ähnlichen, aber zum Teil größeren Arten hat Amerika, besonders das insektenreiche Brasilien, Überfluß. Anm. d. Übers.

*) Jean de Lafontaine (1621–1695), Frankreichs größter Fabeldichter. Anm. d. Übers.

Tun und Lassen er uns mit genauen Einzelheiten erzählt, waren ihm durchaus bekannte und vertraute Tiere, dagegen hatte er niemals eine Singzirpe gehört und gesehen: die berühmte Sängerin war für ihn gewiß nichts anders als eine Heuschrecke oder Grille.

Zunächst will ich das von unserm Fabeldichter verleumdete Insekt zu rehabilitieren suchen. Die Singzirpe ist keine angenehme Nachbarin, das muß ich zugeben. Jeden Sommer läßt sie sich zu Hunderten vor meiner Tür nieder, angelockt durch das Grün zweier mächtiger Platanen, und von dort aus peinigt sie nun vom Aufgehen der Sonne bis zu ihrem Untergang mein Gehirn mit ihrer rauhen Symphonie, die jede Gedankenarbeit unmöglich macht. Was die Beziehungen zwischen der Zikade und der Ameise angeht, so bestehen solche allerdings, allein das Verhältnis ist gerade umgekehrt, wie Lafontaine es dargestellt hat. Sie gehen nicht aus der Initiative der ersteren hervor, die niemals fremde Unterstützung braucht, um leben zu können, sondern sie rühren von der Ameise her, von dieser räuberischen Ausbeuterin, die in ihre Scheuern alles schafft, was überhaupt eßbar ist. Zu gar keiner Jahreszeit wird die Singzirpe vor einem Ameisenhaufen über Hunger jammern und versprechen, den ihr geborgten Proviant mit Zins und Zinseszins zurückzuerstatten; es ist im Gegenteil die Ameise, die, von Not getrieben, die Sängerin anfleht. Doch von „anflehen" kann man bei dieser Räuberin ebensowenig sprechen, wie von einer Anleihe und deren Rückerstattung: sie beutet vielmehr die Zikade aus und plündert sie in unverschämter Weise.

Wenn im Juli während der zum Ersticken heißen Nachmittagsstunden das Insektenvolk vergeblich seinen Durst an den verdorrten Blumen zu stillen sucht, dann kann die Singzirpe sich über diese allgemeine Not lustig machen. Mit ihrem Schnabel, der einen feinen Zapfenbohrer darstellt, sticht sie ein Faß aus ihrem unerschöpflichen Keller an. Auf dem Zweige eines Strauches sitzend, wo sie sich – fortwährend singend – niedergelassen hat, durchbohrt sie die feste und glatte Rinde der Pflanze, die ein an der Sonne gereifter Saft schwellt. Sie taucht ihren Saugrüssel in dies Zapfenloch und trinkt, unbeweglich sitzend, mit größtem Wohlbehagen. Zahlreiche Halbverdurstete, die in der Gegend umherstreichen, entdecken den Brunnen, der durch ein Aussickern der Feuchtigkeit über die Ränder der Öffnung sich verrät. Ich sehe Wespen, Fliegen, Ohrwürmer, Sandwespen, Wegewespen, Goldkäfer und vor allem Ameisen sich herandrängen. Die Kleinsten schlüpfen, um sich der Quelle zu nähern, unter den Bauch der Zirpe, die sich gutmütig höher auf ihre Beine stellt, um den aufdringlichen Gästen den Weg freizumachen; die Größten, die vor Ungeduld trippeln, nehmen rasch einen Mundvoll, ziehen sich zurück, um geschwind einen Gang auf den benachbarten Zweigen zu machen, und kehren dann unternehmender zurück. Die Begehrlichkeit wird immer größer; aus den zuerst Bescheidenen werden ungestüme Angreifer, die Miene machen, von der Quelle den Brunnengräber, der sie zum Sprudeln brachte, zu verjagen.

Bei solchen Banditenstreichen sind die Ameisen immer die hartnäckigsten. Ich sah, wie sie die Zirpe wiederholt in die Füße bissen, ich ertappte andere, die sie an den Flügelenden zerrten, ihr auf den Rücken kletterten und sie an den Fühlern kitzelten. Eine besonders Verwegene packte vor meinen Augen sogar ihren Saugrüssel und zwang die Zikade, ihn herauszuziehen. Wenn die Geduld des auf solche Weise von diesen Zwergen gequälten Riesen erschöpft ist, dann gibt er ihnen seinen Brunnen preis und flieht, indem er auf die Straßenräuber einen Strahl von seinem Urin spritzt. Dieser Ausdruck tiefster Verachtung macht jedoch auf die Ameise weiter keinen Eindruck, – hat sie doch ihren Zweck erreicht. Sie hat sich jetzt in den Besitz des Brunnens gesetzt, der freilich gar bald versiegt, wenn das Pumpwerk nicht mehr in Betrieb ist, das ihn hervorquellen ließ. Immerhin ist aber so viel gewonnen, daß sie auf einen neuen Schluck warten kann, den sie auf gleiche Weise zu bekommen sucht, sobald sich die Gelegenheit dazu bietet.

In Wirklichkeit sind die Rollen der beiden Tiere also gerade umgekehrt, wie die Darstellung in der Fabel sie erscheinen läßt. Die Ameise ist die unverschämte Bettlerin, die sogar vor dem Raube nicht zurückscheut, die Zikade die fleißige Arbeiterin, die gern mit einem Darbenden teilt. Noch mehr tritt dieser Gegensatz in folgendem hervor. Die Sängerin fällt nach fünf bis sechs vergnügten Wochen – für sie ein langer Zeitraum –, verbraucht durch das Leben, vom Baum herab. Dort wird sie von der Ameise entdeckt, die als echter Freibeuter stets auf der Suche ist; diese zergliedert und zerschneidet sie zu Krümchen, die ihren Proviantvorrat vermehren sollen. Nicht selten kann man beobachten, wie die in den letzten Zügen liegende Zirpe, deren Flügel noch im Staube zuckt, gevierteilt wird durch eine Rotte dieser Schinder, die ihren ganzen Körper bedecken, so daß er dadurch schwarz aussieht. So ist tatsächlich das Verhältnis zwischen den beiden Insekten.

Die ersten Singzikaden erscheinen in meiner Gegend um die Zeit der Sommersonnenwende. Man gewahrt dann plötzlich im Erdboden runde Löcher vom Durchmesser eines Daumens: dies sind die Öffnungen für das Ausschlüpfen der Zikadenlarven, die aus dem Erdinnern zur Oberfläche emporsteigen, um dort ihre Metamorphose zu vollziehen. Mit Ausnahme der umgegrabenen oder umgepflügten Kulturflächen sieht man diese Löcher allerwärts, wo der Boden so recht in der Sonne liegt und vollständig trocken ist. Die Larve besitzt Werkzeuge, mit denen sie im Notfall selbst Tuffstein und gebrannten Ton durchbohren kann, und bevorzugt bei ihrem Hervorkommen aus der Erde gerade die härtesten Stellen. Ein Weg in meinem Garten, den die Rückstrahlung einer nach Süden gelegenen Mauer in der heißesten Jahreszeit zu einem kleinen Senegal*) werden läßt, weist derartige Öffnungen in besonderer Menge auf. In den letzten Junitagen untersuche ich die soeben verlassenen Erdschächte und finde den Boden dabei so fest, daß ich ihn nur mit einer Hacke in Angriff nehmen kann.

Abb. 1. Singzikaden:
a Cicada plebeja Scop., b Cicada montana Scop.
(Natürliche Größe.)

Die Mündungen sind rund und haben ungefähr einen Durchmesser von $2^1/_2$ cm. Ringsherum keine Spur von Schutt, von in Hügelform aufge-

*) Senegal oder Senegambien heißt die große französische Kolonie in Nordwestafrika, östlich von der Küste des Atlantischen Ozeans, zwischen dem Senegalfluß bis Bakel und Portugiesisch-Guinea. Anm. d. Übers.

häufter Erde; diese Tatsache ist jedesmal festzustellen: niemals findet man um das Loch einer Zikade herum ausgegrabenen Boden, wie bei den Erdlöchern der Geotrupen, die gleichfalls kräftige Grabarbeiter sind. Der Gang der Arbeit erklärt uns diesen Unterschied: der Mistkäfer dringt von außen nach innen, er beginnt seine Grabarbeit mit der Schachtmündung, so daß er beim Vertiefen des Kanals immer wieder zur Oberfläche emporsteigen und dort das aus der Röhre geschaffte Material anhäufen kann. Die Larve der Zikade dagegen geht von innen nach außen: die oberste Schicht wird am Schluß der Arbeit beseitigt, so daß sich der Larve jetzt erst das Ausgangstor öffnet, sie vermag also oben auch keine Erde abzulagern. Jenes Insekt geht ins Erdinnere und lädt an der Schwelle seiner Wohnung ein Maulwurfshäufchen ab; das andere kommt aus dem Innern hervor und kann nichts auf einer Schwelle ablagern, die für es noch gar nicht vorhanden ist.

Der Kanal der Zirpe reicht bis ungefähr 4 dm Tiefe hinab; er ist zylindrisch, etwas gewunden, wenn das Gelände es nötig macht, und nähert sich immer der Senkrechten, als der Linie des kürzesten Weges. Er ist in seiner ganzen Länge vollkommen frei, nirgendwo entdeckt man eine Spur von Schutt, der bei einer solchen Ausgrabung doch notwendig vorhanden sein muß. Dieser Kanal endigt als Sackgasse in Form einer etwas geräumigeren Nische, deren Wände keinerlei Zusammenhang mit irgendeiner den Schacht verlängernden Galerie gewahren lassen. Nach Länge und Durchmesser stellt die Ausgrabung ein Volumen dar von etwa 200 Kubikzentimetern, – wohin ist diese ausgegrabene Erde gekommen? Schacht und Nische sind in einem sehr trockenen und morschen Erdreich ausgehoben, sie müßten also staubartige und sehr leicht zusammenbrechende Wandungen haben, wenn zur Grabarbeit nicht noch etwas anderes hinzugekommen wäre. Zu meiner großen Überraschung entdecke ich, daß diese Wände mit einem Brei aus lehmiger Erde beworfen sind, der sie wie eine dicke Mörtelschicht bedeckt und ihren Einsturz verhütet. Die Larve kann also in dem oben noch verschlossenen Schacht bis in die Nähe der Oberfläche emporsteigen und sich wieder in ihre Zufluchtstätte an seinem unteren Ende zurückziehen, ohne dabei mit den Krallen an ihren Füßen Abbröckelungen hervorzubringen, welche die Röhre verstopfen und ihr das Auf- und Abwärtssteigen erschweren könnten. Der Bergmann steift die Wände seiner Stollen mit Pfählen und Querbalken ab; der Konstrukteur unterirdischer Schienenwege schützt seine Tunnels durch eine Bekleidung mit Mauerwerk; als nicht weniger vorsichtiger Ingenieur zementiert die Zikadenlarve ihren Kanal.

Wenn ich sie bei dem schließlichen Ausschlüpfen aus dem geöffneten Loch überrasche, so tritt sie, Gefahr witternd, sofort den Rückzug an und steigt wieder in ihre Nische hinab, – ein Beweis, daß selbst in dem Augenblick, da ihre bisherige Wohnstätte für immer verlassen werden soll, diese an keinem Punkte durch Erde verstopft wird.

Die Röhre für das Emporsteigen ist kein eilig und voll Ungeduld, ans Tageslicht zu kommen, zustandegebrachtes Werk, sondern eine förmliche Burg, ein Wohnsitz, in dem die Larve lange verweilen muß: darauf läßt uns der Bewurf der Mauern schließen. Eine solche Vorsichtsmaßregel wäre ja völlig überflüssig bei einer einfachen Austrittsöffnung, die gleich nach ihrer Herstellung verlassen würde. Zweifellos hat die Larve dort in der Nähe der Erdoberfläche eine Art meteorologischen Observatoriums, wo sie die außerhalb herrschende Witterung erkundet. In ihrer unterirdischen Nische kann die für das Heraustreten reife Larve schwerlich ein Urteil darüber gewinnen, ob die klimatologischen Bedingungen günstig dafür sind. Der Zustand der Luft dort unten, der sich viel zu langsam ändert, kann ihr nicht die genauen Auskünfte geben, die der wichtigste Akt ihres Lebens: das Emporsteigen ans Tageslicht für die Metamorphose, verlangt.

Wochen-, vielleicht monatelang gräbt sie geduldig, beseitigt den Schutt und stellt einen Kamin mit festen Wänden her, indem sie nur ganz oben, um sich von der Außenwelt abzusperren, eine fingerdicke Schicht stehen läßt. Am unteren Ende legt sie mit besonderer Sorgfalt einen Aufenthaltsort an: ihre Zufluchtstätte, ihren Warteraum, in dem sie ruht, wenn ihre Erkundigungen es ratsam erscheinen lassen, die Auswanderung noch zu verschieben. Beim leisesten Vorgefühl schöner Witterung klettert sie nach oben, sie erkundet durch das bißchen Erde, das den Deckel bildet, wie es draußen steht, und unterrichtet sich über die Temperatur und den Feuchtigkeitsgrad der Luft. Wenn die Dinge nicht nach Wunsch gehen, wenn Regengüsse oder kalte Nordwinde drohen, die der aus der Larvenhaut schlüpfenden zarten Zikade tödlich werden können, so steigt sie bedachtsam wieder nach unten, um noch zu warten. Ist dagegen der Zustand der Atmosphäre günstig, dann wird der Plafond mit einigen Krallenhieben eingeschlagen, und die Larve kommt aus ihrem Schacht hervor. Hierdurch erklären sich die Zweckmäßigkeit einer Ruhestätte am unteren Ende des Kanals und die Notwendigkeit, die Wände mit einem Bewurf zu versehen, der sie fest macht, damit sie bei dem oftmaligen Kommen und Gehen nicht einstürzen können.

Was sich weniger leicht erklärt, ist das völlige Verschwinden des bei der Ausgrabung sich ergebenden Abraums. Was ist aus den 200 Kubikzentimetern Erde geworden, die ein solcher Kanal durchschnittlich liefert? Auf der Oberfläche ist davon nichts zu gewahren und im Innern ebensowenig. Und ferner: woher nimmt die Larve in einem Erdreich, das so trocken wie Asche ist, den Lehmbrei, mit dem die Wände überzogen sind? Es könnte nun wohl scheinen, daß uns die Larven, welche Bohrlöcher im Holz herstellen – wie beispielsweise die des Holzbocks (Cerambyx) und der Prachtkäfer (Buprestis) – auf die erste Frage Antwort geben müßten. Sie höhlen in einem Baumstamm Galerien aus und verzehren den daraus hervorgeholten Stoff. Er wird, Stückchen nach Stückchen, mittels ihrer Mandibeln losgelöst und dann verdaut. Er geht von einem Ende bis zum andern durch den Körper des Mineurs, gibt dabei seine mageren Nährstoffe ab und verstopft hinter ihm den Kanal, in dem die Larve nicht rückwärts zu gehen braucht. Die Arbeit der feinsten Zerkleinerung, welche die Kiefer und der Magen ausführen, bewirkt, daß das aufgeschichtete, verdaute Material einen geringeren Raum einnimmt als vorher das intakte Holz. Auf diese Weise entsteht in dem vordersten Teil der Galerie ein leerer Raum, eine Nische, in der die Larve arbeitet; diese Nische besitzt zwar nur eine sehr geringe Länge, aber sie genügt doch gerade für die Bewegungen des eingekerkerten Insekts.

Sollte nun die Larve der Zikade nicht wohl in analoger Weise ihren Kanal ausbohren? Allerdings geht die ausgehobene Erde sicherlich nicht durch ihren Körper hindurch, da selbst der schmiegsamste Humus nicht das mindeste zu seiner Ernährung beizutragen vermag. Aber könnte nicht jenes Material ganz einfach nach rückwärts geworfen werden in dem Maße, wie die Arbeit voranschreitet?

Abb. 2. Larve von Cicada montana Scop.
(Etwas vergrößert.)

Die Zikade bleibt vier Jahre in der Erde. Sie verbringt jedoch diesen langen Zeitraum nicht etwa auf dem Boden des Schachtes, den wir beschrieben haben, sondern sie kommt dorthin von einem andern Orte, ohne Zweifel von ziemlich weit her. Sie ist eine Landstreicherin, die unter der Erde von einer Wurzel zur andern geht, um ihren Saugrüssel hineinzubohren. Wenn sie die Stelle wechselt, sei es, um den oberen Erdschichten zu entfliehen, die ihr im Winter zu kalt sind, sei es, um sich dort niederzulassen, wo es einen besseren Trunk gibt, so bahnt sie sich einen Weg in der Erde, indem sie das mit ihren Klauen losgebrochene Material nach rückwärts wirft. Wie den Larven des Holzbocks und der Prachtkäfer, genügt es auch ihr, nur so wenig freien Spielraum zu haben, wie ihn ihre Bewegungen verlangen. Ein feuchtes, weiches und leicht zusammenzupressendes Erdreich ist für sie dasselbe, wie für jene der verdaute Holzstoff. Es sackt sich ohne

Schwierigkeit und verdichtet sich, so daß dadurch etwas Raum frei wird.

Die Schwierigkeit beginnt erst mit der Herstellung des Ausgangskanals, den sie – wie gesagt – in einem sehr trockenen Erdreich ausführt, das jeder Zusammenpressung widersteht, solange es diese Trockenheit behält. Daß die Larve beim Beginn dieser Grabarbeit einen Teil des Materials nach rückwärts wirft, in eine Galerie, durch die sie an jene Stelle gelangte, und die dann verschwindet, ist wahrscheinlich genug, obwohl nichts im späteren Stande der Dinge es bestätigt; allein wenn man die Geräumigkeit des Schachtes bedenkt und die ausnehmende Schwierigkeit, für einen so umfangreichen Abraum Platz zu finden, so wird man doch von Zweifeln ergriffen und sagt sich: Für dieses Erdreich brauchte die Larve einen großen Raum, der selbst wieder gewonnen werden mußte durch die Verrückung von anderem, nicht minder schwierig unterzubringendem Schutt. Der hierfür zu schaffende Platz hat zur Voraussetzung einen andern leeren Raum, wo das ausgegrabene Erdreich zusammengepreßt werden konnte. So dreht man sich in einem Zirkelschluß, indem das bloße Zusammendrücken der nach rückwärts geworfenen staubartigen Erde nicht zur Erklärung eines so beträchtlichen leeren Raumes genügt. Um das Erdreich, das ihr im Wege ist, fortzuschaffen, muß die Zikade vielmehr eine ganz besondere Methode haben; wir wollen versuchen, deren Geheimnis ihr zu entreißen.

Wenn wir eine Larve untersuchen, die soeben aus dem Boden hervorkommt, so finden wir sie fast immer mehr oder weniger mit Schlamm beschmiert, der bald frisch, bald schon eingetrocknet ist. An ihren Grabwerkzeugen, den Vorderfüßen, steckt die Spitze ihrer Hacke in einem Lehmklümpchen, während die andern Füße von Lehm überzogen sind, mit dem auch der Rücken beschmutzt ist. Da das Tier aus einem ganz trockenen Boden emporsteigt, so ist dies besonders überraschend; man erwartete, das Insekt mit Staub bedeckt zu finden, und sieht, daß es mit Schlamm besudelt ist.

Ein Schritt weiter auf diesem Wege wird uns des Rätsels Lösung bringen. Ich grabe durch einen glücklichen Zufall eine Larve aus, die die Arbeit an dem nach oben führenden Kanal eben erst begonnen hat; er ist vielleicht 3 cm hoch und frei von allem Abraum, an seinem Fuße befindet sich die Ruhenische – daraus besteht in diesem Augenblick das ganze Werk. Und in welcher Verfassung befindet sich die Arbeiterin? Sie ist viel blasser gefärbt als die andern, die ich bei ihrem Austritt fange. Ihre großen Augen sind besonders blaß und trübe, zum Sehen jedenfalls noch nicht fähig, was unter der Erde ja auch nicht nötig ist. Die aus dem Boden emporgestiegenen Larven hingegen haben eine schwarze, glänzende Färbung und bekunden deutlich genug, daß sie zu sehen vermögen. Die zukünftige Zikade muß sich ja, mitunter ziemlich entfernt von ihrem Ausschlüpfloch, einen Zweig suchen, an dem sie sich aufhängen kann, und wo sich dann die Metamorphose vollzieht: es ist klar, daß sie zu diesem Zweck sehen können muß. Daß sie diese Sehfähigkeit während der Vorbereitungen zu ihrer Befreiung erlangt, beweist uns, daß die Larve, weit entfernt, ihren Schacht für den Aufstieg in aller Eile zustandezubringen, lange Zeit daran arbeitet.

Ferner finden wir die blasse und blinde Larve viel umfangreicher als in ihrem Reifezustand. Sie ist ganz geschwellt von Flüssigkeit, als wenn sie die Wassersucht hätte, und wenn man sie zwischen die Finger nimmt, so läßt sie hinten einen Saft aussikkern, der ihr den ganzen Körper benetzt. Ist diese vom Darm ausgeschiedene Flüssigkeit ein Erzeugnis der Harnsekretion oder bloß der Rückstand eines ausschließlich durch Säfte genährten Magens? Ich will dies nicht entscheiden und bescheide mich, sie der Einfachheit halber als Urin zu bezeichnen. Nun wohl: in dieser Urinfontäne haben wir die gesuchte Rätsellösung vor uns. In dem Maße, wie die Larve durch Ausgraben voranschreitet, durchtränkt sie das gelöste, staubartige Material mit jener Feuchtigkeit und verwandelt es dadurch in einen Teig, den sie sofort auf die Wände aufträgt, indem sie ihn mit ihrem Unterleibe dagegen drückt. So erhält sie aus der trockenen Erde einen Schlamm, dessen am meisten verdünnte Teile tief in den Boden eindringen, während der zusammengepreßte Rest den Bewurf der Wände bildet. Auf diese Weise vermag sie einen von allem Abraum freien Schacht herzustel-

len, weil die staubartigen Trümmer an Ort und Stelle verwendet werden als Mörtel, der fester und kompakter ist als vorher das durchbohrte Erdreich. Sie arbeitet also mitten in einem Lehmbrei, und dies ist der Grund ihres schmutzigen Zustandes, der so überraschend auf den Beobachter wirkt, wenn er sie aus einem völlig ausgedörrten Boden hervorkommen sieht. Übrigens verzichtet auch das vollkommene Insekt, obwohl es ja keinerlei Minierarbeit mehr auszuführen braucht, nicht völlig auf den Urinschlauch der Larve, sondern benutzt ihn auch fernerhin noch als Verteidigungswaffe. Wenn man die Zirpe aus allzu großer Nähe beobachtet, spritzt sie auf den Zudringlichen einen Strahl Urin und fliegt plötzlich davon.

So viel Wasser nun aber die Larve auch in ihrem Körper hat, so kann es doch unmöglich dafür ausreichen, um den gesamten Rauminhalt des Kanals, diese lange Säule von trockener Erde, zu durchtränken und in leicht zusammendrückbaren Schlamm zu verwandeln. Wenn ihr Reservoir erschöpft ist, muß der Wasservorrat erneuert werden, aber wo und wie? Ich glaube dies erraten zu können.

Die sämtlichen Schächte, die ich in ihrer ganzen Ausdehnung mit jener peinlichen Sorgfalt bloßgelegt habe, welche eine solche Ausgrabung erheischt, zeigten mir in ihrem untersten Teil, eingewachsen in der Wand der Endnische, eine lebendige Wurzel, oft von der Dicke eines Bleistifts, mitunter nur vom Durchmesser eines Strohhalms. Der sichtbare Teil dieser Wurzel ist kaum ein paar Millimeter lang, der Rest steckt in dem anstoßenden Boden. Befindet sich nun die Saftquelle durch Zufall jedesmal an dieser Stelle, oder hat die Larve vorher danach gesucht und dementsprechend ihren Kanal mit der Endnische angelegt? Ich entscheide mich für die zweite Alternative und erachte es als feststehend, daß die Larve für diese Anlage die unmittelbare Nachbarschaft einer kleinen, frischen Wurzel aufsucht und dann erst ans Werk geht, wobei ein gewisser bloßliegender Teil von jener in einer Wand zu liegen kommt, ohne daraus hervorzuragen. Dieser lebende Punkt der Mauer liefert nun nach meiner Meinung den Springquell, aus dem der Vorrat des Urinschlauchs jedesmal nach Bedarf ergänzt wird. Hat der Minierer sein Reservoir durch die Umwandlung trockenen Staubes in Schlamm erschöpft, dann steigt er abwärts in seine Nische, bohrt seinen Saugrüssel in die Wurzel und trinkt ausgiebig an der in die Wand eingefalzten Tonne. Ist auf diese Weise der Schlauch wieder gut gefüllt, so steigt er abermals in die Höhe, befeuchtet das harte Erdreich, um es mit seinen Klauen besser herunterschlagen zu können, und verwandelt die Trümmer in Schlamm, damit er sie um sich herum aufschichten kann und freie Passage erhält. So müssen die Dinge sich entwickeln; bei der hier vorliegenden Unmöglichkeit unmittelbarer Beobachtung lassen die Logik und alle begleitenden Umstände darauf schließen.

Was geschieht aber, wenn die Wasserquelle versagt, und das Reservoir des Darms erschöpft ist? Nachstehendes Experiment wird uns darüber aufklären. Ich bringe eine beim Verlassen ihres Schachtes gefangene Larve auf den Boden eines Reagenzglases und bedecke sie mit einer 15 cm hohen Säule trockener, mäßig gesackter Erde. Die Larve hat soeben einen dreimal so langen Kanal verlassen, der von ihr in einem gleichartigen, aber bedeutend widerstandsfähigeren Boden hergestellt wurde. Wird sie sich nun fähig erweisen, sich durch meine kurze, staubartige Säule bis an die Oberfläche durchzuarbeiten? Diese Säule kann doch kaum ein ernsthaftes Hindernis für ein Insekt bilden, das steinharten Boden zu durchbohren vermag. Trotzdem kommen mir Zweifel. Um die Schranke zu durchbrechen, die sie noch von der Außenwelt trennte, hat die Larve ihre letzten Reserven von Flüssigkeit verausgabt. Ihr Schlauch ist trocken, und in Ermangelung einer lebenden Wurzel hat sie kein Mittel, ihn wieder zu füllen. Meine Vermutung eines Mißerfolgs erweist sich als begründet. Drei Tage lang sehe ich wirklich die unter der Erde Begrabene sich in vergeblichen Versuchen erschöpfen, ohne daß sie auch nur einen Finger breit aufwärts kommt. Das beiseite geschobene Material läßt sich nicht in dieser Stellung festhalten, weil sie es nicht befeuchten kann, sondern es fällt sofort wieder zusammen, und am vierten Tage geht das Tier zugrunde.

Bei gefüllter Feldflasche ist das Ergebnis ein ganz anderes. Ich unterwerfe der gleichen Probe eine Larve, die soeben ihre Befreiungsarbeit begonnen hat. Sie ist ganz geschwellt von der urinartigen Flüssigkeit, die beim Heraussickern ihren Körper benetzt. Für sie ist die Arbeit leicht, und das im Reagenzglase befindliche Material bietet kaum ein Hindernis für sie. Ein wenig Feuchtigkeit, von dem Schlauch der Minenarbeiterin geliefert, verwandelt die Erde in Schlamm, so daß sie aneinanderklebt und nach dem Beiseiteschieben stehen bleibt. Der Kanal öffnet sich, wenngleich er sehr unregelmäßig ausfällt und unten fest wieder zugeschüttet wird in dem Maße, wie das Emporsteigen fortschreitet. Man könnte fast glauben, das Tier erkenne die Unmöglichkeit, seinen Vorrat von Flüssigkeit zu erneuern; es spare daher das wenige davon, was es besitzt, und verausgabe nur das unbedingt nötige Quantum, um so schnell wie möglich sich einer seinen Gewohnheiten fremden Umgebung zu entziehen. Diese Sparsamkeit wird so vortrefflich durchgeführt, daß das Insekt nach zehn Tagen glücklich die Oberfläche erreicht.

Aus dem Leben einer Grillenfängerin.

Unter ihrer starken Rüstung, die für den Stachel undurchdringlich ist, bieten die Käfer den Raubwespen nur eine einzige verwundbare Stelle. Dieser Mangel ihres Kürasses ist dem Mörder bekannt, der seinen vergifteten Dolch eben dort hineinbohrt und damit gleichzeitig die drei Bewegungszentren trifft, wenn es sich um die Gruppen der Rüsselkäfer (Curcolionides) und Prachtkäfer (Buprestidae) handelt, deren Nervenapparat einen genügenden Grad von Zentralisation besitzt. Was wird jedoch geschehen, wenn die Beute ein ungepanzertes Insekt mit weicher Haut ist, die der Hautflügler an jeder beliebigen Stelle mit Leichtigkeit durchbohren kann? Trifft dieser dann seine Wahl bezüglich der Richtung der Stöße? Verfolgt der Räuber, ähnlich wie der Mörder ins Herz stößt, um den ihn gefährdenden Widerstand seines Opfers abzukürzen, die bei den Cerceris (Gattung der Grabwespen) übliche Taktik, indem er vorzugsweise die Bewegungsganglien verwundet? Wenn dies aber der Fall ist, was muß dann eintreten, wenn diese Nervenknoten voneinander getrennt und so unabhängig sind, daß die Lähmung des einen nicht auch die Paralyse der andern zur Folge hat?

Diese Fragen soll uns die Geschichte der gelbgeflügelten Grabwespe (Sphex flavipennis Fab.)*), die eine eifrige Grillenfängerin ist, später beantworten, während wir uns zunächst mit

---

*) Die Grabwespen (Sphegidae oder Cabronidae), eine zur Familie der Raubwespen (Rapientiae) zählende Gattung, weisen über 100 bis zu 5,5 cm große Arten aus allen Weltteilen auf und nisten in der Erde. Ihre Kennzeichen sind folgende: Hinterleib deutlich gestielt, eiförmig, vom Stiel scharf abgesetzt, Vorderflügel mit 3 Kubitalzellen, von denen die erste ohne rücklaufende Ader ist. Diese kleinen bis großen, stattlichen Hautflügler sind meist schwarz gefärbt, schimmern aber zuweilen durch dicht anliegende Behaarung goldig oder silberig, Hinterleib nicht selten teilweise rot oder gelb, bei außerdeutschen Arten kommen auch metallische Färbungen vor. Bei uns ist die gewöhnlichste Grabwespe die gemeine Sandwespe (Sphex oder Ammophila sabulosa L.), die 15–30 mm lang wird. Hinterleibsstiel zweigliederig, schwarz, rauhhaarig, zweites und drittes Hinterleibsglied rot, Flügel kurz. Man sieht diese schlanke Sandwespe unstet und eifrig auf dem Boden nach Raub ausspähen oder auf Blumen dem Honigseim nachgehen. Auch sie versteht gleich der von Fabre eingehend behandelten gelbgeflügelten Sphex (dieses griech. Wort bedeutet „Wespe“) ihren Dolch recht geschickt zu handhaben. Sie lähmt große glatte Eulenraupen durch ihre giftigen Stiche und schleppt sie zu der vorbereiteten Höhle. Dort zieht sie die Beute, rückwärts hineingehend, nach sich, legt ihr Ei daran und verscharrt hierauf den Eingang. Anm. d. Übers.

ihren Bauten und deren Verproviantierung beschäftigen wollen. Gegen Ende Juli zerreißt sie den Kokon, der sie bis dahin schützte, und fliegt aus ihrer unterirdischen Wiege fort. Während des ganzen Augustmonats sieht man sie gewöhnlich auf der Suche nach einem honigartigen Tröpfchen um die stacheligen Blütenköpfchen der Kollerdistel fliegen. Allein dieses sorglose Leben ist nur von kurzer Dauer, denn von den ersten Tagen des September an macht sich die Grabwespe an ihre harte Arbeit als Pionier und Jäger. Gewöhnlich wählt sie irgendeine nicht zu große Fläche auf hohen Wegeböschungen für die Anlage ihrer Niederlassung, vorausgesetzt, daß sie dort zwei unerläßliche Dinge vorfindet: einen sandigen Boden, in den sie leicht eindringen kann, und Sonne. Übrigens geschieht nichts, um die Heimatstätte gegen die Regen des Herbstes und den winterlichen Schnee zu schützen. Selten macht sich eine Grabwespe für sich allein an das Werk; meist bearbeiten kleine Gruppen von zehn, zwanzig oder noch mehr Pionieren die ausgesuchte Stelle. Man muß mehrere Tage beobachtend vor einem dieser Nester zugebracht haben, um eine Vorstellung von der unruhigen Tätigkeit, der stoßweise einsetzenden Geschwindigkeit und von den ungestümen Bewegungen dieser fleißigen Minierer zu gewinnen. Der Boden wird schnell mit den Rechen der vorderen Füße in Angriff genommen; gleichzeitig stimmt jeder Arbeiter sein lustiges Liedchen an, das aus einem scharfen, durchdringenden Ton besteht, von sehr kurzen Intervallen unterbrochen und moduliert durch Schwingungen der Flügel und des Brustschildes. Man könnte sie für einen Trupp fröhlicher Genossen halten, die sich gegenseitig durch einen taktmäßigen Rhythmus anfeuern. Unterdessen fliegt der Sand, der als feiner Staub auf ihre zitternden

Abb. 1. Grabwespen, ihre Bruthöhlen versorgend.

Flügel herabfällt, und unter den doppelten Anstrengungen der Füße und Kiefer entsteht bald eine Höhle, in die sich das Tier schon gänzlich versenken kann. Nun findet ein lebhafter Wechsel statt von Vorwärtsbewegungen, um neues Material loszulösen, und von rückwärtigen, um den Schutt hinauszufegen. Bei diesem beschleunigten Hin und Her marschiert die Grabwespe nicht, sondern sie schnellt vorwärts, wie von einer Feder getrieben; sie macht Sätze, wobei der Hinterleib zuckt, die Fühler zittern, und der ganze Körper zuletzt von einem tönenden Beben belebt wird. Wenn der Minenarbeiter bereits ganz entschwunden ist, vernimmt man noch unter der Erde seinen unermüdlichen Gesang, wäh-

rend man in Zwischenräumen seine Hinterfüße hervorkommen und eine Schicht Sandes nach rückwärts bis an die Mündung des Loches zurückstoßen sieht. Von Zeit zu Zeit unterbricht die Wespe ihre unterirdische Arbeit, sei es, um sich in der Sonne auszuschütteln und sich von dem Staub zu befreien, der, in ihre feinen Gelenke dringend, die Freiheit ihrer Bewegungen hindert, oder um in der Umgebung eine Erkundungsrunde auszuführen. Trotz dieser Unterbrechungen, die übrigens von kurzer Dauer sind, ist binnen einiger Stunden die Galerie ausgehöhlt. Auf der Schwelle der Pforte sitzend, singt nun die Grabwespe ihr Triumphlied und gibt der Arbeit die letzte Vollendung, indem sie einzelne Unebenheiten beseitigt.

Von den zahlreichen Gruppen der Grabwespen, die ich beobachtet habe, ist mir namentlich eine wegen der originellen Anlage ihrer Niederlassung in lebhafter Erinnerung geblieben. Am Rande einer Chaussee erhoben sich kleine Schlammhügel, welche die Schaufel des Straßenarbeiters aus den Seitengräben geholt und dort niedergelegt hatte. Einer dieser von der Sonne längst ausgetrockneten Haufen bildete einen zuckerhutförmigen Kegel von etwa einem halben Meter Höhe. Darin hatten nun die Grabwespen eine Niederlassung angelegt, wie ich keine volkreichere jemals gesehen habe. Von der Basis bis zur Spitze war dieser Kegel getrockneten Schlammes von Höhlungen durchlöchert, die ihm das Aussehen eines riesigen Schwammes gaben. In allen Stockwerken herrschte eine fieberhafte Bewegung, ein geschäftiges Kommen und Gehen, das an die Tätigkeit auf einem großen Werkplatz erinnerte, wenn die Arbeit drängt. Grillen wurden an ihren Fühlern auf den Seitenhängen dieser konischen Stadt heraufgeschleift, um als Proviant in den Speisekammern der Zellen aufgespeichert zu werden (Abb. 1); aus den Galerien, die noch nicht fertig ausgehöhlt waren, rieselte Staub hervor; in Zwischenräumen erschienen die staubigen Gesichter der Minenarbeiter an den Mündungen der Gänge; ein immerwährendes Ein- und Ausschlüpfen; mitunter erkletterte auch eine Wespe in einem kurzen Augenblick der Muße die Spitze des Kegels, vielleicht um von der Höhe dieses Belvedere einen Blick voll Genugtuung auf das Ganze der Arbeit zu werfen. Das Schauspiel war wohl geeignet, in mir den Wunsch rege zu machen, die ganze Niederlassung und ihre Bewohner mitnehmen zu können! Der Versuch wäre indes vergeblich gewesen, da die Masse zu schwer dafür war.

Doch kehren wir zu den Grabwespen zurück, die in ebenem, gewachsenem Boden arbeiten, wie es meistens geschieht. Sobald das Erdloch ausgehöhlt ist, beginnt die Jagd auf Feldgrillen (Gryllus campestris L.). Wir wollen einen der auf der Suche nach dem Wild sich weithin erstreckenden Ausflüge des Insekts benutzen, um seine Wohnstätte zu untersuchen. Im allgemeinen wählen die Grabwespen, wie schon gesagt, einen wagrechten Fleck Erde für die Anlage einer Kolonie. Jedoch ist der Boden niemals so gleichmäßig eben, daß sich darauf nicht einige Hügelchen befänden, die ein Büschel Gras oder Beifuß krönt, einzelne Vertiefungen, die durch die mageren Wurzeln des Pflanzenwuchses gestützt werden; in den Hängen solcher Bodenfalten wird nun meist der Schlupfwinkel der Wespe angelegt. Zunächst läuft die Galerie 2 bis 3 Zoll weit horizontal; dieser Teil bildet den Zugang zu dem versteckten innersten Schlupfwinkel, der für den Proviant und die Larven bestimmt ist. In jenem Vorraum hält sich die Wespe bei schlechtem Wetter auf; dorthin zieht sie sich während der Nacht zurück und rastet darin tagsüber einige Augenblicke, so daß man von außen nur ihr ausdrucksvolles Gesicht und ihre großen, dreisten Augen wahrnehmen kann. Am Ende dieses Vorraumes macht die Galerie eine scharfe Biegung und geht dann, mehr oder weniger schräg sich senkend, noch zwei oder drei Zoll weiter, bis eine ovale Zelle von etwas größerem Durchmesser den Abschluß bildet. Ihre Wandungen sind nicht mittels eines Bindemittels gefestigt, allein man sieht trotz ihrer Nacktheit, daß sie der Gegenstand besonders sorgsamer Arbeit waren. Der Sand ist dort festgedrückt und auf dem Boden, an der Decke und auf den Seiten sorgfältig geglättet, um Verschüttungen zu verhüten und um rauhe Unebenheiten zu beseitigen, welche die zarte Haut der Larve verletzen könnten. Diese Zelle ist mit der Galerie durch einen Eingang verbunden, der so eng

ist, daß er gerade nur die mit Beute beladene Wespe durchläßt.

Wenn nun diese erste Zelle mit einem Ei und den notwendigen Vorräten versorgt ist, mauert die Grabwespe den Eingang zu, verläßt jedoch ihr Erdloch noch nicht. Eine zweite Zelle wird neben der ersten ausgehöhlt und in derselben Weise verproviantiert, hierauf eine dritte und manchmal sogar eine vierte. Nun erst wirft die Wespe allen vor dem Eingange aufgehäuften Schutt in das Loch, so daß die äußeren Spuren ihrer Arbeit vollständig beseitigt werden. Da also jede Erdhöhle gewöhnlich drei Zellen, selten zwei und noch seltener vier Zellen enthält, während – wie das Öffnen einer Wespe lehrt – die Zahl der gelegten Eier auf 30 geschätzt werden kann, so braucht eine jede zu ihrer Unterbringung 10 Höhlen. Andrerseits beginnen die Arbeiten nicht lange vor dem September und sind vor dem Ende dieses Monats fertig. Folglich bleiben der Wespe für die Anlage jeder Höhle und ihre Versorgung höchstens zwei oder drei Tage. Das fleißige Insekt hat mithin keinen Augenblick zu verlieren, um in so kurzer Zeit den Boden auszuhöhlen, sich ein Dutzend Grillen zu besorgen, diese oft von fernher durch tausend Schwierigkeiten fortzuschaffen, sie aufzuspeichern und endlich die Höhlen zu vermauern. Zudem machen oft stürmische Tage die Jagd unmöglich, verhindern regnerische oder nur düstere völlig die Arbeit. Hiernach begreift es sich, daß die Grabwespe ihren Arbeiten nicht jene große Festigkeit zu geben vermag, welche Cerceris tuberculata Vill. ihren tiefen Galerien verleiht.*) Diese Insekten überliefern von Generation zu Generation ihre soliden Wohnstätten, die in jedem Jahre noch tiefer ausgehöhlt werden, während die Grabwespe nichts von ihren Vorgängern erbt, sondern alles selbst und in kürzester Zeit schaffen muß.

Da kommt soeben eine von der Jagd zurückkehrende Grabwespe herangeschwirrt und macht auf einem nahen Busche halt. Mit ihren Kiefern hält sie an einem der Fühler eine dickleibige Grille gepackt, die ein paarmal so schwer ist, wie sie selber. (Abb. 2). Unter diesem Gewicht fast erliegend, ruht sie einen Augenblick aus und überfliegt dann mit letzter Anstrengung in einem einzigen Zuge die breite Mulde, die sie noch von ihrer Wohnstätte trennt. Schwerfällig läßt sie sich auf der Hochfläche nieder, wo ich meinen Beobachtungsposten inmitten einer ganzen Niederlassung von Grabwespen genommen habe. Der Rest des Weges wird dann zu Fuß zurückgelegt, wobei der Hautflügler, den meine Anwesenheit durchaus nicht einschüchtert, rittlings über seinem Opfer stehend, mit hoch und stolz erhobenem Kopfe sich voranbewegt, während die Grille zwischen seinen Beinen schleift. An Ort und Stelle läßt die Wespe ihre Beute unmittelbar vor der Mündung der Erdhöhle liegen und begibt sich eilends in die Tiefe. Nach wenigen Sekunden erscheint sie wieder, streckt den Kopf hervor und gibt einen kurzen, munteren Laut von sich. Dann faßt sie die Fühler der Grille und zieht die Jagdbeute flink in ihren Schlupfwinkel hinein.

Abb. 2. Grabwespe mit der Beute.

Vergebens frage ich mich, weshalb die Grabwespe jedes Mal erst eine Untersuchung ihres unterirdischen Wohnsitzes vornimmt, bevor sie die Grille hineinzieht, anstatt diese ohne Aufenthalt in einem Zuge hinter sich herzuschleifen, wie ich es bei den andern auf Raub ausgehenden Hautflüglern beobachtet habe. Hält es die Wespe vielleicht für nötig, bevor sie mit einer beschwerlichen Last hinabsteigt, einen Blick in die Tiefe ihrer Wohnung zu werfen, um sich zu vergewissern, daß darin alles in Ordnung, und um nötigenfalls einen frechen Parasiten

*) Diese Grabwespen nisten gleichfalls im Sande, auch wohl zwischen Pflastersteinen und tragen besonders Käfer und Hymenopteren ein. Anm. des Übers.

zu vertreiben, der in ihrer Abwesenheit hineingelangt sein könnte? Verschiedene Raupen- oder Schnellfliegen (Tachininae) lauern vor den Türen aller auf Jagdbeute ausgehenden Hautflügler, um einen günstigen Augenblick zu erspähen, ihre Eier auf deren Wildbret abzulegen, allein keine von ihnen getraut sich jemals in die dunklen Gänge einer solchen Höhle hinein. Sie brauchten dies bei der Grabwespe ja auch gar nicht, denn ihnen bliebe Zeit genug, ihre Eier auf der Grille abzulegen, solange jene die Beute vor der Höhle unbeaufsichtigt liegen läßt. Offenbar droht also der Grabwespe noch irgendeine größere Gefahr, weshalb sie den vorherigen Hinabstieg bis in den Grund ihrer Höhle für ein Gebot unbedingter Notwendigkeit erachtet.

Folgende Beobachtung vermag vielleicht einigen Aufschluß darüber zu geben. Inmitten einer im vollen Betrieb stehenden Kolonie von Grabwespen, aus der gewohnheitsmäßig jeder andere Hautflügler ausgeschlossen bleibt, beobachtete ich eines Tages einen leidenschaftlichen Jäger, der einer ganz verschiedenen Art angehört. Es war eine Larra pompiliformis Panz., die ganz gemächlich und kaltblütig inmitten der Menge, unter der sie ein Eindringling war, Sandkörnchen, Stückchen von kleinen trockenen Stengeln und ähnliches winziges Material heranschaffte, um die Mündung einer Höhle zu verstopfen, die genau denselben Umfang und die gleiche Form wie die benachbarten Löcher der Grabwespen besaß. Diese Arbeit wurde so gewissenhaft ausgeführt, daß an dem Vorhandensein eines Eies der Arbeiterin in dem unteririschen Gewölbe gar nicht zu zweifeln war. Jedesmal, wenn der fremde Hautflügler in die Galerie eindrang, verfehlte eine Grabwespe – anscheinend die legitime Besitzerin der Höhle – nicht, ihn voll Unruhe zu verfolgen; sie kam dann aber stets hastig wieder hervor, gefolgt von jenem, der gelassen sein Werk fortsetzte. Bei der Untersuchung der Höhle, die offenbar den Gegenstand des Streites zwischen den beiden Hautflüglern bildete, fand ich eine Zelle mit vier Grillen verproviantiert, und dies steigerte meinen Verdacht fast zur Gewißheit, denn ein solcher Vorrat übersteigt ganz beträchtlich den Bedarf einer Larralarve, die mindestens um die Hälfte kleiner ist als die der Grabwespe. In Wirklichkeit war also jenes Insekt, das man nach der Kaltblütigkeit, mit der es die Höhle zumauerte, für den Eigentümer der Wohnung hätte halten können, nur ein Usurpator. Wie aber kommt es, daß sich die viel größere und kräftigere Grabwespe ungestraft berauben läßt, indem sie sich auf eine ergebnislose Verfolgung beschränkt und feig entflieht, wenn der Eindringling, der ihre Anwesenheit kaum zu gewahren scheint, kehrtmacht, um aus der Höhle wieder herauszukommen? Besteht vielleicht bei den Insekten wie bei dem Menschen die erste Aussicht auf den Erfolg in der Kühnheit, nochmals in der Kühnheit und immer in der Kühnheit? Dem Usurpator fehlte sie jedenfalls nicht. Ich sehe ihn noch mit unzerstörbarer Ruhe gehen und kommen vor der gutmütigen Grabwespe, die ungeduldig auf der Stelle trippelt, ohne daß sie sich auf den Räuber zu stürzen wagt.

Es sei noch hinzugefügt, daß ich unter anderen Umständen wiederholt jenen von mir für einen Parasiten gehaltenen Hautflügler, eben die Larra pompiliformis Panz., eine Grille an einem ihrer Fühler fortschleppen sah. Gegen die Annahme, daß es sich um ein selbsterbeutetes Wild handle, sprachen die unsicheren Bewegungen des Insekts, das zwischen den Fahrgeleisen eines Weges umherirrte, wie auf der Suche nach einer für seinen Zweck geeigneten Höhle. Niemals sah ich es selbst Grabarbeiten ausführen, wohl aber, daß es sein Wildbret auf offenem Wege liegen ließ, offenbar weil es nichts damit anzufangen wußte, aus Mangel an einem Erdloche, um es darin unterzubringen. Eine solche Verschleuderung scheint mir dafür zu sprechen, daß es sich um ein übel erworbenes Gut handelte, und legt den Verdacht nahe, daß jene Grille einer Grabwespe in dem Augenblick geraubt worden war, als diese ihre vor der Schwelle der Wohnung niedergelegte Beute verlassen hatte.

Ich kann also nur Verdachtsgründe geltend machen zur Erklärung der Beharrlichkeit, mit der die Grabwespen sich in die Tiefe ihrer unterirdischen Wohnung begeben, bevor sie das Wildbret hineinbringen. Sicheres werde ich darüber wohl nie erfahren, denn wer wird jemals die tausenderlei Manöver des Instinkts erklären können? Arme

menschliche Vernunft, die sich keine Rechenschaft zu geben vermag von der Weisheit einer Grabwespe!

Jedenfalls steht es fest, daß jene Manöver von einer seltsamen Unveränderlichkeit sind. Ich will inbezug darauf nur einen Versuch anführen, der mich lebhaft interessiert hat. In dem Augenblick, da die Wespe die Wohnung untersucht, nehme ich die vor dem Eingange zurückgelassene Grille und lege sie einige Zoll weiter hin. Die Grabwespe steigt wieder empor, gibt ihren gewohnten Laut von sich, blickt erstaunt um sich und kommt, als sie ihr Wildbret zu weit entfernt sieht, aus dem Loch hervor, um es zu packen und in die von ihr gewollte Lage zurückzubringen. Nachdem dies geschehen, steigt sie nochmals allein hinab. Dasselbe Manöver meinerseits ruft wieder die gleiche Enttäuschung bei der zurückkehrenden Grabwespe hervor. Das Wildbret wird von ihr abermals an die Mündung des Loches zurückgebracht, aber der Hautflügler steigt wieder erst allein in die Tiefe und so fort, so lange meine Geduld nicht ermüdet. Gewiß vierzigmal hintereinander habe ich denselben Versuch bei der gleichen Wespe wiederholt; ihre Beharrlichkeit hat die meinige besiegt, und niemals wurde ihre Taktik verändert.

Diese unbeugsame Halsstarrigkeit, die ich bei allen Wespen in ein und derselben Kolonie feststellte, bei denen ich meine Versuche machte, ging mir eine Zeitlang im Kopfe herum. Ich sagte mir, das Insekt müsse wohl einem unabwendbaren Hange folgen, den die Umstände in keiner Weise abzuändern vermöchten; seine Handlungen seien unabänderlich geregelt, und die Fähigkeit, die kleinste eigene Erfahrung zu erwerben, sei ihm fremd. Da veränderten neue Versuche diese zu sehr verallgemeinerte Anschauungsweise.

Im folgenden Jahre besuchte ich zu geeigneter Zeit dieselbe Örtlichkeit. Das neue Geschlecht hat die von der vorausgegangenen Generation zur Herstellung ihrer Erdlöcher ausgewählte Stelle geerbt, ebenso deren Taktik: das Experiment mit der von dem Eingang entfernten Grille liefert die gleichen Ergebnisse. Die Wespen dieses Jahres steifen sich auf dasselbe unfruchtbare Manöver wie die des Vorjahres. Da führte mich ein glücklicher Zufall zu einer anderen Kolonie von Grabwespen in einem von dem ersten entfernten Landstriche, wo ich meine Versuche erneuerte. Nach zwei oder drei Proben, deren Ergebnis dem schon so oft erhaltenen gleich ist, stellt die Grabwespe sich rittlings über die Grille, packt sie mit den Kiefern bei ihren Fühlern und schleppt sie ohne weiteres in das Erdloch. Dem Experimentator hatte der schlaue Hautflügler einen Strich durch die Rechnung gemacht. Auch bei anderen Löchern witterten seine Nachbarn früher oder später meine Arglist und schleppten dann das Wildbret in ihre Wohnstätte, ohne es erst vor der Schwelle eine Weile liegen zu lassen. Was will dies besagen? Die von mir diesmal untersuchte Kolonie, deren Abstammung eine andere, denn die Söhne kehren zu der von ihren Vorfahren gewählten Stelle zurück, ist verschmitzter als die Kolonie des vergangenen Jahres. Die Anlage zur Schlauheit wird übertragen: es gibt gewandtere Stämme und einfältigere – anscheinend je nach den Eigenschaften der Väter. Für die Grabwespen wie für uns ändert sich die geistige Veranlagung mit dem Landstrich. Am nächsten Tage nehme ich an einem anderen Orte meine Probe mit der Grille von neuem vor, und sie glückt mir unzählige Male. Ich war wieder an einen Stamm mit blödem Blick geraten, eine ganze Kolonie von Einfältigen, wie bei meinen ersten Beobachtungen.

Die Pille des Skarabäus.

Wenn man in entomologischen Werken Auskunft über die Lebensgewohnheiten des heiligen Skarabäus im besonderen und über die Insekten, welche Pillen aus Kot rollen, im allgemeinen sucht, so findet man, daß die Wissenschaft noch heute an gewissen irrtümlichen Meinungen festhält, die zur Pharaonenzeit im Schwange waren. Die quer über das Feld geschobene Pille enthält – so sagt man – ein Ei; es ist gewissermaßen eine Wiege, in der die zukünftige Larve gleichzeitig Nahrung und Schutz finden muß. Die Eltern rollen sie über den unebenen Boden, um ihr eine vollkommene Rundung zu geben, und wenn sie durch die Stöße, das Rütteln und Herunterrollen an Böschungen genügend verarbeitet ist, dann graben sie sie ein und überlassen sie der Sorgfalt der großen Bruthenne: der Mutter Erde.

Eine so rauhe Behandlung wollte mir von jeher wenig wahrscheinlich erscheinen. Wie soll es denn nur möglich sein, daß das Ei des Pillendrehers, das so zart und unter seiner dünnen Hülle so empfindlich ist, derartige Erschütterungen der rollenden Wiege auszuhalten vermöchte? Den Lebensfunken, der in dem Keim schlummert, vermag die leiseste Berührung auszulöschen; wie könnten also die Eltern wohl darauf verfallen, ihn stunden- und tagelang über Berg und Tag zu schleifen! Nein, so kann die Sache unmöglich vor sich gehen.

Logische Schlußfolgerungen allein sind jedoch nicht genügend, um vorgefaßte Meinungen auszutilgen. Ich öffnete daher Hunderte der von den Mistkäfern gerollten Kotpillen; ich öffnete andere, die vor meinen Augen aus den von den Insekten gegrabenen Erdlöchern hervorgeholt wurden, fand jedoch nie, in keinem einzigen Falle in diesen Pillen eine zentrale Nische oder ein Ei. Es sind unveränderlich grobe Anhäufungen von Proviant, in der Eile geformt, ohne bestimmte innere Struktur, einfach Mundvorräte, mit denen die Käfer sich einschließen, um ungestört einige Tage davon zu schmausen. Die Mistkäfer mißgönnen sie einander und stehlen sie sich gegenseitig mit einem Eifer, den sie sicherlich nicht entwickeln würden, wenn sie sich damit neue Familiensorgen auflüden. Der Eierdiebstahl unter Skarabäen wäre gänzlich ungereimt, da jeder von ihnen genug damit zu tun hat, die Zukunft seiner eigenen Jungen sicherzustellen. Jeder Zweifel über diesen Punkt ist daher ausgeschlossen: die Kotklumpen, welche man die Mistkäfer rollen sieht, enthalten niemals Eier.

Mein erster Versuch, die schwierige Frage der Larvenzucht zu lösen, bestand daher in der Herstellung einer geräumigen Voliere, deren Boden ich mit einer hinreichenden Lage von Sand versah. Hineingesetzt wurden etwa zwanzig heilige Skarabäen, in Gesellschaft mit Copris und andern Mistkäferarten. Niemals hat mir irgendein anderes entomologisches Experiment soviel Mühe und Verdruß bereitet. Die Hauptschwierigkeit bestand in der Beschaffung des Proviants. Mein Hausbesitzer hatte eine Stallung und ein Pferd. Ich gewann seinen Knecht für meine Zwecke, der zwar zuerst darüber lachte, sich dann aber durch klingende Münze überzeugen ließ. Jedes Frühstück meiner Tiere kostete mich 25 Centimes; ein Mistkäferbudget hat sicherlich noch niemals eine annähernd so hohe Ziffer erreicht. Noch immer steht mir der Josef vor Augen, wenn er morgens, nach dem Putzen des Pferdes seinen Kopf ein wenig über die Mauer erhob, die unsere beiden Gärten voneinander trennte, und ganz leise, beide Hände als Sprachrohr benutzend, mir zurief: „He! He!“ Ich eilte dann zu ihm hin, um einen mit Pferdemist gefüllten Topf in Empfang zu nehmen. Wie sehr für beide Teile Vorsicht geboten war, zeigte sich bald. Eines Tages überraschte uns der Besitzer, der nun sofort argwöhnte, sein ganzer Stalldünger wandere über die Mauer, und ich entführe ihm zum Nutzen meiner Verbenen und Narzissen das Material, das er für seine Kohlköpfe aufsparen wollte. Vergebens suchte ich ihm die Sache zu erklären: er glaubte, ich wolle ihn zum besten halten. Josef wurde gehörig abgekanzelt und mit Entlassung bedroht, was er sich natürlich gesagt sein ließ.

Mir blieb jetzt nur noch übrig, auf die öffentliche Landstraße zu gehen und dort verstohlenerweise das tägliche Brot für meine Zöglinge in einer Papierdüte aufzusammeln. Mitunter war mir das Geschick günstig: ein Esel, der nach Avignon die Gemüse von Château-Renard oder Barbentane zu Markte trug, ließ, indem er an meiner Tür vorüberzog, seine Opfergabe fallen. Ein solcher, schleunigst aufgesammelter Fund bereicherte mich dann für einige Tage. Kurzum, mit Mühe und Not brachte ich es fertig, meine Gefangenen zu ernähren. Wenn der Erfolg stets verknüpft wäre mit Unternehmungen, die mit Passion, mit durch nichts zu entmutigender Hingebung ausgeführt werden, dann hätte mein Experiment gelingen müssen; es schlug jedoch fehl. Nach Verlauf einiger Zeit gingen meine Skarabäen, von Heimweh erfaßt, in einem Raum, der ihnen größere Bewegungen verwehrte, kläglich zugrunde, ohne mir ihr Geheimnis ausgeliefert zu haben. Die übrigen Kotkäfer entsprachen meiner Erwartung besser; von den Aufschlüssen, die ich durch sie erhielt, soll später an geeigneter Stelle die Rede sein.

Gleichzeitig mit diesen Zuchtversuchen in der Voliere hatte ich meine Beobachtungen im freien Felde fortgesetzt, allein auch sie ergaben nicht das gewünschte Resultat. Ich hielt es für notwendig, mir Gehilfen zuzugesellen. Da sah ich an einem schulfreien Tage eine Schar lustiger Knaben über das Plateau wandern. Sie kamen aus dem nahen Dorfe des Angles und gruben an den kahlen Hängen eines Hügels, der bei den Schießübungen der Garnison von Avignon den Kugelfang bildete, nach den darin eingedrungenen Geschossen, um das Blei dann für ein paar Sous zu verkaufen. Ich redete den größten von ihnen an, dessen aufgeweckte Miene mich Gutes hoffen ließ; die Kleineren bildeten einen Kreis um uns, indem sie die mitgebrachten Äpfel und Brotschnitten verzehrten. Ich erklärte nun die Sache, zeigte ihnen einen seine Kugel wälzenden Skarabäus und setzte ihnen auseinander, das Insekt grabe irgendwo seine Pille in die Erde ein, und manchmal befände sich im Innern der Kugel eine Nische und in dieser Nische ein Wurm: die Larve des Käfers. Mir sei es darum zu tun, eine solche von einem Wurm bewohnte Kugel zu bekommen, und sie möchten für mich danach suchen. Um ihren Eifer anzuspornen, versprach ich, für jede solche Kugel einen ganzen Frank zu zahlen, und verteilte zum Beweis, wie ernstgemeint das sei, einige Sous unter sie als Angeld. In der kommenden Woche würde ich mich am gleichen Tage und um dieselbe Stunde hier wieder einfinden, um getreulich die Bedingungen des abgeschlossenen Vertrages den glücklichen Findern gegenüber zu erfüllen. Alsdann entließ ich die Schar, die sich sofort über die Ebene zerstreute, um ihre Nachforschungen zu beginnen. Die Kinder hatten bei der Erwähnung der für ihre Begriffe riesigen Summe, die ich für jeden Fund zahlen würde, die Augen weit aufgerissen; auch konnte ich aus ihren Gesprächen beim Fortgehen entnehmen, mit was für frohen Hoffnungen sie die Aussicht auf ein so glänzendes Geschäft erfüllte. Auch durfte ich wohl annehmen, daß sie ihren Schulkameraden das Vorgefallene berichten, und diese sich dann gleichfalls am Suchen beteiligen würden. In der Tat fand ich, als ich mich zu dem angegebenen Termin an den Ort des Stelldicheins begab, dort eine viel größere Schar vor als das erste Mal. Die Miene der Knaben, die sofort auf mich zueilten, ließ mich alsbald vermuten, daß sie mir kein günstiges Ergebnis mitzuteilen hätten, und so war es in der Tat. Alle hatten täglich nach beendeter Schule eifrig gesucht; manche wiesen auch Pillen vor, die sie, mit einem Käfer besetzt, in der Erde gefunden hatten, aber in keiner befand sich eine Larve. In der nächsten Woche derselbe Mißerfolg; die entmutigten Sucher hatten sich nur noch in geringer Anzahl eingestellt. Noch ein letztes Mal nahm ich

dann ihren guten Willen in Anspruch, immer ohne Resultat. Dann belohnte ich die Eifrigsten, die bis zum Schluß ausgeharrt hatten, und erklärte den Vertrag für aufgehoben. Ich konnte nur auf mich allein rechnen für Untersuchungen, die scheinbar sehr einfach, in Wirklichkeit jedoch sehr schwierig waren.

Selbst heute, nachdem ich jahrelang weitergeforscht habe, bin ich noch zu keinem ganz klaren Ergebnis gelangt und in manchen Punkten auf bloße Vermutungen angewiesen. Was ich nun in Verbindung mit den Aufklärungen, die ich durch die anderen Kotkäfer (Copris, Gymnopleuren und Onthophagen) in meiner Voliere erhielt, habe kombinieren können, ist folgendes:

Die für das Ei bestimmte Kugel wird nicht vor jedermann in dem Durcheinander der Arbeitstätte hergestellt. Sie ist ein Werk der Kunst und großer Geduld, welches Sammlung und peinliche Sorgfalt erfordert, die inmitten der Menge nicht möglich sind. Die Mutter zieht sich in eine Nische zurück, um ihren Plan zu überdenken und dann ans Werk zu gehen; sie höhlt für diesen Zweck in sandigem Boden eine Grube aus, die mit der Oberfläche durch einen Gang von bedeutend kleinerem Durchmesser verbunden ist. Dorthinein schafft sie auserlesenes Material, das zweifellos in Pillenform hingerollt wird. Sie muß mehrfache Reisen unternehmen, denn beim Ende der Arbeit steht die Kotkugel in der Zelle außer allem Verhältnis zu deren Eingang und könnte in e i n e m Stück gar nicht hineingeschafft werden. Ich erinnere mich eines spanischen Copris (Copris Hispanus), der im Augenblicke meines Besuches in seiner Erdhöhle einen Kotklumpen von der Dicke einer Orange bearbeitete, während die nach oben führende Galerie so eng war, daß man kaum einen Finger hineinstecken konnte.

Bei der Herstellung der für das Ei bestimmten Pille in seiner unterirdischen Zelle nimmt der Skarabäus eine sorgfältige Auslese vor: er bestimmt die feinsten Stoffe für die inneren Schichten, von denen die Larve sich ernähren muß; die gröberen bilden die äußeren Lagen, die nicht zur Ernährung bestimmt sind, sondern nur eine schützende Umhüllung darstellen. Um die zentrale Nische, die das Ei aufnimmt, werden die Stoffe Lage um Lage von innen nach außen je nach dem abnehmenden Grade ihrer Feinheit und ihres Nährwertes verteilt; dabei müssen die Lagen zugleich Konsistenz erhalten, eine muß mit der andern zusammenkleben, und endlich sind die faserigen Sprossen der letzten, die das Ganze schützen sollen, zu verfilzen. Wie ist es möglich, daß der sonst so ungelenke und in seinen Bewegungen steife Skarabäus ein solches Werk in vollständiger Dunkelheit, auf dem Boden eines Erdloches, in dem er sich kaum rühren kann, fertigbringt? Wenn ich die Zierlichkeit der vollendeten Arbeit mit den plumpen Werkzeugen des Arbeiters vergleiche, so muß ich an einen Elefanten denken, der den Einfall hätte, eine Spitze weben zu wollen. Es ist mir unmöglich, dieses Wunder mütterlichen Kunstfleißes zu erklären, zumal es mir nicht vergönnt war, das Insekt während seiner Tätigkeit zu beobachten. Ich beschränke mich daher darauf, das Kunstwerk zu beschreiben.

Die das Ei umschließende Pille besitzt in der Regel den Umfang eines mittelgroßen Apfels; im Innern befindet sich eine eiförmige Nische von etwa einem Zentimeter im Durchmesser mit dem zylindrischen Ei. An beiden Enden abgerundet und von gelblichweißer Farbe, kommt es an Umfang etwa einem Weizenkorn gleich, ist aber kürzer. Die Wandung der Nische ist verputzt mit einer grünlichbraunen Materie, die blinkt und halbflüssig ist – eine richtige Kot-Creme, für die ersten Bissen der Larve bestimmt. Für diesen Zweck sammelt die Mutter nicht etwa die Quintessenz des Unflats, sondern es handelt sich vielmehr um eine im mütterlichen Magen verarbeitete Püree. Wie die Taube die Körner in ihrem Kropf erweicht und in eine Art Milchspeise verwandelt, mit der sie dann ihre Jungen atzt, so gibt der Mistkäfer die bloß halb verdauten, ausgewählten Nährstoffe als feinen Brei wieder von sich, mit dem er nun die Wände der Nische bestreicht. Auf diese Art findet die Larve beim Ausschlüpfen eine leichtverdauliche Nahrung vor, die ihr rasch den Magen kräftigt, so daß sie die dahinterliegenden Schichten in Angriff nehmen kann, die nicht in so raffinierter Weise präpariert wurden. Nach der halbflüssigen Lage kommt ein festes,

gleichartiges Mark, von dem alle Fasern ausgeschlossen blieben. Noch mehr nach außen folgen dann die groben Schichten, in denen es genug Pflanzenfasern gibt; das Äußere des Klumpens endlich besteht aus dem gewöhnlichsten Material, das zu einer widerstandsfähigen Hülle verfilzt ist.

Hierin bekundet sich ein fortschreitender Wechsel in der Ernährungsweise. Das soeben aus dem Ei gekommene Würmchen leckt die feine Püree von den Wänden seiner Zelle; es gibt nicht viel davon, aber sie kräftigt durch ihren hohen Nährwert. Auf diesen Brei für die zarte Kindheit folgt die Stopfnudel für den entwöhnten Säugling; die Schicht davon ist dick genug, um aus dem Würmchen einen kräftigen Wurm zu machen. Für den Starken gibt es dann auch starke Nahrung: Haferbrot mit feinen Grannen, nämlich den natürlichen „Roßapfel“, der voll ist von scharfen Spelzen. Die Larve ist damit überreichlich verproviantiert, und wenn sie ausgewachsen ist, verbleibt ihr noch eine Schicht, die eine Schutzhülle um sie herum bildet. Der Raum ihrer Wohnung hat sich in dem gleichen Maße ausgedehnt, wie sie selber größer wurde und sich von der Substanz der Mauern nährte; die anfängliche kleine Nische mit starken Wänden ist jetzt eine große Zelle mit Wänden, die nur noch ein paar Millimeter dick sind, geworden, und aus ihren Insassen wurden nacheinander Larven, Nymphen und Skarabäen. Zuletzt ist die Pille eine feste Schale, in deren geräumiger Nische sich die geheimnisvolle Arbeit der Metamorphose geschützt vollzieht.

Hier enden meine Beobachtungen: meine Zivilstandsakten des heiligen Pillendrehers reichen nicht über das Ei hinaus. Ich habe die Larve nicht zu Gesicht bekommen*), die übrigens bekannt und beschrieben ist; ebensowenig sah ich das ausgebildete Insekt noch eingeschlossen in der Kammer seiner Pille, vor jeder Ausübung seiner Funktionen als Roller und Grabarbeiter. Und gerade in diesem Zustande hätte ich es vor allem zu sehen verlangt: ich wünschte den soeben erst umgestalteten Käfer in seiner Geburtsnische zu finden, noch ungeübt in jeder Arbeit, um die Hand des Arbeiters zu untersuchen, bevor er damit ans Werk ging. Der Grund dieses Wunsches ist folgender:

Bei den Insekten endet der letzte Abschnitt des Beines in einer Art Finger, Tarse genannt, der zusammengesetzt ist aus einer Folge von feinen Teilen, die man den Gliedern unserer Finger vergleichen könnte. Ein hakenförmiger Nagel bildet den Schluß. Ein Finger an jedem Fuß, das ist die Regel, und dieser Finger umfaßt, wenigstens bei den höheren Hautflüglern, namentlich bei den Mistkäfern, fünf Phalangen oder Glieder. Nun fehlen jedoch – als wirklich seltsame Ausnahme – den Skarabäen die Tarsen an den Vorderbeinen, während sie an den beiden anderen Beinpaaren solche sehr gut ausgebildet, mit fünf Gliedern, besitzen. Sie sind also Krüppel, weil ihnen an den Vordergliedmaßen dasjenige fehlt, was bei dem Insekt in sehr grober Weise unsere Hand vorstellt. Eine ähnliche Anomalie findet sich bei den Onitis und den Bubas wieder, die ebenfalls zur Familie der Mistkäfer gehören. Schon lange hat die Entomologie diese merkwürdige Tatsache verzeichnet, ohne dafür eine ausreichende Erklärung geben zu können. Ist das Tier ein geborener Krüppel, kommt es zur Welt ohne Finger an den Vordergliedern, oder verliert es diese erst, wenn es sich seinen schwierigen Arbeiten hingibt?

Es scheint naheliegend, diese Verstümmelung als eine Folge der schweren Verrichtungen des Insekts aufzufassen. Graben, aushöhlen, harken, zerreißen, bald in dem kieshaltigen Boden, bald in der faserigen Masse des Mistes, alles dies sind keine Arbeiten, denen so zarte Organe wie die Tarsen sich ungefährdet unterziehen könnten. Als erschwerender Umstand kommt noch hinzu: wenn das Insekt seine Pille rückwärts gehend rollt, mit dem Kopf nach unten, dann stützt es sich mit den äußersten Enden der Vorderbeine auf den Boden. Was könnte

*) Erst nach einer Reihe von Jahren konnte Fabre seine Beobachtungen des heiligen Pillendrehers unter viel günstigeren Umständen wieder aufnehmen und weiterführen. Hierbei ist es ihm dann gelungen, das Insekt in allen seinen Zuständen und Formen zu studieren und alles, was bisher noch dunkel und zweifelhaft in seinen Lebensgewohnheiten geblieben war, vollständig ins klare zu bringen. Wir führen diese hochinteressanten Beobachtungen Fabres in dem Artikel „Das Geheimnis des Skarabäus“ (S. 189) vor. Anm. d. Übers.

wohl bei diesem fortwährenden Reiben gegen die Unebenheiten des Bodens aus den schwachen Fingern des Insekts werden, die so fein sind wie ein Stückchen Faden? Da sie unnütz, eine bloße Last sind, so müßten sie eines Tages verschwinden, zermalmt, ausgerissen und verbraucht in tausend Unfällen. Wie oft kommt es nicht vor, daß unsere Arbeiter beim Handheben schwerer Werkzeuge oder beim Heben drückender Lasten eine Verstümmelung davontragen; ebenso würde also auch der Skarabäus sich zum Krüppel machen beim Rollen seines Klumpens, der ja eine ungeheure Bürde für ihn ist. Seine verstümmelten Arme wären alsdann ein ehrendes Zeugnis für sein arbeitsames Leben.

Hier erheben sich jedoch sogleich ernste Zweifel. Wenn diese Verstümmelungen wirklich infolge mühseliger Arbeit zustandekämen, dann müßten sie doch eine Ausnahme und nicht die Regel bilden. Wird einem Arbeiter oder auch einer größeren Anzahl von Leuten die Hand im Räderwerk einer Maschine zermalmt, so ist damit doch nicht gesagt, daß alle anderen auch Krüppel werden. Wenn der Skarabäus häufig, sehr häufig sogar seine Vorderfinger beim Rollen von Pillen einbüßte, dann müßten sich doch wenigstens einzelne finden, die – glücklicher oder geschickter – ihre Tarsen gut erhalten hätten. Ich habe nun eine sehr große Anzahl von Individuen der Skarabäenarten beobachtet, die Frankreich bewohnen; es sind dies der heilige Skarabäus (Scarabäus oder Ateuchus sacer), der in der Provence sehr häufig ist; der halbpunktierte Skarabäus, der, etwas entfernt vom Meere, die sandigen Gestade von Cette, von Palavas und am Golf Juan bewohnt; endlich der viel gewöhnlichere breitnackige Skarabäus, der im Rhonetal wenigstens bis Lyon nach Norden geht. Endlich habe ich meine Beobachtungen noch auf eine afrikanische Art ausgedehnt: den in der Umgegend von Konstantine gefundenen genarbten Skarabäus. Nun wohlan: das Fehlen der Tarsen an den Vorderbeinen hat sich, so weit wenigstens meine Wahrnehmungen reichen, für die vier Arten als eine feststehende Tatsache, ohne irgendeine Ausnahme, herausgestellt. Danach zu schließen, wäre somit der Skarabäus ein geborener Krüppel.

Dies wird noch durch einen weiteren Grund bestätigt. Es gibt andere Insekten, namentlich auch Mistkäfer, die noch viel mühseligere Grabarbeiten ausführen wie der Skarabäus, so besonders die Geotrupen oder Roßkäfer, und bei denen man trotzdem die vorderen Tarsen völlig intakt findet. Dies alles drängt zu dem Glauben, daß dem heiligen Pillendreher bereits bei seinem Eintritt ins Leben die Tarsen an den Vorderbeinen fehlen.

Auf diesen Mangel der Finger ließe sich wohl ein Raisonnement stützen zugunsten der heutigen Modetheorien von dem Kampf ums Dasein und der Veränderlichkeit der Arten. Man könnte sagen: Anfangs haben die Skarabäen Tarsen an allen Füßen gehabt, übereinstimmend mit den allgemeinen Gesetzen der Organisation bei den Insekten. Auf die eine oder die andere Weise haben alsdann einzelne diese lästigen Enden an den Vorderfüßen verloren, die ihnen mehr schädlich als nützlich waren; da sich nun diese Verstümmelung als ein Vorteil für die Arbeit erwies, so wurden solche Käfer allmählich den anderen, nicht so günstig gestellten, überlegen; sie übertrugen die Stummel ohne Finger auf ihre Nachkommenschaft, und so ist schließlich aus dem vorzeitlichen Insekt mit Fingern das verkrüppelte Insekt unserer Tage geworden. Durch diese Beweisführung will ich mich überzeugen lassen, wenn man mir zuvor erklärt, aus welchen Gründen der Roßkäfer, der die gleichen und noch schwierigere Arbeiten ausführt, seine Tarsen wohl erhalten hat. Bis dahin bleibe ich bei dem Glauben, daß bereits dem ersten Skarabäus, der seine Pille rollte – vielleicht am Gestade eines Sees, in dem sich das Paläotherium badete, die vorderen Tarsen gleich den heutigen gefehlt haben.

Am Eingang eines Wespennestes bei schönem Wetter.
Die geschäftigen Bewohner drängen sich in fortwährendem Gehen und Kommen.

Blicke in ein Wespennest.

Im September mache ich mich auf die Suche mit meinem kleinen Paul, der mir seine guten Augen und seine unbefangene, noch nicht von sorgenvollen Gedanken gestörte Aufmerksamkeit leiht. Auf zwanzig Schritt Entfernung schon sieht mein Gefährte am Rande des von uns verfolgten Pfades aus dem Grase rasch hintereinander die stachelbewehrten Hautflügler sich vom Boden erheben und dann schnellen Fluges davonschießen, als wenn dort irgendein kleiner Krater Bomben schleuderte. „Ein Wespennest," flüstert er, „ganz sicher, ein Nest!"

Behutsam nähern wir uns, um nicht die Aufmerksamkeit der gefährlichen Kaserne zu erregen. Es ist in der Tat ein Nest der gemeinen Wespe*). An der Mündung des hineinführenden Ganges, die ein rundes, daumenstarkes Loch darstellt, kreuzen sich die geschäftig kommenden und gehenden Insassen. Ohne uns zu dicht heranzuwagen, was uns teuer zu stehen kommen könnte, merken wir uns die Stelle, um gegen 9 Uhr abends, wenn die ganze Legion von den Feldern heimgeflogen ist, dorthin zurückzukehren. Alsdann wird ein mitgebrachtes Stück Schilfrohr durch die etwa spannenlange Galerie gesteckt, die den Zugang bildet zu der unterirdischen Höhlung, in der sich das Nest befindet. Mit Hilfe eines Trichters schüttet man durch das Rohr etwa 1/4 Liter mit Wasser gemischten Petroleums hinein und verschließt dann rasch die

*) Familie: Faltenwespen oder Wespen schlechthin (Diplotera, Vesparia), Sippe: Papierwespen (Vespidae), die meist gesellig leben und sehr kunstreiche Nester bauen. Dazu gehören neben der Hornisse (Vespa crabro L.), dem größten deutschen Hautflügler, u. a. die gemeine Wespe (Vespa vulgaris L.), die mittlere Wespe (V. media Geer.) und die deutsche Wespe (V. germanica Fabr.), die ihren Namen übrigens durchaus mit Unrecht führt, da sie nicht nur in Europa vielfach Deutschlands politische Grenzen überschreitet, sondern nach Taschenberg auch in Syrien, im nördlichen Indien, in Algerien und Amerika fliegt. Unter der Erde bauen die gemeine und die deutsche Wespe, während die mittlere Wespe ihre zitronenförmigen Nester an Bäumen baut. Alle drei Arten sind bei uns häufig; sie haben unfruchtbare Weibchen als Arbeiter, welche die Brut auffüttern, wie die Honigbienen und Hummeln. Ihre Waben bauen sie aber nicht gleich den Bienen aus Wachs, sondern sie zerkauen mit ihren kräftigen Oberkiefern altes Holz, Rinde, welke Blätter usw., mischen diese Masse mit ihrem chitinhaltigen Speichel und fügen sie zu Schichten zusammen, die an grobes, graues Löschpapier erinnern. Anm. d. Übers.

Öffnung mittels eines bereitgehaltenen Klumpens von weichem, gut durchgeknetetem Lehm. Damit ist unsere Arbeit für heute beendet: der Geruch von Petroleum, Benzin, Terpentinöl usw. in verschlossenen Räumen tötet alle Insekten ziemlich rasch.

In der nächsten Morgenfrühe sind wir abermals zur Stelle und entfernen nun mit einem Spaten vorsichtig die vorderen Erdschichten, bis das an der Wölbung einer geräumigen Höhle hängende Wespennest unbeschädigt vor uns liegt. Ein prächtiges Werk fürwahr, von dem Umfang eines mittelgroßen Kürbisses. Es hängt ganz frei, nur an der Spitze reichen verschiedene Wurzeln, namentlich Wurzelstöcke von Quecken, in die dicke Wandung des Nestes hinein, starke Befestigungsbänder bildend. Seine Form ist immer rund, wo die Weichheit und Gleichartigkeit des Geländes eine regelmäßige Aushöhlung ermöglicht haben; in steinigem Boden dagegen weicht sie je nach den vorgefundenen Hindernissen mehr oder weniger von der Kugelgestalt ab. Überall bleibt ein handbreiter freier Raum zwischen dem papiernen Bauwerk und der Wandung der Höhle, so daß die Baumeister sich ringsum frei hin und her bewegen können, um es zu vergrößern und stärker zu machen. In diesen freien Raum mündet auch das einzige Gäßchen, welches die Stadt mit der Außenwelt verbindet. Unterhalb des Nestes ist die Höhlung zu einem geräumigen Becken ausgerundet, das eine Erweiterung der allgemeinen Hülle in dem Maße gestattet, wie neue Stockwerke von Zellen unten an die bereits vorhandenen angebaut werden. Dieser Kessel bildet zugleich die große Kloake, in die die tausend Abfälle des Wespennestes fallen, die sich dort anhäufen.

Der große Umfang der Höhlung legt eine Frage nahe. Es kann kein Zweifel darüber herrschen, daß die Wespen selbst sie gegraben haben, denn so gleichmäßige und geräumige Hohlräume finden sie nirgends fertig vor. Zu Anfang mag wohl die allein arbeitende Stammutter, um rasch voranzukommen, einen zufällig entdeckten Schlupfwinkel, vielleicht von der Wühlarbeit eines Maulwurfes herrührend, benutzt haben; jedoch die vollendete Arbeit, diese verhältnismäßig ungeheuer große Krypta, ist das alleinige Werk der Wespen. Wo ist nun der Abraum geblieben, die Erdmasse, die vorher diese Höhlung ausfüllte, und von der nirgends eine Spur zu gewahren ist? Von den tausend und aber tausend Wespen, welche die Höhle ausgraben und je nach Bedarf erweitern, nimmt fortgesetzt eine jede ihr Stückchen Erdreich zwischen die Kiefer, fliegt damit fort und läßt es bald näher der Baustelle, bald weiter davon fallen, so daß der Abraum nach allen Richtungen hin zerstreut wird, ohne daß sichtbare Spuren zurückbleiben.

Das Material des Nestes ist ein graues, dünnes und biegsames Papier, von blassen Streifen durchzogen, deren Färbung je nach der Natur des verwendeten Holzes wechselt. Zu einer einfachen und zusammenhängenden Hülle angeordnet, wie es die mittlere Wespe macht, würde das Erzeugnis im Innern keinen sonderlichen Schutz gegen die Kälte gewähren können. Wie aber diese Ballonkünstlerin die Wärme darin zu bewahren versteht, indem sie die warme Luft zwischen mehreren ineinander geschachtelten Hüllen festhält, so gelangt die gemeine Wespe zu dem gleichen Ergebnis auf anderem Wege. Aus ihrem Papierbrei stellt sie schuppenförmige Blätter her, die locker in Dachziegelform und in zahlreichen Schichten übereinander zu liegen kommen. Das Ganze stellt eine grobe Art von dikkem, weichem Flanell dar, der im Innern reich ist an unbeweglicher Luft. Unter einer solchen Schutzhülle muß sich während der günstigen Jahreszeit eine wahrhaft tropische Temperatur entwickeln.

Die Verwendung eines die Wärme nicht entweichen lassenden Materials, das Festhalten der warmen Luft auf dieselbe Art, wie wir es erst viel später mittels unserer Daunenkissen gelernt haben, ferner die Anwendung der Kugelgestalt für das Nest, die in möglichst knapper Hülle den denkbar größten Raum umschließt, sowie der Bau der Zelle in Form eines sechseckigen Prismas, wodurch Raum und Material gespart werden – alles dies sind Betätigungen einer Einsicht, die mit den Ergebnissen unserer Physik und unserer Geometrie übereinstimmt. Man sagt uns, daß die Wespe, von Fortschritt zu Fortschritt, selber ihr sinnreiches Bauwerk zusammengestellt habe. Ich vermag dies nicht zu glauben; wenn ich ein ganzes Wespennest zugrunde gehen sehe als Opfer arglistigerweise von mir angestellter Versuche, die sich doch so leicht vereiteln ließen, wäre das Insekt nur der allergeringsten Überlegung fähig. Diese wunderbaren Architekten setzen uns in Erstaunen durch ihre Dummheit gegenüber einer ganz geringen Schwierigkeit. Es offenbart sich darin außerhalb der ihnen gewohnten Arbeit die Abwesenheit jeglicher klaren Einsicht, wie sie doch die fortschreitende Erfindung des Nestes erheischen würde. Von den zahlreichen Versuchen, die mir dies beweisen, sei hier nur der nachstehende erwähnt, der sich leicht ausführen läßt.

Im Dunkel der Nacht stülpe ich über das zu einem Wespennest führende Erdloch eine große Glasglocke, nachdem ich den Boden ringsumher mit einer Schaufel geglättet habe. Werden die Wespen, wenn sie morgen bei Wiederaufnahme der Arbeit ihren Ausflug gehemmt finden, einen Tunnel unter dem Rand der Glocke hindurchzuführen wissen? Werden diese kräftigen Hautflügler, die einen so großen Hohlraum herzustellen vermögen, dahinter kommen, daß ein ganz kurzer unterirdischer Gang sie in Freiheit setzen wird? Das ist hier die Frage.

Am nächsten Morgen scheint die Sonne heiß auf die gläserne Einschließung. In Scharen kommen die Arbeiterinnen aus dem Erdinnern hervor, voll Ungeduld, auf die Suche nach Lebensmitteln zu gehen. Sie stoßen mit den Köpfen gegen die durchsichtige Wand, fallen nieder, erheben sich wieder und wirbeln wie toll durcheinander. Ermattet durch diesen Tanz, fassen einige Fuß auf dem Boden, stolpern aufs Geratewohl umher und kehren endlich in das Nest zurück. Keine einzige aber kratzt am unteren Rande des Glases – diese Entweichungsmöglichkeit ist für ihren Intellekt zu hoch. Einige Wespen, welche die Nacht auswärts zugebracht haben, kehren jetzt von den Feldern heim und fliegen wiederholt um das Glas. Nach langem Zaudern entschließt sich endlich eine, unter dem Rand der Glokke den Boden wegzuscharren; andere kommen ihr zu Hilfe, und so wird unschwer ein Gang unter der Erde hergestellt, durch den die Verspäteten ins Innere gelangen. Nachdem alle darin sind, verschließe ich das Loch wieder mit Erde, denn ich will den Gefangenen die Ehre lassen, selbst auf den zur Freiheit führenden Tunnel zu verfallen. Ihr Entkommen scheint mir nunmehr sehr wahrscheinlich, denn die verspätet Heimgekehrten werden doch – so sage ich mir –, auf ihre soeben erst gemachte Erfahrung gestützt, sicherlich den anderen das Beispiel geben und ihnen zeigen, daß man nur am unteren Rande der Glocke zu graben braucht, um frei zu werden. Allein keiner einzigen fällt dies ein: sie begreifen nicht, daß sie auf dieselbe Art, wie sie hereingekommen sind, auch wieder herausgelangen können. Keine Wespe versucht jenes Beispiel nachzuahmen

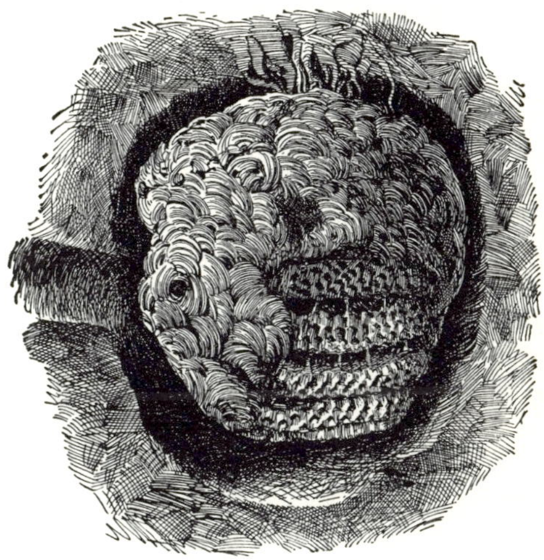

Nest der gemeinen Wespe (Vespa vulgaris) in einer Erdhöhle, an Wurzeln aufgehängt, freischwebend. Die Hülle ist teilweise entfernt, um den kunstvollen Innenbau zu zeigen.

oder kommt von sich aus auf den Gedanken: die gesamte Bevölkerung des Nestes wirbelt unter der Glocke durcheinander, ohne etwas zu unternehmen, und geht im Laufe einer Woche an Hunger und durch die übermäßige Hitze zugrunde. Die Wespenstadt ist ein Opfer ihrer Unfähigkeit geworden, in ihren Gepflogenheiten eine Neuerung einzuführen und auf Grund gemachter Erfahrungen die herkömmliche Taktik ein wenig abzuändern. Zu den oben aufgeführten prächtigen Erfindungen müßte also die Wespen ein Intellekt geleitet haben, der so dürftig ist, daß er nicht einmal eine Eingangstür auch als Ausgangspforte zu benutzen versteht! Nimmermehr kann ich glauben, daß dergleichen

Wunderwerke von solcher Dummheit eingegeben werden können, eine solche Kunst muß ihre Ursprünge viel höher haben.

Nun aber wollen wir die Hülle des Nestes öffnen. Das Innere nehmen aus Zellen zusammengesetzte runde Scheiben oder Waben ein, die wagerecht angeordnet und eine mit der anderen durch kräftige Säulchen verbunden sind. Ihre Anzahl ist verschieden; bis zum Ende der Bauzeit kann sie bis auf 10 und darüber hinaus steigen. Die Öffnungen der Zellen liegen unten; die aus dem darin befindlichen Ei geschlüpften Larven müssen sich also mit dem Hinterleibsende oben an der Decke anklammern, um nicht herauszufallen. In dieser seltsamen Welt werden die heranwachsenden Jungen auf dem Kopfe stehend gefüttert. Unablässig kommen und gehen durch die freien Räume zwischen den durch Pfeiler verbundenen Stockwerken die mit der Pflege der Larven betrauten Wärterinnen, denen seitliche Türen zwischen der Umhüllung und dem Haufen der Waben überall leichten Zutritt ermöglichen.

Die Zellen der unteren Waben sind größer als die der oberen; sie bleiben der Aufzucht der Männchen und Weibchen vorbehalten, während die der höher liegenden Stockwerke, mit denen der Bau begann, für die etwas kleineren Geschlechtslosen bestimmt sind. Im Anfang bedarf das Gemeinwesen vor allem einer möglichst großen Zahl von Arbeiterinnen (geschlechtlose Weibchen), die als Unverheiratete sich ausschließlich der Arbeit widmen, die Wohnung erweitern und sie instand setzen, eine blühende Stadt zu werden. Später kommt dann die Sorge für die Zukunft; es werden geräumigere Zellen erbaut, zum Teil für die Männchen und zum anderen Teil für die Weibchen bestimmt. Nach meinen Schätzungen stellt der geschlechtliche Teil der Bevölkerung ungefähr ein Drittel der Gesamtheit dar.

Bemerkenswert ist ferner, daß in einem Wespennest vorgeschrittenen Alters in den Zellen der oberen Stockwerke die Wände bis zur Basis zernagt sind. Sie bilden Ruinen, von denen bloß die Fundamente übrigblieben. Die kleinen Zellen sind von dem Augenblick an überflüssig geworden, da das Gemeinwesen genug Arbeiter besitzt und nun durch das Auftreten der beiden Geschlechter vervollständigt werden muß; sie werden daher zerstört, und aus ihrem wieder zu Brei verwandelten Papier die großen Zellen erbaut, die Wiegen der geschlechtlichen Larven. Die Wespe geizt mit der Zeit und zieht nicht erst in die Ferne, wenn es in ihrem Heim verfügbares Material gibt: wie wir, versteht sie aus Altem Neues zu machen.

In einem fertig ausgebauten Nest beläuft sich die Gesamtheit der Zellen auf Tausende. Ich lasse eine der von mir vorgenommenen Berechnungen folgen, wobei die Waben dem Alter nach numeriert sind; die älteste, die infolgedessen zugleich die oberste Scheibe in dem Nest bildet, trägt die Nummer 1, die jüngste und daher auch zu unterst liegende die Nummer 10.

Reihenfolge der Waben von oben nach unten:	Durchmesser in Zentimetern:	Anzahl der Zellen:
Nr. 1	10	300
2	16	600
3	20	2000
4	24	2200
5	25	2300
6	26	1300
7	24	1200
8	23	1000
9	20	700
10	13	300
	Zus.	11900 Zellen.

Die Anzahl der Zellen schwankt in den verschiedenen Nestern sehr erheblich; trotz dieser Unterschiede stimmt das vorstehend angegebene Ergebnis aber sehr gut mit dem von Réaumur*) aufgezeichneten überein, der in einem Nest mit 15 Waben 16000 Zellen zählte. Der Altmeister fügt noch hinzu, daß mit bloß 10000 Zellen ein Nest jährlich mehr denn 30000 Wespen hervorbringe, da in einer jeden davon – eines ins andere gerechnet – mindestens 3 Larven aufgezogen würden. Was wird nun aus dieser Masse, wenn die kalte Jahreszeit herankommt? Das zu erzählen, soll einer folgenden Betrachtung vorbehalten bleiben.

*) René A. F. de Réaumur (geb. 28. Febr. 1683, gest. 18. Okt. 1757) ist uns hauptsächlich als Erfinder eines Weingeist-Thermometers mit einer neuen Skala von 80 Graden bekannt, während die Zoologie sein Lieblingsfach war. Sein größtes Werk ist die 6 bändige Abhandlung über die Insekten: „Mémoires pour servir à l'histoire naturelle des insectes" (Paris 1734 bis 1742).

Winternot im Wespennest.

Um Gewißheit darüber zu bekommen, was aus den Insassen eines Wespennestes im Winter wird, bringe ich, als im Dezember bei uns der erste, noch nicht sonderlich strenge Frost eintritt, ein Wespennest aus dem Freien in mein Arbeitszimmer, um seine Insassen dort mit Muße beobachten zu können. Vor der Ausgrabung brauche ich kein Petroleum wirken zu lassen, denn die Kälte der Jahreszeit hat die ungestümen Hautflügler so friedfertig gemacht, daß ich bei einiger Vorsicht nichts von ihnen zu fürchten habe. Nach wenigen Spatenstichen sehe ich das an der oberen Wölbung der Höhle aufgehängte Nest vor mir. In dem Kessel darunter liegen massenhaft Tote und Sterbende. Man könnte meinen, daß die Wespen, wenn sie die Abnahme ihrer Kräfte fühlen, ihre Wohnstätte räumten und sich in diese Katakomben hinabfallen ließen. Vielleicht auch liegt es den Gesunden ob, die Toten in das Loch zu werfen, damit das papierne Tabernakel, der Schlafsaal ihrer Jungen, durch keine Kadaver besudelt wird. Ebenso liegen aber auch zahlreiche tote Wespen unter freiem Himmel, vor dem in die Höhle führenden Gange. Haben sie sich selber dorthin begeben, um zu sterben, oder haben die Überlebenden sie aus hygienischen Gründen hinausgeschleppt? Letzteres dünkt mich wahrscheinlicher: die noch zappelnden Sterbenden werden bei einem Bein gepackt und fortgeschleift, und dieses brutale Verfahren paßt vollkommen zu anderen Grausamkeiten, von denen später die Rede sein wird. Unter den Toten sind die Geschlechtlosen am zahlreichsten vertreten, nach ihnen die Männchen. Daß diese beiden Kategorien der Bevölkerung des Nestes verschwinden, ist ganz natürlich, denn ihre Rolle ist beendet. Allein die zukünftigen Mütter gehen ebenfalls zugrunde. Zum Glück ist das Nest noch nicht ganz entvölkert; durch einen Riß in der Hülle sehe ich noch eine für meine Beobachtungen vollauf genügende Anzahl von Wespen darin herumwimmeln.

Nachdem die Verbindungspfeiler durchschnitten sind, schichte ich die Waben wieder übereinander; ein großes Stück der Hülle dient als Bedachung. Um leichter beobachten zu können, lasse ich nur die kräftigsten Wespen darin und entferne die anderen mit einer Pinzette. Von Weibchen, dem Hauptgegenstand meines Studiums, bleiben etwa noch 100 übrig. Die halberstarrte Bevölkerung läßt sich diese Auslese und die darauffolgenden Übersiedelung ruhig gefallen. Bei mir zu Hause bringe ich das Nest in einer tiefen Schüssel unter, über die ich eine Drahtglocke stülpe. Es erübrigt jetzt nur noch, die Vorgänge darin von Tag zu Tag zu verfolgen.

Als die Hauptursachen des Sterbens der Wespen könnten wohl der Nahrungsmangel während des Winters und die Kälte erscheinen. Gegen beides sind sie bei mir geschützt, denn mein Arbeitszimmer wird täglich geheizt, und die Schüssel jedesmal in die Sonne gestellt; außerdem hänge ich unter der Glocke ein Näpfchen mit Honig auf und spende den Tieren der Abwechslung halber Körner von meinen letzten auf Stroh konservierten Weintrauben. Zunächst läßt sich die Sache auch ganz gut an, allein schon nach der ersten Woche nimmt die Sterblichkeit ohne ersichtlichen Grund überhand. Namentlich die ältesten Insassen des Nestes, die geschlechtlosen Arbeiterinnen, gehen sehr rasch zugrunde, während die jüngeren, die Männchen und Weibchen, länger aushalten. Dann sterben auch sie; um

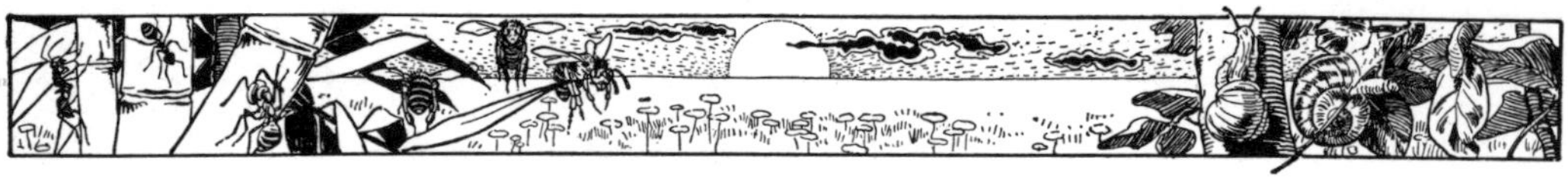

Weihnachten ist etwa noch ein Dutzend Weibchen übrig, von denen das letzte am 6. Januar eingeht.

Woher nun dieses große Sterben, obwohl meine Fürsorge den Hunger und die Kälte von ihnen fernhielt? Auch an Heimweh können sie nicht gelitten haben, da sie in ihrem eigenen Neste untergebracht waren. Das Verschwinden der Männchen leuchtet mir ein: sie sind überflüssig geworden, die Paarung ist geschehen, und die Keime sind fruchtbar. Weniger vermag ich mir das Absterben der Geschlechtlosen zu erklären, die im kommenden Frühjahr bei der Gründung neuer Kolonien doch eine so wesentliche Hilfe leisten könnten. Noch unverständlicher ist der Tod der Weibchen, die, erst im Oktober und November aus ihren Nymphenzellen hervorgegangen, die Eigenschaften kräftiger Jugend trugen; sie waren die Zukunft, und doch hat dieses geheiligte Merkmal künftiger Mutterschaft sie nicht gerettet. Daran trägt nicht etwa das Einsperren unter der Drahtglocke die Schuld, denn im freien Felde ist dasselbe der Fall. Verschiedene dort Ende Dezember untersuchte Nester weisen die gleiche Sterblichkeit auf: die Weibchen gehen fast alle ebenso zugrunde wie die übrige Bevölkerung. Dies war jedoch vorherzusehen: da ein einziges zur Gründung einer Stadt von 30000 Einwohnern genügt, so würden, wenn alle Weibchen den Winter überdauerten, die Wespen bald zu einer Geißel des Landes werden.

Die Ordnung der Dinge will, daß die ungeheure Mehrheit zugrunde gehe, nicht durch eine zufällige Seuche und die Ungunst der Jahreszeit getötet, sondern durch ein unvermeidliches Geschick, das ebenso ungestüm im Zerstören wie im Hervorbringen ist. Alsdann erhebt sich eine Frage: wenn eine einzige, die auf die eine oder andere Weise gerettet wurde, für die Erhaltung der Art genügt, weshalb dann so viele Bewerberinnen um die Mutterschaft in einem Wespennest? Weshalb so viele Opfer? Eine verwirrende Frage, der gegenüber unser Begriffsvermögen versagt.

Von den winterlichen Nöten der Wespe ist die schlimmste noch anzuführen. Wenn die Geschlechtlosen das Ende nahen fühlen, so werden die bisherigen besorgten Nährmütter der Nachkommenschaft zu grausamen Vertilgerinnen. „Lasset uns keine Waisen zurücklassen,“ sagen sie sich, „um die sich nach uns niemand kümmern wird. Wir wollen alle töten, die verspätet gelegten Eier und die Larven. Ein rascher Tod ist dem langsamen Verhungern vorzuziehen!“ Und nun beginnt das Hinmorden der Unschuldigen. Die im Nacken bei der Haut gepackten Larven werden roh aus ihren Zellen gerissen, aus dem Nest geschleppt und in den Verwesungsort auf dem Grunde der Erdhöhle hinabgeworfen; die Eier werden als Leckerbissen aufgeschlitzt und zerknabbert.

Um wenigstens einige Szenen aus diesem tragischen Ende der Wespenstadt mir ansehen zu können, bringe ich im Oktober in meine Voliere mehrere Stücke eines Wespennestes, deren Bewohner vor dem Ersticken bewahrt wurden. Wenn ich beim Ausnehmen des Nestes eine entsprechend schwache Petroleumlösung verwende, so verfallen seine Insassen nur in eine Betäubung, die bald vorübergeht. Bemerkenswert ist, daß selbst an einer sehr starken Dosis, ausreichend, um alle völlig ausgebildeten Insekten zu töten, die Larven nicht zugrunde gehen.

So habe ich nun in meiner Voliere einen Teil des Nestes, der reichlich mit Eiern und Larven versehen ist, nebst etwa hundert Geschlechtlosen als Dienerinnen. Um mir die Beobachtung zu erleichtern, trenne ich die Waben voneinander und lege sie nebeneinander, mit den Zellenöffnungen nach oben. Diese Umkehrung der regelrechten Anordnung scheint meinen Gefangenen durchaus nicht hinderlich zu sein, die sich rasch erholen und sich dann an die Arbeit machen, als ob nichts Außergewöhnliches vorgefallen wäre. Für den Fall, daß sie bauen wollen, gebe ich ihnen ein Brettchen aus weichem Holz; ernährt werden sie mit Honig, den ich auf einem Papierstreifen ausbreite und täglich erneuere. Die unterirdische Höhle vertritt ein geräumiger, tiefer Napf, den ich mit einer Drahtglocke zudecke. Eine darübergestülpte Kuppel aus Karton spendet den Wespen das bei ihrer Arbeit gewohnte Dunkel, während ich sie nur abzuheben brauche, um genügende Helligkeit für meine Beobachtungen zu erhalten.

Die Arbeiterinnen nehmen ihr Werk da wieder auf, wo mein Betäubungsmittel und mein Grab-

scheit es unterbrochen hatten. Sie benutzen nicht das Holzstückchen, bauen aber auch keine neuen Zellen, sondern brechen von den alten die leerstehenden ab, zernagen sie, mischen das Material mit ihrem Speichel und stellen daraus eine Art von papiernem Betthimmel für die stehengebliebenen Zellen her. Noch mehr Beachtung als diese Arbeit der Bedachung verdient aber die Ernährung der Larven. Die Kaserne ist in eine Kinderkrippe umgewandelt; mit nimmer rastender Sorgfalt und unermüdlicher Wachsamkeit sind die Arbeiterinnen um die Aufzucht bemüht. Den Magen voll Honig, macht dort eine der Geschäftigen halt vor einer Zelle; sie beugt, wie überlegend, den Kopf zu der Mündung nieder und untersucht die darin eingeschlossene Larve mit dem Fühler. Die Larve erwacht und sperrt den Mund auf – genau so, wie das Vögelchen, wenn die Mutter mit der Atzung zum Nest zurückkehrt. Die Erwachte wackelt einen Augenblick mit dem Kopfe; sie ist blind und sucht mit dem Brei in Berührung zu treten, den man ihr bringt. Die beiden Münder berühren einander; ein Tropfen Sirup geht aus dem der Nährmutter in den des Pfleglings über. Damit hat dieser einstweilen genug: die Wespe geht weiter, um andern Larven den gleichen Dienst zu erweisen. Die Larve ihrerseits vermag den ihr gebotenen Tropfen nicht auf einmal zu verschlukken, allein das Zuviel geht nicht verloren, sondern fällt auf eine Art von Kropf, der in demselben Augenblick am Ende ihres Halses hervortritt und gewissermaßen einen Speichellatz darstellt, wie man ihn den Kindern umbindet. Nachdem sie die Bröckchen mit Muße aufgeleckt hat, verschwindet diese Aufblähung wieder: die Larve zieht sich etwas in ihre Zelle zurück und nimmt von neuem ihren sanften Schlummer auf.

So bildet nun in meiner Voliere der Honig die ausschließliche Nahrung der Wespen, die den Pflegerinnen wie den Pfleglingen gleich gut zu bekommen scheint. Ich weiß aber wohl, daß in der freien Natur auch die Fleischnahrung bei ihnen herkömmlich ist. Dort fangen die Wespen eifrig Hummelfliegen (Eristalis), schneiden mit ihren Mundscheren Kopf, Flügel, Füße und Hinterleib von dem Körper ab und tragen das zerkaute und in eine Pille verwandelte Bruststück als Mahl für die Larven in das Nest. Zahlreiche Versuche mit fremden Insekten, die ich unter die Drahtglocke bringe, zeigen jedoch, daß die Wespen jetzt die Kadaver der von ihnen getöteten Eindringlinge als Nahrung für die Jungen verschmähen. Vielleicht verfüttern sie die kräftige Fleischnahrung nur bei gewissen Gelegenheiten, die hier ausgeschlossen sind, etwa, wenn im Spätjahre die zuckerhaltigen Früchte zu mangeln beginnen; in diesem Falle würde somit die aus dem Bruststück der Hummelfliegen hergestellte Fleischpastete nur ein Notbehelf sein, was mir nicht unwahrscheinlich dünkt.

Natürlich gedeihen aber in meiner Voliere nicht alle Larven; wie überall, gibt es auch unter ihnen Schwächlinge, die vorzeitig dahingerafft werden. Diese sehe ich die Nahrung verweigern und allmählich siech werden. Ihre Ernährerinnen werden dies noch besser gewahr: sie neigen den Kopf über die leidende Larve und betasten sie mit den Fühlern. Sobald sie als unheilbar erkannt ist, reißen sie die Sterbende mitleidslos aus ihrer Zelle und schleppen sie aus dem Neste heraus. In der Wespenrepublik ist der Kranke nichts als ein Fetzen, den man sich so rasch wie möglich vom Halse schaffen muß, aus Furcht vor Ansteckung.

Nun kommen die ersten Novemberfröste. In meiner Voliere wird jetzt weniger eifrig gebaut, weniger emsig bei dem Honig Station gemacht. Die Bedienung wird langsamer, die hungernden Larven werden vernachlässigt. Die früher so hingebungsvollen Nährmütter werden zuerst gleichgültig und bekunden später sogar Abneigung gegen ihre Pfleglinge. Was nützt alle Sorgfalt, wenn sie demnächst doch aufhören muß? Endlich packen die geschlechtlosen Arbeiterinnen die Larven, heute diese, morgen jene, und reißen sie aus ihren Zellen. Sie zerren sie umher, zerfleischen sie wild und stürzen die leblosen Fleischklumpen dann in den Hohlraum unterhalb der Waben. Die entkräfteten Geschlechtlosen selbst, die jetzt zu Scharfrichtern geworden sind, fristen noch eine Zeitlang das Leben weiter, dann erliegen auch sie den Unbilden der Jahreszeit. Der November ist noch nicht vorüber, als in meiner Voliere bereits nichts Lebendiges mehr sich vorfin-

det. Ungefähr ebenso, nur in viel größerem Maßstabe, muß die schließliche Niedermetzelung der Spätlinge unter den Larven in den unterirdischen Höhlen vor sich gehen. Wenn zuletzt auch alle erwachsenen Insassen, die Männchen und Weibchen sogut wie die Geschlechtlosen, zu Tausenden der Ungunst der Jahreszeit erliegen, dann füllen sich immer mehr die Katakomben der Wespennester, der unterste Raum der Erdhöhle, mit Kadavern und Sterbenden, die von oben herabgeworfen werden oder sich selbst hinabfallen lassen.*)

Massenhaft eilen alsdann Gäste herbei, denen sie zum Schmause dienen, und von denen es auf dem Grunde der Höhlung vom Ende des November an wimmelt. Vorherrschend darunter sind gewisse Larven von Zweiflüglern, namentlich solche der Federfliege (Volucella), die Totengräber der Wespen. Sie zerlegen und räumen mit solchem Eifer auf, daß sie bis zum Februar noch keine Zeit gefunden haben, sich in den Puppenzustand zusammenzuziehen. Es ist ja so behaglich in jenem warmen Keller mit dem Überfluß an Lebensmitteln; wozu sich da beeilen? Ferner hat die Fleischbank der Wespen Stammgäste unter den Käfern mit kurzen Flügeldecken: ich finde dort von solchen Moder- oder Raubkäfern (Staphylinidae) besonders häufig den Quedius fulgidus Fab., mit seiner Larve, ferner Asseln und Tausendfüßer (Polydesmus). Auch ein Insektenfresser ersten Ranges, die winzige Spitzmaus (Sorex), das allerkleinste unter unseren Säugetieren, stellt sich zu dieser Zeit des großen Sterbens bei den Wespennestern ein. Die Ruinen des Nestes sind gleichfalls dem Untergange verfallen: eine weißliche Motte, ein rotes Käferchen und die Larve eines Speckkäfers (Dermestes lardarius) zernagen die Böden der Stockwerke, so daß die ganze Wohnung zusammenstürzt. Einige Fingerspitzen voll Staub, ein paar Fetzen grauen Papiers – das ist alles, was bei der Rückkehr der schönen Jahreszeit von der Wespenstadt und ihren 30000 Einwohner übriggeblieben ist.

*) Aus Gründen der öffentlichen Gesundheitspflege, deren Beobachtung für eine solche Menge unerläßlich ist, versagen diese Stoiker es sich, in der Wohnstätte selbst, zwischen den Waben, zu sterben. Die letzten Überlebenden bewahren bis zum Schluß diesen Widerwillen. Das Gesetz behält seine Geltung, mag die Bevölkerung sich auch noch so sehr verringern: von dem Schlafraum der Jungen muß jeder Kadaver fernbleiben.

Ein Schädling der Erbse.

Der Mensch schätzt unter den Hülsenfrüchten die Erbse sehr hoch. Seit alter Zeit hat er sich bemüht, durch mehr und mehr zweckentsprechend werdende Kultur die Samen immer umfangreicher, zarter und zuckerhaltiger zu machen. So ist aus der Garten- oder Schotenerbse (Pisum sativum) das geworden, was das Streben des Züchters war, allein die für alle ihre Pfleglinge gleich besorgte Natur läßt nicht für ihn allein die Schoten schwelen, sondern auch für die Insekten, die, obgleich sie an der Gartenarbeit keinen Anteil genommen haben, dennoch ihren Zehnten von der Ernte heischen.

Von diesen Schädlingen der Erbse wollen wir den zu den Samen- oder Muffelkäfern (Bruchidae) gehörenden Erbsenkäfer (Bruchus pisi) etwas näher betrachten. Sobald die Erbsen blühen, kommen die 5 mm langen Deckflügler, nachdem sie den Winter in irgendeinem Schlupfwinkel überstanden haben, herangeflogen, um ihre Rechte geltend zu machen. Sie sind von kurzer, gedrungener Gestalt mit schnauzenförmig verlängertem Köpfchen und schwach keulenförmigen Fühlern. Graulich-gelbe und weiße, anliegende Haare lassen den Käfer trotz der schwärzlichen Grundfarbe bunt erscheinen. Auf den gerieften Flügeldecken befindet sich nahe dem Ende eine weißliche, aus Flecken zusammengesetzte Binde, während den Steiß auf jeder Seite ein eiförmiger, schwarzer Punkt ziert: Punkte und Binde können jedoch auch fehlen. Die Käfer lassen sich auf den weißen Blüten nieder und freuen sich ihres Daseins. Es finden sich Pärchen, die sich bald trennen, bald wieder vereinigen, aber erst, wenn die jungen Hülsen sich gebildet haben, beginnt für das Weibchen das Geschäft des Eierlegens.

In der Hauptsache wird die mütterliche Arbeit Ende Mai*) vollbracht, wenn die Schoten unter dem Druck der im Innern befindlichen Samen eine knotige Form annehmen und ihren größten Umfang ziemlich erreicht haben. Wenn die Sonne recht warm scheint, trippelt das Weibchen erst auf der einen, dann auf der anderen Seite der von ihr auserkorenen Frucht umher, streckt jeden Augenblick seine Legröhre hervor und legt ein Ei auf die grüne Schale. Dort läßt es dieses einfach liegen, wo es ohne jeden Schutz dem Sonnenbrand wie dem Regen preisgegeben ist. Außerdem steht die Zahl der auf einer Schote abgelegten Eier gar nicht im Verhältnis zur Zahl der darin befindlichen Erbsenkörner. Die Larve, die zur vollen Ausbildung gelangen soll, braucht ein solches Korn für sich allein, nach der Anzahl der Eier würden aber auf jedes 5 bis 10 kommen. Wir werden später sehen, was aus den von der Mahlzeit ausgeschlossenen Überzähligen wird. Die Eier sind von heller Bernsteinfarbe, zylindrisch, glatt, an beiden Enden abgerundet und höchstens 1 mm lang. Jedes ist mittels eines dünnen Netzes von geronnenen Schleimfasern an die Schote geheftet, so daß weder Regen noch Wind die Verbindung lösen können. Aus diesen Eiern schlüpfen kaum 1 mm lange Würmchen, weißlich mit hartem, hornfarbenem Kopf, aus, von denen jedes in die grüne Erbsenhülse ein Loch nagt, um durch dieses in das geräumige Innere zu gelangen.

Jede dieser fußlosen und stark querfaltigen Larven läßt sich auf dem ihr zunächst befindlichen Erbsenkorn nieder. Ich beobachte durch die Lupe, wie jedes Tierchen seine Kugel, die seine Welt darstellt, genau untersucht und dann schließlich einen senkrechten Schacht hineinbohrt. Es dauert nicht lange, so ist der Minierer verschwunden, er befindet sich in seinem Heim. Für die feine Eingangsöffnung in der Oberhaut, die jedoch durch ihre braune Färbung auf dem blaßgrünen oder gelben Grunde der Erbse gut zu erkennen ist, gibt es keine bestimmte Stelle; man findet sie so ziemlich überall auf der Oberfläche der Körner, mit Ausnahme der unteren Halbkugel.

Es wurde oben darauf hingewiesen, daß man auf den Schoten immer eine Anzahl Eier trifft, die viel größer ist als die der darin enthaltenen Erbsen; da anderseits jedes Erbsenkorn das ausschließliche Besitztum einer einzigen Larve ist, so fragt man sich, was aus den Überzähligen wird. Aus jeder trockenen Erbse, aus der ein ausgewachsener Erbsenkäfer mit Hinterlassung einer entsprechend großen runden Öffnung hervorgekrochen ist, entdeckt man mit der Lupe feine, braunrote, in der Mitte durchbohrte Punkte von wechselnder Anzahl. Was sind das für Flecken, von denen ich fünf, sechs und sogar noch mehr auf einem einzigen Korn zähle? Ein Irrtum ist gar nicht möglich: es sind die Eintrittspunkte von ebenso vielen Würmchen. Das Erbsenkorn ist mithin nicht von vornherein nur mit einer einzigen Larve besetzt gewesen; vielmehr sind mehrere Gäste hineingedrungen. Von der ganzen Anzahl ist aber nur einer am Leben geblieben, im Inneren dick und fett geworden und bis zur völligen Entwicklung gelangt.

Um über das Schicksal der anderen Gewißheit zu erhalten, untersuchen wir im Juni die noch grünen und zarten Körner. Beinahe alle, die mit Larven besetzt sind, zeigen uns die zahlreichen Punktierungen, die wir schon an den trockenen und von den Käfern verlassenen Erbsen gewahrten. Es ist dies ein Zeichen, daß im Innern mehrere Tischgenossen versammelt sind. Wir schälen nunmehr die

*) Bei uns legt das Weibchen im Juni seine Eier an die Hülsen. In vielen Gegenden von Deutschland ist der Erbsenkäfer so massenhaft aufgetreten, daß man den früher lohnenden Erbsenbau aufgeben mußte. Zur Bekämpfung wird empfohlen: käferfreies Saatgut, nach der Ernte Beweiden der Felder mit Schafen, welche die ausgefallenen, mit Schädlingen besetzten Erbsen fressen, ferner möglichst tiefes Umpflügen, zeitiges Dreschen sowie Erhitzen der Samen auf 50–60° oder Behandlung mit Schwefelkohlenstoff.

Anm. d. Übers.

Oberhaut sorgfältig ab, trennen die Kotyledonen (Keimblätter oder Samenlappen), die wir nach Bedarf noch weiter spalten. Es werden dann mehrere Larven bloßgelegt, noch sehr jung, bogenförmig gekrümmt, quabbelig und sich lebhaft bewegend, jede in einer kleinen Nische.

Friede und Wohlbefinden herrschen scheinbar in der Genossenschaft. Kein Streit, kein eifersüchtiger Wettbewerb unter den Nachbarn. Der Konsum beginnt erst, Nahrung ist im Überfluß vorhanden, und die Tafelnden sind einer vom andern getrennt durch die Scheidewände, welche die noch unberührten Teile der Erbse darstellen. Bei solcher Vereinzelung in Zellen ist kein Streit unter den Tischgenossen zu fürchten; kein Stoß mit den Kiefern aus Versehen oder mit Absicht. Alle Besitznehmer haben das gleiche Eigentumsrecht, denselben Appetit und dieselben Kräfte. Wie wird nun die gemeinsame Ausbeutung enden?

Ich bringe die als wohlbesetzt erkannten Erbsen, nachdem ich sie gespaltet habe, in eine Glasröhre. Andere öffne ich täglich und bleibe so auf dem laufenden über die Fortschritte der Tischgenossen. Zunächst ist nichts Besonderes wahrzunehmen; jede Larve nagt in der engen Nische um sich herum. Sparsam und friedlich zehrt jedes der noch sehr winzigen Würmchen, die ein Atom sättigt. Auf die Dauer indessen kann das Teigklümpchen einer einzigen Erbse für eine so große Anzahl unmöglich genügen. Eine Hungersnot droht, und bis auf eine Larve müssen alle zugrunde gehen. In der Tat ändert sich der Stand der Dinge bald. Diejenige unter den Larven, die in dem Korn die zentrale Lage einnimmt, wird rasch stärker als die übrigen. Kaum hat sie einen größeren Umfang erlangt als die Mitbewerber, da hören diese zu fressen auf und enthalten sich weiter vorwärts zu wühlen. Sie rühren sich nicht mehr, sie verzichten und erleiden jenen sanften Tod, der unbewußte Wesen dahinrafft. Die armen kleinen Geopferten verschwinden, aufgelöst, vernichtet. Dem einzigen Überlebenden gehört fortan die ganze Erbse. Was nun die Entvölkerung um diesen Begünstigten herum bewirkt hat, läßt sich nur vermuten. Vielleicht befindet sich im Mittelpunkt der Erbse, süßer von der Sonnenchemie zubereitet als der Rest, ein Mark von besserer Beschaffenheit für das zarte Würmchen. Es ist wohl möglich, daß unter der Einwirkung dieser schmackhafteren und zuckerhaltigeren Nahrung sein Magen besonders kräftig und für die Aufnahme der weniger leicht zu verdauenden Teile geeigneter wird. Auch der Säugling erhält ja zuerst Milchnahrung, bevor man ihm Brei und Brot reicht. Sollte nicht die mittlere Partie der Erbse die Mutterbrust des Erbsenkäfers sein?

Sobald also eine der im Innern der Erbse grabenden Larven, begünstigt durch die eingeschlagene Richtung, diese zentrale Milchwirtschaft erreicht, setzt sie sich darin fest; den andern bleibt nichts übrig als zugrunde zu gehen. Wie erfahren sie aber, daß der Platz genommen ist? Hören sie, wie die Kiefer des Mitbruders gegen die Wand seiner Nische stoßen, nehmen sie aus der Entfernung die durch sein Nagen bewirkte Erschütterung wahr? Etwas Ähnliches muß wohl der Fall sein, denn von da an hören ihre Versuche auf, selber weiter zu bohren. Ohne gegen den glücklichen Emporkömmling zu kämpfen, ohne jeden Versuch, ihn auszuquartieren, fügen die Zurückgebliebenen sich in ihr Schicksal und sterben. Ich liebe diese geduldige Ergebung der Zuspätgekommenen.

Das Ausschlüpfen der Erbsenkäfer.

Unsere Erbsenfrüchte finden auch in der Insektenwelt zahlreiche Liebhaber: außer dem besprochenen Erbsenkäfer gibt es noch andere samenzerstörende Kerfe, die es vorzugsweise auf sie abgesehen haben. Nicht in Betracht kommen die Larven der Erbsenmücke (Cecidomyia oder Contarinia pisi Winn.), die in Gestalt weißer „Würmchen" nur an der Oberfläche der Erbse hängen und deren Keimfähigkeit nicht zerstören. Dann aber entdeckt die Hausfrau oder Köchin beim Enthülsen („Ausläufeln") der grünen, noch unreifen Erbsen häufig eine lichtgefärbte, sechzehnfüßige, feiste Raupe (bis 14 mm lang), die das eine oder andere Korn unregelmäßig angefressen hat. Das verdaute Fleisch der Erbse ist dann in grünen Kothäufchen daneben abgelagert. „Die öfter zur Hälfte angefressenen gelben Erbsen unter den gesunden liefern den Beweis für die frühere Anwesenheit und Tätigkeit dieser Raupe," berichtet Dr. Otto Taschenberg in der durch ihn bearbeiteten Neuauflage von dem Werke seines Vaters, Prof. Dr. E. Taschenberg: „Die Insekten nach ihrem Schaden und Nutzen" (Leipzig, Wien: G. Freytag, F. Tempsky). „Sie war vor der Ernte erwachsen, drängte sich aus einer Spalte der früher und notreif gewordenen Hülse heraus, ging flach unter die Erde, um hier in einem Gespinste unverwandelt zu überwintern. Einige Wochen vor der Flugzeit des Schmetterlings im Mai und Juni erfolgt die Verpuppung. Der Schmetterling, ein Wickler, sitzt am liebsten bei Tage versteckt, fliegt des Abends jedoch lebhaft auf den Erbsenfeldern umher; hierbei erfolgt die Paarung, und das befruchtete Weibchen legt bis 3 Eier an eine ganz junge Hülse oder an den Fruchtknoten einer Blüte. Das in ungefähr 14 Tagen ausschlüpfende Räup-

Die Entwicklung eines Erbsenschädlings.
1. Erbsenkäfer (Bruchus pisorum) auf der Wirtspflanze. 2. Käfer, eine Blüte besuchend. (Stark vergr.).
3. Larve und 4. Puppe des Erbsenkäfers. 5. Eine Erbsenschote geöffnet: a) unversehrte Erbse, b) mit Deckel versehenes Schlupfloch, c) durchschnittene Erbse mit Larve, d) ausgehöhlte Frucht, e) ausschlüpfender Käfer.

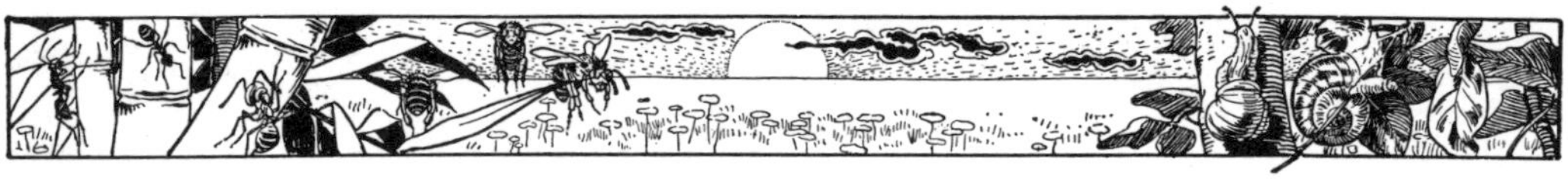

chen bohrt sich sofort in die Frucht ein, die Eingangsstelle vernarbt, so daß jener äußerlich nichts anzusehen ist, und nun schreitet die Entwicklung der Samen und der an ihnen fressenden Raupen so ziemlich gleichmäßig nebeneinander fort."

Aus diesen sogen. „Maden" in den grünen Erbsen gehen nun, je nach der Gegend, wo die Pflanzen wachsen, zwei in Aussehen und Lebensweise sehr ähnliche Schmetterlinge hervor. Der mondfleckige Erbsenwickler (Grapholitha dorsana F.) hat gelbweiße Mondfleckchen auf dem olivenbraunen Untergrund der Vorderflügel; durchschnittliche Körperlänge 7 mm, Flügelspannung 16 mm. Eine etwas kleinere (bis 9 mm), bleichgrüne Raupe liefert den rehfarbenen Erbsenwickler (Gr. nebritana Tr.), neben dem man noch eine außerordentlich ähnliche Art unter dem Namen des olivenbraunen Erbsenwicklers (Gr. roseticolana Z.) unterscheidet, die nach Angabe Taschenbergs wieder in anderen Gegenden, so z. B. in den Rheinprovinzen, im Raupenzustand den gemeinsten Erbsenzerstörer darstellt.

Nach diesen ergänzenden Notizen zu dem Thema der Erbsenschädlinge kehren wir nun zu Fabres interessanten Beobachtungen der Larve des Erbsenkäfers (Laria = Bruchus pisorum L.) zurück, von denen immer nur eine, die in der Mitte des Erbsenkernes sitzt, am Leben bleibt, während die übrigen in das Innere gelangten Würmchen zugrunde gehen. Das in solcher Weise mit einer Larve besetzte Erbsenkorn ist zwar für uns verdorben, jedoch keineswegs abgestorben, weil bei dem Eindringen des winzigen Geschöpfes in die Schote der Nabelstrang, welcher der Hülse ansitzt, nicht beschädigt, und die Ernährung des Korns in keiner Weise beeinträchtigt wird. Diese und die in ihm sitzende Larve wachsen daher gleichmäßig miteinander weiter.

Fabre hat in seinen von uns veröffentlichten Aufzeichnungen schon wiederholt erklärt, daß er die oft überraschende Zweckmäßigkeit von Handlungen und Arbeiten der Insekten keineswegs ihrer eigenen Intelligenz zuschreibt. Er verwahrt sich ganz entschieden dagegen, diesen Tieren Vernunft im Sinne der menschlichen (geistiges Zweckbewußtsein und Fähigkeit, Schlüsse zu ziehen) zuzuerkennen. Sie führen aus, was der geheimnisvolle, vererbte Trieb, den wir Instinkt heißen, ihnen zu tun gebietet. Fabre ist von jeder anthropomorphistischen (d. h. menschliche Eigenschaften auf die Tiere übertragenden) Deutung oder Unterlegung entfernt; dessen wolle der Leser eingedenk bleiben, wenn der Autor, um die Darstellung lebhafter und anschaulicher zu gestalten, mitunter Worte gebraucht, die derartiges vermuten lassen könnten.

Was tut nun die Larve fernerhin, nachdem sie durch den Tod ihrer Geschwister in den alleinigen Besitz einer Erbse gelangt ist? Im Zentrum des Kornes sitzend, verrichtet sie die einzige Arbeit, die ein solches Würmchen zu leisten vermag: sie frißt. Sie nagt rings um sich herum und vergrößert so ihre Nische, die sie mit ihrem dicken Bäuchlein immer vollständig ausfüllt. Wenn ich sie plage, so dreht und wendet sie sich schläfrig und wackelt mit dem Kopfe. Dies ist ihre Art, sich über meine Zudringlichkeit zu beklagen: lassen wir sie also in Ruhe!

Sie gedeiht so gut und so schnell, daß sie sich, wenn die Hundstage herangekommen sind, schon mit ihrer bevorstehenden Befreiung beschäftigt. Der völlig ausgebildete Käfer besitzt kein geeignetes Werkzeug, um sich selbst einen Ausgang aus der jetzt durch und durch hartgewordenen Erbse zu bahnen. Die Larve kennt diese zukünftige Ohnmacht und schafft in höchst kunstvoller Weise Rat. Mit ihren kräftigen Kiefern bohrt sie einen vollkommen runden Ausgangsschacht mit ganz glatten Wänden. Unsere Grabstichel, mit denen man Elfenbein bearbeitet, vermöchten es nicht besser zu machen.

Es genügt indes nicht, das Schlupfloch im voraus herzustellen; nicht weniger sorgsam muß auch auf die Ruhe Bedacht genommen werden, welche die heikle Umwandlung in den Puppenzustand erheischt. Sobald nämlich die Larve ausgewachsen ist, verwandelt sie sich im Innern der Erbse in eine Mumienpuppe, aus der sich erst der Erbsenkäfer entwickelt. Durch die offene Luke könnte ja ein Feind eindringen und die verteidigungslose Puppe schädigen. Jene Öffnung muß also vorläufig noch verschlossen bleiben, und dies bewerkstelligt die Larve durch folgenden Kunstgriff. Beim Ausbohren der nach außen führenden Röhre nagt sie den mehligen Stoff daraus bis auf das letzte Krümchen fort. Sobald sie jedoch bis zu der Oberhaut der Erbse vorgedrungen ist, hört sie plötzlich auf. Diese halbdurchsichtige Membran ist der Bettvorhang, hinter dem sich die Metamorphose vollzieht, der Deckel, welcher die Klause gegen üble Absichten schützt, die von außen her sich geltend machen könnten. Er bildet auch das einzige Hindernis, das der fertig ausgebildete Käfer in der Stunde seines Auszuges noch vorfinden wird. Um ihm das Ausschlüpfen zu

erleichtern, trägt die Larve dafür Sorge, im Innern, rund herum, eine Rille auszubohren, in der jener Deckel weniger widerstandsfähig ist. Nun braucht das fertige Insekt nur die Schultern etwas dagegenzustemmen und mit dem Kopfe zu drücken, um die Verschlußscheibe aufzuheben und sie, wie den Deckel einer Dose, aufzusprengen. Äußerlich nimmt man das Schlupfloch als ein kreisrundes dunkleres Fleckchen auf der Erbse wahr, weil der Käfer durch die dünne Oberhaut als dunklerer Gegenstand durchschimmert. Was unter dem Deckelchen vorgeht, ist nicht sichtbar, da es hinter einer Art von matter Scheibe verborgen bleibt. (s. Abb. 5b).

Wahrlich eine schöne Erfindung, dieser Deckel auf dem Schlupfloch, als Schutzwehr gegen Eindringlinge, diese Klapptür, die das eingeschlossene Insekt durch einen Schulterdruck zu günstiger Stunde aufheben kann! Dürfen wir die Ehre dieser Erfindung dem Erbsenkäfer zuerkennen? Arbeitet das Insekt wirklich nach einem vorher überlegten und entworfenen Plane? Das wäre in der Tat sehr viel für das Gehirn eines Samenkäfers. Bevor wir ein Urteil abgeben, wollen wir das Experiment reden lassen.

Ich ziehe die Oberhaut von Erbsen ab, die mit Larven besetzt sind, und schütze sie durch Unterbringung in Glasröhren vor allzu schnellem Austrocknen. Die Larven gedeihen darin wie in ganz unversehrten Körnern und machen sich zur vorgeschriebenen Zeit an die Vorbereitungen für die Befreiung des späteren Käfers. Was müßte nun wohl geschehen, wenn der Minierer, durch eigene Eingebung geleitet, mit der Weiterführung seiner Röhre in dem Augeblick aufhörte, da er den Plafond über seinem Kopfe als dünn genug erkennt? Offenbar müßte er dann die letzte Schicht des Korns unversehrt lassen und auf diese Art die für den Puppenzustand unerläßliche Schutzwand erhalten. Allein es geschieht nichts dergleichen. Der Schacht wird bis zu Ende ausgehöhlt, so daß seine Ausmündung völlig bloß liegt; diese ist genau so groß und ebenso sorgfältig ausgeführt, als wenn die Oberhaut des Kornes sie noch schützte. Die Rücksichten auf die Sicherheit haben somit die gewohnheitsmäßige Arbeit der Larve ganz und gar nicht abgeändert. In die vollkommen frei zugängliche Wohnung kann jeder Feind eindringen; darum hat sich die Larve nicht gekümmert.

Sie denkt auch gar nicht daran, wenn sie es in der mit der Oberhaut bekleideten Erbse unterläßt, das Bohrloch völlig durchzuführen; sie hört damit vielmehr plötzlich auf, weil die nicht mehlhaltige Membran nicht nach ihrem Geschmack ist. Unsere Köchinnen entfernen mittels Durchtreibens durch ein Sieb vom Erbsenbrei die Häute als unverdaulich und ohne Nährwert. Genau ebenso verabscheut die Larve des Erbsenkäfers diese Lederhaut des Kornes und macht deswegen vor ihr halt, benachrichtigt durch einen ihr nicht zusagenden Geschmack. Und aus dieser Abneigung entspringt ein kleines Wunder. Das Insekt aber hat keine Logik; passiv gehorcht es einer höherstehenden Logik, wobei es sich seiner Kunst so wenig bewußt ist wie die kristallisierbare Materie, wenn sie in einer bewunderungswürdigen Ordnung ihre Bataillone von Atomen zusammenfügt.

Im Laufe des August, einmal etwas früher, dann wieder etwas später, zeichnen sich die oben erwähnten dunklen Punkte auf der Oberfläche der Erbsen ab, ausnahmslos nur einer auf jedem Korn. Diese Ausschlupflöcher öffnen sich großenteils im September. Das Deckelchen, jene runde Scheibe, die wie mit einem Locheisen hergestellt erscheint, löst sich ganz glatt ab und fällt auf den Boden, so daß der Eingang in die bisherige Wohnstätte des Insektes frei wird, die der frisch kostümierte Erbsenkäfer nun in seiner endgültigen Form verläßt (Abb. 5e). Solange die Jahreszeit schön bleibt, genießen die Käfer die Freuden des Herbstes; wenn dann die Kälte kommt, so beziehen sie ihre Winterquartiere in irgendeinem Schlupfwinkel. Anderen, die wohl ebenso zahlreich sind, eilt es nicht so, das Korn zu verlassen, in dem sie geboren wurden. Sie verweilen unbeweglich darin die ganze rauhe Jahreszeit hindurch, geschützt hinter dem Deckelchen, das zu beseitigen sie sich wohl hüten. Die Tür der Zelle dreht sich nicht eher in ihren Angeln, das heißt in der weniger widerstandsfähigen Rille, als bis es wieder warm wird. Dann verlassen auch diese Säumigen die Wohnung und gesellen sich zu den früh Ausge-

flogenen; die einen wie die anderen sind bereit für das große Werk der Fortpflanzung, wenn die Erbsen blühen.

Wie aus dem Gesagten sich ergibt, wird mit den reifen Erbsen nun auch dieses Ungeziefer eingeerntet und auf die Böden und Speicher gebracht. Dann ist das Übel also bereits geschehen und nicht mehr hintanzuhalten; zum Glück wird es aber wenigstens nicht weiter übertragen. Für die neben den mit Larven besetzten lagernden intakten Erbsen ist von dieser Nachbarschaft nichts zu befürchten, wie lange auch die Vermengung dauern möge. Aus den ersteren wird der Erbsenkäfer hervorgehen, wenn seine Stunde kommt; er fliegt vom Schüttboden davon, wenn die Flucht möglich ist, im entgegengesetzten Falle aber wird er eingehen, ohne die gesund gebliebenen Körner in irgendeiner Weise zu schädigen.

Damit eine neue Generation entstehe, braucht der Erbsenkäfer die frische Luft, die Sonne und die Freiheit der Gärten und Felder. Mit den harten Hülsenfrüchten weiß er nichts anzufangen; draußen saugt er – mäßig, wie er ist – mit seinem feinen Schnäuzchen nur einige Honigtröpfchen auf den Blüten. In unseren Magazinen findet somit keine Vermehrung des dort eingeschleppten Erbsenschädlings mehr statt; der Ursprung des Übels ist vielmehr im Freien zu suchen: dort, auf dem Felde und in den Gärten, müßte man dem Erbsenkäfer auflauern, wären wir nicht erfahrungsmäßig fast immer waffenlos, wenn es sich um den Kampf gegen das Insekt handelt. Unvertilgbar durch seine Zahl, seine Kleinheit und seine verborgene List, lacht das winzige Tierchen über den Zorn des Menschen. Mag der Gärtner ihn noch so sehr verwünschen: der Erbsenkäfer kümmert sich nicht darum*), sondern läßt sich in seinem Geschäft als Eintreiber des Zehntens nicht stören. Zum Glück stehen uns Helfer bei, die geduldiger und scharfsichtiger sind als wir.

In der ersten Woche des August, wenn der ausgewachsene Erbsenkäfer auszuziehen beginnt, mache ich Bekanntschaft mit einem kleinen Chalzidier (Schenkelwespen, Chalcidiae Westw., Familie der Hautflügler), der unsere Erbsen schützt. Vor meinen Augen, in meinen Zuchtgläsern, kommen diese Verbündeten des Menschen in Menge aus den von Erbsenkäfern besetzten Körnern hervor. Beim Weibchen sind Kopf und Brust rotgelb, der Bauch schwarz mit langer Legröhre. Das etwas kleinere Männchen ist schwarz gekleidet. Beide Geschlechter haben rötliche Beine und fadenförmige Fühler. Um aus der Erbse herauszukommen, macht sich der Vertilger des Erbsenkäfers selbst ein Loch in die Mitte der Rundscheibe, welche die Käferlarve – wie oben beschrieben – im Hinblick auf die künftige Befreiung in der Oberhaut der Erbse hergestellt hat. Der Aufgefressene hat dem Fresser die Bahn für sein Entkommen vorbereitet. Nachdem dies vorausgeschickt wurde, kann man das übrige leicht erraten.

Wenn die Larve des Erbsenkäfers die Vorbereitungen für ihre Metamorphose beendet und die nur durch die Oberhaut verschlossene Ausschlupfröhre fertig gebohrt hat, kommt die Schenkelwespe geschäftig herbei. Sie untersucht die noch an der Pflanze in ihren Schoten steckenden Erbsen, betastet sie mit ihren Fühlern und entdeckt in jeder, die eine Larve enthält, durch die Hülse hindurch die schwachen Stellen, die allein jenes dünne Deckelchen schützt. Alsdann streckt sie die Legröhre gerade und sticht sie durch die Schote in das Verschlußplättchen hinein. Wie tief sich auch der Samenkäfer (gleichviel ob er noch Larve oder schon im Ruhezu-

*) Wir gaben bereits die Mittel an, die sich im Kampfe gegen den Erbsenkäfer bisher am besten bewährt haben. Noch schädlicher kann wegen ihrer allgemeinen Verbreitung die Larve des jenem sehr ähnlichen Bohnenkäfers (Laria = Bruchus rufimana Boh.) werden, die in Pferde- und Gartenbohnen lebt. Am verbreitetsten von allen Arten dieser Familie ist der gemeine Samenkäfer (L. = B. atomaria L.), dessen Larve die wilden Wickenarten, die Futterwicke und die Pferdebohne vorzieht. Gegen das Überhandnehmen der eingangs erwähnten Erbsenwickler empfiehlt Taschenberg, jene Erbsenfelder, auf denen man diese Schmetterlinge reichlich fliegen sieht, oder wo das Auspflücken der grünen Erbsen viel „madige" lieferte, nach geschehener Ernte gehörig zu überrechen, damit die flach im Boden ruhenden Gespinste zerstört oder durch Freilegung dem Verderben überliefert werden. Ferner soll man in nächster Nähe solcher Felder das folgende Jahr keine Erbsen wieder anbauen.

Anm. d. Übers.

stande der Puppe oder Nymphe ist) in das Herz der Erbse zurückgezogen haben mag, er wird dennoch von diesem langen Werkzeug getroffen. Er bekommt ein Ei in sein zartes Fleisch, und der Streich ist ausgeführt. Ohne sich zur Wehre setzten zu können, wird die dicke Wickelpuppe von dem Chalzidier, der jenem Ei entschlüpft, bis auf die Haut ausgesaugt.

Wie schade, daß wir nicht nach Belieben die Vermehrung dieses eifrigen Vertilgers des Erbsenschädlings begünstigen können! Leider kommen wir hier in den täuschenden Kreis falscher Schlüsse, in den uns unsere Hilfstruppen auf den Feldern einschließen: wenn wir als Helfer viele Schenkelwespen haben wollen, welche die Erbsen sondieren, müssen zuvor viele Erbsenkäfer vorhanden sein.

Das Geheimnis des Skarabäus.

An einem Sonntag in der zweiten Hälfte des Juni kam ein junger Schäfer, von mir beauftragt, in seiner freien Zeit die Tätigkeit des heiligen Pillendrehers (Scarabäus oder Ateuchus sacer L.) zu überwachen, ganz fröhlich mit der Nachricht zu mir, jetzt scheine der geeignete Augenblick zu sein, ihm nachzuspüren. Er hatte einen dieser Mistkäfer überrascht, als er sich aus der Erde hervorarbeitete, und beim Nachgraben an jener Stelle in geringer Tiefe einen seltsamen Gegenstand gefunden, den er mir brachte.

Er war in der Tat seltsam und warf das wenige, was ich über den Skarabäus zu wissen glaubte, über den Haufen*). Der Form nach genau eine kleine Birne, die ihre frischen Farben verloren und durch das Teigigwerden eine braune Färbung angenommen hat. Man konnte das Ding für eine von Menschenhand geformte Nachbildung, ein von einem geschickten Drechsler hergestelltes Spielzeug halten, und meine Kinder, die sich um mich versammelt hatten, warfen auch schon begehrliche Blicke darauf. Der Stoff: Schafmist, ist freilich nicht zum besten gewählt, aber die Birne fühlt sich unter den Fingern fest an und zeigt wahrhaft künstlerisch geschweifte Linien. Habe ich wirklich ein Werk des Skarabäus vor mir, in dem sich – wie mir der Schäfer versichert – ein Ei oder eine Larve befindet? In ebensolcher Birne, erzählt er, die er beim Ausgraben versehentlich zerdrückte, habe er ein weißes Ei, so groß wie ein Weizenkorn, gefunden. Ich kann es nicht glauben, so sehr verschieden ist der mir gebrachte Gegenstand von der erwarteten Brutpille. Es dünkt mich unvorsichtig, den rätselhaften Fund zu öffnen, um dadurch Gewißheit über das Innere zu erhalten: mein Eingriff könnte ja die Lebensfähigkeit des Keimes gefährden, wenn wirklich das Ei des Pillendrehers darin steckt, wie mein Schäfer überzeugt zu sein scheint. Jedenfalls ist es besser, das Ding zu lassen, wie es ist, und die fernere Entwicklung abzuwarten; vor allem aber gilt es, an Ort und Stelle, wo es gefunden wurde, weiter nachzuforschen.

Am nächsten Morgen war der Schäfer in aller Frühe auf seinem Posten. Wir trafen uns auf einem frisch abgeholzten Berghang, wo uns die heißen

*) Vergl. die Aufsätze S. 147 und 170. Früher nahm man allgemein an, daß die runden Kugeln aus Mist, die der Pillendreher über den Boden rollt, um sie dann in einem von ihm ausgehöhlten Erdloch zu verzehren, auch zu Brutzwecken dienten, und Fabre teilte diesen in allen fachwissenschaftlichen Werken niedergelegten Irrtum. Befremdlich war es unserem Forscher allerdings, daß er niemals ein Ei oder eine Larve in diesen Pillen entdecken konnte; Gewißheit vermochte er jedoch nicht zu erhalten, und die von ihm selber vorgenommenen sorgfältigen Zuchtversuche schlugen alle fehl. Erst als er nach 14 Jahren in seinem neuen Wohnorte Sérignan unter günstigeren Verhältnissen seine Forschungen über die Fortpflanzung des Pillendrehers wieder aufnahm, gelang es ihm, hinter das Geheimnis zu kommen, den Käfer in allen seinen Zuständen zu beobachten und Klarheit darüber zu gewinnen. Anm. d. Übers.

Strahlen der Sommersonne nicht vor zwei oder drei Stunden erreichen konnten. Während die Schafherde in der Hut seines wachsamen Hundes weidet, machen wir uns in der Morgenfrische gemeinsam auf die Suche. Eine unterirdische Höhle des Pillendrehers ist bald gefunden: der frisch aufgeworfene Erdhügel darüber macht sie kenntlich. Mein Gefährte, dem ich den Taschenspaten, den ich nie vergesse, geliehen habe, gräbt mit kräftigem Handgelenk; ich habe mich auf den Boden gelegt, um besser die Anlage und Ausstattung der Gruft sehen zu können, die da vor uns geöffnet wird. Jetzt ist die Höhle ganz bloßgelegt, und in dem lauwarmen, feuchten Raume sehe ich eine prächtige Birne auf dem Boden liegen. Diese erste Enthüllung der mütterlichen Tätigkeit des Pillendrehers wird mir unvergeßlich bleiben, und meine freudige Erregung wäre nicht größer gewesen, hätte ich als Archäologe bei einer Nachgrabung in einem pharaonischen Felsengrab das den Toten geheiligte Insekt in Smaragd ausgeschnitten gefunden. Nichts gleicht der heiligen Freude, die uns ergreift, wenn wir die Wahrheit plötzlich aufleuchten sehen! Auch der Schäfer nahm an meinem Glück Anteil; er lachte und frohlockte laut.

Der Zufall wiederholt sich nicht: „non bis in idem", sagt ein altes lateinisches Sprichwort. Schon zum zweitenmal habe ich jetzt eine solche seltsame Birne vor meinen Augen; sollte dies etwa die regelrechte Form der Brutpille sein, die nichts gemein hat mit der kugelförmigen Futterpille, welche das Insekt über den Boden rollt? Nur weiter, dann werden wir ja sehen. Ein zweites Nest wird gefunden; es enthält wie das erste eine Birne. Die beiden Fundstücke gleichen sich wie ein Wassertropfen dem andern; man könnte meinen, sie seien aus ein und derselben Form hervorgegangen. Ein sehr wichtiger Umstand aber kommt hinzu: in der zweiten Höhle befindet sich die Skarabäenmutter neben der Birne, die sie zärtlich umfangen hält, offenbar damit beschäftigt, ihr durch Glätten die letzte Vollendung zu geben, bevor sie das unterirdische Gemach für immer verläßt. Jetzt ist der letzte Zweifel zerstreut: ich kenne den Handwerker, und ich kenne das Werk!

Der Rest des Morgens brachte die fernere Bestätigung: bevor die zuletzt unerträglich werdende Hitze mich von dem durchforschten Berghange vertrieb, besaß ich ein Dutzend Birnen, die in der Form völlig und im Umfange einander alle beinahe gleich waren. In verschiedenen Fällen wurde die Mutter auf dem Grunde ihrer Werkstatt vorgefunden. Ich habe – um dies zur Ergänzung gleich hinzuzufügen – dann von Ende Juni bis September fast täglich meine Nachforschungen an den Orten, wo die Skarabäen häufig vorkommen, fortgesetzt und auf diese Weise über hundert Nester geöffnet und untersucht: unabänderlich fand ich die Pillen darin in der zierlichen Birnenform – niemals dagegen, auch nicht ein einziges Mal jene Mistkugel, von der uns die Bücher erzählen, daß sie auch als Brutpille diene. Ich selber habe früher dazu beigetragen, diesen Irrtum weiter zu verbreiten; jetzt aber beeile ich mich, dafür Buße zu tun, indem ich den Leser bitte, das wenige als nicht geschrieben zu betrachten, was ich früher über den vermutlichen Nestbau des Skarabäus gesagt habe. Und nun wollen wir die authentische Geschichte darlegen, nur gestützt auf Tatsachen, die ich selbst gesehen und wiederholt gesehen habe. Wie schon erwähnt, verrät sich das Nest des Pillendrehers an der Oberfläche durch ein Häufchen überschüssiger Erde, welche die Mutter beim Abschließen der unterirdischen Wohnstätte nicht wieder an Ort und Stelle bringen konnte, da ja ein Teil ihrer Ausgrabung leer bleiben muß. Unter jenem Maulwurfshäufchen führt nun ein ungefähr 10 cm tiefer Schacht nach unten, um sich dann in einem wagrechten Stollen fortzusetzen, dessen Ende eine Nische bildet, worin etwa der Daumen Platz hat. Hier ist nun die Krypta, in der das in der Birne untergebrachte und daher von Proviant rings umgebene Ei einige Zoll unter der Erde ruht, bis die heiße Sonne es ausgebrütet hat; hier die geräumige Werkstatt, wie die in ihren Bewegungen nirgends behinderte Mutter zu einer Birne den Mundvorrat ihres zukünftigen Kindes knetet und formt (Abb. 1). Die größten von mir gefundenen Birnen hatten 45 mm Länge und 35 mm Breite; die kleinsten maßen 35 und 28 mm. Kurz nach ihrer Fertigstellung sind sie weich wie Töpferton, während sie später infolge der fortschreitenden Austrocknung eine feste Kruste erhalten, die dem Druck der Finger nicht nachgibt.

Diese Schutzhülle, die so hart wie Holz ist, ermöglicht es der aus dem Ei gekrochenen Larve, ihre Vorräte, von der Welt ganz abgeschieden, in tiefem Frieden zu verzehren. Wenn nun aber die Austrocknung auch auf die weiche, zentrale Masse übergreift, so erhebt sich eine furchtbare Gefahr für das Würmchen, worauf wir später zurückkommen werden.

Abb. 1. Die Erdhöhle des Skarabäus mit der Brutbirne.
In dieser von den bekannten runden Kugeln völlig abweichenden Masse lebt die Larve des Pillendrehers, während jene nur als Nahrung des Käfers dienen.

Was für ein Teig wird aber in der Backstube des Skarabäus geknetet? Seine eigene Nahrung, die runden Futterpillen, formt sich der Käfer aus beliebigem Dünger (von Pferden, Maultieren usw.); die für seine junge Nachkommenschaft bestimmten Brutbirnen dagegen werden ausschließlich aus Schafmist hergestellt, der weicher, nahrhafter und besser verdaulich ist. Ob das Insekt im Falle der Not, wenn in seiner Umgebung kein Schafmist zu finden ist, nicht etwa auch mit Pferdemist vorliebnimmt, ist eine Frage, die ich offen lassen muß. Jedenfalls bestand in den über hundert Erdhöhlen, die ich untersucht habe, um diese Geschichte schreiben zu können, der Proviant für die Larve ausnahmslos aus Schafmist. Die fettige, bequem knetbare und ganz von Nährsäften durchfeuchtete Masse eignet sich vortrefflich für die künstlerische Gestaltung der Birne; sie ist durch ihre leichte Verdaulichkeit dem schwachen Magen des Neugeborenen angepaßt und bietet trotz ihres geringen Umfanges hinreichende Nahrung für das Junge. Die Kleinheit der Brutbirnen ließ mich zuerst an ihrer Herkunft zweifeln, bis ich die Mutter neben dem Proviant für ihre Larve entdeckte. Solch eine winzige Birne dünkte mir kein genügender Vorrat für einen zukünftigen Skarabäus, der so gefräßig und so groß ist. Es erklärt sich nun auch das Scheitern meiner früheren

Zuchtversuche, bei denen ich in meiner Unwissenheit bezüglich des Familienlebens der Skarabäen ihnen nur Mist von Pferden oder Maultieren bot; den aber wollte das Insekt nicht für seine Kinder und unterließ daher das Nestbauen. Gegenwärtig benutze ich, durch meine Erfahrungen im freien Felde belehrt, nur Schafe als Lieferanten, und nun geht in meinen Volieren alles nach Wunsch.

Wo befindet sich aber das Ei in dieser nährenden und so originell gestalteten Masse? Man möchte es inmitten des dicken, bauchigen Teiles vermuten, wo es am besten geschützt ist und die gleichmäßigste Temperatur hat. Außerdem würde dort die neugeborene Larve auf allen Seiten um sich herum eine tiefe Schicht von gleichartiger Nahrung vorfinden; sie brauchte mit ihrem jungen Gebiß nur auf gut Glück um sich zu beißen und könnte ohne Zögern in ihrer ersten, wohlschmeckenden Mahlzeit fortfahren. Als ich aber von der ersten Birne, die ich untersuchte, Schicht auf Schicht mit einem Messer abschälte, war ich sehr überrascht, das Ei nicht in der Mitte des runden Teiles vorzufinden. Dieser hat innen keine Höhlung, sondern ist ganz gleichmäßig aus der Nährmasse hergestellt. Meine Schlußfolgerungen, die wohl jeder Beobachter an meiner Stelle gemacht haben würde, dünkten mich ganz vernünftig; der Skarabäus indes ist anderer Ansicht. Wir besitzen unsere Logik, auf die wir stolz genug sind; der Mistkneter hat seine eigene, die sich bei dieser Gelegenheit als der unsrigen überlegen erweist. Er hat seinen Scharfblick, sein Voraussehen der Dinge, und bringt sein Ei anderwärts unter, nämlich in der Spitze der Birne, ganz am Ende der Birne, ganz am Ende dieses Flaschenhalses (Abb. 2). Durchschneidet man ihn mit der erforderlichen Vorsicht der Länge nach, so findet man darin einen eiförmigen Hohlraum mit glänzend polierten Wänden. In dieser Brutkammer ruht das länglich ovale, weiße Ei, das etwa 10 mm lang ist, bei 5 mm größter Breite. Ein kleiner Zwischenraum trennt es rings von den Wänden, mit denen es nur an dem äußersten einen Längsende in Berührung steht, wo es an den Scheitelpunkt der Nische festgeklebt ist. Entsprechend der normalen Lage der Birne, die wagrecht auf dem Boden der Höhle ruht, ist auch das Ei horizontal gelagert, rings – bis auf den Anheftepunkt – von einer Luftschicht umgeben, die auf diese Weise das elastischste und wärmste Bettchen bildet.

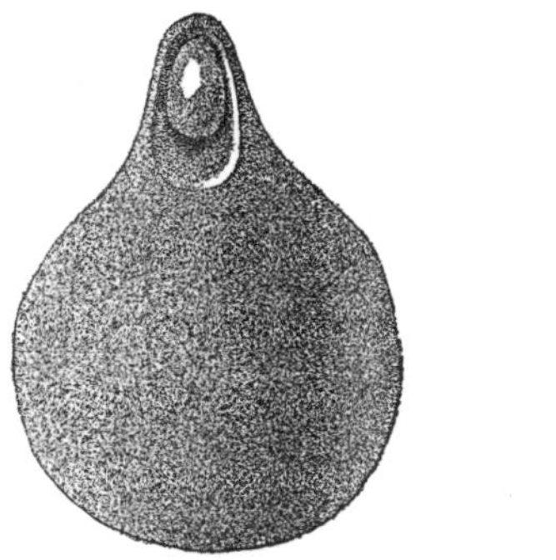

Abb. 2. Die Brutbirne des Pillendrehers (Längendurchschnitt mit der Brutkammer und dem Ei darin.)

Nachdem wir hierüber unterrichtet sind,*) wollen wir uns nun auch Klarheit über die Logik des Skarabäus zu verschaffen suchen, sowohl was die Notwendigkeit der Birnenform wie die befremdlich erscheinende Stelle der Unterbringung des Eies betrifft. Ich weiß recht gut, daß es gefährlich ist, sich auf das Gelände des Wie? und Warum? der Dinge zu wagen. Gar leicht verliert man in diesem geheimnisvollen Gebiete den festen Boden unter den Füßen, um in den Sumpf des Irrtums zu versinken. Muß man aber wegen dieser Gefahr auf solche Streifzüge verzichten? Und weswegen? Unsere Wissenschaft, so großartig, verglichen mit der Schwäche unserer Mittel, so kläglich gegenüber dem unbegrenzten Umkreise des Unbekannten, – was weiß

*) Wenn man erwägt, daß der seine Pille rollende Skarabäus den Menschen bereits 6000–7000 Jahre bekannt ist, so erscheint es doch erstaunlich, daß erst Fabre seine Fortpflanzung aufgeklärt, die von der runden Futterkugel grundverschiedene Brutbirne entdeckt und ihren Zweck ergründet hat. Wie früh schon der heilige Pillendreher die Aufmerksamkeit erregt hat, beweist, daß die alten Ägypter sich – neben anderen Auffassungen – auch den Lauf der Sonne unter seinem Bilde vorstellten. Wie er die Kugel mit dem hineingelegten Ei vor sich herrolle, so schiebe auch ein großer Käfer das runde Sonnengestirn vor sich her.

Anm. d. Übers.

sie von der absoluten Wirklichkeit? Nichts. Die Welt interessiert uns einzig und allein durch die Ideen, die wir uns über sie bilden.

Wenn die Idee verschwindet, so wird alles unfruchtbar, ein Chaos, ein Nichts. Ein Haufen von Tatsachen ist noch keine Wissenschaft, sondern

Abb. 3. Birne mit becherförmiger Aushöhlung zur Aufnahme des Eies.

bloß ein kalter Katalog. Man muß an dem Herde des Geistes Wärme und Leben hineinbringen, die Idee und die Leuchte der Vernunft hinzutreten lassen: man muß zu deuten, zu erklären suchen. Vielleicht werden wir dem Insekt dabei unsere eigene Logik unterschieben, immerhin ist es aber merkwürdig, wie wunderbar das, was uns die Vernunft diktiert, mit dem übereinstimmt, was der sog. Instinkt dem Tiere vorschreibt.

Eine schwere Gefahr droht dem heiligen Pillendreher unter seiner Larvenform: es ist dies die vollständige Austrocknung seiner Lebensmittel. Die Brutkammer, in der sein Larvenleben verfließt, hat als obere Decke eine etwa 10 cm dicke Erdschicht. Was vermag ein so dünner Schirm gegen die Hundstagshitze, die bei uns den Boden ausglüht und ihn selbst in viel beträchtlicherer Tiefe wie einen Ziegelstein zusammenbackt? Die Wohnstätte der Larve wird dann glühend heiß; wenn ich die Hand hineinstecke, ist es, als hielte ich sie in einen Schwitzkasten. Braucht nun der Lebensmittelvorrat auch nur vier bis fünf Wochen lang auszureichen, so ist er in solcher Temperatur doch vorzeitiger Austrocknung ausgesetzt, wodurch er steinhart und daher für die Larve ungenießbar wird. Wenn das zarte Würmchen statt des anfänglichen weichen Brotes unter seinem Gebiß nur noch eine feste Kruste findet, die es nicht zu zermalmen vermag, so muß es Hungers sterben. Dies ist auch tatsächlich oft der Fall, und ich habe zahlreiche Opfer unserer Augustsonne gefunden, die, nachdem sie zuerst einen großen Teil vom Innern der noch frischen Birne verzehrt und diese fast ausgehöhlt hatten, verhungert waren, als sie den allzu hart gewordenen Mundvorrat nicht mehr zerbeißen konnten. Es blieb eine dicke Schale übrig, eine Art Topf ohne Loch, worin das arme, sozusagen geröstete Tier ganz zusammengeschrumpft dalag.

Um dieser Gefahr zu begegnen, preßt das Mutterinsekt in erster Linie mit aller Kraft seiner breiten Vorderarmschienen die äußere Schicht der Birne zusammen und macht so eine Schutzhülle daraus, die in sich gleichartiger und dichter ist als die zentrale Masse. Wenn ich eine dieser schon ziemlich hart gewordenen Konservenbüchsen mit Gewalt zerbreche, dann löst sich gewöhnlich jene Rinde glatt von dem mittleren Kern ab, so daß man an die Schale und den Kern einer Nuß erinnert wird. Der Druck der Mutter beim Formen der Birne hat auf die äußere Hülle einige Millimeter tief eingewirkt, und dadurch ist jene Rinde entstanden; weiter nach dem Innern zu hat die Pressung sich

Abb. 4. Die Larve des Pillendrehers (stark vergrößert).

nicht geltend machen können: daher der umfangreiche zentrale Kern. Während unserer ärgsten Sommerhitze bewahrt meine Haushälterin in einem fest verschlossenen irdenen Behälter das Brot auf, um es frisch zu erhalten. Auf seine Art macht es das Insekt ebenso: durch sein Zusammenpressen umgibt es das Familienbrot auch mit einer schützenden Hülle.

Der Skarabäus tut aber noch mehr: er wird Geometer und zeigt sich als solcher befähigt, ein schönes Minimumproblem zu lösen. Unter sonst gleichen Bedingungen steigt die Verdunstung im Verhältnis der Oberflächenausdehnung. Um den Feuchtigkeitsverlust nach Möglichkeit zu beschränken, muß deshalb der Nährmasse eine möglichst geringe Oberfläche gegeben werden; anderseits soll

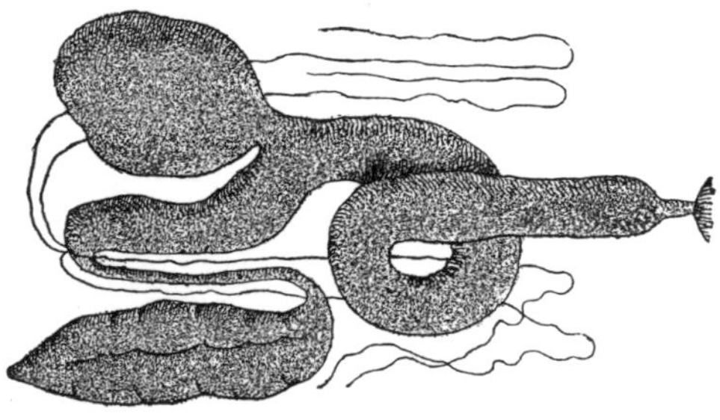

Abb. 5. Verdauungsapparat der Larve des Pillendrehers (stark vergrößert).

jedoch diese geringe Oberfläche die denkbar größte Masse von Nährstoff umschließen, damit die Larve genügenden Vorrat finde. Und welche Form ist es, die unter der kleinsten Oberfläche das möglichst große Volumen umschließt? Das ist die Kugel, antwortet die Geometrie. Der Skarabäus formt daher den für seine Larve bestimmten Mistklumpen als Kugel, wobei er vorläufig von dem Birnenhals absieht. Mit den Werkzeugen, welche die Natur dem Pillendreher verliehen hat, könnte er auch andere Formen schaffen, die leichter und rascher herzustellen wären, etwa einen plumpen Zylinder, ähnlich jener Wurst, die bei den Roßkäfern üblich ist. Aber nein: der Skarabäus wählt ausschließlich die in solcher Genauigkeit sehr schwierige Kugelgestalt; er verfährt so, als ob ihm die Gesetze der Verdunstung und die der Geometrie ganz genau bekannt wären.

Nunmehr bleibt uns noch der Birnenhals zu erklären; was mag wohl seine Aufgabe sein, worin sein Nutzen bestehen? Der Hals enthält das in der Brutkammer ruhende Ei. Jeder Keim aber, bei der Pflanze wie beim Tier, bedarf der Luft, um lebensfähig zu werden und zu bleiben. Um den Sauerstoff der Luft eindringen zu lassen, ist die Schale des Vogeleies mit zahllosen Poren versehen; die Birne des Skarabäus läßt sich aber mit dem Hühnerei vergleichen. Ihre Schale ist die durch die Zusammenpressung gehärtete Rinde, die zu schnelles Austrocknen verhüten soll; ihre Nährmasse, das Eigelb, die weiche, unter der Rinde geschützte Kugel; ihre Luftkammer die ovale Nische im Hals der Birne, in dem die Luft den Keim von allen Seiten umgibt. Damit diese Luft sich fortwährend erneuern, und dem Ei unausgesetzt Sauerstoff zugeführt werden kann, ist es in der vorragenden Spitze der Birne mit ihrer dünnen Wandung offenbar am allerbesten untergebracht – viel besser als in der kompakten Masse, die den Bauch der Birne füllt. Hier ist die Durchlüftung viel schwieriger; allerdings dringt Luft auch dort hinein, denn später muß ja die Larve darin leben, die indes schon eine viel kräftigere Organisation besitzt als das zarte Ei. Wo die schon herangewachsene Larve gut fortkommt, geht das Ei an Luftmangel zugrunde, wie ich durch Versuche festgestellt habe. Außer der Luft bedarf aber jeder Keim zu seiner Entwicklung auch der Wärme: im Hühnerei befindet er sich, um der Bruthenne möglichst nahe zu

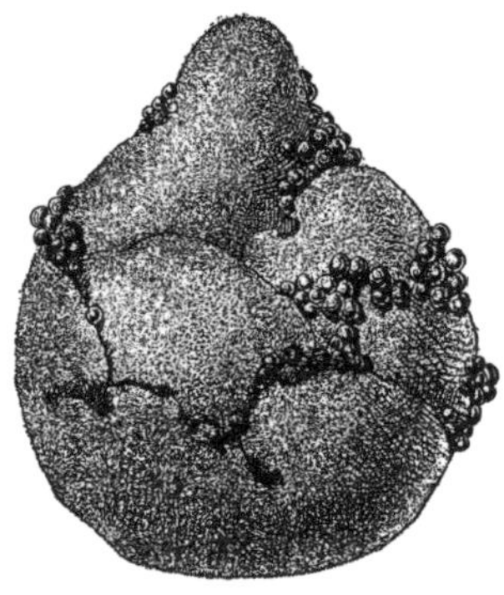

Abb. 6. Durch Kryptogamen gespaltene Birne, von der Larve wieder ausgebessert.

sein, an der Oberfläche des Eigelben und gelangt dank seiner Beweglichkeit immer auf den höchsten Punkt, wie auch die Stellung des Eies sein mag. Solcherart vermag er den mütterlichen Wärmeapparat der auf dem Nest hockenden Henne am besten auszunützen. Beim Insekt ist die von der Sonne erhitzte Erde die Bruthenne: auch sein Keim nähert

sich der Wärmequelle möglichst, indem er statt in der Mitte der Proviantkugel in der Spitze eines vorspringenden Hügels Platz nimmt, den von allen Seiten die warmen Ausströmungen des Bodens bespülen. Wenn ich oben davon sprach, daß die Logik dieses Mistkäfers mit der unsrigen wetteifern könne, so wird man dies nach den vorstehenden Darlegungen wohl zugestehen müssen. Er hat die ihm gestellte Aufgabe nach allen Regeln der Wissenschaft gelöst: der für die zukünftige Larve bestimmte Mundvorrat, der möglichst vor dem Austrocknen geschützt werden soll, erhält die Kugelgestalt, die mit kleinster Oberfläche das größte Volumen verbindet; das zarte Ei, dem eine Schutzhülle nötig ist, wird in einem zylindrischen Futteral mit dünner Wandung untergebracht, und dieses Futteral oben auf die Kugel gesetzt, wo das Ei durch die schwachen Wände hindurch ungehindert die Einwirkung der Luft und der Wärme empfängt. Das unbedingt Notwendige wäre jetzt vorhanden, aber es würde häßlich aussehen. In künstlerischer Weise setzt jedoch das Insekt an die Stelle des Zylinders ein Halb-Ellipsoid von zierlicher Gestalt und verbindet es mit der Kugel durch eine elegant gekrümmte Oberfläche: die vollendete Birne mit ihrem zierlichen Halse ist ein Kunstwerk, sie ist schön.

So verfährt der Skarabäus auch unseren ästhetischen Gesetzen entsprechend: ob er aber wohl selber das Schöne zu empfinden vermag? Weiß er die anmutige Form seiner Birne zu würdigen? Es ist sicher, daß er sie nicht sieht, denn er vollführt seine Arbeit in tiefer Finsternis. Aber er berührt sie, und wenn der mit hartem Horn bekleidete Käfer auch nur über einen geringen Tastsinn verfügt, so ist er nach allem doch nicht gefühllos für anmutig geführte Umrisse. Vielleicht ist die Antwort auf die vorhin gestellte, anscheinend unlösbare Frage außerordentlich einfach. Was weiß die Blume von ihrer prächtigen Blumenkrone, die Schneeflocke von ihren zarten sechsstrahligen Sternchen? Wie Blume und Schnee, mag auch der Skarabäus das Schöne nicht kennen, und dennoch ist sein Werk schön.

Nachdem der Altmeister der Insektenforschung endlich hinter das Geheimnis der Fortpflanzung des heiligen Pillendrehers gekommen war, ruhte er nicht eher, als bis er auch die Art und Weise, wie der Käfer die zierliche Birne formt, ferner sein Verhalten im Larven- wie im Puppenzustand und die endliche Befreiung des fertig ausgebildeten Insektes aus der hartgewordenen Hülle mit eigenen Augen beobachtet hatte.

Das Weibchen rollt seine Pille aus Schafmist bis zu einer ihm geeignet erscheinenden Stelle, wo es seine Höhle gräbt, um dann den Ball, ganz oder in Stücken, hineinzuschaffen. In mehrtägiger Arbeit wird nun die Birne geformt, nachdem zuvor der Klumpen in kleine Teile zerpflückt wurde zur Beseitigung etwa darin verborgener kleiner Schädlinge, die dem Ei oder der Larve gefährlich werden könnten. Hierauf knetet das Insekt zunächst den bauchigen Teil der Birne als Kugel, an deren oberem Pol alsdann durch Drücken eine Mulde mit der ovalen Brutkammer hergestellt wird, die ein aus der weichen Masse hervorgequollener Wulst umgibt (Abb. 3). Vom Rande aus wird nun Stückchen für Stückchen eine Kuppel (der Birnenhals) darüber gewölbt, durch eine bis zuletzt gelassene Öffnung das Ei hineingelegt, und dann die Spitze der Birne durch einen Pfropf verschlossen, worauf die Mutter das Erdloch verläßt.

Die Larve (Abb. 4) ist ein hakenförmig gekrümmter Wurm, der alsbald eifrig zu fressen beginnt, von seinem untrüglichen Instinkt geleitet jedoch mit seinen Kiefern niemals die dünnen Wände der Spitze antastet, deren Durchbohrung ihm verhängnisvoll werden würde. Er verzehrt nach und nach den ganzen Inhalt des kugeligen Teiles der Birne, bis ringsum nur noch die harte Kruste übrig ist. Sein Verdauungsapparat ist dreimal so lang wie das ganze Tier und daher in der aus Abb. 5 ersichtlichen Weise angeordnet, um im Innern des Leibes Platz zu finden. Wie eine Seitentasche ist ihm ein Ergänzungsmagen angehängt, in dem das Gefressene aufgespeichert und gründlich verdaut wird. Wenn Fabre an irgendeiner Stelle ein Loch in die Hülle der Birne bohrte, so streckte die Larve sofort ihren schräg abgestutzten Hinterleib dorthin und vermauerte die Öffnung rasch wieder, indem aus ihrer Afteröffnung ein Klebstoff hervorquoll, der alsbald erhärtete. Man findet auf der Birne nicht selten niedere Kryptogamen (Lagerpflanzen) angesiedelt (Abb. 6), deren eindringende Saugwarzen die Rinde spalten; solche Ritzen werden dann von der Larve in derselben Weise geschlossen.

Nach 4 bis 5 Wochen verwandelt sich die Larve in eine Puppe, aus der schließlich der fertige Käfer hervorgeht. – Unter der Einwirkung der Hitze ist die Kruste der Birne natürlich längst steinhart geworden. Um aus seinem Gefängnis befreit zu werden, muß der junge Pillendreher daher warten, bis der erste Herbstregen fällt, der das Erdreich durchdringt und die Hülle erweicht, worauf er sie durchbricht und dem Tageslicht und den Freuden des Sonnenscheines zueilt.

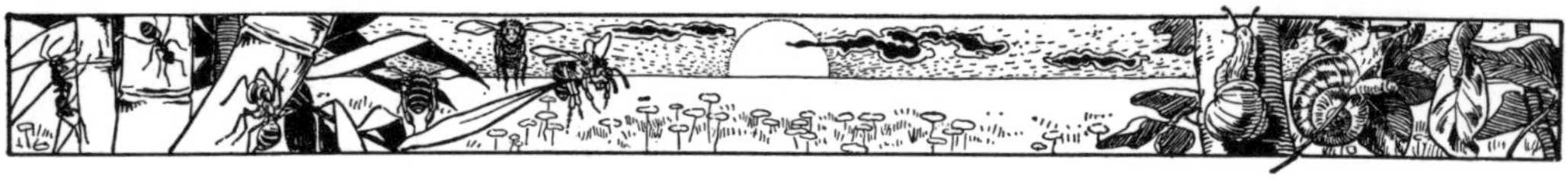

Das Werk der Schmeißfliege.

Um die Erde von dem Schmutz des Todes zu säubern und die abgestorbenen animalischen Stoffe in die Schätze des Lebens zurückkehren zu lassen, sind Legionen am Werke, dieses Metzgergeschäft zu besorgen: in unserer Gegend vor allem die Schmeiß- oder blaue Fleischfliege, auch Brummer oder Brechfliege genannt (Musca [Calliphora] vomitoria L., bzw. erythrocephala Meig.)*) und die graue Fleischfliege (Sarcophaga carnaria L.). Die erstere kennt jedermann: es ist die dicke Brummfliege, die, nachdem sie ihren Streich in dem schlecht behüteten Speiseschrank vollbracht hat, unter fortwährendem, hörbarem Brummen beständig mit dem Kopfe gegen die Fensterscheiben anrennt. Sie will dann hinaus, um an der Sonne jene andere Aussaat von Keimen reifen zu lassen. Wie legt sie ihre Eier ab, aus denen die verhaßten Larven hervorgehen, die sich unsere Fleischvorräte zunutze machen? Worin bestehen ihre Listen, und wie können wir uns dagegen schützen? Dies soll der Gegenstand meiner Untersuchung sein.

Die blaue Fleischfliege besucht unsere Wohnstätten häufig im Herbst und in einem Teile des Winters, bis die Kälte strenger wird; draußen aber kann man sie bereits an schönen Februartagen sich an von der Sonne bestrahlten Mauern wärmen sehen. Im April bemerke ich die Brummer zahlreich auf den Blumen des Laurustin (Viburnum tinus L.), wo sich augenscheinlich die Paarung vollzieht, während sie an den zuckersüßen Ausschwitzungen der kleinen weißen Blumen nippen. Wenn dann der Herbst kommt, brauche ich nicht hinter den Gegenständen meines Studiums herzulaufen, sondern sie machen es meinen unter der Last der Jahre sich beugenden Beinen bequem und kommen zu mir ins Haus. Übrigens habe ich kräftige Gehilfen: die Familie ist von meinem Vorhaben unterrichtet, und jedes bringt mir in kleine Papierdüten die an den Fensterscheiben gefangenen geräuschvollen Besucherinnen. Auf diese Weise bevölkert sich meine Voliere, bestehend aus einer großen Drahtglocke, die auf einer mit Sand gefüllten Unterschüssel ruht. Ein Näpfchen mit Honig bildet den Speiseraum der Gefangenen. Damit ihre Muttersorge sich betätigen kann, brauche ich kleine Vögel, die mein Sohn für mich im Garten schießt.

Ich bringe einen vorgestern getöteten Hänfling unter die Drahtglocke und setze, um jede Verwechslung auszuschließen, nur eine einzige blaue Fleisch-

*) Neben der über die ganze Erde verbreiteten Stubenfliege (Musca domestica Meig.) ist auch diese Brummfliege überall anzutreffen. In den Zimmern belästigt sie den Menschen zwar nicht wie jene, ist dagegen in den Speisekammern und da, wo Fleischwaren aufbewahrt werden, ein höchst mißliebiger Gast. „Sie beschenkt nämlich" – nach Taschenberg – „alle möglichen Fleischwaren, frische, wie gekochte oder gebratene, tote und halbtote Tiere, sei es, daß sie für den Küchengebrauch aufgehängt sind, oder als Leichen oder kränkelnde und wehrlose Geschöpfe von ihr im Freien getroffen werden, im Vorübergehen auch alten Käse mit einem gedrängten Häuflein weißer Eier, ‚Schmeiß' genannt." Sie ist stark beborstet, in der Größe sehr schwankend (von 6 bis 8,75 mm und noch mehr), mit graustriemigem Rückenschild und stahlblauem Hinterleib. Seit Meigen unterscheidet man die M. vomitoria L. mit schwarzen, rotbehaarten Backen von der M. erythrocephala Meig. mit rotgelben, schwarz behaarten Backen. „Die letztere hat außerdem ein ganz gelbrotes Untergesicht, beim Männchen ist die Stirn breiter, und im ganzen ist der Körper etwas mehr bestäubt, so daß er immer ein lichteres Aussehen hat. Sie ist in unseren Wohnungen und Städten die allgemein verbreitete und alleinige, während die andere mehr im Freien auftritt."
Anm. d. Übers.

fliege dazu. Ihr geschwollener Hinterleib kündet die nahe bevorstehende Eiablage an, und wirklich ist die Gefangene eine Stunde darauf, nachdem sie sich über die Einsperrung beruhigt hat, schon vollauf bei ihrer Arbeit. Mit holperigen, kurz abgesetzten Schritten untersucht sie das kleine Wild, geht mehrmals vom Kopf bis zum Schwanz und in umgekehrter Richtung hin und her, um sich endlich in der Nähe des einen, ganz zusammengeschrumpften Auges niederzulassen. Hierauf bohrt sie die im rechten Winkel umgebogene Legeröhre in die Zusammenfügungsstelle des Schnabels, dicht an seiner Basis, und nun geht eine halbe Stunde lang die Eiablage, die in Häufchen erfolgt, vor sich. Dann ruht die Fliege sich eine Weile am Drahtgitter aus, wobei sie die Hinterbeine gegeneinander reibt und ihr Werkzeug, die leitende Senknadel ihrer Keime, putzt und glättet, bis sie es von neuem benutzt. Nach der Pause kehrt sie wieder zu dem Schnabel zurück und legt abermals Eier; mit solchen Abwechslungen geht es weiter, bis das Werk vollendet ist. Die Fliege kehrt nicht wieder zu dem Vogel zurück, ein Beweis, daß ihre Eierstöcke erschöpft sind. Am andern Tage ist sie tot. Die Eier finden sich in fortlaufender Schicht angeklebt am Eingang der Kehle, an der Basis der Zunge, auf dem Gaumensegel. Ihre Anzahl scheint beträchtlich zu sein, denn die ganze Kehlwand ist von ihnen weißlich gefärbt. Ich halte den Schnabel durch ein zwischen Unter- und Oberschnabel geklemmtes kleines Hölzchen offen, damit ich sehen kann, was darin vorgeht. Bereits nach 24 Stunden schlüpfen die Maden aus, worauf diese wimmelnde Masse alsbald in der Tiefe der Kehle verschwindet.

Während die Fliege ihre Eier legte, war der Schnabel des Vogels geschlossen, so daß an der Basis nur ein enger Spalt blieb, kaum genügend, um ein Haar hindurchzustecken. Auf diesem Wege ist die Eiablage erfolgt: indem sie ihre Legröhre wie ein Fernrohr auseinanderzog, hat die Schmeißfliege durch jene Enge ihr Werkzeug eingeführt, dessen Spitze durch eine hornartige Einfassung etwas gehärtet ist. Die Feinheit der Sonde entspricht der Feinheit des Eingangs. An welcher Stelle werden die Eier aber niedergelegt, wenn der Schnabel vollständig geschlossen ist? Ich schnüre ihn mit einem Faden zusammen und bringe eine zweite Fliege unter das Drahtgitter. Diesmal werden die Eier auf das eine Auge des Vogels, zwischen Lid und Augapfel, gelegt, und die ausgeschlüpften Maden verschwinden in dem Fleisch der Augenhöhle. Die Augen und der Schnabel scheinen also die beiden Hauptzugänge zu gefiedertem Wild zu sein; als dritter kommen bei geschossenen Vögeln die Wunden hinzu. Bei einem Hänfling, den ich einer dritten Eierlegerin unter der Glocke vorsetze, habe ich die erstgenannten Wege durch eine um den Kopf gebundene Papierkapuze unzugänglich gemacht. Ein Schrotkorn hat den Vogel in die Brust getroffen, die Wunde ist aber nicht blutig, sondern durch einen Bausch von Flaum verschlossen, den das Blei hineingepreßt hatte, und von außen nicht wahrnehmbar. Außerdem habe ich das Federkleid darüber mit einem Pinsel geglättet und wieder in Ordnung gebracht.

Die Fliege untersucht den Vogel aufmerksam von einem Ende bis zum anderen, mit ihren Vorderfüßen Brust und Bauch beklopfend. Es ist eine Art Auskultation durch das Gefühl; an der Art, wie das Gefieder zurückwirkt, erkennt das Insekt, was darunter ist (wenn der Geruchssinn dabei mitwirkt, kann dies nur in geringem Maße der Fall sein, da der Vogel noch keinen Wildbretgeruch hat). Schnell ist die Stelle entdeckt, wo sich unter dem Federkleid die Wunde befindet. Ohne diese durch Beiseiteschieben der Federn bloßzulegen, läßt die Fliege sich oben darauf nieder und verharrt alsdann ein paar Stunden unbeweglich, während ihr Hinterleib unter den Federn verschwunden ist. Als sie fertig ist, untersuche ich den Vogel, finde aber weder auf der Oberhaut noch in der Mündung der Wunde etwas: ich muß erst den von Flaumfedern gebildeten Pfropf herausziehen und noch etwas tiefer suchen, um die Eier bloßzulegen. Bis dorthin hat die Fliege also ihre ausziehbare Legröhre verlängern müssen. Die Eier befinden sich dort in einem einzigen Paket; ihre Zahl beträgt etwa 300.

Wenn Schnabel und Augen für die Fliege unzugänglich gemacht wurden, wenn außerdem der Vogel keine Wunde hat, so findet die Eiablage dennoch statt, diesmal jedoch zögernd und sparsam.

Ich rupfe den Vogel vollständig, um besser beobachten zu können, und umgebe seinen Kopf mit einer Papierhülle. Die Fliege untersucht den Körper nach allen Richtungen; sie weilt mit Vorliebe auf dem Kopfe, den sie mit ihren Vorderfüßen beklopft. Sie weiß, daß unter dem Papier sich die Öffnungen befinden, die für ihre Zwecke nötig sind; sie kennt ebenso genau aber auch die Kraftlosigkeit ihrer Würmchen, die außerstande sind, jenes befremdliche Hindernis zu durchbohren und zu durchschreiten, das auch sie selbst hemmt und das Spiel der Legeröhre hindert. Die Kapuze flößt ihr tiefes Mißtrauen ein, und ungeachtet des Reizes des verhüllten Kopfes, der sie in Versuchung führt, wird kein Ei auf die Umhüllung niedergelegt, wie dünn sie auch sein mag. Endlich entscheidet sich die Fliege für andere Stellen, jedoch nicht auf Brust, Bauch oder Rücken, wo die Haut ihr scheinbar zu zäh und das Licht zu lästig ist; sie bedarf dunkler Verstecke, Schlupfwinkel, wo die Haut sehr fein ist. Die gewählten Stellen sind die Achselhöhle und das Schenkelende, wo es den Bauch berührt. Hier wie dort werden Eier abgelegt, allein wenig zahlreich; man sieht deutlich, daß diese Punkte nur widerstrebend und in Ermanglung eines günstigeren Platzes angenommen wurden. Zu bemerken ist noch, daß die Eier auf einen Vogel mit abgezogener Haut oder ein Stück Schlachtfleisch an irgend beliebiger Stelle abgelegt werden, wenn sie nur dunkel ist; die dunkelsten werden bevorzugt.

Es ergibt sich aus dem Vorstehenden, daß die blaue Fleischfliege bald Wunden oder Stellen, wo das Fleisch bloß liegt, bald die Schleimhäute der Kehle und der Augen aufsucht, lauter Punkte, die durch keine wiederstandskräftige Haut geschützt sind. Wenn man also ein Stück vor den Schmeißfliegen sichern will, so muß man es mit einer Art künstlicher Epidermis umgeben, welche die Schmeißfliege ebenso vom Legen abhält, wie es die natürliche Haut tun würde. Ich stecke eine Anzahl toter Vögel, teils mit tiefen Wunden, teils fast unversehrt, einzeln in Säckchen aus gewöhnlichem Zeitungspapier und lasse diese oben zugekniffenen Tüten auf dem Tische in meinem Laboratorium liegen, dessen Fenster stets offen bleiben. Durch den Geruch angelockt, kommen zahlreiche Brummer herbei, setzen sich auf die Säckchen und untersuchen sie sehr geschäftig. An ihrem unaufhörlichen Kommen und Gehen erkennt man die brennende Begierde, allein keine einzige entschließt sich, Eier auf die Hülle zu legen. Sie versuchen nicht einmal, die Legeröhre in die Furchen der Papierfalten hineinzuschieben. Alle diese Mütter enthalten sich dessen, weil sie das dünne Hindernis des Papiers als für ihre Maden unüberwindlich erachten. Diese Voraussicht des Zweiflüglers überrascht mich nicht, denn die Mütterlichkeit hat auf allen Stufen einen hellseherischen Blick. Dagegen wundert mich ein anderes Ergebnis.

Die Säckchen mit den Vogelleichen bleiben das ganze Jahr über unzugedeckt auf meinem Arbeitstische liegen, dann noch ein zweites und drittes Jahr. Von Zeit zu Zeit untersuche ich den Inhalt: die Vögelchen sind unversehrt, geruchlos, dürr und leicht – sie haben sich nicht zersetzt, sondern mumifiziert. Statt sich in Fäulnis aufzulösen, sind die Kadaver eingetrocknet und hart geworden. Was hat ihnen gemangelt, so daß der Verwesungsprozeß nicht eintreten konnte? Ganz einfach, die Vermittlung des Zweiflüglers, dessen Larve oder Made die ursprüngliche Ursache der Zersetzung bildet: sie ist der Fäulnis verursachende Scheidekünstler (wahrscheinlich durch den von ihr ausgesonderten flüssigen Unrat).

Daraus läßt sich eine für das praktische Leben nicht unwichtige Folgerung ziehen. Auf unseren Märkten, insbesondere denen des Südens, hängt das feilgebotene Vogelwild ungeschützt an den Haken der Verkaufsstände. Gar manches Stück, das äußerlich tadellos aussah, muß der Käufer jedoch fortwerfen, wenn die Herrichtung in der Küche beginnt, weil es von Maden wimmelt. Hier ist, wie jedermann weiß, die Schmeißfliege der Übeltäter gewesen, und doch denkt niemand ernstlich daran, sich davor zu schützen, weder der Kleinhändler noch die großen Versandgeschäfte noch der Jäger. Und doch ist nichts weiter nötig, um das Erscheinen der Würmer zu verhindern, als jedes Stück in eine papierene Schutzhülle zu stecken. Wenn man diese Vorsichtsmaßregel sofort beobachtet, vor dem Eintreffen des Zweiflüglers, so ist jedes Stück Wild (ebenso wie jedes andere Stück Geflügel oder Fleisch) unangreifbar und kann ruhig den Grad der Reife abwarten, den die Feinschmecker verlangen. Nun wird der Verkäufer allerdings seine Rebhühner, Schnepfen usw. den Blicken der Vorübergehenden nicht entziehen wollen, indem er sie ganz und gar mit Papier umhüllt. Es genügt aber schon, lediglich den Kopf der Vögel mit einer Papierkapuze zu umgeben, da jener Teil, wie wir sahen, der am meisten bedrohte ist.

Aasfliegen am Werk.
Die um den toten Vogel beschäftigten Fliegen sind unsere bekannten Brummer: die Schmeißfliege (Musca vomitoria L.). Das in der Luft schwebende Exemplar (+) ist eine graue Fleischfliege (Sarcophaga carnaria L.).

Doch fahren wir fort, die Schmeißfliege zu befragen, indem wir unsere Erkundigungsmittel wechseln. Auf den Boden einer etwa 10 cm hohen Blechbüchse lege ich ein Stück vom Metzger geliefertes Fleisch und setze den Deckel schräg so auf, daß nur an einer Stelle eine schmale Ritze bleibt, durch die man kaum eine feine Nadel schieben kann. Alsbald erscheinen die Eierlegerinnen, einzeln oder mehrere zugleich, angelockt durch den aus dem engen Spalt dringenden Geruch, den meine Nase kaum wahrnimmt.

Sie untersuchen eine Zeitlang den metallenen Behälter und entschließen sich endlich, nachdem sie die Unmöglichkeit erkannt haben, zu dem begehrten Stück selbst vorzudringen, ihre Eier auf das Blech zu legen, unmittelbar neben die Ritze. Manchmal auch schieben sie, wenn es möglich ist, ihre Legeröhre in die Öffnung und legen im Innern, sogar auf den Rändern der Spalte, ihre Eier ab. Wir sahen, daß der Brummer auf der Papierhülle trotz der kadaverischen Ausströmungen des darin steckenden Vogels keine Eier legen wollte; jetzt tut er es ohne Zögern auf einem Streifen Metall. Sollte etwa das Material der Unterlage dabei mitsprechen? Ich nehme statt des Deckels aus Blech ein Papier, spanne es und klebe es ringsum an den Rändern fest. Mit der Spitze eines Federmessers mache ich dann einen feinen Spalt, und siehe da: die Eierlegerin nimmt jetzt auch das Papier an. Ausschlaggebend ist für sie offenbar nicht einfach der Geruch, der auch durch das nicht mit einer Ritze versehene Papier wahrnehmbar ist, sondern vor allem eben diese Spalte, die dem draußen, in der Nähe dieser engen Passage ausgeschlüpften Würmchen den Eintritt in das Innere ermöglicht. Die Mutter der Maden hat ihre Logik, ihre gescheite Voraussicht. Sie kennt im voraus die Schwäche ihrer Würmchen, die sich keinen Weg durch ein Hindernis von gewissem Widerstand zu bahnen vermögen; daher hütet sie sich trotz des verführerischen Geruches, ihre Eier dort abzulegen, wo sie keine Öffnung gewahrt, durch die die Neugeborenen schlüpfen können.

Ich möchte nun noch in Erfahrung bringen, ob die Farbe, der Glanz, die Festigkeit und andere Eigenschaften des Hindernisses einen Einfluß ausüben auf die Entschließungen der Mutter, die ihre Eier unter außergewöhnlichen Umständen legt. Zu diesem Zweck nehme ich kleine, weitbauchige Gläser, jedes beködert mit einem Stück rohen Fleisches, und verschließe das Mundstück teils mit Papier von verschiedener Farbe, teils mit Wachstuch oder Stanniol. Auf keinem dieser Verschlüsse machen die Schmeißfliegen halt, um dort ihre Eier abzulegen; sobald ich aber mit dem Messer einen schmalen Spalt hineinritze, finden sie sich früher oder später ein und verrichten ihr Werk in der Nähe der Öffnung. Offenbar bestimmt das Vorhandensein einer solchen Ritze ihre Handlungsweise.

Sobald die weißen, kegelförmigen, hinten abgestutzten, augenlosen Maden aus den sich der Länge nach spaltenden Eiern gekrochen sind, wissen sie, durch den Geruch sicher geleitet, ihre Speisekammer zu finden. Ohne Zögern schieben sie sich unter dem Rande des nicht ganz verschlossenen Deckels fort oder durch den mit dem Messer hergestellten Engpaß. Drinnen lassen sie sich aber nicht etwa ungeduldig auf das Stück Fleisch herunterfallen, sondern schlängeln sich sachte an der Wandung abwärts, bis sie das Fleisch erreicht haben, in das sie sich hineinarbeiten. (Es sei noch erwähnt, daß die Larven, wenn sie nach 8–14 Tagen ihre volle Größe erlangt haben, durch bloße Verdickung der Haut zu einer tonnenförmigen Puppe werden, aus der nach weiteren 14 Tagen die Fliege ausschlüpft.)

Wir wollen jetzt unsere Untersuchung nach einem veränderten Plane fortsetzen. Ein Reagenzglas, das über eine Handspanne hoch und auf dem Boden in der früheren Weise beködert ist, wird mit einem Drahtgeflecht verschlossen, durch dessen Maschen der Zweiflügler nicht zu schlüpfen vermag. Durch den Geruch angezogen, kommen zahlreiche blaue Fleischfliegen herbei, setzen sich auf den Verschluß und untersuchen ihn aufmerksam. Sei es nun, daß das Netz der Metallfäden ihnen Mißtrauen einflößte, oder daß andere ungünstige Umstände mitspielten, kurzum, ich konnte kein einziges Mal mit Sicherheit eine Eierablage beobachten. Da ihr Zeugnis für mich also zweifelhaft bleibt, nehme ich meine Zuflucht zu der grauen Fleischfliege (Sarcophaga carnaria L.).*)

Diese, weniger bedenklich und sich auch auf die Stärke ihrer Maden verlassend, die völlig ausgebildet und schon kräftig geboren werden, zeigt

*) Auch diese Schmeißfliege variiert ungemein in der Größe, sie wird 10–14 mm lang: Kopf glänzend schwarzgelb, Hinterleib schwarz gewürfelt, Taster schwarz, Flügeladern braunschwarz. Diese Fliege ist vivipar, d.h. sie legt keine Eier, sondern gebiert Maden, die bereits im Mutterleibe aus dem Ei schlüpfen. Die Larven nähren sich ebenfalls von faulenden tierischen Stoffen, man hat sie sogar beim Menschen in eiternden Geschwüren angetroffen. Anm. d. Übers.

mir bereitwillig, was ich sehen will. Sie untersucht das Drahtgeflecht, wählt eine Masche aus, in die sie das Ende ihres Hinterleibes hineinsteckt, und gibt nun rasch hintereinander etwa ein Dutzend Maden von sich, deren Zahl sich bei den mehrfach wiederholten Besuchen rasch vermehrt. Die Neugeborenen sind etwas klebrig und bleiben daher einen Augenblick an dem Drahtnetz haften. Dann wimmeln sie durcheinander, arbeiten sich los und stürzen sich in den Abgrund, der – wie erwähnt – mindestens eine Handspanne tief ist. Nachdem dies geschehen ist, fliegt die Mutter fort; sie weiß, daß ihre Kinder allein fertig werden. Ich bewundere diesen Purzelbaum; um jedoch zu erfahren, bis zu welcher Höhe die graue Fleischfliege es wagen wird, die Larven herabfallen zu lassen, bringe ich meinen Apparat durch eine Glasröhre von dem Durchmesser eines Flaschenhalses auf eine Höhe von 65 cm. Den oberen Verschluß bildet wiederum eine Drahthaube oder ein Kapseldeckel aus Papier, worin ich mit dem Messer einen feinen Spalt mache. Auch jetzt ist der Absturz unbedenklich für das geschmeidige Rückgrat der jungen Larven; erst als ich die Höhe durch eine zweite Röhre bis auf 1,2 m steigere, findet keine Eierablage mehr statt: drei Monate lang lasse ich den Apparat während der günstigsten Jahreszeit stehen, allein es zeigt sich keine einzige Larve darin. Fürchtet die Mutter vielleicht für ihre Larven die Quetschungen, die ein übermäßig hoher Sturz hervorbringen könnte? Ich sehe freilich keine von ihnen jemals die Röhre untersuchen und deren Länge ausmessen. Sie bleiben ruhig auf dem oberen Verschluß sitzen; möglicherweise jedoch können sie nach dem Schwächerwerden des bis dorthin emporsteigenden Fleischgeruches die Tiefe des Abgrundes schätzen. Solange indes der Fall ein gewisses Maß nicht übersteigt, werden die neugeborenen Larven der grauen Fleischfliege ohne Umstände herabgestürzt; dies bestätigen alle Versuche. Diese Erfahrung führt uns zu einer Nutzanwendung von einigem Werte für den Haushalt. Es ist ja gut, daß die Wunder der Insektenkunde uns mitunter zu den Trivialitäten des Nützlichen leiten.

Unsere gewöhnlichen Speiseschränke stellen eine Art Käfig dar, dessen vier Seitenwände aus Metalldraht gebildet werden, während die Decke und der Boden aus Brettern bestehen. Oben angebrachte Haken dienen zum Aufhängen der Stücke, die man vor den Fliegen schützen will. Um den Raum besser auszunutzen, werden sie auch oft auf dem Boden (oder auf etwaigen wagerechten Querwänden) niedergelegt. Diese Anordnung schützt die Vorräte vielleicht vor den Maden der blauen Fleischliege, die wenig geneigt scheint, ihre Eier auf ein Gitter in größerer Entfernung von dem Fleisch zu legen; dann bekommt man es aber noch mit der grauen Fleischfliege zu tun, die – wie wir sahen – die Larven durch die Maschen des Drahtgeflechtes in das Innere hinabfallen läßt. Gegen diese sichert auch keine Drahtglocke, die man über die Vorräte stülpt.

Was ist also zu tun? Es genügt ganz einfach, jedes Stück Geflügel oder Fleisch mit einer papierenen Hülle zu umgeben. Bei Anwendung dieses Schutzmittels, das die Luft genügen zirkulieren läßt, ist jedes Eindringen von Larven unmöglich – sogar ohne Drahtglocke und Speiseschrank. Nicht etwa, weil das Papier besonders präservierende Eigenschaften besäße, sondern weil es eine undurchdringliche Schutzwand bildet. Die blaue Fleischfliege hütet sich ebenso, ihre Eier darauf zu legen, wie die graue keine Larve darauf bringt, weil beide wissen, daß ihre Jungen nicht imstande sind, durch dieses Hindernis zu dringen.

Ebenso erfolgreich ist das Papier in dem häuslichen Kampfe gegen die Motten oder Schaben, deren Raupen Wollenstoffe, Pelzwerk usw. zerfressen. Um diese Schädlinge fernzuhalten, erweisen sich Kampfer, Naphtalin, Tabak und andere starkriechende Stoffe häufig wirkungslos. Ich rate vielmehr den Hausfrauen, diese ganze Drogerie durch Zeitungen von geeignetem Format zu ersetzen. Das zu schützende Stück wird sorgfältig in eine Zeitung eingepackt, deren Ränder man doppelt zusammenfalzt und gut mit Nadeln feststeckt. Wenn der Verschluß wirklich sicher ist, werden die Motten niemals hineingelangen. Seitdem auf meinen Rat diese Methode in meinem Haushalte angewendet wird, haben jene lästigen Schädlinge kein Unheil mehr anrichten können.

Die Chemie der Brummerlarven.

Sobald die Larven der Schmeißfliege (Musca vomitoria) in dem Zwischenraum von zwei Tagen während der heißen Jahreszeit ausgeschlüpft sind (teils im Innern meiner Apparate und unmittelbar auf dem Stücke Fleisch, teils auswendig am Rande eines das Hineinkriechen ermöglichenden Spaltes), begeben sie sich sogleich an die Arbeit. Sie fressen nicht im eigentlichen Sinne des Wortes, das heißt: sie zerteilen ihre Nahrung nicht, zermalmen sie nicht mittels der Kauwerkzeuge. Die Mundteile der Brummerlarve*) eignen sich nicht für diese Art Arbeit; sie bestehen nämlich aus zwei gekrümmten Stäbchen, eines gegen das andere gleitend und nicht entgegenstellbar mit ihren hakenförmigen Enden, – eine Anordnung, die jegliche Benutzung zum Erfassen und Zerschroten ausschließt.

Die beiden Kehlhaken helfen mehr beim Marschieren als bei der Ernährung. Die Larve bohrt sie wechselweise in den zurückgelegten Weg und rückt dann mittels einer Zusammenziehung des Hinterteils jedesmal um soviel weiter. Sie ersetzen ihr den eisenbeschlagenen Stock, der uns als Stütze dient. Dank dieser Mundmechanik bewegt sich der Wurm nicht nur auf der Oberfläche eines Fleischstückes hin und her, sondern dringt auch mit Leichtigkeit in das Innere; ich sehe ihn darin verschwinden, als wenn er in Butter eintauchte. Er bahnt sich seinen Durchgang, nimmt dabei aber nur einige Schlucke Flüssigkeit zu sich, ohne selbst das winzigste feste Stückchen abzulösen und zu verschlingen. Das ist nicht seine Ernährungsweise: die Larve bedarf vielmehr einer Kraftbrühe, einer Art flüssigen Liebigextraktes, den sie selbst bereitet. Da schließlich verdauen nichts anderes heißt als flüssigmachen, so kann man in der Tat behaupten, daß die Larve der Schmeiß- oder blauen Fleischfliege ihre Nahrung vor dem Verschlingen verdaut.

Um Leuten mit schwachem Magen die Verdauung zu erleichtern, schaben die Verfertiger pharmazeutischer Erzeugnisse sorgfältig gereinigte Schweine-, Lämmer- oder Kälbermagen auf der inneren Seite mit einem Knochenmesser und erhalten so (nach Vermengung dieses Schleimes mit gewissen Zutaten und späterem Filtrieren und Trocknen) Pepsin. Es ist dies eine von den Labdrüsen der Magenschleimhaut abgesonderte, ferment- (d.h. gärungs- oder fäulnis-) artig wirkende Substanz, welche die Eigenschaft besitzt, eiweißartige Körper, insbesondere das Muskelfleisch, aufzulösen. Wenn die Pepsinfabrikanten den Magen der Brummerlarve abschaben könnten, so würden sie ein Erzeugnis von viel hervorragenderer Beschaffenheit erhalten, denn jener Wurm besitzt seine eigene Sorte Pepsin von ganz einziger Wirksamkeit. Die nachstehend beschriebenen Experimente werden dies dartun.

Ich zerschneide in siedendem Wasser gekochtes Eiweiß in Würfelchen, die ich in ein kleines Probierglas fülle. Auf ihre Oberfläche streue ich Eier der Schmeißfliege, – Eier ohne allen Makel, wie ich

*) Die kegelförmige Made wird, wie schon früher erwähnt, 11 mm lang, sie ist kopflos, weiß, nackt und lederartig. An der vorderen Leibesspitze stehen zwei schwarze Haken nach unten. Der schräg abgestutzte Endring weist eine schwache, von 12 Fleischspitzen umsäumte Höhlung auf, in deren oberer Hälfte die beiden Stigmen- oder Luftlochträger als blaßgelbe Wärzchen nebeneinander erscheinen. Der ausstülpbare After schiebt beim Kriechen nach und zeigt dabei auf jeder Seite eine kräftige Fleischspitze. Anm. d. Übers.

sie bei der Ablage auf der Außenseite der mit Fleisch beköderten und nicht ganz verschlossenen Blechbüchsen erhalten habe. Ein ähnliches Glas empfängt das Weiße eines gekochten Eies, jedoch nicht mit Fliegeneiern besetzt. Beide Gefäße, mit einem Wattepfropf verschlossen, bleiben dann in einem dunkeln Winkel stehen.

Nach einigen Tagen enthält die Röhre, in der das neugeborene Gewürm wimmelt, eine klare, wie Wasser durchsichtige Flüssigkeit; wenn ich es umstülpte, würde nichts darinbleiben. Alles Eiweiß ist verschwunden, flüssig geworden. Was die Larven betrifft, die schon ein bißchen gewachsen sind, so scheinen sie sich sehr unbehaglich zu fühlen. Die meisten vermögen ohne Unterstützung nicht die atembare Luft zu erreichen, sie tauchen in die von ihnen hergestellte Brühe unter und ertrinken darin. Einige, die kräftiger sind, schlängeln sich längs des Glases bis zu dem Wattepfropf hin und bringen es fertig, sich hindurchzuarbeiten. Ihre hakenbewehrte Leibesspitze ist der Nagel, der durch die faserige Masse dringt.

In der Röhre ohne Larven, die, neben der anderen stehend, den gleichen atmosphärischen Einwirkungen ausgesetzt ist, geht nichts Bemerkenswertes vor. Das gekochte Eiweiß hat seine mattweiße Farbe und seine Festigkeit bewahrt. Ich finde es genau so wieder vor, wie ich es in das Gefäß getan habe; höchstens lassen sich Spuren von Verschimmeln feststellen. Die aus diesem Anfangsversuch zu ziehende Folgerung liegt klar zutage; die Einwirkung der Brummerlarve verwandelt gekochtes Eiweiß in Flüssigkeit.

Man bewertet das pharmazeutische Pepsin nach der Quantität des gekochten Eiweiß, die ein Gramm dieses Pulvers flüssig machen kann. Die Mischung muß in einem Trockenofen einer Temperatur von 60° ausgesetzt und außerdem häufig geschüttelt werden. Meine Zubereitung, in der die Larven der Schmeißfliege aus den Eiern kriechen, wird weder geschüttelt noch der Hitze unterworfen, alles vollzieht sich in Ruhe und unter den thermometrischen Bedingungen der umgebenden Luft; trotzdem wird in wenigen Tagen das von dem Gewürm bearbeitete Eiweiß flüssig wie Wasser.

Was es für ein Reagens ist, das diese Flüssigmachung verursacht, entgeht meiner Untersuchung. Die Larven müssen es in unendlich kleinen Dosen von sich geben, indem ihre Kehlstäbchen in unausgesetzter Bewegung etwas aus dem Munde hervortreten, in ihn zurückkehren und von neuem erscheinen. Diese Kolbenstöße sind von der Aussendung des Lösungsmittels begleitet; wenigstens stelle ich mir es so vor. Der Wurm spuckt auf seine Nahrung und legt etwas darauf ab, was diese in Brühe verwandelt. Die Menge dieses Auswurfes zu berechnen, ist mir nicht möglich; ich stelle das Ergebnis fest, nehme jedoch die Ursache nicht wahr, die es hervorruft.

Dieses Resultat ist aber wirklich staunenerregend, wenn man die Geringfügigkeit der Mittel erwägt. Kein Pepsin, das von Schweinen, Lämmern oder Kälbern kommt, kann neben dem der Larve bestehen. Ich besitze ein Fläschchen mit Pepsin, das aus der Pharmazieschule von Montpellier stammt. Mit dieser nach den Regeln der Wissenschaft hergestellten Droge bepudere ich reichlich die Stücke von gekochtem Eiweiß, wie ich sonst die Eier der Schmeißfliege daraufschütte. Keine Einwirkung des Trockenofens, kein Zusatz von destilliertem Wasser oder von Salzsäure, der zur Beförderung der Wirkung empfohlen wird. Der Versuch wird genau so ausgeführt, wie bei der Röhre mit den Fliegenlarven.

Das Ergebnis ist durchaus nicht das von mir erwartete. Das Eiweiß wird nicht flüssig, sondern nur an der Oberfläche feucht. Ich durfte also mit Recht sagen: wäre die Sache ausführbar, dann würde es für die Apothekerkunst vorteilhaft sein, ihre die Verdauung befördernde Droge im Magen der Brummerlarve zu sammeln. Dieser Wurm ist darin dem Schwein, dem Lamm und dem Kalb überlegen.

Bei dem, was mir noch zu sagen erübrigt, wurde das gleiche Verfahren befolgt. Das zum Versuche benutzte Stück Fleisch lasse ich von den Larven, die aus den daraufgeschütteten Eiern der Schmeißfliege geschlüpft sind, nach ihrem Belieben bearbeiten. Das Muskelfleisch, einerlei ob vom Hammel, Ochsen oder Schwein, verwandelt sich in keine Flüssigkeit, sondern es wird zu einem fließen-

den Brei von rotbrauner Farbe. Leber, Lunge, Milz werden mehr angegriffen, ohne jedoch den Zustand einer halbflüssigen Marmelade zu überschreiten, die sich sehr leicht in Wasser verrühren läßt und sich darin sogar aufzulösen scheint. Ebensowenig wird die Gehirnmasse flüssig; sie löst sich einfach in eine feine Püree auf.

Andererseits erleiden die fetten Stoffe: Ochsenfette, frischer Speck, Butter keine wahrnehmbare Veränderung. Noch mehr: die Larven gehen darauf schnell zugrunde und sind unfähig, auch nur ein wenig zu wachsen. Derartige Nahrungsmittel sagen ihnen nicht zu; aus welchen Gründen wohl nicht? Augenscheinlich, weil sie sich durch das von den Larven von sich gegebene Reagens nicht flüssig machen lassen. Ebenso greift das gewöhnliche Pepsin die fetten Stoffe nicht an; es ist Pankreatin*) erforderlich, um sie in eine Emulsion zu verwandeln. Dieses merkwürdige Zusammentreffen der Eigenschaften: positiv gegenüber den Eiweißstoffen, negativ gegenüber fetten Stoffen, bestätigt die Ähnlichkeit und vielleicht sogar die Gleichartigkeit des Auflösungsmittels, das die Larven von sich geben, und des von den höheren Tieren stammenden Pepsins.

Ein anderer Beweis dafür ist folgendes. Tadelloses Pepsin löst die Oberhaut eines tierischen Körpers, die ein Stoff von hornartiger Natur ist, nicht auf; ebensowenig tut dies das Pepsin der Larven des Zweiflüglers. Es gelingt mir unschwer, solche Larven aufzuziehen mit toten Grillen, denen ich den Bauch geöffnet habe. Bleiben die Grillen jedoch unversehrt, dann bringe ich es nicht fertig, da die Larven den nahrhaften Wanst nicht zu durchbohren vermögen; die Epidermis verwehrt es ihnen, auf die ihr Lösungsmittel keine Wirkung ausübt. Wenn ich aber Froschschenkel benutze, von denen ich die Haut abgestreift habe, so wird das Fleisch des Batrachiers zu Brühe und verschwindet bis auf den Knochen. Entblöße ich sie dagegen nicht, so bleiben sie inmitten des Gewürms unberührt. Ihre feine Haut genügt, um sie zu schützen.

*) Ein aus der Bauchspeicheldrüse (Pankreas) des Schweines oder des Rindes dargestelltes flüssiges oder festes Präparat, das wie Bauchspeichel wirkt und gleichfalls arzneilich benützt wird. Anm. d. Übers.

Diese Unwirksamkeit auf die Epidermis erklärt uns, weshalb die blaue Fleischfliege ihre Eier nur auf ganz bestimmte Stellen des dazu benutzten Tieres legt. Sie bedarf der zarten Schleimhäute in den Nasenlöchern, den Augen, in der Kehle oder aber der Wunden, wo das Fleisch bloßliegt. Keine andere Stelle paßt ihr, mag sie auch hinsichtlich des Geruches und des Schattens ausgezeichnet sein. Findet die Fliege nichts Besseres, weil meine Kunstgriffe dies verhindern, dann entschließt sie sich höchstens, einige Eier unter die Achselhöhle eines gerupften Vogels zu legen oder wohl in die Leistengegend – Stellen, an denen die Oberhaut von ausnahmsweiser Feinheit ist.

In ihrer mütterlichen Voraussicht kennt die Schmeißfliege ganz vortrefflich die für sie in Betracht kommenden Stellen auf der Oberfläche eines toten Körpers, die allein geeignet sind, weich und flüssig zu werden durch den Angriff des Saftes, den die Neugeborenen ausspeicheln. Die Chemie der Zukunft ist ihr vertraut, obwohl sie für ihre eigene Mahlzeit keinen Gebrauch davon machen kann; die Mütterlichkeit, diese hohe Eingeberin der Instinkte, belehrt sie darüber.

So genau die blaue Fleischfliege es mit der Auswahl der Punkte nimmt, an denen ihre Eier abgelegt werden sollen, so wenig kümmert sie sich um die Qualität der Lebensmittel, die für ihre zukünftige Familie bestimmt sind. Jeder Kadaver ist ihr recht. Der gelehrte Italiener Redi*), der als erster die alte und törichte Vorstellung von den durch Fäulnis sich bildenden Würmern zerstörte, ernährte das Gewürm in seinen Apparaten mit den verschiedenartigsten Fleischsorten. Das Fleisch vom Tiger und Löwen, vom Bären und Leopard, vom Fuchs und Wolf, Hammel und Ochsen, Pferd und Esel und von anderen Tieren, die ihm die reichhaltige Menagerie zu Florenz lieferte, machte die auferlegte Diät ab-

*) Francesco Redi (1626–1697), Leibarzt des Großherzogs von Toskana, wies nach, daß in keiner faulenden Flüssigkeit Würmer oder Maden entstehen können, wenn man die Fliegen abzuhalten weiß, die ihre Eier hineinlegen; nur bezüglich der Eingeweidewürmer, deren Vorkommen er studierte, blieb auch er noch wesentlich bei der Urzeugung stehen.

wechslungsreich. Diese Verschwendung war nicht nötig; Wolf und Hammel sind im Grunde dieselbe Sache für einen Magen ohne Vorurteile.

Als ein späterer Schüler des Geschichtschreibers der Würmer nehme ich das Problem unter einem Gesichtspunkte wieder auf, an den Redi nicht gedacht hat. Alles Fleisch, das von einem Tiere höherer Ordnung herrührt, sagt der Familie des Zweiflüglers zu; wird dies auch der Fall sein, wenn das Stück von minder hoher Organisation ist, wenn es beispielsweise von Fischen, Mollusken, Tausendfüßern usw. herrührt? Werden die Larven auch solche Nahrung annehmen, und vor allem, was die Hauptsache ist, werden sie imstande sein, sie flüssig zu machen?

Ich gebe ihnen ein Stück rohen Weißfisches (Gadus merlangus). Das Fleisch ist weiß, fein, halb durchsichtig, für unseren Magen leicht verdaulich und nicht weniger für das Auflösungsmittel der Larve. Diese verwandelt es in eine opalfarbene Lösung, die wie Wasser fließt, ganz ähnlich wie das gekochte Eiweiß flüssig wird. Solange sich noch einige feste Inselchen darin befinden, wachsen die Larven; dann, wenn ihnen der feste Halt mangelt, und das Ertrinken in der allzu flüssigen Brühe droht, kriechen sie beunruhigt auf die gläserne Wand, um sich davonzumachen. Sie steigen empor bis zu dem Wattepfropf, der die obere Öffnung verschließt, und mühen sich ab, hindurchzugelangen. Da sie mit beharrlicher Ausdauer begabt sind, so entkommen fast alle, ungeachtet des Hindernisses. Das Gefäß mit dem Eiweiß hatte mir ja schon einen ähnlichen Auszug gezeigt. Obwohl der Bissen ihnen behagte, wie ja das anfängliche Wachstum beweist, hören die Larven doch auf, sich davon zu nähren, und machen sich aus dem Staube, wenn die Ersäufung droht.

Bei anderen Fischen, Rochen und Sardinen, bei den Schenkeln von Laub- und anderen Fröschen, löst das Fleisch sich einfach in Püree auf; dasselbe geschieht mit dem Fleisch von Nacktschnecken, Tausendfüßen und Gottesanbeterinnen (Mantis religiosa). Die auflösende Tätigkeit der Larven bewährt sich gegenüber diesen Zurichtungen nicht minder, als wenn ich Fleisch aus der Metzgerei gebrauche. Die Larven schienen durchaus zufrieden mit der ungewohnten Diät, die meine Neugierde ihnen vorschrieb; sie gediehen bestens bei diesen Nahrungsmitteln und verpuppten sich darin.

Die Schlußfolgerung ist mithin viel allgemeiner, als Redi sich vorstellte. Alles Fleisch, gleichviel ob von Tieren höherer oder niederer Ordnung, behagt der blauen Fleischfliege als Niederlassung für ihre Familie. Die Kadaver von Tieren mit Haaren wie von solchen mit Federn sind die bevorzugten Mundvorräte, wahrscheinlich wegen ihrer Fülle, die reichliche Eierablage gestattet; bei Gelegenheit werden aber auch andere tote Tiere ohne Nachteil angenommen. Alles, was vordem animalisches Leben besessen hat, ist einbegriffen in den Bereich dieser Urbarmacher des Todes.

Die Befreiung der jungen Schmeißfliegen.

Wieviel Eier legt eine einzige Schmeißfliegenmutter? Ich habe früher schon von 300 Stück gesprochen, die ich Ei für Ei verzeichnete. Ein glücklicher Zufall erlaubt mir noch weiter zu gehen. In der ersten Januarwoche 1905 trat plötzlich eine für meine Gegend sehr strenge Kälte ein, die übrigens auch nicht von langer Dauer war. Das Thermometer sank bis auf 12 Grad unter Null. Beim stärksten Wüten des Nordwindes, der schon Rot auf das Blattwerk der Oliven legte, wurde mir eine Schleiereule (Strix flammea) gebracht, die in der Nähe meines Hauses unter freiem Himmel tot auf der Erde liegend gefunden worden war. Da ich als Liebhaber von Tieren in der ganzen Gegend be-

kannt bin, so glaubte man mir damit einen Gefallen zu erweisen.

Dies war auch in der Tat der Fall, aber aus einem Grunde, an den der Finder der Eule sicherlich nicht gedacht hatte. Der Vogel war unberührt, tadellos im Gefieder und ohne die geringste wahrnehmbare Wunde; vielleicht hatte ihn die Kälte getötet. Was mich bestimmte, ihn mit Dank anzunehmen, hätte sicher jeden anderen zur Ablehnung veranlaßt. Seine großen Augen verschwanden nämlich unter einer dicken Anhäufung von Eiern, in denen ich die der Schmeiß- oder blauen Fleischfliege erkannte. Andere Lagen dieser Eier befanden sich in der Nachbarschaft der Nasenlöcher; es bot sich mir also die beste Gelegenheit, eine ganze Menge von jungen Larven zu erhalten.

Ich lege den Kadaver auf den Sand einer tiefen Schüssel, decke eine Glocke von Metalldraht darüber und lasse dann die Dinge ihren Lauf nehmen. In meinem Arbeitszimmer, das zugleich mein Laboratorium ist, herrscht nahezu dieselbe Kälte wie draußen, so daß das Wasser in dem Aquarium, worin ich vorher Wassermotten (Phryganea) züchtete, sich in einen Eisblock verwandelt hat. Bei einer solchen Temperatur bleibt der weiße Schleier von Eiern über den Augen der Eule unverändert: nichts rührt sich dort, nichts wimmelt. Müde, länger zu warten, schenke ich dem Kadaver keine Aufmerksamkeit mehr, sondern überlasse es der Zukunft, mir Bescheid zu geben, ob die Kälte die Nachkommenschaft des Zweiflüglers vernichtet hat oder nicht.

Im Laufe des März sind die Eierpäckchen verschwunden, ohne daß ich weiß, seit wann. Übrigens scheint der Vogel noch immer intakt zu sein, auf der nach oben gekehrten Bauchseite bewahrt das Gefieder seine regelrechte Anordnung und frische Farbe. Ich hebe das Stück auf: es ist leicht, ausgedörrt und zusammengeschrumpft wie ein alter Schlappschuh, der draußen lange in der sommerlichen Sonne gelegen hat. Kein übler Geruch, denn die Austrocknung hat den Gestank nicht aufkommen lassen. Nur der Rücken, der auf dem Sande geruht hat, ist eine widerliche Ruine, zum Teil der Federn beraubt. An den Schwanzfedern sind die Spulen bloßgelegt; einige Knochen zeigen sich von Muskeln entblößt und gebleicht. Die Haut ist zu schwärzlichem Leder geworden, das wie ein Sieb von runden Löchern durchbohrt ist. Ein abscheulicher, aber sehr lehrreicher Anblick.

Die armselige Eule belehrt uns zunächst darüber, daß sogar eine Temperatur von 12 Grad Kälte die Keime der blauen Fleischfliege nicht gefährdet. Die Larven sind zur Welt gekommen, ohne in der rauhen Temperatur Schaden zu nehmen; sie haben sich an dem reichlich vorhandenen Fleischextrakt gütlich getan und sind dann, dick und fett geworden, in die Erde hinabgestiegen, indem sie in die Haut des Vogels runde Löcher bohrten. Ihre Puppen müssen gegenwärtig in dem Sande der Schüssel zu finden sein.

Dort sind sie in der Tat, und zwar so reichlich, daß ich ein Sieb zu Hilfe nehmen muß, um sie einzusammeln: der Sand geht durch die Maschen hindurch, die Puppen bleiben oben darauf liegen. Ich besitze nicht genügend Geduld, um sie einzeln zu zählen, und messe sie daher scheffelweise, d. h. mittels eines Fingerhutes, von dem ich weiß, wieviel Puppen er jedes Mal faßt. Das Ergebnis meines Überschlages bleibt nicht weit hinter 900 Stück zurück. Stammt nun diese ganze Familie von einer einzigen Mutter? Ich bin wohl geneigt, dies anzunehmen, denn es ist wenig wahrscheinlich, daß die winters in unseren Häusern sehr seltene Schmeißfliege draußen zahlreich genug vorhanden sein sollte, um sich in Gruppen zusammenzutun und gemeinsam ihre Geschäfte zu betreiben, während eine eisige Windsbraut herrscht. Eine einzelne Verspätete, ein Spielball des Nordwindes, muß wohl auf die Augen der Eule die Last abgelegt haben, die ihre Eierstöcke drückte. Diese Eiablage von 900 Stück, die vielleicht noch unvollständig war, bezeugt die wichtige Rolle, die der Zweiflügler als Aufräumer von Kadavern im Naturhaushalte spielt.

Bevor wir die von den Fliegenlarven ausgenutzte Eule wieder hinwerfen, wollen wir unseren Widerwillen bezwingen und einen Blick in das Innere des Vogels tun. Es bildet eine unförmige Höhlung: Muskeln und Gedärme sind verschwunden, in Brei verwandelt und nach Bedarf von der Larvenbevölkerung verzehrt. Überall hat der feuchte

Zustand sich in trockenen verwandelt; der Schlamm ist fest geworden. Vergebens aber durchstöbere ich alle Winkel mit meiner Pinzette: sie findet keine einzige Puppe. Alle Larven sind ausnahmslos ausgewandert, von der ersten bis zur letzten haben sie die als Koje benützte Vogelleiche aufgegeben, die doch mit ihrer zarten Epidermis so weich war; sie haben den Samt mit dem rauhen Erdboden vertauscht. War ihnen jetzt das Trockene nötig? Dies fanden sie ja doch im Schoß des dürren, bis auf den Grund ausgetrockneten Gerippes. Wollten sie sich gegen Kälte und Regen verwahren? Dann gab es kein besseres Obdach für sie als das dicke Daunenkissen des Gefieders, das vollständig unbeschädigt geblieben war auf dem Bauch, der Brust und allen übrigen Stellen, die nicht in Berührung mit dem Sand gestanden hatten. Sie sind, scheint es, von einer behaglichen Stätte zu einer weniger günstigen geflüchtet. Als die Stunde ihrer Verwandlung*) nahte, haben sie sämtlich die Eule, diese ausgezeichnete Herberge, verlassen und sich alle in den Sand versenkt.

Sie haben die Vogelleiche verlassen durch die runden Löcher in der Haut. Diese sind das Werk der Larven, darüber kann kein Zweifel bestehen. Dennoch sahen wir die Weibchen der Schmeißfliege als Unterlage für ihre Eier alle Stellen verschmähen, wo das Fleisch des betreffenden Tieres geschützt war durch eine einigermaßen widerstandsfähige Oberhaut. Der Grund davon ist, wie wir sahen, die Unwirksamkeit des Pepsins der Larve gegenüber den Stoffen, aus denen die Epidermis besteht. Wenn derartige Stellen sich nicht flüssig machen lassen, dann ist dort auch die Herstellung der nährenden Kraftsuppe unmöglich.

Andrerseits vermögen es die neugeborenen Würmchen nicht oder verstehen sich wenigstens nicht darauf, mit Hilfe ihrer doppelten Kehlharpune jene Hülle aufzuhacken, sie zu zerreißen, um zu dem darunterliegenden Fleisch zu gelangen, das sie flüssig machen können. Ihnen mangelt die Kraft und vor allen Dingen die Absicht. Wenn aber die Zeit des Hinabsteigens in die Erde herankommt, sind die Larven stark und plötzlich erfahren genug in der ihnen jetzt notwendigen Kunst, um die Haut geduldig zu zerfressen und sich einen Durchgang zu öffnen. Mit ihren sonst vorzugsweise der Fortbewegung dienenden Haken bearbeiten sie die Hülle, schaben sie ab und zerreißen sie. Die Naturtriebe erhalten plötzliche Eingebungen. Was das Tier im Anfang nicht ausführen konnte, versteht es ohne Anleitung, wenn die Stunde gekommen ist, diese oder jene Geschicklichkeit auszuüben. Die für die am liebsten unter der Erde vorgenommene Verpuppung reife Made durchbohrt ein häutiges Hindernis, das die mit ihrer Brühe beschäftigte Made anzugreifen nicht einmal versuchen würde, weder mit ihrem Pepsin noch mit ihren Haken.

Aus welchem Grunde verläßt die Larve die Vogelleiche, dieses vortreffliche Obdach? Weshalb wählt sie jetzt einen unterirdischen Wohnsitz? Obenanstehend unter den Insekten, welche die gesundheitswidrigen Ausdünstungen toter Tierkörper beseitigen, arbeitet sie so rasch wie möglich an ihrer Austrocknung; es bleiben jedoch umfangreiche Reste zurück, die für die Reagenzien ihrer auflösenden Chemie unangreifbar sind. Diese Überbleibsel müssen aber ebenfalls verschwinden. Nach dem Zweiflügler eilen daher die Zergliederer herbei, die den ausgedörrten Rest wieder vornehmen, Haut und Sehnen zernagen und die Knochen abschaben, bis sie weiß sind.

Am erfahrensten in dieser Arbeit ist der Haut- oder Schabkäfer (Dermestes), ein leidenschaftlicher Zernager tierischer Überreste. Auf einem Stück, das die Brummerlarve bereits ausgenützt hat, stellt er sich, bald etwas früher, bald etwas später ein. Was würde nun geschehen, wenn sich die verpuppten Fliegenlarven darin befänden? Augenscheinlich würde der Hautkäfer als Liebhaber lederartiger Gegenstände den Zahn an die mit einer Hornhaut bekleideten Tonnenpüppchen legen und ihnen durch einen einfachen Biß übel mitspielen. Wenn er auch den Inhalt als lebendiges Ding, das ihm vermutlich zuwider ist, nicht anrührte, so dürfte er doch wenigstens das aus totem Stoff bestehende Gefäß versuchen. Die zukünftige Fliege aber ist

*) Die ausgewachsene Larve verkürzt sich etwas und erhärtet zu einem rotbraunen, feingerunzelten Tönnchen. Anm. d. Übers.

verloren, wenn ihre Hülle ein Loch bekommt. Genau so durchbohrt in den Magazinen der Seidenspinnereien ein Dermestes (Dermestes vulpinus Fab.) die Kokons, um die hornartige Hülle der darinsitzenden Schmetterlingspuppe anzugreifen.

Die Brummerlarve sieht diese Gefahr voraus und macht sich davon, ehe der Feind ankommt. In welchem Gedächtnis beherbergt so viel Weisheit dieser kümmerliche Wurm, der nicht einmal einen Kopf hat? Denn dem spitzigen Vorderende des Tieres kann man kaum diesen Namen beilegen, ohne der Sprache Gewalt anzutun. Wie hat er es gelernt, daß er, um die Puppe zu sichern, den Kadaver verlassen muß, sich außerdem aber auch nicht allzu tief in die Erde eingraben darf?

Um aus dem Boden ans Tageslicht emporzusteigen, nachdem das vollkommene Insekt der Puppenhülle entschlüpfte, besteht die Methode der blauen Fleischfliege darin, ihren Kopf in zwei bewegliche Hälften auseinanderzulegen, die sich als Wülste mit je einem dicken roten Auge abwechselnd voneinander entfernen und dann wieder nähern. In dem Zwischenraum taucht auf und verschwindet, verschwindet und kommt wieder zum Vorschein eine umfangreiche, glasige Anschwellung. Wenn die beiden Hälften auseinandergehen, das eine Auge nach rechts, das andere nach links gerichtet, könnte man fast meinen, das Insekt spalte sich die den Schädel bildende Kapsel, um deren Inhalt herauszutreiben. Dann tritt die Wulst hervor, am Ende abgestumpft und aufgebläht zu einem dicken Nagelkopf. Sobald die Stirn sich wieder zusammenschließt, verschwindet die Wulst, bis nur noch eine Art undeutlicher Schnauze davon zu sehen ist.

Mit einem Wort: eine Stirntasche, mit tiefen Zuckungen, die sich von einem Augenblick zum andern erneuern, ist das Werkzeug der Befreiung, der Stempel, mit dem der frisch ausgeschlüpfte Zweiflügler den Sand fortstößt und zum Weichen bringt. Um so viel, wie die Füße den Schutt nach rückwärts drängen, rückt das Insekt jedesmal der Oberfläche näher. Diese Ausgrabung vermittels der Stöße des sich spaltenden und zuckenden Kopfes ist wahrlich saure Arbeit. Noch dazu wird diese von Kräften bringende Anstrengung gerade im Augenblick der größten Schwäche notwendig, wenn das Insekt aus der Puppe, dem schützenden Tönnchen, hervorgeht. Fahl, ohne Festigkeit, mißfällig von Aussehen, kommt es heraus, kaum bekleidet mit Flügeln, die, der Länge nach gefaltet und durch eine vielgewundene Kerbe verkürzt, nur notdürftig die Spitze des Rückens bedecken. Aschfarbig, rauh behaart, sieht es kläglich aus. Die großen, zum Fluge geeigneten Segel entfalten sich erst später: gegenwärtig wären sie inmitten der zu durchschreitenden Hindernisse nur ein Hemmnis. Erst nachher wird die Fliege auch ihre richtige Tracht anlegen, in der das ernste Schwarz das schillernde Indigoblau um so mehr zur Geltung kommen läßt.

Die Stirntasche, die durch den Stoß ihrer Zuckungen den Sand beiseiteschiebt, vermag auch nach dem Austritt aus der Erde noch eine Zeitlang weiter tätig zu sein. Wenn ich mit der Pinzette eine soeben befreite Fliege an einem ihrer Hinterfüße festhalte, so arbeitet das Stirnwerkzeug alsbald, indem es auf- und abschwillt, gerade wie zuvor, als es ein Loch durch den Sand zu bohren galt. In seinen Bewegungen sich, wie vorher unter der Erde, gehemmt fühlend, kämpft das Insekt, so gut es vermag, gegen das einzige ihm bekannte Hindernis. Mit seinem pulsierenden Höcker in der Stirn stößt es in die Luft wie vorher gegen die Barriere aus Erde. In solchem Falle besteht ja sein einziges Hilfsmittel darin, sich den Kopf zu spalten und die Stirnwulst zu zeigen, die immer aufs neue hervortritt und zurückgeht. Nahezu zwei Stunden lang, mit vor Müdigkeit eintretenden Zwischenpausen, arbeitet das pulsierende Maschinchen dicht vor meiner Pinzette. Mittlerweile erhärtet die Oberhaut der verzweifelnden Fliege; sie entfaltet ihre Flugwerkzeuge und bekleidet sich mit ihrem Trauerkostüm, in dem Schwarz und Dunkelblau sich mengen. Hierauf nähern sich die seitwärts auseinandergezogenen Augen einander und nehmen die normale Stellung ein. Die Stirnspalte verschwindet, und die Wulst, die das Werk der Befreiung vollbrachte, zeigt sich nie wieder. Zuvor ist jedoch eine Vorsichtsmaßregel zu beobachten: mit den Vorderfüßen wird dieser Höcker, bevor er verschwindet, sorgfältig abgebürstet, damit

kein Sandkorn in den Schädel hineingelange, wenn die beiden Kopfhälften sich für immer vereinigen.

Der Wurm ist mit den Mühsalen vertraut, die ihn erwarten, wenn er, zur Fliege geworden, aus dem Grunde der Erde wieder in die Höhe steigen muß; er weiß im voraus, wie hart – mit dem schwachen Werkzeug, über das er verfügt – der Aufstieg sein wird, in dem Maße, daß er sogar tödlich werden kann, wenn seine Dauer sich um kurze Zeit verlängert. Er empfindet die zukünftigen Gefahren vorher und sucht sie abzuwenden, so gut es seine Klugheit ermöglicht. Vermittels seiner beiden harten Kehlhaken kann er leicht bis zu jeder beliebigen Tiefe hinabsteigen. Um möglichst großer Ruhe und milder Temperatur teilhaftig zu werden, müßte er sein Lager so tief im Boden wie nur möglich aufschlagen: je tiefer, desto besser für das Wohlergehen der Larve und der Puppe.

Mag aber das Hinabsteigen in die Erde noch so leicht sein: der Wurm, dem es völlig freisteht, seiner Eingebung zu folgen, geht dennoch nicht über eine gewisse Grenze hinaus. Bei den Larven, die ich in einer tiefen, mit feinem und trockenem Sande gefüllten Schüssel aufziehe, worin die Grabarbeit leicht ist, gestattet sich die am weitesten vorgedrungene ungefähr eine Handbreit Tiefe, während die meisten der Oberfläche noch näher bleiben. Unter dieser dünnen Sanddecke erhärtet die Haut der Larve und wird zu einem Sarg, einem Kistchen, worin sie den Schlaf der Umgestaltung schläft. Nach ein paar Wochen erwacht die in der Erde Vergrabene, umgewandelt, aber noch schwach und ohne ein anderes Werkzeug, sich herauszuarbeiten, als den pulsierenden Höcker in ihrer offenen Stirn.

Um festzustellen, aus welcher Tiefe die Larve noch emporzusteigen vermag, lege ich auf den Boden einer Anzahl weiter, unten geschlossener Glasröhren je 15 im Winter erhaltene Puppen der blauen Fleischfliege. Darüber erhebt sich eine senkrechte Säule feinen und trockenen Sandes, deren Höhe in jedem Apparat verschieden ist. Wenn der April kommt, beginnt das Ausschlüpfen. Das beste Resultat liefert die Röhre mit der niedrigsten Sandsäule: 6 cm. Von den 15 Puppen gelangen 14 als vollkommen entwickelte Fliegen bequem an die Oberfläche; eine einzige geht ein, ohne den Aufstieg auch nur versucht zu haben. Bei 12 cm Sand kommen 4 hervor, bei 20 cm nur noch 2, alle übrigen sind, einige höher, einige niedriger, vor Erschöpfung zugrunde gegangen. Bei der letzten Röhre, in der die Sandsäule 60 cm maß, erhielt ich nur eine einzige befreite Fliege. Um aus solcher Tiefe emporzusteigen, hat das tapfere Tierchen sich schwer abmühen müssen, denn die 14 übrigen haben es nicht einmal fertiggebracht, den Deckel ihres Kistchens zum Aufspringen zu bringen. Ich vermute, daß die Beweglichkeit des Sandes und der daraus sich ergebende Druck nach allen Richtungen hin, analog dem der Flüssigkeiten, den Schwierigkeiten beim Sichemporarbeiten der Fliege nicht fremd sind.

Deswegen werden zwei andere Röhren hergerichtet, diesmal aber mit frischer Gartenerde, die, leicht aufgeschichtet, nicht mehr die Beweglichkeit des Sandes und die Nachteile des Druckes hat. Bei 6 cm Höhe gelangen von 15 Puppen 8 an die Oberfläche; bei 20 cm nur noch eine. Der Erfolg ist geringer als bei der Sandsäule: mein Kunstgriff hat den Druck vermindert, gleichzeitig aber den trägen Widerstand vergrößert. Der Sand weicht ganz allein unter den Stößen des Stirnstampfers; die nicht bewegliche Gartenerde verlangt die Öffnung einer Galerie. Auf der zurückgelegten Strecke kann ich in der Tat einen aufsteigenden Kamin feststellen, wenn er auch nur noch undeutlich wahrzunehmen ist. Die Fliege hat ihn ausgehöhlt mit der pulsierenden Wulst, die sie anfangs zwischen den Augen hat.

In jedem „Milieu“: ob Sand, Humus oder irgendeine Mischung verschiedener Erdarten ist die Mühsal groß, wenn die aus der Puppe geschlüpfte Fliege sich aus dem Boden ans Tageslicht emporarbeiten muß. Deswegen verzichtet die Larve auf solche Tiefen, die ihr für ihre erhöhte Sicherheit wohl empfehlenswert scheinen könnten. Der Wurm besitzt seine Klugheit: in Voraussicht der zukünftigen Schwierigkeiten vermeidet er es, so tief in den Boden einzudringen, wie es für sein gegenwärtiges Wohlbefinden günstig wäre. Die Rücksicht auf das Zukünftige läßt ihn das Gegenwärtige vernachlässigen.

J. H. Fabre und Charles Darwin.

Dieses Kapitel sollte in Briefform dem berühmten englischen Naturforscher gewidmet werden, der jetzt in Westminster Abbey, wenige Schritte vom Grabe Newtons, ruht: Charles Darwin. Mir lag die Pflicht ob, ihm Bericht zu erstatten über das Ergebnis einiger Versuche, zu denen er mich in unserem Briefwechsel veranlaßt hatte; diese Verpflichtung war mir sehr angenehm, denn wenngleich mich die Tatsachen, so wie ich sie beobachte, von seinen Theorien entfernen, empfinde ich nichtsdestoweniger eine tiefe Verehrung vor dem Adel seines Charakters und seiner Aufrichtigkeit als Gelehrter. Ich war mit der Abfassung meines Briefes beschäftigt, als ich die erschütternde Nachricht von dem Hinscheiden des ausgezeichneten Mannes erhielt; nachdem er die großartige Frage der Ursprünge erforscht hatte, war er dem letzten, dunkeln Probleme des Jenseits unterlegen. Ich verzichte daher auf die Briefform, die vor dem Grabe in Westminster widersinnig geworden ist. Ein unpersönlicher, allgemein gehaltener Aufsatz soll darlegen, was ich Darwin in einer mehr akademischen Fassung zu erzählen gehabt hätte.

Vor allem war dem englischen Gelehrten beim Lesen des ersten Bandes meiner „Souvenirs entomologiques“ ein charakteristischer Zug aufgefallen: nämlich die Fähigkeit, welche die Mörtelbienen (Chalicodoma) besitzen, ihr Nest wiederzufinden, nachdem sie in eine weit davon entfernte Gegend gebracht worden sind. Was für einen Kompaß haben sie für diese Heimreise, was für ein Sinn leitet sie? Der tiefe Beobachter empfahl mir alsdann ein Experiment, das er schon immer mit Tauben anzustellen vorgehabt hatte, an dessen Ausführung er jedoch durch anderweitige Beschäftigungen verhindert worden war. Dieses Experiment könne ich nun mit meinen Hautflüglern versuchen; das Problem bliebe ja das gleiche, wenn das Insekt an die Stelle des Vogels träte. Ich entnehme seinem Briefe die auf den zu unternehmenden Versuch bezügliche Stelle, die da lautet:

> „Erlauben Sie mir, einen Vorschlag zu machen in bezug auf Ihren wundervollen Bericht über Insekten, die ihren Heimweg finden. Nämlich, die Insekten in Papierdüten etwa hundert Schritte weit in entgegengesetzter Richtung von jener fortzutragen, wohin Sie sie schließlich zu bringen beabsichtigen. Dann aber, bevor Sie sich umdrehen, um zu dem Ausgangspunkte zurückzukehren, die Insekten in eine runde Schachtel zu setzen, die mit einer Achse versehen ist, mittels der der Behälter sich zuerst in einer Richtung und dann in der entgegengesetzten in rasche Umdrehungen versetzen läßt, so daß zeitweilig der Orientierungssinn in den Insekten völlig ausgelöscht wird. Ich habe zuweilen gedacht, daß die Tiere fühlen könnten, nach welcher Richtung sie bei dem ersten Abgang fortgetragen wurden.“

Charles Darwin schlug also vor, jede von meinen Mörtelbienen in einer Papierdüte zu isolieren, wie ich es bei meinen ersten Versuchen, die in dem von ihm gelesenen Aufsatze beschrieben wurden, gemacht hatte, und sie zuerst etwa hundert Schritte weit in einer Richtung fortzutragen, die jener entgegengesetzt war, welche ich nachher einzuschlagen beabsichtigte. Die Gefangenen werden alsdann in eine runde Schachtel gesteckt, die sich sehr schnell um eine Achse drehen läßt, bald in dieser Richtung und bald in der anderen. Auf diese Weise wird in ihnen für eine gewisse Zeit der Richtungssinn zerstört. Wenn dies erreicht ist, kehrt man zu der früheren Stelle zurück und begibt sich nun von hier nach dem Punkte, wo die Freilassung der Insekten stattfinden soll.

Diese Methode des Experimentierens schien mir sehr sinnreich ausgedacht. Bevor ich nach Westen gehe, begebe ich mich nach Osten. In der Dunkelheit ihrer Düten und allein dadurch, daß ich sie forttrage, haben meine Gefangenen das Gefühl der Richtung, die ich sie verfolgen lasse. Wenn nichts diesen Eindruck des Abganges stört, würde er dem Tiere beim Heimfliegen als Führer dienen. Dadurch ließ sich die Heimkehr meiner Mörtelbienen zum Neste erklären, von dem ich sie (bei jenen ersten Versuchen) drei und vier Kilometer weit fortgebracht hatte. Allein nachdem die Insekten hinreichende Eindrücke von der Ortsveränderung in östlicher Richtung erhalten haben, tritt die schnelle Rotation abwechselnd in dieser und dann in entgegengesetzter Richtung dazwischen. Irregemacht durch diese Vielheit gegensätzlicher Umdrehungen, erhält das Tier keine Kenntnis von meiner Umkehr und bleibt unter dem Eindrucke des Beginnes. Ich bringe es hierauf nach Westen, während es immer noch nach Osten hin bewegt zu werden glaubt. Unter diesem Eindrucke muß das Tier vom richtigen Wege abgelenkt werden. In Freiheit gesetzt, wird es in der seinem Neste entgegengesetzten Richtung davonfliegen und dieses niemals wiederfinden.

Dieses Ergebnis dünkte mir um so wahrscheinlicher, als ich in meiner ländlichen Umgebung Tatsachen berichten hörte, die wohl geeignet waren, meine Erwartungen zu bekräftigen. Mein Gehilfe Favier erzählte mir, daß man eine Katze, die von einem Gehöft in ein anderes, beträchtlich entferntes versetzt werden soll, in einen Sack stecke und diesen im Augenblick des Fortgehens rasche Umdrehungen machen lasse. Auf diese Weise verhindere man die Tiere, zu dem verlassenen Hause zurückzukehren. Viele andere Leute bestätigten dies; nach ihrer Aussage sei die Rotation in einem Sack ein unfehlbares Mittel; die dadurch vom rechten Wege abgebrachte Katze finde sich nie wieder zurück (was diese Tiere sonst stets tun sollen). Ich berichtete nach England, was ich vernommen hatte, und erzählte dem Philosophen von Down, wie der Bauer der wissenschaftlichen Forschung zuvorgekommen sei. Charles Darwin setzte dies, wie mich selber, in die höchste Bewunderung, und wir beide rechneten fast mit Sicherheit auf einen Erfolg.

Diese Verhandlungen fanden im Winter statt, so daß Fabre Zeit genug blieb, sich das erforderliche Material für die Experimente zu verschaffen, die im kommenden Mai, nach dem Auskriechen der jungen Bienen aus den Zellen der Nester, stattfinden sollten. Die Mörtelbiene gleicht einer Hummel und klebt ihre Nester an Felsen, Dachziegel und glatte, nicht verputzte Mauern, wie es die Hausschwalbe mit ihren Nestern tut. Den Baustoff bilden Erde, Mörtelstücke und feine Sandkörnchen, die mittels Speichel fest verbunden werden. Die Nester bestehen aus nebeneinander gestellten und schließlich auf der welligen Oberfläche rauh geglätteten Zellen von der Form eines kleinen, aufrechtstehenden und nach oben sich verjüngenden Fingerhutes. Die fertige Zelle wird mit Honigbrei gefüllt und, nachdem ein Ei darauf gelegt wurde, durch einen dem Boden entsprechenden Verschluß vollendet. In Deutschland kommt von dieser zur Bienenfamilie gehörenden Insektengattung nur die g e m e i n e M ö r t e l b i e n e (Chalicodoma muraria Fabr.) vor. In der südfranzösischen Heimat Fabres sind hauptsächlich zwei Arten vertreten, von denen die eine (Chalicodoma pyrenaica Lep. [Megachile], auch Ch. pyrrhopeza Gerstäcker oder Ch. rufitarsis Giraud) an Häusern und mit besonderer Vorliebe unter den Dachziegeln von alten Schuppen ihre Nester baut, wogegen die andere (Ch. rufescens J. Perez) sie an die Zweige von Gesträuchen klebt. Während die Nester unserer Mörtelbiene nur aus je 6 bis 8 Zellen bestehen, sind die der südfranzösischen Schuppen-Mörtelbiene, wie sie Fabre schlechthin nennt, von ganz erstaunlichem Umfange. Eines der größten, das er wog, war 16 kg schwer; dabei war fast das ganze Dach des Schuppens, von dem es genommen war, auf der Innenseite mit solchen Blöcken bedeckt, die sich, dicht neben einander sitzend, über etwa 70 Dachziegel erstreckten und nach einer Durchschnittschätzung ein Gesamtgewicht von 560 kg besitzen mochten.

Dieser Schuppen befand sich in unmittelbarer Nachbarschaft des Fabreschen Landhauses, und die Mörtelbienen pflegten seit langen Jahren darin ihre Nester zu bauen. Um bei Versuchen über den Orientierungssinn dieser Insekten jedoch etwaige ererbte Einwirkungen auszuschließen, verzichtete der Forscher auf diese Nester und ließ sich andere aus einem leerstehenden Schuppen herbeischaffen, der von seinem Wohnsitze bei dem Dörfchen Sérignan mehrere Kilometer entfernt lag. Die mit Nestern besetzten Dachziegel wurden mittels Drähten beiderseits an den tagsüber von der Sonne beschienenen Wänden einer Halle, die zu einem Vorratsraume führte, aufgehängt, und zwar in Höhe der Augen, um sie stets bequem beobachten zu können. Noch bevor der April zu

Ende ging, waren Fabres Bienenstöcke in voller Tätigkeit. Die Hausgenossen gewöhnten sich bald an die summend umherschwirrenden Insekten, nachdem der Forscher ihnen bewiesen hatte, daß sie niemals stechen, wenn man sie nicht anfaßt, und beobachteten gleichfalls mit Interesse den Fortschritt ihrer Arbeiten.

Jetzt war es Zeit, an die Ausführung der Versuche zu gehen. Die zur jedesmaligen Reise bestimmten Mörtelbienen mußten jedoch vorher mit einem Zeichen versehen werden, um sie bestimmt wiedererkennen zu können. Zu dem Zweck brachte Fabre auf dem Brustabschnitt (Thorax) der betreffenden Insekten mittels eines Strohhalmes, den er in eine bald rot, bald blau usw. gefärbte Gummilösung tauchte, eine Marke an. Die eifrig arbeitenden Tierchen ließen sich das ruhig gefallen. Nachdem der Fleck getrocknet war, was in der heißen Sonne des Südens sehr rasch vor sich ging, brachte er dann jede Biene in die Papierdüte, worin sie transportiert werden sollte, ebenfalls ohne sie mit der Hand zu berühren. Er stülpte einfach eine Glasröhre über sie, aus der sie dann in die darüber gehaltene Düte kroch, die nun zugefaltet wurde. Einen Rotationsapparat, wie ihn Darwin beschrieben hatte, besaß Fabre nicht; er machte es daher, wie die Bauern mit der in den Sack gesteckten Katze. Die Düten mit den Mörtelbienen wurden auf weicher Unterlage in eine Blechbüchse gelegt, die mittels einer darum gebundenen Schnur nach Art einer Schleuder beliebig schnell und oft einmal in dieser, dann in jener Richtung hin und her geschwungen werden konnte, um die Gefangenen bezüglich der Richtung irrezuführen. Wir lassen nunmehr J. H. Fabre wiederum selber weiterberichten.

Am 2. Mai 1880 markiere ich mit Weiß auf dem Thorax zehn Chalikodomen und verfahre mit ihnen nach dem Trockenwerden des Fleckes, wie vorstehend angegeben. Sie sollen zunächst einen halben Kilometer weit in entgegengesetzter Richtung von jener, die ich nachher mit ihnen einzuschlagen vorhabe, fortgebracht werden. Ein an meiner Besitzung entlangführender Fußpfad eignet sich für dieses vorbereitende Manöver; hoffentlich werde ich mich allein auf ihm befinden in dem Augenblick, da es meine Schleuder um den Kopf zu schwingen gilt. Am Ende jenes Pfades steht ein Kreuz, an dessen Fuß ich haltmache, um nun die Rotation meiner Bienen nach allen Regeln vorzunehmen. Indem ich aber die Blechbüchse in verschiedener Richtung kreisen und Kurven beschreiben lasse, wobei ich mich auf dem Absatze nach allen Richtungen herumdrehe, kommt eine brave Bäuerin vorüber und betrachtet mich mit Augen – o, mit was für Augen! So verrückte Bewegungen am Fuße des Kreuzes, davon wird man als von einem Akt der Geisterbeschwörung reden. Habe ich nicht schon früher einen Toten ausgegraben? Allerdings hatte ich ein prähistorisches Grab untersucht und ihm ehrwürdige Schienbeine und verschiedene Grabbeigaben entnommen; das war bekannt, und nun findet man mich, wie ich zu Füßen eines Kreuzes satanische Bewegungen vornehme! Das genügt, um mich vollends zu einem übelberüchtigten Menschen zu machen, und es gehört nicht wenig Mut dazu, um vor jener unerwünschten Zuschauerin das Schwenken meiner Blechbüchse auszuführen. Trotzdem geschieht es, dann kehre ich um und wende mich westlich von Sérignan. Ich wähle die einsamsten Pfade und durchquere die Felder, um nach Möglichkeit eine neue Begegnung zu vermeiden. Es fehlte jetzt nur noch, daß man mich beim Öffnen der Düten und dem Fliegenlassen meiner Bienen sähe! Auf halbem Wege zu dem von mir ins Auge gefaßten Endziele erneuere ich die Rotation und mache sie ebenso kompliziert wie die erste; zum dritten Male geschieht dies auf der Stelle, wo ich meine Gefangenen befreien will. Sie befindet sich am Ende einer steinigen Ebene, auf der sich hier und da dürftige Gruppen von Mandelbäumen und immergrünen Eichen erheben, und ist von dem Ausgangspunkte etwa drei Kilometer entfernt. Das Wetter ist schön, der Himmel klar mit einem leichten Hauch aus Norden. Ich setze mich auf die Erde mit dem Gesicht nach Süden, damit für die Insekten die Richtung nach ihrem Neste und die entgegengesetzte Richtung völlig freibleibt. Um 2¼ Uhr lasse ich sie fliegen. Die Mehrzahl der Bienen umkreist mich nach dem Öffnen der Düten zu wiederholten Malen, dann schlagen sie ungestümen Fluges die Richtung auf Sérignan ein, soviel ich zu sehen vermag. Die Beobachtung ist schwierig, da dieses Fortfliegen plötzlich erfolgt, nachdem das Insekt zwei- oder dreimal die Runde um meine Person gemacht hat, die einen ihm verdächtigen Block darzustellen scheint, der vorher erkundet werden muß. Eine Viertelstunde nachher sieht meine älteste Tochter

Antonia, auf Beobachtungsposten bei den Nestern, den ersten Reisenden eintreffen. Nach meiner Rückkehr langen am Abend noch zwei weitere an: im ganzen drei zurückgekehrte Bienen von zehn, die ich fortgetragen habe.

Am nächsten Morgen erneuere ich den Versuch: zehn Mörtelbienen werden rot markiert, so daß ich sie von denen unterscheiden kann, die geler die größte Lebhaftigkeit bei ihren Arbeiten zeigen. Eine Biene sieht Antonia um 11 Uhr 20 Min. zurückkehren. Angenommen, daß sie die erste in Freiheit gesetzte sei, haben ihr fünf Minuten für die Strecke genügt. Ebenso gut kann es aber auch eine andere sein, und dann hat sie noch weniger gebraucht. Dies ist die größte Schnelligkeit, die ich festzustellen vermocht habe. Gegen Mittag bin ich

Schuppen-Mörtelbiene (Chalicodoma pyrenaica Lep.) bei der Arbeit.
Mit diesen intelligenten Tierchen machte Fabre auf Veranlassung Darwins seine interessanten Versuche über den Richtungssinn.

stern zurückgekehrt sind oder vielleicht noch mit einem weißen Zeichen heimkommen werden. Dieselben Vorsichtsmaßregeln, Rotationen und Örtlichkeiten wie beim ersten Mal, nur mache ich unterwegs keine Rotationen, sondern begnüge mich mit denen am Anfang und am Endziele. Die Insekten werden um 11¼ Uhr freigelassen; ich ziehe die Vormittagsstunden vor, weil an ihnen die Hautflügzurück und fange binnen kurzer Zeit noch drei andere, dann keine mehr. Gesamtergebnis: vier von zehn.

Am 4. Mai, bei sehr klarem, windstillem und warmem Wetter, das für die Versuche sehr günstig ist, nehme ich 50 blaugezeichnete Mörtelbienen. Die Entfernung bleibt dieselbe, diesmal nehme ich jedoch fünfmal die Rotationen vor, bis ich um 9 Uhr

20 Min. meine Düten zu öffnen beginne. Die Stunde ist etwas frühzeitig, deswegen verhalten sich meine in Freiheit gesetzten Hautflügler einen Augenblick unentschlossen, träge; allein nach einem kurzen Sonnenbad auf einem Stein, wo ich sie niedergelegt habe, beginnen sie ihren Flug. Ich sitze auf der Erde, das Gesicht südwärts gekehrt; links von mir liegt Sérignan, rechts Piolenc. Soweit die Schnelligkeit des Fluges seine Richtung erkennen läßt, sehe ich die Freigelassenen auf meiner linken Seite verschwinden. Einige wenige fliegen nach Süden; zwei oder drei nach Osten oder meiner rechten Seite. Der Norden, auf welcher Seite ich eine Schranke bilde, kommt nicht in Frage. Im ganzen schlägt somit die überwiegende Mehrzahl die Richtung nach links, d.h. nach ihrem Neste ein. Die Freilassung ist um 9 Uhr 40 Min. beendet; einen von den 50 Reisenden finde ich ohne Marke in der Düte und bringe ihn daher von der Gesamtzahl in Abrechnung. Nach Antonias Meldung sind die ersten Bienen um 9 Uhr 35 Min. daheim eingetroffen, also nach einer Viertelstunde. Bis zum Mittag sind 11 heimgekehrt, bis 4 Uhr nachmittags 17: im ganzen 17 von 49. Bei einem vierten Versuch am 14. Mai finden von 20 Bienen 7 den Rückweg.

Dabei wollen wir es bewenden lassen; das Experiment ist oft genug wiederholt worden, allein es brachte keine Entscheidung, wie sie Charles Darwin und ich erhofft hatten. Vergebens hatte ich die Heimkehr der Insekten durch alle möglichen, ihnen in den Weg gelegten Schwierigkeiten zu hintertreiben gesucht. Die Mörtelbienen finden ihr Nest wieder, und das Verhältnis der an demselben Tage heimgekehrten schwankt zwischen 30 und 40 von 100. Es kommt mich schwer an, eine von einem solchen Meister mir eingegebene Idee fahren zu lassen, die ich um so lieber und sorgfältiger ausgeführt hatte, als ich sie für geeignet hielt, das Rätsel des Orientierungssinnes endgültig zu lösen. Doch die Tatsachen sind beredter als die scharfsinnigsten Meinungen, und das Problem bleibt genau so dunkel wie zuvor.

Im nächsten Jahre wurden die Versuche fortgesetzt, jedoch in einem anderen Sinne. Da das anfängliche Forttragen in einer der späteren Bewegung entgegensetzten Richtung und die Rotation sich als überflüssig erwiesen hatten, wurde davon Abstand genommen. Während aber die bisherigen Versuche in einer nur mit Hecken- und vereinzelten Baumgruppen bestandenen Ebene vor sich gegangen waren, wurden am 16. Mai 1881 in einer Lichtung, die mitten in einem sehr dichten Forste (etwa 4 km von Sérignan entfernt) lag, 40 Mörtelbienen fliegen gelassen. Der Wald war außerdem durch eine etwa 100 m hohe Hügelreihe von der Heimat geschieden, trotzdem erreichten aber 9 Bienen (22 v. H.) ihr Nest wieder. Bei einem Schlußversuche schaffte ich 15 rosa gezeichnete Bienen auf einem Wagen eine sehr beträchtliche Strecke weit fort und fuhr dann in einem weiten Bogen mit ihnen wieder in der Richtung auf Sérignan zu. Etwa $2^1/_2$ km von dem Orte entfernt, ließ ich sie fliegen, nachdem sie einen Weg von 9 km zurückgelegt hatten. Nach dem Orte ihrer Freilassung brachte mir Favier auf dem direkten Wege von Sérignan 15 blaugezeichnete Bienen, die gleichzeitig mit den anderen in Freiheit gesetzt wurden. Von den rosa gezeichneten kehrten 7 zum Neste zurück, von den blauen aber 6. Die beiden Verhältniszahlen (46 und 40 v. H.) sind beinahe gleich, und das unbedeutende Übergewicht der Mörtelbienen, die den weiten Umweg gemacht hatten, ist sicher durch einen Zufall veranlaßt worden, der nicht in Rechnung gezogen zu werden braucht. Der Bogen, den der Wagen beschrieben hatte, kann ihre Heimkehr nicht begünstigt haben; ganz gewiß hat er sie aber auch nicht verhindert.

Die Beweisführung ist ausreichend. Weder die verwirrenden Bewegungen einer Rotation, wie ich sie beschrieben habe, weder das Hindernis zu überfliegender Anhöhen und eines zu passierenden Waldes noch die Fallstricke eines Weges, der zuerst geradeaus geht, dann kehrt macht und im weiten Bogen zurückführt, können die von ihrem Neste fortgebrachten Mörtelbienen irreführen und sie verhindern, den Heimweg zu finden.

Ich hatte Ch. Darwin von meinem Mißerfolge in Kenntnis gesetzt, der ihn sehr überraschte. Er brachte mir nun eine andere Methode zur Lösung des Problems in Vorschlag, die darin bestehen sollte, „das Insekt in eine Induktionsspule zu setzen,

um dadurch jede magnetische oder diamagnetische Empfindlichkeit zu unterbrechen, die es möglicherweise besitzen mag." Es soll nicht verhehlt werden, daß mir der Gedanke seltsam schien, ein Tier einer Magnetnadel ähnlich zu machen und es einem Induktionsstrom zu unterwerfen, um seinen Magnetismus zu stören. Ich setze nur mittelmäßiges Vertrauen in unsere Physik, wenn sie den Anspruch erhebt, das Leben zu erklären; allein meine achtungsvolle Ehrerbietung vor dem berühmten Meister hätte mich auch zur Induktionsspule greifen lassen, wenn ein solcher Apparat mir zugänglich gewesen wäre. Mein physikalisches Kabinett verfügte jedoch nur über einen Magneten; deshalb riet mir Darwin eine andere, einfachere Methode an, die nach seiner Meinung noch sicherer zu einem Ergebnis führen müsse. Er schrieb:

„Machen Sie eine ganz feine Nadel magnetisch; zerbrechen Sie sie in sehr kleine Stückchen, die dann dauernd magnetisch bleiben, und befestigen Sie je eines davon mit irgendeinem Klebstoff auf dem Thorax der Versuchsinsekten. Ich glaube, daß solch ein kleiner Magnet infolge seiner unmittelbaren Nähe bei dem Nervensystem des Insekts stärker auf dieses einwirken wird, als es die Erdströme*) zu tun imstande sind."

Darwin beharrt bei dem Gedanken, aus dem Tier eine Art Magnetstäbchen zu machen, das die Erdströme bei seiner Heimkehr zum Neste geleiten. Es ist ein lebendiger Kompaß, der, sobald er der Einwirkung der Erde infolge der Nachbarschaft eines Magneten entzogen wird, seine Orientierung verliert. Mit einem kleinen Magneten auf dem Brustabschnitt, der gleichlaufend mit seinem Nervensystem befestigt wurde und wegen seiner Nähe auf dieses von größerem Einflusse ist als der Erdmagnetismus, muß das Tier seinen Richtungssinn einbüßen. Beim Schreiben dieser Zeilen decke ich mich unter dem hohen Ruhm des Angebers dieser Idee; von einem Bescheidenen, wie ich bin, herrührend, würde dergleichen nicht ernsthaft erscheinen. Die Ruhmlosigkeit darf keine so kühnen Ideen haben.

Der Versuch erscheint leicht zu sein, und da er meine verfügbaren Hilfsmittel nicht überschreitet, so mache ich mich ans Werk. Durch das Reiben mit einem Magneten verwandle ich eine feine Nadel gleichfalls in einen Magneten. Ich benutze nur ihre 5 bis 6 mm lange Spitze, die jetzt einen vollkommenen Magneten darstellt, der eine andere, an einem Faden hängende magnetische Nadel anzieht und abstößt. Es macht einige Schwierigkeit, sie auf dem Thorax des Insekts zu befestigen, allein ein in Sérignan auf Urlaub weilender junger Apotheker geht mir zur Hand und bereitet mir auf sehr feinem Gewebe eine Art Heftpflaster. Ich schneide ein der Größe des Brustabschnitts entsprechendes Viereck heraus, worin ich die magnetische Nadelspitze zwischen ein paar Fäden des Gewebes einfüge. Nachdem alsdann der Klebstoff etwas erwärmt worden ist, bringe ich das Stückchen rasch auf den Rücken einer von ihrer Arbeit in mein Kabinett geholten Mörtelbiene, so daß die Nadelspitze der Längsrichtung ihres Körpers entsprechend zu liegen kommt. Sobald ich das vorher gezeichnete Insekt loslasse, läßt es sich auf den Boden fallen und rollt sich dort, unter verzweifelten Bewegungen mit Beinen und Flügeln, wie toll hin und her, bis es endlich mit einem ungestümen Aufschwung durch das offene Fenster davonfliegt. Was bedeutet das? Der Magnet scheint ja eine ganz befremdliche Wirkung auf das Nervensystem des Versuchstieres auszuüben. Ich begebe mich zu dem Neste, um zu sehen, was sich dort nach der Rückkehr der Biene zuträgt. Das Warten dauert nicht lang: mein Insekt kommt heim, aber befreit von seinem magnetischen Rüstzeug. Ich erkenne es genau an den Spuren des Klebstoffs, die an den Haaren auf seinem Thorax noch sichtbar sind. Es kehrt zu seiner Zelle zurück und nimmt seine Arbeiten wieder auf.

Ich bin stets argwöhnisch dem Unbekannten gegenüber und wenig geneigt, Schlüsse zu ziehen, bevor das Für und das Wider reiflich erwogen wurden. Deswegen ergreift mich der Zweifel, ob es

*) Unsere Erdkugel verhält sich wie ein riesiger Magnet. Der bereits durch Ampère nachgewiesene Erdstrom ist ein im Erdkörper verlaufender elektrischer Strom, dessen Stärke und Richtung fortwährende Änderungen erleiden, die mit außerordentlicher Regelmäßigkeit stattfinden. Nach den neueren Beobachtungen dürfen die Erdströme nicht als Induktionswirkungen der Schwankungen erdmagnetischer Kräfte angesehen werden. Anm. d. Übers.

wirklich der magnetische Einfluß gewesen ist, der meinen Hautflügler in eine so seltsame Aufregung versetzt hat. Geschah es unter der Einwirkung des auf seinem Brustabschnitt befestigten Magneten, als das Insekt sich aus allen Kräften abarbeitete, auf dem Boden mit den Beinen und Flügeln um sich schlug und dann wie außer sich entfloh? Hat mein Apparat in seinem Nervensystem sich dem leitenden Einflusse der Erdströme entgegengesetzt, oder ist das ungewöhnliche Benehmen der Biene ganz einfach eine Folge des ihm angelegten ungewohnten Panzers gewesen? Das soll sich sogleich zeigen.

Es wird ein zweiter Apparat hergestellt, bei dem aber ein kurzes Stückchen von einem Strohhalm die magnetische Nadelspitze ersetzt. Wiederum wälzt sich sie Biene, auf deren Rücken er geklebt wurde, auf dem Boden hin und her und arbeitet so lange, bis sie sich von der lästigen Maschine befreit hat. Das Strohhälmchen bringt also dieselben Wirkungen hervor wie der Magnet, das heißt, daß der Magnetismus mit den geschilderten Vorgängen nichts zu schaffen gehabt hat. In beiden Fällen hat das Insekt das hindernde Gerät mit allen ihm zu Gebot stehenden Mitteln wieder los zu werden gesucht; normale Handlungen sind von ihm ebensowenig zu erwarten, solange es irgendeinen Apparat – er sei magnetisch oder nicht – auf dem Thorax trägt, wie von einem Hunde, dem man eine Kasserolle an den Schwanz gebunden hat. Das Experiment mit dem Magneten ist also unausführbar. Welches Ergebnis würde es wohl haben, wenn das Tier sich dazu hergäbe? Nach meiner Meinung gar keines: auf die Heimkehr zum Neste dürfte ein Magnet nicht mehr Einfluß ausüben wie ein Stückchen Strohhalm; das Problem des Orientierungssinnes aber bleibt nach wie vor für uns dunkel.

Das Nest der Sandwespe.

Langleibig und schlank; Hinterleib durch einen fadendünnen Stiel mit dem Vorderkörper verbunden; Tracht: schwarz mit einer roten Schärpe um den Bauch – das ist das kurzgefaßte Signalement der Sandwespen (Ammophila Kirby). Diese Grabarbeiter stehen der Gattung Sphex L. durch Gestalt und Farbe nahe, unterscheiden sich jedoch durch ihre Gewohnheiten sehr von ihnen. Die Sphexarten machen Jagd auf Geradflügler: Grashüpfer, Grillen, Heuschrecken (die deutsche Benennung „Raupentöter" ist somit unzutreffend), während das Wild der Ammophilen Raupen bilden. Dieser Unterschied der Beute genügt, um uns für die Sandwespen neue Hilfsmittel in der mörderischen Taktik des Instinktes vorhersehen zu lassen.

Das aus dem Griechischen entnommene Wort Ammophila bedeutet einen Freund des Sandes; diese Raupenjäger, deren Geschichte zu schreiben ich mir vorgenommen habe, lieben aber durchaus nicht den reinen und beweglichen Sand. Ihr senkrechter Schaft, der offen bleiben muß, bis die an seinem unteren Ende befindliche Kammer Lebensmittel und das Ei aufgenommen hat, erheischt eine festere Umgebung, um nicht vorzeitig verschüttet zu werden. Diese zur Familie der Grab- oder Mordwespen (Crabronidae) zählende Wespe braucht einen leichten Boden, in dem sich unschwer graben läßt, dessen sandige Bestandteile aber durch etwas Ton und Kalk fester gemacht werden. Wegränder und sonnige Hänge mit dürftigem Graswuchs sind die von ihr bevorzugten Orte. Dort sieht man im Frühling, von den ersten Tagen des April an, die rauhe Sandwespe (Psammophila hirsuta Scop. = viatica Aut.); im Herbst findet man ebendort die gemeine Sandwespe (Ammophila sabulosa L.),*) die Sil-

*) In Deutschland und im höheren Norden sind die rauhe wie die gemeine Sandwespe, deren Lebensweise sich in nichts unterscheidet, vertreten, weshalb noch einige genauere Angaben über diese beiden hier folgen mögen. Die rauhe S. ist 19,5 mm lang und bis auf die braun-

bersandwespe (A. tydei Guill. = argentata Lp.) und die Seidensandwespe (A. holosericea Fab.). Ich werde hier die Urkunden zusammenfassen, die alle vier Arten mir geliefert haben.

Bei der Nestanlage graben sie alle einen senkrechten Schacht, dessen Durchmesser höchstens dem eines starken Gänsekiels gleichkommt; die Tiefe beträgt etwa einen halben Dezimeter. Am unteren Ende befindet sich als einfache Erweiterung dieses Zugangsschachtes die Zelle oder Kammer für das Ei. Es ist alles in allem ein recht dürftiges, in einem Zuge hergestelltes Logis, in dem die Larve als hauptsächlichen Schutz gegen die Winterkälte auf die vierfache Hülle ihres Kokons angewiesen bleibt. Beim Graben benützt die Ammophila, die diese Arbeit stets für sich allein und ohne sich zu sehr zu beeilen ausführt, die Vorderbeine als Rechen und die Kiefer als eigentliches Grabwerkzeug. Wenn irgendein Steinchen besonders schwierig fortzuschaffen ist, hört man vom Grunde des Schachtes, als Äußerung der Anstrengungen des Insekts, eine Art scharfen Knirschens emporddringen, das durch die Vibrationen der Flügel und des ganzen Körpers hervorgebracht wird. In kurzen Zwischenräumen kommt der Hautflügler zutage mit einer Ladung Abraum zwischen den Kiefern, die er in einiger Entfernung vom Nest fallen läßt. Gewisse ausgegrabene Steinchen finden wegen ihrer platten Form und ihrer Größe besondere Beachtung: sie werden unmittelbar neben der Öffnung niedergelegt, weil sie diese später verschließen sollen.

rote Hinterleibswurzel schwarz gefärbt, an den Beinen und der Vorderhälfte des Körpers zottig und schwarz behaart, zumal am grob gerunzelten Hinterrücken. Die mit ihr untermischt und in der Regel noch häufiger vorkommende gemeine S. ist 19–22 mm lang, schwarz, am zweiten, dritten und vierten Hinterleibsring rot, auf dem letzten mit schwarzem Fleck; an den Seiten des Brustkastens abreibbare Silberflecke aus kurzem Haar. Der zweiringelige, sehr lange und dünne Stiel des Hinterleibes ist länger als der hintere spindelförmige Teil. Beide Geschlechter haben ein Kopfschild, das beim Männchen schmal und silberbehaart, beim Weibchen dagegen breiter und kahler ist. Wie bei allen Grabwespen sind die Weibchen mit einem nicht abbrechenden Giftstachel ausgerüstet. Anm. d. Übers.

Wenn bei der Vollendung des Nestes die Sonne sich bereits von dem Platze zurückgezogen hat, wo es ausgegraben wurde, so verfehlt die Wespe nicht, den während der Grabarbeit zusammengetragenen kleinen Haufen von Bausteinen aufzusuchen, um darunter ein passendes Stück auszuwählen. Findet sie keines, das ihr genügt, so sucht sie in der Umgebung darnach, wo ihr bald ein solches aufstößt. Sie braucht ein winziges, plattes Stückchen, dessen Durchmesser etwas größer ist als jener der oberen Schachtmündung. Diesen Deckstein trägt sie alsdann zwischen den Kiefern hin und legt ihn als vorläufigen Verschluß auf die Mündung des Erdloches. Wenn am anderen Morgen die Stelle wiederum im warmen Sonnenschein, der die Jagd begünstigt, daliegt, weiß die Wespe ihr Logis, das durch das massive Tor unantastbar ist, wieder aufzufinden. Sie kehrt dorthin zurück mit einer Raupe, die sie durch einen Stich gelähmt und mit ihren Zangen an der Haut des Nackens gepackt hat, während der übrige Körper zwischen den Beinen der Wespe über den Boden geschleift wird. Sie hebt die Verschlußplatte auf, die sich durch nichts von den übrigen rings umherliegenden kleinen Steinchen unterscheidet, und deren Geheimnis ihr allein bekannt ist. Hierauf schafft sie die Beute in die Kammer am Ende des Schachtes, legt ihr Ei darauf und verschließt nun endgültig den Wohnsitz der zukünftigen Larve, indem sie in die senkrechte Galerie den in der Nähe angehäuften Abraum hineinlegt.

Bei der Sandwespe und der Silbersandwespe habe ich mehrmals diesem vorläufigen Verschließen des Erdloches beigewohnt, wenn die Sonne sich neigte, und die vorgerückte Stunde das Insekt nötigte, die Verproviantierung auf den nächsten Morgen zu verschieben. Auch ich mußte dann die Fortsetzung meiner Beobachtungen verschieben, ging aber nicht fort, ohne daß ich mir die Stelle vorher genau eingeprägt und durch einige in den Boden gesteckte Zweige dafür gesorgt hatte, den Schacht wieder finden zu können, auch wenn er inzwischen zugeschüttet worden war. Jedesmal, wenn ich nicht zeitig genug wieder dorthin kam, so daß die Wespe Zeit gehabt hatte, die Stunden des vollen Sonnenscheins auszunutzen, fand ich die Erdhöhle endgültig zugemacht und verproviantiert. Auffallend ist hierbei das treue Gedächtnis der Wespe. Sie verbringt nicht etwa den Abend und die Nacht in der von ihr gegrabenen Herberge, sondern sie entfernt sich, nachdem sie den Eingang durch ein winziges Steinchen verdeckt hat. Dabei ist die Örtlichkeit ihr keineswegs vertraut; sie kennt sie nicht näher als jede beliebige Stelle, denn die Ammophilen bringen ihre zukünftige Familie bald hier, bald dort unter, wo es ihnen bei ihrem Umherstreichen gerade beliebt. Zufällig hat sich die Wespe gerade dort befunden, der Boden gefiel ihr, und der Schacht wurde gegraben. Dann fliegt das Insekt fort, wer weiß, wohin. Vielleicht auf die Blumen in der Nachbarschaft, um bei dem letzten Tagesschimmer noch einen Tropfen Zuckersaft auf dem Grunde der Blumenkronen zu schlürfen, wie der Grubenarbeiter

Abb. 1. Rauhe Sandwespe (Psammophila hirsuta). Etwas verkleinert.

nach den Mühsalen in dem finsteren Stollen sich an seinem Abendschoppen labt. So fliegt die Wespe von Station zu Station, bald mehr, bald weniger weit, wo immer eine Blume ihren Keller offen hat. Der Abend, die Nacht und die kühle Morgenfrühe verstreichen, dann aber gilt es, zu dem Erdloche zurückzukehren und das Werk zu vollenden, jene Stelle wiederzufinden nach dem abendlichen Fluge von Blume zu Blume und nach den Märschen und Gegenmärschen auf der Raupenjagd am nächsten Morgen. Daß die gewöhnliche Wespe ihr Nest und die Biene ihren Korb wiederfindet, ist für mich nichts Erstaunliches; beides sind permanente Wohnstätten, und die dorthin führenden Wege den Insekten durch lange Übung bekannt. Die Sandwespe dagegen hat ihren Schacht an einem Orte gegraben, den sie gestern vielleicht zum erstenmal besuchte und nun heute wiederfinden soll, obgleich ihr die Richtung doch gänzlich verloren gegangen sein muß, und sie zudem durch die schwere Raupe gehindert wird. Trotzdem versagt ihr topographisches Gedächtnis niemals; es war sogar mitunter von einer Schärfe, die mich in die höchste Verwunderung setzte. Die Wespe marschierte mit der Raupe geradewegs auf ihr Erdloch los, als wenn ihr alle die kleinen Pfade in der Umgegend seit langem genau vertraut gewesen wären; mitunter gab es allerdings lange Stockungen und vielfältige Nachforschungen, wobei die Raupe, wenn sie zu hinderlich war, inzwischen auf einem Büschel Thymian oder einer sonst leicht wiederzufindenden Stelle niedergelegt wurde. Gewöhnlich aber findet das Insekt ohne Mühe den Schacht wieder, den es abends vorher ausgegraben hatte an einer unbekannten Stelle, wohin es bei seiner umherschweifenden Lebensweise zufällig gelangt war. Zum Führer hat die Sandwespe ihr Ortsgedächtnis, von dem ich später noch wahrhaft wunderbare Leistungen zu berichten haben werde.*) Ich selber wagte es nie, mich auf mein Gedächtnis allein zu verlassen, um den Punkt am nächsten Morgen wiederzufinden, sondern ich sorgte in bereits erwähnter Weise für Merkzeichen und machte mir außerdem Notizen, oft sogar ein vollständiges Kroki der Örtlichkeit.

Das vorläufige Verschließen des Schachtes scheint übrigens nur bei der gemeinen Sandwespe und bei der Silbersandwespe vorzukommen, wenigstens habe ich bei den beiden anderen oben genannten Arten es niemals beobachten können. Bei der rauhen Sandwespe ist es wohl überflüssig, weil diese, wie mir scheint, zuerst die Raupe erbeutet, sie durch einen Stich mit ihrem Stachel lähmt und dann erst ganz in der Nähe ihren Schacht gräbt, in den sie die Beute sogleich hineinschafft. Bei der Seidensandwespe vermute ich einen anderen Grund für die Unterlassung; während nämlich die drei anderen Arten stets nur eine einzige Raupe in jedes Nest schaffen, bringt sie bis zu fünf Stück hinein, die freilich viel kleiner sind. Ähnlich, wie wir es nicht für nötig hal-

*) Dieser Abschnitt, „Heimkehr zum Neste" überschrieben, erregte die besondere Aufmerksamkeit von Charles Darwin und veranlaßte den berühmten Forscher zu dem Briefwechsel mit Fabre, über den wir bereits berichtet haben. Anm. d. Übers.

ten, eine Tür zu verschließen, durch die wir häufig aus- und eingehen, unterläßt vielleicht die Seidensandwespe die Vorsichtsmaßregel, einen Schacht zuzudecken, in den sie so oft mit kurzen Zwischenräumen hinabsteigen muß. Bei allen vier Arten besteht

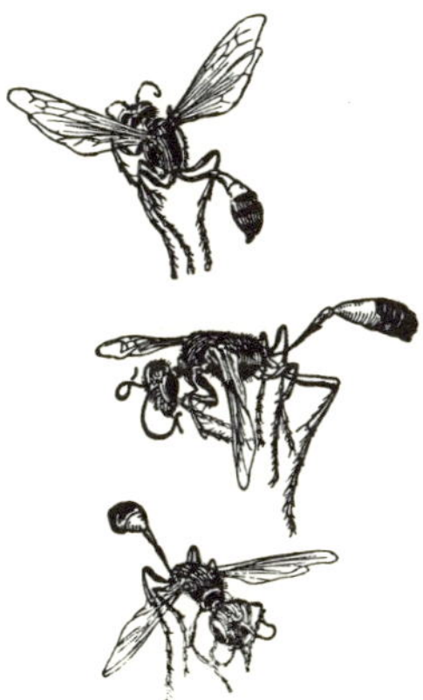

Abb. 2. Gemeine Sandwespe (Ammophila sabulosa). Natürl. Größe.

der Mundvorrat für ihre zukünftigen Larven aus Raupen von Nachtschmetterlingen, wobei die Seidensandwespe die Spannerraupen bevorzugt. Wie gesagt, geben die anderen drei Arten jeder Larve nur eine einzige Raupe, wobei allerdings der Umfang die geringere Zahl wettmacht; so zog ich z. B. zwischen den Mundzangen der gemeinen Sandwespe einmal eine Raupe hervor, deren Gewicht das Fünfzehnfache von dem der Wespe betrug. Gewiß eine erstaunliche Ziffer, wenn man erwägt, welche Kraft das Insekt aufwenden muß, um ein solches Wild an der Haut seines Nackens durch die tausenderlei Schwierigkeiten des Geländes fortzuschleifen.

Was bei den Ammophilen vor allem meine ganze Aufmerksamkeit auf sich zog, war die Art und Weise, wie diese Insekten sich zum Meister ihrer Beute machen und sie in den für die Sicherheit der Larve nötigen unbeweglichen Zustand versetzen. Der Körper der Schmetterlingslarven, die wir gewöhnlich Raupen nennen, besteht mit Einbeziehung des hornigen Kopfes aus 13 fleischigen Leibesringen (Segmenten), von denen die drei vordersten, die Brustringe, drei Paare echter Füße tragen, welche die Füße des späteren Schmetterlings werden. Die später folgenden Segmente haben häutige oder Afterfüße (Bauchfüße), die nur der Raupe eigentümlich sind und beim Schmetterling fehlen; an einigen Segmenten fehlen die Füße ganz und gar. Jeder dieser Leibesringe besitzt seinen besonderen Nervenknoten (Ganglion) als Sitz der Empfindung und der Bewegung, so daß also das Nervensystem der Raupe zwölf verschiedene, voneinander räumlich getrennte Mittelpunkte hat, ungerechnet den Ganglienkranz unter dem Schädel, der dem Gehirn vergleichbar ist. Wenn daher ein einzelner Leibesring der Raupen durch einen Stich mit dem Giftstachel der Wespe auch Bewegung und Empfindung einbüßt, so bleiben die anderen, unberührten darum doch beweglich und empfindlich. Hieraus ergibt sich das besondere Interesse, das sich an das Verfahren der Sandwespen knüpft, ihre Beute zu lähmen (ohne sie zu töten, damit sie nicht in Fäulnis übergehe). Die Beobachtung ist jedoch aus verschiedenen Gründen sehr schwierig: trotzdem konnte ich

Abb. 3. Seidensandwespe (Ammophila holosericea). Natürl. Größe.

feststellen, daß die Sandwespe in den von mir wahrgenommenen Fällen ausnahmslos den Stachel entweder gegen den fünften oder den sechsten Leibesring ihres Opfers richtete.

Um den Grad der Empfindlichkeit in den verschiedenen Segmenten festzustellen, untersuche ich jedes mit der Spitze einer feinen Nadel. Die Raupe rührt sich nicht, wenn man mit der Nadel in das fünfte oder sechste Segment sticht, nicht einmal, wenn dieses völlig durchbohrt wird. Dagegen krümmt sie sich und gebärdet sich ganz wild, wenn man in einen der davor oder dahinter gelegenen Ringe auch nur ganz leicht für eine Sekunde hineinsticht; sie wird um so heftiger, je weiter diese Stelle von dem fünften oder sechsten Segment entfernt ist. Was haben denn diese beiden nur Besonderes an sich, daß die Waffe des Mörders sie einzig und allein als Zielpunkt nimmt? In ihrer Organisation nichts, wohl aber hinsichtlich ihrer Lage. Wenn ich von den Spannerraupen absehe, finde ich bei den übrigen, von den Sandwespen in ihre Nester getragenen Raupen zunächst hinter dem als erstes Segment gerechneten Kopfe: drei Paare echter Füße auf den Ringen 2, 3 und 4; vier Paare von Afterfüßen auf den Ringen 7, 8, 9 und 10 und endlich ein letztes Paar häutiger Füße auf dem 13. und letzten Segment, im ganzen also acht Fußpaare, von denen die sieben ersten zwei Gruppen, eine von 3, die andere zu 4 Paaren bilden. Diese beiden Gruppen sind getrennt durch zwei fußlose Ringe: den 5. und den 6. Wird nun wohl die Wespe, um die Raupe unbeweglich zu machen, damit sie weder entfliehen noch durch Umsichschlagen die zarte Larve gefährden kann, ihren Dolch in jeden der 8 mit lokomotorischen Organen versehenen Ringe hineinbohren? Wird sie vor allem so übermäßig vorsichtig sein, wenn die Beute klein und ganz schwach ist? Sicherlich nicht: ein einziger Stoß mit dem Stachel wird ihr genügen, jedoch muß er einen zentralen Punkt treffen, von wo die durch das Gifttröpfchen bewirkte Lähmung sich möglichst rasch zu den mit Füßen ausgestatteten Segmenten fortzupflanzen vermag. Es kann gar nicht zweifelhaft sein, welche Segmente für diese eigenartige Impfung allein in Betracht kommen: eben das 5. und 6., welche die beiden Gruppen der lokomotorischen Ringe trennen. Der durch unsere vernunftgemäßen Schlußfolgerungen ausfindig gemachte Punkt ist somit auch der durch den Instinkt angenommene. Es muß endlich noch erwähnt werden, daß die Ammophila ihr Ei unabänderlich auf den durch ihren Stich unempfindlich gemachten Ring ablegt. In diese Stelle und in sie ganz allein kann die junge Larve hineinbeißen, ohne sie selber gefährdende Körperverrenkungen der Raupe hervorzurufen; wo der Stich meiner Nadel wirkungslos bleibt, wird der Biß des Würmchens es gleichfalls sein. Die Beute wird also in regungslosem Zustande verharren, bis der Säugling genügend Kraft erlangt hat, um ungefährdet sich über die weiter nach vorn oder hinten sich anreihenden Segmente hermachen zu können.

Das vorstehend geschilderte Verfahren der Lähmung des Opfers durch einen einzigen Stich hatte ich bereits häufig an den Spannerraupen und anderen kleinen und schwachen Raupen beobachten und feststellen können, als in mir doch Zweifel aufstiegen, ob das Insekt diese Methode in allen Fällen anwende. Die gemeine und die rauhe Sandwespe erbeuten doch auch Raupen, die – wie oben angegeben – im Verhältnis zu ihrer eigenen Größe wahre Ungetüme sind. Wird nun die Wespe ein so riesiges Stück Wild ebenso behandeln wie die schwächliche Spannerraupe? Wird sie sich mit einem einzigen Dolchstoße begnügen, um ein solches Monstrum zu meistern und unschädlich zu machen? Es war mir alsdann vergönnt, ganz genau zu beobachten, wie bei einer derartigen Raupe die Ammophila ihr Instrument handhabt. Ich befand mich in Begleitung eines seither mir leider durch den Tod entrissenen Freundes auf einer Wanderung, als wir eine rauhe Sandwespe bemerkten, die sich an der Wurzel eines Thymianbusches sehr eifrig zu schaffen machte und dort hin und her lief. Wir warfen uns sogleich auf die Erde, um das Insekt in der Nähe beobachten zu können, wodurch es sich durchaus nicht stören ließ. Wir bemerkten alsbald, daß die Wespe nicht etwa ein Nest zu bauen beabsichtige, sondern daß es ihr um irgendein unter der Erdoberfläche verborgenes Wild zu tun sei. Nach kurzer Zeit hatte sie auch in der Tat eine große und dicke graue Raupe aufgestö-

bert und im Nacken gepackt. Auf dem Rücken des Ungetüms (im Vergleich zu ihrer eigenen Größe) sitzend, krümmt der Hautflügler sodann den Hinterleib und bohrt seinen Stachel ganz ruhig und methodisch, wie ein Chirurg, der die Anatomie des zu Operierenden von Grund aus kennt, in sämtliche Leibesringe des Opfers vom ersten bis zum letzten. Kein Segment bleibt ohne Dolchstoß, gleichviel ob es Füße hat oder nicht; der Reihe nach kommen alle daran vom ersten bis zum letzten!

Nach allem, was ich genau beobachtet und vorstehend berichtet habe, handelt die Sandwespe also mit einer so scharfen Unterscheidung, daß unsere Wissenschaft sie darum beneiden könnte; sie weiß eben das, was der Mensch fast niemals weiß: sie kennt den verwickelten Nervenapparat ihres Opfers und reserviert für die vielfach vorhandenen Ganglien der großen Raupen ihre wiederholten Dolchstöße. Ich sagte: sie weiß und kennt; richtiger müßte es heißen: sie benimmt sich, als ob sie wüßte und kennte. Ihre Handlung beruht vollständig auf Eingebung. Ohne sich in irgendeiner Weise Rechenschaft zu geben von dem, was es tut, gehorcht das Tier dem Instinkt, der es antreibt. Allein woher kommt diese wunderbare Eingebung? Sind die Theorien des Atavismus, der Selektion und des Kampfes ums Dasein imstande, sie befriedigend zu erklären? Für mich und meinen Freund ist der zuletzt berichtete Vorgang eine der bedeutsamsten Enthüllungen der unermeßlichen Logik gewesen, welche die Welt regiert und das Unbewußte durch die Gesetze ihrer Eingebung lenkt.

Rückkehr zum Neste.

Wenn die Sandwespe den zur Unterbringung des Eies bestimmten Schacht erst zu vorgerückter Tagesstunde vollendet hat, so verläßt sie ihr Werk, nachdem sie die Mündung mit einem einzigen flachen Steinchen verschlossen hat. Von Blume zu Blume fliegend, gelangt sie in eine entfernte Gegend und weiß nichtsdestoweniger am anderen Morgen mit der als Nahrung für die künftige Larve bestimmten Raupe den Weg zu dem nachmittags zuvor gegrabenen Neste zu finden, wenn ihr die Örtlichkeit auch vollständig unbekannt und oftmals ganz neu ist. Die gleichfalls zu den Grabwespen zählende, 15–18 mm lange Bastardwespe (Bembex rostrata) läßt sich, mit dem als Nahrung für ihre Larve bestimmten Wildbret heimkehrend, mit einer fast mathematischen Genauigkeit auf der Schwelle ihrer Tür nieder, obwohl diese mit Sand verstopft und von der umgebenden Sandfläche nicht zu unterscheiden ist.

Im allgemeinen versehen die Grabwespen, Sandwespen und die Cerceris- und Sphexarten ihr Nest, die unterirdische Zelle, von vornherein mit einem für die ganze Entwicklungszeit der Larve ausreichenden Nahrungsvorrat, schließen dann die Öffnung und kehren nicht wieder zurück. So schleppt, wie wir sahen, die Ammophila eine Raupe dorthin, die sie vorher durch Stiche mit ihrem Giftstachel gelähmt hat. Die Beute lebt also noch und fällt nicht der Fäulnis anheim, die sie für das aus dem Ei geschlüpfte Würmchen ungenießbar machen würde: ihr Fleisch bleibt frisch, bis die Larve ihre Entwicklung beendet hat. Die schwarze, an Kopf und Brust graubehaarte und auf dem Hinterleib mit welligen, schwefelgelben Binden versehene Bastardwespe hingegen trägt etwa zwei Wochen lang Tag für Tag ihrer nur Fliegen verzehrenden Larve die erforderliche Nahrung in die am Ende einer unterirdischen Galerie befindliche Zelle. Sie bringt jedesmal nur ein einziges Stück Wild, nimmt aber, dem steigenden Nahrungsbedürfnis entsprechend, erst kleine und später größere Fliegen. Nach ihrer Ablage fliegt die Mutter wieder fort, jedesmal den Eingang der Galerie mit den Füßen wieder zuscharrend. Sie tötet die im Fluge erhaschte und oft erst nach scharfem Kampfe bewältigte Fliege auf der Stelle. Da diese auch alsbald von der Larve verzehrt wird, ist eine „Konservierung“ der Beute für längere Zeit, wie bei den vorher genannten Arten, nicht nötig. Die Larve spinnt sich später in einen festen Kokon ein und vollzieht darin ihre Metamorphose zur Nymphe; bis dahin verschüttet um ihrer Sicherung willen die Mutter nach erfolgter Verproviantierung immer wieder die Mündung des Stollens, durch den sie sich bei jeder Rückkehr aufs neue den Weg bahnen muß, mit Sand und glättet mit den Endgliedern ihrer Vorderbeine die ganze Stelle.

Während mein Auge und mein Gedächtnis zu ihrer Auffindung nicht scharf genug sind, besitzen der Scharfblick und die Erinnerung des Insekts eine Sicherheit, die an Unfehlbarkeit grenzt. Man könnte glauben, daß in ihm irgendetwas noch Feineres sei als die einfache Erinnerung, eine Art von Intuition oder unmittelbarer Wahrnehmung (wir selbst besitzen nichts dergleichen) und endlich eine unerklärliche Fähigkeit, die ich Gedächtnis nenne, weil ein anderer Ausdruck zu ihrer Bezeichnung fehlt. Das Unbekannte kann keinen Namen haben. Um womöglich etwas Licht auf diesen Punkt der Tierpsychologie fallen zu lassen, habe ich eine Reihe von Versuchen ausgeführt, die ich im folgenden aufzählen will.

Mein erstes Experiment machte ich mit der gefleckten Keulenwespe (Cerceris tuberculata), dem Jäger der Rüsselkäfer (Cleonus). Um 10 Uhr vormittags fange ich mir 12 Weibchen, die auf derselben Böschung teils mit dem Ausgraben ihrer Erdgänge, teils mit der Verproviantierung der bereits fertigen beschäftigt sind. Jede Gefangene wird einzeln in eine Papierdüte gesperrt; sämtliche Düten bringe ich dann in einer Schachtel unter. Ich entferne mich etwa 2 km weit von jener Stelle und lasse hierauf meine Keulenwespen frei, nachdem ich sie zu späterer Wiedererkennung inmitten des Bruststückes mit einem weißen Punkte markiert habe (mit einem in unverwischbare Farbe getauchten Strohhalme). Die Hautflügler fliegen zunächst nur ein paar Schritte weit fort, die einen nach dieser, die andern nach jener Richtung. Sie setzen sich auf einen Grashalm, fahren sich einen Augenblick mit den Vorderfüßen über die Augen, wie geblendet von dem scharfen Sonnenlicht, in das sie so unvermittelt zurückversetzt wurden, und schwingen sich dann empor, ein Teil früher, der andere später. Alle aber schlagen ohne jegliches Zaudern geradewegs die südliche Richtung ein, in der ihr Heim liegt. Nach dem gemeinsamen Platze ihrer Nester zurückgekehrt, finde ich bereits zwei von meinen markierten Cerceris an ihren Erdhöhlen arbeitend; eine dritte kommt aus dem Felde mit einem Rüsselkäfer zwischen den Füßen herangeflogen, und nicht lange hernach folgt eine vierte. Dies genügt mir, denn was die vier fertiggebracht haben, werden die übrigen ebenfalls tun, wenn es nicht bereits geschehen ist. Man darf wohl annehmen, daß die übrigen noch auf der Jagd unterwegs sind oder sich bereits in ihre Galerien zurückgezogen haben.

Ich weiß nicht, wie weit das Jagdgebiet einer Keulenwespe sich ausdehnt; möglicherweise ist ihr aber in einem Umkreise von 2 km das ganze Gelände bekannt. In diesem Falle waren sie dort, wohin ich sie geschafft hatte, noch nicht weit genug von ihrem Neste entfernt; das Experiment muß also aus größerer Entfernung wiederholt werden und von einem Punkte seinen Ausgang nehmen, der den Hautflüglern unmöglich bekannt sein kann. Ich nehme aus derselben Nesterkolonie neun Cercerisweibchen; zum Ausgangspunkt wähle ich diesmal das etwa 3 km entfernte Städtchen Carpentras*). Ich will meine Insekten nicht – wie beim erstenmal – in freiem Felde in Freiheit setzen, sondern in der Straße eines volkreichen Viertels, wohin die Cerceris mit ihren ländlichen Gepflogenheiten noch niemals gelangt sind. Da es schon gegen Abend geht, verschiebe ich den Versuch, und meine Gefangenen verbringen die Nacht in ihrem Zellengefängnis. Am folgenden Morgen, gegen 8 Uhr, zeichne ich sie je mit zwei weißen Punkten auf dem Bruststück, um sie von denen des gestrigen Versuches zu unterscheiden, und setze sie dann, eine nach der andern, mitten in der Straße in Freiheit. Jede steigt zuerst senkrecht zwischen den beiden Häuserreihen in die Höhe, wie um möglichst rasch dem Straßendefilee zu entfliehen und einen weiten Horizont zu gewinnen, dann schwingt sie sich über die Dächer hinaus und fliegt mit aller Macht südwärts. Von Süden her habe ich sie nach der Stadt gebracht, dort befinden

*) Arrondissementshauptstadt im südfranz. Dep. Vaucluse, südlich vom Mont Ventoux, am Auzon und an der Mittelmeerbahn, das Carpentoracte der Alten. Anm. d. Übers.

sich ihre Erdhöhlen. Einige Stunden später traf ich selber dort wieder ein. Ich sehe mehrere der Keulenwespen von gestern, die an dem einzelnen weißen Punkte erkennbar sind, aber keine einzige von den vorhin losgelassenen. Haben sie ihr Nest nicht wiederzufinden vermocht, befinden sie sich noch auf der Jagd, oder halten sie sich in ihren Galerien verborgen, um sich von der ausgestandenen Aufregung zu erholen? Ich weiß es nicht. Bei einem neuen Besuche am nächsten Morgen aber habe ich die Genugtuung, fünf Cerceris mit zwei weißen Punkten ebenso eifrig an der Arbeit zu finden, als ob nichts Außergewöhnliches vorgefallen wäre. Mindestens 3 km Entfernung, die Stadt mit ihren Bewohnern, ihren Dächern und dampfenden Schornsteinen, lauter Dinge, die den freien Landbewohnern vollständig neu sind, haben also ihrer Heimkehr zum Neste kein Hindernis in den Weg legen können.

a Die gefleckte Keulenwespe (Cerceris tuberculata).
b Die Bastardwespe (Bembex rostrata).

Die von ihrem Neste genommene und auf gewaltige Entfernungen fortgeführte Taube kommt rasch zu ihrem Schlage zurück. Wollte man die Länge des zurückgelegten Weges in Verhältnis setzen zu der Körpergröße des Tieres, wie sehr würde dann die Keulenwespe, die sich aus einer Entfernung von 3 km zu ihrem Erdloch heimfindet, der Taube überlegen sein! Der Rauminhalt des Insektenkörpers beträgt noch lange keinen Kubikzentimeter, jener mancher Taubenarten aber dürfte wohl einen Kubikdezimeter erreichen. Der tausendmal größere Vogel müßte also, um mit dem Hautflügler zu wetteifern, seinen Schlag aus einer Entfernung von 3000 km – sechsmal die Strecke zwischen Berlin und Wien – wiederfinden, und ich weiß nicht ob eine Brieftaube jemals eine so großartige Leistung vollbracht hat.

Ist nun wohl die Erinnerung imstande, die Taube nach ihrem Schlage und die Keulenwespe nach ihrer Erdhöhle zurückzugeleiten, nachdem sie der Mensch von dort in sehr weit entfernte und noch nie von ihnen besuchte Gegenden, die in ganz unbekannten Richtungen liegen, versetzt hat? Dient ihnen das Gedächtnis als Kompaß, wenn sie in eine gewisse Höhle gelangt sind, aus der sie auf irgendeine Weise die Spur aufnehmen und nun mit aller Kraft nach jener Richtung hin fliegen, wo ihre Nester sich befinden? Gibt ihnen das Gedächtnis den Weg in den Lüften an, quer durch Landflächen, die sie zum erstenmal sehen? Offenbar nicht, denn sie können keine Erinnerung an Unbekanntes haben. Der Hautflügler und der Vogel kennen die Orte nicht, wo sie sich befinden; nichts kann ihnen von der allgemeinen Richtung Kenntnis gegeben haben, in der die Ortsänderung bewirkt wurde, denn die Reise geht in einem enggeschlossenen Korbe oder in einer Schachtel vor sich. Trotzdem finden sie heim; sie müssen einen besseren Führer haben als die einfache Erinnerung: sie besitzen eine besondere Fähigkeit, eine Art von topographischem Gefühl, von dem wir uns unmöglich eine Vorstellung machen können, da wir nichts in uns haben, was einem solchen entspräche.

An der Hand meiner Versuche werde ich nun darlegen, wie fein und deutlich dieses Gefühl in seinem engbegrenzten Wirkungsbereiche ist, wie beschränkt und stumpf aber, wenn es aus den gewohnten Bedingungen, unter denen es ausgeübt wird, heraustreten muß. Es ist dies die unveränderliche Antithese (Gegensatz) des Instinkts.

Eine Bastardwespe (Bembex rostrata), die eifrig für ihre Larve Nahrung herbeizuschaffen bemüht ist, verläßt ihr Erdloch. Sie wird binnen kurzer Frist mit dem Ertrage ihrer Jagd zurückkehren. Den Eingang hat sie vorher aus Sicherungsrücksichten sorgfältig mit Sand verstopft, den das Insekt, rückwärts gehend, hineingefegt hat; nichts unterscheidet die verborgene Mündung jetzt von der übrigen sandigen Bodenfläche. Dies bildet jedoch keine Schwierigkeit für den Hautflügler selbst, seine Tür mit der schon oben von mir hervorgehobenen unfehlbaren Sicherheit wiederzufinden. Um die Wespe irrezuführen, bedecke ich die Stelle mit einem flachen Steine von der Größe einer Hand. Bald trifft die Wespe wieder ein, doch die gründliche Veränderung, die während ihrer Abwesenheit am Eingang ihrer Behausung vor sich gegangen ist, scheint in ihr nicht das mindeste Zögern hervorzurufen; sie läßt sich sogleich auf dem Steine nieder und versucht einen Augenblick lang zu graben – genau an der Stelle, die sich über der Mündung der Galerie befindet. Die Härte des Hindernisses bringt sie jedoch sofort von diesem vergeblichen Vorhaben wieder ab; dann überschaut sie den Stein nach allen Richtungen, geht um ihn herum, schiebt sich unter ihn und begibt sich daran, in der genauen Richtung ihres Nestes zu graben.

Man muß auf bessere Mittel sinnen, die Wespe irrezuführen. Ich scheuche sie mit dem Taschentuche weit fort und bedecke hierauf die Mündung ihrer Erdhöhle und deren ganze Umgebung in der Ausdehnung von etwa einem Viertelquadratmeter gleichmäßig mit einer zolldicken Schicht von frischem Pferdemist. Trotzdem fliegt das heimkehrende Insekt sofort auf den richtigen Punkt los, arbeitet sich durch die faserige, übelriechende Masse bis zu dem Sande durch, wo der Eingang zur Galerie alsbald aufgefunden wird. Ich lasse sie dort nicht weitergraben, sondern verscheuche sie zum zweitenmal.

Die Sicherheit, mit der der Hautflügler seine Tür wiederfindet, trotzdem sie in für ihn ganz fremdartiger Weise maskiert wurde, scheint ein genügender Beweis, daß der Gesichtssinn und die Erinnerung nicht seine einzigen Führer sind. Sollte er sich etwa durch den Geruchssinn leiten lassen? Dies ist offenbar sehr zweifelhaft, da die starke Ausdünstung des Mistes das scharfsinnige Insekt nicht irrezumachen vermochte; immerhin wollen wir noch einen anderen Geruch erproben. Zu meinem entomologischen Gepäck gehört immer ein Fläschchen mit Äther. Nachdem ich den Dünger fortgefegt und durch eine nicht sehr dicke, aber eine große Fläche bedeckende Lage Moos ersetzt habe, leere ich den ganzen Inhalt des Fläschchens darüber aus, sobald ich die Wespe nahen sehe. Die allzu starken Ätherdünste halten sie nur einen Augenblick in der Entfernung, dann läßt sie sich auf der immer noch sehr stark riechenden Moosschicht nieder, arbeitet sich durch dieses Hindernis und dringt bis zu ihrem Heim vor, von dem sie weder die ätherischen noch die sterkoralen Ausdünstungen abzulenken vermocht haben. Es kann somit wohl als sicher gelten, daß auch der Geruchssinn der Wespe nicht sagt, wo ihr Nest sich befindet.

Häufig werden die Fühler der Insekten als Sitz eines besonderen Orientierungssinnes angesehen, und auch über diesen Punkt muß ein Experiment uns Gewißheit verschaffen. Aber auch die Bastardwespe, deren beide Fühler ich an der Wurzel abgeschnitten habe, findet ihr Nest, das inzwischen mit einer Schicht nußdicker Kiesel überdeckt wurde, mit derselben Leichtigkeit wieder, wie dies ein im Besitze seiner Antennen gelassenes Insekt tut. Nunmehr war ich am Ende meiner Kriegslisten angelangt, vermochte aber weniger denn je zu verstehen, wie sich das Insekt – wenn es nicht einen besonderen Führer in irgendeiner uns unbekannten Fähigkeit besitzt – zum Neste heimfinden kann, nachdem die Möglichkeit, es zu sehen oder zu riechen, durch meine Listen beseitigt wurde. Wenige Tage später versuche ich, das Problem unter einem neuen Gesichtspunkte in Angriff zu nehmen. Es handelt sich darum, die unterirdische Galerie der Bastardwespe in ihrer ganzen Ausdehnung bloßzulegen, ohne im übrigen etwas daran zu verändern; dies wird erleichtert durch die geringe Tiefe dieses Ganges unter der Oberfläche, seine nahezu wagrechte Richtung und die schwache Dichtigkeit des Erdreiches, in dem er ausgegraben wurde. Ich hebe einfach die oberen Schichten nach und nach mit einem Messer ab und verwandle so die unterirdische Wohnstätte in eine gerade oder in gekrümmter Form verlaufende Rinne, die, ein paar Dezimeter lang, offen daliegt von dem Punkte an, wo sich das Eingangstor befand, bis zu der Nische am entgegengesetzten Ende, wo die Larve inmitten ihrer Nahrungsmittel liegt. Wie wird sich nun die Mutter bei ihrer Heimkehr verhalten, wenn das frühere Souterrain in vollem Tageslichte, von der Sonne beschienen, vor ihr liegt?

Um nicht zu viele Punkte gleichzeitig ins Auge fassen zu müssen, ist es zweckmäßiger, diese Frage zu teilen. Die Mutter kehrt zum Neste zurück, um ihrer Larve Nahrung zu bringen; um aber zu dieser Larve zu gelangen, muß sie zuerst die Tür auffinden. Larve und Eingang – dies sind die beiden Punkte, die nach meiner Meinung gesondert untersucht werden müssen. Ich nehme also das Würmchen und seinen Proviant aus der Nische fort, so daß das Ende des Ganges ein leerer Raum wird. Der heimkehrende Hautflügler geht unmittelbar auf die jetzt fehlende Tür los, von der nur noch die Schwelle vorhanden ist. Dort sehe ich ihn eine gute Stunde lang oberflächlich graben und den Sand mit seinen Füßen fortkehren, nicht um eine neue Galerie auszuheben, sondern auf der Suche nach dem früheren Verschluß aus leicht zu bewegendem Sande, der unter dem leisen Drucke seines Kopfes wich und den Weg ins Innere freigab. Statt dieses beweglichen Materials findet die Bastardwespe festen Boden und forscht nun an der Oberfläche weiter, immer aber ganz dicht bei dem Punkte, wo die Tür zu finden sein müßte. Diese Stelle, an der sie schon zwanzigmal vergeblich sondiert und gefegt hat, untersucht sie immer von neuem wieder, so hartnäckig hält sie an der Überzeugung fest, daß dort und nicht anderwärts der Eingang sein müsse. Vergeblich suche ich sie wiederholt mit einem Strohhalm nach einem anderen Punkte zu schieben: das Insekt läßt sich nicht beirren und kehrt immer wieder an den ersten Platz zurück. Dann und wann scheint der zu einer offenen Rinne gewordene Stollen wohl seine Aufmerksamkeit zu erregen, indes nur unbedeutend. Die Wespe tut einige Schritte hinein, immer mit ihren Vorderbeinen den Sand harkend, dann kehrt sie zum Eingang zurück. Zwei- oder dreimal sehe ich sie die Rinne ihrer ganzen Länge nach durcheilen: sie erreicht die Nische am Ende der Sackgasse, bisher das Nest ihrer Larve, vollführt dort gleichgültig einige Striche mit dem Rechen und beeilt sich dann, die frühere Stelle wieder aufzusuchen, um dort hartnäckig das Suchen nach dem verschwundenen Eingang fortzusetzen.

Dies dauerte über eine Stunde lang. Was wird aber in Gegenwart der Larve geschehen? Dies ist der zweite Punkt der Frage, zu deren Beantwortung ich eine neue Wespe nehme, die nicht schon durch vorausgegangenes Experimentieren erregt ist, sondern sich ganz dem Antriebe des ersten Augenblicks hingibt. Die unterirdische Wohnung wird in der vorher geschilderten Weise bloßgelegt, die Larve mit ihrer Nahrung aber an Ort und Stelle belassen; alles ist in der Behausung in Ordnung geblieben – bloß das Dach fehlt. Trotzdem wiederholt auch diese Mutter ganz unverändert die vorhin beschriebenen Bewegungen. Sie läßt sich genau auf der Stelle zur Erde nieder, wo der Eingang war. Dort gräbt sie und kehrt den Sand zur Seite, und dorthin kehrt sie nach einigen kurzen Versuchen an anderen, nur wenige Zoll entfernten Punkten immer wieder zurück. Keine Untersuchung der Galerie, keine Sorge um die angstvoll sich krümmende Larve, deren zarte Haut aus dem milden Dunkel des Souterrains so plötzlich in den glühenden Sonnenbrand versetzt wurde. Die Wespe beachtet sie so wenig, wie irgendein auf dem Boden liegendes Steinchen oder Erdklümpchen. Diese zärtliche und treue Mutter, die sich abarbeitet, um zu der Wiege ihres Kindes zu gelangen, braucht in diesem Augenblick die Eingangsöffnung, die gewohnte Tür und nichts als diese Tür. Nur die Sorge um den bekannten Durchgang versetzt ihre Muttergefühle in Aufregung. Und doch ist der Weg frei: nichts hemmt die Mutter, vor deren Augen sich die Larve, das Endziel ihrer Unruhe, ängstlich abmüht. Mit einem einzigen Satze könnte sie bei dem unglücklichen Wurme sein, ihm eine neue Wohnung graben und ihn unter die Erde in Sicherheit bringen. Aber nein: die Mutter bleibt starrköpfig beim Suchen nach einem nicht mehr vorhandenen Durchgange, während ihr Kind vor ihren Augen von den Sonnenstrahlen geröstet wird.

Es kommt aber noch stärker. Nach langem Zögern wagt die Wespe sich endlich in die Rinne, den Rest des ursprünglichen Ganges, hinein und gelangt zuletzt, geleitet von unbestimmten Erinnerungen, vielleicht auch durch den Geruch der Fliegen, die sie früher in die Nische geschleppt hat, bis zu der Stelle, wo die Larve liegt. Hier ist nun die Mutter nach langem, angstvollem Suchen bei ihrem Kinde, allein sie verrät keine Spur von Freude darüber oder bemüht sich nun eifrig um dieses. Die Bastardwespe erkennt ihre Larve nicht wieder; diese ist für sie ein wertloses Ding, das ihr nur hindernd im Wege liegt. Sie marschiert über den Wurm weg und tritt ihn bei ihrem hastigen Aus- und Eingehen schonungslos mit Füßen. Gegen eine so grobe Behandlung setzt die Larve sich zur Wehr: ich sah sogar, wie eine die Mutter an einem Fuße packte, bis diese sich nach einem lebhaften Kampfe von den scharfen Kiefern losmachte und forteilte. Eine solche widernatürliche Szene wird nur selten zu beobachten sein; in jedem derartigen Falle aber kann man die vollständige Gleichgültigkeit des Hautflüglers gegen seine Nachkommenschaft wahrnehmen und die brutale Geringschätzung, mit der er das ihm hinderliche Würmchen behandelt.

Dieses Verhalten ist lediglich eine Verkettung von Instinkthandlungen, deren eine die andere hervorruft, in einer Reihenfolge, welche die schwerstwiegenden Umstände nicht umzustoßen vermögen. Die Bastardwespe sucht nichts anderes als ihre Larve; um aber zu dieser zu gelangen, muß sie in das Erdloch eindringen, und um in diese Galerie zu kommen, ist es für sie unerläßlich, zuerst deren Eingang aufzufinden. Und auf der Suche nach dieser Tür bleibt die Mutter hartnäckig stehen, während vor ihr die Galerie völlig offen daliegt, samt dem Proviant, den sie eingetragen hat, und der Larve selbst. Ihre Handlungen sind einer Reihe von Echos

vergleichbar, von denen eines das andere in einer bestimmten Reihenfolge weckt und von denen das folgende nicht ertönt, wenn das vorhergehende nicht gesprochen hat. Nicht wegen eines Hindernisses, die ganze Wohnung steht ja völlig offen, sondern weil der gewohnte Eingang fehlt, kann die erste Handlung nicht vor sich gehen. Dies genügt, daß auch die folgenden Handlungen unterbleiben; das erste Echo bleibt stumm, und die anderen schweigen gleichfalls. Welch einen Abgrund sehen wir da zwischen der Intelligenz und dem Instinkt klaffen! Mitten durch die Trümmer der in Ruinen liegenden Wohnstätte stürzt die von der Intelligenz geführte Mutter zu ihrem Kinde hin – nur vom Instinkt geleitet, bleibt sie dagegen halsstarrig dort stehen, wo sich früher die Tür befand.

Botanischer Instinkt bei Käfern.

Das für die Zukunft sorgende Muttergefühl ist das ergiebigste Anregungsmittel für den Instinkt. Indem es die Ernährung und ein sicheres Obdach für die künftige Familie vorbereitet, bewirkt es jene wirklich bewunderungswürdigen Leistungen der Hautflügler und des Mistkäfers, die wir z. T. bereits kennen gelernt haben. Sobald das Muttertier sich jedoch mit der Rolle der Eierlegerin begnügt und zu einem bloßen Laboratorium der Keime wird, verschwinden die betriebsamen Fähigkeiten, deren es in solchem Falle ja nicht bedarf.

Das Weibchen des Walkers oder Gerbers (Melolontha [Polyphylla] fullo L.), dieser mit Vorliebe auf Kiefern oder Fichten sich aufhaltenden stattlichsten Art aller europäischen Maikäfer, gräbt sich bis zum Kopfe in den Sand ein und legt ein Päckchen Eier auf dem Grunde dieser Ausgrabung ab. Das ist alles; nachher wird die Grube durch nachlässiges Darüberhinfegen wieder zugefüllt. Die im Juli von dem Männchen befruchtete Borkenkäfermutter (Capricornia oder Longicornia) untersucht aufs Geratewohl einen Baumstamm und schiebt bald hier, bald dort ihren einziehbaren Eileiter unter die Schuppen der rissigen Rinde. Sie sondiert damit, tastet, wählt die geeigneten Stellen aus und legt dann jedesmal ein Ei dort ab, das nur notdürftig geschützt ist. Alles Weitere kümmert sie nicht mehr. Die Larve des gemeinen Rosenkäfers oder Goldkäfers (Cetonia aurata) lebt in faulem Holze oder in faulenden Blättern, die auf der Erde liegen. Der goldgrüne Käfer hält sich auf den zarten Blumenblättern auf, deren Saft er leckt, und träumt dort stundenlang auf der gleichen Stelle. Dann aber kehrt er wieder zu jenen Stätten der Fäulnis zurück, dringt hinein und legt an den wärmsten und am meisten in der Gärung fortgeschrittenen Punkten seine Eier ab.

In der weitaus überwiegenden Mehrzahl verfahren die anderen Käfer, kräftige wie schwache, unansehnliche und prächtig aussehende, ebenso. Sie wissen alle, an welchen Örtlichkeiten die Eiablage vor sich gehen muß, allein das, was später zu geschehen hat, läßt sie vollständig unbekümmert. Es bleibt der Larve überlassen, sich mit eigenen Mitteln aus der Affäre zu ziehen. Die Larve des Walkers arbeitet sich tiefer in den Sand hinein, auf der Suche nach zarten Würzelchen, die zu faulen beginnen und dadurch mürbe gemacht sind. Die des Borkenkäfers zernagt die abgestorbene Baumrinde und höhlt sich einen Gang aus, der sie in das Holz des Stammes hineinführt, das nun drei Jahre lang ihre Nahrung bildet. Die in einem Haufen faulender Blätter geborene Larve des Goldkäfers hat ohne weiteres Suchen dasjenige zum Beißen vor sich, was sie braucht. Wie weit entfernt ist jene Sorglosigkeit der Mutter, die nicht die geringste Vorbereitung für das Gedeihen der künftigen Familie trifft, von der Fürsorge der Pillenkäfer (Copris), des Totengräbers (Necrophorus), der Grab- oder Mordwespen (Sphegidae) und so vieler anderer Insekten! Häufig

allerdings halten uns die Söhne für die in solcher Hinsicht unbegabten Mütter schadlos, indem sie von dem Ausschlüpfen an eine mitunter bewunderungswürdige Scharfsinnigkeit bekunden. Ein Beispiel dafür sind unsere Distelrüßler oder Distellangrüßler (Larinus vulpes Oliv.), bei denen das befruchtete Weibchen nichts weiter zu tun versteht als seine Eier in den kopfartigen Blütenständen der Disteln zu verbergen. Aber welch seltene Geschicklichkeit entwickelt dann die Larve, die sich eine Unterlage baut, eine Koje auspolstert, mit den abgeschnittenen Pflanzenhaaren eine Matratze krämpelt und sich mittels des Lackes, den ihr Darm zubereitet, einen schützenden Schlauch, ein Bollwerk, herstellt! Welchen Scharfblick legt nach vollendeter Umgestaltung das neue Insekt an den Tag, indem es rechtzeitig diesen molligen Aufenthalt verläßt und unter hartem Geröll eine Zuflucht sucht in Voraussicht des Winters, der seine Geburtsstätte zerstören wird. Wir Menschen besitzen den Kalender der Vergangenheit, der uns über den der Zukunft unterrichtet. Die Larve hat keine Urkunden über den Wechsel der Jahreszeiten; in den Hundstagen ist sie geboren, allein durch den Instinkt empfindet sie vorher, daß diese Periode des Schwelgens in der Sonnenglut nicht andauern wird; sie weiß den bevorstehenden Einsturz ihres Hauses, ohne ihn schon einmal erlebt zu haben, und macht sich deswegen davon, bevor das Dach ihr auf den Kopf fällt. Das ist doch gewiß eine großartige Leistung von einem Rüsselkäfer, und wir dürften wohl das Tier um die Weisheit beneiden, mit der es kommendes Mißgeschick vorher ins Auge zu fassen imstande ist.

Mag die Insektenmutter aber auch der Geschicklichkeit entbehren, so bietet trotzdem selbst die mindest begabte unserem Nachdenken ein unlösbares Problem dar. Was leitet sie, die Eier nur an solchen Stellen abzulegen, wo die Larven eine ihnen zusagende Nahrung finden werden?

Die Weißlinge (Pieridae) suchen den Kohl auf, mit dem der Schmetterling gar nichts anfangen kann; ebenso geht der Eckflügler (Vanessa) zur Nessel, an der sich seine Raupen laben werden, wo jedoch das fertig ausgebildete Insekt, eben der Schmetterling, nichts zu schlürfen findet. Wenn zur Zeit der Sonnenwende der Walker beim matten Dämmerschein des Abends lange genug im Hochzeitstanze seinen Lieblingsbaum, die Kiefer, umschwärmt hat, so erholt er sich von dieser Anstrengung, indem er einige Nadeln von den Zweigen abfrißt. Dann aber begibt er sich schwirrenden Fluges auf die Suche nach einem kahlen, sandigen Gelände, in dem die Würzelchen der Gräser absterben. Dort gibt es sehr häufig keinen Harzduft und keine Kiefern, an denen der mit zwei prächtigen Federbüschen (Fühlern) ausgestattete Käfer (in Frankreich: Hanneton du pin, Kiefernmaikäfer, genannt) seine Freude hat, trotzdem legt die Mutter, bis zum halben Körper sich in den Sand eingrabend, an einer solchen Örtlichkeit, die für sie selber nicht die geringste Annehmlichkeit bietet, ihre Eier ab. Die Goldkäfermutter, diese leidenschaftliche Freundin der Rosen und der Weißdornblüten, verläßt die Blumenpracht, um sich in einem Haufen verwesender Pflanzen zu vergraben, wo für ihren eigenen Geschmack doch ganz sicher nichts zu finden ist. Dort gibt es keinen Honig zu schlürfen, dort kann man sich nicht in duftenden Essenzen berauschen: ein anderer Beweggrund führt sie zu jener übelriechenden Stätte hin.

Zunächst könnte man wohl auf den Gedanken kommen, daß diese Seltsamkeiten sich erklären ließen durch die frühere Ernährungsweise der Mutter im Larvenzustande, aus dem dem fertig ausgebildeten Insekt eine lebhafte Erinnerung daran verblieben sei. Mit Kohlblättern hat sich die Raupe des Weißlings genährt, die Vanessaraupe mit den Blättern der Nessel, und die beiden Schmetterlinge benutzen nun, sich dessen erinnernd, jeder die betreffende Pflanze, die gegenwärtig für sie selber gar keinen Wert besitzt, jedoch das Lieblingsgericht ihrer Nachkommenschaft bildet. Ebenso verkröche dann der Goldkäfer sich in die Pflanzenerde, weil ihm eine Erinnerung geblieben wäre an die Gastereien von ehemals, da er als Larve inmitten der verwesenden Blätter lebte, und der Walker suchte in gleicher Weise die oben beschriebenen Örtlichkeiten für die Eiablage auf, weil er früher dort im Larvenzustande unter der Erde die absterbenden Graswürzelchen verzehrte.

Die Möglichkeit solcher Erinnerungen könnte allenfalls zulässig erscheinen, wenn die Nahrung des erwachsenen Insekts die gleiche wäre, wie die der Larve. Es ist ja ganz einleuchtend, daß der von Mist sich nährende Mistkäfer aus diesem Stoff für seine zukünftige Familie eine Art Konservenbüchse formt, in die er das Ei hineinlegt. Hier wird das Problem der Larvenfütterung ganz einfach dadurch gelöst, daß diese Form des Insekts dasselbe verspeist, wie ihre Mutter. Was soll man aber dazu sagen, wenn der Goldkäfer sich von den Blumen zu faulenden Pflanzenresten wendet? Und was vor allem von den Raub-Hautflüglern, die sich den Magen mit Honig füllen, ihre Kinder aber mit tierischer Beute nähren? Welche unbegreifliche Eingebung treibt die Knotenwespe (Cerceris) an, die Blütendolden, aus denen sie Nektar saugt, zu verlassen, um sich auf den Kriegspfad zu begeben und Rüsselkäfer als Wildbret für ihre Brut zu erlegen? Wie läßt es sich erklären, daß der Raupentöter (Sphex), nachdem er seine Mahlzeit in der Zuckersiederei der Kollerdistel zu sich genommen hat, plötzlich davonfliegt, voll Ungeduld, die Grille zu erdolchen, die dann die Speise für seine Larve abgibt?

Dies bewirkt das Erinnerungsvermögen des Mutterinsekts, wird man mir wohl darauf zur Antwort geben. Aber nein, mit Verlaub: hierbei kann von einer Erinnerung nicht gesprochen, das Gedächtnis des Magens nicht geltend gemacht werden. Der Mensch besitzt gewiß eine recht bedeutende mnemonische Fähigkeit: wer von uns allen aber hat auch nur die leiseste Erinnerung an die Muttermilch zurückbehalten? Wenn wir nicht schon einen Säugling im Arme der Mutter gesehen hätten, würden wir es vielleicht gar nicht glauben wollen, einst genau so, wie er, angefangen zu haben. Diese Ernährung während der allerersten Kinderzeit vermag man sich nicht ins Gedächtnis zurückzurufen, die Muttermilch hat in unserer Erinnerung keine Spur zurückgelassen. Wie kann man dann aber annehmen, daß das Insekt, nachdem es eine Revolution durchgemacht hat, die es von Grund aus innerlich wie äußerlich umgestaltet, sich seiner ersten Nahrung zu erinnern vermöge, obgleich wir selber, die wir nicht im Schmelztiegel einer Metamorphose umgegossen werden, bezüglich dieses Punktes im tiefsten Dunkel bleiben! Meine Leichtgläubigkeit geht nicht soweit.

Wie vermag dann die Mutter, deren Nahrung eine ganz andere ist, zu unterscheiden, was für ihre Kinder passend ist? Dies weiß ich nicht und werde es auch niemals wissen, denn es ist ein unantastbares Geheimnis. Sogar die Mutter selber weiß es nicht. Was weiß denn unser Magen von seiner gelehrten Chemie? Nichts. Was weiß das Herz von seiner wunderbaren Hydraulik? Nichts. Ebensowenig weiß die Eierlegerin bei der Unterbringung ihrer Brut. Trotz dieser Unwissenheit versteht sie jedoch meisterhaft die schwierige Frage der Versorgung mit Nahrung zu lösen.

Ein schönes Beispiel dafür liefern uns die oben erwähnten Distelrüßler (Larinus vulpes Oliv.), die wir deshalb etwas eingehender beobachten wollen. Sie werden uns zeigen, mit welcher botanischen Feinfühligkeit die Auswahl der Nährpflanze sich vollzieht. Es ist ja durchaus nicht einerlei, ob das Ei diesem oder jenem Blütenkorbe anvertraut wird. Unbedingt muß dieser bestimmten Bedingungen in bezug auf Geschmack, Dauerhaftigkeit usw. genügen und allerlei sonstige, für die Larve nötige Eigenschaften haben. Die Auswahl verlangt also eine deutliche, botanische Unterscheidung, die ohne weiteres erkennt, ob die Blüte gut oder schlecht ist, infolge deren das Mutterinsekt den Fund annimmt oder verschmäht. Widmen wir nun den genannten Rüsselkäfern einige Zeilen hinsichtlich ihrer Befähigung als Pflanzenkenner.

Jede Abwechslung verschmähend, ist der gefleckte Distelrüßler (Larinus maculosus Sch.) ein Spezialist von unerschütterlicher Treue. Seine ausschließliche Domäne sind die blauen Blütenköpfe der Kugeldistel (Echinops ritro L.). Er braucht sich also, wenn es sich um die Wahl einer Pflanze handelt, die seine Eier aufnehmen soll, gar nicht erst den Kopf zu zerbrechen. Die blaue Distel, dieses unwandelbare Erbstück seiner Familie, ist ihm beim ersten Blick vertraut; da bleibt jeder Irrtum ausgeschlossen.

Ein zweiter Distelrüßler, Larinus ursus Fabr., beginnt bereits seine Flora zu variieren. Ich kenne

zwei Niederlassungen von ihm: die gemeine Eberwurz (Carlina vulgaris L.) mit Doldenrispen und die Sonnen- oder Wetterdistel (Carlina acaulis L.) mit akanthusartigen Blättern auf den Abhängen unseres Mont Ventoux. Beide Pflanzen gehören derselben Gattung der Kompositen oder Korbblütler und der gleichen Unterfamilie (Carlineae) der Corymbiferae an; wer sie aber bloß äußerlich betrachtet, wird nichts Gemeinsames an ihnen entdecken. Die gemeine Eberwurz hat schlanke Stengel, spärliches Blattwerk und Dolden von mäßiggroßen Blumen; die Sonnendistel breitet rosettenartig auf dem Boden ihre breiten, gezahnten Blätter aus, die denen des Acanthus (Bärenklau) und dem diesem nachgeahmten Blattwerk der korinthischen Säulenkapitäle ähnlich sind. Der Stengel ist ganz kurz; inmitten der Hüllkelchblätter befindet sich eine einzige, aber im Verhältnis riesige Blume von dem Umfange einer geballten Faust. Die Leute vom Ventoux nennen diese prächtige Distel „Bergartischocke“, sammeln sie und benützen den sehr fleischigen Blütenboden bei der Zubereitung von Eierkuchen; er mundet auch roh sehr gut, da er einen Milchsaft von Nußgeschmack enthält. Sie verwenden die über der Stalltür angenagelte Distel manchmal als Hygrometer (Feuchtigkeitsmesser der Luft); die Hüllkelchblätter sind nämlich sehr hygroskopisch: sie umschließen die Blüte bei feuchtem Wetter und biegen sich bei trockenem zurück. Diese schöne Distel bildet somit ein Gegenstück zu der sogen. Rose von Jericho (Anastatica hierochontica, in Wirklichkeit eine Kruzifere), die sich nach dem Absterben in ein bräunliches Knäuel zusammenrollt, sich aber im Wasser wieder entfaltet.

Der Larinus ursus benützt die Distel nicht als meteorologisches Instrument, das er bei seinem Voraussehen des Wetters nicht nötig hat, sondern als Proviant für seine Nachkommenschaft. Sehr oft habe ich bei Ausflügen auf den oben genannten Berg im Juli und August diesen Rüsselkäfer sehr beschäftigt auf einer im Sonnenschein breit entfalteten „Bergartischocke“ gesehen. Was er dort machte, konnte nicht zweifelhaft sein: er war dabei, Eier zu legen. Leider befaßte ich mich damals vorwiegend mit botanischen Studien, so daß ich mir nicht die Zeit nahm, die Tätigkeit der Eierlegerin genauer zu beobachten. Legt die Mutter mehrere Eier auf einem so ausgiebigen Bissen ab, der für eine ganze Anzahl Larven ausreichen würde? Oder läßt sie es bei einem einzigen bewenden, wie sie es bei der gemeinen Eberwurz tut, deren Blüte nur eine mäßige Ration für eine Larve bildet? Nichts spricht dagegen, daß das Insekt nicht auch einigermaßen in der Hauswirtschaft Bescheid wisse und die Anzahl der späteren Gäste dem größeren oder geringeren Lebensmittelvorrat anpasse. Wenn dieser Punkt dunkel bleibt, so tritt ein anderer, für uns interessanterer in volles Licht: der Larinus ursus ist ein scharfsichtiger Pflanzenkenner. Er erkennt als Carlinae und als für seine Larven passende Nahrung zwei einander durchaus nicht ähnliche Pflanzen, die keiner von uns, der sich nicht auf Botanik versteht, als Glieder derselben Familie zusammenstellen würde: hier die auf dem Boden sich ausbreitende prächtige Rosette und dort die schlank und schmächtig emporragende Distel.

Noch ein anderer Distelrüßler benutzt außer der wilden Distel mit weißen Blütenköpfen auch die lanzettliche Kratzdistel (Cirsium lanceolatum Scop.) mit roten sowie die winzigen Blüten der schmalblütigen Distel (Carduus tenuiflorus Cart.) und noch einige andere Distelgewächse, ohne sich durch die abweichende Färbung und die ganz verschiedene Größe irremachen zu lassen. Einen vierten, den Larinus scolymi Oliv., sieht man am Werke auf der Artischocke (Cynara scolymus L.) und der Gartendistel, deren dicke Blütenköpfe meterhoch emporragen, aber außer auf verschiedenen, ganz anders aussehenden Disteln auch auf einer dürftigen Flockenblume (Centaurea aspera L.), die ihre kleinen rauhen Köpfchen auf der Erde schleppen läßt.

In seiner Eigenschaft als Rüsselkäfer weiß der Distelrüßler ohne lange Untersuchung, was ein Artischockenboden ist und was nicht, was für seine Familie paßt, und was ihr schadet; ich dagegen, in meiner Eigenschaft als Naturforscher und durch lange Übung in der Flora meines Landes wohlbewandert, würde es nicht wagen, ohne mich vorsichtigerweise erst zu erkundigen, in eine unbekannte Frucht hineinzubeißen, wenn ich plötzlich in ein

ganz fremdes Land versetzt würde. Er weiß von Geburt an, und ich durch mühsames Lernen. Sein Führer ist der eingeborene (also erblich überkommene) Naturtrieb, der (von eigentlichen Verstandestätigkeiten unabhängige) Instinkt, der ihn in einem sehr engen Kreise leitet, ohne daß er irregeht; der meinige ist die Intelligenz, die tastet, sucht, vom Wege abirrt, sich wieder zurechtfindet und schließlich einen unvergleichlich kühnen Flug zu nehmen imstande ist. Ohne sie gelernt zu haben, kennt der Distelrüßler die Flora dieser Stachelpflanzen; durch langes Studium lernt der Mensch die Pflanzenwelt der gesamten Erde kennen. Der Bereich des Instinkts ist ein Punkt – derjenige der Intelligenz das Universum.

Bilder aus der
Insektenwelt

Dritte Reihe

Mistkäfer als Gesundheitspolizei und Wetterpropheten.

Den Kreislauf des Jahres unter der völlig ausgebildeten Form zu vollenden, sich bei den Festen des neuen Lenzes von seinen Kindern umgeben zu sehen, seine Familie zu verdoppeln und zu verdreifachen, ist ein in der Insektenwelt nur ganz ausnahmsweise sich findendes Vorrecht. Der bienenartige Hautflügler, eine Aristokratie des Instinkts, geht zugrunde, sobald der Honigtopf gefüllt ist; der Schmetterling – auch eine Aristokratie, jedoch keine des Instinkts, sondern eine solche äußerlichen Schmuckes – stirbt, wenn er an einem günstigen Orte sein Eierpäckchen befestigt hat. Abgesehen von den sozialen Insekten, bei denen die Stammutter, allein oder von Dienern begleitet, überlebt, sind die meisten Kerbtiere bei der Geburt vater- und mutterlose Waisen. Da sehen wir nun den anspruchslosen Kotwühler eine ganz unerwartete Ausnahme machen und dem harten Geschick entgehen, das die Stolzen seiner Klasse dahinrafft: der Mistkäfer wird zum Patriarchen.

Diese Langlebigkeit erklärt wohl eine Tatsache, die mich einst befremdete, als ich, um mich mit den Kerfen, deren Beschreibung mich so sehr anzog, einigermaßen vertraut zu machen, in meinen Schachteln aufgespießte Hartflügler aneinander reihte. Lauf- und Metallkäfer, Prachtkäfer, Bock- und Kragenkäfer, sie alle kamen nur vereinzelt vor und erheischten längeres Suchen. Dieser und jener seltene Fund rief oft helle Begeisterung bei mir und meinen gleichalterigen Gefährten hervor, und nicht ohne etwas Eifersucht beglückwünschte man den Besitzer. Dagegen trifft man Mistkäfer immer in Hülle und Fülle; sie bilden, zumal die kleinen, eine zahllose Menge, während die anderen eine dünngesäte Bevölkerung darstellen. Dieser Überfluß an Mitgliedern der Mistkäferfamilie: Skarabäen, Copris, Geotrupen, Ontophagen usw., bildet einen auffallenden Gegensatz zu der verhältnismäßigen Seltenheit anderer Käfer. Sollte die überaus große Häufigkeit der Mistkäfer, wenigstens in meiner Gegend, nicht auf der Langlebigkeit der völlig ausgebildeten Form beruhen? Ich denke wohl. Während bei den übrigen Insekten immer nur eine Generation nach der anderen zu den Freuden der schönen Jahreszeit zugelassen wird, ist bei ihnen der Vater an der Seite seiner Söhne, sind die Töchter mit der Mutter dazu geladen. Da die Fruchtbarkeit die gleiche ist, sind sie mehr als doppelt so zahlreich vertreten.

Und sie verdienen dies wirklich, in Anbetracht der Dienste, die sie leisten. Die allgemeine Hygiene verlangt die möglichst rasche Beseitigung aller in Fäulnis übergehenden Dinge. Paris hat das furchtbare Problem der Fortschaffung seiner Unreinigkeiten noch nicht gelöst, das früher oder später zu einer Frage des Lebens oder des Todes für die ungeheuere Stadt werden muß. Man fragt sich, ob die „Lichtstadt“ nicht dazu bestimmt sei, eines Tages in den Miasmen eines über und über mit Fäulnisstoffen erfüllten Bodens zu erlöschen. Was die Anhäufung einiger Millionen Menschen mit allen ihren Schätzen an Reichtum und Talent nicht zu erreichen vermag, das besitzt der kleinste Weiler auf dem Lande, ohne sich in Unkosten zu stürzen, ja ohne sich überhaupt darum zu kümmern.

Die Natur, die so eifrig für die öffentliche Gesundheitspflege auf dem Lande sorgt, steht dem Wohlergehen der Städte gleichgültig, wenn nicht gar feindlich gegenüber. Sie hat für das offene Land zwei Klassen von Zurichtern schädlicher Stoffe geschaffen, denen nichts lästig ist, die nichts anekelt. Die einen: Fliegen, Aaskäfer, Grab-, Mist-, Speckkäfer und Totengräber sind bestellt für die Zergliederung der Kadaver. Sie zermetzeln und zerstückeln die Abfälle des Todes und wandeln sie in ihrem Magen um, damit sie in den Kreislauf des Lebens wieder eintreten können. Da liegt ein erschlagener Maulwurf auf dem Wege, im Grase eine harmlose Ringelnatter, zertreten von dem Fuße eines Vorübergehenden, der in seiner Unwissenheit damit ein gutes Werk zu tun glaubte; am Fuße eines Baumes

Mistkäfer bei ihrer nützlichen Arbeit.
Zeichnung von R. Öffinger.

ruht ein zerschmettertes, federloses Vöglein, das aus dem Nest gefallen ist. Tausend und abertausend tierische Reste sind hier und dort zerstreut und bilden eine Gefahr, wenn sie nicht beseitigt werden. Doch wir dürfen ohne Sorge sein, denn alsbald eilen die Totengräber herbei. Sie bearbeiten den Kadaver, weiden ihn aus, zehren ihn bis auf die Knochen auf oder verwandeln ihn wenigstens in eine trockene Mumie. In weniger als vierundzwanzig Stunden sind Maulwurf, Ringelnatter und Vögelchen verschwunden: der Hygiene ist Genüge geschehen.

Mit demselben Eifer geht die zweite Klasse der Zurichter an ihr Geschäft. Auf dem Lande kennt man jene Anstalten mit dem scharfen Ammoniakgeruch nicht, die in den Städten für die natürlichen Bedürfnisse der Vorübergehenden zur Verfügung stehen. Dort muß häufig eine kleine Mauer, eine Hecke oder ein Busch für diesen Zweck genügen, allein nach kurzer Zeit sind alle übelriechenden Stoffe beseitigt und die Stellen wieder gereinigt: die Mistkäfer sind an der Arbeit gewesen. Sie machen sich uns nicht nur nützlich, indem sie die umherliegenden Exkremente unseren Augen und Nasen entrükken, sondern erfüllen damit eine noch viel höhere Aufgabe. Die Wissenschaft hat uns als die Verbreiter und Überträger der gefürchtetsten Krankheiten die Bakterien oder Spaltpilze kennen gelehrt, die in Epidemiezeiten sich zu Myriaden in den Entleerungen der Kranken entwickeln, die Luft und das Wasser vergiften und dadurch die Seuche verbreiten. Die Weisheit der Alten hatte bereits lange vor Entdeckung der Bakterien ergründet, daß es geboten sei, den Kot nicht auf der Bodenoberfläche liegen zu lassen. Deswegen gab es bei den orientalischen Völkern, die viel mehr als wir Epidemien ausgesetzt sind, darauf bezügliche gesetzliche Vorschriften. Moses, der in diesem Falle wahrscheinlich das Echo ägyptischer Wissenschaft war, befahl den Angehörigen seines Volkes auf dem Zuge durch die Sandwüsten Arabiens, ihre natürlichen Bedürfnisse nur draußen vor dem Lager zu verrichten, mit einer Schaufel jedesmal ein Loch auszuheben und dieses nachher wieder zuzuschütten (5. Buch Mosis, Kap. XXIII, V. 12–13). Wenn die heutigen Mohammedaner auf ihren großen Pilgerfahrten nach der Kaaba diese Vorschrift und einige andere, gleichartige beobachteten, so würde Mekka bald aufhören, ein beständiger Herd der Cholera zu sein.

Unbekümmert um alle Hygiene, wie der Araber, der einer seiner Vorfahren ist, versieht sich unser provenzalischer Landmann keiner Gefahr. Glücklicherweise beobachtet der Mistkäfer getreulich die mosaische Vorschrift: er höhlt für das, was der Mensch zurückgelassen hat, ein Loch im Boden aus und vergräbt den möglicherweise mit Ansteckungskeimen behafteten Unrat, der dadurch unschädlich gemacht wird. Ihm dienen jene ekelhaften Stoffe, die für uns am meisten zu fürchten sind, als Nahrung, und die von diesen mißachteten Grabarbeitern geleisteten Dienste sind von hoher Bedeutung für die Gesundheitspflege auf dem Lande. Die bemerkenswertesten unter diesen Kerfen, die uns vor den Gefahren des Unflats schützen, sind in unseren Klimaten die Mistkäfer*), von denen in der Gegend um Sérignan vier Arten tätig sind. Zwei davon (Geotrúpes mutátor Marsh. und G. stercorósus Scrib.) sind Seltenheiten, die für die nachstehend mitgeteilten Beobachtungen außer Betracht bleiben; um so häufiger finden sich bei den andern: G. stercorárius L., der 2 cm lange gemeine Roßkäfer, und G. niger Marsh. Oberseits sind beide schwarz oder blauschwarz, unterseits aber um so prächtiger gefärbt. Der rundliche Roßkäfer, mit vollständig geteilten Augen und tief gestreiften Flügeldecken, ist dort tief und glänzend veilchenblau, während G. niger in gelbrötlichem Schimmer prangt. Beide Arten sind Kostgänger in meinen großen, mit Drahtkuppeln bedeckten Volieren.

Wir wollen zunächst einmal feststellen, welcher Leistungen diese Käfer beim Vergraben des Unrats fähig sind. Es sind ihrer ein Dutzend, beide Arten untereinander gemischt. Bei Sonnenuntergang gebe ich einen Korb voll frischen Maultiermistes in den Behälter, und am nächsten Morgen ist die ganze Ladung unter die Erde geschafft; auf jeden Käfer entfällt dabei – gleiche Arbeitsleistung vorausgesetzt – nach meiner Schätzung etwa 1 Kubikdezimeter. Wahrlich eine Riesenleistung für ein im Verhältnis so kleines Insekt, zumal da es auch noch selbst die Grube herstellen muß, in die es die Beute versenkt. Und dies alles bringt es im Zeitraum einer einzigen Nacht fertig. Die so reichlich versorgten Käfer denken nun aber nicht etwa daran, ruhig bei ihrem Schatz unter der Erde zu bleiben. So lange das schöne Wetter dauert, kommen sie allabendlich mit der Dämmerung aus ihren Erdlöchern hervor und machen sich über den neuen Vorrat her, den ich im Laufe des Tages in ihren Behälter geschüttet habe. Am nächsten Morgen ist alles wieder unter der Erde verschwunden, und so geht es weiter. Auch in der freien Natur fliegen die unersättlichen Schätzesammler bei Sonnenuntergang aus, um sich eine neue Arbeitsstätte zu suchen. Es ist klar, daß der Roßkäfer nicht imstande ist, den ganzen vergrabenen Proviant zu verzehren. Er hat also einen Überfluß an Vorrat, mit dem er nichts anzufangen weiß, und trotzdem genügt ihm sein gefülltes Magazin nicht, sondern er müht sich jeden Abend ab, noch ein neues hinzuzufügen. Von jedem dieser Depots, die er bald hier, bald dort – wie der Zufall es fügt – anlegt, nimmt er seine Tagesmahlzeit vorweg; den Rest, beinahe die ganze Portion, verläßt er, ohne wieder dorthin zurückzukehren. Meine Volieren zeigen es deutlich, daß dieser Instinkt des Eingrabens den Nahrungsbedarf und die Aufnahmefähigkeit des Käfers weit übertrifft; der Boden darin steigt rasch in die Höhe, so daß von Zeit zu Zeit eine gründliche Säuberung erforderlich wird.

*) Coprophágidae, auch Kot- oder Dungkäfer genannt, eine Gruppe der Blatthornkäfer (Lamellicórnia). Sie leben, wie ihre Larven, im Kot, Dünger (namentlich dem von Huftieren) und an faulenden Pflanzenstoffen und graben unter dem Dünger senkrechte Erdlöcher zur Aufnahme je eines Eies und eines Mistpfropfens. Man zählt 87 Arten, die nur in Australien ganz fehlen; 40 europäische, darunter 8 deutsche. Bei uns ist am häufigsten der Dungkäfer (Aphódius fimetárius L.), 5 mm lang, mit drei Höckern auf dem Kopf und ungeteilten Augen. Der längliche, gewölbte Körper ist glänzend schwarz, aber am Vorderwinkel des Thorax und der gekerbt gestreiften, fein punktierten Flügeldecken mennigrot. Häufig ist ferner außer dem von Fabre genannten gemeinen Roßkäfer noch der fast halbkugelige, glänzend stahlblaue, kleinere Frühlingsroßkäfer (G. vernális L.) und stellenweise das 16–20 mm lange, glänzend schwarze Dreihorn (Ceratóphyus Typhóeus L.), kenntlich an den drei nach vorn gerichteten Hörnern auf dem Thorax des Männchens. Anm. d. Übers.

Mit vollster Gewißheit geht hieraus hervor, daß die Geotrupen das Vergraben mit wahrer Leidenschaft betreiben, und daß sie viel mehr unter die Erde schaffen, als was sie zu ihrer Nahrung bedürfen, so daß die allgemeine Gesundheitspflege sich Glück wünschen darf, diese Armee von Hilfstruppen in ihrem Dienste zu haben. Was nun aber der Mistkäfer eingräbt und am nächsten Tage verläßt, geht keineswegs verloren. In der Bilanz der Welt geht ja überhaupt nichts verloren: die Gesamtheit ihres Inventars bleibt beständig unverändert. Das kleine Häuflein Dung, den das Insekt unter die Erde schafft, wird die benachbarten Grasbüschel zu besonders üppigem Gedeihen bringen; die Pflanzenwelt zieht also zunächst Vorteil daraus und weiterhin alle jene Wesen wiederum, die die Pflanze in irgendeiner Weise benutzen und deren Aufzählung gar kein Ende nehmen würde.

Die Ackerbauchemie lehrt uns, daß es zur besten Ausnutzung des Stalldüngers nötig ist, ihn in möglichst frischem Zustande einzugraben. Vom Regen ausgewaschen, von der Luft ausgezehrt, wird er träge und der fruchtbar machenden Grundstoffe beraubt. Diese so wichtige agronomische Wahrheit ist dem Mistkäfer und seinen Kollegen ganz genau bekannt. Bei ihren Grabarbeiten haben sie es immer nur auf ganz frisches Material abgesehen. Während sie mit wahrem Feuereifer solche Erzeugnisse des Augenblicks unter die Erde schaffen, die ganz durchtränkt sind von ihrem Reichtum an Kali, Stickstoff und phosphorsaurem Salz, verachten sie vollständig die in der Sonne hart und zäh gewordenen Klumpen, die dadurch unfruchtbar geworden sind, daß sie zu lange der Sonne ausgesetzt waren. Solche kläglichen und wertlosen Reste kümmern sie nicht; die überlassen sie andern.

Nachdem wir den Mistkäfer als Gesundheitspolizisten und Düngersammler kennen gelernt haben, wollen wir nun noch eine dritte Eigenschaft von ihm ins Auge fassen, die ihn uns als scharfsinnigen Meteorologen zeigen wird. Auf dem Lande ist bei uns der Glaube verbreitet, daß es ein sicheres Zeichen schönen Wetters für den folgenden Tag sei, wenn die Geotrupen abends zahlreich fliegen und dabei sehr geschäftig dicht über dem Boden hinstreichen. Hat diese ländliche Prognose irgend welchen Wert? Meine Volieren werden uns darüber Klarheit verschaffen. Während des ganzen Herbstes, also zur Zeit, da sie ihre „Nester" – soweit von solchen die Rede sein kann – bauen, überwache ich meine Kostgänger aus möglichster Nähe; ich notiere mir allabendlich das Aussehen des Himmels und verzeichne das Wetter am nächsten Tage. Die Kotkäfer verlassen ihre unterirdischen Röhren erst nach Sonnenuntergang. In dem letzten Lichtschimmer fliegen sie, wenn die Luft still und die Temperatur mild ist, brummend und niedrig über dem Boden auf der Suche nach neuem Stoff umher. Wenn sie solchen entdeckt haben, der ihnen zusagt, dann lassen sie sich schwerfällig nieder, wobei sie oft infolge des ungeschickt gehemmten Fluges umpurzeln, schlüpfen unter den Fund und verbringen den größten Teil der Nacht damit, ihn einzugraben. Als unerläßliche Vorbedingung muß jedoch die Atmosphäre ruhig und warm sein; wenn es regnet, rühren sich die Geotrupen nicht. Sie verfügen ja unter der Erde über einen Vorrat, der für eine längere Ruhezeit ausreicht. Wenn es kalt ist und der Nordost pfeift, kommen sie ebensowenig hervor. In beiden Fällen bleiben meine Volieren über dem Erdboden entvölkert. Wir wollen aber diese Perioden erzwungener Muße ausschalten und nur jene Abende betrachten, an denen der Zustand der Atmosphäre den Ausflug begünstigte oder es mir wenigstens dünkte, als müsse dies der Fall sein. Ich fasse die Einzelheiten meiner Notizen in drei allgemeine Gruppen zusammen.

Erster Fall: Prächtiger Abend. Die Geotrupen bewegen sich unruhig in ihren Käfigen hin und her, voll sichtlicher Ungeduld, zu ihrem abendlichen Arbeitsdienst eilen zu können. Am Tage darauf wiederum herrliches Wetter, doch wäre dies leicht vorherzusagen gewesen: das schöne Wetter von heute ist die Fortsetzung des gestrigen, und wenn die Mistkäfer nicht mehr darüber wissen, dann verdienen sie ihren Ruf nicht. Wir wollen aber die Prüfung weiterführen, ehe wir entscheiden. Zweiter Fall: Der Abend ist noch schön, und meine Erfahrung glaubt nach dem Aussehen des Himmels auch für morgen auf gutes Wetter schließen zu dürfen. Die Mistkäfer sind anderer Meinung und kommen

nicht hervor. Wer von beiden wird Recht behalten, der Mensch oder das Insekt? Der Mistkäfer ist es, der infolge seiner überaus feinen Empfänglichkeit für solche Eindrücke den Regen gewittert hat, der in der Nacht niederging und sich noch während eines Teiles des nächsten Tages fortsetzte. Dritter Fall. Bedeckter Himmel. Wird uns der Südwind, dieser Wolkenauftürmer, Regen bringen? Ich glaube es, denn alle Anzeichen scheinen darauf hinzudeuten. Allein die Geotrupen schwirren und summen in ihren Käfigen. Ihre Prognose ist richtig, die meine falsch: die drohenden Regenwolken verschwinden, und am andern Morgen strahlt die Sonne. Die elektrische Spannung der Atmosphäre vor allem scheint diese Insekten zu beeinflussen. An drückend schwülen Abenden, wenn ein Gewitter sich vorbereitet, sehe ich sie in noch lebhafterer Bewegung als gewöhnlich: am andern Tage bricht das Unwetter los. So kann ich nun meine drei Monate hindurch fortgesetzten Beobachtungen dahin zusammenfassen: ob der Himmel klar oder mit Wolken bedeckt ist, stets zeigen die Geotrupen schönes Wetter, Regen oder Gewitter, durch ihre mehr oder weniger geschäftige Bewegung während der Dämmerung vorher an. Sie sind lebendige Barometer, die in derartigen Fällen vielleicht mehr Glauben verdienen, als das Instrument der Physiker (dessen herkömmliche Skalenbezeichnung „Schön", „Veränderlich" usw. übrigens nur irreführend ist).

Zum Schluß sei ein besonders merkwürdiger Fall erwähnt: Am 12., 13. und 14. Nov. 1894 bekundeten die Insassen meiner Volieren eine besondere, in solcher Heftigkeit von mir noch nie wahrgenommene Aufregung; sie kletterten wie außer sich an den Drahtgittern in die Höhe, versuchten jeden Augenblick aufzufliegen und purzelten nieder, nachdem sie mit dem Kopfe gegen die Wandung gestoßen waren. Ihr unruhiges Kommen und Gehen setzte sich ganz gegen ihre Gewohnheit bis in die Nacht fort; sogar mehrere in Freiheit befindliche Nachbarn kamen herzugeflogen, setzten sich auf das Drahtgitter und vermehrten den Tumult. Was ging nun vor, um diese Fremden herbeizuführen und meine Volieren in solche Unruhe zu versetzen?

Nach einigen heißen Tagen, die in dieser Jahreszeit selten sind, herrscht Südwind, Regen scheint nahe bevorzustehen. Am Abend des 14. fliegen zahllose Wolkenfetzen vor der Mondscheibe vorüber: ein prachtvolles Schauspiel. Einige Stunden vorher gebärden sich meine Käfer wie verrückt. In der Nacht zum 15. legt sich der Wind; der Himmel ist eintönig grau, und der Regen fällt senkrecht und unablässig herab und scheint nicht wieder aufhören zu wollen. Dies geschah auch wirklich erst am 18. Anscheinend haben die seit dem 12. so geschäftigen Mistkäfer diesen Witterungsumschlag vorausgefühlt. Da sie aber sonst bei bevorstehendem Regen ihre Erdlöcher nicht zu verlassen pflegen, so konnten wohl nur ganz ungewöhnliche Vorgänge sie derartig erregen. Die Tageszeitungen brachten mir des Rätsels Lösung. Am 12. brach im nördlichen Frankreich ein unerhört heftiger Sturm aus. Die starke barometrische Depression, die ihn verursachte, fand ihr Echo in meiner südlichen Gegend, und die Mistkäfer signalisierten diese tiefe Störung durch ihre ganz außergewöhnliche Unruhe. Hätte ich sie richtig verstanden, so würden sie mir vor den Zeitungsnachrichten jenen Orkan angezeigt haben. Hat es sich nun dabei einfach um ein zufälliges Zusammentreffen gehandelt oder um das Verhältnis von Ursache zur Wirkung? Bevor nicht genügend zahlreiche, einwandfreie Beobachtungen ähnlicher Fälle vorliegen, muß diese Frage unentschieden bleiben.

Der Auszug der Spinnen.

Wenn die Samen in ihren Fruchthüllen reif geworden sind, werden sie umhergestreut, müssen aber, um keimen zu können, an ganz bestimmte, dazu geeignete Örtlichkeiten gelangen. Diese natürliche Aussaat wird bei zahlreichen Pflanzensamen durch Schleudervorrichtungen bewirkt, die auf einer im Innern der reifenden Frucht eintretenden starken Gewebespannung beruhen. So springt beispielsweise die reif gewordene Frucht der Spritz- oder Eselsgurke (Ecbállium elatérium) elastisch vom Stiel ab und schleudert dabei die Samen nebst dem schleimigen, bitteren Saft, den sie enthält, mit Heftigkeit etwa 1 m weg. Sobald man die gereiften, schotenförmigen Kapseln der Gartenbalsamine (Impátiens balsamína) anrührt, springen sie elastisch mit fünf sich eintrollenden Klappen unter Ausstreuung der Samen auf. Eine andere Art hat wegen der gleichen Eigenschaft den bezeichnenden Namen „Rührmichnichtan" (I. nóli me tángere) erhalten. Eine große Rolle spielt als Verbreitungsmittel auch der Wind, und im Zusammenhange damit vermitteln zahlreiche Einrichtungen das Fliegen und Schweben der Früchte und Samen in der Luft. Sehr verbreitet sind die diesem Zwecke dienenden flügelförmigen Fortsätze, wie beim Ahorn und bei der Rüster, deren einsamige Früchte ringsum geflügelt sind; an den Früchten der meisten Korbblütler sind Haar- oder Federkronen, z.B. beim gemeinen Löwenzahn (Leóntodon taráxacum), ausgebildet, die die Samen über weite Entfernungen hin durch die Luft tragen.

Gleich der Pflanze sind nun auch manche Insekten mit Reisevorrichtungen ausgerüstet, die es besonders zahlreichen Familien ermöglichen, sich schnell über das Land zu zerstreuen, damit jedes einzelne Tierchen, ohne die Nachbarn zu beeinträchtigen, seinen Platz an der Sonne gewinnen kann. Diese Apparate und Methoden sind nicht minder sinnreich als die Flügelfrüchte der Rüster, die Federkrone des Löwenzahns und die Wurfmaschine der Spritzgurke.

Wir wollen uns daraufhin einmal die Kreuzspinnen näher ansehen, die, um ihre Beute zu fangen, senkrechte, radförmige Netze ausspannen. Die ansehnlichste in meiner Gegend*) ist die gebänderte Kreuzspinne (Aránea brünnichi Scop.), die so hübsch mit Gelb, Schwarz und Silberweiß umgürtet ist. Ihr Nest, ein zierliches Wunderwerk, ist ein Seidenbeutel von der Form einer kleinen Birne. Sein Hals endigt in einem ausgehöhlten Mundstück, in das ein gleichfalls aus Seide gefertigter Deckel eingefügt ist. Unregelmäßige braune Streifen, die sich von dem oberen Rande nach unten hinziehen, verzieren das Gewebe.

Unter der äußeren Hülle, die ebenso zähe ist wie unsere Gewebe und außerdem vollkommen wasserdicht, befindet sich ein rotgelbes Daunenkissen aus Flockseide. Nirgendwo hat mütterliche Sorgfalt ihrer Nachkommenschaft ein weicheres Bettchen bereitet. Inmitten dieses molligen Lagers hängt ein feines seidenes Säckchen von der Form eines Fingerhutes, mit einem beweglichen Deckel geschlossen. In ihm befinden sich die schön orangegelb gefärbten Eier, deren Anzahl sich ungefähr auf ein halbes Tausend beläuft.

*) J. H. Fabre hat seinen Wohnsitz bekanntlich in einem kleinen Örtchen der sonnigen Provence, dem Dörfchen Sérignan bei Orange. Anm. d. Übers.

Ist dies zierliche Bauwerk, wenn man alles recht erwägt, nicht eine animalische Frucht, ein Köfferchen für Keime, jenen Kapseln der Pflanzensamen vergleichbar? Nur daß das Säckchen der Kreuzspinne statt Samen Eier enthält; dieser Unterschied ist aber mehr ein scheinbarer als ein wirklicher, denn Ei und Same sind ja ein und dasselbe. Wie wird nun aber das Aufspringen dieser belebten Frucht von statten gehen, wenn sie in der Hitze, die unsere Zikaden lieben, gereift ist? Wie wird vor allem die Zerstreuung der jungen Spinnen bewerkstelligt werden? Es sind ihrer Hunderte und Aberhunderte, die sich trennen und in die Ferne ziehen müssen, um sich jede für sich auf einer Stelle niederzulassen, wo der nachbarliche Wettbewerb nicht gar zu sehr zu befürchten steht. Auf welche Art wollen sie es anfangen, einen solchen Auszug in die Ferne zu bewerkstelligen, diese winzigen Wesen, die nur ganz kleine Schritte machen können?

Die erste Antwort auf diese Frage wird mir von einer anderen, noch viel frühzeitiger erscheinenden Gattung der Kreuzspinnen erteilt, deren Nachkommenschaft ich Anfang Mai auf einer Yucca meines Gartens finde, die im Vorjahre geblüht hat. Die meterhohe Blütenrispe befindet sich, ganz vertrocknet, noch an Ort und Stelle. Auf den stachelspitzigen grünen Blättern wimmeln zwei frischausgeschlüpfte Familien umher. Die winzigen Tierchen sind mattgelb gefärbt, mit einem dreieckigen schwarzen Fleck auf dem Hinterleib. Später werden mir die kreuzförmig angeordneten weißgelben Flecken in der Mittellinie des Hinterleibes anzeigen, daß mein glücklich gemachter Fund zur Gattung der gemeinen Kreuzspinne (Aránea-Epéira diadémata) gehört. Sobald die Sonne jenen Punkt meines Gartens erreicht, gerät die eine der beiden Gruppen in große Aufregung. Als gewandte Akrobaten klettern die kleinen Araneinen empor, eine nach der andern, bis sie die höchste Spitze des Blütenschaftes erreicht haben. Dort gibt es dann Märsche und Gegenmärsche, Gedränge und Verwirrung, denn es weht ein leiser Wind, der die Schar in Unordnung bringt, so daß ich die nun folgenden Bewegungen nicht genau sehen kann. Von dem Gipfel des Stengels rücken die Spinnen von Augenblick zu Augenblick aus, eine nach der andern; mit einem plötzlichen Schwunge schnellen sie sich vorwärts; sie fliegen – sozusagen – davon, als ob sie mit den Flügeln der Mücke ausgestattet wären. Alsbald sind sie meinen Blicken entschwunden, ohne daß ich für dieses befremdliche „Fortfliegen“ eine Erklärung zu entdecken imstande bin; denn eine scharfe Beobachtung ist bei diesem Gewimmel im Freien unausführbar: dazu bedarf es unbewegter Luft und der Ruhe meines Arbeitszimmers.

In einer großen, sogleich geschlossenen Schachtel bringe ich die eine der Familien in mein

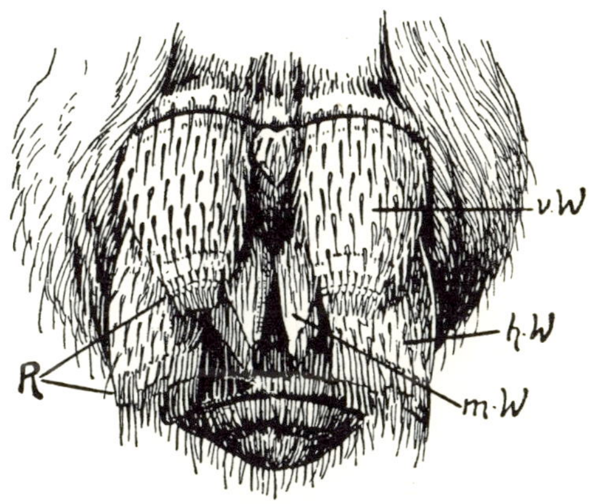

Abb. 1. Unterseite des Hinterleibes einer Kreuzspinne mit den Spinnwarzen (stark vergr.), v. W., m. W., h. W.: vordere, mittlere und hintere Spinnwarzen, an ihrer Oberfläche zahlreiche Spinnröhrchen R.

Tierlaboratorium und setze sie dort auf einen kleinen Tisch gegenüber dem offenen Fenster, von dem er zwei Schritte entfernt ist. Da ich durch meine früheren Beobachtungen die Neigung der Spinnen kenne, auf hohe Gegenstände zu steigen, so gebe ich ihnen als Klettermast ein Reisigbündel von der Länge eines Vorderarmes. Nach dem Öffnen der Schachtel beeilt sich die ganze Schar daran emporzuklettern und den Gipfel zu erreichen. Binnen kurzer Zeit sind sie oben, ohne daß eine einzige fehlt; wir werden später den Grund dieser Versammlung auf den höchsten Spitzen der Reiser erfahren.

Jetzt spinnen die kleinen Tierchen hier und da aufs Geratewohl, indem sie steigen, herabklettern und wieder umkehren. Auf diese Weise wird ein leichter Schleier von auseinanderlaufenden Fäden gewoben, ein vielwinkeliges Netz, dessen Scheitelpunkt die äußersten Enden des Reisigbüschels darstellen, während der Rand des Tisches die Basis bildet. Dieser Schleier ist nun ihr Manöverfeld, die Werkstätte, wo die Vorbereitungen der Abreise getroffen werden. Unaufhörlich wechseln die jungen Spinnen ihren Platz auf diesem Netze. Viele lassen

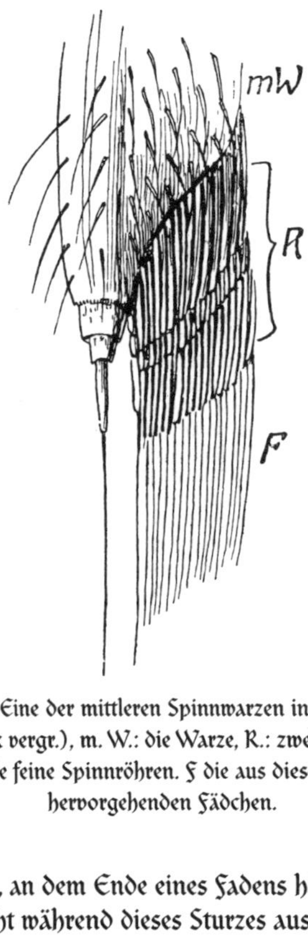

Abb. 2. Eine der mittleren Spinnwarzen in Tätigkeit (stark vergr.), m. W.: die Warze, R.: zwei starke und viele feine Spinnröhren. F die aus diesen Röhren hervorgehenden Fädchen.

sich fallen, an dem Ende eines Fadens hängend, den ihr Gewicht während dieses Sturzes aus den Spinnwarzen hervorzieht. Schnell steigen sie dann wieder in die Höhe längs des gleichen Fadens, den sie dabei allmählich zu einem Gebinde zusammenpacken, das durch erneute Abstürze verlängert wird. Andere begnügen sich damit, auf dem Netz herumzulaufen, scheinen dabei aber ebenfalls an einem Bündel von Schnüren zu arbeiten. Der Faden fließt nicht etwa aus den Spinnwarzen (Abb. 1) heraus, sondern er wird mit einer gewissen Anstrengung aus den kurzen Spinnröhrchen an ihrer Spitze (Abb. 2) hervorgezogen. Um ihr Seilchen zu erhalten, muß die Spinne sich von der Stelle bewegen und es an sich ziehen, sei es durch einen Fall, sei es durch den Marsch, ebenso wie der Seiler beim Verarbeiten seines Flachses rückwärts geht. Die von den Tierchen nunmehr auf dem Netz entfaltete Tätigkeit bildet die Vorbereitung ihrer bevorstehenden Zerstreuung: die Spinnen schicken sich zur Abreise an.

Bald trippeln einzelne von ihnen in dem Raume zwischen dem Tisch und dem offenstehenden Fenster eilends dahin. Sie laufen in der Luft, aber worauf? Wenn der Einfallswinkel des Tageslichts günstig ist, gelingt es mir, auf Augenblicke hinter dem Tierchen einen Faden wahrzunehmen, der, einem Lichtstrahl ähnlich, kurz aufleuchtet und dann wieder verschwindet. Hinter ihnen kann ich also bei gespannter Aufmerksamkeit ein Verbindungsseil entdecken, dagegen wird vorwärts, nach dem Fenster hin, nichts Derartiges sichtbar, gleichviel, ob ich von oben, von unten oder von der Seite her hinschaue. Doch dieser Schein muß trügen: die Spinne braucht unbedingt eine Brücke, um jenen Raum zu durchschreiten. Wenn ich diese Brücke auch nicht sehe, so kann ich sie wenigstens zerstören. Mit dem Hiebe eines Stäbchens zerteile ich die Luft vor der nach dem Fenster sich hinbewegenden Spinne. Mehr bedarf es nicht: sofort hört das Tierchen auf vorzurücken und fällt herunter. Der unsichtbare Steg ist gebrochen.

Daß man hinter der Spinne einen Faden entdeckt, erklärt sich leicht. Jede Araneïne, die sich von der Stelle bewegt, spinnt gleichzeitig eine Sicherheitsschnur, die der Seiltänzerin bei einem immer möglichen Absturz als Halt dienen soll. Da ein erster Faden schon vorher zwischen Tisch und Fenster ausgespannt sein muß, so verdoppelt er sich nunmehr hinter ihr und wird auf diese Weise sichtbar; vor ihr dagegen ist er noch einfach und kann nicht wahrgenommen werden. Augenscheinlich schleudert das Tierchen jenen unsichtbaren Steg nicht etwa nach dem Fenster hin, sondern er wird durch einen Lufthauch entführt und abgewickelt. Sobald dieser fliegende Faden irgend einen Gegenstand be-

rührt, heftet er sich dort an: die Hängebrücke ist gespannt und die Spinne kann sich in Marsch setzen. Die südamerikanischen Indianer gelangen, wie erzählt wird, auf schaukelnden Lianenstegen über die Abgründe in den Kordilleren; die kleine Spinne überschreitet den Raum auf etwas Unsichtbarem und Unwägbarem.

Um das Ende des fliegenden Fadens nach dem Fenster hin zu befördern, muß eine Luftströmung vorhanden sein. Gegenwärtig entwickelt sich eine solche zwischen der Tür meines Zimmers und dem Fenster, die beide offen stehen. Sie ist freilich so schwach, daß ich sie gar nicht fühle, sondern nur an dem Rauche meiner Pfeife merke, der langsam in jener Richtung wirbelt. Es dringt kältere Luft durch die Tür, und die warme strömt aus dem Zimmer durch das Fenster ab. Dieser Luftstrom führt die Fäden von dem Tische nach dem Fenster hin und ermöglicht den Spinnen die Reise. Ich unterdrücke ihn, indem ich Tür und Fenster schließe, und unterbreche jede Verbindung, indem ich mit meinem Stäbchen zwischen Tür und Fenster durch die Luft fahre. Von nun an gibt es in der unbewegten Luft keine Abreisenden mehr. Da kein Lufthauch mehr vorhanden ist, entfalten sich die Strähne nicht mehr und die Auswanderung wird unmöglich.

Bald fängt sie von neuem an, diesmal jedoch in einer Richtung, an die ich nicht entfernt gedacht habe. Auf einen Punkt des getäfelten Fußbodens fällt ein heißer Sonnenstrahl. Über dieser Stelle, die mehr als die übrige Fläche erhitzt wird, bildet sich eine Säule leichterer und deshalb emporsteigender Luft. Wenn diese Säule die Fäden ergreift, müssen meine Spinnen zur Zimmerdecke emporsteigen. Dieser merkwürdige Aufstieg vollzieht sich in der Tat, alleine da meine Herde mittlerweile infolge der vielen Ausreisen durch das Fenster zu stark zusammengeschmolzen ist für einen längeren Besuch, so muß ich von neuem anfangen.

Am nächsten Morgen entführe ich von derselben Yucca die zweite, ebenso zahlreiche Spinnenfamilie und verfahre mit ihr genau so, wie mit der ersten. Zunächst webt meine Schar wieder ein Netz auseinanderlaufender Fäden von dem Scheitelpunkte des Reisigbüschels nach dem Rande des Tisches; auf diesem Werkplatze wimmeln dann 500 bis 600 der winzigen Tierchen umher. Während diese kleine Welt sehr eifrig mit den Vorbereitungen für ihre Abreise sich beschäftigt, treffe ich die meinen. Alle Öffnungen des Zimmers sind geschlossen, um eine vollständig ruhige Luft zu erhalten. Vor dem Tisch wird ein kleiner, angezündeter Petroleumofen auf den Boden gestellt, dessen Wärme aber meine Hände in der Höhe, wo die Spinnen arbeiten, gar nicht spüren. Dieser gewiß sehr bescheidene Wärmeherd soll nun mit der durch ihn hervorgerufenen Säule emporsteigender Luft die Spinnenfäden abhaspeln und mit in die Höhe reißen.

Zunächst wollen wir uns über Richtung und Stärke dieser Strömung unterrichten. Federkronen des Löwenzahns, die ich durch Abschneiden der Samen leichter gemacht habe, dienen mir als Anzeiger. Über dem Petroleumofen in Höhe des Tisches losgelassen, steigen sie sachte aufwärts und erreichen der Mehrzahl nach die Zimmerdecke. Ebenso und sogar noch besser müssen die Strickchen der Emigranten steigen.

So geschieht es auch: ohne daß den drei Personen, die sich zum Beobachten aufgestellt haben, irgend ein Steg sichtbar wird, macht eine Spinne ihren Aufstieg. Mit ihren acht Beinen strampelt sie in der Luft und steigt unter leichten Schwingungen empor. Andere, die immer zahlreicher werden, folgen auf verschiedenen Bahnen, manche auch auf der gleichen. Wer des Rätsels Lösung nicht kennt, müßte vor diesem zauberischen Aufstieg ohne Leiter verblüfft dastehen. In einigen Minuten befindet sich die Mehrzahl dort oben an der Decke. Alle freilich gelangen nicht hin: ich sehe einzelne, die, in eine gewisse Höhe gelangt, zu steigen aufhören und sogar herabsinken, obgleich ihre Beinchen mit aller Behendigkeit, deren sie fähig sind, in jener Richtung weiterarbeiten. Diese Abtrift ist leicht zu erklären: in solchen Fällen hat der Faden die Decke nicht erreicht, sondern schwebt in der Luft, nur an seinem unteren Ende befestigt. Bis zu einer gewissen Höhe vermag er trotz seiner Beweglichkeit das Gewicht des Tierchens zu tragen. In dem Maße jedoch, wie die Spinne steigt, verkürzt sich der schwebende Faden entsprechend, und schließlich tritt ein Augenblick ein, wo sich das Gleichgewicht herstellt zwischen der aufsteigenden Kraft des Fadens und der von ihm getragenen Last. Alsdann rückt das Tierchen nicht mehr von der Stelle, obgleich es immerfort klettert. Zuletzt aber verkürzt die Last den Faden mehr und mehr, der ungeachtet der fortdauernden Bemühungen der Spinne, in die Höhe zu marschieren, auf das Reis niedergedrückt wird. Von dort aus wird alsbald ein neuer Aufstieg unternommen, sei es auf einem neuen Faden, wenn die Spinndrüsen noch nicht erschöpft sind, sei es auf einem fremden Faden, den die Vorgängerinnen gesponnen haben.

Durchweg wird die 4 m hohe Decke erreicht. Die kleine Kreuzspinne vermag als erstes Erzeugnis ihres Spinnapparats einen mindestens 4 m langen Faden herzustellen, bevor sie irgend eine Nahrung zu sich genommen hat. Und dies alles, der Seiler und sein Seil, war in dem Ei, einem winzigen Kügelchen, enthalten. Bis zu welchem Feinheitsgrade kann sich somit der Seidenstoff verarbeiten lassen, mit dem die junge Spinne ausgerüstet ist! Unsere Industrie vermag Platinfäden herzustellen, die bloß sichtbar werden, wenn man sie mit Rotglut erhitzt. Mit viel einfacheren Mitteln bringt die kleine Kreuzspinne aus ihrer Drahtzieherei Fäden hervor, die selbst im hellen Sonnenschein für unsere Augen nicht immer sichtbar werden.

Doch wir wollen nicht alle Luftschifferinnen an der ungastlichen Zimmerdecke stranden lassen, wo die Mehrzahl zweifellos zugrunde gehen wird, weil die Tierchen nicht imstande sind, einen anderen Faden zu erzeugen, bevor sie Nahrung zu sich genommen haben. Ich öffne das Fenster, und nun fließt ein Strom warmer Luft, der von dem Petroleumofen herkommt, durch den oberen Teil der Öffnung ab, wie mir die Federkronen des Löwenzahns anzeigen, die jetzt diese Richtung einschlagen. Auch die frei schwebenden Fäden müssen durch diese Strömung fortgetragen werden und sich draußen entfalten, wo ein leichter Wind weht. Mit einer feinen Schere schneide ich einige von diesen Fäden, ohne sie zu erschüttern, an ihrem Ende durch, wo sie, durch ein zweites Fädchen verdoppelt, sichtbar sind. Das Ergebnis dieses Schnittes ist wunderbar. An dem luftsegelnden Faden hängend, wird die Spinne mit ihm durch das Fenster davongetragen und verschwindet, von dem draußen wehenden Winde entführt, meinen Blicken. Wo werden diese kleinen Tierchen, die ein Spielzeug des Windes sind, Fuß fassen? Vielleicht in einer Entfernung von hundert oder tausend Schritten. Wünschen wir ihnen gute Reise!

Das Problem der Zerstreuung der kleinen Kreuzspinnen über die Umgegend des Punktes, wo sie aus den Eiern geschlüpft sind, ist jetzt gelöst. Es leuchtet ein, was geschehen sein würde, wenn die Dinge, statt von mir künstlich beeinflußt zu werden, sich im freien Felde abgespielt hätten. Als geborene Akrobaten und Seiltänzer erklettern die jungen Spinnen die Spitze eines Zweiges oder Halmes, damit sie unterhalb freien Spielraum zur Entfaltung ihres Apparats bekommen. Dort zieht jede aus ihrer Seilerei einen Faden, den sie dem Luftzug überläßt. Sanft emporgehoben durch die aufsteigenden Strömungen, die aus dem von der Sonne erwärmten Boden kommen, steigt, schwebt und wallt der Faden, indem er auf den Punkt, wo er unten an den Zweig angeheftet ist, einen Zug ausübt. Endlich reißt er und verschwindet in der Ferne, indem er die an ihm hängende Spinnerin mit davonträgt.

Das Dreihorn und sein Familienleben.

Zu den Insekten, die ich lange Jahre hindurch beobachtet habe, bevor es mir gelang, ihre intimen Familiengeheimnisse kennen zu lernen, gehört das Dreihorn (Ceratóphyus Typhóéus), benannt nach den drei vorwärts gerichteten Zacken oder Hörnern, die das Männchen auf dem Halsschilde trägt. Der glänzend schwarze, große und kräftige Käfer zählt zur Gattung der Mist- oder Roßkäfer (Geotrúpes)*) Den Winter verbringen diese Insekten, jedes für sich, unter der Erde in einer selbstgegrabenen Röhre. Wenn die Kälte nur etwas nachläßt, kommen sie bei Einbruch der Nacht aus ihrem Verließ hervor, um aus der nächsten Umgebung einige der schwarzen Pillen herbeizuschaffen, die die weidenden Schafe dort zurückgelassen haben. Das Dreihorn stapelt sie eine über der andern auf dem Grunde seiner Speisekammer auf, schließt die Öffnung wieder und zehrt dann von seinem Vorrat. Hat es aus den vorher zerbröckelten Pillen den spärlichen Saft ausgesaugt, dann steigt es wieder an die Oberfläche und erneuert seinen Bedarf. So vergeht der Winter ohne Ruhezeit, wenigstens wenn die Kälte nicht gar zu strenge wird.

In den ersten Tagen des März finden sich die Paare zusammen, die sich dann gemeinsam an den Nestbau machen. Die beiden Geschlechter, die bis dahin vereinzelt in den nicht sehr tief unter die Erdoberfläche hinabreichenden Röhren gelebt haben, bleiben fortan für einen langen Zeitraum verbunden. Wie wird nun in diesem Haushalte die Arbeit verteilt? Dies zu erfahren, ist kein bequemes Unternehmen, zu dem die Spitze eines Messers genügen würde. Hier handelt es sich nicht um die Kammer des Skarabäus, des Copris und anderer Käfer, die sich mühelos mit einem Taschenspaten bloßlegen läßt; das Dreihorn haust in einem Schacht, dessen Grund nur mit einem starken Grabscheit erreicht werden kann, das kräftig gehandhabt werden muß. Zum Glück habe ich, dessen Gelenke das Alter steif gemacht hat, einen Helfer in meinem Sohne Paul, der mir die Kraft seiner Hände und die Geschmeidigkeit seines Rückgrates leiht. Ich bin der Kopf, er ist der Arm. Seine Schwester und die Mutter, beide nicht minder eifrig, begleiten uns wie gewöhnlich. Es können gar nicht zu viele Augen da sein, um, sobald die Grube tiefer wird, aus der Entfernung die mit der Schaufel ausgehobenen kleinen Naturkunden zu überwachen. Was eines nicht sieht, nimmt das andere wahr. Nachdem Franz Huber blind geworden war, studierte er die Bienen weiter durch die Vermittlung eines scharfsehenden treuen Dieners. Ich bin besser daran als der große schweizerische Naturforscher. Meinen Augen, die noch immer ausreichend gut, wenngleich ziemlich ermüdet sind, kommt der scharfe Blick meiner sämtlichen Familienglieder zu Hilfe. Wenn ich meine Untersuchungen noch immer fortzusetzen vermag, so habe ich es ihnen zu danken.

Zu früher Stunde bereits sind wir an Ort und Stelle. Ein Bau wird gefunden mit einem mächtigen Erdhaufen darüber, aus walzenförmigen Klümpchen bestehend, die in einem Stück mit dem Grabscheit

*) Er heißt daher auch dreizackiger Mistkäfer und wird 16–22 mm lang. Das etwas kleinere Weibchen hat an Stelle der drei Hörner nur zwei spitze Höcker zu den Seiten einer Querleiste. Das Dreihorn ist bei uns stellenweise nicht selten und besonders auf Triften, vorzugsweise auf Schafweiden zu finden. Anm. d. Übers.

ausgehoben worden sind. Unter dem weggeräumten Hügel öffnet sich ein tiefer Schacht. Ein Stock, den ich mir unterwegs als Stütze geschnitten habe, taucht immer weiter hinab und erreicht erst in anderthalb Meter Tiefe den Grund. Jetzt haben wir's: dort werden wir auf die Kammer des Dreihorns stoßen.

Vorsichtig wird das Grabscheit gehandhabt, und bald sieht man die Inhaber der unterirdischen Wohnung erscheinen, zuerst das Männchen, etwas tiefer das Weibchen. Nachdem das Paar herausgenommen worden ist, wird ein kreisförmiger bunter Fleck sichtbar: das obere Ende der aus dem Proviantvorrat in der Röhre gebildeten Säule. Jetzt gilt es, gut aufzupassen und behutsam weiterzugraben, um diesen Klumpen von der rings anhaftenden Erde zu befreien und ihn dann mittelst der Hebelwirkung des darunter angesetzten Grabscheites in e i n e m Stück herauszuheben. Krach! es ist geschehen, und wir sind nun im Besitze des Paares und seines Nestes. Der dampfende Rücken Pauls zeigt, welche Anstrengung es gekostet hat.

Diese Tiefe von anderthalb Metern ist keine feststehende, sondern hängt von verschiedenen Umständen ab: dem Grad der Frische und Dichtigkeit des zu bearbeitenden Bodens, dem Arbeitseifer des Insekts und der noch verfügbaren Zeit bis zu der mehr oder weniger bald bevorstehenden Eiablage. Ich habe Röhren gefunden, die noch etwas tiefer hinabgingen und andere, die nicht ganz einen Meter erreichten. In allen Fällen bedarf das Dreihorn als Niederlassung für seine Familie einer Wohnung von solcher Tiefe, wie kein anderer Wühler unter den mir bekannten Insekten sie bei seiner Grabarbeit erreicht. Wir werden uns später die Frage vorzulegen haben, welches gebieterische Bedürfnis den Sammler von Schafpillen nötigt, sich in solcher Tiefe häuslich niederzulassen.

Vor dem Verlassen der Örtlichkeit merken wir uns eine Tatsache, deren Bedeutung uns später klar werden wird. Das Weibchen fanden wir ganz auf dem Grunde der Röhre, in einigem Abstand über ihm war das Männchen; beide wurden durch den Schrecken unbeweglich gemacht bei einer Beschäftigung, die sich jetzt noch nicht genau angeben läßt. Jedenfalls scheint aber dieser bei allen späteren Ausgrabungen immer wieder wahrgenommene Umstand anzuzeigen, daß bei der gemeinsamen Tätigkeit jedes von beiden seinen bestimmten Platz hat.

Die Mutter, die in Sachen der Aufzucht besser bewandert ist, nimmt das Untergeschoß ein. Sie allein gräbt und zeigt sich dabei vollständig dessen bewußt, daß beim Einhalten der Senkrechten die größte Tiefe mit dem Mindestmaß von Arbeit erreicht werden kann. Sie ist der Ingenieur und bleibt in fortwährender Berührung mit der Angriffsfläche des auszuhebenden Schachtes. Das Männchen ist ihr Handlanger und lädt den Abraum auf seinen gehörnten Tragkorb, um ihn nach oben zu schaffen. Nach Vollendung der Röhre verwandelt sich die Grabarbeiterin in eine Bäckerin, sie knetet zu Würfeln die für ihre Kinder bestimmten Kuchen; der Vater ist dann ihr Bäckerjunge und schafft von auswärts Material herbei, um Mehl daraus zu machen. Wie in jeder guten Haushaltung, ist die Mutter der Minister des Innern, der Vater des Auswärtigen. So erklärt sich der unabänderliche Platz beider in dem röhrenförmigen Logis. Wir werden später erfahren, ob unsere Vermutung der Wirklichkeit entspricht; vorläufig wollen wir erst einmal den mit so viel Mühe beschafften zentralen Klumpen aus der Röhre genauer untersuchen.

Er enthält eine Nahrungskonserve in Form einer Wurst, etwa von der Länge und Dicke eines Fingers. Sie setzt sich zusammen aus einer dunkeln, dichten Masse, die aus übereinanderlagernden Schichten besteht, in denen man die vorher zerkrümelten Schafpillen erkennt. Manchmal ist dieser Teig fein und fast ganz gleichartig von dem einen Ende der Walze bis zum anderen; öfters ist das Stück eine Art Mandelkuchen, in dem große Brokken in einem das Ganze verbindenden Kitte stecken. Augenscheinlich paßt die Bäckerin die mehr oder minder sorgfältige Anfertigung ihres Kuchens der ihr dafür zu Gebote stehenden Zeitfrist an. Das Ding ist eng in die untere Sackgasse der Röhre gepreßt, da wo ihre Wandung besser geglättet und sorgfältiger ausgearbeitet ist als in dem übrigen Schacht. Mit der Spitze meines Messers löse ich die anhaftende Erde ab, die sich wie eine Rinde wegschälen läßt, und habe dann die Wurst frei von allem Schmutze vor mir.

Nachdem dies geschehen ist, wollen wir einmal Umschau halten nach dem Ei, denn dieser Kuchen ist sicherlich angefertigt worden im Hinblick auf die aus dem Ei schlüpfende Larve. Nach allem, was ich früher bei den Mistkäfern beobachtete, die ihr Ei in dem unteren Ende einer solchen Wurst unterbringen, in einer besonderen Nische, die in dem Proviantvorrat selber ausgespart wurde, erwarte ich, das Ei des Dreihorns, ihres nahen Verwandten, in einer solchen Ausschlüpfkammer am Unterende zu finden. Allein es ist weder dort, noch am oberen Ende oder sonstwo; erst als ich außerhalb der Wurst suche, finde ich es darunter im Sande liegend. Nicht etwa in einer Zelle mit geglätteten Wänden, wie sie mit Rücksicht auf die zarte Oberhaut des Neugeborenen wohl notwendig scheinen könnte, sondern in einer ganz aus dem Rohen hergestellten Vertiefung, die nichts von der ängstlichen Besorgnis der Mutter für ihre Kinder verrät, wie sie uns in der Insektenwelt so oft entgegentritt. Auf diesem rauhen Lager, in einiger Entfernung von dem Lebensmittelvorrat, muß die Larve also ausschlüpfen. Um die Nahrung zu erreichen, hat sie erst eine Decke aus Sand zu durchbrechen, die einige Millimeter dick ist.

Die Herstellung der Wurst habe ich dann bei gefangenen Käfern und mit Hilfe von mir konstruierter Vorrichtungen beobachten können. Der Vater verläßt die Röhre und holt eine Pille herbei (Abb. 1). Er schafft sie zu ihrer Mündung hin, entweder rückwärts gehend, indem er sie mit den Vorderbeinen fortzieht, oder direkt, indem er sie mit leichten Stößen seiner Hörner hinrollt. Dort angelangt, stürzt er sie aber nicht etwa ohne weiteres in die Tiefe, denn damit ist das, was er vorhat, nicht vereinbar. Als erste Pille hat er eine solche von etwas länglicher Form gewählt; mit dieser klettert er in den Schacht hinab, wo er sie in eine etwas schräge Lage bringt, so daß sie mit ihren beiden Enden sich gegen die Wände der Röhre stützt, während an den Seiten freie Zwischenräume bleiben. So erhält das Männchen einen zeitweiligen Fußboden, der die Last von zwei oder drei Pillen aufzunehmen vermag. In dieser Werkstatt arbeitet nun der Vater, ohne daß die unten beschäftigte Mutter gestört wird (Abb. 2). Oben ist die Mühle, von wo die Grießkörner zu ihr niederfallen, aus der sie den Kuchen herstellt.

Abb. 1. Der Dreihornkäfer beim Sammeln der Vorräte.
Originalzeichnung von R. Öffinger.

Der Müller ist für seine Tätigkeit trefflich ausgerüstet: man sehe nur seinen Dreizack an. Die beiden seitlichen Spitzen sind lang, die mittlere ist kurz, alle drei sind nach vorn gerichtet. Wozu ist ihm nun diese Maschine nütze? Auf den ersten

Abb. 2. Dreihornpaar in der Erdröhre bei seiner Müller- und Bäckerarbeit.
Phot. v. J. H. Fabre.

Blick möchte man vielleicht nichts anderes darin erblicken, als einen Schmuck des Männchens, wie ihn ja viele andere von der Gilde der Mistkäfer in sehr verschiedenartiger Form auch tragen. Dem Dreihorn indes ist sie mehr als Zierde, nämlich zugleich ein Werkzeug.*) Die drei ungleichen Spitzen beschreiben einen konkaven Bogen, in den die Rundung einer Schafpille genau hineinpaßt. Wie bringt der Käfer es aber fertig, auf seinem mangelhaften und schwankenden Fußboden, wo er sich mit den vier Hinterfüßen gegen die Wandung der Röhre stützen muß, die glitschige Olive festzuhalten und sie zu zerstückeln? Wir wollen ihm bei der Arbeit zuschauen.

Sich etwas bückend, sticht er seine Mistgabel in die Pille, so daß diese unbeweglich in dem Halbrund des Werkzeuges festliegt. Seine Vorderbeine sind frei, und mit ihren ausgezackten Armschienen zersägt und zerreißt er nun den Klumpen in winzige Teilchen, die durch die Lücken zwischen der untersten Pille und den Wänden der Röhre bis zu der Mutter herunterfallen. Was der Müller fallen läßt, ist kein gebeuteltes Mehl; es sind grobe Grießkörner, ein Gemenge von staubartigen Abfällen und kaum zermalmten Stückchen. Wenn dies vorläufige Zerkleinern aber auch noch so unvollkommen sein mag, so gewährt es der Mutter doch eine große Erleichterung bei der mühsamen Brotbereitung; es kürzt ihre Arbeit ab und ermöglicht ihr ohne weiteres die Sonderung des mittelmäßigen Materials von dem vorzüglich für ihre Brut geeigneten. Ist nun im oberen Stockwerk alles zerkleinert worden, zuletzt auch die bis dahin als Fußboden benutzte Pille, dann steigt der gehörnte Müller wieder in die frische Luft empor, hält eine neue Ernte und beginnt mit Muße abermals sein Geschäft des Zermalmens.

Die Bäckerin bleibt auch nicht untätig in ihrer Werkstatt. Sie sammelt die um sie herum niederregnenden Stückchen, zerkleinert sie noch mehr und trifft dann ihre Auswahl; die zartesten und feinsten verwendet sie für die Krume in der Mitte, die zäheren für die Kruste des Brotlaibes. Sich drehend und wendend, klopft sie die Masse mit dem Schlägel ihrer abgeplatteten Arme; sie ordnet sie schichtenweise an und preßt sie dann zusammen, indem sie darauf herumtrampelt, ähnlich wie man in manchen Gegenden die gekelterten Trauben mit den Füßen

*) Übrigens gebraucht er seine Hörner gelegentlich auch als Waffe, wenn es gilt, Nebenbuhler von der Erkorenen wegzutreiben oder Störenfriede fernzuhalten.

Anm. d. Übers.

zerstampft. Je fester und zusammengedrängter die Masse ist, um so länger wird sie sich halten. (Die Erdfeuchtigkeit in der tiefen Röhre sorgt dafür, daß sie nicht ganz austrocknet und steinhart wird.) Nach etwa zehntägiger gemeinsamer Mühewaltung erhält das Paar endlich das lange walzenförmige Brot für die Larve, die aus dem Ei schlüpfen wird, das die Mutter vorher in eine Vertiefung ganz unten auf dem Grunde gelegt hat. Der Vater hat die Müllerarbeit geliefert, während die Mutter das Kneten besorgte.

Mit Hilfe besonderer Vorrichtungen, deren Schilderung zu weit führen würde, habe ich sogar das Ausgraben des tiefen Schachtes beobachten können. Auch hierbei ist das Weibchen stets zu unterst in der Röhre; es allein gräbt die Erde aus. Das weiter zurück befindliche Männchen lädt sich die losgebrochenen Erdklümpchen auf, hält sie mit seiner dreizinkigen Gabel zusammen und schleppt sie in ermattendem Aufstieg an die Oberfläche.

Jetzt ist der Augenblick gekommen, die Verdienste des männlichen Dreihorns zusammenzufassen. Beim Eintritt der milderen Jahreszeit sucht es sich eine Gefährtin und begibt sich mit ihr unter die Erdoberfläche. Mit unermüdlichem Eifer hilft es der Grabarbeiterin, die dazu bestimmt ist, niemals das unterirdische Heim zu verlassen, bevor ihr Werk getan. Einen Monat hindurch und noch länger lädt das Männchen das ausgegrabene Erdreich auf seinen gabelförmigen Tragkorb; immer geduldig und nie entmutigt durch das mühevolle Klettern schleppt es den Abraum empor. Der Mutter überläßt es die minder harte Arbeit des Aushebens der Erde, ihm verbleibt der anstrengendste Teil: das erschlaffende Fortschaffen des Erdreiches aus der engen, sehr tiefen und senkrechten Röhre.

Alsdann übernimmt der Schachtmeister das Herbeiholen der Nahrungsmittel für die Brut. Um die Arbeit seiner Gefährtin zu erleichtern, die die Konserven zerpflückt, aufschichtet und zusammenpreßt, wechselt er abermals das Handwerk und schrotet in einiger Entfernung vom Grunde der Röhre die in der Sonne hartgewordenen Pillen; er macht Grieß und Mehl daraus und läßt es nach und nach in die mütterliche Bäckerei herunterregnen. Schließlich verläßt er, erschöpft von all den Anstrengungen, das Logis und legt sich abwegs, unter freiem Himmel, zum Sterben nieder. Tapfer hat er seine Pflicht als Familienvater erfüllt und, ohne an sich selbst zu denken, für das Wohl der Seinen alle Kraft hingegeben.

Die Mutter ihrerseits läßt sich nicht ihrem Haushalt abwendig machen. So lange ihr Leben währt, verläßt sie ihre Wirtschaft nicht: domi mansit, wie die Alten von musterhaften Matronen zu sagen pflegten; domi mansit, sie blieb daheim, ihren walzenförmigen Proviant knetend, den sie mit einem Ei besetzt und hernach bis zum Auszug überwacht. Wenn dann die schönen Herbsttage kommen, steigen die Weibchen endlich wieder zur Oberfläche empor, begleitet von den Jungen, die sich nach ihrem Gefallen zerstreuen, um auf den von Schafen besuchten Weiden tüchtig zu schmausen. Die opferwilligen Mütter aber, die nun nichts mehr zu tun haben, gehen gleichfalls zugrunde.

Inmitten der allgemeinen Gleichgültigkeit der Väter aus der Käferwelt gegen ihre Kinder, legt das Dreihorn eine ganz außerordentliche Sorgfalt für die Seinen an den Tag. Seiner selbst vergessend, nicht verlockt durch den Wonnerausch des Lenzes, wenn es so schön wäre, sich etwas das Land anzusehen, mit den Genossen zu schmausen und mit den Nachbarinnen zu scherzen, beharrt es bei seiner unterirdischen Arbeit und reibt sich auf, um seiner Familie etwas zu hinterlassen. Wenn dieser Käfer zum letztenmal seine Beine streckt, dann kann er zu sich sagen: „Ich habe meine Pflicht getan, ich habe gearbeitet.“

Die Lebensgeschichte des Kiefernprozessionsspinners.

1. Die Eier und das Nest der Raupen.

In meinem Laboratorium unter freiem Himmel, einer umfriedigten, aber unangebauten Fläche (hierzulande „harmas“ geheißen), ragen zwischen einigen anderen Bäumen und viel Gestrüpp kräftige Kiefern empor: die Aleppokiefer und die schwarze österreichische Kiefer. Alljährlich ergreift die Raupe des Kiefernprozessionsspinners (Thaumetopóea pityocámpa) Besitz von ihnen und webt große Beutel darauf. Wenn ich das Nadelwerk nicht verwüstet sehen will, als ob Feuer darüber hingezogen wäre, so muß ich jeden Winter strenge Musterung halten und mit einer langen, gabelförmigen Latte die Nester vertilgen.

Wenn ich euch gewähren ließe, ihr gefräßigen Tiere, so würde ich bald das murmelnde Geräusch meiner vom Winde bewegten Kiefern entbehren müssen, nachdem ihr sie kahl gefressen hättet. Allein ihr sollt mir eure Lebensgeschichte erzählen, und deshalb wollen wir einen Vertrag schließen. Ihr offenbart mir, was ich erfahren will, und dafür werde ich euch zum Schaden meiner Bäume ein oder zwei Jahre und noch länger gewähren lassen, bis ich über alles Wissenswerte ziemlich im klaren bin. Diese Duldung bringt mir gleich im ersten Jahre etwa 30 Nester ein, ausreichendes Material für meine Beobachtungen. Sollte es je nicht genügen, dann könnten mir die Kiefern der weiteren Nachbarschaft die notwendige Ergänzung liefern; ich ziehe jedoch vor, die Raupen in meinem umfriedigten und von meiner Wohnung nur wenige Schritte entfernten Grundstücke zu haben, da mir hier die Beobachtung ihrer zumeist abendlichen Tätigkeit beim Scheine einer Laterne leichter ist. Unter diesen Umständen, die den natürlichen Bedingungen völlig entsprechen, muß sich nun die Lebensgeschichte dieses Prozessionsspinners,*) die ich hier schildern will, unter meinen Augen von Tag zu Tag vollständig abspielen.

Wir beginnen mit dem Ei. Wenn man in der ersten Augusthälfte die unteren Zweige der Kiefern in Augenhöhe untersucht, so entdeckt man unschwer bald hier, bald da Nadeln, die unten von einem kleinen weißlichen Ringe umhüllt sind: dies sind die Eier des zur Familie der Spinner (Bombycidae) gehörenden Schmetterlings; jeder dieser Zylinder stellt die Eiablage einer einzigen Mutter dar. Die Nadeln der Kiefer oder Föhre (Pinus L.), die länger und dünner als die der Fichte und Tanne sind, kommen je zu zweien, mit der abgeflachten Seite gegeneinander, aus einer häutigen Scheide. Wo nun eine Eiablage stattgefunden hat, sieht man den unteren Teil eines solchen Nadelpaares von einer etwa 3 cm langen und 4–5 mm breiten, ringförmigen Hülse umgeben. Diese erscheint seidenartig, von weißer, leicht rötlich angehauchter Farbe; ihre Oberfläche ist mit winzigen Schuppen bekleidet, die, nach Art der Dachziegel angeordnet, darauf geklebt sind. Das Ganze sieht ungefähr aus wie ein noch unentfaltetes Haselnußkätzchen. Die sich wie Samt anfühlenden Schuppen decken die darunter

*) Es gibt 4 europäische Arten dieser schädlichen Forstinsekten, darunter 2 deutsche. Während die Zeitangaben Fabres sich, wie wir wissen, auf Südfrankreich beziehen, erscheint die Raupe des Kiefernprozessionsspinners bei uns im Juni oder Juli. Die Wirkungen des Fraßes kommen etwa denen der Forl- oder Kieferneule gleich. Anm. d. Übers.

liegenden Eier so dicht ab, daß durch dieses weiche Ziegeldach kein Tropfen Regen oder Tau hindurchdringen kann. Der Ursprung dieser Schutzhülle ist bei näherer Untersuchung gar nicht zu verkennen: die Schmetterlingsmutter hat die Schüppchen von ihrem eigenen Körper genommen, um ihre Eier damit zu schirmen. Réaumur hatte bereits darauf hingewiesen, daß das Weibchen hinten auf seinem Oberkörper ein helles Schildchen trägt, aus einer Masse ganz winziger Plättchen bestehend, die man mit einer Nadelspitze leicht ablösen kann. Schon dieser Altmeister der Insektenkunde sprach die Vermutung aus, daß das Weibchen mit diesen fast ovalen, ziemlich durchscheinenden Schuppen seine Eier bedecke, konnte sich jedoch keine Gewißheit darüber verschaffen, weil die für ihn aus dem Süden nach Paris gebrachten Schmetterlinge im Norden nicht legen wollten.

Wenn ich nun mit einer Pinzette sorgfältig dieses schuppige Vließ aufhebe, so erscheinen die Eier, kleinen Perlen von weißem Email ähnlich, darunter. Eng nebeneinanderliegend, bilden sie 9 Längsreihen; in einer davon zähle ich 35 Stück. Da die 9 Reihen ziemlich gleich sind, so ergibt die Gesamtsumme rund 300 Eier, also eine ganz schöne Familie für eine einzige Mutter. Die Eier einer Reihe wechseln so regelmäßig mit denen der beiderseits benachbarten Reihen ab, daß nirgendwo ein leerer Zwischenraum zu finden ist. Man könnte meinen, die Arbeit einer geschickten Perlenstickerin vor sich zu haben; noch zutreffender ist vielleicht der Vergleich mit der Anordnung der Körner in einem Maiskolben. Durch den gegenseitigen Druck haben die einzelnen Eier eine einigermaßen sechseckige Gestalt angenommen, sie kleben fest aneinander, und wenn man sie mit Gewalt von der Kiefernnadel löst, so ist jedes losgebrochene Stückchen immer aus mehreren Eiern zusammengesetzt. Ein stark klebender, lackartiger Stoff verbindet die Perlen eines Geleges untereinander, und auf diesem Lack oder Firnis sind die Schuppen mit ihrer unteren, breiteren Seite befestigt. Es muß bei günstiger Gelegenheit sehr interessant zu beobachten sein, wie die Schmetterlingsmutter diese Anordnung der Eier so schön regelmäßig fertig bringt, und wie sie dann, sobald ein Ei, noch ganz klebrig von dem Firnis, gelegt ist, ein Dach dafür aus einigen Schüppchen herstellt, die sie, eines nach dem anderen, von ihrem Hinterleibe ablöst. Für den Augenblick gibt uns die Struktur des Werkes allein genügenden Aufschluß über den allgemeinen Verlauf der Arbeit. Ersichtlich werden die Eier nicht in Längsstreifen gelegt, sondern ringförmig um die beiden Nadeln herum: die Ablage beginnt unten und endet in dem obersten Ringe. Die Anordnung der Schüppchen, die alle der Länge nach neben- und übereinander gelegt und mit dem nach der Nadelspitze zu gerichteten Ende angeklebt sind, läßt kein anderes Fortschreiten zu.

Im September schlüpfen die Räupchen aus den Eiern, hier etwas früher, dort etwas später. Um die Neugeborenen bei ihrer ersten Arbeit bequemer beobachten zu können, habe ich vor dem Fenster meines Arbeitszimmers einige mit Eiern besetzte Kiefernzweige aufgestellt, die Enden in einem Glase mit Wasser, das ihnen eine Zeitlang die erforderliche Frische erhalten wird. Früh gegen 8 Uhr, bevor die Sonne auf jenes Fenster scheint, verlassen die kleinen Raupen das Ei. Wenn ich während dieser Arbeit die Schuppenhülle etwas lüfte, sehe ich darunter schwarze Köpfchen auftauchen, die in die obere Wölbung des Eies beißen, sie zersprengen und zurückschieben. Dann steigen die Tierchen langsam heraus, einige hier, einige dort, auf der ganzen Oberfläche des Ringes. Nachdem sie diesen verlassen haben, sieht er noch ebenso regelmäßig und wohlerhalten aus wie vorher, und erst nach dem Abheben der Schuppenhülle erkennt man, daß er verlassen ist. Die noch immer regelmäßig aneinander gereihten Eier sind jetzt klaffende Schalen von etwas durchscheinendem Weiß; ihnen fehlt der Deckel, den die Neugeborenen zersprengt haben.

Die winzigen Kreaturen sind höchstens einen Millimeter lang. Sie haben auf dem Rücken noch nicht das lebhafte Rot, das sie später schmückt, sondern sind blaßgelb gefärbt und mit Stachelhaaren bewehrt, von denen die kürzeren schwarz, die längeren weiß sind. Der leuchtend schwarze Kopf ist unverhältnismäßig groß und weist kräftige Kiefer auf, die imstande sind, sofort eine lederartige Nahrung zu bearbeiten. Das Verzehren der Kiefernna-

deln beginnt daher auch beinahe unmittelbar nach dem Ausschlüpfen. Nachdem sie einige Augenblicke aufs Geratewohl zwischen den Schuppen der gemeinsamen Wiege umhergeirrt sind, begibt die Mehrzahl der jungen Räupchen sich zu der Doppelnadel, um deren unteres Ende der Eierring gelegt ist, über den der obere Teil hinausragt. Dort lassen sie sich zur Mahlzeit nieder, andere suchen benachbarte Nadeln auf. Sie graben beim Nagen in die Nadeln feine, geradlinige Furchen ein, deren Begrenzung das unberührt gelassene Rippengewebe bildet. Von Zeit zu Zeit hören drei oder vier Raupen zu fressen auf, reihen sich hintereinander und beginnen so eine gemeinsame Wanderung; allein sie trennen sich bald wieder, und jede geht, wohin es ihr gefällt. Dies ist die Vorbereitung auf die zukünftigen Prozessionen, die der ganzen Familie den Namen gegeben haben. Wenn ich sie dabei störe, bewegen sie den Kopf ruckweise hin und her.

Sobald die Sonne den Teil der Fensterbrüstung erreicht, auf dem die kleine Familie untergebracht ist, zieht sie sich, genügend gekräftigt, nach dem unteren Ende der Doppelnadel, ihrer Geburtstätte, zurück, gruppiert sich dort ohne bestimmte Ordnung und beginnt zu spinnen. Ihre Arbeit schafft eine kugelförmige Hülle von ausnehmend feiner Gaze, der einige benachbarte Nadeln als Stützpunkte dienen. Unter diesem zeltartig ausgespannten, lose gewebten Schutzdach halten sie nun ihre Siesta während der stärksten Hitze und Belichtung. Sobald am Nachmittag die Sonne von dem Fenster verschwunden ist, verläßt die Herde ihr Obdach, zerstreut sich in der Runde, indem sie in einem daumenlangen Bezirk einen Umgang hält, und fährt im Fressen fort. So treten bei dieser Raupe gleich nach dem Auskriechen die Anlagen zutage, die das reifere Alter weiter entwickeln wird, ohne etwas hinzuzufügen. Kaum eine Stunde nach dem Sprengen der Eihülle beginnt sie mit ihren Umzügen und mit dem Spinnen; sie scheut das Licht während der Mahlzeit; später werden wir sie nur in der Dunkelheit auf die Weide ziehen sehen.

Die Räupchen spinnen und weben so eifrig, daß in 24 Stunden ihre seidene Kugel den Umfang einer Nuß und nach ein paar Wochen den eines Apfels erreicht. Sie stellt aber nicht etwa den Kern ihres späteren Winterquartiers dar, sondern es handelt sich zunächst nur um eine provisorische, leicht herzustellende Unterkunft, die während der milden Jahreszeit ausreichend ist. Die Raupen zernagen in dieser Zeit unbedenklich die Masten, zwischen denen ihre Fäden aufgespannt sind, das heißt die in dem Gehäuse einbegriffenen Kiefernnadeln. Ihr Gebäude liefert ihnen gleichzeitig Nahrung und Schutz, so daß die noch sehr zarten Tierchen es gar nicht zu verlassen brauchen. Natürlich trocknen die bis auf die Rippen benagten Nadeln aber bald aus und lösen sich dann leicht von den Zweigen; die seidene Kugel wird baufällig und stürzt unter einem Windstoß zusammen. Alsdann rückt die Familie aus und errichtet anderwärts ein neues Zelt von gleich kurzer Dauer wie das erste; ähnlich zieht der nomadisierende Araber weiter, wenn die Weiden rings um seine Wohnstätte aus Kamelhaar herum von seinen Herden kahlgefressen sind. Diese zeitweiligen Niederlassungen werden wiederholt gewechselt, immer aber möglichst hoch in den Bäumen eingerichtet, so daß die Raupenfamilie, die auf einem der unteren Äste aus dem Ei gekrochen ist, in immer höhere Verästelungen und mitunter sogar bis in die äußerste Spitze der Kiefer gelangt.

Nach einigen Wochen verleiht eine erste Mauserung statt der anfänglichen unscheinbaren Hülle der Raupe eine reichere und elegantere Gewandung. Auf dem Rücken sind die Ringe ihres Leibes, mit Ausnahme der drei vorderen, geschmückt mit einem Mosaik von sechs kleinen nackten Platten von Johannisbeerfarbe, die über den schwarzen Grund der Haut etwas hervorragen: die beiden größten vorn, zwei andre hinten und eine beinahe punktförmige auf jeder Seite des Vierecks. Ringsherum zieht sich eine Hecke von lebhaft rotem Haar, während die Haare am Bauch und auf den Seiten länger und weißlich gefärbt sind. Im Mittelpunkte dieser karmesinroten Mosaik richten sich zwei Büschel sehr kurzer Haare empor, die gleich goldenen Punkten in der Sonne blitzen. Die Länge der Raupe beträgt jetzt etwa 2 cm auf 3 bis 4 mm Breite.

Wenn uns dann der November die erste Kälte bringt, ist die Stunde gekommen, eine solide Win-

terwohnung zu errichten. Hoch oben in der Kiefer wird ein passender Zweig mit dicht zusammensitzenden Nadeln dazu ausersehen, den die Spinnerinnen nun mit einem ausgedehnten Gewebe umhüllen. Auf diese Weise entsteht eine Wohnstätte, halb aus Gespinst, halb aus Nadeln gebildet, die den Unbilden der Witterung zu widerstehen vermag. Anfangs Dezember hat das Werk etwa die Stärke von zwei geballten Fäusten; in seiner letzten Vollendung, gegen Ende des Winters, erreicht es das Volumen von ein paar Litern. Es ist in groben Zügen ein Oval, das nach unten hin in eine Röhre ausläuft, die den tragenden Zweig umgibt. Der Ursprung dieser Verlängerung aus seidigem Stoff ist folgender:

Bei günstiger Witterung verlassen die Raupen allabendlich zwischen 7 und 9 Uhr das Nest und steigen auf den von Nadeln entblößten Teil des Zweiges hinab, der die Achse ihres Winterquartiers bildet. Der Weg ist breit, denn diese Basis hat mitunter die Stärke eines Flaschenhalses. Der Abstieg vollzieht sich ohne bestimmte Ordnung; unten zerstreuen sich die Raupen truppweise über benachbarte Zweige, um dort die Nadeln abzuweiden; keine von ihnen aber marschiert, ohne den im Neste begonnenen Faden weiterzuspinnen. Der breite Weg des Abstieges, der bei der Rückkehr zum Aufstieg wird, bedeckt sich also bei diesem unzähligemale wiederholten Gehen und Kommen mit einer Masse von Fäden, die eine zusammenhängende Röhre oder Scheide bilden. Es ist einleuchtend, daß dieses Futteral, auf dem jede Raupe bei dem abendlichen Aus- und Einkriechen ihren doppelten Faden zurückläßt, kein bloßer Wegweiser ist, um das Nest bei der Rückkehr leichter wiederfinden zu können; denn dazu würde ja ein einfacher bandartiger Streifen genügen. Es dient vielmehr offenbar dazu, den ganzen Bau fester zu machen, ihm eine tiefere Fundamentierung zu geben und ihn durch eine Menge von Kabeln mit dem Zweige, um den es gesponnen ist, zu verbinden. Der Gesamtbau umfaßt somit oben die eiförmig ausgebauchte Wohnstätte und unten diesen Schaft oder Stiel, der den Stützballen rings umfaßt.

Jedes Nest, das noch nicht durch den länger dauernden Aufenthalt der Raupen aus der Form gebracht wurde, zeigt somit im Zentrum ein umfangreiches Gehäuse von weißer Farbe, das undurchsichtig ist; ringsherum aber umgibt es eine Hülle aus durchscheinender Gaze. Die Wandung der zentralen Masse stellt einen aus dicht zusammengepreßten Fäden gebildeten, flanellartigen Stoff dar, in den als Stützen zahlreiche unberührte, grüne Kiefernnadeln eingelassen sind, und kann einige Zentimeter dick werden. In der oberen Wölbung befinden sich hier und dort runde Öffnungen von dem Durchmesser eines gewöhnlichen Bleistiftes: die Türen der Wohnung, durch die die Raupen aus- und einkriechen. Rings um das Gehäuse ragen gleichfalls Nadeln empor, die ihr Zahn unberührt gelassen hat; von der Spitze einer jeden gehen in zierlichen Kurven Fäden aus, die, lose untereinander verknüpft, eine Netzhülle bilden, die sich von den Enden aller dieser Nadeln bis zur höchsten Spitze des Zweiges hinzieht. Auf diese Weise entsteht oberhalb des eigentlichen Nestes eine geräumige Terrasse, auf der tagsüber die Raupen im Sonnenschein schlummern, dicht aneinandergeschmiegt mit zusammengeringeltem Körper. Das über ihnen ausgespannte Netz dämpft die Bestrahlung ab und schützt die Schläferinnen vor dem Herausfallen, wenn der Wind den Zweig schüttelt.

Wenn wir mit einer Schere das Nest von oben bis unten der Länge nach aufschneiden, so öffnet sich ein breites Fenster, das die Anordnung des Inneren zu sehen erlaubt. Zunächst fällt uns auf, daß alle darin befindlichen Nadeln unberührt und völlig lebenskräftig sind. Die jungen Raupen zernagen in ihren zeitweiligen Niederlassungen, wie oben erwähnt, die von ihrem Gewebe umhüllten Nadeln, bis diese absterben. Ohne daß sie bei schlechtem Wetter ihr Obdach zu verlassen brauchen, ist auf diese Art ihr Speiseschrank immer gefüllt, wie es ihre anfängliche Schwäche erfordert. Nachdem sie kräftig geworden sind, rühren sie bei der Herstellung ihres Winterquartiers die Nadeln nicht an, und der Grund dieser gewissenhaften Schonung springt in die Augen. Machten sie es wie früher, so würden die vertrockneten Nadeln sich beim ersten Windstoße vom Zweige lösen und samt ihrem Gewebe hinabstürzen. Diese Gefahr kennen die Weberinnen, obwohl sie noch keinen Winter erlebt haben, und

deswegen hüten sie sich wohl, selbst wenn an Tagen schlechter Witterung der Hunger sie dazu drängt, die Stützbalken ihres Hauses selbst zu zersägen.

Im Inneren des aufgeschnittenen Nestes sehe ich also eine dichte Kolonnade grüner Nadeln, mehr oder weniger umhüllt von einem Futteral, an dem die abgestreiften ersten Bälge baumeln und Schnüre von getrockneten Kotklümpchen. Dieser äußerlich so hübsche Beutel aus dickem Gewebe, in das Kiefernnadeln verfilzt sind, ist gleichzeitig Abort und Plunderkammer und daher im Innern recht widerlich anzuschauen. Es gibt darin keine Kammern und durch Scheidewände abgetrennten Abteilungen: das ganze ist ein einheitlicher Raum, in dem die Raupen während der Nachtruhe sich in einer wirren Masse um die als Pfeiler dienenden Nadeln lagern. Deutlich sind jetzt auch die Türöffnungen in der oberen Wölbung zu sehen, das als äußere Umhüllung dienende weitmaschige Netz dagegen hat keine solchen; um es in dem einen oder andern Sinne zu durchschreiten, genügt es, wenn die Raupen seine Fäden etwas zur Seite schieben.

Vormittags gegen 10 Uhr verlassen die Raupen ihre nächtliche Ruhestätte und begeben sich, wenn die Sonne scheint, auf die Terrasse unter den Laubengang, den die an den Nadelspitzen aufgehängten Fäden des Netzes bilden. Den ganzen Tag über halten sie hier ihre Siesta, indem sie unbeweglich und eng zusammengedrängt daliegend, die Wärme in sich aufnehmen, nur ab und zu durch ein ruckweises Wackeln mit dem Kopfe ihr Wohlbehagen bekundend. Zwischen 6 und 7 Uhr abends, nach dem Dunkelwerden, erwachen die Schläferinnen, setzen sich in Bewegung und spazieren in buntem Gewirr nach allen Richtungen auf der weißseidenen Oberfläche ihres Nestes umher. Jede einzelne klebt aber auf der ganzen Strecke, die sie zurücklegt, den Faden an, der fortwährend an ihrer Lippe hängt. Auf diese Weise verstärkt sich die Dicke der Schutzhülle jedesmal um eine weitere feine Lage; sie erhält neue Stützpunkte, indem immer mehr benachbarte Nadeln in die Konstruktion einbezogen werden. Bei günstiger Witterung herrscht daher allabendlich mehrere Stunden lang ein äußerst lebhaftes Treiben auf der Oberfläche des Nestes, dessen Verstärkung und Verdickung die Raupen mit unermüderlichem Eifer sich angelegen sein lassen.

Sehen sie etwa die Zukunft vorher, indem sie sich so gegen die Unbilden des Winters zu schützen suchen? Ganz gewiß nicht; ihre nur wenige Monate zurückreichende Erfahrung – wenn diese überhaupt zu dem geistigen Vermögen einer Raupe gehört – weiß nur von wohlschmeckenden Mahlzeiten im Nadelwerk der Kiefern und vom sanften Dahindämmern im Sonnenschein auf der Terrasse des Nestes; aber nichts hat ihnen bisher Kenntnis gegeben von kalten und anhaltenden Regengüssen, von Frost, Schnee und wütenden Windstößen. Und obgleich sie von dieser winterlichen Not nichts wissen, verwahren sie sich doch dagegen, als ob sie gründlich damit vertraut wären. Sie arbeiten an ihrer Wohnung mit einem Eifer, als ob sie sagen wollten: „Ach, wie behaglich werden wir hier schlafen, eine an die andre geschmiegt, wenn die Kiefer ihre Eiszapfen im Winde schaukelt! Laßt uns also tapfer arbeiten: laboremus!“

Jawohl, meine lieben Raupen, lasset uns tapfer arbeiten, groß und klein, Menschen und Würmer, damit wir uns dereinst ruhig schlafen legen können: ihr in jener Erstarrung, die eure Verwandlung in Schmetterlinge vorbereitet, wir zu jenem letzten Schlummer, der das Leben zerbricht, um es zu erneuern. Laboremus!

11. Kommunistische Genossenschaften.*)

Um die Lebensgewohnheiten meiner Prozessionsraupen während des Winters in allen Einzelheiten verfolgen zu können, ohne mich allabendlich bei Laternenschein und oft sehr schlechtem Wetter

*) Wie schon auf S. 248 angeführt, gibt es in Deutschland zwei Arten: pinívora und processiónea, die – wie schon ihre Lebensweise beweist – zwei sehr gute Arten, keine Varietät der einen zur andern sind. Th. pityocámpa hat einjährige Generation und Eiablage im Sommer; die Raupen überwintern in einem großen Nest. Th. Pinivora hat zweijährige Generation, Flugzeit alle zwei Jahre und zwar in Norddeutschland in den Jahren mit ungerader Endziffer (z. B. 1911, 1913 usw.); Fraßjahre sind solche mit gerader End-

über das unterrichten zu müssen, was auf den Kiefern in meiner Umfriedigung vorgeht, habe ich ein halbes Dutzend Nester in einem Gewächshaus untergebracht. Es ist ein bescheidenes, glasbedecktes Obdach, in dem es kaum wärmer ist als draußen, das aber wenigstens vor Wind und Regen schützt. Das untere Ende eines jeden Zweiges, der einem Nest als Achse und als Gebälk dient, ist in den Sand auf dem Boden des Gewächshauses gesteckt; als Nahrung empfängt jedes Nest ein Bündel Kiefernzweige, die ich in dem Maße erneuere, wie ihre Nadeln von den Raupen abgeweidet werden. Jeden Abend nehme ich meine Laterne und statte meinen Kostgängerinnen einen Besuch ab. Auf diese Weise erhielt ich die Mehrzahl der nachstehenden Angaben.

Auf die Arbeit folgt die Mahlzeit. Die Raupen steigen aus dem Nest herunter, wobei jede die unten um den stützenden Zweig gesponnene Scheide durch ein paar Fäden verstärkt, und begeben sich auf den unmittelbar daneben niedergelegten Busch frischer Zweige. Auf jeder Nadel sitzen zwei oder drei, und ihre Reihen sind so dicht geschlossen, daß die kleinen Zweige sich unter der Last beugen. So nagen sie, alle mit den Köpfen nach vorne, friedfertig und unbeweglich nebeneinander sitzend. Ihre breiten schwarzen Schädel funkeln im Laternenschein; nach unten rieselt als Zeichen prompter Verdauung fortwährend ein Regen grünlicher Körnchen auf den Sand hernieder, der am anderen Morgen dicht damit bedeckt ist. Das Mahl wird bis in die Nacht hinein ausgedehnt. Endlich kehren sie, einige früher, andere später, zum Neste zurück, dessen Gespinst von den arbeitsamen Raupen auch bei dieser Gelegenheit wieder um einige Fäden stärker gemacht wird. Es ist nicht mehr weit von 1 oder 2 Uhr morgens, bevor die ganze Herde heimgekehrt ist.

Im freien Felde finde ich die Nester dieser Prozessionsraupen unterschiedslos auf der Forche (Pinus silvéstris), der Strandkiefer (P. marítima) und der Aleppokiefer (P. halepénsis Mill.), niemals auf anderen Nadelhölzern. Man könnte immerhin meinen, daß alle Nadeln oder Nadelblätter, die mit Harz durchtränkt sind, ihnen zusagen müßten. Um mich zu vergewissern, inwieweit sich ihre Nahrung variieren läßt, biete ich ihnen daher als Ersatz für Kiefernzweige solche von der Tanne, der Eibe,*) dem Lebensbaum, dem Wacholder und der Zypresse. Sie verschmähen diese aber sämtlich und würden lieber Hungers streben, als sie anrühren. Nur mit einer einzigen Konifere, der Zeder, machen sie eine Ausnahme. Weshalb sie diese fressen und die andern nicht, weiß ich nicht. Offenbar ist der Magen der Raupen ebenso peinlich und hat seine Geheimnisse ebensogut wie der unserige.

Wenn ich, zu anderen Versuchen übergehend, ein Nest der Länge nach von oben bis unten aufschneide, so klafft der Spalt in der Mitte zwei Finger breit auseinander, während er sich nach oben und unten hin spindelförmig verringert. Was werden nun die Spinnerinnen angesichts eines solchen schweren Mißgeschicks beginnen? Ich führe den Schnitt im Laufe des Tages aus, solange die Raupen, in einem Haufen zusammengedrängt, auf der oberen Wölbung des Nestes schlummern. Sie werden dadurch nicht aufgeweckt, und den ganzen Tag über erscheint keine einzige an der Bresche; ihre Gleichgültigkeit rührt vielleicht davon her, daß ihnen die

ziffer (also 1910, 1912 usw.). Hier überwintert einmal das im Sommer abgelegte Ei und dann noch einmal die Puppe. Auch die Heimat ist scharf getrennt bei beiden Arten. Th. pinivora ist westlich von der Elbe, südlich vom Erz- und Riesengebirge begrenzt, geht östlich bis Schlesien, Posen und nördlich an die Ostseeküste, in Westpreußen bis Danzig. Th. Pityocámpa ist ein Charaktertier des Mittelmeergebietes, in dem es aus den Küstenländern (Südfrankreich, Italien, Dalmatien usw.) bekannt ist; in Frankreich findet das Insekt sich aber auch in gewissen Gebieten der atlantischen Küste. Es steigt, den Flußtälern folgend, vom Meeresufer aus ziemlich weit den Südabhang der Alpen hinauf, so z. B. in Südtirol durch das Etsch- und Eisaktal, wo es in der Gemeinde Klausen bei Brixen bis 800 m hoch vorkommt. Anm. d. Übers.

*) Für die Eibe ist die vorher gegebene Kennzeichnung nicht zutreffend: sie ist nämlich der einzige Nadelbaum, dem das Harz vollständig fehlt. Auch die Raupen unserer heimischen Th. pinivora fressen der Hauptsache nach Kiefernnadeln, sollen aber im Notfalle auch Wacholder- und Birkenblattstiele nicht verschmähen. Anm. d. Übers.

Gefahr noch nicht bekannt ist. Dies wird abends, wenn wieder Leben in sie kommt, eine ganz andere Sache sein; mögen die Raupen auch noch so beschränkt sein, so müssen sie doch dies gewaltige Fenster wahrnehmen, das den verderblichen Winden des Winters freien Zutritt gewährt. Da sie reichlich mit Spinnstoff versehen sind, um es wieder luftdicht verschließen zu können, so werden sie sich eifrig an dem gefährlichen Spalt zu schaffen machen und ihn in einer oder zwei abendlichen Sitzungen verstopfen. So denken wir, die geistige Dunkelheit des Tieres vergessend.

Tatsächlich bleibt auch am Abend die Gleichgültigkeit der Raupen genau dieselbe. Die Bresche in ihrem Zelt ruft nicht das geringste Zeichen von Unruhe hervor. Die Tiere bewegen sich auf der Oberfläche ihres Nestes, sie arbeiten und spinnen ganz wie gewöhnlich. Zufällig gelangen einige an die Ränder des klaffenden Spaltes, ohne daß auch jetzt eine von ihnen Angst bekundete oder den Versuch machte, die beiden Ränder des Risses wieder einander zu nähern. Sie suchen einfach über die schwierige Stelle wegzukommen, indem sie den fortwährend aus ihrem Munde hervorquellenden Faden so weit entfernt drüben anheften, wie es die Länge ihres Körpers irgend erlaubt. Ist auf diese Weise der Abgrund überschritten, so setzen sie jenseits unbeirrt ihren Weg fort, ohne länger bei der Bresche zu verweilen. Nach ihnen kommen andere, die, die bereits hinübergeworfenen Fäden als Steg benutzend, ebenfalls den Riß überschreiten und dabei ihren eigenen Faden über dem Spalt zurücklassen. So bildet sich an diesem ersten Abend über ihm ein leichter, kaum wahrnehmbarer Gazeschleier, der für die Hin- und Herbewegung der Kolonie gerade ausreichend ist. Dies wiederholt sich in den folgenden Nächten, bis endlich ein dürftiges Spinnennetz über der Lücke liegt. Dabei bleibt es, und auch am Ende des Winters steht das nur spärlich verschleierte Fenster, das meine Schere geöffnet hat, noch immer offen, ohne daß die Raupen den Versuch machen, das Gewebe in seiner ersten, unberührten Beschaffenheit wieder herzustellen, indem sie ein neues Stück zwischen die beiden Ränder setzen. Wäre ihnen das gleiche unter freiem Himmel und nicht unter dem Schutze eines Glasdaches zugestoßen, dann würden die Tiere wahrscheinlich vor Kälte in ihrem gespaltenen Hause zugrunde gegangen sein. Der noch zweimal mit dem gleichen Ergebnis wiederholte Versuch stellt fest, daß die Raupen die Gefahr, die ihnen durch das Spalten ihrer Wohnstätte droht, gar nicht erkennen.

Alsdann gehe ich zu einer neuen Plackerei der Raupen über, die jedoch zu ihrem Nutzen sein soll. Ich habe bald wahrgenommen, daß die zum Überwintern dienenden Nester oft eine Bevölkerung haben, die jene der vorläufigen Unterkunftsstätten, die die ganz jungen Räupchen weben, bei weitem übertrifft; ferner stelle ich fest, daß es auch unter jenen fertigen Nestern ganz beträchtliche Unterschiede im Umfang gibt, so daß die größten fünf oder sechs von den kleineren gleichkommen. Wodurch entstehen diese Unterschiede?

Wohl enthält das Gelege einer einzigen Schmetterlingsmutter an 300 Eier, da es aber in der Tierwelt verschiedene Liebhaber für diese zarten Bissen gibt, so gelangen nur ein paar Dutzend Räupchen zum Ausschlüpfen. Diese Familien verbringen, wie Seite 248 mitteilt, unter einer von ihnen gefertigten leichten Gazehülle in Kugelform die schönen Herbsttage, allein bald muß auf die Herstellung eines festen Winterzeltes Bedacht genommen werden. Dafür würde nun eine möglichst große Menge von Arbeiterinnen vorteilhaft sein, denn aus der Vereinigung vieler geht die Macht hervor.

Ich denke mir, daß es ein leichtes Mittel zur Verschmelzung mehrerer Familien geben muß. Als Führer bei ihren Wanderungen auf der Kiefer dient den Raupen der von ihnen selbst beim Kriechen gesponnene Faden oder schmale Streifen, dem sie bei der Rückkehr zum Neste folgen, indem sie einen Haken schlagen. Dabei können sie leicht den eigenen verfehlen, wenn sie auf einen fremden treffen, der sich durch nichts von dem ihrigen unterscheidet. Dieser Streifen bezeichnet dann den Weg zu irgendeinem in der Nachbarschaft gelegenen fremden Neste. Die Irregeführten folgen ihm getreulich und gelangen auf diese Weise in eine ganz andere Niederlassung. Nehmen wir einmal an, daß man sie dort friedlich aufnimmt, was wird dann weiter geschehen?

Verschmolzen werden die verschiedenen Gruppen, die der durch Zufall eingeschlagene Weg zusammengeführt hat, ein mächtiges Gemeinwesen bilden, das große Arbeiten ausführen kann; aus dem Zusammenwirken der einzelnen Schwachen wird eine starke Körperschaft hervorgehen. So erklären sich die zahlreicher bevölkerten, umfangreichen Nester, nicht weit von anderen, die ganz klein geblieben sind. Erstere sind das Werk eines Syndikats, das die Interessen der von verschiedenen Punkten her vereinigten Spinnerinnen zusammenfaßt; die letzteren gehören solchen Familien an, die durch einen ungünstigen Zufall in der Vereinzelung verharrten.

Jetzt bleibt nur noch festzustellen, ob die von einem fremden Streifen geleiteten Hinzugekommenen in der neuen Wohnstätte wirklich gut aufgenommen werden. Der Versuch ist bei den Nestern in meinem Treibhause leicht ausführbar. Abends, wenn die Raupen auf die Weide gezogen sind, schneide ich mit einer Baumschere die von der Bevölkerung eines Nestes besetzten Zweige ab und lege sie über andere, auf denen die Insassen eines fremden Nestes die Nadeln benagen. Ohne die geringste Mißhelligkeit fahren alsdann beide Teile in ihrer Nahrungsaufnahme fort; friedlich und ohne das mindeste Zaudern begeben sich die Neulinge, wenn die Zeit der Heimkehr gekommen ist, mit den eigentlichen Besitzerinnen in das fremde Nest, wie Schwestern, die immer in Gemeinschaft gelebt haben. Alle zusammen verstärken dort, bevor sie schlafen gehen, noch eine Weile spinnend die weißseidene Oberfläche dieser Behausung, dann ziehen sie sich in den Schlafraum zurück. Auf diese Weise gelingt es mir, vier verschiedene Familien zu vereinigen, dann höre ich auf – nicht etwa, weil infolge dieses Durcheinanders irgendeine Verwirrung entstände, sondern weil ich gar keine Grenze für meinen Versuch sehe, so bereitwillig nehmen die Raupen jeden Bevölkerungszuwachs auf. Je mehr Spinnerinnen da sind, um so mehr spinnt man, ist ihre vernünftige Lebensregel. Erwähnenswert ist noch, daß die in ein fremdes Nest versetzten Raupen ihr erstes Heim durchaus nicht vermissen und gar keinen Versuch machen, es wieder zu erreichen, obwohl es sich in allernächster Nähe des jetzigen befindet. Wenn ich für meine Studienzwecke das verlassene Nest wieder bevölkern will, so bin ich genötigt, eine abermalige Versetzung dorthin vorzunehmen, die stets erfolgreich ist.

Später, wenn im Februar hin und wieder ein schöner Tag lange Prozessionen auf dem Sande und an den Wänden des Treibhauses erlaubt, kann ich der Verschmelzung zweier Gruppen ohne jedes Eingreifen von meiner Seite beiwohnen. Es genügt, mit Geduld die Bewegungen einer marschierenden Reihe zu verfolgen. Die aus dem einen Nest Hervorgekommenen sehe ich mitunter in ein anderes zurückkehren, wohin sie zufällig irgendeine Veränderung des Weges geführt hat. Hinfort gehören die Fremden der neugetroffenen Gesellschaft an mit denselben Rechten wie deren Mitglieder. Auf gleiche Weise werden, wenn nächtlicherweile die Raupen sich auf den Kiefern ergehen, die zu Anfang schwachen Gruppen sich verstärken und so die Anzahl der Spinnerinnen erlangen, die der Bau eines großen Nestes erheischt.

Alles für alle. So sagt die Raupe des Kiefernprozessionsspinners, wenn sie die Nadeln abweidet, ohne den Nachbarn die Bissen streitig zu machen, oder wenn sie, stets in Frieden aufgenommen, in eine fremde Wohnung dringt, als ob es ihre eigene wäre. Ob sie fremd ist oder zur Familie gehört: immer hat sie einen Platz im Schlafgemach wie im Speiseraum. Das Nest der andern ist ihr Nest; die Weide der andern ist ihre Weide für den ihr zukommenden Anteil, der weder größer noch geringer ist als der ihrer angestammten oder zufällig gefundenen Genossen.

Einer für alle und alle für einen. So sagt die Raupe des Prozessionsspinners, die allabendlich ihr kleines Kapital an Seide verausgabt zur Vergrößerung eines Zufluchtsortes, der manchmal ganz neu für sie ist. Was könnte sie wohl mit der dünnen, von ihr gesponnenen Strähne anfangen, wenn sie allein bliebe? So gut wie nichts; wenn dagegen Hunderte gemeinsam spinnen und weben, so schaffen sie jene dicke Hülle, unter der sie dem Winter standzuhalten

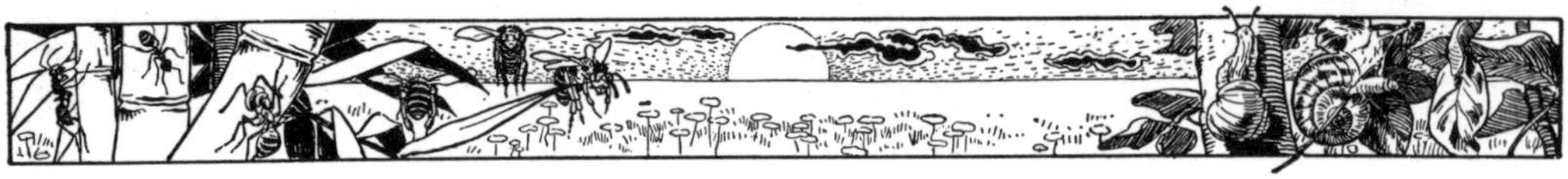

vermögen. Indem jede Raupe hieran für sich arbeitet, arbeitet sie für die andern, und diese wiederum arbeiten ihrerseits mit gleichem Eifer für jede einzelne. Ach, die glücklichen Tiere, die das Eigentum, diesen Ursprung aller Kämpfe, nicht kennen, und die einen vollkommenen Kommunismus nach allen Regeln zur Anwendung bringen!

Die geschilderten Gepflogenheiten der Raupen laden zu einigen Überlegungen ein. Hochgesinnte Geister, die reicher an Illusionen als an Logik sind, haben den Kommunismus als unfehlbares Mittel gegen die menschlichen Leiden in Vorschlag gebracht. Es fragt sich aber, ob er bei den Menschen in der Allgemeinheit durchführbar ist, und in dieser Hinsicht können uns die Prozessionsraupen wertvolle Fingerzeige geben. Wir brauchen darüber nicht zu erröten: die stofflichen Bedürfnisse hat das Tier mit uns gemein; es kämpft gleich uns um seinen Anteil an dem allgemeinen Gastmahl der lebenden Wesen, und die Art, auf die es die Fragen des Daseins löst, ist kein zu verachtendes Studium.

Wenn wir nun nach den Ursachen forschen, die es ermöglichen, daß bei diesen Raupen der Kommunismus (also Gütergemeinschaft mit wirtschaftlicher und sozialer Gleichheit der Einzelwesen unter Verzicht auf die individuelle, wirtschaftliche Selbständigkeit) in Blüte steht, so finden wir als erste: die Ernährungsfrage, die furchtbare Friedensstörerin der Welt, fällt hier gänzlich fort. Für eine Mahlzeit bedarf die Raupe kaum einer ganzen Kiefernnadel, und diese Nadeln befinden sich in unerschöpflicher Anzahl stets unmittelbar vor ihr, fast auf der Schwelle ihrer Wohnung. Wenn der Appetit sich einstellt, so geht man hinaus, schöpft frische Luft, zieht ein wenig umher und läßt sich dann, ohne mühsames Suchen und ohne mißgünstige Nebenbuhlerschaft, zum Mahle nieder. An Nahrung mangelt es niemals, denn die Kiefer liefert sie in Hülle und Fülle, man braucht nur von einem Abend zum andern etwas vorzurücken. Also keine Sorge hinsichtlich der Lebensmittel für die Gegenwart wie für die Zukunft: die Raupe findet fast ebenso leicht zu essen wie sie atmet, bei ihr fallen deswegen alle Kämpfe um den Bissen Futter weg, die in der übrigen Welt so oft und so leicht entbrennen, und die eine Gemeinwirtschaft unmöglich machen. Auch die sonstigen Beispiele eines vollkommenen Kommunismus, die sich aus der Insektenwelt aufzählen ließen, sind auf Arten mit pflanzlicher Ernährung beschränkt und zwar unter der ausdrücklichen Bedingung, daß die Lebensmittel ohne mühsames Suchen reichlich vorhanden sind. Die Beschaffung fleischlicher Kost dagegen ist viel zu schwierig, als daß dabei eine solche Gemeinschaft möglich wäre.

Die Prozessionsraupe kennt also keine Not, außerdem aber weiß sie nichts von einer Familie, dieser anderen Quelle unerbittlichen Wettbewerbs. Sich seinen Platz in der Sonne zu erringen, macht nur die Hälfte der Kämpfe aus, die uns das Leben auferlegt; es gilt auch, nach Möglichkeit für die Nachkommen Platz zu schaffen; und wie die Erhaltung der Art von schwerer wiegender Bedeutung ist als die des Individuums, so ist der Kampf für die Zukunft noch schärfer als der Kampf für die Gegenwart. Jeder Mutter gilt als Hauptgesetz das Gedeihen ihrer Kinder, mag alles übrige zugrunde gehen. Jeder für sich, lautet ihr Gesetzbuch und ihre Regel, und deswegen hört mit der Mutterschaft und ihren unabweislichen Pflichten der Kommunismus auf, praktisch durchführbar zu sein. Auf den ersten Blick scheinen gewisse Hautflügler das Gegenteil zu bestätigen, so z. B. die gemeine Mörtelbiene (Chalicódoma murária Fabr.), die zu Tausenden unter denselben Dachziegeln nistet und dort ein großartiges Bauwerk aufführt, an dem alle Mütter arbeiten. Ist dies aber wirklich eine Gemeinwirtschaft? Ganz und gar nicht: es handelt sich hier vielmehr um einen Häuserkomplex, in dem man wohl Nachbarn hat, indes aber keine Arbeitsgenossen. Jede Mutter knetet darin ihre Honigtöpfe (aus Schlamm gebildete, fingerhutähnliche Zellen), jede trägt darin die Mitgift für ihre Kinder zusammen, jede reibt sich für ihre Familie auf, aber für diese ganz allein. Wollte eine andere Biene sich auch nur auf den Rand einer Zelle setzen, die ihr nicht gehört, so würde deren rechtmäßige Inhaberin ihr alsbald nachdrücklichst zuleibe gehen. Hier ist das Eigentum eine heilige Sache.

Viel tiefer sozial veranlagt ist unsere Honigbiene (Apis mellifica L.), allein nicht einmal sie

macht eine Ausnahme von der mütterlichen Selbstsucht. Für jeden Bienenkorb genügt eine einzige Mutter; sind zwei vorhanden, so bricht der Bürgerkrieg aus; die eine von ihnen geht unter dem Dolche der andern zugrunde, oder sie wandert aus, gefolgt von einem Teile des Schwarms. Obwohl ursprünglich gleichfalls zur Eiablage befähigt, verzichten die Arbeitsbienen auf die Mutterschaft und widmen sich dem Zölibat, um die ungeheuer große Familie der einzigen Mutter aufzuziehen. Hier herrscht der Kommunismus in gewisser Hinsicht, zugleich aber wird für die ungeheure Mehrzahl die Mutterschaft unterdrückt. Ebenso ist es bei den Wespen, den Ameisen, den Termiten und noch anderen sozialen Insekten. Die Gemeinwirtschaft kommt ihnen teuer zu stehen, weil Tausende und Abertausende unvollkommen bleiben und die niederen Helfer einiger geschlechtlich Vollkommenen werden. Sobald jedoch die Mutterschaft allgemeine Eigenschaft wird, erscheint der Individualismus wieder, wie bei den Mörtelbienen ungeachtet ihrer scheinbaren Gemeinwirtschaft.

Die Raupe des Kiefernprozessionsspinners braucht sich um das Fortbestehen ihrer Familie keine Sorge zu machen. Sie hat kein Geschlecht oder vielmehr: sie bereitet es erst dunkel vor, unbestimmt und unvollkommen wie alles, was noch nicht da ist, jedoch eines Tages ans Licht treten wird. Sobald die Mutterschaft als Blüte der vollkommenen Entwicklung sich entfaltet, wird auch das individuelle Eigentumsrecht mit seinen Wettstreitereien sich einstellen; das bis dahin so friedfertige Insekt wird, wie die andern, selbstsüchtig und deswegen unduldsam werden. Ferner ist die nahezu geschlechtslose Raupe gleichgültig gegen den Liebestrieb und entspricht dadurch der Hauptbedingung, um eine friedliche Gemeinwirtschaft führen zu können, weil die eifersüchtigen Kämpfe der Männchen fortfallen. Allein nicht genug damit: die vollkommene Eintracht einer Genossenschaft erheischt bei allen Mitgliedern die ganz gleiche Verteilung der Kräfte und Begabungen, des Geschmacks und der Geschicklichkeit für die Arbeit. Diese Bedingung aber, vielleicht die wichtigste von allen, findet sich bei unseren Raupen in vollkommener Weise erfüllt: mögen ihrer Hundert oder Tausend in demselben Neste sein, es besteht in allen diesen Stücken nicht der geringste Unterschied zwischen ihnen. Wie sie gleich an Größe und Tracht sind, so haben auch alle dieselbe Geschicklichkeit im Spinnen und entwikkeln denselben Fleiß ohne anderen Antrieb als die Befriedigung erfüllter Pflicht. Es gibt unter ihnen weder Gewandte noch Täppische, Starke oder Schwache, Genügsame oder Gefräßige, Wackere oder Träge, Sparsame oder Verschwender. Was die eine tut, tun auch die andern mit gleichem Eifer, weder besser noch weniger gut. In der Tat: eine prächtige Welt der Gleichheit, aber ach! – eine Welt der Raupen.

Wenn wir uns herbeiließen, von ihr Lehren anzunehmen, so würde die Raupe des Kiefernprozessionsspinners uns die Vergeblichkeit unserer gleichmachenden und kommunistischen Lehren zeigen. Finden sich denn unter uns Menschen auch nur zwei Personen, einander völlig gleich an Kraft, Gesundheit, Intelligenz, Arbeitsgewandtheit, Voraussicht und so vielen anderen Gaben, die die großen Faktoren des Gedeihens sind? Wo sehen wir etwas, was der vollkommenen Gleichheit unter den Raupen ähnlich wäre? Nirgendwo: die Ungleichheit ist unser Los, und das ist ein großes Glück.

Ein und derselbe Ton, noch so häufig wiederholt, bildet keine Harmonie, sondern dazu bedarf es ungleicher, schwacher und starker, tiefer und hoher; dazu gehören sogar Mißklänge, durch deren Schärfe die Lieblichkeit der Akkorde um so mehr zur Geltung gelangt. In ähnlicher Weise werden die menschlichen Gesellschaften erst harmonisch durch das Zusammenwirken ganz verschiedenartiger Kräfte. Wir würden zu der trostlosen Einförmigkeit der Raupengesellschaften herabsinken, wenn die Gleichheitsträume sich verwirklichen ließen, etwa in der Art, wie dies das Platonsche Staatsideal vorsieht: unter Aufhebung der Freiheit und Selbstbestimmung des einzelnen, der Familie, des Eigentums usw. In der toten Stille allgemeiner Mittelmäßigkeit aber würden Künste und Wissenschaften, wie jeglicher Fortschritt und geistige Aufschwung auf unbestimmbare Zeit in Schlaf sinken.

Eine Prozession ohne Ende.

In Rabelais' „Leben des Gargantua und Pantagruel" folgt die ganze Schafherde des Viehhändlers Dindenaut dem Hammel, den Panurge boshafterweise über Bord geworfen hat, ins Wasser, „denn", sagt der große Satiriker, „es liegt in der Natur des Hammels, des dummsten und unbegabtesten Tieres auf Erden, immer dem ersten zu folgen, wohin immer er gehen mag."*) Die Raupe des Kiefernprozessionsspinners (Thaumetopóéa pityocámpa), verfährt – und zwar nicht aus Dummheit, sondern durch Naturnotwendigkeit – noch schafsmäßiger: da, wo die erste gegangen ist, gehen auch alle andern, im regelrechten Zuge, ohne einen leeren Zwischenraum.

Sie wandern in einer einzigen Reihe, in zusammenhängender Kette, jede mit dem Kopfe das Hinterteil der Vorgängerin berührend. Die vielfachen Windungen, die die den Marsch eröffnende Raupe nach ihrem Gutdünken beschreibt, machen alle übrigen gewissenhaft mit. Die zufällig an die Spitze der Prozession gelangte Raupe spinnt dabei fortwährend den aus ihrem Munde hervorquellenden Faden weiter und befestigt ihn auf dem Wege, den es ihr gerade einzuschlagen beliebt. Er ist so fein, daß selbst das mit einer Lupe bewaffnete Auge ihn mehr mutmaßen als sehen kann. Aber die zweite tritt auf diesen zarten Steg und verdoppelt ihn durch ihren Faden; die dritte verdreifacht ihn; alle folgenden leimen ebenfalls den aus ihren Spinndrüsen fließenden Strahl darauf, so daß nach dem Defilieren der Prozession als Spur ihres Zuges ein schmales Band, eine seidene Schiene, zurückbleibt, deren blendendes Weiß bei Tage in der Sonne blinkt.

Wozu dieser Aufwand? Wir wissen, daß die Prozessionsraupen nur bei dunkler Nacht auf die Weide ziehen und zum Neste zurückkehren. Die fünf winzigen Augenpunkte an jeder Seite des Kopfes können ihnen also dabei nicht als Führer dienen, ebensowenig das Geruchsvermögen, das – wenn überhaupt vorhanden – nach meinen Versuchen nur sehr schwach entwickelt sein kann. Um aus dem labyrinthartigen Nadelgewirr der Kiefer sicher den Heimweg finden zu können, leistet daher jener Streifen den Tierchen den gleichen Dienst wie der klassische Faden, den Ariadne dem Theseus für das kretische Labyrinth einhändigte. Wenn es Zeit zur Heimkehr ist, findet jede Raupe mit Leichtigkeit entweder ihren eigenen Faden wieder oder irgend einen der Nachbarfäden, die von der beim Aufsuchen der Nahrung auseinandergehenden Herde fächerartig ausgebreitet wurden, und so vereinigt sich das zerstreute Völkchen allmählich wieder zu einer Reihe auf dem gemeinsamen Bande, dessen Ausgangspunkt das Nest bildet; die gesättigte Karawane kann den Rückweg nun nicht mehr verfehlen.

Auch bei Tage, sogar im Winter bei schönem Wetter, werden mitunter weite Ausflüge unternommen. Man steigt von dem Baum herunter und zieht auf dem Erdboden in der geschilderten Weise bis zu 50 Schritt Entfernung vom Neste dahin. Diese Ausgänge dienen nicht dem Aufsuchen von Nahrung, denn die Kiefer, auf der die Tierchen geboren wurden, ist noch lange nicht erschöpft: die abgenagten Zweige zählen ja kaum in der Masse von Nadel-

*) Daher die Redensart: sauter comme les moutons de Panurge, so viel wie: alles nachmachen.

werk. Auch enthalten sie sich aller Nahrung, solange die Nacht nicht hereingebrochen ist. Die Ausflügler wollen nur eine hygienische Promenade machen, einen Erkundungszug in der Nachbarschaft, vielleicht auch Stellen aufsuchen, wo sie sich später für die Metamorphose in den Sand zu vergraben gedenken. Auch bei diesen großen Bewegungen wird das leitende Schnürchen natürlich nicht vernachlässigt, das hierbei ja nötiger ist als sonst; alle steuern das Produkt ihrer Spinndrüsen dazu bei, und keine tut einen Schritt vorwärts, ohne den an ihrer Lippe hängenden Faden auf der Bahn zu befestigen. Wenn die Prozession ziemlich lang ist, so verbreitert sich dadurch das Band genügend, um leicht gefunden zu werden; trotzdem vollzieht sich die Rückkehr nicht ohne Stocken. Die marschierenden Raupen machen nämlich niemals auf ihrem Schnürchen einfach kehrt, sondern um auf den vorher zurückgelegten Weg zurückzukommen, muß eine Schleife gemacht werden, deren Krümmung und Umfang von dem Gutdünken der anführenden Raupe abhängt. Dabei gibt es zunächst ein unsicheres Tasten und Umherirren, das mitunter bis in die Nacht hinein dauert, sobald aber die seidene Schiene sich wieder zwischen den Füßen der ersten Raupe befindet, hört jedes Zögern auf: beschleunigten Schrittes macht sich die Schar auf den Rückweg zum Neste.

An der Spitze jeder Prozession, sie mag lang oder kurz sein, wandert eine Raupe, die ich das Marschoberhaupt nennen will, obwohl der Ausdruck eigentlich nicht paßt, da sie in keiner Weise einen Vorrang vor den übrigen hat. Der Zufall hat sie bei der anfänglichen Gruppierung an die Spitze gebracht: nun führt sie den Marsch an, kann aber jeden Augenblick zur Geführten werden, wenn durch irgend einen Zufall die Reihe durchbrochen wird und sich für den Weitermarsch anders ordnet. Dem jeweiligen Marschoberhaupt gibt sein Amt eine besondere Haltung. Während die anderen hintereinander gereiht ihm blindlings folgen, ist der Kapitän in unruhiger Bewegung und wirft seinen Vorderkörper bald hierhin, bald dorthin. Im Vorwärtsschreiten scheint er sich zu unterrichten. Erforscht er wirklich das Gelände und wählt die gangbarsten Stellen aus? Oder ist nicht vielmehr seine Unschlüssigkeit bloß die einfache Folge davon, daß ihm in dem noch nicht begangenen Gelände der leitende Faden fehlt? Die Untergebenen folgen, sehr gelassen, sich sicher fühlend durch den Faden, den sie zwischen den Füßen halten; er dagegen ist in Unruhe, weil ihm diese Stütze fehlt.

Ach, daß ich nicht zu lesen vermag, was unter seinem schwarzen, funkelnden Schädel vorgeht, der einem Teertropfen ähnelt! Nach dem Handeln zu urteilen, ist dort eine kleine Dosis von Unterscheidungsvermögen vorhanden, das durch Prüfen die allzu rauhen Unebenheiten zu erkennen weiß, ebenso die zu schlüpfrigen Stellen, die keinen Halt bietenden staubigen Punkte und besonders die von andern Ausflüglern zurückgelassenen Fäden. Darauf beschränkt sich so ziemlich alles, was meine lange Beobachtung der Prozessionsraupen mich hinsichtlich ihrer seelischen Fähigkeiten hat erkennen lassen.

Die Prozessionen sind von sehr verschiedener Länge. Die schönste, die ich auf dem Erdboden manövrieren sah, hatte etwa eine Länge von 12 m und zählte ungefähr 300 Raupen, die sich regelrecht in einem gewundenen Faden dicht hintereinander reihten. Vom Februar an gibt es in meinem Gewächshause Prozessionen aller Abmessungen. Welche Fallstricke vermag ich behufs der Erforschung ihrer Intelligenz ihnen zu legen? Ich sehe nur zwei: den Anführer zu beseitigen und den leitenden Faden zu unterbrechen.

Die Beseitigung des Marschoberhauptes hat keine entscheidende Wirkung. Wenn die Sache ohne Störung vollzogen wird, ändert die Prozession in keine Weise ihre Haltung. Die zweite Raupe, die nun zum Kapitän geworden ist, kennt ohne weiteres die Pflichten ihres Ranges: sie wählt und leitet, oder vielmehr sie zaudert und tastet nunmehr. Das Durchbrechen des Seidenbandes ist von keiner größeren Bedeutung. Ich nehme aus der Mitte des Zuges ein Raupe heraus. Mit einer Schere schneide ich dann sorgfältig, um die Reihe nicht zu erschüttern, das Stückchen Seidenband, das jene einnahm, heraus und beseitige es bis auf den dünnsten Faden. Durch diesen Riß erhält nun die Prozession zwei

Marschoberhäupter, die unabhängig voneinander sind. Es ereignet sich, daß der Führer des rückwärtigen Teiles den vorderen wieder erreicht, von dem er ja nur durch einen ganz schmalen Zwischenraum getrennt ist; dann wird das frühere Verhältnis wieder hergestellt. Es kommt aber häufiger vor, daß die beiden Teile sich nicht wieder vereinigen. In diesem Falle haben wir zwei verschiedene Prozessionen, von denen jede ihren besonderen Weg verfolgt. Trotzdem finden beide zum Neste zurück, indem sie früher oder später bei ihrem Umherschweifen das leitende Band diesseits der Stelle, wo es unterbrochen wurde, wiederfinden.

Diese beiden Versuche boten nur ein mäßiges Interesse. Deswegen sinne ich über einen mehr Einblicke gewährenden nach und stelle mir die Aufgabe, die Raupen einen geschlossenen Kreis beschreiben zu lassen, unter Zerstörung aller Fäden, die mit jenem zusammenhingen und etwa ein Abweichen von diesem Wege veranlassen könnten. Die Lokomotive verfolgt unabänderlich ihren Schienenweg, solange nicht eine Weiche gestellt wird, die sie auf eine andere Strecke leitet. Werden auch die Prozessionsraupen, solange sie die seidene Schiene vor sich immer frei finden, auf derselben Spur verharren, werden sie dabei bleiben, eine Strecke zu durchlaufen, die niemals ein Ende nimmt? Es handelt sich also darum, künstlich einen solchen Kreis herzustellen, der ihnen unter den gewöhnlichen Verhältnissen unbekannt ist.

Auf der angeschütteten Sandbank in meinem Gewächshause, in die ich die mit Nestern besetzten Kiefernzweige gesteckt habe, stehen einige große Palmenvasen, deren oberer Rand etwa 1½ m Umfang hat. Die Raupen kriechen häufig an ihren Wänden empor bis auf den wulstförmigen Ring, der wie ein Karnies sich um die Mündung der Vasen zieht, auf dem sie dann umherspazieren. Ich brauche nur eine meinen Absichten entsprechende Gelegenheit zu erspähen, die auch nicht auf sich warten läßt. An einem Januarmorgen, kurz vor der Mittagszeit, überrasche ich einen zahlreichen Trupp, der an der Außenwand einer Vase langsam, eine hinter der anderen, emporklettert. Die den Ringwulst erreichenden Raupen beginnen die regelrechte Prozession darauf, während die übrigen, sobald sie ankommen, durch ihren Anschluß die Reihe von hinten her verlängern. Ich warte nur darauf, bis der Ring geschlossen ist, d. h. bis die führende Raupe auf ihrer kreisförmigen Promenade den Eintrittspunkt wieder erreicht hat. Dann streife ich mit einem Pinsel den Überschuß der Emporkletternden, der die Ordnung stören könnte, von der Wand des Topfes herunter und entferne mit einer groben Bürste jeden Faden, den die Raupen unterwegs gesponnen haben. In dieser Prozession ohne Ende gibt es nun kein Marschoberhaupt mehr: jede Raupe hat vor sich eine Genossin, der sie auf den Fersen folgt, geleitet durch die seidene Trasse, das gemeinsame Werk aller; ebenso dicht hinter ihr wandert wiederum eine Gefährtin mit derselben Prozession, und dies wiederholt sich unabänderlich in der gesamten Kette. Bei der ersten Umkreisung des Vasenrandes ist die Seidenschiene darauf niedergelegt worden, die sich durch das beständig fortgesetzte Spinnen der Prozession zu einem schmalen Bande verbreitert. Diese Spur kehrt in sich selbst zurück und hat nirgendwo eine Abzweigung, die meine Bürste ja sämtlich vertilgte. Was werden die Raupen nun auf diesem trügerischen geschlossenen Pfade tun? Werden sie ohne Ende im Kreise wandern bis zur Erschöpfung ihrer Kräfte?

Die alte Scholastik wußte von Buridans Esel zu berichten, der im gleichen Abstande von zwei Bündeln Heu und von beiden in gleichem Maße angezogen, notwendigerweise verhungern müsse. Dies ist natürlich eine Verleumdung des wackeren Grautiers, das die von der Logik ihm gestellte Falle einfach dadurch beseitigen würde, indem es beide Bündel fräße. Werden meine Raupen nicht ebenso gescheit sein und nach einigen Rundgängen den geschlossenen Kreis brechen, indem sie sich entschließen, nach dieser oder jener Seite hin aus der Bahn zu weichen? Dies ist ja die einzige Möglichkeit, ihr „Heubündel" zu erreichen, einen frischen Kiefernzweig, der sich, noch keinen Schritt weit entfernt, ganz in ihrer Nähe befindet. Ich sagte mir: nach einer Stunde oder vielleicht nach zweien wird die Prozession doch ihren Mißgriff einsehen, den Irrweg verlassen und an einer beliebigen Stelle den Abstieg bewerkstelli-

gen. Da oben zu bleiben, dem Hunger preisgegeben und ohne schützendes Obdach, schien mir doch eine Dummheit, die ich den Raupen nicht zutrauen dürfe. Die Tatsachen aber haben mir das Unglaubliche vor Augen geführt, dessen Einzelheiten ich nun berichten will.

Am 30. Januar, gegen Mittag, beginnt bei prächtigem Wetter die Prozession im Kreise. Die Raupen wandern gleichmäßig dahin, jede dicht hinter der vor ihr schreitenden. Diese ununterbrochene Kette schließt jede Führung aus, alle folgen maschinenmäßig und bleiben ihrem Kreiswege ebenso treu wie die Zeiger auf einem Zifferblatt. Die Reihe ohne Anfang hat keine Freiheit und keinen Willen mehr, sie ist ein Räderwerk geworden. So geht es nun stundenlang fort, und als der Tag sich dem Ende zuneigt, hat die mittlerweile ein paar Millimeter breit gewordene Spur ihre Stelle immer noch nicht verändert. Wohl aber zeigt sich die Schnelligkeit des Marsches verändert; während ich zuerst durchschnittlich 9 cm in der Minute feststellen konnte, gibt es jetzt immer häufiger kürzeren oder längeren Halt; die Geschwindigkeit verringert sich zusehends, besonders als es kälter wird, und um 10 Uhr abends ist ein baldiges gänzliches Stocken infolge von Kälte, Ermüdung und ohne Zweifel auch von Hunger vorherzusehen. Um 10½ Uhr verlasse ich die Ausgehungerten in der sicheren Erwartung, daß auch bei ihnen guter Rat über Nacht kommen wird, allein am anderen Morgen finde ich sie noch genau so hintereinander gereiht, jedoch bewegungslos. Erst als es allmählich wärmer wird, schütteln sie die Erstarrung ab, beleben sich und setzen sich wieder in Marsch. Die Prozession in der Runde beginnt unverändert von neuem und wird starrsinnig bis zum Einbruch der Nacht fortgesetzt, die uns diesmal sogar starken Frost bringt. Die übrigen Raupen in meinem Treibhause haben ihre Nester gar nicht verlassen; die halsstarrigen Prozessionsraupen auf dem Rande der Vase aber, die ohne jeden Schutz eine recht böse Nacht durchgemacht haben müssen, finde ich ohne alle Ordnung in zwei Gruppen geteilt wieder. Indem sie sich in jeder möglichst dicht aneinander drängten, haben sie weniger durch die Kälte gelitten. Vielleicht ist auch in diesem Falle das Unglück doch zu etwas gut: die strenge Nacht hat bewirkt, daß der Ring in zwei Hälften gebrochen ist, und daraus kann möglicherweise eine Aussicht auf Rettung hervorgehen. Für jede Gruppe, wenn sie sich neu belebt in Bewegung setzt, wird sich nachher ein Marschoberhaupt finden, das, weil es keiner vor ihm wandernden Raupe zu folgen braucht, doch eine gewisse Freiheit des Ganges besitzt und deshalb mit der ihm folgenden Abteilung vielleicht eine von dem Kreise abweichende Richtung einschlagen wird. Überwachen wir sie also.

Aus ihrer Betäubung erwacht, stellen sich die beiden Gruppen allmählich wieder in Reih und Glied und bleiben so zwei getrennte Ketten. Auf diese Weise gibt es nun auch zwei Marschoberhäupter, die unabhängig und frei in ihren Bewegungen sind. Wird es ihnen gelingen, aus dem Zauberkreise zu entkommen? Als ich ihren dicken schwarzen Kopf unruhig umherspähen sehe, glaube ich es einen Augenblick, allein schon bald werde ich enttäuscht. Dadurch, daß die Glieder etwas mehr Abstand nehmen, vereinigen sich die beiden Stücke der Kette: der Kreis bildet sich von neuem. Die beiden Raupen, die für einen Augenblick Anführer waren, werden wieder einfache Soldaten, und auch diesen ganzen Tag hindurch setzen die Tiere ihre Runde fort.

Nach einer wiederum empfindlich kalten Nacht finde ich am Morgen die Prozessionsraupen auf dem oberen Rande der Vase zu einem Haufen vereinigt, der rechts und links den Rand des verhängnisvollen Seidenbandes überragt. Die erste, die sich in Bewegung setzt, befindet sich durch einen glücklichen Zufall außerhalb des magischen Zirkels und wagt sich zögernd in ein neues Gebiet. Sie steigt auf der Innenseite bis auf die in der Vase befindliche Erde hinab, und sechs andere folgen ihr. Alle übrigen nehmen den Rundmarsch wieder auf, diesmal in der Form eines Ringes, aus dem ein Stück herausgebrochen ist. Die vorerwähnten sieben Raupen klettern, von Heißhunger getrieben, auf der Suche nach einem Weideplatze bis zur Spitze der in die Vase gepflanzten Palme empor. Da sie aber dort nichts finden, was ihrem Geschmack entspricht, kehren sie um und schieben sich in die Prozession

ein, so daß der Ring nun wieder vollständig ist. Auch an dem vierten Tage, nach einer ebenso kalten Nacht, ereignet sich nichts Neues, außer folgendem Vorkommnis. Gestern hatte ich die von den sieben Raupen auf der Innenseite des Gefäßes zurückgelassene Spur nicht vertilgt. Diese benutzt am Morgen etwa die Hälfte der Truppe, um ihr zu folgen und ebenfalls bis zur Spitze der Palme emporzusteigen. Nachmittags aber kehrt auch sie zurück, und der Ring wird wiederhergestellt. Am fünften Tage folgt auf die eisig-kalte Nacht prächtiger Sonnenschein. Sobald die Wärme in dem Glashause steigt, erwachen die zu einem Haufen zusammengeballten Raupen und nehmen ihre Wanderung auf dem Karnies der Vase wieder auf. Doch die anfängliche Ordnung wird bald gestört: ein Teil der Truppe folgt ein Stück weit der gestern und vorgestern auf der Innenseite zurückgelassenen Spur, verläßt sie jedoch bald in einer kurzen Schleife wieder. Die übrigen haben inzwischen den gewohnten Rundmarsch fortgesetzt. Infolge dieser Gabelung bilden sich nun zwei ziemlich gleichlange Reihen, die auf dem Karniese in gleicher Richtung mit geringem Zwischenraum nebeneinander wandern, sich mitunter vereinigen und etwas weiter wieder mit einer gewissen Unordnung trennen. Die zunehmende Müdigkeit vermehrt die Verwirrung; zahlreiche Raupen können nicht mehr weiter, allein vor Anbruch der Nacht zeigt sich dennoch die ununterbrochene Kette wieder hergestellt.

Ebenso plötzlich, wie die Kälte gekommen ist, tritt am 4. Februar wieder milde Witterung ein. Aus vielen Nestern meines Treibhauses kommen Züge von Raupen hervor und bewegen sich in Schlangenlinien auf dem angeschütteten Sande. Oben auf dem Vasenrande teilt sich der Ring jeden Augenblick und vereinigt sich dann wieder, zum erstenmal aber sehe ich kühne Marschoberhäupter, die, von der Wärme berauscht, sich mit dem letzten Paar ihrer Afterfüße am äußersten Rande des tönernen Wulstes festhaltend, den Körper in den freien Raum hinausstrecken und diesen sondieren, indem sie sich drehen und winden. Vielmals wird der Versuch wiederholt, während die folgenden Raupen so lange Halt machen. Endlich unternimmt einer dieser Neuerer den Abstieg auf der äußeren Wand und klettert bis unter den Karnies abwärts; vier Raupen trennen sich von der allgemeinen Kette und folgen ihm. Allein der Abstieg wird nur bis zur halben Höhe durchgeführt, dann kehren alle wieder in die Prozession zurück, obwohl ich am Fuße der Vase einen Haufen Kiefernzweige niedergelegt habe, um die Ausgehungerten anzulocken, und obgleich das Abwärtssteigen den Raupen nicht schwerer fällt als das Aufwärtsklettern. Der erste Versuch ist somit gescheitert, allein er bleibt nicht ohne Nutzen. Auf dem zurückgelegten Wege sind Fäden niedergelegt worden, die zu neuen Unternehmungen verlocken werden: für den Weg, der zur Befreiung führt, sind die ersten Merkzeichen festgelegt. Am achten Tage endlich wird er bald von einzelnen Raupen, bald von größeren Teilen der durchbrochenen Kette eingeschlagen, und bei Sonnenuntergang haben auch die letzten Nachzügler das Nest wieder erreicht.

Siebenmal 24 Stunden sind die Raupen auf dem oberen Rande der Vase geblieben. Wenn man die Stockungen infolge des Ermattens einzelner Tierchen und die Rast während den kältesten Stunden der Nacht abrechnet, bleiben immerhin noch 84 Marschstunden; durchschnittlich legen sie 9 cm in der Minute zurück, die gesamte von ihnen durchlaufene Strecke kann daher auf 453 m, nahezu einen halben Kilometer veranschlagt werden: gewiß eine schöne Leistung für diese Trippler. Der obere Umkreis der Vase mißt genau 1,35 m; also haben die Raupen 335 mal denselben Kreis, immer in gleicher Richtung und immer ohne Ergebnis, beschrieben. Trotz des Hungers und der Kälte aber bleiben sie starrköpfig auf dem hundert- und wieder hundertmal durchmessenen Seidenband, weil ihnen jener Schimmer von Intelligenz fehlt, der ihnen raten müßte, es zu verlassen.

Die Fähigkeit, durch Erfahrung etwas zu lernen und zu überlegen, liegt somit sicherlich außerhalb ihres Bereiches, und es bedarf zufälliger Umstände, um sie zum Neste zurückzuführen. Sie würden auf ihrem verhängnisvollen Streifen zugrunde gegangen sein, wären nicht zuletzt infolge der Unordnung beim nächtlichen Lagern und bei dem durch die zunehmende Ermattung verursachten Haltmachen einige Fäden zwecklos außerhalb der kreisförmigen Bahn niedergelegt worden. Durch diese verlockt, entfernen einzelne sich aus dem Kreise, weichen etwas von der früheren Richtung ab und bereiten durch dies Umherirren den Abstieg vor, der sich schließlich in kurzen, vom Zufall geförderten Reihen vollzieht. Der heute in Ehren stehenden Schule, die so sehr begehrt, den Ursprung der Vernunft in den Niederungen der Tierheit aufzufinden, bringe ich die Raupe des Kiefernprozessionsspinners zu Versuchen in Vorschlag.

Der Einsiedler in der Haselnuß.

Wenn man nicht mehr braucht, um glücklich zu sein, als eine friedliche Ruhestätte, einen guten Magen und genug zu essen, dann ist der Einsiedler, von dem hier berichtet werden soll, in der Tat glücklich zu preisen. Sein Aufenthalt ist ein unantastbares Logis, ein aus einem einzigen Stück bestehender Kasten ohne Tür und Fenster. Nichts von dem Lärm und den Sorgen der Außenwelt vermag in diese ruhige Wohnung zu dringen, die weder zu heiß noch zu kalt und für alle übrigen verschlossen ist. Die Tafel ist ausgezeichnet und reichlich versorgt; kein Wunder, daß der Insasse dick und fett wird.

Es kennt ihn wohl jeder. Wer hat als Junge nicht, nachdem er mit seinem kräftigen Gebiß eine Haselnuß geknackt hatte, im Munde plötzlich etwas Bitteres, Klebriges gespürt? Pfui: das sind die Kotkrümchen und – wenn er nicht bereits hinausgeschlüpft ist – der „Wurm" der Haselnuß. Wir sagen wenigstens: die Nuß ist „wurmstichig", während der Kerfkundige oder Entomologe, der es ja in seinem wissenschaftlichen Sonderbereich gar nicht mit Würmern zu tun hat, uns belehrt, daß es sich vielmehr um eine fußlose Larve oder Made handelt. Überwinden wir einmal unseren Widerwillen, und betrachten wir das Tierchen etwas näher. Es sieht allerdings aus, wie ein feistes, quabbeliges Würmchen, liegt bogenförmig gekrümmt in der Nuß, hat keine Füße und eine milchweiße Farbe, abgesehen von dem rotbraunen Rüssel an seinem Kopfe. Aus seinem Verließ herausgeholt und auf den Tisch gelegt, windet und bewegt sich die Made aus Leibeskräften hin und her, ohne sich jedoch vom Fleck rühren zu können. Die Ortsveränderung ist dem Tierchen versagt; wozu sollte sie ihm auch in seiner engen Nische nützen? Es ist dies übrigens eine bei der ganzen Familie der Rüsselkäfer (Curculiónidae) sich findende Eigentümlichkeit, deren Angehörige sämtlich in ihrem Larvenzustande eine sitzende Lebensweise führen.

Wie der Name anzeigt, verspeist der *Haselnußrüßler* oder *Nußbohrer* (Balanínus nucum)*) den in der Haselnuß steckenden Kern, der für einen einzigen Insassen auf drei bis vier Wochen einen sehr reichlichen Nahrungsvorrat bildet, während bei zwei Teilhabern bald Mangel eintreten würde. Die Vorräte werden daher gewissenhaft abgemessen: auf jede Nuß kommt *eine* Larve, nicht mehr. Nur ganz selten habe ich zwei darin angetroffen. Dann hatte sich der nachträglich hinzugekommene Sprössling einer schlecht unterrichteten Mutter neben dem ersten Insassen an den Tisch gesetzt, ohne sonderlichen Nutzen davon zu haben. Der Leckerbissen ging bereits zu Ende, und zudem schien auch der noch sehr schwache Eindringling

*) Dieser eiförmige, schwarze Rüsselkäfer wird 7,5 mm lang, ist dicht ockergelb, schuppig behaart, auf den Flügeldecken lichter gelb gewürfelt, an den Beinen und der Spitzenhälfte des Rüssels rostrot. Der unverhältnismäßig lange und an der Wurzel verdickte Rüssel ist beim Weibchen stärker gekrümmt als beim Männchen; er trägt etwas vor seiner Mitte auf jeder Seite einen dünnen, knieförmig gebogenen Fühler. Anm. d. Übers.

von dem mißgünstigen kräftigen Vorinhaber übel aufgenommen worden zu sein. Man sah es deutlich voraus: der kraftlose Überzählige war dem Untergange geweiht. Jeder für sich: so lautet das tierische, wilde Gesetz sogar in einer Nußschale.

Diese bildet ein ringsum geschlossenes Bollwerk ohne Spalten und Ritzen, durch die ein Eindringling hineinschlüpfen könnte. Wie hat nun die Larve des Nußbohrers Zugang zu dieser Festung gefunden? Bei genauerer Untersuchung, namentlich wenn wir eine Lupe zu Hilfe nehmen, ist dieses Pförtchen unschwer aufzufinden, wenn es auch auf den ersten Blick meist unentdeckt bleibt, da die Wunde nachher wieder vernarbt. Ein feines, braunes Pünktchen bezeichnet den Eingang in die feste Burg, und damit ist das Rätsel gelöst. Dort setzt das befruchtete Weibchen offenbar seinen als Bohrer dienenden Rüssel ein, wie ich dies schon öfters das Weibchen des großen Eichelbohrers (Balaninus glándium) bei einer Eichel tun sah, und durchbohrt dann allmählich die Schale, indem es sich unverdrossen um den Rüssel als Drehpunkt einmal in dieser Richtung, dann in dem entgegengesetzten Halbkreise herumbewegt. Es ist dies ein hartes, sehr hartes Stück Arbeit, denn das Insekt wählt eine sich schon der Reife nähernde Frucht, um der Larve eine wohlschmeckendere und reichlichere Nahrung zu liefern, und die Nußschale ist dicker und leistet einen viel größeren Widerstand als das Fruchtgehäuse und die Samenhaut der Eichel. Der Eichelbohrer braucht einen halben Tag, um eine Rinne zu bohren; wie viel mehr Geduld und Ausdauer wird nicht der Nußbohrer bekunden müssen! Vielleicht ist sein Werkzeug auch von besonderer Härte. Wie langsam oder rasch nun auch der Bohrer eindringen mag: er senkt sich bis zur Basis des Nußkernes hinab, wo dieser am zartesten und am reichsten an milchiger Substanz ist; er dringt schräg hinein und macht einen Kanal, der lang genug ist, um nach der Eiablage einen für die erste Aufzucht der späteren Larve genügenden Vorrat von Nuß-Grießmehl aufzunehmen. Nuß- und Eichelbohrer treffen die gleiche, zarte Vorsorge für die künftige Familie.

Endlich wird das Ei auf dem Grunde dieses Schachtes an Ort und Stelle gebracht: mit einem Hinterleibsrüssel, der dem vorderen an Länge gleichkommt und bis zu diesem Augenblick im Bauche verborgen war, schiebt das Muttertier sein Ei bis zur Basis des Nußkerns hinein. Alle die Vorbereitungen für die Ernährung der Larve erblicke ich nur im Geiste, jedoch deutlich genug, da ich durch die Untersuchung von zur Wiege gewordenen Nüssen und ganz besonders durch die wiederholt beobachtete Methode des Eichelbohrers hinreichend darüber unterrichtet bin. Ich möchte aber auch die Arbeit des Nußbohrers mit eigenen Augen sehen, obwohl dazu wenig Aussicht vorhanden ist. In meiner Gegend*) ist nämlich der Haselstrauch (Córylus Tourn.) sehr selten, allein ich kann den Versuch mit sechs Stauden machen, die ich in meinem Garten gepflanzt habe. Zunächst handelt es sich darum, sie mit Haselnußrüßlern zu bevölkern, wozu mir ein Tal am Gardflüßchen, das nicht so von der Sonne versengt wird, wie die Hügel um Sérignan, einige Pärchen dieser Insekten liefert. Sie gehen mir mit der Post gegen Ende April zu, also zu einer Zeit, da die Haselnuß, ganz blaß, zart und zusammengedrückt, erst aus ihrer näpfchenförmigen Hülle aufzutauchen beginnt. Der Kern hat sich noch gar nicht gebildet, nur die erste Anlage dazu ist vorhanden.

In der Frühe, bei prächtigem Wetter, setze ich die Fremdlinge auf das Blattwerk meiner Nußsträucher. Die Reise hat sie nicht zu sehr mitgenommen; kaum in Freiheit, öffnen sie ihre Flügeldecken halb, entfalten die Flügel, schließen sie wieder und breiten sie nochmals aus, ohne jedoch auch nur einen Aufflug zu unternehmen. Es sind dies einfache Übungen zur Geschmeidigmachung, welche die Rückkehr der Kräfte nach so langer Zeit der Einsperrung begünstigen. Ich betrachte das als gutes Vorzeichen, daß meine Kolonisten nicht desertieren werden.

*) Der Leser wird sich erinnern, daß J. H. Fabres Heimat Südfrankreich, die sonnige Provence ist, wo er in der Gegend von Orange einen bescheidenen Landsitz bei dem Dörfchen Sérignan bewohnt. Es sind dadurch manche zeitliche Unterschiede, wie auch solche der Lebensweise usw. zwischen der dortigen Insektenwelt im Vergleich mit der in unseren nördlicheren Breiten bedingt. Anm. d. Übers.

Nun schwellen die Nüsse von Tag zu Tag an und werden für die Kinder eine lockende Versuchung. Die Früchte sitzen sogar im Bereich der Kleinsten, die so glücklich darüber sind, wenn sie mit ihnen ihre Taschen füllen und sie knabbern können, nachdem sie die Schale zwischen den Steinen zerklopft haben. Es wird ihnen jedoch eingeschärft, nicht daran zu rühren. Für dieses Jahr müssen um der Rüsselkäfer willen, deren Geschichte ich kennen zu lernen begierig bin, die Freuden der Ernte unterdrückt werden. Mein Verbot wird auch beachtet, und die verlockenden Früchte bleiben nahezu unangetastet. Ich meinerseits statte ihnen häufige Besuche ab, allein es will mir lange nicht gelingen, einen der Nußrüßler bei seiner Bohrarbeit zu überraschen. Endlich sehe ich eines Abends gegen Sonnenuntergang einen, der, sich hoch emporstrekkend, seinen Mechanismus anzusetzen sucht, in derselben Art und Weise, die ich bereits beim Eichelbohrer wahrgenommen habe. Es bleibt jedoch bei einem kurzen Versuch. Das Insekt hat wohl noch nicht eine Frucht gefunden, die ihm zusagt; vielleicht arbeitet der Nußbohrer auch bei Nacht.

In anderer Hinsicht habe ich mehr Glück. Einige Nüsse, die zuerst als mit Eiern bereits versehen erkannt wurden, befinden sich in meinem Arbeitszimmer und werden häufig von mir besucht. Diese Beharrlichkeit bringt mir einen Erfolg ein: anfangs August verlassen zwei Larven ihr Köfferchen unter meinen Augen. Zweifellos haben sie schon lange mit der Spitze ihrer Kiefer wie mit einem Grabstichel die harte innere Wand der Nußschale geduldig bearbeitet. Ihr Ausschlüpfloch wird gerade vollendet, als ich bemerkt habe, daß ihr Entweichen nahe bevorsteht; ein feiner Staub fällt heraus. Wohl zu beachten ist, daß diese Befreiungsluke nicht an derselben Stelle gebohrt wird, wo sich die feine Öffnung befindet, durch die das Muttertier sein Ei hineingeschoben hat.

Die Larve muß hart arbeiten; doch die Beharrlichkeit ist ja die Stärke der Schwachen. Endlich ist es vollbracht: das Tageslicht dringt durch das runde Fensterchen in das Innere des Koffers. Das runde, nach innen zu sich etwas erweiternde Fensterchen öffnet sich; das Bohrloch ist ringsum sorgsam geglättet, und der Polierstahl der Mundwerkzeuge hat alle Rauheiten beseitigt, die das Hindurchschlüpfen erschweren könnten. Ganz ähnlich so, wie bei der Drahtfabrikation mittels des sogen. Ziehens eine Stange oder ein Streifen dehnbaren Metalles durch ein etwas konisch erweitertes Loch in einer Stahlplatte (Zieheisen) gepreßt wird, das enger ist als der anfängliche Durchmesser des Metalls, passiert auch die Larve die Öffnung in der Nußschale, indem sie sich dünner macht. Jener metallene Faden wird gewaltsam hindurchgezogen mittels der Ziehzange des Arbeiters oder durch die Umdrehungen

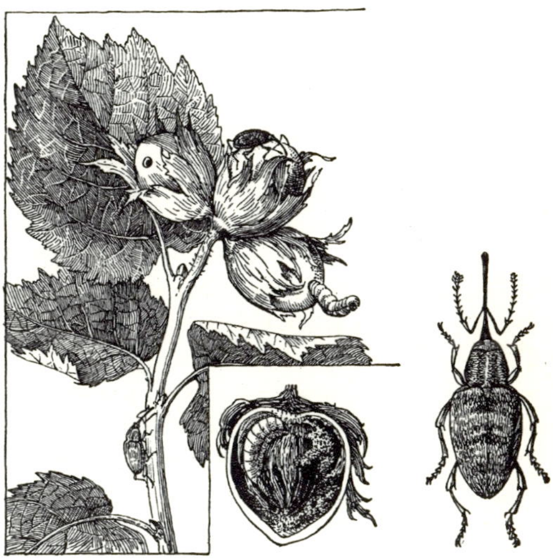

Der Haselnußbohrer, Balaninus nucum.
Nach der Natur gezeichnet von R. Öffinger.
(Der Käfer rechts in 3facher Vergrößerung.)

einer Maschine (Drahtleier oder Drahtzug); er behält nachher den verringerten Durchmesser, den er bei dieser Operation bekommen hat. Die Larve versteht sich auf eine andere Methode: sie streckt sich durch ihren eigenen Druck und nimmt die frühere Dicke wieder an, nachdem sie den Engpaß überwunden hat.

Ihr Schlupfloch besitzt genau die Weite des Kopfes, der mit seiner starren Hornhaut keine Formveränderung zuläßt. Er schlüpft also leicht hindurch, ebenso der Halsring, der nur wenig stär-

ker ist und den eine unerhebliche Zusammenziehung frei macht. Dann kommt aber der fette Wanst an die Reihe, der mindestens dreimal so dick ist wie der Kopf. Es ist um so schwieriger, diese schlaffe Wurst hindurchzuzwängen, da das Tier keine Füße hat und weder Haken noch steife Haare besitzt, die ihm dabei als Stützen dienen könnten. Was nun im Innern der Nuß vor sich geht, kann ich nicht beobachten, weil die Schale undurchsichtig ist; ich werde aber auch hierüber genügend aufgeklärt durch das, was ich außerhalb wahrnehme. Von hinten nach vorn strömt das Blut des Tierchens; die Säfte seines Organismus verschieben sich und sammeln sich in dem bereits aus der Enge hervorgetretenen Teile des Körpers an, der dadurch so gewaltig anschwillt, daß er bis fünf- oder sechsmal dicker wird als der Kopf. Über dem Rande des Schachtes bildet sich so ein aufgeblähter Schlauch, der durch seine eigene Energie und Spannkraft die folgenden Ringe seines Körpers nach und nach ebenfalls hindurchzieht, nachdem ihr Durchmesser sich durch die erwähnte Wanderung ihres flüssigen Inhaltes verringert hat.

Dies geht natürlich langsam und kostet sehr viel Arbeit. Der bereits frei gewordene Teil des Körpers krümmt und streckt sich dabei abwechselnd und macht Schwingungen, so wie wir einen Nagel hin und her biegen, den wir ohne Zange ausziehen wollen. Die Kiefer werden weit geöffnet, wieder geschlossen und klaffen von neuem, jedoch ohne die Absicht, etwas zu ergreifen. Diese Bewegungen vertreten das Keuchen, mit dem ein schwer arbeitender Mensch unwillkürlich seine Bewegungen begleitet – etwa das Uff! des Holzhauers bei den Schlägen seiner Art. Endlich ist auch der letzte fleischige Ring des Körpers glücklich hindurchgezwängt, und die Larve läßt sich fallen.

Eine von den Nüssen, die mir dies Schauspiel darboten, war wenige Stunden vorher vom Strauche gepflückt worden. Unterbliebe dies, dann wäre also die Larve aus einer Höhe zur Erde gefallen, die – wenn wir die Verhältnisse übertragen – für uns etwa der eines Kirchturms entsprechen und die schreckliche Zerschmetterung eines Menschenkörpers zur Folge haben würde, während der Sturz für die geschmeidige Larve mit ihrem biegsamen Rükken gar nichts zu bedeuten hat. Für sie ist es ganz gleich, ob sie ihren Purzelbaum in die Welt vom Gipfel eines Strauches aus schlägt, oder ob sie etwas später, wenn die infolge ihrer Reife losgelöste Nuß auf dem Boden liegt, ganz sanft die Wohnung verändert.

Sobald sie frei ist, untersucht sie unverzüglich den Boden ringsum, sucht eine Stelle, wo das Eingraben leicht ist, und vollzieht dieses dann mit Hilfe ihrer Mundwerkzeuge, wobei sie mit dem Hinterteil Bewegungen macht. In mäßiger Tiefe wird eine runde Nische hergestellt: dort wird die Larve die kalte Jahreszeit verbringen und das Wiederaufleben des Frühlings erwarten.

Wenn mich der Dünkel befiele, dem Nußbohrer, der doch in allem, was die Rüsselkäfer angeht, besser Bescheid weiß als sonst jemand, einen Rat erteilen zu wollen, dann würde ich ihm etwa folgendes sagen: „Es ist töricht, daß du jetzt schon deine Nuß verläßt. Viel später, wenn es wieder April wird und an den Nußsträuchern neben den Gehängen ihrer männlichen Kätzchen die kleinen, roten Narben der zukünftigen Frucht sichtbar werden, dann ist der rechte Augenblick. Allein warum in dieser Zeit des Sonnenbrandes, die den Kräftigsten zum Ausruhen zwingt, einen Aufenthalt verlassen, der sich so vortrefflich eignet, um darin die ganze tote Saison des Sommers zu verschlafen? Wo gibt es ein besseres Lager als in der geschlossenen Dose, die die Nuß darstellt, wenn die Herbstregen und die Winterfröste kommen? In welcher ruhigeren Einsamkeit könnte die heikle Arbeit der Metamorphose sich vollziehen?

„Außerdem ist der Untergrund nicht ohne Gefahren. Dort ist es feucht und kalt, und die Rauheiten des Bodens wirken empfindlich auf eine so feine Haut wie die deinige. Auch hält sich ein furchtbarer Feind, eine Kryptogame (Sporenpflanze), im Erdboden verborgen und setzt sich an den Larven fest, die sich eingraben. In meinen Zuchtgläsern kann ich sie nur mit vieler Mühe davor schützen. Früher oder später zeigen sich hinter der Glaswand weiße Haarkronen, flockige Gespinste, deren unteres Ende so ein armes Würmchen umschlungen hält und aussaugt. Es ist das Myzelium (Unterlage oder Pilzmutter) einer Sphäriazee, der als Ausbeutungs-

gebiet die Leiber der Insekten verfallen sind, die unterirdisch die Arbeit der Verpuppung vollziehen. In der Nuß, die, den Gesetzen der Hygiene entsprechend, von allen wuchernden Keimen frei ist, steht dergleichen nicht zu befürchten. Warum sie also verlassen?“

Solchen Vorstellungen schenkt der Balaninus kein Gehör: er wechselt seine Wohnung, und er handelt nicht unklug damit. Auf dem Boden, wo die vom Strauche gefallene Nuß liegt, wäre nämlich von vornherein die große Feldmaus zu fürchten, die eifrig Nüsse sammelt. Mit ihren scharfen Zähnen bohrt sie geduldig ein Loch hinein, durch das sie den Kern herausholt. Findet sie aber statt dieses die Larve des Nußbohrers darin, dann heißt sie das fette Würstchen als Abwechslung zur Pflanzenkost auch willkommen. Aus Furcht vor der Feldmaus vergräbt sich die Larve, allein es kommt noch ein viel triftigerer Grund hinzu. Es schlummert sich ja ohne Zweifel angenehm in dem Bollwerk der Nußschale, allein es muß auch für die Befreiung des zukünftigen Käfers gesorgt werden. Solange die Nußbohrerlarve über die volle Kraft ihrer Kiefer verfügt, unternimmt sie diese Arbeit, bevor jener Dämmerzustand eintritt, in dem die angesammelte Fettmasse sich in eine neue Organisation auflöst. Sie durchbohrt den Koffer, aus dem das ausgebildete Insekt mit seinen eigenen Mitteln nicht hinausgelangen könnte; sie geht heraus und gräbt sich in die Erde ein. Damit ist für die Zukunft weise vorgesorgt; aus dieser Gruft wird der erwachsene Käfer ohne Hindernis ans Tageslicht emporsteigen können.

Wenn der Balaninus, sagten wir vorhin, in der Nuß seine endgültige Gestalt annähme, so würde er nicht imstande sein, sich selbst aus der Schale zu befreien. Und doch sahen wir ihn mit seinem Zwickbohrer tadellos die Hülle durchbohren, als es sich darum handelte, das Ei an Ort und Stelle zu bringen. Was könnte ihn denn nun hindern, in umgekehrter Richtung das auszuführen, was er vorher von außen nach innen zu tun vermochte? Ein wenig Nachdenken zeigt den ungeheuren Unterschied. Um das Ei an seinen Platz zu schieben, genügt eine ganz feine Rinne von dem Durchmesser des Käferrüssels; um aber dem starren ausgewachsenen Käfer das Verlassen der Nußschale zu ermöglichen, bedarf es einer – im Vergleich zu jener Rinne – ganz ungeheuren Öffnung. Das zu durchbohrende Material ist sehr hart – so hart, daß – wie wir sahen – die Larve mit den kräftigen Meißeln ihrer Kiefer kein weiteres Loch herstellt, als gerade nötig ist, um ihren Kopf durchzulassen, während der übrige Körper sich mühsam durchzwängen muß, indem er sich möglichst dünn macht. Wie sollte es nun wohl der fertig ausgebildete Käfer mit seinem zierlichen Stoßdegen fertig bringen, sich eine genügend breite Tür zu öffnen, wenn die mit viel besseren Werkzeugen versehene Larve so viele Mühe hat, einen nur zur Not ausreichenden Durchschlupf herzustellen? Mit ungeheurer Geduld, an der es dem Insekt ja nicht mangelt, könnte der Käfer allenfalls ein rundes Loch von dem erforderlichen Durchmesser aufsprengen, indem er auf einer kreisrunden Linie immer eine jener oben erwähnten Rinnen ganz dicht neben der anderen bohrte; allein um eine solche Arbeit in der Nußschale auszuführen, ist sein Bohrapparat gänzlich ungeeignet. Sein Rüssel ist nämlich so lang, daß der Käfer wegen des beschränkten Raumes im Innern der Nuß damit gar nicht die bohrenden Bewegungen auszuführen imstande ist, bei denen er sich erst in der einen Richtung und dann in einem entgegengesetzten Halbkreise um den in die Wand eingeschlagenen Rüssel herumdreht. Der ausgewachsene Käfer würde also in der Nuß zugrunde gehen, weil er wegen der Enge der Wohnung keinen Gebrauch von seinem allzu langen Mechanismus machen kann, der ausgezeichnet ist, wenn es das Ei unterzubringen gilt, aber zuviel Raum einnimmt, als daß der eingeschlossene Käfer sich selbst damit befreien könnte.

Ich bin fest davon überzeugt: wenn der Nußbohrer keinen so übermäßig langen Rüssel hätte, sondern statt seiner etwas wie einen einfachen, kurzen und kräftigen Pfriem, so würde er die Nuß nicht alsbald nach dem Verzehren ihres Kernes verlassen, sondern trotz der ihm von der Feldmaus drohenden Gefahr in ihrem Inneren seine Metamorphose sich vollziehen lassen. Meine Überzeugung gründet sich auf die Gewohnheiten anderer Rüsselkäfer unter solchen Verhältnissen, im besonderen die des Gym-

nétron thapsícola Germ., der im Mai und Juni sein Ei in den vielsamigen Kapseln des kleinblumigen oder weißen Wollkrautes (Verbáscum thapsus L.) unterbringt. Die ausgeschlüpfte Larve ernährt sich von den Samenkörnern in diesen Kapseln, die zwar viel kleiner sind als die Nüsse, zum Wohnen aber die gleichen Vorteile bieten. Im August ist die Pflanze verdorrt und von der Sonne rotgelb gefärbt; wenn wir aber einige von den harten Kapseln öffnen, so finden wir den kleinen Rüsselkäfer ausgewachsen darin. Auch im Winter verläßt er dieses Heim nicht, und wenn wir die Kapseln im April zum letztenmal öffnen, so hält der kleine Kurkulionide die Wohnung noch immer besetzt.

Mittlerweile sind in der Nachbarschaft neue Wollkräuter emporgesproßt; sie blühen, und ihre Kapseln erreichen den notwendigen Grad der Reife: jetzt erst zertrümmert der Einsiedler seine Eremitage, seine Kapsel, in der er bisher so wohlgeborgen war. Und wie bringt er dies fertig? Es ist ganz einfach: sein Rüssel hat die Gestalt eines kurzen Pfriems, der selbst in der engen Zelle sich bequem handhaben läßt. Außerdem besitzt die Kapsel nur mäßige Widerstandskraft: sie ist ja eine Hülle von sehr trockenem Pergament und keine Wandung aus hartem Holz. Der darin eingeschlossene Käfer schlägt seine kurzgestielte Keilhaue hinein; er bohrt und stößt, bis die Mauer in Schutt zusammenstürzt. Fortan lautet sein Wahlspruch: Es leben die Freuden der Sonne! Es leben die gelben Blumenkronen!

Folgen somit beide Insekten nicht einer glücklichen Eingebung in Rücksicht auf ihre Werkzeuge – dort ein für den Raum in der Nuß unverhältnismäßig langes, hier ein kurzes, dem engen Raum in der Kapsel angepaßtes –, indem der Balanínus die Nuß vor der Zeit, aber gerade dann verläßt, wenn die kräftigen Scheren der Larve es gestatten; der zweite Rüsselkäfer, indem er drei Viertel des Jahres in der sicheren Kapsel zubringt, um sie erst zu verlassen, wenn der Augenblick für die Hochzeitsfeier auf der von ihm bevorzugten Pflanze gekommen ist? So offenbart sich, bis zu den Kleinsten herunter, die untrügliche Logik der Instinkte.

Die Zikade und ihre Feinde.

Die gemeine Zikade (Cicáda plebéja), von der in dem Aufsatze die Rede ist, gehört zu den Singzikaden oder -zirpen (Stridulántia oder Cicádidae); sie heißt auch C. pl. fráxini (Eschenzikade), bevölkert jedoch in Fabres provenzalischer Heimat mit Vorliebe die Platanen. Ihre Farbe ist schwarz, Vorderrücken größtenteils und das Schildchen ganz rostgelb; Vorderflügel glashell, mit gelbbraunen Adern; Hinterleib seitlich weißlich. Sie ist mit 30 mm Länge die größte europäische Art. Ihre eigentliche Heimat ist Südeuropa, doch hat man sie auch bei Regensburg gefunden.

Die gemeine Singzikade vertraut ihre Eier trockenen Zweigen oder Pflanzenstengeln von der Dicke eines Strohhalmes bis zu der eines Bleistifts an und zwar vorzugsweise solchen, die außen eine recht dünne holzige Schicht und im Innern viel Mark aufweisen. Niemals besetzt sie mit ihnen ein Reis, das dem Boden zugekehrt ist, vielmehr nur solche, deren aufwärts gerichtete Stellung sich mehr oder weniger der Senkrechten nähert. Sie wählt vorwiegend regelmäßig und glatt gestaltete, die genügend lang sind, um die gesamte Eierablage aufnehmen zu können. Immer muß die Unterlage aber abgestorben und vollkommen trocken sein.

Das mittels des Legestachels ausgeführte Werk des Zikadenweibchens besteht in einer Reihe von Schrammen oder Furchen, wie sie die Spitze einer Nadel machen könnte, die man schräg von oben nach unten in die Rinde bohrt, so daß die holzigen Fasern aufgerissen werden und nach außen hin einen kleinen Höcker bilden. Sind die Zweige gleichmäßig gewachsen, glatt und entsprechend

lang, so liegen alle diese Tüpfel ungefähr gleich weit voneinander in einer nahezu geraden Linie. Ihre Zahl wechselt: sie ist ziemlich gering, wenn die Mutter, in ihrer Arbeit gestört, die Eierablage an einem anderen Zweige zu Ende geführt hat; dagegen zählt man ihrer 30 bis 40, wenn sämtliche Eier an ein und demselben Zweige oder Stengel untergebracht wurden.

Jede von diesen Schrammen bildet den Eingang zu einer schrägen Zelle, die gewöhnlich in dem markhaltigen Teile des Zweiges ausgebohrt wird. Dieser Eingang erhält keinen Verschluß außer dem Faserstreifen, der im Augenblick der Eiablage emporgehoben wird, um sich von neuem darüber zu legen, sobald die Doppelsäge des Legestachels herausgezogen ist. Höchstens gewahrt man in einzelnen Fällen, jedoch nicht immer, zwischen den Fäserchen dieser Barrikade eine ganz feine schillernde Lage, die einem Firnis von getrocknetem Eiweiß gleicht. Sie kann nichts anderes sein als eine unbedeutende Spur irgend eines eiweißhaltigen Saftes, der mit den Eiern ausfließt oder auch dazu dienen mag, das Eindringen des Legebohrers zu erleichtern.

Unmittelbar an das untere Ende einer jeden Schramme schließt sich die Zelle, eine sehr kleine Röhre, die mitunter nicht einmal durch eine Scheidewand von der zunächst unterhalb liegenden Zelle getrennt ist, so daß die Eier, obgleich durch zahlreiche Öffnungen eingeführt, eine ununterbrochene Reihe bilden. In den meisten Fällen ist aber jede Zelle von der andern getrennt. Ihr Inhalt wechselt sehr. Für jede zähle ich zwischen 6 und 15 Eier; die durchschnittliche Anzahl beträgt 10. Da nun die Zahl der Zellen, die das Weibchen bei einer vollständigen Eierablage herstellt, 30 bis 40 beträgt, so ergibt sich, daß die Eiröhren der weiblichen Zikade über 300 bis 400 Keime verfügen.

Eine schöne Familie in der Tat und wohl befähigt, durch ihre Anzahl selbst bedenklichen Vertilgungsaussichten Trotz zu bieten. Ich kann nicht finden, daß die ausgewachsene Zikade dieser Gefahr ausgesetzter sei als ein anderes Insekt: sie besitzt ein wachsames Auge, blitzschnellen Aufschwung, raschen Flug und wohnt in Höhen, wo die im Rasen lauernden Freibeuter nicht zu fürchten sind. Der Sperling allerdings ist sehr lüstern auf sie. Von Zeit zu Zeit stürzt er sich nach wohlüberlegtem Plane von einem benachbarten Dach auf die Platanen und erhascht dort eine singende Zikade*), die bestürzt einen schnarrenden Ton ausstößt. Einige Schnabelhiebe nach rechts und links teilen das Insekt in Stücke, die Leckerbissen für die Spatzenbrut bilden. Aber wie oft muß der Vogel unverrichteter Sache abziehen! Das Insekt begegnet dem Angriff, indem es dem Gegner Urin in die Augen spritzt, und macht sich davon.

Ich kenne einen viel schrecklicheren Feind der Zirpe als den Sperling: nämlich unser großes grünes Heupferd (Locústa viridíssima L.). Es ist spät am Abend, und die Zikaden sind verstummt, nachdem sie, in Licht und Wärme schwelgend, den ganzen Tag über ihre Symphonien verschwendet haben. Die einbrechende Nacht bringt Ruhe für sie, aber eine Ruhe, die häufig gestört wird. Aus dem dichten Laubwerk der Platanen ertönt plötzlich ein schriller, kurz abgebrochener Laut wie ein Angstschrei. Es ist die verzweifelte Klage der in ihrer Ruhe von dem Heupferd überfallenen Zirpe; der eifrige nächtliche Jäger stürzt sich auf sie, packt sie in der Seite, öffnet diese und wühlt in ihrem Bauche. Auf das musikalische Fest folgt das Gemetzel.

Ich wurde in folgender Weise über diese Räuberei genauer unterrichtet. Bei Tagesanbruch gehe ich vor meiner Tür spazieren, als plötzlich von der nächsten Platane irgend ein Ding mit gellendem Schnarren herunterfällt. Ich eile hinzu und sehe ein Heupferd, das einer in den letzten Zügen liegenden Zirpe den Bauch ausbohrt. Vergeblich schreit und zappelt diese, der Gegner läßt sie nicht los: er taucht den Kopf tief in ihre Eingeweide, die er in kleinen Bissen bis auf den Grund verzehrt. Nun wußte ich Bescheid: der Überfall hatte in der Morgenfrühe dort oben stattgefunden, während die Zikade ruhte, und die Zuckungen der Unglücklichen, indem sie noch lebend zergliedert wurde, hatten den Angreifer und sein Opfer, ineinander verschlungen, zum Ab-

*) Bekanntlich sind nur die Männchen mit einem besonderen Stimmapparat versehen, mit dem sie sehr helle, schrillende oder pfeifende Töne hervorbringen.
Anm. d. Übers.

sturz gebracht. Später hatte ich noch häufig Gelegenheit, einer solchen Metzelei beizuwohnen. Ich sah sogar, wie das Heupferd der Zirpe, die bestürzten Fluges vor ihm flüchtete, verwegen nachstürmte. So verfolgt der Sperber in freier Luft die Lerche, die freilich viel schwächer ist als er. Die Laubheuschrecke dagegen greift ein Insekt an, das größer und stärker ist als sie, und trotzdem ist das Ergebnis dieses ungleichen Ringens niemals zweifelhaft. Mit seinem kräftigen Kiefer, der eine scharfe Zange darstellt, gelingt es dem Heupferd fast immer, den Leib des erbeuteten Insekts aufzuschlitzen, das, der Waffen bar, nur schreien und sich hastig hin und her bewegen kann.

Die Hauptsache ist, die Beute festzuhalten, und das ist bei der Schlaftrunkenheit der Zirpe leicht genug. Jede Zirpe, auf die das wilde Heupferd bei seiner nächtlichen Runde stößt, muß kläglich zugrunde gehen. Dadurch erklären sich die plötzlichen angstvollen Schnarrlaute, die mitunter in dem Laube der Bäume zu ungewöhnlich später Stunde hörbar werden, nachdem die Schallbecken der Zirpen längst verstummt sind. Der in helles Grasgrün gekleidete Bandit hat dann eine eingeschlafene Zikade erhascht. Als ich später mit der Aufzucht des Heupferdes zu tun hatte, stand der Speisezettel meiner Zöglinge für mich fest: ich nährte sie mit Zirpen, von denen gewaltige Mengen in meinen Volieren verzehrt wurden.

Allem nach sind es jedoch weder Sperlinge noch Heupferde, die der Zirpe eine so zahlreiche Nachkommenschaft aufnötigen. Die schlimmste Gefahr droht dieser vielmehr, wie wir sehen werden, in dem Augenblick, da das Weibchen die Eier legt. Zwei oder drei Wochen nach dem Hervorkommen aus der Erde, in der die Larven der gemeinen Singzikade vier Jahre zubringen, also ungefähr Mitte Juli, beschäftigt sich das Weibchen mit den Eiern. Um bei der Beobachtung der Eiablage nicht auf den unberechenbaren Zufall angewiesen zu sein, hatte ich gewisse Vorsichtsmaßregeln getroffen. Die trokkenen Stengel der Asphodillstaude (Affodill, Asphódelus L.) werden von dem Insekt, wie ich durch vorhergegangene Beobachtungen wußte, als Unterlage bevorzugt; ich hatte solche daher nach meiner Übersiedelung auf das Land in der Nähe meines Hauses auf einer unangebauten Fläche angepflanzt, ließ die trockenen Stauden des Vorjahres stehen und untersuchte diese, sobald die günstige Jahreszeit gekommen war, jeden Tag. Ich brauchte nicht lange zu warten: seit dem 15. Juli finde ich soviel Zirpen, wie ich nur wünschen kann, auf den Asphodillstengeln angesiedelt, deren Weibchen im Zuge sind zu legen. Jede Eierlegerin hat ihren Stengel für sich, ohne Furcht vor einem Wettbewerb, der die heikle Arbeit stören könnte. Es ist ja auch genug Platz für alle, und so vollzieht sich die Sache in friedfertigster Weise. Wenn eine Mutter den Stengel bereits besetzt findet, dann fliegt sie weiter und sucht anderwärts, sobald sie ihren Irrtum erkannt hat.

Die Legerin hat immer den Kopf nach oben gerichtet, eine Stellung, die sie übrigens auch unter andern Umständen einnimmt. Sie läßt sich ganz nahe beobachten, sogar durch das Glas einer Lupe, so sehr ist sie von ihrem Geschäft in Anspruch genommen. Der ungefähr 1 cm lange Legestachel wird vollständig in schräger Richtung unter die Rinde geführt. Die Bohrung scheint unschwer vonstatten zu gehen, so vollkommen ist das Werkzeug. Ich sehe, wie die Zirpe sich etwas hin und her bewegt und wie die Spitze des Hinterleibes sich unter häufigen Zuckungen ausdehnt und zusammenzieht: das ist alles. Sonst bleibt das Insekt ganz unbeweglich. Etwa 10 Minuten verfließen von dem ersten Stich des Bohrers, bis die betreffende Zelle mit Eiern besetzt ist. Der Stachel wird hierauf vorsichtig wieder herausgezogen, und das von ihm hervorgebrachte Loch schließt sich von selbst durch das Wiederzusammenrücken der holzigen Fasern. Dann steigt die Zirpe in gerader Linie etwas höher, um soviel ungefähr, wie ihr Werkzeug lang ist: dort ein neuer Stich des Bohrers und eine neue Zelle, die ihre 10 Stück Eier empfängt. So vollzieht sich in Staffeln die Eierablage von unten nach oben.

Nachdem wir diese Tatsachen kennen gelernt haben, können wir uns die sehr bemerkenswerte Anordnung erklären, die dieser Arbeit zugrunde liegt. Die Schrammen, die den Eingang der Zellen bilden, sind ungefähr gleich weit voneinander entfernt, weil jedesmal die Zirpe sich etwa um die

Länge ihres Stachels weiter nach oben verfügt. Sie hat einen sehr raschen Flug, ist aber beim Marschieren ungemein träge. Auch wenn man sie auf einem grünen Stengel sitzen sieht, aus dem sie den Saft saugt, bewegt sie sich stets langsamen, fast feierlichen Schrittes zu einer benachbarten, besser besonnten Stelle hin. Auf dem trockenen Zweige, dem sie ihre Eier einpfropft, behält sie ihre bedächtige Haltung bei, ja sie übertreibt sie noch in Ansehung der Wichtigkeit dieser Verrichtung. Sie bewegt sich möglichst von der Stelle, gerade nur so weit, daß von zwei benachbarten Zellen nicht die eine in die andere übergreift.

Ferner reihen sich die Einschnitte in gerader Linie nach oben aneinander. Weshalb sollte auch die Eierlegerin nach rechts oder links von dieser Richtung auf einem Zweige abweichen, der überall die gleichen Eigenschaften aufweist? Leidenschaftlich die Sonne liebend, hat sie die ihren Strahlen am meisten ausgesetzte Seite gewählt. Aber ihr Geschäft dauert lange, wenn es vollständig auf der gleichen Unterlage zu Ende geführt wird. Rechnet man zehn Minuten für jede Zelle, dann haben die Reihen von 40 Stück, die ich manchmal fand, einen Zeitraum von sechs bis sieben Stunden beansprucht. Die Sonne kann ihre Stellung am Himmelsbogen also beträchtlich verändern, bevor die Zirpe ihr Werk beendet hat. In solchen Fällen verwandelt sich die geradlinige Anordnung in eine schraubenförmige. Die Eierlegerin dreht sich um ihren Stengel herum in dem Maße, wie auch die Sonne sich fortbewegt.

Während die Zikade ganz in ihre mütterliche Arbeit vertieft ist, macht sich sehr häufig ein ganz winziger Hautflügler, dessen Weibchen gleichfalls

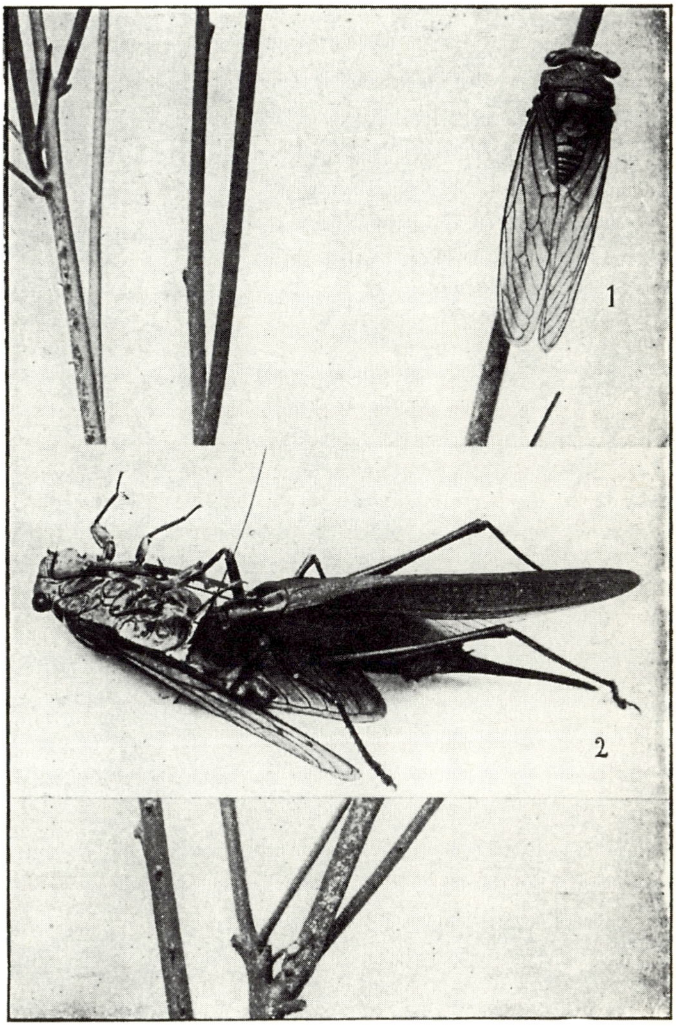

1. Die Zikade. 2. Ein grünes Heupferd im Begriff, eine von ihm überfallene Zikade zu verzehren.

einen Legestachel besitzt, an die Vernichtung der Eier, sobald sie an Ort und Stelle gebracht worden sind. Schon Réaumur kannte ihn und fand in fast allen von ihm untersuchten Zweigen seine Larve;

allein er hat den verwegenen Verheerer nicht in Tätigkeit gesehen. Es ist eine Chalcidide oder Zehrwespe von 4 bis 5 mm Länge, ganz schwarz gefärbt, mit zehngliedrigen Fühlern, die nach dem Ende zu etwas dicker werden. Ihr Legebohrer entspringt vor der Hinterleibsspitze aus der Bauchseite und bewegt sich senkrecht zur Achse des Körpers, wie dies auch bei einer anderen Gattung der Zehrwespen (Leucópsis) der Fall ist, die an Mauerbienenlarven schmarotzt. Da ich es verabsäumt habe, einen von jenen Todfeinden unserer Zirpe zu fangen, so weiß ich nicht, welche wissenschaftliche Benennung er trägt, wenn überhaupt dieses winzige Wesen bereits eine solche empfangen hat. Um so genauer kenne ich seine kaltblütige Vermessenheit, seine freche Keckheit gegenüber einem im Vergleich zu ihm riesengroßen Tier, das ihn völlig zermalmen würde, wenn es nur einen Fuß auf ihn legte. Bis zu dreien sah ich sie zu gleicher Zeit die unglückliche Eierlegerin ausbeuten, indem sie sich dicht hinter ihr hielten und in jedem günstigen Augenblick abwechselnd ihren Legebohrer in Tätigkeit treten ließen.

Wie wir sahen, steigt die Zikade, nachdem sie eine Zelle mit Eiern besetzt hat, etwas höher, um dort eine neue zu bohren. Einer jener Banditen eilt spornstreichs auf den verlassenen Punkt zu; dort nun, fast unter der Klaue der Riesin, zieht er – ohne die geringste Furcht, als ob er in seinem eigenen Heim ein verdienstliches Werk vollbrächte – seine Sonde hervor. Er steckt sie in eines der Eier, nicht durch die Schramme, die von abgebrochenen Fäserchen wie mit Stacheln umgeben ist, sondern durch irgendeine seitliche Spalte. Dies nimmt einige Zeit in Anspruch, während der die Zirpe das höhere Stockwerk mit Eiern besetzt. Ist sie damit fertig, dann nimmt eine der Zehrwespen ihre Stelle ein und setzt ihren verderblichen Keim ab. Wenn endlich die Zirpenmutter nach Erschöpfung ihrer Eierstöcke davonfliegt, sind auf diese Weise die meisten ihrer Zellen mit einem fremden Ei besetzt, das den Untergang seines gesamten Inhalts herbeiführen wird. Ein winziges, sehr bald ausschlüpfendes Lärvchen wird in jeder Zelle an die Stelle der eigenen Nachkommenschaft der Zirpe treten und von ihr fett werden, da auf einen einzigen derartigen Insassen der Klause etwa ein Dutzend weiche Eier kommen.

Die Erfahrung von Jahrhunderten hat dich also nicht klüger gemacht, du beklagenswerte Eierlegerin! Mit deinen ausgezeichneten Augen mußt du notwendigerweise diese furchtbaren Zehrwespen wahrnehmen, wenn sie um dich herumfliegen und ihren verderblichen Stich vorbereiten; du siehst sie, du weißt, daß sie dir auf den Fersen sitzen und bleibst dennoch unempfindlich dagegen und läßt sie gewähren. So drehe dich bloß um, du gutmütiges Riesentier, und zermalme diese Pygmäen! Doch du wirst niemals dergleichen tun, weil du unfähig bist, deine Instinkte abzuändern, nicht einmal, wenn es sich darum handelt, dein Teil mütterlichen Leides zu vermindern.

Ausschlüpfende Zikaden.

Glänzend weiß wie Elfenbein sind die Eier der gemeinen Zikade oder Zirpe (Cicáda plebéja Scop.) und mit ihren kegelförmigen Polen und ihrer länglichen Gestalt winzigen Weberschiffchen vergleichbar. Sie haben 2 $^1/_2$ mm Länge bei einer Breite von $^1/_2$ mm und liegen in der von der Mutter in einem dürren Zweig oder Stengel gebohrten Zelle aneinandergereiht, indem eines immer etwas über das andere herübergreift. Die Eier der Eschenzikade (C. pl. fráxini), etwas kleiner als die der übrigen Arten, bilden regelmäßige Gruppen, die an mikroskopisch kleine Zigarrenpäckchen erinnern. Wir wollen uns ausschließlich mit diesen befassen: ihre Geschichte wird uns zugleich die der andern Arten liefern.

Noch ist der September nicht zu Ende, da macht das glänzende Elfenbeinweiß der gelben Farbe des Getreides Platz. In den ersten Tagen des Oktober zeigen sich vorn deutlich kleine, kastanienbraune, rundliche Punkte: die Augenflecken des in der Bildung begriffenen Tierchens. Diese glänzenden Augen, die beinahe schon sehen können, und das kegelförmige Vorderende geben den Eiern das Aussehen von Fischen ohne Flossen – von ganz winzigen Fischen, für die als Schwimmbassin die Hälfte einer Nußschale ausreichend wäre. Während dieser Jahreszeit gewahre ich häufig auf den Asphodillstauden in der Nähe meines Hauses und auf den benachbarten Hügeln die Merkmale, daß dort kürzlich Zirpen aus den Eiern geschlüpft sind. Es sind abgestreifte Hüllen, die auf der Türschwelle von den ausrückenden Neugeborenen zurückgelassen wurden; wir werden sogleich sehen, was diese Überbleibsel zu bedeuten haben.

Ungeachtet meiner häufigen Besuche will es mir aber nie gelingen, die jungen Zirpen aus ihren Kämmerchen hervorkommen zu sehen; auch meine häuslichen Zuchtversuche haben kein besseres Ergebnis. Vergebens sammle ich zwei Jahre hintereinander während der geeigneten Jahreszeit etwa hundert mit Zirpeneiern besetzte Reiser, jedoch keines davon zeigt mir, was ich so gerne sehen möchte: das Ausschlüpfen der ins Leben tretenden Zikaden. Offenbar fehlt als äußerstes und letztes Reizmittel der Kuß der Sonne eines prächtigen Herbsttages nach der vorhergegangenen Morgenfrische, in der es einen bereits fröstelt. Im Freien fand ich unter ähnlichen Verhältnissen, wenn die strahlende Sonne einen scharfen Temperaturunterschied zu einer kalten Nacht erzeugte, die Spuren des stattgehabten Ausschlüpfens; allein jedesmal kam ich zu spät: die jungen Zirpen hatten sich davongemacht.

Schon verzweifelte ich an einem Erfolge, als mir am 27. Oktober ein glücklicher Zufall zu Hilfe kam. Ich schnitt innerhalb meiner Umzäunung einen Armvoll trockener Asphodillstauden ab, auf denen die Zirpen ihre Eier abgelegt hatten, und trug das Bündel in mein Arbeitszimmer. Der Morgen war frisch, und im Kamin brannte das erste Feuer. Ich hatte die Stengel auf einen Stuhl vor den Kamin gelegt, ohne jede Absicht, die Wärmewirkung der lodernden Flammen auf die Eier zu untersuchen, sondern ich gedachte die Stengel nur zu spalten, um noch einmal die Eierzellen und ihren Inhalt mit der Lupe zu betrachten. Während ich damit beschäftigt war, fand nun plötzlich das Ausschlüpfen der Larven, auf das ich so lange vergeblich gehofft hatte, neben mir statt. Mein Bündel bevölkert sich; zu

Dutzenden und Dutzenden kommen die jungen Larven aus ihren Zellen hervor. Offenbar waren die Eier gerade auf dem Punkte völliger Reife angelangt, und die lebhafte, durchdringende Flamme des Kaminfeuers hatte nun das gleiche, wie unter freiem Himmel der sie treffende Sonnenstrahl bewirkt. Jetzt gilt es, diesen unerwarteten Fund auszunutzen.

An der Mündung der Eierzelle, zwischen den zerrissenen Fasern der Rinde, zeigt sich ein kegelförmiges Körperchen mit großen schwarzen Augenpünktchen. Es sieht genau so aus, wie ich oben den vorderen Pol des Eies beschrieben habe, so daß man fast glauben könnte, dieses habe sich aus der Tiefe der Zelle bis zu deren Mündung hinbewegt. Doch das ist ja ganz unmöglich, es muß eine Täuschung obwalten. An dem gespaltenen Stengel enthüllt sich das Geheimnis. Die wirklichen Eier sind wohl ein wenig in ihrer gleichmäßigen Ordnung gestört, haben jedoch ihren Platz nicht verändert. Sie sind aber jetzt leer, jedes ist nur noch ein durchsichtiges, am Vorderende weit auseinander klaffendes Säckchen, aus dem der seltsame Organismus hervorgegangen ist, der folgende Hauptmerkmale aufweist.

Noch mehr als das Ei ähnelt das Tierchen der allgemeinen Gestalt nach, wie in der Bildung des Kopfes mit den großen schwarzen Augen einem außerordentlich kleinen Fischlein. Diese Ähnlichkeit wird noch vermehrt durch eine Art Bauchflosse oder Ruderfuß, gebildet durch die Vorderbeine, die, nach rückwärts geradlinig eines gegen das andere gelegt, zusammen in einem besonderen Futteral stecken. Ihre geringe Beweglichkeit genügt für das Auskriechen aus der sackartigen Hülle des Eies und das noch viel schwierigere Durchschreiten des in der Rinde vom Legestachel der Mutter ausgebohrten Kanals. Dieser Hebel bildet, indem er sich abwechselnd von dem Körper entfernt und ihm dann wieder nähert, die Stütze für die Vorwärtsbewegung mittels der schon kräftigen Fußkrallen. Die vier anderen Beine stecken völlig regungslos in der gemeinsamen Hülle, ebenso die Fühler, die mit der Lupe kaum wahrzunehmen sind. Alles in allem ist der aus dem Ei hervorgegangene Organismus ein winziges, kahnartiges Körperchen mit einem unpaarigen, rückwärts bewegten Ruderfuß auf der Bauchseite. Die Segmentierung tritt schon deutlich hervor, zumal beim Hinterleib. Endlich ist der ganze Körper völlig glatt, ohne jedes Härchen.

Diese primäre Larvenform der Zikaden begünstigt außerordentlich ihr Hervorkommen aus der Eizelle. Der enge Kanal bietet nur gerade Raum für eine Larve; außerdem müssen die aus den weiter zurückliegenden Eiern ausgeschlüpften Larven sich noch durch die von ihren Vorgängerinnen zurückgelassenen Hüllen hindurchwinden. Dabei würden die Fühler und die langen, weit von der Achse des Körpers abstehenden Beine mit ihren Fußkrallen, wie sie die völlig entwickelte Larve aufweist, für eine rasche Befreiung sehr hinderlich sein. Da die Eier einer Zelle ziemlich gleichzeitig sich öffnen, so müssen die vorn liegenden Neugeborenen so rasch wie möglich ausrücken, um für die hinten liegenden den Durchgang frei zu machen. Hierzu muß der Körper die Form eines Schiffchens haben und ganz glatt und frei von allen Hervorragungen sein, um sich nach Art eines Keils vorwärtsschieben zu können. Der solcherart gestalteten primären Larve mit ihren Gliedmaßen, die unter einer gemeinsamen Hülle eng an den Körper gelegt sind, und ihrem unpaarigen, einer gewissen Beweglichkeit fähigen Ruderfuß fällt also die Rolle zu, sich durch einen schwierigen Durchgang ans Tageslicht zu arbeiten.

Diese Rolle dauert nicht lange. Schon zeigt einer der Auswanderer seinen Kopf mit den vorgequollenen Augen und hebt die durchbrochenen Fasern der Rinde in die Höhe. Immer weiter rückt er vor, aber so langsam, daß ich mittelst der Lupe es kaum festzustellen vermag. Mindestens eine halbe Stunde ist verflossen, bevor das ganze schiffchenförmige Wesen erscheint, das aber mit dem hinteren Körperende noch an der Mündung des Ausgangs festgehalten wird. Ohne Zögern spaltet sich seine Ausschlüpfhülle, und das Tierchen streift diesen Balg nach rückwärts ab. Dies ist nun die normale Larve, deren abgeworfenes Kleid ein Hängeband bildet, das an dem frei gewordenen Ende sich näpfchenförmig entfaltet hat. In dieses Näpfchen ist das Ende des Hinterleibes der Larve eingeschaltet, die, bevor sie sich zur Erde fallen läßt, erst ein Sonnenbad nimmt, fester wird, mit den Beinen strampelt

und ihre Kräfte prüft, während sie am Ende ihres Sicherheitsseiles sich leicht hin- und herbewegt.

Dieser kleine „Floh“, wie Réaumur sagt, ist zuerst weiß, dann bernsteinfarbig und stellt die vollkommene Larve dar, die sich in die Erde eingraben wird. Die ziemlich langen Fühler sind jetzt frei geworden und bewegen sich; die Beine lassen ihre Gelenke spielen, die vorderen öffnen und schließen ihre verhältnismäßig starken Krällchen. Ich kenne kein seltsameres Schauspiel als das dieses winzig kleinen Turners, der mit dem Hinterleib aufgehängt, vom leisesten Lufthauche in Schwingungen versetzt wird und in der Luft seinen Purzelbaum in die Welt vorbereitet. Dieses Hängenbleiben dauert verschieden lange. Einige Larven lassen sich nach etwa einer halben Stunde auf die Erde fallen, andere bleiben stundenlang in ihrem gestielten Näpfchen, einzelne warten sogar erst den nächsten Tag ab.

In der freien Natur drohen diesem Atom tausend Gefahren. Der leiseste Luftzug kann die winzige Larve forttragen, bald auf Felsgestein, das für sie unangreifbar ist, bald auf den Ozean einer Wagenspur, in der noch etwas Wasser steht, auf Sand, in dem nichts wächst, so daß sie verhungern muß, oder auf Lehmboden, der zu klebrig ist, als daß sie ihn bearbeiten könnte. Das schwache Wesen braucht sehr nachgiebiges, ihm leicht zugängliches Erdreich, damit es sich unverzüglich in Sicherheit bringen kann. Die kalten Tage kommen näher, die Fröste sind im Anzuge. Die Larve muß daher alsbald in die Erde hinabsteigen und zwar möglichst tief. Diese alleinige Bedingung des Heils ist aber in vielen Fällen unerreichbar. Was vermögen ihre Krällchen in felsigem oder gefrorenem Boden und in hart gewordenem Lehm auszurichten? Wenn das Tierchen, das in der Tat nicht viel größer ist als ein Floh, nicht rechtzeitig die unterirdische Zufluchtsstätte zu erreichen vermag, wird es zugrunde gehen. Die Schwierigkeiten der ersten Niederlassung, die so vielen schlimmen Zufällen ausgesetzt ist, bilden wohl die Hauptursache der großen Sterblichkeit in der Familie der Zikaden. Schon der kleine schwarze Parasit, der ihre Eier vernichtet, belehrte uns darüber, wie zweckmäßig es ist, daß das Weibchen so viele Eier legt, und nun wiederum machen uns die Schwierigkeiten bei der ersten Niederlassung verständlich, weshalb die Erhaltung der Art in angemessenem Verhältnis 300 bis 400 Keime von jeder Mutter verlangt. Durch den Reichtum ihrer Eierstöcke beschwört sie die Vielheit der ihrer Nachkommenschaft drohenden Gefahren.

Jene Schwierigkeiten wenigstens will ich den Zikadenlarven bei dem Versuche, den ich mit ihnen anzustellen beabsichtige, ersparen. Ich nehme eine sehr weiche tiefschwarze Heideerde, die durch ein feines Sieb getrieben wurde. Ihre dunkle Farbe wird es mir erleichtern, die goldgelben Tierchen in ihr wiederzufinden, wenn ich mich über das unterrichten will, was vorgeht, und die Geschmeidigkeit des Bodens entspricht der schwachen Hacke der Larve. In einem Glasbehälter schüttle ich die Erde mäßig fest, pflanze einen kleinen Büschel Thymian und säe einige Getreidekörner hinein. Meine Pflanzung wird darunter leiden, daß der Boden des Glases kein Abzugsloch haben darf, durch das meine Tierchen entweichen könnten; ich begieße die Erde daher nur soviel, wie unbedingt nötig ist. Als die Körner ihr erstes Blättchen zu entwickeln beginnen, setze ich sechs junge Zirpenlarven auf die Oberfläche des Bodens. Die winzigen Tierchen rennen umher und untersuchen in Eile ihr Bett aus Erde; einige versuchen ohne Erfolg auf die Wand des Gefäßes zu klettern. Nachdem zwei Stunden verflossen sind, hört dies Umherirren immer noch nicht auf. Was verlangen sie, – etwa Nahrung? Ich biete ihnen einige kleine Zwiebeln mit den Büscheln der sich entwickelnden Würzelchen an, einige Stücke von Blättern und frische Grasspitzen, allein nichts verlockt sie zum Verweilen. Offenbar suchen sie, bevor sie in die Erde hinabsteigen, nach einer dafür günstigen Stelle. Auf dem weichen und überall gleichmäßigen Boden, den ich ihnen künstlich hergerichtet habe, sind diese Untersuchungen unnötig; dagegen wird unter den natürlichen Verhältnissen eine solche Rundreise wohl unerläßlich sein. Dort fehlt es ja nicht an Erdreich, das ihre winzige Hacke nicht zu durchdringen vermag, und zweifellos gehen viele, wenn ihr Suchen fruchtlos bleibt, vor Erschöpfung zugrunde. Eine Forschungsreise auf einem Gebiete von einigen Zoll Ausdehnung gehört also zum

Schulplan der jungen Zirpe; in meinem, so prächtig für sie instand gesetzten Glasbehälter dagegen ist diese Wanderung unnütz. Nichtsdestoweniger wird sie nach dem bei den Zikaden nun einmal althergebrachten Brauche ausgeführt.

Endlich beruhigen sich meine Reisenden. Durch meine Lupe sehe ich sie die Erde mit den Fußkrallen an ihren Vorderbeinen bearbeiten und darin eine Aushöhlung herstellen, wie sie die Spitze einer starken Nadel bewirken würde. Nach einigen Minuten ist ein Schacht fertig, in den das Tierchen hinabsteigt, um sich darin zu vergraben und fortan für mich unsichtbar zu bleiben. Am andern Morgen kehre ich den Inhalt meines Behälters vorsichtig um, ohne den Erdballen zu zerbrechen, der durch die Wurzeln des Thymians und der Getreidekörner zusammengehalten wird. Ich finde alle meine Larven auf dem Grunde, wo ihnen der Boden des Glases ein Ziel setzt; in 24 Stunden haben sie sich durch die ganze, etwa 0,1 m dicke Erdschicht hindurchgearbeitet und würden ohne jenes Hindernis sicherlich noch tiefer hinabgestiegen sein. Keine meiner sechs Gefangenen aber sitzt an den Würzelchen meiner Anpflanzung, und doch gibt es offenbar unter der Erde keine andere Nahrung für sie außer dem Saft der Wurzeln. Ausgewachsen oder im Larvenzustande lebt die Zikade nur von Pflanzen. Als völlig ausgebildetes Insekt trinkt sie den Saft aus den Zweigen, als Larve schlürft sie den Saft der Wurzeln. In welchem Augenblick aber nimmt sie den ersten Schluck zu sich? Das weiß ich nicht. Alle vorhergegangenen Beobachtungen deuten darauf hin, daß die eben ausgeschlüpfte Larve es viel zu eilig hat, in der Tiefe der Erde eine Zuflucht vor der drohenden Kälte zu suchen, um bei unterwegs angetroffenen Erfrischungsgelegenheiten Halt zu machen.

Ich bringe den Erdklumpen wieder an seine frühere Stelle und setze zum zweitenmal die sechs Ausgegrabenen auf seiner Oberfläche nieder. Unverzüglich höhlt jede Larve einen Schacht aus und verschwindet darin. Dann stelle ich den Glasbehälter auf das Fensterbrett meines Arbeitszimmers, wo er allen Einwirkungen der Außenluft, den üblen wie den guten, ausgesetzt ist. Einen Monat später, gegen Ende November, nehme ich eine zweite Untersuchung vor und finde die jungen Zirpen, jede einzeln, auf dem Grunde des Erdklumpens. Sie sitzen nicht an den Wurzeln und haben sich weder im Aussehen noch in der Größe verändert: ich treffe sie wieder an, wie ich sie beim Beginn meines Versuches gesehen habe, nur etwas weniger lebhaft. Es scheint somit, daß die jungen Zirpen, nachdem sie sich bis zu einer Tiefe eingegraben haben, in der sie den Frost nicht zu fürchten brauchen, in diesem Winterquartier, jede für sich, schlummern, um erst beim Anbruch des Frühlings irgend eine benachbarte Wurzel anzubohren und ihre erste Mahlzeit zu sich zu nehmen.

Ohne Erfolg habe ich versucht, diese Schlußfolgerungen aus den bisherigen Ergebnissen durch die Beobachtung der Wirklichkeit bestätigt zu finden. Im nächsten April stülpe ich zum drittenmal den Inhalt meines Glasbehälters um. Ich zerbreche die Erdscholle und zerkrümele sie unter der Lupe: es heißt das, in einem Haufen Stroh nach einer Nadel suchen. Endlich finde ich meine kleinen Zikaden, aber sie sind tot, vielleicht an Kälte zugrunde gegangen, obwohl ich den Behälter mit einer Glasglocke zugedeckt hatte, vielleicht vor Hunger, wenn ihnen der Thymian nicht zugesagt hat. Ich verzichte auf die Lösung des allzu schwierigen Problems.

Das unterirdische Leben der Zirpe bleibt uns in seinen Anfängen verborgen, und das der vollständig entwickelten Larve ist uns nicht besser bekannt. Wohl werden solche häufig genug bei der Bearbeitung des Feldes von dem Grabscheit in einiger Tiefe bloßgelegt, ganz etwas anderes aber ist es, sie an den Wurzeln sitzend zu überraschen, von deren Saft sie sich doch unstreitig ernähren. Die Erschütterung des bearbeiteten Bodens benachrichtigt sie von der Gefahr. Sie zieht ihren Saugrüssel aus der Wurzel, um sich in irgend einen Stollen zurückzuziehen; und wenn sie bloßgelegt worden ist, hat sie mit dem Saugen aufgehört.

Wenn aber derartige Ausgrabungen mit den dabei unvermeidlichen Störungen der Tiere uns über deren unterirdische Lebensgewohnheiten nicht aufklären können, so unterrichten sie uns wenigstens über die Dauer des Larvenzustandes. Einige gutwillige Bauern aus meiner Gegend machten sich

ein Vergnügen daraus, für mich alle Zikadenlarven, große und kleine, zu sammeln, auf die sie beim tiefen Umgraben des Bodens im März trafen: die Ausbeute belief sich auf mehrere hundert Stück. Deutlich wahrzunehmende Größenunterschiede ermöglichten es, sie in drei Klassen zu sondern: die Großen, mit den ersten Andeutungen der Flügel, wie sie die aus der Erde hervorkommenden Larven besitzen, die Mittleren und die Kleinen. Jeder dieser Verschiedenheiten in der Körpergröße muß eine solche des Alters entsprechen. Rechnen wir noch die zuletzt ausgeschlüpften Larven hinzu, die noch so winzig sind, daß sie meinen ländlichen Mitarbeitern notwendigerweise entgehen müssen, so erhalten wir vier Jahre als die wahrscheinliche Dauer des unterirdischen Lebens unserer Zikade.*)

Ihr Luftleben ist leichter abzuschätzen. Ich höre die ersten Zikaden um die Sommersonnenwende (21. Juni), und einen Monat später hat ihr Orchester seine volle Kraft erreicht. Einige wenige Spätlinge führen noch dürftige Solos bis zur Mitte des September aus, dann ist das Konzert zu Ende.

Vier Jahre harter Arbeit unter der Erde, etwa fünf Wochen Ergötzung im Sonnenschein, daraus bestände demnach das Leben der Zikade. Wir dürfen also dem erwachsenen Insekt keinen Vorwurf daraus machen, daß es seiner triumphierenden Freude so lärmenden Ausdruck verleiht. Vier Jahre lang hat es in der Finsternis eine schäbige pergamentene Umhüllung getragen, vier Jahre lang mit der Spitze seiner Keilhauen im Boden gewühlt, und nun ist der im Staube lebende Erdarbeiter plötzlich mit zierlicher Kleidung angetan, mit Flügeln ausgestattet, die mit denen des Vogels wetteifern, berauscht von Hitze, überflutet von Licht, der höchsten Lust dieser Welt. Seine Zimbeln können gar nicht hell genug ertönen, um solche Glückseligkeit zu feiern, die so wohl verdient ist und – so rasch vergeht.

*) Die gleichfalls in der Erde lebende Larve der nordamerikanischen Cicáda septémdecim braucht sogar 13 bis 17 Jahre (daher der Name) zu ihrer Entwicklung.

Der Gesang der Zikade.

In meiner Nachbarschaft kann ich fünf Arten von Zikaden sammeln, unter denen die gemeine Zikade (Cicáda plebéja Scop.) und die Eschenzikade (C. pl. fráxini)*) am meisten verbreitet sind; sie sind auch die einzigen, die unsere Landleute kennen. Die größte von ihnen ist die gemeine Zikade, deren Stimmapparat wir nun zunächst der Hauptsache nach beschreiben wollen.

Auf der Unterseite der Hinterbrust des Männchens befinden sich zwei breite halbrunde Platten, von denen die rechte etwas über die linke übergreift. Dies sind die Fensterläden, die Dämpfer, kurzum die Deckel ihrer Lärmvorrichtung. Wenn wir sie emporheben, so öffnen sich zwei geräumige Höhlungen, eine rechts, die andere links, die in der Provence unter dem Namen der „Kapelle“ (li capello) bekannt sind; zusammen bilden sie die „Kirche (la gléiso). Nach vorne hin werden sie abgeschlossen von einem rahmgelben, feinen und weichen Häutchen; rückwärts von einem anderen starren Häutchen, das wie eine Seifenblase in Regenbogenfarben spielt und im Provenzalischen „Spiegel“ (mirau) genannt wird.

Die Kirche, die Spiegel, die Deckel gelten im Volksmunde als die tonerzeugenden Organe. Von einem Sänger, dem der Atem ausgeht, sagt man, daß ihm die Spiegel geplatzt seien (a li mirau creba). Die Bildersprache sagt dies auch von einem Dichter ohne Schwung. Die Akustik jedoch straft diesen

*) Beide werden vielfach zusammengefaßt, doch sind die von Fabre angegebenen Unterschiede erheblich genug, um sie getrennt zu halten. Anm. d. Übers.

Volksglauben Lügen. Man kann die Spiegel zersprengen, die Deckel durch einen Schnitt mit der Schere beseitigen, das vordere gelbe Häutchen gewaltsam zerreißen, ohne daß diese Verstümmelungen den Gesang der Zikade aufheben; sie verändern ihn bloß, indem sie ihn ein wenig abschwächen. Die Kapellen dienen als Schallverstärker. Sie bringen den Ton nicht hervor, sondern machen ihn kräftiger durch die Schwingungen der vorderen und hinteren Häutchen; sie ändern ihn ab durch die mehr oder weniger geöffneten Fensterläden.

Das wirkliche tonbildende Werkzeug ist übrigens für einen Neuling schwierig genug aufzufinden. Auf der äußeren Seite jeder der beiden Kapellen, an dem Verbindungsrand von Bauch und Rücken, klafft ein von hornigen Wänden umgrenztes Luftloch, das bei herabgelassenem Deckel unsichtbar ist. Wir wollen ihm den Namen „Fenster" geben. Diese Öffnung bildet den Eingang zu einer Höhlung oder Schallkammer, die tiefer als die benachbarte Kapelle, jedoch weniger geräumig ist. Unmittelbar hinter der Stelle, wo die Hinterflügel eingefügt sind, sieht man eine leichte, fast eirunde Erhöhung, die sich durch ihre glanzlos schwarze Färbung von dem silberweißen Flaum der benachbarten Hauthülle abhebt. Diese Erhöhung ist die Außenwandung der Schallkammer.

Wenn wir eine breite Spalte darin herstellen, so wird der den Ton erzeugende Apparat, die Zimbel oder das Schallbecken, bloßgelegt. Es ist ein kleines, starres, weißes Häutchen von eiförmiger Gestalt, nach außen gewölbt, das von dem einen Ende seines größten Durchmessers bis zum anderen ein Geflecht von drei oder vier braunen Adern durchzieht, die ihm Schnellkraft verleihen, und auf seinem ganzen Umkreis in eine steife Umrahmung eingefügt. Denken wir uns nun, daß diese gewölbte Schale ihre Form verändert, indem sie etwas nach innen gedrückt wird, und daß sie dann plötzlich mit Hilfe ihrer elastischen Adern in den vorigen gewölbten Zustand zurückschnellt, so wird durch diese Hin- und Herbewegung ein knarrender Ton erzeugt werden.

Vor etwa zwanzig Jahren kam ein stumpfsinniges Spielzeug auf, das man Cri-cri nannte. Es war ein kurzer, dünner Stahlstreifen, der mit dem einen Ende auf einer metallischen Unterlage befestigt war. Drückte man ihn mit dem Daumen zusammen und gab ihn dann wieder frei, so vernahm man ein scharfes, die Nerven angreifendes Klirren, das man bald auf allen Straßen hören konnte. Zum Glück fiel dies berühmte Spielzeug bald völliger Vergessenheit anheim.

Das aus Haut bestehende Zymbal und das stählerne Cri-cri sind völlig gleichartige Instrumente. Das eine wie das andere machen Lärm durch die Formveränderung eines elastischen Blattes und seine Rückkehr in den früheren Zustand. Das Cri-cri verlor durch den Druck des Daumens seine ursprüngliche Form; auf welche Weise aber verändert sich die nach außen gewölbte Rundung der Schallbecken bei der Zikade? Wir wollen zu der Kirche zurückkehren und den gelben Vorhang zerteilen, der jede Kapelle vorn abgrenzt. Zwei dicke, blaß-orangefarbene Muskelschenkel zeigen sich, die sich in Form eines V vereinigen, dessen Spitze auf der Mittellinie des Insektenkörpers ruht. Jeder dieser fleischigen Schenkel bricht oben plötzlich ab, wie gestutzt, und aus dieser Abstumpfung geht ein kurzes und dünnes Band hervor, das sich seitwärts an das entsprechende Zymbal legt.

Damit haben wir den ganzen Mechanismus vor uns, der nicht minder einfach als der des metallischen Cri-cri ist. Die beiden Muskelbündel ziehen sich zusammen und lassen wieder nach, verkürzen sich und verlängern sich wieder. Mittels des an ihrem Ende sitzenden Bandes zieht jedes an seinem Schallbecken, drückt es abwärts, um es dann sogleich seiner eigenen Schnellkraft zu überlassen. Auf diese Weise geraten die beiden Schallbecken in Schwingungen.

Wollt ihr euch von der Wirksamkeit dieses Mechanismus überzeugen und eine tote, aber noch frische Zirpe singen lassen? Nichts ist einfacher. Man braucht nur mit einer Federzange eines der beiden Muskelbänder zu fassen und mäßig stark daran zu ziehen. Dann wird das tote Cri-cri wieder lebendig, und bei jedem Zug ertönt das Knarren des Schallbeckens. Es klingt freilich nur schwach und entbehrt der Tonfülle, die der lebendige Virtuose mittel seiner Resonanzkammern erzielt; nichtsdestoweniger erhält man aber das Grundelement seines Gesanges durch dies anatomische Kunststück.

Will man dagegen eine lebendige Zirpe stumm machen, diese leidenschaftliche Musikliebhaberin, die noch, selbst wenn man sie fängt und zwischen den Fingern preßt, ebenso geschwätzig ihr Mißgeschick beklagt, wie sie vorher auf dem Baume ihrer Daseinsfreude Ausdruck verlieh, so braucht man weder ihren Kapellen Gewalt anzutun, noch ihre Spiegel zu zersprengen. Diese grausame Verstümmelung würde sie nicht zum Schweigen bringen. Wenn wir aber durch das seitliche Luftloch, das wir Fenster genannt haben, eine Nadel einführen und damit das Schallbecken auf dem Grunde der Schallkammer berühren, so genügt ein ganz winziger Stich, und die durchbohrte Zimbel bleibt stumm. Nimmt man die gleiche Operation auch auf der anderen Seite vor, dann wir das Insekt völlig stimmlos gemacht, während es im übrigen so kräftig wie zuvor und ohne jede empfindliche Verletzung bleibt. Wer den Zusammenhang nicht kennt, wird über dies Ergebnis meines Nadelstiches erstaunen, da doch die Zerstörung der Spiegel und des übrigen Zubehörs der Kirche kein Verstummen des Insekts zur Folge hat. Ein feiner, ungefährlicher Stich bringt das zuwege, was kein Bauchaufschlitzen bei dem Tier bewirken würde.

Die Deckel, steife und fest eingefalzte Platten, sind unbeweglich. Der Hinterleib (Abdomen) selbst ist es, der durch seine Hebungen oder Senkungen die Kirche öffnet oder schließt. Wenn der Bauch sich senkt, verschließen die Deckel genau die Kapellen, ebenso wie die Fenster die Schallkammern. Alsdann wird der Ton abgeschwächt, gedämpft und unterdrückt. Wenn der Bauch sich wieder hebt, klaffen die Kapellen auf, die Fenster werden frei, und der Ton erhält seine volle Stärke. Die raschen Schwingungen des Hinterleibes, zeitlich mit den Zu-

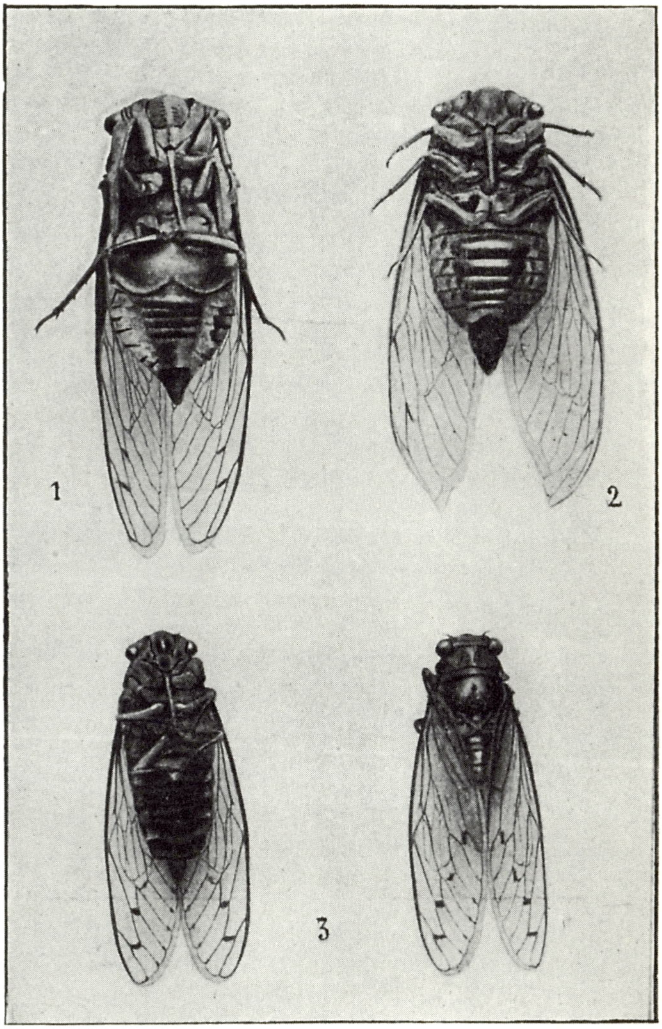

Gemeine Zikade: 1. Männchen, 2. Weibchen, beide von unten gesehen. 3. Eschenzikade; Männchen und Weibchen.

sammenziehungen der Muskeln zusammenfallend, die die Schallbecken bewegen, bestimmen also die veränderliche Fülle des Tones, der von raschen Bogenstrichen herzurühren scheint.

Bei heißem, windstillem Wetter wird um die Mittagszeit der Gesang der Zikade in Strophen zerlegt, deren jede einige Sekunden währt, und die durch kurze Pausen voneinander getrennt sind. Ungestüm setzt die Strophe ein. Durch einen raschen Aufstieg erhält sie, indem der Hinterleib immer rascher hin und her schwingt, ihre höchste Stärke, die einige Sekunden lang unverändert andauert, um dann stufenweise schwächer zu werden und schließlich zu einem Schwirren herabzusinken, das in dem Maße schwächer wird, wie der Bauch in den Ruhezustand zurückkehrt. Mit den letzten Schwingungen des Hinterleibes tritt das Schweigen ein, dessen Dauer je nach dem Zustande der Luft verschieden ist. Hierauf erschallt plötzlich eine neue Strophe, die einförmige Wiederholung der ersten. Und so geht es endlos weiter.

Mitunter kommt es vor, zumal in schwülen Abendstunden, daß das von der Sonne noch ganz berauschte Insekt die Pausen abkürzt und sie sogar ganz ausfallen läßt. Dann singt es ununterbrochen, aber immer mit einem Wechsel zwischen zunehmender und abschwellender Tonstärke. Gegen sechs oder sieben Uhr morgens werden die ersten Bogenstriche vernehmbar, und das Orchester hört erst in dem schwindenden Lichte der Abenddämmerung gegen acht Uhr abends auf zu spielen: das Konzert hat somit zwölf Stunden hintereinander gewährt. Wenn aber der Himmel bedeckt ist und der Wind zu kalt bläst, dann schweigt die Zikade.

Die zweite oben genannte Art, die nur etwa halb so groß ist wie die gemeine Zikade, heißt bei uns auf dem Lande „Cacan" – ein Name, der genau ihre Art der Tongebung nachahmt. Die Eschenzikade der Naturforscher ist viel flinker und mißtrauischer als die gemeine, und ihr rauher und kräftiger Gesang stellt eine Folge von can! can! can! can! dar, ohne irgend eine Pause, die ihn in Strophen abteilt. Durch seine Eintönigkeit und schneidende Schärfe ist er wahrhaft unausstehlich, zumal wenn das Orchester sich aus ein paar hundert Ausführenden zusammensetzt, wie dies auf meinen beiden Platanen während der Hundstage der Fall ist. Man könnte dann meinen, es würde ein Haufen trockener Nüsse in einem Sack bis zum Zerplatzen der Schalen hin und her geschüttelt. Das die Nerven angreifende Konzert, eine wahre Qual, wird nur dadurch etwas weniger unerträglich gemacht, daß die Eschenzikade nicht ganz so frühzeitig beginnt wie die gemeine und nicht so lange in den Abend hinein musiziert.

Ihr Stimmapparat ist zwar der Hauptsache nach genau so zusammengesetzt, bietet aber doch im einzelnen zahlreiche Abweichungen, die ihrem Gesange seine besondere Eigenart verleihen. Der Schallkammer fehlen vollständig die Deckel am Eingang, die Fenster. Die Zimbel liegt frei unmittelbar hinter der Einfügungsstelle der Hinterflügel; sie ist wiederum ein starres weißes Blättchen, nach außen hin gewölbt, das ein Bündel von fünf rötlichbraunen Adern durchzieht.

Der erste Hinterleibsring entsendet vorwärts ein breites und kurzes, starres Züngelchen, das sich mit seinem freien Ende auf die Zimbel legt. Es ist etwa dem Metallstreifen einer Knarre zu vergleichen, nur daß es, statt sich den Zähnen des kugelförmigen drehbaren Bestandteiles eines solchen Instruments anzulegen, mehr oder weniger stark die Adern des schwingenden Schallbeckens berührt. Davon muß zum Teil, wie mir scheint, der rauhe und schrille Ton dieses Insekts herrühren. Genau ist es nicht festzustellen, indem man das Tier zwischen den Fingern hält, denn der eingeschüchterte Cacan läßt dann niemals seinen regelrechten Gesang vernehmen.

Die Deckel greifen nicht übereinander; sie sind im Gegenteil durch einen ziemlichen Zwischenraum getrennt. Mit den am Hinterleibe sitzenden starren Züngelchen werden die Zimbeln zur Hälfte zugedeckt, während die andere Hälfte völlig offen liegt. Unter dem Drucke der Finger klafft der Hinterleib an seiner Einfügung in die Brust etwas auseinander. Übrigens bleibt das Insekt beim Singen unbeweglich; es kennt nicht die raschen Erschütterungen des Bauches, die Quelle der Modulationen in dem Gesange der gemeinen Zikade. Die Kapellen sind sehr klein und kommen als Werkzeuge der Schallverstärkung kaum in Frage. Spiegel sind gleichwohl vorhanden, aber sehr verkleinert, sie messen kaum ein Millimeter. Alles in allem ist der bei der gemeinen Zikade so gut entwickelte Schallverstärkungsapparat hier sehr wenig ausgebildet. Wodurch aber verstärkt sich alsdann das matte Knarren der Schallbecken in einem Grade, daß es unerträglich wird?

Die Eschenzikade ist ein Bauchredner. Wenn man den Hinterleib untersucht, indem man ihn gegen das Licht hält, so sieht man, daß die beiden vorderen Drittel durchscheinend sind. Trennt man mit einer Schere das undurchsichtige Drittel ab, so findet man darin die auf das unbedingt Notwendige eingeschränkten Organe, deren die Art zu ihrer Fortpflanzung und das Einzelwesen zu seiner Erhaltung bedarf. Der weitklaffende Rest des Bauches stellt einen großen Hohlraum dar, dessen nur auf der Rückenseite mit einer dünnen Muskelschicht überkleidete Hauthülle dem feinen, kaum fadendikken Verdauungskanal als Unterlage dient. Dieser Raum, der fast die Hälfte der gesamten Körpermasse des Tieres einnimmt, ist also leer, oder doch nahezu leer. In seiner Tiefe gewahrt man die beiden, zu einem V verbundenen Muskelbündel, von denen die Schallbecken in Bewegung gesetzt werden. Rechts und links von der Spitze dieses V glänzen die beiden winzigen Spiegel, und zwischen den beiden Schenkeln, in den Tiefen der Brust, setzt sich der leere Raum weiter fort.

Dieser hohle Bauch und seine zur Brust gehörige Ergänzung bilden nun einen so gewaltigen Schallverstärker, wie ihn kein anderer Virtuose unseres Landes auch nur annähernd aufzuweisen hat. Wenn ich mit dem Finger die Öffnung des abgeschnittenen Hinterleibes verschließe und den Mechanismus in der oben erwähnten Weise spielen lasse, so wird der Ton tiefer, entsprechend den Gesetzen der tönenden Röhren; wenn ich in der Mündung des offenen Bauches einen Zylinder, ein Hörnchen aus Papier anbringe, nimmt der Ton ebenso an Stärke wie an Tiefe zu. Mit einem regelrecht geformten Hörnchen, dessen weites Endstück noch dazu in die Mündung eines den Ton verstärkenden Reagensglases versenkt wird, glaubt man nicht mehr den Gesang einer Zikade, sondern fast das Brüllen eines Ochsen zu vernehmen, so daß meine Kinder, als sie noch klein waren, durch solche akustische Versuche erschreckt wurden.

Die Ursache der Rauheit des Tones scheint, wie schon gesagt, das Züngelchen an der Knarre zu sein, indem es die in Schwingungen versetzten Adern der Schallbecken leicht berührt; die Ursache der Stärke des Tones ist zweifellos der geräumige Schallverstärker des Bauches. Das Insekt muß sicherlich ein leidenschaftlicher Liebhaber des Gesanges sein, um sich so den Bauch und die Brust leer zu machen zugunsten einer Spieldose. Die wesentlichen Lebensorgane werden auf einen engen Raum eingeschränkt, um dem Resonanzkasten eine möglichst große Ausdehnung zu ermöglichen. Der Gesang kommt zuerst, alles übrige an zweiter Stelle.

Es ist ein wahres Glück, daß die Eschenzikade nicht die Ratschläge der Anhänger der Evolutionslehre befolgt. Wenn sie, von einer Generation zur anderen immer mehr sich begeisternd, von Fortschritt zu Fortschritt schließlich einen Schallverstärker in ihrem Bauche zu erlangen vermöchte, der dem durch meine Papierhörnchen hergestellten entspräche, so würde die mit Cacans bevölkerte Provence eines Tages unbewohnbar werden.*)

Ist es nach den Einzelheiten, die ich bereits über die gemeine Zikade angeführt habe, noch nötig zu sagen, wie die unausstehliche Schwätzerin der Esche zum Schweigen gebracht wird? Die Zimbeln sind äußerlich gut sichtbar. Man durchbohrt sie mit der Spitze einer Nadel: sofort tritt völlige Stille ein. Warum erstehen mir unter den mit Stacheln ausgerüsteten Insekten auf meinen Platanen keine hilfreichen Freunde, die dort leicht Ruhe herstellen könnten, wenn sie auf die gleiche Art ans Werk gingen! Doch das ist ein unsinniger Wunsch; dann würde ja in der majestätischen Symphonie der Erntezeit eine Note fehlen.

So, nun sind wir dem Gestrüpp der Beschreibungen entronnen: das tonerzeugende Werkzeug ist

*) Diese Bemerkung erinnert uns daran, daß – wie schon früher erwähnt – Fabre, obwohl ein persönlicher Freund und Verehrer Darwins, die von diesem aufgestellte Abstammungslehre ablehnt. Anm. d. Übers.

uns seiner Zusammenfügung nach ausreichend bekannt. Um zu Ende zu kommen, fragen wir jetzt nach dem Zweck dieser Musikschwelgerei. Wozu dient so viel Lärm? Darauf erhält man regelmäßig ein und dieselbe Antwort: es ist der Zuruf der Männchen, die ihre Gefährtinnen einladen, es ist die Kantate der Verliebten.

Ich werde mir gestatten, diese übrigens ganz natürliche Antwort zu prüfen. Seit etwa dreißig Jahren nötigen mir die gemeine Zikade und ihre kleinere Genossin, die Eschenzikade, ihre Gesellschaft auf. Jeden Sommer habe ich sie zwei Monate lang vor Augen und in den Ohren. Wenn es auch gerade kein Vergnügen macht, sie zu hören, so beobachte ich sie dennoch eifrig. Ich sehe sie, in Reihen geordnet, auf der glatten Rinde der Platanen sitzen, alle mit dem Kopfe nach oben, beide Geschlechter untereinander gemischt, jedes Insekt ein paar Zoll von dem anderen entfernt.

Mit dem in die Rinde gebohrten schnabelartigen Saugapparat trinken sie unbeweglich. In dem Maße, wie die Sonne sich wendet und der Schatten wandert, drehen auch sie sich rings um den Ast herum mit trägen, seitlichen Bewegungen und erreichen so immer die am meisten belichtete, heißeste Seite. Ob das Saugrohr in Tätigkeit ist oder der Ortswechsel sich vollzieht: der Gesang wird nicht unterbrochen.

Ist es nun wohl am Platze, diesen unendlichen Singsang als einen leidenschaftlichen Anruf zu deuten? Ich trage doch Bedenken. In der Versammlung sitzen die beiden Geschlechter Seite an Seite, und man ruft doch nicht Monate hindurch nach jemand, der einen fast mit dem Ellbogen berührt. Auch sehe ich niemals ein Weibchen herbeieilen, selbst wenn das Orchester den größten Lärm vollführt.

Sollte etwa der Gesang des Männchens ein Mittel sein, die Gefühllose zu bezaubern, zu rühren? Mein Zweifel dauert noch immer fort. Ich gewahre nämlich bei den Weibchen durchaus kein Zeichen von Genugtuung; ich sehe niemals, daß sie sich etwas aufregen und den Kopf bewegen, während die Liebhaber ihre hellsten Zimbelschläge verschwenden. Die Bauern, meine Nachbarn, sagen, daß zur Erntezeit die Zikade ihnen zusänge: Sego, sego, sego! (Mähe, mähe, mähe!), um sie zur Arbeit zu ermuntern. Ob wir nun Gedanken oder Ähren ernten, wir sind alle die gleichen Menschen, von denen diese für das Brot des Magens und jene für das Brot des Verstandes arbeiten. Daher verstehe ich ihre Deutung und eigne sie mir als eine Äußerung von freundlicher Natürlichkeit an.

Die Wissenschaft verlangt mehr, allein sie findet in dem Insekt eine für uns verschlossene Welt. Es besteht keine Möglichkeit, den Eindruck zu mutmaßen, ja auch nur zu ahnen, den das von den Männchen hervorgebrachte Gezirp auf diejenigen macht, die sie dazu begeistern. Alles was ich angeben kann, ist, daß die äußerlich bekundete Unempfindlichkeit der Weibchen auf völlige Gleichgültigkeit hindeutet. Doch wir wollen nicht darauf bestehen: das innere Empfinden des Tieres ist ein unergründliches Geheimnis.

Ein fernerer Grund meines Zweifels ist folgender. Wer überhaupt für Gesang empfänglich ist, hat stets ein sehr feines Gehör, und diese Fähigkeit muß als aufmerksamer Wachtposten bei dem leisesten Geräusch vor einer möglichen Gefahr warnen. Die Singvögel besitzen eine außerordentliche Feinheit des Gehörs; wenn sich im Gezweig ein Blatt rührt, wenn Vorübergehende ein Wort wechseln, schweigen sie sofort beunruhigt und sind auf ihrer Hut. Von solcher Aufregung ist die Zirpe weit entfernt.

Sie hat ein sehr feines Sehvermögen. Ihre großen Facettenaugen unterrichten sie über alles, was rechts und links von ihr vorgeht; ihre drei auf dem Scheitel stehenden Punktaugen, kleine Fernrohre aus Rubin, erforschen den Raum über ihr. Wenn sie uns kommen sieht, schweigt sie alsdann und fliegt davon. Stellen wir uns aber hinter den Zweig, auf dem sie singt, und zwar so, daß wir ihre fünf Sehwerkzeuge vermeiden, so können wir dort ungescheut sprechen, pfeifen, in die Hände klatschen oder zwei Kiesel gegeneinanderschlagen. Bei einem viel geringeren Geräusch würde ein Vogel, der uns nicht sähe, sofort seinen Gesang einstellen und erschrocken davonfliegen. Die Zikade dagegen setzt unerschütterlich ihr Zirpen fort. Von meinen darauf bezüglichen Versuchen will ich nur einen, den merkwürdigsten, anführen.

Ich entlehne unsere Gemeindeartillerie, nämlich die Böller, die man am Namensfeste des Schutzpatrons unseres Ortes donnern läßt. Der Kanonier macht sich ein Vergnügen daraus, sie zum Besten der Zikaden zu laden und sie dann bei mir abzufeuern. Es sind ihrer zwei Böller, und jeder ist wie für das großartigste Freudenfest vollgepfropft. Niemals wurde eine politische Größe, die ihre Wahlreise macht, mit so viel Pulver geehrt. Daher ließ ich, um das Platzen der Scheiben zu verhüten, vorher alle Fenster öffnen. Die Donnerbüchsen wurden dann vor meiner Tür unter den beiden Platanen offen aufgestellt: die in der Höhe auf den Ästen singenden Zikaden können ja nicht sehen, was unten vorgeht.

Es sind unser sechs Zuhörer. Ein Augenblick verhältensmäßiger Ruhe wird abgewartet. Jeder von uns stellt die Zahl der Sänger fest, ebenso die Stärke und den Rhythmus des Gesanges. Nun sind wir fertig und richten unsere Aufmerksamkeit auf das, was in dem luftigen Orchester sich ereignen wird. Der Böller wird abgefeuert, es gibt einen richtigen Donnerkrach...

Keine Aufregung dort oben. Die Zahl der Ausführenden bleibt die gleiche, ebenso die Stärke und der Rhythmus des Gesanges. Die sechs Zeugnisse bekunden übereinstimmend, daß die mächtige Explosion in gar keiner Weise den Gesang der Zirpen beeinflußt habe. Bei dem zweiten Schuß das gleiche Ergebnis.

Was ist aus dieser Beharrlichkeit des Orchesters, das sich nicht einmal durch einen Kanonenschuß überraschen und unterbrechen läßt, zu schließen? Etwa daß die Zikade taub ist? Ich werde mich wohl hüten, so weit zu gehen, aber wenn ein Kühnerer dies behauptete, so wüßte ich in der Tat nichts anzuführen, um ihn zu widerlegen, und müßte mindestens zugeben, daß sie sehr harthörig ist.

Wenn auf dem Geröll eines Fußsteiges die blauflügelige Feldheuschrecke sich mit Entzücken in der Sonne berauscht und mit ihren dicken Hinterschenkeln den rauhen Rand der Flügeldecken geigt; wenn der grüne Laubfrosch, im Gelaub von Büschen oder Bäumen sitzend, seine Kehlhaut zu einer großen Schallblase auftreibt und ebenso rauh und tief knarrt wie der Cacan, wollen dann Heuschrekke und Frosch etwa eine abwesende Gefährtin herbeirufen? Ganz und gar nicht. Die Bogenstriche der ersteren verursachen ein kaum vernehmbares Schwirren, aber auch das gellende Geschrei des Laubfrosches verhallt unnütz: kein Weibchen eilt herbei.

Bedarf denn überhaupt wohl das Insekt dieser schallenden Ergießungen, dieser geschwätzigen Geständnisse, um seine Liebe zu erklären? Wenn wir eine Prüfung anstellen, so ergibt sich vielmehr, daß bei der weit überwiegenden Mehrheit die Annäherung der Geschlechter sich schweigend vollzieht. In der Geige der Heuschrecke, in dem Dudelsack des Laubfrosches, wie in den Schallbecken der Eschenzikade erblicke ich nichts anderes als die ihnen eigenen Mittel, ihre Lust zu leben kundzutun, diese allen gemeinsame Freude, die jede Tierart auf ihre besondere Weise äußert.

Wenn man mir die Gewißheit verschaffen könnte, daß die Zikaden ihren Lärmapparat in Gang setzen, ohne sich im geringsten um den erzeugten Ton zu kümmern, aus reiner Daseinswonne, ähnlich wie wir uns in einem Augenblick der Befriedigung die Hände reiben, so würde mir das vollständig einleuchtend sein. Daß außerdem bei ihrem Konzert noch ein in zweiter Linie befindlicher Zweck mitspielen mag, zu dem das stumme Geschlecht (die Weibchen) in Beziehung steht, ist recht wohl möglich und ganz natürlich, ohne aber bis jetzt erwiesen zu sein.

Skorpionenhochzeit.

Der Skorpion treibt sein Wesen im Dunkeln, und da der Umgang mit diesem schweigsamen Spinnentiere wegen seines Giftes nichts weniger als unangenehm ist, so weiß man von seiner Geschichte – abgesehen von den anatomischen Beschreibungen – fast nichts. Das Seziermesser hat uns die Zusammensetzung und Anordnung seines Körpers enthüllt; so viel ich weiß, ist aber noch kein Beobachter auf den Gedanken gekommen, seine Gewohnheiten genauer zu erforschen. Das nach der Abtötung in Alkohol zergliederte Insekt kennt man ganz genau, wie es dagegen als lebendes Wesen unter dem Antrieb seiner Instinkte handelt, ist nahezu unbekannt. Und doch dürfte wohl kein anderer Gliederfüßer mehr eine ins einzelne gehende Lebensbeschreibung verdienen als gerade der Skorpion, der schon in alter Zeit die Einbildungskraft des Volkes beschäftigt hat, so daß man ihn sogar unter die Zeichen des Tierkreises aufnahm. Eine Gruppe von Fixsternen am südlichen Himmel trägt seinen Namen, und in unserem Kalender tritt die Sonne im Oktober in das Zeichen des Skorpions ein.

Wir gaben schon früher*) eine Beschreibung des schwarzen oder rotbraunen europäischen Skorpions (Eucórpius carpáthicus L.) und des strohgelben Feldskorpions (Scórpio [Buthus] occitánus Am.), auch Skorpion von Languedoc genannt, der in allen Mittelmeerländern gemein und von dem im folgenden eingehender die Rede ist. Seine beinförmig verlängerten und gleich den kleinen Kieferfühlern am Ende mit spindelförmigen Scheren ausgerüsteten Kiefertaster, die zum Munde gehörige Hände darstellen und den ebenfalls mit Scheren bewaffneten Greiffüßen der Krebse ähneln, sind Organe des Kampfes und der Erkundung. In der Bewegung streckt das Tier sie vorwärts, indem es die beiden schlanken Scherenfinger geöffnet hält, um die Gegenstände zu prüfen, auf die es stößt. Wenn es gilt, einen Gegner mit dem am blasenförmigen Endgliede des Schwanzes befindlichen Giftstachel zu erdolchen, so packen ihn die Scheren und halten ihn unbeweglich, während der Schwanz sich über den Rücken nach vorn krümmt. Handelt es sich schließlich darum, die Beute langsam aufzuknabbern, dann versehen die Scheren den Dienst von Händen und halten sie im Bereiche des Mundes fest. Niemals aber benutzt der Skorpion sie weder zum Gehen noch zum Behaupten des Gleichgewichts oder zur Grabarbeit.

Dies ist allein Sache der vier Paare wirklicher Beine, die kurz abgestutzt und mit rauhen Haaren besetzt sind und in einer gekrümmten und beweglichen Doppelkralle endigen, der gegenüber sich eine kurze, feine Spitze, gewissermaßen eine Art Daumen, erhebt. Das Ganze bildet ein ausgezeichnetes Werkzeug, um sich anzuklammern, und erklärt die Fähigkeit der Skorpione, an dem Netz meiner Drahtglocke herumzuspazieren, lange Zeit dort mit nach unten hängendem Körper zu verweilen und ungeachtet ihres Gewichtes und ihrer Schwerfälligkeit an einer senkrechten Mauer emporzuklettern.

Unterwärts der Beine ziehen sich rechts und links über die Bauchseite die sogenannten Kämme hin, seltsame, nur bei den Skorpionen vorkommen-

*) S. Erste Reihe, S. 120 und 121. Anm. d. Übers.

de Organe, aus einer langen Reihe von Plättchen bestehend, die wie die Zähne unserer gewöhnlichen Kämme dicht nebeneinander stehen. Die Anatomen schreiben ihnen die Rolle eines Heftapparats zu, der bei der Paarung die beiden Tiere verbunden hält. Um das Leben und Treiben der Skorpione ganz genau beobachten zu können, bringe ich ein paar Dutzend gefangener Tiere in einer geräumigen hölzernen Voliere mit Glaswänden unter. Auf ihrem Boden liegen Dachziegel, unter denen jedes von ihnen sich verkriechen kann.

Der große verglaste Käfig für die Skorpione.

Im April, wenn die Schwalbe zu uns zurückkehrt und der erste Kuckucksruf erschallt, macht sich bei meinen Skorpionen, die sich bis dahin ganz ruhig verhalten haben, eine große Aufregung bemerkbar. Aus den Niederlassungen, die ich in meinem Garten unter freiem Himmel für eine Anzahl von ihnen hergestellt habe, streifen verschiedene nachts umher und kehren nicht wieder dorthin zurück. Noch schlimmer ist es, daß ich wiederholt unter ein und demselben Ziegel zwei Skorpione antreffe, von denen der eine dabei ist, den andern aufzufressen. Sollte es sich hierbei um einen Kampf zwischen zwei Skorpionen gleichen Geschlechts handeln, von denen einer, bei Eintritt der schönen Jahreszeit von Wanderlust ergriffen, keck bei einem Nachbarn eingedrungen ist und dabei seinen Untergang findet, wenn dieser der Stärkere ist? Fast könnte man es annehmen, denn der Eindringling wird so gemächlich verspeist, ganze Tage hindurch und in kleinen Bissen, als ob er ein gewöhnliches Wildbret wäre. Jedoch ist ein Umstand dabei, der mich aufmerksam macht. Die Verzehrten sind sämtlich von mittlerer Größe. Ihre hellere Färbung und der minder dicke Bauch bekundet, daß es Männchen, ausschließlich Männchen sind. Die größeren, dickwanstigen und etwas dunkler gefärbten Weibchen gehen nicht auf so elende Weise zugrunde. Aller Wahrscheinlichkeit nach sind dies also keine Streitigkeiten zwischen Nachbarn, von denen der eine, um seine sorgfältig gehütete Einsamkeit zu wahren, über jeden Eindringling herfällt und ihn

dann auffrißt: es sind vielmehr Hochzeitsbräuche, die von dem Weibchen nach vollzogener Paarung in so tragischer Weise zu Ende geführt werden.

Bevor der Frühling seinen Einzug hält, habe ich den großen Glaskasten instand gesetzt und mit 25 Insassen besetzt, von denen jeder seinen Ziegel für sich hat. Von Mitte April ab macht sich allabendlich mit einbrechender Dunkelheit, zwischen sieben und acht Uhr, eine lebhafte Bewegung in dem Glaspalast bemerkbar. Während er tagsüber verödet schien, wird er nun zu einer ergötzlichen Schaubühne, vor der sich nach kaum beendeter Abendmahlzeit die gesamte Hausbewohnerschaft versammelt. Eine vor dem Glasverschlag aufgehängte Laterne ermöglicht es uns, die Vorgänge darin zu verfolgen. Dies ist unsere Zerstreuung nach den Geschäften des Tages, unser Theater, in dessen Parterre sich nach dem Anzünden der Laterne groß und klein voll Spannung einfindet. Sogar Tom, der Hund des Hauses, fehlt nicht; ihn lassen die Skorpione freilich kalt, mit philosophischer Ruhe legt er sich zu unseren Füßen nieder und schlummert, jedoch nur mit dem einen Auge, während er das andere stets auf seine Freunde, die Kinder, gerichtet hält.

Ich will nun versuchen, dem Leser eine Vorstellung von dem zu geben, was dort vor sich geht. In der Nähe der Glasscheiben, innerhalb des von der Laterne belichteten Streifens, findet sich bald eine zahlreiche Gesellschaft ein. Überall wandern einzelne Tiere umher, die nun, von dem Lichte angelockt, den Schatten verlassen und zu den Belustigungen der Illumination eilen. Die Neuangekommenen mischen sich unter die Menge, während andere, des Tollens müde, sich wieder in das Dunkel zurückziehen und dort einige Augenblicke verweilen, um dann ungestüm von neuem auf den Schauplatz zu treten.

Es ist eine Art Sarabande*), die des Reizes nicht entbehrt. Die einen kommen von weit her; bedächtig tauchen sie aus dem Schatten auf und begeben sich dann plötzlich mit einem raschen und sanften Anlauf, der einem Gleiten ähnlich ist, zu der Menge in das Licht. Ihre Behendigkeit erinnert an trippelnde Mäuse. Man sucht sich auf und flieht schnell wieder, sobald sich die Fingerspitzen berührt haben, als ob sie sich gegenseitig verbrannt hätten. Andere ziehen, nachdem sie sich eine Weile mit den Genossen herumgetrieben haben, bestürzt ab; sie beruhigen sich im Schatten wieder und kehren dann zurück.

Zeitweilig entsteht ein lebhaftes Durcheinander: ein wirrer Haufe von krabbelnden Beinen, von schnappenden Scheren und von Schwänzen, die sich umbiegen und Stöße austeilen, man weiß nicht recht, ob es drohende oder liebkosende sind. Die Großen wie die Kleinen beteiligen sich an diesem Wirrwarr; man könnte meinen, eine Schlacht auf Leben und Tod vor sich zu haben, ein allgemeines Gemetzel, und doch handelt es sich nur um ein mutwilliges Spiel. So wickeln sich junge Katzen zu einem Knäuel. Bald löst sich die Gruppe wieder auf; jeder trollt sich nach dieser oder jener Seite hin, ohne irgend eine Verwundung oder Verrenkung.

Schon sind die Flüchtlinge von neuem vor der Laterne versammelt. Sie gehen an den Glasscheiben vorüber und kehren wieder um, kommen und gehen und treffen häufig Stirn gegen Stirn zusammen. Der es am eiligsten hat, marschiert über den Rücken des andern, der sich bloß durch eine Bewegung des Hinterteils dagegen verwahrt. Es kommt zu keinen Feindseligkeiten, höchstens versetzt von zweien, die sich begegnen, einer dem anderen eine Dachtel, das will sagen: einen Schlag mit dem Krummstab des Schwanzes. In ihrer Gesellschaft stellt dieser gemütliche Stoß, bei dem die Spitze des Dolches aus dem Spiele bleibt, eine Art Händedruck vor, der häufig vorkommt.

Es gibt aber außer den verwickelten Beinen und gegeneinander stoßenden Schwänzen mitunter auch Stellungen, die höchst eigenartig sind. Stirn gegen Stirn und mit emporgereckten Schwänzen stehen zwei Ringer auf dem Kopfe, so daß sie sich nur auf die Kopfbrust stützen und der ganze rückwärtige Körper emporragt. Alsdann reiben sich die geradlinig ausgestreckten Schwänze gegenseitig,

*) Ein ursprünglich spanischer menuettähnlicher Tanz in sehr langsamem Tempo; auch taktmäßiges Schreiten des Pferdes in der Reitschule. Anm. d. Übers.

der eine streift über den andern hin, während ihre Enden einen Haken bilden und sich in vielfachen Wiederholungen miteinander verschlingen und wieder lösen. Plötzlich bricht die freundschaftliche Pyramide zusammen, und jeder macht sich ohne alle Umstände schleunig davon.

Was wollen diese beiden Ringer in ihrer seltsamen Stellung voneinander? War dies ein Handgemenge zwischen zwei Nebenbuhlern? Dies scheint nicht der Fall zu sein, so friedlich ist das Zusammentreffen. Die fortgesetzte Beobachtung hat mich dann darüber aufgeklärt, daß es sich um verliebte Neckereien handelt: um seine Liebesglut kundzugeben, stellt sich der Skorpion auf den Kopf. Diese Gepflogenheiten sind so seltsam und noch so wenig bekannt, daß ich, um keine Einzelheiten außer acht zu lassen, meine ferneren Wahrnehmungen nach meinen Tagebuchaufzeichnungen wiedergebe.

25. April 1904. Holla! Was bedeutet denn dies, das ich bisher noch nie sah, obwohl ich immer auf dem Posten bin? Zum erstenmal bemerke ich zwei Skorpione, die einander mit ausgestreckten Scheren und sich mit deren Scherenfingern gepackt haltend, gegenüberstehen. Es sind freundschaftliche Händedrücke, keine Vorbereitungen zum Kampfe, denn die beiden Genossen betragen sich auf die friedfertigste Weise gegeneinander. Sie sind verschiedenen Geschlechts: das Weibchen ist dickbäuchig und dunkler gefärbt, das Männchen verhältnismäßig schlank und von hellerer Färbung. Mit hübsch spiralförmig getragenem Schwanze spaziert das Paar gemessenen Schrittes an der Scheibe vorüber. Das Männchen hat die Führung und marschiert rückwärts, ohne zu zerren und ohne Widerstand zu finden. Gehorsam folgt das Weibchen, das an der Spitze ihrer Finger festgehalten wird, Stirn gegen Stirn, dem Entführer.

Die Wanderung wird von Pausen unterbrochen, die nichts an der Art ihrer Verbindung ändern; sie wird mehrfach wiederholt, einmal in dieser und dann in jener Richtung, von einem Ende des Kastens bis zum anderen. Nichts deutet darauf hin, welchen Zweck die Lustwandelnden im Auge haben. Sie schlendern tändelnd auf und ab und liebäugeln sicherlich miteinander. So ergeht sich in meinem Dorfe Sonntags nach dem nachmittägigen Gottesdienste die Jugend längs der Hecken, jeder Bursch mit seinem Mädchen. Oft machen sie eine Schwenkung; dabei entscheidet jedesmal das Männchen über die neu einzuschlagende Richtung. Ohne die Hände loszulassen, macht es zierlich kehrt und stellt sich Seite an Seite seiner Gefährtin. Dann streichelt es ihr einen Augenblick mit seinem platt niedergedrückten Schwanze den Rücken; sie aber rührt sich nicht, sondern bleibt unempfindlich.

Endlich gegen zehn Uhr kommt es zur Entscheidung. Das Männchen hat einen Dachziegel gefunden, dessen Obdach ihm zuzusagen scheint. Seine Gefährtin mit einer Hand loslassend, während er sie mit der anderen gut festhält, kratzt er mit den Füßen unter dem Ziegel und fegt mit dem Schwanze das Erdreich fort. Er begibt sich in die auf diese Weise entstandene Grotte und zieht nach und nach, ohne Gewaltanwendung, auch die geduldige Skorpionin hinein. Bald sind beide verschwunden. Ein Sandhäufchen schließt die Wohnung ab: das Paar ist in seinem Heim.

Es zu stören, wäre eine Ungeschicklichkeit; ich würde mich zu früh und in einem ungeeigneten Augenblick einmengen, wenn ich sogleich nachsehen wollte, was dort unten vorgeht. Vielleicht währt das Vorspiel den größten Teil der Nacht hindurch, und das lange Aufbleiben fällt meinen achtzig Jahren schwer, die Kniekehlen ermatten, der Sandmann kommt: wir wollen schlafen gehen.

Die ganze Nacht träume ich von Skorpionen, und schon in aller Frühe hebe ich den Ziegel auf. Das Weibchen ist allein darunter. Vom Männchen keine Spur, weder in dem Nachtquartier noch in der Nachbarschaft. Erste Enttäuschung, der noch viele andere folgen sollten.

10. Mai. Es ist bald sieben Uhr abends; der verschleierte Himmel zeigt einen bevorstehenden Platzregen an. Unter einem Ziegel in meinem Glaskasten finde ich ein Paar unbeweglich, Stirn gegen Stirn, das sich an den Scherenfingern gefaßt hält. Vorsichtig hebe ich den Ziegel ab und lasse die Besitzer dieses Quartiers unbedeckt, um mit Muße den Verlauf des Stelldicheins beobachten zu können.

Das Dunkel der Nacht bricht herein, und nichts wird, wie mir scheint, die Ruhe in dem Wohnsitze stören, den ich des Daches beraubt habe. Ein gehöriger Guß zwingt mich zum Rückzuge. Die beiden sind durch den Deckel des Kastens geschützt und brauchen dem Regen nicht auszuweichen. Als dieser nach einer Stunde aufhört, kehre ich zu meinen Skorpionen zurück. Sie sind fortgegangen und haben unter einem benachbarten Ziegel Wohnung genommen. Immer noch halten sich ihre Finger umfaßt, das Weibchen befindet sich draußen und das Männchen im Innern, wo es die Wohnstätte einrichtet. Von zehn zu zehn Minuten lösen wir uns beim Beobachten ab, um den richtigen Augenblick der Paarung nicht zu verpassen, der mir unmittelbar bevorzustehen scheint. Doch die Vorsorge ist umsonst; gegen acht Uhr, bei völliger Dunkelheit, begibt das von der Örtlichkeit nicht befriedigte Paar sich von neuem auf die Wanderung, Hand in Hand, um anderwärts zu suchen. Das Männchen gibt, rückwärts gehend, die Richtung an und wählt nach seinem Gefallen die Wohnung; das Weibchen folgt ihm fügsam. Es ist die genaue Wiederholung von dem, was ich am 25. April gesehen habe.

Endlich ist ein Ziegel gefunden, der gut befunden wird. Das Männchen schlüpft zuerst darunter, diesmal ohne seine Gefährtin einen Augenblick mit der einen oder anderen Hand loszulassen. Nachdem der Schwanz einige Mal hin- und hergefegt hat, ist das Hochzeitsgemach hergerichtet. Nach ihrem Führer, der sie sanft zu sich heranzieht, geht die Skorpionin hinein. Einige Stunden später besuche ich sie, in dem Glauben, ihnen genügende Zeit gelassen zu haben, mit ihren Vorbereitungen zu Ende zu kommen. Ich hebe den Ziegel auf und finde sie noch in der gleichen Stellung, Stirn gegen Stirn und Hand in Hand.

Auch am nächsten Morgen nichts Neues. Eines vor dem anderen stehend, in stiller Betrachtung, ohne daß ein Bein sich regt, setzen Gevatter und Gevatterin, sich bei den Fingerspitzen haltend, unter dem Ziegel ihr endloses Stelldichein fort. Am Abend, bei Sonnenuntergang, trennt sich das Paar nach vierundzwanzigstündiger Verbindung. Er geht von dem Ziegel fort, sie bleibt darunter, ohne daß ihre Angelegenheiten einen Schritt weiter gekommen sind.

Von dieser Sitzung sind zwei Tatsachen zu merken. Nach dem Verlobungsspaziergang bedarf das Paar der Verborgenheit in einer ruhigen Stätte. Niemals wird die Ehe unter freiem Himmel, unter der unruhigen Menge, angesichts aller vollzogen. Hebt man das Dach von ihrer Behausung, sei es bei Tage, sei es bei Nacht, mit aller erdenklichen Vorsicht ab, dann setzen die beiden Vereinigten, die ganz in Betrachtungen versunken scheinen, sich wieder in Marsch auf der Suche nach einem anderen Lokal. Endlich konnten wir feststellen, daß der Aufenthalt unter dem steinernen Dache von langer Dauer ist; wir sahen, daß er sich auf vierundzwanzig Stunden ausdehnte und noch ohne entscheidendes Ergebnis blieb.

12. Mai. Was wird uns die Sitzung dieses Abends lehren? Das Wetter ist windstill und warm, günstig für nächtliche Belustigung. Ein Paar hat sich gebildet, dessen erstes Zusammentreffen ich nicht beobachtet habe. Diesmal ist das Männchen ganz erheblich schlanker als seine dickwanstige Gefährtin, trotzdem versieht der Schwachmatikus wacker sein Amt. Rückwärts gehend, wie es die Regel ist, und den Schwanz nach oben gekrümmt, führt er die dicke Skorpionin längs der Glaswände spazieren. Eine Runde folgt der anderen, bald so herum, bald in entgegengesetzter Richtung. Oftmals machen sie Halt. Alsdann berühren sich die beiden Stirnen und senken sich etwas nach rechts und nach links, als ob sie sich etwas ins Ohr flüsterten. Ihre kleinen Vorderbeine sind in lebhafter Bewegung und liebkosen sich aufgeregt. Was mögen sie einander wohl sagen? Wie läßt sich dies stumme Hochzeitsgedicht in Worte übertragen?

Alle Hausgenossen stellen sich ein, um dies seltsame Gespann zu betrachten, das sich durch unsere Anwesenheit ganz und gar nicht beirren läßt. Man findet es anmutig, und der Ausdruck ist nicht übertrieben. Halbdurchsichtig und leuchtend in dem Lichte der Laterne, erscheinen sie wie aus einem Stück gelben Bernsteins geschnitzt. Mit ausgestreckten Armen, die Schwänze in zierlichen Spiralen aufgerollt, wandern sie langsam, gemessenen

Schrittes dahin. Nichts stört sie. Wenn ihnen irgendein Bummler begegnet, der sich gleich ihnen in der Abendfrische längs der Glasmauer ergeht, so weiß er, um welche zarte Angelegenheit es sich handelt, wendet sich seitwärts und läßt ihnen den Weg frei. Schließlich zieht sich das Paar unter den Schutz eines Ziegels zurück, das Männchen zuerst und rückwärts gehend, wie es sich von selbst versteht. Es ist neun Uhr.

Auf diese abendliche Idylle folgt in der Nacht das gräßliche Trauerspiel. In der Morgenfrühe finde ich die Skorpionin unter dem nämlichen Ziegel wieder, das Männchen ihr zur Seite, aber getötet und bereits zum Teil verzehrt. Ihm fehlen der Kopf, eine Schere und ein paar Beine. Ich lege den Körper unbedeckt auf die Schwelle der Wohnung. Den ganzen Tag über rührt die Einsiedlerin ihn nicht an; als die Nacht wieder anbricht, kommt sie hervor und als sie den Toten auf ihrem Wege antrifft, schleppt sie ihn fort, um ihn ehrenvoll zu bestatten, das heißt: ihn vollends zu verzehren.

Diese Handlung des Kannibalismus stimmt mit dem überein, was ich schon im Jahre vorher in meiner Skorpionenansiedlung unter freiem Himmel wahrgenommen hatte. Von Zeit zu Zeit fand ich unter den Steinen darin ein dickbäuchiges Weibchen, das ganz gemächlich den Gefährten der Nacht sich als ganz herkömmliche Mahlzeit schmecken ließ. Ich vermutete gleich, daß das Männchen, wenn es sich nicht rechtzeitig davonmacht, nachdem es seine Dienste getan hat, ganz oder teilweise, je nach der Eßlust des Weibchens, verzehrt würde. Jetzt habe ich den sicheren Beweis vor Augen. Gestern sah ich, wie das Paar nach dem herkömmlichen Vorspiel, dem Spaziergang zu zweien, in das Kämmerchen eintrat, und heute früh verspeist die Vermählte, unter demselben Dachziegel, ihm Augenblick meines Besuches, ihren Gatten.

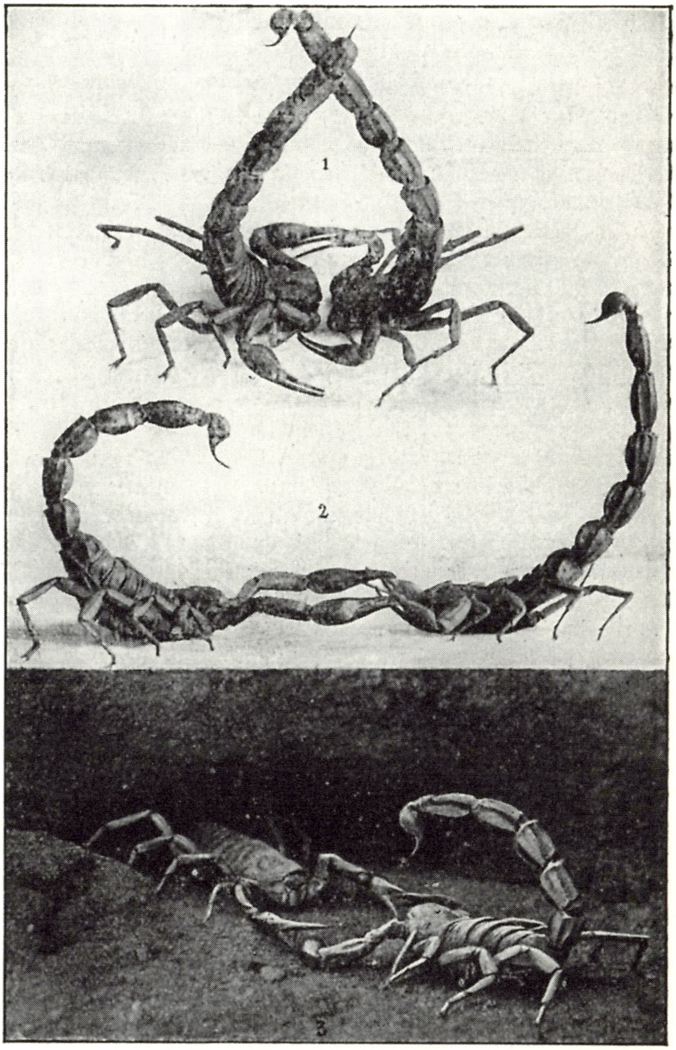

Skorpionenhochzeit.
1. Liebeserklärung. 2. Spaziergang zu zweien.
3. Das Paar begibt sich in das hochzeitliche Gemach.

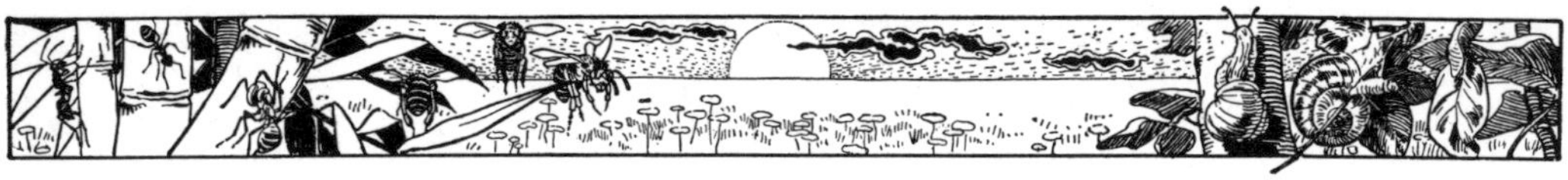

Es ist anzunehmen, daß der Unglückliche vorher seine Schuldigkeit getan hat; solange er für die Fortpflanzung der Art nötig war, würde er noch nicht verzehrt worden sein. Diesmal ist das Paar rasch ans Werk gegangen, während andere erst zum Ziele gelangen, nachdem über ihren Neckereien und Betrachtungen mehr als zweimal 12 Stunden verstrichen sind. Es läßt sich nicht genau bestimmen, von welchen Umständen dies abhängt: vielleicht beschleunigen oder verzögern die Beschaffenheit der Luft, die elektrische Spannung, die Temperatur und das individuelle Ungestüm das Ende der Paarung in weitem Maße, und daraus erwächst eine große Schwierigkeit für den Beobachter, der den richtigen Augenblick wahrnehmen möchte, in dem sich die noch ungewisse Rolle der Kämme enthüllen muß.

14. Mai. Sicherlich ist es nicht der Hunger, der jeden Abend meine Tiere in Aufregung versetzt. Das Aufsuchen der Nahrung hat mit ihren abendlichen Runden nichts zu schaffen, denn ich biete der geschäftigen Menge verschiedenartiges Wildbret, von dem ich annehme, daß es ihrem Geschmack am meisten zusagt: so z. B. junge, zarte Feldheuschrekken, kleine fleischige Laubheuschrecken, Nachtfalter, denen die Flügel abgeschnitten sind; in der vorgeschrittenen Jahrszeit füge ich noch Libellen hinzu. Allein dieser Überfluß an Wild läßt sie gleichgültig und wird von ihnen gar nicht beachtet; augenscheinlich handelt es sich um andere Dinge.

Beinahe alle gehen an der gläsernen Mauer entlang, die besonders Hartnäckige zu erklettern versuchen. Sie stellen sich auf dem Schwanze in die Höhe, fallen um und beginnen anderwärts aufs neue damit. Mit den gespreizten Scheren stoßen sie gegen das Glas; sie wollen sich um jeden Preis davonmachen. Dabei ist in dem geräumigen Käfig Platz genug für alle und für ausgedehnte Wanderungen, allein sie wollen in die Ferne schweifen. Wenn sie frei wären, so würden sie sich in alle Richtungen zerstreuen. Um dieselbe Zeit haben die Insassen meiner im Freien eingerichteten Niederlassung diese verlassen, und ich bekam keinen von ihnen wieder zu sehen.

Die in das Frühjahr fallende Paarungszeit treibt sie zu Reisen an. Scheue Einsiedler bis dahin, verlassen sie alsdann ihre Zellen, um die Liebespilgerschaft auszuführen; ohne sich um Nahrung zu kümmern, gehen sie auf die Suche nach ihresgleichen. Unter den Steinen in ihrem Bezirk muß es besonders bevorzugte Orte geben, wo die Begegnungen stattfinden und wo sich die Vereinten aufhalten. Wenn ich nicht fürchtete, mir bei Nacht zwischen den Steintrümmern ihrer Hügel die Beine zu brechen, möchte ich gerne ihren Hochzeitsfesten in der Wonne der Freiheit beiwohnen. Was mögen sie dort oben auf ihren kahlen Hängen beginnen? Wahrscheinlich nichts anderes als in dem Glaskäfig. Nachdem die Männchen eine Gattin gewählt haben, so führen sie sie, Hand in Hand, lange Zeit zwischen den Lavendelbüscheln spazieren. Wenn sie sich dabei nicht der Anziehung meines Lichtstümpchens erfreuen, haben sie doch den Mond, diese unvergleichliche Laterne, für sich.

20. Mai. Man darf nicht allabendlich darauf rechnen, den Beginn der Aufforderung zum gemeinsamen Spaziergange ansehen zu können. Verschiedene kommen bereits paarweise unter ihren Steinen hervor. In solcher Vereinigung sich mit den Fingern gepackt haltend, haben sie bereits den ganzen Tag zugebracht, indem sie einander unbeweglich gegenüberstehen, in Betrachtungen versunken. Bei eingebrochener Nacht nehmen sie, ohne sich einen Augenblick zu trennen, die Wanderung längs der Scheiben des Käfigs wieder auf, die sie am Abend vorher, vielleicht sogar noch früher, begonnen haben. Man weiß nicht, wann und wie ihre Verbindung zustande gekommen ist. Andere begegnen einander unversehens in versteckten Durchgängen, in die sich schwer Einsicht gewinnen läßt. Wenn ich sie wahrnehme, ist es schon zu spät: das Gespann hat sich bereits in Bewegung gesetzt.

Heute begünstigt mich der Zufall. Unter meinen Augen geht die Vereinigung vor sich. Ein recht lebhaftes und ungestümes Männchen, das sich eilends durch die Menge drängt, findet sich plötzlich Stirn gegen Stirn mit einem vorübergehenden Weibchen, das ihm zusagt. Sie sagt nicht nein, und die Dinge gehen schnell von statten.

Die Stirnen berühren einander, die Scheren treten in Tätigkeit, in kräftigen Bewegungen schau-

keln sich die Schwänze hin und her; sie richten sich senkrecht empor, hängen sich mit den Enden aneinander und streicheln sich sanft in langsamen Reibungen. Dann stellen die beiden Tiere sich auf den Kopf in der früher beschriebenen Weise, bald aber sinken sie wieder zur Erde, ihre Finger umklammern sich, und ohne weiteres setzt sich das Gespann in Marsch. Jene Stellung, in der ihre Körper eine Pyramide bilden, ist also das Vorspiel zu dieser Vereinigung. Die beschriebene Stellung kommt allerdings auch häufig zwischen zwei Tieren desselben Geschlechts vor, die einander begegnen, aber sie ist dann weniger regelrecht und vor allem weniger förmlich. Es handelt sich in diesem Falle eher um Bewegungen der Ungeduld, und nicht um zärtliche Neckereien; die Schwänze stupfen sich, statt sich zu streicheln.

Das Männchen geht eilends rückwärts und macht sich, ganz stolz auf seine Eroberung, davon. Andere Weibchen, die dem Gespann begegnen, sehen ihm neugierig, vielleicht auch neidvoll zu. Eine von ihnen wirft sich auf die Entführte, umschlingt sie mit den Beinen und sucht das Paar aufzuhalten. Dagegen wehrt sich das Männchen, aber es schüttelt und zieht vergebens: die Sache geht nicht mehr vom Fleck. Nicht sonderlich betrübt über den Zwischenfall, gibt es die Partie auf; ganz in seiner Nähe ist ja eine Nachbarin. Diesmal ergreift er sie ohne weitere Einleitung bei den Händen und fordert sie zum Spaziergang auf. Sie aber weigert sich, macht sich los und entflieht. Aus der Gruppe der Neugierigen wird eine zweite ebenso ungeniert angegangen; sie nimmt an, aber es ist noch nicht gesagt, daß sie nicht unterwegs dem Entführer entwischen wird. Doch was macht das dem Leichtfuß! Es bleiben ja noch genug übrig, und er ist immer mit der ersten besten zufrieden.

Jetzt führt er seine Eroberung davon und durchschreitet mit ihr den erleuchteten Streifen. Mit allen Kräften zieht er sie stoßweise zu sich heran, wenn sie nicht weitergehen will; er verfährt sanft mit ihr, wenn sie fügsam gehorcht. Häufige Pausen werden gemacht, die mitunter sehr lange dauern.

Alsdann macht das Männchen seltsame Leibesübungen. Indem es die beinförmig verlängerten, in Scheren endigenden Kiefertaster, die wir wohl Arme nennen dürfen, an sich heranzieht und sie dann von neuem gerade ausstreckt, zwingt er das Weibchen zu einem ähnlichen abwechselnden Spiele. So bilden sie zu zweien eine Gruppierung von gegliederten Leisten, indem sie wechselweise ihr Viereck öffnen und schließen. Nach dieser geschmeidigmachenden Übung zieht das Getriebe sich zusammen und bleibt unbeweglich. Jetzt sind ihre Stirnen in Berührung; die beiden Münder werden unter Zärtlichkeitsausbrüchen aufeinandergelegt. Um derartige Liebkosungen zu beschreiben, kommen einem die Ausdrücke „Küsse“ und „Umarmungen“ in den Sinn, doch wagt man sie nicht anzuwenden, da hier ja der Kopf, das Gesicht, die Lippen und Wangen fehlen. Das Insekt ist vorn wie mit einer Schere abgestutzt; es hat nicht einmal eine Schnauze, und wo wir ein Gesicht suchen, bilden die häßlichen Kauladen ihres Unterkieferpaares eine Wandung.

Und doch ist dies der höchste Grad des Schönen für den Skorpion! Mit seinen Vorderbeinen, die zarter und beweglicher als die andern sind, klopft er liebkosend diese entsetzliche Maske, die für seine Augen ein auserlesenes Lärvchen darstellt; wollüstig beißt er leicht hinein, er kitzelt mit seinen Kauladen den Mund seines Gegenübers, der ebenso häßlich ist. Seine Dulzinea hält geduldig still, doch nicht ohne ein geheimes Verlangen, ihm zu entschlüpfen. Wie aber das anfangen? Ganz einfach gibt sie mit ihrem Schwanze dem allzu hitzigen Gefährten einen Schlag auf seine Handgelenke, die sie nun sofort loslassen. Damit ist die Trennung vollzogen. Morgen wird die Skorpionin nicht mehr schmollen, so daß die Sache von neuem beginnen kann.

25. Mai. Jener Schlag belehrt uns darüber, daß die zuerst so gefügig scheinende Gefährtin ihre Launen hat, sich auch hartnäckig widersetzen kann und rasch eine Scheidung durchzusetzen versteht. Wir wollen noch ein Beispiel davon vorführen.

An diesem Abend gehen zwei spazieren, die beide sehr stattlich aussehen. Nachdem ein zusagender Dachziegel aufgefunden ist, läßt das Männchen nur mit e i n e r Schere die Gefährtin los, um

einige Bewegungsfreiheit zu haben, und schafft dann mit den Beinen und dem Schwanze die Erde fort. In dem Maße, wie die Aushöhlung unter dem Ziegel voranschreitet, folgt ihm das Weibchen anscheinend willig. Vielleicht aber passen ihr die Örtlichkeit und die Stunde doch nicht, denn bald erscheint sie wieder und kommt rückwärts mit dem halben Körper unter dem Ziegel hervor. Sie setzt sich gegen den Entführer zur Wehr, der sie seinerseits zu sich heranzuziehen sucht, ohne sich bis jetzt zu zeigen. So geht der Streit längere Zeit lebhaft hin und her, bis die Skorpionin endlich mit einer ungestümen Kraftäußerung ihren Gefährten hervorzieht. Das nicht voneinander getrennte Gespann ist jetzt im Freien, und der Spaziergang wird wieder aufgenommen. Eine starke Stunde lang wandern sie längs der Scheiben in der einen Richtung und kommen in der entgegengesetzten zurück, um schließlich wieder zu demselben Ziegel von vorhin zurückzukehren. Da die Bahn bereits frei ist, so begibt sich das verliebte Männchen unverzüglich unter das Dach und versucht die sich sträubende Skorpionin nachzuziehen. Sie macht ihre Beine straff, die sich in den Boden einwühlen, stemmt ihren Schwanz gegen die Wölbung des Ziegels und will nicht eintreten. Dieser Widerstand gefällt mir, denn was wäre die Paarung ohne ein solches ausschmückendes Vorspiel?

Unter dem Steine läßt der Entführer indessen nicht locker und manövriert so gut, daß die Widerstrebende nachgibt und gleichfalls hineingeht. Es schlägt zehn Uhr, allein müßte ich auch den Rest der Nacht durchwachen, so will ich doch den Ausgang abwarten; ich werde den Ziegel in dem richtigen Augenblick umkehren, um etwas von dem zu sehen, was sich unter ihm begibt. Die günstigen Gelegenheiten sind selten, deshalb muß diese benutzt werden. Was werde ich zu sehen bekommen?

Ganz und gar nichts. Nach kaum einer halben Stunde macht die Widerspenstige sich frei, kommt aus dem Schlupfwinkel hervor und entflieht. Sofort erscheint das Männchen auf der Schwelle und hält Ausschau. Die Schöne ist ihm entwischt, und ganz verblüfft kehrt er in sein Heim zurück. Er ist angeführt, – ich aber gleichfalls.

Anfang Juni. Aus Besorgnis, die zu grelle Beleuchtung könne die Insassen des Käfigs stören, habe ich bisher die Laterne draußen in einiger Entfernung von den Scheiben aufgehängt. Die ungenügende Helligkeit macht es mir jedoch unmöglich, gewisse Einzelheiten der Art und Weise, wie die Paare sich zum Spaziergang zusammenfinden, wahrzunehmen. Sind er und sie tätig bei dem Ineinandergreifen der Hände? Stellen sie mit ihren Scherenfingern eine wechselseitige Verzahnung her, oder handelt nur eines von beiden und welches? Es ist nicht unwichtig, sich darüber genau zu unterrichten.

Ich hänge nun die Laterne im Innern des Käfigs auf, so daß sie von der Mitte des Deckels herabhängt und nach allen Seiten hin genügend Licht verbreitet. Weit entfernt, darüber zu erschrecken, zeigen die Skorpione vielmehr eine gesteigerte Munterkeit. Von allen Seiten eilen sie zu dem Lichtkreise hin, und manche versuchen sogar an den Wänden emporzuklettern, um sich dem Ausstrahlungspunkte des Lichtes mehr zu nähern. Mit Hilfe der Streben, die die Scheiben einfassen, gelingt ihnen dies auch, nachdem sie ein paarmal zurückgeglitten sind. Oben bleiben sie dann, halb an das Glas, halb an die Einfassung geschmiegt, unbeweglich sitzen und starren den ganzen Abend wie bezaubert in das Licht. Sie rufen mir die Nachtpfauenaugen in Erinnerung, die einst unter dem Reflektor meiner Petroleumlampe in Verzückung gerieten.*)

Unter der Laterne stellt sich jetzt in voller Beleuchtung ein Paar auf den Kopf. Zierlich hätscheln sie sich mit dem Schwanz und setzen sich dann in Marsch. Das Männchen allein ist der tätige Teil. Mit den beiden Fingern jeder Schere hält es die beiden entsprechenden Scherenfinger der Skorpionin gepackt. Es allein strengt sich an und zieht; ihm allein steht es frei, die Vereinigung aufzuheben, wann es ihm beliebt, dadurch daß es seine Scheren öffnet. Das Weibchen kann dies nicht; es ist gefangen, und sein Entführer hat ihm die Handschellen angelegt.

Nur in ganz seltenen Fällen bekommt man noch mehr zu sehen. Ich habe den Skorpion über-

*) S. Erste Reihe, Seite 88.

rascht, wie er seine Schöne an den beiden Vorderarmen fortschleppte; ich sah, wie er sie an einem Beine und an dem Schwanze zog. Als sie von den ihr entgegenkommend gereichten Händen nichts wissen wollte, hatte sie der rohe Bursche rücksichtslos auf die Seite geworfen und auf gut Glück zugepackt. Die Sache ist somit ins Klare gebracht: Es liegt hier wirklicher Raub, gewaltsame Entführung vor. So sind einst der Sage nach die Sabinerinnen von den Mannen des Romulus geraubt worden.

Die Skorpionin und ihre Kleinen.

Das aus Büchern geschöpfte Wissen ist nur ein recht mittelmäßiges Hilfsmittel zur Erforschung von Lebensproblemen; einer reichhaltigen Bücherei ist hierfür die beharrliche Befragung der Tatsachen vorzuziehen. In recht vielen Fällen ist es besser gar nichts, als Unrichtiges zu wissen; der Geist erhält dann beim Forschen seine Unbefangenheit und verirrt sich nicht, von der Lektüre verleitet, in Sackgassen. Auch bei den Skorpionen sollte ich diese Erfahrung machen.

Einer anatomischen Abhandlung, die übrigens das Werk eines Meisters ist, hatte ich entnommen, daß der Skorpion von Languedoc oder Feldskorpion im September Junge bekomme. In Wirklichkeit aber tritt dieser Zeitpunkt viel früher ein, und wenn mich nicht ein Zufall darauf aufmerksam gemacht hätte, so würde ich ein volles Jahr für meine Beobachtungen verloren haben. Jawohl, die Unwissenheit kann auch ihr Gutes haben; abseits der vielbegangenen Wege wird das Neue gefunden. Einer unserer Großmeister naturwissenschaftlicher Forschung hat mich dies einst gelehrt, ohne von der mir erteilten Lektion eine Ahnung zu haben. Ganz unvermutet schellte eines Tages an meiner Tür L. Pasteur († 1895), der bald hernach eine so große Berühmtheit sich erringen sollte. Sein Name war mir bekannt. Ich hatte die schöne Arbeit des Gelehrten über die Zerlegung der Traubensäure gelesen, mit der lebhaftesten Anteilnahme seine Untersuchungen über die Entstehung der Aufgußtierchen verfolgt und empfing ihn daher mit aller Zuvorkommenheit. Er suchte gerade mich auf, um gewisse Aufschlüsse zu erhalten, und ich verdankte diese große Ehre meiner Eigenschaft als Mitarbeiter auf dem Gebiete der Physik und Chemie. Ach, dieser kleine, unbekannte Mitarbeiter!

Die Rundreise Pasteurs in der Gegend von Avignon war durch die Seidenraupenzucht veranlaßt worden. Seit mehreren Jahren wurden die Züchtereien von einer bis dahin unbekannten Plage heimgesucht, indem die Raupen ohne erkennbare Ursache in Fäulnis gerieten und dann zu kreidigen Klümpchen sich verhärteten. Mit Schrecken sahen die Landleute eine ihrer Haupteinnahmequellen versiegen; trotz aller aufgewandten Mühen und Unkosten blieb nichts übrig, als ihre Zuchten auf den Mist zu werfen.*) Nachdem wir einige Worte über die verheerende Seuche gewechselt hatten, sagte Pasteur ohne Umschweife:

„Ich möchte gern Kokons sehen; ich habe sie noch nie zu Gesicht bekommen, und kenne sie nur dem Namen nach. Können Sie mir nicht einige verschaffen?"

*) Es war die sogen. Kalksucht (Muscardine) der Raupen, die durch einen Pilz (Botrýtis Bassiána) hervorgerufen wird. Als sicherstes Vorbeugungsmittel führte Pasteur nach Beendigung seiner Untersuchungen die Zellengrainierung (Grainierung = Samengewinnung) ein, bei der jedes einzelne Schmetterlingspaar unmittelbar nach dem Ausschlüpfen in einem kleinen Tüllsäckchen isoliert wird, in dem die Begattung und das Ausschlüpfen erfolgen. Nachdem die Schmetterlinge abgestorben sind, findet eine sorgfältige Untersuchung statt, nach deren Ergebnis man die gesunden Eier für die Aufzucht behält, alle infizierten aber vernichtet.

Anm. d. Red.

Ich eilte zu meinem Nachbarn, der einen Handel mit Kokons betrieb, füllte meine Taschen mit ihnen und brachte sie dem Gelehrten. Er nimmt eines von den Gespinsten, dreht es zwischen den Fingern hin und her und untersucht er neugierig, wie einen merkwürdigen, vom anderen Ende der Welt gekommenen Gegenstand. Nachdem er es vor dem Ohr hin und her geschüttelt hat, sagt er ganz überrascht:

„Das gibt ja einen Laut von sich, es muß etwas darin sein."

„Gewiß: die Puppe – eine Art Mumie, in die sich die Raupe umwandelt, bevor ein Schmetterling daraus wird."

„Und in jedem Kokon steckt ein solches Ding?"

„Freilich: zum Schutze der Puppe hat die Raupe den Kokon gesponnen."

„Ah!"

Und ohne weiteres wanderten die Kokons in die Tasche des Gelehrten, der sich mit Muße über diese große Neuigkeit, die Puppe, unterrichten wollte. Diese prachtvolle Zuversicht machte auf mich einen tiefen Eindruck. Nichts von Raupe, Kokon, Puppe und Metamorphose wissend, ging Pasteur daran, die Seidenraupe wiederherzustellen. Die antiken Ringer traten nackt in den Kampf. Auch er, dieser geniale Bekämpfer der Geißel unserer Seidenzüchtereien, eilte ganz nackt zur Schlacht, das will heißen: ohne die geringsten Kenntnisse über das Insekt, das er der Gefahr entreißen wollte. Dies verblüffte mich, aber noch mehr: ich bewunderte sein heiteres Selbstvertrauen. Pasteur weiß also nichts von der Verwandlung der Insekten; zum erstenmal sieht er einen Kokon und vernimmt, daß in diesem Gespinst etwas steckt: die erste Anlage des künftigen Schmetterlings; er weiß nichts von dem, was dem letzten Schüler in unseren südlichen Landstrichen bekannt ist; und dieser Neuling, dessen naive Fragen mich in solches Erstaunen versetzten, geht daran, die Hygiene der Seidenzüchtereien umzugestalten, ebenso wie er später die Heilkunde und die allgemeine Gesundheitspflege umgestalten wird.

Seine Waffe ist der Gedanke, der, die Einzelheiten außer acht lassend, das Ganze ins Auge faßt. Was bedeuten für ihn Metamorphosen, Larven, Nymphen, Kokons, Puppen, Chrysaliden und die tausend kleinen Geheimnisse der Insektenkunde! Für die Lösung seiner schwierigen Aufgabe ist es vielleicht besser, dies alles nicht zu wissen. Die Ideen bleiben so unabhängiger und bewahren besser ihre kühne Schwungkraft; die Bewegungen sind freier, wenn sie von dem Gängelbande bekannter Dinge losgelöst sind.

Durch das prächtige Beispiel des Kokons, in dem Pasteurs Ohr mit Verwunderung einen Laut vernahm, ermutigt, habe ich für meine Untersuchungen über die Instinkte das System des Nichtwissens zum Gesetz erhoben. Ich lese sehr wenig. Statt in Büchern zu studieren (ein kostspieliges Mittel, das mein Vermögen übersteigt), statt andere zu befragen, bleibe ich beharrlich mit meinem Gegenstande Aug in Auge, bis ich ihn zum Sprechen gebracht habe. Ich weiß nichts. Um so besser, denn meine Fragen werden desto unbefangener sein, heute in diesem Sinne, morgen in dem entgegengesetzten, je nach den erhaltenen Aufschlüssen. Und wenn ich zufällig ein Buch aufschlage, so sorge ich dafür, daß in meinem Geiste ein weites Feld für den Zweifel offen bleibt.

Weil ich diese Vorsicht unterlassen hatte, wäre mir – wie schon erwähnt – beinahe ein Jahr für meine Beobachtung der Skorpione verloren gegangen. Im Vertrauen auf das Gelesene erwartete ich nicht vor September den Familienzuwachs bei dem Skorpion von Languedoc, während ich ihn ganz unverhofft bereits im Juli erhielt. Diesen Unterschied zwischen dem wirklichen Zeitpunkte und dem vermuteten setze ich auf Rechnung der klimatischen Verschiedenheit: ich beobachte in der Provence, und meine Gewährsmann Léon Dufour, hatte in Spanien beobachtet. Trotz dem hohen Ansehen des Meisters hätte ich auf meiner Hut sein müssen; da ich es nichts getan hatte, würde ich die Gelegenheit verpaßt haben, hätte mich zum Glück nicht der gemeine schwarze Skorpion eines Besseren belehrt. Ach, wie sehr hatte Pasteur recht, von der Puppe nichts zu wissen!

Den gemeinen Skorpion, der kleiner und weniger lebhaft ist als der andere, züchtete ich der Vergleichung wegen in mäßig großen Glasbehältern, die auf dem Tische meines Arbeitszimmers standen. Da sie wenig Patz einnahmen und leicht zu untersuchen waren, besichtigte ich sie alle Tage. Jeden Morgen, bevor ich einige Blätter meines Eintragebuches mit Notizen füllte, versäumte ich nicht, das über jedes Glas gelegte Stück Pappdeckel aufzuheben und mich über die Vorgänge während der Nacht zu unterrichten. Als ich dies am 22. Juli, früh um 6 Uhr, tat, fand ich unten eine Mutter mit ihren Kleinen, die auf ihrem Rücken sich zusammendrängend eine Art von weißem Überwurf bildeten. Es war dies einer jener Augenblicke angenehmer Genugtuung, die dann und wann den Beobachter entschädigen. Zum erstenmal hatte ich das prächtige Schauspiel der mit ihren Kleinen bekleideten Skorpionin vor Augen. Sie konnte sie erst in der vergangenen Nacht geboren haben, denn am Abend vorher war die Mutter noch nackt gewesen.

Weitere Erfolge harrten meiner: am nächsten Morgen ist eine zweite Mutter wie weißgetüncht von der Schar ihrer Kinder, am darauffolgenden noch zwei andere gleichzeitig, im ganzen also vier. Schon gleich bei der ersten Entdeckung hatte ich an meinen großen Glaskäfig gedacht, in dem meine Skorpione von Languedoc untergebracht waren, und mich gefragt, ob dieser nicht etwa eben so frühzeitig gebären könne wie der schwarze. Darüber wollen wir uns sogleich unterrichten.

Die 25 Dachziegel werden umgewendet. Ausgezeichneter Erfolg! Ich fühle, wie meine alten

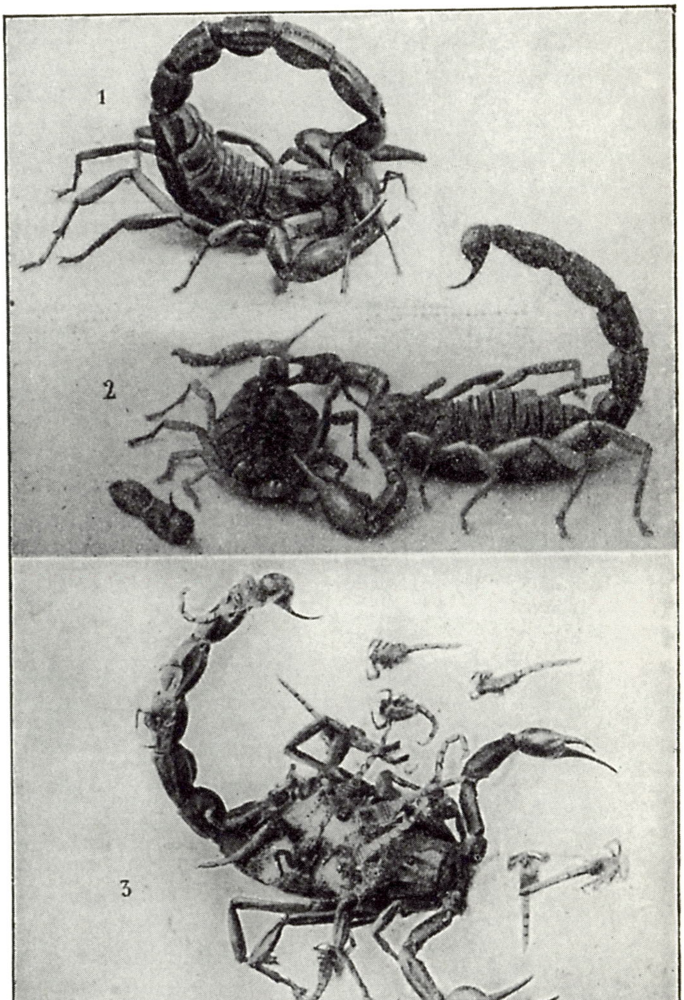

1. Der Skorpion von Languedoc, eine Schnarrheuschrecke verzehrend.
2. Nach beendigter Paarung frißt das Weibchen den Skorpion.
3. Die Mutter und ihre Kleinen, die anfangen, sich selbständig zu machen.

Adern eine jener warmen Wellen durchströmt, die der Begeisterung des Zwanzigjährigen so wohlbekannt waren. Unter drei Ziegeln finde ich die Mutter mit ihrer Familie beladen. Die eine hat schon etwas größere Kinder, sie mochten etwa eine Woche alt sein, wie die folgenden Beobachtungen mich belehrten; die beiden andern haben erst in der verflos-

senen Nacht geboren, wie gewisse Gegenstände unter ihrem Bauche bekunden, deren Bedeutung wir nachher kennen lernen werden.

Der Juli geht zu Ende, August und September verstreichen, ohne meine Sammlung zu vermehren. Die Zeit der Familienvergrößerung fällt mithin für den einen wie für den andern Skorpion in die zweite Hälfte des Juli; dann ist es vorbei damit. Unter den Insassen meines Glaskäfigs befinden sich aber noch Weibchen, die ebenso dickbäuchig sind, wie jene, von denen ich Junge erhalten habe. Ich zählte auf sie hinsichtlich einer Vergrößerung der Bevölkerung, da alle Anzeichen mich dazu berechtigten. Allein der Winter bricht an, ohne daß eines von ihnen meiner Erwartung entsprochen hat. Die Sache, die unmittelbar bevorzustehen schien, ist bis zum nächsten Jahre hinausgeschoben worden: neuer Beweis einer langen Trächtigkeit, die unter den niederen Tieren außerordentlich selten ist.

Der bequemeren Beobachtung halber hatte ich gleich jede Mutter mit ihren Jungen einzeln in ein mäßig großes Glasgefäß gesetzt. Bei meinem ersten Besuche am frühen Morgen gewährten die beiden, die während der Nacht geboren hatten, einem Teil der Kleinen noch unter ihrem Bauche Schutz. Indem ich die Mutter mit der Spitze eines Strohhalms beiseite schob, entdeckte ich unter dem Häufchen der Jungen, die sich noch nicht auf den mütterlichen Rücken geschwungen hatten, Gegenstände, die vollständig das wenige umstießen, was mich die Bücher über diesen Gegenstand gelehrt hatten. Die Skorpione, sagt man, sind Viviparen (Lebendig-Gebärende). Dieser gelehrte Ausdruck ermangelt der Genauigkeit; die Jungen kommen nicht gleich zur Welt in der äußeren Gestalt, die uns vertraut ist. Dies muß auch so sein; denn wie könnten wohl ausgespreizte Scheren und Beine und zusammengerollte Schwänze durch die Hohlwege des Mutterleibes gehen? Niemals würde ein soviel Raum einnehmendes Tierchen durch diese Engpässe hindurchkommen. Notwendigerweise muß es also möglichst dicht zusammengepackt zur Welt kommen.

Jene unter den Müttern gefundenen Dinge erweisen sich in der Tat als Eier, als wirkliche Eier, beinahe solchen ähnlich, die die Anatomie in vorgerückter Tragezeit aus den Eierstöcken zieht. Das zusammengepreßte Tierchen, nicht größer als ein Reiskorn, hat den Schwanz der Länge nach auf den Bauch gelegt, die Scheren auf die Brust niedergedrückt und die Beine gegen die Flanken gepreßt, derart, daß die kleine eiförmige Masse nicht die geringste Hervorragung aufweist und leicht hindurchgleitet. Auf der Stirn deuten Punkte von lebhaft schwarzer Farbe die Augen an. Das Tierchen schwimmt in einem Tropfen durchsichtiger Flüssigkeit, der augenblicklich noch seine ganze Welt, seinen Dunstkreis bedeutet, und den ein Häutchen von höchster Feinheit umschließt. Diese Dinge sind wirklich Eier. Es gab ihrer anfangs in der Tracht des Skorpions von Languedoc 30 bis 40, etwas weniger in der des schwarzen Skorpions. Da ich zu dem nächtlichen Kindbett zu spät gekommen bin, wohne ich nur dem Endergebnis bei, allein der kärgliche Rest genügt, um mich zu überzeugen. Die Skorpione sind in Wirklichkeit Oviparen (Eierleger), allein die Befreiung der Jungen findet sehr rasch nach dem Legen statt.

Und wie geht sie von statten, diese Befreiung? Ich habe den seltenen Vorzug, Zeuge davon gewesen zu sein. Ich sehe, wie die Mutter mit der Spitze ihrer Oberkiefer das Häutchen des Eies vorsichtig aufschlitzt, es zerreißt und dann verschluckt. Sie zieht dem Neugeborenen die Hülle mit der peinlichen Sorgfalt und der Zartheit des Schafes und der Katze ab, wenn sie die Hülle des Fötus verzehren. Wenn das Mutterschaf nicht eingriffe, indem es die mit den Lippen abgenommenen Hüllen verschluckte, so würde das Lämmchen es niemals fertig bringen, sich von seinen Windeln loszumachen. Ebenso bedarf der kleine Skorpion des mütterlichen Beistandes. Ich sehe welche, die unter der klebrigen Masse sich vergebens in dem halb zerrissenen Eierstocksack abmühen, ohne sich befreien zu können. Der Zahn der Mutter muß die Befreiung vollenden; es ist sogar zweifelhaft, ob das Junge auch nur mithilft, ihn zu zerreißen.

Nun sind die Jungen behutsam herausgeklaubt, gesäubert und frei. Sie sind von weißer Farbe; ihre Länge von der Stirn bis zur Schwanzspitze beträgt neun Millimeter bei dem Skorpion von Languedoc und vier bei dem schwarzen. Sobald die Putzerei beendet ist, steigen sie, eines nach dem andern, auf den Rücken der Mutter, indem sie gemächlich die Scheren entlang spazieren, die die Skorpionin dabei zur Erde geneigt hält, um ihnen das Klettern zu erleichtern. Eng aneinander geschmiegt, wie der Zufall sie ineinander wirrt, bilden sie auf dem Rücken der Mutter ein zusammenhängendes Vlies. Mit ihren kleinen Krällchen halten sie sich ziemlich fest, so daß es schwierig ist, sie mit einem Pinsel fortzufegen, ohne den zarten Wesen wehe zu tun. In diesem Zustande rühren sich Reittier und Bürde nicht; dies ist der Augenblick, Versuche anzustellen.

Die Skorpionin mit ihren Kleinen, die in ihrer dichten Vereinigung einem Mäntelchen aus weißem Musselin gleichen, bildet ein der Aufmerksamkeit würdiges Schauspiel. Sie bleibt unbeweglich, den hochgehaltenen Schwanz spiralförmig aufgerollt. Wenn ich mit einem Strohhalm der Familie nahekomme, hebt sie sofort ihre beiden Scheren in die Höhe mit einer grimmigen Haltung, die sie nur selten annimmt, wenn es sich um ihre eigene Verteidigung handelt. Die beiden Fäuste richten sich wie zum Boxen auf, die Scheren öffnen sich weit, zum Gegenstoß bereit. Der Schwanz wird selten geschwungen; die ungestüme Bewegung würde den Rücken erschüttern und könnte vielleicht einen Teil der Last zu Fall bringen. Die kühne, blitzschnelle und eindrucksvolle Drohung mit den Fäusten genügt.

Meine Wißbegier läßt sie unbeachtet. Ich streife eines der Kleinen von ihrem Rücken und lege es der Mutter gegenüber hin, einen Finger breit von ihr entfernt. Sie scheint sich nicht um diesen Unfall zu kümmern, sondern ist und bleibt unbeweglich. Weshalb sich auch über diesen Sturz aufregen? Das Kleine wird sich schon allein zu helfen wissen. Es bewegt sich hin und her, dann, als es eine der mütterlichen Scheren in ihrem Bereich findet, klettert es behende an ihr empor und kehrt wieder zu dem Haufen seiner Geschwister zurück.

Der Versuch wird in größerem Maßstabe wiederholt. Diesmal streife ich einen Teil der Last vom Rücken herab; die Kleinen werden, allerdings nicht weit entfernt, umhergestreut. Es tritt ein ziemlich lange währender Augenblick des Zögerns ein. Indessen der Schwarm umherirrt, ohne recht zu wissen, wohin er sich wenden soll, beunruhigt die Mutter sich endlich über den Stand der Dinge. Indem sie ihre beiden Arme, die mit Scheren versehenen Kiefertaster, halbkreisförmig vereinigt, fegt sie damit über den Sand, um die Beirrten wieder zu ihr zurückzubringen. Dies geschieht unbeholfen und in rauher Weise, unbesorgt darum, ob etwa eines zerquetscht werden könnte. Die Gluckhenne bewirkt durch einen liebevollen Anruf, daß die Küchlein, die sich zerstreut haben, in ihren Schoß zurückkehren; die Skorpionin vereinigt ihre Familie durch einen Rechenstrich. Trotzdem bleiben alle unversehrt und klettern, sobald sie mit der Mutter in Berührung treten, auf ihren Rücken, die frühere Gruppierung wieder herstellend.

Zu dieser Gruppe werden fremde Kinder ebenso bereitwillig zugelassen wie die eigenen. Wenn ich mit einem Pinsel ganz oder teilweise die Familie einer Mutter von ihrem Rücken herunterfege und sie in den Bereich einer anderen bringe, die mit der ihrigen beladen ist, so holt diese die Kleinen durch Armbewegungen zu sich heran, wie sie es mit ihren eigenen Söhnen gemacht haben würde, und läßt sich bereitwillig von den Neuangekommenen besteigen. Man möchte sagen: sie adoptiert diese, wenn der Ausdruck nicht zu weitgehend wäre. Von einer Annahme an Kindesstatt ist keine Rede; es wirkt hier der gleiche dunkle Trieb, den man auch bei der Tarantel beobachten kann, die unfähig ist, ihre eigenen Kinder von fremden zu unterscheiden und alles aufnimmt, was in der Nähe ihrer Beine herumwimmelt.

Ich hatte nun auch ähnliche Wanderungen erwartet, wie sie das Tarantelweibchen unternimmt, das man nicht selten antrifft, wie es mit seinem Haufen von Kleinen beladen auf den Weideplätzen herumstreicht. Die Skorpionin kennt keine derartigen Erholungen. Nachdem sie Mutter geworden ist, verläßt sie eine Zeitlang ihr Heim nicht, nicht einmal abends, wenn die andern sich herumtummeln. In ihrer Klause eingeschlossen, unbekümmert um Nahrung, überwacht sie die Aufzucht ihrer Kleinen.

Diese kraftlosen Wesen haben in der Tat eine heikle Prüfung durchzumachen, sie müssen sozusa-

gen zum zweitenmal geboren werden. Sie bereiten sich darauf vor durch Unweglichkeit und eine innere Arbeit, nicht unähnlich jener, die von der Larve zu dem vollkommen ausgebildeten Insekt führt. Wohl entspricht ihre Gestalt ziemlich genau jener des ausgewachsenen Skorpions, aber ihre Umrisse sind noch etwas verschwommen, als wenn man sie durch einen Brodem sähe. Man könnte meinen, sie trügen eine Art Kinderkleid, das sie erst abstreifen müßten, um schlank zu werden und ihre vollkommene Gestalt zu erlangen.

Acht Tage, die sie unbeweglich auf dem Rükken der Mutter verbringen, sind für diese Arbeit notwendig. Alsdann vollzieht sich eine Abstreifung der Oberhaut, die ich als Häutung zu bezeichnen zögere, so sehr unterscheidet sie sich von den wirklichen Häutungen, die sie später wiederholt durchmachen. Bei diesen spaltet sich die Haut auf dem Kopfbruststück, und durch diese einzige Ritze schlüpft das Tier heraus, eine dürre Hülle zurücklassend, in der Form durchaus dem Skorpion ähnelnd, der sie abgestreift hat.

Gegenwärtig aber ist es eine ganz andere Sache. Ich lege einige Junge, die damit umgehen, die Oberhaut abzustreifen, auf eine Glasplatte. Sie sind unbeweglich, anscheinend völlig erschöpft und dem Tode nahe. Die Haut zerreißt ohne besondere Bruchlinien, sie bekommt zu gleicher Zeit vorn, hinten und auf den Seiten Risse; die Beine kommen aus ihren Gamaschen hervor, die Scheren verlassen ihre Handschuhe, der Schwanz verläßt sein Futteral. Überall gleichzeitig fällt die Haut ohne bestimmte Reihenfolge in Fetzen auseinander. Nachdem dies vorüber, haben die Enthäuteten das regelrechte Aussehen des Skorpions. Sie haben mehr Behendigkeit erlangt; obwohl immer noch von blasser Farbe, sind sie jetzt flink und rasch dabei, auf der Erde Fuß zu fassen, um zu spielen und in der Nähe der Mutter herumzulaufen. Am überraschendsten bei diesem Fortschritt ist ihr plötzliches Wachsen: vorher waren die Jungen des Skorpions von Languedoc 9 mm lang, jetzt messen sie 14; die des schwarzen Skorpions sind von 4 mm auf 6 und 7 gekommen. Die Länge hat fast um die Hälfte zugenommen, so daß ihr Körperumfang nahezu verdreifacht wird.

Überrascht durch dies plötzliche Wachstum fragt man sich, was wohl die Ursache davon sei, denn die Kleinen haben noch keine Nahrung zu sich genommen. Ihr Gewicht hat sich nicht vergrößert, sondern ist vielmehr um die abgestreifte Haut verringert worden. Die Körperausdehnung wächst, nicht aber die Masse. Es erfolgt also eine Erweiterung, die bis zu einem gewissen Grade jener der unorganischen Körper unter der Einwirkung der Hitze vergleichbar ist. Eine innere Abänderung geht vor sich, die die lebenden Moleküle in einer mehr Raum einnehmenden Anordnung zusammenstellt, und der Umfang vergrößert sich ohne Zutritt neuer Stoffe. Wer imstande wäre, mit großer Geduld und mit genügend feinen Werkzeugen diese raschen Veränderungen in ihrem Körperbau zu verfolgen, der würde nach meiner Ansicht ein Ergebnis von einigem Wert erzielen. Bei meiner Mittellosigkeit muß ich dies Problem andern überlassen.

Die Überreste dieser Hautabstreifung sind weiße Streifen, weiche Lumpen, die aber nicht auf die Erde fallen, sondern sich auf dem Rücken der Skorpionin, zumal nach den Einlenkungsstellen der Beine hin, zu einem weichen Teppich verwickeln, auf dem die frisch enthäuteten Tierchen ruhen. Das Reittier trägt jetzt eine Schabracke, auf der die unruhigen Reiter sich gut festhalten können. Beim Absteigen wie beim Aufsitzen bietet diese Lage von Lumpen, die zu einem festen Sattel geworden ist, ihnen eine Stütze für die raschen Bewegungen.

Wenn ich mit einem leichten Pinselstrich die Familie zum Herunterpurzeln bringe, ist es lustig anzusehen, mit welcher Raschheit die Abgeworfenen sich wieder in den Sattel setzen. Die Fransen der Schabracke werden ergriffen, der Schwanz dient als Hebel, und mit einem Schwunge ist der Reiter wieder an seinem Platz. Dieser seltsame Teppich, der das Klettern so leicht macht, bleibt, ohne auseinanderzugehen, etwa eine Woche an Ort und Stelle, nämlich bis zum Mündigwerden der Kinder. Dann löst er sich ab, sei es im ganzen, sei es in einzelnen Stücken, und wenn die Kleinen sich zerstreut haben, ist nichts mehr von ihm übrig.

Mittlerweile kündigt sich die Färbung an; der Hinterleib und der Schwanz färben sich hochorange,

die Scheren nehmen den sanften Glanz des durchsichtigen Bernsteins an. Die Jugend verschönert alles. Sie sind wirklich prächtig, die kleinen Skorpione von Languedoc. Wenn sie so blieben und nicht einen bald bedrohlich werdenden Destillierkolben mit Gift bei sich trügen, dann würde man diese anmutigen Geschöpfe mit Vergnügen aufziehen.

Schon bald erwachen in ihnen die Gelüste, sich selbständig zu machen. Gern steigen sie von dem mütterlichen Rücken herunter, um lustig in der Nachbarschaft herumzuschwärmen. Wenn sie sich zu weit entfernen, so verweist es ihnen die Mutter und versammelt sie wieder, indem sie mit dem Rechen ihrer Arme über den Sand hinfährt.

In den Augenblicken der Ruhe erinnert der Anblick der Skorpionin fast an den einer Gluckhenne mit ihren Küchlein. Die Mehrzahl der Kleinen schmiegt sich auf der Erde an die Mutter, einzelne halten sich auf dem weichen Kissen der Schabracke auf, andere klettern an dem mütterlichen Schwanz empor, stellen sich auf dem höchsten Punkte seiner Krümmung auf und scheinen von dieser Warte mit Vergnügen auf die Geschwister herabzusehen. Neue Kletterer folgen, die jene aus ihrer Stellung verdrängen. Jedes will gleichfalls Anteil haben an der Aussicht von diesem Schauturme. Um die Mutter herum findet ein fortwährendes Gewimmel der Kleinen statt, die sich unter ihren Bauch schmiegen und sich dort ducken, so daß nur die Stirn draußen bleibt, auf der die schwarzen Augenpunkte schimmern. Die Unruhigsten bevorzugen die mütterlichen Beine, die sie als Turngeräte benutzen, an denen sie Hänge- und Schwebeübungen ausführen. Wenn es ihnen gerade paßt, steigt die ganze Truppe wieder auf den Rücken, um dort Platz zu nehmen, und dann rührt sich nichts mehr, weder Mutter noch Kinder.

Diese Periode, die die Mündigwerdung zeitigt und vorbereitet, dauert eine Woche, genau so lange, wie jene seltsame Arbeit währt, die ohne Nahrungsaufnahme ihre Körperausdehnung verdreifacht. Im ganzen bleibt die Familie etwa 15 Tage auf dem Rücken der Mutter. Die Tarantel trägt sechs oder sieben Monate lang ihre Kleinen, die immer beweglich und unruhig sind, obwohl sie keine Nahrung bekommen. Was bekommen die der Skorpionin zu essen, wenigstens nach jener Häutung, die ihnen Behendigkeit und ein neues Leben gegeben hat? Lädt die Mutter sie zu ihren Mahlzeiten ein und hebt für sie die zartesten Stücke auf? Sie ladet niemand ein und hebt nichts auf.

Ich lege ihr eine Schnarrheuschrecke vor, die ich unter dem Kleinwild ausgesucht habe, weil sie mir für die Zartheit ihrer Kinder am passendsten zu sein scheint. Während sie an dem Bissen knabbert, ohne sich im mindesten um ihre Umgebung zu kümmern, eilt eines der Kleinen über ihren Rücken, geht bis zu ihrer Stirn vor und neigt sich über diese, um zu erkunden, was dort vorgeht. Mit dem Ende der Beine berührt es ihre Kiefer, fährt dann aber plötzlich erschrocken zurück. Es macht sich davon und tut klug daran. Der mit dem Zermalmen beschäftigte Schlund, weit entfernt, ihm einen Bissen abzugeben, würde es vielleicht selber erschnappen und verschlucken, ohne sonderlich darauf zu achten. Ein zweites klammert sich an den Hinterleib der Heuschrecke, deren Vorderteil die Mutter zernagt; es beißt hinein und zerrt, begierig nach einem Stückchen. Seine Beharrlichkeit führt jedoch nicht zum Ziele; das Stück ist zu hart.

Ich habe zur Genüge gesehen: die Eßlust wird in den Jungen rege, und sie würden gerne Nahrung annehmen, wenn die Mutter im geringsten dafür sorgte, sie ihnen darzubieten, zumal solche, die für ihren schwachen Magen passend ist; aber sie frißt nur fröhlich selber, und das ist alles.

Was braucht ihr, meine niedlichen Skorpiönchen, die ihr mir so köstliche Augenblicke verschafft habt? Ihr wollt euch davonmachen und weit weg für euch geeignete Nahrung, ganz winzige Tierchen, suchen. Ich sehe es an eurem unruhigen Umherstreifen. Ihr flieht die Mutter, die ihrerseits euch nicht mehr kennt. Ihr seid stark genug; die Stunde ist gekommen, euch zu zerstreuen.

Wenn ich ganz genau wüßte, an was für winzigem Wildbret ihr Behagen findet, und wenn ich genügend Muße hätte, es euch zu besorgen, so würde ich gern euch weiter aufziehen, nicht zwischen den Ziegeln des Käfigs, in dem ihr geboren

seid, in Gesellschaft der Alten. Ich kenne ihre Unduldsamkeit: die Wüteriche würden euch auffressen, meine Kleinen, und eure eigenen Mütter würden euch nicht verschonen. Für sie seid ihr nunmehr Fremde geworden; im nächsten Jahr, zur Zeit der Hochzeiten, würden die Mißgünstigen euch verspeisen. Es ist nötig, daß ihr fortgeht, die Klugheit gebietet es.

Wo könnte ich euch unterbringen und wie euch ernähren? Das Beste ist, daß wir uns trennen, nicht ohne ein gewisses Bedauern meinerseits. An einem der nächsten Tage werde ich euch forttragen und auf einem für euch passenden Gelände, einem steinigen, recht in der heißen Sonne gelegenen Hange ausstreuen. Dort werdet ihr Genossen finden, die, kaum so groß wie ihr, bereits als Einsiedler jeder unter seinem Steinchen hausen, das mitunter nicht breiter ist als ein Fingernagel; dort werdet ihr, besser als bei mir, lernen, den rauhen Kampf ums Dasein zu führen.

Die Dolchwespe als Wundkünstler.

Wenn die Stärke unter allen Eigenschaften der Tiere an der Spitze zu stehen verdiente, dann müßten in der Ordnung der Hautflügler die Dolchwespen oder Scolien (Scólia Fabr.)*) die erste Stelle einnehmen. Einige von ihnen können hinsichtlich ihrer Größe mit dem Zaunkönig verglichen werden und die stattlichsten unserer Stachelträger, Hummel und Hornisse, erscheinen klein neben gewissen Scolien. Unter dieser Gruppe von Riesen besitzt meine Gegend die Gartendolchwespe (Scólia hortum Van der Lind), die mehr als 4 cm lang ist und von einem Ende der ausgespannten Flügel bis zum anderen 10 cm mißt, und die Scólia hemorrhoïdális Van der Lind), die hinsichtlich der Größe mit der Gartendolchwespe wetteifert und sich von ihr vor allem durch ein Bürstchen fuchsroter Haare am Hinterleibsende unterscheidet.

Schwarzes Gewand mit breiten gelben Flekken; lederartige, bernsteinfarbige Flügel mit purpurnem Widerschein; stachelige, mit rauhen Härchen besetzte Beine; plump gebauter Körper; schwerfälliger Gang ohne Behendigkeit; ziemlich niederer, kurzer und schweigsamer Flug – so stellt sich uns der Hauptsache nach das Weibchen dar, das mit kräftigen Werkzeugen für seine schwere Arbeit ausgerüstet ist. Als verliebter Müßiggänger ist das Männchen zierlicher gebaut und feiner gekleidet, ohne jedoch völlig jener Kennzeichen von derber Kraft zu entbehren, die den vorherrschenden Zug bei seiner Gefährtin ausmachen.

Nicht ohne eine gewisse Besorgnis befindet sich der Insektensammler erstmals einer Gartendolchwespe gegenüber. Wie soll er das mächtige Insekt fangen, wie sich vor seinem Stachel schützen? Wenn die Wirkung seines Dolches der Körpergröße des Hautflüglers entspricht, muß der Stich der Scolie furchtbar sein. Ich gestehe offen, daß ich vor den ersten Dolchwespen zurückgewichen bin, so sehr es mich auch verlangte, meine erst im Entstehen begriffene Sammlung durch dies prächtige Insekt zu bereichern. Peinliche Erinnerungen an die Stiche von Wespen und Hornissen waren diesem Übermaß von Vorsicht nicht fremd. Ich sage: Übermaß, denn heute bin ich, durch eine lange Erfahrung belehrt, von meiner ehemaligen Furcht losgekommen; wenn ich eine Dolchwespe sich auf dem Blütenkörbchen einer Distel niederlassen sehe, so nehme ich keinen

*) Von griech: σκολιός krumm, wegen der gekrümmten Fühler der Männchen, oder von σκῶλος Spitze, Stachel. Sie gehören zu den Raubwespen, und es gibt unter ihren zahlreichen (gegen 200) Arten bis zu 6 cm große, die aber fast alle den wärmeren und heißen Ländern angehören. In Deutschland finden sich nur die beiden: Sc. quadripunctáta und Sc. notáta. Anm. d. Übers.

Anstand, sie mit der Spitze der Finger ohne jede Vorsichtsmaßregel trotz ihres bedrohlichen Aussehens zu ergreifen. Meine Kühnheit ist nur scheinbar, wie ich dem Neuling in der Hautflüglerjagd gern verraten will: die Scolien sind nämlich sehr friedfertig. Ihr Stachel ist viel mehr ein Arbeitswerkzeug als ein kriegerischer Dolch; sie bedienen sich seiner, um die für ihre Nachkommenschaft bestimmte Beute zu lähmen, und machen nur im äußersten Notfalle von ihm Gebrauch zur Selbstverteidigung. Im übrigen gestattet es der Mangel an Behendigkeit in ihren Bewegungen fast immer, den Stachel zu vermeiden, und sollte man wirklich einmal getroffen werden, so ist der Schmerz ganz unbedeutend. Fast bei allen grabenden Hautflüglern entbehrt das Gift der schneidenden Schärfe; ihre Waffe ist eine chirurgische Wundnadel, für die feinsten physiologischen Operationen bestimmt.

Von den übrigen Dolchwespen meiner Gegend erwähne ich noch die mittelgroße Scolie mit zwei Streifen (Sc. bifasciáta Van der Lind), die ich alljährlich im September jene Haufen von Pflanzenerde aus abgefallenen Blättern benutzen sehe, die in einem Winkel meiner Umfriedigung eigens für sie bereitgestellt sind. Wir wollen der von ihr vorzunehmenden Operation daheim in aller Muße beiwohnen. Nach den Cercéris-Arten ist es ratsam, noch andere Wespen zu befragen, die gleich ihnen eine ungeschützte Beute brauchen, die an jedem Punkte mit Ausnahme des Schädels verwundbar ist, der sie nur einen einzigen Stich mit ihrem Stachel versetzen. Von diesen Bedingungen erfüllen die Dolchwespen die eine mit ihrem herkömmlichen Wildbret, der weichen Larve des Metallkäfers (Cetónia), des Lohkäfers (Orýctes), der Anóxia, je nach der betr. Art. Werden sie auch die andere erfüllen? Ich war nach der Anatomie ihrer Opfer, bei denen das Nervensy-

1. Gartendolchwespe. 2. Doppeltgestreifte Dolchwespe. 3. Larve des Goldkäfers, sich auf dem Rücken fortbewegend. 4. Die doppeltgestreifte Dolchwespe, eine Goldkäferlarve lähmend. 5. Larven des Goldkäfers, die sich auf dem Rücken, mit den Beinen in der Luft, fortbewegen, zwei sind in der Ruhestellung zusammengerollt.

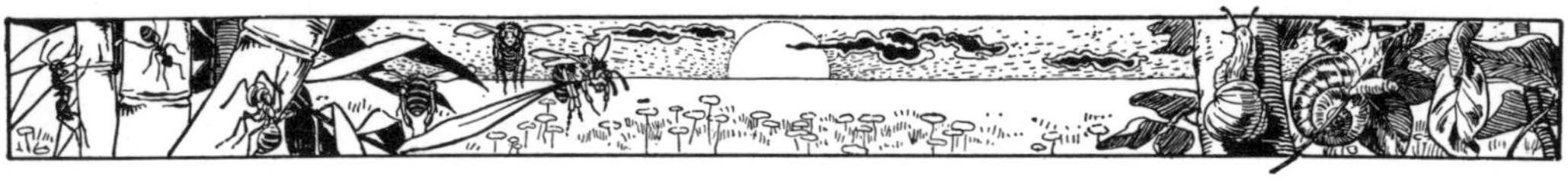

stem zusammengedrängt ist, von vornherein davon überzeugt, daß der Stachel nur einmal ausholen würde; ich sah sogar den Punkt voraus, in den die Waffe gestoßen werden müßte.

Diese Gewißheit gab mir das Zergliederungsmesser des Anatomen, ohne den mindesten, unmittelbar beobachteten Beweis. Die Bewegungen, die das Insekt unter der Erde ausführt, sind meinen Blicken entzogen; bringe ich es aber an das Licht des Tages, so darf man wohl kaum hoffen, daß das Tier, das seine Kunst im Dunkel eines Haufens Pflanzenerde ausgeübt hat, nun auch dort arbeiten werde. Ich rechnete auch keineswegs darauf und versuchte, nur um mein Gewissen zu beruhigen, trotzdem die Dolchwespe in meinem Arbeitszimmer unter einer Glasglocke mit ihrem Wildbret zusammenzubringen. Es trat aber ein, was ich gar nicht zu hoffen gewagt hatte: noch keine Raubwespe hat unter künstlich hergestellten Bedingungen solchen Eifer zum Angriff gezeigt; alle meine Versuchstiere, die ich verwendete, entschädigten mich für meine Geduld. Wir wollen zunächst die doppeltgestreifte Dolchwespe beobachten, wie sie die Operation an der Larve eines Goldkäfers (Cetónia auráta) vollzieht.

Die eingesperrte Larve sucht ihrer furchtbaren Nachbarin zu entfliehen. Nach ihrer Gewohnheit auf dem Rücken liegend, bewegt sie sich unbeholfen von der Stelle und macht so wiederholt die Runde in dem gläsernen Zirkus. Bald erwacht die Aufmerksamkeit der Dolchwespe und bekundet sich durch beständiges Klopfen mit den Spitzen ihrer Fühler auf den Tisch, der gegenwärtig den gewohnten Erdboden darstellt. Dann eilt der Hautflügler auf das Wild los und steigt auf die unförmliche Larve, indem er das äußerste Ende ihres Hinterleibes als Stützpunkt benutzt. Die Überfallene bewegt sich nur um so schneller auf dem Rücken weiter, ohne sich zur Verteidigungsstellung zusammenzurollen. Die Dolchwespe rückt bis zu ihrem vorderen Teile vor, nicht ohne wiederholte Abstürze und sonstige Zwischenfälle, je nach dem Grade von Duldsamkeit der Larve, die sie als einstweiliges Reittier benutzt. Mit ihren Kiefern packt sie eine Stelle der Brust auf der oberen Seite; sie stellt sich quer über das Tier, krümmt sich bogenförmig zusammen und bemüht sich, mit dem Ende ihres Hinterleibes die Gegend zu erreichen, wo der Stachel eingebohrt werden muß. Der Bogen ist etwas zu kurz, um nahezu vollständig den Leib der feisten Beute zu umschlingen, deshalb wiederholt sie lange Zeit ihre Versuche und Anstrengungen. Das Ende ihres Hinterleibes erschöpft sich in Bemühungen, wird bald hier, bald dort und noch anderwärts angelegt und verweilt dennoch nirgends. Dieses hartnäckige Suchen zeigt schon allein die Bedeutung, die das Insekt, das die Larve lähmen will, dem Punkte beilegt, wo sein Ritzmesser eindringen muß.

Mittlerweile fährt die Larve fort, auf dem Rücken liegend, sich von der Stelle zu bewegen. Plötzlich ringelt sie sich zusammen; mit einem Stoße ihres Kopfes schleudert sie den Feind weit von sich. Nicht entmutigt durch alle seine Schlappen erhebt der Hautflügler sich wieder, putzt seine Flügel und unternimmt einen neuen Angriff auf die Larve, indem er fast immer von dem hinteren Leibesende her auf ihren Körper klettert. Nach vielen vergeblichen Versuchen hat die Dolchwespe endlich die passende Stellung gewonnen. Sie steht quer über der Larve; die Kiefer halten eine Stelle ihrer Brust auf der Seite des Rückens gepackt und der zum Bogen gekrümmte Körper erreicht mit dem Ende seines Hinterleibes die Gegend ihres Halses. In dieser schlimmen Gefahr dreht und windet sich die Larve, ringelt sich zusammen, streckt sich wieder und dreht sich um sich selber. Die Dolchwespe läßt sie gewähren. Das Opfer fest umschlungen haltend, dreht sie sich mit ihm, läßt sich mit ihm fortziehen, nach oben oder unten und nach der Seite, je nachdem es sich windet. Ihre Erbitterung ist so groß, daß ich nunmehr die Glocke abheben muß und offen die Einzelheiten des Dramas verfolgen kann. Trotz dieses Wirrwarrs fühlt das Hinterleibsende der Dolchwespe schließlich, daß die passende Stelle gefunden ist. Alsdann und nur dann wird der Stachel gezückt. Es ist geschehen. Die vorher lebhafte und gleichmäßig aufgeschwollene Larve wird plötzlich bewegungslos und schlaff: sie ist gelähmt. Von nun an finden keine Bewegungen mehr statt, mit Ausnahme der Fühler und der Mundteile, die noch

lange einen Rest von Leben bekunden. Der Punkt, an dem die Verwundung stattfand, hat sich in der ganzen Reihe von Kämpfen, die sich nach und nach unter der Glocke abspielten, niemals verändert: er nimmt die Mitte der Grenzlinie zwischen der Vorder- und Mittelbrust auf der Bauchseite ein. Bemerkenswert ist, daß eine andere Raubwespe, die Cercéris, bei den von ihr erbeuteten Rüsselkäfern, deren Nervenkette wie bei der Larve des Metallkäfers zusammengedrängt ist, den Stachel an dem gleichen Punkte eintaucht. Die Gleichheit der nervösen Organisation bestimmt die Gleichheit des Verfahrens. Zu bemerken ist noch, daß der Stachel der Dolchwespe einige Zeit in der Wunde verweilt und mit ausgesprochener Beharrlichkeit darin herumwühlt. Wenn man die Bewegungen ihrer Hinterleibsspitze sieht, könnte man fast glauben, daß die Waffe genau untersuche und eine Wahl träfe. Die Spitze, der es freisteht, sich nach der einen wie nach der anderen Seite innerhalb enger Grenzen zu wenden, sucht wahrscheinlich die kleine nervöse Masse, die gestochen oder wenigstens mit Gift benetzt werden muß, um eine blitzschnelle Lähmung zu bewirken.

Ich will dieses Protokoll über den Zweikampf nicht abschließen, ohne noch einige andere, minder wichtige Tatsachen zu berichten. Die doppeltgestreifte Dolchwespe ist ein eifriger Verfolger des Metallkäfers. In einer Sitzung erdolcht dieselbe Mutter Schlag auf Schlag drei Larven vor meinen Augen. Die vierte lehnt sie ab, vielleicht weil sie ermüdet oder ihre Giftblase erschöpft ist. Diese Weigerung gilt aber nur für den Augenblick: am nächsten Morgen beginnt sie aufs neue und lähmt zwei Larven, gleichfalls am übernächsten, jedoch mit einem von Tag zu Tag abnehmenden Eifer.

Die übrigen Räuber, die in der Freiheit weit ausgedehnte Jagdstreifzüge unternehmen, umschlingen und ziehen oder schleifen dann jeder auf seine Art die regungslos gemachte Beute fort; mit ihr beladen versuchen sie lange Zeit aus der Glocke zu entkommen und ihr Erdloch zu erreichen. Endlich lassen sie, durch die vergeblichen Versuche entmutigt, die Larve fahren. Die Dolchwespe schafft ihr Wild nicht fort, das vielmehr endgültig auf dem Rücken an demselben Orte liegen bleibt, wo es den lähmenden Stich erhalten hat. Nachdem sie ihren Stachel aus der Wunde gezogen hat, verläßt sie das Opfer und flattert gegen die Wände der Glocke hin und her, ohne sich um es zu kümmern. In ihrem Erdhaufen, unter den natürlichen Verhältnissen, müssen die Dinge in ähnlicher Weise verlaufen. Sie befördert das gelähmte Stück Wild nicht sonstwohin, in eine besondere Höhle; dort, wo der Kampf vor sich gegangen ist, empfängt es auf seinem ausgestreckten Bauche das Ei, aus dem der Verzehrer dieser saftigen Speckschnitte hervorgehen wird. Es versteht sich von selbst, daß unter der Glocke keine Eiablage stattfindet: die Mutter ist zu vorsichtig, um ihr Ei den Gefahren der freien Luft auszusetzen. Da hier die Erde fehlt, so hat sie umsonst die Larve gelähmt.

Ein zweiter Umstand fällt mir auf: die beharrliche Versessenheit der Dolchwespe. Ich sah den Kampf sich über eine starke Viertelstunde hinausziehen mit häufigem Wechsel von Erfolgen und Fehlschlägen, bevor der Hautflügler endlich die erforderliche Stellung gewonnnen und mit der Hinterleibsspitze den Punkt erreicht hatte, wo der Stachel eindringen muß. Die Dolchwespe sticht somit die Goldkäferlarve erst dann, wenn sich der erwünschte Punkt unterhalb ihrer Waffe befindet. Wenn die Wunden nicht anderwärts gemacht werden, so hängt dies in keiner Weise mit der Körperbeschaffenheit der Larve zusammen, die – mit Ausnahme des Schädels – überall weich und durchdringlich ist. Der Punkt, den der Stachel zu treffen sucht, ist nicht minder gut als der übrige Körper durch die Hauthülle geschützt.

Während des Kampfes wird die bogenförmig gekrümmte Dolchwespe mitunter von dem Schraubstock der sich mit aller Kraft zusammenziehenden und ringelnden Larve gepackt. Unbekümmert um diese gewalttätige Umklammerung läßt der Hautflügler die Beute doch nicht wieder fahren, weder mit den Kiefern noch mit der Hinterleibsspitze. Es entspinnt sich alsdann zwischen den beiden sich umschlungen haltenden Tieren ein wirres Ringen, in dem bald das eine, bald das andere unten oder oben liegt. Wenn es der Larve gelingt, sich von

ihrem Feinde freizumachen, so rollt sie sich wieder auseinander, streckt sich und sucht sich auf dem Rücken mit möglichster Eile vorwärts zu bewegen. Früher, als ich diesen Kampf noch nicht beobachtet hatte, nahm ich an, daß sie sich der List des Igels bedienen würde, der sich zu einer Kugel zusammenrollt, so daß ihm der Hund nichts anhaben kann. Zu einem Knäuel geballt, mit einer Kraft, die ich mit meinen Fingern nicht ohne Mühe zu überwinden vermag, könnte die Larve ihrerseits der Dolchwespe spotten, die nicht imstande ist, sie aufzurollen und jeden anderen Punkt ihres Körpers als den oben erwähnten verschmäht. Ich wünschte und glaubte, daß sie dies wirksame und sehr einfache Verteidigungsmittel wählen würde, allein ich hatte ihr zu viel Scharfsinnigkeit zugetraut. Statt den Igel nachzuahmen und zusammengerollt zu bleiben, flüchtet sie mit dem Bauch in der Luft; einfältigerweise nimmt sie gerade jene Stellung ein, die der Dolchwespe gestattet, zum Angriff auf ihren Körper zu steigen und die Stelle für den verhängnisvollen Stoß zu erreichen.

Wir wollen nun zu einer anderen Art übergehen. Ich habe soeben eine unterbrochene Dolchwespe (Cólpa intérrúpta Latr.) gefangen. Es handelt sich nun darum, sie für meinen Zweck so rasch wie möglich nutzbar zu machen, bevor ihr lebhaftes Ungestüm durch die Langeweile der Gefangenschaft erkaltet. Ich kenne ihre Beute: es ist die Larve eines anderen Käfers, der Anóxia austrális, die in den Sandhaufen sich aufhält, die der Wind am Fuße der Rosmarinsträucher auf den Hängen der benachbarten Hügel zusammenweht. Im Schweiße des Angesichts werden zwei Stück davon erbeutet, von denen ich das eine unter der Glasglocke mit der Dolchwespe zusammenbringe. Beim Anblick des Wildbrets wird ihre Aufmerksamkeit rege. Der Kampf kündigt sich durch die gleichen Vorbereitungen an, die uns die doppeltgestreifte Scolie gezeigt hat: der Hautflügler glättet sich die Flügel und klopft mit den Fühlern auf die Tischplatte. Und nun los! Der Angriff beginnt. Der dickwanstige Wurm, der wegen seiner zu schwachen und zu kurzen Beine unfähig ist, sich auf der Tischplatte von der Stelle zu rühren, und der außerdem der eigenartigen Fähigkeiten der Metallkäferlarve entbehrt, sich auf dem Rücken fortzubewegen, denkt gar nicht daran zu fliehen; er rollt sich zusammen. Die Dolchwespe packt ihn mit ihrer scharfen Zange bei der Haut, bald hier, bald anderwärts. Sich in Form eines Bogens ringelnd, dessen beide Enden sich fast berühren, bemüht sie sich, das Ende ihres Hinterleibes in die enge Öffnung des Schnörkels einzuführen, den der Körper der Larve bildet. Der Kampf vollzieht sich ruhig, ohne Kraftprobe bei den verschiedenen Zwischenfällen. Es handelt sich um den hartnäckigen Versuch eines lebendigen gespaltenen Ringes, das eine seiner Enden in einen anderen lebendigen und gespaltenen Ring hineinzuschieben, der die gleiche Hartnäckigkeit zeigt, geschlossen zu bleiben. Mit ihren Beinen und Kiefern bearbeitet die Dolchwespe das Stück Wild; sie versucht es auf einer Seite, dann auf einer anderen, ohne daß es ihr gelingt, den ringförmigen Wulst aufzurollen, der sich immer enger zusammenzieht, je mehr er sich in Gefahr fühlt. Die augenblicklichen Umstände machen die Ausführung der Operation schwierig: die Beute gleitet und rollt auf dem Tisch umher, wenn die Wespe sie zu lebhaft bearbeitet; die Stützpunkte fehlen, und der Stachel vermag die gewünschte Stelle nicht zu treffen. Die vergeblichen Bemühungen werden länger als eine Stunde fortgesetzt, unterbrochen von Ruhepausen, während derer die beiden Gegner zwei eng ineinander geschlungene Ringe bilden.

Was hätte die kräftige Larve des Metallkäfers nur zu tun brauchen, um der doppeltgestreiften Dolchwespe die Stirn zu bieten, die weniger stark ist als ihr Opfer? Sie hätte das Verhalten der Anoxialarve nachahmen und bis zum Rückzug des Feindes wie ein Igel zusammengerollt bleiben müssen. Sie will aber fliehen, rollt sich auseinander, und das ist ihr Verderben. Die andere rührt sich nicht aus ihrer Verteidigungsstellung und leistet mit Erfolg Widerstand. Ist dies erworbene Klugheit? Nein, nur die Unmöglichkeit, auf der glatten Oberfläche eines Tisches sich anders zu verhalten. Die schwerfällige, feiste und nach Art des Engerlings gekrümmte Larve der Anoxia kann sich auf einer glatten Unterlage nicht von der Stelle bewegen; mühsam arbeitet sie sich dort, auf der Seite liegend, ab. Sie braucht

lockeren Boden, in den sie sich, ihre Kiefer als Pflugschar benutzend, eingräbt.

Da nach mehr als einer Stunde des Zuwartens ein Ende des Kampfes noch nicht abzusehen ist, so wollen wir den Versuch machen, ob er sich durch Sand nicht abkürzen läßt. Ich bestreue den Zirkus leicht damit, und nun setzt der Angriff aufs schönste wieder ein. Die Larve, die unter sich den Sand, ihren gewöhnlichen Aufenthalt spürt, will sich nun unklugerweise gleichfalls davonmachen. Wie ich mir gleich selbst gesagt hatte, war ihr beharrliches Gekrümmtbleiben keine erworbene Klugheit, sondern die Notwendigkeit des Augenblicks. Durch die üble Erfahrung früherer Mißgeschicke hat sie noch nicht gelernt, welchen unschätzbaren Vorteil sie aus der Beibehaltung ihrer Ringelform, so lange sie in Gefahr ist, zu ziehen vermag. Übrigens sind auf der Widerstand leistenden Unterlage meines Tisches von den später verwendeten Larven der gleichen Art nicht einmal alle so vorsichtig. Die größten von ihnen scheinen vergessen zu haben, was sie im jugendlichen Alter so genau wußten: die Verteidigungskunst durch das Zusammenrollen.

Ich nehme meinen Bericht wieder auf mit einem stattlichen Stück Wild, das nicht so leicht unter den Stößen der Dolchwespe ausgleitet. Die überfallene Larve rollt sich nicht auf, sie zieht sich nicht ringförmig zusammen, wie es die vorige tat, die noch jung und nur halb so groß war. Sie bewegt sich unruhig hin und her, auf der Seite liegend und halb ausgestreckt. Ihre ganze Verteidigung besteht darin, daß sie sich dreht und windet; sie öffnet, schließt und öffnet von neuem ihre großen Kieferhaken. Die Dolchwespe schnappt nach ihr auf gut Glück, umklammert sie mit ihren rauh behaarten Beinen und müht sich fast eine Viertelstunde mit dem fetten Bissen ab. Endlich ist nach dem wenig stürmischen Streit die günstige Stellung gewonnen und der geeignete Augenblick gekommen: der Stachel bohrt sich in die Brust der Larve, in einem zentralen Punkte, unter dem Halse, in der Höhe der Vorderbeine. Die Wirkung tritt sofort ein: gänzliche Regungslosigkeit, abgesehen von den Fühlern und Mundteilen. Bei allen Larven, mit denen ich den Versuch wiederhole, das gleiche Ergebnis: derselbe Stich in eine bestimmte, stets gleichbleibende Stelle.

Zum Schluß will ich noch bemerken, daß der Angriff der unterbrochenen Dolchwespe viel weniger heftig ist, als jener der doppeltgestreiften. Dieser Hautflügler, der im Sande schwere Grabarbeit verrichtet, hat einen schwerfälligen Gang und ungelenke, fast automatische Bewegungen. Er wiederholt nicht leicht seinen Dolchstoß. Die Mehrzahl der Versuchstiere lehnte am nächsten und übernächsten Tage nach der vollbrachten Tat ein zweites Opfer ab. Wie schlaftrunken bewegten sie sich nur, wenn ich sie durch Kitzeln mit einem Strohhalm dazu anreizte. Auch die viel beweglichere und jagdeifrigere doppeltgestreifte Dolchwespe sticht nicht jedesmal zu, wenn man sie dazu anregt. Für alle diese Jäger gibt es Augenblicke der Untätigkeit, die die Anwesenheit einer neuen Beute nicht zu stören vermag.

Mehr habe ich über die Dolchwespen nicht erfahren können, da mir Versuchstiere von anderen Arten nicht zur Verfügung standen. Doch das macht nichts: die gewonnenen Ergebnisse sind kein kleiner Triumph für meine Ansichten. Bevor ich noch die Dolchwespen ihren Stich hatte ausführen sehen, hatte ich, allein auf Grund der Anatomie ihrer Opfer, gesagt, daß die Larven der Metallkäfer, der Anoxien, der Lohkäfer durch einen einzigen Stich gelähmt werden müßten; ich hatte sogar die Stelle genau bezeichnet, wo der Stachel sie treffen muß: in einem zentralen Punkte, in unmittelbarer Nähe der Vorderbeine. Die beiden von mir beobachteten Arten haben mich ihrer Chirurgie beiwohnen lassen, und ich bin sicher, daß mich die übrigen nicht Lügen strafen werden. Bei jenen beiden gab es nur einen einzigen Stich mit der Wundnadel, jedesmal wurde das Gift in einem vorher bestimmten Punkte eingeimpft. Ein Rechner auf der Sternwarte kann nicht besser die Stellung seines Planeten vorhersagen. Eine Idee darf als bewiesen gelten, wenn sie zu diesem mathematischen Voraussehen der Zukunft, zu dieser sicheren Kenntnis des Unbekannten gelangt. Wann denn werden die Lobpreiser des Zufalls einen ähnlichen Erfolg erlangen? Die Ordnung erheischt Ordnung, und der Zufall hat keine Regel.

Grabwespen und ihre Beute.

Wenn der Chemiker den Plan für seine Untersuchungen reichlich erwogen hat, so mischt er in dem ihm am besten passenden Augenblick seine Reagentien und bringt Feuer unter seine Retorte. Er ist Herr der Zeit, des Ortes und der Umstände. Er wählt seine Stunde, zieht sich in die Einsamkeit seines Laboratoriums zurück, wo ihn nichts von seiner Beschäftigung ablenken kann, und lässt nun nach seinem Belieben diese oder jene Verbindung entstehen, die seine Überlegung ihm eingibt: er sucht die Geheimnisse der unorganischen Natur zu erforschen, deren chemische Wirksamkeit die Wissenschaft eintreten lassen kann, wann es ihr gut dünkt.

Die Geheimnisse der lebenden Natur, nicht jene des anatomischen Gefüges, sondern die der Lebenstätigkeit, zumal des Instinkts, sind viel schwieriger zu erforschen. Weit entfernt, nach Belieben über seine Zeit verfügen zu können, ist man Sklave der Jahreszeit, des Tages, der Stunde und sogar des Augenblicks. Wenn die Gelegenheit sich bietet, so muß man sie im Fluge erhaschen, denn vielleicht wird sie in langer Zeit nicht wiederkehren. Und da sie sich gewöhnlich gerade in einem Augenblick bietet, in dem man am wenigsten daran denkt, so ist nichts vorbereitet, um sie vorteilhaft auszunutzen. Man muß in aller Eile sein bescheidenes Versuchsgerät zur Stelle schaffen, seine Pläne entwerfen und seine Listen ersinnen; daher kann man von Glück sagen, wenn die Eingebung sich rasch genug einstellt, um aus der sich bietenden Gelegenheit Vorteil ziehen zu können. Ein solcher Glücksfall tritt überdies nur selten gerade dann ein, wenn man auf der Suche danach ist: geduldig muß man viele Tage lang auf der Lauer liegen, hier auf sandigen Hängen, die in der brennenden Sonne liegen, dort in dem Schwitzkasten eines zwischen solchen Böschungen sich hinziehenden Fußsteiges, anderwärts auf einem Gesteinsvorsprung, dessen Festigkeit nicht immer vertrauenerweckend ist. Man muß seinem Schicksal schon dankbar sein, wenn es möglich ist, seinen Beobachtungsposten unter einem kümmerlichen Olivenbaume einzunehmen, der wenigstens einigermaßen gegen die schonungslosen Strahlen des Tagesgestirns Schutz verleiht. Vor allem aber heißt es wachsam sein. Die Stätte ist günstig; wer weiß, ob nicht allernächstens die Gelegenheit sich einstellt.

Sie ist in der Tat gekommen, freilich spät genug, aber schließlich ist sie doch erschienen. Ach, wenn man nun gemächlich in der Ruhe und Einsamkeit seines Arbeitszimmers beobachten und sich mit voller Sammlung ganz seinem Gegenstande widmen könnte, fern von dem uneingeweihten Vorübergehenden! Wenn er euch so eifrig beschäftigt sieht auf einer Stelle, wo er selber gar nichts sieht, so wird er stehen bleiben und euch mit Fragen überschütten. Er wird euch für einen Mann halten, der mit der Wünschelrute vom Haselnußstrauch nach Quellen sucht, oder den noch schlimmeren Verdacht hegen, eine verdächtige Persönlichkeit vor sich zu haben, die durch Beschwörungsformeln unter der Erde alte Tongefäße, mit Münzen gefüllt, aufzufinden hofft. Wenn ihr aber in seinen Augen das Aussehen eines guten Christen habt, dann wird er sich euch nähern, das betrachten, was ihr betrachtet, und in einer Weise lächeln, die keinen Zweifel darüber läßt, was er von Leuten hält, die sich damit beschäftigen, Fliegen aufmerksam zu beobachten.

Wenn es aber kein zufällig Vorübergehender ist, den eure ihm unerklärliche Beschäftigung neugierig macht, dann wird sich der Feldhüter einstellen, der gestrenge Vertreter des Gesetzes inmitten der Flur. Schon seit langem hat er euch aufs Korn genommen. Er sieht euch so oft ohne ihm erklärlichen Grund hier und dort umherstreifen, wie eine dazu verurteilte arme Seele; so oft schon hat er euch überrascht, wie ihr im Boden wühltet oder mit tausend Vorsichtsmaßregeln irgend ein Stück von der Wandung eines Hohlweges abklopftet, und das hat ihn schließlich in hohem Grade euch gegenüber argwöhnisch gemacht. Er erblickt in euch einen Zigeuner oder Vagabunden, einen verdächtigen Herumtreiber, der heimlich auf Raub ausgeht – oder mindestens einen Verrückten. Wenn ihr die Botanisierbüchse umgehängt habt, so ist es in seinen Augen ein Behälter, in denen die Wilderer Frettchen mit sich führen, und niemand wird es ihm ausreden können, daß ihr die sämtlichen Kaninchenbaue der Nachbarschaft entvölkert, den Jagdgesetzen und Rechten der Eigentümer zum Hohn.

Gerade in solche Gegenden lade ich den Leser ein, mir zu folgen, wenn er sich durch die kleinen Nöte, von denen ich ihm einen Vorgeschmack gegeben habe, nicht abschrecken läßt. Hier ist ein bevorzugter Aufenthalt der Sphegiden (Grab- oder Mordwespen)*). Die Grabwespe (Sphex) von Languedoc besucht sie häufig, nicht in Schwärmen, die sich ein Stelldichein auf den gleichen Ställen geben, wenn die Arbeit des Nesterbaues herankommt, sondern diese sehr dünngesäten Hautflügler lassen sich einzeln dort nieder, wohin sie gerade auf ihren unsteten Wanderungen gelangen, da sie der Ruhe und Absonderung bedürfen.

Daraus folgt schon, daß die Beobachtung dieser südfranzösischen (provenzalischen) Grabwespe besonders schwierig ist. Bei ihr ist es ausgeschlossen, lange vorher ein Experiment zu ersinnen oder in derselben Sitzung einen Versuch bei einem zweiten oder dritten Insekt beliebig oft zu erneuern, wenn der erste fehlgeschlagen ist. Wenn man sich vorsorglich auf die Beobachtung eingerichtet hat und zum Beispiel ein Wildbret vorrätig hält, um es an die Stelle des von der Grabwespe erbeuteten zu bringen, so ist zu fürchten oder sogar beinahe sicher, daß der Jäger nicht erscheinen wird; wenn er sich aber endlich zeigt, so ist gewöhnlich euer Material nicht benutzbar, alles muß dann in Eile und auf der Stelle improvisiert werden, eine Bedingung, die ich nicht immer so zu erfüllen imstande war, wie ich es gewünscht hätte.

Doch wir wollen zuversichtlich sein: die Örtlichkeit ist günstig. Wiederholt schon habe ich hier den Sphex belauscht, wie er mitten im Sonnenschein auf einem Rebenblatte ruhte. Dort schwelgt das platt ausgestreckte Insekt mit Wonne in Licht und Wärme. Von Zeit zu Zeit gerät es vor Vergnügen völlig außer sich: es zittert vor Wohlbehagen; mit den Endgliedern seiner Füße klopft es rasch hintereinander auf seine Ruhestätte und bringt so etwas wie einen Trommelwirbel hervor, ähnlich, als ob dichte Regentropfen auf das Blatt fielen. In einer Entfernung von mehreren Schritten kann man dies muntere Pochen vernehmen. Dann beginnt wieder die Unbeweglichkeit, doch bald folgt eine neue nervöse Erregung und abermaliges Klopfen, das den Gipfel der Glückseligkeit bezeugt. Ich habe einige beobachtet, die so leidenschaftliche Liebhaber der Sonne waren, daß sie, nachdem sie das für die zukünftige Larve bestimmte Loch halb vollendet hatten, plötzlich die Arbeit verließen, um auf einer in der Nähe befindlichen Weinrebe ein Wärme- und Lichtbad zu nehmen. Gleichsam widerwillig kehrten sie wieder zurück, um der Erdhöhle einen flüchtigen Besenstrich zu geben, und verließen schließlich ihre Arbeitsstätte völlig, weil sie nicht imstande waren, länger der Versuchung höchsten Entzückens auf den Blättern der Rebe zu widerstehen.

Vielleicht ist dieses wonnige Ruheplätzchen zugleich ein Beobachtungsposten, von dem aus der Hautflügler die Umgebung mustert, um seine Beute zu entdecken und auszuwählen. Sein ausschließliches Wild ist nämlich der flügellose Weinbergs-Ephippiger, der hier und da auf den Rebenblättern wie auf dem ersten Grün der Gesträuche zu finden ist. Diese Laubheuschreckenart bildet für ihn ein

*) Sphegidae oder Crabronidae, die in der Erde nisten. Vergl. Zweite Reihe, S. 164 u. ff.: „Aus dem Leben einer Grillenfängerin“.

ausgiebiges Stück Wildbret, um so mehr, da die Grabwespe von Languedoc vor allem die Weibchen bevorzugt, deren Bauch von einem prächtigen Klumpen Eier aufgebläht ist.

Wir wollen hier nicht die wiederholten vergeblichen Gänge, die ergebnislosen Nachforschungen und das verdrießliche lange Warten schildern, sondern unsere Grabwespe ohne weiteres dem Leser vorführen, wie sie sich selber dem Beobachter darstellt. Dort erscheint sie auf dem Grunde eines Hohlweges, den hohe sandige Böschungen beiderseits steil einfassen. Sie kommt zu Fuß heran, gibt sich aber mit den Flügeln einen Schwung, um ihren schweren Fang fortzuschleifen. Die langen und feinen Fühler der Heuschrecke sind für sie die Zugseile. Mit erhobenem Kopfe hält sie einen davon zwischen ihren Kiefern. Der gepackte Fühler geht ihr zwischen den Beinen durch; das auf dem Rücken liegende Wildbret folgt. Wenn der Boden zu holprig ist für diese Art der Fortschaffung, umschlingt der Hautflügler die viel größere und stärkere Beute und befördert sie mittels kurzer Flüge, zwischen die aber, so oft es zu ermöglichen ist, immer wieder Fußwanderungen eingeschoben werden. Niemals sieht man ihn ununterbrochenen Fluges große Entfernungen zurücklegen, indem er dabei das Wild zwischen den Beinen hält, wie dies die trefflichen Segler unter den Sphegiden, wie z. B. die Bastardwespen (Bembex rostráta) und die Cercéris-Arten, tun. Jene schaffen die erbeuteten Zweiflügler, diese ihre Rüsselkäfer, vielleicht einen Kilometer weit, durch die Lüfte fort, doch ist ihre Last viel leichter als der im Verhältnis ungeheuer große Ephippiger. Das zu Boden drükkende Gewicht ihrer Beute nötigt daher die Grabwespe von Languedoc, sie den weitaus größten Teil der zurückzulegenden Strecke langsam und mühselig auf dem Boden fortzuschleifen.

Der gleiche Beweggrund: die Größe und Schwere der Beute kehrt hier die gewöhnliche Ordnung vollständig um, die sonst die grabenden Hautflügler innehalten. Diese Ordnung besteht bekanntlich darin, zuerst eine Höhle zu graben und diese dann mit Lebensmitteln für die Larve um zu versorgen. Steht die Last nicht im Mißverhältnis zu den Kräften des Räubers, dann ermöglicht die leichte Fortschaffung durch die Luft dem Hautflügler, die Örtlichkeit für seinen Wohnsitz ganz nach Belieben auszuwählen. Was bedeutet es für ihn, auf beträchtliche Entfernungen pirschen zu gehen? Hat er seinen Fang gemacht, so kehrt er heim in raschem Fluge, bei dem es nicht auf eine größere oder kleinere Strecke ankommt. Er bevorzugt daher für seine Erdlöcher jene Stätten, wo er selbst geboren ist, und wo seine Vorfahren gewohnt haben. Hier erbt er von ihnen tiefe Gänge, die angesammelte Arbeit der früheren Geschlechter. Indem er sie einigermaßen wieder instand setzt, benutzt er sie als Zugänge zu neuen Kammern, die solcherart besser geschützt sind, als wenn die Ausgrabung eines einzelnen Insektes im Sande alljährlich wieder angefangen werden muß. Auf diese Weise bilden sich zwar keine wirklichen Gesellschaften, weil ihre Anstrengungen sich nicht auf ein gemeinsames Ziel richten, aber wenigstens Ansammlungen von Insekten, in denen der Anblick von seinesgleichen, seiner Nachbarn, zweifellos die Arbeit des einzelnen anspornt. In der Tat bemerkt man zwischen diesen kleinen Völkchen gleichen Stammes und jenen Grabarbeitern, von denen jeder für sich schafft, einen Unterschied im Betrieb, wie zwischen dem Wetteifer, der auf einem stark besetzten Werkplatz herrscht, und der Lässigkeit von Arbeitern, die einzeln schaffen und sich dabei langweilen. Bei dem Tiere wie bei dem Menschen wird der Eifer beim Schaffen durch das Beispiel übertragen. Dieser erste Schritt zum geselligen Leben ist eine Folge der leicht auszuführenden Reisen. Und verlaufen die Dinge, wenn mir der Vergleich erlaubt ist, nicht ebenso bei dem Menschen? So lange er auf schwer begehbare Pfade angewiesen ist, baut er seine Hütte einzeln für sich; über bequeme Wege verfügend, vereinigt er sich in volkreichen Städten; sobald er aber die Eisenbahnen zu seiner Verfügung hat, die sozusagen den Raum aufheben, versammelt er sich in ungeheuren menschlichen Bienenstöcken, mögen sie London oder Paris heißen.

Die Grabwespe von Languedoc ist in ganz entgegengesetzter Lage. Ihre Beute ist ein schwerer Ephippiger, ein Stück Wildbret, das für sich allein die Menge von Lebensmitteln darstellt, die die anderen Raubwespen in mehreren Reisen, Insekt nach Insekt, anhäufen. Das was die Cercéris und andere Flieger durch Teilung der Arbeit vollbringen, schafft sie mit einem Male. Diese schwere Last macht ihr weite Flüge unmöglich, sie muß sie langsam und mühsam zu Fuß nach ihrem Heime schaffen. Infolgedessen muß sich die Örtlichkeit ihres Erdloches nach den Zufälligkeiten der Jagd richten: erst die Beute und dann der Wohnsitz. Da gibt es also kein Stelldichein auf einem gemeinsam gewählten Punkte, keine Nachbarschaft von ihresgleichen, kein Völkchen, das sich durch gegenseitiges Beispiel zur Arbeit antreibt, sondern die Vereinzelung an der Stelle, wohin der Zufall des Tages den Sphex geführt hat, und die einsame Arbeit, die ohne Eifer, obgleich stets gewissenhaft ausgeführt wird. Zu allererst muß die Beute aufgesucht, angegriffen und durch giftige Stiche gelähmt werden. Hinterher erst beschäftigt sich der Grabarbeiter mit seinem Erdloch. Ein günstiger Platz wird gewählt, so nahe wie möglich der Stelle, wo das Opfer liegt, um den langsamen Transport möglichst abzukürzen; rasch wird dort die Kammer für die zukünftige Larve gegraben, um alsbald das Ei und den Proviant aufzunehmen.*) Dies bedeutet also eine vollständige Umkehrung des Verfahrens, wie alle meine Beobachtungen bekunden, von denen ich die wichtigsten nachstehend berichten will.

Wenn man die Grabwespe von Languedoc bei ihrer Grabarbeit überrascht, so trifft man sie stets allein an, bald auf dem Grunde einer staubigen Nische, die in einer alten Mauer durch das Herausfallen eines Steines entstanden ist, bald in dem Schlupfwinkel unter einem Stein, der aus einer Böschung hervorragt. Auch dort läßt sich der Boden leicht bearbeiten, da er aus dem Staube besteht, der nach und nach von der Wölbung herabgefallen ist. Mit ihren zangenförmigen Kiefern, die darin wühlen, während die Tarsen oder Füße als Rechen den

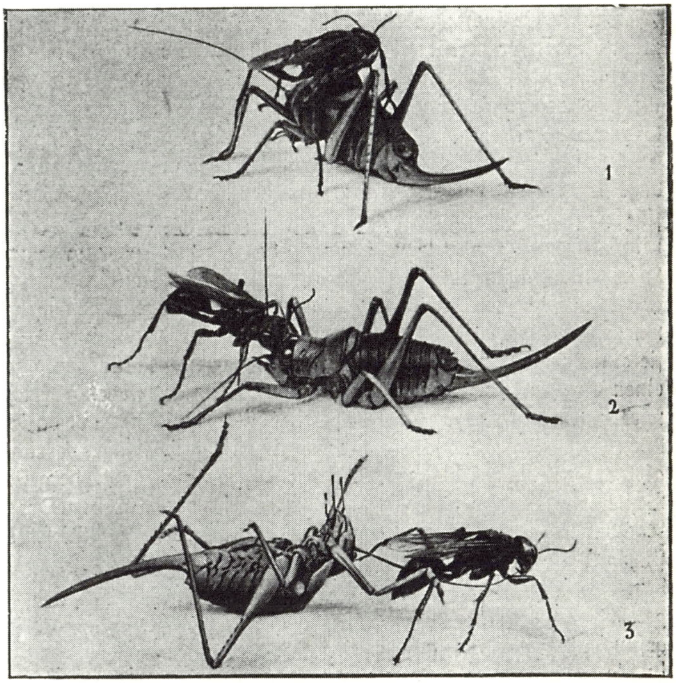

1. Die Grabwespe von Languedoc lähmt durch einen Stich ihre Beute, einen weiblichen Weinbergs-Ephippiger. 2. Die Grabwespe preßt die Gehirnganglien ihrer Beute zusammen. 3. Die Grabwespe schleift ihre Beute in ihr Erdloch.

Schutt wegschaffen, ist die Kammer bald ausgehöhlt. Dann fliegt der Grabarbeiter fort, aber langsam, ohne die volle Kraft seiner Flügel zu entwikkeln, ein deutliches Zeichen, daß das Insekt keine weite Expedition vor hat. Man kann es bequem mit dem Blicke verfolgen und den Punkt feststellen, wo es sich niederläßt, gewöhnlich in einer Entfernung von etwa 10 m. In anderen Fällen entschließt es sich, die Reise zu Fuß zu machen. In aller Eile wendet es sich einer Stelle zu, wohin wir ihm zudringlicher-

*) Es sind ausschließlich die Weibchen, die diese Erdlöcher herstellen und die Brutzellen mit Nahrung versorgen. Der Giftstachel, mit dem sie ausgerüstet sind, ist ohne Widerhaken und bricht beim Stiche nicht ab.

Anm. d. Übers.

weise folgen. Unsere Gegenwart stört den Hautflügler aber nicht im geringsten. Wenn er den gewollten Ort, sei es zu Fuße, sei es im Fluge, erreicht hat, so sucht er dort eine Zeitlang umher; man erkennt dies aus seinem unentschlossenen Benehmen, seinem Hinundhergehen bald in dieser, bald in jener Richtung. Er sucht; endlich findet er, oder vielmehr findet er wieder einen Ephippiger, der halb gelähmt ist, aber noch die Tarsen, die Fühler und die Legeröhre bewegt. Ganz sicher hat die Grabwespe diesem Opfer kurz vorher einige Stiche mit ihrem Giftstachel versetzt. Nachdem diese Operation vollzogen war, hat der Hautflügler seine Beute verlassen, deren Bürde ihn bei seinem unschlüssigen Suchen nach einer Heimstätte zu sehr hindern würde; vielleicht hat er sie auf derselben Stelle, wo sie ergriffen wurde, liegen gelassen und sich darauf beschränkt, sie einigermaßen in die Augen fallend auf irgend einen Grasbüschel zu legen, um sie nachher leichter wieder finden zu können. Auf sein gutes Gedächtnis bauend, das es ihm ermöglichen wird, alsbald zu dem Orte zurückzukehren, wo die Beute liegt, hat er sich dann aufgemacht, in der Nachbarschaft eine ihm zusagende Stelle aufzusuchen und dort ein Erdloch zu graben. Nachdem dies geschehen, ist er zu dem Wildbret zurückgekehrt, das er ohne großen Zeitverlust wieder gefunden hat, und nun gibt er sich daran, es in die Wohnung zu schaffen. Er stellt sich rittlings über das erlegte Wild, packt es mit dem Kiefer bei einem Fühler oder bei beiden zugleich und macht sich dann auf den Weg, indem er es mit aller Kraft fortzieht und -schleift.

Manchmal wird die Strecke in einem Zuge zurückgelegt, noch häufiger läßt der Fuhrmann seine Last plötzlich liegen und läuft rasch zu seinem Erdloche hin. Vielleicht fällt ihm ein, daß der Eingang nicht weit genug sei, um dieses umfangreiche Stück durchzulassen; vielleicht denkt er an gewisse Mängel im einzelnen, die die Aufspeicherung hindern könnten. In der Tat sehen wir den Arbeiter sein Werk ausbessern: er erweitert das Eingangsportal, ebnet den Boden, macht die Wölbung fester, indem er mit den Endgliedern der Beine hin und her streicht. Hierauf kehrt er zu der Laubheuschrecke zurück, die einige Schritte weit entfernt auf dem Rücken liegt. Die Fuhre setzt sich wieder in Bewegung, unterwegs kommt der Wespe jedoch ein neuer Einfall: sie hat den Eingang besichtigt, jedoch nicht das Innere. Wer weiß, ob dort alles in Ordnung ist? Sie eilt wieder hin, indem sie die Beute liegen läßt, und schlüpft in das Loch, wo sie nun sicherlich, die Tarsen als Kelle benutzend, den Wänden die letzte Vollendung gibt. Ohne sich jedoch bei diesen feinen Nachbesserungen lange aufzuhalten, kehrt sie zu ihrer Beute zurück und spannt sich mittels der Fühler ihr vor. Nun vorwärts; wird die Reise diesmal zu Ende geführt werden? Ich möchte nicht dafür Gewähr leisten. Ich habe Grabwespen gesehen, die fünf- oder sechsmal von ihrer Beute zu dem Erdloch eilten, um noch Verbesserungen vorzunehmen, allerdings auch andere, die unmittelbar auf ihr Ziel losmarschierten, ohne auch nur eine Ruhepause zu machen. Aus allem, was ich vorstehend berichtet habe, geht mit voller Sicherheit hervor, daß dieser Hautflügler zuerst sein Werk als Jäger verrichtet und nachher erst an die Grabarbeit geht, dergestalt, daß der Ort des Fanges auch für den Ort seiner Niederlassung bestimmend ist.

Diese Umkehrung der Methode: zunächst Beschaffung des Lebensmittelvorrats und dann erst Herstellung der Speisekammer, schreibe ich dem schweren Gewichte der Beute zu, das es unserer südfranzösischen Grabwespe unmöglich macht, diese weit durch die Luft fortzuschaffen. Es liegt nicht daran, daß der Sphex von Languedoc nicht mit guten Organen für den Flug versehen wäre, er fliegt im Gegenteil ganz prächtig, allein die Beute, die er jagt, würde ihn zu Boden drücken, wenn er keine anderen Hilfsmittel als die Flügel hätte. Für ihn ist die Stütze des Bodens und die Arbeit als Fuhrmann, bei der er eine bewunderungswürdige Kraft entwickelt, unerläßlich. Er schleppt seine Last stets zu Fuße fort oder macht doch nur ganz kurze Flüge, selbst unter Verhältnissen, in denen der Flug ihm Zeit und Mühe ersparen würde. Ich will wenigstens ein Beispiel dafür anführen, das ich meinen jüngsten Beobachtungen dieses merkwürdigen Hautflüglers entnehme.

Ganz unvermutet gewahre ich eine Grabwespe, von der ich nicht weiß, woher sie kommt. Sie kommt heran, zu Fuß ihren Ephippiger schleppend, den sie augenscheinlich soeben in der Nähe erbeutet hat. Nunmehr handelt es sich für sie darum, sich ein Erdloch zu graben. Die Stelle ist dafür so ungeeignet wie nur möglich, denn sie befindet sich auf einem gebahnten Wege, der so hart wie Stein ist. Sie kann sich nicht auf mühsame Grabarbeiten einlassen, weil die bereits gefangene Beute so rasch wie möglich ins Proviantmagazin gebracht werden muß, und bedarf deshalb eines leichten Bodens, in dem die Kammer für die Larve binnen kurzer Frist hergestellt werden kann. Ich habe ja bereits früher den Boden bezeichnet, den die Wespe vorzieht: Staub, der sich im Laufe langer Zeit auf dem Grunde eines Mauerloches angesammelt hat oder eine kleine Zufluchtsstätte unter einem vorragenden Stein. Daher macht der Hautflügler, den ich gegenwärtig vor Augen habe, Halt am Fuße eines Gebäudes, dessen Außenwände frisch beworfen und 6 bis 8 m hoch sind. Sein Instinkt sagt ihm, daß er dort oben unter den Dachziegeln Plätzchen finden wird, die reich an altem Staube sind. Er läßt sein Wild am Fuße der Wand liegen und fliegt auf das Dach. Eine Zeitlang sehe ich ihn dort auf gut Glück herumsuchen. Nachdem er eine passende Stelle gefunden hat, beginnt er unter der Wölbung eines Ziegels zu arbeiten, in zehn Minuten, einer Viertelstunde höchstens, ist der Wohnsitz fertig, und nun fliegt er wieder auf den Boden. Es handelt sich darum, die alsbald wiedergefundene Laubheuschrecke nach oben zu schaffen. Wird er dies im Fluge tun, wie es die Verhältnisse zu erheischen scheinen? Keineswegs. Die Grabwespe entscheidet sich für den mühsamen Transport mittels des Emporkletterns an einer senkrechten Mauer, deren Oberfläche von der Kelle des Maurers geglättet und 6 bis 8 m hoch ist. Indem ich sie diesen Weg einschlagen sehe, das Wild zwischen den Beinen nachschleppend, glaube ich zuerst, daß dies unmöglich sei, allein schon bald bin ich über den Ausgang des kühnen Versuchs beruhigt. Indem das kräftige Insekt sich auf die kleinen rauhen Unebenheiten des Mörtels stützt, bewegt es sich trotz der Behinderung durch seine schwere Last auf der senkrechten Fläche mit dem gleichen sicheren Gange und derselben Behendigkeit aufwärts, wie auf dem wagrechten Erdboden. Der First des Daches wird ohne jeden Unfall erreicht und die Beute vorläufig am Dachrande auf dem gewölbten Rücken eines Ziegels niedergelegt. Während der Grabarbeiter das Loch nachbessert, gerät das schlecht ins Gleichgewicht gebrachte Wildbret ins Gleiten und fällt am Fuße der Mauer nieder. Die Kletterarbeit muß von neuem vollführt werden, und die gleiche Unklugheit wird zum zweitenmal begangen. Die Beute fällt abermals zu Boden, und nun zieht die Wespe mit einer Ruhe, die derartige Zwischenfälle nicht zu stören vermögen, die Heuschrecke zum dritten Male durch Emporklettern in die Höhe. Besser beraten, bringt sie sie diesmal ohne Verzug in das Loch.

Wenn nicht einmal unter solchen Umständen der Hautflügler seine Beute im Fluge fortzuschaffen versucht, so ist es klar, daß er mit einer so schweren Last überhaupt zu längerem Fliegen unfähig ist. Aus dieser Ohnmacht sind die verschiedenen Gepflogenheiten herzuleiten, von denen dieser Abschnitt handelt. Daß die gelbgeflügelte Grabwespe (Sphex flavipénnis Fabr.) auf Feldgrillen jagt, die sie fliegend forttragen kann, macht aus ihr eine halbgesellige Art, d. h. eine solche, die die Gesellschaft von ihresgleichen sucht; eine schwere Beute, die sich unmöglich durch die Luft fortschaffen läßt, macht aus der Grabwespe von Languedoc eine ungesellige Art, die auf einsames Arbeiten angewiesen ist und das Behagen entbehren muß, das die Nachbarschaft von Genossen gleicher Art gewährt. Das geringere oder größere Gewicht des bevorzugten Wildes bestimmt hier die grundlegende Eigentümlichkeit des Insekts.

Wenn der nun an den Beinen gelähmte Ephippiger ohne Gefahr für die spätere Larve ist, die an einer Stelle seines Körpers niedergelegt wird, wo er sich nicht gegen sie wehren kann, so liegen die Verhältnisse anders für die Grabwespenmutter, die das Wildbret in die Wohnstätte schleppen muß. Gleich von Anfang an hakt die geschleifte Heuschrecke sich mit den Klauen ihrer Tarsen, deren Gebrauch ihr so ziemlich erhalten bleibt, an den Grasstengeln fest, an denen der Weg sie vorüberführt; hierdurch entstehen für das Fortschaffen der Beute kaum zu überwindende Schwierigkeiten. Die

schon durch das Gewicht der Beute schwer belastete Grabwespe gerät in Gefahr, ihre Kräfte durch die vergeblichen Anstrengungen zu erschöpfen, die sich verzweifelt festklammernde Heuschrecke zum Loslassen der Grashalme zu zwingen. Dies aber ist noch nicht das Schlimmste. Die Laubheuschrecke behält den vollen Gebrauch ihrer Kiefer, die mit ihrer gewohnten Kraft schnappen und beißen. Und dabei haben diese furchtbaren Zangen den schmächtigen Körper des Räubers unmittelbar vor sich. Er hält ja die Fühler der Beute nicht weit von ihrer Basis gepackt, so daß der Mund des auf dem Rücken liegenden Opfers entweder dem Brustabschnitt oder dem Hinterleibe der Grabwespe sich gegenüber befindet. Diese, die sich auf ihren langen Beinen hoch emporhebt, gibt, dessen bin ich sicher, schon darauf acht, nicht von den unter ihr klaffenden Kiefern gefaßt zu werden, immerhin kann sie ein Augenblick des Vergessens, ein falscher Tritt, in den Bereich der beiden mächtigen Haken bringen, die sich gewiß die Gelegenheit einer unerbittlichen Rache nicht entgehen lassen werden. In gewissen, besonders schwierigen Fällen, wenn nicht stets, muß daher das Spiel dieser furchtbaren Beißzangen abgestellt werden; ebenso müssen die Harpunen der Fußendglieder in die Unmöglichkeit versetzt werden, der Fortschaffung einen zu starken Widerstand entgegenzusetzen.

Wie wird die Grabwespe es nun wohl anstellen, um dies fertig zu bringen? Hier würde sogar der Mensch, der gelehrte Mensch, sich in fruchtlosen Versuchen verlieren und zuletzt vielleicht ganz darauf verzichten, damit zustande zu kommen. Er mag sich von der Grabwespe belehren lassen. Diese versteht ihr Geschäft als Wundkünstler von Grund aus, ohne es je gelernt oder gesehen zu haben, wie es an anderen ausgeübt wurde. Sie kennt die heikelsten Geheimnisse der Nervenphysiologie oder vielmehr: sie benimmt sich so, als wenn sie diese kennte. Sie weiß, daß sich unter dem Schädel ihres Opfers ein Ring von Nervenknoten (Anhäufungen von Ganglienzellen) befindet, ähnlich den Hirnganglien der höheren Tiere. Sie weiß, daß dieser nervöse Zentralapparat die Mundwerkzeuge in Bewegung setzt, und daß er vor allem der Sitz des Willens ist, ohne dessen Weisung kein Muskel in Tätigkeit tritt; sie weiß endlich, daß wenn diese Art von Gehirn verletzt wird, jeder Widerstand aufhören muß, weil das Insekt nicht mehr den Willen dazu hat. Was die Art und Weise der Operation betrifft, so ist diese für sie das leichteste Ding von der Welt; und wenn wir uns in ihrer Schule unterrichtet haben, werden auch wir ihr Verfahren zur Anwendung bringen können. Das hierbei angewendete Instrument ist nicht der Giftstachel. Das Insekt findet in seiner Weisheit, daß das Zusammenpressen dem giftigen Stich vorzuziehen ist. Wir können uns vor seiner Entscheidung nur verbeugen, denn wir werden sogleich sehen, wie klug es ist, sich der eigenen Unwissenheit gegenüber dem Wissen des Tieres eindringlich bewußt zu werden. Um nicht durch eine neue Überarbeitung das Erhabene zu verwischen, was in der Begabung dieses Meisteroperateurs liegt, lasse ich hier meine Notizen genau so folgen, wie ich sie unmittelbar nach dem ergreifenden Schauspiel flüchtig aufgezeichnet habe.

Die Grabwespe findet, daß ihr Stück Wildbret ihr zu großen Widerstand leistet, indem es sich bald hier, bald dort an Grashalmen festklammert. Sie bleibt nun stehen, um an ihm folgende seltsame Operation, eine Art von Gnadenstoß, auszuführen. Immer rittlings über seiner Beute stehend, läßt der Hautflügler die Gelenkfügung ihres Halses an deren oberem Teil, im Nacken, weit auseinanderklaffen. Hierauf packt er den Hals mit seinen Kiefern und gräbt mit ihnen möglichst weit nach vorn unter dem Schädel der Heuschrecke, jedoch ohne jede äußere Verletzung, um die Gehirnganglien zu fassen und sie wiederholt zusammenzupressen. Nach vollzogener Operation ist das Opfer völlig unbeweglich und zu dem geringsten Widerstande unfähig, während vorher seine Beine, obgleich ihrer für den Marsch nötigen zusammenwirkenden Bewegungen beraubt, sich noch sehr kräftig gegen das Fortgeschlepptwerden wehrten.

Dies ist das Tatsächliche in seiner ganzen Beredsamkeit. Das Insekt gibt sich daran, mit der Spitze seiner Kiefer unter sorgfältiger Schonung der feinen und geschmeidigen Haut im Nacken in dem Schädel seiner Beute zu wühlen und ihr Gehirn zu zerkauen. Es findet kein Bluterguß, keine Verwundung statt, sondern nur ein äußerliches Zusammenpressen. Selbstverständlich habe ich, um die Folgen der Operation genau feststellen zu können, die unbeweglich gemachte Heuschrecke unter den Augen behalten; ebenso selbstverständlich habe ich mich bemüht, meinerseits alsbald an lebenden Heuschrecken das zu wiederholen, was mich die Grabwespe gelehrt hatte. Zum Vergleich stelle ich nun die von mir erzielten Ergebnisse und die des Hautflüglers nebeneinander.

Zwei Heuschrecken der genannten Art, deren Gehirnganglien ich mittels einer feinen Zange drükke und zusammenpresse, verfallen schnell in einen Zustand, der sich mit dem des Opfers der Grabwespe vergleichen läßt. Nur ihre Schallbecken lassen sie noch schnarren, wenn ich sie mit einer Nadelspitze reize, und ihre Beine vollführen einige ungeordnete und träge Bewegungen. Dieser Unterschied hat zweifellos seine Ursache darin, daß bei den von mir operierten Insekten nicht vorher die Ganglien ihres Bruststücks getroffen wurden, wie dies bei den Heuschrecken der Grabwespe der Fall ist, die diesen zunächst ihren Giftstachel in die Brust gebohrt hatte. Mit diesem Vorbehalt sieht man, daß ich kein gar zu schlechter Schüler gewesen bin, und daß ich meinen Lehrmeister in der Physiologie, die Grabwespe, recht gut nachgeahmt habe. Ich muß gestehen, daß es mich mit einer gewissen Genugtuung erfüllt, es beinahe eben so gut gemacht zu haben wie das Tier.

Eben so gut? Was habe ich da gesagt! Warten wir noch etwas ab, so wird sich zeigen, daß ich in der Schule der Grabwespe noch viel zu lernen habe. Meine beiden operierten Insekten gehen alsbald ein und sind nach vier bis fünf Tagen nur noch faulende Kadaver. – Und die Laubheuschrecke der Grabwespe? – Brauche ich es noch zu sagen: diese befindet sich sogar noch zehn Tage nach der Operation in einem vollständig lebensfrischen Zustande, wie ihn die Larve verlangen würde, für die die Beute bestimmt war. Und noch mehr: nur wenige Stunden nach der Operation unter ihrer Hirnschale haben sich, als wenn nichts geschehen wäre, die unregelmäßigen Bewegungen der Beine, der Fühler und Taster, der Legeröhre und der Kiefer wieder eingestellt; das Tier ist mit einem Wort wieder in den Zustand zurückgekehrt, in dem es sich befand, bevor die Wespe es in das Gehirn biß. Und diese Bewegungen sind seitdem erhalten geblieben, jedoch mit jedem Tage schwächer werdend. Die Grabwespe hatte ihr Opfer bloß vorübergehend gelähmt, nur für die erforderliche Zeit, um es widerstandslos in ihre Behausung zu schaffen; ich dagegen, der ich ihr Schüler zu sein glaubte, bin nur ein ungeschickter und roher Schlächter gewesen: ich habe die meinigen getötet. Die Wespe hat mit ihrer unvergleichlichen Gewandtheit kunstvoll das Hirn ihrer Beute zusammengepreßt, um sie für einige Stunden in Erstarrung zu versetzen; ich dagegen, roh durch Unwissenheit, habe vielleicht mit meiner Zange jenes zarte Organ, den wichtigsten Sitz des Lebens, zermalmt.

Jetzt kann ich mir auch erklären, weshalb die Grabwespe nicht von ihrem Dolche Gebrauch macht, um die Hirnganglien zu verletzen. Ein Tropfen Gift, in dieses Organ, den Mittelpunkt der Lebenskräfte gebracht, würde die Gesamtheit der Nerventätigkeit vernichten und in kurzer Frist den Tod herbeiführen. Dies aber will der Jäger gerade nicht: seine Larven würden bei einem des Lebens beraubten Wildbret nicht ihre Rechnung finden, das sich schließlich in einen stinkenden Kadaver verwandelt; er will eben nur eine Betäubung zuwege bringen, eine vorübergehende Erstarrung, die während der Fortschaffung den schwer zu bewältigenden und zudem für ihn gefährlichen Widerstand des Opfers aufhebt. Diese Erstarrung erhält er durch das in den Laboratorien der Experimental-Physiologie wohlbekannte Verfahren: die Zusammenpressung des Gehirns. Er verfährt wie ein Flourens*), der nach der Bloßlegung des Gehirns eines Tieres auf die Hirnmasse drückt und dadurch mit einem Schlage Intelligenz, Willenskraft, Gefühl und Bewegung aufhebt. Nach dem Aufhören des Druckes kehrt alles wieder zurück. Ebenso erscheinen die Reste des Lebens bei der Heuschrecke wieder, in dem

*) Der Physiolog M. J. P. Flourens (1794–1867), Professor am Collège de France und Pair von Frankreich (seit 1846), berühmt durch seine Arbeiten über die Physiologie des Nervensystems. Anm. d. Übers.

Maße, wie die lähmenden Wirkungen einer geschickt ausgeführten Zusammenpressung verschwinden. Die Hirnganglien, die zwischen den Kiefern der Grabwespe zusammengedrückt wurden, ohne jedoch tödliche Verletzungen zu erhalten, gewinnen allmählich ihre Tätigkeit wieder und machen der allgemeinen Erstarrung ein Ende. Wir wollen es nur zugeben: eine solche Einsicht ist wahrhaft schreckenerregend! –

Die Glücksgöttin hat ihre entomologischen Launen: man läuft ihr nach und trifft sie nicht; man denkt gar nicht an sie, und siehe da: sie klopft an unsere Tür. Wie viel Zeit und Mühe hatte ich vergebens aufgewendet, um die Grabwespe von Languedoc die vorstehend geschilderte Operation ausführen zu sehen. Zwanzig Jahre waren seitdem verflossen, da stürzt am 8. August 1878 mein Sohn Emil eilig in mein Arbeitszimmer: „Geschwind," ruft er, „komm nur geschwind: ein Sphex schleppt seine Beute unter den Platanen vor dem Hoftor!" Ich eile hin und sehe eine prächtige Grabwespe, die einen gelähmten Weinbergs-Ephippiger bei seinen Fühlern fortschleift. Sie wendet sich gegen den benachbarten Hühnerstall und scheint dessen Mauer erklimmen zu wollen, um unter irgend einem Dachziegel dort oben ihr Erdloch herzustellen; an derselben Stelle hatte ich schon vor ein paar Jahren eine ähnliche Grabwespe die Ersteigung mit ihrem Stück Wild ausführen sehen, die dann unter der Höhlung eines schlecht gefügten Dachziegels Wohnung nahm. Vielleicht ist der jetzige Hautflügler ein Abkömmling von jenem, dessen schwierigen Aufstieg ich oben berichtete.

Eine ähnliche großartige Leistung scheint sich wiederholen zu sollen und zwar diesmal vor zahlreichen Zeugen, denn alle Hausbewohner, die im Schatten der Platanen mit Arbeiten beschäftigt gesessen hatten, bilden jetzt einen Kreis um die Grabwespe herum. Man bewundert die Keckheit des Insektes, das sich durch die zahlreichen Zuschauer nicht von seiner Arbeit abhalten läßt; alle sind überrascht durch seine stolze und kraftvolle Haltung, während es, den Kopf erhoben und die Fühler des Opfers mit vollen Kiefern gepackt haltend, die gewaltige Last hinter sich herschleppt. Von allen Anwesenden empfinde nur ich ein Bedauern vor diesem Schauspiel. „Ach, wenn ich doch lebendige Ephippiger hätte!" kann ich mich nicht enthalten zu sagen, ohne die geringste Aussicht auf Erfüllung meines Wunsches. „Lebendige Ephippiger?" erwidert Emil. „Aber ich habe ja ganz frische, erst heute morgen gesammelte." Er stürmt die Treppe herauf und eilt in sein kleines Studierzimmer, um gleich darauf mit drei Stück zurückzukehren, wie ich sie mir besser gar nicht wünschen könnte: zwei Weibchen und ein Männchen.

Wie es zuging, daß ich diese Insekten gerade im richtigen Augenblick für einen vor etwa zwanzig Jahren vergeblich unternommenen Versuch zur Hand hatte, das ist eine andere Geschichte. Ein schwarzstirniger Würger (Lánius minor L.) hatte in einer der hohen Platanen der Allee sein Nest gebaut. Nun wehte vor ein paar Tagen der Mistral, der kalte Nord- und Nordwestwind unserer Gegenden, mit solcher Heftigkeit, daß durch die Schwankungen des Astes, auf dem das Nest sich befand, dessen Unterstes zu oberst gekehrt wurde und seine Insassen: vier kleine Vögelchen herausfielen. Am nächsten Morgen fand ich sie auf der Erde; drei waren durch den Sturz getötet worden, das vierte aber lebte noch. Das überlebende Tierchen wurde Emil zur Pflege übergeben, der seitdem dreimal täglich auf den benachbarten Grasflächen für seinen Schützling Feldheuschrecken jagte. Diese sind aber klein, so daß die Freßlust des Pfleglings eine große Zahl von ihnen verlangte. Deswegen wurde eine andere ausgiebigere Heuschreckenart vorgezogen: eben der Ephippiger; mein Mitleid mit dem aus dem Neste gefallenen Vögelchen hatte mir also die gewünschten Hautflügler verschafft.

Nachdem der Kreis der Zuschauer sich weiter ausgedehnt hat, um der Wespe freie Bahn zu lassen, nehme ich ihr mit einer Pinzette die Beute fort und gebe ihr dafür eine von meinen Heuschrecken, die am Ende des Unterleibes eine säbelförmige Legescheide trägt, also ein Weibchen ist, wie das der Wespe entrissene Wildbret. Einige Stampfbewegungen mit den Füßen sind die einzigen Zeichen von Ungeduld des beraubten Hautflüglers. Alsdann geht er sofort auf die neue Beute los, die viel zu fett-

leibig und feist ist, um auch nur einen Versuch zu machen, sich der Verfolgung durch die Flucht zu entziehen. Er ergreift sie mit seinen Kiefern an dem sattelförmigen Brustschild, stellt sich quer über das Insekt und schiebt das Ende des umgebogenen Hinterleibes unter dessen Brustabschnitt. Dort versetzt er ihm zweifellos mehrere Dolchstiche, deren Anzahl ich jedoch wegen der Schwierigkeit der Beobachtung nicht genau anzugeben vermag. Die Heuschrecke, das friedliche Opfer, läßt widerstandslos diese Operation über sich ergehen; sie ist der stumpfsinnige Hammel unserer Schlachthäuser. Die Wespe läßt sich Zeit und führt, um sicher zu treffen, ihren Dolch so bedächtig, daß ich es genau beobachten kann. Allein die Beute liegt mit Brust und Bauch auf der Erde, und gerade, was darunter vorgeht, entzieht sich meinem Blicke. Ich darf nicht daran denken, die Heuschrecke etwas in die Höhe zu heben, um besser zu sehen, denn dann würde der Mörder seine Waffe wieder in die Scheide stecken und sich zurückziehen. Was nun folgt, ist wieder bequem zu sehen. Nachdem er die Brust seines Opfers mit Dolchstößen durchbohrt hat, erscheint seine Hinterleibsspitze unter dem Halse der Heuschrecke, den der Wundkünstler weit klaffen läßt, indem er auf ihr Genick drückt. Auf diesen Punkt richtet sich sein Stachel mit besonderer Beharrlichkeit, wie wenn der Stich dort wirksamer wäre als anderwärts. Man könnte glauben, das getroffene Nervenzentrum sei der untere Teil des oben erwähnten Ringes von Nervenknoten, allein das Fortbestehen der Bewegungen in den Mundteilen: Ober- und Unterkiefer, Taster, die von diesem Sitze der Nerventätigkeit aus belebt werden, zeigt, daß die Dinge nicht so verlaufen. Auf diesem Wege trifft die Wespe einfach die Ganglien des Brustabschnitts, wenigstens den ersten Nervenknoten, der leichter zugänglich ist durch die feine Haut des Halses als durch die Brustdecken.

Und nun ist's vollbracht. Ohne durch das geringste Zucken Schmerz bekundet zu haben, ist die Heuschrecke von nun an eine regungslose Masse. Zum zweiten Male nehme ich das operierte Insekt der Wespe weg und ersetze es durch das zweite Weibchen, über das ich verfüge. Die gleichen Verrichtungen werden wieder mit demselben Ergebnis vollzogen. Dreimal, beinah Schlag auf Schlag, zuerst an ihrem eigenen Wildbret, dann an den von mir vertauschten Stücken, nimmt die Wespe ihre kunstvolle Chirurgie vor. Wird sie es auch zum viertenmal bei der männlichen Laubheuschrecke tun, die mir noch übrig geblieben ist? Dies scheint mir zweifelhaft, nicht etwa, weil der Hautflügler müde wäre, sondern weil dieses Stück Wild ihm nicht behagt. Ich habe ihn stets nur Weibchen erbeuten sehen, deren mit Eiern vollgepfropfter Leib eine von der Larve mehr geschätzte Speise bildet. Meine Vermutung bestätigt sich: nachdem ich ihr das dritte Weibchen fortgenommen habe, lehnt die Wespe beharrlich das dargebotene Männchen ab. Sie läuft mit schnellen Schritten hierhin und dorthin und sucht nach dem verschwundenen Wildbret; drei- oder viermal nähert sie sich dem Männchen, geht um es herum, wirft ihm einen verächtlichen Blick zu und fliegt schließlich davon. Ein solches Stück Wild kann sie für ihre Larven nicht brauchen; der Versuch sagt es mir von neuem nach einer Zwischenzeit von zwanzig Jahren.

Die drei von der Wespe gestochenen Weibchen (bei zweien war es vor meinen Augen geschehen) bleiben in meinem Besitz. Ihre sämtlichen Beine sind vollständig gelähmt. Jedes von ihnen, mag man es in seine natürliche Haltung bringen oder es auf den Rücken oder auf die Seite legen, behält die Stellung bei, die man ihm gegeben hat. Fortwährende Schwingungen der Fühler, in Zwischenräumen ein Anschwellen und Zusammenziehen des Hinterleibes und das Spiel der Mundwerkzeuge sind die einzigen Anzeichen des Lebens. Die Bewegungsfähigkeit ist zerstört, aber nicht das Empfindungsvermögen, denn beim leisesten Stich an einer mit feiner Haut bekleideten Stelle zuckt der ganze Körper leicht zusammen. Vielleicht wird eines Tages die Physiologie in solchen Opfern den Stoff zu schönen Forschungen über die Funktionen des Nervensystems finden. Der Dolch des Hautflüglers, der mit unvergleichlicher Geschicklichkeit einen bestimmten Punkt trifft und dort eine Wunde hervorbringt, die nur auf diesen Punkt einwirkt, wird mit ungeheurem Vorteil bei Versuchen das rohe Zergliederungsmesser erset-

zen, das aufschneidet, während es nur leicht zu ritzen brauchte. Inzwischen lasse ich hier die Ergebnisse folgen, die mir die drei Opfer geliefert haben, jedoch unter einem anderen Gesichtspunkte.

Da nur die Bewegung der Beine zerstört war, ohne andere Verletzungen als die der Nervenmittelpunkte, des Sitzes dieser Bewegung, so muß das Tier an Entkräftung und nicht an seiner Wunde zugrunde gehen. Dies wurde durch folgenden Versuch erwiesen.

Zwei unversehrte Ephippiger, wie sie mir das freie Feld geliefert hatte, wurden gefangengesetzt, ohne Nahrung zu erhalten, der eine im Tageslicht, der andere im Dunkeln. Nach vier Tagen war der zweite Hungers gestorben, nach fünf Tagen der erste. Dieser Unterschied von einem Tage erklärt sich folgendermaßen. Im Lichte ist das Tier in lebhafterer Bewegung, um seine Freiheit wieder zu erlangen, und da nun jeder Bewegung der tierischen Maschine eine Ausgabe von Heizungsmaterial entspricht, so verzehrt eine größere Summe von Tätigkeit rascher die Reserven des Organismus.

Von den drei Weibchen, die die Grabwespe gestochen hatte, wird eines ohne Nahrung im Dunkeln gehalten. Bei ihm kommen zu dem gänzlichen Fasten und der Dunkelheit noch die erhaltenen schweren Wunden, und trotzdem sehe ich es 17 Tage lang die Fühler in Schwingungen versetzen. So lange diese Art Pendel sich bewegt, steht die Lebensuhr noch nicht still. Am 18. Tage hört das Tier auf, die Fühler zu bewegen und geht zugrunde. Das schwer verletzte Insekt hat also unter den gleichen Bedingungen viermal länger gelebt als das unverletzte. Dies auf den ersten Blick widersinnige Ergebnis erklärt sich jedoch sehr einfach. Das unversehrte Tier ist in Bewegung und verausgabt sich folglich. Wenn es gelähmt ist, finden in ihm bloß schwache innere Bewegungen statt, die von dem ganzen Körperbau unzertrennlich sind, und sein Stoff wird, entsprechend der Schwäche der entwickelten Tätigkeit, weniger verausgabt. Im ersteren Fall ist die tierische Maschine tätig und nutzt sich ab, in dem zweiten befindet sie sich in Ruhe und erhält sich. Wenn durch die Ernährung jene Verluste nicht ersetzt werden, verausgabt das sich bewegende Insekt in vier Tagen die im Körper vorhandenen Vorräte an Nährstoff und stirbt; das unbewegliche Insekt verausgabt sie nicht so rasch und geht erst nach 18 Tagen ein. Das Leben ist eine immerwährende Zerstörung, sagt uns die Physiologie, und die Opfer der Grabwespe liefern uns dafür einen Beweis, wie es vielleicht keinen auserleseneren gibt.

Noch eine Bemerkung. Die Larven des Hautflüglers bedürfen unbedingt frischen Fleisches. Wenn die Beute unversehrt in dem Erdloch für sie aufgespeichert würde, so wäre sie nach vier oder fünf Tagen ein der Verwesung preisgegebener Kadaver, und die kaum ausgeschlüpfte Larve fände als Nahrung nur eine faulende Masse. Wird die Heuschrecke aber vorher von dem Giftstachel angebohrt, dann ist sie fähig, sich zwei bis drei Wochen am Leben zu erhalten, eine mehr als ausreichende Frist für das Ausschlüpfen aus dem Ei und die Entwicklung der Larve. Die Lähmung hat mithin ein doppeltes Ergebnis: die Unbeweglichkeit der als Proviant für die Larve bestimmten Heuschrecke, um nicht das Dasein des zarten Würmchens zu gefährden, und das lange Frischbleiben ihres Fleisches, um der Larve eine gesunde Nahrung zu sichern. Die von der Wissenschaft erleuchtete Vernunft des Menschen könnte nichts Besseres ausfindig machen.

Meine beiden anderen, von der Wespe gestochenen Laubheuschrecken werden ebenfalls im Dunkeln gehalten, bekommen aber Nahrung. Es scheint auf den ersten Blick unmöglich, Tiere zu ernähren, die sich von einem Kadaver nur durch die fortwährende Bewegung ihrer langen Fühler unterscheiden, doch das freie Spiel der Mundteile gab mir einige Hoffnung, und ich versuchte es. Der Erfolg hat meine Erwartungen übertroffen. Natürlich konnte es sich nicht darum handeln, ihnen Lattichblättchen oder sonstige Kräuter zu geben, die sie in ihrem normalen Zustande fressen würden; es sind schwache Kranke, die man sozusagen mit der Flasche nähren und mit Arzneitrank am Leben halten muß. Ich verwendete Zuckerwasser dazu.

Auf den Mund des auf dem Rücken liegenden Insekts bringe ich mittels eines Strohhalms ein Tröpfchen der gezuckerten Flüssigkeit. Alsbald geraten die Taster in Unruhe, die Ober- und Unterkiefer bewegen sich. Der Tropfen wird mit sichtlichen Zeichen der Befriedigung eingesogen, zumal wenn das Fasten etwas länger gedauert hat. Ich erneuere die Gabe, bis die Annahme verweigert wird. Die Mahlzeit findet einmal, mitunter auch zweimal am Tage statt, zu wechselnden Stunden, um nicht selber zu sehr Knecht eines solchen Spitals zu sein.

Nun gut: bei dieser mageren Kost hat die eine Heuschrecke 21 Tage gelebt. Es ist dies verhältnismäßig wenig im Vergleiche zu jener, die ich ohne alle Nahrung ließ, allerdings hatte dieses Insekt zweimal einen schweren Fall getan und war durch irgend eine Ungeschicklichkeit meinerseits von dem Versuchstisch auf den Boden gefallen. Die dabei erhaltenen Quetschungen mögen wohl sein Ende beschleunigt haben. Die andere Heuschrecke, die von Unfällen verschont bliebt, hat 40 Tage gelebt. Da das ihr als Nahrung gereichte Zuckerwasser nicht auf unbegrenzte Zeit ihre natürliche Nahrung, die grünen Kräuter, ersetzen konnte, so ist es höchst wahrscheinlich, daß das Insekt bei solcher Nahrung noch länger gelebt haben würde. Damit ist die Hauptsache erwiesen, die ich im Auge hatte: die von dem Giftstachel der Grabwespen gestochenen Insekten gehen an Entkräftung und nicht an ihrer Verletzung zugrunde.

Die Nestbauten der Mörtelbienen.

Réaumur hat eine seiner naturwissenschaftlichen Arbeiten der Geschichte der Mauer-Mörtelbiene (Chalicodóma murária Fabr.) gewidmet. Ich beabsichtige, diese Geschichte hier wieder aufzunehmen, zu ergänzen und sie vor allem unter einem Gesichtspunkte zu betrachten, den der berühmte Beobachter gänzlich vernachlässigt hat. Zuvor aber reizt es mich zu erzählen, wie ich mit diesem Hautflügler Bekanntschaft gemacht habe.

Es war zu Beginn meiner Tätigkeit als Lehrer um das Jahr 1843. Einige Monate, nachdem ich das Lehrerseminar in Vaucluse mit meiner Bestallungsurkunde und der unbefangenen Begeisterung eines Achtzehnjährigen verlassen hatte, wurde ich nach Carpentras geschickt, um dort die der städtischen höheren Schule angegliederte Elementarschule zu leiten. Von den Unterrichtsgegenständen war einer bei Lehrern und Schülern gleich beliebt; dies war die Geometrie im Freien, das praktische Feldmessen. Sobald der Mai gekommen war, wurde einmal in der Woche die dumpfe Schulstube mit der freien Natur vertauscht: ein Fest für meine Zöglinge. Das Operationsfeld war eine weite, unangebaute, steinige Ebene: ein harmas, wie man auf dem Lande sagt. Dort hinderte mich kein Schleier von lebendigen Hecken oder von Gesträuchen, das junge Volk zu überwachen, dort brauchte ich für meine Schüler nicht die unwiderstehliche Versuchung der unreifen Aprikosen zu fürchten. Weithin erstreckte sich die Ebene in der Länge und Breite, bloß mit blühendem Thymian und Geröll bedeckt, und gewährte freien Raum für das Abstecken aller erdenklichen Vielecke.

Gleich beim ersten Schulausfluge erregte ein verdächtiger Umstand meine Aufmerksamkeit. Wurde ein Schüler abgeschickt, um in der Ferne einen Meßstab aufzupflanzen, so sah ich ihn unterwegs mehrmals verweilen, sich bücken, sich wieder erheben und suchen und sich nochmals bücken, ohne sich um das Abstecken und die Zeichengebung zu kümmern; ein anderer ließ die eiserne Kette im Stich und hob dafür einen Kiesel auf, ein dritter zerbröckelte, statt einen Winkel zu messen, einen Erdklumpen mit den Händen. Die meisten überraschte ich, wie sie das Ende eines Strohhalmes ableckten. Und das Polygon kam nicht zustande, die Diagonalen wurden nicht gezogen. Worin bestand dieses Geheimnis?

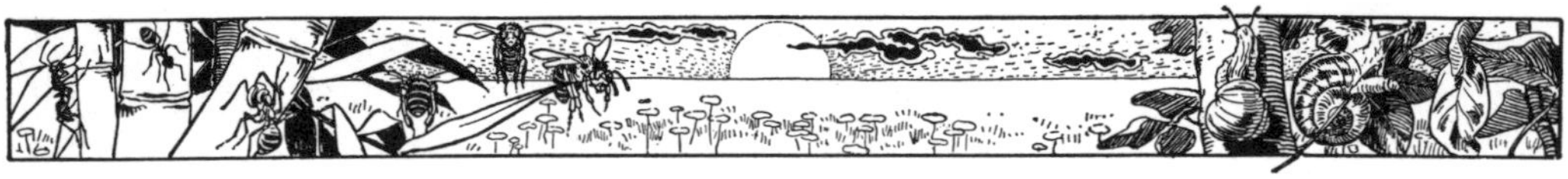

Ich fragte, und nun erklärte sich alles: der Schüler, ein geborener Ausspürer und Beobachter, wußte seit langem, was dem Lehrer noch unbekannt war. Auf den Kieseln des Harmas macht eine große Biene Nester aus Erde. In diesen Nestern gibt es Honig, und meine Feldmesser öffnen sie, um die Zellen mit einem Strohhalm zu entleeren. Wie man dies anstellt, wurde mir gezeigt. Der Honig schmeckt zwar etwas stark, ist aber sonst ganz annehmbar. Ich meinerseits fand Geschmack daran und gesellte mich zu den Nestersuchern, um das Meßgeschäft später wieder aufzunehmen. So sah ich zum ersten Male die Maurerbiene, wie Réaumur sie nennt, als ich noch nichts von ihrer Geschichte oder von ihrem Geschichtsschreiber wußte.

Dieser prachtvolle Hautflügler, seine Nesterbauten auf dem besonnten Geröll zwischen Thymian und sein Honig, der uns eine willkommene Abwechslung bei der ernsten Beschäftigung mit Bussole und Tragband des Feldmessers gewährte, machten einen lebhaften Eindruck auf meinen Geist. Mich verlangte danach, mehr über ihn zu wissen, als was mich meine Schüler gelehrt hatten: die Kunst, seine Zellen mittels eines Strohhalms ihres Honigs zu berauben. Mein Buchhändler hatte gerade ein herrliches Werk über die Insekten zu verkaufen, Castelnaus „Naturgeschichte der Gliedertiere". Es enthielt eine reiche Fülle von Abbildungen, war aber auch leider so teuer, daß ich von meinem reichen Einkommen: 700 Franken jährlich, gerade einen Monatsbetrag opfern mußte, um es zu erstehen. Trotzdem wurde es gekauft, und es bedurfte eines Wunders von Sparsamkeit, um nachher diesen Fehlbetrag zu decken. Das Buch wurde im wahren Sinne des Wortes verschlungen. Ich erfuhr den Namen meiner schwarzen Biene: ich las zum erstenmal Einzelheiten über ihre entomologischen Sitten; ich fand darin die in meinen Augen von einer Art Glorie umgebenen Namen der Réaumur, Huber und Léon Dufour, und während ich das Werk zum hundertsten Male durchstudierte, flüsterte mir eine innere Stimme leise zu: „Und du auch, du wirst ein Geschichtschreiber der Tiere werden!" – Naive Einbildungen, was ist aus euch geworden! Doch ich will diese Erinnerungen, die traurig und süß zu gleicher Zeit sind, zurückdrängen, um zu dem Tun und Lassen unserer schwarzen Biene zu gelangen.

Ihr wissenschaftlicher Name Chalicodóma (v. griech. χάλιξ kleines Steinstückchen und δομέω) bezeichnet ein Insekt, das aus mit Stein- oder Grobmörtel zusammengefügten Steinchen ein Haus baut, und er paßt in der Tat für jene Hautflügler, die ihre Zellen aus ähnlichen Stoffen errichten, wie wir sie für unsere Wohnstätten verwenden. Das Werk dieser Insekten ist die Arbeit des Maurers, aber eines ländlichen Maurers, der mehr im Bauen mit Lehmschlag geübt ist, als in dem mit Hausteinen. Réaumur, dem die wissenschaftliche Einteilung fremd war, hat – wie schon bemerkt – den Arbeiter nach seiner Arbeit „Maurerbiene" (nicht zu verwechseln mit den Mauerbienen oder Osmien) benannt: eine Bezeichnung, die sie mit e i n e m Worte schildert.

Meine Gegend hat drei Arten von ihnen aufzuweisen; die erste baut ihre Nester auf Geröll, die zweite an Zweigen und die dritte an Schuppen. Bei der ersten Art, der gemeinen oder Mauer-Mörtelbiene, Ch. murária Fabr. (Réaumurs Maurerbiene), sind die beiden Geschlechter so verschieden gefärbt, daß ein unerfahrener Beobachter, der sie mit Überraschung aus demselben Nest hervorkommen sieht, sie zuerst für verschiedenen Arten angehörend hält. Das Weibchen ist in ein prächtiges samtartiges Schwarz gekleidet mit dunkelvioletten Flügeln. Bei dem Männchen wird dieser schwarze Samt durch eine lebhaft fuchsrote Behaarung ersetzt. Die beiden anderen, weniger großen Arten weisen nicht diese Gegensätze in den Farben auf; die beiden Geschlechter haben dieselbe Tracht, eine zerstreute Mischung von Braun, Rotgelb und Aschblond.*)

Als Träger ihres Nestes wählt die Mauer-Mörtelbiene in den Provinzen Nordfrankreichs, wie uns Réaumur lehrt, eine gut der Sonne ausgesetzte

*) Von den in der Alten Welt vorkommenden 50 Arten der Mörtelbiene (Chalicodóma Lep.), einer Insektengattung aus der Familie der Bienen (Apídae), lebt nur die gemeine Mörtelbiene in Mittel- und Süddeutschland. Das 15–18 mm lange Weibchen ist überall dicht schwarzbehaart, nur die Sammelhaare des Bauches sind in der Mitte rostrot, die Flügel braun mit violettem Schimmer. Das 11–13 mm lange Männchen ist fuchsrot behaart, der Hinterleib vom vierten

Mauer, die nicht mit Mörtel beworfen ist, der, wenn er sich ablöste, die Zukunft ihrer Zellen gefährden würde. Sie vertraut ihre Bauten nur einer ganz sicheren Grundlage, dem nackten Stein an. Im Süden muß ich ihr die gleiche Vorsicht zuerkennen, aber ich weiß nicht, aus welchem Grunde sie hier dem Mauerstein allgemein eine andere Grundlage vorzieht. Sie wählt mit Vorliebe als Träger ihres Nestes einen jener durch das Treiben der Wellen abgeriebenen Kiesel, oft nicht größer als eine geballte Faust, die zu den Gesteinstrümmern gehören, mit denen in der Urzeit die Gewässer beim Eisgang der Gletscher die Terrassen des Rhonetales bedeckt haben. Das außerordentlich häufige Vorkommen solcher Baustätten mag wohl von Einfluß auf die Wahl der Mörtelbiene sein: alle unsere Hochebenen von geringer Höhe, alle unsere dürren, nur mit Thymian bedeckten Gelände sind solche Anhäufungen durch rote Erde verkitteter Schotter. In den Tälern hat die Mörtelbiene außerdem zur Verfügung die Gerölle der Bergströme. In der Nachbarschaft von Orange sind ihre bevorzugten Örtlichkeiten das angeschwemmte Erdreich des Ayguesflusses, mit seinen ausgedehnten Flächen abgeriebener Kiesel, die das Wasser jetzt nicht mehr bespült. Mangels solcher Uferkiesel baut die Mörtelbiene aber auch auf jedem beliebigen Stein, an einem Grenzstein oder einer Einfriedigungsmauer.

Die Schuppen-Mörtelbiene bringt noch mehr Verschiedenheit in ihre Wahl. Der von ihr mit Vorliebe benutzte Platz ist die Unterseite von Dachziegeln, die am Rande einer Bedachung vorspringen. Es gibt kaum eine kleine ländliche Wohnstätte, die nicht unter dem vorspringenden Rande des Daches ihren Nestern Schutz gewährte. In jedem Frühjahr läßt sich diese Mörtelbiene dort in volkreichen Ansiedlungen nieder, deren von einer Generation auf die folgende übertragene und alljährlich vergrößerte Maurerarbeit schließlich große Flächen bedeckt. Ich habe Nester gesehen, die unter den Dachziegeln eines Schuppens einen Raum von 5 bis 6 Quadratmetern einnahmen. Wenn die Bienen in voller Arbeit waren, wurde man durch die Menge und das Brausen der Arbeiter ganz betäubt. Auch die untere Seite eines Balkons ist bei diesen Mörtelbienen beliebt, ebenso die Nische eines unbenutzten Fensters, namentlich wenn sie mit einem durchbrochenen Laden geschlossen ist, der ihnen freien Durchgang gewährt. Hier stellen sie sich dann zu Hunderten und Tausenden ein, von denen jede für sich arbeitet. Wenn die Schuppen-Mörtelbiene jedoch allein ist, wie es nicht selten vorkommt, dann richtet sie sich in dem ersten besten versteckten Schlupfwinkel ein, vorausgesetzt, daß sie dort eine feste Grundlage und Wärme vorfindet. Ich habe sie bauen sehen auf dem nackten Stein, auf Dachziegeln, auf dem Holz von Fensterläden und sogar auf den Fensterscheiben eines Schuppens. Nur den Kalkbewurf unserer Gebäude vermeidet sie stets; ebenso vorsichtig wie ihre oben erwähnte Verwandte, befürchtet sie die Zertrümmerung ihrer Zellen, wenn sie diese einer Unterlage anvertrauen würde, deren Abfallen möglich ist.

Die Stauden-Mörtelbiene macht sich einen luftigen Wohnsitz, der an einem Zweige aufgehängt wird. Irgendein Staudengewächs unserer Hecken, Weißdorn, Granatbaum, Christdorn, dient ihm als Träger, gewöhnlich in Manneshöhe. Die immergrüne Eiche, die Ulme und Fichte geben ihm eine noch beträchtlichere Höhe. In dem buschigen Dickicht wählt sie einen Zweig von Strohhalmsdicke aus und führt auf dieser schmalen Grundlage ihren Bau aus Mörtel aus. Nach seiner Fertigstellung ist das Nest ein Erdball, durch den der Zweig in seitlicher Richtung hindurchgeht. Es ist so dick wie eine Aprikose, wenn es sich um die Arbeit eines einzelnen Insekts handelt, und wie eine geballte Faust, wenn mehrere zusammen gearbeitet haben; der letztere Fall ist jedoch selten.

Diese drei Hautflügler verwenden die gleichen Stoffe: kalkhaltige Tonerde, mit ein wenig Sand vermischt, die mit dem eigenen Speichel des Arbeiters

---

Ring an schwarz; die Flügel sind wasserhell, am Rande getrübt. Das Weibchen baut außen an Felsen, an von Mörtel entblößten Mauern usw. aus Mörtelstückchen, Sand und Erde ein Nest von mehreren fingerhutähnlichen Zellen, die etwa 2,7 cm lang sind und durch eine gewölbte, länglichrunde Decke verschlossen werden. Aus ihnen kriechen die Bienen im Mai oder Juni des nächsten Jahres aus.

Anm. d. Übers.

geknetet wird. Die nassen Stätten, die die Arbeit erleichtern und die Ausgabe von Speichel zum Anfeuchten des Mörtels vermindern würden, werden von den Mörtelbienen verschmäht. Sie nehmen keine feuchte Erde zum Bauen, wie unsere Baumeister verwitterten Gips und schon vor längerer Zeit gelöschten Kalk zurückweisen. Jene von natürlicher Feuchtigkeit durchtränkten Stoffe würden den Mörtel nicht genügend binden. Das was sie brauchen, ist ein trockenes Pulver, das den abgesonderten Speichel gierig einsaugt und mit den eiweißhaltigen Bestandteilen dieser Flüssigkeit eine Art von Romanzement bildet, der so rasch erhärtet, wie der aus ungelöschtem Kalk und Eiweiß hergestellte Steinkitt.

Eine vielbefahrene Straße, deren Belag von Kalksteinen unter den Rädern der Fuhrwerke zermalmt worden ist, so daß sie eine glatte Oberfläche, einer fortlaufenden Diele ähnlich, aufweist, ist der Mörtelsteinbruch, den alle drei Arten der Mörtelbiene mit Vorliebe ausbeuten. Von dort schaffen sie das Baumaterial herbei, ohne sich durch den immerwährenden Verkehr von Menschen und Tieren auf einer solchen Straße in ihrer Arbeit stören zu lassen. Man muß nur die lebhafte Biene am Werke sehen, wenn der Weg grellweiß in den Strahlen einer brennenden Sonne leuchtet. Zwischen der Straße, der Werkstatt, wo der Mörtel bereitet wird, und dem Orte des Nestbaues rauscht das tiefe Summen der Ankommenden und der Fortfliegenden, die ohne Unterbrechung aufeinander folgen und sich kreuzen. Es sieht aus, als wenn die Luft fortwährend von Dunststreifen durchschnitten würde, so geradlinig und rasch ist der Flug der Arbeiter. Die Fortfliegenden ziehen mit einem Klümpchen Mörtel von der Dicke einer Erbse ab; die Ankommenden lassen sich unverzüglich auf den härtesten und trockensten Stellen nieder. Während ihr ganzer Körper zittert, kratzen sie mit der Spitze ihrer Kiefer und schaben mit den vorderen Tarsen, um winzige Teilchen Erde und Sandkörner herauszuholen, die, zwischen den Mundteilen hin- und hergerollt und mit dem Speichel befeuchtet, zu einer zusammenhängenden Masse werden. Ihr Eifer ist so lebhaft, daß der Arbeiter sich lieber von den Füßen der Vorübergehenden zertreten läßt, als daß er sein Werk aufgibt.

Die gemeine Mörtelbiene kann entweder ganz neue Bauten aufführen, an einer Stelle, die von solchen noch nicht besetzt war, oder Zellen eines alten Nestes nach deren Ausbesserung benutzen. Wir wollen zunächst den ersten Fall betrachten. Nachdem die Mauer-Mörtelbiene sich einen Stein ausgesucht hat, stellt sie sich mit einem Mörtelklümpchen zwischen den Kiefern bei ihm ein und verteilt es in Form eines ringförmigen Wulstes auf seiner Oberfläche. Die Vorderfüße und die Kiefer, als die Hauptwerkzeuge des Maurers, verarbeiten den Stoff, der durch die nach und nach abgesonderte Speichelflüssigkeit bildsam erhalten wird. Um den Lehmschlag fester zu machen, werden kantige Kieskörner von der Dicke einer Linse eines nach dem andern, jedoch nur auf der Außenseite, in die noch weiche Masse eingefügt. Dies ist das Fundament des Baues. Auf diese erste Lage folgen andere, bis die Zelle die gewollte Höhe, 2–3 Zentimeter, erreicht hat.

Unsere Bauten werden aus übereinandergelegten Steinen aufgeführt, die man unter sich mit Kalk verkittet. Das Werk der Mörtelbiene kann wohl den Vergleich mit den unsrigen aushalten. Um Arbeit und Mörtel zu sparen, verwendet sie, wie wir gesehen haben, dicke Kieskörner, die für sie wahre Hausteine sind. Sie wählt sie einzeln sorgfältig aus, gehörig hart, fast immer mit Ecken, die, geschickt an die der Nachbarkörner gefügt, sich gegenseitig stützen und zu der Festigkeit des Ganzen beitragen. Mörtellagen, die mit Sparsamkeit dazwischengebracht werden, halten sie verbunden. Das Äußere der Zelle gewinnt so das Aussehen eines Baues aus Buckelquadern (Rustika), bei dem die Steine mit ihren natürlichen Unebenheiten aus der Außenfläche hervortreten; das Innere aber, das eine glattere Oberfläche verlangt, um die zarte Haut der Larve nicht zu verletzen, wird mit reinem Mörtel verputzt. Im übrigen wird dieser innere Bewurf ohne Kunst, man möchte sagen: mit derben Würfen der Kelle angebracht; die Larve trägt ja auch Sorge dafür, nachdem das Honigfutter, das sie in der Zelle vorfindet, verzehrt ist, einen Kokon zu spinnen und die rauhe Wandung ihrer Wohnstätte mit Seide zu überkleiden. Dagegen überziehen die Pelzbienen (Anthóphora) und Schmalbienen (Halíctus), deren Larven keinen Kokon weben, die innere Seite ihrer Zellen sauber mit Erde und geben ihr die Politur des geschnitzten Elfenbeins.

Der Bau, dessen Achse immer nahezu senkrecht steht, und dessen Mündung nach oben gerichtet ist, damit der äußerst flüssige Honig nicht herausfließt, zeigt eine etwas unterschiedliche Form je nach der Grundlage, auf der er errichtet ist. Auf einer wagrechten Oberfläche erhebt er sich in Gestalt eines kleinen eirunden Turmes; auf einer senkrechten oder geneigten Fläche gleicht er der Hälfte eines der Länge nach durchschnittenen Fingerhutes. In diesem Falle vervollständigt der als Unterlage benutzte Kiesel selbst die Wand der Umwallung.

Nachdem die Zelle fertiggestellt ist, beschäftigt sich die Biene sogleich mit ihrer Verproviantierung. Die Blüten der Umgegend, besonders die des Stechginsters (Genísta scórpius), die im Mai das angeschwemmte Land der Bergströme goldig erglänzen lassen, liefern ihr Zuckersaft und Blütenstaub. Sie kehrt von ihnen zurück mit gefüllter Honigblase und mit vom Blütenstaube gelb gefärbtem Bauch. Mit dem Kopfe voran versenkt sie sich in die Zelle, und während einiger Augenblicke sieht man sie ruckartige Bewegungen ausführen, ein Zeichen, daß sie den honigartigen Brei wieder von sich gibt. Alsdann verläßt sie die Zelle, um sogleich wieder dorthin zurückzukehren, diesmal aber rückwärts gehend. Jetzt bürstet sich die Biene mit den beiden Hinterfüßen die untere Seite ihres Bauches ab und läßt die Ladung Blütenstaub hineinfallen. Abermaliges Hervorkommen und Zurückkehren mit dem Kopfe voran. Es handelt sich darum, die Masse mit den als Löffel dienenden Mundteilen durcheinanderzurühren, und aus dem ganzen eine gleichartige Mischung zu machen. Diese Mischarbeit wiederholt

Die Schuppen-Mörtelbiene, ihren Mörtel auf einer vielbegangenen Landstraße zubereitend.

sich nach jeder Reise; sie findet nur noch dann und wann statt, wenn die Stoffe in erheblicher Menge angehäuft sind.

Die Verproviantierung ist fertig, sobald die Zelle zur Hälfte gefüllt ist. Nun bleibt noch übrig, ein Ei auf die Oberfläche der weichen Masse zu legen und die Wohnung der künftigen Larve zu schließen. Dies alles geht ohne Verzug vor sich. Der Verschluß besteht aus einem Deckel von unvermischtem Mörtel, den die Biene von dem Umkreis nach der Mitte fortschreitend ausführt. Höchstens zwei Tage scheinen mir nötig zu sein für die Gesamtheit der Arbeit, unter der Bedingung, daß nicht etwa die Ungunst der Witterung, ein regnerischer oder auch nur mit Wolken bedeckter Himmel das Werk unterbricht. Hierauf wird, an diese erste Zelle sich anlehnend, eine zweite gebaut und in der gleichen Weise mit Nahrung versehen. Eine dritte, vierte usw. folgen, jede mit Honig und einem Ei ausgestattet und vor der Fundamentierung der nächsten verschlossen, jede in Angriff genommene Arbeit wird bis zur vollkommenen Ausführung fortgesetzt; die Biene beginnt keine neue Zelle, bevor nicht für die vorhergehende die vier Geschäfte des Baues, der Versorgung mit Lebensmitteln, der Eiablage und des Verschlusses beendet sind.

Da die Mauer-Mörtelbiene immer abgesondert auf dem Stein, den sie sich ausgesucht hat, arbeitet und sich sogar sehr eifersüchtig hinsichtlich ihrer Baustätte zeigt, wenn Nachbarn sich darauf niederlassen wollen, ist die Anzahl der Zellen, die auf demselben Kiesel aneinandergebaut werden, nicht beträchtlich: es sind ihrer sechs bis höchstens zehn. Durchschnittlich acht Larven machen die ganze Familie des Hautflüglers aus, oder sollte er etwa nachher auf anderen Steinen eine zahlreichere Nachkommenschaft unterbringen? Die Oberfläche des ersten ist groß genug, um noch als Unterlage für weitere Zellen zu dienen, wenn die Eiablage dies erheischte; die Biene könnte dort bequem weiterbauen, ohne sich auf die Suche nach einer anderen Stätte zu begeben, ohne den Stein zu verlassen, mit dem sie ihre Gewohnheiten und der oftmalige Besuch verknüpfen. Es erscheint mir daher sehr wahrscheinlich, daß die wenig zahlreiche Familie vollzählig auf demselben Kiesel untergebracht wird, wenigstens wenn die Chalicodóma ganz neue Bauten errichtet.

Die sechs bis zehn Zellen, die die Gruppe bilden, sind mit ihrer Bekleidung von Buckelsteinchen sicherlich eine dauerhafte Wohnstätte; allein die Dicke ihrer Wände und ihres Deckels, zwei Millimeter höchstens, scheint nicht genügend, um die Larven gegen die Unbilden der Witterung zu schützen. Das auf seinem Stein unter freiem Himmel und ohne jeglichen Schutz gelegene Nest muß die Sommerhitze aushalten, die aus jeder Zelle einen erstickenden Schwitzkasten macht, dann die Herbstregen, die langsam das Werk zerstören, und endlich die Winterfröste, die das zerstückeln werden, was die Regengüsse verschont haben. Der Zement mag noch so hart sein, wird er allen diesen Ursachen der Zerstörung widerstehen können, und selbst wenn er widersteht, werden dann nicht die durch eine allzu dünne Wand geschützten Larven die im Sommer zu starke Hitze und im Winter die zu strenge Kälte zu fürchten haben?

Ohne alle diese Erwägungen angestellt zu haben, handelt die Biene nichtsdestoweniger mit Einsicht. Nachdem alle Zellen fertig sind, mauert sie über die ganze Gruppe eine dicke Hülle, die, aus einem vom Wasser unangreifbaren und die Wärme schlecht leitenden Stoff hergestellt, jene gleichzeitig vor Feuchtigkeit, vor Hitze und Kälte schützt. Dieser Stoff ist der gewöhnliche Mörtel, die mit Speichel angefeuchtete Erde, diesmal jedoch ohne Einfügung von Kieskörnern. Der Hautflügler bringt davon, Klümpchen nach Klümpchen, Kelle nach Kelle, eine Lage von einem Zentimeter Dicke auf die Ansammlung von Zellen, die unter dieser mineralischen Umhüllung vollständig verschwinden. Alsdann hat das Nest die Form einer Art plumper Kuppel, so groß etwa wie die Hälfte einer Apfelsine. Man könnte sie für eine Schlammkugel halten, die, gegen einen Stein geschleudert, dort zur Hälfte zerschmettert worden sei und dann auf dieser Stelle ausgetrocknet wäre. Äußerlich verrät nichts, was darunter steckt: man sieht nichts von den Zellen und von der Arbeit. Für ein ungeübtes Auge ist es ein zufällig zerplatzter Schlammklumpen und weiter nichts.

Diese Umhüllung trocknet so rasch wie unser hydraulischer Zement, und dann ist das Nest beinahe steinhart. Es gehört schon ein starkes Messer dazu, um es anzuschneiden. Schließlich sei noch bemerkt, daß das Nest in dieser endgültigen Gestalt in nichts mehr an das ursprüngliche Werk erinnert: die anfänglichen Zellen, die zierlichen, mit Kieskörnern ausgelegten Türmchen und die zuletzt entstandene Kuppel, die einem bloßen Schlammklumpen gleicht, könnte man als die Arbeit zweier ganz verschiedener Arten ansehen. Wenn wir jedoch die Zementhülle abkratzen, finden wir darunter die Zellen mit ihren vollkommen erkennbaren Schichten von winzigen Kieskörnern.

Statt auf einem noch unbesetzten Steine ganz neu zu bauen, benutzt die Mauer-Mörtelbiene gern alte Nester, die noch ziemlich unbeschädigt erhalten sind. Die aus Mörtel hergestellte Kuppel ist in der Hauptsache noch vorhanden, so dauerhaft wurde die Maurerarbeit ausgeführt; nur ist sie jetzt von einer gewissen Anzahl runder Löcher durchbrochen, die den Kammern oder Zellen der Larven der vorigen Generation entsprechen. Derartige Wohnstätten, die durch einige Ausbesserungen sich wieder gut instandsetzen lassen, ersparen viel Zeit und Mühe; daher suchen die Mörtelbienen nach solchen und entschließen sich nur zu Neubauten, wenn ihnen etwa alte Nester mangeln sollten.

Aus derselben Kuppel sind verschiedenartige Bewohner, Brüder und Schwestern, fuchsrote Männchen und schwarze Weibchen hervorgegangen, sämtlich die Nachkommenschaft derselben Biene. Die Männchen, die ein sorgloses Dasein führen, kennen keine Arbeit; sie kehren nur zu den Lehmbauten zurück, um einen Augenblick den Damen den Hof zu machen, und kümmern sich nicht um das verlassene Nest. Ihnen ist es um den Nektar in den Blumenkelchen zu tun, sie wollen keinen Mörtel zwischen ihren Kiefern anfeuchten.

Die Schuppen-Mörtelbiene: ein Nest von gewaltiger Ausdehnung (die Abbildung gibt nur ein Stück davon wieder).

Den jungen Müttern allein ist die Zukunft der Familie aufgebürdet. Welcher unter ihnen aber wird die Erbschaft des alten Nestes zufallen? Als Schwestern haben sie gleiches Anrecht darauf: so würden unsere Gerichte entscheiden, die sich – ein ungeheurer Fortschritt – von dem veralteten und grausamen Erstgeburtsrecht freigemacht haben. Aber die Mörtelbienen halten in bezug darauf an der ursprünglichen Grundlage des Eigenbesitzes fest: an dem Rechte des ersten Besitznehmers.

Sobald also die Stunde der Eiablage herankommt, bemächtigt sich die Biene des ersten besten Nestes, das frei ist und ihr zusagt, und richtet sich dort ein; wehe dann der Nachbarin oder Schwester, die ihr den Besitz streitig machen wollte! Erbitterte Angriffe würden sie bald in die Flucht schlagen. Von den verschiedenen Zellen, deren Öffnungen in der Wölbung der Kuppel, wie ebensoviele Brunnen, klaffen, braucht die Biene für den Augenblick bloß eine; allein sie erwägt ganz richtig, daß die übrigen ihr später für den Rest der Eier von Nutzen sein werden und überwacht sie daher alle eifersüchtig, um jede andere Biene zu vertreiben, die sie etwa besuchen sollte. Daher kann ich mich auch nicht erinnern, jemals zwei Mörtelbienen zugleich auf demselben Steine bauen gesehen zu haben.

Nunmehr ist die Arbeit sehr einfach. Der Hautflügler untersucht das Innere der alten Zelle, um diejenigen Stellen ausfindig zu machen, die eine Ausbesserung verlangen. Er entfernt die an der Wand hängenden Kokonfetzen, schafft die Erdbrocken fort, die von dem Durchbohren der Decke durch den früheren Bewohner herrühren, bewirft mit Mörtel die verfallenen Teile, stellt die Mündung einigermaßen wieder her; darauf beschränkt sich das Ganze. Es folgt die Versorgung mit Lebensmitteln, die Eiablage und der Verschluß der Kammer. Wenn solcherart sämtliche Zellen, eine nach der andern, versorgt sind, erhält die allgemeine Umhüllung, die Kuppel aus Mörtel, einige Ausbesserungen, wenn solche nötig sind, und damit ist es zu Ende.

Diesem einsiedlerischen Leben zieht die Schuppen-Mörtelbiene zahlreiche Gesellschaft vor; zu Hunderten, oft zu vielen Tausenden läßt sie sich auf der Innenseite der Dachziegel eines Schuppens oder eines vorspringenden Daches nieder. Es handelt sich dabei nicht um eine wirkliche Gemeinschaft mit gemeinsamen, von allen wahrgenommenen Interessen, sondern um eine bloße Ansammlung, in der jeder für sich arbeitet und sich nicht um die andern kümmert, um einen Haufen von Arbeitern, der nur durch die Zahl und den Eifer an den Schwarm eines Bienenkorbes erinnert. Der zu der Arbeit gebrauchte Mörtel ist der gleiche wie bei der Mauer-Mörtelbiene, ebenso widerstandsfähig und undurchlässig, aber feiner und ohne die aneinandergefügten Kieskörner. Auch sie benutzt in erster Linie die alten Nester. Jede unbesetzte Kammer wird wiederhergestellt, mit Nahrung versorgt und nach der Eiablage verschlossen. Allein die alten Zellen reichen nicht entfernt aus für die von einem Jahr zum andern stark anwachsende Bevölkerung. Alsdann werden auf der Oberfläche des Nestes, dessen Zellen unter der alten Gesamtumhüllung aus Mörtel versteckt liegen, neue Zellen erbaut, so viele deren die Bedürfnisse der Eiablage erheischen. Sie liegen ganz oder nahezu wagrecht, eine neben der anderen, ohne irgendwelche Ordnung in ihrer Verteilung. Jeder Baumeister hat freies Spiel, er baut, wo und wie er will; nur darf er die Arbeit der Nachbarn nicht hindern, sonst wehren sich die Beteiligten und rufen ihn zur Ordnung. Die Zellen häufen sich also aufs Geratewohl auf diesem Werkplatze an, wo keine allgemeine Übereinstimmung herrscht. Ihre Form ist die eines in Richtung der Achse durchschnittenen Fingerhutes, und ihre Umschließung wird teils durch die anliegenden Zellen, teils durch die Oberfläche des alten Nestes ergänzt. Äußerlich sind sie runzelig und lassen die Schichten der verschiedenen Mörtellagen erkennen. Inwendig ist ihre Wand geebnet, ohne glatt zu sein; das Gespinst der Larve muß später die mangelnde Politur ersetzen.

Nach beendetem Bau wird jede Zelle sofort versorgt und zugemauert, wie es uns die Mauer-Mörtelbiene gezeigt hat. Diese Arbeit wird während des größten Teiles des Maimonats fortgeführt. Endlich sind alle Eier gelegt, und nun unternehmen die Bienen, ohne einen Unterschied zu machen zwi-

schen dem, was einer jeden gehört, und was ihr nicht gehört, gemeinsam die Herstellung einer allgemeinen Schutzwehr für die Kolonie. Sie besteht in einer dicken Lage Mörtel, die die Zwischenräume ausfüllt und die Gesamtheit der Zellen bedeckt. Zuletzt hat das gemeinsame Nest das Aussehen einer starken Platte aus getrocknetem Schlamm, die sehr unregelmäßig gewölbt und am dicksten in der Mitte, wo sich der ursprüngliche Kern der Niederlassung befindet, dagegen dünner an den Rändern ist, wo nur die neu angelegten Zellen sind. Der Umfang ist sehr verschieden, je nach der Zahl der Arbeiter und folglich nach dem Alter des zuerst erbauten Nestes. Hier ist ein Nest, das nicht größer als eine Hand ist; dort nimmt ein anderes den größten Teil eines Dachvorsprunges ein und umfaßt mehrere Quadratmeter.

Wenn die Stauden-Mörtelbiene allein arbeitet, wie es nicht selten geschieht, so beginnt sie damit, die Grundlage ihrer Zelle fest mit der schmalen Stütze zu verkitten. Sodann erhebt sich der Bau und nimmt die Form eines senkrechten Türmchens an. Auf diese erste, mit Vorrat versehene und verschlossene Zelle folgt eine andere, der außer dem Zweige auch die bereits fertige Zelle als Stütz- und Haltpunkt dient. Von sechs bis zu zehn Zellen werden so, eine neben der andern, zusammengestellt. Hierauf umhüllt wieder eine gemeinsame Decke aus Mörtel das Ganze unter Einbeziehung des Zweiges, so daß es dadurch einen sicheren Halt bekommt.

Vorweltliche Insekten.

Im Winter, wenn die Insektenwelt feiert, verschafft mir die Numismatik oder Münzkunde manchen köstlichen Augenblick. Gern prüfe ich ihre runden Metallscheiben, Urkunden aller jener Nöte, die man Geschichte nennt. In dem Boden unserer Provence, in den der Grieche den Ölbaum und der Lateiner das Gesetz verpflanzte, findet sie der Landmann vereinzelt hier und da, wenn er seine Scholle umgräbt. Er bringt sie mir und befragt mich wegen ihres Geldwertes, niemals aber wegen ihrer Bedeutung.

Was liegt ihm an der Inschrift seines Fundes! Man hat ehemals Brot gebacken, man backt heute und wird in Zukunft backen; darin faßt sich für ihn die Geschichte zusammen. Der Rest ist bedeutungslos, ein Zeitvertreib für Müßiggänger.

Ich besitze nicht diese Philosophie gänzlicher Gleichgültigkeit den Dingen der Vergangenheit gegenüber. Ich schabe mit der Nagelspitze die Münze ab, befreie sie behutsam von der anhaftenden Erde, ich untersuche sie gründlich mit der Lupe und suche ihre Umschrift zu entziffern. Meine Befriedigung ist nicht gering, wenn die Scheibe aus Bronze oder Silber zu mir gesprochen hat. Ich habe dann ein Blatt der Menschheit gelesen, nicht in den Büchern, die verdächtige Erzähler sind, sondern in einer gleichsam lebendigen Urkundensammlung aus der Zeit der betreffenden Persönlichkeiten und der Tatsachen.

Dieser unter dem Schlag des Stempels abgeplattete Tropfen Silber spricht zu mir von den Vokontiern, einem gallischen Volke in Gallia Narbonensis, wie die Inschrift angibt. Die Münze kommt zu mir aus der benachbarten kleinen Stadt Vaison (Vasio), wohin Plinius der Ältere sich öfters zur Sommerfrische begab. Sie zeigt auf der einen Seite einen Kopf, auf der andern ein galoppierendes Pferd, alles roh und fehlerhaft ausgeführt, wie von der Hand eines Kindes, das mit der Spitze eines Steines in dem frischen Bewurf einer Mauer seine ersten Zeichenversuche anstellt. Sicherlich sind diese tapferen Allobroger keine Künstler gewesen.

Wie sehr überlegen waren ihnen die aus Phokäa in Ionien (Kleinasien) gekommenen Fremdlinge! Da habe ich eine Drachme der Massalieten (Massalia war der altgriechische Name des heutigen Marseille). Auf der Vorder- oder Bildnisseite ein Kopf der Diana von Ephesos mit Pausbacken und wulstigen Lippen. Zurückweichende Stirn mit einem Diadem darüber; üppiges Haar, das in einer Fülle von Löckchen sich über den Nacken ausbreitet; Gehänge in den Ohren, ein Perlenhalsband, der Bogen über die Schultern gehängt. Dies ist prunkvoll, wenn man will, jedoch wahrlich nicht schön. Der Handel weiß nichts vom Schönen, sagt uns diese Gottheit von Handelsleuten; er zieht ihm den Nutzen vor, der durch Prunk ausgeputzt wird. So spricht die Drachme.

Auf der Rückseite ein Löwe, der die Pranken in die Erde schlägt und mit vollem Rachen brüllt. Uralt ist diese barbarische Anschauung, die durch irgend eine furchtbare Bestie die Macht versinnbildlicht, als wenn das Böse der höchste Ausdruck der Kraft wäre. Der Adler, der Löwe und andere Räuber sind häufig auf der Rückseite der Münzen dargestellt, und da die Wirklichkeit nicht ausreicht, so erfindet die Einbildungskraft unnatürliche Bildungen, wie den Zentauren, den Drachen, das Flügelroß, das Einhorn und den Doppelaar.

Eine andere Münze stammt aus Nemausus, der einstigen Hauptstadt des mächtigen Volkes der Volcae Arecomici im narbonensischen Gallien, die heute Nîmes heißt. Sie zeigt nebeneinander die Profile des Augustus und seines vertrautesten Ratgebers Agrippa. Der erstere mit seinem strengen Blick, seinem platten Schädel und seiner Raubvogelnase erscheint mir wenig vertrauenerweckend. Wenn er mit seinen verbrecherischen Plänen keinen Erfolg erzielt hätte, so wäre der göttliche Augustus der verruchte Oktavianus geblieben.

Besser gefällt mir sein Gehilfe in der Regierung, der durch seine großartigen Bauten, Wasserleitungen und Straßen auch die wilden Gallier etwas zivilisiert hat. Nicht weit von meinem Dorfe (Sérignan) führt eine prachtvolle Straße in gerader Linie aus der Ebene vom Ayguesflusses über die Höhen. Es ist ein Stück der von Agrippa erbauten Straße, die Marseille und Viènne (Dep. Isère) verband und nach zwanzig Jahrhunderten noch immer sehr belebt ist. Man sieht freilich auf ihr nicht mehr den kleinen braunen Fußsoldaten der römischen Legionen, sondern den Landmann, der sich nach dem Markte von Orange mit seiner Hammelherde und seiner Bande von widerspenstigen Ferkeln begibt. Nach meiner Meinung ist dies besser.

Doch kehren wir zu den dicken, mit grünem Edelrost bedeckten Münze zurück. Ihre Rückseite belehrt uns durch die Umschrift „Col. Nem.", daß sie aus der Kolonie Nemausus (Nîmes) stammt, und zeigt ein Krokodil, das an einen Palmbaum gefesselt ist, an dem Kronen aufgehängt sind. Es ist dies ein Sinnbild des von den Veteranen, die jene Kolonie gründeten, eroberten Ägyptens, und erinnert uns an den ausschweifenden Antonius und die ränkevolle Kleopatra.

So nahmen die Unterweisungen über die Numismatik der Metalle lange Zeit, in großer Verschiedenheit, ohne meine nächste Nachbarschaft zu überschreiten, ihren Fortgang. Aber es gibt eine andere, die viel höher steht und weniger kostbar ist; sie erzählt uns mit ihren Schaumünzen, den Versteinerungen, die Geschichte des Lebens. Dies ist die Numismatik der Gesteine.

Schon allein meine steinerne Fensterbank unterhält mich als eine Vertraute längst verflossener Zeitalter von einer entschwundenen Welt. Sie ist im eigensten Sinne des Wortes ein Beinhaus, von dem jedes Stück den Eindruck verflossener Leben bewahrt. Dieser Steinblock hat gelebt. Seeigelstacheln, Zähne und Wirbel von Fischen, Überreste von Muscheln, Korallensplitter bilden hier eine Masse von Toten. Wenn wir einen Stein nach dem andern untersuchen, verwandelt sich mein Haus in einen Reliquienbehälter mit den Überresten vorweltlicher Lebewesen.

Die felsige Schicht, aus der man in hiesiger Gegend die Stoffe zu Bauten holt, bedeckt mit ihrem mächtigen Rückenschild den größten Teil der benachbarten Hochebene. Dort ist seit wer weiß wie vielen Jahrhunderten bereits der Steinbrecher am Werke, und täglich legt die Spitzhaue seltsame Fossilien bloß. Die bemerkenswertesten sind Zähne, die

sich im Schoß ihrer groben Gesteinsgänge wunderschön glatt erhalten haben, und deren Schmelz noch wie im frischen Zustande leuchtet. Man trifft wahrhaft furchtbare darunter, dreieckige, am Rande fein gezähnelte, von der Größe meiner Hand.

Was für ein Schlund muß der Rachen gewesen sein, der mit einem solchen Gebiß bewehrt war, das sich in mehrfach gestaffelten Reihen fast bis zum Grunde der Kehle hinzog; welche gierig geschnappten Bissen mag dieses Triebwerk von Scheren zerkleinert haben! Wenn man nur in Gedanken diese Zerstörungsmaschine wieder zusammensetzt, schaudert es einen. Dieses derartig als ein Fürst des Todes ausgerüstete Ungetüm gehörte der Ordnung der Haifische (Seláchii) an.*) Die Paläontologie nennt es Carcharódon megalódon Ag. Der Hai von heute, des Meeres Hyäne, gibt nur eine annähernde Vorstellung von ihm, so wie dies ein Zwerg von einem Riesen zu tun vermag.

In demselben Steine findet man noch Zähne von zahlreichen anderen Haifischarten; so z. B. solche von Oxyrhina xyphódon Ag., die wie spitze Schneidefeilen gestaltet sind; von Hemipristis serra Ag., die javanischen Kris gleichen. Man trifft auf die Überreste von Lámna cuspidáta, deren Rachen besetzt war mit gewundenen, spitzen Dolchen, abgeplattet auf der einen Seite und konvex auf der anderen; von Notidánus primigénius, mit seitwärts gebogenen Sägezähnen.

Dieses Arsenal von Zähnen erzählt mir, wie zu allen Zeiten die Überfülle der Lebewesen durch Ausrottung hinweggefegt worden ist; es sagt mir: Auf derselben Stelle, wo du heute über ein Stück Stein nachsinnst, dehnte sich einst ein Meeresarm aus, bevölkert von kampflustigen Wesen, die gierig verschlangen, und von friedfertigen, die verschlungen wurden. Ein langgedehnter Meerbusen nahm die künftige Stelle des Rhonetals ein. Nicht ferne von deiner Wohnstätte brandeten seine Wogen.

In der Tat sind die Klippen seiner Ufer noch so gut erhalten, daß ich, wenn ich daran denke, den Donner der heranwogenden Flut zu vernehmen glaube. Seesterne, Stein- oder Meerdatteln (eine Art der Miesmuscheln), Stein- und Bohrmuscheln haben ihre Kennzeichen in dem Gestein zurückgelassen. Es sind halbkugelförmige Nischen, in denen ein Daumen Platz findet, runde Zellen, kleine Kojen mit engen Öffnungen, durch die das darin eingeschlossene Tier die Woge des sich erneuernden und mit Nährstoffen beladenen Wassers empfing. Manchmal befindet sich der vorweltliche Bewohner versteinert darin, unversehrt bis auf die geringsten Einzelheiten seiner Riefen, seiner Plättchen und leicht zerbrechlichen Verzierungen; viel öfter ist er verschwunden, zerfetzt, und sein Haus ist mit einem feinen Meerschlamm ausgefüllt, der sich zu einem kalkigen Kerne verhärtet hat.

In dieser ruhigen Bucht hat irgend eine Strömung nun von ringsumher ungeheure Anhäufungen von Muscheln jeglicher Gestalt und Größe vereinigt und sie in die Tiefe des Schlammes versenkt, der zu Mergel geworden ist. Es ist ein Friedhof von Mollusken, mit wirklichen Hügeln als Grabhügel. Ich grabe aus ihm Austern von Vorderarmslänge und einem Gewicht von zwei bis drei Kilogramm aus. Mit dem Spaten kann man aus diesem riesigen Lager Kammuscheln, Kegelschnecken, Venusmuscheln, Trogmuscheln, Stachelschnecken, Turm- und Mützenschnecken und zahllose andere Arten hervorholen. Man steht betroffen vor dieser Lebensüppigkeit der Vorzeit, die imstande war, einen verborgenen Winkel mit einer solchen Unmenge von Überresten zu versehen.

Diese Muschel-Totenstadt bestätigt uns außerdem, daß die Zeit, die sonst geduldig die Ordnung der Dinge erneuert, nicht allein das unsichere Einzelwesen, sondern auch die Art dahingerafft hat. Heute besitzt das nahe gelegene Mittelmeer fast nichts, was mit der Bevölkerung dieses verschwundenen Busens übereinstimmte. Um einzelne Züge von Ähnlichkeit zwischen der Gegenwart und der Vergangenheit aufzufinden, müßte man sie in den tropischen Meeren suchen.

Das Klima ist also kälter geworden; die Sonnenhitze vermindert sich langsam, die Arten gehen allmählich zugrunde. Dies sagt mir die Numismatik

*) Sie zählen zu den ältesten Fischen und erlangen als echte Haie im Zechstein, in der Kreide und im Tertiär große Verbreitung; meist sind nur Zähne und Rückenstacheln erhalten. Anm. d. Übers.

der steinernen Einfassung meines Fensters. Ohne meine Beobachtungsstätte zu verlassen, die so bescheiden und beschränkt und doch so reichhaltig ist, wollen wir die Steine noch weiter befragen.

In der Umgegend von Apt (Dep. Vaucluse, am Calavon und an der Lyoner Bahn) kommt sehr häufig ein merkwürdiges Gestein vor, das sich in Blättern spalten läßt, dünnen Scheiben weißlicher Pappe ähnlich. Es brennt mit rußender Flamme unter Entwicklung eines Geruchs von Asphalt und hat sich niedergeschlagen auf dem Grunde großer Seen, die ehemals Krokodile und Riesenschildkröten bevölkerten. An die Stelle der Becken dieser Seen, die kein menschliches Auge jemals erblickt hat, sind heute die Rücken von Hügeln getreten; aus ihrem Schlamm, der sich ruhig in dünnen Schichten abgelagert hat, sind mächtige Felsbänke geworden.

Wir wollen nun einmal eine solche Scheibe ablösen und mit der Spitze eines Messers in Blättchen spalten, eine Arbeit, die eben so leicht ist, als wenn es gälte, übereinandergelegte Pappdeckel voneinander zu trennen. Indem wir dies tun, schlagen wir einen der Bücherei der Berge entnommenen Band auf, wir blättern in einem Buche mit prachtvollen Abbildungen.

Es ist ein Manuskript der Natur, von viel höherem Reize als ein ägyptischer Papyrus. Fast auf jeder Seite Bilder, ja noch Besseres: Wirklichkeiten, die in Abbilder umgewandelt worden sind. Auf dieser Seite hier stellen sich uns Fische zur Schau, wie sie der Zufall vereinigt hat. Man könnte sie für in Steinöl gebacken halten: Gräten, Flossen, Ketten von Wirbeln, Knöchelchen des Kopfes, Glaskörper des Auges, zu einem schwarzen Kügelchen geworden, alles ist da, in seiner natürlichen Anordnung. Nur ein einziges Ding fehlt: das Fleisch.

Doch das schadet nichts: diese Schüssel mit Gründlingen sieht so gut aus, daß man Lust bekommt, etwas mit dem Nagel davon abzukratzen und diese Millionen Jahre alte Konserve zu kosten. Wir wollen diesem Einfall nachgeben und etwas von diesem mineralischen Gebäck, das mit Steinöl angemacht ist, ein wenig unter den Zahn nehmen.

Das Bild hat keine Inschrift; unser Nachdenken muß sie hinzutun. Es sagt uns: diese Fische haben einstmals in zahlreichen Schwärmen dort in den ruhigen Gewässern gelebt. Dann hat ein plötzliches Anschwellen des Wassers stattgefunden, bei dem sie in den mit Schlamm verdickten Fluten erstickt sind. In diesen Schlamm wurden sie alsbald eingebettet und ihre Körper dadurch den zerstörenden Einflüssen entzogen, so daß sie unter der Hülle ihres Grabtuches die Zeit überdauert haben und dies auch fernerhin unabsehbar tun werden.

Eben jene Fluten brachten von den angrenzenden Landgebieten eine Masse von teils pflanzlichen, teils tierischen Überresten, durch Regengüsse weggefegt, herbei, so daß uns jene Niederlage im Wasser auch über vom Lande stammende Dinge unterrichtet. Es ist ein allgemeines Verzeichnis des damaligen Lebens.

Wenden wir eine Seite in unserem Album um. Hier finden sich geflügelte Samen, Blätter, die sich in braunen Abdrücken abgezeichnet haben. Dieses steinerne Herbarium wetteifert an botanischer Deutlichkeit mit einer regelrechten Sammlung getrockneter Pflanzen. Es wiederholt uns, was uns bereits die Muschelschalen lehrten: die Welt ändert sich, die Kraft der Sonne läßt nach. Die Vegetation der heutigen Provence ist nicht die gleiche wie einstmals: sie hat keine Palmen mehr, keine Kampfer liefernden Laurazeen, keine mit Federbüschen geschmückten Araukarien und so viele andere Bäume und Sträucher, die heute nur noch in heißen Ländern vorkommen.

Blättern wir immer weiter. Da sind nun die Insekten: am häufigsten treffen wir auf Zweiflügler von mäßiger Größe, vielfach ganz bescheidene Schnaken. Bei den Zähnen der Haie wurden wir überrascht durch ihre weiche Glätte inmitten der Rauheiten der Kalksteingänge. Was soll man nun erst sagen von diesen zarten Mücken, die unversehrt in ihr Reliquienkästchen von Mergel eingefügt sind? Das zerbrechliche Wesen, das unsere Finger nicht ergreifen könnten, ohne es zu zerdrücken, liegt, ohne aus der Form gebracht zu sein, unter der Last von Bergen!

Die sechs schmächtigen Beine, die eine Kleinigkeit aus den Gelenken löst, sieht man hier auf dem Gestein ausgestreckt, regelrecht nach Gestalt

und Anordnung, in der Haltung des ruhenden Insekts. Nichts fehlt daran, nicht einmal das doppelte Kläuchen der Füße. Die beiden Flügel sind entfaltet. Das feine Netz ihrer Adern läßt sich mit der Lupe ebensogut studieren, wie an dem aufgespießten Zweiflügler in einer Sammlung. Die Federbüsche der Fühler haben nichts von ihrer zierlichen Feinheit eingebüßt; am Hinterleib kann man die Ringe zählen, eingefaßt von einer Reihe Atome, die einst Härchen waren.

Das Knochengerüst eines Mastodons, das in seinem sandigen Bette dem Verlauf der Zeit Trotz bietet, setzt uns schon in Erstaunen; eine ausnehmend zarte Mücke, die in einem dicken Steine sich unberührt erhält, stürzt unser Denkvermögen um.

Sicherlich kam die von der schwellenden Flut herbeigetragene Schnake nicht von fernher, sonst würde sie das tosende Wasser vorher in ein Nichts verwandelt haben. Sie hat an dem Gestade des Sees gelebt. Getötet durch die Freuden eines Morgens, der ja für die kleinen Zweiflügler schon ein hohes Alter bedeutet, ist sie von der Spitze ihrer Binse heruntergefallen und sogleich in den schlammigen Katakomben verschwunden.

Was sind das für andere Insekten, stämmige Kerfe, mit harten, gewölbten Flügeldecken, die nach den Zweiflüglern am häufigsten sich finden? Ihr winziger, in einen Rüssel ausgezogener Kopf sagt es uns ganz genau: sie gehören zur Käferfamilie der Curculiónidae oder Rhynchóphora, mit einem weniger gelehrten Namen: Rüsselkäfer. Man trifft davon kleine, mittlere und große, deren Abmessungen denen der gleichen Käfer von heute ähnlich sind.

Ihre Lage auf der kalkhaltigen Platte ist nicht so regelrecht wie die der Mücken. Die Beine sind aufs Geratewohl verwickelt, der Rüssel ist bald unter der Brust verborgen, bald springt er weit vor. Diese zeigen ihn im Profil, jene strecken ihn infolge einer Drehung des Halses nach der Seite, was häufiger der Fall ist. Diese Käfer mit verzerrten und ausgerenkten Gliedmaßen haben keine so plötzliche und ruhige Beerdigung gefunden wie jene Zweiflügler. Mögen manche von ihnen auch wohl auf den Pflanzen am Seegestade gelebt haben, so stammen doch die meisten aus der weiteren Umgebung. Indem sie von dem Regenwasser durch Reiser und über Geröll in den See geschwemmt wurden, wurden ihnen die Gliedmaßen ausgerenkt und verbogen. Ein kräftiger Panzer hat ihren Körper unversehrt erhalten, aber die feinen Zusammenfügungen haben ein wenig nachgegeben, und das Leichentuch aus Schlamm hat die Ertrunkenen in der Unordnung eingehüllt, die während der Überfahrt entstanden war.

Diese vielleicht von weither gekommenen Fremdlinge geben uns eine wertvolle Auskunft. Sie sagen uns, daß, wenn die Seeufer als den Hauptvertreter der Insektenklasse die Stechmücke aufwiesen, die Waldungen als solchen den Rüsselkäfer besaßen. Außer der rüsseltragenden Familie zeigen nämlich die Blätter meines Gesteins aus der Gegend von Apt mir fast nichts, namentlich nichts aus der Ordnung der Käfer. Wo sind die andern auf dem Lande wohnenden Gruppen der Laufkäfer (Cárabus), der Mistkäfer (Aphódius), der Pillenwälzer (Sísyphus), der Holzböcke (Longicórnia), die der alles unterschiedslos fortspülende Regenabfluß doch ebensogut in den See geschwemmt haben müßte wie die Rüsselkäfer? Auch nicht die geringste Spur jener heute so zahlreichen Familien ist zu entdecken.

Wo sind ferner der Kolbenwasserkäfer (Hydróphilus), der Dreh- oder Taumelkäfer (Gyrínus), der Schwimmkäfer (Dytíscus) und andere Bewohner der Gewässer? Für diese Insassen von Landseen war die Aussicht doch gewiß groß, als Mumien zwischen zwei Mergelblättern bis auf unsere Zeit zu gelangen. Wenn sie damals schon vorhanden waren, so lebten sie in dem See, dessen Schlammassen diese mit Horn bekleideten Kerfe noch viel vollständiger erhalten haben würden als die kleinen Fische und vor allem die Zweiflügler. Allein auch von diesen im Wasser lebenden Kerfen findet sich keine Spur.

Wo waren sie denn, die in unserem geologischen Reliquienkästchen fehlen? Wo waren alle jene, die auf Gesträuch, auf dem Anger und in vermorschten Stämmen hausen? Holzböcke, deren Larven in angegangenem Holz leben; Pillendreher, die Mistkugeln formen und verzehren; Laufkäfer, die andern Insekten den Leib aufschlitzen? Die einen wie die andern hatte jenes Zeitalter noch nicht auf-

zuweisen; erst die Zukunft sollte sie bringen. Wenn ich den bescheidenen Urkundensammlungen, die ich zu Rate ziehen kann, glauben darf, wäre somit der Rüsselkäfer der Erstgeborene unter den Käfern gewesen.

In seinen Anfängen gestaltete das Leben Seltsamkeiten, die einen schreienden Mißklang in der gegenwärtigen Harmonie bilden würden. Als die Natur den Saurier erfand, gefiel sie sich anfangs in Ungetümen von 15 bis 25 m Länge. Sie setzte ihnen Hörner auf die Nase und über die Augen, belegte ihren Rücken mit phantastischen Schuppen und brachte in ihrem Nacken eine stachelige Tasche an, in die sich der Kopf wie in eine Kapuze zurückziehen konnte. Sie versuchte sogar, wenngleich ohne großen Erfolg, ihnen Flügel zu geben. Nach diesen Schreckgestalten erst sollte, als der ungestüme Zeugungsdrang sich beruhigt hatte, die zierliche grüne Eidechse unserer Hecken kommen.

Als sie den Vogel erfand, versah sie seinen Schnabel mit den spitzen Zähnen des Reptils und hängte ihm einen langen zweizeilig befiederten Schwanz an den Bürzel. Diese unbestimmten Geschöpfe von erschreckender Häßlichkeit waren das weit zurückliegende Vorspiel des Rotkehlchens und der Taube.

Alle diese uranfänglichen Geschöpfe haben einen winzigen Schädel, das Gehirn von Idioten. Das vorweltliche Tier ist in erster Linie eine gräßliche Maschine, die zuschnappt, ein Bauch, der verdaut. Das Begriffsvermögen zählt noch nicht mit; es wird später kommen.

Der Rüsselkäfer wiederholt auf seine Weise ein wenig diese Verirrungen. Man sehe nur das in keinem Verhältnis zu dem kleinen Kopfe stehende Anhängsel, das bald eine dicke und kurze Schnauze, bald einen kräftigen Rüssel darstellt, der rund oder viereckig gestaltet ist. Dann wieder ist es eine blödsinnige Pfeife, haarfein und so lang oder noch länger wie der Körper. Am Ende dieses seltsamen Werkzeuges, in dem Mundstück, das den Schluß bildet, befinden sich die feinen Scheren der Kiefer; seitwärts stehen die Fühler, deren erster Abschnitt in eine Furche des Rüssels eingefügt ist. Wozu nützt dem Käfer dieser Rüssel, dieser Schnabel, diese zu einem Zerrbilde gehörige Nase? Wo hat das Insekt das Vorbild dafür gefunden? Nirgends. Es ist der Erfinder, und es behält die alleinige Inhaberschaft. Außerhalb seiner Familie gibt sich kein Käfer solchen Übertreibungen der Mundteile hin.

Man beachte noch die Winzigkeit des Kopfes, der einen kaum etwas verdickten Knollen an der Basis des Rüssels darstellt. Er ist nur ganz armselig mit Nerven versehen, ein Zeichen sehr beschränkter Instinkte. Auch ohne daß man sie arbeiten gesehen hat, wird man diese Mikrokephalen hinsichtlich ihrer Intelligenz äußerst gering einschätzen und sie zu den Stumpfsinnigen zählen, die der Erfindungsgabe beraubt sind.

Wenn aber auch von der Begabung des Rüsselkäfers nicht viel Rühmens zu machen ist, so gibt das doch keinen Grund ab, ihn zu verachten. Wie uns die im Wasser abgelagerten Schichten versichern, bildete er die Vorhut der mit Flügeldecken Gepanzerten; er führt uns die ursprünglichen, mitunter so wunderlichen Formen vor und ist in seiner kleinen Welt das, was auf höheren Stufen der Vogel mit bezahnten Kiefern und der Saurier mit Hörnern an den Stirnbeinen sind.

In allzeit gedeihenden Scharen ist er bis auf uns gekommen, ohne seine Kennzeichen abzuändern. Er ist heute das, was er in den alten Epochen der Erdteile war; die Abbildungen auf den kalkhaltigen Blättern bestätigen dies nachdrücklich. Unter dieses und jenes von den Bildern würde ich mich getrauen, den Namen der Gattung zu setzen, mitunter sogar den der Art.

Die Fortdauer der Instinkte muß die Fortdauer der Formen begleiten. Indem wir den neuzeitlichen Rüsselkäfer befragen, erhalten wir somit eine der Wirklichkeit sehr nahekommende Auskunft über die Biologie seiner Vorfahren aus der Zeit, als in der Provence noch Palmen ihre ungeheuren, von Krokodilen wimmelnden Seen beschatteten. Die Geschichte des Gegenwärtigen wird uns die Geschichte des Vergangenen erzählen.

Bilder aus der
Insektenwelt

Vierte Reihe

Die Schmalbiene und ihr Erbfeind.

Kennt der Leser die Schmalbienen? Vielleicht nicht. Nun, das ist kein großes Unglück: man kann recht wohl die wenigen Süßigkeiten des Lebens genießen, ohne die Schmalbienen zu kennen. Wenn man indessen diese niederen Wesen, die keine Geschichte haben, mit Beharrlichkeit befragt, so erzählen sie uns recht merkwürdige Dinge, und der Umgang mit ihnen ist nicht zu verachten, wenn uns daran liegt, unsere Vorstellung über den verwirrenden Schwarm dieser kleinen Welt zu erweitern. Da wir nichts Besseres zu tun haben, wollen wir uns über die Schmalbienen (Halíctus Latr.) unterrichten; sie sind dessen wohl wert.

Wie sind sie zu erkennen?*) Es sind Honigfabrikanten, im allgemeinen schmächtiger und schlanker als unsere Honig- oder Hausbiene. Sie bilden eine zahlreiche Gruppe, sehr verschieden an Größe und Färbung. Es gibt darunter Arten, die größer sind als die gemeine Wespe; andere kommen der Stubenfliege gleich oder sind noch kleiner. Inmitten dieser Verschiedenheit, die den Neuling zur Verzweiflung bringt, bleibt jedoch ein Kennzeichen unveränderlich bestehen. Jede Schmalbiene trägt, deutlich lesbar, den Beglaubigungsschein ihrer Innung.

Betrachtet nur den letzten Ring des Hinterleibes auf der Rückenseite. Wenn das gefangene Insekt eine Schmalbiene ist, dann befindet sich dort ein glatter und glänzender Strich, eine feine Rille, in der sich der Stachel auf- und abwärts bewegt, wenn die Biene sich in der Verteidigung hält. Dieser Gleitrahmen der aus der Scheide gezogenen Waffe zeigt irgend ein Mitglied der Gattung Halíctus an, ohne Unterschied der Farbe und der Größe. Nirgends sonst ist in der Klasse der Stachelträger die eigenartige Rille üblich: sie bildet das Erkennungszeichen, das Wappenschild der Familie.

Im April beginnen ihre Arbeiten unter der Erde, behutsam und nur verraten durch Hügelchen frisch aufgeworfener Erde. Keine Lebhaftigkeit herrscht auf den Werkplätzen. Nur selten werden die Arbeiter sichtbar, so eifrig sind sie auf dem Grunde ihrer Schächte tätig. Zeitweilig gerät bald hier, bald da der Gipfel eines Erdhäufchens ins Schwanken und fällt auf die Hänge des Kegels: es ist ein mit seinem Armvoll Abraum emporgestiegener Arbeiter, der diesen Schutt nach außen wirft, ohne sich dabei ungedeckt zu zeigen. Nichts anderes ist einstweilen zu sehen.

Dann kommt die fröhliche Maienzeit mit ihren Blumen und ihrem Sonnenschein. Die Bienen, die im April Erdarbeiter waren, sind jetzt mit der Ernte beschäftigt. Alle Augenblicke sehe ich, wie sich eine von ihnen, ganz mit Gelb bepudert, auf dem Gipfel eines Erdhäufchens, die jetzt Trichteröffnungen geworden sind, niederläßt. Die größte unter den drei in meiner Gegend vorkommenden Halíctus-Arten ist die Zebra-Schmalbiene (H. zébrus Walck = scabiosae Brullé), deren langer Hinterleib zierlich mit gürtelförmigen Querstreifen von abwechselnd schwarzer und blaßgelbroter Farbe versehen ist. An

*) Es gibt – nach Leunis – über 130 schwer zu unterscheidende Arten dieser Hautflügler aus allen Erdteilen, in Deutschland über 50. Sie bauen in ähnlicher Weise, wie die Erd- oder Grabbienen (Andréna) in die Erde, wählen dazu aber gern festen Boden, wie die Fußpfade der Landstraßen, fest getretene Gartenpfade, Fußpfade in Wäldern und an Waldsäumen; oft findet man eine Menge Nester nebeneinander. Anm. d. Übers.

Größe und schlankem Bau kommt sie der Wespe gleich. Ich sehe sie häufig ihre Nester in den Wegen meines Gartens bauen; dabei wollen wir sie aus der Nähe beobachten und überwachen. Sobald die Arbeit der Versorgung der unterirdischen Zellen mit Vorräten für die zukünftige Larve beginnt, stellt sich ein Schmarotzer ein, der ich weiß nicht woher kommt. Er wird uns zu Zeugen einer zügellosen Räuberei machen.

Gegen zehn Uhr vormittags im Mai, wenn die Arbeiten der Verproviantierung in vollem Gange sind, besuche ich jeden Tag meine volkreichste Niederlassung. Auf einem niedrigen Stuhl in der Sonne sitzend, den Rücken gekrümmt, die Arme auf die Knie gestützt, schaue ich bis zum Mittagessen unbeweglich zu. Was mich anzieht, ist eben jener Schmarotzer, eine winzige Mücke, der verwegene Tyrann der Schmalbiene.

Hat er einen Namen, der Verbrecher? Ich glaube es wohl, allein ich will keine Zeit damit verlieren, genauere Auskunft einzuziehen, die den Leser wenig interessieren kann. Dem trockenen Namensverzeichnis sind die anschaulich erzählten Tatsachen vorzuziehen. So begnüge ich mich denn damit, eine kurze Beschreibung des Übeltäters zu geben. Es ist ein Zweiflügler von 5 mm Länge. Dunkelrote Augen, weißes Gesicht. Aschgraue Brustringe, mit fünf Reihen feiner schwarzer Punkte, auf denen starre, rückwärts gerichtete Haare stehen. Grauer Bauch, unterwärts blaß. Schwarze Füße.

Er ist in der von mir beobachteten Kolonie der Schmalbienen zahlreich vorhanden. In der Sonne geduckt, wartet er in der Nähe eines Erdloches. Sobald eine Schmalbiene von der Ernte mit von Pollen gelbgefärbten Beinen heimkehrt, schwingt er sich empor; er verfolgt sie, immer hinter ihr bleibend, auf allen Drehungen und Wendungen ihres schaukelnden Fluges. Endlich versenkt sich die Biene plötzlich in ihr heimatliches Erdloch. Nicht minder plötzlich läßt sich der Verfolger auf dem Erdhäufchen, ganz dicht beim Eingang, nieder. Unbeweglich, den Kopf der Pforte der Wohnung zukehrend, wartet er, bis die Biene ihre Geschäfte beendet hat. Endlich erscheint diese wieder und verweilt einige Augenblicke auf der Schwelle ihrer Wohnung, Kopf und Brust außerhalb des Loches. Die Mücke ihrerseits rührt sich nicht.

Häufig befinden sie sich von Angesicht zu Angesicht gegenüber, getrennt durch einen kaum fingerbreiten Zwischenraum. Weder der eine noch der andere verrät Unruhe. Die Schmalbiene schenkt – wie wenigstens ihre Ruhe glauben macht – dem Schmarotzer keine Beachtung, der sie belauert; dieser seinerseits bekundet keinerlei Furcht, für seine Kühnheit abgestraft zu werden. Er, der Zwerg, bleibt ganz gelassen dem Riesen gegenüber, der ihn mit einem Schlag seiner Klaue zerdrücken könnte.

Vergeblich suche ich bei dem einen wie bei dem anderen irgend ein Zeichen von Besorgnis zu erkunden: nichts deutet bei der Schmalbiene auf eine Kenntnis der Gefahr hin, die ihrer Nachkommenschaft droht; ebenso verrät nichts von seiten des Zweiflüglers das Bangen vor einer scharfen Züchtigung. Ausbeuter und Ausgebeuteter sehen sich einen Augenblick an, das ist alles. Der gutmütige Koloß könnte, wenn er wollte, mit seiner Kralle den kleinen Banditen zerreißen, der seine Familie zugrunde richtet; er könnte ihn mit seinen Kiefern zermalmen, ihn mit seinem Dolche durchbohren. Er tut nichts dergleichen, er läßt den Räuber in Ruhe, der dicht vor ihm unbeweglich dasitzt, die roten Augen auf die Schwelle der Wohnung gerichtet. Weshalb diese einfältige Sanftmut?

Die Biene fliegt fort. Sogleich dringt die Mücke in ihr Heim ein, ohne mehr Umstände zu machen, als wenn es das eigene wäre. Nach Belieben trifft sie jetzt die Auswahl unter den mit Nahrung versehenen Zellen, nach ihrer Bequemlichkeit vollzieht sie die Eiablage. Nichts wird sie dabei bis zur Rückkehr der Biene stören. Sich die Beine mit Pollen bestäuben, sich den Magen mit Zuckersaft füllen, ist eine Arbeit von einiger Zeitdauer; so gewinnt der Räuber für seine Untat die nötige Muße. Sein Zeitmesser ist außerdem gut in Ordnung und gibt ihm genau an, wie lange die Abwesenheit der Biene dauern wird. Wenn diese aus dem freien Felde zurückkehrt, so hat die Mücke sich aus dem Staube gemacht. Auf einer günstigen Stelle unweit des Erdloches paßt sie die Gelegenheit für einen weiteren üblen Streich ab.

Was würde wohl geschehen, wenn die Biene den Schmarotzer bei seiner Verrichtung überraschte? Nichts Ernstliches. Ich gewahre kühne Mücken, die der Schmalbiene bis auf den Grund ihrer Höhle folgen und dort einige Zeit verweilen, während diese die Vermengung von Pollen und Honig vornimmt. Da der Schmarotzer nicht über den Teig verfügen kann, während die mit ihrer Ernte Heimgekehrte ihn durchknetet, steigt er wieder in die freie Luft empor und wartet auf der Schwelle der Wohnung den abermaligen Vorgang der Biene ab. Er kehrt in den Sonnenschein zurück, nicht fortgescheucht, sondern ruhigen Schrittes, ein Beweis, daß ihm nichts Unangenehmes in der Tiefe widerfahren ist, wo die Schmalbiene arbeitet.

Ein Klaps in den Nacken der Mücke, wenn sie in der Nähe des Kuchens gar zu unternehmend wird, das ist vermutlich alles, was sich der Eigentümer gestattet, um den ungelegenen Besucher zu verjagen. Kein ernsthafter Streit zwischen dem Dieb und dem Bestohlenen. Dies erkennt man an der sehr zuversichtlichen Haltung und dem völlig unbeschädigten Zustande des Zwerges, der aus dem Heim des auf dem Grunde des Erdloches tätigen Riesen wieder in die Höhe steigt.

Wenn die Biene, mit Vorrat beladen oder nicht, zu ihrer Wohnung zurückkehrt, so zögert sie eine Zeitlang; in raschen Windungen nähert sie sich ihr und weicht wieder zurück, indem sie bei diesen Hin und Her in geringem Abstande über dem Boden schwebt. Dieser verwickelte Flug erweckt zuerst die Vorstellung, als ob der Hautflügler seinen Verfolger mittels eines unentwirrbaren Netzes von Märschen und Gegenmärschen irrezuleiten suche. Dies wäre in der Tat klug von ihm, allein ein solcher Grad von Vorsicht scheint ihm versagt zu sein.

Die Mücke nähert sich dem Nest.

Seine Besorgnis gilt nicht dem Feinde, sondern vielmehr der Schwierigkeit, seine Wohnstätte

wiederzufinden in dem Wirrsal der sich aneinanderreihenden Erdhäufchen und in der Unordnung der Gäßchen in dem kleinen Marktflecken, deren Anblick von einem Tage zum andern durch neue Schutthaufen verändert wird. Sein Zögern ist erklärlich genug, denn häufig täuscht er sich und läßt sich am Eingang eines Erdloches nieder, das nicht ihm gehört, bis er an kleinen Einzelheiten der Pforte seinen Irrtum alsbald gewahr wird.

Die Nachforschung beginnt schon während der Schaukelwindungen des Fluges, die mit plötzlichem Flüchten bis auf eine gewisse Entfernung untermengt sind. Endlich hat die Biene ihr Erdloch erkannt und stürzt ungestüm hinein; allein sie mag noch so plötzlich unter der Erde verschwinden, die Mücke ist da. Sie läßt sich auf der Schwelle der Wohnung nieder und wartet nun, dem Eingang zugekehrt, das Wiederhervorkommen der Biene ab, um alsdann ihrerseits die Honigklumpen zu besichtigen.

Wenn der Eigentümer emporsteigt, weicht der Schmarotzer ein wenig zurück, gerade soviel, um den Durchgang frei zu geben, und das ist alles. Weshalb sollte er auch den Platz räumen? Das Zusammentreffen ist so friedlich, daß man ohne anderweitige Aufschlüsse niemals vermuten würde, einen von der Vernichtung Bedrohten seinem Vernichter gegenüberzusehen. Weit entfernt, durch die plötzliche Ankunft der Biene in Schrecken zu geraten, gibt die Mücke kaum acht darauf; ebensowenig kümmert sich die Schmalbiene um ihren Verfolger, wenigstens wenn dieser nicht hinter ihr her ist und sie während des Fluges plagt. Alsdann entzieht sich der Hautflügler ihm, indem er plötzlich einen Haken schlägt.

Der Schmarotzer der Schmalbiene ist in einer schwierigen Lage. Die heimkehrende Biene hat ihre Honigbeute im Magen, ihre Pollenernte an den Haarbüscheln ihrer Beine*; der Honig ist daher dem Räuber nicht zugänglich, der Pollen aber ist staubartig, ohne festen Halt. Und außerdem ist die Menge noch unzureichend; damit sie genüge, um daraus das runde Brot für die Zelle der künftigen Larve bilden zu können, müssen wiederholte Reisen stattfinden. Wenn so die nötige Masse Pollen und Honig beschafft ist, wird die Biene sie mit den Spitzen ihrer Kiefer durchkneten und mit den Füßen ein Kügelchen daraus formen. Befände sich nun das Ei, das die Mücke zu legen beabsichtigt, bereits unter den Stoffen, so würde es bei dieser Verrichtung sicher gefährdet sein.

Deshalb muß das Ei auf den vollständig fertigen Laib niedergelegt werden, und da dessen Herstellung sich unterirdisch vollzieht, so ergibt sich daraus für den Schmarotzer die Notwendigkeit, in das Heim der Biene hinabzusteigen. Mit einer unbegreiflichen Verwegenheit tut er dies in der Tat, sogar wenn die Schmalbiene darin anwesend ist. Und die dadurch Enteignete läßt ihn ruhig gewähren, sei es aus Feigheit, sei es aus einfältiger Duldsamkeit.

Der Zweck der Mücke bei ihrem beharrlichem Aufpassen und ihren frechen Verletzungen des Hausrechts ist nicht etwa, sich selber auf Kosten der Beschafferin des Vorrats zu ernähren; mit viel weniger Mühe, wie sie ihr Räuberhandwerk erfordert, würde sie auf den Blumen finden, was sie zum Leben braucht. In den Höhlen der Schmalbiene gestattet sie sich nach meinem Dafürhalten nichts weiter, als bescheiden von den Nahrungsmitteln zu kosten, um deren Beschaffenheit zu prüfen. Es ist ihr vielmehr in der Hauptsache nur darum zu tun, ihre Nachkommenschaft zu versorgen. Das gestohlene Hab und Gut ist nicht für sie selber, sondern für ihre Kinder bestimmt.

Graben wir die aus Pollen geformten Brote aus, so finden wir sie meistens unordentlich in Krumen umhergestreut, der Vergeudung preisgegeben. In dem über dem Boden der Zelle verstreuten gelben Blütenstaub sehen wir zwei oder drei Würmchen mit spitzigem Munde sich bewegen: die aus den Eiern geschlüpfte Nachkommenschaft der Mücke. Neben ihnen befindet sich mitunter der rechtmäßige Besitzer: die Larve der Schmalbiene, aber dürftig

*) Sie gehört zu den Schenkelsammlern unter den Apiden, die nicht nur an den Schienen der Beine und an den Fersen, sondern auch an den Schenkeln, zum Teil auch an den Hüften der Hinterbeine und auf den Seiten der Hinterbrust Sammelhaare tragen. Bei der Schmalbiene sitzt die Hüftlocke an der Wurzel des Schenkels. Anm. d. Übers.

aussehend, durch das Fasten abgemagert. Die gefräßigen Tischgenossen nehmen ihr das Beste weg, ohne sie sonst zu belästigen. Das arme, ausgehungerte Wesen geht zugrunde, schrumpft ein und verschwindet nach kurzer Frist. Sein toter Körper, nicht mehr als ein Atom, liefert, vermengt mit den übrigen Lebensmitteln, den Mückenlärvchen einen Bissen mehr.

Und was tut die Schmalbienenmutter bei diesem Unglück? Jeden Augenblick steht es ihr frei, ihre Larven in Augenschein zu nehmen; sie brauchte nur den Kopf in die Öffnung der Zelle zu stecken, um unbedingt deren Elend gewahr zu werden. Die umhergestreuten Krumen des Brotlaibes, die von dem zappelnden Geschmeiß hervorgebrachte Unordnung könnten ihr ja unmöglich entgehen. Warum packt sie die Eindringlinge nicht am Leibe! Sie mit einem Druck ihrer Kiefer zu zermalmen, und sie vor die Tür zu werfen, wäre ja das Werk eines Augenblicks. Und die Einfältige denkt nicht daran, sie läßt die Aushungerer in Frieden.

Sie tut sogar noch Törichteres. Wenn die Zeit der Verpuppung gekommen ist, verschließt die Schmalbienenmutter mit einem Lehmklümpchen die von dem Schmarotzer ausgeplünderten Zellen mit der gleichen Sorgfalt, wie die von ihm unberührten. Die schließliche Absperrung ist eine ausgezeichnete Vorsichtsmaßregel, wenn die Zelle mit einer Schmalbienenlarve besetzt ist, die im Begriffe steht, sich zu verpuppen; der blinde Instinkt trägt aber kein Bedenken, auch den leeren Raum zu versiegeln. Ich sage „leer“, denn der bösartige Wurm macht sich schleunigst davon, sobald die Lebensmittel verzehrt sind, als ob er ein unbezwingbares Hindernis für die künftige Mücke vorhersähe; er verläßt die Zelle, bevor der Hautflügler sie verschließt.

Mit der verbrecherischen Arglist verbindet der Schmarotzer die Klugheit. Das Kämmerchen aus gestampfter Erde, dessen glatte Innenwände mit einem alle Feuchtigkeit abhaltenden Bewurf überzogen sind, müßte anscheinend einen ausgezeichneten Warteraum abgeben. Die Würmchen wollen ihn aber nicht. In der Furcht, sich eingemauert zu finden, wenn sie aus Puppen zarte Mücken geworden sind, machen sie sich davon und zerstreuen sich in der Nachbarschaft des zur Erdoberfläche emporführenden Schachtes.

Bei meinen Ausgrabungen treffe ich tatsächlich die verpuppten Mückenlarven stets außerhalb der Zellen an, niemals im Inneren. Ich finde sie, eine neben der andern, inmitten der tonigen Erde in einer engen Nische, die nach dem Verlassen der Zelle die Larven sich zunutze gemacht haben. Wenn im nächsten Frühjahr die Stunde des Auszuges gekommen sein wird, braucht das ausgewachsene Insekt nur durch das Geröll hindurchzuschlüpfen; dies ist ihm eine leicht Arbeit.

Noch ein anderer, nicht minder zwingender Beweggrund macht diesen Umzug notwendig. Im Juli erscheint eine zweite Generation der Schmalbiene. Der Zweiflügler seinerseits, der auf eine einzige beschränkt ist, verbleibt im Puppenzustand und erwartet für seine Umgestaltung den Lenz des nächsten Jahres. Die Honigsammlerin beginnt wiederum die Arbeiten in der Niederlassung, wo sie geboren ist; sie benutzt die im Frühjahr hergestellten Schachte und Zellen und spart dadurch viele Arbeit. Die sorgfältig ausgeführte Wohnung befindet sich noch in gutem Zustande. Es bedarf nur einiger Ausbesserungen, um sie wieder benutzbar zu machen.

Was würde nun aber wohl geschehen, wenn die Biene, die so sehr auf Reinlichkeit hält, in der Zelle, die sie säubert, eine Puppe vorfände? Sie würde sie als einen hinderlichen Gegenstand etwa wie ein Erdbröckchen behandeln, mit ihren Kiefern packen und sie, vielleicht schon zerdrückt, auf den vor ihrem Loche liegenden Haufen Abraum werfen. Dort aber würde die allen Unbilden des Wetters preisgegebene Puppe unfehlbar zugrunde gehen.

Ich bewundere diese hellsehende Voraussicht der Mückenlarve, die das augenblickliche Wohlergehen für die Sicherheit in der Zukunft preisgibt. Zwei Gefahren drohen ihr nämlich: entweder in einem Köfferchen eingemauert zu werden, aus dem es für die Mücke kein Entkommen gibt, oder aber draußen bei ungünstiger Witterung zugrunde zu gehen, wenn die Biene bei der Wiederherstellung ihrer Zellen sie ins Freie schafft. Um dieser doppelten Gefahr zu entgehen, macht sie sich aus der Zelle fort, bevor deren Pforte verschlossen wird, und bevor die Schmalbiene des Juli die Wohnung wieder in Ordnung bringt.

Nunmehr wollen wir einmal Umschau danach halten, was der Schmarotzer ausgerichtet hat. Im Laufe des Juni, wenn die Ruhezeit bei den Schmalbienen eingetreten ist, grabe ich meine stärkste Niederlassung, die etwa fünfzig Erdlöcher umfaßt, vollständig aus. Auf diese Weise kann mir nichts von dem Elend entgehen, das in der unterirdischen Stadt eingetreten ist. Wir sind unser vier und durchsieben zwischen den Fingern das ausgehobene Erdreich. Das was der Erste untersucht hat, übernimmt der Zweite von ihm und prüft es gleichfalls, ebenso der Dritte und Vierte. Das Ergebnis ist wahrhaft schmerzlich: wir finden auch nicht eine einzige Puppe der Schmalbiene. Somit ist also die zahlreiche Bevölkerung der Niederlassung samt und sonders zugrunde gegangen, an deren Stelle der Zweiflügler getreten ist. Von diesem sind Puppen in großer Menge vorhanden, die ich sammle, um ihre Entwicklung zu verfolgen.

Das Jahr geht zu Ende, und die kleinen roten Tönnchen, zu denen sich die anfänglichen Würmchen zusammengezogen und verhärtet haben, bleiben auf demselben Punkte stehen. Es sind Samenkörner mit latentem Leben. Auch die Gluthitze des Juli erweckt sie nicht aus ihrer Erstarrung. In diesem Monat, dem Zeitpunkt für die zweite Generation der Schmalbienen, herrscht eine Art Gottesfriede: der Schmarotzer feiert und die Biene arbeitet ungestört. Wenn die Feindseligkeiten Schlag auf Schlag wieder anfingen, ebenso mörderisch im Sommer, wie sie im Frühjahr gewesen sind, dann würde die allzu sehr mitgenommene Rasse der Schmalbienen vielleicht völlig verschwinden. Die kurze Ruhezeit der zweiten Brut bringt die Dinge wieder in Ordnung.

Im April, wenn die Zebra-Schmalbiene auf der Suche nach einem günstigen Platze für ihre Erdlöcher schwankenden Fluges die Wege innerhalb meiner Umzäunung durchzieht, beeilt sich der Schmarotzer seinerseits aus dem Ei zu schlüpfen. Welche genaue, schreckliche Übereinstimmung in dem beiderseitigen Kalender, dem des Verfolgers und der verfolgten Biene! Gerade in dem Augenblick, da die Biene zuerst auftritt, ist auch die Mücke bereit; ihr Vertilgungswerk durch das Aushungern beginnt von neuem.

Wäre dies ein vereinzelter Fall, so würden wir nicht weiter darüber nachsinnen: eine Schmalbiene mehr oder weniger hat für das Gleichgewicht in der Welt wenig zu bedeuten. Leider aber bildet die Räuberei unter allen ihren Formen die Regel in dem Handgemenge der Lebewesen. Von dem geringsten bis zum höchststehenden wird jeder Produzent ausgebeutet durch den Unproduktiven. Selbst der Mensch, der durch seine Ausnahmestellung über solche Erbärmlichkeiten erhaben sein sollte, tut sich in dieser tierischen Gier hervor. Er sagt sich: „Die Geschäfte, das ist das Geld der andren", wie die Mücke sich sagt: „Die Geschäfte, das ist der Honig der Schmalbiene." Und um besser rauben zu können, erfindet er den Krieg, die Kunst im großen zu töten und mit Ruhm das zu tun, was, im kleinen vollbracht, zum Galgen führt.

Werden wir denn niemals die Verwirklichung des hehren Traumes erleben, der des Sonntags in der kleinsten Dorfkirche gesungen wird: „Gloria in excelsis deo et in terra pax hominibus bonae voluntatis" (Ehre sei Gott in der Höhe, und Friede auf Erden, und den Menschen ein Wohlgefallen)? Wenn der Krieg die Menschheit allein anginge, würde uns die Zukunft vielleicht den Frieden vorbehalten, da so viele edle Geister sich darum bemühen, aber die Plage wütet auch in der störrischen Tierwelt, die niemals Vernunft annehmen wird. Da nun einmal das Übel als allgemeines Schicksal der Welt auferlegt wurde, ist es vielleicht unheilbar. Es steht zu befürchten, daß das Leben auch in der Zukunft das sein wird, was es heute ist: ein ewiges Gemetzel.

Alsdann kommt man durch eine verzweifelte Anstrengung der Einbildungskraft dazu, sich einen Riesen vorzustellen, der mit den Planeten Ball zu spielen vermag. Er ist die unwiderstehliche Kraft; er ist die Gerechtigkeit, das Recht. Er kennt unsere Schlachten, unser Morden, unsere Verwüstungen, unsere tierischen Triumphe; er kennt unsere Explosivstoffe, unsere Granaten, unsere Torpedos, unsere

Panzerschiffe und alle unseren gelehrten todbringenden Werkzeuge; er kennt nicht minder den entsetzlichen Wettstreit der Begierden bis zu den geringsten Wesen hinab. Nun gut: wenn dieser Gerechte, dieser Mächtige unsere Erde unter seinem Daumen hielte, würde er wohl schwanken, sie zu zermalmen? Er würde nicht schwanken ... Er würde die Dinge ihren Lauf nehmen lassen. Er würde sich sagen: „Der alte Glaube hat recht; die Erde ist eine wurmstichige Nuß, die von dem Gewürm des Bösen zernagt wird. Sie ist ein roher Entwurf, ein mühseliger Halteplatz auf dem Wege zu einem gnädigeren Lose. Lassen wir den Dingen ihren Lauf: am Ziele sind die Ordnung und die Gerechtigkeit."

Die Türschließerin des Schmalbienenbaues.

Die zu Beginn des Frühjahrs von der einzelnen Schmalbiene ausgegrabene Wohnung verbleibt, wenn der Sommer kommt, als ungeteiltes Erbe den Mitgliedern der Familie. Es gab unter der Erde etwa zehn Stück Zellen; nun sind aber aus diesen Kämmerchen einzig und allein Weibchen hervorgegangen. Dies ist die Regel bei den drei Halictus-Arten meiner Gegend. Sie haben in jedem Jahre zwei Generationen. Die des Frühjahrs besteht nur aus Weibchen; die später erscheinende umfaßt Weibchen und Männchen in ungefähr gleicher Anzahl.

Wird die erste Hausgenossenschaft nicht durch Unfälle vermindert, zumal durch die Mücke, die die Larven durch Aushungern vernichtet, dann besteht sie also etwa aus zehn Schwestern, nichts als Schwestern, die alle gleich arbeitsam und alle fähig sind, Nachkommenschaft ohne einen hochzeitlichen Mitarbeiter hervorzubringen. Anderseits ist die mütterliche Wohnung durchaus kein baufälliges Haus: der nach oben führende Gang, das Hauptstück des Baues, kann nach Wegräumung von etwas Schutt sehr gut wieder benutzt werden. Dadurch wird viel Zeit gewonnen, die für die Biene so kostbar ist. Die in der Tiefe befindlichen Zellen, diese Kojen mit Wänden aus gewalkter Erde, sind ebenfalls beinahe unberührt. Um sie verwenden zu können, genügt es, ihren Stuck mit dem Glättbein der Zunge auszubessern.

Nun gut, welche von den Überlebenden, die gleiches Anrecht auf den Nachlaß haben, wird die Wohnung erben? Es können ihrer sechs, sieben oder noch mehr, je nach den Wechselfällen der Sterblichkeit sein. Welcher von ihnen wird die mütterliche Wohnung zufallen? Kein Streit unter den Beteiligten. Ohne Hader wird das Haus als gemeinsames Eigentum anerkannt. Durch denselben Eingang gehen die Bienenschwestern friedlich aus und ein, betreiben ihre Geschäfte, gehen hindurch und lassen andere hindurchgehen.

Unten, auf dem Grunde des Schachtes, hat jede ihren kleinen Bereich für sich, ihre Gruppe neu ausgehöhlter Zellen, wenn die alten besetzt sind, deren Anzahl jetzt nicht mehr ausreicht. In diesen Kämmerchen, ihrem persönlichen Eigentum, arbeitet jede Mutter für sich, eifersüchtig auf ihren Besitz und ihre Absonderung. Sonst ist überall der Verkehr frei.

Dieses Schauspiel des Ein- und Ausgehens ist während der lebhaftesten Arbeit besonders anziehend. Eine Biene kehrt von der Ernte auf den Feldern zurück, die Haarbüschel an den Beinen mit Blütenstaub bepudert. Wenn der Eingang frei ist, verschwindet sie sogleich unter der Erde. Ein Verweilen auf der Schwelle wäre Zeitverlust, und die Arbeit drängt. Mitunter treffen mehrere in kurzen Zwischenräumen ein. Der Durchgang ist zu eng für zwei, zumal wenn es gilt, ein unzeitgemäßes gegenseitiges Anstreifen zu vermeiden, das die mehlartige Last zu Fall bringen würde. Die der Mündung zunächst Befindliche tritt rasch ein. Die andern stellen

sich auf der Schwelle nach der Folge ihres Eintreffens hintereinander auf und warten, die Rechte ihrer Genossen achtend, bis die Reihe an sie kommt. Sobald die Erste verschwunden ist, folgt ihr die Zweite, rasch ebenso die Dritte und alle übrigen, eine nach der andern.

Mitunter trifft eine Biene, die das Loch verlassen will, mit einer heimkehrenden zusammen. Alsdann macht die letztere, indem sie rasch zurücktritt, der hinausgehenden Platz. Die Höflichkeit ist gegenseitig. Ich sehe welche, die, im Begriffe stehend, den Schacht zu verlassen, wieder hinabsteigen und jener, die gerade ankommt, den Durchgang freigeben. Durch diese wechselseitige Zuvorkommenheit vollzieht sich ohne Versperrung der Röhre das immerwährende Kommen und Gehen der Hausgenossenschaft.

Wir wollen es scharf im Auge behalten. Es gibt noch Besseres zu sehen, als die gute Ordnung im Eingange. Wenn eine Schmalbiene erscheint, die von ihrer Rundreise auf den Blumen heimkehrt, sieht man eine Art Klapptür, die bisher die Wohnung verschloß, plötzlich sich senken und den Durchgang freigeben. Sobald der Ankömmling eingetreten ist, kehrt die Klapptür an ihren Platz, der beinahe mit der Erdoberfläche gleich ist, zurück und schließt von neuem zu. Dasselbe Verfahren findet hinsichtlich der Hinausgehenden statt. Von rückwärts her in Anspruch genommen, senkt sich die Tür, die Pforte ist offen, und die Biene fliegt davon. Alsbald wird das Loch wieder verschlossen.

Was kann das für ein Verschluß sein, der in dem Zylinder der Röhre nach Art eines Kolbens sich senkt oder emporsteigt und so die Wohnung bei jedem Ausgang, bei jedem Eintritt einer Biene öffnet und wieder verschließt? Es ist eine Schmalbiene, die zur Türschließerin der Niederlassung geworden ist. Aus ihrem dicken Kopfe macht sie ein unüberschreitbares Hindernis oben im Hausflur. Wenn einer von den Bewohnern das Haus verlassen oder in dieses eintreten will, so öffnet sie ihm die Tür, indem sie bis zu einer Stelle zurückweicht, wo der Gang sich verbreitert und Raum für zweie gewährt. Sobald der andere hindurch ist, steigt sie sofort wieder bis zur Mündung empor, die sie mit ihrem Schädel verstopft. Unbeweglich auf der Lauer stehend, verläßt sie ihren Posten nur, um Unberufene zu verscheuchen.

Benutzen wir jene kurzen Augenblicke, in denen sie außerhalb zu sehen ist. Man erkennt in ihr eine Schmalbiene gleich den andern, die gegenwärtig mit der Ernte beschäftigt sind; aber ihr Schädel ist kahl, ihre Tracht düster und schäbig. Auf ihrem zur Hälfte enthaarten Rücken sind fast gänzlich die schönen zebraartigen Gürtelstreifen verschwunden, die abwechselnd braun und gelbrot sind. Diese, durch die Arbeit verschlissene Kleidung, gibt uns klaren Aufschluß.

Die Biene, die auf Wache zieht und den Dienst der Türschließerin am Eingange des Erdloches versieht, ist älter als die übrigen, sie ist die Mutter der gegenwärtigen Arbeiterinnen, die Großmutter der in den Zellen befindlichen Larven. In ihrem Lenz, vor drei Monaten, hat sie sich bei der einsamen Arbeit aufgerieben. Jetzt, nachdem der Eierstock erschöpft ist, ruht sie sich aus. Aber nein, das Wort Ruhe ist hier nicht angebracht. Sie arbeitet auch jetzt noch und kommt der Hausgenossenschaft nach Maßgabe ihrer Mittel zu Hilfe. Unfähig, zum zweiten Male Mutter zu werden, wird sie Türschließerin; sie öffnet die Behausung den Mitgliedern ihrer Familie und hält die Fremden fern.

Das mißtrauische Zicklein des Märchens sagte, durch den Türspalt spähend, zum Wolfe: „Zeige mir eine weiße Pfote, oder ich öffne nicht." Nicht minder mißtrauisch, sagt die Großmutter zu dem Ankommenden: „Zeige mir das gelbe Bein der Schmalbiene, oder du kommst nicht herein." Niemand wird in die Wohnung eingelassen, der nicht als Mitglied der Familie erkannt wird.

Wir können es mit ansehen. In der Nähe des Erdloches geht eine Ameise vorüber, die als unbedenkliche Abenteurerin gern die Ursache des honigartigen Duftes erfahren möchte, der aus der Tiefe der Höhle empordringt. „Geh' deines Weges, sonst hüte dich!" bedeutet sie die Türhüterin mit einer Bewegung des Genicks. Diese Drohung genügt meistens; die Ameise macht sich fort. Wenn sie jedoch beharrlich bleibt, verläßt die Wächterin ihr Schilderhaus, wirft sich auf die Verwegene, zaust sie

herum und verjagt sie. Gleich nachdem diese Züchtigung vollzogen ist, kehrt sie in ihr Wachthaus zurück und stellt sich wieder auf Posten.

Jetzt kommt die Reihe an eine Tapezierbiene, auch Blattschneider genannt (Megachíle albocincta Rad.), die, ungeschickt in der Kunst, selber Erdhöhlen zu graben, nach dem Beispiel ihrer Zunftgenossen die von anderen gegrabenen Gänge benutzt. Die der Zebra-Schmalbiene sagen ihr besonders zu, wenn die schreckliche Mücke des Frühjahrs sie in Ermangelung von Erben leer zurückgelassen hat. Auf der Suche nach einer ruhigen Stätte, wo sie ihre Schläuche aus Robinienblättchen*) aufstapeln kann, mustert die Tapezierbeine häufig im Fluge meine Niederlassungen der Schmalbiene. Eines dieser Erdlöcher scheint ihr zu gefallen, allein bevor sie noch den Fuß auf den Boden setzt, hat die Wächterin bereits ihr Summen vernommen und stürzt hastig hervor. Sie macht einige Bewegungen auf der Schwelle ihrer Tür – das ist alles. Der Blattschneider hat verstanden und entfernt sich.

Mitunter hat die Megachile soviel Zeit, um sich niederzulassen und den Kopf in die Schachtmündung zu stecken. Alsbald ist aber auch schon die Türschließerin da, die etwas emporsteigt und eine Sperre bildet. Dann folgt ein ziemlich belangloser Streit. Die Fremde hat rasch die Rechte des ersten Besitznehmers erkannt und macht sich, ohne weiter auf ihrem Vorhaben zu bestehen, daran, anderwärts ein Unterkommen zu suchen.

Die Türschließerin des Schmalbienenbaues.

Ein Meisterdieb (Coelióxys caudáta, Spinola), Schmarotzer der Megachile, wird vor meinen Augen scharf abgestraft. Der Leichtsinnige, der da glaubte, zu dem Blattschneider gelangen zu können, hat sich geirrt und sieht sich nun der türhütenden

*) Ihr Nest besteht aus einzelnen fingerhutförmigen Zellen, die sie aus abgebissenen Blattstücken bildet und von denen sie 6 bis 8 aneinanderreiht. Anm. d. Übers.

Schmalbiene gegenüber, die ihm eine strenge Züchtigung angedeihen läßt. In der Eile macht er sich davon. Desgleichen andere, die versehentlich oder in blindem Eifer in das Erdloch einzudringen suchen.

Untereinander legen die Großmütter dieselbe Unduldsamkeit an den Tag. Gegen Mitte Juli, wenn der Umtrieb in der Niederlassung auf voller Höhe ist, sind zwei Klassen von Schmalbienen leicht zu unterscheiden: die jungen Mütter und die Alten. Die ersteren, die viel zahlreicher und an ihrem lebhaften Benehmen und der neuen Tracht kenntlich sind, kommen und gehen unaufhörlich aus den Erdlöchern auf die Felder und von den Feldern in die Erdlöcher. Die zweiten irren verbraucht und ohne Lebendigkeit untätig von einem Loche zum andern. Man könnte meinen, sie hätten sich verirrt und seien außerstande, ihr Heim zu finden. Was sind das für Landstreicher?

Ich halte sie für jene Armen, die durch das Treiben der abscheulichen Mücke im Frühjahr ihrer Nachkommenschaft beraubt worden sind. In verschiedenen Erdlöchern ist alles zugrunde gegangen. Beim Erwachen des Sommers hat die Mutter gesehen, daß sie allein ist. Sie hat ihr leeres Haus verlassen und sich auf die Suche begeben nach einer Wohnung, wo sie Wiegen verteidigen und Wache halten kann. Allein diese glücklichen Nester haben bereits ihre Wächterin, die Gründerin der Niederlassung, die, eifersüchtig auf ihre Rechte, ihre beschäftigungslose Nachbarin kalt empfängt. Eine einzige Schildwache genügt, für zweie bietet das Wachlokal nicht genügenden Raum.

Ich hatte Gelegenheit, den Streit der beiden Großmütter zu beobachten. Wenn die Landstreicherin, die eine Beschäftigung sucht, an die Pforte kommt, rührt die rechtmäßige Inhaberin des Platzes sich nicht von der Stelle, sie weicht nicht in den Gang zurück, wie sie es tun würde, wenn eine Schmalbiene vom Felde heimkehrt. Statt ihr den Durchgang freizugeben, bedroht sie sie mit dem Fuße und mit den Kiefern. Die andere erwidert lebhaft und will trotzdem eintreten. Es werden Rippenstöße gewechselt. Der Streit endet mit der Niederlage der Fremden, die dann anderwärts Händel sucht.

Diese kleinen Auftritte lassen uns in den Sitten der Zebra-Schmalbiene gewisse Einzelheiten von hohem Interesse flüchtig sehen. Die Mutter, die im Frühjahr das Nest baut, verläßt ihr Heim nicht mehr, nachdem ihre Arbeiten einmal beendet sind. Als Einsiedlerin auf dem Grunde ihres Baues hausend, beschäftigt sie sich mit den kleinen Sorgen der Haushaltung oder dämmert vor sich hin und erwartet den Auszug ihrer Töchter. Wenn im heißen Sommer das rege Leben in der Niederlassung wieder anfängt, dann bezieht sie, die auswärts mit der Ernte nichts zu tun hat, die Wache am Eingang des Hausflurs, um niemand einzulassen außer den Arbeiterinnen der Behausung: ihre eigenen Töchter. Sie hält die Übelgesinnten fern. Keiner darf hinein ohne die Zustimmung der Türschließerin.

Nichts deutet darauf hin, daß die Wächterin auf Augenblicke sich von ihrem Posten entfernt. Ich sehe nie, daß sie ihr Haus verläßt, um sich auf den Blumen zu stärken. Ihr Alter und ihre seßhafte, wenig ermüdende Tätigkeit machen sie vielleicht von dem Bedürfnis der Nahrung frei. Vielleicht auch geben die mit Beute beladen heimkehrenden Jungen dann und wann ein Tröpfchen von dem Inhalte ihres Magens für sie von sich. Mag sie nun ernährt werden oder nicht, jedenfalls geht die Alte nicht mehr aus.

Aber sie bedarf der Freuden einer tätigen Familie. Verschiedene sind einer solchen beraubt. Die Räuberei des Zweiflüglers hat ihren Hausstand vernichtet. Die derart Heimgesuchten verlassen die leere Erdhöhle. Es sind jene Zerlumpten, die bekümmert durch die Niederlassung irren. Sie wechseln den Ort durch kurze Flüge, noch öfter bleiben sie ganz unbeweglich. Diese sind es, die erbitterten Sinnes die Genossinnen mit Gewalt von ihrem Posten zu vertreiben suchen. Dann werden sie von Tag zu Tag seltener und kraftloser, um endlich ganz zu verschwinden. Was ist aus ihnen geworden? Für die kleine graue Eidechse, die ihnen auflauert, sind sie bequem zu erhaschende Bissen.

Die in ihrem eigenen Bereich seßhaften Alten, die die Honigfabrik bewachen, in der ihre eigenen Töchter als Erben der mütterlichen Niederlassung arbeiten, sind außerordentlich wachsam. Je öfter ich sie besuche, um so mehr bewundere ich sie. In den kühlen Morgenstunden, wenn die Jungen noch nicht ausfliegen, weil dann das Pollenmehl noch nicht genügend von der Sonne reif gemacht ist, sehe ich die Alten auf ihrem Posten am oberen Ende des Schachtes. Unbeweglich, den Kopf in gleicher Höhe mit der Erdoberfläche, bilden sie dort eine Sperre für jeden Eindringling. Wenn ich sie zu nahe betrachte, weichen sie etwas zurück und warten im Schatten das Fortgehen des Unberufenen ab.

Ich komme wieder, wenn zwischen 8 Uhr morgens und Mittag die Ernte in vollem Gange ist. Je nachdem die Schmalbienen heimkehren oder ausziehen, weicht dann die Alte in rascher Folge jedesmal zurück, um das Tor zu öffnen, und steigt wieder empor, um es zu verschließen. Die Türschließerin ist in eifrigster Verrichtung ihrer Amtspflichten begriffen.

Nachmittags ist die Hitze zu stark, die Arbeiterinnen ziehen nicht mehr aufs Feld. Sie haben sich auf den Boden ihrer Wohnstätte zurückgezogen, versehen die Wände der neuen Zellen mit einem lackartigen Überzug und kneten das runde Brot, auf das sie ihr Ei legen. Die Großmutter bleibt immer oben, das Loch mit ihrem kahlen Schädel verschlossen haltend. Für sie gibt es keine Mittagsruhe während der drückend heißen Stunden: die allgemeine Sicherheit erheischt es.

Beim Einbruch der Dunkelheit kehre ich wieder zurück, oft sogar noch später. Beim Schein einer Laterne sehe ich sie noch ebenso beharrlich ihrer Pflicht obliegen wie bei Tage. Die andern ruhen sich aus; sie aber nicht, augenscheinlich fürchtet sie nächtliche Gefahren, die ihr allein bekannt sind. Wird sie nicht schließlich ebenfalls in die friedliche Stille des unteren Stockwerkes hinabsteigen? Dies ist anzunehmen, denn das Ruhebedürfnis muß sich nach den Anstrengungen einer solchen Wache immer dringender geltend machen.

Es ist klar, daß der in solcher Art bewachte Bau von ähnlichem Mißgeschick, wie es ihn nur zu häufig im Mai entvölkert, bewahrt bleibt. Jetzt dürfte die Mücke nur kommen, die die von den Schmalbienen gekneteten Brote stiehlt! Weder durch seine Verwegenheit, noch durch sein beharrliches Auflauern vermöchte sich der Schmarotzer der Wächterin zu entziehen, die ihn durch eine bloße Drohung in die Flucht treiben oder, wenn er beharrlich bleibt, mit ihrem Gebiß zermalmen würde. Wir kennen den Grund, weshalb er nicht erscheint: bis zur Wiederkehr des Lenzes bleibt er im Puppenzustande unter der Erde.

Wenn die Mücke aber auch fehlt, so sind unter dem Volke der Múscidae doch genug andere vorhanden, die gleichfalls fremdes Eigentum zu ihrem Vorteil ausnutzen. Es gibt ihrer für alle Verrichtungen, für alle Räubereien. Und trotzdem überrasche ich während meiner täglichen Besuche im Juli keinen von diesen Zweiflüglern in der Nachbarschaft der Erdlöcher. Es ist erstaunlich, wie gut sich diese Spitzbuben auf ihr Gewerbe verstehen, wie genau sie über die Wache an den Türen der Schmalbiene unterrichtet sind! Jetzt ist kein schlimmer Streich mehr ausführbar; folglich erscheint kein einziges Insekt aus der ganzen Familie: die Drangsale des Frühjahrs erneuern sich für die Schmalbiene nicht.

Die Großmutter, die, durch ihr Alter von den mütterlichen Scherereien entbunden, am Eingang der Wohnung auf Posten zieht und über die Sicherheit der Familie wacht, spricht zu uns von plötzlichen Wandlungen in der Entstehungsgeschichte der Instinkte; sie zeigt uns jählings eine Fähigkeit, die nichts in ihrem bisherigen Verhalten wie in den Handlungen ihrer Töchter ahnen ließ. Sie, die in ihrer vollen Kraft so ängstlich war, als sie im Mai allein das von ihr hergestellte Erdloch bewohnte, bekundet nun, da es mit ihr zur Neige geht, eine übermütige Vermessenheit; in ihrer Gebrechlichkeit wagt sie, was sie nicht wagte, so lange sie stark war.

Als früher die Mücke, ihr Tyrann, in ihr Heim eindrang, oder noch öfter vor dem Eingang, ihr gegenüber lauerte, da rührte die dumme Biene sich nicht, sie drohte nicht einmal diesem Banditen mit roten Augen, der ihr gegenüber ein Zwerg ist, den sie mit Leichtigkeit besiegen konnte. War dies Angst von ihrer Seite? Nein, denn sie besorgte ihre Geschäfte tadellos wie immer, und der Mächtige läßt sich doch nicht derartig in Schrecken setzen durch den Schwachen. Es war Unkenntnis der Gefahr, es war Unfähigkeit.

Und siehe da: heute kennt sie, die vor drei Monaten so unwissend war, ohne Anleitung ganz genau die Gefahr. Jeder Fremdling, der sich nähert, wird fern gehalten, ohne Rücksicht auf seine Größe oder Abstammung. Wenn die drohende Gebärde nicht genügt, kommt die Wächterin hervor und wirft sich auf den Widerspenstigen. Die Zaghaftigkeit hat sich in Kühnheit umgewandelt.

Wie ist diese plötzliche Änderung zustande gekommen? Ich möchte mir gerne vorstellen, daß die Schmalbiene aus ihrem Mißgeschick im Frühjahr eine Lehre gezogen habe und hinfort fähig geworden sei, auf die Gefahr acht zu haben; ich möchte sie rühmen, in der Schule der Erfahrung die Vorteile eines Wachtpostens erkennen gelernt zu haben. Allein ich muß darauf verzichten. Wenn die Biene in allmählicher Fortschreitung zur prächtigen Erfindung einer Türschließerin gelangt ist, wie kommt es dann, daß die Furcht vor dem Spitzbuben zeitweilig aussetzt? Es ist ja richtig, daß sie im Mai, solange sie allein ist, sich nicht ständig auf ihrer Schwelle aufhalten kann: die Geschäfte des Haushaltes gehen allen andern vor. Sie müßte aber doch wenigstens den Schmarotzer, der ihre Gattung verfolgt, erkennen und ihn verjagen, wenn sie ihn jeden Augenblick fast unter den Füßen hat, sogar in ihrer Wohnung. Allein sie kümmert sich gar nicht um ihn.

Wie die harten Prüfungen der Vorfahren also keine Eindrücke hinterließen, die imstande wären, ihren friedfertigen Charakter abzuändern, so haben auch die eigenen Drangsale keinen Anteil an dem plötzlichen Erwachen ihrer Wachsamkeit im Juli. Das Tier hat gleich uns seine Freuden und Leiden. Es genießt die ersteren eifrig; es kümmert sich nur in geringem Maße um die letzteren, was ja schließlich die beste Art ist, sich rein tierisch des Lebens zu erfreuen. Um diese Leiden zu mildern und das Geschlecht sicher zu stellen, ist die Eingebung des Instinkts da, die den Schmalbienen ohne die Ratschläge der Erfahrung eine Türschließerin verschafft.

Wenn die Verproviantierung beendet ist und die Schmalbienen nicht mehr mit der Ernte beschäftigt sind, von der sie mit Pollen beladen heimkehrten, bleibt die Alte noch immer auf ihrem Posten, ebenso wachsam wie zuvor. Die letzten Vorbereitungen für die Brut gehen unten in dem Erdloche vor sich, dann werden die Zellen verschlossen. Bis alles zu Ende ist, bleibt die Tür unter Bewachung. Alsdann verlassen Großmutter und Mütter das Haus. Erschöpft durch die Ausübung ihre Pflicht, begeben sie sich fort, um – man weiß nicht wo? – zugrunde zu gehen.

Vom September ab zeigt sich die zweite Generation, die gleichzeitig Männchen und Weibchen umfaßt.

Die Wegwespen.

Die Dolch- und Sandwespen sahen wir ihre Opfer durch einen Stich mit dem Stachel lähmen, jedoch handelte es sich dabei stets um eine nicht gepanzerte Beute, die so ziemlich am ganzen Körper schutzlos war, um Raupen oder Larven, deren einziges Verteidigungsmittel, abgesehen vom Kiefer, im Zusammenrollen und im Verdrehen der Gliedmaßen besteht. Dies veranlaßte mich, unter meine Glocke nunmehr eine andere Beute zu setzen, eine Spinne, die allerdings beinahe ebenso schlecht geschützt, dafür aber mit furchtbaren Giftkrallen bewehrt ist. Wie wird insbesondere die Wegwespe (Pómpilus Fabr.)*) es anstellen, um den tödlichen Stich der schwarzbäuchigen Tarantel (Lycósa narbonénsis Latr.) zu versetzen, die zu den Wolfspinnen (Lycósidae) gehört und durch ihren Biß den Maulwurf und den Sperling umbringt, ja sogar den Menschen gefährdet? Wie bemeistert die geringelte Wegwespe kühn einen Gegner, der kräftiger als sie, mit einem noch bösartigeren Gifte ausgestattet und imstande ist, seinen Herausforderer zu verspeisen? Von den Raubwespen läßt sich keine auf einen so ungleichen Kampf ein, in dem anscheinend aus dem Angreifer die Beute und aus der Beute der Angreifer werden müßte.

Dieses Rätsel verdiente ein ausdauerndes Studium. Nach dem Bau der Tarantel mutmaßte ich wohl, daß ihr die Wespe mit ihrem Stachel einfach einen Stich in die Mitte der Kopfbrust versetzen würde, allein dies erklärte mir nicht den Sieg des Hautflüglers und wie es ihm möglich wäre, wohlbehalten aus dem Handgemenge mit einem solchen Wild hervorzugehen. Dies mußte man sehen. Die Hauptschwierigkeit ist die Seltenheit der geringelten Wegwespe, dagegen kann ich mir jeden Augenblick eine Tarantel verschaffen: jener Teil der Hochebene in meiner Nachbarschaft, der noch nicht mit Reben bepflanzt ist, liefert mir so viele, wie ich brauche. Die Wegwespe zu fangen, ist aber eine andere Sache. Ich rechne so wenig darauf, daß ich es für aussichtslos halte, ihr eigens nachzuspüren; dies wäre vielleicht gerade das Mittel, überhaupt keine zu finden. Lieber überlasse ich es dem Glück des Zufalls, ob ich eine bekomme oder nicht.

Ich habe sie schon. Zufällig fange ich eine auf den Blüten und versorge mich dann am folgenden Tage mit einem halben Dutzend Taranteln. Vielleicht kann ich sie mir eine nach der andern für wiederholte Zweikämpfe nutzbar machen. Auf meinem Heimwege von dem Tarantelfang lächelt mir das Glück nochmals über alles Erwarten. Eine zweite Wegwespe bietet sich meinem Netze dar, die im Staube der Heerstraße eine schwere, gelähmte Spinne an einem Beine fortzieht. Ich lege besonderen Wert auf diesen Fund: die Eiablage drängt, wie

*) Die Wegwespen (Pompílidae) nisten teils in Mauerritzen oder alten Baumstämmen, teils in der Erde. Diese Wespen, bei denen die Männchen stets kleiner sind, zeichnen sich fast alle durch eine eigentümliche Bewegungsweise aus, indem sie mit zitternden Flügeln umherlaufen, oder dicht über der Erde hinfliegen. Die in der Erde nistenden rauben an Wegen (daher Wegwespen) und Ufern Spinnen, Fliegen, Raupen usw. als Nahrung für die künftigen Larven und tragen sie in ihre Röhren oder Höhlen. Unsere einheimischen Wegwespen sind schwarz oder schwarz und rot, seltener mit weiß oder gelb gefleckt. In wärmeren Ländern sind sie häufig viel lebhafter gefärbt und bedeutend größer als unsere Arten. Anm. d. Übers.

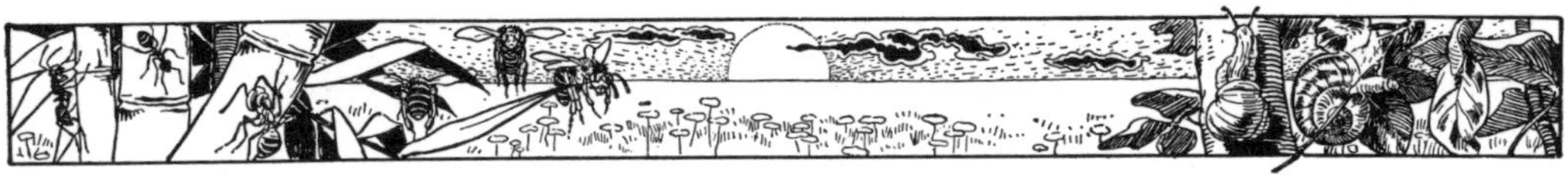

der geschwollene Hinterleib anzeigt, und die Mutter wird, wie ich glaube, ein von mir umgetauschtes Stück Wildbret ohne große Bedenklichkeit annehmen. Zu Hause setze ich jede meiner Gefangenen mit einer Tarantel zusammen unter eine Glasglocke.

Ich bin ganz Auge für das Drama, das jetzt vor sich gehen muß. Ich warte voll Spannung, aber, aber ... Was ist das? Welcher von beiden ist der Angegriffene, wer der Angreifer? Die Rollen scheinen vertauscht zu sein. Die Wegwespe, unfähig an der glatten Wandung der Glocke emporzuklettern, durchmißt hastig den Umkreis der Bahn. In kühner und ungestümer Haltung, mit zitternden Flügeln und Fühlern geht sie hin und her. Sie nähert sich der bald von ihr bemerkten Tarantel ohne das geringste Zeichen von Furcht, geht um sie herum und scheint die Absicht zu hegen, sie bei einem Bein zu packen. Sofort aber richtet sich die Lycosa fast senkrecht empor, indem sie ihre vier hinteren Beine als Stützen benutzt; die vier anderen werden ausgestreckt und gespreizt und sind zum Gegenstoß bereit. Die Giftklauen am Ende der Kieferfühler klaffen weit; ein Tröpfchen Gift perlt an ihrer Spitze. Bei dem bloßen Anblick überläuft einen eine Gänsehaut. In dieser erschrecklichen Haltung, in der sie dem Feinde ihre kräftige Brust und den schwarzen Samt ihres Hinterleibes darbietet, flößt das Spinnentier der Wegwespe Furcht ein, die plötzlich kehrt macht und sich entfernt. Die Tarantel schließt alsdann ihre vergifteten Dolche und nimmt wieder ihre natürliche Haltung an, indem sie sich auf ihre acht Beine stützt; bei der geringsten Angriffsanwandlung des Hautflüglers aber richtet sie sich aufs neue drohend empor.

Sie tut sogar noch mehr: plötzlich bäumt sie sich und wirft sich auf die Wegwespe, umklammert sie hurtig und zwickt sie wiederholt mit ihren Klauen. Ohne mit ihrem Stachel einen Gegenstoß zu führen, macht die Wespe sich los und geht unbeschädigt aus diesem hitzigen Überfall hervor. Zu wiederholten Malen bin ich Zeuge eines solchen Angriffs, aber niemals widerfährt etwas Ernstliches dem Hautflügler, der sich jedesmal rasch aus dem Handel zieht und nichts abbekommen zu haben scheint. Seine Märsche und Gegenmärsche werden stets nicht weniger dreist und rasch wie zuvor fortgesetzt.

Ist die den furchtbaren Klauen entwischte Wespe etwa unverwundbar? Offenbar nicht, und eine wirkliche Wunde würde für sie verhängnisvoll sein. Sogar große Feldheuschrecken von kräftiger Leibesbeschaffenheit erliegen einer solchen; weshalb sollte die viel zarter organisierte Wespe nicht gleichfalls umkommen? Die Dolche der Spinne dringen also nicht in das Fleisch des von ihr umklammerten Insekts ein. Wenn dies der Fall wäre, müßten blutende Wunden wahrzunehmen sein, ich müßte sehen, wie die Klauen sich einen Augenblick auf die getroffene Stelle preßten, allein trotz gespanntester Aufmerksamkeit kann ich nichts derartiges bemerken. Sollten dann vielleicht die Gifthaken nicht imstande sein, die Hauthülle der Wegwespe zu durchbohren? Auch dies trifft nicht zu. Ich habe ja beobachtet, wie sie unter dem Krachen des zerbrechenden Panzers durch das Brustschild der Heuschrecken drangen, das doch viel widerstandsfähiger ist. Nochmals: woher kommt dann die merkwürdige Immunität der Wegwespe zwischen den Beinen und unter den Dolchen der Tarantel? Ich weiß es nicht. Obwohl die Lycosa sich in Todesgefahr ihrem Feinde gegenüber befindet, bedroht sie ihn wohl mit ihren Klauen, kann sich aber nicht zum Zubeißen entschließen infolge eines Widerwillens, den ich nicht zu erklären vermag.

Da ich auf die bisherige Weise nur bedeutungslose Streitereien erzielte, verfiel ich auf den Gedanken, den Kampfplatz der Streiter zu verändern und ihn mehr den natürlichen Verhältnissen anzupassen. Mein Arbeitstisch vertritt ganz ungenügend den gewachsenen Boden, und dann hat die Araneïde hier auch nicht ihre feste Burg, ihre Erdhöhle, die doch vielleicht für den Angriff wie für die Verteidigung von einer gewissen Bedeutung ist. In eine große und tiefe, mit Sand gefüllte Schüssel stecke ich senkrecht ein Stück Schilfrohr hinein; das wird der Schacht der Tarantel sein. Inmitten der Schüssel pflanze ich einige mit Honig bestrichene Köpfe von Kugeldisteln als Mahlzeit für den Pompilus ein; ein paar Heuschrecken, die erneuert werden, nachdem sie verzehrt sind, werden die Tarantel

ernähren. Diese behagliche, in die Sonne gestellte Wohnung nimmt die beiden Gefangenen unter einer großen Kuppel aus Metalldraht auf, die auch bei längerem Aufenthalt genügend Luft durchläßt.

Meine Kunstgriffe führen zu nichts: die Sitzung verläuft ergebnislos. Ein Tag vergeht, ebenso der zweite und dritte, und immer noch nichts. Die Wegwespe beschäftigt sich eifrig mit den honighaltigen Distelköpfen; wenn sie satt ist, klettert sie an der Kuppel empor und umstreift unermüdlich das Gitterwerk. Die Tarantel zernagt friedlich ihre Heuschrecke; wenn die Wespe in ihren Bereich kommt, richtet sie sich lebhaft empor und fordert jene durch eine Gebärde auf, sich davonzumachen. Die künstliche Höhle, das Stück Schilfrohr, erfüllt vollständig ihren Zweck: Tarantel und Wegwespe ziehen sich abwechselnd dort hinein zurück, aber ohne Streit. Und das ist alles. Das Drama, dessen Vorspiel so vielversprechend war, scheint mir auf unabsehbare Zeit hinausgeschoben zu sein.

Ein letztes Hilfsmittel bleibt mir noch, auf das ich große Hoffnung setze: es besteht darin, meine Wegwespen an dieselben Örtlichkeiten zu bringen, wo sie in der Freiheit auf Raub ausgehen und sie auf der Schwelle der Wohnung einer Tarantel, vor ihrem natürlichen Erdloch unterzubringen. Ich setze mich in Bewegung mit einem Handwerkszeug, das ich zum erstenmal mit ins freie Feld nehme: eine Glasglocke, eine andere aus Metalldraht und ferner die verschiedenen Geräte, die ich zum Ergreifen meiner zornmütigen und gefährlichen Versuchstiere behufs ihrer Übersiedlung brauche. Mein Suchen nach Erdhöhlen von Taranteln zwischen Kieselsteinen und Büschen von Thymian und Lavendel ist nicht lange vergeblich.

Hier habe ich eine prächtige vor mir. Mittels eines hineingesteckten Strohhalmes überzeuge ich mich davon, daß sie von einer Tarantel bewohnt ist, deren Größe meinen Plänen entspricht. Die Umgebung der Mündung wird reingefegt und geebnet, damit ich die Metallglocke dort aufstellen kann, unter die dann eine von meinen beiden Wegwespen gesetzt wird. Nun ist für mich der Augenblick gekommen, meine Pfeife anzuzünden und auf den Steinen ausgestreckt zu warten ... Abermals eine Enttäuschung. Eine halbe Stunde vergeht, und der Hautflügler beschränkt sich darauf, an dem Gitterwerk im Kreise herumzuspazieren, wie er es in meinem Arbeitszimmer tat. Er bekundet nicht die geringste Begehrlichkeit bei dem Anblick der Höhle, in deren Tiefe ich die Augen der Tarantel wie Diamanten funkeln sehe.

Die Drahtkuppel wird alsdann durch die Glasglocke ersetzt, die das Insekt, das an ihr nicht emporzuklettern vermag, zwingt, auf dem Boden zu bleiben und endlich Kenntnis von dem Schacht zu nehmen, den es bisher nicht zu beachten schien. Diesmal haben wir es getroffen. Nach einigen Umkreisungen bemerkt die Wespe die vor ihren Füßen klaffende Höhle und steigt in die Tiefe. Diese Keckheit verblüfft mich, da sie alle meine Vermutungen übersteigt. Sich überraschend auf die Tarantel zu werfen, wenn sie sich außerhalb ihrer Burg befindet, geht noch an; aber in diesen Abgrund hinunterzusteigen, wenn das furchtbare Tier dort unten mit seinem doppelten vergifteten Dolche die Wespe erwartet, das ist eine Verwegenheit, deren Folgen ich gespannt erwarte. Ein Rauschen von Flügeln dringt aus der Tiefe empor. Die in ihre geheimen Gemächer getriebene Tarantel ist ohne Zweifel handgemein mit dem Eindringling. Dies verworrene Getöse der Flügel ist entweder der Siegesgesang der Wespe – oder ihr Sterbegesang. Aus dem Mörder kann wohl der Ermordete geworden sein. Welches von den beiden Insekten wird lebend die Höhle verlassen?

Es ist die Tarantel, die eilig hervorkommt und sich oberhalb der Mündung des Loches in ihrer Verteidigungsstellung niederläßt, mit geöffneten Klauen, die vier Vorderbeine ausgestreckt. Sollte die Wespe von ihr erdolcht worden sein? Aber keineswegs, denn auch sie kommt jetzt heraus, nicht ohne im Vorübergehen einen Rippenstoß von der Spinne zu empfangen, die dann sogleich ihren Schlupfwinkel wieder aufsucht. Ein zweites und drittes Mal aus ihrer unterirdischen Wohnung vertrieben, kommt die Tarantel immer wieder ohne Wunde hervor; jedesmal erwartet sie den Eindringling auf der Schwelle ihres Eingangs, verabreicht ihm eine Züchtigung und kehrt in ihr Heim zurück. Vergebens wechsle ich mit meinen beiden Wespen ab und

suche ein anderes Loch auf: ich bekomme nichts andres zu sehen. Für die Vollendung des Dramas fehlen gewisse Vorbedingungen, die meine Kunstgriffe nicht herzustellen vermögen.

Entmutigt durch die immer wiederkehrende Ergebnislosigkeit meiner Sitzungen, gebe ich das Spiel auf. Immerhin habe ich doch dabei mein Wissen durch eine Tatsache von einigem Werte bereichert: ohne alle Furcht steigt die Wegwespe in den Schlupfwinkel der Tarantel hinab und vertreibt diese daraus. Ich denke mir, daß die Dinge sich außerhalb meiner Glocken in derselben Weise abspielen. Aus ihrem Wohnsitze vertrieben, ist die Tarantel furchtsamer und läßt sich besser angreifen. Zudem vermöchte die Wespe, durch die Enge der Höhle gehindert, ihre Lanzette darin nicht mit jener Sicherheit zu lenken, die zur Erreichung ihrer Absicht erforderlich ist. Bei diesem kühnen Einbruch tritt noch deutlicher wie bei dem Handgemenge auf meinem Tische die Abneigung der Lycosa zutage, mit ihren Klauen den Gegner zu durchbohren. Wenn die beiden einander von Angesicht zu Angesicht auf dem Grunde der Höhle gegenüberstehen, so ist dies der richtige Augenblick, um sich mit dem Gegner auseinanderzusetzen. Die Tarantel befindet sich ganz bequem in ihrem Heim, wo sie alle Ecken und Winkel genau kennt. Der Eindringling ist in seinen Bewegungen gehindert, die Räume sind ihm unbekannt. Schnell einen Biss, meine arme Lycosa, und es ist um deinen Verfolger geschehen! Du enthältst dich dessen, ich weiß nicht warum, und dein Widerwille dagegen ist der Schutzbrief des Verwegenen. Der dumme Hammel setzt sich nicht mit seiner gehörnten Stirn zur Wehr gegen das Messer des Schlächters. Solltest du der Hammel der Wegwespe sein?

Ich bringe die beiden Wespen wieder in mein Arbeitszimmer zurück, unter die Drahtglocke über der Schüssel voll Sand, mit dem Stück Schilf statt der Erdhöhle und den von neuem mit Honig bestrichenen Distelköpfen. Sie finden dort ihre ersten, mit Heuschrecken genährten Taranteln wieder. So hausen sie drei Wochen lang zusammen ohne andere Zwischenfälle als Faustkämpfe und Drohungen, die von Tag zu Tag seltener werden. Von der einen wie von der andern Seite keine ernstlichen Feindseligkeiten. Endlich gehen die Wegwespen ein: ihre Zeit ist abgelaufen. Ein kläglicher Schluß nach vielversprechendem Anfang.

Soll ich nun auf die Lösung des Rätsels verzichten? O nein, haben mich doch ganz andere Schwierigkeiten nicht von einem eifrig gehegten Gedanken abzubringen vermocht. Das Glück liebt die Beharrlichen. Es gibt mir dies zu erkennen, indem es mir im September, etwa vierzehn Tage nach dem Tode meiner Taranteljäger, eine andere Wegwespe, die ich zum erstenmal fange, ins Netz führt. Es ist die Buffo-Wegwespe, die eine ebenso bunte Tracht wie die geringelte und fast die gleiche Größe hat.

Nun ist mir aber nichts darüber bekannt, was dieser neue Ankömmling als Nahrung verlangt. Sicherlich eine Spinne, aber was für eine? Ein solcher Jäger braucht ein wohlbeleibtes Wildbret; vielleicht die Seidenkreuzspinne, vielleicht die gebänderte Kreuzspinne, die beiden größten Spinnentiere meiner Heimat nach der Tarantel. Die erstere spannt ihr großes, senkrechtes Netz, in dem die Heuschrecken gefangen werden, von einem Strauchdickicht zum andern; diese werde ich in dem Buschholz auf den benachbarten Hügeln finden. Die andere spannt das ihre über Gräben und kleinen Wasserläufen aus, die viel von Libellen aufgesucht werden. Ich werde sie in der Nähe des Ayguesflüßchens antreffen, am Rande der Bewässerungskanäle, die von diesem reißenden Bergwasser gespeist werden. Eine doppelte Entdeckungsreise verschafft mir beide Kreuzspinnen, die ich am andern Morgen gleichzeitig der von mir gefangenen Wegwespe darbiete. Mag sie nun nach ihrem Geschmack wählen!

Die Wahl ist bald getroffen: die gebänderte Kreuzspinne erhält den Vorzug. Allein diese ergibt sich nicht ohne Gegenwehr. Bei der Annäherung des Hautflüglers richtet sie sich auf und nimmt eine Verteidigungsstellung an, die jener der Lycosa entspricht. Die Wegwespe schenkt ihrer Drohung keine Beachtung: in ihrer Harlekinstracht geht sie ungestüm und mit flinken Beinen zum Angriff über. Nachdem rasche Stöße gewechselt worden sind, liegt die über den Haufen geworfene Kreuzspinne

auf dem Rücken. Die Wegwespe steht über ihr, Bauch gegen Bauch, Kopf gegen Kopf; mit ihren Beinen bändigt sie die Beine der Spinne, mit ihren Kinnbacken hält sie das Kopfbruststück des Opfers gepackt. Dann krümmt sie den drunter weg zu sich herangezogenen Hinterleib stark; sie zieht vom Leder und ...

Einen Augenblick, lieber Leser, wenn's beliebt. Wo wird nun der Stachel eindringen? Nach den Be- ner trifft, darauf bedacht zu sein, daß man nicht selber getroffen werde? Die Wegwespe läßt diese Maßregel der Vorsicht nicht außer acht. Die Kreuzspinne hat am Ende ihre Kieferfühler zwei scharfe Dolche, mit einem Tropfen Gift an jeder Spitze*); die Wespe ist verloren, wenn die Spinne sie beißt. Um ihr Opfer lähmen zu können, muß sie ihr Ritzmesser mit völliger Sicherheit zu führen vermögen. Was ist angesichts einer solchen Gefahr zu tun, die

Die Wegwespen.

obachtungen an anderen Insekten, die ihre Beute lähmen, wird er in die Brust gebohrt werden, um die Bewegungsfähigkeit der Beine zu vernichten. So denkst du, und ich glaubte es ebenfalls. Nun wohl: ohne allzusehr über unseren gemeinschaftlichen Irrtum zu erröten, der sehr entschuldbar ist, müssen wir eingestehen, daß das Tier viel klüger ist als wir. Es weiß sich den Erfolg zu sichern durch einen vorbereitenden Kunstgriff, an den wir beide nicht gedacht haben. Ach, was für eine Schule ist doch die der Tiere! Ist es nicht ratsam, bevor man den Gegwohl auch die feste Hand des Wundarztes unsicher machen könnte? Man muß den Patienten zuerst entwaffnen und dann die Operation ausführen.

*) Die Kieferfühler, auch Oberkiefer geheißen, bestehen nach Leunis aus einem kräftigen, an der Innenseite gefurchten Grundgliede, dem Oberkiefer im engeren Sinne, und einer gegen dieses einschlagbaren Klaue, an deren Spitze der Ausführungsgang einer verhältnismäßig großen, sackförmigen Giftdrüse ausmündet. Das Gift dringt sogleich in die Wunde ein, die von der Klaue geschlagen worden ist.

Anm. d. Übers.

In der Tat sehen wir auch, wie der von hintenzu nach vorwärts geleitete Stachel der Wespe sich mit ängstlicher Vorsicht und deutlich betonter Beharrlichkeit in den Mund der Kreuzspinne senkt. Von diesem Augenblick an schließen sich die Gifthaken der Spinne ohne fernere Lebensäußerung, und die bedrohliche Beute ist unvermögend zu schaden. Der Hinterleib des Hautflüglers drückt nunmehr seinen Bogen ab und stößt den Stachel hinter dem vierten Beinpaar auf der mittleren Linie, dicht bei der Verbindung des Spinnenhinterleibes mit der Kopfbrust in diese hinein. An dieser Stelle ist die Haut feiner und leichter durchdringlich als anderwärts. Die übrige Brust ist mit einem widerstandsfähigen Schutzleder bedeckt, das der Stachel vielleicht gar nicht zu durchbohren imstande wäre. Die Nervenknoten, von denen die Bewegung der Biene ausgeht, haben ihren Platz etwas oberhalb der verwundeten Stelle, allein die Richtung der Waffe von hintenzu nach vorwärts erlaubt es, sie zu treffen. Dieser letzte Stoß hat die Lähmung der acht Beine auf einmal zur Folge.

Längere Auseinandersetzungen würden die überzeugende Sprache dieses Verfahrens bloß abschwächen. Zuerst, zur eigenen Sicherung des Wundkünstlers, ein Stich in den so furchtbar bewehrten Mund, der vor allem bedrohlich ist; dann zur Sicherung der Larve, die dem Ei entschlüpfen wird, ein zweiter Stich in die Nervenzentren der Kopfbrust, um die Bewegungsfähigkeit zu zerstören. Ich dachte mir wohl, daß die Insekten, denen diese starken Spinnentiere zum Opfer fallen, mit besonderen Fähigkeiten begabt sein müßten; allein ich war weit entfernt, bei ihnen ein so kühnes Folgerungsvermögen anzunehmen, das zuerst entwaffnet und dann lähmt. Ebenso muß sich auch der Taranteljäger verhalten, der unter meinen Glocken sich weigerte, mir sein Geheimnis auszuliefern. Sein Verfahren kenne ich jetzt, nachdem sein Verwandter es bekannt gegeben hat. Er wirft die schreckliche Lycosa um, daß sie auf den Rücken zu liegen kommt, setzt zuerst ihre Dolche außer Tätigkeit, indem er sie in den Mund sticht, und bewirkt hierauf mit aller Bequemlichkeit durch einen einzigen Stoß mit seinem Stachel die Lähmung der Beine.

Ich untersuche die Kreuzspinne unmittelbar nachher, und die Tarantel, wenn die Wegwespe sie an einem Bein nach ihrem Bau am Fuße irgendeines Gemäuers schleppt. Einige Zeit, eine Minute höchstens, bewegt die Kreuzspinne noch krampfhaft die Beine. Solange diese Zuckungen des Todeskampfes andauern, läßt der Pompilus seine Beute nicht los. Er scheint das Fortschreiten der Lähmung zu überwachen. Mit der Spitze seiner Kinnbacken untersucht er wiederholt den Mund der Spinne genau, wie um sich zu erkundigen, ob die Gifthaken auch wirklich unschädlich geworden seien. Erst wenn alles ruhig ist, trifft die Wespe Anstalt, ihre Beute anderswohin zu schleifen, und alsdann bemächtige ich mich ihrer.

Was mir vor allem auffällt, ist die völlige Leblosigkeit der Gifthaken, die ich mit dem Ende eines Strohhalms kitzle, ohne daß es gelingt, sie ihrer Erstarrung zu entreißen. Die ihnen unmittelbar benachbarten beinförmigen Kiefertaster dagegen zittern, wenn ich sie nur ganz leise berühre. Nachdem ich die Kreuzspinne in einer Flasche in Sicherheit gebracht habe, untersuche ich sie nach Verlauf einer Woche abermals. Die Reizbarkeit ist teilweise wiedergekehrt. Wenn ich sie mit einem Strohhalm anrühre, sehe ich sie ein wenig die Beine bewegen, zumal die Fersen- und Fußglieder. Die Taster sind in noch höherem Grade erregbar und beweglich. Diese verschiedenen Bewegungen sind übrigens matt und ohne Zusammenhang, und die Spinne kann keinen Gebrauch davon machen, um sich wieder herumzudrehen, und noch weniger, um sich von der Stelle zu rühren. Was die Gifthaken angeht, so reize ich sie vergeblich; ich bringe es nicht dahin, daß sie sich öffnen, nicht einmal, daß sie sich bloß rühren. Sie sind also gründlich gelähmt und auf eine besondere Art. Dies zeigte mir gleich anfangs der besondere Nachdruck an, mit dem der Stachel in den Mund gebohrt wurde.

Gegen Ende September, beinah einen Monat nach der Operation, befindet sich die Kreuzspinne noch in dem gleichen Zustande, weder tot noch lebendig: die Taster zittern jedes Mal bei der Berührung mit dem Halm, aber nichts anderes rührt sich. Endlich tritt nach sechs bis sieben Wochen der Lethargie der Tod ein und mit ihm die Fäulnis.

Die Tarantel der geringelten Wegwespe, so wie ich sie der Besitzerin in dem Augenblick abnehme, da sie die Beute fortschleifen will, läßt mich dieselben Einzelheiten wahrnehmen. Die Gifthaken sind durch Kitzeln mit dem Strohhalm durchaus nicht mehr erregbar, – ein neuer Beweis, außer der Ähnlichkeitsregel, daß die Tarantel, ebenso wie die Kreuzspinne, einen Stich in den Mund bekommen hat. Die Taster hingegen sind sehr reizbar und beweglich und bleiben dies auch noch wochenlang.

Einen zweiten Angriff bei meiner Wegwespe durchzusetzen, ist mir nicht möglich gewesen: die Widerwärtigkeiten der Gefangenschaft beeinträchtigten die Ausübung ihrer Fähigkeiten. Mitunter war übrigens auch die Kreuzspinne an ihrem Versagen schuld; eine von ihr unter meinen Augen zweimal angewandte Kriegslist konnte den Angreifer wohl in Verwirrung bringen. Ich erzähle die Sache, um dem Leser wenigstens eine etwas bessere Meinung zu geben von diesen dummen Spinnen, die mit vortrefflichen Waffen ausgestattet sind, jedoch von ihnen keinen Gebrauch zu machen wagen einem Angreifer gegenüber, der schwächer, aber dafür kühner ist als sie selber.

Die Kreuzspinne sitzt an der Wand der Glocke aus Metalldraht, mit weit über das Gitter ausgebreiteten Beinen; die Wegwespe kommt von der Höhe der Kuppel auf sie zu. Beim Anblick des sich nähernden Feindes von Schreck erfaßt, läßt die Spinne sich auf den Sand fallen, den Bauch in der Luft, die Beine zusammengezogen. Die Wespe eilt hinzu, umklammert sie, untersucht sie genau und nimmt die Stellung an, um sie in den Mund zu stechen. Aber sie zieht nicht vom Leder. Ich sehe, wie sie sich aufmerksam über die Gifthaken neigt, wie um sich über die schreckliche Maschine zu unterrichten; hierauf entfernt sie sich. Die Spinne ist noch immer unbeweglich und zwar so vollständig, daß ich der Meinung bin, sie sei von der Wespe ohne mein Wissen in einem Augenblick gelähmt worden, als ich nicht auf sie achtgab.

Ich hole sie aus der Voliere hervor, um sie mit Muße zu untersuchen. Kaum habe ich sie aber auf meinen Tisch gelegt, als sie wieder lebendig wird und sich geschwind davon macht. Die Schlaue hat unter dem Stilett der Wegwespe die Tote gespielt mit solcher Geschicklichkeit, daß ich mich von ihr habe anführen lassen. Sie hat aber sogar die Wespe getäuscht, die doch besser unterrichtet sein konnte als ich, da sie die Spinne ganz nah untersuchte und sie dennoch für einen toten Körper hielt, der ihres Stachels unwert sei.

Diese Kriegslist, wenn es sich wirklich um eine List handelt, sieht mir indes ganz so aus, als ob sie am häufigsten einen Ausgang zum Nachteil der Tarantel, Kreuzspinne und anderer Spinnentiere nehmen müßte. Die Wegwespe, die nach einem lebhaften Ringen ihre Beute auf den Rücken geworfen hat, weiß ganz genau, daß die vor ihr Liegende nicht tot ist. Diese glaubt sich dadurch zu schützen, daß sie sich tot stellt; der Angreifer aber benutzt gerade diese leichenartige Regungslosigkeit, um den gefährlichsten Stoß, den Stich mit seinem Stachel in den Mund auszuführen. Wenn die Klauen der Spinne mit dem Gifttropfen an ihrer Spitze sich alsdann öffneten, wenn sie zuschnappten und wie verzweifelt zubissen, so würde es die Wegwespe nicht wagen, das Ende ihres Hinterleibes ihrem todbringenden Stich auszusetzen. Das Sichtotstellen des Opfers gerade sichert den Erfolg des Jägers bei seiner gefährlichen Operation. O ihr Kreuzspinnen, die ihr ohne Falsch seid: man sagt, der Kampf ums Dasein habe euch angeraten, zu eurer Verteidigung diese scheinbar leblose Haltung anzunehmen. Dann ist aber der Kampf ums Dasein ein sehr schlechter Ratgeber gewesen.*) Glaubt lieber dem gesunden Menschenverstand und lernt allmählich durch eigenen Schaden, daß der lebhafte Gegenstoß, zumal wenn die Mittel ihn erlauben, immer noch das beste Mittel ist, den Feind in Respekt zu halten.

*) Wir bringen dem Leser in Erinnerung, daß Fabre, wie schon mehrfach erwähnt, trotz seiner persönlichen Verehrung für Darwin die ganze Entwicklungslehre und besonders das Darwinsche Selektionsprinzip durchaus ablehnt.

Anm. d. Übers.

Die höckerige Knotenwespe.

Von dem Aufsatze entzückt, in dem Léon Dufour*), der verehrte Meister, uns die Geschichte einer Knotenwespe (Cercéris) erzählt, die als Nahrung für ihre Larven unter der Erde Vorräte von Prachtkäfern (Bupréstis L.) bereit stellte, spähte ich nach einer Gelegenheit, um gleichfalls den Arbeiten der Knotenwespe beizuwohnen. Es gelang mir auch endlich, sie aufzufinden. Allerdings ist es nicht jener Prachtkäfertöter (C. bupresticída Duf.), sondern eine andere größere Art dieser Gattung der Grabwespen (Crabrónidae), die den Insektenkundigen unter dem Namen der höckerigen Knotenwespe (C. tuberculáta Klug. = májor Spinola) bekannt ist.

In der zweiten Septemberhälfte höhlt unsere Grabwespe ihre Erdlöcher aus und versteckt auf dem Grunde der Röhre die für ihre Larven bestimmte Beute. Die Örtlichkeit für ihre Wohnstätte wird stets unterschiedlich ausgesucht und zwar nach geheimnisvollen Regeln, die wohl sehr veränderlich je nach der Art, stets aber für ein und dieselbe Art unwandelbar sind. Die Knotenwespe L. Dufours braucht einen wagrechten, festgestampften Boden, wie den eines begangenen Weges, um Einstürze unmöglich zu machen, die sonst bei dem ersten Regen ihren unterirdischen Gang in Trümmer legen würden. Die unsrige braucht im Gegenteil eine senkrechte Baufläche. Durch diese unbedeutende architektonische Abänderung vermeidet sie die meisten Gefahren, die ihrem Stollen drohen könnten; sonst zeigt sie sich wenig anspruchsvoll bei der Auswahl des Bodens und höhlt ihre Erdlöcher unterschiedslos bald in lockerem, leicht tonhaltigem Erdreich aus, bald in molassischen Sanden. Die einzige unerläßliche Bedingung scheint ein trockener Boden zu sein, der den größten Teil des Tages hindurch den Sonnenstrahlen ausgesetzt ist. Deswegen wählt unser Hautflügler steile Böschungen von Wegen, die seitlichen Hänge von Rinnen, die der Regen in den molassischen Sanden ausgehöhlt hat, um darin seine Wohnung einzurichten. Solche Stellen finden sich in der Umgegend von Carpentras**) besonders zahlreich im sogen. Chemin creux (Hohlweg); dort habe ich diese Knotenwespe in Menge beobachtet und den größten Teil der auf ihre Geschichte bezüglichen Tatsachen gesammelt.

Sie begnügt sich nicht mit dem Aufsuchen eines senkrechten oder wenigstens schrägen Baugrundes; es werden noch andere Vorsichtsmaßregeln zum Schutze gegen den in der bereits vorgeschrittenen Jahreszeit unvermeidlichen Regen getroffen. Wenn irgendwo ein Plättchen harten Sandsteins gesimsartig hervorragt, wenn eine natürliche, faustgroße Höhlung sich in der Böschung vorfindet, dann legt sie unter diesem Wetterdach, auf dem Grunde dieser Höhlung ihren Gang an, solcherart einen natürlichen Vorhof ihrem eigenen Bauwerk hinzufügend. Obwohl unter ihnen keinerlei Art von Gemeinschaft besteht, lieben es diese Insekten doch, sich in kleiner Anzahl zu vereinigen; stets fand ich ihre Nester in Gruppen von etwa zehn Stück mindestens vereinigt, deren Mündungen oft

*) Der Arzt und Zoologe L. Dufour (1782 bis 1865), der zahlreiche Untersuchungen über Spinnen und Insekten in seinen „Recherches sur les hémiptères" (1833) geliefert hat. Anm. d. Übers.

**) Arrondissementshauptstadt im Depart. Vaucluse, südlich vom Mont Ventoux, wo Fabre mehrere Jahre als Elementarlehrer tätig gewesen ist. Anm. d. Übers.

ziemlich weit voneinander entfernt lagen, mitunter aber auch sich gegenseitig fast berührten.

Es ist wunderhübsch, bei schönem Sonnenschein den verschiedenartigen Arbeiten dieser fleißigen Minengräber zuzusehen. Die einen reißen geduldig mit ihren Kiefern von dem Grunde der Aushöhlung einige Kieskörnchen los und schaffen diese schwere Last fort; andere kratzen mit den scharfen Rechen der Füße an den Wänden ihres Ganges und fegen die so entstandenen Häufchen Abraum rückwärts gehend hinaus, die dann in langen Staubfäden die Hänge der Abdachung hinabrieseln. Diese zeitweiligen Schauer Sandes, der aus den in der Herstellung befindlichen Gängen hinausgeworfen wurde, haben mir meine ersten Knotenwespen verraten und mich ihre Nester entdekken lassen. Andere scheinen sich auszuruhen, sei es weil sie müde oder weil sie mit ihrem schweren Stück Arbeit fertig sind, und putzen ihre Fühler und ihre Flügel unter dem natürlichen Wetterdach, das meistens ihre Wohnung schützt; noch häufiger bleiben sie unbeweglich in der Mündung ihres Loches sitzen und zeigen nur ihren viereckigen Kopf, der gelb und schwarz bemalt ist.*) Noch andere endlich schweben unter tiefem Gesumm über dem benachbarten Buschwerk der Zwerg- oder Kermeseichen, wohin ihnen die Männchen,**) die beständig in der Nähe der im Bau befindlichen Erdröhren auf der Lauer liegen, nicht zu folgen säumen. Paare bilden sich, die häufig durch das Hinzukommen eines zweiten Männchens gestört werden, das den glücklichen Besitzer zu verdrängen sucht. Das Summen wird zur Drohung, es kommt zum Streit, und oft rollen sich die beiden Männchen im Staub herum, bis einer von beiden die Überlegenheit des Nebenbuhlers anerkennt. Nicht weit davon entfernt, wartet das Weibchen gleichgültig den Ausgang des Ringens ab; schließlich empfängt sie das Männchen, das die Zufälligkeiten des Kampfes ihr gegeben haben. Dann fliegt das Pärchen aus meinem Gesichtskreise fort, um auf irgend einem Gebüsch sich ein ruhiges Plätzchen zu suchen. Hierauf beschränkt sich die Rolle der Männchen. Um die Hälfte kleiner als die Weibchen und auch fast ebenso zahlreich, streifen sie hier und dort in der Nähe der Erdlöcher umher, ohne jedoch in diese einzudringen. Niemals aber beteiligen sie sich an den beschwerlichen Grabarbeiten und an den vielleicht

Nest der höckerigen Knotenwespe.

noch mühevolleren Jagden, durch die die Zellen mit Lebensmitteln versorgt werden müssen. Schon nach wenigen Tagen sind die Gänge fertig, da auch die des vorigen Jahres nach einigen Ausbesserungen von neuem benutzt werden.

Das Opfer, das die Knotenwespe für die Ernährung ihrer Larven auswählt, ist ein großer Rüsselkäfer: der Cleónus ophtálmicus Rossi (Leucosomus pedestris Poda) oder Augen-Hohlrüßler.*) Man sieht den Räuber schwer beladen herangeflogen kommen, indem er seine Beute mit den sechs Beinen umarmt hält, Bauch gegen Bauch, Kopf gegen Kopf, und sich schwerfällig in einiger Entfer-

*) Die meisten Knotenwespen sind schwarz, mit gelben oder weißen Binden am Hinterleibe; in den wärmeren Erdstrichen finden sich aber durchaus rot oder rotgelb gefärbte. Anm. d. Übers.

**) Bei allen Grabwespen graben nur die Weibchen Röhren und Gänge in den Boden (manche auch in Holzpfähle, Baumzweige, usw.) und bauen am Ende der Röhre ihre Brutzellen. In jede Brutzelle wird nur ein Ei abgelegt. Anm. d. Übers.

*) Unsere 10 deutschen Arten tragen vorherrschend Sand- und Schmalbienen, sowie andere Hautflügler ein. Anm. d. Übers.

nung von dem Loch niederlassen, um den Rest des Weges ohne Hilfe der Flügel zu vollenden. Hierauf zieht der Hautflügler sein Opfer mühsam mit den Kiefern auf der senkrechten oder wenigstens stark geneigten Fläche in die Höhe, was nicht ohne häufige Purzelbäume abgeht, bei denen der Räuber und seine Beute gemeinsam bis zum Fuße der Böschung hinabrollen. Dadurch läßt sich die unermüdliche Mutter jedoch keineswegs entmutigen, die, ganz mit Staub bedeckt, schließlich doch in das Erdloch schlüpft, ohne ihre Beute einen Augenblick loszulassen. Wenn der Marsch mit einer solchen Last für die Wespe gewiß nicht leicht ist, zumal auf einem derartigen Gelände, so ist es der Flug ebenso wenig, wenn man erwägt, daß das kräftige Tierchen dabei eine Beute trägt, die beinahe ebenso groß und noch schwerer ist, als es selber. Der Wissenschaft wegen wog ich zur Vergleichung die Knotenwespe und ihr Wild: dabei fand ich für die erstere 150 Milligramm, für den Hohlrüßler 250 Milligramm, also beinahe das doppelte Gewicht.

Diese Zahlen sprechen beredt zugunsten des kraftvollen Jägers; ich wurde nie müde zu bewundern, mit welcher Gewandtheit und Leichtigkeit er mit dem Wild zwischen den Beinen seinen Flug wieder aufnahm, wenn ich ihm in meiner zudringlichen Wißbegierde allzu nahe auf den Leib rückte, so daß er sich zur Flucht entschloß, um seine kostbare Beute zu retten. Rasch erhob er sich bis zu einer Höhe in der ich ihn aus dem Gesichte verlor. Allein er flüchtete nicht immer, und dann konnte ich, indem ich ihn vorsichtig, um ihn nicht zu verletzen, mit einem Strohhalm beunruhigte und umstülpte, dahin bringen, seine Beute fahren zu lassen, deren ich mich sogleich bemächtigte. Die so beraubte Wespe suchte hier und da, begab sich auf einen Augenblick in ihre Höhle, kam aber bald wieder daraus hervor, um auf neue Jagdzüge auszufliegen. In weniger als zehn Minuten hatte der gewandte Forscher ein neues Opfer gefunden, den Mord ausgeführt und den Raub vollbracht. Ich erlaubte mir öfters, ihm diesen für eigene Zwecke abzunehmen: achtmal vollführte ich auf Kosten derselben Wespe hintereinander denselben Diebstahl, und achtmal begann sie mit unerschütterlicher Beharrlichkeit von neuem ihre vergebliche Unternehmung. Ihre Geduld ermüdete zuletzt die meinige, und der neunte Fang wurde ihr endgültig belassen.

Auf diese Weise oder indem ich die bereits mit Vorräten versorgten Zellen öffnete, verschaffte ich mir gegen hundert Rüsselkäfer, und ungeachtet dessen, was ich nach den Angaben Dufours über die Gepflogenheiten seines Prachtkäfertöters mit Recht erwarten durfte, konnte ich mein Erstaunen nicht unterdrücken beim Anblick der eigentümlichen Sammlung, die ich da bekommen hatte. Wenn jener Jäger der Prachtkäfer, ohne die Grenzen dieser Gattung zu überschreiten, unterschiedslos von einer ihrer Arten zur andern übergeht, so hält sich unsere Knotenwespe ausschließlich und unveränderlich an dieselbe Art, den Augen-Hohlrüßler (Cleónus ophthálmicus). Bei der Zählung meiner Beute konnte ich nur eine einzige Ausnahme feststellen, und auch diese gehörte der gleichen Familie an: es war ein abwechselnder Hohlrüßler (Cl. altérnans Herbst), den ich kein zweites Mal bei meinen so häufig dieser Knotenwespe abgestatteten Besuchen wieder entdekken konnte. Daß eine Beute schmackhafter, saftiger ist, kann das genügen, um diese Vorliebe für eine einzige Art zu erklären? Finden die Larven in diesem ihnen ausschließlich dargebotenen Wildbret Säfte, die ihnen mehr zusagen und die sie anderwärts nicht finden würden? Ich glaube das nicht, und wenn Dufours Cerceris auf alle Prachtkäfer ohne Unterschied Jagd macht, so geschieht dies zweifellos, weil alle Prachtkäfer dieselben nährenden Eigenschaften besitzen. Aber bei den Rüsselkäfern muß doch im allgemeinen dasselbe der Fall sein; ihre nährenden Eigenschaften müssen die gleichen sein, und alsdann kann jene so überraschende Wahl ihren Grund in nichts anderem haben, als in dem größeren Körperumfang der Beute, der für die Mutter eine Mühe- und Zeitersparnis bedeutet. Unsere C. tuberculáta, der Riese unter dieser Gattung der Grabwespen, fällt mit Vorliebe über den Augen-Hohlrüßler her, weil dieser Rüsselkäfer der größte in unserer Gegend ist und vielleicht auch der häufigste. Wenn aber an dieser bevorzugten Beute Mangel ist, muß sie sich an anderen Arten schadlos halten, mögen diese auch nicht so groß sein.

Im übrigen ist die genannte Knotenwespe bei weitem nicht die einzige, die auf die Familie der Rüsselkäfer Jagd macht. Noch zahlreiche andere Cerceris fangen die nach Gattung, Art, Gestalt und Umfang verschiedensten Curculioniden.

Da sind acht Arten von Knotenwespen, deren Mundvorrat in Käfern besteht: sieben davon nähren sich von Rüsselkäfern und nur eine von Prachtkäfern. Aus welchen besonderen Gründen halten sich die Beutezüge dieser Hautflügler innerhalb so enger Grenzen? Welche Beweggründe veranlassen sie zu dieser ausschließlichen Wahl? Welche Züge von innerer Ähnlichkeit müssen also zwischen den Prachtkäfern und den Rüsselkäfern, die sich äußerlich ganz und gar nicht ähnlich sind, bestehen, damit sie in gleicher Weise den fleischfressenden Larven derselben Gattung als Futter dienen können? Zwischen dieser und jener Art der Opfer bestehen zweifellos keine Unterschiede im Geschmack und in der Nährkraft, die die Larven recht gut zu schätzen wissen; aber irgend ein anderer schwerwiegender Grund muß doch notwendigerweise alle diese gastronomischen Rücksichten beherrschen und diese seltsame Vorliebe hervorrufen.

Die höckerige Knotenwespe und ihre Opfer.
(Oben: Cleonus ophthalmicus Rossi. Unten rechts: Buprestis L.
Unten links: Cerceris tuberculata Klug.)

Nach allem, was ich bereits früher über die lange und wunderbare Erhaltung der für die fleischfressenden Larven bestimmten Insekten mitgeteilt habe, ist es beinahe überflüssig hinzuzufügen, daß die Rüsselkäfer – sowohl die von mir ausgegrabenen, wie die zwischen den Beinen ihrer Räuber fortgenommenen – zwar stets der Bewegung beraubt, aber in vollkommen frischem Zustande waren. Frische der Farben, Geschmeidigkeit der Glieder und der kleinsten Gelenke, normaler Zustand der Eingeweide, dies alles zusammen läßt uns daran zweifeln, daß dieser Körper ohne Lebensäußerung, den man vor Augen hat, ein wirklicher Leichnam sei, um so mehr, da auch vermittelst der Lupe nicht die geringste Verletzung an ihm zu entdecken ist. Unwillkürlich wartet man darauf, das Insekt von einem Augenblick zum andern sich wieder bewegen und marschieren zu sehen. Und noch mehr: sowohl während der Hitze, die in wenigen Stunden die einem gewöhnlichen Tode verfallenen Insekten ausgetrocknet und zerreibbar gemacht haben würde, als auch während der feuchten Zeit, die sie ebenso rasch zur Fäulnis gebracht und mit Schimmel überzogen haben würde, habe ich dieselben Individuen länger als einen Monat ohne irgend welche Schutzmaßregeln zum Teil in Glasröhren, zum Teil in Papierdüten aufbewahrt. Trotzdem aber hatten nach so geraumer Zeit die Eingeweide nichts von ihrer Frische verloren, und die Zergliederung ging so leicht von statten, als ob man sie an einem lebenden Tiere vorgenommen hätte. Nein, solchen Tatsachen gegenüber kann man sich nicht auf die Wirkung eines vor Fäulnis sichernden Mittels berufen und an einen wirklichen Tod glauben: das Leben ist noch da, ein latentes und passives, ein pflanzenhaftes Leben. Dieses allein vermag so lange erfolgreich gegen den zerstörenden Einbruch chemischer Kräfte anzukämpfen und dadurch den Körper vor der Zerset-

zung zu bewahren. Das Leben ist noch da, von der Bewegung abgesehen, und wir haben hier eine wunderbare Erscheinung vor Augen, die sonst nur Chloroform und Äther hervorbringen könnten, während sie hier hervorgerufen wird durch die geheimnisvollen Gesetze des Nervensystems.

Die Funktionen dieses pflanzenhaften Lebens sind verlangsamt und ohne Zweifel gestört, allein sie werden im verborgenen dennoch ausgeübt. Ein Beweis dafür ist die Darmentleerung, die regelrecht und in Zwischenräumen bei den Rüsselkäfern während der ersten Wochen dieses tiefen Schlummers vor sich geht, dem kein Aufwachen folgen wird, und der trotzdem noch nicht der Tod ist. Die Entleerung hört erst auf, wenn der Darm nichts mehr enthält, wie es die Öffnung des Körpers feststellt. Doch nicht hierauf allein beschränkt sich der schwache Lebensschimmer, den das Tier noch an den Tag legt, und obgleich die Reizbarkeit für immer vernichtet zu sein scheint, habe ich dennoch einige Spuren davon wieder aufwecken können. Nachdem ich frisch ausgegrabene und gänzlich regungslose Rüsselkäfer in einem Glas mit Sägespänen, die mit einigen Tropfen Benzin befeuchtet waren, gegeben hatte, war ich nicht wenig überrascht, sie nach einer Viertelstunde ihre Fühler und ihre Beine bewegen zu sehen. Einen Augenblick glaubte ich, sie wieder ins Leben zurückrufen zu können. Vergebliche Hoffnung! Diese Bewegungen, die letzten Spuren einer im Erlöschen begriffenen Reizbarkeit, hören bald ganz auf und können nicht zum zweitenmal hervorgerufen werden. Ich habe diesen Versuch von wenigen Stunden bis zu drei oder vier Tagen nach der Tötung wiederholt, und immer mit dem gleichen Erfolge. Indessen ist die Bewegung um so langsamer, je älter das Opfer ist. Sie pflanzt sich stets von vorn nach hinten fort: die Fühler führen zuerst einige träge Schwingungen aus, dann erzittern die vorderen Tarsen oder Fußglieder und nehmen an diesen schwingenden Bewegungen teil, hierauf die Fußglieder des zweiten Beinpaares, und zuletzt machen es die des dritten Paares ebenso. Ist die Bewegung einmal im Gange, dann führen diese verschiedenen Glieder ihre Schwingungen ohne irgend eine Ordnung aus, bis alles – mehr oder minder rasch – wieder in die Unbeweglichkeit zurückfällt. Wenn die Tötung nicht vor ganz kurzer Zeit erfolgt ist, pflanzt das Wackeln der Fußglieder sich nicht weiter fort, und die Beine bleiben unbeweglich.

Zehn Tage nach der Tötung vermochte ich auf diese Weise nicht die geringste Spur von Reizbarkeit mehr hervorzurufen und nahm nun meine Zuflucht zum Voltaschen Strom. Dieses Mittel ist energischer und ruft Muskelzusammenziehungen und Bewegungen noch da hervor, wo der Benzindunst ohne Wirkung bleibt. Ich erzielte unter Benutzung von einem oder zwei Bunsenelementen außer dem Zittern der Tarsen eine starke Beugung der Beine, die sich auf dem Hinterleibe zusammenlegten, und ihre Abspannung, wenn der Strom unterbrochen wurde. Diese Bewegungen, die in den ersten Tagen sehr energisch sind, werden allmählich immer weniger nachdrücklich und zeigen sich nach einer gewissen Zeit überhaupt nicht mehr. Am zehnten Tage erzielte ich noch wahrnehmbare Bewegungen, am fünfzehnten war die galvanische Säule unvermögend, sie hervorzurufen, trotz der Geschmeidigkeit der Glieder und der Frische der Eingeweide. Zum Vergleich unterzog ich ihrer Einwirkung vollständig tote Hautflügler: Totenkäfer (Blaps Fabr.), Kragenkäfer (Sapérda Fabr.) und Lamien (Lámia Fabr.), die mittels Benzin oder Schwefelwasserstoff erstickt worden waren. Schon zwei Stunden nach dem Ersticken war es mir unmöglich, jene Bewegungen hervorzurufen, die ich so leicht bei den Rüsselkäfern erhielt, die sich bereits mehrere Tage in diesem seltsamen Zustande – einem Mittelding zwischen Leben und Tod – befanden, in den sie ihr furchtbarer Feind versetzt hatte.

Alle diese Tatsachen stehen in Widerspruch mit der Annahme eines völlig toten Tieres, wie auch mit der Hypothese eines wirklichen Kadavers, der nur durch die Wirkung einer vor Fäulnis schützenden Flüssigkeit unverweslich geworden sei. Sie lassen sich nicht anders erklären, als indem man annimmt, daß das Tier in dem Ursprunge seiner Bewegungen getroffen ist, daß seine plötzlich erstarrte Reizbarkeit allmählich erlischt, während die hartnäckigeren vegetativen Funktionen noch viel langsamer schwinden, so daß die Eingeweide da-

durch während der für die Cerceris-Larven nötigen Zeit frisch erhalten bleiben.

Die Besonderheit, deren Feststellung mir am wichtigsten erschien, war die Art und Weise, wie die Tötung der Rüsselkäfer von dem Hautflügler vollzogen wird. Es ist einleuchtend, daß dabei der Giftstachel der Knotenwespe, der ohne Widerhaken ist und beim Stich nicht abbricht, die Hauptrolle spielen muß. Aber wo und wie dringt er in den Körper des Rüsselkäfers ein, den überall eine harte Rüstung bedeckt, deren einzelne Stücke ganz dicht aneinandergepaßt sind? An den vom Stachel getroffenen Käfern verrät nichts – sogar durch die Lupe gesehen – den Mord. Man muß daher durch unmittelbare Untersuchung die mörderischen Kunstgriffe des Hautflüglers feststellen – ein Problem, vor dessen Schwierigkeiten schon L. Dufour zurückgeschreckt war, und dessen Lösung zu finden mir eine Zeitlang unmöglich erschien. Trotzdem unternahm ich den Versuch und hatte die Genugtuung, mein Ziel zu erreichen, obgleich nicht, ohne vorher im Finstern zu tappen.

Wenn die Knotenwespen aus ihren Höhlen fortflogen um zu jagen, so wendeten sie sich ohne Unterschied bald nach dieser, bald nach jener Seite und kehrten aus allen Richtungen mit Beute beladen zurück. Die gesamte Umgebung wurde also auch unterschiedslos ausgebeutet, da aber meist nicht mehr als zehn Minuten zwischen dem Ausflug und der Heimkehr der Jäger lagen, so schien der von ihnen abgesuchte Umkreis kein ausgedehnter zu sein, zumal wenn man die Zeit mit in Anrechnung

Ansiedelung der höckerigen Knotenwespe.

bringt, die erforderlich ist, um die Beute zu entdekken, sie anzugreifen und aus ihr eine jeder Lebensäußerung beraubte Masse zu machen. Ich gab mich daher daran, den ringsherum liegenden Landstreifen so achtsam wie nur möglich zu durchstreifen, in der Hoffnung, einige Knotenwespen dort auf der Jagd anzutreffen. Ein Nachmittag, den ich dieser undankbaren Arbeit widmete, genügte aber, mich von der Vergeblichkeit meines Suchens zu überzeugen und von der geringen Aussicht, die wenigen, hier und dort zerstreuten Jäger, die sich durch die Schnelligkeit ihres Fluges rasch meinen Blicken entzogen, auf der Tat zu überraschen, zumal in dem schwierigen, mit Reben und Ölbäumen bepflanzten Gelände. Ich verzichtete daher auf dies Verfahren.

Konnte ich denn nicht, indem ich selbst lebendige Rüsselkäfer in die Nähe der Nester brachte, den Knotenwespen durch diese mühelos gefundene Beute Lust machen und so dem so lebhaft begehrten Drama beiwohnen? Der Gedanke schien mir gut, und gleich vom nächsten Morgen an machte ich mich auf den Weg, um mir lebendige Augen-Hohlrüßler zu verschaffen. Rebenpflanzungen, Luzerne- und Kornfelder, Wegränder – alles besuchte und durchforschte ich, und nach zwei mühevollen Tagen sorgfältigen Suchens war ich im glücklichen Besitze von – sage und schreibe: drei solchen Rüsselkäfern. Noch dazu waren sie alle ohne Haare, mit Staub besudelt, der Fühler oder Fußglieder beraubt, verkrüppelte Veteranen, die die Knotenwespen vielleicht gar nicht mochten! Seit jenen Tagen rastlosen Suchens, an denen ich mich wegen eines Rüsselkäfers abhetzte, sind viele Jahre verflossen, und trotz meiner fast täglichen entomologischen Streifzüge weiß ich bis heute nicht, unter welchen Bedingungen der viel besprochene Hohlrüßler lebt, den ich hier und dort am Rande von Wegen herumstreifend antreffe. Bewunderungswürdige Macht des Instinkts! An denselben Örtlichkeiten würden unsere Hautflügler in allerkürzester Zeit zu Hunderten diese Insekten gefunden haben, die der Mensch nicht aufzuspüren imstande war; sie würden sie noch dazu in frischem, glänzendem Zustande und ohne Zweifel soeben erst ihrem Puppengehäuse entschlüpft gefunden haben!

Doch das macht nichts: wir wollen es einmal mit meinem kläglichen Wildbret versuchen. Eine Knotenwespe schlüpft soeben mit ihrer gewohnten Beute in ihren unterirdischen Gang; bevor sie sich auf eine neue Entdeckungsreise begibt, setze ich einen von meinen Hohlrüßlern ein paar Zollbreit von dem Loch nieder. Das Insekt kriecht dort hin und her; wenn es sich zu weit entfernt, bringe ich es auf seinen Posten zurück. Endlich zeigt die Knotenwespe ihr breites Gesicht und kommt aus dem Loche hervor: mir pocht das Herz vor Aufregung. Der Hautflügler spaziert einige Augenblicke vor seiner Wohnung herum, er sieht den Rüsselkäfer, versetzt ihm einige Stöße, wendet sich um, steigt zu verschiedenen Malen über seinen Rücken weg und fliegt fort, ohne meinen Fang, der mir soviel Mühe gekostet hat, auch nur eines Zuschnappens mit seiner Kieferzange für würdig zu erachten. Ich war verblüfft und gänzlich niedergeschlagen. Neue Versuche an anderen Löchern brachten neue Enttäuschungen. Entschieden wollen diese wählerischen Jäger von dem Wilde, das ich ihnen anbiete, nichts wissen. Vielleicht finden sie es zu alt und welk, vielleicht auch habe ich, indem ich es zwischen die Finger nahm, ihm irgend einen Geruch mitgeteilt, der ihnen mißfällt. Für diese ganz Feinen ist eine Berührung ihrer Nahrung durch einen Fremden eine Ursache des Ekels.

Werde ich vielleicht mehr Glück haben, wenn ich die Knotenwespe nötige, für die eigene Verteidigung von ihrem Stachel Gebrauch zu machen? Ich sperre in dasselbe Fläschchen eine Wespe und einen Hohlrüßler zusammen und reize sie durch Schütteln. Auf den feiner veranlagten Hautflügler macht dies einen stärkeren Eindruck als auf den plumpen und schwerfälligen anderen Gefangenen; die Knotenwespe sucht zu entfliehen, statt anzugreifen. Die Rollen sind jetzt umgetauscht: der Rüsselkäfer geht zum Angriff über, er ergreift manchmal mit dem Ende des dünnen, die Verlängerung seines Kopfes bildenden Rüssels einen Fuß seines Todfeindes, der sich nicht einmal zu verteidigen sucht, so sehr beherrscht ihn die Angst. Jetzt war ich am Ende meiner Hilfsmittel, doch vermehrten die bereits erfahrenen Schwierigkeiten nur mein Verlangen, der

Entscheidung beizuwohnen. Es galt also weiter zu suchen.

Da kam mir ein Gedanke, der um so einleuchtender und aussichtsvoller erschien, als er sich auf ganz natürliche Weise in den Kernpunkt der Frage einfügte. Ja wohl, das ist das Richtige, das muß glücken. Es gilt, der Wespe das verschmähte Wild darzubieten, wenn sie sich noch mitten im lebhaftesten Eifer der Jagd befindet. Dann wird sie, ganz hingerissen und in Anspruch genommen von der Besitzergreifung, seinen mangelhaften Zustand gar nicht bemerken. Wie ich schon früher sagte, läßt sich die von der Jagd heimkehrende Wespe auf dem Fuße der Böschung in einiger Entfernung von ihrem Loch mit der Beute auf dem Boden nieder und schleppt diese dann mit vieler Mühe in ihre Höhle. Es handelt sich nun darum, ihr hierbei geschickt mit einer Pinzette dieses Opfer zu entziehen und ihr im Austausch dafür sogleich einen von meinen Rüsselkäfern hinzuschieben. Dieser Kunstgriff glückte mir vollständig. Sobald die Wespe spürte, daß ihr die Beute unter dem Bauche fortrutschte und entwischte, stampfte sie voll Ungeduld die Erde mit ihren Füßen und drehte sich um. Kaum gewahrt sie den Rüsselkäfer, durch den ich inzwischen den ihren ersetzt hatte, so stürzt sie sich auf ihn und umschlingt ihn mit ihren Beinen, um ihn fortzutragen. Plötzlich entdeckt sie aber, daß die Beute noch lebt, und nun beginnt das Drama, um sich mit unbegreiflicher Schnelligkeit abzuspielen. Der Hautflügler stellt sich seinem Opfer Stirn gegen Stirn gegenüber, nimmt dessen Rüssel zwischen seine mächtigen Kiefer und bringt den Käfer dadurch vollständig in seine Gewalt. Während dieser sich nun auf den Beinen krümmt, drückt die Wespe mit ihren Vorderbeinen ihm kräftig auf den Rücken, wie um irgend ein Gelenk an seinem Bauche zum Auseinanderklaffen zu bringen. Alsdann sieht man, wie der Hinterleib des Mörders sich unter den Bauch des Hohlrüßlers schiebt, sich umbiegt und wie nun der giftige Stachel lebhaft mit zwei- oder dreimaliger Wiederholung an dem Gelenk des ersten Brustringes, zwischen dem ersten und dem zweiten Beinpaar, in den Leib des Opfers gebohrt wird. In einem Augenblick ist alles geschehen. Ohne die mindeste krampfhafte Bewegung, ohne eine der Gliederdrehungen, die den Todeskampf eines Tieres begleiten, fällt der Rüsselkäfer, wie vom Blitz niedergeschmettert und bleibt für immer unbeweglich. Dies ist schrecklich und zu gleicher Zeit bewunderungswürdig wegen der Schnelligkeit. Hierauf dreht der Räuber den leblosen Körper auf den Rücken, stellt sich mit seinem Bauche über den Bauch des Opfers, die Beine zu beiden Seiten, umschlingt es und fliegt mit ihm davon. Zu drei Malen habe ich mit meinen drei Rüsselkäfern den Versuch gemacht, die Bewegungen der Wespen blieben stets genau dieselben.

Wohl zu beachten ist, daß ich vorher jedes Mal der Wespe ihre erste Beute zurückgab und meinen Hohlrüßler zurückzog, um ihn mit Muße genau zu untersuchen. Diese Untersuchung hat mich in der hohen Meinung, die ich von der furchtbaren Geschicklichkeit des Mörders hatte, nur noch bestärkt. An der von ihm getroffenen Stelle ist nicht das geringste Zeichen einer Verletzung, der mindeste Erguß von Lebenssäften wahrzunehmen. Was aber mit Recht uns vor allem überrascht, ist die so schnelle und vollständige Vernichtung jeder Bewegungsfähigkeit. Sogleich nach dem Morde habe ich vergebens an den drei vor meinen Augen erdolchten Rüsselkäfern nach Spuren der Reizbarkeit gesucht; diese zeigten sich weder, wenn das Insekt gezwickt, noch wenn es gestochen wurde, und ich mußte die oben beschriebenen künstlichen Mittel anwenden, um sie hervorzurufen. Diese kräftigen Hohlrüßler, die, wenn sie ein Insektensammler grausamerweise lebendig aufspießt, statt sie vorher in einem Giftglase oder durch ätherische Flüssigkeiten zu töten, oft noch wochen-, ja monatelang gezappelt haben würden, verlieren in einem Augenblick alle ihre Bewegungen durch die Wirkung eines feinen Stiches, der ihnen ein unsichtbares Tröpfchen Gift einimpft. Aber die Chemie besitzt gar kein Gift, das derartig wirksam in einer so winzigen Dosis wäre, kaum die Blausäure würde solche Wirkungen hervorbringen. Also müssen wir uns nicht an die Lehre von den Giften, sondern an die Physiologie und Anatomie wenden, um die Ursache einer so blitzschnellen Vernichtung kennen zu lernen; wir müssen weniger die Stärke des eingeimpften Giftes, als vielmehr die Be-

deutung des verletzten Organs ins Auge fassen, um uns Rechenschaft zu geben über diese wunderbaren Tatsachen. Was befindet sich denn wohl an der Stelle, in die der Stachel eindrang?

Ein gelehrter Mörder.

Die höckerige Knotenwespe (Cercéris tuberculáta Klug) enthüllt uns ihr Geheimnis zum Teil, indem sie uns den Punkt am Körper ihrer Beute sehen läßt, den sie mit ihrem Stachel trifft. Ist damit die Frage gelöst? Durchaus nicht, es fehlt sogar noch viel dazu. Vergessen wir zunächst einmal für einen Augenblick, was das Tier uns gelehrt hat, um uns das Problem der Cerceris vorzulegen. Die ihr gestellte Aufgabe ist folgende: sie muß unter der Erde, in einer Zelle, eine bestimmte Anzahl Stücke Wildbret aufspeichern, die ausreichend sind, um die Larve zu ernähren, die aus dem auf diesen Haufen Lebensmittel gelegten Ei hervorgeht.

Zuerst scheint diese Verproviantierung eine sehr einfache Sache zu sein, allein bei näherer Überlegung entdeckt man die größten Schwierigkeiten. Das für uns bestimmte Wild wird durch einen Schuß erlegt; es kommt mit schrecklichen Wunden zur Strecke. Der Hautflügler besitzt Empfindlichkeiten, die uns fremd sind: er will eine unversehrte Beute mit all ihren Feinheiten der Form und Färbung, keine zerschmetterten Glieder, keine klaffenden Wunden, keinen häßlich aufgeschlitzten Leib. Seine Beute besitzt die ganze Frische des lebenden Insekts; sie bewahrt bis zum letzten Körnchen diesen feinen farbigen Staub, den die leiseste Berührung unserer Finger abstreift. Wäre das Insekt tot, ein wirklicher Kadaver, welche Schwierigkeiten ergäben sich für uns, wenn wir ein ähnliches Ergebnis erzielen müßten! Ein Insekt in roher Weise mit dem Fuße zertreten kann jeder, aber es sauber, ohne äußerlich wahrnehmbare Spuren zu töten, ist keine leichte Verrichtung, die jedem glückt. Wieviele von uns befänden sich in größter Verlegenheit, wenn ihnen die Aufgabe gestellt würde, ein Tierchen, ohne es zu zertreten, augenblicklich zu töten, das ein so zähes Leben besitzt, daß es sich sogar mit abgerissenem Kopfe noch lange abzappelt! Der erfahrene Insektensammler benützt dazu die sogen. Giftgläser, in denen Zyankalium, das an der Luft Blausäure entwickelt, das wirksame Prinzip ist, oder ein mit Schwefeläther, Essigäther oder Chloroform getränktes Wattebäuschchen oder Schwammstückchen, das an dem luftdicht schließenden Korken eines Fläschchens mittels einer Nadel befestigt ist. Man sieht, es ist eine förmliche Kunst, mit Zuhilfenahme der furchtbaren Rüstkammer der Chemie ein Insekt sauber zu töten, also etwas auszuführen, was die Knotenwespe so rasch mit ihrem einfachen Verfahren zuwege bringt.

Dabei wäre es recht oberflächlich anzunehmen, daß ihr Fang in Wirklichkeit tot sei. Ihre Larven wollen keine toten Insekten; diese kleinen Vielfraße sind nur lüstern auf frisches Fleisch, und der leiseste Hautgout würde ihnen unbezwinglichen Ekel einflößen. Sie verlangen Fleisch vom Tage ohne jeden Geruch, der den Beginn der Fäulnis ankündigt. Gleichwohl kann die Beute nicht lebend in der Zelle aufbewahrt werden, so wie wir es etwa mit dem Vieh machen, das der Mannschaft und den Passagieren eines Schiffes während der Fahrt frisches Fleisch liefern soll. Was sollte auch wohl aus dem zarten Ei werden, wenn es inmitten lebenden Proviants niedergelegt würde; was aus der schwachen Larve, diesem Würmchen, das von einer Kleinigkeit zerquetscht wird, unter den kräftigen Hautflüglern, die ganze Wochen hindurch mit den langen gespornten Beinen um sich strampeln. Hier bedarf es unbedingt einer totenähnlichen Unbeweglichkeit bei völliger Lebensfrische der Eingeweide, mag dieser Widerspruch auch noch so unlösbar erscheinen. Auch ein mit den besten Kenntnissen ausgerüsteter Mensch würde ein derartiges Ernährungsproblem nicht zu lösen imstande sein, der erfahrene Insektenkenner selbst müßte eingestehen, daß er unfähig dazu sei. Die Speisekammer der Knotenwespe mag es ihnen zeigen, wie es zu machen ist.

Nehmen wir einmal eine Versammlung von Anatomen und Physiologen an, denken wir uns einen Kongress, auf dem die Frage unter Gelehrten wie Flourens, Magendie und Claude Bernard erörtert würde. Um gleichzeitig vollständige Unbeweglichkeit und lange Dauerhaftigkeit jenes Proviants ohne Eintritt der Fäulnis zu erhalten, dürfte wohl zunächst der Gedanke an Fleischkonserven auftauchen, der ja auch der natürlichste und einfachste ist. Man wird sich auf irgend eine gegen die Zersetzung schützende Flüssigkeit berufen, wie es schon der berühmte Gelehrte aus den Landes*) vor seinen Prachtkäfern (Bupréstis) getan hat; man wird den giftigen Säften des Hautflüglers hervorragende antiseptische Eigenschaften zuschreiben, allein diese seltsamen Kräfte müssen zunächst einmal erwiesen werden. Eine willkürlich angenommene Hypothese, die das Unbekannte der Erhaltung des Fleisches durch das Unbekannte der schützenden Flüssigkeit ersetzt, wird vielleicht das letzte Wort der gelehrten Versammlung sein, wie es das letzte Wort des Naturforschers aus den Landes gewesen ist.

Wenn man aber beharrlich bleibt und darlegt, daß die Larven keine Konserven benutzen können, die niemals die Eigenschaften eines noch zuckenden Fleisches haben würden, sondern eine Beute, die ungeachtet ihrer vollständigen Regungslosigkeit noch wie lebend ist, dann wird der gelehrte Kongreß seine Gedanken vielleicht auf die Lähmung richten. Jawohl, das ist es! Man muß das Insekt lähmen; man muß ihm die Bewegung nehmen, aber ohne ihm das Leben zu nehmen. Um dies Ergebnis zu erzielen, gibt es nur ein einziges Mittel: den Nervenapparat des Insekts an einer oder an mehreren geschickt gewählten Stellen zu beschädigen, zu durchschneiden, zu zerstören.

Wenn man die Frage bei diesem Stande der Dinge Händen überläßt, die nicht mit den Geheimnissen einer feinen Zergliederungskunst vertraut sind, so wird sie nicht von der Stelle rücken. Wie ist denn in Wirklichkeit dieser Nervenapparat angeordnet, den es zu zerstören gilt, um das Insekt zu lähmen, ohne es jedoch zu töten? Und zunächst: wo befindet er sich? Ohne Zweifel im Kopfe und weiterhin längs des Rückens, wie das Gehirn und das Rückgrat der höheren Tiere. – Dies ist ein grober Irrtum, würde unser Kongreß sagen: das Insekt ist wie ein umgestülptes Tier, das auf dem Rücken marschiert; dies soll heißen, daß es das Rückgrat nicht oben, sondern unten hat, längs der Brust und des Bauches. Also muß auf der unteren Seite und zwar ausschließlich auf dieser die Operation an dem Insekt vollzogen werden, durch die es gelähmt werden soll.

Nachdem diese Schwierigkeit behoben ist, stellt sich eine neue ein, die in anderer Hinsicht ernst zu nehmen ist. Der mit seinem Seziermesser bewaffnete Anatom kann die Spitze seines Instruments dorthin führen, wo es ihm gut dünkt, und alles beseitigen, was ihm dabei hinderlich ist. Der Hautflügler hat keine Wahl. Sein Opfer ist ein dicht gepanzerter Käfer; sein Ritzmesser, der Stachel, ist eine feine und außerordentlich empfindliche Waffe, für die jene Rüstung aus Horn ein undurchdringliches Hindernis bildet. Nur einige wenige Stellen sind für das zerbrechliche Werkzeug zugänglich, nämlich die Gelenke, deren einzigen Schutz ein Häutchen ohne Widerstandsfähigkeit bildet. Nun entsprechen jedoch die Gelenke der Gliedmaßen, die allerdings verwundbar sind, ganz und gar nicht den erforderlichen Bedingungen, denn auf ihrem Wege könnte man höchstens eine örtliche Lähmung erreichen, keine allgemeine, die sich über den gesamten Bewegungsapparat erstreckt. Der Hautflügler muß seine Beute – ohne längeren Kampf, der ihm verhängnisvoll werden könnte, und ohne wiederholte Stöße, die das Leben des Opfers gefährden würden –

*) Leon Dufour, geb. in St. Sever in den Landes oder Heiden längs des Golfs von Gascogne, zwischen der Gironde und dem Adour. Anm. d. Übers.

möglichst durch einen einzigen Stich aller Beweglichkeit berauben. Er muß also unbedingt seinen Stachel auf die Nervenzentren, den Sitz der Bewegungsfähigkeit richten, von dem die über die verschiedenen Bewegungsorgane sich verteilenden Nerven ausstrahlen. Nun bestehen diese Ausgangspunkte der Bewegung, diese Nervenzentren, aus einer bestimmten Anzahl Ganglien oder Nervenknoten, die in der Larve zahlreicher, in dem völlig ausgebildeten Insekt weniger zahlreich sind; man findet sie auf der mittleren Linie der Unterseite in einem Kranze mehr oder minder auseinanderliegender Körnchen angeordnet, die untereinander durch ein doppeltes Band von Nervensubstanz verbunden sind. Alle vollständig entwickelten Insekten haben drei zur Brust (Thorax) gehörige Ganglien, das sind diejenigen, welche die Nerven für die Flügel und Beine liefern und deren Bewegungen leiten. Es handelt sich somit darum, diese Stellen zu treffen, denn wenn ihre Tätigkeit auf die eine oder andere Weise zerstört wird, dann ist auch jede Bewegungsmöglichkeit vernichtet.

Es bieten sich zwei Wege dar, um mit dem so schwachen Werkzeuge des Hautflüglers, dem Stachel, zu diesen Mittelpunkten der Bewegung zu gelangen. Der eine ist die Zusammenfügung des Kopfes mit dem sogen. Halsschild, der andere die des letzteren mit der Fortsetzung der Brust, zwischen dem ersten und dem zweiten Beinpaar. Der erstgenannte Weg ist zu weit entfernt von den Ganglien, die dicht neben der Basis der von ihnen bewegten Beine liegen. Somit bleibt nur der zweite übrig, und in der Tat bohrt der Hautflügler auch gerade dort, zwischen dem ersten und dem zweiten Beinpaare, auf der Mittellinie der Unterseite, seinen Dolch in den Körper des Opfers ein. Von was für einer gelehrten Einsicht muß er also beraten sein!

Aber nicht genug damit, daß die Knotenwespe gerade die vor allen andern verwundbarste Stelle, jenen Punkt, den nur ein mit der anatomischen Struktur der Insekten genau vertrauter Physiolog vorab bestimmen könnte, auswählt, um ihn mit ihrem Stachel zu treffen: sie hat noch eine viel größere Schwierigkeit zu überwinden und tut dies mit einer Überlegenheit, die uns in Erstaunen setzt. Wie schon gesagt, weist das völlig ausgebildete Insekt drei Nervenzentren auf, die seine Bewegungsorgane in Betrieb setzen. Sie sind mehr oder weniger entfernt voneinander, nur in seltenen Fällen stehen sie dicht zusammen, verfügen aber über eine gewisse Unabhängigkeit der Tätigkeit. Wird eines von ihnen verletzt, so hat dies – wenigstens unmittelbar – nur die Lähmung jener Gliedmaßen zur Folge, die mit ihm in Verbindung stehen, ohne eine Störung in den beiden anderen Nervenknoten und in den von diesen abhängigen Gliedern hervorzurufen. Diese drei Ausgangspunkte der Bewegung, die immer weiter zurückliegen, einen nach dem andern zu treffen, und noch dazu auf dem einen Wege zwischen dem ersten und zweiten Beinpaare, erscheint unausführbar, da der Stachel dafür zu kurz und außerdem unter den vorliegenden Bedingungen sehr schwer richtig zu lenken ist. Nun stehen aber bei gewissen Hautflüglern die drei zum Thorax gehörigen Ganglien dicht zusammen, so daß sie einander fast berühren; es gibt andere, bei denen die beiden letzten völlig vereinigt, aneinandergewachsen und miteinander verschmolzen sind. Es steht ferner fest, daß in dem Maße, wie die verschiedenen Nervenknoten sich zu vermengen und in einem Mittelpunkt zu vereinigen suchen, die kennzeichnenden tierischen Verrichtungen vollkommener, infolgedessen aber auch leichter verletzbar werden. Gerade einer solchen Beute aber bedarf die Knotenwespe. Solche Käfer, bei denen die Mittelpunkte der Bewegung einander so nahe gerückt sind, daß sie sich berühren, bei denen sie zu einer einzigen Masse vereinigt und folglich einer vom andern abhängig sind, werden entweder augenblicklich durch einen einzigen Stich des Wespenstachels gelähmt, oder wenn mehrere Stiche mit dieser Lanzette erforderlich sind, so liegen die zu treffenden Nervenknoten wenigstens dicht zusammen vor der Spitze des Stachels.

Was sind das nun für Käfer, die eine so außerordentlich leicht zu lähmende Beute abgeben? Das ist die Frage. Die erhabene Wissenschaft eines Claude Bernard, obwohl sie die Gesamtheit der Organisation und des Lebens überschaut, genügt zu ihrer Beantwortung nicht; sie würde uns bei dieser entomologischen Auswahl nicht Auskunft geben und uns leiten können. Ich berufe mich auf jeden Physiologen, der diese Zeilen lesen sollte. Wird es ihm, ohne die Bücher seiner Bibliothek zurate zu ziehen, möglich sein, die Käfer anzugeben, bei denen man eine derartige Nervenzentralisation antrifft, und wird er selbst mit Zuhilfenahme der Bücherei sogleich wissen, wo die gesuchte Auskunft zu finden ist? In der Tat treten wir jetzt in die feinsten Einzelheiten des Spezialisten ein; die große Heerstraße muß verlassen und ein nur von einer kleinen Zahl gekannter Fußsteig verfolgt werden.

Die höckerigen Knotenwespen überfallen ihre Opfer.

Die dafür notwendigen Urkunden finde ich in der schönen Arbeit von Professor E. Blanchard über das Nervensystem der Käfer*). Aus ihr ersehe ich, daß diese Zentralisation des Nervenapparates in erster Linie das Erbteil der Blatthornkäfer (Lamellicórnia) ist; die meisten von ihnen sind aber zu groß, so daß die Knotenwespe sie vielleicht weder anzugreifen noch fortzutragen vermöchte. Außerdem leben viele im Kot, wo unser Hautflügler, der so reinlich ist, sie niemals aufsuchen würde. Dann findet man sehr dicht zusammenstehende Bewegungszentren noch bei den Stutzkäfern (Histéridae), die im Dünger und an Aas leben und infolgedessen ebensowenig in Betracht kommen; bei den Splintkäfern (Scolýtus), die allzu klein sind, und endlich bei den Prachtkäfern (Buprestidae) und Rüsselkäfern (Curculiónidae).

*) „Annales des Sciences naturelles", 3e série, tome V.

Nun wird es unerwartet Tag inmitten der ursprünglichen Dunkelheit unserer Aufgabe! Unter der ungeheuren Zahl von Käfern, die für die Raubzüge der Knotenwespe in Frage gekommen wären, erfüllen bloß zwei Gruppen: die Prachtkäfer und die Rüsselkäfer, die unerläßlichen Bedingungen. Sie leben fern von Gestank und Unrat, die dem feinfühligen Jäger unüberwindlichen Abscheu einflößen könnten; und unter ihren zahlreichen Gattungen sind die verschiedensten Größen vertreten, entsprechend der Körpergröße der unterschiedlichen Räuber, die also ihre Auswahl ganz nach Belieben treffen können. Sie sind endlich viel mehr als alle übrigen in dem einzigen Punkte verwundbar, wo der Stachel des Hautflüglers erfolgreich eindringen kann, denn in eben diesem Punkte liegen dicht zusammengerückt, alle dem Stachel bequem erreichbar, die Bewegungszentren der Beine und der Flügel. Auf diesem Fleck liegen bei den Rüsselkäfern die drei zum Thorax gehörigen Nervenknoten dicht beisammen, die beiden letzten stoßen sogar aneinander; auf der gleichen Stelle sind bei den Prachtkäfern der zweite und dritte zu einer einzigen großen Masse verschmolzen, in geringer Entfernung von dem ersten. Und gerade Prachtkäfer und Rüsselkäfer sind es, auf die wir, unter völligem Ausschluß alles anderen Wildes, die acht Arten der Knotenwespe Jagd machen sehen, bei denen die Verproviantierung mit Käfern festgestellt ist! Eine gewisse innere Ähnlichkeit, das will sagen: die Zentralisation des Nervenapparats dürfte also die Ursache sein, weshalb in den Schlupfwinkeln dieser verschiedenen Knotenwespen Opfer aufgehäuft werden, die äußerlich nicht die geringste Ähnlichkeit aufweisen.

Um diese Auswahl treffen zu können, muß eine Menge Schwierigkeiten so geschickt beseitigt werden, wie es ein über das gewöhnliche Maß hinausreichendes Wissen nicht gescheiter anstellen könnte, so daß man sich fragt, ob man nicht etwa von einer unwillkürlichen Täuschung sich habe anführen lassen, ob vorgefaßte Theorien nicht den wirklichen Vorgang verdunkelt hätten, mit einem Wort: ob unsere Feder nicht bloß eingebildete Wunder beschrieben habe. Ein wissenschaftliches Ergebnis ist nur dann einwandfrei festgestellt, wenn es durch den auf alle möglichen Arten wiederholten Versuch jedesmal bestätigt wird. Wir wollen daher jetzt das physiologische Verfahren, das uns die höckerige Knotenwespe gelehrt hat, experimentell nachprüfen. Wenn es möglich ist, auf künstlichem Wege das zu erreichen, was der Hautflügler mit seinem Stachel zuwege bringt, nämlich das Verlorengehen der Bewegung und die langandauernde Erhaltung des so behandelten Insekts im Zustande vollkommener Frische; wenn es möglich ist, dieses Wunder mit den Käfern zu verwirklichen, die die Knotenwespe verfolgt oder mit solchen, die eine ähnliche Nervenzentralisation aufweisen, während dies mit Käfern, deren Nervenknoten auseinanderliegen, nicht gelingt, dann wird man zugeben müssen, auch wenn man es mit den Beweisgründen noch so genau nimmt, daß der Hautflügler in den unbewußten Eingebungen seines Instinkts über die Hilfsmittel einer hohen Wissenschaft verfügt. Sehen wir nun einmal zu, was das Experiment sagt.

Wir gehen dabei in ganz einfacher Weise zu Werke. Es handelt sich darum, mit einer Nadel oder noch bequemer mit einer sehr spitzen Stahlfeder ein Tröpfchen irgend einer ätzenden Flüssigkeit auf die Bewegungszentren der Brust zu bringen, indem man dem Insekt einen leichten Stich in die Zusammenfügung der Vorder- und Mittelbrust beibringt, rückwärts vom ersten Beinpaar. Die von mir verwendete Flüssigkeit ist Salmiakgeist, offenbar wird aber jede andere Flüssigkeit von ebenso kräftiger Wirkung denselben Erfolg haben. Nachdem ich die Stahlfeder so in den Salmiakgeist getaucht habe, daß nicht mehr Naß wie ein ganz kleines Tintentröpfchen sich an ihrer Spitze befindet, führe ich den Stich aus. Die auf diese Weise erzielten Wirkungen sind außerordentlich verschieden, je nachdem man den Versuch vornimmt an Arten, bei denen die Nervenknoten der Brust dicht zusammenstehen, oder an solchen, bei denen dieselben Ganglien auseinander liegen. Was die Insekten der ersten Klasse betrifft, so habe ich meine Versuche gemacht an Skarabäiden: dem heiligen Pillendreher und dem breitnackigen Skarabäus; an Bupestiden: dem bronzefarbigen Prachtkäfer, endlich an Rüsselkä-

fern, vor allem an dem Hohlrüßler (Cleónus), auf den der Gegenstand dieser Beobachtungen Jagd macht. Von solchen der zweiten Klasse: an verschiedenen Insekten der Laufkäfer- wie der Bockkäferfamilie und mehreren Gattungen der Schwarzkäfer (Melanosómata).

Bei den Skarabäen, den Pracht- und Rüsselkäfern tritt die Wirkung auf der Stelle ein; jede Bewegung hört plötzlich auf, ohne vorherige krampfhafte Zuckungen, sobald das verhängnisvolle Tröpfchen die Nervenmittelpunkte berührt hat. Der Stich der Knotenwespe erzeugt keine raschere Vernichtung. Nichts ist auffallender als diese plötzliche Unbeweglichkeit bei einem so kräftigen Insekt wie dem heiligen Pillendreher. Aber damit ist die Ähnlichkeit der durch den Stachel des Hautflüglers und der mit Salmiakgeist vergifteten Stahlfederspitze hervorgebrachten Wirkung noch nicht zu Ende: die Skarabäen, die Pracht- und die Rüsselkäfer, die künstlich gestochen wurden, bewahren ungeachtet ihrer gänzlichen Regungslosigkeit drei Wochen bis zwei Monate lang die völlige Beweglichkeit ihrer Gelenke und die natürliche Frische ihrer Eingeweide. Bei ihnen vollzieht sich die Kotentleerung während der ersten Tage wie in dem gewöhnlichen Zustande, und die Bewegungen können durch den Voltaschen Strom hervorgerufen werden. Mit einem Wort, sie verhalten sich ganz genau wie die von der Knotenwespe gestochenen Käfer: der Zustand, in den der Räuber seine Opfer versetzt, ist durchaus demjenigen gleich, den man nach Belieben hervorrufen kann, indem man die Nervenmittelpunkte der Brust durch Salmiakgeist verletzt. Und da man unmöglich dem eingeimpften Tröpfchen die vollkommene Erhaltung des Insekts während eines so langen Zeitraumes zuschreiben kann, so muß jeder Gedanke an eine antiseptische Flüssigkeit zurückgewiesen und vielmehr zugegeben werden, daß das Tier trotz seiner gänzlichen Unbeweglichkeit nicht wirklich tot ist. Ihm verbleibt vielmehr noch ein Lebensschimmer, so lange seine Organe ihre normale Frische bewahren, bis sie diese allmählich einbüßen, um alsdann auch der Zersetzung anheimzufallen. In einzelnen Fällen bewirkt der Salmiakgeist nur in den Beinen die völlige Aufhebung der Bewegung; dann hat sich die giftige Wirkung der Flüssigkeit ohne Zweifel nicht weit genug ausgedehnt, so daß die Fühler einen Rest von Beweglichkeit beibehalten. Man sieht dann sogar noch einen Monat nach der Einimpfung, wie das Tier bei der leisesten Berührung die Fühler zurückzieht; ein schlagender Beweis dafür, daß das Leben den regungslosen Körper noch nicht gänzlich verlassen hat. Diese Bewegung der Fühler ist auch nicht selten an den von der Wespe verwundeten Rüsselkäfern wahrzunehmen.

Die Einimpfung des Salmiakgeistes hemmt stets augenblicklich die Bewegungen der Skarabäen, der Rüssel- und der Prachtkäfer, allein es gelingt nicht immer, das Tier in den soeben beschriebenen Zustand zu versetzen. Wenn die Wunde zu tief und der eingeflößte Tropfen zu stark ist, stirbt das Opfer tatsächlich, so daß man nach zwei oder drei Tagen nur noch einen faulenden Kadaver vor sich hat. War dagegen der Stich zu schwach, so kommt das Insekt nach einer mehr oder minder langen Zeit gänzlicher Lähmung wieder zu sich und erlangt seine Bewegungsfähigkeit wenigstens teilweise zurück.

Bei den Käfern der zweiten Klasse, bei denen die Nervenknoten der Brust Abstand untereinander haben, ist die durch das Salmiak hervorgebrachte Wirkung eine ganz andere. Die Laufkäferfamilie erweist sich als die am wenigsten empfindliche. Ein Stich, die bei einem großen Skarabäus die sofortige Vernichtung der Bewegungsfähigkeit zur Folge hat, bewirkt selbst bei kleinen Laufkäfern bloß heftige und unregelmäßige Zuckungen. Allmählich beruhigt sich das Tier aber wieder und nimmt nach einigen Stunden der Ruhe seine gewöhnlichen Bewegungen wieder auf, ohne daß es einen Schaden erlitten zu haben scheint. Wenn man den Versuch zwei-, drei- oder viermal an demselben Insekt wiederholt, erhält man das gleiche Ergebnis, bis es endlich, nachdem die Verwundung zu schwer geworden ist, tatsächlich eingeht, wie sein Zusammenschrumpfen und die bald darauf sich einstellende Fäulnis beweisen.

Die Schwarzkäfer (Tenchrionidae) und die Bockkäfer (Cerambýcidae oder Longicornia) sind am empfindlichsten für die Wirkung des Salmiak-

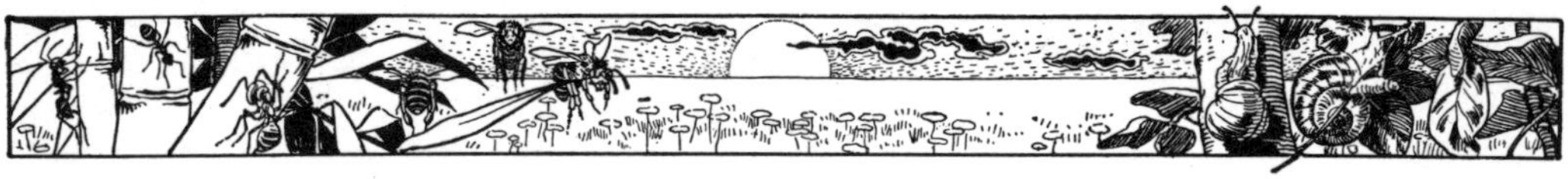

geistes. Die Einimpfung des Gifttröpfchens macht sie sehr rasch unbeweglich, und nach einigen Zukkungen scheint das Tier tot zu sein. Allein diese Lähmung, die bei den Skarabäen, den Rüssel- und Prachtkäfern andauert, ist hier nur eine augenblickliche: von heute auf morgen erscheinen die Bewegungen wieder, ebenso kräftig wie zuvor. Bei diesen Käfern hängt die Lähmung nicht von einer bestimmten Dosis des Salmiakgeistes ab, sondern das Insekt ist unter allen Umständen tot und gerät bald in Fäulnis. Durch dieselben Mittel, die bei den Käfern mit dicht nebeneinander befindlichen Nervenknoten so wirksam sind, läßt sich also bei den Käfern mit voneinander entfernten Nervenknoten keine vollständige und dauernde Lähmung hervorrufen; man erhält höchstens eine augenblickliche Lähmung, die von heute auf morgen wieder verschwindet.

Die Beweisführung ist entscheidend; die auf Raub ausziehenden Knotenwespen richten sich bei der Wahl ihrer Opfer nach dem, was allein die gelehrteste Physiologie und die feinste Anatomie zu lehren vermöchten. Vergeblich wäre das Bemühen, darin nichts erblicken zu wollen als ein Zusammentreffen von Zufälligkeiten: dadurch lassen sich solche Übereinstimmungen nimmermehr erklären.

Das Nest der Gottesanbeterin.

Wir haben früher die so tragisch abschließenden Hochzeitsbräuche der Gottesanbeterin (Mantis religiósa L.) und anderer Fangschrecken kennen gelernt (s. Erste Reihe), bei denen das Weibchen nach der Paarung den Gatten auffrißt. Dieselbe grausame Sitte, den gleichen Zug von Kannibalismus konnten wir übrigens ja auch bei den Weibchen von Ephippiger vitium Serv. = Ephippigerida ephippiger Fiebig und bei denen des sonst mit Vorliebe Regenwürmer verspeisenden Goldschmiedes (Cárabus (Autocarabus) aurátus L.) im Anschluß an die Paarung beobachten.

Nunmehr wenden wir uns nochmals der Gottesanbeterin zu, um das Weibchen dieser so eigenartigen Fangheuschrecke doch auch in günstigerer Beleuchtung zu zeigen. Ihr Nest ist geradezu ein Wunderding. In der wissenschaftlichen Sprache nennt man es „Orthek" oder Eierbüchse. Ich werde keinen Mißbrauch mit diesem griechischen Worte treiben, denn da man nicht sagt: die Eierbüchse des Buchfinken, um sein Nest zu bezeichnen, weshalb soll ich dann den Ausdruck Eierbüchse gebrauchen, wenn ich von der Gottesanbeterin spreche? Es gibt vielleicht einen gelehrteren Anstrich, allein dergleichen ist nicht meine Sache.

Auf sonnigen Stellen findet man bei uns so ziemlich überall das Nest der Mantis religiósa: auf Steinen und Holz, an Rebenpfählen, dünnen Zweigen von Strauchwerk und trockenen Pflanzenstengeln, bis zu den Erzeugnissen menschlichen Gewerbefleißes: Stücken von Ziegelsteinen und zusammengeschrumpfte Überreste von Schuhwerk. Jede Unterlage genügt ihr ohne Unterschied, wenn sie nur Unebenheiten darbietet, auf denen die untere Seite des Nestes festgeklebt werden und eine haltbare Stütze finden kann.

Seine gewöhnlichen Abmessungen sind 4 cm Länge auf 2 cm Breite, die Farbe ist gelb wie die eines Getreidekorns. Wenn man es an eine Flamme hält, so brennt die Masse sehr gut unter Verbreitung eines Geruches von versengter Seide. Es ist auch in der Tat ein der Seide verwandter Stoff, der sich, statt sich fadenförmig auszuziehen, als schaumartige Masse verhärtet. Wenn das Nest auf einem Zweige befestigt ist, so umschließt seine Grundfläche die benachbarten Reiser und nimmt eine nach den Zufälligkeiten der Stütze verschiedenartige Form an; ist es auf einer ebenen Fläche befestigt, so ist seine stets nach der Stütze geformte untere Fläche gleichfalls eben. Das Nest nimmt alsdann die Form eines Halbellipsoids*) an, das an dem einen Ende mehr oder weniger abgestumpft, an dem andern zugespitzt ist und hier oft in einem kurzen Anhängsel endigt, das einem Sporn gleicht.

In allen Fällen ist seine Oberfläche regelrecht runderhaben. Man unterscheidet in ihr deutlich drei Längsstreifen. Der Mittlere ist schmaler als die beiden andern und setzt sich aus paarweise angeordneten Lamellen oder dünnen Blättchen zusammen, die wie Dachziegel übereinanderliegen. Die Ränder dieser Blättchen sind frei und lassen zwei parallele Reihen von Spalten offenstehen, durch die die Jungen im Augenblick des Ausschlüpfens ihren Ausgang nehmen. In einem frisch verlassenen Neste ist dieser mittlere Streifen mit feinen abgestreiften Häutchen bedeckt, die sich im leisesten Lufthauche bewegen und unter freiem Himmel durch die Witterungseinflüsse bald verschwinden. Ich werde ihn als Ausgangszone bezeichnen, weil ausschließlich längs dieses Streifens die Befreiung der Jungen dank den im voraus übriggelassenen Ausgangsöffnungen sich vollzieht.

Überall sonst stellt sich die Wiege der zahlreichen Familie als eine undurchdringliche Wand dar. Die beiden Seitenzonen, die den größeren Teil des Halbellipsoids einnehmen, sind an der Oberfläche ohne jede Stütze. In ihrem aus zähem Stoff bestehenden Bereich gibt es für die anfangs so schwachen kleinen Mantiden keine Möglichkeit nach außen zu gelangen; man gewahrt dort nur zahlreiche feine Querfurchen, die die verschiedenen Platten andeuten, aus denen diese Anhäufung von Eiern sich zusammensetzt.

Wenn wir das Nest quer durchschneiden, so erkennen wir, daß die Gesamtheit der Eier einen länglichen, festen und haltbaren Kern bildet, auf den Seiten mit einer dicken porösen Rinde bekleidet, die festgewordenem Schaume gleicht. Auf der oberen Seite erheben sich gebogene Blättchen, dicht zusammengedrängt, nahezu unabhängig voneinander, deren Enden in die Ausgangszone hineinreichen, wo sie eine Doppelreihe dachziegelartig liegender Schüppchen bilden.

Die Eier sind in eine gelbliche, hornartig aussehende Masse eingebettet. Sie sind, der Kreisbogenlinie folgend, schichtweise gelagert, mit den Kopfenden nach der Ausgangszone hin. Diese Stellung weist auf die Art der Befreiung hin. Die Neugeborenen werden in die Lücke schlüpfen, die je zwei benachbarte Blättchen in Verlängerung des Kernes zwischen sich freilassen; sie werden dort einen freilich engen und schwierig zu durchschreitenden Durchgang finden, der aber mit der merkwürdigen, gleich zu erwähnenden Anordnung immerhin genügt. Auf diese Weise werden sie in den

Das Nest der Gottesanbeterin.

mittleren Streifen gelangen, wo sich unter den ziegelartig gelagerten Schüppchen für jede Schicht Eier zwei Ausgänge öffnen. Eine Hälfte der Hinausgehenden wird sich durch die Tür zur Rechten befreien, die andere Hälfte durch die Tür zur Linken. Dies wiederholt sich von einem Ende des Nestes zum andern, so viele Schichten sich darin befinden.

Wir wollen die Einzelheiten seines Gefüges nochmals kurz zusammenfassen, die ziemlich schwierig für den zu verstehen sind, der den Gegenstand nicht vor Augen hat. Längs der Achse des Nestes ist die Gesamtheit der Eier, der Form nach einem Dattelkern ähnlich, schichtweise gruppiert. Eine schützende Rinde, eine Art verhärteten Schaumes, umhüllt diese Masse bis auf die Mitte der oberen Seite, wo die schaumige Kruste durch winzige nebeneinandergestellte Blättchen ersetzt wird. Die

*) Griech. „ellipsenähnlich“: ein Körper, der durch Umdrehung einer Ellipse um ihre Achse erzeugt wird.

freien Enden dieser Blättchen bilden nach außen hin die Ausgangszone, wo unter den zwei Reihen von Schüppchen für jede Lage Eier zwei Ausgänge in Form schmaler Ritzen freibleiben.

Bei meinen Beobachtungen kam es mir vor allem darauf an, der Herstellung des Nestes beizuwohnen und zu sehen, wie die Mantis es anstellt, ein so schwieriges Werk zu erbauen. Nur mit Mühe ist mir dies gelungen, denn das Eierlegen geschieht unvermutet und fast immer bei Nacht. Nachdem ich oftmals vergeblich gewartet hatte, war mir das Glück endlich günstig. Am 5. September bequemte sich eine der von mir in Drahtkäfigen gehaltenen Gottesanbeterinnen, die am 29. August befruchtet worden war, um 4 Uhr nachmittags vor meinen Augen Eier zu legen.

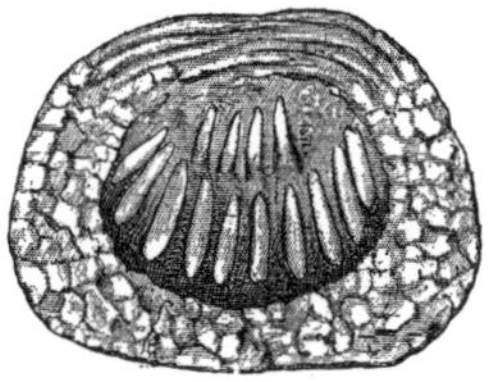

Querschnitt des Nestes.

Bevor ich diese Arbeit schildere, will ich bemerken, daß für alle Nester, die ich in den Volieren erhielt und die zahlreich genug sind, als Stützpunkt ausnahmslos die darüber gestülpte Glocke aus Metalldraht benutzt wurde. Ich hatte dafür Sorge getragen, daß die Gottesanbeterinnen einige rauhe Kiesbrocken und einige Büschel Thymian zur Verfügung hatten, die sie im freien Felde sehr gern als Träger benutzen. Die Gefangenen zogen jedoch die Glocke von Eisendraht vor, in deren Maschen der anfänglich weiche Stoff des Bauwerkes sich hineinfügt, so daß dieses vollkommene Festigkeit erlangt.

Unter den natürlichen Verhältnissen genießen die Nester keinerlei Schutz; sie müssen die Unbilden des Winters aushalten, dem Regen, den Winden, den Frösten und dem Schnee widerstehen ohne sich loszulösen. Daher wählt die Eierlegerin stets einen Träger mit nicht ganz ebener Oberfläche, damit die Grundlagen des Nestes sich gut anschmiegen und dadurch festen Halt gewinnen können. Dem Mittelmäßigen wird das Bessere, dem Besseren das Ausgezeichnete vorgezogen, sofern die Umstände es erlauben; dies muß auch die Ursache davon sein, daß die Insekten stets das Drahtnetz ihrer Voliere als Träger sich erkoren.

Die einzige Gottesanbeterin, die es mir vergönnt war im Augenblick des Eierlegens zu beobachten, verrichtet diese Arbeit in umgekehrter Stellung, indem sie sich an den Scheitelpunkt der Glocke anklammert. Meine Anwesenheit, meine Forschungen mit der Lupe stören sie nicht im geringsten, so völlig nimmt ihr Werk sie in Anspruch. Ich kann sogar die Drahtglocke emporheben, umdrehen und nach allen Richtungen hin und herwenden, ohne daß das Insekt einen Augenblick sein Geschäft unterbricht. Mit einer Pinzette darf ich die langen Flügel emporheben, um etwas besser zu sehen, was unter ihnen vorgeht. Die Mantis kümmert sich gar nicht darum, und soweit ist alles gut: die Eierlegerin rührt sich nicht und läßt sich gleichgültig meine zudringliche Beobachtung gefallen. Trotzdem verlaufen die Dinge nicht nach meinem Wunsche: das Verfahren ist schnell und die Untersuchung schwierig.

Das Ende des Hinterleibes steckt beständig in einem Schaumerguß, der mir nicht erlaubt, die Einzelheiten des Aktes genau zu sehen. Dieser Schaum ist hellgrau gefärbt, etwas klebrig und sieht beinah aus wie Seifenschaum. Im Augenblick seines Hervortretens verdickt er sich leimartig um das Ende eines Strohhalms herum, den ich hineintauche. Zwei Minuten später ist er erhärtet und klebt nicht mehr an dem Halm. Binnen kurzer Zeit hat er einen ebensolchen Grad von Haltbarkeit erlangt, wie ihn ein altes Nest aufweist.

Die schaumige Masse besteht zum größten Teil aus Luft, die sich in kleinen Bläschen befindet. Diese Luft, die dem Nest einen größeren Umfang gibt als ihn der Hinterleib der Mantis besitzt, kommt offenbar nicht aus dem Insekt hervor, obwohl der Schaum an der Schwelle der Geschlechtsorgane zutagetritt, sondern sie wird der Atmosphäre entnommen. Die Gottesanbeterin erbaut das Nest also vornehmlich aus Luft, die außerordentlich gut geeignet ist, es gegen die Witterungsunbilden zu schützen. Sie gibt eine klebrige Mischung von sich, die dem Spinnstoff der Seidenraupen ähnelt, und aus dieser Mischung, die sogleich mit der Außenluft verquickt wird, erzeugt sie Schaum.

Sie peitscht ihr Erzeugnis wie wir das Weiße von Eiern schlagen, um es zum Aufschwellen und Schäumen zu bringen. Das äußerste Ende ihres in einem langen Spalt geöffneten Hinterleibes läuft in zwei Raife*) aus, die beständig in schneller Bewegung sich nähern und wieder auseinandertun, die klebrige Flüssigkeit schlagen und in Schaum verwandeln, sowie sie nach außen tritt. Zwischen den beiden aufklaffenden Raifen sieht man auch nach Art einer Kolbenstange die inneren Organe emporsteigen und sich wieder senken, kommen und gehen; ihr Spiel ist jedoch nicht genau wahrzunehmen, da sie ganz in der undurchsichtigen schäumenden Woge stecken.

Das fortwährend zuckende Ende des Hinterleibes, das seine Klappen rasch öffnet und wieder schließt, führt Schwingungen von rechts nach links und von links nach rechts in der Art eines Pendels aus. Aus jeder dieser Schwingungen geht im Innern eine Lage von Eiern hervor, im Äußern eine Querfurche. In dem Maße, wie die Bauchspitze in dem beschriebenen Bogen voranschreitet, taucht sie plötzlich, in sehr kurzen Zwischenräumen, tiefer in den Schaum ein, als ob sie irgend etwas auf den Grund des Schaumklumpens versenkte. Jedesmal wird zweifellos ein Ei niedergelegt, allein die Dinge gehen so schnell vor sich und in einer für die Beobachtung so wenig günstigen Umgebung, daß es mir kein einziges Mal möglich gewesen ist, die Legescheide in Tätigkeit zu sehen. Ich kann auf das Erscheinen der Eier nur aus den Bewegungen der Hinterleibsspitze schließen, die mit einer hastigen Bewegung tiefer eingetaucht wird.

Gleichzeitig tritt in ungleich fließenden Ergüssen die klebrige Mischung hervor, die die beiden Raife peitschen und in Schaum verwandeln. Der so entstandene Schaum breitet sich auf den Seiten der Eierschicht und auf dem Grunde aus, wo ich ihn unter dem Druck, den das Hinterleibsende ausübt,

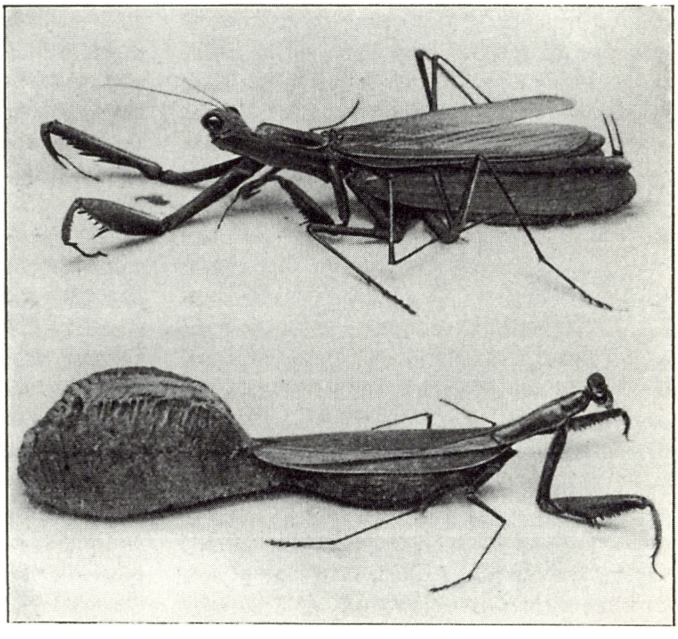

Die Gottesanbeterin
(unteres Tier mit Nest im Augenblick des Eierablegens).

zwischen den Maschen des Drahtgitters hervorquellen sehe. So bildet sich nun allmählich die schwammartige Hülle, in dem Maße, wie die Eierstöcke sich leeren.

Ich stelle mir vor, ohne es unmittelbar beobachten zu können, daß die Gottesanbeterin für den zentralen Kern, wo die Eier sich in einer Masse befinden, die gleichartiger ist als die Rinde, ihr Erzeugnis so verwendet wie es ist, ohne es mit ihren Raifen zu schlagen und zum Schäumen zu bringen.

*) Paarige Anhänge, sogen. Afteranhänge bei Geradflüglern, von zangen-, griffel- oder borstenförmiger Gestalt.

Nach der Ablage einer Schicht Eier dagegen werden wohl die beiden Anhänge Schaum erzeugen, um sie damit zu umhüllen. Allein ich wiederhole nochmals: dies alles ist sehr schwer unter dem Schleier der schäumenden Masse zu erkennen.

Bei einem frischen Neste ist die Ausgangszone überzogen mit einer Lage fein porösen Stoffes, der eine glanzlose, rein weiße Farbe hat und fast kreidig aussieht, so daß er von dem übrigen, schmutzigweißen Neste schroff absticht. Sie erinnert an die Masse, die die Konditoren aus geschlagenem Eiweiß mit einem Zusatz von Zucker und Stärkemehl herstellen, um gewisse Bäckereien damit zu verzieren. Dieser schneeige Überzug ist sehr morsch und läßt sich leicht ablösen. Nachdem er verschwunden ist, tritt die Ausgangszone mit ihrer doppelten Reihe von freirandigen Lamellen deutlich zutage. Die Witterungseinflüsse beseitigen früher oder später von jener Lage ein Stück, ein Schüppchen nach dem andern, so daß die alten Nester keine Spur mehr davon aufweisen.

Bei der ersten Untersuchung könnte man geneigt sein, in dieser schneeigen Masse einen Stoff zu erblicken, der von dem des übrigen Nestes verschieden ist. Sollte die Mantis wirklich zwei unterschiedliche Erzeugnisse verwenden? Auf keine Weise. Von vornherein versichert uns die Anatomie, daß die Stoffe ganz gleich sind. Das Ausscheidungsorgan der Baustoffe setzt sich aus zylindrischen, gewundenen Röhren zusammen, die in zwei Gruppen von je 20 getrennt sind. Alle sind mit einer klebrigen, farblosen Flüssigkeit gefüllt, die in allen Röhrchen ganz gleich aussieht. Nirgends ist auch nur eine Spur von einem kreidig gefärbten Erzeugnis wahrzunehmen.

Ebenso beseitigt die Art der Bildung des schneeigen Streifens jeden Gedanken an verschiedenartige Stoffe. Man sieht ja, wie die beiden Raife über die Oberfläche der Schaumwelle hinfahren, sozusagen ein Schaumbläschen nach dem andern einsammeln, sie zusammenbringen und auf dem Rükken des Nestes festhalten, um dort den Streifen zu bilden, der wie aus Zuckerguß gemacht aussieht. Was nach diesem Fegen übrigbleibt oder von dem noch nicht geronnenen Streifen hinabrieselt, bildet auf den Seiten einen leichten Überzug aus Bläschen, die so fein sind, daß man die Lupe zu Hilfe nehmen muß, um sie wahrzunehmen.

Ein schlammiges, tonhaltiges Gewässer bedeckt sich, wenn eine starke Strömung vorhanden ist, mit grobblasigem Schaum. Auf dieser Grundlage von Schaum, dem die erdigen Beimengungen eine schmutzige Färbung geben, zeigen sich hier und da Klumpen von Schaum, der eine schöne weiße Farbe und kleinere Bläschen hat. Die Verschiedenheit der Dichtigkeit bewirkt eine Scheidung, und der schneeweiße Schaum hat seinen Platz über dem schmutzigen, aus dem er hervorgeht. Etwas Ähnliches geht bei dem Nestbau der Gottesanbeterin vor. Die beiden Raife führen den aus den Drüsen kommenden klebrigen Strahl in Schaum über, dessen feinste und leichteste Teile, die durch ihre zarten Lücken (Poren) weißer aussehen, zur Oberfläche emporsteigen. Hier fegen die Afteranhänge sie zusammen, um aus ihnen das schneeige Band auf dem Rücken des Nestes zu bilden.

Bis hierhin ist mit einiger Geduld die Beobachtung ausführbar und liefert auch zufriedenstellende Ergebnisse. Sie wird jedoch unmöglich, sobald es sich um das so verwickelte Gefüge jener mittleren Zone handelt, wo für den Auszug der Larven Ausgänge unter der Hülle einer Doppelreihe von dachziegelartig liegenden Blättchen freigelassen sind. Das wenige, was mir zu ergründen gelungen ist, beschränkt sich auf folgendes. Die von oben nach unten breit gespaltene Hinterleibsspitze bleibt mit ihrem äußersten oberen Ende nahezu unbeweglich, während das untere sich hin und her bewegt, indem es Schaum erzeugt und die Eier versenkt. Dem oberen Ende fällt sicherlich die Herstellung der mittleren Zone zu.

Ich erblicke es stets in der Verlängerung dieses Streifens, mitten in dem feinen weißen Schaum, den die Afteranhänge zusammenbringen. Diese grenzen den Streifen ab, der eine auf der rechten Seite, der andere auf der linken. Sie betasten seine Ränder und scheinen sich über das Werk zu unterrichten, so daß sie mir wie zwei lange, ausnehmend zarte Finger vorkommen, die die schwierige Ausführung leiten.

Aber wie werden die beiden Reihen von Schüppchen erzielt und die Ritzen, die Ausgangstore, die jene schützen? Das weiß ich nicht. Ich kann nicht einmal eine Vermutung hierüber aufstellen und überlasse es andern, den Rest des Rätsels zu lösen.

Welche wunderbare mechanische Kunst aber gehört dazu, so regelrecht und flink die hornartige Substanz des zentralen Kernes, den schützenden Gischt, den weißen Schaum des mittleren Streifens, die Eier und die befruchtende Flüssigkeit von sich zu geben und vielleicht gleichzeitig die Blättchen aufzubauen, die sich übereinanderlegen, die Schuppen, die sich dachziegelartig decken, und die freien Ritzen wechselsweise stehen zu lassen! Man kann es gar nicht fassen. Und dabei welche Ungezwungenheit bei der Arbeit! An der Drahtkuppel in der Asche ihres Nestes hängend, bleibt die Gottesanbeterin unbeweglich. Sie schenkt dem Ding, das sich da hinter ihr aufbaut, keinen Blick; kein hilfreiches Eingreifen der Beine findet statt. Alles geschieht ganz von selbst. Es handelt sich hier nicht um eine sinnreiche Arbeit, die die Geschicklichkeit des Instinkts erfordert: dies ist ein rein maschinenmäßiges Geschäft, das durch das Werkzeug, durch die Organisation geregelt wird. Dieses Nest mit so verwikkeltem Gefüge geht ausschließlich aus dem Spiel der Organe hervor, wie in unserer Industrie eine Menge von Gegenständen durch Maschinen viel vollkommener hergestellt werden, als es die Geschicklichkeit der Hände vermöchte.

Noch viel bemerkenswerter ist das Nest der Gottesanbeterin unter einem andern Gesichtspunkte. Man findet darin eines der schönsten physikalischen Gesetze über die Bewahrung der Wärme vortrefflich angewendet. Die Mantis ist uns weit voraus gewesen in der Kenntnis der athermanen (für Wärmestrahlung nicht durchlässigen) Körper.

Man verdankt dem Physiker Rumford folgenden originellen Versuch, der die geringe Leitungsfähigkeit der Luft für die Wärme anschaulich dartut. Der berühmte Gelehrte umgab ein Stück Gefrorenes mit einem Klumpen Schaum von gutgeschlagenem Eiweiß. Das Ganze wurde der Hitze eines Herdes ausgesetzt. In kurzer Zeit erhielt man so einen glühendheißen Eierauflauf, in dessen Mitte das Gefrorene steckte, das ebenso kalt wie vorher geblieben war. Die in den Blasen der Schaumhülle eingeschlossene Luft erklärt diese Seltsamkeit. Da sie für Wärmestrahlung undurchdringlich ist, hatte sie die Hitze des Herdes aufgehalten und verhindert, bis zu dem darin steckenden gefrorenen Körper vorzudringen.

Und was tut nun die Gottesanbeterin? Genau dasselbe, was Rumford tat: Sie peitscht ihren Schleim, um einen Auflauf zu bekommen, der die in dem zentralen Kern enthaltenen Eier schützt. Nun soll der verdickte Schaum allerdings umgekehrt gegen Kälte und nicht gegen Hitze schützen. Allein was gegen die eine schützt, tut dies auch gegen die andere, und wenn der scharfsinnige Physiker einen Versuch in diesem Sinne hätte anstellen wollen, dann hätte er mit der nämlichen schaumigen Umhüllung einen Körper in einer kalten Umschließung heiß erhalten können.

Rumford kannte das Geheimnis des Luftpolsters durch das angesammelte Wissen seiner Vorgänger und seine eigenen Forschungen und Versuche. Wie ist nun die Mantis seit ungezählten Jahrhunderten unserer Physikwissenschaft in diesem schwierigen Wärmeproblem vorausgeeilt? Wie ist sie auf den Einfall gekommen, mit Schaum ihren Haufen Eier zu umhüllen, so daß er ohne irgendwelchen Schutz auf einem Zweige oder Steine unbeschädigt den rauhen Winter zu ertragen vermag?

Die übrigen Mantiden meiner Gegend – die einzigen, von denen ich mit voller Sachkenntnis reden kann – verwenden die für Wärmestrahlen undurchdringliche Hülle aus festgewordenem Schaum nur, wenn ihre Eier den Winter überdauern müssen, sonst wird sie fortgelassen. Die kleine graue Mantis (Améles décolor Charp.), die von der andern so sehr verschieden ist durch das beinahe gänzliche Fehlen der Flügel bei dem Weibchen, baut ein Nest von Kirschkerngröße und überzieht es mit einem gehörigen Schaumpolster. Weshalb diese mit Luft gefullte Hülle? Weil ihr Nest gleich dem der Gottesanbeterin den Winter überstehen muß, während dessen es auf einem Zweige oder Steine allen Unbilden der schlechten Jahreszeit ausgesetzt bleibt.

Dagegen erbaut das seltsamste unserer Insekten, die Emusa pauperáta Fabr., obwohl sie an Körpergröße der Gottesanbeterin gleichkommt, ein Nest, das ebenso klein ist, wie das der Améles. Es ist ein sehr bescheidenes Bauwerk, bestehend aus wenig zahlreichen Zellen, die in drei oder vier Reihen Seite an Seite stehen. Hier fehlt die mit Luft gefüllte Hülle vollständig, obwohl das Nest gleich den vorigen ohne Schutz auf irgend einem Nebenzweiglein oder Steinsplitter befestigt wird. Dieser Mangel eines für Wärmestrahlen undurchlässigen Polsters deutet auf andere Entwicklungsverhältnisse hin. In der Tat schlüpfen ihre Larven schon bald nach der Eiablage aus, während der schönen Jahreszeit. Da ihre Eier mithin die Strenge des Winters nicht zu ertragen haben, erhalten sie keinen anderen Schutz als die dünne Kapsel, in der sie stecken.

Sind nun diese sinnreichen und vernünftigen Vorsichtsmaßregeln, die mit Rumfords Eierauflauf wetteifern, ein rein zufälliges Ergebnis, eine der zahllosen Zusammenstellungen, die aus der Urne des Zufalls hervorgehen? Wenn dem so ist, dann dürfen wir vor dem Ungereimten nicht zurückschrecken, sondern müssen zugestehen, daß der blinde Zufall mit einer wunderbaren Scharfsichtigkeit begabt ist.

Die Gottesanbeterin beginnt ihr Nest mit dem abgestumpften Teil und beendet es mit dem schmaler werdenden. Dieses Ende wird oft durch eine Spitze verlängert, in der sich beim Heraustreten der letzte Tropfen des flüssigen Schleimes verausgabt hat. Eine Sitzung von ungefähr zwei Stunden, ohne jede Pause, ist notwendig, um das gesamte Werk fertigzustellen.

Sobald die Eiablage beendet ist, zieht die Mutter sich gleichgültig zurück. Ich erwartete, sie würde sich umdrehen und einige Zärtlichkeit für die Wiege ihrer Nachkommenschaft bekunden, allein ich konnte nicht das geringste Zeichen von Mutterfreude an ihr wahrnehmen. Sobald das Werk vollendet ist, kümmert sie sich nicht mehr darum. Inzwischen haben sich einige, in der Voliere befindliche Schnarrheuschrecken ihm genähert, und eine von ihnen läßt sich ungeniert auf dem Neste nieder. Die Mantis schenkt diesen Zudringlichen, die ja allerdings durchaus friedfertig sind, nicht die mindeste Beachtung. Würde sie sie verjagen, wenn sie gefährlich wären und Miene machten, das Köfferchen mit den Eiern auszunehmen? Ihre Gleichgültigkeit sagt mir, daß sie es nicht tun würde. Was kümmert sie jetzt noch das Nest? Sie kennt es gar nicht mehr.

Ich habe früher die vielfachen Paarungen der Mantis und das tragische Ende des Männchens erzählt, das fast immer wie ein gewöhnliches Wildbret aufgefressen wird. Im Verlaufe von ein paar Wochen sah ich dasselbe Weibchen siebenmal hintereinander eine neue Verbindung eingehen, und jedesmal verspeiste die so leicht zu tröstende Witwe den Gemahl. Solche Sitten lassen ein sehr ausgiebiges Eierlegen vorhersehen; dies kommt auch vor, jedoch nicht als allgemeine Regel. Von meinen Eierlegerinnen lieferten die einen mir nur ein einziges Nest, andere zwei, die beide gleich groß waren. Die fruchtbarste brachte drei Stück hervor, die beiden ersten von normaler Größe, das dritte nur halb so groß wie die gewöhnlichen.

Diese letztere soll uns zeigen, über welche Anzahl die Eierstöcke der Mantis verfügen. Nach den Querfurchen des Nestes kann man leicht die Schichten von Eiern zählen, die aber sehr ungleich reichhaltig sind, je nachdem sie den Gleicher des Ellipsoids oder aber die Enden einnehmen. Die Anzahl der Eier in der größten und in der kleinsten Schicht liefert die Durchschnittssumme, nach der sich annähernd die Gesamtzahl bestimmen läßt. Ich finde auf diese Weise, daß ein großes Nest ungefähr 400 Eier enthält. Die Eierlegerin mit den drei Nestern, von denen das letzte um die Hälfte kleiner war als die andern, hinterließ also als Nachkommenschaft etwa 1000 Keime, jene mit zwei Nestern 800 und die weniger fruchtbaren 300 bis 400. In allen Fällen eine stattliche Familie, die rasch sehr viel Raum beanspruchen müßte, wenn sie nicht stark gelichtet würde.

Das Nest der Gottesanbeterin konnte bei seiner Größe und seinem merkwürdigen Gefüge nicht verfehlen, die Aufmerksamkeit des provenzalischen Bauern auf sich zu ziehen, zumal es auf seinem Steine oder Zweige leicht in die Augen fällt. Es ist daher auf dem Lande allgemein bekannt, wo es den

Namen „tigno“ führt und erfreut sich sogar hohen Ansehens. Niemand aber scheint über seinen Ursprung unterrichtet zu sein. Alle meine ländlichen Nachbarn sind ganz überrascht, wenn ich ihnen erkläre, daß die berühmte „tigno“ das Nest der überall vorkommenden Gottesanbeterin, in ihrer Sprache „Prégo-Diéu“, sei. Diese Unwissenheit mag wohl daher rühren, daß die Mantis ihre Eier bei Nacht legt. Da man in dem geheimnisvollen Dunkel niemals das Insekt an seinem Nest arbeiten gesehen hat, so fehlt die Verbindung zwischen dem Arbeiter und seinem Werk, obwohl jedermann im Dorfe dieses wie jenen kennt.

Das schadet aber nichts: das merkwürdige Ding ist vorhanden, es lenkt den Blick auf sich und fesselt die Aufmerksamkeit. Es muß daher für etwas gut sein und besondere Kräfte haben. In solcher Weise haben zu allen Zeiten die naiven Gemüter vernünftelt in der Hoffnung, in dem Fremdartigen eine Erleichterung für unsere Leiden zu finden.

In allseitiger Übereinstimmung rühmt die bäuerliche Pharmakopöe in der Provence die tigno als das beste Mittel gegen Frostbeulen. Die Art der Anwendung ist höchst einfach. Man schneidet das Ding in zwei Teile, preßt sie zusammen und reibt die kranke Stelle mit dem aus der Schnittfläche hervorquellenden Safte ein. Dieses spezifische Arzneimittel wirkt unfehlbar, wie man sagt. Wer in den Fingern das Jucken der bläulichen Beule spürt, verfehlt nicht, seine Zuflucht nach altem Brauche zu der tigno zu nehmen. Wird ihm in der Tat Linderung dadurch verschafft?

Trotz des einhelligen Glaubens gestatte ich mir, dies zu bezweifeln auf Grund der fruchtlosen Versuche, die ich damit an mir selber und einigen Personen meiner Familie während des Winters von 1895 gemacht habe, der uns mit seiner strengen und lange währenden Kälte so viele derartige Geschwülste verschaffte. Keiner von uns sah diese zurückgehen, nachdem er sie mit der berühmten Salbe eingerieben hatte, keiner spürte, daß das Jucken unter dem eiweißhaltigen Firnis der zerquetschten tigno sich einigermaßen legte. Es ist anzunehmen, daß der Mißerfolg bei andern Leuten der gleiche ist, und trotzdem erhält sich der volkstümliche Ruf des Mittels – wahrscheinlich ganz einfach wegen der Namensgleichheit zwischen dem Mittel und dem Leiden: im Provenzalischen heißt nämlich Frostbeule ebenfalls tigno. Da das Nest der Gottesanbeterin und die Frostbeule dieselbe Benennung führen, so stehen für das Volk auch die heilenden Kräfte des ersteren hinsichtlich des Leidens außer Frage. Auf diese Weise kommt das Ansehen zustande.

In meinem Dorfe und sicherlich auch noch weiter in der Runde wird die tigno – wir meinen jetzt das Nest der Mantis – auch noch als wunderbares Zahnheilmittel angepriesen. Es genügt, das Mittel bei sich zu tragen, um den Zahnschmerz loszuwerden. Die braven Frauen sammeln es bei günstigem Monde und verwahren es dann sorgfältig in einem Winkel ihres Schrankes; wenn es gebraucht wird, so nähen sie es auf dem Boden der Tasche fest, damit es nicht etwa beim Herausziehen des Schnupftuches verloren geht. Nachbarinnen leihen es sich gegenseitig, wenn einer ein Backzahn wehtut. „Leihe mir deine tigno: ich leide Schmerzen wie ein Märtyrer“, sagt die Patientin mit der angeschwollenen Wange. Die andere beeilt sich, den kostbaren Gegenstand in ihrer Tasche loszutrennen und ihn ihr zu überreichen. „Verlier sie mir aber ja nicht“, schärft sie ihr ein; „ich habe keine andere, und der Mond ist nicht mehr günstig.“

Wir brauchen über dieses närrische Zahnheilmittel durchaus nicht zu lachen: gar viele Heilmittel, die sich in dem Anzeigenteil der Zeitungen großartig breit machen, sind auch nicht wirksamer. Übrigens werden diese ländlichen Naivitäten noch übertroffen von manchen alten Büchern, in denen die Wissenschaft von ehemals schlummert. Ein englischer Naturforscher des 16. Jahrhunderts, der Arzt Thomas Mouset, erzählt uns, daß im Felde verirrte Kinder sich nur an die Gottesanbeterin zu wenden brauchten, um ihren Weg wiederzufinden. Indem das befragte Insekt ein Vorderbein ausstreckt, gibt es damit die einzuschlagende Richtung an; es täuscht sich fast niemals, wie der Verfasser hinzufügt. Diese schönen Sachen werden auf Lateinisch mit einer bewunderungswürdigen Einfalt vorgetragen.

Die Feldgrille.

Wer dabei zu sein wünscht, wenn das Weibchen der Feldgrille*) Eier legt, braucht sich wegen der Vorbereitungen dazu nicht in Unkosten zu stürzen; es genügt für ihn ein wenig Geduld, die nach Buffon das Genie ist, während ich sie bescheidener als die Haupttugend des Beobachters bezeichnen möchte. Im April, spätestens im Mai, setzen wir die einzelnen Pärchen dieser Geradflügler in mit Erde gefüllte Blumentöpfe. Ihre Nahrung besteht aus Salatblättern, die von Zeit zu Zeit erneuert werden. Eine Glasscheibe wird über die kleine Wohnstätte gelegt, um so das Entweichen der Tiere zu verhüten.

In diesem übersichtlichen Behälter lassen sich schon sehr merkwürdige Beobachtungen machen, noch ausgedehntere natürlich, wenn ich die Grillenpärchen unter Glocken aus Metalldraht setze, die eine geräumigere Voliere bilden. Vorläufig handelt es sich darum, die Eiablage zu überwachen und den günstigen Augenblick nicht zu verpassen. In der ersten Juniwoche wird mir die erste Belohnung für meine unablässigen Besuche zuteil. Ich überrasche die Mutter, wie sie mit senkrecht in den Boden gesteckter Legeröhre unbeweglich dasteht (Abb. 1, links). Unbekümmert um den zudringlichen Besucher bleibt sie längere Zeit auf dem gleichen Punkte stehen. Endlich zieht sie ihr Steckholz heraus, verwischt flüchtig die Spuren des mit ihrer Senknadel gemachten Loches, ruht sich einen Augenblick aus, wandert umher und setzt dann ihr Werk fort, bald hier, bald dort im ganzen Bereiche des ihr zur Verfügung stehenden Bodens. Binnen vierundzwanzig Stunden scheint mir die Eiablage beendet zu sein. Um ganz sicher zu gehen, warte ich aber noch ein paar Tage.

Dann durchsuche ich die Erde in dem Topfe. Die strohgelben Eier sind walzenförmig, an beiden Enden abgerundet und etwa 3 mm lang. Sie stecken jedes für sich senkrecht im Boden und bilden mehr oder minder zahlreiche Gruppen, die den aufeinander folgenden Eiablagen entsprechen. Soweit es die Schwierigkeit, eine Erdmasse mit der Lupe zu durchforschen, zuläßt, schätze ich die von einer einzigen Mutter herrührenden Eier auf 500 oder 600 Stück.

Das Ei der Grille ist ein kleines Wunder der Mechanik. Nach dem Ausschlüpfen stellt es ein undurchsichtiges, weißliches Futteral dar, mit einer feinen, runden und sehr regelmäßigen Öffnung am oberen Ende, an deren Ende noch ein Käppchen haftet, das den Deckel bildete. Anstatt unter dem Druck oder den Beißwerkzeugen des Neugeborenen auf gut Glück zu zerreißen, öffnet es sich von sich aus, entsprechend einer eigens vorbereiteten Linie des geringsten Widerstandes. Mir lag daran, das merkwürdige Ausschlüpfen zu sehen.

*) Die zu den durch einen walzigen Körper mit dickem Kopf und elliptischen Augen, borstenförmige Fühler und fast wagrecht liegende Flügeldecken gekennzeichneten Grabheuschrecken (Gryllidae) zählende Feldgrille (Gryllus campéstris L.) wird 2 cm lang. Sie ist glänzend schwarz mit braunen, an der Basis gelben Vorderflügeln und kurzen Hinterflügeln; die Hinterschenkel sind an der Unterseite blutrot gefärbt, ebenso beim Weibchen auch die Hinterschienen. Unsere Feldgrille lebt einsam auf sandigen Feldern in Gängen und Höhlungen; das an der Mündung seines Baues sitzende Männchen lockt das Weibchen durch Zirpen herbei. Anm. d. Übers.

Vierzehn Tage nach dem Legen der Eier bemerkt man zwei starke, runde, rötlich-schwarze Punkte, die den oberen Pol verdunkeln. Etwas oberhalb dieser beiden Punkte, ganz am Ende der kleinen Walze, zeichnet sich ein feiner ringförmiger Wulst ab: es ist die sich vorbereitende Bruchlinie. Bald kann man das fein gegliederte Tierchen durchschimmern sehen, und nunmehr gilt es, die Wachsamkeit zu verdoppeln und die Besuche – zumal in der Frühe – zu vervielfachen. Das Glück begünstigt die Geduldigen und entschädigt mich für meine Ausdauer. Dem ringförmigen Wulste folgend, wo durch eine außerordentlich zarte Arbeit die Linie des geringsten Widerstandes sich vorbereitet hat, löst sich unter dem Druck des eingeschlossenen Tierchens die obere Spitze des Eies ab, hebt sich und klappt seitwärts herunter, wie der Deckel einer winzigen Flasche. Die Grille kommt daraus hervor wie das Teufelchen aus der Spielzeugschachtel. Nachdem sie die Schale verlassen hat, bleibt diese aufgebläht, glatt und unversehrt mit dem an der Öffnung hängenden Deckelkäppchen zurück. Das Vogelei zerbricht ganz und gar unter den Stößen einer Warze, die sich eigens zu diesem Zweck am Schnabelende des Neugeborenen gebildet hat; das der Grille besitzt einen vollkommeneren Mechanismus und öffnet sich wie ein elfenbeinernes Futteral. Der Druck mit der Stirn genügt, um sein Scharnier spielen zu lassen.

Gleich nach dem Abstreifen dieser feinen Hülle macht sich die junge Grille, die ganz blass-, beinahe weißgefärbt ist, über die Erde her, die sie bedeckt. Sie bearbeitet sie mit den Kinnbacken und fegt und schiebt das staubige Hindernis mühelos mit den Beinen nach rückwärts. Schon ist das so schwache Tierchen, das nicht viel größer ist als ein Floh, bis zur Oberfläche gelangt, in die Freuden der Sonne und in die Gefahren des Getümmels der Lebewesen. Binnen vierundzwanzig Stunden färbt es sich und wird ein prächtiges Negerchen, dessen Schwärze mit der des ausgewachsenen Insektes wetteifert. Von seiner anfänglichen Blässe verbleibt ihm nur ein weißer Gürtel, der das Bruststück rings umgibt und an das Gängelband der ersten Kindheit denken läßt.

Wohl auf seiner Hut, untersucht es rings den Raum mit seinen langen, zitternden Fühlern; es trippelt umher und hüpft in Sätzen, die ihm seine spätere Beleibtheit nicht mehr erlauben wird. Jetzt ist auch die Zeit für kräftigende Leckerbissen gekommen, allein ich weiß nicht, welcher Nahrung das junge Tierchen bedarf. Ich biete ihm das Futter der ausgewachsenen Grille: zarte Lattichblätter. Es verschmäht hineinzubeißen, vielleicht aber entgehen mir auch seine Bisse, weil sie zu winzig sind.

In wenigen Tagen sehe ich mich mit Familiensorgen für meine zehn Haushaltungen überhäuft.

Abb. 1. Links eierlegendes Feldgrillenweibchen, rechts Liebeskampf zweier Feldgrillenmännchen.

Was soll ich mit meinen 5- bis 6000 Grillen beginnen, die allerdings eine hübsche Herde bilden, deren Aufzucht jedoch bei meiner Unkenntnis der Pflege, deren sie bedürfen, undurchführbar ist? Ich werde euch die Freiheit geben, meine niedlichen Tierchen, ich werde euch der allherrschenden Erzieherin, der Natur, anvertrauen.

Und so geschieht es. Hier und dort, an den geeignetsten Stellen, setzte ich meine Legion innerhalb meiner Umfriedung in Freiheit. Welch ein Konzert wird mich im nächsten Jahre vor meiner Türe erheben, wenn alle gut fortkommen! Aber nein: statt der Symphonie dürfte aller Wahrscheinlichkeit nach Stille herrschen, denn die mütterliche Fruchtbarkeit wird eine wilde Ausmusterung im Gefolge haben. Einige Pärchen, die der Ausrottung entgehen, das ist alles, was zu erwarten steht.

Die ersten, die diese erwünschte Nahrung herbeilockt und die am eifrigsten auf Raub ausgehen,

sind die kleinen grünen Eidechsen (Abb. 2) und die Ameisen. Diese letzteren widerwärtigen Freibeuter werden mir, so fürchte ich, keine einzige Grille in meinem Garten übrig lassen. Sie erhaschen die armen Dinger, reißen ihnen den Bauch auf und saugen sie gierig aus. Und dabei stellen wir diese verteufelten Hautflügler in den ersten Rang! Die Bücher feiern sie und können sich gar nicht genug in Lobeserhebungen über sie ergehen; die Naturforscher schätzen sie hoch und mehren täglich ihren Ruhm; bei Tieren wie bei Menschen ist und bleibt eben das sicherste unter den verschiedenen Mitteln, eine Geschichte zu erhalten, dieses: Schaden zu tun. Niemand unterrichtet sich über den Mistkäfer und den Totengräber, diese wertvollen Helfer der öffentlichen Gesundheitspflege, dagegen kennt jedermann die abscheuliche Wespe mit ihrem vergifteten Dolch und die Ameise, die in den südfranzösischen Dörfern die Tragbalken einer Behausung mit derselben Leichtigkeit aushöhlt, wie sie eine Feige aussaugt. Jeder wird ohne meine Beihilfe in der Geschichte der Menschheit ähnliche Beispiele von verkannten Nutzbringern und unheilvollen Berühmtheiten finden.

Seitens der Ameisen und anderer Grillenfeinde wird derartig unter den Kolonien innerhalb meiner Einhegung gewütet, daß ich mich in die Umgegend verfügen muß, um hinreichende weitere Beobachtungen zu machen. Im August treffe ich zwischen abgefallenen Blättern und in den kleinen Oasen, wo die Hundstagshitze den Rasen noch nicht völlig verbrannt hat, die junge Grille schon etwas größer an, ganz schwarz wie das erwachsene Insekt, ohne jede Spur von dem weißen Gurt ihrer ersten Tage. Sie hat noch keinen festen Wohnsitz, sondern der Schutz eines auf dem Boden liegenden Blattes oder die Decke eines flachen Steines dienen ihr als Nomadenzelt. Wenn sich gegen Ende Oktober die erste Kälte einstellt, beginnt sie mit dem Bau ihrer Erdhöhle. Niemals gräbt sie jedoch an einer völlig kahlen Stelle, sondern in meinen Volieren stets unter dem Schutzdach eines Salatblattes, einem Überbleibsel der ihr gereichten Nahrung, wie draußen in der freien Natur immer unter der Hülle des Rasens. Sie stellt ihren unterirdischen Gang her, indem sie mit den Vorderfüßen scharrt, und benutzt ihre Kieferzangen, um größere Kieskörner auszuheben. Ich sehe sie trippeln mit ihren kräftigen Hinterfüßen, die mit einer doppelten Reihe von Borsten versehen sind; ich sehe sie harken, den Abraum nach rückwärts fegen und aus ihm eine geneigte Ebene herstellen. Darauf zielt ihre ganze Arbeit ab, die zunächst ziemlich rasch von statten geht. In dem leicht beweglichen Boden meiner Volieren verschwindet der Grabarbeiter nach einigen Stunden bereits unter der Erde. In Zwischenräumen kehrt er zur Mündung zurück, immer rückwärts gehend und fegend. Wenn die Müdigkeit ihn überwältigt, ruht er sich auf der Schwelle der aus dem Groben gearbeiteten Wohnung aus, den Kopf mit den leise zitternden Fühlern nach außen streckend. Dann kehrt er wieder zu seiner Zwick- und Rechenarbeit zurück, bald aber verlängern sich die Ruhepausen, so daß ich müde werde, ihn länger zu überwachen. Das Dringlichste ist jetzt getan. Wenn die Raststätte ein paar Zoll tief fertiggestellt ist, genügt sie dem augenblicklichen Bedarf. Der Rest der Arbeit wird mit mehr Muße ausgeführt, an jedem Tage etwas; so wird die Wohnung allmählich vertieft und verbreitert, in dem Maße, wie dies die strenger werdende Jahreszeit und das zunehmende Wachstum des Bewohners erheischen. Sogar noch an sonnigen Wintertagen trifft man nicht selten die Grille dabei, wie sie Abraum nach außen schafft, als Zeichen fortdauernder Herstellungs- und neuer Grabarbeit. Inmitten der Lenzesfreuden geht es derart weiter: stets wird die unterirdische Wohnung ausgebessert und vervollkommnet bis zum Ableben ihres Besitzers.

Wenn der April zu Ende geht, beginnt der Gesang, anfangs nur selten und als bescheidenes Solo, bis eine allgemeine Symphonie daraus wird, zu der jedes Stückchen Rasen einen Mitspieler stellt. Die Weise der Grille ist einförmig und kunstlos, aber sie stimmt in ihrer Naivität ganz prächtig zu dem allgemeinen Jubel in der verjüngten Natur. Und nun tritt die Anatomie dazwischen und sagt roh zur Grille: Zeige uns dein Musikinstrument! Es ist sehr einfach, wie alle Dinge von wirklichem Werte; es beruht auf den gleichen Grundsätzen, wie die entsprechenden Apparate bei den Männchen der

Laubheuschrecken (Locústidae): ein gekerbter Fiedelbogen und eine schwingende Membran. Die rechte Flügeldecke der Grille liegt über der linken, so daß diese fast ganz von ihr bedeckt wird, bis auf eine umgebogene Falte, die sich an ihre Seite fügt. Dies ist das Umgekehrte von dem, was uns das große grüne Heupferd, der Warzenbeißer, die Ephippigera und ihre Verwandten zeigen, bei denen die linke Flügeldecke über die rechte hinübergreift. Die beiden Flügeldecken liegen nahezu flach auf dem Rücken und biegen sich dann im rechten Winkel scharf nach unten, den Unterleib umgebend. Alle beide besitzen einen genau gleichen Bau: jede hat zwei von einer starken Rippe eingerahmte Flächen, die dem sogen. „Spiegel“ der Laubheuschrekken*) entsprechen. Die eine, etwas größere und dreieckige, befindet sich vorn, die hintere, kleinere ist oval und bogenförmig. Das gespannte Häutchen dieser Flächen stellt die Schallfläche, den Resonanzboden dar, und wenn nun die Zähne einer gekerbten Querader der rechten Flügeldecke gegen eine Ader der linken Decke gestrichen werden, so geraten jene vier Trommelfelle gleichzeitig in Schwingung, die beiden unteren durch die unmittelbare Reibung, die beiden oberen durch das Beben der wetzenden Flügeldecke. Hierdurch wird der auf diese Weise erzeugte Zirpton derartig verstärkt, daß man ihn bis auf eine Entfernung von hundert Metern hört, während z. B. der nur über den einen armseligen Spiegel verfügende Warzenbeißer bloß wenige Schritte weit vernehmbar ist.

In den Genossenschaften meiner Volieren herrscht Friede, bis in den Männchen der streitbare Instinkt der Paarung erwacht. Alsdann finden häufig Kämpfe unter den Nebenbuhlern statt (Abb. 1, rechts), die lebhaft, aber ohne ernste Bedeutung sind. Die beiden Rivalen bäumen sich gegeneinander, beißen sich in die harten Schädel, wälzen sich umher, richten sich wieder auf und verlassen sich schließlich. Der Besiegte macht sich schleunigst davon, während der Sieger ihn durch einen Triumphgesang verhöhnt. Dann verändert dieser den Ton und dreht und wendet sich um das begehrte Weibchen.

Er macht schön und spielt den Unterwürfigen. Mit einem Vorderfuß bringt er einen Fühler zwischen die Kinnbacken, kräuselt ihn und überzieht

Abb. 2. Eidechse, die auf Feldgrillen Jagd macht.

*) Vergl. den in der Ersten Reihe (S. 58 ff.) erschienenen Aufsatz Fabres über die „Musikinstrumente der Laubheuschrecken“. Anm. d. Übers.

ihn mit Speichel. Auf seinen langen Hinterbeinen, die gespornt und mit Rot eingefaßt sind, trippelt er vor Ungeduld und schlägt in die leere Luft aus. Die Aufregung macht ihn stumm; zwar befinden sich die Flügeldecken in rascher, zitternder Bewegung, allein sie bringen keinen Ton hervor, oder doch nur ein verworrenes, streifendes Geräusch. Vergebene Liebeserklärung! Das Weibchen eilt, sich unter einem Salatblatt zu verstecken, allein es hebt den Vorhang dann wieder etwas und schaut hervor, um selbst bemerkt zu werden.

„Sie flüchtet sich unter die Weiden, aber sie begehrt zuvor gesehen zu werden“, sang vor ungefähr zweitausend Jahren so lieblich das Hirtengedicht Virgils. Unschuldige Liebesneckereien, wie seid ihr doch überall die gleichen!

Die italienische Grille.

Man sagt, die Griechen hätten als leidenschaftliche Musikfreunde Zikaden in kleinen Käfigen gehalten, um ihren Gesang besser genießen zu können. Ich erlaube mir, kein Wort davon zu glauben. Zunächst ist das scharfe Schrillen dieser Insekten, wenn man es längere Zeit aus nächster Nähe anhören muß, eine Qual für jedes einigermaßen empfindliche Ohr. Die Griechen hatten ein viel zu geschultes Gehör, um an solchen rauhen Tönen, außerhalb des von fern vernommenen allgemeinen Konzerts der Felder Gefallen finden zu können. Zweitens aber ist es auch ganz unmöglich, in der Gefangenschaft Zikaden aufzuziehen, wenn man nicht auch einen Ölbaum oder eine Platane unter die Glokke setzen will, was freilich einen für ein Fenstersims wenig bequemen Käfig ergeben würde. Wenn man das Tier, das gewohnt ist, sich immerfort in die Luft emporzuschwingen, einen Tag lang in einen engen Raum sperrte, würde es sich zu Tode langweilen.

Sollte man nicht die Feldgrillen mit der Zikade verwechselt haben, wie dies auch dem Heupferd begegnet? Von der Grille lasse ich mir das Obengesagte gefallen; sie erträgt munter die Gefangenschaft, auf die sie ja durch ihre häuslichen Gewohnheiten vorbereitet ist. In einem nur faustgroßen Käfig lebt sie glücklich und hört auch nicht auf, ihre Töne erschallen zu lassen, wenn man ihr nur täglich ihr Salatblatt gibt. Sollte sie nicht das Insekt gewesen sein, das die kleinen Jungen zu Athen in winzigen Gitterkäfigen aufzogen, die man am Fensterrahmen aufhing?

Ihre Nachfolger in der Provence, wie überhaupt im ganzen Süden, haben diese Liebhaberei beibehalten. In den Städten bildet der Besitz einer Grille für das Kind einen wahren Schatz. Das liebevoll gepflegte Insekt erzählt ihm in seinem Liedchen von den ungekünstelten Freuden des freien Landes. Sein Tod tut der ganzen Familie leid.

Diese Eingesperrten nun, die gezwungenermaßen Hagestolze bleiben, werden wahre Patriarchen. Wenn ihre Gevattern auf dem Rasen schon längst tot sind, singen sie, stets guter Dinge, noch bis in den September hinein. Mit drei Monaten mehr, einem langem Zeitraume für sie, verdoppeln sie ihre Lebensdauer in der Form des geschlechtsreifen Tieres.

Die Ursache dieser Langlebigkeit liegt klar zutage. Nichts entkräftet so sehr wie das Leben. Die freien Grillen haben leichtfertig mit den Nachbarinnen ihren Vorrat von Kraft vergeudet; sie sind um so rascher zugrunde gegangen, mit je heftigerem Ungestüm sie sich aufrieben. Die Eingesperrten dagegen, die ein sehr ruhiges Dasein führen, haben einen Überschuß an Lebensdauer erlangt durch die erzwungene Erhaltung von allzu kostspieligen Freuden. Da sie ihre schließliche Schuldigkeit als Grillen nicht haben erfüllen können, bestehen sie darauf, so lange wie irgend möglich zu leben.

Die drei anderen Grillen*) in meiner Gegend haben keinen festen Wohnsitz, keine Erdlöcher, sondern streichen von einer aushilfsweisen Zufluchtstätte zur andern umher, die einen unter getrocknetem Kräuterwerk, die anderen in den Spalten der Erdschollen. Bei allen findet man dieselben Hilfsmittel zur Tonerzeugung wie bei der Feldgrille, mit geringen Abweichungen im einzelnen. Bei den einen wie bei den anderen klingt der Gesang ganz ähnlich, abgesehen von dem Grade des Umfanges. Die kleinste in der Familie, die Bordeleser Grille, zirpt vor meiner Tür, unter der Decke der Buchseinfassungen. Sie wagt sich bis in die dunklen Winkel der Küche, allein ihr Gesang ist so schwach, daß man scharf hinhorchen muß, um ihn zu vernehmen und endlich die Stelle zu entdecken, wo das Insekt sich hingekauert hat.

Hier fehlt uns die Hausgrille, das Heimchen, der Gast der Bäckereien und der ländlichen Herde. Aber wenn auch in meinem Dorfe die Ritzen unter der Kaminplatte stumm bleiben, so erschallt dafür in den Sommernächten eine reizende Melodie, die im Norden wenig bekannt ist. Während der Stunden hellen Sonnenscheins im Lenz tritt die Feldgrille als Orchestermusikus auf, in der Stille der sommerlichen Nächte die italienische Grille (Oecánthus pellúcens Scop.). Die eine ist bei Tage tätig, die andere bei Nacht: so teilen sie sich in die schöne Jahreszeit. Zurzeit, wenn der Gesang der ersteren aufhört, beginnt die Nachtmusik der andern.

Die italienische Grille hat nicht die dunkle Tracht und die kennzeichnenden plumpen Formen ihrer Insektenklasse. Sie ist im Gegenteil ein schmächtiges, zartes Tierchen von ganz blasser, fast weißer Farbe, wie sie zu ihrer nächtlichen Lebensweise paßt. Man fürchtet sie zu zerdrücken, wenn man sie nur zwischen die Finger nimmt. Auf Strauchwerk aller Art, auf hohem Grase führt sie ein luftiges Leben und steigt nur selten auf den Erdboden herab. Ihr Gesang, ein liebliches Konzert an ruhigen und warmen Abenden vom Juli bis in den Oktober, beginnt bei Sonnenuntergang und dauert den größeren Teil der Nacht hindurch fort.

Die italienische Grille.

Dieser Gesang ist hierzulande aller Welt bekannt, denn das kleinste Strauchdickicht hat seine Gruppe von Musikanten. Er ertönt sogar in den Speichern, wohin das Insekt manchmal mit dem Viehfutter gelangt. Allein niemand kennt genau die Quelle des Abendständchens, so geheimnisvoll ist die Lebensweise der blassen Grille; mitunter

*) Gryllus bimaculatus de Géer (= Acheta bimaculata de Géer.); Gr. desertus, Pallas; Gr. Burdigalenis, Latr. (= Gr. chinesis Weber), die an Aussehen, Färbung und Körperbau der Feldgrille sehr ähnlich sind.

schreibt man die Töne verkehrterweise der gewöhnlichen Grille zu, die um jene Zeit ganz jung und stumm ist.

Ihr Gesang ist ein langsames und ein sanftes Gri-i-i, Gri-i-i, das noch ausdrucksvoller durch ein leichtes Meckern wird. Wenn man es hört, ahnt man die außerordentliche Feinheit und Weite der schwingenden Häutchen. Wenn nichts das auf niederem Laubwerk sitzende Insekt stört, so ändert sich der Ton nicht; bei dem geringsten Geräusch aber verwandelt sich der Vortragende in einen Bauchredner. Ihr hört ihn hier, ganz nahe vor euch, plötzlich aber vernehmt ihr ihn von dort hinten, zwanzig Schritt weit entfernt, wo er seine durch den Abstand gedämpfte Strophe fortsetzt.

Ihr geht dorthin, findet aber nichts. Der Ton schallt jetzt von der ersten Stelle herüber. Auch dort ist nichts zu entdecken. Der Ton kommt nunmehr von links, oder aber von rechts, wenn nicht gar von rückwärts her. Es ist bei dieser völligen Unbestimmtheit ganz unmöglich, sich durch das Gehör über die Stelle zu unterrichten, wo das Insekt zirpt. Es gehört eine gute Dosis Geduld und peinlicher Vorsicht dazu, um den Sänger bei dem Schein einer Laterne zu fangen. Den paar Grillen, die ich unter solchen Umständen bekommen und in einen Drahtkäfig gesetzt habe, verdanke ich das wenige, was ich über den Gesangskünstler weiß, der unser Ohr so geschickt irrezuführen versteht.

Seine beiden Flügeldecken sind wohlentwikkelte dürre Häutchen, durchsichtig, ebenso fein wie ein weißes Zwiebelhäutchen und fähig, in ihrer ganzen Ausdehnung in Schwingungen versetzt zu werden. Ihre Form ist die eines am oberen Ende verminderten Kreisabschnitts. Dieser Abschnitt legt sich im rechten Winkel zusammen in der Richtung einer erhabenen Längsader und senkt sich herab wie ein Mantelkragen, der den Leib des Insekts in der Ruhestellung umgibt.

Die rechte Flügeldecke legt sich über die linke. Ihr innerer Rand trägt unterwärts in der Nähe der Ansatzstelle eine harte Haut, von der fünf Adern ausstrahlen, zwei nach oben, zwei nach unten hin und die fünfte ungefähr quer hindurchgehend; diese letztere, leicht rötlichgelb gefärbt, ist das Hauptstück, nämlich der Fiedelbogen, wie dies die feinen Zahnschnitte zeigen, die querüber darin eingegraben sind. Der Rest der Flügeldecke weist einige andere Adern von geringerer Bedeutung auf, die das Häutchen ausgespannt halten, ohne zu der Reibungsvorrichtung zu gehören.

Die linke oder innere Flügeldecke hat das gleiche Gefüge, mit dem Unterschiede, daß der Bogen, die Hautverdickung und die von ihr ausstrahlenden Adern jetzt auf der oberen Seite liegen. Außerdem stellen wir fest, daß die beiden Bogen, der zur Rechten und jener zur Linken, sich in schräger Richtung kreuzen. Wenn der Gesang seine volle Tonstärke erreicht, berühren die Flügeldecken, die segelartig hoch emporgerichtet sind, einander nur mit dem inneren Rande. Die beiden Bogen greifen dann schräg ineinander, und ihre gegenseitige Reibung erzeugt die klingende Schwingung der beiden ausgespannten Häutchen.

Der Ton muß verschieden klingen, je nachdem die Reibeisenstriche jedes Bogens auf der Hautverhärtung ausgeführt werden, die selber runzelig ist, oder auf einer der glatten, von ihr ausstrahlenden Adern. So erklären sich teilweise die Täuschungen, die durch den Gesang hervorgerufen werden, der bald von hier, bald von dort zu kommen scheint, wenn das furchtsame Insekt mißtrauisch wird. Die Vorspiegelung schwacher oder starker, heller oder gedämpfter Töne, die auch hinsichtlich der Entfernung irreführt, und die das hauptsächlichste Hilfsmittel der Bauchredekunst ist, hat eine andere, leicht zu entdeckende Ursache. Bei den hellen Tönen sind die Flügeldecken vollständig in die Höhe gerichtet, bei den gedämpften mehr oder weniger heruntergelassen. In dieser letzteren Stellung legt sich der umgeklappte äußere Rand in verschiedener Abstufung gegen die weichen Flanken des Insekts, und dementsprechend vermindert sich die Ausdehnung des schwingenden Teiles der Flügeldecke und wird der Ton abgeschwächt.

Durch behutsame Annäherung eines Fingers kann man den hellen Ton eines klingenden Glases abdämpfen und undeutlich machen, so daß er von fernher zu kommen scheint. Die blasse Grille kennt dies akustische Geheimnis. Sie führt den, der sie

sucht, irre, indem sie den umgeklappten Rand ihrer schwingenden Hautscheiben gegen die weichen Teile ihres Bauches legt. Unsere Musikinstrumente haben ihre Dämpfer; die Sordine der italienischen Grille wetteifert mit ihnen und übertrifft sie an Einfachheit der Mittel und Vollkommenheit des Erfolges. Die Feldgrille und die Geradflügler ihrer Familie verwenden gleichfalls eine Sordine, indem sie den umgeklappten Teil ihrer Flügeldecken weiter oben oder unten gegen den Hinterleib drücken; keine von ihnen aber weiß auf diese Art so irreführende Wirkungen hervorzubringen wie die italienische Grille.

Neben dieser Täuschung bezüglich der Entfernung des Insekts, die bei dem leisesten Geräusch unserer Schritte uns immer wieder eine kleine Überraschung bereitet, fällt die Reinheit des sanft zitternden Tones auf. Ich kenne keinen Insektengesang, der diesem an Lieblichkeit und Klarheit in der tiefen Abendstille des Erntemonats gleichkäme. Wie oft habe ich mich in der traulichen Stille der Mondscheinnacht, an einen Schirm von Rosmaringesträuch gelehnt, auf dem Erdboden gelagert, um dem entzückenden Konzert innerhalb meiner Einfriedung zu lauschen!

Es wimmelt darin von diesen bei Nacht musizierenden Grillen. Jeder Cistrosenbusch mit roten Blumen hat seinen Liedertäfler, jeder Lavendelstrauch besitzt den seinen. Die dichtbelaubten Erdbeerbäume, die Terpentinpistazien werden zu Orchestern. Und mit ihrer niedlichen klaren Stimme befragt sich diese ganze kleine Welt und antwortet von einem Strauch zum andern, oder jede Grille läßt, unbekümmert um die Liedchen der übrigen, für sich ihren Jubelgesang erschallen.

Dort oben, gerade über meinem Haupte, erglänzt das große Sternbild des Schwanes in der Milchstraße; hier unten, rings um mich herum, wallt und wogt die Symphonie der Insekten. Diese winzigen Wesen, die ihre Freude am Leben ausdrücken, lassen mich das Schauspiel der Sterne vergessen. Wir wissen nichts von jenen himmlischen Augen, die uns ruhig und kalt anblicken, mit einem Funkeln, das dem Zucken unserer Wimpern ähnlich ist.

Die Wissenschaft erzählt uns ihre Entfernungen, ihre Schnelligkeiten, ihre Massen, ihren Rauminhalt; sie überhäuft uns mit ungeheuren Zahlen, sie setzt uns in stummes Erstaunen durch Unermeßliches, aber sie bringt unser Gemüt nicht in Wallung. Warum nicht? Weil ihr das große Geheimnis, das des Lebens fehlt. Was ist dort oben, was erwärmen jene Sonnen? Welten gleich der unsrigen – so sagt uns der Verstand; Erden, auf denen sich das Leben fortschreitend in einer endlosen Verschiedenheit entwickelt. Gewiß eine erhabene Vorstellung vom Weltall, allein schließlich doch nur eine bloße Vorstellung, die sich nicht auf offenkundige Tatsachen stützt als zuverlässigste, jedermann verständliche Zeugnisse. Das Wahrscheinliche, selbst das sehr Wahrscheinliche ist nicht das Augenscheinliche, das sich unwiderstehlich aufdrängt und keinen Zweifel aufkommen läßt.

In eurer Gesellschaft, meine lieben Grillen, fühle ich im Gegenteil, wie das Leben, die Seele unseres Lehmklumpens, in mir erbebt, und aus diesem Grunde werfe ich, gegen die Rosmarinhecke gelehnt, nur einen zerstreuten Blick auf das Sternbild des Schwanes und widme meine ganze Aufmerksamkeit eurer Nachtmusik. Ein wenig belebten Schleimes, fähig Freude und Schmerz zu empfinden, erregt größere Anteilnahme als die Unermeßlichkeit der leblosen Himmelskörper.

Die Verwandlung der Zikadenlarve.

Nachdem die Larve der gemeinen Singzikade oder -zirpe (Cicáda plebéja Scop.) etwa vier Jahre im Schoße der Erde zugebracht hat, steigt sie in einem von ihr gegrabenen Schachte zur Oberfläche empor (siehe Zweite Reihe, S. 161 ff.), um dort ihre Verwandlung oder Metamorphose zu vollziehen. Das von ihr durchschrittene Ausgangstor bleibt weit offen stehen; es gleicht einem mit einem großen Bohrer hergestellten runden Loche vom Durchmesser eines Daumens. Eine Zeitlang schweift die Larve in seiner Nachbarschaft umher, auf der Suche nach einer luftigen Stütze, sei es ein niedriges Buschwerk, ein Thymianbüschel, ein Getreidehalm oder das Zweiglein einer Staude. Nachdem sie eine solche gefunden hat, klettert sie daran empor und klammert sich dort, den Kopf nach oben, mit den Krallen der Vorderfüße fest, die sich hierauf schließen und nicht mehr loslassen. Wenn die Beschaffenheit der Stütze es erlaubt, helfen die übrigen Füße den Körper tragen; im entgegengesetzten Fall genügen jene beiden Klauen. Es folgt ein Augenblick des Ausruhens, damit die Tragbänder sich zu unerschütterlichen Schienen versteifen können.

Alsdann beginnt die Häutung damit, daß sich die Haut der Mittelbrust (Mesothorax) zuerst in der mittleren Linie des Rückens spaltet. Die Ränder dieser Spalte treten langsam weiter auseinander, so daß die zartgrüne Farbe des Insekts sichtbar wird. Beinahe gleichzeitig spaltet sich auch die Vorderbrust (Prothorax). Die Längsspalte erreicht nach oben hin den hinteren Teil des Kopfes und nach unten die Hinterbrust (Metathorax), ohne sich weiter auszudehnen. Querüber und vor den Augen zerreißt die Schädelhülle, und es erscheinen die roten Punkt- oder Nebenaugen auf dem Scheitel. Das durch diese Risse bloßgelegte grüne Stück des Körpers bläht sich auf und tritt zumal auf der Mittelbrust hervor wie das Eingeweide bei einem Bruch. Es finden leise Zuckungen, ein abwechselndes Auf- und Abschwellen statt, hervorgerufen durch das Zu- und Abströmen des Blutes. Jener Bruch, der sich zuerst unsichtbar vollzieht, ist der Keil, der den Harnisch längs zwei kreuzförmigen Linien des geringsten Widerstandes zum Platzen bringt.

Die Häutung macht rasche Fortschritte. Schon ist der Kopf vollständig frei. Der Schnabel, die Vorderbeine kommen allmählich aus ihren Hautscheiden hervor. Der Körper hängt wagrecht, mit der Bauchseite nach oben. Unter der weitklaffenden Rückendecke erscheinen die Hinterbeine, die zuletzt befreit werden. Die Flügel werden durch den Eintritt von Feuchtigkeit zum Aufschwellen gebracht. Sie sind noch zerknittert und gleichen bogenförmig gekrümmten Stummeln. Zehn Minuten haben ausgereicht für diesen ersten Abschnitt der Umwandlung.

Es erübrigt der zweite, der von längerer Dauer ist. Das Insekt ist völlig frei, bis auf das Ende des Hinterleibes, das noch immer in der alten Hülle steckt. Die abgestreifte Haut hält nach wie vor den Zweig fest umklammert. Durch rasches Austrocknen starr geworden, bewahrt sie unveränderlich die anfangs innegehabte Stellung. Sie bildet die stützende Grundlage für das, was jetzt kommt.

Die Zirpe, die mit ihrer noch nicht herausgezogenen Hinterleibsspitze allein in dem sonst abgestreiften alten Kleide festgehalten wird, überschlägt sich nun in senkrechter Richtung, mit dem Kopf nach unten. Sie ist blaßgrün gefärbt, mit gelber Schattierung. Die bisher in dicken Stummeln zusammengedrängten Flügel richten sich auf, breiten sich aus und entfalten sich infolge des Einströmens der sie anfüllenden Flüssigkeit. Nachdem dieses schwierige Geschäft langsam zu Ende geführt ist, richtet sich die Zirpe durch eine kaum wahrnehmbare Bewegung, bei der sie kräftig mit dem Rücken wirkt, auf und nimmt wieder die normale Stellung mit dem Kopfe nach oben ein. Die Vorderfüße krallen sich dabei an der leeren Hülle fest, und nun wird zum Schluß die Hinterleibsspitze aus ihrem Futteral hervorgezogen. Das Ausziehen ist jetzt beendet. Im ganzen hat die Arbeit eine halbe Stunde erfordert.

Nunmehr ist das Insekt vollständig aus seiner Vermummung geschlüpft, aber wie verschieden ist sein jetziges Aussehen von dem früheren! Die schweren Flügel sind feucht, durchsichtig wie Glas, mit zartgrünen Adern. Die Vorder- und die Mittelbrust zeigen einen schwachen Anflug von Braun, während der ganze übrige Körper blaßgrün, stellenweise weißlich erscheint. Es bedarf eines längeren Luft- und Wärmebades, um das zarte Geschöpf zu kräftigen und zu färben. Etwa zwei Stunden vergehen, ohne eine wahrnehmbare Veränderung hervorzurufen. Die Zirpe, die sich mit den Vorderklauen allein an der abgestreiften Haut festhält, schwankt, immer noch kraftlos, immer noch grün gefärbt, im leisesten Windhauch hin und her. Endlich kündigt sich die dunklere Färbung an, tritt immer deutlicher hervor, und bald ist der ganze Körper braun. Eine halbe Stunde hat dafür genügt. Die Zirpe, die sich um 9 Uhr morgens an dem stützenden Zweige aufhing, fliegt um 12 1/2 Uhr mittags davon.

Die abgelegte Haut bleibt, unversehrt bis auf den Spalt, zurück, und zwar derart festgeklammert,

Die Verwandlung der Zikadenlarve.
(Oben rechts die völlig entwickelte Zikade.)

daß nicht einmal immer die Witterungsunbilden des Spätjahres sie zu Falle bringen. Noch nach Monaten, sogar im Winter trifft man häufig die alten Hüllen noch genau in derselben Stellung an den

Zweigen hängend an, wie sie die Larve im Augenblick ihrer Verwandlung einnahm. Ihre lederartige Beschaffenheit, die an Pergament erinnert, macht aus ihnen derartig lang dauernde Überbleibsel.

Wir wollen nun noch einen kurzen Rückblick auf die Turnkunst der Zikade werfen, die es ihr ermöglicht, aus ihrem Hautüberzug herauszuschlüpfen. Zuerst überschlägt sich die Zirpe, durch das bis zuletzt in seinem Futteral steckenbleibende Hinterleibsende am Fallen gehindert, in senkrechter Richtung, mit dem Kopf nach unten. Dieser Purzelbaum ermöglicht es ihr, die Flügel und die Beine zu befreien, nachdem der Kopf und die Brust bereits durch den Spalt des zum Platzen gebrachten Harnisches nach außen getreten sind. Nun ist der Augenblick gekommen, auch das Ende des Bauches freizumachen, das den Drehpunkt dieser Umkehrung bildet. Zu diesem Behuf richtet sich das Insekt vermittelst einer beschwerlichen Anstrengung seines Rückens wieder auf, so daß sein Kopf wieder nach oben kommt, und klammert sich mit seinen Vorderklauen an der alten Hülle fest. Jetzt hat sie einen neuen Stützpunkt gewonnen, der ihr erlaubt, auch die Hinterleibsspitze aus ihrer Scheide hervorzuziehen.

So hat das Insekt zwei Mittel, sich festzuhalten: zuerst das Ende des Bauches und dann die Vorderklauen; zwei Hauptbewegungen: zuerst den Purzelbaum nach unten und in zweiter Linie die Rückkehr in die normale Stellung. Diese Turnübung verlangt, daß die Larve sich mit dem Kopfe nach oben fest an einen Zweig heftet, und daß sie unter sich freien Spielraum hat. Was wird geschehen, wenn ich ihr künstlich diese Vorbedingungen entziehe? Das muß festgestellt werden.

Mittels eines um das Ende eines Hinterfußes geknüpften Fadens hänge ich eine Larve in der ruhigen Luft eines Probierglases auf. Dies an dem Faden hängende Lot wird nichts aus der senkrechten Richtung bringen. In dieser ungewohnten Stellung, die den Kopf des Insekts nach unten bringt, während das Herannahen der Verwandlung ihn oben verlangt, strampelt das unglückliche Tier lange mit den Beinen, arbeitet und müht sich ab, um sich herumzudrehen und mit den vorderen Klauen entweder den Faden oder eines seiner Hinterbeine zu ergreifen. Einigen gelingt es, sie richten sich, so gut es gehen will, wieder auf, klammern sich in gewohnter Weise fest, so schwer ihnen die Erhaltung des Gleichgewichts fällt, und verwandeln sich ohne einen sonstigen Zwischenfall.

Andere quälen sich vergebens ab. Der Faden wird nicht ergriffen und der Kopf nicht nach oben gebracht. Alsdann findet die Verwandlung nicht statt. Mitunter erfolgt die Spaltung der Haut auf dem Rücken, durch die der aufgeblähte Mesothorax hervorquillt, allein das Tier vermag sich nicht weiter herauszuarbeiten und geht bald zugrunde. Noch häufiger geht die Larve ein, ohne daß die geringste Spaltung stattfindet.

Ein anderer Versuch. Ich setze das Insekt in ein weitbäuchiges Glasgefäß, dessen Boden mit einer dünnen, seine Fortbewegung ermöglichenden Lage Sandes bedeckt ist. Das Tier wandert darauf umher, vermag aber nirgendwo emporzusteigen, da die glatte Glaswand es nicht zuläßt. Unter diesen Umständen geht die gefangene Larve ein, ohne einen Versuch zu ihrer Verwandlung zu machen. Ich konnte jedoch einige Ausnahmen von diesem kläglichen Ende beobachten: mitunter sah ich die Larve ihre Verwandlung regelrecht auf dem Sandboden vollziehen, dank gewissen Eigentümlichkeiten der Gleichgewichtsherstellung, die sehr schwer zu ergründen sind. Mit einem Wort: die Verwandlung findet nicht statt, wenn die normale oder eine ihr nahekommende Stellung unmöglich ist, und unter diesen Umständen geht das Insekt zugrunde. Dies ist die allgemeine Regel.

Dies Ergebnis scheint dafür zu sprechen, daß die Larve fähig ist, den Kräften entgegenzuwirken, die in ihr beim Herannahen der Verwandlung tätig sind. Wenn eine Schote oder Hülse zur Reife gelangt ist, so platzt sie unabänderlich, um die in ihr enthaltenen Samen zu befreien. Die Larve der Zikade, auch eine Art Hülse, die statt der Samenkörner das vollkommene Insekt umschließt, vermag das Aufplatzen ihrer Hülle zu bemeistern, es bis zu einem gelegeneren Augenblicke hinauszuschieben und es sogar völlig zu unterdrücken, wenn die Umstände ungünstig sind. Obwohl die innere Umwälzung, die

sich in dem Augenblick der Verwandlung vollzieht, sich gewaltsam geltend macht, setzt ihr das Tier doch verzweifelten Widerstand entgegen, wenn der Instinkt ihm sagt, daß die Verhältnisse schlecht sind, und stirbt dann lieber, als daß es sich öffnet.

Abgesehen von den Versuchen, die ich aus Wißbegierde mit der Zikadenlarve anstellte, sehe ich sie nie der Gefahr ausgesetzt, auf solche Weise zugrunde zu gehen. Irgend ein Gesträuch findet sich immer in der Nähe des Loches, durch das sie aus der Erde hervorkommt. Sie klettert daran empor, und bereits nach wenigen Minuten spaltet sich die animalische Hülse auf dem Rücken. Diese Schnelligkeit des Ausschlüpfens hat mir bei meinen Studien manchen Verdruß bereitet. Ich überrasche auf einem nahegelegenen Hügel eine Zikadenlarve dabei, wie sie gerade im Begriff ist, sich an einem Zweiglein festzusetzen. Um sie weiter zu beobachten, lege ich sie mit dem abgeschnittenen Reis in eine Papierdüte und kehre damit schleunigst heim. Für den Rückweg genügt eine Viertelstunde, aber schon ist meine Mühe vergeblich gewesen: bei meiner Ankunft ist die grüne Zikade fast frei. So bekam ich gerade das nicht zu sehen, um was es mir zu tun war. Ich mußte daher auf dieses Mittel, mich darüber zu unterrichten, verzichten und mich ausschließlich auf solche Funde verlassen, die ein glücklicher Zufall mir, wenige Schritte von meiner Tür entfernt, darbot.

Alles ist in allem, wie zu seiner Zeit der Professor J. J. Jacotot (1770–1840), der Begründer einer nach ihm benannten Universalunterrichtsmethode, sagte. Die Schnelligkeit, mit der die Zikade ihre Verwandlung vollzieht, bringt mich auf eine Küchenfrage. Nach Aristoteles sollen die Zikaden ein bei den Griechen sehr geschätztes Gericht gewesen sein. Der Text des großen Naturkundigen ist mir nicht bekannt: meine ländliche Bücherei besitzt diesen Schatz nicht. Zufällig habe ich indes einen altehrwürdigen Schmöker vor Augen, der mich vortrefflich darüber unterrichten kann. Es ist der Kommentar zum Dioskorides (um 50 v. Chr.) von Matthiole, einem hochangesehenen Gelehrten, der seinen Aristoteles ganz genau kennen muß. Er flößt mir volles Vertrauen ein.

Dieser also schreibt, daß nach Aristoteles die Zikaden den köstlichen Wohlgeschmack (cicadas esse gustu suavissimas) besäßen, bevor die Schale oder Hülle der „tettigometrix" (d. i. Mutter der Zikade, also eben die Larve) geplatzt wäre.

Diese Anführung der nicht geplatzten Hauthülle belehrt uns über die Jahreszeit, in der der köstliche Leckerbissen einzuheimsen ist. Es muß offenbar zur Sommerszeit geschehen, wenn die Larven aus der Erde hervorkommen, so daß man sie, wenn man gut sucht, eine nach der andern auf der Oberfläche des Bodens auflesen kann. Man hat einzig und allein darauf zu achten, daß die Hülle noch nicht durchbrochen ist; man muß sich aber auch mit dem Sammeln und dem Zubereiten in der Küche beeilen: nach wenigen Minuten bereits wird die Haut zerreißen.

Ob der antike kulinarische Ruhm, das einladende Beiwort „suavissima gustu" wohl in der Tat begründet sein mag? Da die Gelegenheit günstig ist, wollen wir sie ausnützen und das von Aristoteles gepriesene Gericht zu Ehren bringen, wenn es dies verdient. Rondelet, der gelehrte Freund des Rabelais, rechnete es sich zum Ruhme an, das „garum", eine aus dem Blute und den Eingeweiden gewisser Seefische bereitete Tunke, wieder entdeckt zu haben. Sollte es nicht verdienstlich sein, die Zikadenlarven den Feinschmeckern wieder zu geben?

An einem Julimorgen, als die bereits glühend heißen Sonnenstrahlen die Larven der Zikade zum Hervorkommen aus der Erde einladen, begibt die ganze Familie, groß und klein, sich auf die Suche. Wir durchforschen zu fünfen den ganzen eingefriedigten Bezirk, namentlich die Wegränder, als die ergiebigsten Stellen. Um das Platzen der Haut zu verhindern, werfe ich jede aufgefundene Larve sogleich in ein Glas mit Wasser. Die eintretende Erstickung hemmt dann die Verwandlung. Nach Verlauf von 2 Stunden achtsamen Suchens, bei dem uns allen der Schweiß von der Stirne rinnt, bin ich im Besitze von vier Larven, nicht mehr. Sie liegen tot oder sterbend in ihrem schützenden Bade, allein das tut nichts, da sie ja zum Verspeistwerden bestimmt sind.

Die Zubereitung ist möglichst einfach, um den angeblich ausgezeichneten Wohlgeschmack so we-

nig wie möglich zu beeinträchtigen: einige Tropfen Speiseöl, eine Fingerspitze voll Salz, ein wenig Zwiebeln, das ist alles. Kein bürgerliches Kochbuch enthält ein kürzeres Rezept. Bei der Mahlzeit wird das Gericht unter alle Jäger verteilt.

Einstimmig wird es als eßbar anerkannt. Freilich sind wir Leute mit gutem Appetit und einem Magen, der kein Vorurteil kennt. Sein Geschmack erinnert sogar etwas an den der Crevetten (Nordseegarnelen oder Granaten), den man bei gerösteten Heuschrecken noch stärker ausgeprägt findet. Aber es ist zähe wie Leder und arm an Saft, so daß ich die von Aristoteles gerühmte Speise keinem Menschen empfehlen kann.

Gewiß ist der berühmte Verfasser der „Geschichte der Tiere" im allgemeinen ausgezeichnet unterrichtet gewesen. Alexander der Große, sein königlicher Schüler, ließ ihm aus dem damals noch so geheimnisvollen Indien die in den Augen der Makedonier wundersamsten Seltenheiten kommen; Karawanen überbrachten ihm den Elefanten, den Panther, den Tiger, das Rhinozeros, den Pfau, die er alle getreu beschrieb. Allein jenes in Makedonien selbst heimische Insekt war ihm nur durch Vermittlung des Ackerbauers bekannt geworden, der die „tettigometrix" beim Umgraben seines Landes unter seiner Schaufel fand und vor allem wußte, daß aus ihr eine Zikade hervorgeht. Bei der Abfassung seines großartigen Werkes ging nun Aristoteles mitunter ebenso zu Werke, wie es nach ihm Plinius mit viel naiverer Leichtgläubigkeit getan hat. Er hörte das Geschwätz der Landbewohner und verzeichnete es als wahrheitsgetreue Urkunden.

Überall ist der Bauer ein Schalk. Was der Städter Wissenschaft nennt, das verspottet er gern als Lappalien; er lacht über den, der vor einem winzigen Tierchen stehen bleibt, und platzt heraus, wenn er sieht, wie wir einen Kieselstein aufheben, untersuchen und in die Tasche stecken. Der griechische Bauer sagte zum Stadtbewohner, um ihn zum besten zu halten, die „tettigometrix" sei eine Götterspeise von unvergleichlichem Wohlgeschmack, „suavissima gustu". Aber während er den Arglosen durch übertriebenes Lob lüstern machte, versetzte er ihn gleichzeitig in die Unmöglichkeit, seiner Begehrlichkeit genüge zu tun, indem er es als wesentliche Bedingung hinstellte, der köstliche Bissen müsse vor dem Platzen seiner Hauthülle eingesammelt werden. Macht euch einmal, um eine ausreichende Probe zu erhalten, daran, etliche Handvoll aus der Erde hervorkommender Zikadenlarven zu sammeln, wenn mein Trupp von fünf Personen in einem an Zikaden reichen Gelände zwei Stunden brauchte, um vier Larven aufzufinden. Und gebt vor allem acht darauf, daß die Hautumhüllung nicht während eures Suchens platzt, das mehrere Tage dauern kann, während dieses Aufspringen sich in wenigen Minuten vollzieht. Nach meiner Meinung hat Aristoteles niemals ein Gericht „Zikadenmütter" gekostet, wie meine Küche bezeugen kann. Er hat in gutem Glauben irgend einen bäuerlichen Spaß wiedergegeben: sein göttliches Gericht ist ein Greuel.

O, was für eine schöne Sammlung könnte ich meinerseits zusammenbringen, wollte ich auf das hören, was meine Nachbarn, die Bauern, alles von der Zikade erzählen. Ich will bloß einen einzigen Zug ländlichen Aberglaubens hier anführen.

Gegen irgend eine Schwäche der Nieren wie gegen die Wassersucht oder als ein kräftiges Blutreinigungsmittel empfiehlt die Arzneikunde des Dorfes einstimmig die Zikade als Allheilmittel. Die Insekten werden in ihrer vollentwickelten Form während des Sommers gesammelt; man zieht sie auf Fäden und stellt so Kränze her, die man, nachdem sie in der Sonne getrocknet wurden, sorgfältig in einer Ecke des Schrankes aufhebt. Eine Hausfrau würde glauben, sich eines Mangels an Vorsicht schuldig zu machen, wenn sie den Monat Juli vorübergehen ließe, ohne einen neuen Vorrat davon aufzufädeln. Gegen die Nierenentzündung wie gegen alle Störungen in den Harnkanälen gibt es nichts Wirksameres als Zikadentee. Ich bin jener guten Seele dankbar, die mich einst, wie man mir später erzählte, ohne mein Wissen ein solches Gebräu gegen irgend eine Krankheit einnehmen ließ, allein ich bleibe durchaus ungläubig. Überraschend ist mir, daß schon der oben genannte Dioskorides, der ein griechischer Arzt aus Anazarbos in Kilikien war, dasselbe Heilmittel gegen Blasenleiden anpreist.

Seit dem weitentlegenen Zeitalter dieses Patriarchen der Arzneiwissenschaft hat der provenzalische Bauer somit seinen Glauben an das Heilmittel bewahrt, das ihm die Griechen offenbarten, die einst mit dem Ölbaum, dem Feigenbaum und dem Weinstock aus der Kolonie Phokäa in Jonien (Kleinasien) kamen. Nur in einem einzelnen Punkte hat eine Abänderung stattgefunden: während Dioskorides die Zirpen geröstet zu essen rät, kocht man sie jetzt und trinkt den Absud. Die Erklärung, die man für die diuretischen (harntreibenden) Eigenschaften des Insekts bei der Hand hat, ist von wunderbarer Naivität. Die Zikade spritzt, wie hier zulande jedermann weiß, dem, der sie ergreifen will, plötzlich einen Strahl ihres Urins ins Gesicht. Folglich muß sie auch auf den, der sie oder den Absud von Zikaden genießt, ihre ausleerenden Kräfte übertragen. Diese Schlußfolgerung müssen Dioskorides und seine Zeitgenossen gezogen haben, und ebenso urteilt noch heute der Bauer in der Provence.

Der Goldlaufkäfer.

Das Leben – eine Magenfrage.

Wenn ich an die Abfassung dieses Aufsatzes herantrete, so muß ich an die Schlachthäuser Chikagos denken. In diesen schauerlichen Fleischfabriken werden jährlich nicht weniger als 1800000 Rinder und 1750000 Schweine zerstückt. Lebendig betreten sie das Gebäude und kommen auf der anderen Seite wieder zum Vorscheine in Gestalt von Büchsenfleisch, Schweineschmalz, Würsten und Rollschinken. An diesen Betrieb muß ich denken; denn der Goldlaufkäfer wird uns den Beweis liefern, daß er es in der Schlächterei im großen zu der gleichen Fixigkeit bringt wie der Fabrikschlächter in Chikago.

In einem großen, mit Glasscheiben ausgerüsteten Terrarium habe ich fünfundzwanzig Goldlaufkäfer (Carabus auratus L.), die bei uns auch den Namen „Goldschmied“ führen. Zunächst ist nichts von ihnen zu verspüren: sie haben sich unter einem Brettchen, das ich ihnen zum Unterschlupf hineingetan habe, verkrochen. Mit dem Hinterleib im kühlen Sande und dem Rücken gegen das von der Sonne durchwärmte Brett, kauern sie schläfrig herum und verdauen. Ein glücklicher Zufall führt mir eine Prozession Kiefernspinnerraupen (Gastropacha pini) in den Weg, die von ihrem Baum herabkommen und einen zum Verpuppen geeigneten Ort suchen, ehe sie sich unter der Erde einspinnen. Eine treffliche Herde von Schlachtvieh für die Karaben.

Ich lese die Raupen zusammen und bringe sie in das Terrarium. Bald hat sich der Zug wieder gebildet; die Raupen, etwa 150 an Zahl, ordnen sich in gewundener Marschkolonne. Sie kommen ganz nahe an dem Brettchen vorüber, im Gänsemarsch ganz wie die Schweine in Chicago. Das ist der rechte Augenblick. Jetzt lasse ich meine reißenden Wölfe los, d.h. ich ziehe das Brett weg.

Sofort erwachen die Käfer aus ihrem Schlummer, sie wittern die reiche Beute. Einer läuft herbei; drei, vier andere ebenfalls, sie bringen Leben unter die Gesellschaft, die Scheintoten erwachen; die ganze Mörderbande stürzt sich auf die armen Opfer. Ein unvergeßliches Schauspiel! Hier ein Zufassen mit den Zangen, dort ein Biß, bald im vorderen Teile, bald am Ende, bald in der Mitte des Zuges; jetzt fallen sie den Rücken, dann den Hinterleib an, wie es gerade trifft. Die pelzigen Hüllen der Raupen werden zerfetzt, der Inhalt quillt heraus, die von ihrer Nahrung, den Fichtennadeln, grün gefärbten Eingeweide kommen zum Vorscheine. Die Raupen krampfen sich zusammen, sie wehren sich verzweifelt, indem sie den After plötzlich öffnen und wieder schließen, sich festklammern, um sich speien und sich mit kraftlosen Bissen der Feinde zu erweh-

ren suchen. Die zunächst noch nicht angefallenen mühen sich ab, um rasch unter die schützende Erde zu kriechen. Es gelingt keiner einzigen. Kaum stekken sie halb unter der Erde, als der Käfer auch schon herbeieilt, sie erwürgt und ihnen den Leib aufreißt.

Ein Glück, daß den Mördern und den Opfern die Stimme fehlt! Es würde sonst nicht weniger laut und lärmend zugehen als bei den Schlächtereien in Chikago. Man glaubt sogar im Geiste förmlich das entsetzliche Jammern und Heulen der armen Opfer, die hier bei lebendigem Leibe „ausgeweidet“ werden, zu hören. Das Gewissen schlägt mir, weil ich an all diesem Jammer schuldig bin.

Nun aber geht es an ein schreckliches Schmausen. Von überall her erspäht sich der Käfer

Goldschmied (Carabus auratus L.).

ein Stück der Beute, reißt es ab und verschlingt es gierig, nachdem er sich damit beiseite geschlichen, um vor den anderen sicher zu sein. Auf den ersten Bissen folgt ein zweiter und so fort, bis nichts mehr zu haben ist. In wenigen Minuten ist die ganze Prozession in zuckende Fetzen Fleischware verwandelt.

Einhundertundfünfzig Raupen, fünfundzwanzig Schlächter! Auf jeden Käfer kommen also sechs Opfer. Wenn der Karabus den ganzen Tag nichts zu tun hätte, als immer nur zu schlachten, wie die Metzger in der Chikagoer Fleischfabrik, und wenn die Zahl der Raupenschlächter sich auf hundert beliefe, eine immerhin noch niedrige Ziffer im Vergleich zu der der Rollschinken-Erzeuger, so würde in einem Tage von zehn Arbeitsstunden die Gesamtzahl der Opfer sechsunddreißigtausend betragen. Eine Tagesleistung, wie sie in Chicago niemals erreicht worden ist.

Die Geschwindigkeit, mit der das Morden vor sich geht, wird noch viel erstaunlicher, wenn man die ungünstigen Verhältnisse in Betracht zieht, unter denen sich der Überfall abspielt. Dem Käfer steht nicht die Hebelrolle zur Verfügung, die in Chikago das wehrlose Opferschwein an einer Pfote erfaßt und in die Höhe windet, so daß der Schlächter nur zuzustoßen braucht; dem Käfer fehlen Schlachtmaske und Schlachthammer. Das Opfer ist ihm nicht *wehrlos* preisgegeben. Er muß mit ihm ringen, es niederzwingen und dabei vorsichtig dessen Stacheln und Widerhaken ausweichen. Außerdem zehrt er ja das Geschlachtete gleich an Ort und Stelle auf; das nimmt ebenfalls Zeit in Anspruch. Wie viel höher würde die Leistung erst sein, wenn der Mörder die *ganze* Zeit aufs Abschlachten verwendete!

Was gibt es für uns zu lernen in den Schlachthäusern in Chikago und bei den Freßgelagen des Goldlaufkäfers? Ich meine, sehr viel. Vollkommen zivilisierte Menschen sind auch heute noch eine ziemlich seltene Erscheinung. Unter der Bildungstünche steckt fast allenthalben noch der Urmensch, der wilde Zeitgenosse des Höhlenbären. Wahre Humanität gibt es noch nicht; ganz, ganz allmählich bricht sie sich sachte erst Bahn; aber es geht verzweifelt langsam. Es bedarf erst jahrhundertelanger Gärung. Man muß dem Menschen immer und immerfort ins Gewissen reden.

Erst in unserer Zeit ist ja die Sklaverei eigentlich erst aufgehoben worden, auf der sich die ganze moderne Gesellschaft aufgebaut hatte; man ist zu der Einsicht gekommen, daß der Mensch, wäre er auch nur schwarz von Farbe, doch immerhin ein Mensch ist und ein menschenwürdiges Dasein beanspruchen darf.

Und wie stand es bis vor kurzem mit der Frau? Sie war, was sie im Morgenlande heute noch ist: ein niedliches Tier ohne Seele. Über ihr Wesen haben sich bekanntermaßen die Gelehrten lange hin und her gestritten. Selbst der große Bischof im 17. Jahrhundert, Bossuet, hat die Frau noch als eine Art minderwertige Ausgabe des Mannes angesehen. Beweis: Eva war ja doch nichts anderes als die dreizehnte Rippe, der überzählige Knochen, der eigentlich zu Adam gehörte. Heute endlich hat man es erkannt und anerkannt, daß die Frau eine Seele besitzt, die der Männerseele ebenbürtig, ihr an Selbstverleugnung und Aufopferungsmut sogar überlegen ist. So sind auch ihr die Bildungsmöglichkeiten erschlossen worden, und sie macht sich dieselben mit mindestens gleich großer Strebsamkeit zunutze. Nur das Gesetzbuch, das noch auf dem Standpunkte des Höhlenbewohners steht, das selbst noch eine solche Höhle ist, aus der manche vorsintflutliche Anschauungen hinausgefegt werden müssen, betrachtet die Frau immer noch als eine minderwertige Unmündige. Auch in diese Höhle wird schließlich das Licht der Wahrheit hineinleuchten.

Die Aufhebung der Sklaverei und die Frauenbewegung haben uns auf dem Wege des kulturellen Fortschrittes ein gutes Stück weiter gebracht. Unsere Urenkel werden noch weiter gehen. Sie werden es mit einer Klarheit, die jeden Widerspruch ausschließt, erkennen, daß der Krieg eine verstandeswidrige Verirrung ist, in der wir befangen sind; daß die Eroberer, Menschenschlächter und Staatenplünderer fluchwürdige Plagen der Menschheit sind; daß man mit freundschaftlichem Händedruck weiter kommt als mit Flintenschüssen; daß das glücklichste Volk nicht dasjenige ist, das die meisten Kanonen besitzt, sondern das, das die Werke des Friedens pflegt und wirtschaftlich obenan steht; daß man zum reinen Lebensgenusse wahrhaftig nicht die Zollschranken nötig hat, an denen es irgend ein Scherge auf die Brandschatzung unserer Börse und unseres Gepäcks abgesehen hat.

All das werden unsere Urenkel einsehen und noch manches, was uns heute als ein kaum je zu verwirklichender Zukunftstraum erscheint. Wie weit wird man aber dann empordringen auf dem Wege zum idealen Ziele? Ich fürchte, leider auch dann nicht allzu weit. Denn es haftet uns ein unausrottbarer Mangel an, eine Erbsünde, wenn man einen Zustand so bezeichnen darf, der von uns nicht gewollt ist. Wir sind nun einmal so und wir sind nicht verantwortlich; mit unserer Genußsucht und unersättlichen Habgier werden wir immer wieder zur Bestie werden.

So lange es einen Hunger, eine Magenfrage gibt – und das wird kaum je anders werden –, solange wird es Gelüste geben, die nimmer zu stillen sind, die sich erst mit dem Tode zufrieden geben. Daher die endlosen Schlächtereien, damit Menschen, Karaben, und was sonst noch hungrig ist unter den Geschöpfen der Erde, sich ersättigen können. Die ganze Erde wird zum Schlachthaus, demgegenüber das in Chikago kaum in Betracht kommt.

Goldschmiede, Raupen fressend.

Millionen wollen sich sattessen, und das Brot will nicht ausreichen. Darum lebt der Starke auf Kosten des Schwächeren, der Bedürftige beneidet den Besitzenden, der Hungrige weist dem Gesättigten die Zähne. Und dann muß der Kampf entscheiden! Dann stellt der Mensch seine Heere auf, die ihm Ernte, Gewölbe und Speicher schützen sollen, und der Krieg ist da! Ist da ein Ende abzusehen! Wehe und abermals wehe! Solange es Wölfe gibt, wird man auch Schäferhunde, die die Schafe bewachen müssen, nicht entbehren können.

Ein nützlicher Wald- und Flurschütz.

Da hat uns der Gedankengang weit von unserem Thema, dem Goldlaufkäfer, abgebracht. Rasch zu ihm zurück! Weshalb wohl habe ich das Hinmorden der armen Prozessionskiefernspinner-

raupen veranlaßt, die auf dem friedlichen Wege nach ihrem Winterlager begriffen waren? Warum habe ich ihnen da die Mörder auf den Hals gehetzt? Wollte ich mir lediglich den Anblick eines grausam tollen Gemetzels verschaffen? Sicherlich nicht. Ich kann kein Tier leiden sehen, das Leben des Geringsten ist mir heilig. Wenn ich diesem Grundsatze untreu geworden bin, so ist es geschehen im Namen der Forschung, die zuweilen auch vor einer Unmenschlichkeit nicht Halt machen darf.

Es war mir um die Untersuchung der Lebensweise des Goldlaufkäfers zu tun, jenes kleinen Feld- und Gartenbeschützers, der deshalb vom Volke la Jardinière, der „Gartensäuberer“, genannt wird. Inwieweit verdient er diesen Titel eines Helfers? Welchem Ungeziefer stellt er nach, indem er unsere Rabatten davon säubert? Der Überfall der Prozessionsspinnerraupe wäre schon ein vielversprechender Anfang. Nun wollen wir einmal weiter sehen.

Zu Ende April werden mir auf meinem Grundstücke zu verschiedenen Malen bald mehr bald minder zahlreiche Raupenzüge beschert. Ich sammle sie für das Terrarium. Gleich nach dem Einsetzen der Raupen beginnt der wilde Festschmaus. Bald einzeln, bald in vereinter Mörderarbeit werden in kaum einer Viertelstunde die Raupen abgetan und die zerfetzten Überbleibsel unter das schützende Brettchen verschleppt. Das erbeutete Stück in den Kiefern, macht sich der glückliche Besitzer aus dem Staube, um es in Ruhe irgendwo zu verzehren, nicht ohne dabei von seinen gierigen Genossen, die von der Beute angelockt werden und beim Schmause auch mithalten wollen, gestört zu werden. Zwei, drei andere sind bemüht, dem rechtmäßigen Besitzer das Stück aus den Zähnen zu reißen. Jeder schnappt darnach, zerrt daran und schlingt hinab, was er erwischen kann. Es kommt zwar nicht zum Kampfe, es setzt keine Püffe und Bisse ab wie bei Hunden, die sich um einen Knochen streiten. Es findet nur Mundraub statt. Wenn es sich der glückliche Besitzer gefallen läßt, so schmaust alles in einträchtigem Frieden, bis der Raub mit den Kiefern zerstückt ist und jeder sodann mit seinem Anteile abzieht.

Nach dem garstigen Nesselausschlage zu schließen, der mir bei meinen früheren Versuchen mit der Raupe häufig genug die Haut verbrannt hat, müßte die Kieferspinnerraupe eigentlich einen scharf gepfefferten Braten abgeben. Meinen Laufkäfern scheint er trotzdem trefflich zu munden. Ich darf ihnen von dem Braten vorsetzen, so viel ich will, sie lassen nichts davon umkommen. Er ist für sie ein Leckerbissen. In dem Gespinstbeutel des Spinners ist jedoch, so viel ich weiß, der Goldlaufkäfer und seine Larve niemals vorgefunden worden. Ich habe auch selbst nicht die geringste Hoffnung, ihn einmal darin zu entdecken. Denn diese Beutel werden nur im Winter besiedelt, also in der Zeit, wo der Goldschmied nicht frißt, sondern unter der Erde seinen Winterschlaf hält. Aber im April, wenn die Spinnerraupen sich zum Zuge ordnen, sich nach ihrem Verpuppungsorte umsehen und dabei dem Goldschmied in die Quere kommen, dann hält er unter ihnen reichliche Ernte.

Ihre Haarigkeit stößt ihn keineswegs ab. Nur die Raupe mit dem allerdichtesten Pelze, die Bärenraupe mit ihrer halb schwarzen, halb rotbraunen welligen Mähne, scheint dem Vielfraß Achtung abzunötigen. Ganze Tage lang darf sie mit den Mördern zusammen in ein und demselben Terrarium ungestört ihre Bahn ziehen. Die Karaben scheinen sie nicht zu beachten. Von Zeit zu Zeit macht einer Halt, geht um das haarige Ungetüm herum, untersucht es und versucht in das starrende Vlies einzudringen. Aber zum Anbeißen kommt es nie: sofort läßt er ab, durch den dichten und langdornigen Stachelzaun abgeschreckt. Stolz und unbeschädigt zieht die Raupe, den Rücken wie einen Katzenbuckel krümmend, ihres Weges.

So kann es nicht weitergehen. In einer Stunde des Heißhungers und kühner gemacht, weil er auf den Beistand seiner Genossen rechnen darf, entschließt sich der vorher so zage Held zu herzhaftem Angriffe. Vier fallen zugleich mit aller Macht über die Bärenraupe her. Vorn und hinten zugleich gepackt, muß sie unterliegen. Sie wird zerrissen und wie eine andere wehrlose Raupe gierig verspeist.

Je nachdem ich einen Fund mache, stelle ich meinen Raubtieren verschiedenerlei Raupen zur

Verfügung, nackte oder behaarte. Alle sind gleich willkommen, wenn sie eine halbwegs anständige Größe haben, die der des Mörders etwa entspricht. Was allzuklein ist, wird verschmäht, wenn der Bissen sich nicht lohnte. Die allzugroßen Raupen kann der Goldschmied nicht bewältigen. Die Raupe des Wolfsmilchschwärmers (Sphinx euphorbiae) und die des großen Nachtpfauenauges z. B. wären dem Laufkäfer schon recht, aber beim ersten Biß schüttelt die angefallene Raupe mit einem krampfhaften Ruck ihres Hinterleibes den Angreifer von sich ab. Nach einigen Versuchen gibt der Käfer, der jedesmal wieder fortgeschleudert wird, jeden weiteren Angriff auf, ungern aber gezwungenermaßen. Der Feind ist ihm zu mächtig. Ich habe die zwei erwähnten starken Raupen vierzehn Tage bei den Räubern gelassen; es ist ihnen weiter nichts Schlimmes geschehen. Vor der gewaltigen Schnellkraft haben die wild zubeißenden Kiefer schließlich Respekt bekommen.

Das wäre die erste gute Note, die man dem Mörder aller nicht zu großer Raupen erteilen kann. Diesem Verdienste steht ein Mangel gegenüber. Der Goldlaufkäfer klettert nicht; seine Jagdgründe sind auf dem Erdboden, nicht oben in dem Laubwerk der Zweige. Ich habe ihn niemals die Zweige auch der niedrigsten Sträucher nach Beute absuchen sehen. In meinem Terrarium schenkt er selbst der lockendsten Beute, wenn ich sie auch nur auf einen ganz niedrigen Quendelbüschel setze, keine Beachtung. Das ist recht bedauerlich. Wenn der Bursche vom Boden aus an den Pflanzen hinaufzuklimmen verstände, mit welcher Geschwindigkeit würde eine Streife von drei oder vieren von ihnen den Kohl von seinem Ungeziefer, der Raupe der Kohlweißlings (Pieris brassicae) säubern! Auch der Beste hat eben seine schwache Seite.

Die zweite gute Note verdient er der Nacktschnecken halber. Der Goldschmied verschmäht keine, selbst die größte, die graue, braungefleckte nicht. Von drei oder vieren der Wegelagerer überfallen, zieht das wohlbeleibte Tier bald den kürzeren. Mit Vorliebe wird der Teil des Rückens bearbeitet, wo, unter dem Schutze einer in der Haut verborgenen perlmuttartigen Schale Herz und Lungen in der Mantelhöhle sitzen. Dort finden sich reichlicher als sonstwo die steinigen Bestandteile, die die Schale bilden müssen. Diese mineralische Speisenwürze scheint dem Käfer besonders zu behagen. Auch von der Gehäuseschnecke bevorzugt er als Leckerbissen den Mantel, weil er kalkige Körner enthält. Die leicht zu jagende, wegen ihres Wohlgeschmacks ge-

Raupe des Wolfsmilchschwärmers in Verteidigung gegen Goldschmiede.

schätzte Nacktschnecke, die nachts dem zarten Salate zusteuert, muß für den Karaben einen häufigen Leckerbissen abgeben und bildet wohl, neben der Raupe, seine Hauptnahrung.

Auch der Regenwurm (Lumbricus terrestris), wenn er zur Regenzeit aus der Erde hervorkommt, gehört zu seinen Opfern. Auch der dickste Geselle schreckt den gierigen Räuber nicht. Ich warte ihm mit einem spannenlangen und kleinfingerdicken Regenwurm auf. Kaum bemerkt, wird der fette Regenwurm von sechs Goldschmieden zugleich überfallen. Ohne ein anderes Mittel, sich zu wehren, krümmt und verdreht sich der Ärmste, kriecht rückwärts und vorwärts und rollt sich zusammen. Die Räuber, die sich festgebissen haben, werden von der ungeheuren Riesenschlange mitgerissen, kommen

bald oben, bald unten zu liegen, lassen aber nicht los und arbeiten ruhig in jeder Lage weiter. Die kreisenden Bewegungen, mit denen sie durch den aufgewühlten Sand geschleift werden, um dann wieder aufzutauchen, entmutigen sie keineswegs. Solch einen erbitterten Kampf trifft man nicht leicht wieder. Wo sie zuerst sich festgebissen haben, da lassen sie nicht mehr los, mag der Wurm in seiner Verzweiflung sich krümmen, wie er will, bis die Haut, der starke Lederpanzer, schließlich nachgibt. In ekelhaftem Schwall quillt aus der Bißwunde das Innere auf den Boden und wird von den Nimmer-

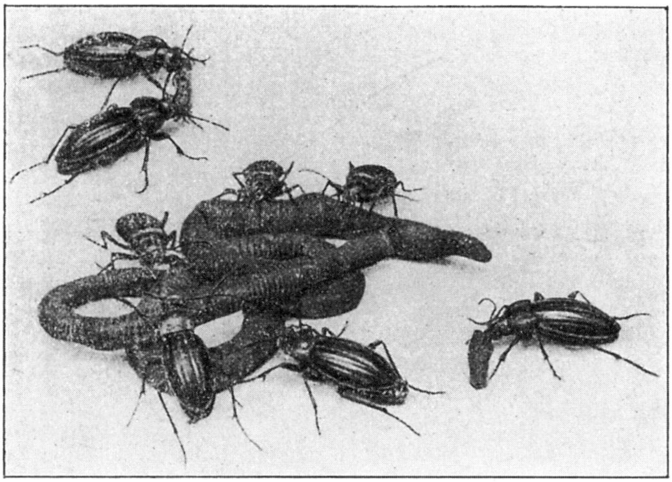

Goldlaufkäfer, einen Regenwurm verzehrend.

satten gierig vertilgt. Andere eilen herbei und holen sich ihren Anteil, und bald ist von dem starken Ringelwurm nur noch ein ekelerregender Rest zu sehen. Ich mache dem widerlichen Festschmaus ein Ende, damit die Wüstlinge sich nicht allzusehr vollfressen und auf lange hinaus gegen weitere Versuche, die ich mit ihnen vorhabe, sich nicht ablehnend verhalten. Ihre Freßgier ist so groß, daß sie ohne mein Dazwischentreten die ganze riesige Blutwurst aufzehren würden.

Zur Entschädigung werfe ich ihnen einen Regenwurm von Mittelgröße hin. An verschiedenen Stellen von ihnen durchgeschnitten und hin und hergezerrt, zerteilt sich der Wurm in Abschnitte, deren jeder sofort auf die Seite geschleppt und verzehrt wird. Solange die Beute ganz bleibt, schmausen alle friedlich an einer Tafel, oft Stirn an Stirn und an derselben Wunde mit den Kiefern arbeitend; sobald sie aber ein ihnen passendes Stück abreißen können, verschwinden sie eiligst mit ihrem Happen, damit er ihnen ja von keinem anderen entrissen werden kann. Das Ganze ist unbestrittenes Gemeingut; aber die losgelösten Stücke sind Privateigentum und können den Übergriffen der Plünderer gar nicht schnell genug entzogen werden.

Nun will ich einmal Abwechslung unter die Diät bringen, soweit mir meine Mittel das erlauben. Ich lasse eine Woche lang einige Blatthornkäfer (Cetonia aurata L.) bei den Laufkäfern im Käfig, sie bleiben unbehelligt; kaum im Vorbeigehen betrachtet sie der eine oder andere. Sollten sie solches Wild verschmähen? Oder können sie ihm nicht beikommen? Das werden wir gleich sehen. Ich nehme den Cetonien Flügeldecken und Flügel weg. Bald hat sich diese Verstümmelung herumgesprochen. Die Goldschmiede eilen herzu und machen sich mit Gier über den Hinterleib der Blattkäfer her. In kurzer Zusammenarbeit sind sie gründlich ausgebeutet. Also, die Kost behagt ihnen wohl, nur hatte der fest schließende Flügeldeckpanzer die Räuber im Anfange ferngehalten.

Bei dem großen schwarzen Blattkäfer (Timarcha tenebricosa F.) zeigt sich die gleiche Erscheinung. Solange er unversehrt ist, bleibt er verschont. Der Goldschmied läuft in dem Terrarium oft an ihm vorbei, ohne einen Versuch zu machen, die luftdicht verschlossene Fleischbüchse zu öffnen. Sobald ich ihm aber die Flügeldecken entferne, wird er aufgefressen trotz der orangegelben Flüssigkeit, die er zu seiner Verteidigung von sich gibt. Die fette, fein- und nackthäutige Larve desselben Blattkäfers ist erst recht ein Leckerbissen. Ihre düster purpurnglänzende Farbe schreckt den Jäger nicht ab; die Bronzepille scheint ihm sogar ganz besonders zu schmecken. Kaum bemerkt, ist sie auch schon gepackt, zerlegt und verspeist. Ich kann ihm gar nicht genug davon liefern.

Unter der starken, festgefügten Rüstung ihrer Flügeldecken bleiben die Cetonie und die schwarze

Blattkäfer (Timarcha tenebricosa F.)

Chrysomele unangetastet. Der Goldlaufkäfer kann die Hülle nicht sprengen und so zu dem weichen Hinterleib gelangen. Sobald aber die Büchse nicht so ganz fest zugenietet ist, weiß er den Schutzpanzer seines Opfers aufzuzwängen und seinen Zweck zu erreichen. Er schreitet zu mehrmaligen Versuchen, bis es ihm gelingt, die Flügeldecken z. B. des Maikäfers, des Runzelbocks (Cerambyx scopolii Fuesse) und so vieler anderer an der Hinterseite hochzuheben; so öffnet er sich gleichsam die Auster, zwängt ihre Schalen auseinander und schlürft den saftigen Inhalt hinunter. Jeder Käfer ist willkommen, wenn die Möglichkeit gegeben ist, ihn aus der „Büchse“ herauszuholen.

Ich lege dem Goldlaufkäfer ein abends zuvor ausgekrochenes Nachtpfauenauge vor. Er macht sich nicht gerade mit dem sonstigen Ungestüm an den üppigen Bissen. Wiewohl mißtrauisch, kommt er doch immer wieder herbei und versucht am Hinterleib anzubeißen. Aber sowie das Opfer die Kiefer verspürt, schüttelt es sich, peitscht mit den breiten Flügeln den Boden und schleudert mit einem plötzlichen Schlage den Zudringlichen weit von sich. An einen solch gefährlichen Feind, der fortwährend rüttelnde Bewegungen und gewaltige Sprünge ausführt, ist keine Möglichkeit heranzukommen. Da stutze ich dem großen Schmetterling die Flügel. Gleich sind die Angreifer zur Stelle. Sieben Stück zerren und beißen an dem Hinterleib des flügellahmen Schmetterlings herum. Der Haarpelz stäubt nur so davon, die Haut springt auf, und die sieben Tiere stürzen sich blutgierig auf die Eingeweide, wie die Wölfe auf das zur Strecke gebrachte Pferd. Binnen kurzem ist das Nachtpfauenauge erledigt.

So lange die Weinbergschnecke (Helix aspersa) unverletzt ist, sagt sie dem Knaben nicht zu. Ich bringe zwei solcher Schnecken zu meinen Tieren hinein. Ein paar Fasttage, die die Käfer gehabt, müßten sie eigentlich unternehmender gemacht haben. Die Weichtiere sind in ihren Häusern versteckt, die in den Sand gebettet und mit der Türöffnung nach oben gekehrt daliegen. Die Käfer kommen herbei, bleiben ein wenig stehen, bald der eine, bald der andere, kosten von dem Schleime und weichen sofort, ohne weitere Versuche zu unternehmen, scheu zurück. Gegen den leichten Biß wehrt sich die Schnecke durch schäumenden Schleim, indem sie die wenige Luft aus ihren Atmungsorganen ausstößt. Ein kleines Quantum dieses Geifers genügt, um den Neugierigen zu verjagen, daß er seine Forschungen nicht fortzusetzen wagt.

Offenbar ist der Schleimüberzug eine treffliche Schutzwaffe. Ich lasse die zwei Schnecken den ganzen Tag bei den ausgehungerten Käfern. Aber es stößt ihnen nichts zu: sie sind am andern Morgen so frisch und munter wie am Abend vorher. Damit

Goldschmied, einen Maikäfer angreifend.

der Karabe dem ekelhaften Geifer ausweichen kann, lege ich die zwei Schnecken auf Nagelsbreite von ihrer Schale bloß, indem ich ein Stück davon am Rücken in der Gegend der Atmungswerkzeuge wegbreche. Jetzt gelingt der Angriff sofort und ist von nachhaltiger Dauer.

Fünf, sechs Karaben setzen sich rings um die Lücke fest, durch die das nackte, nicht geifernde

Fleisch bloßgelegt ist. Wenn es mehr Platz gäbe, würden sich noch mehr Schmauser einfinden; es suchen sich tatsächlich viele Neuankömmlinge dazwischenzuschieben. So bildet sich über der Blöße ein wimmelnder Schwarm, anzusehen wie eine Traube; die vordersten wühlen und zerren Stücke los, während die anderen zuschauen oder aus den Kiefern des Nebenmannes ein Stück mit Gewalt an sich reißen. In e i n e m Nachmittag ist die Schnecke fast bis ganz hinten in ihr Haus hinein aufgezehrt.

Am anderen Tage – das Gemetzel ist noch nicht zu Ende – nehme ich das Opfer weg und ersetze es durch eine neue unversehrte Weinbergschnecke, die wieder mit der Türöffnung nach oben im Sande gelagert wird. Ein paar aufgeträufelte Wassertropfen locken das Tier aus dem Gehäuse. Es streckt sich wie ein Schwanenhals, reckt seine Hörner und schaut scheinbar gleichgültig dem Hexensabbat der Schlächter zu. Trotz der drohenden Gefahr gibt sie ihr zartes Fleisch preis; sicher werden sich die Wüstlinge, denen man ihren Imbiß genommen hat, auf sie stürzen und ihr gestörtes Gelage von neuem anheben. Doch was ist das?

Keiner der Käfer schenkt dem Prachtstück, das fast ganz unbeschützt und ruhig seines Weges zieht, die geringste Beachtung. Wenn je einer der hungrigen Burschen, etwas dreister als die anderen, zufassen will, zieht sich die Schnecke in ihr Haus zurück und beginnt zu schäumen. Das genügt, um den Fürwitzigsten zu vertreiben. Den ganzen Nachmittag und die ganze Nacht bleibt so das Versuchstier unter den fünfundzwanzig „Aufschlitzern", ohne daß ihm etwas Ernstliches zustieße.

Wiederholt derselbe Versuch und dasselbe Ergebnis! Also, der Käfer wagt sich nicht an die unverletzte Schnecke, selbst wenn diese nach dem Regen heraustritt und über das feuchte Gras kriecht. Verstümmelt müssen sie sein, wehrlos gemacht durch die Verletzung der Schale, so daß ein nicht geifernder Teil sich durch die Blöße den Bissen darbietet. So wie die Sache liegt, ist uns also der gartensäubernde Goldschmied im Kampfe gegen die Schalenschnecke nur ein schwacher Bundesgenosse. Denn wenn die Schnecke schon Verletzungen und mehr oder weniger Quetschungen aufweist, dann würde sie ja auch ohne das Zutun des Goldlaufkäfers zugrunde gehen.

Von Zeit zu Zeit reiche ich meinen Pfleglingen zur Abwechslung ein Stück Fleisch von der Fleischbank. Die Karaben kommen gerne, zerpflücken es in kleine Stücke und zehren es auf. Ja, diese Kost, die für sie neu ist, wenn ihnen nicht vielleicht einmal ein vom Spaten des Bauern durchgeschnittener Maulwurf zum Opfer gefallen ist, behagt ihnen so gut wie die Raupe. Überhaupt ist ihnen jedes Fleisch recht, außer Fischfleisch. Eines Tages erhalten sie von mir eine Sardine. Gierig eilen sie herbei, versuchen ein paar Bissen, ziehen sich aber dann zurück, ohne den Fisch wieder zu berühren. Das ist ihnen doch zu neu.

Goldschmied an der Tränke.

Zum Schlusse sei noch bemerkt, daß sich in dem Terrarium eine Art Schwemme oder Tränke befindet, d. h. eine wassergefüllte flache Vertiefung. Häufig trinken da die Käfer nach dem Mahle. Durch die hitzige Nahrung durstig gemacht und außerdem nach dem Zerlegen einer Schnecke, bei der es ohne Schleim nicht abging, klebrig geworden, löschen sie ihren Durst, säubern sich die Kiefer, waschen sich die Fußwurzeln vom Schleime und von den Sandkörnchen, die daran haften, wieder rein. Nach diesem Bade kriechen sie unter ihr Brett und halten dort einen ausgiebigen Schlaf.

Kannibalismus und Hochzeitsbräuche.

Daß der eifrige Raupen- und Schneckenvertilger, der Goldlaufkäfer, ganz besonders den Ehrennamen eines „Gartenretters“ verdient, ist längst ausgemacht. Meine Untersuchungen haben in dieser Richtung etwas Neues nicht beigebracht. Nun aber sollen sie uns im folgenden das Tierchen in einem ganz anderen Lichte zeigen. Der wilde Fresser, der keine Beute verschmäht, die er bewältigen kann, wird *selber* aufgefressen. Und zwar von wem? Von seinesgleichen nicht weniger als von seinen Feinden!

Der Fuchs und die Kröte, um mit seinen Feinden zu beginnen, begnügen sich, in Zeiten der Not, in Ermangelung eines besseren Bratens, mit diesem kargen, säuerlichen Bissen. Die *Fuchslosung*, die man an ihrem Hauptbestandteile, der krausen Kaninchenwolle, leicht erkennt, enthält häufig die wie goldene Plättchen leuchtenden Flügeldecken des Goldschmiedes. So erfahren wir, was der Fuchs gefressen hat: es war ein ärmlicher, bitter und scharf schmeckender Bissen. Die paar Käfer mußten den Magen füllen und Meister Reinekes nagenden Hunger beschwichtigen; eigentlichen *Nährwert* besitzen sie natürlich keinen.

Für die *Kröte* haben wir ein ähnliches Beweisstück. Auf den Wegen meines Grundstückes mache ich von Zeit zu Zeit im Sommer merkwürdige Funde, über deren Herkunft ich im Anfange sehr im Zweifel war. Es handelt sich um kleinfingerdicke schwarze Würstchen, die, von der Sonne ausgetrocknet, ein bröckliges Aussehen gewinnen. Sie erweisen sich bei näherem Zusehen als eine Anhäufung von Ameisenköpfen, und höchstens darunter noch Reste ganz feiner Insektenbeine. Woher mag dieses körnige Gemengsel aus hunderten und aberhunderten Köpfen stammen?

Fast wäre man versucht, an das „Gewölle“ zu denken, das die Nachteule als unverdaulich aus ihrem Kropfe wieder auswirft. Aber damit ist's nichts: ein Nachtraubvogel, wenn er auch Insekten keineswegs verschmäht, stellt keinem so kleinen Wilde nach. Der Konsument muß einer sein, der reichlich Zeit und Geduld hat, um mit klebriger Zungenspitze die winzigen Tierchen einzeln aufzulecken. Sollte das die Kröte sein? Ich wüßte sonst in meinem Garten keinen, bei dem ich dieses Ameisenragout unterbringen könnte. Die Untersuchung soll uns darüber Aufschluß geben.

Ich habe im Garten eine alte Bekannte und weiß auch, wo sie haust. Wenn wir beide unsern Abendrundgang machen, begegnen wir uns oftmals. Sie blickt mich aus ihren goldbraunen Augen an und hüpft dann wieder ihren Geschäften nach. Es ist eine dicke Matrone, die etwa eine Untertasse ausfüllen würde, der jedermann im Hause mit gebührender Achtung begegnet. Wir heißen sie nur die Philosophin. Sie soll mir in das Rätsel der zusammengeballten Ameisenköpfe Licht zu bringen behilflich sein.

Kröte, ein Feind des Goldschmieds.

Ich sperre sie in einem Käfig ein und lasse sie hungern, bis sich ihr geschwollenes Bäuchlein entleert hat. Ich brauche nicht allzulange darauf zu

warten. Nach ein paar Tagen liefert sie mir eine zylindrisch geformte Losung wie die, die ich auf den Wegen gefunden hatte; ebenfalls ein Gemisch von Ameisenköpfen. Jetzt setze ich die Philosophin wieder in Freiheit. Sie hat mich aufgeklärt; ich weiß jetzt gewiß, daß die Kröte Ameisen in Menge verzehrt, die zwar nicht sehr ausgeben, aber leicht und jederzeit zu haben sind.

Auch der Kröte sind natürlich größere Bissen lieber, wenn solche aufzutreiben sind. Ameisen vertilgt sie, weil es im Garten genug davon gibt und andere Bodeninsekten verhältnismäßig selten sind. Ihr unersättlicher Magen begrüßt aber mit Freuden eine üppigere Mahlzeit, wenn er sie bekommen kann.

Als Beweis für solche zeitweilig verzehrte Lekkerbissen dienen mir andere im Garten gefundene Auswürfe von ihr, die fast ganz aus Flügeldecken von Karaben bestehen, während der die Flügeldekken in dem Kote zusammenhaltende Kitt abermals aus Ameisenköpfen gebildet wird. Also bei guter Gelegenheit frißt die Kröte Goldlaufkäfer. So vertilgt unsere eine Bundesgenossin im Garten einen anderen ebenso nützlichen Helfer. Man sieht daraus, daß nicht alles immer nur, wie wir so gerne glauben möchten, unter dem Gesichtspunkte der Utilität für den *Menschen* eingerichtet ist.

Es kommt aber noch schlimmer. Der Goldschmied, der unsere Gartenpolizei ausübt und die Übeltäter der Raupen und der Schnecken zur Verantwortung zieht, wütet sogar gegen sein eigenes Fleisch und Blut. Eines Tages sehe ich einen der Käfer sehr eilig unter den Platanen vor meiner Tür vorüberhuschen. Her mit ihm! Die Insassen meines Terrariums sollen einen Zuwachs erhalten. Wie ich ihn fange, bemerke ich, daß er hinten an den Flügeldecken leicht beschädigt ist. Soll er sich diese Verletzung im Kampfe mit seinen Brüdern geholt haben? Ich kann es nicht sagen und stelle nur soviel fest, daß es sich nicht um eine schwere Verletzung handelt. So kommt er nach genauer Untersuchung als „tauglich" zu den fünfundzwanzig Genossen hinter die Glasscheibe.

Am anderen Morgen, als ich nach ihm sehen will, ist er tot. In der Nacht haben ihn seine Brüder überfallen und ihm den durch die beschädigten Flügeldecken schlecht geschützten Hinterleib ausgeräumt. Eine musterhafte Operation, kein einziges Glied ist dabei ausgerissen worden. Beine, Kopf, Brustschild, alles ist an seinem Platze; nur der Hinterleib ist durch eine klaffende Öffnung ausgeleert worden. Man hat eine goldglänzende Muschelschale vor sich, die sich aus den zwei Flügeldecken zusammensetzt. Eine Austernschale kann nicht säuberer ausgeleckt sein.

Über die Sache selbst muß ich mich eigentlich wundern. Aus Hunger kann die Tat nicht begangen worden sein, denn ich sorge stets dafür, daß reichliches Futter in dem Gehege der Käfer vorhanden ist. Schnecken, Maikäfer, Gottesanbeterinnen, Regenwürmer, Raupen und andere Leibspeisen sind stets mehr als genügend darinnen. Die Käfer brauchten also ihren Kollegen, nur deshalb, weil er wegen seines beschädigten Schutzpanzers leicht anzupacken war, nicht zu verzehren.

Sollte es bei ihnen Brauch sein, Verletzten den Todesstreich zu versetzen und dem zu Schaden gekommenen Nächsten den Leib auszuräumen? Mitleid darf man ja bei Insekten nicht suchen. Vor einem Verstümmelten, der sich vor Schmerzen krümmt, macht die Sippe nicht Halt, und keiner versucht ihm beizustehen. Bei mordgierigen Fressern kann die Sache sogar tragisch enden. Die des Weges kommenden Verwandten eilen allerdings herbei, aber nicht, um seine Qualen zu lindern, nein, um ein Pröbchen von dem bresthaften Vetter zu kosten und, wenn er nach ihrem Geschmacke ist, ihn ein- für allemal gründlich von seinem Leiden zu befreien, indem sie ihn – auffressen!

So mag auch der an den Flügeldecken beschädigte Karabe die Genossen durch den teilweise bloßgelegten Bürzel in Versuchung geführt haben. Sie haben den hilflosen Bruder als eine Beute angesehen, die sie zerreißen dürften. Wie aber, wenn nun vorher *keine* Verletzung vorliegt? Dann verschonen sie sich jedenfalls gegenseitig. Es weist ja doch sonst alles auf bestes gegenseitiges Einvernehmen hin. Während des Schmauses ging es doch, wie wir gesehen haben, ohne Kämpfe ab, nur Mundraub kam vor. Während der langen Ruhestunden unter

dem Brettchen gab es auch niemals Streit. Halb in der frischen Erde vergraben pflegen sie, alle fünfundzwanzig nebeneinander, jeder in seinem Grübchen, im Halbschlummer der Verdauung. Wenn ich ihnen das Schutzdach wegziehe, erwachen sie, laufen dahin und dorthin und aneinander vorüber, ohne sich gegenseitig zu belästigen.

Also, es herrschte die schönste Eintracht und schien von ewiger Dauer zu sein, bis ich in den ersten heißen Junitagen – einen Toten unter ihnen entdeckte. Er hat noch alle seine Glieder, aber auch er ist säuberlich ausgehöhlt bis auf die goldglänzende Schale und erinnert abermals, wie der verzehrte Kranke von damals, an eine ausgeschlürfte Austernschale. Die Untersuchung der Überreste zeigt mir außer der großen klaffenden Lücke des Hinterleibs keinerlei Verletzung an ihm. Der Käfer war also, als die andern ihn aushöhlten, in vollkommen gutem Zustande.

Nach ein paar Tagen findet sich wieder ein Toter, der offenbar vorher ebenfalls nicht beschädigt gewesen war. Auf den Bauch gelegt, scheint er ganz unberührt zu sein; auf dem Rücken liegend zeigt er die Höhlung, und von seinem Rückenteil ist alles Fleischige weggezehrt. Etwas später stoße ich wieder auf eine leere Hülle und dann wieder und immer wieder, so daß mein Käferbestand reißend schnell abnimmt. Wenn diese Mordwut nicht nachläßt, wird in meinem Terrarium bald nichts mehr übrig bleiben.

Sollten vielleicht meine Käfer aus Altersschwäche eines natürlichen Todes sterben und dann die Leichen von den Überlebenden ausgeweidet werden? Oder vergreifen sich die Tiere an den *lebenden* Gefährten? Es ist nicht so leicht, hier Klarheit zu schaffen, weil die Aufschlitzer mit Vorliebe nachts arbeiten. Endlich gelingt es mir, durch andauernde Beobachtung sie zweimal am Tage bei der Leichenöffnung zu erwischen. Wir werden aber gleich sehen, daß *Leichen*öffnung eigentlich nicht das richtige Wort ist.

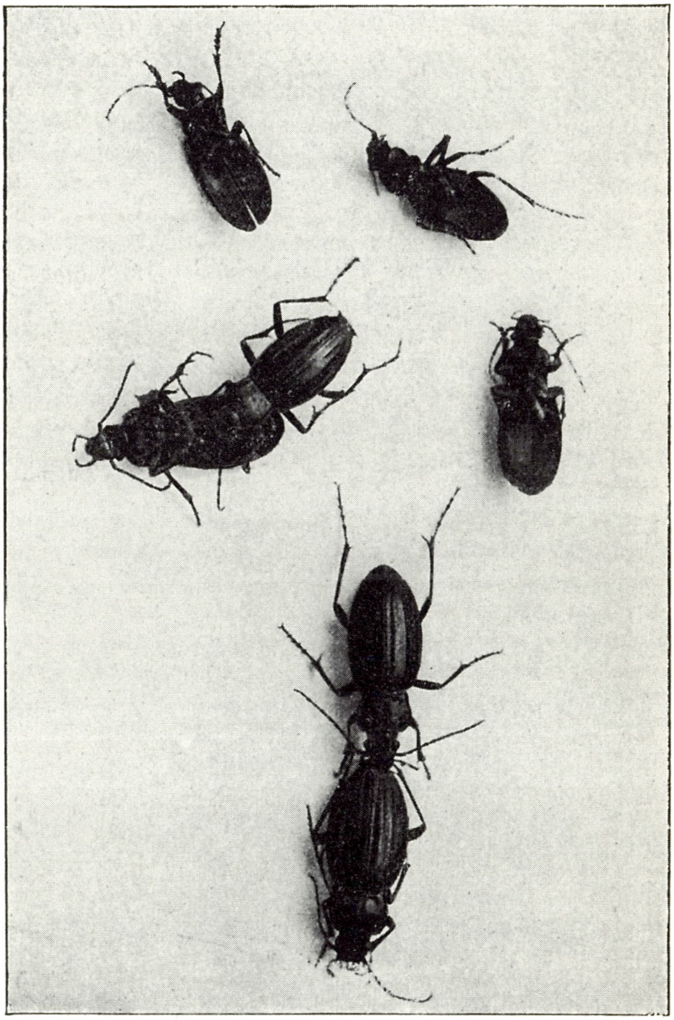

Weibliche Goldlaufkäfer, die den Leib der Männchen verzehren.

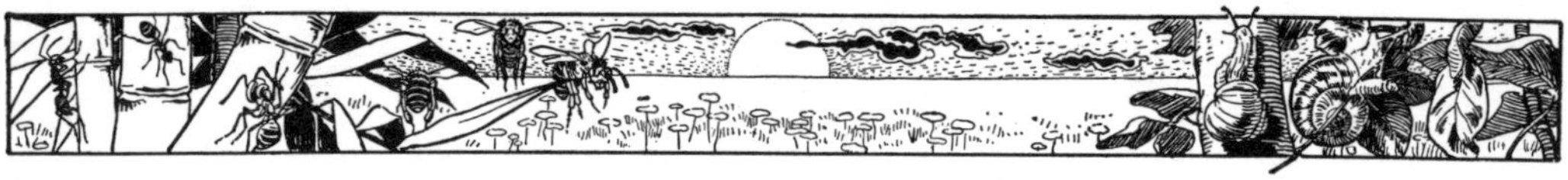

Um die Mitte des Monats Juni wird unter meinen Augen ein Männchen, das daran zu erkennen ist, daß es etwas kleiner ist, von einem Weibchen bearbeitet. Die Operation hebt eben an; die Angreiferin hat ihm die Flügeldecken hinten etwas hochgehoben und ihn hinten auf der Oberseite des Hinterleibs gepackt. Gierig zerrt und reißt und beißt sie. Der Arme wehrt sich nicht, dreht sich nicht einmal um, obwohl er offenbar völlig frisch, gesund und kräftig ist. Er zieht zwar, so viel er kann, um von den furchtbaren Reißzähnen loszukommen; er bewegt sich vor- oder rückwärts, je nachdem er zieht oder gezogen wird. Darin besteht aber auch sein ganzer Widerstand. Das Ringen dauert eine Viertelstunde. Die Vorüberkommenden bleiben stehen, als wollten sie zu sich sagen: „Bald kommst auch du an die Reihe!" Endlich befreit sich das Männchen und entflieht. Es ist sicher anzunehmen, daß ihm die rasende Gefährtin den Hinterleib aufgefressen hätte, wenn es ihm nicht gelungen wäre, sich loszureißen.

Einige Tage darauf bin ich Zeuge eines ähnlichen Vorfalls, der aber diesmal einen tragischen Ausgang nimmt. Auch diesmal ist das Männchen das Opfer und ist vom Weibchen hinterrücks angefallen worden. Ein vergebliches Ringen um loszukommen, das ist alles, was das Männchen zu seiner Befreiung unternimmt. Sonst fügt er sich drein. Schließlich platzt die Haut, die Wunde klafft weit, und das Innere wird von der würdigen Gefährtin verschlungen. Mit dem Kopf im Leibe des Genossen wühlend, höhlt sie ihm den Rücken aus. Ein Zittern, das dem Ärmsten durch die Glieder läuft, deutet sein nahes Ende an. Die Schlächterin kehrt sich nicht daran; sie durchstöbert die engsten Stellen und Windungen der Brusthöhle. Von dem Toten ist nur das bekannte Flügeldeckenschiffchen und der Vorderleib mit den Gliedern daran übrig. Der ausgesaugt Balg bleibt liegen.

Gerade so müssen die anderen Käfer, lauter Männchen, deren Leichen ich von Zeit zu Zeit finde, umgekommen sein; so müssen auch die Überlebenden sterben. Von Mitte Juni bis zum 1. August sind von den anfänglichen 25 Insassen noch 5 Weibchen übrig. Alle 20 Männchen sind aufgezehrt. Von wem aber? Offenbar immer von den Weibchen.

Zweimal habe ich den Fall selbst mit angesehen; das eine Mal allerdings nur den Versuch. Aber ich habe auch noch einen weiteren Beweis dafür, daß auch die anderen auf solche Weise ums Leben gekommen sind. Das angefallene Männchen wehrt sich nicht eigentlich. Es trachtet lediglich zu entfliehen. Würde es sich um einen regelrechten Kampf handeln, wie er im Leben an der Tagesordnung ist, so würde sich der Angegriffene zur Wehr setzen. Das könnte er; er dürfte bloß sich umdrehen und Biß mit Biß vergelten. So stark ist er immerhin, daß er den Kampf zu seinen Gunsten lenken könnte. Aber statt dessen läßt er sich ruhig den Bürzel aufreißen. Da muß irgend etwas vorliegen, das ihn hindert, einen Widerstand zu versuchen, einmal den Stil umzudrehen und seinerseits ein bißchen zum Verzehren des Weibchens zu schreiten.

Da fällt einem unwillkürlich der Skorpion von Languedoc oder Feldskorpion (Buthus occitanus Am.) ein, der sich nach der Begattung von seiner Gattin aufspeisen läßt, ohne sich mit seinem giftigen Stachel gegen sie zur Wehr zu setzen. Wir müssen auch an den Liebhaber der Gottesanbeterin (Mantis religiosa G.) denken, der zuweilen, schon verstümmelt, doch noch seine Fortpflanzungsaufgabe erfüllt und sich Stück um Stück verzehren läßt, ohne sich im geringsten zu wehren. Das sind einfach Hochzeitsbräuche, gegen die das Männchen sich nicht aufzulehnen hat.

Bei den Laufkäfern meines Tiergeheges muß etwas Ähnliches vorliegen. Die Männchen sind alle die Opfer ihrer Danaidenfrauen. Sie müssen nach der Paarung sterben. Vier Monate lang hat diese gedauert.

Der Goldlaufkäfer wird auf diesem Gebiete viel in Anspruch genommen. Ohne lange Einleitung wird das Liebesspiel getrieben, um nach kurzer Labung der Beteiligten am vorhandenen Schneckenfleisch wieder von neuem zu beginnen. Ein Streicheln des Halses mit den Fühlern ist das Zeichen, das von dem Weibchen mit einem leichten Heben des Kopfes erwidert wird. So folgt auf das Festmahl die Paarung und auf die Paarung wieder das Fest-

mahl und so stürzt sich der Käfer von Genuß zu Genuß.

Auf zwanzig Männchen kamen in meinem Terrarium nur fünf Weibchen. Aber darum keine Feindschaft nicht! Es kommt jeder an die Reihe. Dieses ungleiche Verhältnis der Geschlechter war rein zufällig. Ich hatte die Tiere eingesammelt, wie ich sie fand. Das Männchen unterscheidet sich vom Weibchen durch etwas kleinere Gestalt, was ich erst später feststellen konnte. Beim Einsammeln hatte ich also nicht darauf geachtet und so ganz zufällig dieses Mißverhältnis geschaffen. In der Natur werden wohl die Männchen nicht so sehr überwiegen.

Zudem sind draußen unter dem gleichen Steine niemals so viele Gruppen beisammen. Der Goldschmied ist nicht sehr gesellig: selten sind zwei oder drei in demselben Lager. Doch ist mein Terrarium groß genug, um den Tierchen ein Einhalten ihrer sonstigen Lebensgewohnheiten zu gestatten.

Übrigens scheint ihnen die Gefangenschaft nichts auszumachen, sie lassen sich dadurch keineswegs von ihrer Freßgier oder in der Vornahme ihrer Fortpflanzungsarbeit beirren. Jedenfalls finden sie draußen nicht in dem Maße allzeit ihr „Tischlein deck dich". Also was das Wohlleben anbelangt, so sind sie in meiner Haft aufs beste gestellt und in Ausübung ihrer Liebhabereien in keiner Weise beeinträchtigt gewesen.

Höchstens ist es denkbar, daß in der Natur draußen die Weibchen der Männchen nicht so leicht habhaft werden können, wenn sie sie nicht mehr brauchen und sie daher aufzehren wollen. Das läßt aber keineswegs den Schluß zu, als wäre diese Unsitte etwa erst durch die Gefangenschaft groß gezogen worden. Derartige Gebräuche stammen nicht erst von gestern her.

Also nach dem Abschluß ihrer Fortpflanzung betrachtet das Weibchen auch in der Freiheit den Gatten als vogelfrei. Das ist einfach Flitterwochenbrauch. Ich habe dafür allerdings draußen niemals einen Anhalt gefunden, so viele Steine ich auch umgedreht habe. Aber die Vorgänge in meinem Terrarium haben mich trotzdem überzeugt. Was sind das doch für grausame Gesetze im Liebesleben der Karaben, die das Männchen zu verachteten Opfern des Weibchens stempeln! Sobald die Befruchtung vollzogen ist, müssen sich die Ärmsten von ihrer Gefährtin zerfleischen lassen.

Ist dieser Kannibalismus nach erfolgter Paarung wohl sehr verbreitet? Bis jetzt weiß ich drei allerdings gut bezeugte Beispiele: die Gottesanbeterin, den Skorpion von Languedoc und den Goldlaufkäfer. Weniger roh und gefühllos mutet uns das Vorgehen das weißstirnigen Warzenbeißers (Decticus albifrons) und des Heupferdes (Locusta viridissima) an. Sie vergreifen sich nur an dem *toten* Gefährten. Sie sind schließlich eben *Fleisch*fresser, und Wild ist Wild, und wäre es auch ein Schenkel des toten Gemahls.

Aber was soll man zu den *pflanzen*fressenden Insekten sagen, die so etwas tun? Wenn die Ephippigera vitium Serv. vor der Eierablage ihren blühenden Gefährten aufschlitzt und nach Belieben davon verspeist, soviel sie nur kann; wenn die sanfte Grille zur Hyäne wird und dem Liebsten, der ihr die herrlichen Ständchen gebracht hat, unbarmherzig die Flügel ausreißt, ihm die Harfe zerschlägt und ihn zur schuldigen Danksagung sogar teilweise auffrißt? Es liegt nach allem der Gedanke nahe, daß diese plötzliche Feindschaft nach der Paarung häufiger vorkommt, ganz besonders bei den fleischfressenden Insekten. Wie sind diese grausamen Bräuche zu erklären? Darüber muß ich mir bei Gelegenheit Klarheit schaffen. –

Also im Anfang August sind mir nur noch fünf Weibchen in meinem Gehege verblieben. Ihr Verhalten hat sich seit dem Auffressen der Männchen sehr verwandelt. Sie rühren kein Futter mehr an. Sie laufen nicht zu der leckeren Schnecke hin, die ich ihnen durch Entfernung der halben Schale mundgerecht gemacht habe; sie verschmähen die wohlbeleibte Gottesanbeterin und die Raupe, die sonst Leckerbissen für sie gewesen; im Halbschlafe verbringen sie ihre Zeit und kommen nur noch selten unter dem Brette hervor. Stehen sie vor der Eierablage? Vorbereitungen trifft die Mutter allerdings keine. Ich möchte es gar zu gerne beobachten können, wie sich wohl die kleinen Larven, für die so gar nicht gesorgt ist, behelfen werden.

Alles Warten ist vergeblich. Es kommt nicht zum Eierlegen. Und doch naht schon der kühle Oktober. Vier der Weibchen gehen ein. Die eine, die übrig bleibt, nimmt davon gar keine Notiz. Die toten Weibchen berührt sie nicht, die lebenden Männchen nur fanden in ihrem Inneren ihr Grab. So gut es angeht, wühlt sie sich in die dünne Bodenschicht des Terrariums ein und verhält sich ruhig. Als der November anbricht und der Mont Ventoux*) im Neuschnee prangt, liegt sie erstarrt ganz hinten in ihrem Versteck. Ich will sie fortan sich selbst überlassen. Sie wird allen Anzeichen nach überwintern und im kommenden Frühling zur Eierablage schreiten.

*) 1912 m hoher Berg der westlichen Kalkalpen im südfranzösischen Departement Vaucluse, der sich in isolierter Lage aus der Rhonebene erhebt und sieben Monate mit Schnee bedeckt bleibt.

Brutpflege bei Mistkäfern.

Wir sahen früher, daß bei der Herstellung der Brutbirnen des Skarabäus oder heiligen Pillendrehers (s. Zweite Reihe, S. 150 der Instinkt dieses Insekts in der unterirdischen Zelle zugunsten seiner Nachkommenschaft genau so verfährt, wie der durch Versuche und Studien gereifte Verstand es vorschreiben würde. Dennoch frage ich mich, ob ich dabei nicht das Opfer einer Täuschung bin. Ich sage mir: der Skarabäus und andere Mistkäfer fertigen aus dem Dung Pillen an. Dies ist ihr Handwerk, das sie – auf welche Weise wissen wir nicht – erlernt haben; vielleicht wird es ihnen durch die Organisation ihres Körpers aufgenötigt, zumal durch die langen, zum Teil leicht gekrümmten Beine. Ist es also verwunderlich, daß sie beim Arbeiten für ihre Nachkommenschaft die zuerst oberirdisch ausgeübte Fertigkeit als Pillendreher auch unter der Erde fortsetzen? Wenn die aus dem Ei geschlüpfte Larve dank der geschilderten Gestaltung der Brutbirne stets weiche Nahrung unter ihrem Gebiß hat, so ist das um so besser für sie, allein dies ist kein Grund, den mütterlichen Instinkt zu preisen.

Um mich vollends zu überzeugen, bedarf ich eines großen Mistkäfers, dem für gewöhnlich die Kunst des Pillendrehens völlig fremd ist, und der nichtsdestoweniger, sobald der Augenblick des Eierlegens kommt, den gesammelten Dung unter plötzlicher Änderung seiner Gepflogenheiten zu einer Kugel zusammenballt. Gibt es einen solchen Käfer in meiner Gegend? Jawohl, er ist sogar nach dem Skarabäus einer der schönsten und größten seiner Familie: der spanische Mondhornkäfer (Copris hispanus L.), den der vorn senkrecht abfallende Brustschild und das lange Horn auf seinem Kopfe kennzeichnen (Abb. 1 u. 2).*)

Da er kurz und stämmig gebaut und in seinen Bewegungen gemächlich ist, so sind ihm die Turnkünste des Skarabäus sicherlich fremd. Die ziemlich kurzen Beine, die er bei der geringsten Beunruhigung unter dem Leibe zusammenzieht, lassen gar keinen Vergleich zu mit den Stelzen der Pillendre-

*) Allbekannt ist unser heimischer Mondhornkäfer (Copris lunaris L.), der seinen Namen von dem halbmondförmigen Kopfende hat, auf dem ein gebogenes Horn steht. Er ist glänzend schwarz, an den Brustseiten, wie auf der Unterseite des Kopfes und der Vorderschenkel rostrot behaart und auf den Flügeldecken punktiert gestreift. Das Männchen hat außer dem aufrechten zugespitzten Kopfhorn auf dem vorn senkrecht abfallenden Thorax jederseits einen spitz dreieckigen Höcker. Das Weibchen hat nur ein Horn auf dem Kopfe. Dieser Käfer ist bei uns auf Viehtriften häufig, besonders in frischem Kuhdünger, unter dem er senkrechte Röhren gräbt, in deren jede eine Mistpille als Nahrung für die einzelne Larve eingebracht wird. In Südeuropa lebt sein Vetter, der noch größere spanische Mondhornkäfer (C. hispanus L.), dessen Brutpflege Fabre uns schildert.
Anm. d. Übers.

her. Schon die abgestutzte, ungelenke Gestalt des Mondhornkäfers deutet darauf hin, daß er keine langen Wanderungen, noch dazu mit dem Hindernis einer rollenden Kugel, liebt. In der Tat neigt er auch zur Seßhaftigkeit. Wenn er in der Dämmerung einen Haufen Dung entdeckt, so gräbt er darunter eine Höhle aus, in der etwa ein dicker Apfel Platz finden könnte. Dort hinein schleppt er nun einen Armvoll Dung nach dem andern und häuft ihn darin auf, ohne ihm irgend eine bestimmte Form zu geben. So bringt er einen verhältnismäßig ungeheuren Vorrat an Lebensmitteln zusammen, der Zeugnis ablegt von seiner Gefräßigkeit, und erscheint nicht mehr auf der Erdoberfläche, so lange dieser Schatz vorhält. Aus dieser Art seiner Tätigkeit ergibt sich klar und deutlich, daß dem Mondhornkäfer bis zu diesem Augenblick die Kunst, einen kugelrunden Klumpen zu formen, noch gänzlich fremd ist; die kurzen, ungeschickten Beine scheinen dies auch völlig auszuschließen.

Im Mai, spätestens im Juni, kommt nun die Zeit des Eierlegens heran. Während der Käfer bisher mit jeglichem Unflat vorlieb nahm, wird er nun, da es sich um die Aussteuer seiner Familie handelt, wählerisch. Sobald er einen Fund gemacht hat, der seinen Ansprüchen genügt, wird er – zum Unterschiede vom Skarabäus, der die daraus geformte Kugel oft weite Strecken fortwälzt – an Ort und Stelle bis zur letzten Krume eingegraben. Wir sehen also das Insekt im Hinblick auf seine Larven das gleiche Verfahren wiederholen, das es für sich selber anwendete. Die von ihm ausgegrabene Höhle, die sich auf der Oberfläche durch einen Erdhaufen kennzeichnet, wie man ihn über jedem Maulwurfsbau antrifft, befindet sich in einer durchschnittlichen Tiefe von 20 cm und ist geräumiger und sorgfältiger hergestellt als die nur vorübergehend von ihm bewohnten Quartiere, in denen er seine Schmäuse abhält.

1, 2. Der spanische Mondhornkäfer (Copris hispanus), Männchen und Weibchen. 3. Beide formen gemeinsam den Hauptklumpen, aus dem dann das Weibchen allein (4) die Brutpillen herstellt.

Um bei der Beobachtung der Käfer unabhängig von allen Zufälligkeiten zu sein, bringe ich eine Anzahl von ihnen in meinen Volieren unter; zunächst gilt es, die Art und Weise kennen zu lernen, wie sie den Dung unter die Erde schaffen. Im matten Abenddämmerschein sehe ich einen Mondhornkäfer auf der Schwelle des in die Erde führenden Ganges erscheinen. Er ist aus der Tiefe emporgekommen, um Ernte zu halten, braucht aber nicht lange zu suchen, da ich einen reichlichen Vorrat seiner Lebensmittel dicht vor seiner Tür niedergelegt habe. Ängstlich und bereit, bei dem geringsten verdächtigen Geräusch zu flüchten, nähert er sich ihm langsamen, bedächtigen Schrittes. Der Kopfschild gräbt, die Vorderbeine ziehen, so wird ein Stückchen abgelöst, mit dem das Insekt alsdann, rückwärts gehend, unter der Erde verschwindet. Nach kaum zwei Minuten ist es wieder da und holt einen neuen Armvoll, und so geht es in zahllosen Wiederholungen weiter; jedesmal schleppt der Käfer unförmliche Klümpchen davon, wie man sie etwa mit einer kleinen Zange ablösen könnte. Nachdem ich über die Methode, wie er sein Magazin füllt, völlig im klaren bin, überlasse ich ihn seiner Arbeit, die den größten Teil der Nacht hindurch fortgesetzt wird. Während der folgenden Tage läßt er sich nicht wieder sehen: in einer einzigen Nachtsitzung hat er einen ausreichenden Schatz aufgehäuft. Nun wollen wir einige Zeit zuwarten und dem Insekt Muße lassen, die Ernte auf seine Weise unterzubringen. Vor Wochenschluß grabe ich den Boden in der Voliere auf und lege die Höhle bloß, deren Verproviantierung ich zum Teil verfolgt habe.

Wie im freien Felde, ist es eine geräumige Nische mit flacher, unregelmäßiger Wölbung und fast ebenem Boden. Von der einen Ecke zieht sich ein runder Gang schräg bis zur Erdoberfläche hin. Die Wände der Wohnung sind sorgfältig festgeklopft und widerstandsfähig genug, um bei der durch meine Grabarbeit verursachten Erschütterung nicht einzustürzen. Man sieht: das Insekt hat, als es für die Zukunft arbeitete, alle seine Talente und Kraft aufgeboten, um ein dauerhaftes Werk zu schaffen.

Wie ich vermute, beteiligen sich beide Geschlechter an diesem Hauptwerke ihres Lebens, wenigstens treffe ich in den für die Eiablage bestimmten Erdhöhlen häufig ein Pärchen an (Abb. 3). Ohne Zweifel hat dieser große, prächtige Raum als Hochzeitsgemach gedient; die Vermählung ist unter diesem Gewölbe vollzogen worden, an dessen Bau das Männchen mitgeholfen hat, um seine Liebe möglichst eindrucksvoll zu erklären. Ich mutmaße auch, daß der Gatte seiner Gefährtin bei dem Eintragen und Aufspeichern des Proviants beigestanden hat, – dann aber ist seine Rolle in dem Familiensitze ausgespielt. Er zieht sich bescheiden zurück, steigt zur Oberfläche empor und richtet sich anderwärts ein, die Mutter ihren heiklen Verrichtungen überlassend.

Und was findet man nun in diesem Verließ, in das wir so zahlreiche kleine Ladungen von Proviant hinabbefördern sahen? Nur ein einziges Stück, einen dicken Klumpen, der die Höhle völlig ausfüllt bis auf einen engen Gang, der es der Mutter erlaubt, sich um ihn herum zu bewegen. Dieses Stück ist verschieden geformt: bald gleicht es an Gestalt und Umfang dem Ei einer Truthenne, bald stellt es eine abgeplattete Ellipse, ähnlich einer Sommerzwiebel, dar, andere sind beinahe völlig kugelrund usw., bei allen aber ist die Oberfläche glatt und regelmäßig gekrümmt. Die Mutter hat also die zahlreichen, nach und nach hinabgeschafften Klümpchen zu einem einzigen, völlig gleichartigen Stück zusammengeknetet und verschmolzen. Verschiedentlich gelingt es mir, die Bäckerin auf diesem riesigen Brotlaib zu überraschen, dem gegenüber sich die Brutbirne des Skarabäus ganz armselig ausnimmt. Sie spaziert auf der gewölbten Oberfläche umher, beklopft die Masse, deren Durchmesser in der Breite mitunter einen Dezimeter beträgt, um sie fester zu machen und alle noch bestehenden Unebenheiten zu beseitigen.

Um nun die ferneren Fortschritte der Arbeit in allen Einzelheiten verfolgen zu können, versetze ich eine Anzahl dieser dicken Brotlaibe samt den dazu gehörigen Mutterinsekten in mein Arbeitszimmer. Als Aufnahmebehälter verwende ich Gläser, deren Durchmesser etwa 12 cm beträgt, also ungefähr dem der Erdhöhle des Mondhornkäfers entspricht, und deren Boden mit einer dünnen Lage frischen Sandes bedeckt ist. Auf diesen Sand lege ich die Mutter und den von ihr gekneteten Klumpen. Begreiflicherweise unternimmt das geängstigte Insekt zunächst gar nichts. Es braucht völlige Dunkelheit, die ich mittels einer um das Glas gelegten Kartonhülle herstelle. Wenn ich diese vorsichtig etwas lüfte, kann ich bei dem matten Lichte, das in meinem Zimmer herrscht, das Insekt jederzeit bei seiner Arbeit überraschen und sogar seine Tätigkeit eine Weile verfolgen.

Auf diese Weise erkunden wir viele sehr bemerkenswerte Sachen. Zunächst, daß dieser Laib nicht durch Rollen seine Rundung erhält, die trotz der wechselnden Form immer regelmäßig ist. Schon die Prüfung der natürlichen Erdhöhle des Käfers zeigt ja, daß eine solche Masse in einer Zelle, die sie fast völlig ausfüllt, unmöglich hin und her gerollt werden kann. Auch würde die Kraft des Insekts gar nicht ausreichen, eine derartige Last zu bewegen. Bei meinen zeitweiligen Besichtigungen sehe ich die Mutter stets auf dem Klumpen sitzen, den sie bald hier bald dort in kleinen Schlägen beklopft, vorspringende Stellen glättend und das Werk immer vollkommener gestaltend; niemals dagegen macht sie Miene, den Block umdrehen zu wollen. Weshalb aber arbeitet sie so lange an ihm herum, bevor sie ihn zu dem Zweck verwendet, für den er eigentlich bestimmt ist? Wenn der Bäcker seinen Teig gehörig durchgeknetet hat, läßt er ihn eine Nacht oder länger, zu einem Klumpen zusammengeballt, in seinem Backtroge liegen. Im Inneren des dicken Blockes kann dann die Hitze der Brotgärung sich besser entwickeln. Der Mondhornkäfer kennt dieses Geheimnis: er stellt aus den einzelnen, in die Höhle geschafften Klümpchen vorläufig einen dicken Klumpen her, dem er Zeit läßt, durch die darin stattfindende Gärung, die den Teig für die Larve schmackhafter macht, besser zu werden und einen festeren Zusammenhalt zu erlangen, der für die spätere Behandlung günstiger ist. Bäcker und Käfer warten bis zur Beendigung dieser chemischen Arbeit; für das Insekt ist das eine recht lange Zeit – mindestens eine Woche.

Nun ist es so weit. Der Bäcker teilt alsdann seinen Block in Teigwürste, von denen jede ein Brot werden soll. Ebenso verfährt der Mondhornkäfer. Mittels eines ringsum laufenden Einschnittes, den er mit dem Messer seines Kopfschildes und der Säge seiner Vorderbeine ausführt, löst er ohne nachträgliche Vergrößerung oder Verkleinerung von dem Klumpen ein Stück ab, das den vorschriftsmäßigen Umfang hat. Um es in die erforderliche Form zu bringen, umschlingt er es mit seinen kurzen Beinen, die dafür so wenig geeignet scheinen, und rundet es durch bloßen Druck allmählich ab. Schwerfällig wechselt er seinen Platz auf der noch unförmlichen Pille, er steigt auf und ab, wendet sich nach rechts und links, bald auf der unteren, bald auf der oberen Seite, drückt planmäßig hier etwas stärker, dort etwas weniger, bessert mit unerschütterlicher Geduld daran herum, bis nach etwa 24 Stunden aus

Brutpille des spanischen Mondhornkäfers mit der zur Eiaufnahme bestimmten Vertiefung.

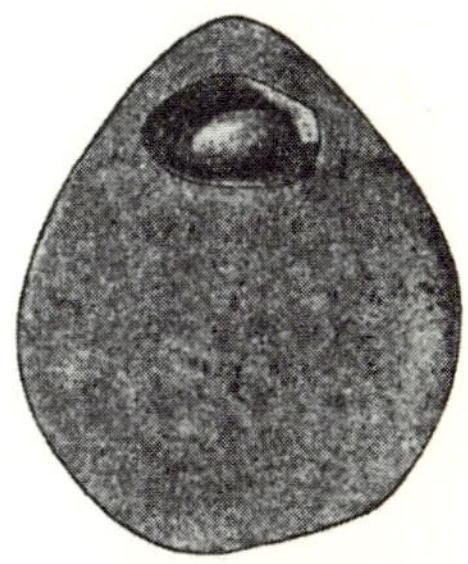

Durchschnitt durch eine Brutbirne des spanischen Mondhornkäfers mit dem in der Ausschlüpfzelle liegenden Ei.

dem vielkantigen Stück eine vollkommene Kugel von der Größe einer Pflaume geworden ist. In einem Winkel seiner Werkstätte, in der der stämmige kleine Künstler sich kaum rühren kann, hat er, ohne das Stück ein einziges Mal von seiner Grundlage zu bewegen, mit Geduld und Zeit diese geometrische Kugel geschaffen. Lange glättet er sie noch liebevoll, bis gegen Ende des zweiten Tages die Arbeit seinen Anforderungen zu entsprechen scheint. Alsdann steigt die Mutter auf die Kuppel ihres Gebäudes und höhlt dort, immer durch bloßes Drücken, eine kesselförmige Öffnung von geringer Tiefe aus (s. Abb.). In diesen Napf wird das Ei hineingelegt.

Äußerst behutsam und mit einer bei so plumpen Werkzeugen überraschenden Zartheit nähert sie hierauf die Ränder der Vertiefung einander, um eine gewölbte Decke über dem Ei herzustellen. Nach langem Mühen ist auch diese schwierige Arbeit vollbracht und aus der ursprünglichen Kugel ein ei- oder birnenförmiges Gebilde geworden, dessen Spitze nach oben zeigt. In dieser Spitze befindet sich auch, bald etwas näher der Oberfläche, bald etwas tiefer, die Ausschlüpfzelle mit dem in ihr ruhenden Ei (s. Abb.). Diese ganze Feinarbeit hat wiederum etwa 24 Stunden beansprucht.

Von der nun vollendeten Brutbirne kehrt das Insekt zu dem angeschnittenen Hauptklumpen zurück und schneidet von ihm ein zweites Stück ab, das in der gleichen Weise behandelt und mit einem Ei versehen wird (Abb. 4). So fährt es in seiner Arbeit fort, bis das Material erschöpft ist.

Nach beendeter Eiablage sitzt die Mutter in ihrer Nische, die beinahe gänzlich von den Wiegen ausgefüllt wird. Sie stehen dicht nebeneinander, jede mit der Spitze nach oben. Was wird sie jetzt tun? Ohne Zweifel an die Erdoberfläche zurückkehren, um sich dort von dem langen Fasten etwas zu erholen. Allein wer dies glauben sollte, täuscht sich: sie bleibt, und obgleich sie seit ihrem Weilen unter der Erde nichts mehr gegessen hat, hungert sie lieber, als daß sie an den Proviant rührte, der in gleichen Teilen die Nahrung ihrer Kinder bilden soll. Getreulich harrt sie trotz dem Hunger aus, um bei den Wiegen Wache zu halten.

Von Ende Juni ab sind die Höhlen des Mondhornkäfers im freien Felde schwer auffindbar, weil inzwischen das über ihnen aufgehäufte Erdreich vom Winde zerstreut oder unter den Füßen der über sie Hinschreitenden niedergetreten worden ist. Wenn ich trotzdem die eine oder andere entdecke, finde ich stets darin die Mutter, wie sie neben der Gruppe der Brutbirnen dahindämmert, während in jeder von diesen eine dicke, fette Larve ihren Schmaus hält, die inzwischen aus dem Ei geschlüpft und bereits ihrer völligen Entwicklung nahe ist.

Bei den ersten, im September einsetzenden Herbstregen kommen sie als fertig ausgebildete Käfer an die Oberfläche. Die Mutter hat also unter der Erde die Freude gehabt, ihre Nachkommenschaft kennen zu lernen, ein Vorzug, der unter den Insekten außerordentlich selten ist. Sie hört, wie ihre Kinder an der Rinde der Brutbirnen kratzen, um sich zu befreien; vielleicht kommt sie auch den kraftlosen Kleinen zu Hilfe, wenn die Feuchtigkeit des Bodens die Zelle noch nicht genügend erweicht hat. Mutter und Kinder verlassen gemeinsam den unterirdischen Raum und kommen miteinander zu den Freuden des Herbstes, wenn die Sonne mild scheint und das von den Schafen für sie gelieferte Manna auf allen Pfaden in Hülle und Fülle zu finden ist.

Die Onthophagen oder Kotkäfer.

Nach den „Notabeln" aus dem Geschlecht der Mistkäfer, die ich bereits besprochen habe, verbleibt mir innerhalb des sehr beschränkten Bezirkes meiner Nachforschungen noch das gemeine Volk der in frischem Dünger lebenden Onthophagen oder Kotkäfer (Onthóphagus Latr.)*), von denen ich in der Umgebung meines Wohnsitzes leicht ein Dutzend Arten zu sammeln vermöchte. Was können uns diese kleinen Käfer Neues lehren?

Eifriger noch als ihre großen Kollegen eilen sie als erste herbei, um sich den Haufen nutzbar zu machen, den ein vorüberziehendes Pferd oder Maultier hinterlassen hat. Sie kommen in Masse dorthin und verweilen lange, indem sie unter der Decke, die ihnen Schatten und Kühlung gibt, arbeiten. Wenn

*) Wörtlich: Mistfresser: von ὄνδος Mist und φαγεῖν fressen. Es gibt von ihnen 332 über die ganze Erde verteilte Arten, 30 europäische, darunter 13 deutsche. Anm. d. Übers.

man mit dem Fuß den Klumpen umkehrt, ist man überrascht über die krabbelnde Menge unter ihm, deren Vorhandensein außerhalb nichts verriet. Die größten darunter haben kaum den Körperumfang einer Erbse, es sind indes auch noch viel kleinere da, winzige Zwerge, die aber nicht weniger geschäftig und eifrig als die andern bei dem Zerkrümeln des Unflats mitwirken, dessen rasches Verschwinden die allgemeine Gesundheitspflege erheischt.

Diese bescheidenen Wesen tragen ganz wesentlich zu der gemeinnützigen Arbeit bei und entwickeln, indem sie ihre schwachen Kräfte vereinigen, eine ungeheure Kraft. Durch ihre Massenhaftigkeit wird aus dem fast Nichtigen ein gewaltiges Ganzes.

Truppweise kommen sie auf die erste Kunde von dem stattgehabten Ereignis herangezogen, und da sie bei ihrer ersprießlichen Tätigkeit unterstützt werden von den ebenso schwachen Dungkäfern (Aphódius fimetárius L.), so haben die winzigen Onthophagen rasch den Boden von allen Verunreinigungen befreit. Nun darf man nicht etwa meinen, daß ihre Eßlust imstande wäre, derartige Mengen von Lebensmitteln zu verzehren. Wieviel Nahrung braucht denn ein solcher Zwerg? Nur ein Atom. Allein dieses Atom steckt mitten in den Exkrementen und muß aus den Fäserchen des zermalmten Futters hervorgesucht werden. Bei dieser Zerstückelung und unzählige Male wiederholten Teilung des Klumpens wird er in Krümchen aufgelöst, die ein Sonnenstrahl ausdörrt und ein Windstoß zerstreut. Nachdem das Werk getan und zwar sehr gut getan ist, begibt die Schar der Säuberer des Bodens sich auf die Suche nach einem anderen Felde für ihre Wegräumungsarbeit. Sie kennt keine Feierstunden, als zur Zeit der strengen Kälte, die jede Wirksamkeit unmöglich macht.

Wir dürfen nicht glauben, daß die Käfer, die dieses schmutzige Geschäft verrichten, von plumper Gestalt und schlecht gekleidet seien. Das Insekt kennt unsere Dürftigkeit nicht. In seiner kleinen Welt trägt der Erdarbeiter einen prächtigen Rock; ein Leichenträger schmückt sich mit einer dreifachen hochorangefarbenen Schärpe; ein Holzhauer schafft in einem samtenen Gewande. Ebenso hat auch der Kotkäfer seinen Aufwand. Die Tracht ist allerdings stets ernst; das Braun und das Schwarz sind darin vorherrschend, bald matt, bald mit dem Schimmer von schwarzem Ebenholz; allein welche Einzelheiten einfacher und anmutiger Verzierung sind auf diesem einheitlichen Grunde zu gewahren! Die Schönheit der Tracht wird durch die Arbeit des Grabstichels vervollständigt. Niedliche Ziselierungen in gleichlaufenden Rillen, ästige Schnüre, aneinandergereihte Knötchen, mit perlartigen Wärzchen besetzt, sind bei fast allen Mitgliedern der Familie auf verschwenderische Weise verteilt. Ja wohl, sie sind wirklich schön, die kleinen Onthophagen mit ihrem untersetzten Körper und ihrer trippelnden Behendigkeit.

1. Onthophagus taurus Schreber. 2. Onthophagus vacca L.
3. Geotrupes stercorarius L. 4. (Ateuchus) = Scarabaeus sacer L.

Und dann, welche Eigenartigkeit in ihrem Stirnschmuck! Diese friedlichen Wesen gefallen sich

in einer kriegerischen Ausrüstung, als ob sie, die gänzlich Harmlosen, in den Kampf ziehen wollten. Viele lassen ihren Kopf von drohenden Hörnern überragen. Wir wollen nur einen von diesen Hörnerträgern anführen, dessen Geschichte uns besonders beschäftigen soll. Der ganz in Schwarz gekleidete Onthophagus taurus Schreber oder Stier-Kotkäfer ist auf dem Scheitel mit zwei langen Hörnern ausgestattet, die hübsch gekrümmt und gegeneinander gebogen sind. Man wird auf den Weidegründen der Schweiz vergeblich nach einem Stier mit einem Hörnerschmuck suchen, der diesem an Zierlichkeit der Windung gleichkäme.

Der Kotkäfer ist ein sehr mittelmäßiger Künstler; sein Nest ist eine nur in Andeutung vorhandene, kaum nennenswerte Arbeit. Ich bekomme sie im Überfluß von den sechs Arten, die ich in meinen Gläsern und Blumentöpfen züchte. Der O. taurus allein liefert mir an hundert Stück, unter denen ich aber kaum zwei finde, die einander vollkommen ähnlich wären, wie es doch Arbeiten sein müßten, die aus derselben Form und Werkstatt hervorgegangen sind:

Zu diesem Mangel genauer Übereinstimmung gesellt sich eine bald mehr bald weniger zutage tretende Fehlerhaftigkeit der Formen. Indessen läßt sich in dem ganzen Werk leicht das Vorbild erkennen, nach dem der ungeschickte Nestbauer arbeitet. Es ist ein fingerhutartig gestalteter, senkrecht stehender Schlauch, mit der kugelförmigen Wölbung nach unten und der kreisrunden Öffnung nach oben.

Mitunter baut das Insekt mitten in dem Erdreich, mit dem meine Gläser angefüllt sind; dann zeigt sich, da der Widerstand nach allen Richtungen gleich ist, die schlauchartige Gestaltung ziemlich genau; gewöhnlich aber zieht der Kotkäfer dem weichen Sande eine feste Stütze vor und baut gegen die Wandung des Gefäßes, zumal auf seinem Boden. Wenn die Stützwand senkrecht steht, ist der Beutel ein kurzer Zylinder, der Länge nach in verschiedene Abschnitte geteilt, mit glatten Seitenflächen und gegen das Glas hin flach, während die Ausbuchtungen überall runzelig gewellt sind. Wenn die Unterlage, wie meistens, wagerecht ist, erhält die kleine Koje die vielfach schwankende Form einer eiförmigen Pastille, unten flach, nach oben hin höckerig gewölbt. Zu der Unregelmäßigkeit dieser gezwungenen Formen ohne genau bestimmten Bauplan kommt noch die Plumpheit der Außenseiten, die alle, abgesehen von den das Glas berührenden Teilen, mit einer Rinde von Sand überzogen sind.

Der Gang der Arbeit erklärt diese wenig gefällige Bekleidung. Wenn die Zeit der Eiablage herankommt, bohrt der Kotkäfer einen zylindrischen Schacht und steigt bis auf mäßige Tiefe in die Erde hinab. Dort walkt und schichtet er, mit dem Kopfschilde, dem Rücken und den rechenartig gezähnten Vorderfüßen arbeitend, das ausgehobene Erdreich rings um sich derart herum, daß wohl oder übel ein genügend geräumiges Nest entsteht. Dann handelt es sich noch darum, die Wände der Höhlung zu zementieren, damit sie nicht einstürzen.

Das Insekt steigt in dem Schachte wieder zur Oberfläche empor; es sammelt auf der Schwelle der Mündung einen Armvoll Mörtel, der dem Fladen entstammt, unter dem er Wohnung genommen hat. Dann steigt er wieder hinunter mit seiner Last, die er auf den sandigen Wänden ausbreitet und zusammendrückt. Auf diese Art stellt er eine Art Betondecke her, deren Steinschlag von der Wandung selber geliefert wird, der Zement aber von dem tierischen Dünger. So macht der Käfer mehrere Reisen; er klopft jedesmal eifrig mit seinen als Kelle dienenden Füßen, bis der Keller überall mit Bewurf versehen ist; die Wände sind nun ganz mit Sandkörnern überzogen und können nicht mehr einfallen. Die kleine Koje ist fertig, es erübrigt noch, sie zu bevölkern und mit allem Nötigen zu versehen.

Auf dem Grunde ist von vornherein ein ausreichender Raum frei gelassen worden: die Ausschlüpfkammer, auf deren Wandung das Ei niedergelegt wird. Nachher kommt das Sammeln der Nahrungsmittel für die aus dem Ei schlüpfende Larve, bei dem der Käfer mit großer Behutsamkeit zu Werke geht. Solange er mit dem Bau beschäftigt war, benutzte er für seinen eigenen Bedarf die äußeren Teile des teigartigen Dungkuchens, ohne sich aus der beigemengten Erde etwas zu machen. Jetzt aber dringt er in das Innere des Klumpens mittels

eines Stollens vor, der wie mit einem Locheisen hergestellt zu sein scheint. Um einen Käse zu versuchen, benutzt der Händler eine walzenförmige hohle Senknadel, die er tief hineinbohrt und mit einer Probe aus den mittleren Schichten angefüllt wieder herauszieht. Wenn der Kotkäfer die Nahrung für seine Larve zusammenbringt, verfährt er, als ob er mit einer solchen Senknadel versehen wäre.

Er bohrt in den Mistklumpen ein genau rundes Loch und dringt unmittelbar bis zur Mitte vor, wo der nicht mit der Luft in Berührung gekommene Stoff sich schmackhafter und geschmeidiger erhalten hat. Nur dort sammelt er einen Armvoll nach dem andern und trägt die Lasten in sein Vorratsgewölbe, wo er sie entsprechend knetet und aufschichtet, bis sie den Schlauch bis zum Rande anfüllen. Endlich verschließt er mit einem Pfropfen aus demselben Mörtel, dessen Wände halb aus Sand und halb aus Dungzement gemacht sind, die Zelle derart, daß man bei einer Untersuchung äußerlich nicht unterscheiden kann, was oben und was unten ist.

Um das Werk und seine Zweckmäßigkeit beurteilen zu können, muß man es öffnen. Ein ovaler leerer Raum nimmt den untersten Teil ein. Es ist die Geburtskammer, die ungeheuer geräumig ist im Verhältnis zu ihrem Inhalte: dem Ei, das bald auf dem Boden der Zelle, bald seitlich befestigt ist. Es ist ein kleiner weißer Zylinder, abgerundet an beiden Enden und unmittelbar, nachdem es gelegt wurde, 1 mm lang. Ohne andere Stütze als den Punkt, auf den die Legröhre es eingepflanzt hat, steht es auf seinem unteren Ende und streckt sich in den leeren Raum empor.

Mit Überraschung gewahrt unser forschender Blick einen so winzigen Keim in der so geräumigen Zelle. Wozu soll denn soviel freier Raum einem so kleinen Ei nützen? Bei aufmerksamer Untersuchung des Inneren ruft die Wand des Kämmerchens eine andere Frage hervor. Sie ist mit einem feinen grünlichen Brei überstrichen, der halbflüssig und glänzend ist und dessen Aussehen in keiner Weise zu dem paßt, was uns das Stück Unrat, aus dem das Insekt seine Stoffe herausgeholt hat, weder im Innern, noch äußerlich zeigt.

Einen ähnlichen Mörtel gewahrt man in der Nische, die Skarabäen, Copris, Sisyphen, Geotrupen und andere Mistkäfer, die aus Dünger Konserven herstellen, im Inneren der Nahrungsmittel selbst frei lassen, um das Ei aufzunehmen; aber bei keinem anderen sah ich ihn in Anbetracht aller Verhältnisse so reichlich bemessen, wie in der Ausschlüpfkammer des Kotkäfers. Schon lange hatte dieser breiartige Lack, den ich erstmals bei dem heiligen Pillenkäfer (Ateúchus oder Scarabáéus sacer L.) beobachtete, mich neugierig gemacht. Ich hielt ihn anfangs für eine Schicht aus der Kotmasse ausschwitzender Feuchtigkeit, die sich an der Wandung einfach durch die Kapillarität oder Haarröhrchenwirkung ansammelt. Diese Erklärung schien mir zuerst annehmbar, allein es war eine irrige Meinung. Die Wahrheit ist noch viel mehr unserer Aufmerksamkeit würdig. Heute, nachdem der Kotkäfer mich besser unterrichtet hat, weiß ich, daß jener Mörtel, diese halbflüssige Creme, ein Erzeugnis mütterlicher Fürsorge darstellt. Es ist eine besondere Kraftsuppe, eine Milchspeise, von der Mutter in Rücksicht auf die neugeborene Larve zubereitet.

Das junge Täubchen steckt seinen Schnabel in den der Eltern, die unter krampfhaftem Drücken ihn zuerst mit einem vom Magen abgesonderten käseartigen Brei füllen, später mit einem Mus aus Körnern, die durch einen Anfang von Verdauung weich gemacht sind. Es wird durch Nahrungsmittel ernährt, die seine Eltern wieder von sich gaben und die für seinen noch schwachen jungen Magen dienlich sind. Ungefähr ebenso wird anfänglich auch das Würmchen des Kotkäfers aufgezogen. Um ihm die ersten Bissen zu erleichtern, bereitet die Mutter für die aus dem Ei schlüpfende Larve in ihrem Magen eine leichte und stärkende Creme. Ihr den Leckerbissen von Mund zu Mund zugehen zu lassen, ist ihr freilich unmöglich: die Herstellung weiterer Zellen hält sie anderwärts fest. Noch erschwerender wirkt der Umstand, daß die Ablage der einzelnen Eier sich in langen Zwischenräumen vollzieht, während das Ausschlüpfen ziemlich spät eintritt; es würde daher die Zeit fehlen, wenn die Familie nach Taubenart aufgezogen werden müßte. Somit ist unbedingt ein anderes Verfahren nötig.

Jener Kinderbrei wurde überall auf die Wand des Kämmerchens entleert, so daß die neugeborene Larve um sich herum reichlich so etwas wie eine gestrichene Brotschnitte vorfindet, wobei das Brot, als Nahrung des reiferen Alters, durch den ursprünglichen Stoff vertreten wird, so wie ihn der Vierfüßler geliefert hat, das Eingemachte aber, als Leckerbissen des zarten Alters, durch denselben, jedoch vorher im mütterlichen Magen sorgfältig gekochten Stoff. Wir werden später sehen, wie der Säugling zuerst rund um sich herum das Eingemachte ableckt, um dann tapfer das Brot in Angriff zu nehmen. Ein menschliches Leckermaul macht es ebenso.

Gern hätte ich die Mutter dabei überrascht, wenn sie den Brei von sich gibt und auf den Wänden ausbreitet, allein es gelang mir nicht. Die Dinge gehen in einem engen Raume vor sich, in den der Blick keinen Zutritt hat, wenn die Pastetenbäkkerin darin arbeitet, die, dem vollen Tageslichte ausgesetzt, vor Aufregung ihre Tätigkeit einstellt.

Wenn aber auch die unmittelbare Beobachtung fehlt, so spricht doch das Aussehen des Stoffes sehr deutlich und belehrt uns, daß die Kotkäfermutter, in dieser Hinsicht der Taube nacheifernd, jedoch nach einer andern Methode, die ersten Bissen für ihre Söhne wieder von sich gibt. Dasselbe gilt von den andern Mistkäfern, die sich auf die Kunst verstehen, eine Ausschlüpfkammer mitten in dem Lebensmittelvorrat anzubringen. Diese den Unrat bearbeitenden Insekten erbauen uns durch ihre Sitten. Verschiedene verbinden sich zu zweien und gründen einen Haushalt, manche liefern das Vorspiel zum Stillen, diesem höchsten Ausdruck mütterlicher Sorge; aus ihrem Magen machen sie die Mutterbrust. Das Leben hat seine Launen. In den Kot versetzt die Natur die hinsichtlich der Familieneigenschaften bestbegabten Käfer; freilich steigt sie von dort mit plötzlichem Aufschwunge zur Erhabenheit des Vogels empor.

Innerhalb einer Woche ungefähr schlüpft der kleine, ganz seltsam und fremdartig aussehende Wurm aus dem Ei. Er trägt auf dem Rücken einen ungeheuren, zuckerhutförmigen Höcker, dessen Gewicht ihn jedesmal zum Umfallen bringt, wenn er sich auf den Beinen zu halten und zu marschieren versucht. Jeden Augenblick schwankt er und fällt unter dem Gewicht seines Buckels nieder.

Da die Larve des Kotkäfers unfähig ist, ihren Höcker im Gleichgewicht zu halten, so legt sie sich auf die Seite und leckt rings um sie herum die Creme ab, die sich überall, an der Decke, auf den Seitenmauern und auf dem Boden befindet. Sobald eine Stelle gründlich leergemacht ist, rückt der Verzehrer etwas von der Stelle mit Hilfe seiner gut ausgebildeten Füße, dann schlägt er von neuem um und leckt von neuem. Da die Kammer geräumig und reichlich mit Eingemachtem versehen ist, so währt diese Ernährungsweise einige Zeit.

Die dicken Wickelkinder des Roßkäfers (Geotrúpes stercorárius L.), des Mondkäfers (Cópris lunáris L.) und des Pillendrehers (Ateúchus) werden in einer kurzen Sitzung mit den Leckereien an den Wänden ihres Kämmerchens fertig; diese Leckerbissen werden ihnen sparsam geboten, nur gerade so viel, wie nötig, um die Eßlust zu wecken und den Magen auf weniger zarte Nahrung vorzubereiten. Jener Zwerg aber findet genug vor für länger als eine Woche. Die geräumige Geburtskammer, die gar nicht im Verhältnis steht zu der winzigen Gestalt des Säuglings, hat diese Verschwendung erlaubt. Endlich macht er sich über den wirklichen Brotlaib her. In einem Monat ist alles verzehrt, bis auf die Wand des Nestes.

Jetzt wird sich uns die prächtige Rolle des Höckers kundgeben. Gläserne Röhren, die ich im Hinblick auf die kommenden Ereignisse vorbereitet habe, setzen mich instand, die immer feister und buckliger werdende Larve bei ihrer Arbeit zu verfolgen. Ich sehe, wie sie sich in eine Ecke der Zelle zurückzieht, die inzwischen recht baufällig geworden ist. Dort macht sie sich einen Behälter, in dem ihre Verpuppung vor sich gehen soll. Als Baumaterialien dafür besitzt sie die Verdauungsrückstände, die sich, in Mörtel umgewandelt, in ihrem Höcker angehäuft haben. Und nun gibt sich der mit Mist arbeitende Architekt daran, aus seinem Kote, den er in diesem Behälter zurückbehalten hat, ein Meisterwerk an Zierlichkeit für sich zu bauen.

Ich behalte mit der Lupe alle seine Bewegungen genau im Auge. Er ringelt sich zusammen,

schließt den Umkreis des Verdauungsapparats, bringt dessen beide Pole miteinander in Berührung und packt mit der Spitze seiner Oberkieferzangen ein Klümpchen soeben entleerten Kotes. Dies wird sehr sauber ergriffen, meisterlich geformt und abgewogen. Mit einer sanften Biegung des Nackens wird alsdann der Baustein an seinen Platz gebracht. Andere folgen und werden mit aller Sorgfalt ganz regelrecht übereinander geschichtet. Indem die Larve mit den Tastern ein wenig daraufklopft, überzeugt sie sich von der Standfähigkeit der Stücke, von ihrer genauen Verbindung und ihrer streng vorschriftsmäßigen Anordnung. Sie dreht sich im Mittelpunkte ihres Werkes entsprechend dem Emporsteigen des Baues hin und her, wie dies ein Maurer tut, der eine runde Laterne aufführt.

Mitunter löst ein niedergelegtes Stück sich ab, weil der Zement nachgibt. Die Larve nimmt es mit ihren Kiefern wieder auf, überstreicht es aber, bevor sie es an seinen Platz legt, mit einer klebrigen Feuchtigkeit. Diese tritt aus ihrem Hinterteil hervor, wo augenblicklich ein kaum wahrnehmbarer, zusammenhaltender Gummierextrakt aussickert. Der Höcker liefert die Stoffe, das Eingeweide gibt, wenn es nötig ist, den Klebstoff, der sie vereinigt.

So wird eine eirunde Behausung hergestellt, stuckartig glatt im Innern, außen mit wenig vorspringenden Schuppen verziert, einem Zedernzapfen vergleichbar. Jeder von diesen Schuppen ist einer der aus dem Höcker hervorgegangenen Bausteine. Das Köfferchen ist nicht groß, ein Kirschkern mag ungefähr seinem Rauminhalt entsprechen; aber es ist so regelrecht, so hübsch geformt, daß es ohne jegliche Bedenken den Vergleich mit den schönsten Hervorbringungen des Kunstfleißes der Insekten aushalten kann.

Ein Rätsel der Stierkäferlarve.

Die Nymphe des Stierkäfers (Onthophagus taurus Schreiber) besitzt ein einzelnes Horn, das am vorderen Rande des Brustschildes emporsteht. Es ist so mächtig wie die beiden anderen, ist nach vorne gerichtet, ragt in den mittleren Teil der Stirnsichel herein und etwas darüber hinaus. Es ist walzlich geformt und endigt in einen kegelförmigen Knopf. Eine ureigenartige, prächtige Zeichnung! Ich bin sicher, ein Hieroglyphenschneider im alten Ägypten hätte darin die hinter dem Vorgebirge der Welt emportauchenden Mondhörner der Isis gesehen.

Auch sonst hat die merkwürdige Larve noch Absonderlichkeiten aufzuweisen. Links und rechts vom Bauche befinden sich vier weitere Hörnchen, die wie Kristalldorne aussehen. Im ganzen also eine elffache Wehrausrüstung: zwei Hörner auf dem Kopfe, eines auf dem Brustschilde und acht am Hinterleibe! Wunderliche Horngebilde sind sonst ein Vorrecht der vorweltlichen Ungetüme: manche Reptilien der früheren geologischen Formationen gefielen sich darin, sich einen spitzigen Sporn auf den Augendeckel zu setzen. Der Stierkäfer geht eigentlich noch viel weiter; er schützt sich die Seiten des Hinterleibs durch 8 Hörner, den Spieß, den er sich auf den Rücken gepflanzt hat, gar nicht zu rechnen. Die Stirnhörner ließe man sich noch gefallen; die finden sich auch sonst häufig, aber was sollen ihm alle die anderen Hörner? Weiter gar nichts! Es sind Eintagslaunen, eitler Kinderputz und Flitter. Beim ausgewachsenen Tiere ist nichts mehr davon vorhanden, wie wir sehen werden.

Die Nymphe reift heran. In den zwei Ansätzen der Stirn, die, wie die sämtlichen anderen, zuerst farblos glasig sind, schimmert etwas wie ein rotbrauner, bogenförmiger Strich hindurch. Es ist dies das echte, wirkliche Horn, das sich hier jetzt bildet, härtet und Farbe bekommt. Der Ansatz des Brust-

schilds und die des Hinterleibs dagegen behalten das glasige Aussehen bei. Es sind unfruchtbare Wülste, denen der Keim zur Weiterentwicklung fehlt, die der Organismus einmal in einer Stunde des Überreizes geschaffen hat, aber nachher nicht ganz hat ausbilden wollen oder können und darum nutzlos verkümmern läßt.

Bei der Häutung fallen diese merkwürdigen Horngebilde als vertrockneter Plunder mit dem gesprengten Balge ab. Vergeblich späht man mit der Lupe an den Stellen herum, wo sie zuerst gesessen hatten. Es findet sich nichts, was irgend der Rede wert wäre. An die Stelle der früheren Vorsprünge ist überall glatte Rundung getreten. Rein nichts mehr, wo doch früher etwas gewesen. Von der ganzen Nebenrüstung, die so vielversprechend ausgesehen hatte, ist nicht die Spur übrig geblieben. Alles ist verschwunden, wie „in leere Luft verhaucht".

Der Onthophagus taurus ist indes nicht der einzige, der mit diesen nur kurz währenden Auswüchsen versehen ist, die bei der Häutung wieder ganz und gar verschwinden. Die anderen zu der gleichen Untergattung gehörigen Käfer weisen an Hinterleib und Brustschild ähnlichen Hörnerschmuck auf, den auch s i e alle im ausgebildeten Zustande wieder abwerfen.

Aber es kann uns nicht befriedigen, die bloße Tatsache festzustellen, wir möchten gerne das Warum erforschen. Haben wir da noch einen leisen Anklang an die wunderlichen Gebilde der Vorwelt, die eine damals noch jugendkräftige Natur in maßlosem Überschwung ihres Schaffensdranges hervorgebracht hat, die aber in unsere Zeit, die das Maßvolle liebt, nicht mehr hereinpassen? Ist der Onthophagus die Liliputausgabe eines ausgestorbenen Stammes von Hornträgern, eine abgeblaßte Kopie aus der Vergangenheit?

Dies anzunehmen, liegen keinerlei triftige Gründe vor. Der Kotkäfer blickt auf keine lange Ahnenreihe zurück; er gehört zu den Jüngsterschienenen. Eines in die graue Vorzeit hinaufreichenden Stammbaumes, in denen sich leicht so manche Ahnen hineinkonstruieren lassen, kann er sich nicht rühmen. Selbst die Durchforschung der alten Süßwasser-Fauna hat zwar viele Zweiflügler und Rüsselkäfer ergeben, aber von den Kotkäfern nicht die geringste Spur. Der Onthophagus ist aus der V e r g a n g e n h e i t nicht zu belegen. Er ist nicht eine Abart, nicht ein entarteter Sproß gehörnter Vorfahren.

Wie steht es aber mit der Zukunft? Wenn das Brustschildhorn nicht ein Überbleibsel ist, haben wir es dann gewissermaßen mit einer Verschreibung für die Zukunft zu tun, mit einem schüchternen Versuche, der im Laufe der Jahrhunderte zur bleibenden Waffe verhärten und erstarken kann? Sollte sich da ganz unmerklich und im stillen die Neuschöpfung eines Organes vorbereiten, das auf dem Brustschild des ausgewachsenen heutigen Insekts noch nicht vorhanden ist, aber eines schönen Tages noch hervorkommen wird? Ist die Natur an der Arbeit, dieses Stück zu schaffen? Dürfen wir einen Blick in ihre Werkstatt tun, um zu sehen, wie es bei der Entstehung der Arten zugeht? Zeigt uns die Gegenwart die Vorbereitung der Zukunft?

Und was für einen Zweck verfolgt das Insekt damit? Es hat ja auch nicht nachgelassen, bis ihm ein Spieß auf dem Rücken prangte. So etwas ist ja allerdings Mode bei anderen Käfern, die sich gleich ihren Larven von pflanzlichen Zersetzungsstoffen nähren. Und d i e tragen ihren Spieß nicht als Waffe, sondern als Prunkstück männlicher Eitelkeit und Gefallsucht. Ich meine verschiedene ausländische Skarabäen. So haben sich die Goliathe unter den mit Flügeldeckeln Gepanzerten fürchterlich anzuschauende Hellebarden zugelegt, die sich neben ihrer friedfertigen, spießbürgerlichen Leibesfülle wunderlich genug ausnehmen.

Man sehe nur einmal den Herkuleskäfer, den Stammgast der modernden Baumstümpfe, der unter der glühenden Sonne der Antillen lebt. Der harmlose Riese verdient trotz seiner Friedfertigkeit wohl seinen Namen: denn er ist nicht weniger als drei Zoll lang. Wozu anders soll ihm das drohende Schwert auf dem Brustschild und das gezackte Geweih auf seinem Kopfe verliehen sein, wenn nicht, um Staat zu machen vor seiner Auserkorenen, die ihrerseits jeden übertriebenen Schmuckes bar ist? Höchstens daß er diese Attribute bei der Ausführung gewisser Arbeiten gelegentlich als Geräte mit

heranzieht, so wie der Roßkäfer beim Zerkrümeln der Pillen und beim Wegschaffen des Abraumes seines Dreizacks sich bedient. Ein Geräte, dessen Zweck wir nicht begreifen, muß uns verblüffen. Da ich mit dem Antillen-Herkules niemals in nähere Berührung gekommen bin, so bin ich hinsichtlich der Arbeitsrolle, die seiner furchtbaren Vorrichtung zufällt, auf Vermutungen angewiesen.

Nun also, wenn sich einer der Insassen meines Terrariums, der Onthophagus vacca L., ordentlich Mühe gäbe, so müßte er es zu einem ähnlichen Indianerkriegsschmucke bringen, falls es mit rechten Dingen zugeht. Denn die Larve trägt ein einzelnes, rückwärts gebogenes starkes Horn auf der Stirn und auf dem Brustschilde ein ähnliches, nach vorn gekrümmtes. Die beiden bilden zusammen eine Art Zange. Woran liegt es nun, daß das Insekt im kleinen, so für seine Verhältnisse passend, sich nicht ebenfalls den Schmuck des Antillenkäfers zulegt? Es ist einfach nicht konsequent, nicht beharrlich genug. Das e i n e Horn, den Auswuchs der Stirn, entwickelt es zur vollen Reife, das des Brustschilds läßt es saft- und kraftlos verkümmern. Der Ansatz zu dem mächtigen Hebebaum auf dem Rücken ist wohl vorhanden, führt aber zu keinem Endergebnis, so wenig wie beim Onthophagus taurus. Die schöne Gelegenheit, sich zur Hochzeit schmuck und zum Kriege schreckhaft zu machen, wird einfach verpaßt.

Den anderen geht es auch nicht besser. Sechs Arten befinden sich bei mir in Pflege. Alle besitzen im Nymphenzustande das Brustschildhorn und die achtzackige Krone am Hinterleibe; aber sie machen sich diese Vorzüge keineswegs zunutze, sondern lassen bei der Häutung die Dorne mit der abgelegten Hülle zurück. In unserer Nachbarschaft zählt man ein Dutzend erreichbare Onthophagus-Arten; in der ganzen Welt kennt man deren hunderte. Alle, die einheimischen und die Exoten, haben im großen Ganzen den gleichen Bau, alle besitzen im Larvenstadium den Rückenhöcker, aber noch keine einzige hat es, trotz der Verschiedenheit der Himmelsstriche – hier heiße, dort gemäßigte Zone – dahin gebracht, ein festes, dauerhaftes Horn daraus zu drechseln.

Wäre es nicht denkbar, daß es der Zukunft vorbehalten sein könnte, das Werk zu vollenden, zu dem schon eine so ausgesprochene Anlage vorhanden ist? Man ist um so eher versucht, diese Frage zu tun, als der Schein dafür spricht. Wir wollen einmal das Stirnhorn der Nymphe des Onthophagus taurus unter die Lupe nehmen und alsdann ebenso peinlich mit dem Brustschildhöcker verfahren. Im Anfang ist zwischen den beiden kein Unterschied festzustellen, außer daß sie g e g e n einander geneigt sind; bei dem einen wie bei dem anderen haben wir dasselbe glasartige Aussehen, denselben mit farbloser Flüssigkeit angefüllten Schlauch, dieselbe ausgesprochene Anlage zu einem künftigen Organ. Ein in der Bildung begriffenes Bein kann nicht deutlicher indiziert sein als das Horn des Brustschildes und die Ansätze auf der Stirn.

Sollte vielleicht der ganze Verwandlungsvorgang einen zu raschen Verlauf nehmen, so daß dieser Sproß des Brustschildes einfach nicht die Zeit fände, sich zum steifen, bleibenden Horne auszuwachsen? Es ist ja wahr, die Larve braucht nur wenige Wochen zum Abschluß ihrer Entwicklung. Wenn auch diese kurze Zeit ausreicht, um das Stirnhorn zur vollen Entfaltung zu bringen, so könnte sie ja vielleicht doch für die Ausreifung des Brustschildhornes zu kurz sein. Wir wollen also einmal den Nymphenzustand künstlich hemmen und dem Keime Zeit lassen, sich zu entwickeln.

Ein wochen-, ja nötigenfalls monatelanges Tiefhalten der Temperatur müßte doch, sollte ich meinen, das gewünschte Ergebnis herbeiführen, weil es ja die Entwicklung verlangsamte. Wenn es, wie es für zarte Gebilde sich gehört, hübsch langsam und gemächlich zugeht, wird das doch schon in der Anlage vorhandene Organ Zeit finden, feste Form zu gewinnen, und zu dem erhofften Spieße zu werden.

Der Versuch hätte für mich viel Verlockendes gehabt. Leider konnte ich ihn nicht zur Ausführung bringen, weil es mir an den Mitteln gebrach, eine gleichmäßig anhaltende kühle Temperatur zu erzeugen. Was würde das Ergebnis wohl gewesen sein, wenn ich nicht aus Unvermögen das Vorhaben hätte aufgeben müssen? Eine Verlangsamung der Ver-

wandlung sicher, aber das wäre allem Anscheine nach auch alles. Der Brustschildhöcker hätte sich ebenso sicher nicht weiterentwickelt und wäre früher oder später abgestorben.

Dafür habe ich meine bestimmten Gründe. Die Behausung des Onthophagus während seiner Verwandlungszeit liegt nicht tief unter dem Boden, so daß dem Tierchen die Witterungsveränderungen sicher fühlbar werden. Auch sind die Jahreszeiten sehr launisch, vorwiegend der Frühling. In der Provence haben wir, wenn sich der Mistral dareinmischt, Wetterstürze, die eine Rückkehr des Winters befürchten lassen.

Und nun erst, wo der Einfluß eines nördlicheren Klimas in Frage kommt! Die Onthophagen erfreuen sich einer weiten südnördlichen Verbreitung. Die nördlichen, denen die warme südliche Sonne fehlt, können unter Umständen durch ungünstige Temperatur-Tiefstände wochenlang in ihrer Entwicklung hintangehalten werden. Da hätte also der Brustschildhöcker reichlich Zeit, da und dort sich zum festen Horne heranzubilden. Also, es gibt Gegenden, wo, ohne künstlichen Eingriff, von Natur aus eine mäßige, ja kühle Temperatur Platz greift.

Welche Folge hat nun aber diese Hemmung des organischen Schaffens? Gelangt das vielversprechende Horn wirklich zur Reife? O nein! Auch hier, wie unter dem Reiz der lieben Sonne, fällt es gleichermaßen der Verkümmerung anheim. Niemals hat man in den Veröffentlichungen auf dem Gebiet der Insektenkunde etwas gelesen von einem Kotkäfer, der auf dem Brustschilde ein Horn getragen hätte. Es hätte überhaupt kein Mensch eine Ahnung, daß in der *Larve* die Vorbedingungen dazu gegeben sind, wenn ich nicht jene wunderliche Ausrüstung der Nymphe bekannt gemacht hätte. Also der Einfluß des Klimas hat hier nicht mitzureden.

Je tiefer man gräbt, um so verwickelter wird die Sache: die Hornzierden der Onthophagen, der Kopris, des Roßkäfers und so vieler anderer sind ein Erbteil der Männchen; die Weibchen müssen entweder ganz darauf verzichten oder haben nur einen bescheidenen Hornschmuck. Das Horn dient weit mehr als Schmuck zum Staate denn als Werkzeug zur Arbeit. Das Männchen putzt sich damit zur Paarungszeit heraus. Aber abgesehen von dem einen Falle, wo der Roßkäfer mit seinem Dreizack die trockene, zum Zerkleinern bestimmte Pille festhält, ist mir keiner der Käfer bekannt, der sein Horn als Geräte verwendete. Hörner und Zangen auf der Stirn, Kämme und Sicheln des Brustschildes sind nichts weiter als Schmuckstücke männlicher Gefallsucht. Das andere Geschlecht bedarf dieser Lockmittel nicht; es ist ein Weibchen und damit gut.

Nun aber gibt uns doch eins zu denken. Die weibliche Onthophaguslarve, die kein Horn auf der Stirn besitzt, trägt einen ebenso glashellen, ebenso langen und ebenso vielverheißenden Höcker auf dem Brustschild wie die männliche Larve. Wenn nun dieser letztere Ansatz einen nicht zur Ausführung gelangten Entwurf eines Schmuckes darstellt, so müßte der erstere, der weibliche, es auch sein. Es müßten also beide Geschlechter um die Wette bestrebt sein, sich zu verschönen, mit gleichem Eifer das Ziel zu erreichen suchen, den Thorax mit einem Horne zu schmücken.

Wir würden eine Art von Kotkäfern entstehen sehen, die eigentlich gar keine Onthophagen mehr wären, sondern eine Abart. Wir würden das Aufkommen einer Tracht erleben, die bisher bei ihnen nicht herkömmlich war, nämlich die Ausrüstung *beider* Geschlechter mit einem Pfahl auf dem Rükken. Damit würde also der höchst sonderbare Fall eintreten, daß das Weibchen, dem in der ganzen Insektenreihe nur eine bescheidenere Ausstattung beschieden war, mit dem Männchen im Staatmachen mit wunderlichen Schönheitsmitteln in Wettbewerb träte. Das wäre ein in der Natur nicht begründetes Bestreben, und darum glaube ich nicht daran.

Wenn je einmal in der Zukunft der Fall eintreten sollte, daß ein ausgewachsener Kotkäfer mit einem Horn auf dem Brustschild in der Welt erschiene, so wäre dieser „Umstürzler" nicht etwa der Onthophagus, der den Brustschildansatz aus dem Larvenzustand herübergerettet und zu einem echten Horn ausgebildet hätte, sondern wir hätten es dann mit einem ganz neuen Modell zu tun. Die Schöpfermacht legt die alten, verbrauchten Formen zum alten Eisen und ersetzt sie durch frische, die sie mit neuem Aufwand gebildet und nach neuen aus ihrer

nie versiegenden Fülle geschöpften Mustern gefertigt hat. Ihre Werkstatt ist nicht ein Trödelmarkt, auf dem der Lebende den abgelegten Rock des Gestorbenen anlegt, sondern eine Künstlerwerkstatt, aus der neugegossene Medaillen mit neuem Sondergepräge hervorgehen. Ihr Formenreichtum ist von unbegrenzter Fülle; eine knauserige Sparsamkeit, die das Alte zu etwas Neuem zurechtstutzt, kennt sie nicht. Die ausgebrauchte Form wird zerschlagen und nicht nachträglich zu erbärmlichen „Nachgüssen" verwendet.

Was haben aber nun die Höckeransätze zu bedeuten, die immer verdorren müssen und nie zur Vollendung gelangen? Ich schäme mich meiner Ratlosigkeit gar nicht und gestehe ganz ruhig: „Ich weiß es nicht". Schmeckt meine Antwort auch nicht nach Gelehrsamkeit, sie hat wenigstens den Vorzug, ehrlich zu sein.

Der Bohnenkäfer.

Ein aus Amerika zugewanderter Feinschmecker.

Wenn irgend ein Gemüse auf Erden eine gute Gabe Gottes ist, so ist es die Bohne. Sie hat alle guten Eigenschaften: man kann sie mit der Zunge zerdrücken; sie hat einen trefflichen Wohlgeschmack, ist ausgiebig in der Ernte, billig zu haben und sehr nahrhaft. Sie ist eine Art Pflanzenfleisch, ohne daß sie das Widerliche, Blutrünstige der Fleischbank an sich hätte. Die provenzalische Sprache nennt sie deshalb mit Beziehung auf ihre weithin geschätzten Dienste: gounflo-gus, d. h. „die den Leib füllt".

Gebenedeite Bohne, du Trost der Bettler; um wenig Geld, ja, füllst du ihn an, den Arbeiter, der sich plagen muß, den wackeren Biedermann und Hochbegabten, dem es nicht beschieden gewesen, das große Los zu ziehen; du freigebige Bohne, mit drei Tropfen Öl und einem Spritzerchen Essig zubereitet, bist du das Labsal meiner Jugend gewesen; auch jetzt noch, auf meine alten Tage, bist du mir in meiner bescheidenen Schüssel willkommen. Wir wollen Freunde bleiben bis zuletzt.

Heute will ich aber nicht deine Verdienste preisen. Ich will nur ganz einfach eine Frage an dich richten. Wie heißt dein Heimatland? Bist du mit der Pferdebohne und der Erbse aus dem inneren Asien zu uns gekommen? Hast du zu den Samen gehört, die uns jene ersten Bringer der Kultur aus ihrem Gärtchen zugeführt haben? Hat dich das Altertum gekannt?

Darauf gibt uns das Insekt, als unparteiischer und sachverständiger Zeuge, die Antwort: „Nein, in unseren Gegenden hier hat man im Altertum die Bohne nicht gekannt. Das köstliche Gemüse ist nicht auf dem gleichen Wege wie die Saubohne zu uns gekommen. Sie ist ein Fremdling, der erst spät nach der alten Welt gebracht worden ist."

Das Zeugnis des Insekts stützt sich auf sehr einleuchtende Gründe und verdient nachgeprüft zu werden. Fest steht folgendes: Seit langer, langer Zeit mein Augenmerk auf landwirtschaftliche Dinge richtend, habe ich nie gesehen, daß die Bohne von irgend einem Räuber aus der Käferordnung, speziell der Samenkäfer, die ein gewisses Vorrecht auf die Leguminosensamen besitzen, heimgesucht worden wäre.

Ich befrage darüber meine Nachbarn, die Bauern. Die Leute passen scharf auf, wo es ihre Ernte gilt. Wer an ihr Eigentum rührt, der üble Frevler, den haben sie gar bald entdeckt. Und dann ist ja da die Hausfrau – Bohnenkern um Bohnenkern rollt ihr durch die fleißige Hand, wenn sie das Gemüse liest, und der Bösewicht würde ganz unfehlbar ihrem forschenden Finger nicht entgehen.

Aber sie alle haben auf meine Fragen nur ein mitleidiges Lächeln. Sie trauen mir in Bezug auf die Tierchen nicht viel Kenntnisse zu. „Herr“, sagen sie, „Sie müssen wissen, daß die Bohnen niemals wurmig sind. Es ist wie ein Segen, der auf dem Samen ruht. Der Rüsselkäfer meidet ihn. Erbse, Saubohne, Linse, Platterbse, Kichererbse haben ihr Ungeziefer; sie, die ‚gounflo-gus‘ niemals. Was sollten wir Ärmsten anfangen, wenn der ‚Rüsselstecher‘ sie uns wegfräße?“

Tatsächlich wird die Bohne vom Rüsselkäfer verschmäht. Das ist sehr auffallend, wenn man bedenkt, mit welcher Gier die anderen Leguminosen befallen werden. Auf alle, sogar auf die winzige Linse, sind die Rüßler sehr erpicht; die Bohne, bei der sich doch wegen ihrer Ausgiebigkeit und ihres Wohlgeschmacks ein Besuch wohl lohnen würde, bleibt verschont. Das verstehe wer kann! Aus welchen Ursachen verschmäht der Samenkäfer, der doch sonst nicht wählerisch ist, diesen köstlichen Kern? Er eilt von der Platterbse zur Erbse, von der Erbse zur Pferdebohne und zur Futterwicke, nimmt mit dem winzigsten Samenkörnchen ebenso vorlieb wie mit dem reichbesetzten, leckersten Tische; aber die einladende Bohne lockt ihn nicht. Weshalb nur?

Offenbar, weil er sie nicht k e n n t. Die anderen, die bodenständigen sowohl wie die vom Orient gekommenen sind ihm seit Jahrhunderten wohlvertraut; jedes Jahr lernt er ihre Güte neu schätzen, und eingedenk dessen, was ihn die Vergangenheit gelehrt hat, stellt er auf sie seine ganze Zukunft. Die Bohne als Fremdling ist ihm verdächtig, er traut ihr nicht, weil er ihre Vorzüge noch nicht kennt.

Das Insekt lehrt es uns deutlich: Die Bohne ist bei uns noch nicht alt. Sie ist von weither gekommen; sicherlich aus der Neuen Welt. Alles Eßbare lockt Gäste an, die es sich alsbald auch zu nutze machen. Wenn die Bohne der alten Welt angehörte, hätte sie längst ihre „zünftigen“ Konsumenten, so wie die Erbse, die Linse und die anderen. Selbst die kleinsten Leguminosensamen, oft nicht größer als ein Stecknadelkopf, nähren ihren Käfer; ein winziger Knirps, der ihn in aller Ruhe aufknabbert, höhlt ihn zur Wohnstätte aus; und sie, die dralle, köstlich schmeckende Bohne, sollte verschont bleiben!

Für diese auffallende „Schonzeit“ gibt es nur die folgende Aufklärung: die Bohne ist wie die Kartoffel und das Welschkorn ein Geschenk der Neuen Welt. Sie ist ohne das Insekt, das drüben ihr ständiger Begleiter war, zu uns gekommen. Die Samenstecher, die die Bohne hier zulande vorgefunden hat, haben sie verschmäht. In derselben Lage befinden sich bei uns Kartoffel und Mais, wenn nicht zufällig ihre amerikanischen Schädlinge eingeführt werden und hier an die Pflanzen geraten.

Was uns das Insekt sagt, wird bestätigt durch das Zeugnis der alten Klassiker, die der Bohne nicht Erwähnung tun: auf dem Tische der Bauern erscheint die Bohne niemals. In Vergils zweiter Ekloge bereitet Thestylis den Schnittern das Mahl:

„Knoblauchgemüs rüstet Thestylis zu und würzt es mit Quendel,

Den von der Sonne Glut ermatteten Schnittern zum Mahle.“

Was sie da zusammenbraut, ist das dem provenzalischen Gaumen hochwillkommene aïoli Knoblauchsauce).*) Es macht sich in Versen sehr gut, hält aber als Sättigungsmittel nicht lange vor. Nach des Tages Last und Hitze wäre eine Schüssel Feuerbohnen mit klein gehackten Zwiebeln als Hauptgericht entschieden vorzuziehen. Das lasse ich mir eher gefallen: das füllt den Magen und ist ebenso gut ein ländliches Essen wie der Knoblauch. Wohlgesättigt kann dann beim Zirpen der Zikaden die Schnitterschar unter freiem Himmel ein kurzes Mittagsschläfchen halten und gemächlich im Schatten der Schwaden verdauen. Eine heutige Thestylis, die sich wenig von ihren Schwestern im Altertume unterscheidet, würde die „gounflo-gus“ sicher nicht weglassen, mit der ein gesunder Appetit so billig gestillt werden kann. Wenn die Thestylis des Dichters nicht daran denkt, so geschieht dies darum, weil sie die Bohne nicht k e n n t.

*) Aïoli ist ein echt südfranzösisches Gericht. In Genua, wo es auch bekannt ist, wird es Pesto (= „Zerstampftes“) genannt. Im Mörser zerstoßener Knoblauch wird mit Öl und Eigelb vermengt und ergibt so eine Art Tunke oder Mayonnaise, die zu Fisch, Schnecken, Kartoffeln u. ähnl. genossen wird. Die Provenzalen essen z. T. jeden Tag Knoblauch, den sie für sehr gesund und blutreinigend halten.

Derselbe Dichter führt uns Tityrus vor, der seinem Freunde Meliböus ein gastliches Nachtlager anbietet. Dieser ist von den Soldaten des Oktavius von seinem Gute verjagt worden und schleppt sich mühsam hinter seiner Ziegenherde einher. „Es gibt zum Abendbrote“, sagt Tityrus, „Kastanien, Käse und Obst.“ Die Geschichte erzählt uns nicht, ob Meliböus sich hat bereden lassen. Schade! Während des kärglichen Mahles hätten wir etwas bestimmter erfahren, daß die Hirten des Altertums die Bohne nicht gekannt haben.

Ovid erzählt uns entzückend von der gastlichen Aufnahme, die Philemon und Baucis zwei Unbekannten in ihrer Hütte bereiten. Auf dem dreibeinigen Tische, der durch einen untergeschobenen Scherben vor dem Kippen bewahrt wird, tragen sie Kohlsuppe mit ranzigem Speck, auf der heißen Asche gargekochte Eier, in Salz eingemachte Kornelkirschen, Honig und Obst auf. Bei diesem ländlichen Prunkmahle fehlt ein Gang, ein Hauptgang, den eine heutige Baucis nicht vergäße. Nach der Specksuppe müßte unfehlbar das Bohnengericht auf den Tisch kommen. Aus welchem Grunde spricht Ovid, der doch alle Einzelgänge aufführt, nicht von *dem* Gemüse, das sich wohl unter den anderen sehen lassen dürfte? Die Antwort lautet abermals: er hat es jedenfalls nicht *gekannt*.

Vergeblich forsche ich weiter in dem spärlichen Schatz, den ich aus den antiken Büchern über ländliche Mahlzeiten geschöpft habe, eine Bohne ist mir niemals vorgekommen, so viel ich mich erinnere. Die Schüssel des Winzers oder Schnitters berichtet mir von der Lupine, der Ackerbohne (Saubohne), der Erbse, der Linse, niemals von *der* Leguminose, der vor allen der Vorrang gebührt.

Die Bohne ist also erst in der Neuzeit und zwar aus Amerika, wie es scheint aus Mexiko, zu uns gekommen, aber nicht in Begleitung ihres Insekts, ihres zünftigen Schädlings; denn in ihrer Heimat muß es sicher einen solchen Kurkulioniden (Rüsselkäfer) geben, der von dem reichen Gemüse den Zehnten erhebt. Unsere einheimischen Samenvertilger haben den Fremdling aus Unkenntnis der Dinge verschmäht; sie haben noch nicht Zeit gehabt, ihn näher kennen zu lernen und ihm Geschmack abzugewinnen; sie sind vorsichtig und trauen ihm nicht recht, weil er so neu, so ungewohnt ist. Bis auf unsere Tage ist also die mexikanische Bohne unberührt gewesen und sticht dadurch merkwürdig ab gegen unsere anderen Leguminosen, die alle vom Rüsselkäfer ausgeplündert werden.

So konnte es allerdings nicht fortgehen. Wenn die Bohne hierzulande keine Liebhaber hat, drüben in der Neuen Welt hat sie welche. Auf dem Handelswege werden sie uns sicher einmal eines schönen Tages in einem Sack wurmiger Bohnen herüber verschleppt werden. Das ist unausbleiblich.

Tatsächlich hat die Einwanderung schon stattgefunden, und zwar ist sie allerjüngsten Datums. Ich habe Beweise dafür. Vor drei oder vier Jahren erhielt ich von Maillane, das im Department der Rhone-Mündungen liegt, das, was ich in der Nähe vergeblich gesucht, wonach ich die kopfschüttelnden Hausfrauen und Landwirte vergebens gefragt hatte. Niemand wollte den Bohnenvertilger gesehen, niemand je davon gehört haben. Freunde, die um meine Bemühungen wußten, schickten mir, sage ich, aus Maillane eine Sendung, die meine Wißbegierde in hohem Maße befriedigte. Es war ein Scheffel voll schändlich verwüsteter Bohnen, die wie ein Schwamm durchlöchert waren. Da drinnen wimmelte es von einem Samenkäfer, der durch seine Kleinheit an den Linsenkäfer erinnert.

Die Absender sprachen mir auch von dem Schaden, den die Tiere in Maillane angerichtet hätten. Das abscheuliche kleine Geschöpf hatte den größten Teil der eingebrachten Ernte vernichtet. Eine Landplage ohne gleichen war über die armen Bohnen hereingebrochen und ließ der Hausfrau kaum noch soviel, um damit ihre Schüssel zu verzieren. Wie die Tierchen lebten, wie sie bei ihrer Zerstörung zu Werke gingen, das wußte man nicht. Darüber sollte ich durch Versuche Klarheit schaffen.

Also, rasch ans Werk! Die Gelegenheit ist günstig. Es ist Mitte Juni, und ich habe im Garten ein Beet Frühbohnen, schwarze belgische, die zum Küchengebrauch gesteckt worden waren. Sollte ich auch um das gute Gemüse kommen, ich will den Bösewicht auf den grün gedeckten Tisch loslassen.

Die Pflanze befindet sich jetzt gerade im erforderlichen Stadium, wenn auch hier das gilt, was ich vom Erbsenkäfer gesehen habe: sie erfreut sich eines reichen Blüten- und Hülsenansatzes; letztere sind noch grün und in jeder Größe und Dicke vorhanden.

Ich schütte zwei oder drei Hände voll meiner Bohnen aus Maillane auf einen Teller und stelle den wimmelnden Haufen an dem Rande meines Bohnenbeets mitten in die Sonne. Was kommen muß, glaube ich erraten zu können. Die freien Insekten und die, die durch den Reiz der Sonnenwärme alsbald frei werden müssen, werden auffliegen. Da sie in nächster Nähe ihre Nährpflanze finden, werden sie Halt machen und davon Besitz ergreifen. Ich werde sehen, wie sie die Hülsen, die Blüten untersuchen; ich werde nicht lange zu warten brauchen, dann kann ich sie auch die Eier ablegen sehen. So würde es unter ähnlichen Bedingungen beim Erbsenkäfer zugehen.

Ei nein! zu meiner Bestürzung verläuft die Sache ganz anders. Einige Augenblicke laufen die Käfer in der Sonne hin und her, lüften ein wenig die Flügeldecken, schließen sie wieder, wie um ihre Flügel ein bißchen gelenkig zu machen; dann fliegen sie, einer um den andern, davon, steigen in den Sonnenschein empor und sind bald meinen Blicken entschwunden. Meine Beharrlichkeit im Beobachten nützt mich gar nichts; nicht ein einziger setzt sich auf die Bohnenstauden.

Werden sie, wenn sie genug herumgeschwärmt sind, heute abend, morgen oder übermorgen zurückkommen? Nein, sie kommen nicht zurück. Die ganze Woche, so oft der Augenblick günstig scheint, untersuche ich die Samenbeete, Blüte um Blüte und Schote um Schote; nie eine Spur von Käfer, nie eine Eierablage. Und doch ist es die beste Zeit; denn eben jetzt legen die in meinen Glasgefäßen gefangenen Weibchen massenhaft ihre befruchteten Eier an den trockenen Bohnen ab.

Wir müssen es also mit einer anderen Jahreszeit versuchen. Ich habe ja noch zwei andere Beete, wo ich eine Spätbohne, die Sorte Cocot rouge, so nebenbei zum Hausgebrauch, aber eigentlich mehr wegen der Samenstecher haben stecken lassen. In entsprechenden Zwischenpausen angesät, wird das eine Beet im August, das andere im September und später abgeerntet werden können.

Ich mache bei der roten Bohne nochmals genau den gleichen Versuch wie bei der schwarzen. Zu verschiedenen Malen lasse ich im günstigen Augenblicke Schwärme von Käfern aus meinem Hauptstapelplatz, den Gläsern, auf die dichten grünen Stauden los, jedesmal ohne den gewünschten Erfolg. Vergeblich werden meine Versuche fast täglich in der ganzen Bohnenzeit bis zum Ablaufe der beiden Ernten fortgesetzt, ohne daß es mir gelingt, eine einzige besiedelte Schote oder auch nur einen einzigen Rüßler irgendwo auf dem ganzen Gewächs zu entdecken.

Und doch ist für peinlichste Überwachung gesorgt. Meine Leute haben die strengste Weisung, gewisse Reihen, die für mich vorbehalten sind, nicht abzuernten, und darauf zu achten, ob sich an den abgepflückten Schoten Eier vorfinden. Ich selber durchsuche mit der Lupe, ehe sie der Hausfrau zum Enthüllen übergeben werden, alle aus unserem Gehege oder den Nachbargärten stammenden Bohnenhülsen. Ganz umsonst; von Eierablage keine Spur.

Zu diesen im Freien angestellten Versuchen gesellen sich andere, die unter der Glashülle gemacht werden. In langhalsigen Flaschen werden frischgepflückte Schoten am Stengel untergebracht, die einen noch saftig grün, andere schon rot gesprenkelt und unmittelbar vor der Reife stehend. In jedes Glas kommt auch noch eine Anzahl der Käfer. Diesmal erziele ich Eier, aber das Wie ist nicht vertrauenerweckend: das Weibchen hat sie an der Glaswand, nicht an den Bohnen abgelegt. Aber sie schlüpfen doch aus. Ich sehe die Würmchen ein paar Tage umherkriechen und mit gleicher Inbrunst Hülsen und Glaswand absuchen. Zuletzt kommen sie alle, vom ersten zum letzen, ohne die aufgetischte Mahlzeit berührt zu haben, jämmerlich um.

So viel ist jetzt zweifellos gewiß: die frische zarte Bohne ist nichts für sie. Im Gegensatz zum Erbsenkäfer, vertraut der Bohnenkäfer seine Nachkommenschaft keinen Leguminosen an, die nicht schon ganz alt und vertrocknet sind; er verschmäht

es, sich auf meinen grünen Bohnenstauden niederzulassen, weil er dort nicht das ihm zusagende Futter findet.

Was will er denn haben? Er will das alte, harte Samenkorn, das so hart ist, daß es wie ein kleiner Kieselstein auf dem Boden klingt. Ihm kann geholfen werden. Ich versehe meine Gläser mit ganz ausgereiften lederigen, an der Sonne lange gedörrten Hülsen. Und siehe da, diesmal gedeiht die Familie, die Würmchen durchstechen die dürre Hülle, gelangen zu den Kernen, bohren sich dort ein, und nun geht auf einmal alles nach Wunsch.

Ein Freund der Trockenfütterung.

Auf ganz dieselbe Weise wie im vorigen Aufsatze geschildert, nistet sich der Rüßler offenbar auf dem Speicher des Landmanns ein. Ein Teil der Bohnen bleibt auf den Feldern stehen, bis Pflanze und Hülsen, von der Sonne geröstet, vollkommen dürr geworden sind. Das Ausdreschen der Bohnenkerne geht dann um so leichter von statten. Um diese Zeit erscheint auch der Käfer, findet alles nach Wunsch und entledigt sich seiner Eier. Mit der Spääternte bringt der Bauer den Schädling mit herein.

Ganz besonders aber sucht der Bohnenkäfer die in unseren Lagerhäusern aufgespeicherten Kerne heim. Gleich dem Getreiderüßler (oder „schwarzen Kornwurm", wie er gewöhnlich genannt wird), der das Korn in unseren Speichern aushöhlt, aber die auf dem Halm stehende Ähre nicht beachtet, verschmäht auch der Bohnenrüßler die noch saftige Schote und setzt sich mit Vorliebe in unseren finsteren Speichervorräten fest, wo er ungestört ist. So wird er dem Samenhändler zum grimmigeren Feinde als dem Bauern.

Welch wütende Verheerungen kann da nicht der Schädling unter unseren reichen Hülsenfruchtvorräten anrichten! Ich brauche bloß meine Glasfläschchen näher anzusehen. Ein einziger Bohnenkern dient einer zahlreichen Sippe zur Behausung; ich zähle bis zu zwanzig Stück darin. Und nicht nur *eine* Generation beutet den Kern aus, sondern drei, ja vier im Jahre. Solange es unter der Hülle noch Stoff zu verzehren gibt, finden sich neue Fresser ein, bis die Bohne am Ende zum ekelhaften Kotmehlklumpen wird. Die Haut wird von den Würmern nicht mitverzehrt und stellt einen von runden Bohrlöchern durchsiebten Balg dar: so viele ausgebrochene Käfer, so viele Löcher. Der Inhalt läßt sich unter den Fingern zu einem abscheulichen Kleister von pulverigen Auswurfstoffen zerdrücken. Um die armen Bohnen ist es geschehen.

Der Erbsenkäfer, der nur als einziger Bewohner in einem Samen haust, verzehrt nur soviel, wie die Larve Platz zu ihrem engen Stübchen beansprucht. Das übrige wird nicht angetastet, so daß die Erbse noch keimfähig und auch genießbar bleibt, wenn man den unberechtigten Abscheu überwindet. Der amerikanische Käfer aber kennt keine Schonung; er läßt gar nichts übrig von der Bohne und verwandelt sie in einen Auswurf, vor dem sich sogar die Schweine ekeln, wie ich beobachtet habe. Es ist gar nicht schön von Amerika, daß es uns diese Insektenplage auf den Hals schickt. Wir verdanken ihr die verheerende Reblaus, gegen die unsere Winzer einen aussichtslosen Kampf führen und einen harten Stand haben; sie beschert uns nun auch noch den Bohnen-Rüsselkäfer, der uns in Zukunft noch viel zu schaffen machen wird. Über die Größe der Gefahr belehren uns einige Versuche.

Seit nunmehr bald drei Jahren stehen auf dem Tische meines Tierversuchszimmers Glasgefäße und Fläschchen aneinandergereiht, die mit einem Florschleier verschlossen sind, der ein Entweichen der Insassen verhindert, ihnen aber Luft genug zuführt. Das sind meine Bestienzwinger. Darin züchte ich den Bohnenkäfer, und zwar reiche ich ihnen zur Abwechslung auch *anderes* Futter. Da lerne ich denn unter anderem, daß der Rüßler in der Auslese seiner Wohnstätten durchaus nicht wählerisch ist und sich mit einigen wenigen Ausnahmen über alle unsere verschiedenen Leguminosen hermacht.

In erster Reihe sind ihm alle Bohnensorten recht, weiße wie schwarze, rote wie gesprenkelte, kleine und große, die von der letzten Ernte wie die uralten, die sich kaum mehr weich kochen lassen. Mit Vorliebe werden die losen ausgehülsten Kerne angegriffen, weil sie einfacher anzubohren sind;

aber wenn es an enthülsten Samen fehlt, werden sie ebenso schonungslos unter ihrer natürlichen Hülle ausgebeutet. Durch die oft steife und lederartige Hülse hindurch wissen die jungen Würmchen die Beute sehr wohl zu finden. Auf dem Felde draußen bleibt ihnen keine andere Wahl.

Auch die langhülsige Heilbohne findet als besonderer Leckerbissen bei ihnen Anerkennung. Sie heißt hierzulande „lou faioù borgné", einäugige Bohne, wegen des schwarzen Flecks in der Nähe der Kelchnarbe, der wie ein unterlaufenes Auge aussieht. Ich meine sogar feststellen zu können, daß meine Pfleglinge für diese Bohne eine ausgesprochene Vorliebe haben.

Soweit ist alles regelrecht verlaufen: der Käfer beschränkt sich noch auf die Art Phaseolus. Aber nun kommt etwas, was die Gefährlichkeit des Insekts bedeutend steigert und uns den Bohnenverehrer in einem ganz neuen Lichte erscheinen läßt. Ohne irgendwie sich zu bedenken, nimmt der Käfer die trockene Erbse, die Ackerbohne, die Platterbse, die Kichererbse an. Er wandert mit dem gleichen Behagen von einer Sorte zur nächsten; seine Nachkommenschaft gedeiht in diesen verschiedenen Hülsenfrüchten so gut wie in der Bohne. Nur die Linse wird verschmäht, vielleicht weil sie ihm zu klein ist. Der amerikanische Rüsselkäfer ist also ein ganz furchtbarer Schädling!

Noch schlimmer wäre das Übel, wenn, wie ich zuerst befürchtet habe, das Tierchen in seiner regen Freßlust sich von den Leguminosen auch noch über die Zerealien hermachte. Glücklicherweise ist dem nicht so. In meinen Gläsern mit Häufchen Weizen, Gerste, Reis und Mais zusammengebracht, geht der Käfer, ohne Ausnahme und ohne Nachkommenschaft zu hinterlassen, zugrunde. Das Gleiche ergibt sich bei den ölhaltigen Samen wie Rizinussamen und Sonnenblumenkernen. Der Käfer beschränkt sich auf die Leguminosen. Aber auch so ist sein Zerstörungsgebiet noch groß genug, und rücksichtslos macht er sich darüber her und verwüstet es mit gewalttätiger Gründlichkeit.

Die Eier sind weiß und haben eine längliche Walzenform. Sie werden wahllos da und dort abgelegt, bald einzeln, bald in kleinen Häufchen, an den Glaswänden ebenso wie an den Bohnen. Das Weibchen verfährt dabei so gedankenlos, daß es die Eier sogar auf Rizinus-, Mais-, Kaffee- und sonstigen Samen ablegt, wo die Brut mangels zusagender Nahrung in kurzer Zeit zugrunde gehen muß. Wo bleibt da der mütterliche Blick in die Zukunft? Es bedarf der Fürsorge nicht. Wenn die Eier nur irgendwo unter dem Haufen von Hülsenfrüchten zurückgelassen sind, so findet sich die junge Brut nachher immer selbst zurecht und sucht schon von selbst die Angriffsstellen aus.

Nach höchstens fünf Tagen kriecht aus dem Ei ein winziges rotköpfiges Geschöpfchen, dem bloßen Auge gerade noch bemerkbar. Das Würmchen bläht sich nach vorne zu auf, um seinem Werkzeug, den hohlmeißelartigen Kiefern, mehr Wucht zu verleihen. Sie müssen ja den holzharten Samenkern sprengen. Ganz ebenso blähen sich die Larven der Buprestiden und der Bockkäfer auf, wenn sie die Baumstämme anbohren. Kaum zur Welt gekommen, spaziert das krabbelnde Gewürm mit einer Hurtigkeit darauf los, die man einem so jungen und zarten Wesen gar nicht zutrauen würde. Es streicht umher, um möglichst bald zu einem Lager und Imbiß zu gelangen.

Bis zum nächsten Tage ist ihm dies zumeist gelungen. Ich sehe das Würmlein die lederige Samenhaut durchlochen, und schaue ihm zu, wie es sich dabei abmüht; ich komme gerade dazu, wie es halb drinsteckt in dem eben entstehenden Gange, der von dem Abraum des Bohrloches ganz weiß bestäubt ist. Jetzt schlüpft es vollends hinein; jetzt dringt es ins Herz des Samenkerns vor. Schon nach fünf Wochen kommt es, zum Käfer umgewandelt, wieder daraus hervor; so rasch geht seine Entwicklung vor sich.

Bei solch flinkem Wachstum sind mehrere Generationen im Jahre ermöglicht. Ich habe deren vier beobachten können. Anderseits hat mir *ein* Paar, das ich abgesondert hatte, vierundzwanzig Abkömmlinge geliefert. Ziehen wir nur die Hälfte des Ergebnisses in Betracht, weil wir doch mit beiden Geschlechtern rechnen müssen, für die wir einmal die Verhältniszahl (1:1) annehmen wollen. Dann wird am Ende des Jahres die Zahl der Paare, die aus dieser Verbindung hervorgehen können, sich auf die vierte Potenz von vierzig belaufen; d. h. an Larven ergeben sich fünf Millionen und mehr im ganzen. Welch einen Berg Bohnen könnte eine solche Legion vernichten!

Bei ihrer Arbeit geht die Larve Punkt für Punkt genau so zu Werke, wie wir es beim Erbsenkäfer gesehen haben. Jeder Wurm höhlt sich in der mehligen Masse eine Wohnstätte aus, wobei er die gegebene Schutzhülle, die Haut, verschont, die dann der ausgewachsene Käfer beim Verlassen derselben durch einen leichten Ruck umstößt. Gegen das Ende des Larvenzustandes scheinen die Wohnzellen als dunkle Umrisse durch die Hülsenhaut durch. Schließlich fällt die Hülle, das Insekt zieht aus, und die Bohne ist von ebensovielen Löchern durchsiebt, wie Würmer in ihr gehaust haben.

Die ausgewachsenen Käfer sind sehr genügsam und schon mit den mehligen Überresten zufrieden. Sie scheinen keineswegs den Drang zu haben, den Haufen Hülsenfrüchte zu verlassen, so lange es noch was zu verzehren gibt. Die Paarungen finden in den Hohlräumen des Bohnenberges statt; die Mütter setzen ohne Wahl ihre Eier ab; die Jungen halten, die einen in noch unbesiedelten Bohnen, die andern in angebohrten, aber noch nicht ganz ausgebeuteten Samen ihren Einzug; und die ganze warme Jahreszeit über wimmelt es alle fünf Wochen von neuer Nachkommenschaft. Die letzte Generation, die vom September oder Oktober, hält dann bis zum Wiedereintritt der warmen Tage einen Winterschlaf in der Klause.

Wenn der Bohnenkäfer je einmal zu verheerend auftreten sollte, so wäre es nicht allzu schwer, einen Vernichtungskrieg gegen ihn zu führen. Seine Lebensgewohnheiten weisen uns hin auf das, was dabei zu tun ist. Es handelt sich um einen Räuber und Schädling der dürren Ernte, die schon eingebracht ist und in den Speichern lagert. Auf offenem Felde wäre ihm schwer beizukommen. Das ist aber auch fast wertlos. Der Schwerpunkt seiner Taten liegt anderswo, in unseren Lagerräumen. Wir haben also den Feind in greifbarer Nähe im Hause. Mit Hilfe von Insektenpulver werden wir also ohne große Mühe uns seiner zu erwehren imstande sein.

Ein Blattroller.

Die ganze Weisheit des Rüsselkäferweibchens reicht für gewöhnlich nicht weiter, als daß es versteht, die Eier an solchen Stellen abzulegen, wo die Würmchen ihnen zusagende Nahrung finden können; vielleicht geht sie auch noch so weit, daß für sie mit wunderbar sicherem botanischen Verständnis zur Abwechslung eine etwas andere Kost ausgesucht wird. Besondere Vorbereitungen, die technische Fertigkeiten voraussetzen, trifft das Weibchen selten oder gar nicht. Die ganzen Feinheiten der Kinderpflege mit bereitgehaltenen „Windeln“ und mit „Aufpäppeln“ sind ihr unbekannt. Von der allgemein üblichen rauhen Aufzucht ist mir nur *eine* Abweichung bekannt, die das Erbteil gewisser Rüsselkäfer ist, die, um den jungen Larven den Genuß von etwas „Eingemachtem“ zu ermöglichen, es gelernt haben, ein *Blatt zu rollen*, das dann zugleich Wohnung und Speiseschrank für die Nachkommenschaft vorstellt.

Unter den Herstellern solcher vegetarischer Würste ist der geschickteste der Pappelstecher (Rhynchites = Byctiscus populi L.), der zwar nur von unscheinbarer Gestalt ist, aber ein prächtiges Kleid trägt: auf der Oberseite ist er erzgrün mit Gold- und Kupferglanz, auf der Unterseite indigoblau. Wer ihn bei der Arbeit sehen möchte, braucht

bloß gegen Ende Mai am Wiesenrande die unteren Nebentriebe der gemeinen Schwarzpappel zu untersuchen. Während droben kosende Frühlingslüftchen das majestätische, im Umriß kunkelförmige Laubgerüste fächelt und die an den seitlich zusammengedrückten Blattstielen schwankenden Blätter zum Zittern bringt, erfreuen sich die diesjährigen Ausschläge der ungestörten Ruhe.

Da arbeitet der Rhynchites, weit ab von der windbewegten Krone des Baumes, wo es für den stillen Arbeiter viel zu unruhig wäre. Die Werkstatt befindet sich also in greifbarer Nähe des Menschen, dem es leicht gemacht ist, seinem Treiben zuzuschauen.

Leicht wohl, aber nicht bequem unter den schon recht fühlbaren Strahlen der Frühsommer-

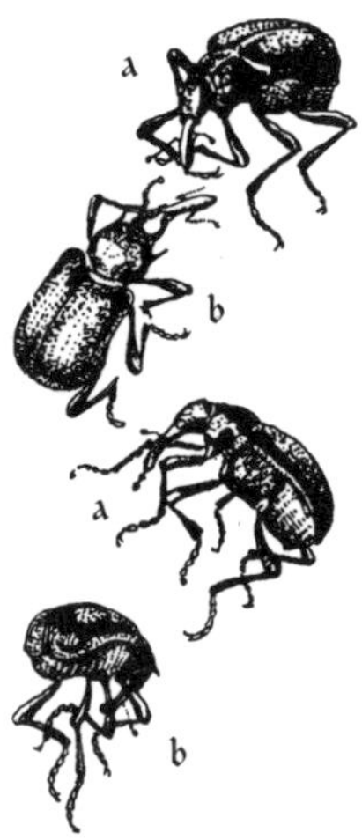

Blattroller.
a) Männchen, b) Weibchen.

sonne, wenn man sich in die Einzelheiten seiner Tätigkeit vertiefen und deren Fortschreiten verfolgen will. Man darf sich auch die zeitraubenden Gänge nicht verdrießen lassen, und wenn man ganz genaue Ergebnisse will, muß man über unbegrenzte freie Zeit verfügen und darf es nicht müde werden, zu jeder Stunde des Tages wiederzukommen. Eine in der häuslichen Behaglichkeit angestellte Beobachtung ist entschieden vorzuziehen; aber das Insekt muß in erster Reihe sich dazu herbeilassen.

Der Pappelstecher tut uns den Gefallen. Er ist so wenig scheu und hat es so wichtig, daß er auf meinem Tische mit derselben Geschäftigkeit wie an der Pappel draußen seiner Arbeit nachgeht. Einige zarte Pappelsprosse, die unter einer Drahtglocke in frischen Sand gesteckt sind, die freilich, wenn sie welken wollen, durch neue zu ersetzen sind, müssen in meinem Zimmer den Baum draußen vertreten. Durchaus nicht irgendwie eingeschüchtert, arbeitet der Rüßler sogar unter meiner Lupe ruhig weiter. Er fertigt mir so viele Rollen an, wie ich nur wünschen kann.

Wir wollen ihn einmal bei seiner Arbeit beobachten. Auf den diesjährigen Stockausschlägen, die in Büscheln unten am Stamm herauswachsen, wird das zu rollende Blatt ausgesucht, nicht eines von den untersten, die schon regelrecht grün und derb sind; auch nicht eines von denen an der Rutenspitze, die noch im Wachsen sind. Das obere Blatt wäre zu jung und hätte noch keine genügende Spreite. Das untere ist zu alt, lederig und darum zu schwer zu bearbeiten.

Deshalb wird eines aus der Mitte ausgelesen. Es ist noch gelbgrün, zart und firnisglänzend und hat beinahe schon seine ganze Größe erreicht. Die Zähnung ist noch wellig und reich an Drüsenpolstern, aus denen der klebrige Saft dringt, der an den Knospen reichlich hervortritt zu dem Zeitpunkte, wo sich die Deckschuppen zu öffnen beginnen.

Nun ein Wort über des Käfers Werkzeuge. Die Beine sind mit Doppelkrallen bewehrt, die wie der Haken einer Schnellwage aussehen. Die Fußwurzeln tragen unterseits eine Bürste dichtstehender weißer Wimperborsten. Sie erinnern an unsere Parkettbodenbürsten, die unter den Sohlen festgeschnallt werden. Mit diesen klettert das Insekt ganz hurtig an den glättesten senkrechten Wänden empor, vermag, den Rücken nach unten gekehrt, sich festzuhalten und auf und ab zu laufen wie die Fliegen an den Wänden der Glasglocke. Schon daraus läßt sich ein Schluß ziehen auf die Geschicklichkeit des Tieres im Halten des Gleichgewichts, die seine Aufgabe von ihm verlangt. Ohne besondere Anstrengung kann es seinen „Schnabel“, den gebogenen, starken Rüssel, vorne zu einem Spatel verbreitern, der am vorderen Rande mit feinen Meißelchen besetzt ist.

So wird er zum trefflichen Stichel, der gleich zu allererst in Tätigkeit zu treten hat.

So wie es ist, kann das Blatt schlechterdings nicht zusammengerollt werden. Es ist eine derbe, federnde Fläche voll frischen Saftes und würde alsbald wieder in die ebene Lage zurückschnellen, wenn das Insekt einen Versuch machen wollte, es zur Rolle umzubiegen. Der Knirps hat nicht die Kraft, ein so beschaffenes Stück zu bewältigen, solange diesem noch so viel Schnellkraft innewohnt. Das ist ohne weiteres in die Augen springend für uns und auch für den Käfer.

Wie erreicht er nun bei dem Blatte die erforderliche, widerstandsschwache Gefügigkeit? Wir würden sagen: man muß eben das Blatt abreißen, es auf den Boden fallen lassen und, wenn es welk genug geworden ist, dann kann man es zusammenrollen. Der Rüsselkäfer ist anderer Ansicht und scheint hier besser beraten als wir. Er sagt sich: Auf dem Erdboden würde mich der Betrieb, der da auf dem Rasen herrscht, in meiner Tätigkeit stören. Ich muß Bewegungsfreiheit haben. Droben in der luftigen Höhe gibt's keine Störung. Und dann die Hauptsache: eine saft- und kraftlose „Wurst" würde meine Larve verschmähen; ihre Kost muß noch etwas frisch sein. Die Rolle, die ich ihr wickle, darf nicht ein totes Blatt sein, sondern ein solches, dem die Saftzufuhr vom Baume her etwas unterbunden worden ist. Ich darf es also nicht abtöten, sondern nur von der Saftquelle etwas „absetzen", so daß es nicht ganz absterben kann und noch ein paar Tage über die erste hilflose Lebenszeit des Würmchens hinweg vorhält.

Wenn seine Wahl getroffen ist, läßt sich also das Weibchen ohne weiteres in der Nähe des Blattgrundes nieder; dort sticht es in den Blattstiel den Rüssel ein und dreht ihn mit einer Beharrlichkeit hin und her, die uns die hohe Bedeutung, die diesem Stiche zukommt, klarmacht. Es entsteht eine kleine, ziemlich tief gehende Wunde, die bald zum Absterben des Blattes hätte führen können.

Es ist erreicht: die Saftleitung ist unterbrochen, nur seitwärts der Wunde kann hüben und drüben noch ein dünner Faden durchsickern. An der Stelle der Verletzung knickt das Blatt nach unten um, wird etwas welk und erlangt so bald die erforderliche Gefügigkeit. Jetzt kann die eigentliche Arbeit beginnen.

Dieser Stich bezweckt etwas Ähnliches – freilich mit dem Unterschied, daß es sich hier um weit weniger Einsicht handelt – wie der Dolchstich, den die Mordwespe ihrem Opfer beibringt. Diese sucht für ihre Brut, je nachdem, bald eine ganz tote, bald eine nur gelähmte Beute. Sie weiß so gut wie der kundigste Anatom, an welchen Stellen sie den Stachel einbohren muß, um entweder den sofortigen Tod oder nur eine Lähmung herbeizuführen.

Der Blattroller bei der Arbeit.

Der Blattroller braucht für die Seinen ein nachgiebiges, noch halb lebendes, bis zu einem gewissen Grade gelähmtes Blatt, das sich leicht rollen läßt; er kennt ganz genau das Kabel, den Blattstiel, wo die dem Blatt Leben spendenden Saftgefäßstränge am dichtesten beisammengedrängt stehen, und da, nur da, nie anderswo, sticht er das Blatt an. Ohne viel Kraftaufwand, mit einem einzigen Stiche bewirkt er so die Saftstockung in der Leitung. Woher stammt denn dem „Schnabelträger" die Kunst, Quellen zum Versiegen zu bringen?

Das Pappelblatt ist unregelmäßig rautenförmig, eine Lanze, deren sehr breit ausgezogene Spitze aus zwei nicht abgerundeten, sondern in je eine Spitze auslaufenden Blatthälften besteht. An einer dieser beiden Seitenkanten, entweder an der linken oder an der rechten, beginnt das Aufrollen des Blattes.

Trotzdem das Blatt herabhängt und es also für den Käfer, der darauf zufliegt, kein Oben oder Unten gibt, landet er doch immer nur am *oberen* Rande. Er folgt dabei ganz genau den Gesetzen der Mechanik. Die obere Seite des Blattes ist nämlich nicht durchwachsen und läßt sich leichter biegen. Sie muß daher die *Innen*seite der Rolle bilden. Die Unterseite dagegen mit den daran stark hervortretenden Blattnerven ist viel mehr federnd und muß daher *außen*hin kommen. Die Statik des Rüßlers mit seinem kleinen Gehirn stimmt hier mit der unserer Gelehrten überein.

Jetzt ist er an der Arbeit. Er steht auf der Aufrollungslinie, mit drei Beinen auf dem schon aufgerollten Teile, mit den drei Gegenbeinen auf dem noch freien Teile des Blattes. Hier wie dort mit seinen Krallen und Fußbürsten festen Grund fassend, stemmt er sich mit den Füßen der einen Leibeshälfte an, während er mit denen der andern tüchtig arbeitet. Die zwei Hälften der Maschine lösen als Motore einander ab, und zwar in folgender Weise. Bald wird die schon geformte Röhre auf der noch nicht gewickelten Blattspreite vorwärts gerollt, bald hinwiederum bewegt sich die ungerollte Fläche auf die schon fertige Röhre zu, sich ihr genau anschmiegend.

Dabei sind die Bewegungen mehr ruckweise, nicht regelmäßig ausgeführt. Warum es so ist, weiß nur das Tierchen. Vielleicht kann es auf diese Art immer wieder etwas Ruhe schöpfen, ohne die heikle Arbeit unterbrechen zu müssen, etwa so, wie wir beim Tragen einer Last mit den Händen abwechseln.

Man muß einmal stundenlang dieses zähe Anstemmen der Füße mitangesehen haben. Vor lauter Anspannung geraten sie ins Zittern. Die ganze Leistung droht vereitelt zu werden, wenn eines der Beine zur Unzeit locker läßt. Um sich von den bewältigten Schwierigkeiten einen Begriff machen zu können, muß man beobachtet haben, mit welcher Vorsicht der Arbeiter erst dann mit einer Kralle losläßt, wenn die fünf andern sich fest verankert haben. Auf der einen Seite die drei Beine, die sich fest anklammern, auf der andern die drei anderen, die ziehen; und alle sechs kommen abwechselnd, immer nur je eines, an die Reihe, einmal geschwind loslassen zu dürfen, ohne daß ihr Zusammenwirken auch nur einen Augenblick versagen darf. Wenn der Käfer sich nur ein einziges Mal vergißt oder müde wird, so rollt sich das widerstrebende Stück wieder ab und entgleitet den fleißigen Gliedern.

Zudem arbeitet der Blattwickler unter sehr unbequemen Verhältnissen. Schräg oder gar senkrecht hängt das Blatt, auf dem er steht. Es ist glatt und schlüpfrig wir Glas. Freilich hat er auch das richtige Schuhzeug an. Mit seinen Bürstensohlen erklimmt er die polierte Böschung; mit seinen zwölf Krallen harpuniert er die schlüpfrige Wand.

Aber auch trotz dieser schönen Ausrüstung schreitet das Werk mühsam genug vorwärts. Selbst unter der Lupe merkt man kaum ein Weiterkommen. Die Zeiger einer Uhr gehen kaum langsamer als das Aufrollen. Lange verharrt das Tierchen auf dem gleichen Fleck mit festem Griffe, bis die Rundung hält und nicht mehr widerstrebt. Denn da ist kein Klebstoff, der als Leim wirkt und die neuen Flächen immer wieder aneinanderschweißt. Nur die Rundung muß der Sache Halt verleihen.

Daher kommt es auch gar nicht selten vor, daß die Schnellkraft für des Arbeiters Kräfte zu stark ist und das schon mehr oder weniger fertige Stück wieder teilweise abrollt. Aber zähe, mit der gleichen unerschütterlichen Gründlichkeit fängt der Käfer von vorne an und nimmt sich ruhig Zeit. Ein Mißerfolg entmutigt ihn keineswegs; er weiß nur zu gut, was die Zeit und geduldige Ausdauer vermögen.

Für gewöhnlich arbeitet der Rhynchites rückwärtsschreitend. Wenn er am Ende der Zeile angelangt ist, überläßt er die eben vollendete Biegestelle nicht sich selbst und kehrt etwa zum Ausgangspunkte zurück, um eine neue Zeile zu beginnen. Das zuletzt eingebogene Blattstück ist noch nicht völlig bezwungen, sein Widerstand ist noch nicht gebro-

chen. Würde er es zu bald loslassen und freigeben, so könnte es wieder in die flache Lage zurückschnellen.

Darum harrt er an diesem äußersten Endchen, das die meisten Schwierigkeiten bietet, lange aus; dann aber schreitet er, ohne loszulassen, tastend rückwärts zum anderen Ende, immer geduldig und ohne Übereilung. Dadurch gewinnt der frische Bug Zeit sich zu festigen und wird zugleich der nächste Bug vorbereitet. Drüben am Ende abermaliger Halt von längerer Dauer und dann wieder rückwärts herüber. Sein Verfahren erinnert genau an das Ziehen der Furchen mit der Pflugschar.

In selteneren Fällen, wenn das Blatt besonders nachgiebig ist, so daß ein Rückfall nicht zu befürchten, läßt der Käfer die soeben vollendete Rundung los und wickelt nun nicht von hier an rückwärts, sondern klimmt hurtig zur Anfangsstelle hinüber, um eine neue Zeile zu beginnen.

Und nun ist er so weit. Auf und ab, hin und her und wieder zurückschreitend, hat das Tierchen mit zäher Ausdauer und Geschicklichkeit sein Blatt fertig zusammengewickelt. Er steht hart am Saume an der Ecke, die sich der Ausgangsecke gegenüber befindet. Hier ist der Schlüssel zu der ganzen Röhre; wenn es hier hält, dann hält das Ganze. Hier muß daher der Rhynchites mit doppelter Sorgfalt und Geduld zu Werke gehen.

Mit seinem spatelig verbreiterten Rüssel drückt er Punkt für Punkt den Rand, der festhalten soll, nieder, etwa so wie der Schneider mit dem Bügeleisen die widerspenstigen Wülste einer Naht glattbügelt. Lange, lange steht er unverdrossen und preßt immerzu fest, bis der erwünschte Zusammenhalt erreicht ist. Punkt für Punkt wird der ganze Saum mit peinlichster Gründlichkeit festgesiegelt.

Wie aber hält es denn überhaupt? Wenn ein Faden dabei im Spiele wäre, wäre man geneigt, den Rüssel als eine Art Nähmaschine zu betrachten, die senkrecht von oben her die Nadel in den Stoff treibt. Aber der Vergleich hinkt; bei der Arbeit kommt keinerlei Zwirn in Frage. Der Zusammenhalt erklärt sich auf andere Weise.

Wir haben oben gesagt: es handelt sich um ein junges Blatt; die kissenartigen Anschwellungen an der Blattzähnung sind Drüsen, aus denen Spuren von Klebstoff hervorträufeln. Diese geringen Mengen Leim dienen als Kitt, als Siegellack gleichsam. Durch den Druck mit dem Rüssel quetscht der Käfer die Drüsen besser aus. Er braucht dann nur noch das Petschaft aufzudrücken und zu warten, bis das Siegel festhält. Gerade so wie wir einen Brief siegeln. Wenn das Blatt nur einmal hält, in dem Maße wie es dann verwelkt, nimmt seine Schnellkraft ohnedies ab, und bald ist sein Widerstand gebrochen und es fügt sich dem Zwange der Rundung.

Das Werk ist getan. Wir haben vor uns eine Zigarre etwa so dick wie ein starker Strohhalm und etwa einen Zoll lang. Sie hängt senkrecht am Ende des ausgemergelten und eingeknickten Blattstieles herab. Einen ganzen Tag Arbeit hat sie beansprucht. Nach kurzer Erholungspause nimmt sich das Weibchen ein zweites Blatt vor und fertigt in der Nacht noch eine Rolle an. Zwei innerhalb vierundzwanzig Stunden, mehr bringen die Fleißigsten nicht zuwege.

Was für einen Zweck hat nun die Blattrollerin? Will sie sich darin Leckerbissen zum eigenen Genuß aufbewahren? Offenbar nicht: niemals legt ein Insekt für sich selbst eine Vorratskammer an. Nur im Hinblick auf die Nachkommenschaft sammelt es Schätze an. Die Zigarre des Rhynchites ist also für die Zukunft bestimmt.

Wenn wir sie entrollen, finden wir in den Schichten der Rolle ein, zuweilen zwei und drei, ja vier Eier. Sie sind eirund und gelblich wie feine Bernsteinperlen. Sie hängen nicht sehr fest an dem Blatte und lösen sich bei der geringsten Erschütterung ab. Sie sind ohne bestimmte Reihenfolge mehr oder weniger in den Winkeln versteckt und nie mehr als eines an derselben Stelle. Es kann sich eines schon ganz innen finden, fast an der Blattecke, die zu innerst liegt, dann in verschiedenen Zwischenlagen bis in die Nähe des zugeleimten Verschlusses.

Ohne ihre Wickeltätigkeit zu unterbrechen, ohne locker zu lassen, hat das Weibchen die reifen Eier zwischen die Wülste des Bugs abgelegt, so wie sie ihr aus der Legröhre hervortraten. Während sie

so industriell tätig ist, ja ohne diese Arbeit zu unterbrechen, liegt sie gleichzeitig dem Geschäft der Eierablage ob. Ihre Geschäfte drängen sich sehr nahe zusammen, weil ihr nur eine Lebenszeit von zwei bis drei Wochen beschieden ist.

Und das ist noch nicht alles. Auf dem gleichen Blatte, nicht weit von der eben sich vollziehenden Zusammenrollung, hält sich auch das Männchen auf. Was tut er dabei? Er arbeitet ja doch nicht mit. Schaut er also nur neugierig zu, weil er gerade des Wegs gekommen ist, ob das Geschäft auch läuft? Nimmt er wirklich Anteil und wandelt ihn vielleicht gar die Lust an, ein bißchen mit Hand anzulegen?

Fast sieht es so aus. Von Zeit zu Zeit tritt er neben die Arbeiterin, hakt sich an der Walze fest und zieht ein bißchen mit. Aber ohne besondere Emsigkeit oder Geschicklichkeit. Kaum eine halbe Drehung, dann hat er genug. Das ist nichts für ihn. Er geht wieder weg ans andere Ende des Blatts, und da wartet er das Weitere ab.

Wir müssen es ihm hoch anrechnen, daß er wenigstens versucht hat mitzuhelfen; denn bei den Insekten ist dieser Zug väterlicher Herablassung eine große Seltenheit. Auch bei ihm ist die Hilfeleistung eitel Eigennutzen und Mittel zum Zweck. Sie bedeutet nichts anderes als ein Werben um die Gunst der Arbeiterin.

Nach mehreren vergeblichen Anläufen, die er nimmt, um ein wenig mitanzugreifen, wird er endlich erhört. Auf dem Arbeitsplatz selbst, wo auf kaum zehn Minuten eine Pause eintritt, findet die Paarung statt. Selbst jetzt lassen die fest eingestemmten Beine nicht los, weil sonst die Röhre sich sofort wieder abrollen würde. Also auch für diese einzige Freude, die das geplagte Geschöpf hat, darf es sich keine Ruhepause gönnen.

Nur auf ganz kurze Zeit steht die Maschine still, bleibt aber unter Dampfspannung, um den Widerstand der Rolle zu brechen. Das Männchen tritt wieder beiseite, bleibt aber auf dem Blatte. Früher oder später beginnt das alte Spiel, und so drei- bis viermal während der Herstellung einer und derselben Zigarre. Man ist versucht, sich die Frage vorzulegen, ob nicht vielleicht vor der Ablage eines jeden Eis jetzt erst dessen Befruchtung erfolge.

Nach sonstigem Insektenbrauch müßte nach der Begattung Ruhe eintreten, und das Weibchen müßte ohne weitere Störung an ihrer Zigarre weiterarbeiten. Hier findet ein Abweichen von der Regel statt. Nie habe ich eine Rolle herstellen sehen, ohne daß ein Männchen in der Nähe auf der Lauer gestanden hätte. Wenn ich geduldig hätte warten wollen, hätte ich Zeuge sein können, daß jede Paarung offenbar für jedes Ei eine besondere Befruchtung bedeutet. Nach dem, was in den Büchern steht, erwartet man Einheitlichkeit in dieser Sache bei allen Insekten. Und nun versetzt mich diese Ungesetzlichkeit in nicht geringe Bestürzung.

Der Fall steht aber nicht vereinzelt da. Ein zweiter Fall ist noch viel auffallender, und zwar beim großen Eichenbock (Cerambyx cerdo L., C. héros Scop.). Ich züchte mir einige Pärchen in meinem Terrarium und reiche ihnen Birnschnitze als Futter und eichene Knüppel, wo sie ihre Eier ablegen können. Die Begattung dauert fast den ganzen Monat Juli. Vier Wochen lang finden fast ununterbrochene Paarungen statt, wobei das Weibchen ruhig seinen Geschäften nachgeht und mit der Legröhre die für die Eierablage geeigneten Rindenritzen ausliest. In kurzen Pausen stärkt sich das Männchen an einem der Birnschnitze, um dann gleich wieder an das Fortpflanzungsgeschäft zu gehen. Nur in den Augenblicken, wo das Weibchen die Eier ablegt, verhält es sich ruhig und scheuert mit seiner haarigen Zunge dem Weibchen den Rücken sauber, eine Liebkosung bei den Eichenböcken.

So geht es fort, bis die Eierstöcke alle entleert sind. Dann trennen sich die Gatten, die nun auf dem Eichenstumpf nichts mehr zu tun haben, im Zustande äußerster Erschöpfung, liegen noch einige Tage starr herum und gehen dann ein.

Was ist aus dieser Beharrlichkeit des Cerambyx, Rhynchites und anderer für ein Schluß zu ziehen? Auch die Wissenschaft kann sich irren. Die Erfahrungen von morgen stoßen die von heute um. Die Widersprüche steigern sich oft so, daß das „Wissen“ zum Zweifel wird. –

Im Frühling, der Zeit des Blattrollens, verfertigt ein anderer Rhynchites, der prächtige stahlblaue Rebenstecher (Rhynchites betuleti Fabr. =

Byctiscus betulae L.)*) die Rebenblätter zu einem Zigarrenwickel zusammen. Er ist etwas größer, blaugrün und mit Goldglanz. Wenn er sich noch durch größere Gestalt auszeichnete, so würde der wunderschöne Reben- oder Birkenstecher einen hohen Rang unter den Notabeln des Insektenreiches darstellen.

Um die Blicke auf sich zu lenken, besitzt er noch etwas Besseres als seinen Glanz, seine Wicklertätigkeit, die ihm den Haß des Winzers einträgt, der es nicht duldet, wenn sich jemand an seinem Eigentume vergreift. Der Bauer kennt ihn und legt ihm einen besonderen Gattungsnamen bei, eine Ehre, die von dieser Seite so kleinen Tierchen selten widerfährt.

Das ländliche Wörterbuch ist reich an Pflanzennamen, arm an Wörtern für Insekten. Ein oder zwei Dutzend Namen, die aber so allgemein und vieldeutig sind, daß sie beständig Verwirrung anrichten, das ist die ganze Namenliste für Insekten der provenzalischen Sprache. Diese ist sogar, wo es sich um die Pflanzenwelt handelt, so ausdrucksvoll und ergiebig, oft beim unansehnlichsten Grashalm, den eigentlich nur der Botaniker kennen sollte.

Der bodenständige Bauer unterrichtet sich zunächst in erster Reihe über die Pflanze, die große Nährmutter. Das Übrige läßt ihn kalt. Das schönste Kleid, absonderliche Lebensgewohnheiten, merkwürdige Findigkeit, alles das beachtet er wenig. Wer ihm aber an die Reben geht, wer des Nächsten Gut verzehrt, wehe dem Übeltäter! Rasch einen Namen, damit der Bösewicht gekennzeichnet, gebrandmarkt, an den Pranger gestellt ist!

Diesmal hat sich der provenzalische Bauer einen besonderen Namen geleistet: er hat den Zigarrenwickler Bécaru (Langschnabel) genannt. Die wissenschaftliche und die bäurische Bezeichnung decken sich. Rhynchites und Bécaru sind gleichbedeutend und weisen beide auf den langen Schnabel-Rüssel des Insekts hin.

Bei seiner Arbeit befolgt der Rebenstecher das Verfahren des Pappelstechers. Zuerst wird das Blatt an einer Stelle des Stieles mit dem Rüssel angestochen. Der Zweck ist auch hier, die Saftstockung und leichtere Rollbarkeit des welk werdenden Saumes zu erzielen. Das Einrollen hebt ebenfalls an der Spitze eines der inneren Lappen des Blattes an; die grüne glatte Oberseite ist nach innen, die wollige, rauhnervige Unterseite nach außen gekehrt.

Aber die Ausdehnung des tiefgelappten Blattes ermöglicht keine gleichmäßig vollkommene Arbeit vom Anfang bis zum Schlusse, so wie beim Pappelblatte. Häufige, nicht vorgesehene Büge und Knicke kommen dazwischen und bringen die Rolle aus der Richtung, so daß bald die grüne, bald die haarige Seite, wie es gerade kommt, nach außen zu liegt.

Mit dem einfachen, mäßig großen Pappelblatt läßt sich eine zierliche Rolle herstellen. Mit dem ungefügen, stark gegliederten Rebenblatte erhält man eine unförmliche Zigarre, einen dickwanstigen Wickel.

*) Näheres über die Rebenstecher, Byctiscus betulae L., Rhynchites betuleti Fabr., findet sich in: Erste Reihe, S. 65 ff.

Ein Mistkäfer der Pampas.

Durch einen ausgezeichneten Mitarbeiter in Buenos Aires kam ich in den Besitz von Mistkäfern und Pillen aus den Pampas der Republik Argentinien, und kann nun die Kunstfertigkeit der Mistkäfer von Sérignan*) mit der ihrer Nachahmer in der anderen Hemisphäre vergleichen.

Ein prächtiger Anfang! Ein glücklicher Zufall führt mir zuerst den Phanée Milon**) zu, ein prächtiges Insekt, ganz bläulichschwarz.

Das Halsschild des Männchens ragt als kleiner Höcker hervor, auf dem Kopf eine am Grund breite und kurze Hornplatte, die in einen Dreizack endigt. Männchen und Weibchen haben direkt vor dem Kopfschild einen doppelten Stachel, der sicherlich als Grabinstrument und zugleich als Messerchen zur Zerstückelung der Nahrung dient. Mit seiner stämmigen, starken und vierschrötigen Gestalt erinnert das Insekt an Onitis olivieri,***) ein sehr seltener Mistkäfer aus der Umgegend von Montpellier.

Wenn man aus der Ähnlichkeit der Käfer auch auf den Grad ihrer Kunstfertigkeit schließen dürfte, so müßte man ohne Zögern dem Phanée Milon viel dickere und kürzere Pillen zuschreiben, als sie Onitis d'Olivieri fabriziert. Aber welch schlechter Berater ist doch der Körperbau, wenn es sich um Instinkte handelt! Dieser vierschrötige Mistkäfer mit seinen kurzen Beinen zeichnet sich im Gegenteil ganz besonders in der Kunst der Herstellung von Kürbisflaschen aus. Sogar der heilige Skarabäus liefert keine kunstgerechteren und vor allem keine umfangreicheren Pillen.

Der stämmige, kleine Künstler setzt mich durch die Schönheit seines Werkes in Erstaunen. Es ist von einer fehlerlosen Geometrie: weniger schlank am Flaschenhals, vereinigt es dennoch Anmut mit Stärke. Das Modell dazu scheint mir von irgend einer indischen Kalebasse genommen zu sein, um so mehr als der Flaschenmund weit auseinanderklafft und der Bauch mit einer eleganten Guillochierung geprägt ist, dem Abdruck der Finger des Insekts. Man sollte vielmehr sagen, es ist eine Glasflasche, die von einem Korbgeflecht geschützt wird und die Größe eines Hühnereies noch übertreffen kann.

Dieses wunderbare Werk, von einer so seltenen Vollkommenheit im Vergleich zu der ungelenken Gestalt des Arbeiters! Noch einmal nein, das Werkzeug allein macht noch lange nicht den Künstler, weder beim Mistkäfer, noch bei uns. Um den Schöpfer solcher Kunstwerke zu leiten, gibt es etwas Besseres als bloßes Werkzeug: ich nenne es die Veranlagung, das Genie des Tieres.

Der Phanée Milon lacht über diese Schwierigkeiten. Ja, er tut noch viel mehr: er macht sich auch über unsere Einteilung der Tiere in Klassen lustig. Denn wer Mistkäfer sagt, meint doch damit den nahen Freund des Mistes, und das ist aber weder bei seinem Werk noch bei dem von seinesgleichen der Fall. Er verwendet dazu vielmehr die aussikkernde Jauche von Leichen. Unter den Kadavern von Huhn, Hund und Katze, da trifft man ihn stets in Gesellschaft der ständigen Totengräber. Die um-

*) Sérignan, der Heimatort Fabres.

**) Phanaeus Milon Mac L. gehört nach Cuvier zu der Gattung Phanaeus Mac L. aus der großen Gruppe der Scarabaeidae.

***) Onitis Olivieri Ill. (Gattung Onitis Fabr.) zählt gleichfalls zu den Skarabäiden.

flochtene Glasflasche, von der ich noch eine kurze Beschreibung geben werde, stak in der Erde direkt unter den Resten einer Eule.

Ich kenne in meiner Nachbarschaft nur einen einzigen Mistkäfer, der auch Leichenreste zu seinem Vorteil zu verwerten weiß. Es ist dies der eiförmige Mistkäfer (Ontophagus ovatus), der recht häufige Gast von toten Maulwürfen und verendeten Kaninchen. Aber dennoch verschmäht dieser zwerghafte Leichenbestatter nicht den Mist; er schmaust sogar tüchtig davon, wie alle anderen Mistkäfer (Ontophagen) auch. Vielleicht handelt es sich auch hier um eine doppelte Lebensweise: die kleinen Dungbrötchen sind für das erwachsene Insekt, und für die Larve die stark gewürzten, bereits halb verdorbenen Fleischstücke.

Untersuchen wir nun das Werk des Phanée Milon etwas gründlicher. Die Kalebassen trafen völlig ausgetrocknet bei mir ein. Sie sind beinahe steinhart; ihre Farbe ist schokoladenhell. Weder innen noch außen entdeckt man mit der Lupe die geringste holzige Stelle, die auf die Verwendung von Pflanzenfasern schließen ließe. Der fremde Mistkäfer benutzte folglich weder Kuhfladen noch etwas Ähnliches; er verarbeitet Produkte ganz anderer Natur, die genau anzugeben zuerst ziemlich schwer ist.

Wenn man das Ding ganz nahe am Ohr hin- und herschüttelt, so raschelt es etwas, etwa so wie die Schale einer trockenen Frucht, deren Kern frei darinnen liegt. Sollte das etwa die Larve sein, die infolge des Eintrocknens völlig zusammengeschrumpft ist, oder gar das tote Insekt selbst? Ich machte mich darauf gefaßt, aber ich täuschte mich; denn noch viel mehr als das fand ich zur Bereicherung unseres Wissens vor.

Mit der Spitze des Messers schneide ich behutsam die Kürbisflasche auf. Hinter einer gleichartigen Wandung, die bei der größten meiner drei Arten bis zu 2 cm dick ist, liegt ein kugelrunder Kern eingeschlossen, der ganz genau den Hohlraum ausfüllt, ohne aber die Wandung selbst zu berühren. Dieser ganz geringe, freie Spielraum zwischen Kern und Wandung gibt mir auch die Erklärung für das Geräusch, das ich hörte, als ich die Flasche hin- und herschüttelte.

Der Kern unterscheidet sich weder in Farbe noch in dem allgemeinen Aussehen seiner Masse von seiner Umhüllung. Doch zerstückeln wir ihn und klauben genau die einzelnen Trümmer heraus. Ich erkenne darin ganz winzig feine Goldteilchen, Flocken von Flaumfedern, Riemen von Haut, Fleischstückchen und das Ganze in einem erdfarbigen Teig, ähnlich dem von Schokolade, eingebettet.

Nachdem ich den Teig unter der Lupe durchmustert und die Tierreste daraus entfernt hatte, brachte ich ihn auf glühende Kohle, wo er sich stark schwärzt, mit glänzenden Anschwellungen bedeckt und ätzende Rauchwolken entwickelt, in denen man sehr gut verbrannte Tierreste wiedererkennt. Folglich ist die ganze Masse stark von Jauche durchtränkt.

Die auf die gleiche Weise behandelte Umhüllung schwärzt sich ebenfalls, doch weniger stark; sie raucht kaum; bedeckt sich auch nicht mit den glänzenden kohlschwarzen Anschwellungen, und schließlich enthält sie auch gar keine tierischen Reste, ähnlich denen der Kernmasse. Der Glührückstand ist in beiden Fällen ein feiner rötlicher Ton.

Diese kurze Analyse gewährt uns einen Einblick in die Küche des Phanée Milon. Die Speise, die für die Larve bestimmt ist, ist eine Art Blätterteigpastete. Sie besteht aus einem Mischmasch von allem Möglichen, was die beiden Messerchen des Kopfschildes und die Sägezähnchen der Vorderbeine von der Leiche losreißen konnten: Haare und Federn, zerkleinerte Knöchelchen, Fleisch- und Hautstreifchen. Das Bindemittel dieses Ragouts, das jetzt so hart wie ein Ziegelstein ist, war ursprünglich ein Gelee von feinem Ton, ganz durchtränkt von der Jauche der Leiche. Und die Teigschüssel für den Blätterteig unserer Pastete endlich wird hier von einer Umhüllung aus dem gleichen Ton dargestellt, die aber weniger reich an Fleischextrakt ist als der Teig.

Der Pastetenbäcker gibt seinem Kunstwerk ein ganz elegantes Äußeres. Er verschönert es mit Rosetten, gewundenen Fransen und mit Längsstreifen, die aussehen wie Melonenrippen. Dem Phanée ist diese kulinarische Ästhetik nicht fremd. Aus der Teigschüssel seiner Blätterpastete macht er eine

prächtige Kürbisflasche, die mit mannigfaltig verschlungenen Fingereindrücken verziert ist.

Die Umhüllung, eine wenig anziehende, harte Kruste, von viel zu wenig schmackhaftem Extrakt durchtränkt, ist nicht für den Genuß bestimmt, wie sich schon erraten läßt. Erst später, wenn ihr Magen alles vertragen kann und vor keinem groben Bissen mehr zurückschreckt, kann es möglich sein, daß die Larve auch ein bißchen von der Rinde ihres Backwerkes abschabt; als Ganzes aber bleibt die Kalebasse, bis sie der fertige Käfer verläßt, unversehrt, anfangs als Schutz zur Frischerhaltung der Fleischpastete und während der übrigen Zeit als Kammerbeschließer des Einsiedlers.

Dicht über der kalten Pastete ist ganz am Grunde des Flaschenhalses eine runde Kammer eingerichtet mittelst einer Scheidewand aus Ton, die eine Verlängerung der allgemeinen Wand bildet. Ein ziemlich dicker Fußboden aus dem gleichen Stoff trennt sie von der Speisekammer. Das ist die Ausschlüpfkammer. Hier wird das Ei abgelegt, das ich an dem gleichen Fleck, aber völlig ausgetrocknet, auch fand; hier kriecht das Würmchen aus, das, um die Nährpille zu erreichen, zuvor eine Falltür durch den Verschlag, der die beiden Etagen trennt, öffnen muß.

Der Wurm wird in einem Kästchen geboren, das über dem Lebensmittelvorrat liegt, doch nicht mit ihm in Verbindung steht. Die Larve muß daher zur richtigen Zeit selbst den Deckel des Konservenopfes durchbohren. Tatsächlich findet man auch später, wenn der Wurm auf der Pastete sitzt, den Fußboden von einer Öffnung durchbohrt, gerade groß genug zum Durchgang.

Von allen Seiten von einem dicken Töpfermantel eingeschlossen, bleibt das Fleisch noch viel länger frisch, als es die Langsamkeit des Auskriechens der Larve überhaupt verlangen kann, eine Tatsache, die mir nicht recht erklärbar ist; in seiner Zelle, die gleichfalls aus Ton ist, ruht das Ei vollkommen sicher. Soweit ist alles ausgezeichnet. Der Phanée Milon kennt die Geheimnisse seiner Festung durch und durch und kennt die Gefahr von zu früh verdunstenden Lebensmitteln. Es handelt sich also nur noch darum, für die nötige Luft zur Atmung der Frucht zu sorgen.

Und um dieser Bedingung zu genügen, ist das Insekt nicht minder gut beraten. Der Flaschenhals wird genau in seiner Mitte von einer feinen Kanüle durchzogen, in die höchstens der feinste Strohhalm eindringen könnte. Nach innen öffnet sie sich im Scheitel der Kuppel der Kammer, nach außen klafft der Kanal, auf einem runden Hügelchen, in ein erweitertes Mundloch. Das ist also der Luftschacht, der gegen ungebetene Gäste durch seine außerordentliche Enge und durch Staubkörnchen geschützt ist, die den Schacht, ohne ihn ganz zu verstopfen, doch etwas versperren.

Wie macht es nun dieses plumpe Insekt, um ein solch feines und dabei so kompliziertes Bauwerk zustande zu bringen? Da ich die Pampas nicht selbst durchforscht habe, bleibt mir als Berater in dieser Frage nur der Aufbau des Bauwerks selbst, eine Bauart, aus der ohne große Irrtümer die Methode des Arbeiters gefolgert werden kann. Der Verlauf der Arbeit ist mir daher völlig klar.

Der Phanée trifft einen kleinen Kadaver, dessen Aussickerungen den darunter liegenden Ton aufgeweicht haben. Von diesem Ton trägt er dann mehr oder weniger viel zusammen, wobei der Reichtum der Gangader maßgebend ist. Doch sind hier keine genauen Grenzen festzustellen. Ist die Knetmasse reichlich vorhanden, dann spart der Sammler nicht daran, und sein Vorratskasten wird infolgedessen um so kräftiger werden; es entstehen daher übermäßig große Kalebassen, die ein Hühnerei bei weitem an Inhalt übertreffen, umgeben von einer Umhüllung von einigen Zentimeter Dicke. Eine solche große Kalebasse verarbeitet sich aber schlecht, weil sie die Kräfte des Töpfers zu sehr erschöpft, und daher verrät auch ihre äußere Gestaltung die Schwerfälligkeit der Arbeit, die ihm so viele Schwierigkeiten machte. Ist aber der Knetteig knapp, dann beschränkt das Insekt seine Ernte auf das gerade unbedingt Notwendige, und dann schafft es, weil es viel ungezwungener in seinen Bewegungen ist, eine Kürbisflasche von so prächtiger Regelmäßigkeit.

Wahrscheinlich wird der Ton zuerst zu einer Kugel zusammengeballt und dann durch den Druck der Vorderbeine und mittels des Kopfschildes zu

einem sehr dicken Kelch ausgehöhlt. Genau so verfahren ja auch der Copris und der heilige Pillendreher, wenn sie an der Spitze ihrer runden Pille den Napf für das Ei formen, ehe das Eirund oder die Birne selbst vollständig fertiggemacht wird.

Bei diesem ersten Geschäft ist der Phanée nur Töpfer. Wenn sich die Töpfererde nur recht kneten läßt, so kommt er mit jedem Quantum aus, selbst wenn es, so wie sie von der aussickernden Jauche des Kadavers durchtränkt wird, noch so knapp bemessen ist....

Jetzt wird aus dem Töpfer ein Metzger. Mit seinen gezähnten Vorderschienen schneidet und sägt er einige kleine Stückchen aus dem verwesenden Tier zurecht, reißt sie los und schneidet sich ab, was er gerade für das Festmahl der Larve am geeignetsten hält. Diese Reste werden dann gesammelt und innig vermengt mit dem Ton, auf den die Jauche ausfließt. Das Ganze gibt dann am selben Platz, ohne gerollt zu werden und kunstgerecht durchknetet, eine Kugel, die genau so wie die Kugeln der anderen Pillendreher auch zubereitet wird. Fügen wir noch hinzu, daß diese Kugel eine für den Bedarf der Larve genau berechnete Ration von ungefähr konstanter Dicke ist, unbeschadet der Größe der endgültigen Kalebasse.

Jetzt ist die Fleischpastete fertig. Sie wird auf der Stelle in die ziemlich breite, offene Schüssel aus Ton gelegt. Da die Speise ohne Druck eingelegt wird, wird sie freibleiben und ohne jedweden Zusammenhang mit ihrer Hülle sein. Nunmehr wird die Töpferei wieder aufgenommen.

Das Insekt drückt nun die dicken Ränder des Tonbechers zusammen, plättet sie und wendet schließlich wieder den Metzgereibetrieb an, der schließlich damit endigt, daß der Kelch an der Spitze von einer dünnen Wandung, die übrigens auf allen Seiten aus einer ziemlich dicken Schicht besteht, eingehüllt wird. Auf der Wand der Spitze wird, ein im Verhältnis zu der Schwäche des ausschlüpfenden Würmchens, starker Saum gelassen, den es später in dem Augenblicke durchbohren muß, wo es die Lebensmittel erreichen will. Nun kommt die Reihe an den Saum, der in eine halbkugelige Höhle umgewandelt wird, in die das Ei alsbald gelegt wird.

Die Arbeit wird schließlich damit zu Ende geführt, daß die Ränder des kleinen Bechers, der sich schließt und zur Ausschlüpfzelle wird, geplättet und einander genähert werden. Hierzu ist übrigens eine ganz besondere Geschicklichkeit nötig. Gleichzeitig mit der Bildung des Flaschenmundes muß nämlich durch seine Mitte die Kanüle angelegt werden, die zum Luftschacht wird; dabei wird die Knetmasse stark gepreßt.

Dieser enge Schacht, den ein einziger schlecht berechneter Druck unfehlbar verschließen würde, scheint mir von einer außerordentlichen Schwierigkeit. Der geschickteste unserer Töpfer würde dabei nicht zum Ziele gelangen, ohne Anwendung einer Nadel, die er dann wieder aus der Kanüle herausziehen würde. Das Insekt, eine Art gegliederter Automat, legt seinen Kanal durch den massiven Hügel seiner Kürbisflasche, ohne daran zu denken. Würde es daran denken, so würde es ihm nicht glücken.

Die Kalebasse ist fertig; sie muß jetzt nur noch ausgeputzt werden. Die Unebenheiten und Krümmungen werden ausgeglichen und dabei auf den weichen Ton eine Tüpfelung von Abdrücken hinterlassen, ähnlich denen, die der Töpfer prähistorischer Zeiten auf den dickbauchigen Krügen mit seiner Daumenspitze anbrachte.

Wir sind am Schlusse. Unter einem anderen Kadaver fängt die Sache von neuem an, denn für jede unterirdische Höhle gibt's nur eine Kalebasse und nicht mehr, genau so wie es der heilige Pillendreher mit seinen Brutbirnen auch macht.

Glossar

abteufen	einen Schacht senkrecht nach unten bauen
ätzen	füttern
Auskultation	Abhorchen
Bacchanal	Taumel, Orgie
Brodem	Dunst, Nebel
Düte	Tüte
Embonpoint	Leibesfülle, Korpulenz
Flibustier	(See-) Räuber
Gasterei	üppiges Gastmahl
gleißnerisch	heuchlerisch
Honigbemme	Brotschnitte mit Honigaufstrich
Honigseim	Honig
Karnies	Leiste, Rand
Kris	Dolch der Malaien
Kroki	Plan, Geländezeichnung
Krypta	Grabgewölbe
Küraß	Panzer
Logis	Unterkunft
Oger	Menschenfresser
Petschaft	Stempel
Piedestal	Sockel, Fundament
Plafond	Zimmerdecke
Strähne	Büschel
Syringe	Flieder
Taffet	(Seiden-) Faden
Wittib	Wittwe

Mit 76 Schwarzweiß-Illustrationen und 22 Schwarzweiß-Fotografien im Text, außerdem 5 verschiedenen Schwarzweiß-Illustrationen als Schmuckelement. Umschlaggestaltung eStudio Calamar unter Verwendung einer Illustration aus dem Buch. Diese zeigt einen Skorpion im Kampf gegen eine Gottesanbeterin.

Bibliografische Information der Deutschen Bibliothek
Die Deutsche Bibliothek verzeichnet diese Publikation in der Deutschen Nationalbibliografie; detaillierte bibliografische Daten sind im Internet über http://dnb.ddb.de abrufbar.

Der Verlag hat sich dafür entschieden, sich so weit als möglich an den Originalvorlagen zu orientieren. Deshalb sind in dieser Neuausgabe – gemäß dem Originaltext – in der Ersten und Zweiten Reihe die Fachausdrücke ohne Akzente geschrieben, in der Dritten und Vierten Reihe jedoch mit.

Gedruckt auf chlorfrei gebleichtem Papier

ISBN 3-440-09642-4
Lektorat: Dr. Stefan Raps
Produktion: Siegfried Fischer, Lilo Pabel
Printed in Czech Republic/Imprimé en République tchèque